AF138557

.

K. Schultz · W. Petro (Hrsg.) · Pneumologische Umweltmedizin

Springer

Berlin
Heidelberg
New York
Barcelona
Budapest
Hong Kong
London
Mailand
Paris
Santa Clara
Singapur
Tokyo

K. Schultz · W. Petro (Hrsg.)

Pneumologische Umweltmedizin

Atmungsorgane und Umwelt

Geleitwort von H. Magnussen

Unter Mitarbeit von

K. Aigner · H. Allmers · C. Bachert · P. L. Bölcskei · U. H. Cegla
W. Dorsch · I. Gross · K. Häussinger · J. Heinrich · A. Hellmann
T. Hellmann · H. W. Hoppe · L. Jäger · R. A. Jörres · A. D. Kappos
D. Köhler · M. W. König · M. Kohlhäufl · M. Korn · L. Kreienbrock
G. Liebetrau · H. Magnussen · E. v. Mutius · H. Nohl · D. Nowak
M. Otto · W. Petro · H.-W. Schiwara · J. Schneider · K. Schultz
G. Schultze-Werninghaus · K. Staniek · J. C. Virchow Jr. · L. W. Weber
H. E. Wichmann · M. Wittmann · H.-J. Woitowitz · R. Zellner

 Springer

Dr. med. KONRAD SCHULTZ
Prof. Dr. med. WOLFGANG PETRO
Klinik Bad Reichenhall
Fachklinik für Erkrankungen der Atmungsorgane
und Allergien der LVA Niederbayern-Oberpfalz
Salzburger Straße 8–11
D-83435 Bad Reichenhall

Mit 75 Abbildungen und 69 Tabellen

ISBN-13:978-3-642-72022-2

Die Deutsche Bibliothek-CIP-Einheitsaufnahme

Pneumologische Umweltmedizin / Hrsg.: Konrad Schultz ; Wolfgang
Petro. – Berlin ; Heidelberg ; New York ; Barcelona ; Budapest ;
Hongkong ; London ; Mailand ; Paris ; Santa Clara ; Singapur ;
Tokio : Springer, 1998
  ISBN-13:978-3-642-72022-2   e-ISBN-13:978-3-642-72021-5
  DOI: 10.1007/978-3-642-72021-5

Die Wiedergabe von Gebrauchsnamen, Handelsnamen, Warenbezeichnungen usw. in diesem Werk berechtigt
auch ohne besondere Kennzeichnung nicht zu der Annahme, daß solche Namen im Sinne der Warenzeichen-
und Markenschutz-Gesetzgebung als frei zu betrachten wären und daher von jedermann benutzt werden
dürften.

Produkthaftung: Für Angaben über Dosierungsanweisungen und Applikationsformen kann vom Verlag keine
Gewähr übernommen werden. Derartige Angaben müssen vom jeweiligen Anwender im Einzelfall anhand
anderer Literaturstellen auf ihre Richtigkeit überprüft werden.

Herstellung: Dora Oelschläger, Heidelberg
Umschlaggestaltung: de'blik, Konzept & Gestaltung, Berlin
Satz: Fotosatz-Service Köhler OHG, Würzburg

SPIN: 10554441   23/3134 - 5 4 3 2 1 0 - Gedruckt auf säurefreiem Papier

Geleitwort

Die Umweltmedizin ist ein Querschnittsfach. Der Katalog der Weiterbildungsinhalte für die Zusatzbezeichnung Umweltmedizin zeigt dies deutlich. Kenntnisse in Grundlagen, Methoden und Verfahren zur Messung der Umweltbelastung werden ebenso gefordert wie klinisches Wissen. Gerade bei der Definition der klinischen Umweltmedizin muß die Frage beantwortet werden, ob die Auseinandersetzung z. B. eines Bakteriums mit der Lunge, welche zur Pneumonie führen kann, ein Thema der Umweltmedizin darstellt. Oder, ist das Bronchialkarzinom als Folge des Zigarettenrauchens ein klinisches Problem, welches vom Umweltmediziner oder vom Pneumologen mit onkologischer Ausrichtung gelöst werden soll?

Aufgrund dieser Schwierigkeiten ist es problematisch, den Umweltmediziner zu definieren. Es ist daher ein großes Verdienst der Herausgeber Schultz und Petro ein umfassendes Buch über pneumologische Umweltmedizin konzipiert zu haben. Bei der Gliederung dieses Buches ist offensichtlich, daß sich die Autoren bemühten, den Bezug von Umwelt zur Organerkrankung mit klassischen Methoden der Forschung und Medizin zu beschreiben. Ich denke, daß gerade dieser Aspekt die Zukunft der Umweltmedizin wesentlich bestimmen wird. Auch bei der Forschung in der Umweltmedizin dürfen wir die Grundlagen der Naturwissenschaft nicht außer Acht lassen.

In der Pneumologie sind wir es gewohnt, die funktionellen Folgen einer Erkrankung zu messen. Diese Denkweise hat zur Solidität unseres pneumologischen Fachgebietes beigetragen. Wir sollten diesem Grundsatz treu bleiben und immer nur dann von einem relevanten Umwelteinfluß auf Lunge und Atemwege sprechen, wenn ein Effekt quantifizierbar ist und Exposition sowie Karenz den kausalen Zusammenhang belegen. Unter Beachtung dieses wichtigen Grundsatzes können wir zeigen, welchen großen Einfluß die Umwelt auf die Integrität von Atemwegen und Lunge hat. Die Lektüre dieses sorgfältig zusammengestellten Buches wird zeigen, daß die Pneumologie einen bedeutsamen Beitrag zur klinisch relevanten Umweltmedizin leisten wird.

Großhansdorf, November 1997   H. Magnussen

Vorwort der Herausgeber

Was bezweckt diese Darstellung der Pneumologischen Umweltmedizin?

Sowohl in Praxis und Klinik als auch in der politisch-öffentlichen Diskussion werden Ärzte zunehmend mit Fragen der Auswirkungen von Umwelteinflüssen auf die Gesundheit konfrontiert. Diese betreffen die Atmungsorgane als wesentliches Umweltgrenzorgan in ganz besonderem Ausmaß, mißt doch die innere Oberfläche der Lunge ca. 80–90 m², beträgt doch die tägliche Ventilation ca. 10 000–20 000 Liter (potentiell schadstoffbelastete) Umgebungsluft. Zwangsläufig ergibt sich daraus die Nähe zwischen Umweltmedizin und Pneumologie. Darüber hinaus werden viele der Auswirkungen der Luftschadstoffe mit pneumologischen Methoden untersucht.

Pneumologie ist daher über weite Strecken Umweltmedizin und Umweltmedizin ohne Pneumologie ist nicht denkbar. Anlaß genug, eine Bestandsaufnahme über das vorhandene Wissen der Wechselwirkungen von Lunge, Umwelt und Umweltveränderungen zu versuchen.

Hauptziel dieses Buches ist vor allem die Vermittlung eines fundierten pneumologisch-umweltmedizinischen Basiswissens, unter anderem auch mit dem Ziel, zu den oben angesprochenen Fragen qualifiziert, d.h. auf dem Boden der vorhandenen wissenschaftlichen Erkenntnisse Stellung nehmen zu können.

Was ist Pneumologische Umweltmedizin?

Unter Umweltmedizin wird ein interdisziplinäres Fachgebiet verstanden, welches sich mit der Erforschung, Erkennung, Behandlung und Prävention umweltbedingter Gesundheitsstörungen befaßt. Der zentrale Fachgegenstand sind insbesondere anthropogene Umweltbelastungen und deren gesundheitliche Folgen[1].

Unter „Pneumologischer Umweltmedizin" verstehen wir – ganz von einem klinisch-pragmatischen Standpunkt ausgehend – den Teilaspekt der Umweltmedizin, welcher sich primär mit pneumologischen Krankheitsbildern befaßt. Primär nicht zentrales Thema sind also jene extrapulmonalen Erkrankungen, bei denen die Atmungsorgane lediglich den Schadstoffpfad darstellen, also

---

[1] Curriculum-Umweltmedizin. Hrsg. Bundesärztekammer, 1995

z. B. hämatologische Erkrankungen, dermatologische Erkrankungen oder neu-
rotoxische Störungen. Ebenfalls aus Gründen einer uns geboten erschienenen
Themenbegrenzung, wurde zudem auf eine spezielle Darstellung der verschiedenen Aspekte primär mikrobiell bedingter Erkrankungen der Atmungsorgane
verzichtet. Diese letztlich willkürliche Abgrenzung (Legionellen, Chlamydien
u. a.) erschien uns aber schon aus Umfangsgründen angezeigt.

Die Themenschwerpunkte dieses Buches sind daher:

- Epidemiologische, pathophysiologische und diagnostische Aspekte bezüglich
  der häufigsten umweltmedizinisch relevanten Erkrankungen der Atmungsorgane,
- Beispiele pneumologisch relevanter Umweltschadstoffe,
- Interventionsstrategien, Informationsstrategien.

Zwar war uns die praktische Umsetzbarkeit der gebotenen Informationen bei
der Planung und Gliederung ein wesentliches Anliegen, andererseits erfordert
die Materie aber sowohl ein Eingehen auf methodologische Grundfragen als
auch auf weitergehende umweltpolitische, rechtliche und berufspolitische
Aspekte.

Denn mehr noch als andere Bereiche der Medizin, ist Umweltmedizin unter
einem gesamtgesellschaftlich-politischen Hintergrund zu sehen. Dies beinhaltet
Chancen – aber auch Gefahren.

Chancen sind z. B. im Sinne einer Primärprävention gegeben – eine der vor-
nehmsten ärztlichen Aufgaben schlechthin. Ein zwar wenig spektakuläres, aber
um so eindeutigeres Beispiel, sind die Erkenntnisse über das Passivrauchen
(Kapitel 6.3). Zahlreiche andere Beispiele wären zu nennen. Hier warten ehren-
volle Aufgaben.

Gefahren ergeben sich einerseits aus politischen oder wirtschaftlichen Interessen an „passenden" Ergebnissen der umweltmedizinischen Forschung. Das
Spektrum reicht hier von der irreführenden Interpretation bis zur bewuß-
ten Falschinformation. Andererseits gewinnen prinzipiell richtige Zusammenhänge, z. B. über Medien und Öffentlichkeit, eine mitunter überschießende
„Handlungsdynamik", die zu irrationalen Umleitungen von Aktivitäten und
Geldern führt, die dann an anderen Stellen fehlen, oder aber bei manchen Menschen, unter Verlust der Verhältnismäßigkeit, zu regelrechten „Toxikophobien"
führen können.

Und schließlich: In wenigen Bereichen der Medizin sind die kontroversen
Standpunkte so weit und so unversöhnbar voneinander entfernt wie im Bereich
der Umweltmedizin. Nicht selten verstellen Emotionen und „a-priori-Minder-
achtung" den Blick auf Argumente, die zudem oft weder in die eine noch in die
andere Richtung eindeutig schlüssig sind.

Dem Versuch, im Rahmen eines integrativen Ansatzes ein Buch über Pneumologische Umweltmedizin zu erstellen, ist daher sachliche und polemische
Kritik von vornherein sicher.

Wenn wir uns trotzdem auf das Wagnis eingelassen haben, dann aufgrund
unserer durchweg positiven Erfahrungen bei den nun seit einigen Jahren in Bad

Reichenhall durchgeführten Weiterbildungskursen zum Thema „Pneumologische Umweltmedizin". Das Engagement, die Ernsthaftigkeit des Interesses und die Disziplin der Teilnehmer und der zahlreichen Referenten aus ganz Deutschland und Österreich haben uns beeindruckt und von dem großen Interesse an einer profunden Weiterbildung in diesem Fachgebiet überzeugt. Aus dem Kreis dieser Referenten wurde ein wesentlicher Teil der Autoren dieses Buches gewonnen, ergänzt durch weitere ausgewiesene Kenner der Materie. Für deren Bereitschaft zur Einhaltung der formalen Vorgaben und das verständnisvolle Eingehen auf weitere Vorschläge bzw. Korrekturwünsche der Herausgeber sei hier nochmals gedankt.

Bad Reichenhall, Oktober 1997   K. SCHULTZ
                                                                   W. PETRO

Inhaltsverzeichnis

Mitarbeiterverzeichnis

Dr. K. AIGNER
Allgemeines öffentliches
Krankenhaus der Elisabethinen
Abteilung für Pneumologie
Fadingerstraße 1
Postfach 239
A-4010 Linz

Dr. med. H. ALLMERS
Hohe Straße 133
44139 Dortmund

Prof. Dr. med. C. BACHERT
HNO-Abteilung
Universität Gent
De Pintelann 185
B-9000 Gent

Univ.-Doz. Dr. med. P. L. BÖLCSKEI
Klinikum Nürnberg
Medizinische Klinik 3
– Schwerpunkt Pneumologie –
Flurstraße 17
D-90340 Nürnberg

Prof. Dr. med. U. H. CEGLA
Rhönstraße 3
D-56410 Montabaur

Prof. Dr. med. W. DORSCH
Aidenbachstraße 118
D-81379 München

Ilona GROSS
Institut für Epidemiologie
GSF-Forschungszentrum
für Umwelt und Gesundheit
Ingolstädter Landstraße 1
D-85764 Neuherberg

Prof. Dr. med. K. HÄUSSINGER
Zentralkrankenhaus Gauting
der LVA Oberbayern
Unterbrunner Straße 85
D-82131 Gauting

Priv.-Doz. Dr. J. HEINRICH
Institut für Epidemiologie
GSF-Forschungszentrum
für Umwelt und Gesundheit
Ingolstädter Landstraße 1
D-85764 Neuherberg

Dr. med. A. HELLMANN
Bundesverband
der Pneumologen
Grottenau 2
D-86150 Augsburg

Dr. jur. T. HELLMANN
Rechtsanwalt
Effner Straße 48
D-81925 München

Dr. rer. nat. H. W. HOPPE
Haferwende 12
Postfach 28357
D-28035 Bremen

Prof. Dr. med. L. JÄGER
Klinikum der Friedrich-Schiller-
Universität
Institut für Klinische Immunologie
Am Johannisfriedhof 3
D-07740 Jena

Dr. rer. nat. R. A. JÖRRES
Krankenhaus Großhansdorf
Zentrum für Pneumologie
und Thoraxchirurgie
Forschungslabor
Wöhrendamm 90
D-22927 Großhansdorf

Priv.-Doz. Dr. phil. nat.
Dr. med. A. D. KAPPOS
Abteilung Gesundheit und Umwelt
Behörde für Arbeit, Gesundheit
und Soziales
Tesdorpfstraße 8
D-20148 Hamburg

Prof. Dr. med. D. KÖHLER
Krankenhaus Kloster Grafschaft
Zentrum für Pneumologie,
Beatmungs- und Schlafmedizin
Annostraße 1
D-57392 Schmallenberg

Dr. med. M. W. KÖNIG
Klinikum Nürnberg
Medizinische Klinik 3
– Schwerpunkt Pneumologie –
Flurstraße 17
D-90340 Nürnberg

Dr. med. M. KOHLHÄUFL
Zentralkrankenhaus Gauting
der LVA Oberbayern
Unterbrunner Straße 85
D-82131 Gauting

Priv.-Doz. Dr. med.,
Dipl.-Biol. M. KORN
Institut für Arbeits- und
Sozialmedizin der Universität
Wilhelmstraße 27
D-72074 Tübingen

Priv.-Doz. Dr. L. KREIENBROCK
Institut für Epidemiologie
GSF-Forschungszentrum
für Umwelt und Gesundheit
Ingolstädter Landstraße 1
D-85764 Neuherberg

Prof. Dr. med. G. LIEBETRAU
Lungenklinik Lostau
Lindenstraße 2
D-39291 Lostau

Prof. Dr. med. H. MAGNUSSEN
Krankenhaus Großhansdorf
Zentrum für Pneumologie
und Thoraxchirurgie
Wöhrendamm 90
D-22927 Großhansdorf

Dr. med. ERIKA VON MUTIUS
Dr. von Hauner'sche Kinderklinik
Lindwurmstraße 4
D-80337 München

o. Univ.-Prof. Dr. Dr. H. NOHL
Institut für Pharmakologie
und Toxikologie
der Veterinär-Medizinischen
Universität Wien
Veterinärplatz 1
A-1210 Wien

Priv.-Doz. Dr. med. D. NOWAK
Ordinariat für Arbeitsmedizin
der Universität Hamburg
Adolph-Schönfelder-Straße 5
D-22083 Hamburg

Dr. med. M. OTTO
Akademie für Kinderheilkunde
und Jugendmedizin e.V.
Dokumentations- und Informations-
stelle für Umweltfragen
c/o Kinderhospital
Iburger Straße 200
D-49082 Osnabrück

Prof. Dr. med. W. Petro
Klinik Bad Reichenhall
Fachklinik für Erkrankungen
der Atmungsorgane und Allergien
der LVA Niederbayern-Oberpfalz
Salzburger Straße 8–11
D-83435 Bad Reichenhall

Dr. med. H.-W. Schiwara
Haferwende 12
Postfach 330660
D-28353 Bremen

Dr. med. J. Schneider
Institut und Poliklinik
für Arbeits- und Sozialmedizin
Universität Gießen
Aulweg 129/III
D-35385 Gießen

Dr. med. K. Schultz
Klinik Bad Reichenhall
Fachklinik für Erkrankungen
der Atmungsorgane und Allergien
der LVA Niederbayern-Oberpfalz
Salzburger Straße 8–11
D-83435 Bad Reichenhall

Prof. Dr. med.
G. Schultze-Werninghaus
Berufsgenossenschaftliche
Krankenanstalten Bergmannsheil
Universitätsklinik
Gilsingstraße 14
D-44789 Bochum

Dr. med. Katrin Staniek
Institut für Pharmakologie
und Toxikologie
der Veterinär-Medizinischen
Universität Wien
Veterinärplatz 1
A-1210 Wien

Priv.-Doz. Dr. med. J. C. Virchow Jr.
Medizinische Universitätsklinik
Freiburg
Pneumologie
Hugstetter Straße 55
D-79106 Freiburg

Dr. med., Dipl.-Chem. L. W. Weber
Institut f. Arbeits- u. Sozialmedizin
Universität Ulm
Albert-Einstein-Allee 11
D-89081 Ulm

Prof. Dr. med. H. E. Wichmann
Institut für Epidemiologie
GSF-Forschungszentrum
für Umwelt und Gesundheit
Ingolstädter Landstraße 1
D-85764 Neuherberg

Dr. med. M. Wittmann
Klinik Bad Reichenhall
Fachklinik für Erkrankungen
der Atmungsorgane und Allergien
der LVA Niederbayern-Oberpfalz
Salzburger Straße 8–11
D-83435 Bad Reichenhall

Prof. Dr. med. H.-J. Woitowitz
Institut und Poliklinik
für Arbeits- und Sozialmedizin
Universität Gießen
Aulweg 129/III
D-35385 Gießen

Prof. Dr. R. Zellner
Universität GH Essen
Institut für Physikalische
und Theoretische Chemie
Fachbereich 8
Universitätsstraße 5
D-45117 Essen

1 Methodologische Grundlagen der Pneumologischen Umweltmedizin

1.1 Forschungsmethoden in der Pneumologischen Umweltmedizin – Übersicht

H. Magnussen und R. A. Jörres

EINLEITUNG

In den letzten beiden Jahrzehnten hat die Pneumologische Umweltmedizin vermehrte Aufmerksamkeit gewonnen. Diese Tatsache ist zum einen durch ein gesteigertes Interesse an den gesundheitlichen Konsequenzen von Umweltbelastungen, zum anderen durch die Verfeinerung des methodischen Instrumentariums und ein verbessertes Verständnis potentieller Mechanismen bedingt. Grundsätzlich stehen der pneumologischen Umweltmedizin – wie auch anderen Disziplinen der medizinischen Forschung – drei Ansätze zur Verfügung: der epidemiologische, der experimentelle in vivo und der experimentelle in vitro. Im folgenden soll versucht werden, die spezifischen Aspekte, die Vorzüge und die Nachteile dieser drei Ansätze in allgemeiner Form zu umreißen. Details zu den Untersuchungsmethoden finden sich in den nachfolgenden Kapiteln des Buches.

Epidemiologische Studien

In der epidemiologischen Analyse kann man – geleitet von grundlegenden Hypothesen, welche den Satz der zu erfassenden Parameter bestimmen – einen Eindruck gewinnen, ob Zusammenhänge zwischen Umweltfaktoren und der Häufigkeit oder dem Schweregrad von Atemwegserkrankungen bestehen und welche Größenordnung diese Beziehungen besitzen. Naturgemäß ist die epidemiologische Forschung den prinzipiellen Unsicherheiten der empirischen Erkenntnis unterworfen. Die wissenschaftliche Betrachtungsweise bemüht sich, die positiven Sachaussagen durch eine statistisch quantifizierende Betrachtungsweise in Form von Wahrscheinlichkeitsaussagen wenigstens näherungsweise objektivierbar und in diesem Sinne kommunizierbar zu machen. Zum zweiten ist die epidemiologische Analyse – im Gegensatz zu experimentellen Ansätzen – durch die Tatsache fehleranfällig, daß sie in den meisten Fällen einer Beobachtungssituation entspricht, in der nur wenige oder gar keine Variablen kontrolliert werden können. Folglich muß man hoffen, die Werte der relevanten Variablen ohne die Möglichkeit ihrer gezielten Manipulation empirisch erfassen oder, soweit nicht oder nur mit unvertretbarem Aufwand erfaßbar, durch apriori-Annahmen sinnvoll festlegen zu können. Der beobachtenden Analyse assoziiert sind demgemäß nichtzufällige Fehler, die durch den Modus der Daten-erfassung, die mangelnde Separierbarkeit der Variablen, die Kooperations-bereitschaft der untersuchten Personen und eine differentielle Rückwirkung der abhängigen auf die registrierten Werte der unabhängigen Variablen verursacht werden. Derartige Fehlerquellen sind beispielsweise als systematische Verzer-rung (Selektionsbias, Beobachtungsbias, diagnostischer Bias) und als Vortäu-schung falscher oder Überdeckung wirklicher Zusammenhänge durch Variable, die mit der Einflußgröße und der Zielvariablen korreliert sind (confounding), wohl bekannt. Für eine genauere Beschreibung der Typen epidemiologischer Studien sei auf Kapitel 1.2 verwiesen.

Ungeachtet ihrer Schwächen, die leider immer wieder durch öffentlichkeits-wirksame, jedoch methodisch unzulängliche Studien in besonderem Maße augenfällig werden, ist die epidemiologische Analyse nicht nur zur Generierung und Testung von Hypothesen bedeutsam, sondern letztlich der Prüfstein, an dem die gesundheitliche Relevanz auch der experimentellen Ergebnisse erprobt werden muß. Diesem Zweck dienen vor allem großangelegte und langfristige epidemiologische Untersuchungen, in denen unter Kenntnis der relevanten Ziel-und Störvariablen eine möglichst präzise Quantifizierung des gesundheitlichen Risikos angestrebt wird. Derartige Abschätzungen sind – eine rationale Betrach-tungsweise vorausgesetzt – unumgänglich, um den zu erwartenden Erfolg einer Reduktion oder Elimination von Umweltrisiken beispielsweise gegen den ent-sprechenden technischen Aufwand abzuwägen.

Experimentelle Expositionen in vivo

Die experimentelle Analyse, die am intakten Organismus erfolgt, bietet natur-gemäß den Vorteil, die Bedingungen der Reiz-Antwort-Beziehung wesentlich präziser erfassen zu können als epidemiologische Analysen. Durch Isolierung relevanter Parameter und ihre getrennte Variation läßt sich die Verläßlichkeit einer Beziehung zwischen Reiz und Antwort bis zu demjenigen Grad an Sicher-heit steigern, der im allgemeinen Verständnis zum Nachweis einer Kausalität erforderlich ist. Doch liegen ebenfalls die Nachteile auf der Hand: beim Men-schen sind verglichen mit den Umweltbedingungen nur kurzzeitige Exposi-tionen möglich, und diese können nur Substanzen und zu messende Endpunkte betreffen, die kein wesentliches Gesundheitsrisiko für den Probanden dar-stellen. In diesem Sinne könnte man überspitzt formulieren, daß die klinisch-experimentelle Exposition beim Menschen nur gesundheitlich wenig relevante, weil temporäre und geringfügige Effekte erfassen kann. Allerdings gilt diese Ein-schränkung unseres Erachtens nur solange, wie Gesunde die Zielgruppe darstel-len. Untersucht man hingegen Patienten mit Atemwegserkrankungen, kann man die Interaktion zwischen den Charakteristika der vorbestehenden Erkrankung, beispielsweise einer Atemwegsobstruktion oder einer allergischen Empfindlich-keit der Atemwege, und den Luftschadstoffen zum Ziel der Analyse wählen. Dies bietet zum einen den Vorteil, die Untersuchungsprotokolle von vornherein auf die am ehesten klinisch relevanten Fragestellungen auszurichten. Zum anderen kann man aufgrund der Tatsache, daß der Patient bereits derartige Erkrankungen mit ihren spezifischen Charakteristika aufweist, auch Effekte klinisch relevanter Größenordnung erfassen, ohne daß ein qualitativ neuartiges Risiko auftritt, wie es beispielsweise durch eine dauerhafte Sensibilisierung oder eine Tumorentstehung gegeben wäre. Hinzu kommt, daß die ausgelösten Effekte in der Regel dem Probanden bekannt und gegebenenfalls im Rahmen der ihm vertrauten therapeutischen Maßnahmen beherrschbar sind. Folgt man diesem Weg, läßt sich eine weitere Limitierung der klinisch-experimentellen Expositionstestungen beim Menschen teilweise umgehen. Diese Limitierung besteht darin, daß invasive Methoden zur Gewinnung zellulären und biochemischen Materials nur begrenzt einsetzbar sind; derartiges Probenmaterial ist jedoch erforderlich, um einem Verständnis der zugrundeliegenden Pathomechanismen näher zu kommen. Bei der Untersuchung bereits vorbestehender Krankheitsbilder kann man das durch eine Vielzahl klinischer, nicht umweltbezogener Studien erzielte Verständnis eher nutzbringend integrieren, als dies bei der Untersuchung Gesunder der Fall wäre. Details zur Planung und Durchführung experimenteller Expositionsuntersuchungen sind in Kapitel 1.3 zu finden.

Wie erwähnt, liegt ein unbestreitbarer Nachteil des in vivo-Ansatzes beim Menschen darin, daß Langzeituntersuchungen sowie Untersuchungen von Endpunkten, die eine ernste gesundheitliche Gefahr darstellen oder irreversibel sind, nicht möglich sind; derartige Endpunkte sind aber für das Individuum und die Gesellschaft von besonderer Bedeutung. Hier ist nach wie vor der Tierversuch mit allen bekannten Problemen der Dosimetrie sowie der unterschiedlichen Reaktion aufgrund unterschiedlicher zellulärer und biochemischer Ausstattung oder Mechanismen gefordert. Nicht zuletzt kann die Einschränkung auf eine bestimmte Gruppe von Tieren, wie Ratten und Mäuse, und möglicherweise einen relativ leicht handzuhabenden oder homogenen Tierstamm eine beträchtliche Rolle spielen. Durch Einschluß eines möglichst großen und weitgefächerten Spektrums von Spezies können die interne Konsistenz der Daten und die Übertragbarkeit auf den Menschen in gewissen Umfang gewährleistet werden. Dazu kommt die Einführung von Sicherheitsfaktoren, die zugegebenermaßen im besten Fall auf begründeten Vermutungen oder Analogieschlüssen beruhen können. Leider ist der Wert mancher Tierexperimente für die Umweltforschung dadurch eingeschränkt, daß verglichen mit den Außenluftbedingungen hohe Konzentrationen verwandt werden, um an einem zahlenmäßig begrenzten Kollektiv innerhalb begrenzter Zeit einen statistisch auflösbaren Effekt zu erzielen. Derartige Untersuchungen erscheinen primär für die Untersuchung arbeitsplatzbezogener Atemwegserkrankungen von Nutzen, und auch dies nur eingeschränkt, da die berufsbedingte Belastung in den weitaus meisten Bereichen in den letzten Jahrzehnten drastisch reduziert werden konnte.

Experimentelle Expositionen in vitro

Sowohl zur Klärung der Mechanismen umweltbezogener Atemwegserkrankungen als auch zur Substitution von in vivo-Experimenten haben in vitro-

Untersuchungen zunehmende Verbreitung gewonnen. Zu diesem Zweck werden Zellen, die aus dem peripheren Blut, vorzugsweise jedoch aus dem Atemtrakt von Tieren oder Menschen gewonnen wurden, unter definierten Bedingungen dem zu untersuchenden Schadstoff ausgesetzt. Auch finden standardisierte bzw. kommerziell erhältliche Zelllinien Anwendung. Diese werden vorwiegend deshalb gewählt, weil ausreichende Mengen primären Materials nicht verfügbar sind oder weil man sich homogenere Resultate durch Vermeidung der genetischen Variabilität primärer Zellen verspricht. Allerdings ist in zunehmendem Maße bekannt, daß die Reaktionsfähigkeit oder -bereitschaft von Zelllinien sich wesentlich von derjenigen primär isolierter Zellen unterscheiden kann. Diese Unterschiede fallen in besonderem Maße bei Zellen ins Gewicht, die beispielsweise durch eine Virustransformation immortalisiert wurden und deren interne Kontrollmechanismen des Zellzyklus und der Zell-Zell-Interaktion dadurch verändert wurden. Darüber hinaus ist bei den vitro-Systemen zu beachten, daß – bis auf wenige Ausnahmen – nur einzelne Zelltypen isoliert untersucht werden und somit die für den Gesamtorganismus charakteristische Wechselwirkung zwischen verschiedenen Zelltypen entfällt. Hinzu kommt das Problem der räumlichen Organisation der Zellkultur und der Kokultur mehrerer Zelltypen, bei der die in vivo-Verhältnisse im allgemeinen schwer nachzustellen sind; diese Schwierigkeit kann in begrenztem Rahmen durch Verwendung von Explantatkulturen gelöst werden. Somit ist die Zellkultur im allgemeinen zwar geeignet, die biochemischen Reaktionswege einzelner Zelltypen aufzuklären und die Toxizität definierter Substanzen abzuschätzen, sie wird jedoch beispielsweise Phänomene wie einen Adaptationsprozeß oder einen strukturellen Umbau mit seinen Konsequenzen für nachfolgende Expositionen schwerlich simulieren können. In dieser Hinsicht erscheint der Enthusiasmus, der die Substitution von Tierversuchen durch Zellkulturversuche manchmal begleitet, auf paradoxe Weise einer schlicht reduktionistischen Betrachtungsweise zu gehorchen und gerade den integrativen, in gewissem Sinne ganzheitlichen Aspekt zu vernachlässigen. Als weiterer zu beachtender Faktor der in vitro-Untersuchungen sei angeführt, daß es oft schwierig ist, die Expositionsbedingungen in einer Weise zu gestalten, die den in vivo-Bedingungen vergleichbar ist. Bei Epithelzellkulturen kann sich beispielsweise das Fehlen des Mukus oder der epithelial lining fluid bemerkbar machen, hinzu kommen oft dosimetrische Unsicherheiten innerhalb des Versuchsaufbaus, sei es durch Absorption, sei es durch unrealistische Expositionsmodi. Als Folge dieser Unsicherheiten werden oft relativ hohe Schadstoffkonzentrationen gewählt, die innerhalb der Versuchsdauer zu deutlichen Verlusten an Vitalität und somit möglicherweise, verglichen mit in vivo-Bedingungen, zu verzerrten Resultaten führen können. Diese Überlegungen zeigen, daß die zuweilen geübte unmittelbare Übertragung von in vitro-Befunden auf die in vivo-Situation beim Menschen im allgemeinen berechtigten Zweifeln unterliegt. Dennoch haben sich in vitro-Untersuchungen als wertvoll zum Verständnis der Mechanismen isolierter und akuter Reiz-Antwort-Beziehungen erwiesen, vor allem, wenn die beobachteten Effekte wenigstens qualitativ mit in vivo-Resultaten übereinstimmen. Es versteht sich, daß eine derartige Übereinstimmung am ehesten mit Explantatkulturen zu gewinnen ist, die über begrenzte Zeit die räumliche Organisation und zelluläre Zusammensetzung der in vivo-Situation beizubehalten gestatten und somit die realen Bedingungen besser widerspiegeln als Monozellkulturen.

ZUSAMMENFASSUNG

Zusammenfassend läßt sich festhalten, daß valide und sowohl den Kriterien des wissenschaftlichen Verständnisses genügende als auch praktisch relevante Erkenntnisse über einen Zusammenhang zwischen Umweltbelastungen und Atemwegserkrankungen nur durch ein Zusammenspiel der genannten drei Forschungsansätze erzielt werden können. Um den Ertrag der Forschung zu erhöhen, ist für die Zukunft angesichts begrenzter Mittel eine optimale Koordinierung der entsprechenden Fragestellungen wünschenswert.

1.2 Grundbegriffe der Epidemiologie

L. Kreienbrock und H. E. Wichmann

EINLEITUNG

Das Verständnis und die Erfassung der Auswirkungen von Verhalten und Umweltbedingungen auf den Gesundheitszustand des Menschen sind ein zentrales Anliegen moderner Gesundheitsforschung. Die Epidemiologie beschäftigt sich hierbei mit der (regionalen und zeitlichen) Verteilung von Krankheiten und mit den Faktoren, welche diese Verteilung beeinflussen. Sie beschränkt sich somit nicht nur auf die Untersuchung von Epidemien und deren Entstehung, von welchen diese Wissenschaft ursprünglich ihren Namen herleitet, sondern umfaßt das volle Spektrum der Krankheiten, wobei verbreitete Krankheiten genauso interessieren wie seltene Krankheitsbilder. Da klassische Epidemien bei uns stark zurückgegangen sind, konzentriert sich die epidemiologische Forschung gegenwärtig mehr auf verbreitete chronischen Krankheiten. Damit kommt der Epidemiologie als Bindeglied zwischen Ursachenforschung und öffentlichem Gesundheitswesen große Bedeutung zu.

Im folgenden wollen wir auf die grundlegenden Begriffe der epidemiologischen Methodik eingehen und diese anhand von Beispielen aus der pneumologischen Anwendung erläutern. Für weiterführende und detaillierte Aspekte im methodischen Bereich sei auf Last (1995) oder Kreienbrock und Schach (1997) bzw. die Literatur zum Ende dieses Kapitels verwiesen.

Epidemiologische Maßzahlen

Im Gegensatz zur medizinischen Individualbetrachtung, bei der die Krankheit eines einzelnen Patienten diagnostiziert und anschließend therapiert wird, ist es im Sinne einer epidemiologischen Betrachtungsweise notwendig, den Krankheitsbegriff in einer Bevölkerungsgruppe – die Morbidität – zu definieren. Hierbei werden wir der Einfachheit halber zunächst davon ausgehen, daß es möglich ist, eine eindeutige Diagnose zu stellen und somit für jedes Individuum einer betrachteten Population die Frage zu beantworten, ob die interessierende Krankheit (bzw. ein Symptom) vorliegt oder nicht. „Krankheit" läßt sich damit als ein Ereignis interpretieren, das nur zwei mögliche Ausprägungen besitzt, die dadurch charakterisiert werden, daß sie auftreten oder nicht (z. B. Asthma ja vs. nein, Lungenfunktion normal vs. pathologisch etc.).

Will man in einer solchen Situation das Ereignis „Morbidität" in einer Bevölkerungsgruppe mit einer Maßzahl beschreiben, so ist dies prinzipiell dadurch möglich, daß die Anzahl Kranker M betrachtet werden oder alternativ, daß man den Anteil der Kranken an der Bevölkerung untersucht. Ein epidemiologischer Morbiditätsbegriff hat damit zunächst immer nur eine Bedeutung für Gruppen von Personen, nie für Individuen. Damit kommt der Zahl N der Personen, die betrachtet werden, eine ganz besondere Bedeutung zu. Man spricht in diesem Zusammenhang auch von der Zielpopulation oder der Population unter Risiko. Basierend auf der Anzahl von Personen können nunmehr verschiedene Maßzahlen unterschieden werden.

Beschreibende epidemiologische Maßzahlen

Als wesentliches Unterscheidungskonzept von beschreibenden epidemiologischen Maßzahlen gilt die Frage, ob die Morbiditätsdefinition sich auf Zeitpunkte oder auf Zeiträume bezieht. Betrachtet man die Zahl M der Kranken zu einem bestimmten Zeitpunkt bezogen auf die betrachtete Grundgesamtheit N, so ist

$$P = \frac{M}{N}$$

die Prävalenz der Erkrankung zum Zeitpunkt. Diese Maßzahl ist besonders aussagekräftig bei chronischen, langdauernden Erkrankungen wie etwa der chronischen Bronchitis. Bei akuten kurzzeitigen Erkrankungen wird die Prävalenz allerdings nur wenig Erkrankte berücksichtigen. Daher hat sich in solchen Situationen eingebürgert die sogenannte Perioden-Prävalenz

$$PP = \frac{M + I}{N},$$

d.h. die Zahl $(M + I)$ der Kranken in einem bestimmten Zeitabschnitt bezogen auf die Grundgesamtheit N zu betrachten. Beide Prävalenzbegriffe gelten als Zustandsbeschreibung einer Krankheit. Sie sind deshalb insbesondere auch zur Beurteilung von präventiven Maßnahmen von Bedeutung.

Betrachtet man dagegen die Zahl der neu auftretenden Fälle pro Zeitintervall bezogen auf die Grundgesamtheit, so führt dies zum Inzidenzbegriff. Man spricht in diesem Zusammenhang auch von der unter Risiko stehenden Bevölkerung, so daß verschiedene Möglichkeiten der Definition der Inzidenz bestehen.

Stellt I die Anzahl der inzidenten Fälle im Zeitintervall und N_0 die (feste) Anzahl der unter Risiko stehenden Personen dar, so heißt

$$CI = \frac{I}{N_0}$$

die kumulative Inzidenz (cumulative incidence). Da die Voraussetzung einer festen Populationsgröße über einen längeren Zeitraum in der Regel allerdings nicht gegeben ist, ist es häufig üblich die Personenzeit des Individuums i, d.h. die Zeit Δt_i, in der die Person krankheitsfrei unter Risiko stand, $i = 1,\ldots,N$, mit in Definition einer Inzidenz aufzunehmen. Die Größe

$$ID = \frac{I}{\sum\limits_{i=1}^{N} \Delta t_i}$$

heißt Inzidenzdichte (incidence density). Sie berücksichtigt die je nach Individuum unterschiedlichen „Aufenthaltszeiten" in einer Population.

Beide Inzidenzdefinitionen gelten als Maßzahlen, die die Entstehung einer Krankheit beschreiben. Daher werden sie auch direkt mit dem epidemiologischen Risikobegriff, d.h. mit der Wahrscheinlichkeit, daß eine Krankheit in einem gegebenen Zeitraum auftritt, gleichgesetzt. Im Gegensatz zum Risikobegriff in anderen Bereichen, der neben der Wahrscheinlichkeit eines Ereignisses (hier der Erkrankung) auch dessen Relevanz berücksichtigt, ist im epidemiologischen Sprachgebrauch ausschließlich das Eintreten eines definierten Krankheitsereignisses von Bedeutung. Eine Interpretation der Relevanz wird an dieser Stelle nicht durchgeführt.

Epidemiologische Fragestellung

Der Risikobegriff führt in der Regel nicht nur zu der Frage, wie eine Krankheit in einer Bevölkerung verteilt ist, sondern auch welche Ursachen hierfür verantwortlich zu machen sind. Geht man davon aus, daß die Ursachen in der Form beschrieben werden können, daß eine Exposition gegenüber einem Risikofaktor vorliegt oder nicht, so bietet es sich an die epidemiologische Fragestellung einer Expositions-Wirkungs-Beziehung in Form einer Vierfeldertafel (2×2-Kontingenztafel) darzustellen. Exposition gegenüber einem Risikofaktor ist hierbei wiederum vereinfacht als Ja-Nein-Konzept zu verstehen (z.B. Luftschadstoffkonzentration am Arbeitsplatz über dem MAK-Wert vs. unter dem MAK-Wert, Leben an einer verkehrsreichen Straße vs. Leben in verkehrsarmen Gebieten etc.).

In diesem einfachen Fall kann in der Gruppe der Kranken und Gesunden jeweils angegeben werden, ob einzelne Personen dieser Gruppen exponiert oder nicht exponiert sind oder waren. Dann ergibt sich für eine Population mit N Personen die Darstellung wie in Tabelle 1.

Tabelle 1. Vierfeldertafel von Kranken, Gesunden, Exponierten und nicht Exponierten

	Exponiert	Nicht exponiert	Gesamt
Krank	N_{11}	N_{10}	$N_{11} + N_{10} = N_{1.}$
Gesund	N_{01}	N_{00}	$N_{01} + N_{00} = N_{0.}$
Gesamt	$N_{11} + N_{01} = N_{.1}$	$N_{10} + N_{00} = N_{.0}$	N

Durch diese Darstellung ist es nunmehr möglich den Risikobegriff auf die Gruppen der Exponierten und der nicht Exponierten zu erweitern (bedingte Wahrscheinlichkeit). Für das Risiko unter den Exponierten gilt dann

$$\text{Risiko (krank} \mid \text{exponiert)} = \frac{N_{11}}{N_{11} + N_{01}}$$

und für das Risiko der nicht Exponierten

$$\text{Risiko (krank} \mid \text{nicht exponiert)} = \frac{N_{10}}{N_{10} + N_{00}} .$$

Vergleichende epidemiologische Maßzahlen

Die Risiken der Exponierten und der nicht Exponierten können als Basis eines Risikovergleichs dienen. Ist das Risiko der Exponierten höher als das der nicht Exponierten, so wird dies als eine positive Assoziation zwischem dem Auftreten des Risikofaktors und der Entstehung der Krankheit interpretiert werden können. Um diesen Vergleich zu formalisieren, haben sich verschiedenen Maßzahlen eingebürgert.

Das relative Risiko (risk ratio) bezeichnet das Verhältnis des Risikos bei den Exponierten zum Risiko bei den nicht Exponierten, d.h.

$$RR = \frac{N_{11}/N_{11} + N_{01}}{N_{10}/N_{10} + N_{00}} = \frac{N_{11} \cdot (N_{10} + N_{00})}{N_{10} \cdot (N_{11} + N_{01})} .$$

Das relative Risiko gibt den multiplikativen Faktor an, um den sich die Erkrankungshäufigkeit erhöht, wenn man einer definierten Exposition ausgesetzt ist. Ist $RR = 1$, so gibt es keinen Zusammenhang zwischen Exposition und Erkrankung; ist $RR > 1$, so stellt die Exposition ein Risiko dar; ist $RR < 1$, so kann von einem protektivem Einfluß der Exposition ausgegangen werden.

Als in gewisser Weise synonyme Maßzahl kann das sogenannte Odds Ratio beschrieben werden, das sich als Verhältnis von „Chancen", den sogenannten Odds definiert. Im Gegensatz zum Risiko, das eine Wahrscheinlichkeit darstellt (z.B. 50%), ist der Begriff der „Chance" der einer Ereignisaufteilung (z.B. 1:1).

Das Odds Ratio wird als Verhältnis der Quotienten von Exponierten zu nicht Exponierten bei Erkrankten und Gesunden (oder der Quotienten von Kranken und Gesunden bei Exponierten und nicht Exponierten) definiert, d.h.

$$OR = \frac{N_{11}/N_{10}}{N_{01}/N_{00}} = \frac{N_{11} \cdot N_{00}}{N_{10} \cdot N_{01}} .$$

Bei seltenen Krankheiten kann man häufig davon ausgehen, daß die Zahl der Kranken im Vergleich zu den Gesunden klein ist. Damit gilt dann ungefähr, daß $N_{11} + N_{01} \approx N_{01}$ bzw. $N_{10} + N_{00} \approx N_{00}$, so daß das Odds Ratio unter diesen Voraussetzungen als gute Näherung für das relative Risiko gelten kann. Als Faustregel für diese Annahme kann gelten, daß die Prävalenz der betrachteten Krankheit geringer als 5 % sein sollte.

Die obigen Maßzahlen stellen Quotienten dar und können somit als Faktoren der Risikoerhöhung (oder -verminderung) interpretiert werden. Demgegenüber kann ein Risikovergleich auch durch Differenzenbildung erfolgen. Die absolute Risikodifferenz (excess risk)

$$RD = \text{Risiko (krank | exponiert)} - \text{Risiko (krank | nicht exponiert)}$$
$$= \frac{N_{11}}{N_{11} + N_{01}} - \frac{N_{10}}{N_{10} + N_{00}},$$

kann wegen einer mangelnden Bezugsgröße in der Regel allerdings nicht schlüssig interpretiert werden. Daher betrachtet man die relative Risikodifferenz (excess relative risk) als Differenz des Risikos bei Exponierten zu nicht Exponierten bezogen auf das Risiko bei den nicht Exponierten, d.h.

$$RRD = \frac{\text{Risiko (krank | exponiert} - \text{Risiko (krank | nicht exponiert)}}{\text{Risiko (krank | nicht exponiert)}} = RR - 1.$$

Da dieses Maß bis auf Subtraktion der Eins mit dem relativen Risiko übereinstimmt, kann man es als (prozentuale) Erhöhung des Risikos interpretieren. Im Sinne eines zuschreibbaren Risikobegriffs, ist es allerdings nicht verwendbar, da über die Expositionsprävalenz keine Information eingeht.

Die Bedeutung einer Exposition für eine gegebene Erkrankung kann dadurch beschrieben werden, daß man die Risikodifferenz in Beziehung zur Gesamterkrankungswahrscheinlichkeit setzt. Bezeichnet Risiko (krank) die Wahrscheinlichkeit zu erkranken (unabhängig vom Expositionsstatus) und P(E) die Wahrscheinlichkeit exponiert zu sein (unabhängig vom Krankheitsstatus), so definiert man das populationsattributable Risiko (ätiologischer Anteil, etiologic proportion) durch

$$PAR = \frac{\text{Risiko (krank)} - \text{Risiko (krank | nicht exponiert)}}{\text{Risiko (krank)}} = \frac{RR - 1}{RR - 1 + \dfrac{1}{P(E)}} .$$

Das populationsattributable Risiko kann interpretiert werden als der Anteil der auf die Exposition zurückführbaren Erkrankungen an allen Erkrankungen in der betrachteten Population, bzw. als der Anteil aller Krankheitsfälle, der durch die Elimination der Exposition vermieden werden kann. Eine übliche Formulierung z.B. für die Betrachtung des Lungenkarzinoms lautet dann z.B., daß 85 % der Lungenkrebsfälle auf den Risikofaktor Zigarettenrauchen zurückführbar sind.

Epidemiologische Studientypen

Für die Durchführung von epidemiologischen Untersuchungen stehen unterschiedliche Typen von Studien zur Verfügung. Je nach Untersuchungsziel können (oder müssen) verschiedene Studiendesigns zur Anwendung kommen, die sich in ihrer Art und Aussagefähigkeit unterscheiden. Die folgende Charakterisierung stützt sich auf Wichmann und Lehmacher (1991).

Studien zur epidemiologischen Überwachung (Surveillance, Registerstudien)

Diese Studien verlangen das Sammeln, die Klassifizierung und Auswertung von Daten an Gruppen von Personen, wie immer diese zu Klinikbesuchen kommen, an Ereignissen teilnehmen oder bestimmte Symptome oder ein bestimmtes Verhalten an den Tag legen. Überwachung heißt, daß die Personen aufs Geradewohl in die Studie aufgenommen werden, und nicht nach besonderen Kriterien ausgesucht werden.

Beispiele hierfür sind Studien an Erkrankungsfällen, die dem Gesundheitsamt mitgeteilt worden sind oder Patienten einer umweltmedizinischen Ambulanz. Klassische Anwendungen zu diesem Studientyp findet man auch in den Studien in klinischen Krebsregistern.

Von Natur aus sind diese Studien von begrenztem Wert, so lange sich kein repräsentativer Bevölkerungsbezug herstellen läßt. Ist aber Repräsentativität gegeben (z. B. über einen definierten Bevölkerungsbezug oder bei epidemiologischen Krebsregistern), dann läßt sich dieser Zugang zu aussagekräftigen Studien nutzen.

Kohorten- (oder prospektive) Studien

Grundlage von Kohortenstudien stellt eine Population Gesunder (oder einer Stichprobe daraus) dar. Die Personen dieser Population werden dann anhand des Vorhandenseins bzw. Fehlens des interessierenden Risikofaktors in zwei Gruppen (Kohorten) eingeteilt, d.h. man definiert eine Risiko- sowie eine Vergleichsgruppe und beobachtet über die Zeit die Inzidenz der interessierenden Krankheit in beiden Gruppen (s. Abb. 1). Läßt man zu, daß auch im Studienverlauf neue Personen in die Kohorten eintreten, so spricht man von dynamischen Kohorten, andernfalls von fixen Kohorten. Am Ende der Studie erfolgt die Schätzung des Risikos anhand der aufgetretenen Erkrankungsfälle.

Ein Beispiel für ein solches Studiendesign ist eine Studie zur Frage, ob von Luftverunreinigungen gesundheitliche Risiken ausgehen. In den Niederlanden wurden hier schon in den 60er Jahren verschiedene Kohorten von Bürgern gebildet, bei denen die Entwicklung und Veränderung von Atemwegserkrankungen und der Lungenfunktion im zeitlichen Ablauf betrachtet werden. Mittlerweile spielt dieser Studientyp auch bei umweltepidemiologischen Studien in Deutschland eine zunehmende Rolle (Wichmann et al. 1995, Wichmann 1996).

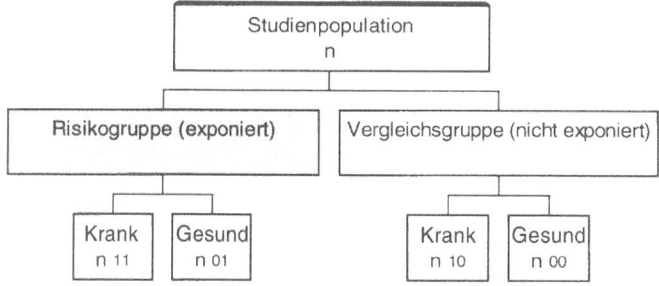

Abb. 1. Studiendesign Kohortenstudie. (Nach Kreienbrock u. Schach 1997)

Eine spezielle Form von prospektiven Studien stellen historische Kohorten-studien (mit zurückverlegtem Beginn) dar. Dieses Studiendesign kann durch-geführt werden, wenn Daten aus der Vergangenheit vorhanden sind, die es gestatten, ab einem bestimmten Zeitpunkt eine Kohorte zu rekonstruieren, in der einige Personen den Risikofaktor aufweisen und einige nicht. Diese Per-sonen werden über eine Zeitdauer verfolgt, um das relative Erkrankungsrisiko zwischen der rekonstruierten Stichprobe und der Kontrollgruppe zu ermitteln.

Beispiele für diesen Studientyp findet man vor allem im Bereich der Arbeits-umwelt. So wurde etwa aus Unterlagen der Rentenversicherer retrospektiv eine Kohorte von Mitarbeitern der amerikanischen Eisenbahnen gebildet, an denen die Frage eines dieselabgasbedingten Lungenkrebsrisikos untersucht werden konnte (Garshik et al. 1987).

Auch Interventions-Studien sind ein Spezialfall von Kohortenstudien. Diese sind durch eine aktive Reduktion von Risikofaktoren charakterisiert, wobei häu-fig der Einfluß dieser Veränderung auf die Erkrankungshäufigkeit ebenfalls bestimmt wird. Dieser „experimentelle" Ansatz unterscheidet sich somit grund-legend von anderen (passiven) Beobachtungsstudien.

Kohortenstudien besitzen verschiedene Vor- und Nachteile. Als Vorteile gel-ten, daß

– sie repräsentativ sind, d.h. daß deren Resultate auf eine Population bezogen werden können,
– der Risikofaktor zuerst vorliegt und die Krankheit deshalb als eine Folge-erscheinung den Kausalitätszusammenhang erkennen läßt,
– das Risiko genauer quantifiziert werden kann,
– Verzerrungen auf ein Minimum beschränkt sind, so daß die Probleme des selektiven Überlebens ebenfalls minimiert werden.

Kohortenstudien sind in ihrer praktischen Durchführbarkeit allerdings begrenzt, da sie über eine lange Zeitdauer laufen, mit hohen Kosten verbunden sind und die Zahl der Teilnehmer während der Dauer der Studie reduziert wer-den kann (durch Todesfälle, Umzug, durch das Verweigern der weiteren Teil-nahme, durch das Wechseln von einer Gruppe in die andere). Diese Argumente gelten insbesondere bei seltenen Krankheiten, denn hier muß häufig eine extrem große Kohorte definiert werden, damit überhaupt prospektiv eine ausreichend große Zahl von Krankheitsfällen beobachtet werden kann.

Fall-Kontroll-Studien

Fall-Kontroll-Studien beginnen mit erkrankten Personen – den sogenannten Fällen -, die nachträglich auf das Vorhandensein oder Nichtvorhandensein der interessierenden Risikofaktoren untersucht werden. Eine Kontrollgruppe, die nicht an dieser Krankheit leidet, wird in exakt der gleichen Weise untersucht (s. Abb. 2).

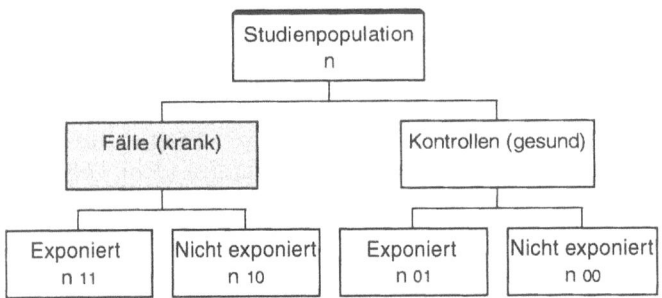

Abb. 2. Studiendesign Fall-Kontroll-Studie. (Nach Kreienbrock u. Schach 1997)

Die Vorteile von Fall-Kontroll-Studien im Vergleich zu Kohortenstudien sind
- die relativ kurze Studiendauer,
- der geringere Aufwand an Personal und Kosten,
- die vergleichsweise kleinen Stichproben und
- die Eignung für Krankheiten, die selten sind oder lange Latenzzeiten aufweisen.

Das Ausscheiden von Teilnehmern und Untersuchern, das bei einer Kohorten-Studie ein großes Problem darstellt, wird hier fast völlig ausgeschaltet. Manchmal können in Fall-Kontroll-Studien auch Dosis-Wirkungs-Beziehungen bestimmt werden.

Die wichtigsten Nachteile der Fall-Kontroll-Studien sind, daß
- die Studienpopulation nicht repräsentativ ist, so daß man i.a. von der Stichprobe keine Verallgemeinerungen auf Zielgesamtheiten vornehmen kann,
- es oft nicht möglich ist, zu bestimmen, ob der Faktor der Krankheit vorausgeht oder umgekehrt,
- eine größere Gefahr von Verzerrungen besteht, da etwa durch die retrospektive Expositionserfassung selektive Erinnerung und selektives Überleben eine Rolle spielen können,
- Risiken nicht direkt geschätzt werden können.

Immer dann, wenn Krankheiten vorliegen, die selten sind oder lange Latenzzeiten aufweisen, sind Fall-Kontroll-Studien besonders geeignet. Deshalb ist
der überwiegende Teil epidemiologischer Studien zu Krebsrisiken vom Fall-
Kontroll-Typ.

Querschnittsstudien

Die Querschnittsstudien haben als klassische Form einer Stichprobenerhebung
einer Studienpopulation gegenüber Fall-Kontroll-Studien den Vorteil, daß sie
mit einer Referenzpopulation beginnen, aus der eine Stichprobe gezogen und
auf Risikofaktor und Erkrankung gleichzeitig untersucht wird (s. Abb. 3).

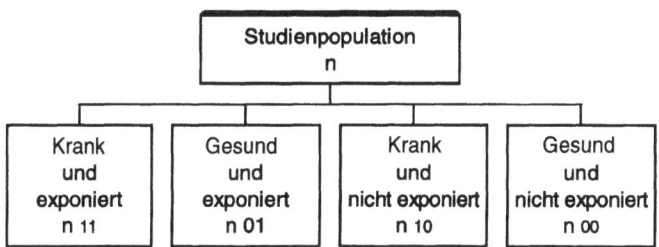

Abb. 3. Studiendesign Querschnittstudie. (Nach Kreienbrock u. Schach 1997)

Aus diesem Grund kann man von der Stichprobe auf die Population verallge-
meinern und die Bedeutung der Risikofaktoren ermitteln. Die Studiendauer ist
kurz und die Untersuchungen sind mit geringem Kostenaufwand verbunden.
Das Problem der Verzerrung muß auch hier beachtet werden, es kann aber durch
sorgfältige Planung auf ein Minimum reduziert werden.

Bei der Querschnittstudie ist es oft nicht möglich zu entscheiden, ob der Faktor
vor der Krankheit vorhanden war oder umgekehrt. Zudem ist dieser Studientyp
häufig anfällig gegenüber Verzerrungen, die etwa durch selektives Überleben
oder selektive Migration entstehen können. Da Querschnittsstudien aber verhältnismäßig schnell und kostengünstig durchgeführt werden können, sind sie
z. B. in der Umweltepidemiologie besonders verbreitet (Wichmann 1991).

Ökologische Relationen

Hierbei handelt es sich um Studien, bei denen als Einheit nicht Individuen, sondern Populationen dienen. Beziehungen, die dabei gefunden werden, sind deshalb nicht ohne weiteres für die einzelnen Mitglieder dieser Populationen
gültig. Beispiele für solche Studien, die oftmals nur von eingeschränktem Wert
sind, sind Assoziationsrechnungen basierend auf administrativen Bezirken

(z. B. Landkreise nach Angaben des statistischen Bundesamtes). Nur wenn eine ausreichende Kenntnis über die Verteilung der wichtigsten Risikofaktoren vorliegt, können ökologische Relationen sinnvoll interpretiert werden.

Die Möglichkeit zur Fehlinterpretation zeigt sich auch an entsprechend verfügbaren ökologischen Daten zur Lungenkrebsmortalität und der Belastung mit Radon in Innenräumen in der Bundesrepublik Deutschland (West). In der Abb. 4 ist jeweils aggregiert auf Regierungsbezirksebene die Lungenkrebssterblichkeit bei Frauen dargestellt. Wollte man aus (a) die Aussage ableiten, daß die Lungenkrebsmortalität nicht durch die Radonbelastung in Innenräumen verursacht sein kann, so wäre dies ein „ökologischer Trugschluß". Die Erklärung liegt in (b): Das Rauchverhalten, das ja bekanntlich der entscheidende Risikofaktor für den Lungenkrebs ist, zeigt ein zum Radon gegenläufiges regionales Muster: In Industrieregionen und Großstädten wird mehr geraucht als auf dem Lande, andererseits ist die Radonbelastung in bergigen, dünner besiedelten Gebieten höher als in Ballungszentren.

Ökologische Studien, die keinen positiven Zusammenhang zeigen, können somit nicht als Beleg für das Fehlen einer Korrelation angesehen werden. Ebenso ist das Vorliegen eines positiven Zusammenhangs allein auf der Basis ökologischer Studien nicht ausreichend, um eine positive Korrelation abzuleiten. Wegen dieser Interpretationsprobleme empfiehlt z.B. auch die WHO (1996), keine weiteren ökologischen Studien beispielsweise zum Zusammenhang zwischen Radon in Wohnungen und Lungenkrebs mehr durchzuführen.

Studientypen – Zusammenfassung

Die aufgeführten Studientypen werden zusammenfassend an einem einfachen Beispiel erläutert, nämlich der altersabhängigen Abnahme der Lungenfunktion bei Rauchern und Nichtrauchern (s. Abb. 5). Während die Lungenfunktion (gemessen als Ein-Sekunden-Kapazität FEV_1) beim Nichtraucher mit zunehmendem Lebensalter allmählich abnimmt, tritt dieser Leistungsabfall beim Raucher sehr viel früher ein. Dadurch leidet dieser im Mittel ab dem 60. Lebensjahr zunehmend unter gesundheitlichen Beschwerden, und seine Lebenserwartung ist deutlich verkürzt.

Will man obigen Sachverhalt epidemiologisch untersuchen, so kann man z.B. eine Querschnittstudie durchführen. Diese liefert sozusagen eine Augenblicksaufnahme: Zu einem festen Zeitpunkt wird in der untersuchten Population festgestellt, wie der Anteil der Raucher und Nichtraucher aussieht, und gleichzeitig, wie die Lungenfunktion sich bei Rauchern und Nichtrauchern unterscheidet.

Im Gegensatz dazu beobachtet man bei einer Kohortenstudie die Gruppe der Raucher und die Gruppe der Nichtraucher über einen längeren Zeitraum. Man stellt dann fest, ob die Lungenfunktion sich in diesen beiden Gruppen unterschiedlich entwickelt, oder ob in der einen Gruppe mehr Erkrankungs- und Todesfälle auftreten als in der anderen.

Bei einer Fall-Kontroll-Studie handelt es sich sozusagen um eine inverse Kohortenstudie: Die Erkrankungen sind bereits eingetreten, und man schaut

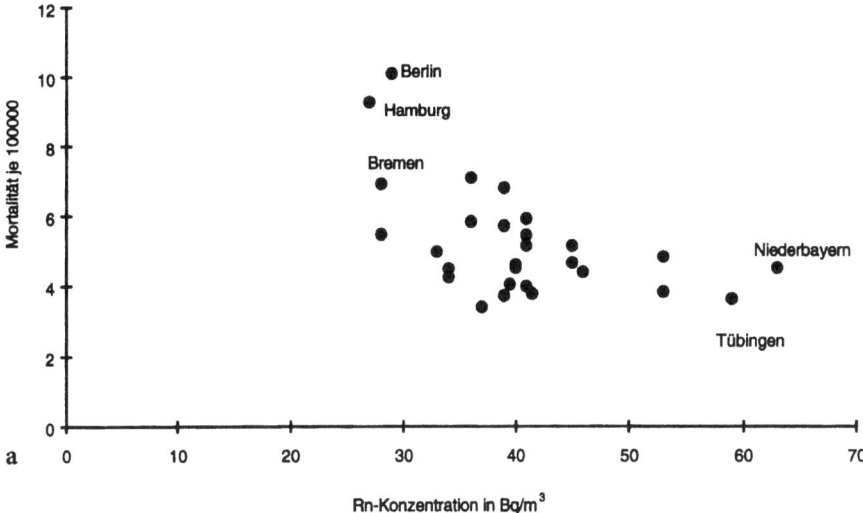

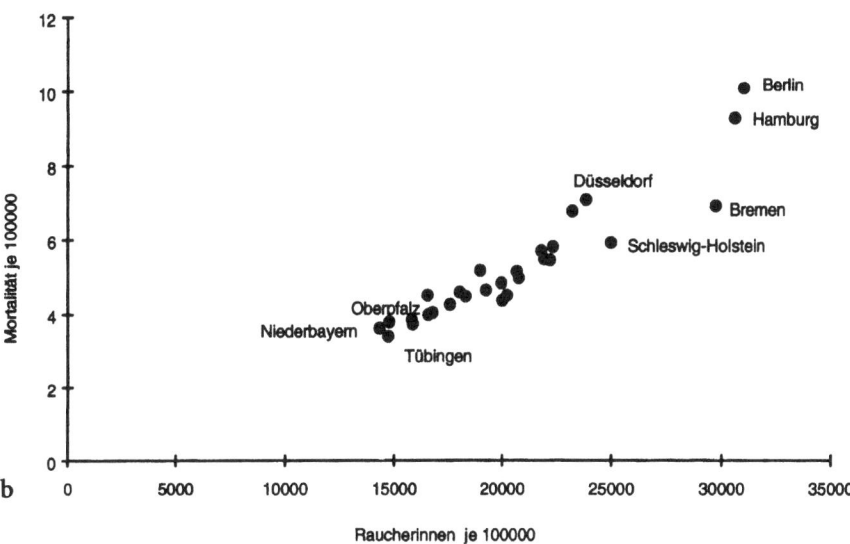

Abb. 4. „Ökologischer Trugschluß" zum Zusammenhang zwischen Radon in Wohnungen und der Lungenkrebssterblichkeit auf der Grundlage aggregierter Daten. Dargestellt ist die Lungen-krebssterblichkeit bei Frauen je 100000 in Regierungsbezirken der Bundesrepublik Deutsch-land West (Quelle: Wichmann et al. 1991; Becker et al. 1984) im Vergleich zu (**a**) Radon in Wohnungen (Quelle: Schmier 1984) und (**b**) Raucheranteil bei Frauen in % (Quelle: Wichmann et al. 1991). Es wird ein „protektiver Effekt" durch Radon vorgetäuscht, weil in den radon-belasteten süddeutschen Mittelgebirgsregionen wenig geraucht wird (z.B. Niederbayern), in den radonarmen Großstädten aber viel geraucht wird (z.B.) Hamburg

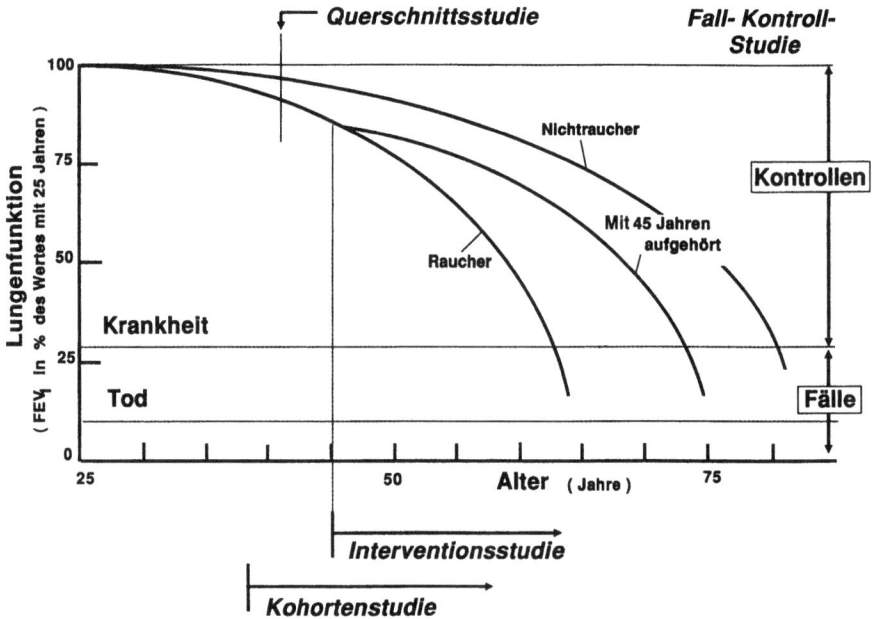

Abb. 5. Lungenfunktion bei Rauchern und Nichtrauchern. Vergleich epidemiologischer Studientypen

nun nach, wie hoch der Anteil der Raucher und Nichtraucher bei den erkrankten Personen ist. Das gleiche tut man für eine Gruppe von nicht (an der gleichen Krankheit) erkrankten Kontrollpersonen. Durch Bestimmung des Anteils der Raucher bei Fällen und Kontrollen läßt sich eine Aussage über den Zusammenhang zwischen Rauchen und Atemwegserkrankungen treffen.

Eine Interventionsstudie schließlich liegt vor, wenn man mit Rauchern arbeitet, von denen eine Gruppe weiter raucht und eine andere Gruppe das Rauchen aufgibt, und den Erfolg dieser Intervention bewertet.

Epidemiologische Qualitätskriterien

Um den Begriff der Qualität einer epidemiologischen Studie näher einzugrenzen, werden unterschiedlichste Kriterien verwendet. Eine Möglichkeit, hier eine Strukturierung vorzunehmen, besteht darin, die Schätzung eines interessierenden Parameters P_{Ziel} (z. B. durchschnittlicher Lungenfunktionsmeßwert) mit den Daten der Studienpopulation P_{Studie} als eine Art Messung im weitesten Sinne aufzufassen, wobei die gesamte epidemiologische Studie als „Meßinstrument" betrachtet wird.

Versteht man unter Qualität einer Studie, daß der Gesamtfehler der Untersuchung, also die Differenz des wahren Parameters der Zielgesamtheit P_{Ziel} zum geschätzten Parameter der Studiengesamtheit P_{Studie}, möglichst gering sein soll, so kann man eine zufällige und eine systematische Fehlerkomponente unterscheiden.

Mit dem Konzept des Zufallsfehlers sind die Begriffe der Reliabilität oder Wiederholbarkeit, auch Präzision oder Zuverlässigkeit, verknüpft. Die Reliabilität wird durch die Stabilität oder Gleichartigkeit eines Ergebnisses bei Wiederholungen der Messung unter konstant gehaltenen Meßbedingungen charakterisiert. Hierunter fallen z.b. klassische Meßfehler von Untersuchungsmethoden oder auch prinzipielle Fehler, die durch die Stichprobenentnahme, d.h. durch Beschränkung der Untersuchung auf eine Teilpopulation entstehen.

Das Konzept des systematischen Fehlers ist dagegen mit den Begriffen Unverzerrtheit, Bias oder Accuracy verbunden. Hier ist für alle Studienindividuen eine gerichtete Abweichung von den Strukturen der Zielgesamtheit von Bedeutung. Solche systematischen Fehler entstehen vor allem immer dann, wenn Störgrößen wie etwa die Alters- oder Geschlechtsabhängigkeit eines Befundes nicht berücksichtigt werden.

Zusätzlich zu diesen beiden Qualitätskonzepten muß allerdings noch ein übergeordnetes Konzept berücksichtigt werden, das Prinzip der Validität, Gültigkeit oder Repräsentativität. Hierbei ist im Gegensatz zu der Frage nach einer Differenz zwischen Studien- und Zielpopulation die Frage interessant, inwieweit die Studienergebnisse überhaupt auf die Zielgesamtheit bezogen werden dürfen.

Abbildung 6 verdeutlicht diese Qualitätsbegriffe anhand einer Querschnittstudie zu den Auswirkungen von Luftschadstoffen auf die Atemwegsgesundheit von Schulkindern. Als Zielpopulation werden sämtliche Schulkinder einer Region (z.B. Südwestdeutschland) angesehen. Es soll eine Aussage über die Prävalenz von Atemwegssymptomen P_{Ziel} getroffen werden. Zu diesem Zweck wird eine Stichprobe von Kindern aus dem Raum Freiburg gezogen und an dieser Studienpopulation die Symptomprävalenz P_{Studie} ermittelt.

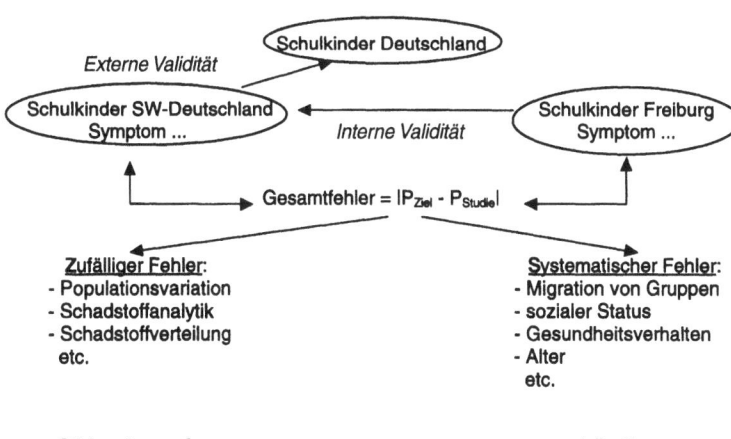

Abb. 6. Qualitätsbegriffe epidemiologischer Studien am Beispiel einer epidemiologischen Untersuchung der Auswirkung von Luftschadstoffen auf die Atemwegsgesundheit von Schulkindern. (Mod. nach Kreienbrock u. Schach 1997)

Als übergeordnetes internes Validitätsproblem muß vorab die Frage beantwortet werden, inwiefern diese Stichprobenuntersuchung überhaupt die Kinder in Südwestdeutschland repräsentiert. Eine Erweiterung der Fragestellung auf eine externe Population, z. B. auf die Kinder in ganz Deutschland, ist in analoger Weise zu beantworten. Für diese Prüfung auf interne bzw. externe Validität liegen in der Regel keine formalen Kriterien vor. Hier müssen medizinischer und chemisch-analytischer Sachverstand eine Antwort finden.

Für den eigentlichen Fehler der Untersuchung, d. h. für die Differenz zwischen dem wahren aber unbekannten Parameter der Zielgesamtheit P_{Ziel} und dem bekannten Parameter der Studiengesamtheit P_{Studie}, können dagegen formale Definitionen erfolgen. Damit ist eine Kontrolle des Gesamtfehlers und somit eine Qualitätssicherung möglich.

Der zufällige Fehler, der sich im Beispiel u. a. auf die Populationsvariation zurückführen lassen kann, kann durch den Stichprobenumfang der Studienpopulation kontrolliert werden. Die Bestimmung des Studienumfangs der notwendig ist, um einen zufälligen Fehler zu kontrollieren, ist daher eine der wichtigsten Aufgaben der Studienplanung.

Im Gegensatz zum zufälligen Fehler lassen sich systematische Fehler nicht durch den Stichprobenumfang kontrollieren, denn sie sind dadurch charakterisiert, daß dieser Fehlertyp nicht vom ausgewählten Individuum abhängig ist. Von einem systematischen Fehler, einer Verzerrung oder einem Bias spricht man deshalb immer dann, wenn über der gesamten Untersuchungspopulation eine Abweichung des Ergebisses zur Zielgesamtheit in eine bestimmte Richtung zu erwarten ist.

Üblicherweise unterscheidet man drei Typen von Verzerrungen:

- Selection Bias: Diese Verzerrung tritt immer dann auf, wenn die Studienpopulation durch eine (nicht zufällige) Auswahl entstanden ist. Typisch für eine solche Situation ist die vollständige oder teilweise Verweigerung von Auskünften bei Befragungen. Hier ist dann in der Regel zu unterstellen, daß Teilnehmer und Verweigerer unterschiedliche Verteilungen der Zielparameter aufweisen, was zu einer Verzerrung der Aussage führen kann.

- Information Bias: Fehlerhafte Information oder Fehlklassifikationen können ebenfalls zu Verzerrungen führen. Eine typische Situation in diesem Zusammenhang stellen die Fehlklassifikationen z. B. bei der Krankheitsdiagnose mithilfe diagnostischer Schnelltests dar. Abhängig von der Sensitivität, der Spezifität des Tests, aber vor allem auch von der Prävalenz der Krankheit kann der relative Anteil von Fehlklassifikationen so hoch sein, daß ein Untersuchungsergebnis wertlos werden kann.

- Confounding Bias: Die Verzerrung durch mangelhafte Berücksichtigung von Störgrößen tritt immer dann auf, wenn die Zielparameter durch eine Vielzahl von Variablen beeinflußt werden. Sind diese zudem noch untereinander abhängig, so kann dies bei Nicht-Berücksichtigung zu Scheinassoziationen führen. Das oben gegebene Beispiel der ökologischen Relation kann daher auch in diesem Sinn verstanden werden.

Jeder Bias-Typ kann unterschiedliche Ursachen haben, die je nach Untersuchungsziel und Untersuchungstyp differieren. Durch eine sorgfältige Planung und Durchführung von Studien kann einer Entstehung von Verzerrungseffekten vorgebeugt werden. Zudem existieren eine Vielzahl von Adjustierungsverfahren, die eine rechnerische Korrektur von Verzerrungen ermöglichen.

Kausalität

Um kausale Zusammenhänge zu entdecken, sind in vielen wissenschaftlichen Disziplinen experimentelle Versuche möglich, die den Kriterien der Wiederholbarkeit, der Blockbildung und der Randomisierung genügen. Hierbei wird dann z.B. eine Exposition zufällig zugeordnet bzw. nicht, damit zwei bis auf Exposition vollkommen vergleichbare Gruppen erzeugt und somit einen Wirkungsvergleich ermöglicht (vgl. z.B. Hartung et al. 1991). Dies ist in der Epidemiologie abgesehen von Interventionsstudien nicht möglich.

Da eine beobachtende Studie nur in der Lage ist, eine Assoziation zwischen einer vermuteten Ursache und deren Wirkung aufzuzeigen, muß im Gegensatz zum Experiment für den letztendlichen Kausalitätsnachweis innerhalb der epidemiologischen Forschung zusätzliche Evidenz erbracht werden.

Kausalität soll im folgenden so verstanden werden (vgl. z.B. Rothman 1986), daß ein Risikofaktor eine Krankheit dann verursacht, wenn folgende drei Bedingungen erfüllt sind:

- Die Exposition mit dem Risikofaktor geht der Erkrankung zeitlich voraus.
- Eine Veränderung in der Exposition geht mit einer Veränderung in der Krankheitshäufigkeit einher.
- Die Assoziation von Risikofaktor und Krankheit ist nicht die Folge einer Assoziation beider mit einem vorhergehenden dritten Faktor.

Zur Abgrenzung einer Kausalbeziehung von einer indirekten Beziehung sind zudem verschiedene substanzwissenschaftliche Kriterien gegeben worden (vgl. z.B. Evans 1976, Mausner u. Kramer 1985, Ackermann-Liebrich et al. 1986). Diese Kriterien umfassen unterschiedliche Aspekte, die hier nur stichwortartig skizziert werden sollen:

- Stärke der Assoziation: Je stärker die Assoziation zwischen Risikofaktor und Zielgröße (z.B. ausgedrückt durch das Odds Ratio), desto wahrscheinlicher ist eine Kausalbeziehung.
- Vorliegen einer Dosis-Wirkungs-Beziehung: Mit steigendem Niveau der Expositionsbelastung steigt die Erkrankungsrate; die Reaktion auf Expositionen gegenüber dem als ursächlich angesehenen Faktor sollte bei den Personen auftreten, die vor der Exposition diese Reaktion noch nicht gezeigt haben; die Verminderung der Exposition sollte einen präventiven Einfluß haben.
- Konsistenz der Assoziation: Die gefundene Assoziation soll auch in anderen Populationen und mit verschiedenen Studientypen reproduzierbar sein.

- Spezifität der Assoziation: Der Grad der Sicherheit, mit der beim Vorliegen eines Faktors die Krankheit vorhergesagt werden kann, sollte hoch sein; ideal wäre hier eine ein-eindeutige Beziehung, bei der ein Faktor notwendig und hinreichend für eine Krankheit ist; eine solche völlige Spezifität ist zwar ein starker Hinweis auf eine Kausalbeziehung, ist aber angesichts der Tatsache, daß ein Faktor verschiedene Erkrankungen hervorrufen kann und eine Krankheit durch verschiedene Faktoren hervorgerufen wird, nur selten realistisch;
- Kohärenz mit bestehendem Wissen/biologische Plausibilität: Die gefundene Assoziation sollte mit bestehendem Wissen übereinstimmen; dies gilt insbesondere nicht nur für epidemiologische Untersuchungen, sondern auch für tierexperimentelle Studien; hierbei muß allerdings bedacht werden, daß ein wissenschaftlicher Fortschritt natürlich auch von Ergebnissen ausgeht, die mit gegenwärtigen Theorien nicht erklärbar sind.

Der Kausalitätsbegriff der Epidemiologie ist somit ein eher gradueller im Sinne von zunehmender Evidenz durch das Zusammentragen von Indizien. Inwieweit sich diese Kriterien zu einem interpretierbaren Gesamtergebnis zusammensetzen lassen, muß deshalb stets bei jeder Untersuchung z.B. gemäß obiger Kriterien neu hinterfragt werden.

ZUSAMMENFASSUNG

Die epidemiologische Betrachtung des Krankheitsgeschehens basiert auf der Definition von Bevölkerungsgruppen, in denen die Häufigkeiten von Krankheiten beobachtet und Risikofaktoren identifiziert werden. Es werden die Grundlagen epidemiologischer Häufigkeitsmaßzahlen erläutert sowie analytische Risikomaßzahlen definiert. Zudem werden die wichtigsten Typen epidemiologischer Studien beschrieben und deren Vor- und Nachteile erläutert. Abschließend werden Qualitätskriterien zu epidemiologischen Aussagen eingeführt und es wird die Frage des Kausaltätsnachweises in Beobachtungsstudien diskutiert.

Literatur

1. Ackermann-Liebrich U, Gutzwiller F, Keil U, Kunze, M (1986) Epidemiologie – Lehrbuch für praktizierende Ärzte und Studenten. Medication Foundation, Cham Schweiz
2. Ahlbohm A, Norell S (1991) Einführung in die moderne Epidemiologie. Medizin Verlag, München
3. Becker N, Frentzel-Beyme R, Wagner G (1984) Krebsatlas der Bundesrepublik Deutschland. Springer, Berlin
4. Breslow NE, Day NE (1980) Statistical Methods in Cancer Research, Vol I: The Analysis of Case-Control Studies. IARC Scientific Publications No. 32, Lyon
5. Breslow NE, Day NE (1987) Statistical Methods in Cancer Research, Vol II: The Design and Analysis of Cohort Studies. IARC Scientific Publications No. 82, Lyon
6. Clayton D, Hills M (1993) Statistical Models in Epidemiology. Oxford University Press, Oxford u. a. O.

7. Evans AS (1976) Causation and disease: the Henle-Koch postulates revisited. Yale Journal Biol. Med. 49:175–195
8. Frentzel-Beyme R (1985) Einführung in die Epidemiologie, Wissenschaftliche Buchgesellschaft, Darmstadt
9. Garshik E, et al. (1988) A retrospective cohort study of lung cancer and diesel exhaust exposure in railroad workers. Am. Rev. Respir. Dis. 137:820–825
10. Hartung J, Elpelt B, Klösener K-H (1991) Statistik – Lehr- und Handbuch der angewandten Statistik, 8. Auflage. Oldenbourg, München/Wien
11. Kleinbaum DG, Kupper LL, Morgenstern H (1982) Epidemiologic Research. van Nostrand Reinhold, New York u. a. O.
12. Kreienbrock L, Schach S (1997) Epidemiologische Methoden, 2. Aufl. Fischer, Stuttgart
13. Last JM (1995) A Dictionary of Epidemiology, 3rd ed. Oxford University Press, Oxford
14. Lilienfeld AM, Lilienfeld DE (1980) Foundation of Epidemiology Oxford University Press, Oxford
15. Mausner JS, Kramer S (1985) Epidemiology – An Introductory Text. Saunders, Philadelphia
16. Miettinen OS (1985) Theoretical Epidemiology. Wiley, New York u. a. O.
17. Pflanz M (1973) Allgemeine Epidemiologie. Thieme, Stuttgart
18. Rothman KJ (1986) Modern Epidemiology. Little Brown, Boston/Toronto
19. Schlesselman JJ (1982) Case-Control Studies. Design, Conduct and Analysis. Oxford University Press, Oxford
20. Schmier H (1984) Die Strahlenexposition durch die Folgeprodukte des Radon und Thoron. Schriftenreihe des Instituts für Strahlenhygiene des BGA, Neuherberg
21. WHO, World Health Organisation/ed. (1996) Indoor air quality: A risk-based approach to health criteria for radon indoors, Report on a WHO Working Group, Eilat Israel. WHO Regional Office for Europe, Copenhagen
22. Wichmann HE/Hrsg. (1986) Methodische Aspekte in der Umweltepidemiologie. Med. Informatik und Statistik, Band 65, Springer, Berlin
23. Wichmann HE (1990) Schadstoff-Epidemiologie – Ein Instrument der Risikoerkennung. In: Kuhlmann, A/Hrsg. 1. Weltkongress für Sicherheitswissenschaft. Bd. 1 Verlag TÜV Rheinland, Köln 598–616
24. Wichmann HE (1991) Umweltepidemiologische Forschung in der Bundesrepublik Deutschland. Münchener Medizinische Wochenschrift 133:422–424
25. Wichmann HE (1996) Neues zur Epidemiologie allergischer Erkrankungen – Sind es die Gene, ist es die Umwelt? Umweltmedizinische Forschung und Praxis 1:85–91
26. Wichmann HE, Jöckel KH, Molik B (1991) Luftverunreinigungen und Lungenkrebsrisiko – Ergebnisse einer Pilotstudie. Bericht des Umweltbundesamtes 7/91. Erich Schmidt, Berlin
27. Wichmann HE, Kreienbrock L (1992) Umweltepidemiologie. In: Wichmann HE, Schlipköter H-W, Fülgraff G/Hrsg. Handbuch der Umweltmedizin. Ecomed, Landsberg/Lech, III–1.2, S. 1–20
28. Wichmann HE, Lehmacher (1991) Manual für die Planung und Durchführung epidemiologischer Studien. Schattauer, Stuttgart
29. Wichmann HE, Wjst M, Heinrich J (1995) Innenraumbelastungen, Astma und Allergien – Zwischenbilanz und Ausblick aus epidemiologischer Sicht. Allergologie 18:482–494

1.3 Humanexperimentelle Forschungsansätze

R. A. JÖRRES

EINLEITUNG

Das vorliegende Kapitel stellt sich die Aufgabe, die in 1.1 dargelegten grundsätzlichen Überlegungen zum Wert der experimentellen Expositionen durch einen Abriß der zur Verfügung stehenden Methoden zu präzisieren. Dabei sind gewisse Überschneidungen mit den in Kapitel 5.2 dargestellten Resultaten der Forschung unvermeidlich, sollen jedoch auf das unbedingt Notwendige reduziert werden; die Literaturangaben sind als Beispiele zu verstehen. Der Schwerpunkt der vorliegenden Darstellung soll auf den Verfahren liegen, die beim Menschen in experimentellen Expositionstestungen bislang angewandt wurden oder sich zur Zeit in der Erprobung befinden.

Modus der Exposition

Grundsätzlich stehen zur experimentellen Gabe von Luftschadstoffen beim Menschen zwei Methoden zur Verfügung: man kann die Luft über ein Mundstück einatmen lassen, oder der Proband atmet frei in einer Expositionskammer, so daß er selbst den relativen Anteil von Mund- und Nasenatmung bestimmen kann. Die Einatmung über eine Maske ist am ehesten letzterem Typ zuzuordnen.

Exposition über Mundstück

Die Mundstückatmung bietet den Vorteil, daß man mit wesentlich geringeren Luftdurchsätzen als im Falle der Kammer auskommt, so daß die Expositionssysteme wesentlich einfacher und vor allem preisgünstiger werden. Ferner erlaubt sie auf simple Weise, die Ventilationsrate und sogar das Atemmuster akkurat zu messen (Jörres et al., 1995c). Solche Messungen sind bei freier Atmung nur über Impedanzmessungen möglich, die aufgrund der inhärenten Fehlermöglichkeiten numerisch weniger verläßliche Werte liefern als dies beispielsweise durch einen Pneumotachographen möglich ist. Die Erfassung des Atemmusters kann insofern hilfreich sein, als sie erlaubt, die im allgemeinen bei maximalen Atemmanövern gemessenen Einschränkungen der Lungenfunktion zu Änderungen in Beziehung zu setzen, die bereits unter Ruheatmungsbedingungen manifest werden (z. B. Jörres et al., 1995c). Ferner ist sie Voraussetzung einer genauen

Dosimetrie beim einzelnen Probanden. Die Messung der Ventilation durch einen Pneumotachographen sollte stets im Exspirationsschenkel erfolgen, um eine Adsorption des einzuatmenden Schadstoffes zu vermeiden. Auch müssen, wie im Falle einer Expositionskammer, gegenüber dem zu prüfenden Schadstoff inerte Materialien Verwendung finden. Im Falle längerer Expositionen gerät die Mundstückatmung an ihre Grenzen, da nicht alle Probanden die damit verbundene Erschwernis tolerieren. Ferner ist zu beachten, daß die Relative Feuchte der Luft einen akzeptablen Wert aufweist, d. h. erfahrungsgemäß mindestens 50 % beträgt. Darüber hinaus ist in Rechnung zu stellen, daß die Lungenfunktionsreaktion bei reaktiven Schadstoffen vom Weg der Einatmung abhängen kann und beispielsweise für Schwefeldioxid bei Mundatmung stärker als bei Nasenatmung ausfällt (z. B. Bethel et al., 1983). Andererseits stellt die Atmung über eine Maske erfahrungsgemäß nur eine partielle Lösung dar, da insbesondere bei längerdauernder ergometrischer Belastung die Maske durch Druck und Schweiß Beschwerden verursacht. Bei Tieren kann die Applikation des zu testenden Schadstoffes über eine Maske für definierte Zeiten ebenfalls Anwendung finden. Verglichen damit stellt die teilweise gebräuchliche Instillation partikel- oder faserförmiger Schadstoffe ein grobes Verfahren dar, unter anderem, da im allgemeinen enorme Mengen an Substanz innerhalb kürzester Zeit in einer Weise zugeführt werden, welche den natürlichen Expositionsbedingungen nicht entspricht.

Expositionskammer

Die Alternative zur Mundstückatmung stellt die freie Atmung in einer Expositionskammer dar. Im einfachsten Fall kann die „Kammer" auch aus einem Helm bestehen, der über den Kopf des Probanden gestülpt wird (Jörres et al., 1995a; Jörres und Magnussen, 1996) und gegebenenfalls sogar hinten offen sein kann, sofern der Luftstrom genügend stark ist, um ein Ansaugen von Raumluft während der Einatmung zu vermeiden, und der Raum selbst an eine Abluft angeschlossen ist (Hiltermann et al., 1995). Der Luftdurchsatz muß in jedem Fall wesentlich höher als die Ventilationsrate sein, da der Helm zusammen mit dem Kopf im Vergleich zu einer Kammer eine große Oberfläche relativ zum Volumen aufweist und somit bei ungünstiger Konstruktion beträchtliche Anteile reaktiver Schadstoffe absorbieren kann. Expositionskammern im eigentlichen Sinn sind mehrere Kubikmeter fassende, klimatisierte oder nicht klimatisierte Einrichtungen, in denen sich der Proband befindet und in die der Schadstoff eingeleitet werden kann (z. B. Horstman et al., 1990; Devlin et al., 1991; Helleday et al., 1994). Aufgrund der großen Volumina und Luftdurchsätze sind aufwendige Einrichtungen zur Reinigung und Konditionierung der angesaugten Außenluft erforderlich, bevor der zu testende Schadstoff beigemengt werden kann. Wichtig ist auch hier, daß die Einleitung der Luft so erfolgt, daß keine Gradienten innerhalb des Raumes entstehen, die bei einem Ortswechsel des Probanden zu Unterschieden der Exposition führen. Aufgrund des hohen Investitions- und Betriebsaufwandes und der einzuhaltenden Sicherheitsbestimmungen sind für den Menschen geeignete Expositionskammern weltweit nur in wenigen Laboratorien vorhanden. Kleinere Kammern, die für Tierversuche geeignet sind, stehen häufiger zur Verfügung. Ferner wächst der technische Aufwand beträchtlich, wenn schwer zu handhabende Substanzen gewählt werden. Dies gilt in besonderem Maße für hoch reaktive und für partikelförmige Schadstoffe, wenn die Zusammensetzung der Partikel diejenige der Außenluft repräsentieren soll. Hierfür sind seit kurzer Zeit Konzentratoren in Betrieb, die große Mengen an Außenluft ansaugen und eine beträchtliche Anreicherung definierter Partikelfraktionen verglichen mit den Konzentrationen der Außenluft erzielen können (Godleski et al., 1997).

Ventilationsrate und Schadstoffdosis

Expositionstestungen finden entweder unter Ruheatmungsbedingungen oder unter Belastung statt. Die kürzesten Expositionen sind bei akut wirksamen Schadstoffen wie Schwefeldioxid möglich; hier genügen wenige Minuten Ruheatmung oder gesteigerter Ventilation (Sheppard et al., 1980, 1981). Langandauernde Testungen erfolgten für Ozon, beispielsweise über 6,6 oder 8 h (Horstman et al., 1990; Devlin et al., 1991; Hazucha et al., 1992). Die meisten experimentellen Expositionen schließen eine oder mehrere ergometrische Belastungen ein, um die Dosis des aufgenommenen Schadstoffes zu steigern oder um die Eindringtiefe bei hoch wasserlöslichen Schadstoffen wie Schwefeldioxid zu steigern. In Extremfällen bedeutete dies 50 von 60 Minuten fahrradergometrischer Belastung über mehr als 6 h (Horstman et al., 1990; Devlin et al., 1991). Insbesondere bei denjenigen Schadstoffen, die einen begrenzten kumulativen Effekt aufweisen (z.B. Ozon), stellt jedes Protokoll in gewissem Sinne einen Kompromiß dar zwischen einerseits der Konzentration, die man zur Erzielung realistischer Bedingungen so niedrig wie möglich wählt, und andererseits der Zahl der Probanden, ihrer zeitlichen Verfügbarkeit bzw. Bereitschaft sowie ihrem Trainingszustand. Im allgemeinen wählt man aufgrund dieser Einschränkungen die Konzentration eines Schadstoffes in experimentellen Testungen höher als unter Außenluftbedingungen. Bei der Übertragung experimenteller Daten auf Umweltverhältnisse ist zu berücksichtigen, daß der Einsatz relativ niedriger Konzentrationen durch wenig realistische, allenfalls bei Leistungssportlern verwirklichte Belastungsbedingungen erkauft sein mag. Ähnliche Restriktionen gelten für Expositionstestungen an mehreren aufeinanderfolgenden Tagen, wie sie zur Untersuchung der Toleranzentwicklung bei Ozon Anwendung fanden (z.B. Folinsbee et al., 1994; Jörres et al., 1995a; Jörres und Magnussen, 1996).

Parameter der Reaktion in experimentellen Expositionen

Symptome

Atemwegssymptome wurden von vielen Autoren mit Hilfe standardisierter Scores erfaßt. Die Ergebnisse stimmen im allgemeinen mit denjenigen epidemiologischer Untersuchungen überein, soweit sich diese auf akute Effekte beziehen. Auch wurde versucht, durch experimentelle Daten Äquivalenzen zwischen respiratorischen Symptomen und Funktionseinschränkungen zu finden (Ostro et al., 1989). Nach unserer Erfahrung sind allerdings die schadstoffinduzierten Atemwegssymptome durch eine große interindividuelle Variabilität gekennzeichnet, die im allgemeinen größer ist als diejenige der funktionellen Änderungen (Jörres et al., 1995c). Auch ist die Korrelation mit den funktionellen Änderungen so schwach, daß sie zwar statistisch signifikant sein kann, jedoch für eine individuelle Vorhersage ohne Wert ist. Aus diesem Grunde werden zwar Atemwegssymptome in experimentellen Testungen der Vollständigkeit halber erfaßt, rangieren jedoch nicht unter den primären Variablen zur Beurteilung der Schadstoffeffekte.

Lungenfunktion

Lungenfunktionsreaktionen innerhalb experimenteller Expositionstestungen wurden von den meisten Autoren mit Hilfe der Spirometrie bestimmt. Einige verwandten ebenfalls die Ganzkörperplethysmographie oder die oszillatorische Bestimmung des Atemwegswiderstandes (Hazucha et al., 1983). In jedem Falle muß sichergestellt sein, daß die Charakteristika der Reaktion auf den jeweiligen Schadstoff erfaßt werden. Beispielsweise ähnelt die ozoninduzierte Reaktion einer restriktiven Ventilationsstörung mit einer näherungsweise gleichen relativen Reduktion des Atemstosses (FEV_1) und der forcierten exspiratorischen Vitalkapazität (FVC). Man könnte also genausogut FEV_1 wie FVC messen, gute Mitarbeit vorausgesetzt; die Messung des Atemwegswiderstandes ist hier ungeeignet, die Reaktion zu erfassen. Umgekehrt ist bei Einatmung von SO_2 mit einer obstruktiven Reaktion zu rechnen, die sich nur unzureichend in FVC niederschlägt, hingegen durch FEV_1 oder den Atemwegswiderstand gut charakterisiert wird. Die Literatur erlaubt nur begrenzt, die Wertigkeit verschiedener Parameter innerhalb der gleichen Untersuchung zu vergleichen. Methoden zur kontinuierlichen Erfassung des Atemwegswiderstandes, beispielsweise durch forcierte Oszillation, sind zwar zur Detektion akuter Effekte attraktiv, jedoch in hohem Maße Artefakten durch die oberen Atemwege ausgesetzt. Die geringere Mitarbeitsabhängigkeit der Ganzkörperplethysmographie stellt ein minderes Argument dar, da man es in der Regel in Expositionstestungen mit geübten Probanden zu tun hat. Unter Berücksichtigung der Tatsache, daß eine Reduktion des FEV_1 verschiedene Ursachen haben und somit unterschiedlich interpretiert werden kann, hat sich die Messung dieses Parameters für alle untersuchten Schadstoffe nach unserer Erfahrung als ausreichend erwiesen. Die Spitzenflußrate (peak expiratory flow rate, PEFR), die in epidemiologischen Untersuchungen häufig herangezogen wird, liefert unter Laborbedingungen nur unwesentlich schlechtere, d.h. stärker variable Ergebnisse als die Messung des FEV_1; die geringe Differenz mag auf die Tatsache zurückzuführen sein, daß die Reaktion der kleinen Atemwege unzureichend erfaßt wird. Spezielle Parameter zur Charakterisierung der kleinen Atemwege wie die exspiratorischen Flußraten bei 50 und 75% des ausgeatmeten Volumens (FEF_{50}, FEF_{75}) oder der mittlere Fluß zwischen 25 und 75% des ausgeatmeten Volumens (FEF_{25-75}) haben in einigen

Untersuchungen Effekte aufdecken können, die dem Atemstoß verborgen blieben (Weinmann et al., 1995). Voraussetzung war, daß die Flüsse unter Isovolumen-Bedingungen gemessen wurden. Bei Tieren werden in der Regel plethysmographische Messungen (z.B. Tepper at al., 1989) oder ösophageale Druckmessungen durchgeführt.

Atemwegsempfindlichkeit

Unspezifische Atemwegsempfindlichkeit

Die sogenannte unspezifische Atemwegsempfindlichkeit umfaßt im allgemeinen Verständnis die Reaktion der Atemwege gegenüber Stimuli wie Histamin oder Acetycholin, Methacholin oder Carbachol. Da diese Reaktionen über spezifische Rezeptoren vermittelt sind, ist der Terminus „unspezifisch" als Gegenbegriff des Terminus „spezifisch" im Sinne der Allergenreaktion zu verstehen (s.u.). Dementsprechend werden auch die Reaktionen gegenüber anderen pharmakologischen Stimuli wie Adenosinmonophosphat (AMP) oder die durch Anstrengung bzw. Hyperventilation ausgelöste Bronchokonstriktion oft dem Begriff „unspezifisch" zugeordnet. Die Reaktion gegenüber den pharmakologischen Stimuli kann zwar teilweise auch durch Infusionen ausgelöst werden, doch ist diese Verfahrensweise nur im Tierversuch vertretbar. Im allgemeinen werden die Substanzen mit Hilfe eines Verneblers als Aerosole erzeugt und in definierten Dosen, sei es durch Steigerung der vernebelten Konzentration, sei es durch Steigerung der inhalierten Gesamtmenge, in das Bronchialsystem gebracht (vgl. Sterk et al., 1993). Bei wiederholten Provokationen fanden zur Abkürzung auch Testungen Anwendung, in denen nur eine einzige, durch vorherige Testung gefundene Konzentration inhaliert wurde (z.B. Folinsbee et al., 1994). Die pharmakologisch induzierte bronchokonstriktorische Reaktion wurde beim Menschen im allgemeinen durch Spirometrie oder Ganzkörperplethysmographie erfaßt (z.B. Jörres et al., 1995c). Diese beiden Meßmethoden ergaben im allgemeinen keine wesentlichen Unterschiede der Schadstoffreaktion in Bezug auf die Atemwegsüberempfindlichkeit; die Präferenzen für das eine oder andere Verfahren sind eher für die Arbeitgruppe typisch, zumal das Argument der Mitarbeitsabhängigkeit bei Probanden sekundär ist. Die Reaktion auf den pharmakologischen Stimulus wurde, sofern keine Einkonzentrationstestung vorlag, als Provokationskonzentration oder kumulative Provokationsdosis angegeben, die eine definierte Änderung der Lungenfunktion bewirkte, beispielsweise einen Abfall des FEV_1 um 20% ($PC_{20}FEV_1$, $PD_{20}FEV_1$) (z.B. Jörres et al., 1995c) oder einen Anstieg des spezifischen Atemwegswiderstandes um 100% ($PC_{100}sRaw$) (Bylin et al., 1988).

Die Reaktion der Atemwege auf Belastung bzw. auf die Einatmung von kalter Luft während Belastung oder isokapnischer Hyperventilation wurde nur von wenigen Arbeitsgruppen als Meßparameter einer Schadstoffreaktion gewählt. Die Belastungstestung war zuweilen als Kurzzeittest bei mehreren Belastungsstufen mit einer Schadstoffgabe, beispielsweise von Schwefeldioxid verknüpft

(Horstman et al., 1986). Meist jedoch wurde nur eine Belastungstufe gewählt, da die reproduzierbare Einstellung definierter Ventilationsraten bei ergometrischer Belastung schwierig ist (z. B. Bauer et al., 1986; Jörres und Magnussen 1991). Im Vergleich dazu kann die isokapnische Hyperventilation von kalter Luft oder Raumluft mit und ohne Beimengung eines Schadstoffes auf einfache Weise als stufenweiser Test durchgeführt werden, indem die Ventilationsrate schrittweise gesteigert wird (Bauer et al., 1986; Jörres und Magnussen, 1991). Die beim Tier anwendbaren Meßverfahren und Modi der Quantifikation sind ähnlich den genannten.

Allergenempfindlichkeit

Die allergische Empfindlichkeit der Atemwege wurde überraschenderweise nur von wenigen Arbeitsgruppen im Rahmen experimenteller Expositionen beim Menschen gemessen. Da experimentelle Untersuchungen zur Entstehung bzw. Begünstigung einer Sensibilisierung durch Schadstoffe sich beim Menschen von vornherein verbieten, ist dieser Weg fast vollständig auf Tierversuche oder epidemiologische Studien verwiesen. Allenfalls eine temporäre Verschiebung analog einem kurzzeitigen „Etagenwechsel" von einer nasalen zu einer bronchialen Reaktion ist experimentell beim Menschen zugänglich (Jörres et al., 1995c, 1996). Die vorliegenden Untersuchungen zur Allergenreaktion bedienten sich analog der unspezifischen Testung entweder der Inhalation steigender Konzentrationen des Allergens (Jörres et al., 1995c, 1996) oder einmaliger Gaben in einer durch vorherige Testung gefundenen Dosis (Tunnicliffe et al., 1994). Die Allergenempfindlichkeit wurde dementsprechend durch die Provokationsdosis, welche eine definierte Änderung der Lungenfunktion bewirkte (z. B. Abnahme von FEV_1 um 20 %, $PD_{20}FEV_1$), oder durch die Lungenfunktionsreaktion bei einer definierten Allergendosis quantifiziert (Tunnicliffe et al., 1994; Jörres et al., 1995c, 1996; Ball et al., 1996). Zielgröße war in jedem Fall die Stärke der allergischen Sofortreaktion, teilweise auch die Stärke der Spätreaktion (Tunnicliffe et al., 1994). Zu beachten ist, daß die zur Erzielung einer definierten Reaktion erforderliche Allergenmenge beim Auftreten einer gesteigerten Sofortreaktion geringer als unter Kontrollbedingungen ist und dies wiederum das Auftreten einer Spätreaktion weniger wahrscheinlich machen könnte. Daher scheint es, daß zur korrekten Erfassung von Spätreaktionen die Gabe einer fixen Allergendosis vorzuziehen ist; allerdings sind methodisch zureichende Daten zu dieser Frage derzeit nicht verfügbar.

Biochemische und zelluläre Parameter

Peripheres Blut

Von einer Reihe von Autoren wurden Reaktionen auf Schadstoffe anhand des peripheren Blutes erfaßt, unter anderem, um invasivere Prozeduren zu umgehen. Dies erfolgte sowohl für Stickstoffdioxid (Rasmussen et al., 1992) als auch für Ozon (DeLucia und Adams, 1977; Schelegle et al., 1989). Es ist allerdings begreiflich, daß die Sensitivität derartiger Parameter immer als geringer einzustufen ist als diejenige von Proben, welche dem Bronchialsystem entstammen.

Lavage

Die bronchoalveoläre Lavage (BAL) hat sich als erfolgreiches Verfahren zur Charakterisierung von Änderungen im Bronchialsystem erwiesen und ist auch bei Schadstoffexpositionen angewandt worden. Auf diese Weise konnten insbesondere die entzündlichen Effekte von Ozon beim Menschen in eindrucksvoller Weise nachgewiesen werden (Seltzer et al., 1986). Die zelluläre Zusammensetzung der bronchoalveolären Lavageflüssigkeit (BALF) wurde im allgemeinen mit Hilfe von Zytospinpräparaten bestimmt, doch fanden auch durchflußzytometrische Methoden zur Charakterisierung der Lymphozyten Anwendung (z. B. Helleday et al., 1994; Jörres und Magnussen, 1996). Von einzelnen Untersuchern wurden die gewonnenen Zellen funktionell auf ihre Phagozytosefähigkeit (Devlin et al., 1991; Jörres und Magnussen, 1996), auf ihre Kapazität zur Inaktivierung von Viren (Frampton et al., 1989) oder auf ihre Fähigkeit zur Produktion von reaktiven Sauerstoffspezies (Kinney et al., 1996) untersucht. Eine Vielzahl löslicher Komponenten in der BALF wurde daraufhin geprüft, ob die experimentelle Exposition gegenüber Luftschadstoffen ihre Konzentration oder ihre Funktionalität veränderte. Zu ersteren gehören Prostanoide (Seltzer et al., 1986), Leukotriene (Devlin et al., 1991), Zytokine wie Interleukin 6 und 8 sowie der Granulozyten-Makrophagen-Koloniebildungs-stimulierende Faktor (GM-CSF) (Devlin et al., 1991; Aris et al., 1993), Marker der Zellschädigung und erhöhten Permeabilität wie Gesamtprotein, Laktatdehydrogenase (LDH), Albumin oder Fibrinogen (Koren et al., 1989; Devlin et al., 1991; Weinmann et al., 1995), Antioxidantien (Kelly et al., 1996; Jörres und Magnussen, 1996) sowie Enzyme wie die Neutrophilen-Elastase oder der Urokinase-Plasminogen-Aktivator (Koren et al., 1989). Unter dem Aspekt der Funktionalität wurde unter anderem die Modulation der inhibitorischen Kapazität des α_1-Proteinase-Inhibitors durch Stickstoffdioxid geprüft (Mohsenin und Gee, 1987).

Als Ergänzung zur bronchoalveolären Lavage wurde die Atemwegslavage eingeführt, um zwischen der Reaktion der zentralen Atemwege und derjenigen des alveolären Kompartiments unterscheiden zu können. Im einfachsten Fall wurde die erste Probe einer BAL getrennt analysiert; hierbei zeigten sich bereits Abweichungen der Zusammensetzung bzw. Reaktion von derjenigen der nachfolgenden Proben (z. B. Helleday et al., 1994). Aufwendiger ist das Verfahren, mit Hilfe eines oder zweier Ballone ein Atemwegssegment zu isolieren und daraus Probenmaterial zu gewinnen (Aris et al., 1993). Diese Art von Untersuchungen hat für Ozon Unterschiede zwischen der Antwort der zentralen Atemwege und der peripheren Antwort aufzeigen können. Es ist jedoch zu beachten, daß die Analyse der zentralen Proben sich wegen der geringen Materialmengen oft schwierig gestaltet und die Vergleichbarkeit zwischen zentralen und peripheren Proben durch unterschiedliche Verdünnungseffekte beeinflußt werden kann.

Biopsien

Von einer Reihe von Untersuchern wurden Schleimhautbiopsien in die Untersuchung einbezogen. Auf diese Weise konnte beispielsweise der durch Ozon bewirkte Einstrom neutrophiler Granulozyten innerhalb der Schleimhaut erfaßt werden (Aris et al., 1993; Jörres und Magnussen, 1996). Aris und Mitarbeiter (1993) versuchten auch, über die Zelldifferenzierung hinaus ein Hitzeschockprotein (Hsp 72) mittels SDS-Gelelektrophorese von Biopsiematerial immunologisch nachzuweisen. Da es Hinweise gibt, daß wiederholte Expositionen gegenüber Ozon andere zelluläre und biochemische Effekte bewirken als eine einmalige Exposition, erscheint die Analyse von Schleimhautbiopsien von besonderem Interesse, um die möglicherweise unterschiedliche Kinetik der Entzündung im Atemwegslumen und der Schleimhaut zu erfassen (Jörres und Magnussen, 1996). Darüber hinaus wurde versucht, anhand von Bürstenbiopsien der Atemwege Zellmaterial für die Anzucht von Epithelzellen zu gewinnen oder in derartigen Proben mit Hilfe der Polymerase-Kettenreaktion (PCR) die Genexpression antioxidativer Enzyme zu messen (Jörres und Magnussen, 1996). Die Analyse von Schleimhautbiopsien erscheint auch geeignet, chronische Effekte unter Umweltbedingungen zu erfassen, wie das vermehrte Auftreten pathologischer Änderungen in der Nasenschleimhaut des Menschen bei hoher Oxidantienbelastung (Calderon-Garciduenas et al., 1992). Eine Reihe von Untersuchungen hat beim Tier experimentelle Langzeitexpositionen genutzt, um die chronischen Effekte der Schadstoffbelastung zu untersuchen (z.B. Barr et al., 1988; Tepper et al., 1989).

Induziertes Sputum und nasale Lavage

Ein vergleichsweise neues Verfahren stellt die nicht oder wenig invasive Methode des induzierten Sputums dar, die derzeit in der klinischen Forschung eine geradezu explosive Ausweitung ihrer Anwendung findet (Pin et al., 1992; Pavord et al., 1997). Hierbei wird hypertone, im Falle empfindlicher Probanden auch isotone Kochsalzlösung eingeatmet, welche die Produktion von Sputum erleichtert. Dieses wird entweder von der Kontamination durch Speichel befreit oder als Ganzes aufgearbeitet. Es resultieren im allgemeinen Zytospinpräparate für die Zellen, die sich auch immunzytochemisch behandeln lassen, sowie Überstände, in denen lösliche Komponenten nachgewiesen werden können. Die Methode wurde bislang eingesetzt, um die Effekte von Stickstoffdioxid (Vagaggini et al., 1996) und Ozon nachzuweisen (Hiltermann et al., 1995; Fahy et al., 1995a; Holz et al., 1996b, 1997a). Die Ergebnisse standen in Übereinstimmung mit den aus der bronchoalveolären Lavage bekannten Befunden: Es fanden sich sowohl der ozoninduzierte Anstieg der Neutrophilenzahl als auch Änderungen löslicher Parameter, wie ein Anstieg der Konzentration von Interleukin (IL) 8. Der Vorteil dieser Methode besteht naturgemäß darin, daß sie beim gleichen Probanden viel häufiger angewandt werden kann als eine BAL. Allerdings ist zu beachten, daß die Testung nicht in beliebig kurzem Zeitabstand wiederholt werden sollte, da sie selbst temporäre Änderungen der Zellzusammensetzung zu verursachen scheint (Holz et al., 1997b). Ferner ist zur Zeit ungeklärt, welches Kompartiment die Sputumproben im einzelnen repräsentieren (Holz et al., 1996a); es ist wahrscheinlich, daß die erhaltene Information komplementär zu derjenigen der bronchoalveolären Lavage und Schleimhautbiopsien ist (z.B. Maestrelli et al., 1995; Fahy et al., 1995b). Die Anwendung des Verfahrens in epidemiologischen Studien steht zur Zeit noch aus. Ein alternatives, ebenfalls wenig invasives Verfahren stellt die nasale Lavage dar, die sowohl in experimentellen als auch in epidemiologischen Studien Anwendung fand. Die Methode konnte für Ozon experimentell qualitativ ähnliche Änderungen nachweisen wie aus der bronchoalveolären Lavage bekannt (Graham und Koren, 1990), war auch zum Nachweis einer verstärkten Allergenempfindlichkeit tauglich (Peden at al., 1995) und lieferte erstmalig den Nachweis ozoninduzierter, zellulärer Veränderungen auch unter Außenluftbedingungen (Frischer et al., 1993). Sie hat den großen Vorzug, daß sie auch von Kindern gut bewältigt werden kann, während dieser Nachweis beim induzierten Sputum noch aussteht. Jedoch weisen die Ergebnisse erfahrungsgemäß eine hohe Variabilität auf, und die Frage der Übertragbarkeit der Ergebnisse auf das Kompartiment der Lunge ist Gegenstand anhaltender Diskussionen.

Exhalat

Das Interesse an nichtinvasiven Verfahren hat auch die Analyse der Ausatemluft stark zunehmende Aufmerksamkeit gewinnen lassen. Unter den Verfahren nimmt die Analyse des Stickstoffmonoxids (NO) den vorderen Rang ein (Barnes und Kharitonov, 1996). Dieses Interesse ist in der Tatsache begründet, daß die Konzentration des exhalierten NO bei Patienten mit entzündlichen Veränderungen der Atemwege, insbesondere Asthma bronchiale, erhöht ist. Diese Erhöhung scheint an die vermehrte Expression eines Enzyms, der induzierbaren Stickstoffmonoxidsynthase (iNOS), gekoppelt zu sein; diese ist ihrerseits über die Regulation der Transkription direkt mit der Produktion von Zytokinen verbunden, welche in der Genese der Erkrankung eine Rolle spielen (Barnes und Kharitonov, 1996). Inzwischen existieren Meßprotokolle, die valide und die Verhältnisse im Bronchialsystem widerspiegelnde Werte liefern (Kharitonov et al., 1997; Silkoff et al., 1997). Einer weiten Verbreitung der NO-Messung scheinen momentan hauptsächlich die hohen Investitionskosten der benötigten Analysegeräte im Wege zu stehen. In jedem Fall liegt ein Vorteil in der nahezu unbegrenzten Wiederholbarkeit der Messung.

Dies gilt auch für die Messung des exhalierten Wasserstoffperoxids (H_2O_2), die wahrscheinlich die Aktivierung von Phagozyten anzeigt und beispielsweise bei der chronisch-obstruktiven Lungenerkrankung (COPD) im Vergleich zu Gesunden erhöhte Werte ergibt (Dekhuijzen et al., 1996). Vorläufige Daten deuten an, daß auch nach Ozonexposition die Produktion von H_2O_2 verstärkt ist (Madden et al., 1996). Zu bedenken ist, daß zwar der technische Aufwand geringer ist als bei der Messung von NO, die Variabilität der Werte jedoch trotz einer Korrelation mit dem Krankheitsbild beträchtlich sein kann (Dekhuijzen et al., 1996; Jöbsis et al., 1997). Die zukünftige Forschung wird klären müssen, ob die Messung der Parameter des Exhalats verglichen mit invasiven Techniken eine relevante Zusatzinformation zur Modulation von Atemwegserkrankungen durch Umweltfaktoren liefert.

ZUSAMMENFASSUNG

Expositionstestungen gegenüber Luftschadstoffen beim Menschen erfolgten normalerweise, indem der Proband über ein Mundstück oder in einer Expositionskammer die zu testende Substanz einatmete. Hierbei wurden in der Regel Phasen ergometrischer Belastung eingeschoben, oder die Einatmung erfolgte kurzzeitig über eine isokapnische Hyperventilation, unter anderem mit dem Ziel, die applizierte Dosis der zu testenden Substanz zu erhöhen. Als Parameter zur Quantifikation der Schadstoffwirkung wurden bislang das Auftreten von Atemwegsbeschwerden, Änderungen der Lungenfunktion oder der Empfindlichkeit gegenüber pharmakologischen und immunologischen Stimuli sowie zelluläre und biochemische Wirkungen erfaßt. Letztere schlugen sich in der zellulären Zusammensetzung der bronchoalveolären Lavageflüssigkeit, den Konzentrationen der löslichen Komponenten sowie der funktionellen Kapazität der Zellen oder biochemischer Verbindungen nieder. Alternativ fand die nasale Lavage als weniger invasive Methode Anwendung. In der Erprobung befinden sich die wenig oder nicht invasiven Verfahren der Gewinnung des induzierten Sputums und der Messung des Exhalats, insbesondere des Stickstoffmonoxids und Wasserstoffperoxids, als Marker der Zellaktivierung. Diese Verfahren bieten den Vorteil, auch komplexere und longitudinale Untersuchungen beim gleichen Probanden realisierbar werden zu lassen.

Literatur

1. Aris RM, Christian D, Hearne PQ, et al. (1993) Ozone-induced airway inflammation in human subjects as determined by airway lavage and biopsy. Am Rev Respir Dis 148: 1363–1372
2. Ball BA, Folinsbee LJ, Peden DB, Kehrl HR (1996) Allergen bronchoprovocation of patients with mild allergic asthma after ozone exposure. J Allergy Clin Immunol 98:563–572
3. Barnes PJ, Kharitonov SA (1996) Exhaled nitric oxide: a new lung function test. Thorax 51: 233–237
4. Barr BC, Hyde DM, Plopper CG, Dungworth DL (1988) Distal airway remodeling in rats chronically exposed to ozone. Am Rev Respir Dis 137:924–938
5. Bauer MA, Utell MJ, Morrow PE, et al. (1986) Inhalation of 0.30 ppm nitrogen dioxide potentiates exercise-induced bronchospasm in asthmatics. Am Rev Respir Dis 134:1203–1208
6. Bethel RA, Erle DJ, Epstein J, et al. (1983) Effect of exercise rate and route of inhalation on sulfur-dioxide-induced bronchoconstriction in asthmatic subjects. Am Rev Respir Dis 128: 592–596

7. Bylin G, Hedenstierna G, Lindvall T, Sundin B (1988) Ambient nitrogen dioxide concentrations increase bronchial responsiveness in subjects with mild asthma. Eur Respir J 1:606–612

8. Calderon-Garciduenas L, Osorno-Velazquez A, Bravo-Alvarez H, Delgado-Chavez R, Barrios-Marquez R (1992) Histopathological changes of the nasal mucosa in southwest Metropolitan Mexico City inhabitants. Am J Pathol 140:225–232

9. Dekhuijzen PN, Aben KK, Dekker I, et al. (1996) Increased exhalation of hydrogen peroxide in patients with stable and unstable chronic obstructive pulmonary disease. Am J Respir Crit Care Med 154:813–816

10. DeLucia AJ, Adams WC (1977) Effects of O_3 inhalation during exercise on pulmonary function and blood biochemistry. J Appl Physiol 43:75–81

11. Devalia JL, Rusznak C, Herdman MJ, et al. (1994) Effect of nitrogen dioxide and sulphur dioxide on airway response of mild asthmatic patients to allergen inhalation. Lancet 344: 1668–1671

12. Devlin RB, McDonnell WF, Mann R, et al. (1991) Exposure of humans to ambient levels of ozone for 6.6 hours causes cellular and biochemical changes in the lungs. Am J Respir Cell Mol Biol 4:72–81

13. Fahy JV, Wong HH, Liu JT, Boushey HA (1995a) Analysis of induced sputum after air and ozone exposures in healthy subjects. Environmental Research 70:77–83

14. Fahy JV, Wong H, Liu J, Boushey HA (1995b) Comparison of samples collected by sputum induction and bronchoscopy from asthmatic and healthy subjects. Am J Respir Crit Care Med 152:53–58

15. Folinsbee LJ, Horstman DH, Kehrl HR, et al. (1994) Respiratory responses to repeated prolonged exposure to 0.12 ppm ozone. Am J Respir Crit Care Med 149:98–105

16. Frampton MW, Smeglin AM, Roberts NJ, et al. (1989) Nitrogen dioxide exposure in vivo and human alveolar macrophage inactivation of influenza virus in vitro. Environmental Research 48:179–192

17. Frischer TM, Kuehr J, Pullwitt A, et al. (1993) Ambient ozone causes upper airways inflammation in children. Am Rev Respir Dis 148:961–964

18. Godleski JJ, Sioutas C, Verrier RL, et al. (1997) Inhalation exposure of canines to concentrated ambient air particles. Am J Respir Crit Care Med 155:A246 (Abstract)

19. Graham DE, Koren HS (1990) Biomarkers of inflammation in ozone-exposed humans. Comparison of the nasal and bronchoalveolar lavage. Am Rev Respir Dis 142:152–156

20. Hazucha MJ, Ginsberg JF, McDonnell WF, et al. (1983) Effects of 0.1 ppm nitrogen dioxide on airways of normal and asthmatic subjects. J Appl Physiol 54:730–739

21. Hazucha MJ, Folinsbee LJ, Seal Jr E (1992) Effects of steady-state and variable ozone concentration profiles on pulmonary function. Am Rev Respir Dis 146:1487–1493

22. Helleday R, Sandström T, Stjernberg N (1994) Differences in bronchoalveolar cell response to nitrogen dioxide exposure between smokers and nonsmokers. Eur Respir J 7:1213–1220

23. Hiltermann TJ, Stolk J, Hiemstra PS, et al. (1995) Effect of ozone exposure on maximal airway narrowing in non–asthmatic and asthmatic subjects. Clin Sci 89:619–624

24. Holz O, Jörres RA, Koschyk S, et al. (1996a) Changes of cellular and biochemical sputum composition during sputum induction in healthy and asthmatic subjects. Am J Respir Crit Care Med 153:A289 (Abstract)

25. Holz O, Jörres RA, Magnussen H (1996b, 1997a) Analyse zellulärer und biochemischer Wirkungen von Ozon beim Menschen mit Hilfe des induzierten Sputums. In: F. Horsch et al. (Hrsg.). 5. bzw. 6. Statuskolloquium des PUG (Projekt Umwelt und Gesundheit), Forschungszentrum Karlsruhe, FZKA-PUG 22:173–182 bzw. 27:1–18

26. Holz O, Jörres RA, Speckin P, et al. (1997b) Differences in the cellular composition of sputum produced on two subsequent days. Am J Respir Crit Care Med 155:A822 (Abstract)

27. Horstman DH, Folinsbee LJ, Ives PJ, Abdul–Salaam S, McDonnell WF (1990) Ozone concentration and pulmonary response relationships for 6.6-hour exposures with five hours of moderate exercise to 0.08, 0.10, and 0.12 ppm. Am Rev Respir Dis 142:1158–1163

28. Horstman D, Roger LJ, Kehrl H, Hazucha M (1986) Airway sensitivity of asthmatics to sulfur dioxide. Toxicol Indust Health 2:289–298

29. Jöbsis Q, Raatgeep HC, Hermans PW, de Jongste JC (1997) Hydrogen peroxide in exhaled air is increased in stable asthmatic children. Eur Respir J 10:519–521

30. Jörres R, Gercken G, Böttcher M, Zachgo W, Magnussen H (1995a); bzw. Jörres R, Magnussen H (1996) Zelluläre und biochemische Untersuchungen zur Toleranzentwicklung nach wiederholter Einatmung von Ozon beim Menschen. In: F. Horsch et al. (Hrsg.): Berichte des 4. und 5. Statuskolloquiums des Projektes Umwelt und Gesundheit (PUG), Forschungszentrum Karlsruhe, FZKA-PUG 17:115–125 bzw. 22:27–39

31. Jörres R, Magnussen H (1990) Airways response of asthmatics after a 30 min exposure, at resting ventilation, to 0.25 ppm NO_2 or 0.5 ppm SO_2. Eur Respir J 3:132–137

32. Jörres R, Magnussen H (1991) Effect of 0.25 ppm nitrogen dioxide on the airway response to methacholine in asymptomatic asthmatic patients. Lung 169:77–85

33. Jörres R, Nowak D, Grimminger F, et al. (1995b) The effect of 1 ppm nitrogen dioxide on bronchoalveolar lavage cells in normal and asthmatic subjects. Eur Respir J 8:416–424

34. Jörres R, Nowak D, Magnussen H (1995c) Die Wirkung der Einatmung von Ozon auf die allergische Reaktion des Bronchialsystems. XI, 168 S., Berichte Umweltforschung Baden-Württemberg, FZKA-PUG 19, ISSN 0948-5511.

35. Jörres R, Nowak D, Magnussen H (1996) The effect of ozone exposure on allergen responsiveness in subjects with asthma or rhinitis. Am J Respir Crit Care Med 153:56–64

36. Kelly FJ, Blomberg A, Frew A, Holgate ST, Sandström T (1996) Antioxidant kinetics in lung lavage fluid following exposure of humans to nitrogen dioxide. Am J Respir Crit Care Med 154:1700–1705

37. Kharitonov S, Alving K, Barnes PJ (1997) Exhaled and nasal nitric oxide measurements: recommendations. Eur Respir J 10:1683–1693

38. Kinney PL, Nilsen DM, Lippmann M, et al. (1996) Biomarkers of lung inflammation in recreational joggers exposed to ozone. Am J Respir Crit Care Med 154:1430–1435

39. Koren HS, Devlin RB, Graham DE, et al. (1989) Ozone-induced inflammation in the lower airways of human subjects. Am Rev Respir Dis 139:407–415

40. Madden M, Hanley N, Harder S, Devlin R (1996) Increased hydrogen peroxide in the breath of ozone-exposed subjects. Am J Respir Crit Care Med 153:A615 (Abstract)

41. Maestrelli P, Saetta M, Di Stefano A, et al. (1995) Comparison of leucocyte counts in sputum, bronchial biopsies, and bronchoalveolar lavage. Am J Respir Crit Care Med 152:1926–1931

42. Mohsenin V, Gee JBL (1987) Acute effect of nitrogen dioxide exposure on the functional activity of α_1-protease inhibitor in bronchoalveolar lavage fluid of normal subjects. Am Rev Respir Dis 136:646–650

43. Molfino NA, Wright SC, Katz I, et al. (1991) Effect of low concentrations of ozone on inhaled allergen responses in asthmatic subjects. Lancet 338:199–203

44. Ostro BD, Lipsett MJ, Jewell NP (1989) Predicting respiratory morbidity form pulmonary function tests: a reanalysis of ozone chamber studies. JAPCA 39:1313–1318

45. Pavord ID, Pizzichini MMM, Pizzichini E, Hargreave FE (1997) The use of induced sputum to investigate airway inflammation. Thorax 52:498–501

46. Peden DB, Setzer RW, Devlin RB (1995) Ozone exposure has both a priming effect on allergen-induced responses and an intrinsic inflammatory action in the nasal airways of perennially allergic asthmatics. Am J Resp Crit Care Med 151:1336–1345

47. Pin I, Freitag AP, O'Byrne PM, et al. (1992) Changes in the cellular profile of induced sputum after allergen-induced asthmatic responses. Am Rev Respir Dis 145:1265–1269

48. Rasmussen TR, Kjaergaard SK, Tarp U, Pedersen OF (1992) Delayed effects of NO_2 exposure on alveolar permeability and glutathione peroxidase in healthy humans. Am Rev Respir Dis 146:654–659

49. Schelegle ES, Adams WC, Giri SN, Siefkin AD (1989) Acute ozone exposure increases plasma prostaglandin $F_{2\alpha}$ in ozone-sensitive human subjects. Am Rev Respir Dis 140:211–216

50. Seltzer J, Bigby BG, Stulbarg M, et al. (1986) O_3-induced change in bronchial reactivity to methacholine and airway inflammation in humans. J Appl Physiol 60:1321–1326

51. Sheppard D, Saisho A, Nadel JA, Boushey HA (1981) Exercise increases sulfur dioxide-induced bronchoconstriction in asthmatic subjects. Am Rev Respir Dis 123:486–491

52. Sheppard D, Wong WS, Uehara CF, Nadel JA, Boushey HA (1980) Lower threshold and greater bronchomotor responsiveness of asthmatic subjects to sulfur dioxide. Am Rev Respir Dis 122:873–878

53. Silkoff PE, McClean PA, Slutsky AS, et al. (1997) Marked flow-dependence of exhaled nitric oxide using a new technique to exclude nasal nitric oxide. Am J Respir Crit Care Med 155: 260–267

54. Sterk, PJ, Fabbri LM, Quanjer PH, et al. (1993) Airway responsiveness. Standardized challenge testing with pharmacological, physical and sensitizing stimuli in adults. Eur Respir J 6 (suppl 16):53–83

55. Tepper JS, Costa DL, Lehmann JR, Weber MF, Hatch GE (1989) Unattenuated structural and biochemical alterations in the rat lung during functional adaptation to ozone. Am Rev Respir Dis 140:493–501

56. Tunnicliffe WS, Burge PS, Ayres JG (1994) Effect of domestic concentrations of nitrogen dioxide on airway responses to inhaled allergen in asthmatic patients. Lancet 344:1733–1736

57. Vagaggini B, Paggiaro PL, Giannini D, et al. (1996) Effect of short-term NO_2 exposure on induced sputum in normal, asthmatic and COPD subjects. Eur Respir J 9:1852–1857

58. Weinmann GG, Liu MC, Proud D, et al. (1995) Ozone exposure in humans: inflammatory, small and peripheral airway responses. Am J Respir Crit Care Med 152:1175–1182

2 Umweltmedizinisch relevante Erkrankungen der Atmungsorgane

2.1 Asthma, Bronchitis, Emphysem

D. Nowak

EINLEITUNG

Das Asthma bronchiale, die chronische (obstruktive) Bronchitis und das Lungenemphysem gehören zu den wichtigsten pneumologischen Krankheitsbildern, bei welchen Umwelteinflüssen eine bedeutsame Rolle spielen – teils in der Ätiologie, teils in der Symptomausprägung, teils in beiden Bereichen. Eine exakte differentialdiagnostische Einordnung ist zum einen essentiell, um eine gezielte Prävention auf einer möglichst fundierten Risikoeinschätzung basieren zu lassen, zum anderen aus therapeutischen Überlegungen. Es wird häufig nicht bedacht, daß die drei Krankheitsbilder primär ursächlich nicht zusammenhängen.

In der Abb. 1 sind die verschiedenen differentialdiagnostisch zu charakterisierenden Subgruppen von Patienten mit chronisch-obstruktiven Atemwegserkrankungen schematisch (nicht-proportional) zusammengefaßt (ATS, 1995). Die im angloamerikanischen Sprachgebrauch, teilweise auch hierzulande mit „COPD" („chronic obstructive pulmonary disease") bezeichnete Patientengruppe ist grau unterlegt. Patienten mit einem Asthma bronchiale, deren obstruktive Ventilationsstörung (zumindestens zeitweise) vollständig reversibel ist (Gruppe 9), werden nicht zur COPD-Gruppe gerechnet. Chronische Bronchitis und Lungenemphysem treten häufig miteinander vergesellschaftet auf (Gruppe 5). Einige Asthmatiker – fast ausschließlich rauchende Asthmatiker – haben zusätzlich eine chronische Bronchitis (Gruppe 6, nur hier ist die Bezeichnung „asthmatische Bronchitis" erlaubt) oder ein Lungenemphysem (Gruppe 7) oder beides (Gruppe 8). Patienten mit einer chronischen Bronchitis oder einem Lungenemphysem ohne obstruktionsbedingte Flußlimitierung (Gruppen 1, 2 und 11) werden nicht der großen COPD-Gruppe zugerechnet. Weiterhin sind spezifische diagnostische Entitäten mit einer Atemwegsobstruktion zu berücksichtigen, beispielsweise die Mukoviszidose oder Bronchiolitis obliterans (zugehörig zur Gruppe 10).

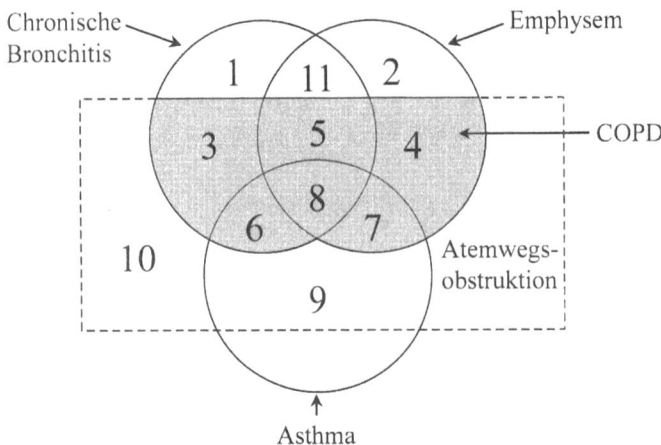

Abb. 1. Schematische Einteilung der chronisch-obstruktiven Atemwegserkrankungen. Erläuterungen der Subgruppen finden sich im Text. Nach ATS (1995)

Asthma bronchiale

Wegen seiner umweltmedizinisch-pneumologisch gegenüber den anderen zu beschreibenden Krankheitsbildern herausragenden Bedeutung wird das Asthma bronchiale unter teilweise enger Bezugnahme auf vorangegangene Arbeiten (Nowak und Magnussen, 1993, Nowak und Magnussen, im Druck) hier ausführlicher abgehandelt.

Definition

Das Asthma ist eine chronische, entzündliche Erkrankung der Atemwege, an welcher zahlreiche Zellen beteiligt sind, insbesondere Mastzellen, eosinophile Granulozyten und T-Lymphozyten. Bei prädisponierten Personen verursacht diese Entzündung wiederkehrende Episoden mit pfeifenden Atemgeräuschen, Kurzluftigkeit, Brustenge und insbesondere nächtlichem oder frühmorgendlichem Husten. Diese Symptome gehen meist mit einer ausgedehnten, jedoch variablen Atemwegsobstruktion einher, welche – zumindest teilweise – spontan oder unter Medikation reversibel ist. Die Entzündung bedingt auch eine Zunahme der Atemwegsempfindlichkeit gegenüber einer Vielzahl von Stimuli (National Institutes of Health, 1995).

Formen

Die wichtigsten Unterschiede zwischen dem *exogen-allergischen Asthma* und dem *nicht-allergischen Asthma* bronchiale zeigt Tabelle 1. Die in der Verursa-

Tabelle 1. Vergleich des exogen-allergischen und des nicht-allergischen Asthma bronchiale

	Exogen-allergisch	Nicht-allergisch
Manifestation	Kindheit, Jugend	Über 30 Jahre
Symptome	Variabel, oft Zusammenhang mit Allergenbelastung	Variabel, oft schwerer Verlauf, Verschlechterung bei Infekten
Hauttest (Prick)	Meist positiv	Meist negativ (wenn positiv, ohne anamnestisches Korrelat)
Atopie in der Familienanamnese	Häufig	Selten
IgE-Antikörper	Erhöht, abhängig von Allergenbelastung	Normal
Bluteosinophilie	Variabel, oft erhöht	Oft stark erhöht
Nasenpolypen	Selten	Häufig
Aspirinintoleranz	Selten	Häufig

chung des Asthma bronchiale wichtigsten Allergene (Hausstaubmilben, Pilzsporen, Tierepithelien und berufliche Auslöser) werden über die Atemwege aufgenommen. Die erneute Allergenzufuhr führt zur Verengung der Atemwege in Form einer isolierten Sofortreaktion, einer dualen (Sofort- und verzögerte Reaktion) oder einer isolierten verzögerten Reaktion. Die Überempfindlichkeit der Atemwege auf Allergene steht in einer engen Beziehung zur unspezifischen Überempfindlichkeit der Atemwege, da eine positive Reaktion auf eine Allergenexposition zur Erhöhung der unspezifischen Überempfindlichkeit der Atemwege führen kann (Magnussen, 1990).

Beim *Anstrengungsasthma* kommt es während oder unmittelbar nach körperlicher Belastung zu Luftnot, die lungenfunktionsanalytisch als Verengung der Atemwege objektivierbar ist. Das Anstrengungsasthma tritt bei jugendlichen Asthmatikern häufiger als im Erwachsenenalter auf. Das Ausmaß der anstrengungsinduzierten Atemwegsverengung wird durch den Wärmeverlust und Wasserverlust über die Atemwege sowie durch die Intensität der Atmung bestimmt. Eine dem Anstrengungsasthma verwandte Form ist die Überempfindlichkeit auf *Hyperventilation* (vermehrte Atmung ohne körperliche Belastung).

Die Inhalation *hyper- und hypoosmolarer Lösungen*, auch die Exposition gegenüber Nebel, kann bei Patienten mit einem Asthma bronchiale vielfach ebenfalls eine Atemwegsobstruktion auslösen.

Bei etwa 5 bis 20% aller Asthmatiker kommt es nach Einnahme bestimmter entzündungshemmender Medikamente (nicht-steroidaler Antiphlogistika) zu einer Atemwegsobstruktion. Dieses sogenannte *Analgetika-Asthma* tritt fast

ausschließlich bei Patienten mit nicht-allergischem Asthma bronchiale auf.
Typisch ist die Kombination mit rezidivierenden Nasenpolypen und Alkohol-
intoleranz.

Patienten mit einem Asthma bronchiale können auch auf die Einnahme
eines *Beta-Rezeptorenblockers* mit einer zum Teil lebensbedrohlichen Bronchokonstriktion reagieren.

Gegenwärtig sind über 200 Auslöser *berufsbedingter asthmatischer Erkrankungen* bekannt. Arbeitsplatznoxen können asthmatische Erkrankungen erstmals auslösen oder ein vorbestehendes Asthma verschlimmern. Hierauf wird
weiter unten eingegangen (Seite 53, berufliche Einflüsse).

In den letzten Jahren ist das Problem einer gesteigerten Reaktionsbereitschaft
von Asthmatikern gegenüber in der allgemeinen Außenluft vorkommenden
Luftschadstoffen Gegenstand intensiver Forschung. Aufgrund der unterschiedlichen Wirkungscharakteristika der Luftschadstoffe ist eine differenzierte Betrachtung erforderlich: So stellt das Asthma bronchiale einen Risikofaktor für
das Auftreten einer Atemwegsverengung bei einer Exposition gegenüber *Schwefeldioxid* dar. *Stickstoffdioxid* ruft hingegen nur geringfügige Änderungen der
Lungenfunktion – auch bei Asthmatikern – hervor, kann jedoch eine Erhöhung
der unspezifischen Atemwegsempfindlichkeit sowie der Allergenempfindlichkeit bei Patienten mit Asthma bronchiale bewirken. *Ozon* vermag die bronchiale
Reaktionsbereitschaft gegenüber inhalierten Allergenen zu erhöhen, und zwar
sowohl bei Patienten mit einem Asthma bronchiale, die ohnehin mit einer Atemwegsverengung auf das Allergen reagieren, als auch bei Patienten mit Heuschnupfen, die ohne vorherige Exposition gegenüber Ozon keine Reaktionsbereitschaft der unteren Atemwege gegenüber den entsprechenden Allergenen aufweisen. Insbesondere tierexperimentelle Daten deuten gegenwärtig darauf hin,
daß feine, insbesondere ultrafeine *Partikel* bei vergleichsweise geringer Massenkonzentration, jedoch enormer Anzahl in erheblichem Maße zu entzündlichen
Veränderungen in den Atemwegen beitragen können. Diese Befunde stehen in
Übereinstimmung mit epidemiologischen Hinweisen auf eine gesteigerte Sterblichkeit an Atemwegserkrankungen bei Asthmatikern, wenn an den Vortagen
eine hohe Luftverschmutzung durch Partikel gegeben war.

Epidemiologie

Morbidität

Untersuchungen zur Punktprävalenz liegen weltweit in nahezu unüberschaubarer Zahl vor, so wurde über Häufigkeiten zwischen 0 und 23% berichtet.
Methodische Unterschiede zwischen den Studienansätzen spielen jedoch eine
erhebliche Rolle. Valide Aussagen zu zeitlichen Trends können nur aus wiederholten Querschnittsuntersuchungen an einem Ort erfolgen, während die Wertigkeit von Risikofaktoren im wesentlichen aus multizentrischen Querschnittsstudien abgeleitet werden muß (Nowak und Magnussen, 1993).

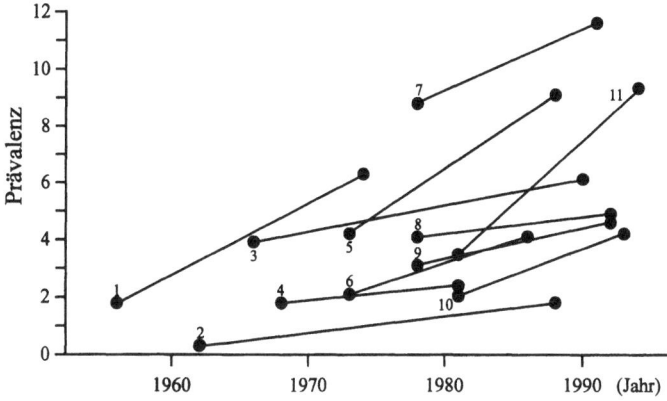

1: Smith (1976), 2: Haahtela (1990), 3: Whincup (1993), 4: Varonier (1984), 5: Burr (1989), 6: Burney (1990), 7: Anderson (1994), 8: Tunon de Lara (1995), 9: Tunon de Lara (1995), 10: Skjonsberg (1995), 11: Nystad (1997)

Abb. 2. Übersicht über wiederholte Querschnittsuntersuchungen zur Prävalenzentwicklung des Asthma bronchiale in Europa. Die Numerierung bezieht sich auf Erstautoren und Erscheinungsjahr der entsprechenden Arbeiten

Zeitliche Trends

In der Abb. 2 sind in Europa gewonnene Studienergebnisse zusammengefaßt, denen wiederholte Querschnittsuntersuchungen nach einem Zeitraum von 13 bis 24 Jahren zugrundeliegen. In allen Untersuchungen zeigt sich – unabhängig vom gewählten methodischen Zugang – eine im Zeitverlauf steigende Asthmahäufigkeit. Eine zunehmende Asthmaprävalenz kann daher heute als gesichert angenommen werden. In Deutschland fehlen bislang vergleichbare Untersuchungen, die eine valide langfristige Trendaussage zulassen.

Aktuelle Prävalenzstudien

Nach der deutschen Wiedervereinigung griffen verschiedene Arbeitsgruppen den Ansatzpunkt auf, in Ost- und Westdeutschland bei zwei genetisch sehr ähnlichen Populationen, die für einen Zeitraum von über 40 Jahren unter unterschiedlichen Luftschadstoff- und allgemeinen Lebensverhältnissen gelebt hatten, die Häufigkeiten asthmatischer Symptome und allergischer Sensibilisierungen zu untersuchen.

In der Untersuchung von Krämer et al. (1992) wurde von 6jährigen Kindern in ostdeutschen Gebieten (Sachsen und Sachsen-Anhalt) häufiger über das vermehrte Auftreten von Husten berichtet, während die Diagnose Asthma und Rhinitis bevorzugt in den westlichen Untersuchungsorten (Nordrhein-Westfalen) gestellt wurde. In den Untersuchungen von von Mutius et al. (1992, 1994) ergaben sich erhöhte Prävalenzen von Bronchitis und Husten bei Schulkindern in ostdeutschen Untersuchungsgebieten (Leipzig, Halle) im Vergleich zu Westdeutschland (München), während in Westdeutschland allergische Sensibilisierungen, Heuschnupfen und Asthma im Vordergrund standen.

Tabelle 2. Atemwegsbeschwerden bei 3156 und 3272 Personen zwischen 20 und 44 Jahren aus bevölkerungsbezogenen Zufallsstichproben in Hamburg und Erfurt. Prozent positive Antworten (Nowak et al., 1996)

	Hamburg		Erfurt		Gesamt
	Männer	Frauen	Männer	Frauen	
1. Hatten Sie jemals in den letzten 12 Monaten ein pfeifendes oder brummendes Geräusch in Ihrem Brustkorb?	22,2	20,1	12,8	13,8	13,3
2. Sind Sie irgendwann in den letzten 12 Monaten mit einem Engegefühl im Brustkorb aufgewacht?	8,9	10,2	8,0	10,2	9,2
3. Sind Sie irgendwann in den letzten 12 Monaten durch einen Anfall von Atemnot aufgewacht?	5,1	4,6	3,9	4,9	4,4
4. Sind Sie irgendwann in den letzten 12 Monaten wegen eines Hustenanfalls aufgewacht?	21,2	29,3	14,9	23,9	19,7
5. Haben Sie in den letzten 12 Monaten einen Asthmaanfall gehabt?	2,9	3,0	1,1	1,5	1,3
6. Nehmen Sie derzeit irgendeine Medizin (z. B. Inhalationen, Dosieraerosole (Sprays) oder Tabletten) gegen Asthma?	3,6	3,3	1,5	1,7	1,6
7. Haben Sie allergischen Schnupfen, z. B. „Heuschnupfen"?	22,7	23,5	13,4	13,3	13,3
Mindestens eine der Fragen 1, 2, 5 oder 6 bejaht	15,9	13,0	8,2	7,6	7,8

Innerhalb der EG-weiten Studie über Atemwegserkrankungen bei Erwachsenen (20 bis 44 Jahre) konnten Symptomprävalenzen bei 3156 und 3272 Probanden aus Zufallsstichproben der Hamburger und der Erfurter Allgemeinbevölkerung ermittelt werden. Die Ergebnisse sind in Tabelle 2 zusammengestellt und
lassen erkennen, daß Symptome von Atemwegs-, insbesondere allergischen
Erkrankungen in Hamburg wesentlich häufiger als in Erfurt angegeben wurden
(Nowak et al., 1996). Im internationalen Vergleich mit weiteren 46 Zentren, in
denen die gleiche Studie durchgeführt wurde, lag das 95 %-Konfidenzintervall
der Prävalenz berichteter Atemwegssymptome in Erfurt bezüglich aller sieben
Fragen (Tabelle 2) unterhalb des Medians der in der gesamteuropäischen Studie
erhobenen Symptomprävalenzen. In Hamburg war dies nur bei drei Fragen der
Fall, während lediglich die Frage nach Heuschnupfen in Hamburg signifikant
häufiger als im Median der restlichen Zentren bejaht wurde (European Community Respiratory Health Survey, 1996).

Bei 1159 Hamburgern und 731 Erfurtern wurden darüber hinaus ausführliche Fragebogenerhebungen, Untersuchungen der Lungenfunktion und der
Atemwegsempfindlichkeit sowie allergologische Testungen durchgeführt. In
Hamburg ergaben sich signifikant häufiger Sensibilisierungen gegenüber Gräserpollen, Birkenpollen, Katzenepithelien und dem Allergen der Hausstaubmilbe
D. pteronyssinus. Bei der Auswertung der potentiellen Risikofaktoren zeigte
sich, daß in Hamburg im Vergleich zu Erfurt die Geschwisterzahl der Probanden
geringer war, daß häufiger eine Passivrauchbelastung angegeben wurde, und
daß häufiger über festverlegte Teppichböden und Schimmelpilzbildung in den
Wohnungen berichtet wurde (Nowak et al., 1996). Somit lag die Schlußfolgerung
nahe, daß Risikofaktoren, die im Kindesalter wirksam waren, sowie Faktoren der
Innenraumluft für die Entwicklung asthmatischer und allergischer Erkrankungen bedeutsamer erscheinen als die langjährig hohe Belastung der Außenluft
mit Schwefeldioxid und Staubpartikeln.

Der im deutsch-deutschen Vergleich auffallend erscheinende Unterschied
zwischen den Sensibilisierungsraten (Hamburg: hoch, Erfurt: niedrig) und auch
in den – hierzu gegenläufigen – Gesamt-IgE-Konzentrationen (Hamburg: niedrig, Erfurt: hoch) relativiert sich, wenn er zu den Ergebnissen der anderen Länder[1], welche an der Verbundstudie teilgenommen haben, in Beziehung gesetzt
wird (Burney et al., 1997): Aus den Abb. 3 und 4 wird ersichtlich, daß die beiden
deutschen Zentren insgesamt im Mittelfeld liegen, während sich in den „eng-

---

[1] Teilnehmende Zentren (Abkürzungen der Länder entspr. Abb. 3 und 4 in Klammern): Island
(ICE): Reykjavik; Norwegen (N): Bergen; Schweden (S): Göteborg, Umea, Uppsala; Estland:
Tartu; Dänemark (DK): Aarhus; Niederlande (NL): Bergen op Zoom, Geleen, Groningen;
Belgien (B): Antwerpen-Innenstadt, Antwerpen-Süd; Deutschland (D): Hamburg, Erfurt;
Österreich: Wien; Schweiz (CH): Basel; Frankreich (F): Bordeaux, Grenoble, Montpellier,
Nancy, Paris; Großbritannien (GB): Caerphilly, Cambridge, Dundee, Ipswich, Norwich; Irland
(IRL): Dublin, Kilkenny-Wexford; Griechenland (GR): Athen; Italien (I): Pavia, Turin, Verona;
Spanien (E): Albacete, Barcelona, Galdakao, Huelva, Oviedo, Sevilla; Portugal (P): Coimbra,
Oporto; Algerien: Algier; Indien: Bombay; Neuseeland (NZ): Auckland, Christchurch, Hawkes
Bay, Wellington; Australien (AUS): Melbourne; USA: Portland.

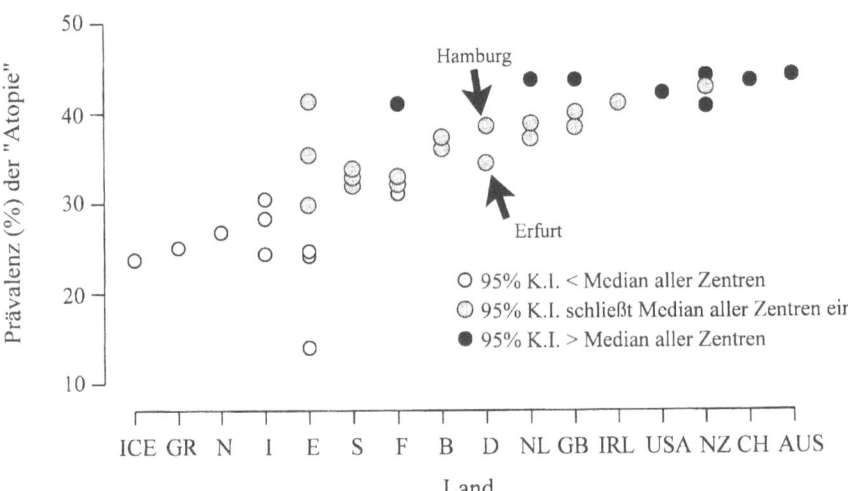

* D. pteronyssinus, Lieschgras, Katze, Cladosporium herbarum

Abb. 3. Verteilung der „Atopie", definiert durch das Vorhandensein mindestens eines positiven spezifischen IgE-Werts, innerhalb der teilnehmenden Zentren (Abkürzungen der Länder siehe Fußnote 1). Die Werte für Hamburg und Erfurt sind mit Pfeilen markiert. Nach Burney et al. (1997)

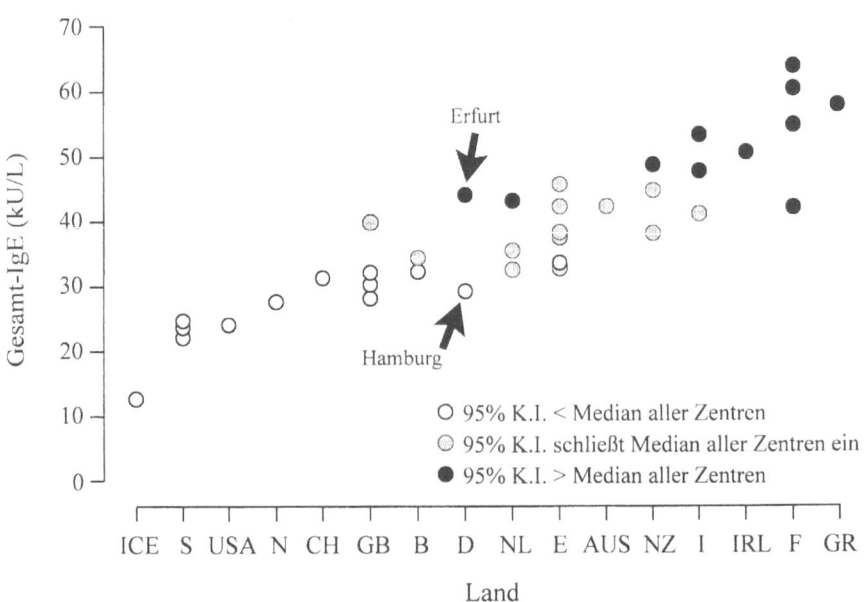

Abb. 4. Verteilung der Gesamt-IgE-Werte innerhalb der teilnehmenden Zentren (Abkürzungen der Länder siehe Fußnote 1). Die Werte für Hamburg und Erfurt sind mit Pfeilen markiert. Nach Burney et al. (1997)

lischsprechenden" Ländern weitaus höhere Atopieprävalenzen und im Mittel höhere Gesamt-IgE-Konzentrationen zeigen.

Prognose und Mortalität

Die Zahlenangaben über asthmatische Kinder, die in der Adoleszenz beschwerdefrei werden, streuen zwischen 40 und 80%, jedoch läßt sich auch nach mehrjähriger Beschwerdefreiheit bei über der Hälfte der Patienten eine unspezifische Überempfindlichkeit der Atemwege nachweisen. Etwa ein Drittel der in der Adoleszenz beschwerdefrei gewordenen Asthmatiker erleidet später einen Rückfall. Folgende Faktoren gehen mit einer ungünstigeren Prognose des Asthma bronchiale im Kindesalter einher: Asthmatische Erkrankungen in der Familienvorgeschichte, begleitende Allergien, Ekzeme, eine ausgeprägt schwere Symptomatik bei Erkrankungsbeginn sowie in der Adoleszenz, eine hohe unspezifische Atemwegsempfindlichkeit sowie das Zigarettenrauchen und das Passivrauchen (Nowak et al., 1989).

Für den im Erwachsenenalter erkrankten Asthmapatienten sind die Möglichkeiten einer Spontanheilung gering, die Wahrscheinlichkeit liegt unter 20%. Dennoch ist die Prognose, was das Mortalitätsrisiko betrifft, günstig. Die jährliche asthmabedingte Exzeß-Mortalität (Sterblichkeitsüberschuß) liegt zwischen 0,5 und 2% (Übersicht bei Nolte, 1995).

Die Mortalitätsangaben für das Asthma bronchiale variieren je nach Kollektiv weltweit zwischen 0 und 0,008% (Niggemann, 1991). Im Jahre 1995 starben in Gesamtdeutschland 5546 Personen mit der Totenscheindiagnose „Asthma bronchiale", entsprechend einer Mortalitätsrate von 0,0068% (6,8 Fälle auf 100 000 Einwohner).

Im früheren Bundesgebiet ging die Anzahl der Gestorbenen unter der Todesursachendiagnose „Asthma bronchiale" zwischen 1980 und 1995 von 5229 nach einem leichten Anstieg bis Mitte der 80er Jahre auf 4750 zurück. Dies entspricht einem Rückgang der Mortalitätsrate von 0,0085% auf 0,0072%. In den neuen Bundesländern einschließlich Ost-Berlin nahm die Anzahl der unter der Diagnose „Asthma" Gestorbenen von 892 Personen im Jahre 1990 auf 796 Personen im Jahre 1995 ab, entsprechend einem Rückgang der Mortalitätsrate von 0,0055% auf 0,0051%.

Die Gesamt-Mortalitätsrate für die Bundesrepublik Deutschland liegt somit bei 0,0068%, so daß Deutschland im internationalen Vergleich der Asthmamortalität (Nowak und Magnussen, 1993) immer noch im Spitzenfeld steht – bei erfreulicherweise abnehmender Tendenz.

Risikofaktoren

Genetische Faktoren

Die Bedeutung genetischer Faktoren geht allein schon aus der bekannt hohen Konkordanz asthmatischer Erkrankung innerhalb von Familien hervor. Das Asthma folgt dabei keinem einfachen Mendelschen Erbgang, sondern einem polygenetischen Muster, für welches verschiedene Genorte verantwortlich sein müssen. Linkage-Analysen, in denen nach der Kopplung von Genloci gesucht wird, und Assoziationsstudien, in denen der Zusammenhang zwischen Chromosomenmarkern und der Ausprägung des asthmatischen Phänotyps getestet wird, haben Hinweise auf sogenannte „Kandidaten-Gene" gegeben. An verschiedenen Stellen in der Kaskade der asthmatischen Entzündung und Bronchokonstriktion sind somit die genetischen Mechanismen nunmehr als bekannt anzusehen (Postma et al., 1995; Sandford et al., 1996). Insgesamt dürfte etwa das Ausmaß der genetisch bedingten Variabilität an der Ausprägung des asthmatischen Krankheitsbildes um 50 % betragen.

Allergenexposition

Das Ausmaß der Allergenexposition in der frühen Kindheit ist ein gesicherter Risikofaktor für die spätere Entwicklung eines Asthma bronchiale. Insbesondere konnte überzeugend gezeigt werden, daß das Ausmaß der frühkindlichen Exposition gegenüber dem Allergen der Hausstaubmilbe die Asthmahäufigkeit um das 10. Lebensjahr signifikant beeinflußt. So waren bei 10 von 11 Kindern, bei denen sich bis zum 11. Lebensjahr ein Asthma bronchiale entwickelte, im ersten Lebensjahr Allergenkonzentrationen von mehr als 10 µg Der p 1 (Major-Allergen der Hausstaubmilbe) pro Gramm Staub bestimmt worden, so daß das relative Erkrankungsrisiko dieser höhergradig allergenexponierten Kinder dem Faktor 4,8 entsprach (Sporik et al., 1990). Die Allergenbelastung in Schulen, welche im wesentlichen aus der Kontamination der Kleidung von Schülern und Lehrern mit Tierepithelien resultiert, stellt einen Risikofaktor für die Verschlechterung asthmatischer Beschwerden bei empfänglichen Personen dar.

Innenraumluft

Verschiedene Faktoren der Innenraumluft rücken zunehmend als Auslöser asthmatischer Atemwegserkrankungen in den Vordergrund des Interesses. So scheint das Wohnen in feuchten Häusern, die Benutzung von offenen Gasherden (NO_2-Belastung) und die Verwendung von Luftbefeuchtern bei Kindern zu asthmatischen Erkrankungen zu prädisponieren. Auch im Erwachsenenalter können erhöhte Luftfeuchtigkeit und Schimmelpilzwachstum in Wohnräumen als Risikofaktoren für asthmatische Erkrankungen gelten.

Passivrauch

Passivrauch ist ein klassischer und weitverbreiteter Innenraumschadstoff. Eine Fülle epidemiologischer Daten belegt die ungünstige Wirkung der Passivrauchexposition auf die Entstehung von Erkrankungen der unteren Atemwege im ersten Lebensjahr, denen später ein manifestes Asthma bronchiale folgt. Gleichermaßen gut belegt ist die gesteigerte Häufigkeit allergischer Sensibilisierungen und einer Überempfindlichkeit der Atemwege bei Kindern rauchender Mütter.

Berufliche Risikofaktoren

Bei beruflichen Risikofaktoren asthmatischer Erkrankungen ist zwischen immunologischen und nicht-immunologischen Ursachen zu differenzieren (Chan-Yeung und Malo, 1994). Klinisch sind immunologische Ursachen dann wahrscheinlich, wenn zwischen Expositionsbeginn und Manifestation der Erkrankung eine Latenzperiode liegt und wenn die Re-Exposition gegenüber niedrigen Konzentrationen zum Wiederauftreten der Symptomatik führt. Die immunologisch vermittelten Ursachen können wiederum in IgE-mediierte und nicht-IgE-abhängige eingeteilt werden. Zu den IgE-vermittelten Auslösern zählen hochmolekulare (z. B. Tierepithelien, Mehle) und niedermolekulare Stoffe (z. B. Säureanhydride, Metalle). Von den immunologisch bedingten Formen des Berufsasthma sind nicht-immunologische Formen abzugrenzen, zu denen auch das „Reactive Airways Dysfunction Syndrome" gehört, bei dem nach einmaliger intensiver – vielfach unfallartiger – Exposition gegenüber hohen Konzentrationen irritativ wirkender Rauche, Gase oder Dämpfe erstmals asthmatische Beschwerden auftreten, die oft lange persistieren. Im deutschen Berufskrankheitenrecht können berufsbedingte obstruktive Atemwegserkrankungen – soweit sie nicht einzelnen chemischen Verbindungen zugeordnet werden, die in der Berufskrankheitenliste aufgeführt sind – unter den Berufskrankheiten-Nummern 4301 (allergische Formen), 4302 (chemisch-irritativ oder toxisch bedingte Formen) und 1315 (Erkrankungen durch Isocyanate...) anerkannt werden, sofern die einschlägigen medizinischen und versicherungsrechtlichen Voraussetzungen gegeben sind. Im Jahre 1995 wurden unter den drei genannten Berufskrankheiten-Nummern 5607, 2417 bzw. 121 Ärztliche Anzeigen erstattet. Aufgrund der juristischen und medizinischen Erfordernisse, die für eine Berentung infolge einer Berufskrankheit erfüllt sein müssen, wurden 6,2, 9,2 und 29,8 % erstmals entschädigt.

Ernährungsfaktoren

Die Bedeutung von Ernährungsfaktoren in der Pathogenese asthmatischer Erkrankungen ist noch nicht vollständig geklärt. Das Stillen hat einen protektiven Effekt für die Entstehung allergischer Sensibilisierungen und frühkindlicher obstruktiver Bronchitiden, jedoch ist der Effekt über das 3. Lebensjahr hinaus noch nicht eindeutig belegt worden. Es wird darüber spekuliert, ob eine hohe tägliche Salzaufnahme und ein hoher Konsum ungesättigter Fettsäuren zu einer erhöhten Asthmaprävalenz oder einem erhöhten Schweregrad asthmatischer Erkrankungen beitragen könnte.

Soziale Faktoren

Die eigenständige Bedeutung sogenannter sozialer Faktoren für die Entstehung asthmatischer Erkrankungen ist nicht belegt. Freilich ist die umgekehrte Korrelation zwischen der Anzahl der Geschwister eines Probanden und der Häufigkeit von Heuschnupfen bekannt. Insofern stellen stellen vermehrte frühkindliche Infekte möglicherweise einen protektiven Faktor für die spätere Manifestation allergischer Atemwegserkrankungen dar.

Sozialmedizinisch relevante Daten

Unter der Diagnose „Asthma bronchiale" (ICD 493) wurde in den alten Bundesländern im Jahre 1991 eine Gesamtzahl von 117 235 Arbeitsunfähigkeitsfällen der pflichtversicherten Krankenkassenmitglieder (ohne Rentner) dokumentiert. Dieses entspricht bei einer durchschnittlichen Arbeitsunfähigkeitsdauer je Fall von 19,9 Tagen einer Zahl von 2 329 892 Arbeitsunfähigkeitstagen. Gegenüber den Zahlen aus dem Jahre 1986, in dem 89 724 Arbeitsunfähigkeitsfälle mit einer durchschnittlichen Dauer von 22,2 Tagen, somit eine Gesamtzahl von 1 995 580 Arbeitsunfähigkeitstagen dokumentiert wurden, ist die abnehmende Dauer der Arbeitsunfähigkeitszeiten durch eine zunehmende Fallzahl überkompensiert worden.

In den alten Bundesländern wurden im Jahre 1991 insgesamt 61 557 asthmabedingte Krankenhausfälle der pflichtversicherten Krankenkassenmitglieder registriert. Bei einer durchschnittlichen Verweildauer von 16,0 Tagen resultierten 985 484 Krankenhaustage. Verglichen mit den Zahlen aus dem Jahre 1986 (65 276 Fälle, Verweildauer 18,5 Tage, 1 205 774 Krankenhaustage) haben Fallzahl und Verweildauer somit abgenommen.

1995 erfolgten nach den Zahlen des Verbandes der Rentenversicherungsträger 6038 vorzeitige Berentungen wegen verminderter Erwerbsfähigkeit unter der Diagnose „Asthma".

Chronische Bronchitis

Pathophysiologische, epidemiologische, klinische und therapeutische Aspekte der chronischen Bronchitis wurden ausführlich in den von Cherniack (1991) und Konietzko (1995) herausgegebenen Büchern dargestellt, auf welche hier verwiesen sei.

Definition

Nach der WHO-Definition (1961) ist die chronische Bronchitis eine Erkrankung, die durch übermäßige Schleimproduktion im Bronchialbaum gekennzeichnet ist und die sich manifestiert mit andauerndem oder immer wieder auftretendem Husten mit oder ohne Auswurf an den meisten Tagen von mindestens 3 aufeinanderfolgenden Monaten während mindestens 2 aufeinanderfolgender Jahre (WHO, 1961). Die American Thoracic Society definiert die chronische Bronchitis durch chronischen produktiven Husten für drei Monate in zwei aufeinanderfolgenden Jahren, wenn andere Ursachen für chronischen Husten ausgeschlossen worden sind (ATS, 1962, 1995).

Formen

Es ist wichtig, zwischen chronischer Bronchitis *ohne Obstruktion* und chronischer Bronchitis *mit Obstruktion* (d.h., chronisch-obstruktiver Bronchitis) zu differenzieren. Etwa 15 bis 20% aller Patienten mit einer chronischen Bronchitis entwickeln im Verlauf eine Obstruktion. Bei einem Teil der Patienten kommt es zum *Elastizitätsverlust* des Bronchialbaums, der zu einem peripheren Kollaps der Atemwege führt (Fletcher, 1976). Eine chronisch-obstruktive Bronchitis mit peripherem Atemwegskollaps darf nicht mit einem Lungenemphysem verwechselt werden, da die erstgenannte Diagnose nicht mit einer Reduktion des Alveolarfläche einhergehen muß.

Epidemiologie

Morbidität

Die Differenzierung zwischen „Asthma bronchiale" und „chronischer Bronchitis/ Lungenemphysem" in epidemiologischen Querschnittsstudien ist problematisch, da die diagnostische Einordnung der Beschwerdesymptomatik regional und zeitlich erhebliche Unterschiede aufweist. Überdies ist es schwierig, den Krankheitswert (oft asymptomatischer) Frühformen der chronischen Bronchitis mit diagnostischen Etiketten zu versehen. International werden Prävalenzen zwischen 2 und 15% bei steigender Tendenz angegeben. Die Gruppe um Higgins hat in Tecumseh, Michigan, Prävalenzen der chronischen Bronchitis entsprechend der WHO-Definition und/oder einer – spirometrisch dokumentierten – chronischen Atemwegsobstruktion von 14% bei Männern und 8% bei Frauen beschrieben (Higgins und Thom, 1990). Diese Zahlen sind vergleichbar mit denen von Hermann (1976), der in der ehemaligen DDR für den Altersbereich der 35- bis 64jährigen eine Prävalenz von 17% bei Männern und 7% bei Frauen gefunden hat (Übersicht bei Nolte, 1994). In unserer epidemiologischen Querschnittsuntersuchung, welche allerdings nur den Altersrahmen der 20- bis 44jährigen umfaßte, berichteten in Hamburg 10,6 der Männer und 8,9% der Frauen über morgendlichen Husten und Auswurf im Winter, in Erfurt 12,0% der Männer und 5,9% der Frauen (Nowak et al., 1996).

Prognose und Mortalität

Die Prognose der chronischen Bronchitis ist ganz wesentlich vom Verlauf der Lungenfunktionsbefunde abhängig. Eine im Zeitverlauf zunehmend eingeschränkte Lungenfunktion kann sich bei Patienten mit einer Bronchitis mit normalen Ausgangswerten („horse racing effect") oder bei leicht verminderten Ausgangswerten der Lungenfunktion entwickeln („tracking"). Zum natürlichen Verlauf der chronischen Bronchitis gibt es zwei konkurrierende Hypothesen: Die „britische" Hypothese sieht Rauchen, Staub, Faktoren der Umweltbelastung wie auch rezidivierende Infekte des Atemtrakts als wesentliche Ursachen für eine vermehrte Schleimbildung im Respirationstrakt, welche per se noch nicht mit einer Atemwegsobstruktion verbunden sein muß („einfache chronische Bronchitis"). Demgegenüber stellt die „holländische Hypothese" die Atemwegsüberempfindlichkeit als Voraussetzung für die Entwicklung einer obstruktiven Ventilationsstörung durch exogene Irritantien in den Vordergrund. Da die gesteigerte Atemwegsempfindlichkeit vielfach mit einer atopischen Veranlagung vergesellschaftet ist, resultieren nach der „holländischen" Hypothese im Krankheitsverlauf gewisse Überlappungen zwischen reinen bronchitischen und reinen asthmatischen Krankheitsbildern (Übersicht bei Redline, 1991).

Im Jahre 1995 starben in Deutschland (alte und neue Bundesländer) 11151 Personen mit der Totenscheindiagnose „Chronische Bronchitis" (ICD 490/491), entsprechend einer Mortalitätsrate von 0,0137% (13,7 Fälle auf 100 000 Einwohner). Von einer nennenswerten Unterschätzung als Todesursache dürfte auszugehen sein, wenngleich das Ausmaß der Unterschätzung nicht bekannt ist.

Risikofaktoren

Risikofaktoren für die Morbidität und Mortalität wurden von Magnussen und Nowak (1991), Redline (1991), Buist und Vollmer (1994) sowie von der ATS (1995) zusammengefaßt. In der Tabelle 3 wird zwischen gesicherten und möglichen Einflüssen differenziert (Nowak, 1994).

Rauchen

Das *inhalative Zigarettenrauchen* stellt den mit weitem Abstand bedeutsamsten Risikofaktor für die chronische und chronisch-obstruktive Bronchitis dar. Dies gilt sowohl für die Morbidität als auch für die Mortalität. Pathophysiologisch wird dem durch Zigarettenrauch ausgelösten „oxidativen Streß", welcher durch körpereigene Gegenregulationsmechanismen nur unzureichend kompensiert

Tabelle 3. Einflußgrößen auf die Morbidität und Mortalität der chronisch-obstruktiven Bronchitis und des Lungenemphysems

Gesicherte Einflüsse	Mögliche Einflüsse
Rauchen	Atemwegsinfekte
Alter	Allergien
Männliches Geschlecht	Unspezifische Atemwegsempfindlichkeit
Eingeschränkte Lungenfunktion	Untergewicht
Berufliche Expositionen	Sozioökonomische Faktoren
α_1-Proteaseninhibitormangel	Alkoholkonsum
Umweltschadstoffe	Ernährungsfaktoren
	AB0, ABH, Kell Phänotypen
	Eingeschränkte Immunabwehr
	Familiäre Faktoren
	Passivrauchexposition
	Klimatische Faktoren

werden kann, die wesentliche Bedeutung zugeschrieben (Jörres und Magnussen, 1997, Repine et al., 1997). Bei Rauchern ist der jährliche Verlust ventilatorischer Reserven ausgeprägter als bei Nichtrauchern. Das Alter zu Beginn des Zigarettenkonsums, die Gesamtmenge der gerauchten Packyears[2] und der zum Untersuchungszeitpunkt bestehende Raucherstatus sind Prädiktoren für die Mortalität an chronisch-obstruktiver Bronchitis. Etwa 15% aller Raucher entwickeln eine klinisch relevante chronisch-obstruktive Bronchitis (US Surgeon General, 1984, Higgins und Thom, 1990, Sherill et al., 1990). Der Anteil des Tabakrauchens am Risiko, an einer chronisch-obstruktiven Bronchitis zu erkranken, liegt bei 80 bis 90% (US Surgeon General, 1984).

In der Abb. 5 sind altersadjustierte relative Risiken für die Entwicklung einer chronischen Bronchitis in Abhängigkeit vom Zigarettenkonsum bei Frauen dargestellt (nach Troisi et al., 1995). Das Bronchitisrisiko zeigt somit eine deutliche Zunahme mit der Zahl der täglich gerauchten Zigaretten. Erst etwa 5 Jahre nach Beendigung des Rauchens nähert sich das Risiko wieder dem eines Nie-Rauchers an.

Higgins (1984) hat modellhaft die Wahrscheinlichkeit der Entwicklung einer obstruktiven Atemwegserkrankung innerhalb der nächsten 10 Jahre für 45jäh-

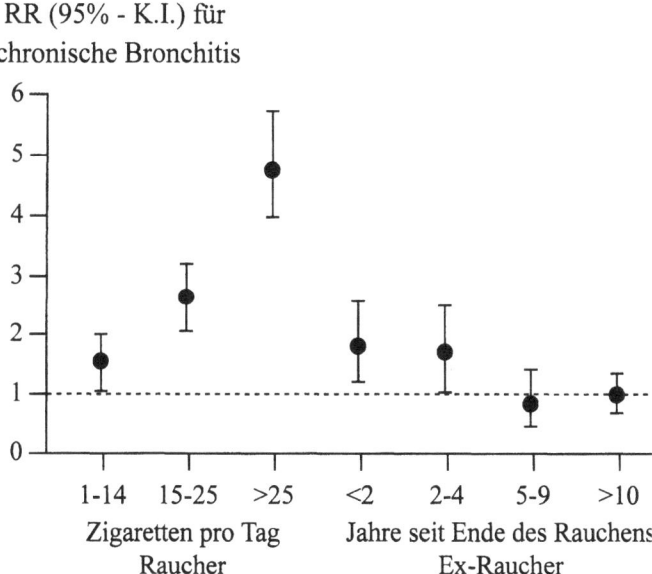

Abb. 5. Altersadjustierte Relative Risiken für die Entstehung einer chronischen Bronchitis in Abhängigkeit vom Rauchverhalten bei Frauen. Nach Troisi et al. (1995)

---

[2] Packyears: Zahl der täglich gerauchten Schachteln Zigaretten, multipliziert mit der Zahl der Jahre, die in entsprechendem Umfang geraucht wurde.

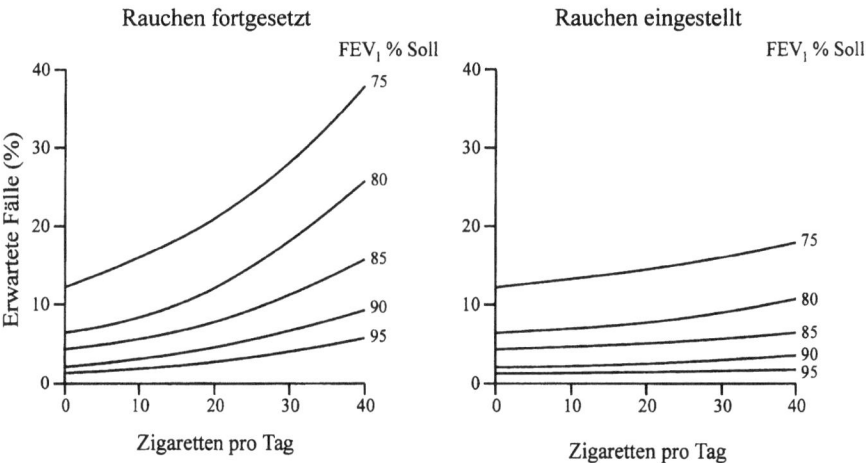

Abb. 6. Wahrscheinlichkeit der Entstehung einer chronisch-obstruktiven Atemwegserkrakung innerhalb der nächsten 10 Jahre bei 45jährigen Männern in Abhängigkeit von den drei Risikofaktoren „Alter", „Anzahl der gerauchten Zigaretten pro Tag" und „Einsekundenkapazität in Prozent vom Sollwert". Nach Higgins (1984)

rige Männer errechnet (Abb. 6). In die Formel gingen die drei Risikofaktoren „Alter", „Anzahl der gerauchten Zigaretten pro Tag" und „Einsekundenkapazität in Prozent vom Sollwert" ein. Aus der Abbildung wird der Nutzen ersichtlich, welcher mit der Aufgabe des Rauchens verbunden ist.

Eine hypothetische, modellhafte Verlaufskurve der Einsekundenkapazität in Abhängigkeit vom Rauchverhalten ist in Abb. 7 wiedergegeben. In dieser Kurve wird der unterschiedlichen Suszeptibilität von Rauchern gegenüber den schädlichen Effekten des Rauchens Rechnung getragen.

Beruf

Berufliche Faktoren in der Auslösung der chronisch-obstruktiven Bronchitis stehen hinter dem Faktor „Rauchen" weit zurück. Becklake (1985, 1989), Barnhart (1986) sowie Morgan und Reger (1991) haben den Wissensstand bezüglich beruflicher Einflüsse in der Genese chronisch-obstruktiven Bronchitis zusammengefaßt. Im angloamerikanischen Sprachraum ist die „berufsbedingte Bronchitis" („occupational bronchitis") ein feststehender Begriff und wird als Folge einer Exposition gegenüber irritativ wirkenden Stäuben und Gasen am Arbeitsplatz angesehen. Als gefährdende Tätigkeiten werden unter anderem Bergbautätigkeiten, Arbeiten mit Rohbaumwolle und in der Getreideverladung, Schweiß-, Koksofen-, Isolier- und Feuerlöscharbeiten genannt, als Noxen quarzhaltige Stäube, Baumwollstäube, Getreidestäube, Schweißrauche, Mineralfasern und irritativ wirksame Gase wie Ozon, Stickstoffdioxid und Chlorgas (Nowak, 1995).

Prozent des FEV$_1$ mit 25 Jahren

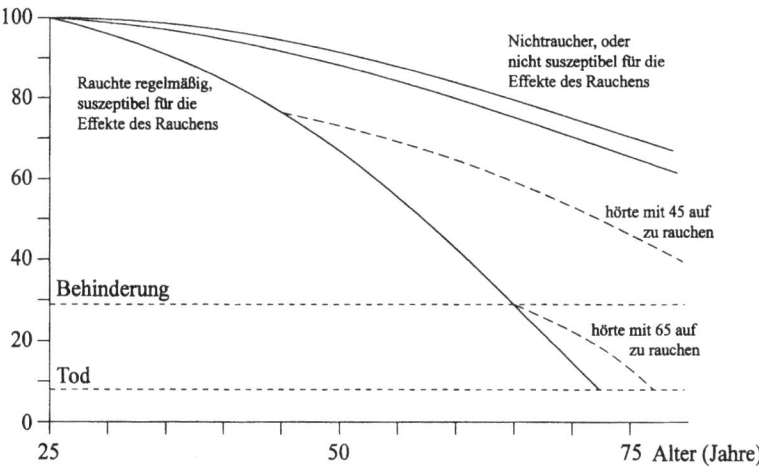

Abb. 7. Modellhafte Darstellung des longitudinalen Verlaufs der Einsekundenkapazität in Prozent vom Ausgangswert, welcher hier für das Alter von 25 Jahren mit 100 % angesetzt wurde. In diesem Modell wird zwischen „suszeptiblen" und „nicht-suszeptiblen" Rauchern unterschieden

Die synoptische Auswertung einer Reihe epidemiologischer Studien aus jüngerer Zeit hat ergeben, daß Erkrankungen an chronisch-obstruktiver Bronchitis und Lungenemphysem insbesondere bei Beschäftigten mit langjähriger Untertagetätigkeit im Steinkohlenbergbau signifikant gehäuft vorkommen. Die wesentliche neue Erkenntnis ist, daß dieses auch ohne Vorhandensein radiologischer Veränderungen der Fall ist. Dabei können deutliche und konsistente Dosis-Wirkungs-Beziehungen zwischen eingeatmeter Staubmenge und der Häufigkeit des Auftretens der chronisch-obstruktiven Bronchitis und des Lungenemphysems nachgewiesen werden. Exemplarisch sind in Abb. 8 (nach Collins et al., 1988) Dosis-Wirkungs-Beziehungen zwischen kumulativer Feinstaubexposition einerseits und chronischen Einschränkungen der Lungenfunktion andererseits wiedergegeben. Für die neue Berufskrankheit 4111 ist folgende Formulierung vorgesehen: „Chronische obstruktive Bronchitis oder Emphysem von Bergleuten unter Tage im Steinkohlenbergbau bei Nachweis der Einwirkung einer kumulativen Feinstaubdosis von in der Regel 100 ((mg/m^3) × Jahre)" (Bundesministerium für Arbeit und Sozialordnung, 1995, Nowak, 1996).

Der *α$_1$-Proteinaseninhibitor-Mangel* ist ein gesicherter Risikofaktor für das Lungenemphysem, nicht für die chronische Bronchitis.

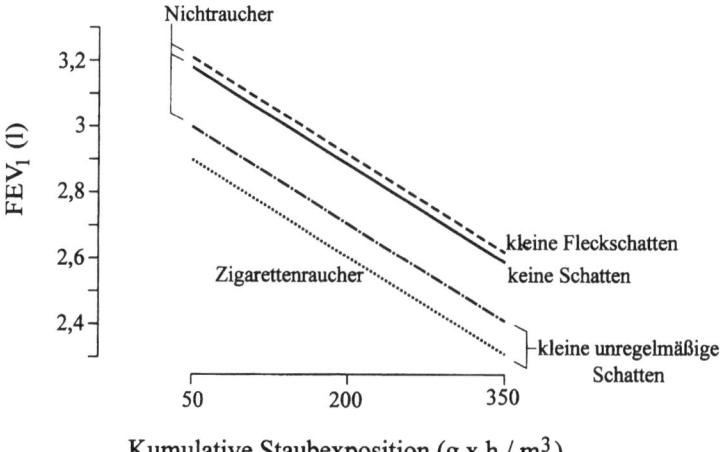

Abb. 8. Ergebnisse der Regressionsanalyse zur Beziehung zwischen beruflicher Feinstaub-exposition und Lungenfunktionseinschränkungen bei Steinkohlebergleuten. Dargestellt sind Dosis-Wirkungs-Beziehungen, bezogen auf einen Bergmann von 49 Jahren mit einer Körper-größe von 170 cm, für Nichtraucher ohne radiologisch sichtbare Pneumokoniose (——), mit kleinen Fleckschatten (– – –) oder mit kleinen unregelmäßigen Schatten (– · – · –), im Vergleich dazu für Raucher mit kleinen unregelmäßigen Schatten (· · · · ·). Nach Collins et al. (1988)

Umweltschadstoffe

Bestimmte *Umweltschadstoffe*, insbesondere hohe Belastungen mit Schwefeldi-oxid und Partikeln, sind nach heutigem Kenntnisstand geeignet, im Kindesalter chronische Bronchitiden auszulösen. Die Arbeitsgruppe um von Mutius be-richtete über erhöhte Prävalenzen der Bronchitis und chronischen Hustens bei 9–11jährigen Kindern in Leipzig im Vergleich zu Münchner Kindern (von Mutius et al., 1992, 1994). Auch für das Erwachsenenalter liegt seit Jahren eine Vielzahl von Untersuchungen vor, welche höhere Prävalenzen von Husten und Auswurf und leichtgradige Lungenfunktionseinschränkungen in Regionen mit hoher SO_2- und Partikelbelastung gefunden haben (z. B. Detels et al., 1979, Schwartz, 1989). Akute Effekte der Luftschadstoffbelastung auf die Mortalität unter anderem an chronischer Bronchitis bei einer Smogepisode in Deutschland im Jahre 1985 hat die Arbeitsgruppe um Wichmann (1989) dokumentiert. Auf weitere Einzelheiten (chronische Effekte, akute Effekte, Außen- und Innenluft-schadstoffe) wird im Abschnitt 5 (Pneumologisch relevante Umweltschadstoffe) näher eingegangen.

Sozialmedizinisch relevante Zahlen

Unter den Diagnosen „Bronchitis, nicht als akut oder chronisch bezeichnet" (ICD 490) und „Chronische Bronchitis" (ICD 491) wurden in den alten Bundes-ländern im Jahre 1991 insgesamt 2 183 017 Arbeitsunfähigkeitsfälle der pflichtversicherten Krankenkassenmitglieder (ohne Rentner) dokumentiert. Dies entspricht bei einer durchschnittlichen Arbeitsunfähigkeitsdauer je Fall von 9,1 Tagen (ICD 490) bzw. 18,7 Tagen (ICD 491) einer Gesamtzahl von 20 352 896 Arbeitsunfähigkeitstagen (für beide ICD-Gruppen). Berechnet man ein Arbeitsjahr mit 230 Arbeitstagen und die Lebensarbeitszeit mit 50 Jahren, entspricht diese Zahl 88 491 verlorengegangenen Arbeitsjahren oder der gesamten Lebensarbeitszeit von fast 1 800 Menschen. Gegenüber den Zahlen aus dem Jahre 1986, in dem 1 394 552 Arbeitsunfähigkeitsfälle mit vergleichbarer Dauer, somit eine Gesamtzahl von 13 877 955 Arbeitsunfähigkeitstagen dokumentiert wurde, entspricht dies einer deutlichen Zunahme.

In den alten Bundesländern wurden 1991 insgesamt 78 884 durch die Diagnose „Bronchitis" (ICD 480 und 481) bedingte Krankenhausfälle der pflichtversicherten Krankenkassenmitglieder dokumentiert. Bei einer Verweildauer von im Mittel 14,0 Tagen (ICD 490) bzw. 18,7 Tagen (ICD 491) ergaben sich 1 205 067 Krankenhaustage. Die Gesamtzahl der Krankenhaustage unterschied sich somit nicht wesentlich von den Zahlen aus 1986 (66 429 Fälle, Verweildauer 15,9 bzw. 21,8 Tage, 1 184 455 Krankenhaustage).

Im Jahre 1995 verzeichnete die Statistik der Rentenversicherungsträger 8476 vorzeitige Berentungen wegen verminderter Erwerbsfähigkeit unter der Diagnose „Bronchitis" (ICD 490 und 491).

Lungenemphysem

Definition

Das Lungenemphysem ist definiert als eine pathologische, irreversible Erweiterung der Lufträume distal der terminalen Bronchiolen, die mit einer Destruktion der Alveolarwandung ohne wesentliche Fibrosezeichen einhergehen. Bei dieser Destruktion ist die Erweiterung der Lufträume unregelmäßig, und der regelrechte Aufbau des Azinus und seiner Bestandteile kann nicht mehr nachweisbar sein.

Epidemiologie und Risikofaktoren

Da das Lungenemphysem u.a. im angloamerikanischen Schrifttum vielfach von den anderen Formen der „COPD" („chronic obstructive pulmonary disease") nicht abgegrenzt wird und auch unter Verwendung der (primär niederländischen) „CNSLD"-Definition („chronic nonspecific lung disease") epidemiologisch nicht exakt identifizierbar ist, liegen keine validen Zahlen zur Epidemiologie des „reinen" Lungenemphysems vor. Erschwerend für epidemiologische Zwecke kommt hinzu, daß die Diagnose intra vitam praktisch nur computertomographisch exakt validiert werden kann. Immerhin scheint diese Krankheit häufiger zu sein als allgemein vermutet (Flenley, 1990). Neben dem unbestrittenen Einfluß des *Zigarettenrauchens* auf das Emphysemrisiko ist der *α₁-Proteinaseninhibitormangel* ein gesicherter Risikofaktor für die Entstehung eines Lungenemphysems (WHO, 1996). Die entsprechenden Phänotypen werden mit Großbuchstaben des Alphabets von M aufwärts benannt, wobei die normale Funktion mit dem PiMM-Typ, die am schwersten gestörte mit dem PiZZ-Typ assoziiert ist. Nach der Proteasen-Antiproteasen-Theorie neutralisiert der α_1-Proteinaseninhibitor unter anderem die Aktivität der Neutrophilen-Elastase. Die normalerweise bestehende Balance kann zum einen durch einen Mangel des α_1-Proteinaseninhibitors, zum anderen durch einen Überschuß an Elastasen gestört werden. Mit einem Mangel des α_1-Proteinaseninhibitors gehen verschiedenartige immunologische – zelluläre und humorale – Normabweichungen einher, deren Beitrag zum Verständnis des Emphysems bislang noch unzureichend geklärt ist (Rich, 1991). Unter 200 000 Probanden wurden etwa 0,6 % Z-Allel-Träger gefunden (Sveger, 1969). In epidemiologischen Studien scheinen Heterozygote des PiMZ-Typs, deren α_1-Antitrypsinspiegel etwa der Hälfte des Normalwerts entspricht, kein eindeutig erhöhtes Emphysemrisiko aufzuweisen, wenngleich sich in einigen Populationen von COPD-Patienten erhöhte Anteile Heterozygoter nachweisen ließen (Feld, 1989). Der heterozygote Antitrypsinmangel vom MS-Typ scheint mit einer gesteigerten Häufigkeit einer erhöhten Atemwegsempfindlichkeit einherzugehen (Townley et al., 1990).

Im Jahre 1995 starben in Deutschland (alte und neue Bundesländer) 3143 Personen mit der Totenscheindiagnose „Lungenemphysem" (ICD 492), entsprechend einer Mortalitätsrate von 0,0038 % (3,8 Fälle auf 100 000 Einwohner). Von einer nennenswerten Unterschätzung als Todesursache dürfte auch hier auszugehen sein.

Sozialmedizinisch relevante Zahlen

Unter der Diagnose „Emphysem" (ICD 492) wurden in den alten Bundesländern im Jahre 1991 insgesamt 8.960 Arbeitsunfähigkeitsfälle der pflichtversicherten Krankenkassenmitglieder (ohne Rentner) dokumentiert. Dies entspricht bei einer durchschnittlichen Arbeitsunfähigkeitsdauer je Fall von 33,5 Tagen einer Gesamtzahl von 300 358 Arbeitsunfähigkeitstagen. Gegenüber den Zahlen aus dem Jahre 1986, in dem 343 490 Arbeitsunfähigkeitstage dokumentiert wurden, ergibt sich keine wesentliche Änderung.

In den alten Bundesländern wurden 1991 insgesamt 12 633 durch die Diagnose „Emphysem" bedingte Krankenhausfälle der pflichtversicherten Krankenkassenmitglieder dokumentiert. Bei einer Verweildauer von im Mittel 20,2 Tagen ergaben sich 254 622 Krankenhaustage (1986: 355 159 Krankenhaustage).

Im Jahre 1995 verzeichnete die Statistik der Rentenversicherungsträger 1364 vorzeitige Berentungen wegen verminderter Erwerbsfähigkeit unter der Diagnose „Emphysem".

Die hier genannten Zahlen sind jedoch mit äußerster Zurückhaltung zu interpretieren, da die Validität der diagnostischen Abgrenzung nicht eingeschätzt werden kann.

ZUSAMMENFASSUNG

Es ist wichtig, zwischen den verschiedenen Formen obstruktiver Atemwegs-erkrankungen sorgfältig zu differenzieren, da pathophysiologisch verschie-dene Mechanismen zugrunde liegen und das Risikoprofil der Patienten ge-genüber den Effekten einzelner Noxen unterschiedlich ist. Das Asthma bron-chiale ist durch die definitionsgemäß gesteigerte Atemwegsempfindlichkeit gegenüber einer Vielzahl von Stimuli charakterisiert. Aktuelle epidemiolo-gische Untersuchungen belegen in Westdeutschland eine größere Häufigkeit allergischer Typ-I-Sensibilisierungen und asthmatischer Erkrankungen als in Ostdeutschland. Dagegen standen bronchitische Erkrankungen im Kin-desalter in den östlichen Bundesländern im Vordergrund. Während bezüglich der Asthmaprävalenzen noch kein Konsens über die Ursachen dieser Unter-schiede und über die Gründe für die weltweit steigende Asthmaprävalenz vorliegt, liegt die Ursache der chronischen Bronchitis und des Lungenemphy-sems in der weitaus größten Zahl der Fälle in individuellen Rauchgewohn-heiten begründet.

Literatur

1. Anderson HR, Butland BK, Strachan DP (1994) Trends in prevalence and severity of child-hood asthma. Br Med J 308:1600–1604
2. ATS, American Thoracic Society (1962) Chronic bronchitis, asthma, and pulmonary emphysema: a statement by the Committee on Diagnostic Standards for Nontuberculous Respiratory Diseases. Am Rev Respir Dis 85:762–768
3. ATS, American Thoracic Society (1995) Standards for the diagnosis and care of patients with chronic obstructive pulmonary disease. Am J Respir Crit Care Med 152:S77–S124
4. Barnhart, S (1986) Occupational bronchitis: A marker for irritant exposure. Sem Respir Med 3:249–256
5. Becklake MR (1985) Chronic airflow limitation: its relationship to work in dusty occupa-tions. Chest 88:608–617
6. Becklake MR (1989) Occupational exposures: evidence for a causal associatoin with chronic obstructive pulmoanry disease. Am Rev Respir Dis 140(suppl.):S85–S91
7. Buist AS, Vollmer WM (1994) Smoking and other risk factors. In: Murray JF, Nadel JA (Hrsg.): Textbook of respiratory medicine. Philadelphia: Saunders, pp. 1259–1287
8. Bundesministerium für Arbeit und Sozialordnung (1995) Bekanntmachung der Berufs-krankheit „Chronische obstruktive Bronchitis oder Emphysem von Bergleuten im Stein-kohlenbergbau. Bundesarbeitsblatt 10:39–45
9. Burney P, Malmberg E, Chinn S, Jarvis D, Luczynska C, Lai E, on behalf of the European Community Respiratory Health Survey (1997) The distribution of total and specific serum IgE in the European Respiratory Health Survey (ECRHS). J Allergy Clin Immunol 99: 314–322
10. Burney, PGJ, Chinn S, Rona RJ (1990) Has the prevalence of asthma increased in children? Evidence fron the national study of health and growth 1973–1986. Br Med J 300:1306–1310
11. Burr, ML, Butland BK, King S, Vaughan-Williams E (1989) Changes in asthma prevalence: Two surveys fifteen years apart. Arch Dis Child 64:1452–1456
12. Chan-Yeung M, Malo J–L (1994) Aetiological agents in occupational asthma. Eur Respir J 7: 346–371
13. Cherniack NS (Hrsg.) (1991) Chronic obstructive pulmonary disease. Philadelphia: Saun-ders

14. Collins HPR, Dick JA, Bennett JG, Pern PO, Richards MA, Thomas DJ, Washington JS, Jacobsen, M. (1988) Irregularly shaped small shadows on chest radiographs, dust exposure, and lung function in coalworkers pneumoconiosis. Br J Ind Med 45:43–45
15. Detels R, Rokaw SN, Coulson AH, Tashkin DP, Sayre JW, Massey FJ Jr (1979) The UCLA population studies of chronic obstructive respiratory disease. I. Methodology and comparison of lung function in areas of high and low pollution. Am J Epidemiol 109:33–58
16. Deutsche Gesellschaft für Pneumologie und Deutsche Lungenstiftung (1996) Weißbuch Lunge. Stuttgart: Thieme Verlag
17. European Community Respiratory Health Survey (1996) Variations in the prevalence of respiratory symptoms, self-reported asthma attacks, and use of asthma medication in the European Community Respiratory Health Survey. Eur Respir J 9:687–695
18. Feld RD (1989) Heterozygosity of α_1-antitrypsin: a health risk? Crit Rev Clin Lab Sci 27: 461–481
19. Flenley DC (1990) Diagnosis and follow-up of emphysema. Eur J Respir Dis 3:5s–8s
20. Fletcher CM, Peto R, Tinker CM, Speizer FE (1976) The natural history of chronic bronchitis and emphysema. Oxford: Oxford University Press
21. Haahtela T, Lindholm H, Bjorksten F, Koskenvuo K, Laitinen LA (1990) Prevalence of asthma in Finnish young men. Br Med J 301:266–268
22. Hermann H (1976) Die Häufigkeit der chronischen Bronchitis und Ergebnisse der epidemiologischen Forschung in der DDR. Z Erkr Atm-Org 145:14–25
23. Higgins M (1984) Epidemiology of COPD. State of the art. Chest 85:3S–8S
24. Higgins MW, Thom T (1990) Incidence, prevalence, and mortality: intra- and inter-county differences. In: Hensley MJ und Saunders NA (Hrsg.): Clinical epidemiology of chronic obstructive pulmonary disease. New York: Marcel Dekker, pp 23–43
25. IMS Institut für Medizinische Statistik (1993) Verschreibungsindex für Pharmazeutika. VIP, Frankfurt
26. Internationaler Konsensus-Bericht zur Diagnose und Behandlung des Asthma bronchiale (1993) Pneumologie 47:Sonderheft 2
27. Jörres RA, Magnussen H (1997) Oxidative stress in COPD. Eur Respir Rev 7: Rev. 43, 131–135
28. Konietzko N (Hrsg.) (1995) Bronchitis. München: Urban & Schwarzenberg
29. Krämer U, Altus C, Behrendt H, Dolgner R, Gutsmuths JF, Hille J, Hinrichs J, Mangold M, Paetz B, Ranft U, Röpke H, Teichmann S, Willer HJ, Schlipköter HW (1992) Epidemiologische Untersuchungen zur Auswirkung der Luftverschmutzung auf die Gesundheit von Schulanfängern. Forum Städt Hygiene 43:82–87
30. Magnussen H (1990) Überempfindlichkeit der Atemwege. Messung, Vorkommen, klinische Bedeutung Dtsch med Wschr 115:1604–1610
31. Magnussen H, Nowak D (1991) Lungenemphysem und Umweltfaktoren. Pneumologie 45: 479
32. Mitchell EA (1983) Increasing prevalence of asthma in children. N Z Med J 96:463–464
33. Molfino NA, Slutsky AS (1994) Near-fatal asthma. Eur Respir J 7:981–990
34. Morgan WKC, Reger RB: Chronic airflow limitation and occupation. In: Cherniack NS (Hrsg.): Chronic obstructive pulmonary disease. Philadelphia: Saunders, pp 270–285
35. National Institutes of Health. National Heart, Lung, and Blood Institute: Global initiative for asthma. Global strategy for asthma management and prevention. NIH Publication No. 95-3659
36. Niggemann B (1991) Nehmen Todesfälle durch Asthma bronchiale zu? Atemw.-Lungenkrkh. 17:435–452
37. Nolte D (1995) Asthma – Das Krankheitsbild, der Asthmapatient, die Therapie. München: Urban & Schwarzenberg
38. Nowak D (1994) Epidemiologie der obstruktiven Atemwegserkrankungen. In: Petro W (Hrsg.): Pneumologische Prävention und Rehabilitation. Ziele, Methoden, Ergebnisse. Berlin: Springer Verlag, S. 70–84
39. Nowak D (1995) Sozialmedizin, Rehabilitation, Begutachtung. In: Konietzko N (Hrsg.): Bronchitis. München: Urban u. Schwarzenberg, S. 233–253

40. Nowak D (1996) Informationen zur neuen Berufskrankheit 4111: „Chronische obstruktive Bronchitis oder Emphysem von Bergleuten unter Tage im Steinkohlenbergbau bei Nachweis der Einwirkung einer kumulativen Feinstaubdosis von in der Regel 100 ((mg/m^3) × Jahre)". Pneumologie 50:652–654

41. Nowak D, Magnussen H (1993) Epidemiologie des Asthma bronchiale. Atemw.–Lungenkrkh. 19:288–295

42. Nowak D, Magnussen H (im Druck) Asthma bronchiale. Gesundheitsberichterstattung des Bundes. Wiesbaden, Statistisches Bundesamt

43. Nowak D, Heinrich J, Jörres R, Wassmer G, Berger J, Beck E, Boczor S, Claussen M, Wichmann H-E, Magnussen H (1996) Prevalence of respiratory symptoms, lung function, and atopy among adults: Western and Eastern Germany. Eur Respir J 9:2541–2552

44. Nowak D, Wiebicke W, Magnussen H (1989) Die Prognose des Asthma bronchiale im Kindesalter. Monatsschr Kinderheilkd 137:8–12

45. Nystad W, Magnus P, Gulsvik A, Skarpaas IJK, Carlsen K-H (1997) Changing prevalence of asthma in School children: evidence for diagnostic changes in asthma in two surveys 13 yrs apart. Eur Respir J 10:1046–1051

46. Peat JK (1996) Prevention of asthma. Eur Respir J 9:1545–1555

47. Petro W (Hrsg.) (1994) Pneumologische Prävention und Rehabilitation. Berlin: Springer Verlag

48. Postma DS, Bleecker ER, Amelung PJ, Holroyd KH, Xu J, Panhuysen CIM, Meyers DA, Levitt RC (1995) Genetic susceptibility to asthma – bronchial hyperresponsiveness coinherited with a major gene for atopy. N Engl J Med 333:894–900

49. Redline S (1991) The epidemiology of COPD. In: NS Cherniack (Hrsg.): Chronic obstructive pulmonary disease. Philadelphia: Saunders, pp 225–234

50. Repine JE, Bast A, Lankhorst I and The Oxidative Stress Study Group (1997) Oxidative stress in chronic obstructive pulmonary disease. Am J Respir Crit Care Med 156:341–357

51. Rich EA (1991) The role of immune abnormalities and inflammation in causing and perpetuating COPD. In: NS Cherniack (Hrsg.): Chronic obstructive pulmonary disease. Philadelphia: Saunders, pp 235–248

52. Sandford A, Weir T, Paré P (1996) The genetics of asthma. Am J Respir Crit Care Med 153:1749–1765

53. Schwartz J (1989) Lung function and chronic exposure to air pollution: a cross-sectional analysis of NHANES II. Environ Res 50:309–321

54. Sherrill DL, Lebowitz MD, Burrows B (1990) Epidemiology of chronic obstructive pulmonary disease. Clin Chest Med 11:375–388

55. Skjonsberg OH, Clench-Aas J, Leegaard J, Skarpaas IJK, Giaever P, Bartonova A, Moseng J (1995) Prevalence of bronchial asthma in schoolchildren in Oslo, Norway. Comparison of data obtained in 1993 and 1981. Allergy 50:806–810

56. Smith JM (1976) The prevalence of asthma and wheezing in children. Br J Dis Chest 70:73–77

57. Sporik R, Holgate ST, Platts-Mills, TAE, Cogswell JJ (1990) Exposure to house-dust mite allergen (Der p I) and the development of asthma in childhood. A prospective study. N Engl J Med 323:502–507

58. Sveger T (1976) Liver disease in α-1-antitrypsin deficiency detected by screening of 200 000 infants. N Engl J Med 249:1316–1321

59. Townley RG, Southard JG, Radford P, Hopp RJ, Bewtra AK, Ford L (1990) Association of MS Pi phenotype with airway hyperresponsiveness. Chest 98:594–599

60. Troisi RJ, Speizer FE, Rosner B, Trichopoulos D, Willett WC (1995) Cigarette smoking and incidence of chronic bronchitis and asthma in women. Chest 108:1557–1561

61. Tunon de Lara JM, Coquet O, Guizard AV, Tessier JF, Taytard A (1995) Is prevalence of asthma increasing in both children and adults? Allergy 50:suppl., 81

62. US Surgeon Genreal (1984) The health consequences of smoking: Chronic obstructive lung disease. US Department of health and human services. Washington, DC DHHS Publication No. 84-50205

63. Varonier HS, de Haller J, Schopfer C (1984) Prévalence de l'allergie chez les enfants et les adolescents. Helv Pediat Acta 39:129–136

60. von Mutius E, Fritzsch C, Weiland SK, Roell G, Magnussen H (1992) Prevalence of asthma and allergic disorders among children in united Germany: a descriptive comparison. Br Med J 305:1395–1399

65. von Mutius E, Martinez FD, Fritzsch C, Nicolai T, Roell G, Thiemann H-H (1994) Prevalence of asthma and atopy in two areas of West and East Germany. Am J Respir Crit Care Med 149:358–364

66. Wettengel R, Berdel D, Cegla U, Fabel H, Geisler L, et al. (1994) Empfehlungen der Deutschen Atemwegsliga zum Asthmamanagement bei Erwachsenen und bei Kindern. Med. Klin. 89:57–62

67. Wichmann HE, Müller W, Allhoff P, Beckmann M, Bocter N, Csicsaky MJ, Jung M, Molik B, Schöneberg G (1989) Health effects during a smog episode in West Germany in 1985. Environ Health Perspect 79:89–99

68. Whincup PH, Cook DG, Strachan DP, Papacosta O (1993) Time trends in respiratory symptoms in childhood over a 24 year period. Arch Dis Child 68:729–734

69. WHO Report of an expert committee (1961) Definition and diagnosis of pulmonary disease with special reference to chronic bronchitis and emphysema. WHO Techn. Rep. Ser. 213:14–19

70. WHO (1996) Alpha$_1$-antitrypsin deficiency. Genf: Weltgesundheitsorganisation, Dokument WHO/HGN/AATD/WG/96.5., deutsche Übersetzung in Pneumologie (1997) 51:885–918

2.2 Malignome

K. HÄUSSINGER und M. KOHLHÄUFL

EINLEITUNG

Innerhalb des vielfältigen Spektrums der umweltbedingten Lungenerkrankungen ist das Bronchialkarzinom eine der schwersten und in den meisten Fällen schicksalhaft zum Tode führende Erkrankung. Die schlechte Prognose hat ihren Grund in den unzureichenden Früherkennungsmöglichkeiten und in der besonderen biologischen Aktivität dieses Tumors. Die klinischen und grundlagenwissenschaftlichen Untersuchungen der letzten Jahre haben unser Verständnis zur Karzinogenese, zur Genetik und zur Rolle des inhalativen Rauchens sowie der Umwelt als den ätiologisch wichtigsten auslösenden Faktoren entscheidend verbessert.

Bronchialkarzinom

Epidemiologie

Das Bronchialkarzinom (BC) ist weltweit der häufigste zum Tode führende Tumor des Mannes und steht bei Frauen an 4. Stelle der durch Krebs verursachten Todesfälle [31]. In Deutschland liegt bei der Frau das BC nach dem Mammakarzinom und dem Dickdarmkarzinom an dritter Stelle der Krebssterblichkeit [53]. Die Inzidenz an Neuerkrankungen beträgt nach dem Krebsregister Saarland bei Männern 90,3 und bei Frauen 19,9 [19]. 1995 verstarben in Deutschland 37 147 Menschen an einem Bronchialkarzinom (77 % Männer, 23 % Frauen) [53]. Während die Sterberate in den alten Bundesländern bei Männern seit 1988 eine leichte abnehmende Tendenz zeigt, stieg sie bei den Frauen im gleichen Zeitraum um insgesamt 62 % [53].

Systematik der Lungentumoren

Die Tumoren des unteren Respirationstraktes werden in benigne und maligne bzw. epitheliale und nichtepitheliale Tumoren eingeteilt [59]. Für die Umweltmedizin sind vor allem die häufigen Bronchuskarzinome von Bedeutung, die sich aus den Oberflächenepithelien entwickeln und 95–98 % der bösartigen Lungentumoren umfassen. Die häufigsten Tumortypen sind:

- Plattenepithelkarzinome (ca. 40 %)
- Kleinzellige Karzinome (ca. 35 %)
- Adenokarzinome (ca. 25 %)

Nichtepitheliale (mesenchymale) Tumoren sowie andere histologische Subtypen sind mit 0,5 – 1 % aller Lungentumoren sehr selten.

Präneoplasien und Frühkarzinom der Lunge

Das invasiv wachsende Bronchialkarzinom bildet die Endstufe einer langen Reihe von Zell- und Gewebsveränderungen [29]. Tierexperimentell lassen sich Epithelhyperplasien und Metaplasien der Bronchialschleimhaut stufenweise bis zum Carcinoma in situ und manifesten Karzinom darstellen. Schwere Dysplasien und das Carcinoma in situ beim Menschen werden als obligate Krebsvorstadien, d. h. Präneoplasien angesehen. Präneoplasien sind nach histomorphologischen Kriterien der WHO (Gruppe B) eindeutig definiert: Dysplastische Epithelveränderungen sind charakterisiert durch zelluläre Atypien in metaplastischen Gewebsarealen. Das Carcinoma in situ ist ein Epithelbereich mit zellulären und nukleären Atypien bei partiell aufgehobener und ungeordneter Zellschichtung. Ein manifestes Bronchuskarzinom liegt vor, wenn die Basalmembran destruiert und das Stroma infiltriert ist. Die Karzinogenese erstreckt sich für die Dysplasie auf 3 – 4 Jahre [45] und für das Carcinoma in situ auf 8 Monate bis 2 Jahre [44]. Weitere in Zusammenhang mit frühen Entwicklungsphasen bronchialer Karzinome gebräuchliche Begriffe werden wie folgt definiert [29]:

- Okkultes Karzinom: Karzinom, das durch einen positiven Sputumbefund zytologisch manifestiert ist, aber radiologisch nicht dargestellt werden kann (1 – 2 Promille aller BC-Fälle). Dahinter können sich auch fortgeschrittene Tumorstadien verbergen.
- Frühkarzinom („early cancer"): Die definitive Diagnose eines Frühkarzinoms wird am Operations- oder im Obduktionspräparat gestellt. Die lokal umschriebene maligne Infiltration ist auf die Bronchialwand beschränkt. Definitionsgemäß müssen ein Lymphgefäßeinbruch sowie Fernmetastasen ausgeschlossen sein. Die klinische Definition des Frühkarzinoms bezieht sich auf Tumoren in der Lungenperipherie, die einen Durchmesser unter 2 cm aufweisen. Auch bei dieser Form des Frühkarzinoms dürfen ein Befall der Pleura oder der Lymphknoten sowie Fernmetastasen nicht vorhanden sein.
- Mikrokarzinom: Dieser Begriff ist für Tumoren eingeführt, die trotz einer Größe von oft nur wenigen Millimetern bereits zu ausgedehnten Metastasen führen können.

Klinik und Differentialdiagnostik

Die häufigsten Symptome sind Husten (75 %), Gewichtsverlust (68 %), Atemnot (60 %), Brustschmerzen (45 %) und Hämoptysen (30 %). Es handelt sich dabei immer um Spätsymptome. Der zytologische Nachweis maligner Zellen im Sputum gelingt nur in 20% der Fälle. Wichtigste diagnostische Maßnahmen sind die Röntgen-Thoraxaufnahme in 2 Ebenen, die Computertomographie des Thorax und die Bronchoskopie. Differentialdiagnostisch sind vor allem andere radiologisch schattengebende Prozesse wie z.B. Pneumonien, Fremdkörperaspirationen oder benigne Geschwulste abzugrenzen [48].

Genetische Aspekte

In verschiedenen Untersuchungen konnte eine genetische Disposition für das Bronchialkarzinom aufgezeigt werden: So liegen bislang elf Fall-Kontrollstudien vor, die bei Verwandten von Patienten mit einem Bronchialkarzinom ein höheres Risiko für diese Erkrankung erkennen lassen [34]. Dieser Effekt blieb auch unter Berücksichtigung der Störgröße „Rauchen" erhalten, so daß von einer genetischen Disposition innerhalb von Familien ausgegangen werden kann. Dieser Disposition liegen möglicherweise Veränderungen der mukoziliären Clearance, der metabolischen Aktivierung und Inaktivierung von Prokanzerogenen, eine verminderte DNA-Reparatur und konstitutive Mutationen an Tumorsuppressorgenen (Chromosomenaberrationen) zugrunde. Zytogenetische Studien deuten auf die Präsenz multipler chromosomaler Veränderungen in der Entwicklung des Bronchialkarzinoms hin [8, 21]. Hinsichtlich genetischer Veränderungen sind in der Initiierung und Progression des Bronchialkarzinoms prinzipiell zwei molekulare Mechanismen möglich (10, 30): Die Aktivierung sogenannter Onkogene (funktionelle Mutation) und die Inaktivierung sogenannter Tumorsuppressorgene (Funktionsverlust-Mutation und/oder Deletion). Am häufigsten findet sich eine Inaktivierung des p53-Tumor-Suppressor-Gens durch Mutationen. Bei Tumor-Suppressor-Genen ist eine (Teil-)Inaktivierung des Gens Voraussetzung für eine Transformation. Durch Inaktivierung dieser Gene, u.a. durch Verlust von genetischem Material, das die Gene trägt, wird die Tumorentstehung begünstigt. Es gibt jedoch kaum Erkenntnisse darüber, ob eine spezifische genetische Alteration unabhängig als Prognosefaktor Aussagen über den Krankheitsverlauf erlaubt. In Kombination mit weiteren klinischen, biochemischen oder pathologisch-anatomischen Befunden können sie bedingt als Prognosefaktor herangezogen werden (Tabelle 1). Aktivierte Onkogene leiten

Tabelle 1. Prognosefaktoren des Bronchialkarzinoms [30, 35]

Marker, Parameter	günstig	ungünstig
p53-Suppressor-Gen	Aktiv	Inaktiv (mutiert)
K-ras-Onkogen	Inaktiv	Aktiv (mutiert)
erbB-2-Onkoprotein	Normal	Erhöht
bcl-2 Protoonkogen	Vorhanden	Nicht vorhanden
DNA-Gehalt	Euploid	Aneuploid
Ki67-Index	Niedrig	Erhöht
PCNA (proliferating cell nuclear antigen)	Nicht nachweisbar	> 5%
Mitose-Index	Niedrig	Erhöht

sich aus physiologischen zellulären Vorläufern, den sog. Protoonkogenen ab. Sie kodieren für Wachstumsfaktoren, deren Rezeptoren, zyptoplasmatische oder membranassoziierte Signalübermittler und DNA-Bindungsproteine. Diese nehmen im Signalübermittlungsweg vom mitogenen Signal hin zur DNA-Synthese als Ausgangspunkt der Zellteilung Schlüsselpositionen ein. Durch verschiedene Mechanismen (Punktmutation, Translokation, Deletion, Amplifikation u.a.) kann es zu einer andauernden, nicht mehr regulierten Aktivierung dieser Gene kommen, die hierdurch zu Onkogenen werden.

Ätiopathogenetische Faktoren

- Der wichtigste – vermeidbare – pathogenetische Faktor ist das inhalative Rauchen (Abb. 1).
- An zweiter Stelle folgen inhalative kanzerogene Arbeitsstoffe (Tabelle 2).
- An dritter bis fünfter Stelle stehen die Belastung der Umgebungsluft durch Radon, Passivrauchen und die Luftverschmutzung in Ballungsgebieten mit inhalativen Kanzerogenen, die zum Teil in der Arbeitsmedizin als sogenannte A1-Stoffe, d.h. als eindeutig lungenkrebserzeugend anerkannt sind.
- Durch Verbrennungsprozesse im Verkehr und in der Industrie (u.a. polyzyklische aromatische Kohlenwasserstoffe, Dieselruß) sind breite Bevölkerungschichten durch inhalative Karzinogene belastet. Die Bedeutung allgemeiner Luftverschmutzung ist für die in der BRD vorherrschenden Schadstoffkonzentrationen aufgrund methodischer Probleme in der Epidemiologie noch nicht abschließend beurteilbar.

Auch die Wertigkeit anderer Faktoren wie genetische Prädisposition gegenüber inhalativen Noxen muß künftig präziser definiert werden. Da zwischen verschiedenen ätiopathogenetischen Faktoren Wechselwirkungen bestehen, kann die Summe ihrer Risiken mehr als 100% betragen.

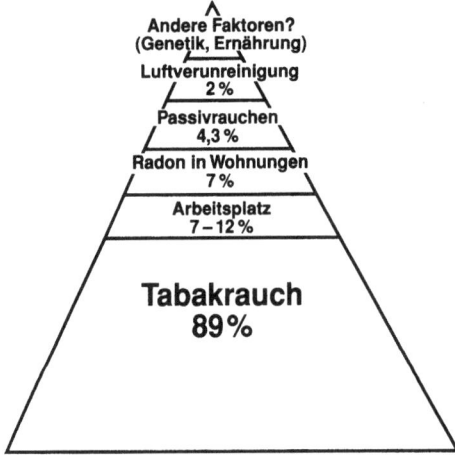

Abb. 1. Zuschreibbarer Risikoanteil (attributable risk percent) bei wichtigen Risikofaktoren des Bronchialkarzinoms (nach [37])

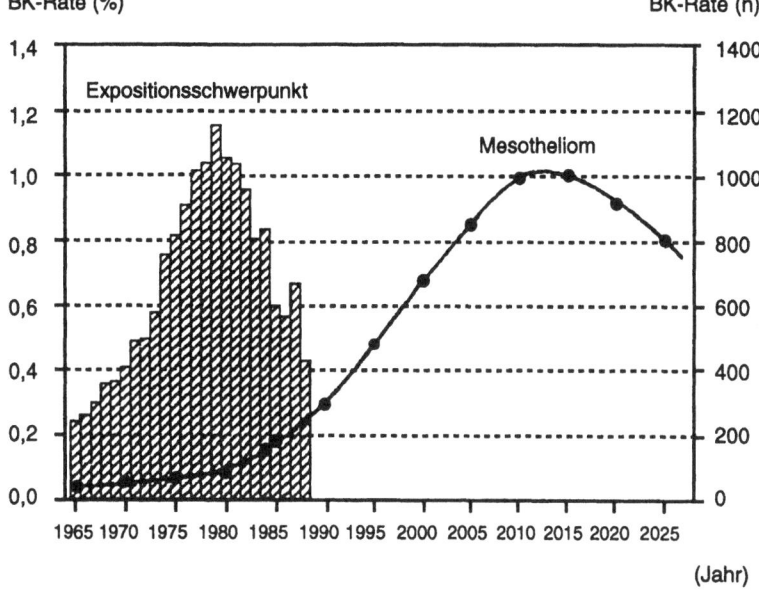

BK-Rate (%)   BK-Rate (n)

Abb. 2. Erwartete Mesotheliomhäufigkeit in Abhängigkeit vom Grad der beruflichen Asbest-exposition bei angenommener Latenzzeit von im Mittel 30 Jahren zwischen Exposition und Manifestation [6]

Tabelle 2. Berufliche Risikofaktoren für das Bronchialkarzinom mit gesichertem Kausal-zusammenhang

Karzinogene Stoffgruppe	Karzinogene Arbeitsstoffe (Auswahl)
Asbest	Chrysotil, Krokydolith, Amosit, Anthophyllit
Arsenverbindungen	Arsentrioxid, Arsenpentoxid
Chrom-IV-Verbindungen	Zink-, Calcium- und Strontiumchromat
Haloether	Bis(chlormethyl)ether, Dichlorethylsulfid (Lost)
Braunkohlen- und Kohle-Destillate, Kokereirohgase	Polyzyklische aromatische Kohlenwasserstoffe (PAH), insb. Benzo(a)pyren
Nickel	Nickelmetall, Nickelsulfid, sulfidische Erze
Ionisierende Strahlen	Uran, Radonfolgeprodukte, Röntgenstrahlen

Tabakrauch

Tabakrauch ist ein Aerosol aus Rauchpartikeln, flüchtigen dampfförmigen Rauchbestandteilen und Gasen. Von den mehreren tausend chemisch analysier-baren Substanzen im Tabakrauch sind bisher 43 als Karzinogene identifiziert. Dazu zählen polyaromatische Kohlenwasserstoffe, Nitrosamine, aromatische Amine, Aldehyde, anorganische Substanzen (Arsen, Nickel, Cadmium, Blei) und radioaktive Elemente. Es wird vermutet, daß neben den direkten krebserregen-den Wirkstoffen noch zahlreiche andere Substanzen vorhanden sind, die über genetische Veränderungen sekundär als Kanzerogene bezeichnet werden müssen [13, 32].

Der mittlere Partikeldurchmesser des Tabakrauchs beträgt 0,2–0,4 µm mit einer Partikelkonzentration von 3×10^9 bis 3×10^{19}/ml. Die Partikelmasse variiert zwischen 100–40000 µg/Zigarette („Teer"). Aufgrund der vielfältigen Einflußfaktoren (z. B. individuelle Geometrie des Atemtrakts, Atemfluß, pulmonale Vorerkrankungen) ist die Depositionswahrscheinlichkeit schwierig zu ermitteln und kann individuell zwischen 30 und 80 % schwanken [38]. Wegen der Vielzahl schädlicher Tabakinhaltsstoffe lassen sich die vielfältigen Schadstoffwirkungen des Tabakrauchs nur schwer einer Einzelsubstanz zuordnen [12].

Nur rund ein Viertel des gesamten Rauches einer Zigarette wird vom Raucher als Hauptstromrauch eingeatmet, während drei Viertel als Nebenstromrauch ungefiltert die Umgebungsluft mit ca. 5000 chemischen Substanzen belasten [15]. Der Nebenstromrauch enthält charakteristischerweise mehrere bekannte oder potentielle Karzinogene in 2–30fach höheren Konzentrationen als der Hauptstromrauch, der vom Raucher inhaliert wird, z.B. Formaldehyd (3-fach), Benzo(a)pyren (3-fach), N-Nitrosamine (20-fach) und Anilin (30-fach) [57]. Entsprechend ist die kanzerogene Potenz des Nebenstromrauches im Tiereexperiment höher als die des Hauptstromrauches [62].

Inhalativer Zigarettenrauch

Die Kanzerogenität von Tabakrauch wurde bereits 1939 von Müller [28] erkannt und durch amerikanische und britische Studien in den 50er und 60er Jahren belegt. Auf der Grundlage von 29 retrospektiven und 7 prospektiven Studien erklärte 1964 die amerikanische staatliche Gesundheitsbehörde (U.S. Department of Health), daß bei Männern zwischen inhalativem Zigarettenkonsum und dem Bronchialkarzinom ein Kausalzusammenhang im Sinne einer Dosis-Wirkungsbeziehung besteht, der alle anderen Umwelteinflüsse überwiegt. Auch die Daten für Frauen sprachen für diesen Zusammenhang [47]. Diese Erkenntnisse wurden später von Doll und Peto [7] zwischen 1951 und 1972 im Rahmen einer prospektiven Studie bei britischen Ärzten erneut bestätigt.

Die Dosisabhängigkeit zwischen Exposition und Karzinomgefährdung läßt sich wie folgt verdeutlichen [2, 23, 32]:

- Das Risiko des Rauchers, ein Bronchialkarzinom zu entwickeln, ist bei männlichen Rauchern 22mal und bei Frauen 12mal so hoch wie bei Nichtrauchern.
- Das Karzinomrisiko korreliert mit der Zahl der gerauchten Zigaretten. Das Risiko von Rauchern ist bei einem Konsum von maximal 2 Zigaretten pro Tag rechnerisch gegenüber dem Nichtraucher um 50 bis 100 % erhöht (Tabelle 3). Eine Verdoppelung sog. pack-years bedingt einen jeweils 2- bis 4fachen Anstieg der Bronchialkarzinomsterblichkeit. Pack-year ist das Produkt aus der Zahl der täglichen gerauchten Zigarettenschachteln und der Raucherjahre.
- Das Risiko hängt stärker von der Dauer des Zigarettenkonsums ab, als von der täglich gerauchten Zahl der Zigaretten.

Tabelle 3. Relative Erhöhung des Lungenkrebsrisikos bei Rauchern mit niedrigem Zigaretten-konsum

Zigaretten/Tag	Untersuchte Gruppen	Relatives Risiko
1–9	500 000 Männer (USA, 1966)	4,6
1–9	250 000 Ex-Soldaten (USA, 1980)	4,8
1–14	34 000 Ärzte (Großbritannien, 1976)	7,8
1–2		1,5–2 (?)

- Je früher der Beginn des Rauchens im Leben liegt, desto höher ist das Risiko (bis 30fach erhöht).
- Das Risiko verringert sich, wenn das Rauchen aufgegeben wurde mit Zunahme des rauchfreien Intervalls. Das Plateau des Nichtrauchers wird allerdings nicht mehr erreicht.

Das zusätzliche Vorliegen einer obstruktiven Lungenerkrankung (COPD), die jeder 7. Raucher auf dem Boden einer chronischen Bronchitis entwickelt, steigert die zentrale Schadstoffdeposition. Raucher mit COPD haben daher ein höheres Krebsrisiko als Raucher ohne COPD [51, 55].

Das inhalative Rauchen führt verstärkt zum Auftreten bestimmter histologischer Subtypen des Bronchialkarzinoms. Es fördert vor allem die Entstehung zentral lokalisierter Plattenepithelkarzinome und kleinzelliger Bronchialkarzinome [27]. Die bevorzugt zentrale Entstehung des Bronchialkarzinoms bei Rauchern kann mit dem Depositionsverhalten von Aerosolpartikeln im Atemtrakt erklärt werden [49]. Untersuchungen zur Deposition von Aerosolpartikeln zeigten ein Maximum der Deposition pro Flächeneinheit in der Region der Segmentbronchien, bedingt durch den hohen Quotienten von Volumen zu Oberfläche [11]. Zusätzlich kommt es bei turbulenten Strömungen an Atemwegsbifurkationen durch Impaktion zu stark erhöhten fokalen Depositionsraten (sog. „hot spots") [18].

Passivrauchen

Erstmals konnte 1981 in einer prospektiven japanischen Studie [14] bei über 90 000 nichtrauchenden Frauen nach einer Verlaufskontrolle von 16 Jahren statistisch ein Zusammenhang zwischen dem Zigarettenkonsum der Ehemänner und dem Lungenkrebsrisiko ihrer Frauen nachgewiesen werden. Eine erhöhte Zahl von Lungenkrebstodesfällen durch Passivrauchen („Umwelttabakrauch", environmental tobacco smoke, ETS) wurde auch in zwei weiteren prospektiven Studien gefunden (Tabelle 4). Man schätzt, daß das Lungenkrebsrisiko von Passivrauchern im Mittel um 20–35% erhöht ist [20, 56]. In der BRD war bereits 1987 die Zahl der Lungenkrebstodesfälle durch Passivrauchen auf 500–1000 pro Jahr geschätzt worden [40]. Der Mikrozensus 1989 wies für die BRD 13% der Männer (15 Jahre und älter) und 21% der Frauen als Passivraucher im privaten

Tabelle 4. Prospektive Studien zum relativen Lungenkrebsrisiko von Nichtrauern durch rauchende Partner (nach [56])

Erstautor/ Jahr	Ort	Zeitraum	Teilnehmer(n)	Geschlecht	Bronchial-karzinome bei NR (n)	Exposition	RR	95% Cl
Hirayama/1981	Japan	1966–1983	91450	Frauen	200	Ex-Raucher	1,4	0,9–2,2
						1–14 Zig./die	1,4	1,0–2,0
						15–19 Zig./die	1,6	1,0–2,4
						≥ 20 Zig./die	1,91	1,3–2,7
Garfinkel/1981	USA	1959–1972	176739	Frauen	153	< 20 Zig./die	1,27	0,9–1,9
						≥ 20 Zig./die	1,10	0,8–1,6
Hole/1989	Schottland	1972–1985	3960	Frauen	8	Keine quantitativen Angaben	2,41	0,5–12,8
			4037	Männer	6			

Bereich aus, d.h. als Personen, die als Nichtraucher mit einem oder mehreren Rauchern zusammenleben. Am Arbeitsplatz waren 29% der nichtrauchenden Männer und 22% der nichtrauchenden Frauen unfreiwillig dem Tabakrauch anderer ausgesetzt. 56% aller Kinder wuchsen in Raucherhaushalten auf [16]. 1992 nahm die US-Umweltschutzbehörde den „Umwelttabakrauch" als komplettes Kanzerogen in die Gruppe A (kanzerogene Wirkung beim Menschen nachgewiesen) auf, nachdem über 30 Studien aus 8 Ländern einen überwiegend positiven Zusammenhang zwischen Passivrauchen und Lungenkrebsrisiko gezeigt hatten [9]. In den USA wird die Zahl der Lungenkrebstoten durch Passivrauchen (Arbeitsplatz, Haushalt) auf ca. 3000 pro Jahr geschätzt [9].

Radon

^{222}Radon (^{222}Rn) ist ein natürlich und ubiquitär vorkommendes radioaktives Edelgas. Es gelangt aus dem Gesteinsuntergrund ins Haus. Die jeweilige Innenraumkonzentration hängt vom Zustrom und von der Lüftung ab. Während das Edelgas selbst nicht im Atemtrakt verbleibt, lagern sich die festen Zerfallsprodukte nach Bindung an Staubpartikeln teilweise auf den Oberflächen der bronchialen und alveolären Epithelien ab, wo die Alphastrahlung freigesetzt wird. Die abgeschiedenen kurzlebigen Radon-Tochterprodukte haben eine Lebensdauer von nur 2–3 Stunden und zerfallen deshalb zum größten Teil in der Lunge [46]. Quantitative Aussagen zum Lungenkrebsrisiko durch Inhalation der kurzlebigen Zerfallsprodukte des Edelgases beruhen bisher auf Extrapolationen aus Bergarbeiterstudien aus dem Uranbergbau [24, 33, 58]. Bei gleicher Dosis ist eine lange Exposition mit niedriger Konzentration gefährlicher als eine kurze Exposition mit entsprechend höherer Konzentration [54]. Hohe Radonbelastungen finden sich vor allem im Süden Thüringens und Sachsens, in Ostbayern, dem Saarland und der Eifel [37]. In Schweden gelang Pershagen und Mitarb. [36] der direkte epidemiologische Nachweis einer Beziehung zwischen der Radonexposition in Wohnungen und dem Auftreten von Lungenkrebs im Rahmen einer Fall-Kontroll-Studie: Die relativen Risiken für die zeitgewichtete Exposition lagen bei 1,3 (Belastung 140 bis 400 Bq/m^3) und bei 1,8 (Belastung > 400 Bq/m^3) im Vergleich zu einer Belastung unter 50 Bq/m^3. Nach Risikomodellen für die alten Bundesländer auf der Basis eines Radonsurveys in 6000 Wohnungen mit einem Mittelwert an Aktivitätskonzentrationen des Radons von 50 Bq/m^3 Luft [50] ergibt sich, daß ca. 7% der Lungenkrebstoten auf Radon in Innenräumen zurückzuführen sind. Die Inhalation von Radon-Zerfallsprodukten würde demnach rechnerisch 2000 Lungenkrebstote durch Innenraumbelastung verursachen und stellt damit nach dem inhalativen Zigarettenrauchen den wichtigsten umweltbedingten Risikofaktor für Lungenkrebs dar [5]. In der BRD wird dazu derzeit die weltweit größte nationale Fall-Kontroll-Studie durchgeführt [17].

Tabelle 5. Zusätzliches Lungenkrebsrisiko[a] in der BRD (alte Bundesländer) durch Luftschadstoffe (nach [37])

	Ballungsgebiete		Ländliche Gebiete	
	Immissionskonz.	Risiko ($\times 10^{-5}$)	Immissionskonz.	Risiko ($\times 10^{-5}$)
Dieselruß-partikel	7,2 µg/m^3	50	0,9 µg/m^3	6,3
PAH[b]	1,8 ng/m^3	13	0,7 ng/m^3	5,0
Arsen	11 ng/m^3	4,3	0,9 ng/m^3	1,1
Cadmium	3,3 ng/m^3	3,9	2,7 ng/m^3	1,1
Asbest	110 F/m^3	2,1	38 F/m^3	0,8
Gesamt		73,3		14,3

[a] Zusätzliches lebenslanges Lungenkrebsrisiko (70 Jahre), konservative Abschätzung anhand von Unit-risk-Werten.
[b] *PAH* polyzyklische aromatische Kohlenwasserstoffe.

Luftverunreinigungen in Ballungsgebieten und Großstädten

„Luftverunreinigungen" bezeichnen gasförmige, partikelförmige oder faserige Stoffe in der Außenluft, die durch anthropogene Prozesse, vorrangig industrielle Produktion, Hausbrand, Energieerzeugung, Abfallentsorgung und Kraftverkehr, oder deren Folgen (z.B. Verwitterung, photochemische Reaktionen) entstanden sind. In Ballungsgebieten ergibt sich ein 4–5mal so hohes Zusatzrisiko für Lungenkrebs durch die Außenluft wie in ländlichen Regionen (Tabelle 5). Derzeit werden nach Schätzungen in stark belasteten Ballungsgebieten etwa 5–10% der Lungenkrebsfälle in den alten Bundesländern kanzerogenen Schadstoffen der Außenluft zugeschrieben. Für die gesamte Bundesrepublik wird das Attributivrisiko auf der Grundlage von Risikoextrapolationen mit 2% angegeben. Zuverlässige Risikoabschätzungen sind allgemein nur bei Vorliegen von individuellen Expositionsdaten im Rahmen epidemiologischer Studien möglich. Eine Charakterisierung der Immissionsbelastung durch die in Tabelle 5 genannten Stoffe – als Voraussetzung zur Beurteilung der Verteilung der Exposition – gelingt jedoch erst seit den 80er Jahren und ist für einige wichtige Komponenten wie Dieselrußpartikel bis heute noch nicht zufriedenstellend möglich [37, 52].

Pleuramesotheliom

Pathologie, Pathogenese

Das Pleuramesotheliom ist eine vom Mesothel ausgehende, meist diffus oder multifokal auftretende Krebserkrankung. Die Prognose ist mit einer durchschnittlichen Überlebenszeit von 8–9 Monaten nach Diagnosestellung besonders ungünstig [3]. Etwa 80% der Erkrankungen werden heute weltweit auf beruflich bedingte inhalative Asbestexspositon zurückgeführt [41, 42, 60].

Das kanzerogene Risiko hängt ab vom Asbesttyp, von der Länge und vom Durchmesser der Fasern, der Zahl der Fasern und der Dauer der Exposition [41].

Blauasbest ist gefährlicher als Weißasbest. Die höchste kanzerogene Potenz haben Fasern von über 10 μm Länge und von unter 0,2 μm Durchmesser [39]. Die Latenzzeit zwischen Exposition und Manifestation liegt im Mittel bei 30 Jahren [42].

Klinik

In weit über 90% werden diffuse Pleuramesotheliome erst in fortgeschrittenen Stadien entdeckt. Symptomatisch stehen einseitige Thoraxschmerzen, Belastungs- atemnot, trockener Reizhusten und rezidivierende Fieberschübe im Vordergrund. Radiologisch imponieren häufig ausgedehnte Pleuraergüsse, sowie computer- tomographisch semizirkuläre Pleuraverdickungen mit Fesselung der Lunge.

Diagnostik

Die Diagnosestellung erfolgt durch transthorakale Pleurabiopsie (Trefferquote 40–50%) oder Thorakoskopie (Diagnosestellung in über 95%) [22]. Die Stadien- einteilung basiert auf dem Computer-Tomogramm (Thorax, Oberbauch) und der Thorakoskopie und erfolgt nach dem TNM-System [43].

Therapie

Kurative Therapieergebnisse sind wegen der späten Manifestation der Erkran- kung auch durch ausgedehnte Pleuraresektionen in der Regel nicht zu erreichen. Die therapeutischen Möglichkeiten beschränken sich daher überwiegend auf palliative Maßnahmen wie Ergußpunktion, Pleurodese und Linderung der Thoraxschmerzen. Die Erkrankung ist meist rapid progredient [60].

Asbestexposition

Auch in sogenannten Reinluftgebieten des Harzes enthält ein m³ Luft bis 200 Asbestfasern [26]. An verkehrsreichen Kreuzungen in einer Großstadt finden sich 1000 Fasern/m³ [25]. Quellen für die umweltbedingte Asbestbelastung lie- gen in der industriellen Asbestgewinnung und industriellen Asbestverarbeitung (Nachbarschaftsexposition) und im Freizeitbereich (Reparatur- und Instand- haltungsarbeiten von Dächern mit Asbestzementplatten, Isolierarbeiten, Ver- wendung astbesthaltiger Spachtelmassen). In Innenräumen stammt Asbest aus dem Abrieb von asbesthaltigem Oberflächenmaterial und dem Isoliermaterial zahlreicher Produkte des Haushaltes.

An Arbeitsplätzen kann man grundsätzlich von einer 100- bis 10000-fach höheren Asbestfaserbelastung gegenüber der gewöhnlichen Umwelt ausgehen. Die verfügbaren Zahlen reichen von 600000 Fasern/m³ bei Bohrarbeiten an Asbestzement bis zu 50 Mio. Fasern/m³ Luft bei Arbeiten mit Trennschleifern (Flex) in Innenräumen [1]. Die am stärksten asbestexponierten Berufe sind in abnehmender Häufigkeit: Asbestzementarbeiter, Asbesttextilarbeiter, Schweißer, Ofenbauer, Glashüttenarbeiter usw.

Risikobewertung

Die fibrogene und kanzerogene Potenz von Asbestfasern hat zur Festlegung von Grenzwerten im Sinne max. Arbeitsplatzkonzentrationen geführt. Die gegenwärtigen Grenzwerte liegen in Deutschland für Weißasbest (Chrysotil) bei 250000 Fasern/m³ und für Blauasbest (Krokydolith) bei 50000 Fasern/m³. In den USA sind diese Grenzwerte weit großzügiger bemessen und für Weißasbest achtmal so hoch und für Blauasbest zehnmal so hoch angesetzt. Das Risiko wird durch den Begriff der Faserjahre als Produkt aus Einwirkungsdauer und Faserkonzentration (1000000 Fasern/m³) definiert.

Seit dem 01. Januar 1993 wird eine Lungenkrebserkrankung als asbestverursacht anerkannt, wenn der Nachweis vorliegt, daß der Patient am Arbeitsplatz einer kumulativen Asbestfaserstaubdosis von mindestens 25 Faserjahren ausgesetzt war [4]. Während in der Bundesrepublik Deutschland für das Pleuramesotheliom eine proportionale Mortalität der Bevölkerung von 0,06 % angenommen wird, ist die Sterblichkeit an Mesotheliom für die asbestbelasteten Beschäftigten aller Tätigkeitsbereiche im Vergleich zur übrigen Bevölkerung stark erhöht. Für Arbeiter der asbestverarbeitenden Textilindustrie und der Isolierberufe lautete die Todesursache bei fast jedem 5. bzw. 10. Patienten Mesotheliom des Rippen- oder Bauchfells.

Der Asbestverbrauch in den Industrieländern stieg in den Nachkriegsjahren von 1950 bis 1965 steil an und fiel nach einer Plateaubildung seit 1980 wieder stark ab [1]. Aus der Latenzzeit von 15–40 Jahren läßt sich errechnen, daß der Häufigkeitsgipfel von asbestbedingten Pleura- und Lungentumoren erst im Jahre 2010 zu erwarten ist [6] (Abb. 2).

ZUSAMMENFASSUNG

Das Bronchialkarzinom ist weltweit der häufigste maligne Tumor des Mannes und weist auch bei Frauen eine stark steigende Tendenz auf. Morbidität und Mortalität unterscheiden sich nur geringfügig: Fast 90 % der Erkrankten sterben nach Diagnosestellung, nur 10 % von ihnen leben länger als 5 Jahre. Die größte Chance, die Mortalität an Bronchialkarzinom zu senken liegt in der Primärprävention, d. h. in der Ausschaltung oder Reduzierung inhalativer Noxen als Ursache der Karzinogenese. Wichtigster Faktor für die Karzinogenese ist das inhalative Rauchen mit 89 %. Die epidemiologische Forschung der letzten Jahre führte zu einer weiteren Differenzierung der Kenntnisse: 7–12 % der Bronchialkarzinome werden durch Noxen am Arbeitsplatz, 7 % durch Radonbelastung in Wohnungen, 4 % durch Passivrauchen und 2 % durch allgemeine Luftverunreinigung verursacht. Aufgabe des Staates, der Gesellschaft und der medizinischen Organe ist es, diese Erkenntnisse einer breiten Bevölkerung zugänglich zu machen und durch konsequente Aufklärungsarbeit auf eine Reduzierung der fast durchweg vermeidbaren krebsauslösenden Faktoren hinzuwirken.

Literatur

1. Albracht G, Schwerdtfeger OA (1991) Herausforderung Asbest. Universum, Wiesbaden
2. Blot WJ, Fraumeni JF Jr (1986) Passive smoking and lung cancer. J Nat Cancer Inst 77:993–1000
3. Boutin FRC, Steinbauer J, Viallant JR, Astoul P, Ledoray V (1993) Thoracoscopy in pleural malignant mesothelioma; a prospective study of 188 consecutive patients. Cancer 72: 394–404
4. Bundesgesetzblatt Z 5702 A, Nr. 59, Teil I, Artikel 1, Nr. 5, Bonn, 29.12.1992
5. Burkhart W, Wichmann H-C (1996) Was wissen wir über die Wirkung des Radon? Strahlenschutzpraxis 3:37–47
6. Coenen W, Schenk H (1988) Ermittlung von Risikogruppen bei Asbestexponierten. BiA, St. Augustin; Interner Bericht Nov.
7. Doll R, Peto R (1976) Mortality in relation to smoking: 20 years' observations on male Britisch doctors. Brit Med J 2:525–538
8. Economou P, Lechner JF, Samet MJ (1994) Familial and genetic factors in the pathogenesis of lung cancer. In: Samet MJ (ed) Epidemiology of lung cancer. Lung biology in health and disease. Vol 74, Marcel Dekker, New York, p 353–396
9. EPA: Respiratory health effects of passive smoking (1992) Lung cancer and other disorders. United States Environmental Protection Agency, Office, of Research and Development RD-68.9, EPA/600/6-90/006F, December
10. Greenblatt MS, Harris CC (1995) Molecular genetics of lung cancer. Cancer surveys 25: 293–313
11. Gerrity TR, Lee PS, Hass FJ, Marinelli A, Werner P, Lourenço RV (1979) Calculated deposition of inhaled particles in the airway generations of normal subjects. J Appl Physiol 47:867–873
12. Hoffmann D, Wynder EL (1986) Chemical constituents and bioactivity of tobacco smoke. IARC Sci Publ 74:145–165
13. Huber GL (1989) Physical, chemical, and biologic properties of tobacco, cigarette smoke, and other tobacco products. Sem Resp Med 10:297–332

14. Hirayama T (1981) Non-smoking wives of heavy smokers have a higher risk of lung cancer: a study from Japan. Brit Med J 282:183–185
15. International Agency for Research on Cancer (1986) Tobacco smoking. IARC monographs on the evaluation of the carcinogenic risk of chemicals to humans. Lyon, Vol 38
16. Jung B (1991) Kinder als Passivraucher. Der Kinderarzt 22:2017–2021
17. Kreienbrock L, Wichmannn H-E, Kreuzer M, Wellmann J, Heinrich J, Wölke G, Dinger-kus G, Gerken M (1994) Lungenkrebsrisiko durch Radon in Innenräumen: Zwischen-ergebnisse der epidemiologischen Untersuchungen in der Bundesrepublik Deutschland und Bewertung internationaler Ergebnisse. In: Bundesministerium für Umwelt, Natur-schutz und Reaktorsicherheit: Forschung zum Problemkreis „Radon". 7. Statusgespräch, Berlin
18. Köhler D, Vastag E (1992) Bronchiale Clearance. Pneumologie 45:314–332
19. Krebsregister Saarland (1993) Inzidenz des Bronchialkarzinoms
20. Law MR, Hackshaw AK (1996) Environmental tobacco smoke. Brit Med Bull 52:22–34
21. Lederman JA, Ornadel D (1995) The biology of lung cancer. Eur Respir Mon 1:72–90
22. Loddenkemper T, Grosser H, Gabler A, Mai J, Preussler H, Brand HJ (1983) Prospective evaluation of biopsy methods in the diagnosis of malignant pleura effusion. Intrapatient comparison between pleural fluid cytology, blind needle biopsy and thoracoscopy. Am Rev Respir Dis 127:4–114
23. Lubin JH, Blot WJ, Berrino F, Flamant R, Gillis Ch, Kunze M, Schmähl D, Visco G (1984) Modifying risk of developing lung cancer by changing habits of cigarette smoking. Br Med J 288:1953–1956
24. Lubin J, Boice JD, Edling CH, Hornung R, Howe G, Kunz E, Kusiak A, Morrison HI, Radford Ep, Samet JM, Tirmarche M, Woodward A, Xiang YS, Perce DA (1994) Radon and lung cancer risk: A joint analysis of 11 underground miners studies. US National Institutes of Health, publication No. 94-3644
25. Marfels H, Spurny KR, Boose C, Schärmann J, Opiela H, Althaus W, Weiss G (1984) Immis-sionsmessungen von faserigen Stäuben in der Bundesrepublik Deutschland – I. Messungen in der Nähe einer Industriequelle. Staub-Reinhalt. Luft. 44:2659–2663
26. Marfels H, Spurny KR (1987) Asbest-Immissionsmessungen in Niedersachsen (1985/1986) Frauenhofer-Institut für Umweltchemie und Ökotoxikologie, Schmallenberg/Grafschaft
27. Morabia A, Wynder EL (1991) Cigarette smoking and lung cancer cell types. Cancer 68:2074–2078
28. Müller FH (1939) Tabakmißbrauch und Lungenkrebs. Z Krebsforschung 49:57–85
29. Müller K-M, Gonzales S (1991) Präneoplasien und Frühkarzinom der Lunge – Histogene-tische Aspekte des Bronchialkarzinoms. Pneumologie 45:971–976
30. Müller K-M, Wiethege Th, Tolnay E, Junker K (1997) Variable Biologie der Lungentumoren. Atemw.-Lungenkrkh 23:302–307
31. Murray CJL, Lopez AD (1994) Estimated deaths (in thousands) by age, sex, cause, 1990: World. WHO bulletin 72:480
32. Newcomb PA, Carbone PP (1992) The health consequences of smoking-Cancer. Med Clin North Am 76:305–331
33. NAS (National Academy of Science) (1994) Health effects of exposure to Radon: time for reassessment? Committee on Health Effects of Exposure To Radon (BEIR VI). National Academy Press, Washington D.C.
34. Nowak D (1994) Bronchialkarzinom durch genetische Umweltfaktoren: Genetische Fak-toren. Pneumologie 48:526–628
35. Passlik B, Pantel K (1996) Prognosefaktoren im Stadium I des nicht-kleinzelligen Bronchial-karzinoms. Zentalbl Chir 121:851–860
36. Pershagen G, Axelson O, Clavensjö B, Damber L, Desal G, Enflo A, Lagarde F, Mellander H, Svartengren M, Swedjemark GA, Akerblom G (1994) Residential radon exposure and lung cancer in Sweden. N Engl J Med 330:159–164
37. Pesch B, Jöckel KH, Wichmann HE (1995) Luftverunreinigung und Lungenkrebs. Informa-tik Biometrie und Epidemiologie in der Medizin und Biologie 26:134–153
38. Phalen RF (1984) Inhalation studies: Foundations and techniques. CRC Press, Boca Raton, p 7–9

39. Pott F (1991) Beurteilung der Kanzerogenität von Fasern aufgrund von Tierversuchen. In: Faserförmige Stäube: Vorschriften, Wirkungen, Messung, Minderung. VDI-Verlag, Düsseldorf, 39–106
40. Remmer H (1987) Passively inhaled tobacco smoke: a challenge to toxicology and preventive medicine. Arch Toxicol 61:89–104
41. Rödelsperger K, Romer W, Woitowitz HJ, Calavresoz A, Bresgen M, Pethran A (1989) Fall-Kontroll-Studie zur Asbestfaserstaub-Gefährdung von Mesotheliompatienten. Dtsch Ges Arbeitsmed, 29. Jahrestagung, Düsseldorf 1989, Gentner, Stuttgart, 483–488
42. Rösler JA, Woitowitz HJ, Woitowitz RH, Rödelsperger K (1994) Tumorrisiken durch Asbest im internationalen Vergleich. Arbeitsmed Sozialmed 29:458–462
43. Rusch VW (1996) A proposed new international TNM Staging System für malignant pleural mesothelioma from the international Mesothelioma Interest Group. Lung Cancer 14:1–12
44. Saccomano G, Archer VE, Auerbach O (1974) Development of carcinoma of the lung als reflected in exfollative cells. Cancer 33:256–270
45. Saccomano G (1982) Carcinoma in situ of the lung: Its development, detection and treatment. Semin Respir Med 4:156–160
46. Samet JM (1991) Radon. In: Samet JM, Spengler JD (1991) Indoor air pollution. Johns Hopkins university press, Baltimore, pp 323–347
47. Samet JM (1995) Lung cancer. In: Greenwald P, Kramer BS, Weed DL (eds) Cancer prevention and control. Dekker, New York, p 561–583
48. Scagliotti GV (1995) Symptoms and signs and staging of lung cancer. Eur Respir Mo 1:91–136
49. Schlesinger RB, Lippmann M (1978) Selective particle deposition and bronchogenic carcinoma. Environ Res 15:424–443
50. Schmier H, Wick A (1985) Results from a survey of indoor radon exposures in the Federal Republic of Germany. Sci total Environ 45:307–310
51. Skillrud DM, Offord KP, Miller RD (1986) Higher risk of lung cancer in chronic obstructive pulmonary disease. Ann Intern Med 105:503–507
52. Speizer FE, Samet JM (1994) Air pollution and lung cancer. In: Samet JM (ed) Epidemiology of lung cancer. Lung biology in health and disease. Vol 74, Marcel Dekker, New York, p 131–150
53. Statistisches Bundesamt (1997) Todesursachenstatistik 1968–1995, Wiesbaden
54. Steindorf K, Lubin J, Wichmann H-E, Becher H (1992) Lung cancer deaths attributable to indoor radon exposure in West Germany. Int J Epidemiol 21:202–213
55. Tockman MS, Anthonisen NR, Wright EC, Donithan MG (1987) Airway obstruction and the risk factor for lung cancer. Ann Intern Med 106:512–518
56. Tredaniel J, Boffetta P, Saracci R, Hirsch A (1994) Exposure to environmental tobacco smoke and risk of lung cancer: the epidemiological evidence. Eur Resp J 7:1877–1888
57. Trichopoulos D (1995) Risk of lung cancer and passive smoking. In: De Vita VT, Hellmann S, Rosenberg SA (eds) Important advances in oncology. Lippincott, Philadelphia, p 77–85
58. UNSCEAR (United Nations Scientific Committee on the effects of Atomic Radiation) (1988) Sources, effects and risks of ionizing radiation. Vereinte Nationen, New York
59. WHO (1981) International histological classification of tumors no. 1: histological typing of lung tumors, 2nd edn, Geneva
60. Woitowitz HJ, Hillerdal G, Calavresoz A, Berghauser KH, Rödelsperger K, Jöckel KH (1994) Risiko- und Einflußfaktoren des diffusen malignen Mesothelioms (DMM). Schriftenreihe der Bundesanstalt für Arbeitsschutz. Wirtschaftsverlag für neue Wissenschaft GmbH. Bremerhafen
61. Woitowitz HJ (1986) Berufliche Noxen in der Ätiologie des Bronchialkarzinoms. Atemw-Lungenkrkh 12:482–484
62. Wynder EL, Hoffmann D (1967) Tobacco and tobacco smoke: studies in experimental carcinogenesis. New York, Academic Press

2.3 Erkrankungen durch anorganische Stäube

M. KORN

EINLEITUNG

Umweltbedingte pneumologische Erkrankungen verursacht durch anorganische Stäube treten zahlenmäßig gegenüber einer Verursachung durch organische Stäube in den Hintergrund, im Umkreis von früheren oder aktuellen Emittenten sollte aber daran gedacht werden.

Kritische Inhaltsstoffe anorganischer Stäube

Stäube sind nur in Ausnahmefällen strikt in anorganische und organische Stäube zu trennen. In der Regel treten in der Luft Mischstäube auf, deren Inhaltsstoffe organischer und anorganischer chemischer Natur sind. In Tabelle 1 sind die wichtigsten Stäube anorganischer Spezies oder mit relevanten anorganischen Beimengungen aufgeführt. Damit solche Stoffe ihre chemisch-irritative, toxische und/oder karzinogene Wirkung auf die Atemwege entfalten können, müssen sie entweder selbst oder partikelgebunden in staubfähiger Form vorliegen. Die inhalative Bioverfügbarkeit ist abhängig primär von der Partikelgröße und sekundär von der Wasserlöslichkeit potentiell toxischer Partikel oder partikelassoziierter Komponenten. Je kleiner der aerodynamische Durchmesser der Partikel ist, desto tiefer dringen sie in die Atemwege ein. Partikel $> 10 \, \mu m$ werden überwiegend in der Nase abgefangen, Partikel $< 10 \, \mu m$ gelangen bis in die Bronchien, $< 5 \, \mu m$ sind sie alveolengängig [1]. Das Depositionsverhalten von Fasern (z.B. Asbest) wird im wesentlichen durch den Faserdurchmesser bestimmt, da sich Fasern im strömenden Medium vorzugsweise in Längsrichtung ausrichten. Als kritische Faserabmessungen gelten bei Asbest ein Durchmesser $< 3 \, \mu m$, eine Länge $> 5 \, \mu m$ und ein Verhältnis Länge zu Durchmesser von $> 3 : 1$ [2]. Bei nichtfaserförmigen Stäuben gilt weiter, daß bei guter Wasserlöslichkeit eher Symptome an den oberen Atemwegen und bei schlechter Wasserlöslichkeit eher Symptome an den tiefen Atemwegen auftreten können. Mit Ausnahme der kanzerogenen Wirkung, für die nach gegenwärtigem Kenntnisstand kein No-effekt-level angegeben werden kann, handelt es sich hier um dosisabhängige Wirkungen. Entsprechend hohe Konzentrationen derartiger Stäube treten in Westeuropa praktisch nur noch in Unfallsituationen oder bei ungünstigen klimatischen Bedingungen (austauscharme Wetterlagen) auf. Hier sind insbesondere Stäube aus Verbrennungsprozessen, die sog. Rauche mit Partikelgrößen < 5 µm, zu erwähnen.

In Bereichen, in denen es zu Staubexplosionen kommen kann, werden besondere Anstrengungen zu deren Vermeidung unternommen. Zu den explosionsfähigen Stäuben gehören im besonderen Stäube von organischen Materialien wie Holz, Nahrungs- und Futtermittel, Kohle und Kunststoffen, aber auch eine Reihe anorganischer Stäube wie z.B. von Leichtmetallen [3].

Umweltbedingte Gesundheitsrisiken an den Atemwegen durch anorganische Stäube

Im Vordergrund umweltbedingter Wirkungen staubgebundener Stoffe an den Atemwegen steht eine Erhöhung der Atemwegswiderstände bei disponierten Personen durch chemisch-irritative und/oder toxische anorganische Stoffe bei austauscharmen Wetterlagen. Auch inerte anorganische Stäube können bei Vorliegen einer bronchialen Hyperreagibilität zu einer Atemwegswiderstandserhöhung führen. Weiter sind erhöhte Anfallsneigungen bei Asthmatikern und Pseudokruppanfälle bei Kindern zu nennen, die aber meist auf erhöhte SO_2-Konzentrationen zurückgeführt werden. Eine alleinige umweltbedingte Verursachung einer obstruktiven Atemwegserkrankung ist aber praktisch auszu-

Tabelle 1. Stäube mit anorganischen Substanzen oder Teilkomponenten und mögliche Wirkungen bei Umweltbelastung

Stoff	Stoffcharakteristik	Wirkung an Atemwegen
Asbest	Faserförmig	Mesotheliom (keine Asbestose, kein asbestbedingtes Lungenkarzinom)
Erionit	Faserzeolith (Vorkommen in Zentraltürkei in der zugänglichen Erdkruste)	Mesotheliom
Zink(oxid)	Schwermetall	Postexpositioneller Fieberschub bei hoher Belastung (z.B. als Heimwerker)
Schwebstäube (Zementstäube)	Stäube mit assoziierten Komponenten wie Schwermetallen, Reizstoffen oder Radikalen	Irritation der Schleimhaut der oberen Atemwege, Atemwegswiderstandserhöhung
Rauche	Stäube aus Abbränden mit kleinen aerodynamischen Durchmessern mit assoziierten Komponenten wie bei Schwebstäuben	Irritation der Schleimhäute von oberen und tiefen Atemwegen, Atemwegswiderstandserhöhung

schließen. So auch in der Umgebung von Zementwerken, da die dort früher üblichen weißen Niederschläge Partikel mit einem Durchmesser von überwiegend > 10 µm enthielten. Für das Entstehen obstruktiver Atemwegserkrankungen in der Allgemeinbevölkerung spielen Lifestyle-Faktoren, insbesondere Rauchen und Passivrauchen, die dominierende Rolle. Bei Unfällen in Industrieanlagen, in denen inhalativ chemisch-irritativ und/oder toxisch wirkende Substanzen hergestellt oder als Zwischenstufe gehandhabt werden, kann es aber zu zahlreichen Betroffenen mit akuten passageren Atemwegsbeschwerden kommen.

Bei Belastungen mit faserförmigen Stäuben konnte in beruflich unbelasteten Kollektiven keine Häufung von Lungen- oder Pleuraveränderungen festgestellt werden. Auch bei Vorliegen umweltbedingter Asbestbelastungen traten keine Häufungen von Asbestosen und Lungenkarzinomen auf. Beim Auftreten von Mesotheliomen (Pleura, Peritoneum, Perikard) muß aber daran gedacht werden, daß hier eine frühere berufliche oder umweltbedingte Asbestbelastung als Ursache vorliegen könnte. Umweltbedingte Expositionen können auftreten im Wohnumfeld eines früheren asbestverarbeitenden Betriebes, im Umkreis von Sanierungsarbeiten, in asbestbelasteten Räumlichkeiten etc. Auch durch das Reinigen asbestverschmutzter Kleidung beispielsweise durch die Ehefrau kann ein asbestbedingtes Mesotheliom verursacht werden, ein Tumor der in der unbelasteten Bevölkerung extrem selten ist (0,7 – 2,8 Fälle pro Million Einwohner [4]) und als Signaltumor für eine Asbestbelastung gilt [5].

Weiter kann es in der Zentral-Türkei durch die Verwendung asbest- und erionithaltiger oberflächiger Erdkrustenschichten zu verschiedensten Zwecken einschließlich Zähneputzen zu entsprechenden umweltbedingten Belastungen kommen. Dem Faserzeolith Erionit selbst wird eine noch stärkere karzinogene Wirkung als Asbest zugeschrieben, verschiedentlich wurde über Mesotheliome berichtet [6]. In der griechischen Provinz Metsovo kann es durch die Verwendung einer asbesthaltigen Erdschicht ebenfalls zu einer umweltbedingten Asbestbelastung kommen.

ZUSAMMENFASSUNG

Durch anorganische Stäube aus der Umwelt verursachte pneumologische Erkrankungen treten heute nur noch in Ausnahmefällen in Erscheinung. In Unfallsituationen, verursacht durch industrielle Zwischenfälle bei Produzenten von chemisch-irritativ und/oder toxisch wirkenden Substanzen, können aber durchaus größere Zahlen an Betroffenen auftreten. Bei Mesotheliomen ist generell an eine frühere, auch umweltbedingte Asbest- oder Erionitbelastung zu denken.

Literatur

1. Deutsche Forschungsgemeinschaft. Senatskommission zur Prüfung gesundheitsschädlicher Arbeitsstoffe (1997) MAK- und BAT-Werte-Liste 1997, Mitteilung XXXIV, VCH Verlagsgesellschaft, Weinheim
2. Muhle H (1994) Respirationstrakt. In: Marquardt H, Schäfer SG: Lehrbuch der Toxikologie, BI Wissenschaftsverlag, Mannheim, S. 218 – 233
3. Römpp Chemie-Lexikon (1992) 9. Auflage. Thieme Verlag, Stuttgart
4. Szadkowski D (1994) Asbest. In: siehe 2, S. 234 – 237
5. Müller K-M, Krismann M (1993) Asbestassoziierte Erkrankungen. Pathologisch-anatomische Befunde und versicherungsrechtliche Aspekte. Dt Ärztebl 93: A538 – 543
6. Steppert C, Thiele H, Müller J, Habich G (1996) Malignes Pleuramesotheliom bei einer 43jährigen Türkin durch umweltbedingte Asbestbelastung. Atemw Lungenkrkh 11: 408 – 409

2.4 Erkrankungen durch organische Stäube
(Exogen-allergische Alveolitis-EAA)

G. Liebetrau

EINLEITUNG

Die EAA ist eine entzündliche Lungengewebeerkrankung mit alveolären, interstitiellen und granulomatösen Gewebeveränderungen. Voraussetzung für die Erkrankung sind eine langanhaltende Aufnahme von kleinen oder wiederholte Zufuhr von großen Mengen alveolär inhalierbarer Antigene organischer Natur und eine genetisch bedingte Reaktionsbereitschaft des Organismus. Entsprechend der Antigenaufnahme kann der Prozeß reversibel sein oder aber bei anhaltender Antigenexposition in eine Lungenfibrose einmünden. Tabelle 1 zeigt eine unvollständige Übersicht der zahlreichen Noxen und Erkrankungen, die mit einer Reaktion des Lungengewebes in Form einer Alveolitis/Fibrose einhergehen können. Auf vielfältige, von der Natur her sehr unterschiedliche Noxen reagiert der Körper über einen entzündlichen, allergischen oder toxischen Mechanismus, mit wenigen morphologischen Besonderheiten in der Akutphase, uniform mit Alveolitis und Fibrose.

Pathomechanismus

Die letzten Einzelheiten des *Pathomechanismus* der EAA sind noch nicht geklärt. Im allgemeinen kann ein Immunmechanismus vom Typ III und Typ IV (Granulome) nach Gell und Coombs angenommen werden. Die vordergründige Typ III-Reaktion setzt mit einer Verzögerung von 4 bis 6 Stunden – gelegentlich bis 12 Stunden – nach Antigenaufnahme mit einer IgG-vermittelten Leukozytose und Fieber ein. Bei fortgesetzter Aufnahme von kleinen Antigenmengen können die klinischen Erscheinungen gering sein oder völlig fehlen. Voraussetzung für die Reaktion ist offensichtlich eine Sensibilisierung mit der Bildung von *präzipitierenden Antikörpern* vom IgG-Typ. Der Nachweis von präzipitierenden Antikörpern allein ohne sonstige Krankheitserscheinungen weist auf eine Sensibilisierung hin, ist aber kein Beweis für eine Erkrankung. Der Nachweis von präzipitierenden Antikörpern setzt ein erkanntes Antigen voraus, das außerdem in der von der Industrie vorgehaltenen Testpalette vorhanden sein muß (oder in Speziallabors präpariert werden muß), weiterhin ist der Nachweis auch abhängig von der jeweils benutzten Methode (s. Übersicht S. 88). Die Tatsache, daß anhaltend Exponierte mit Nachweis von Präzipitinen niemals erkranken, Antikörper auch in einem geringen Prozentsatz bei Personen ohne erkennbare

Tabelle 1. Noxen und Erkrankungen, die mit einer Alveolitis/Fibrose einhergehen können

Ursache	Formen
Organische Substanzen – EAA:	– Bakterien – Pilze – Tierische Antigene – Pflanzliche Antigene
Anorganische Substanzen:	– Mineralien – Metalle – Kunststoffe – Chemikalien – Pestizide – Medikamente
Strahlen	
Gase:	– O_2 – No_x – Ozon usw.
Kollagenosen:	– Rheumatoidarthritis – Sklerodermie – Lupus erythematodes – Dermatomysitis
Folge von ARDS	– Schock – Intoxikationen – Aspirationen usw.

Exposition vorkommen und daß sich Erkrankungen ohne Antikörper (wohl nicht erkannt!) entwickeln können, mahnen im Rahmen der Diagnostik zum vorsichtigen Umgang mit dem Nachweis von Antikörpern. Nach mehreren Jahren ohne Exposition verschwinden die Antikörper aus dem Serum, so daß sie bei bestehender Fibrose für die Diagnostik untauglich sind.

Nachweismethoden von Antikörpern bei Typ-III-Allergie

- Präzipitinnachweis:
  - Ouchterlony-Technik,
  - Gegenstromelektrophorese,
  - Immunelektrophorese;
- Enzymimmuntechniken (z. B. EnzyDex);
- Immunfluoreszenzantikörpertiter.

Die *bronchoalveoläre Lavage* (BAL) und die beobachteten Reaktionen bei Provokationstesten haben in den letzten Jahren die Kenntnisse über den Pathomechanismus der EAA bereichert. Die inhalierten Antigene werden von Makrophagen aufgenommen. Über Zytokine kommt es zum initialen Einströmen von neutrophilen Granulozyten in das Interstitium. Gleichzeitig werden auch Lymphozyten aktiviert, die später das Bild (BAL, Gewebe) beherrschen. In der BAL überwiegen die CD8-positiven Zellen, zahlreiche NK-Zellen und einzelne Eosinophile. Ohne Exposition, mit oder ohne Fibrose fallen die CD8-positiven Zellen wieder ab, und der CD4-/CD8-Quotient normalisiert sich. Durch Provokation (zum Beispiel durch natürliche Exposition) kann die allergische Reaktion an Hand der klinischen Symptome, der Lungenfunktion und dem BAL-Befund nachvollzogen werden. Ein Provokationstest sollte nur in besonderen Fällen (wissenschaftliche Fragestellungen, Berufskrankheitsverfahren) und unter strenger Berücksichtigung der funktionellen Einschränkung durch eine bereits bestehende Fibrose von erfahrenen Untersuchern in Spezialkliniken durchgeführt werden.

Das *morphologische Bild* ist in Abhängigkeit vom Zeitpunkt der Gewebeentnahme im Krankheitsverlauf geprägt von einer mehr oder weniger deutlichen Alveolitis und im akuten Stadium gelegentlich auch vereinzelten, locker aufgebauten epitheloidzelligen Granulomen. Im chronischen Krankheitsstadium beherrscht die Fibrose mit einer wechselnd ausgeprägten „Restentzündung" das Bild. Aussagen zur Ätiologie sind im akuten Stadium nur im Zusammenhang mit anderen deutlichen Krankheitserscheinungen bedingt möglich. Eine histologische Untersuchung ist aber, wenn zumutbar, angezeigt, um andere Gerüstprozesse mit charakteristischem Erscheinungsbild abzugrenzen, und außerdem ergibt die Histologie Ansatzpunkte für die Therapie.

Klinik

In Abhängigkeit von der inhalierten Antigenmenge werden klinisch akute und chronische Verläufe beobachtet. Bei der Inhalation von großen Antigenmengen (zum Beispiel Hühnerkotstaub in der Intensivhaltung) kommt es nach einer Verzögerung von 4, maximal 12 Stunden, also oftmals Stunden nach der Tätigkeit, abends oder nachts, zu einer (un-)charakteristischen, grippeähnlichen Symptomatik mit allgemeinem Krankheitsgefühl wie Frösteln, Fieber, Reizhusten und Belastungsdyspnoe. Nach Stunden, in der Regel am nächsten Tag, sind die Symptome abgeklungen. Auch eine durch besondere saisonale Tätigkeit bedingte Symptomatik (zum Beispiel Farmerlunge) wird beobachtet. Das symptomfreie Intervall zwischen Exposition und Symptomen und die an sich uncharakteristischen und vieldeutigen Beschwerden sind neben der Seltenheit der Erkrankungen ein Grund dafür, daß die Betroffenen und auch die Ärzte den ursächlichen Zusammenhang zwischen der beruflichen Tätigkeit, der Freizeitbeschäftigung und einer sonstigen Umgebungsbelastung (zum Beispiel Hobby anderer Familienangehöriger) und der Erkrankung nicht erkennen.

Bei der fortdauernden Inhalation von kleinen Antigenmengen (z. B. 1 Wellensittich in der Wohnung) kommt es zu einem schleichenden Krankheitsverlauf. Trockener Reizhusten und zunehmende Belastungsdyspnoe sowie auch Uhrglasnägel und Trommelschlegelfinger sowie das Doorstop-Phänomen sind dann bereits Erscheinungen einer Fibrose. Wenn die Exposition schon einige Zeit (Wellensittich einige Jahre abgeschafft) zurückliegt, kann oftmals nur eine Fibrose unklarer Ursache (idiopathische Lungenfibrose) diagnostiziert werden. Im Fibrosestadium „schreitet" das Krankheitsbild infolge Verfestigung des während der entzündlichen Phase in das Interstitium eingeströmten Eiweißes weiter fort. Zunehmende Schrumpfung des Gewebes führt zu Atelektasen und Honigwabenbildung sowie zu einer Einengung der Querschnitte der Lungenge-fäße und damit zur lebensbegrenzenden respiratorischen Insuffizienz und pul-monalen Hypertonie.

Diagnostik

Die *Thoraxröntgenaufnahme* zeigt keine für diese Krankheitsgruppe typischen Veränderungen. Das Röntgenbild kann zu Beginn der ersten akuten Krankheits-phasen völlig unauffällig sein oder nur eine mehr oder weniger ausgeprägte milchglasartige Eintrübung zeigen. Noduläre oder auch fleckige, teils konflu-ierende Einlagerungen können das Bild prägen, davon können einige Lungenfel-der (Ober- oder auch Unterfelder) besonders betroffen sein. Im Fibrosestadium überwiegen streifige und wabige (Honigwabe) Strukturen. Die Lunge schrumpft und kann im Endstadium ausgeprägte atelektatische und emphysematöse Berei-che zeigen (Abb. 1). Der Krankheitsprozeß stellt sich in der Regel am deutlich-sten im „Lungenmantel" dar. Vergrößerte hiläre oder mediastinale Lymphkno-ten werden bei der exogenen allergischen Alveolitis nicht beobachtet.

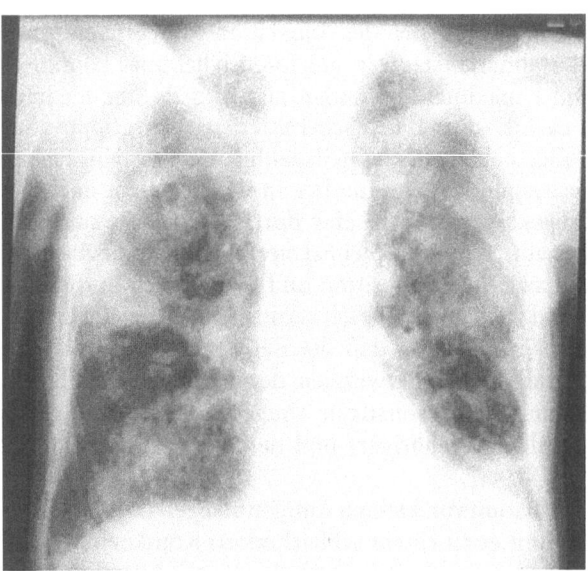

Abb. 1. Farmerlunge im fortgeschrittenen röntgenologischen Stadium

Entsprechend dem morphologischen Korrelat zeigt die *Lungenfunktion ein charakteristisches Muster* der funktionellen Einschränkung. Vordergründig sind eine restriktive Ventilationsstörung und eine Diffusionsstörung. Besonders charakteristisch ist im Anfangsstadium der Abfall des Sauerstoffpartialdruckes unter Belastung. Die anfangs reversiblen funktionellen Einschränkungen fixieren sich mit zunehmendem Krankheitsverlauf. Eine Verminderung der Lungencompliance und ein pulmonaler Hypertonus komplettieren das Bild der funktionellen Einschränkung. Obstruktive Ventilationsstörungen kommen vor, sind aber nicht die Regel.

Für die *Sicherung der Diagnose* hat die Arbeitsgruppe exogene allergische Alveolitis Empfehlungen erarbeitet. Die Diagnose einer exogenen allergischen Alveolitis kann als gesichert angesehen werden, wenn von den nachfolgenden Kriterien 1, 2 und 3 zusammen mit einem weiteren Kriterium aus der Liste erfüllt sind. Als Kriterien wurden aufgestellt:

1. nachgewiesene oder wahrscheinliche Exposition,
2. respiratorische und/oder systemische Symptome,
3. Nachweis einer antigenspezifischen Sensibilisierung,
4. objektivierbare Lungenfunktionseinschränkung,
5. röntgenografische Lungenveränderungen,
6. inhalativer Provokationstest positiv,
7. bronchoalveoläre Lavage positiv.

Differentialdiagnostisch sind klinisch ein Asthma bronchiale und ein Lungenödem (kardial oder nicht-kardial) abzugrenzen. Röntgenografisch sind alle in Tabelle 1 genannten Krankheitsbilder – besonders auch die Sarkoidose, die Histiozytosis X, atypische Pneumonien und andere Gerüstprozesse – in die differentialdiagnostischen Überlegungen einzubeziehen.

Abzugrenzen ist das sogenannte „organic dust toxic syndrome" (Mykotoxikose), das bei massiver Antigeninhalation (Schimmelpilze) auch bei nicht-sensibilisierten Personen offensichtlich über einen toxischen Mechanismus mit massiven klinischen Symptomen mit Husten und Fieber auftreten kann. Röntgenografische Veränderungen und auch eine Einschränkung der Lungenfunktion sind aber im Gegensatz zu der exogenen allergischen Alveolitis nicht vorhanden.

Krankheitsbilder

In die Gruppe der exogenen allergischen Alveolitis lassen sich zahlreiche Krankheitsbilder einordnen, denen der weiter oben geschilderte Pathomechanismus zugrunde liegt. Als Antigene fungieren organische Substanzen, die ganz oder teilweise als Bakterien, Pilze (Sporen) oder von Tieren oder Pflanzen stammenden Materialien eingeatmet werden. Die Bezeichnungen der Erkrankungen sind sehr unterschiedlich. Teilweise in Anlehnung an die anorganischen Koniosen sind namensgebend die Antigene, die Antigenquellen, bestimmte Berufe, spezielle Tätigkeiten, Hobbys usw. Dabei gibt es Krankheitsformen, die charakteristisch sind für bestimmte Länder (Kanada, Ungarn, Kuba usw.) oder bestimmte Landesteile. Daraus resultiert eine Vielzahl von teils synonymen Bezeichnungen. Nachfolgend werden die Erkrankungen mit stichwortartigen Erläuterungen aufgeführt.

Hauptsächlich durch Bakterien verursachte Alveolitiden

Die nachstehend genannten Erkrankungsformen sind hauptsächlich verursacht durch Bakterien (thermophile Aktinomyceten). Daneben können aber auch Schimmelpilze und Protozoen mit vorkommen und die Erkrankungen teilweise mitbestimmen (siehe besonders Befeuchterlunge).

Farmerlunge (Campbell 1932; Ramazzini 1700)

Syn: Farmer's lung, Thresher's lung (Törnell 1946) Harvester's lung, Drescher-, Getreidearbeiterlunge (Börger 1932)

Die Antigene der Farmerlunge sind Micropolyspora faenii und Thermoactinomyces vulgaris und andere Thermoactinomyceten sowie auch diverse Schimmelpilze. Als Antigenquellen kommen in Betracht: schimmeliges Heu, Stroh, Getreide, andere Pflanzenfasern wie Gemüse-, Tabakblätter (Huuskonen et al. 1984), Strohpellets (Schadow et al. 1980).

Die Erkrankungen kommen besonders in feuchten Landstrichen und Gegenden mit ausgesprochener Weidewirtschaft, zum Beispiel Wales, Irland, Alpen usw., vor.

Strohdachlunge (Blackburn et al. 1966)

Syn.: Neu Guinea Lunge, „thatched-roof lung"

Neben thermophilen Aktinomyceten wurden auch noch andere Bakterien (Streptomyces olivaceus, Bacillus subtilis) und Schimmelpilze aus dem Stroh der Hüttendächer in Neu Guinea angezüchtet.

Zuckerrohrlunge (Jamison et al. 1941)

Syn: Bagassose, Bagassosis

Als Bagasse wird das ausgepreßte Zuckerrohr bezeichnet. Dieser Rest wird zur Herstellung von Brettern und Papier benutzt. Auf diesem Rückstand wachsen Thermoactinomyceten, besonders Thermoactinomyces vulgaris und Thermoactinomyces saccharie. Die Erkrankung kommt in allen Zuckerrohranbaugebieten und in Verarbeitungsgebieten von Bagasse vor.

Ähnliche Erkrankungen treten auch in anderen Gegenden beim Umgang mit Holzschnitzeln zum Heizen (Österreich) oder zur Herstellung von Spanplatten auf.

Pilzarbeiterlunge (Bringhurst et al. 1959, Sakula 1967)

(siehe auch Speisepilzzüchterlunge – Alveolitis durch pflanzliche Antigene)
Syn.: Mushroom worker's lung, Pilzzüchterlunge, Champignonpflückerlunge

In der erwärmten Pilzunterlage (Kompost), bestehend aus Stroh und Pferdedung, wachsen verschiedene Aktinomyceten, besonders Micropolyspora faenii und Thermoactinomyces vulgaris. Der Kompost wird bis zur Beimpfung mit der Pilzkultur mehrfach gewendet, und dabei entsteht der meiste Staub. Mancherorts (eigene Beobachtung) wird der Pilzunterlage statt Pferdedung auch „Hühnereinstreu" (Hühnerkot) beigegeben. Ein Nachweis von präzipitierenden Antikörpern gegen Huhnantigene ist dann nicht verwunderlich.

Waschmittellunge (Flindt 1969)

Syn.: Bacillus subtilis-Alveolitis

Die Sporen von Bacillus subtilis werden wegen ihrer proteolytischen Enzyme als „biologisch aktive Substanz" den Waschmitteln zugesetzt. Die Sporen verursachen häufig Reaktionen vom Soforttyp (Typ I) und weniger häufig auch verzögerte Reaktionen (Typ III). Die Gefährdung besteht bei der industriellen Herstellung der Sporen, bei der Waschmittelherstellung und wahrscheinlich auch beim Gebrauch der Waschmittel. In der Literatur etwa ab 1975 finden sich keine Mitteilungen mehr über Erkrankungen in der Waschmittelindustrie. Wahrscheinlich liegen die Ursachen in der Umstellung von Produktionsprozessen. Bacillus subtilis wurde auch an anderen Stellen, zum Beispiel in Strohdächern (siehe Strohdachlunge) und im Holz von feuchten Räumen, gefunden (Sennekamp 1984).

Befeuchterfieber (Pestalozzi 1959)

Syn.: Befeuchterlunge, Drucker-Krankheit, Humidifier fever

Das Problem – Befeuchterlunge – ist sehr komplex. In der Industrie und in Wohnbereichen gibt es zahlreiche Stellen, an denen eine Anfeuchtung und Bewegung der Luft erfolgt.
   Feuchtigkeit und gewöhnlich auch Wärme fördern das Wachstum von Bakterien (thermophile Aktinomyceten, Pseudomonas, E. coli u.a.), Schimmelpilzen, Milben und Protozoen (Sennekamp 1984). Durch Zerstäuben (Ventilatoren) oder Versprühen erfolgt die Verteilung in der Inhalationsluft.
   Als Antigenquellen kommen in Frage: Klimaanlagen, Abwasserverregnungsanlagen, Kühlsysteme (Gießereien, Drehereien), Luftbefeuchtung (Wasserverdunster, Wasserzerstäuber, Kaltvernebler). Erkrankungen wurden besonders beobachtet in der holz- und papierverarbeitenden Industrie, in Druckereien, aber auch in der Metallindustrie und in Großraumbüros. Hier einzuordnen sind auch die aus Schweden und Finnland bekannten sogenannten Wasserdampf- und Saunalungen (Sennekamp 1984).
   Die unter der Bezeichnung „Summer-Typ hypersensitivity pneumonitis" aus Japan berichteten Erkrankungen sind wahrscheinlich auch hier einzuordnen. Diese Erkrankung wird im Sommer bei Bewohnern von alten japanischen Holzhäusern mit „air conditioning system" beobachtet. Nach Kawai et al. 1984 steht die Summer-Typ hypersensitivity pneumonitis mit 67,4 % an der Spitze der in Japan beobachteten Erkrankungsfälle an exogener allergischer Alveolitis. Als Antigene wurden Trichosporon cutaneum und Cryptococcus neoformans festgestellt.

Sonstige Erkrankungsformen

Vereinzelte Kasuistiken berichten auch über Alveolitiden durch Hausstaub. Eine amerikanische Untersuchung ergab, daß im Staub der Wohnhäuser in 65 % Thermoactinomyceten sowie Aspergillusarten und andere Schimmelpilze nachweisbar waren. Die Besiedlung ist immer dann besonders hoch, wenn Topfblumen in der Wohnung sind (Velcovsky et al. 1981). Auch

Silberfischchen im Hausstaub werden antigene Eigenschaften nachgesagt (Sennekamp 1984). Bei staubigen Erdarbeiten können Erkrankungen durch die Sporen von Streptomyces albus auftreten.

Hauptsächlich durch Schimmelpilze verursachte Alveolitiden

Einige der Schimmelpilzarten kommen auch bei den überwiegend bakteriell (Thermoaktinomyceten) bedingten Erkrankungen mit vor, zum Beispiel bei der Pilzarbeiterlunge oder Befeuchterlunge. Am häufigsten werden dabei Aspergillusarten, Penicillium, Rhizopus und Mucor beobachtet.

Malzarbeiterlunge (Riddle et al. 1968)

Syn.: Malt-worker's lung

Bei der Malzherstellung ist die feuchte und angewärmte Gerste ein idealer Nährboden für Pilze. Besonders Aspergillusarten (A. clavatus, A. fumigatus), aber auch andere wie Mucor, Cladosporium, Penicillium usw. gedeihen. Das Pilzwachstum ist weitgehend abhängig von den räumlichen Bedingungen und dem korrekten Produktionsablauf (zum Beispiel begünstigte bei der Malzherstellung für Whisky in Schottland die „open floor"-Methode das Pilzwachstum. Nach der Umstellung auf die „drum method" (mechanisiertes Verfahren) werden kaum noch Pilze gesehen (Riddle 1974, Sennekamp 1984).

Eigene Beobachtungen zeigten nur in einem Betrieb mit schlechtem Arbeitsablauf einen Schimmelbefall des Malzes und Erkrankungsfälle. Auch der intrakutane Allergentest kann für verschiedene Pilze positiv sein.

Käsewäscherkrankheit (de Weck et al. 1969)

Syn.: Maladie des laveurs de formage, cheese worker's disease, cheese-makers illness

Bei der Reinigung schimmelnder Käselaiber durch Abreiben mit Tüchern und Salzwasser (Berufsbezeichnung: Käsewäscher, Käsesalzer) werden Schimmel frei, die inhaliert werden. Am häufigsten wird Penicillium casei beobachtet. Andere Schimmel wie Aspergillen und Mucorspezies werden gelegentlich ebenfalls gefunden. Die pathogenetische Bedeutung der obligaten Milben (zum Beispiel Acarus siro) ist noch unklar. Reaktionen im Bereich der allergischen Reaktion vom Typ I (Käsewäscher-Asthma) sowie duale Reaktionen sind bekannt.

Paprikaspalterlunge (Kováts 1937)

Syn.: Paprikasplitter's lung

Die klinischen Symptome wurden nur vom Erstbeschreiber bei Arbeitern beobachtet, die mit dem Spalten von schimmeligen Paprikaschoten beschäftigt waren. Der Pathomechanismus ist weitgehend unklar. Wahrscheinlich sind sowohl das Inhalieren von Schimmelpilzen (Mucor, Penicillium, Rhizopus), aber auch die Aufnahme des Paprikareizstoffes Capsicin (toxische Wirkung mit Schleimhautreiz) bedeutsam. Neuere Beobachtungen liegen nicht vor.

Tomatenzüchterlunge (Stevens, zitiert bei Sennekamp 1984)

Als das auf den Tomatenblättern wachsende Antigen wird Penicillium brevicompactum angesprochen. Bisher sind nur Erkrankungen in Belgien bekannt.

Kürschnerlunge (Pimentel 1970)

Syn.: Furrier's lung

Bisher liegt nur die Kasuistik von Pimentel vor. Als Antigenquelle wird der Staub aus den Pelzen angenommen. Das von Pimentel beschriebene Krankheitsbild war uncharakteristisch.

Holzarbeiterlunge

Syn.: Woodworker's lung, wood-dust hypersensitivity, Vegetable-dust-pneumoconiosis

Spezielle Tätigkeiten wie das Abschälen von Ahornrinde, die Verarbeitung von Kork oder der Umgang mit bestimmten Holzarten (Zedern, Rotholz usw.) führten zu einer besonderen Bezeichnung dieser Erkrankung.

Ahornrindenschälerkrankheit (Towey et al. 1932)

Syn.: Maple-bark-stripper's disease

Diese Krankheit wird verursacht durch Sporen des Pilzes Cryptostroma corticale, die beim Abschälen der Ahornrinde frei werden. Auch hier zusätzlich ausgeprägte Sofortreaktionen.

Korkstaublunge (de Cancella 1955)

Syn.: Suberose, Suberosis

Dualreaktionen (Typ I/III–IV) werden häufig beobachtet. Die Sofortreaktion wird auf den Korkstaub und die verzögerte Reaktion auf die Besiedlung des Korkes mit Pilzen (besonders Penicillium frequentans) zurückgeführt. Die Erkrankungen treten bei der Korkgewinnung und -verarbeitung auf und wurden bisher nur von der iberischen Halbinsel (Portugal) berichtet. Eine chronische Bronchitis und Bronchiektasen sollen bei Korkarbeitern ebenfalls überdurchschnittlich häufig sein (Pimentel et al. 1973, Avila et al. 1973).

Sequoiose (Cohen et al. 1967)

Syn.: „red-wood disease"

Diese Form der Erkrankung wurde bei der Verarbeitung von Mammutbäumen beobachtet. Auch hier wird ursächlich die Besiedlung des Holzes mit Pilzen, wahrscheinlich der Arten Pullularia, Graphium und Aureobasidium, angenommen.

Sonstige Holzarbeiterlungen

Exogene allergische Alveolitiden wurden auch bei sonstigen Holz- (Sägewerkarbeitern, Benutzung von Sägespänen in anderen Berufszweigen – Liebetrau et al. 1983) und Papierarbeitern gefunden. Mit diversen Pilzen (Mucor, Alternaria, Aktinomyceten, Penicillium, Cephalosporium, Rhizopus, Aspergillen u.a.) (Schlueter et al. 1972, Fink et al. 1973, Thiede et al. 1975, Wimander et al. 1980, Belin 1980, Kirsten et al. 1985) waren Hölzer, Sägemehl, Zellulose, Papierbrei, Papierstaub, feuchte Tapeten usw. besiedelt (Sosman et al. 1969, Wimander et al. 1980, Minarik et al. 1980, Török et al. 1981, Liebetrau et al. 1983). Der Nachweis von präzipitierenden Antikörpern im Serum gegenüber diesen Pilzen belegt, daß nicht der Holzstaub, sondern die oft in ihm enthaltenen Schimmelpilze die Ursache von Lungengerüsterkrankungen sind (Towey et al. 1932, Schlueter et al. 1972, Wimander et al. 1980, Kirsten et al. 1985).

Duale Reaktionen auf Holzstaub sind bekannt (Liebetrau et al. 1983).

Insgesamt gibt es allergische Reaktionen vom Typ I und III – IV auf Pilze im Holzstaub und auf Holzstaub selber (siehe pflanzliche Allergene), daneben sind noch teilweise allergische

(Sennekamp 1984), ansonsten aber vorwiegend irritative Reaktionen der Holzstaubbestandteile wie Holzkleber und Holzkonservierungsmittel zu beachten (Kirsten et al. 1985).

Alveolitis durch pflanzliche Antigene

Von einigen Erkrankungen dieser Gruppe ist die Genese noch nicht sicher geklärt. Neben einer allergischen Reaktion auf Pflanzenteile werden ursächlich auch der Schimmelbefall der Pflanzen und die Freisetzung von biogenen Aminen diskutiert.

Speisepilzsporen-Alveolitis (Kondo 1969)

Syn.: Pleurotus-Züchterlunge, Austernseitlinglunge (siehe auch Pilzarbeiterlunge – Kapitel Alveolitis durch Bakterien)

In Japan wurden erstmals Symptome im Sinne einer Alveolitis, bedingt durch die Inhalation der Sporen von Speisepilzen (Lentinus edodes bzw. Cortinus shiitake) beobachtet. Präzipitierende Antikörper konnten auch gegen die Sporen von Pleurotus florida (Austernseitling) nachgewiesen werden (Noster et al. 1976 und 1978). Auch Champignonsporen wurden als Ursache von Alveolitiden ermittelt (Pickering et al. 1974).
   Bovist-Pilz-Sporen (Lycoperdon), die in Amerika zur Stillung von Nasenbluten benutzt werden, verursachen ebenfalls eine Alveolitis. Diese Form ist unter der Bezeichnung *Lycoperdonosis* in der Literatur zu finden (Strand et al. 1967).

Holzfaser-Alveolitis

Neben der allergischen Alveolitis, bedingt durch Schimmelpilze auf der Rinde und im Sägemehl, gibt es auch Hinweise, daß die Holzfasern selbst Ursache der Krankheit sein können. Gegenüber wäßrigen Extrakten der Hölzer (Mahagoni, Ramin, Zeder, Iroko, Kambala, Eiche, Ebenholz, Pernambuco, Mammutbaum) wurden präzipitierende Antikörper nachgewiesen. Häufig sind dabei auch Dualreaktionen (Sennekamp 1984).

Kaffeearbeiterlunge (van Toorn 1970)

Syn.: coffee worker's lung

Teearbeiterlunge (Zuskin et al. 1984)

Syn.: tea worker's lung

Der genaue Pathomechanismus ist bei diesen Einzelbeobachtungen noch nicht vollständig geklärt.

Spätleselunge (Kummer 1984)

Syn.: Winzerlunge

Als Antigenquelle fungiert Botrytis cinerea. Gefährdet sind die Arbeiter und Weinbauern bei der Spätlese.

Obstbauernlunge (Kroidl 1986)

Die Erstbeschreibung schildert Erkrankungen bei Apfelbauern. Aber auch andere Obstsorten können von Penicillium species, Aspergillen und anderem Obstschimmel befallen sein. Eine Gefährdung besteht bei der Lagerung und dem Transport und auch in Verkaufsstellen.

Byssinose (Proust 1877)

Syn.: Montagskrankheit, Montagsjammer, Cotton fever, Monday-felling, Monday-cough

Die Byssinose entsteht nach meist mehrjährigem Kontakt mit dem Staub von Rohfasern der Baumwolle, des Flachses und des echten Hanfes (Canabis sativa). Letzterer wurde und wird teilweise als eigenständiges Krankheitsbild – als *Cannabiose* – publiziert (Müller et al. 1974). Als *Espartose* werden die Erkrankungen durch den Umgang mit Espartogras auf der iberischen Halbinsel bezeichnet.

Aus der Literatur sind Gesundheitsschäden bei Beschäftigten in der Baumwollindustrie beim Ernten, Trennen der Fasern vom Samen, Verpacken in Ballen, Sortieren, Mischen, Entfasern, Glätten, Kämmen, Listieren, beim Spinnen und Weben bekannt (Baader 1949, Fruhmann 1976).

Nach den Beschwerden und der vordergründigen Bronchitissymptomatik (Ehrhardt 1964) unterteilte Schilling 1956 die Byssinose in 4 Stadien. Die Fibrosierungstendenz ist gering. Bis heute ist es noch nicht vollständig gelungen, den Pathomechanismus dieses Erkrankungskomplexes zu klären. Diskutiert werden und wurden eine mechanische Irritation durch den Staub, pharmakologisch-toxisch wirksame Substanzen im Staub (Histaminliberatoren), Endotoxinwirkung bzw. allergisierende Wirkung von Bakterien sowie die Sensibilisierung durch Pilze (Fruhmann 1983). Die Erkrankungen treten weltweit auf, und die Häufigkeit ist abhängig von der Intensität des Faseranbaus bzw. der Faserverarbeitung (Quaas et al. 1971, Schilling 1981).

Der Staub von Sisal- bzw. Jutefasern verursacht keine Byssinose. Unter bestimmten Bedingungen ist aber ein Pilzwachstum auf allen obengenannten Fasern sowie auch auf Stroh, Holz, Gras usw. möglich. Erkrankungen im Sinne einer exogenen allergischen Alveolitis können daher beim Umgang mit diesen Stoffen bei Polsterern, Restauratoren usw. auftreten.

Alveolitis durch tierische Antigene

Die eigentliche antigene Substanz ist auch in dieser Gruppe noch nicht genau bestimmt. Neben der allergischen Reaktion vom Typ III/IV sind bei dieser Gruppe von Erkrankungen Typ I-Reaktionen sehr häufig und damit duale Reaktionen verständlich.

Vogelhalter(-züchter)lunge (Plessner 1960, Pearsall et al. 1960)

Syn.: bird fancier's lung, budgerigar fancier's lung, pigeon breeder's lung

Am häufigsten wurde bisher über Erkrankungen nach dem Kontakt mit Tauben, Hühnern und Wellensittichen berichtet. Aber auch der Kontakt mit Federstaub und/oder Kot von Enten, Gänsen, Puten, Exoten, Waldvögeln usw. bedingt Erkrankungen. Prinzipiell kommen alle Vogelarten als Antigenquelle in Betracht. Ein schleichender Verlauf ist die Regel bei geringen Antigenmengen, zum Beispiel beim Kontakt mit einem Vogel in der Wohnung. Zum akuten Verlauf führen einmalige große Antigenmengen.

Zwischen den einzelnen Vogelarten bestehen Kreuzreaktionen. Bergmann (1979) fand Kreuzreaktionen zwischen Tauben- und Huhnantigenen in 69% und zwischen Tauben- und Wellensittichantigenen in 38%.

Kornkäferlunge (Jimenez-Diaz 1947)

Syn.: Weizenrüsselkäfer, „grain weevil disease"

Krankheitssymptome (Typ I und/oder III/IV) werden durch inhalierte Käferbestandteile (Sitophilus granarius) im Staub von Getreide und Mehl hervorgerufen. Gefährdet sind besonders Getreidearbeiter, Müller und Bäcker (Fruhmann 1976, Lunn et al. 1967, Sennekamp 1984).

Hypophysenextraktschnupferlunge (Pepys et al. 1966, Mahon et al. 1967)

Syn.: Hormonschnupferlunge, „snuff-taker's-lung"

Die Krankheitssymptome sowohl vom Typ I als auch vom Typ III/IV werden durch das Schnupfen von pulverisierten Extrakten aus Schweine- und Rinderhypophysen bei der Behandlung des Diabetes insipidus ausgelöst (Pepys et al. 1966, Mahon et al. 1967, Liebetrau et al. 1982). Durch den zunehmenden Einsatz von synthetischen Präparaten wird diese Form der Erkrankung sicher nicht mehr beobachtet werden.

Weitere seltene Erkrankungen bzw. Einzelmitteilungen

(nach Angaben von Fruhmann 1976 und Sennekamp 1984)

Ratten-Alveolitis

Nachweis von präzipitierenden Antikörpern gegen Rattenurin und Rattenserum. Erkrankungen auch beim Kontakt mit Wüstenmäusen.

Fischmehl-Lunge

Erkrankungen durch Fischmehlstaub mit Nachweis von präzipitierenden Antikörpern.

Pankreatin-Lunge

Erkrankungen durch den Staub bei der Verarbeitung von Schweinepankreasextrakten in der Arzneimittelindustrie. Bisher kein Präzipitinnachweis.

Schweineborsten-Alveolitis

Erkrankungen in Schweinemastbetrieben bzw. beim Umgang mit Borsten. Nachweis von präzipitierenden Antikörpern gegen Schweineepithelien und -kot.

Schalentier-Alveolitis

Erkrankungen beim Umgang mit Garnelenstaub. Präzipitierende Antikörper waren nachweisbar.

Perlmuttalveolitis (Baur 1986)

Als Antigene wurden Proteine der Muschelschale ermittelt. Gefährdet sind Arbeiter in der Schmuckindustrie und Musikinstrumentenhersteller (Streichinstrumente).

Seidenwurm-Alveolitis

Nachweis von präzipitierenden Antikörpern gegen den Staub des Seidenwurmes bei der Seideproduktion.

Etwa 10 bis 15 % der Erkrankungen aus dem Formenkreis der exogenen allergischen Alveolitis sind berufsbedingt und werden entsprechend Listen-Nr. 4201 der Liste der Berufserkrankungen anerkannt. Bei der großen Mehrzahl der Erkrankungen sind die Ursachen in einer Umweltbelastung zu suchen. Auf Grund der meist geringen Antigenmengen sind schleichend verlaufende Krankheitsbilder die Regel. Abgesehen von den Erkrankungen durch das in Deutschland weit verbreitete Halten und Züchten von Vögeln und der Summer-Typ-Alveolitis in Japan sind andere Belastungen durch organischen Staub nur bei Kenntnis der Noxen erkennbar. Besonders Bakterien und Schimmelpilze sind in der Wohn- und Umwelt weit verbreitet. Der technisch-zivilatorische Fortschritt mit Wärmedämmung und damit auch oftmals schlecht belüfteten Wohnungen, Klimaanlagen mit Feuchtigkeit, Wärme- und Luftbewegung, die Müllentsorgung in Plastiksäcken (gelbe Säcke) und speziellen Biotonnen bieten ideale Lebensbedingungen für Mikroorganismen. Die Antigene wie Schimmel und Bakterien sind weiterhin zu finden: auf Blumentöpfen in der Wohnung, Wintergärten, Gewächshäusern,

- im Laub und schlecht gelagertem und verrottetem Holz,
- in Komposthaufen, feuchten Kellern, alten Gemäuern und Grüften (Fluch des Pharao),
- im Staub bei Sanierungs- und Abbrucharbeiten von alten Gebäuden, aber auch in unzureichend ausgetrockneten neuen Gebäuden, auf Putz und unter textilen und besonders „gummierten" Fußbodenbelägen, hinter Holzverkleidungen, in alten Kleidern und Pelzen, auf alten Dokumenten, Büchern und Zeitschriften.

Ein Teil der Antigene werden als wertvoller organischer Dünger, besonders in Form von Vogelkot (Guano), gehandelt.

Trotz der permanenten Gegenwart in unserer Umwelt von Noxen, die eine Alveolitis/Fibrose bzw. auch eine exogene allergische Alveolitis (Tabelle 1) verursachen können, sind Erkrankungen selten. Sichere Daten über die *Häufigkeit* gibt es nicht. Eigene Untersuchungen, gestützt auf das Krankengut einer Lungenklinik mit klar abgrenzbarem Einzugsgebiet und auf die jährlichen Meldungen der Lungenfürsorgen der ehemaligen DDR, ergaben eine Inzidenz von 4/100 000 und eine Prävalenz von 20/100 000 Einwohner. An Hand der diagnostizierten Fälle ergibt sich für die exogene allergische Alveolitis eine Inzidenz von etwa 1/100 000 Einwohner. Die Inzidenz ist sicher höher, da anzunehmen ist, daß bei den über 50 % ätiologisch nicht geklärten Erkrankungen auch noch Fibrosen sind, die ihren Ursprung in einer exogen allergischen Alveolitis haben (eigenes ausgewertetes Krankengut 1556 Fälle, davon 723 (46 %) ursächlich geklärt und 823 (54 %) mit unklarer Ätiologie (Abb. 2).

Eine wesentliche Ursache für die geringe Abklärungsrate ist eine lange Verschleppungszeit. Unter Berücksichtigung der Röntgenbilder und der Symptomatik besteht das Krankheitsbild zum Zeitpunkt der Diagnosestellung im Durchschnitt bereits 6 Jahre. Am besten ursächlich geklärt ist die exogene allergische Alveolitis mit 55 % (401 Fälle). Mit 298 Erkrankungen ist die Vogelhalter-

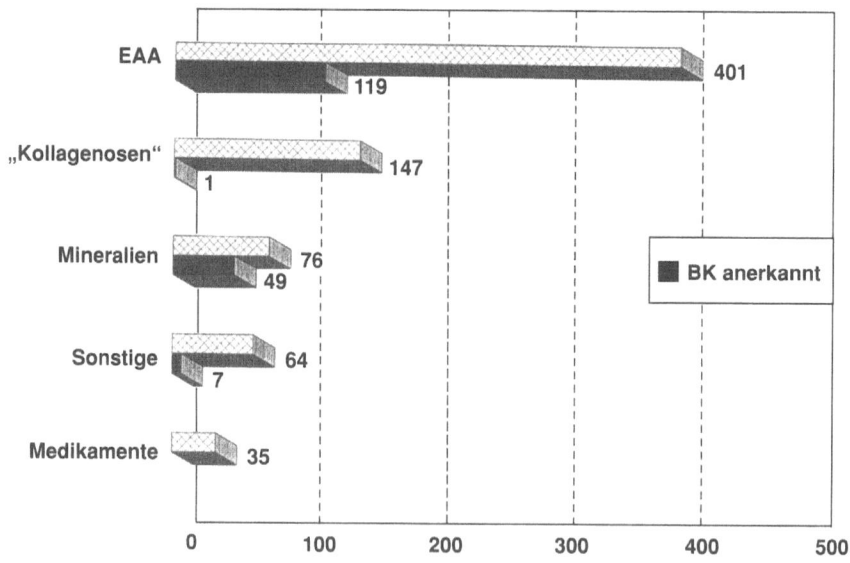

Abb. 2. Alveolitis/Lungenfibrosen Ätiologie. Ursache geklärt. n = 723

lunge die häufigste Form der exogenen allergischen Alveolitis, gefolgt von der Farmerlunge (55) (Abb. 3).

Daß es in der Häufigkeit erhebliche regionale Schwankungen gibt, zeigt auch eine neuere Studie aus Tschechien von 1994. 1991 wurden in den Landesteilen Moravia und Silesia (4 Mio. Einwohner) alle neuen Fälle erfaßt. Dabei ergab sich eine Inzidenz von 0,4–1,28/100.000 und eine Prävalenz von 6,5–12,1/100 000 Einwohner. Die regionalen Unterschiede waren bei der Inzidenz 0,34 – 2,69/100 000 und bei der Prävalenz 4,1–27,6/100 000 Einwohner. Yoshida (1995) stellte an Hand einer Umfrage bei 185 Krankenhäusern in Japan 13,8 % berufsbedingte und schätzungsweise 74 % umweltbedingte Erkrankungen fest.

Die *Prognose* und die *Therapie* sind entscheidend davon abhängig, zu welchem Zeitpunkt des Krankheitsverlaufes die Diagnose gestellt wird. Nur in einer frühen Krankheitsphase nach wenigen akuten Episoden ist bei konsequenter Antigenkarenz die Prognose günstig. Durch die Benutzung von Luftfiltermasken und -helmen versuchen insbesondere die betroffenen Landwirte die Antigenaufnahme zu minimieren. In der akuten Krankheitsphase und auch bei noch vorhandener „Restentzündung" in der chronischen Phase sind Glukokortikoide das Mittel der Wahl. In chronischen Fällen ist die zusätzliche Gabe von Sauerstoff oder aber eine intermittierende Beatmung bzw. Selbstbeatmung angezeigt. In einigen Fällen wurde auch der Organersatz durchgeführt.

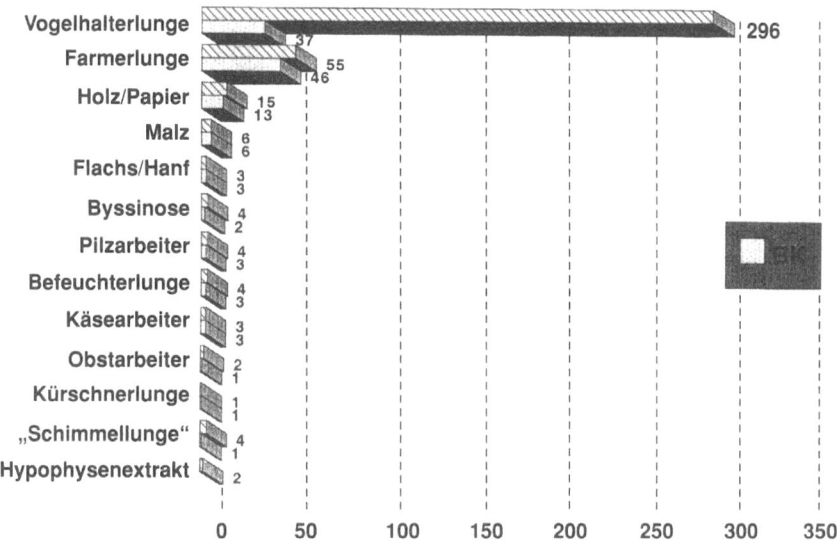

Abb. 3. Exogene allergische Alveolitis. n = 401

ZUSAMMENFASSUNG

Dem Krankheitsbild der exogenen allergischen Alveolitis wird wegen seiner Seltenheit in der Öffentlichkeit weit weniger Aufmerksamkeit gewidmet als dem Asthma bronchiale. Dies liegt vor allem auch an der Schwierigkeit des Erkennens der Erkrankung

● durch eine Latenzzeit von mehreren Stunden von der Aufnahme des Antigens bis zur klinischen Symptomatik,
● durch die Ähnlichkeit der Symptomatik mit anderen „banalen" (viralen) Infekten der Luftwege und
● durch die fehlenden Kenntnisse über die einzelnen Antigene (Noxen) und über das Krankheitsbild selbst.

Genau wie beim Asthma bronchiale ist auch bei der exogenen allergischen Alveolitis mit einer Zunahme der Erkrankungen durch fortschreitende Industrialisierung, Intensivierung von Arbeitsprozessen, Aufnahme von Schadstoffen bei Hobby-Beschäftigungen und durch insgesamt mehr Schadstoffe in der Umwelt zu rechnen.

Literatur

1. Baur X (1993) Exogen-allergische Alveolitis als Berufskrankheit: Krankheitsursachen, klinische Befunde und Diagnostik. Zbl Arbeitsmed 43:284–289
2. Cegla UH (1977) Die fibrosierende Alveolitis – die interstitiellen Lungenfibrosen. Thieme Verlag, Stuttgart
3. Liebetrau G (1981) Alveolitis und Lungenfibrose im Einzugsbereich einer Lungenklinik. Z Erkr Atmorgane 156:225–231
4. Liebetrau G (1985) Berufsbedingte interstitielle Lungenerkrankungen. Atemw-Lungenkrkh 11:396–398
5. Liebetrau G (1990) Therapeutische Möglichkeiten bei Alveolitiden und Lungenfibrosen. Z Ges Inn Med 45:592–595
6. Malmros P (1994) Occupational health problems owing to recycling of waste. Forum Städte Hygiene 45:306–310
7. Müller St (1988) Anlage und Umwelt in der Entstehung des Krankheitsbildes exogen-allergische Alveolitis. Prax Klin Pneumol 42:547–548
8. Poulsen OM, Breum NO, Ebbehoj N, Hansen AM, Ivens UI, van Lelieveld D, Malmros P, Matthiasen L, Nielsen BH, Moller-Nielsen E, Schibye B, Skov T, Stenbaeck EI, Wilkins KC (1995) Sorting and recycling of domestic waste. Review of occupational health problems and their possible causes. Sci Total Environm 168:33–56
9. Rylander R (1992) Non-infections fever: inhalation fever or toxic alveolitis? Br J Ind Med 49:296
10. Sennekamp HJ (1984) Exogen allergische Alveolitis und allergische bronchopulmonale Mykosen. Bücherei des Pneumologen, Bd. 10 (Hrsg) Müller RW, Ferlinz R, Thieme Verlag Stuttgart – New York
11. Sennekamp J (1996) Differentialdiagnose Organic Dust Toxic Syndrome (ODTS) – exogen-allergische Alveolitis. Allergologie 19:111–113
12. Strausz HJ, Liebetrau G, Pielesch W (1985) Chronisch-fibrosierende Alveolitis und Lungenfibrose – Häufigkeit und Verteilung radiographischer Muster. Z Erkr Atmorgane 165:242–247
13. Topping MD, Scarisbrick DA, Luczynska CM, Clarke EC, Seaton A (1985) Clinical and immunological reactions to Aspergillus niger among workers at a biotechnology plant. Br J Ind Med 42:312–318
14. Vogelmeier C, Mazur G, Pethran A, Beinert T, Buhl R, Becker WM (1995) Immunpathogenese der exogen-allergischen Alveolitis. Immun Infekt 23:86–91
15. Yoshida K, Suga M, Nishiura Y, Arima K, Yoneda R, Tamura M, Ando M (1995) Occupational hypersensitivity penumonitis in Japan: data on a nationwide epidemiological study. Occup Environ Med 52:570–574

2.5 Erkrankungen der oberen Atemwege

C. BACHERT

EINLEITUNG

Die Erkrankungen der oberen Atemwege, insbesondere unter Einschluß der akuten viralen Rhinitiden, gehören zu den häufigsten Erkrankungen des Menschen überhaupt. Aber auch chronische Krankheiten der respiratorischen Schleimhäute betreffen etwa ein Drittel der Bevölkerung, allergische Rhinitiden wie auch nicht allergische Formen finden sich bei etwa je 15%, die chronische Sinusitis bei etwa 10–12% der Mitteleuropäer. Dabei sind die Erkrankungen der verschiedenen Organsysteme der oberen Atemwege wie Rhinitis, Sinusitis, Pharyngolaryngitis und Otitis häufig miteinander verknüpft und/oder treten zusammen mit Symptomen der unteren Atemwege auf.

Insbesondere die chronischen Symptome, die u.a. aus einer infektiösen, allergischen oder eventuell irritativ-toxischen Affektion der Schleimhäute resultieren, sind größtenteils unspezifisch und lassen nicht auf die zugrundeliegende Ätiologie rückschließen. Erst der Einsatz einer weiterführenden Diagnostik, die stufenweise aufgebaut ist und recht bald aufwendige Testverfahren verlangt, kann bei einem Teil der Patienten zur Abklärung der Ätiologie führen. Dieser Umstand muß gerade bei umweltmedizinischen Fragestellungen berücksichtigt werden, um den Patienten nicht durch vorschnelle „Kausalzusammenhänge" zu verunsichern. Im folgenden Abschnitt sollen zunächst die chronischen Krankheitsbilder der oberen Atemwege kurz dargestellt werden, um dann umweltmedizinisch relevante Schadstoffe zu besprechen.

Chronische Rhinitis

Die chronische Rhinitis wurde bislang in die Gruppen infektiös, allergisch und „vasomotorisch" unterteilt. Die erarbeiteten pathophysiologischen Grundlagen lassen heute jedoch eine differenziertere Betrachtung zu, die die allen Rhinitisformen gemeinsame nasale Hyperraktivität in den Mittelpunkt stellt. Sind zwei oder mehr der drei Symptome Sekretion, Irritation und Obstruktion mehr als eine Stunde täglich über einen längeren Zeitraum vorhanden (6–8 Wochen), so sprechen wir von einer chronischen Rhinitis. Die nasale Hyperreaktivität ist als klinische, auf einer Anamnese beruhenden Diagnose zu werten, da valide Testverfahren zur Abgrenzung einer *individuellen* Hyperreaktivität derzeit nicht verfügbar sind. Zur Klassifikation stehen acht Gruppen mit weiteren Untergruppen zur Verfügung, die in der folgenden Übersicht aufgelistet sind. Nach der allergischen Rhinitis dürfte die idiopathische die zweitgrößte Gruppe darstellen; die anderen Rhinitisformen sind mit ausreichender Sicherheit zu diagnostizieren (s. Übersicht unten) und können z. T. auch kombiniert vorliegen. Eine Basisdiagnostik, bestehend aus Anamnese, Rhinoskopie und Endoskopie, sollte regelhaft schon zum Ausschluß differentialdiagnostisch wichtiger Erkrankungen der Nase durchgeführt werden, auf die weitere Symptome, wie z. B. Nasenbluten, Kopfschmerzen usw. hinweisen.

Differentialdiagnostik der nasalen Hyperreaktivität (Nach Bachert 1997)

- Allergisch (saisonal, perennial, beruflich, nutritiv)
- Arzneimittelnebenwirkungen (einschl. Xenobiotika) (vorhersehbar/nicht vorhersehbar)
- Nerval-reflektorisch (cholinerg, peptiderg, adrenerg)
- Irritativ-toxisch
- Endokrin
- Postinfektiös
- Idiopathisch
- Ungesichert

Weiterführende Diagnostik bei chronischer Rhinitis

- Rhinomanometrie, Saccharintest, Geruchs- und Geschmackstest
- Allergietestungen
- Histologie, Elektronenmikroskopie
- Exfoliativzytologie
- Labor (Hormonhaushalt)
- Provokationstestungen (Acetylsalicylsäure, Histamin)
- Raumluftanalysen, Biomonitoring (Schadstoffnachweis)
- Konsile

Chronische Sinusitis

Als chronisch wird eine Sinusitis dann bezeichnet, wenn sie mehr als 8 Wochen (Kinder: 12 Wochen) anhaltende Symptome bereitet oder mindestens 4, (Kinder: 6) Episoden einer akuten rezidivierenden Sinusitis von mehr als je 10 Tagen pro Jahr verursacht. Die Symptome bestehen aus Nasenverstopfung, Nasenlaufen, Kopfschmerzen, Druckgefühl im Gesicht und evtl. Riechstörungen. Dazu sind trotz adäquater antibiotischer Therapie persistierende Veränderungen im Computertomogramm der Nasennebenhöhlen zu fordern. Die Ätiologie der

Rhinosinusitis ist in aller Regel rhinogen infektiös, wobei die Behinderung der Ventilation und Drainage der Nasennebenhöhlen über die sog. ostiomeatale Einheit im mittleren Nasengang die Erkrankung nachgeschalteter Sinus bedingt. Dentogene oder mykotische Sinusitiden betreffen am häufigsten die Kieferhöhle und sind fast ausschließlich einseitig, während chronische Rhinosinusitiden infektiösen Ursprungs in der Regel beidseitig ausgeprägt sind. Die Rolle einer allergischen Rhinitis für die Entstehung einer Sinusitis ist umstritten. Von der chronischen Rhinosinusitis abzutrennen sind (beidseitige) Nasenpolypen, die beim Erwachsenen häufig mit Asthma und/oder einer Aspirinsensitivität auftreten und bei Kindern den Verdacht auf eine Mukoviszidose, eine Ziliendyskinesie oder einen Immundefekt lenken sollten. Differentialdiagnostisch sind invertierte Papillome, gutartige und bösartige Tumoren, Fremdkörper u. a. auszuschließen.

Chronische (Laryngo-)Pharyngitis

Die chronische Pharyngolaryngitis äußert sich durch Kratzen und Brennen im Hals, Schleim- oder Borkenbildung, Fremdkörpergefühl und Räusperzwang. Klinisch unterscheidet man die chronisch hyperplastische von der atrophischen bzw. Sicca-Form, wobei physikalisch-chemische Noxen (Nikotin- und Alkoholabusus), Entzündungen benachbarter Organe (Sinusitis, Tonsillitis), Stoffwechselerkrankungen und andere Auslösefaktoren bekannt sind. Die Diagnose stützt sich auf die Anamnese, die komplette hals-nasen-ohrenfachärztliche Untersuchung und eventuell Konsiliaruntersuchungen.

Umweltmedizinisch relevante ätiologische Faktoren bei Erkrankungen der oberen Atemwege

Schadstoffe aus der umbauten und nicht umbauten Umwelt können die oberen Atemwege gleichermaßen belasten, wobei die Symptomatik der Nase und des Pharynx zusammen mit Augensymptomen im Vordergrund stehen. Obgleich die Nase als Frühwarnorgan dient und der Schadstoff unter Umständen gerochen werden kann, tritt die nasale Symptomatik oft neben der bronchialen, neurologischen oder kardio-vaskulären Symptomatik in den Hintergrund.

Die Symptome der Patienten sind in der Regel unspezifisch und oft mangelhaft reproduzierbar, was auf Adaptationseffekten einerseits und einer individuellen Suszeptibilität andererseits beruht und den Nachweis eines kausalen Zusammenhanges erschwert. Während akute Expositionen gegenüber hohen Konzentrationen eines Schadstoffes durch Expositionskammertestungen untersucht werden können, sind die Langzeiteffekte einer Komposition verschiedener Schadstoffe in ihrer klinischen Relevanz nur schwer zu beurteilen. Auch die funktionellen und immunologischen Folgeerscheinungen an der Schleimhaut, wie die Störung der mukoziliaren Clearance, der Sekretion und der Nachweis

Tabelle 1. Symptome durch verschiedene Schadstoffgruppen

Symptome	Schadstoffe			
	ETS	VOC	NO_2, SO_2, PM	O_3
Rhinitis	X	X	X	X
Pharyngitis	X	X	X	X
Konjunktivitis	X	X	X	X
Epistaxis		X (Formaldehyd)		
Kopfschmerz, Schwindel	X	X	X	X

ETS environmental tobacco smoke, *VOC* volatile organic compounds, *PM* particulate matter.

einer zellulären, zytokingesteuerten Entzündungsreaktion sind unspezifisch. Bezüglich der Möglichkeiten eines Umwelt- bzw. Biomonitoring siehe Kap. 4.5. Eine Übersicht über die Symptome durch verschiedene Schadstoffgruppen gibt Tabelle 1.

Die Effekte des Passivrauchens auf den unteren Atemtrakt vor allem von Kindern, die Hospitalisierungsrate und die Entwicklung des kindlichen Asthma sind ausführlich untersucht. Zigarettenrauch führt zur Reizung von Atemwegen und Bindehaut, Störung der mukoziliaren Clearance, zunächst zu einer Basal- und Becherzellhyperplasie sowie dann zur Plattenepithelmetaplasie der Nasenschleimhaut. Interessanterweise konnte auch das Auftreten einer Mittelohrentzündung bei Kleinkindern mit dem Rauchverhalten der Eltern bzw. dem Cotiningehalt im Speichel der Kinder korreliert werden: Die Odds-Ratio stieg auf 1,7 bei 1 µg/ml Cotinin und auf 2,3 bei 5 µg/ml im Speichel. Für diesen Zusammenhang wurde eine Störung der Tubenfunktion und eine unspezifische Schwellung des lymphatischen Gewebe verantwortlich gemacht. Auf die Bedeutung der Rauchexposition für die Entwicklung allergischer Erkrankungen kann hier nicht eingegangen werden.

Die flüchtigen organischen Stoffe (VOC) setzen sich aus einer Vielzahl von Komponenten zusammen, worunter auch das Formaldehyd fällt. Die Innenraumquellen sind ebenso zahlreich (Lacke, Teppichböden, Dichtungsmaterial, Klebstoffe, Reinigungsmaterial etc.), wobei die höchsten Konzentrationen unmittelbar bis 3 Monate nach dem Gebäudeneubau zu messen sind. Bei Konzentrationen von über 3 mg/m³ wird ein unangenehmer Geruch empfunden, bei mehr als 8 mg/m3 kommt es zu Irritationen von Nase, Rachen und Augen (Expositionskammerversuche). Konzentrationen von mehr als 25 mg/m³ führen zu Kopfschmerzen, Müdigkeit und Schwindel sowie zu einer entzündlichen Reaktion der Nasenschleimhaut. In größeren Feldstudien wurden allerdings in der Regel Raumluftkonzentrationen von weniger als 1 mg/m³ gemessen, die nicht für Symptome verantwortlich zu machen sind.

Insbesondere Formaldehyd ist schleimhautreizend. Zwischen 0,03 und 0,3 ppm liegt die Geruchsschwelle, zwischen 0,08 – 3,0 ppm reagieren die meisten gesunden Individuen mit einer Reizung der Augen-, Nasen- und Rachenschleimhaut. Besonders hohe, arbeitsmedizinisch relevante Expositionen können in Krankenhäusern oder anatomischen Instituten vorkommen und zu akuten sowie chronischen Symptomen vornehmlich der oberen, deutlich weniger der unteren Atemwege führen. Bei Formaldehyd sind darüber hinaus Kontaktsensibilisierungen bekannt.

Unter den Außenluftschadstoffen kann Ozon eine besondere Rolle für die oberen Atemwege spielen. Die Geruchsschwelle liegt bei 40–50 mg/m^3, Konzentrationen von mehr als 200 mg/m^3 führen bei einem Teil der Bevölkerung zu Atembeschwerden, Hustenreiz und Tränensekretion. Bei einer Exposition gegenüber 1000 mg/m^3 über mehrere Stunden kommt es zu einer deutlichen Entzündungsreaktion an der Nasenschleimhaut, die eine nachfolgende allergeninduzierte Eosinophilenmigration verstärken kann. Dieser Priming-Effekt, der gerade bei Allergikern im Sommer durch die kombinierte Belastung durch Allergene und Ozon von klinischer Relevanz sein könnte, wurde jedoch nicht in allen Studien bestätigt. Unspezifische zelluläre Entzündungsreaktionen können im Experiment auch durch NO_2, SO_2 und Schwebstäube konzentrationsabhängig induziert werden. Akute Episoden schadstoffinduzierter Rhinopharyngitiden sind in der Vergangenheit berichtet worden (Wintersmog Typ London, Sommersmog Typ Los Angeles), über die Langzeiteffekte geringerer Belastungen ist derzeit keine sichere Aussage möglich.

Reizungen der Nase, des Rachens und der Augen treten auch als Teil der Symptomatik des Sick-Building-Syndroms auf und können durch Allergene, chemische wie auch physikalische Faktoren bedingt sein. Siehe hierzu Kap. 5.3.

Von differentialdiagnostischer Bedeutung zu den schadstoffinduzierten Symptomen sind insbesondere perenniale Allergene, deren Wechselwirkung mit Innenraumluftbelastungen weiter untersucht werden muß. Hier werden in Zukunft neue Methoden der Allergenkonzentrationsmessungen in der Raumluft zur Verfügung stehen.

Aufgrund der eingangs erwähnten diagnostischen und differentialdiagnostischen Unsicherheit bei der Abklärung einer schadstoffinduzierten Rhinopharyngitis muß zumindest eine überwiegende Wahrscheinlichkeit, besser noch der Nachweis eines Zusammenhanges über Maßnahmen des Umwelt- und Biomonitoring für die Diagnose gefordert werden. Aus eigenen und in der Literatur dokumentierten Erfahrungen zeigt sich, daß für weniger als 10% der geklagten Symptome tatsächlich eine umweltbezogene Erkrankung nachweisbar ist.

Die Therapie richtet sich nach der Ätiologie (vgl. Übersicht S. 104). Im Falle einer schadstoffbedingten Erkrankung ist die Vermeidung des Kontaktes mit dem Schadstoff (Passivrauchen) evtl. auch durch bautechnische Maßnahmen (VOC, Formaldehyd, NO_2) oder durch Wohnortwechsel (Kraftverkehr, Ozon) anzustreben. Zusätzlich können pflegende Salben, DNCG-Präparate und topische Kortikosteroide zum Schutz der Schleimhaut und zur Begrenzung der Entzündungsreaktion eingesetzt werden.

ZUSAMMENFASSUNG

Die chronischen Erkrankungen der oberen Atemwege sind häufig, ihre Differentialdiagnose ist komplex. Obgleich eine Reihe von Schadstoffen nachweisbare Veränderungen (Störung der mucoziliaren Clearance, Entzündungsreaktion, Epithelumbau) und Symptome (Reizung, Trockenheit) an den Schleimhäuten verursachen können, liegen die in Feldstudien gemessenen Expositionskonzentrationen der meisten Schadstoffe deutlich unter der Schädigungsschwelle. Ausnahmen sind die aktive und passive Exposition gegenüber Tabakrauch sowie vereinzelte Belastungen durch VOC's, Formaldehyd u. a. in arbeitsmedizinisch relevanten Konzentrationen. Gerade für die Nase gilt zudem, daß die Geruchsschwelle in der Regel niedriger liegt als die Schädigungsschwelle, so daß akute Belastungen wahrgenommen und vermieden werden können. Über die Folgen einer Langzeitexposition mit Gemischen von Schadstoffen in niedrigen Konzentrationsbereichen liegen bislang keine ausreichenden Kenntnisse vor.

Weiterführende Literatur

Bachert C (1996) Klinik der Umwelterkrankungen von Nase und Nasennebenhöhlen – Wissenschaft und Praxis. Eur Arch Oto-Rhino-Laryngology, Suppl. I 73 – 155
Bachert C, Konsensusgruppe (1997) Die nasale Hyperreaktivität – Die allergische Rhinitis und ihre Differentialdiagnosen. Allergologie 20:39 – 52
Bardana EJ, Montanaro A (1996) Indoor air pollution and health. Marcel Dekker, New York
Klimek L, Riechelmann H, Saloga J, Mann W, Knop J (1997) Allergologie und Umweltmedizin. Schattauer-Verlag Stuttgart

2.6 Atemwegserkrankungen bei Kindern

E. v. Mutius

EINLEITUNG

Im Kindesalter stellen vorwiegend die chronisch-rezidivierende Bronchitis und das Asthma bronchiale umweltmedizinisch relevante Erkrankungen dar. Über Ätiologie und Zusammenhang mit Luftschadstoffbelastungen wird im folgenden berichtet.

Bronchitis

Eine Bronchitis tritt entweder als akute Erkrankung nach einem Infekt der oberen Luftwege oder als chronisch-rezidivierende Komponente einer anderen zugrundeliegenden Erkrankung wie Asthma bronchiale, Mukoviszidose, Fremdkörperaspiration, Immundefekt, oder Immotilem Ziliensyndrom in Erscheinung [1]. Als eigenständiges Krankheitsbild werden chronisch-rezidivierende Bronchitiden im Kindesalter höchstens im Zusammenhang mit einer vermehrten Passivrauchexposition gesehen. Daher gibt es auch in der Pädiatrie im Gegensatz zum Erwachsenenalter keine Definition der chronischen Bronchitis. Diese stellt vielmehr immer eine Ausschlußdiagnose dar.

Wegen des häufigen Vorkommens sollte es einfach sein, die Bronchitis zu beschreiben und zu definieren. Das hervorstechendste Merkmal und häufig die einzige Manifestation einer Bronchitis ist jedoch Husten, ein Symptom von geringer diagnostischer Spezifität. Es gibt außerdem keine nicht-invasiven Labormethoden, die es erlauben würden, bei Kindern eindeutig die Diagnose Bronchitis zu stellen. Auch haben der selbstlimitierende Verlauf der Erkrankung und die fehlende Definition dessen was eine chronisch-rezidivierende Bronchitis im Kindesalter ausmacht, pathologische Untersuchungen erschwert und limitiert. Schließlich gibt es deutliche Überlappungen zwischen der klinischen Symptomatik von Kindern mit chronisch-rezidivierender Bronchitis, obstruktiver Bronchitis und Asthma bronchiale. Daher ist im Kindesalter keine klare und allgemein anerkannte Definition der chronisch-rezidivierenden Bronchitis bekannt.

Akute Bronchitis

Viren rufen die meisten Episoden akuter Bronchitiden hervor. Rhinoviren, RS-Viren, Influenza-, Parainfluenza- und Adenoviren sowie Paramyxo- und Masernviren sind sämtlich bei derartigen Erkrankungen nachgewiesen worden. Es gibt kaum Untersuchungen zur Pathologie dieser Erkrankung. Es ist bekannt, daß die Sekretdrüsen aktiviert werden und eine Abschilferung des Flimmerepithels eintritt. Leukozyten wandern in das Bronchialepithel ein und führen zu einer purulenten Verfärbung des Bronchialsekrets. Meist wird eine akute Bronchitis 3 bis 4 Tage nach einem Infekt der oberen Luftwege mit Rhinitis und Pharyngitis manifest. Der Husten ist anfänglich oft trocken und hart, geht aber häufig in einen produktiven Husten mit deutlicher Sputumproduktion über. Da kleine Kinder nicht expektorieren, sondern in aller Regel Sputum verschlucken, kann Erbrechen im Rahmen von Hustenattacken auftreten.

Die Auskultation ist häufig blande oder es kommen mittel- bis grobblasige feuchte Rasselgeräusche zu Gehör. Giemen als Zeichen der Sekretretention kann ebenfalls vernommen werden, welches allerdings häufig nach dem Abhusten verschwindet. Röntgen-Thorax-Aufnahmen zeigen einen unauffälligen Befund oder Zeichen der Peribronchitis. Meist verschwindet die Symptomatik innerhalb von 10 bis 14 Tagen. Die Therapie ist supportiv mit ausreichender Flüssigkeitszufuhr und Antipyrese bei Bedarf. Antibiotika sollten erst dann zum Einsatz kommen, wenn eine bakterielle Superinfektion vermutet oder besser nachgewiesen wurde.

Chronisch-rezidivierende Bronchitiden

Der chronische Verlauf und die häufige Wiederkehr bronchitischer Beschwerden lassen entweder vermuten, daß eine andere pneumologische Grunderkrankung vorliegt oder daß eine andauernde Exposition gegenüber schädlichen Umweltfaktoren vorherrscht. Nach Auschluß sämtlicher in Frage kommender Differentialdiagnosen müssen diese Umweltnoxen identifiziert werden. In der Regel handelt es sich entweder um vermehrte Infektexposition in Kinderkrippen, Kinderhorten oder durch zahlreiche Geschwister, oder um Passivrauchexposition und seltener um Exposition gegenüber Außenluftschadstoffen. Es muß angemerkt werden, daß Kinder üblicherweise bis zu 10 Infekte pro Jahr erleiden.

Mehrere Studien haben nachgewiesen, daß Kinder, die dem Zigarettenrauch ihrer Eltern ausgesetzt sind, ein deutlich erhöhtes Risiko aufweisen, bronchitische Erkrankungen der unteren Atemwege mit Husten, Sputumproduktion und Giemen zu entwickeln [2-7]. Dieser Effekt war umso stärker ausgeprägt, wenn die Mutter während oder nach der Schwangerschaft rauchte, oder wenn mehr als eine halbe Schachtel Zigaretten pro Tag geraucht wurde. In den meisten Studien wurde zudem eine klare Dosis-Wirkungs-Beziehung nachgewiesen. Dieser schädigende Effekt ist ferner bei Säuglingen und Kleinkindern stärker ausgeprägt als bei größeren Kindern und kann das Risiko in den ersten 6 Lebensmonaten bei Konsum von mehr als 20 Zigaretten pro Tag durch die Mutter um das über dreifache erhöhen. Rauchen außerhalb des Wohnraums des Kindes, vor allem durch Betreuer in Kinderkrippen oder -horten kann darüberhinaus das Risiko für die Entstehung chronisch-rezidivierender Bronchitiden zusammen mit der vermehrten Infektexposition in den Krippen deutlich erhöhen.

Exposition gegenüber Luftschadstoffen, insbesondere gegenüber hohen Konzentrationen von Schwefeldioxid und Fein- oder Schwebstaub ist wiederholt mit bronchitischen Erkrankungen des unteren Atemtrakts bei Kindern assoziiert worden. Eine epidemiologische Untersuchung von Schulkindern in einer durch SO_2 und Staub belasteten Region Englands fand beispielsweise ein vermehrtes Auftreten von Erkrankungen der unteren Atemwege, deren Prävalenz nach der Einführung eines Reinluftprogramms signifikant abnahm [8, 9]. Eine andere amerikanische Studie zeigte einen Zusammenhang zwischen dem Auftreten von rezidivierenden Bronchitiden und chronischen Husten mit der Exposition gegenüber relativ geringen Außenluftkonzentrationen von Staubpartikeln auf [10]. Andere fanden ein vermehrtes Auftreten von Atemwegsbeschwerden bei Kindern, die verstärktem Verkehrsaufkommen [11, 12] oder dem Gebrauch von Holz- oder Kohleöfen im Innenraum [13] exponiert waren. Da zugleich von mehreren Autoren ein Zusammenhang zwischen Luftschadstoffbelastung und dem Auftreten von Infekten der oberen Luftwege bei Klein- wie Schulkindern demonstriert wurde [14–16], könnte eine verstärkte Empfindlichkeit gegenüber virale Agentien bei mit Luftschadstoffen belasteten Kindern vorliegen, die dann zur klinischen Ausprägung chronisch-rezidivierender Bronchitiden führen. Die Therapie der Wahl ist die Expositionskarenz.

Asthma bronchiale

Es gibt keine allgemein anerkannte Definition des Asthma bronchiale im Kindesalter und die zahlreichen Publikationen zur versuchsweisen Definition dieser Erkrankung spiegeln eine unverändert bestehende Unsicherheit darüber wider, was nun die eigentlichen Charakteristika dieser Erkrankung sind [17]. Im klinischen Alltag wird die Definition von Asthma als einer obstruktiven Lungenerkrankung mit bronchialer Hyperreaktivität gegenüber einer Vielzahl von Stimuli und einem hohen Grad an Reversibilität des obstruktiven Prozesses entweder spontan oder nach bronchodilatatorischer Behandlung häufig angewandt. Jedoch gibt es nicht immer einen klaren Zusammenhang zwischen der klinischen Manifestation dieser Erkrankung und den zellulären und physiologischen Charakteristika wie der Lungenfunktion oder der bronchialen Hyperreaktivität, der Synthese von IgE oder allergenspezifischen IgE-Antikörpern und der Entzündung des Atemwegsepithels. Ferner ist Verwirrung über den asthmatischen Phänotyp eingetreten, weil verschiedene klinische Bilder wie rezidivierendes Giemen, Kurzatmigkeit bei Anstrengung oder andauernder nächtlicher Husten als Asthma-Äquivalente beschrieben worden sind. Bei epidemiologischen Studien treten weitere methodische Probleme auf. Fragebögen sind das meistgebrauchte Untersuchungsinstrument, um Probanden als Betroffene einzuordnen. Derzeit gibt es jedoch nur zwei standardisierte Fragebögen für Atemwegsbeschwerden im Kindesalter. Der eine wurde von der American Thoracic Society entwickelt, der andere wurde von ISAAC der International Study of Asthma and Allergies in Childhood ausgearbeitet.

Zu diesen Definitionsproblemen gesellen sich ferner Besonderheiten des Kindesalters. Obstruktive Atemwegserkrankungen kommen im frühen Kindesalter sehr häufig vor, jedoch handelt es sich bei diesen Erkrankungen nicht immer um ein Asthma bronchiale. Bei ca. einem Fünftel sind die Beschwerden auf prämorbide Einschränkungen der Lungenfunktion zurückzuführen, die meist im Rahmen von Infekten der oberen Luftwege zu Giemen und Atemnotattacken führen [18]. Die Ergebnisse zweier teils umfangreicher Kohortenstudien [19, 20] zeigen, daß diese Kinder im Säuglingsalter zu giemen beginnen, aber ihre Beschwerden im Alter von etwa 3 Jahren wieder verlieren. Dieser gutartige Verlauf der Erkrankung ist weder mit Asthma in der Familie noch mit Ekzem, erhöhten IgE-Werten oder bronchialer Hyperreaktivität beim Kind assoziiert. Diese Kinder entwickeln später auch kein Asthma oder Allergien.

Eine wesentlicher Risikofaktor für Lungenfunktionseinschränkungen zum Zeitpunkt der Geburt stellt das mütterliche Rauchen in der Schwangerschaft dar [21, 22]. Bei Mädchen rauchender Mütter waren die neonatalen Lungenfunktionsparameter auf etwa die Hälfte der Kontrollwerte reduziert. In weiteren Studien war mütterliches Rauchen auch mit dem Auftreten obstruktiver Atemwegserkrankungen beim Säugling assoziiert. Ob diese Effekte mehr der Exposition in utero oder der postnatalen Passivrauchexposition zuzuschreiben sind, ist schwer zu sagen, da Frauen, die während der Schwangerschaft rauchen, meist hinterher weiterrauchen. In zwei Untersuchungen [23, 24] war die Passivrauchexposition, wenn sie nicht über die Mutter erfolgte, nicht mit einem erhöhten Risiko für das Auftreten von Atemwegserkrankungen verbunden, was die Vermutung nahe legt, daß die Passivrauchexposition über die Mutter durch Schädigungen der Lungenentwicklung in utero erfolgt.

Bei einem kleinen Anteil der Kinder mit obstruktiven Bronchitiden im Säuglingsalter ist die Symptomatik jedoch auf eine Prädisposition für Asthma bronchiale zurückzuführen. In einer großen amerikanischen Geburtskohortenstudie wurde eine Gruppe von Kindern identifiziert, die seit dem ersten Lebensjahr bis zum Alter von 6 Jahren rezidivierende obstruktive Episoden erlitten [19]. Diese Kinder hatten eine normale Lungenfunktion bei Geburt und auch die Nabelschnur-IgE-Werte waren im Normbereich. Allerdings entwickelten diese Kinder bereits im Alter von 9 Monaten erhöhte IgE-Werte, und wiesen im Alter von 6 Jahren eine Atopie, d.h. ein positives Resultat der Hautpricktestung auf. Dieser Verlauf war ferner mit Asthma in der Familie und dem Auftreten von Ekzem beim Kind assoziiert. Die Lungenfunktionsparameter, die im Säuglingsalter normal gewesen waren, wiesen im Alter von 6 Jahren deutliche Einbußen auf, was darauf hindeutet, daß es sich hier entweder um eine schwerere Form der Erkrankung oder aber um Folgen rezidivierender obstruktiver Bronchitiden handelt. Insgesamt sind davon mehr Buben als Mädchen betroffen.

Es gibt wenig Grund zur Annahme, daß hohe Konzentrationen von SO_2 und Schwebstäuben Kausalfaktoren für die Neuentstehung von Asthma und Allergien sind. In Regionen mit hoher Konzentration von SO_2 und Schwebstaub in

Ostdeutschland und Polen war die Prävalenz des Asthma, der bronchialen Hyperreaktivität und der atopischen Sensibilisierung signifikant geringer als in weniger mit Schadstoffen belasteten Regionen in Westdeutschland bzw. Schweden [25-27]. Wenig ist ferner über die gesundheitsschädigenden Effekte der Exposition gegenüber Autoverkehr bekannt. Ein Anstieg in der Prävalenz unspezifischer respiratorischer Symptome und eine Verminderung der Lungenfunktion ist bei Kindern aufgezeigt worden, die in Münchner Schulbezirken mit starkem Verkehrsaufkommen leben [11]. Diese Veränderungen waren von ähnlicher Art und Größenordnung wie diejenigen, die bei Passivrauchexposition derselben Population gesehen worden waren. Ishizaki und Mitarbeiter berichteten von einer starken Assoziation zwischen allergischer Rhinitis auf Zedernpollen und [28] Exposition gegenüber Straßenverkehr. Ihre Analysen berücksichtigten jedoch nicht potentielle Störvariablen, wie z.B. den Sozialstatus der untersuchten Probanden. Andere Untersucher konnten keinen Bezug zwischen einer Exposition zum Straßenverkehr und der Prävalenz des Heuschnupfens oder des Asthma aufzeigen [29]. Ob Ergebnisse von Tierexperimenten, die eine verstärkte Entwicklung von atopischer Sensibilisierung auf Ovalbumin bei Meerschweinchen oder Mäusen nach Exposition mit verschiedenen, dem Straßenverkehr zuzuschreibenden Schadstoffen nachgewiesen haben [30, 31], auch auf den Menschen mit seinem Immunsystem und seinen Lungen übertragbar sind, bleibt offen.

Bei einem kleinen Teil [10%-20%] gesunder Probanden bewirkt Ozon Einbußen der Lungenfunktion, die jedoch nach wiederholter Exposition eine sog. Adaptation, d.h. eine Restitutio ad integrum zeigen [32-35]. Auch wurde gezeigt, daß eine bronchiale Hyperreaktivität induziert werden kann, wobei jedoch derzeit unklar bleibt, ob ähnliche Adaptationsphänomene eintreten [36-39]. Inwieweit Langzeitexposition zu Einbußen der Lungenfunktion oder zur Neuentstehung von Asthma bronchiale führt, bleibt derzeit offen, da wenig epidemiologische Studien zu diesem Thema bislang durchgeführt wurden. Hingegen konnte bei Asthmatikern aufgezeigt werden, daß eine Ozonexposition die bronchiale Reaktivität gegenüber Allergenen steigert [40, 41].

Es ist in Klimakammerstudien wiederholt nachgewiesen worden, daß Asthmatiker auf Exposition mit SO_2 und Ozon mit Einbußen der Lungenfunktion reagieren [42-48]. Auch wurde ein signifikanter Zusammenhang zwischen Luftschadstoffbelastung, vorwiegend mit Ozon, sauren Aerosolen und Feinstaub mit der Häufigkeit von Krankenhauseinweisungen oder Notfallbehandlungen von Asthma sowie mit Einschränkungen der Lungenfunktion aufgezeigt [49-59]. Diese Patienten reagieren folglich mit einer Verschlechterung ihres klinischen Zustandes auf ansteigende Luftschadstoffkonzentrationen wie sie auch auf andere Triggerfaktoren wie Infekte der oberen Luftwege, Allergenexposition, Passivrauchexposition oder Anstrengung reagieren. Die Therapie besteht einerseits in der Expositionskarenz und andererseits in der Intensivierung der antiinflammatorischen Medikation (DNCG, inhalative Steroide).

ZUSAMMENFASSUNG

Im Kindesalter werden Umweltschadstoffe für die Entstehung chronisch-rezi-divierender Bronchitiden und für Exazerbationen eines bereits bestehenden Asthma bronchiale verantwortlich gemacht. Es gibt mit Ausnahme der Passivrauchexposition jedoch wenig Hinweise dafür, daß Luftschadstoffe an der Neuentstehung des Asthma bronchiale im Kindesalter beteiligt sind.

Literatur

1. von Mutius E, Morgan WJ (1997) Acute, chronic and wheezy bronchitis. In: Pediatric Respiratory Medicine. Eds. Taussig LM, Landau L. Mosby-Year-book, in press
2. von Mutius E. Passivrauchen – Auswirkungen auf den kindlichen Respirationstrakt. In: Kinderarzt und Umwelt. Jahrbuch 1993/94, S. 90-97. Hrsgb. KE v. Mühlendahl
3. Dold S, Reitmeir P, Wjst M, von Mutius E. Auswirkungen des Passivrauchens auf den kindlichen Respirationstrakt. Monatsschr Kinderheil
4. Ogston SA, Florey C, Walker CM (1987) Association of infant alimentary and respiratory illness with parental smoking and other environmental factors. J Epidemiol Community Health 41:21–25
5. Woodward A, Douglas RM, Graham NMH, Miles H (1990) Acute respiratory illness in Adelaide children: breast feeding modifies the effect of passive smoking. J Epidemiol Community Health 44:224–230
6. Wright AL, Holberg C, Martinez FD, Taussig LM (1991) Relationship of parental smoking to wheezing and nonwheezing lower respiratory tract illnesses in infancy. J Pediatr 118:207–214
7. Young S, LeSouef PN, Reese AC, Stick SM, Landau LI (1990) Factors predicting cough and wheeze in the first 6 months of life. Am Rev Resp Dis 141:A901
8. Lunn JE, J Knowelden, Handyside AJ (1967) Patterns of respiratory illness in Sheffield infant school children. Brit Prev Soc Med 21:7–16
9. Lunn JE, Knowelden J, Handyside AJ (1970) Patterns of respiratory illness in Sheffield schoolchildren. Br J prev soc Med 24:223–228
10. Dockery DW, Speizer FE, Stram DO et al. (1989) Effects of inhalable particles on respiratory health of children. Am Rev Respir Dis 139:587–594
11. Wjst M, Reitmeir P, Dold S, Wulff A, Nicolai T, von Loeffelholz-Colberg E, von Mutius E (1993) Road traffic and adverse effects on respiratory health in children. Br Med J 307:596–600
12. Oosterlee A, Drijver M, Lebret E, Brunekreef B (1996) Chronic respiratory symptoms in children and adults living along streets with high traffic density. Occup Environ Med 52:241–247
13. Honicky RE, Osborne JS III, Apkom CA (1985) Symptoms of respiratory illness in young children and the use of wood-burning stoves for indoor heating. Pediatrics 75:587–93
14. von Mutius E, Sherrill DL, Fritzsch Ch, Martinez FD, Lebowitz MD (1995) Air pollution and upper respiratory symptoms in children from East Germany. Eur Resp J 8:723–728
15. Braun-Fahrländer C, Ackermann-Liebrich U, Schwartz J, Gnehm HP, Rutishauser M, Wanner HU (1992) Air pollution and respiratory symptoms in preschool children. Am Rev Respir Dis 145:42–47
16. Schwartz J, Spix C, Wichmann HE, Malin E (1991) Air pollution and acute respiratory illness in five German communities. Environ Res 56:1–14
17. von Mutius E (1997) Epidemiologie des Asthma bronchiale imKindesalter. Pneumologie, in Druck

18. Martinez FD, Morgan WJ, Wright AL, Holberg C, Taussig LM, GHMA (1991) Initial airway function is a risk factor for recurrent wheezing respiratory illnesses during the first three years of life. Am Rev Respir Dis 143:312–316
19. Martinez FD, Wright AL, Taussig LM, Holberg CJ, Halonen M, Morgan WJ, GHMA Personnel (1995) Asthma and wheezing in the first six years of life. N Engl J Med 332:133–138
20. Sporik R, Holgate ST, Cogswell JJ (1991) Natural history of asthma in childhood – a birth cohort study. Arch Dis Child 66:1050–1053
21. Hanrahan JP, Tager IB, Segal MR, Tosteson TD, Castile RG, van Vunakis H, Weiss ST, Speizer FE (1992) The effect of maternal smoking during pregnancy on early infant lung function. Am Rev Respir Dis 145:1129–1135
22. Taylor B, Wadsworth J (1987) Maternal smoking during pregnancy and lower respiratory tract illness in early life. Arch Dis Child 62:786–791
23. Tager IB, Hanrahan JP, Tosteson TD, Castile RG, Brown RW, Weiss ST, Speizer FE (1993) Lung function, pre- and post-natal smoke exposure, and wheezing in the first year of life. Am Rev Respir Dis 147:811–817
24. Taylor B, Wadsworth J (1987) Maternal smoking during pregnancy and lower respiratory tract illness in early life. Arch Dis Child 62:786–791
25. von Mutius E, Fritzsch Ch, Weiland SK, Stiepel E, Magnussen H (1992) Prevalence of asthmatic and allergic disorders among children in united Germany: a descriptive comparison. Br Med J, 305:1395–1399
26. von Mutius E, Martinez FD, Fritzsch C, Nicolai T, Reitmeir P, Thiemann HH (1994) Prevalence of asthma and atopy in two areas of West and East Germany. Am J Resp Crit Care Med 149:358–364
27. Braback L, Breborowicz A, Julge K, Knutsson A, Riikjarv M-A, Vasar M, Björksten B (1995) Risk factors for respiratory symptoms and atopic sensitization in the Baltic area. Arch Dis Child 72:487–493
28. Ishizaki T, Koizumi K, Ikemori R, Ishyama Y, Kushibiki E (1987) Studies of prevalence of Japanese cedar pollinosis among the residents in a densely cultivated area. Ann Allergy 58:265–270
29. Waldron G, Pottle B, Dod J (1995) Asthma and the motorways – one district's experience. J Publ Health Med 17:85–89
30. Muranaka M, Suzuki S, Koizumi K, Takafuji S, Miyamoto T, Ikemori R, Tokiwa H (1986) Adjuvant activity of diesel-exhaust particulates for the production of IgE antibody in mice. J Allergy Clin Immunol 77:616–623
31. Riedel F, Krämer M, Scheibenbogen C, Rieger CHL (1988) Effects of SO_2 exposure on allergic sensitization in the guinea pig. J Allergy Clin Immunol 82:527–534
32. McDonnell III WF, Chapman RS, Leigh MW, Strope GL, Collier AM (1985) Respiratory responses of vigorously exercising children to 0.12 ppm ozone exposure. Am Rev Respir Dis 132:875–879
33. McDonnell III WF, Hortsman DH, Abdul-Salaam S, House DE (1985) Reproducibility of individual responses to ozone exposure. Am Rev Respir Dis 131:36–40
34. Farrel BP, Kerr HD, Kulle TJ, Sauder LR, Young JL (1979) Adaptation in human subjects to the effects of inhaled ozone after repeated exposure. Am Rev Resp Dis 119:725–730
35. Folinsbee LJ, Hortsman DH, Kehrl HR, Harder S, Abdul-Salaam S, Ives PJ (1994) Respiratory responses to repeated prolonged exposure to 0.12 ppm ozone. Am J Resp Crit Care Med 149:98–105
36. McDonnell WF, Horstman DH, Abdul-Salaam S, Raggio LJ, Green JA (1987) The respiratory responses of subjects with allergic rhinitis to ozone exposure and their relationship to nonspecific airway reactivity. Toxicol Ind Health 3:507–517
37. Dimeo MJ, Glenn MG, Holtzman MJ, Sheller JR, Nadel JA, Boushey HA (1981) Threshold concentration of ozone causing an increase in bronchial reactivity in humans and adaptation with repeated exposures. Am Rev Resp Dis 124:245–248
38. Folinsbee LJ, Horstman DH, Kehrl HR, Harder S, Abdul-Salaam S, Ives PJ (1994) Respiratory responses to repeated prolonged exposure to 0.12 ppm ozone. Am J Respir Crit Care Med 149:98–105

39. Kulle TJ, Sauder LR, Kerr HD, Farrell BP, Bermel MS, Smith DM (1982) Duration of pulmonary function adaptation to ozone in humans. Am Ind Hyg Assoc J 43:832–837
40. Jörres R, Nowak D, Magnussen H, Speckin P, Koschyk S (1996) The effect of ozone exposure on allergen responsiveness in subjects with asthma or rhinitis. Am J Respir Crit Care Med 153:56–64
41. Molfino NA, Wright SC, Kazt I, Tarlo S, Silverman F, McClean PA, Szalai JP, Raizenne M, Slutsky AS, Zamel N (1991) Effect of low concentrations of ozone on inhaled allergen responses in asthmatic subjects. Lancet 338:199–203
42. Sheppard D, Wong WS, Uehara CF, Nadel A, Boushe HA (1980) Lower threshold and greater bronchomotor responsiveness of asthmatic subjects to sulfur dioxide. Am Rev Respir Dis 22:873–878
43. Sheppard D, Saisho A, Nadel AJ, Boushey HA (1981) Exercise increases sulfur dioxide-induced bronchoconstriction in asthmatic subjects. Am Rev Respir Dis 123:486–491
44. Horstman DH, Seal EJ, Folinsbee LJ, Ives P, Roger LH (1988) The relationship between exposure duration and sulfur dioxide-induced bronchoconstriction in asthmatic subjects. Am In Hyg assoc J 49:38–47
45. Koenig JQ, Covert DS, Marshall SG, van Belle G, Pierson WE (1987) The effects of ozone and nitrogen dioxide on pulmonary function in healthy and in asthmatic adolescents. Am Rev Respir Dis 136:1152–1157
46. Linn WS, Buckley RD, Spier CE, Blessey RL, Jones MP, Fischer DA, Hackney JD (1978) Health effects of ozone exposure in asthmatics. Am Rev Respir Dis 117:835–843
47. Kreit JW, Gross KB, Moore TB, Lorenzen TJ, D'Arcy J, Eschenbacher WL (1989) Ozone-induced changes in pulmonary function and bronchial responsiveness in asthmatics. J Appl Physiol 66:217–222
48. Bates DV, Sizto R (1983) Relationship between air pollutant levels and hospital admissions in Southern Ontario. Can J Public Health 74:117–122
49. Bates DV, Sizto R (1987) Air pollution and hospital admissions in Southern Ontario: the acid summer haze effect. Environ Res 43:317–331
50. Bates DV, Sizto R (1989) The Ontario air pollution study: identification of the causal agent. Environ Health Perspect 79:69–72
51. Burnett RT, Dales RE, Raizenne ME, Krewski D, Summers PW, Roberts GR, Raad-Young M, Dann T, Brook J (1994) Effects of low ambient levels of ozone and sulfates on the frequency of respiratory admissions to Ontario hospitals. Environ Res 65:172–194
52. Thurston GD, Ito K, Hayes CG, Bates DV, Lippmann M (1994) Respiratory hospital admissions and summertime haze air pollution in Toronto, Ontario: consideration of the role of acid aerosols. Environ Res 65:271–290
53. Cody RP, Weisel CP, Birnbaum G, Lioy PJ (1992) The effect of ozone associated with summertime photochemical smog on the frequency of asthma visits to hospital emergency
54. Bates DV, Baker-Anderson M, Sizto R (1990) Asthma attack periodicity: a study of hospital emergency visits in Vancouver. Environ Res 51:51–70
55. Ribon A, Glasser M, Sudhivoraseth N (1992) Bronchial asthma in children and ist occurence in relation to weather and air pollution. Ann Allergy 30:276–281
56. Goldstein IF, Weinstein AL (1986) Air pollution and asthma: effects of exposures to short term sulfur dioxide peaks. Environ Res 40:332–345
57. Walters S, Griffiths RK, Ayres JG (1994) Temporal association between hospital admissions for asthma in Birmingham and ambient levels of sulphur dioxide and smoke. Thorax 49:133–140
58. Schwartz J, Slater D, Larson TV, Pierson WE, Koenig JE (1993) Particulate air pollution and hospital emergency room visits for asthma in Seattle. Am Rev Respir Dis 147:826–831
59. Pope CA, Dockery DW (1992) Acute health effects of PM_{10} on symptomatic and asymptomatic children. Am Rev Respir Dis 145:1123–1128

3 Pathophysiologie der umwelt-
verursachten pneumologischen
Krankheitsbilder

3.1 Entzündung, Oxidantienbelastung, bronchiale Hyperreagibilität

J. C. VIRCHOW, Jr.

EINLEITUNG

Umweltbedingte Erkrankungen der Lunge und der Atemwege sind Gegenstand großen öffentlichen und damit auch zunehmend wissenschaftlichen Interesses. Mit großem Aufwand geförderte Untersuchungen sollen die Hypothese bestätigen, daß „Umweltschadstoffe", insbesondere industrielle Abgase, die Lunge und die Atemwege schädigen und damit Krankheit hervorrufen. Die Resultate wissenschaftlicher Anstrengungen auf diesem Gebiet, die Rückschlüsse auf den Menschen und seine pulmonalen Erkrankungen zuließen, sind heute noch dürftig. Sie stehen in Widerspruch zur öffentlichen Erwartung, die davon ausgeht, daß die stetige Zunahme pulmonaler Erkrankungen durch Umwelteinflüsse, insbesondere die Inhalation von Schweb- und Schadstoffen in der Atemluft verursacht sein muß. Andererseits ist insbesondere in Westeuropa die Schadstoffbelastung der Atemluft seit dem 2. Weltkrieg drastisch gesunken. Aber auch die Ergebnisse experimentell orientierter Arbeitsgruppen, die an verschiedenen (Tier-)Modellen Hinweise dafür fanden, daß Schadstoffe der Umwelt pulmonale Veränderungen verursachen könnten, sind beim Menschen bislang wenig überprüft oder nicht nachweisbar.

Diese Diskrepanz zwischen der zur öffentlichen Gewißheit gewordenen Hypothese, daß Umweltschadstoffe die Lunge schädigen und dadurch das exponierte Individuum krank machen und den dazu diskrepanten Resultaten wissenschaftlicher Untersuchungen, versucht man durch theoretische Konzepte zu überbrücken. Dazu gehören Vorstellungen wie die der chronischen Exposition, der multifaktoriellen oder kostimulatorischen Verursachung und der individuellen Suszeptibilität als Determinanten umweltbedingter pulmonaler Schädigung. Aber auch die Vorstellung von pathologischen Veränderungen oder Befindlichkeitsstörungen ohne meßbares Korrelat, wie das „sick building" Syndrom oder die unbelegte Überzeugung, daß umweltbedingte pulmonale Schädigung einfach vorhanden ist, obwohl sie sich mit wissenschaftlichen Methoden nicht nachweisen lassen, sollen die bislang wenig ergiebigen wissenschaftlichen Bemühungen kompensieren.

Trotz dieser erforderlich, kritischen Betrachtungen darf die Möglichkeit, daß die Exposition der Lunge und der Atemwege gegenüber Umweltschadstoffen unter Umständen chronische pulmonale Schädigung verursachen kann, nicht a priori verneint werden. Da aber die epidemiologischen und experimentellen Daten, die dies belegen sollen noch unzureichend und letztlich nicht durch klinische Beobachtung gestützt sind, darf nicht unkritisch eine kausale Beziehung zwischen „Umweltschadstoffen" und pulmonaler Erkrankung postuliert werden. Statt dessen ist es notwendig, ausgehend von klinischer Beobachtung und aufbauend auf epidemiologische und experimentelle Untersuchungen Zusammenhänge zwischen subtoxischer Exposition und pulmonaler Klinik nachzuweisen. Werden solche Zusammenhänge offensichtlich, gilt es mit wissenschaftlich anerkannten Methoden zu prüfen, ob die betreffenden Schadstoffe (und in welcher Dosis) in vivo Veränderungen erzeugen, die denen entsprechen, die bei exponierten Individuen zu beobachten sind. Schließlich ist zu prüfen, ob sich durch geeignete Intervention eine Besserung der implizierten, umweltbedingten Schädigung erzielen läßt. Untersuchungen, die diesem anerkannten Weg naturwissenschaftlichen Wissenszuwaches folgend umweltbedingte pulmonale Veränderungen nachweisen konnten, fehlen bislang. Es gehört daher zu den Aufgaben des umweltmedizinischen interessierten Pneumologen in der häufig emotional geführten Diskussion um die gesundheitliche Bedeutung umweltrelevanter Belastungen sachlichen Beitrag zu leisten.

„Umweltschadstoffe"

Die wissenschaftliche Auseinandersetzung mit den Begriffen Umwelt und Lunge, wie er im vorliegenden Werk versucht wird, ist schwierig. Zunächst deshalb, weil der Begriff „Umweltschadstoff" in erster Linie ein politischer und kein wissenschaftlicher ist. Genauso weitläufig wie der Begriff „Umweltschadstoff" definiert ist, sind die meist unspezifischen pulmonalen Veränderungen, die die sogenannten „Umweltschadstoffe" verursachen sollen. Einer der wesentlichen Gründe dafür liegt darin, daß sich Dosis-Wirkungsbeziehungen zwischen Umweltbelastungen und der postulierten pulmonalen Schädigung nicht nachweisen lassen. Allgemein werden unter „Umweltschadstoffen" mit potentiell pulmonaler Relevanz Verbrennungsrückstände und daraus abstammende Substanzen verstanden, aber auch andere Substanzen aus industriellen Fertigungsprozessen wie zum Beispiel Asbestfasern oder Formalin, denen der Einzelne ausgesetzt wird. Medizinisch-wissenschaftlich sind „Umweltschadstoffe" allenfalls unpräzise oder überhaupt nicht definiert und damit qualitativ wie quantitativ oft der individuellen Einschätzung überlassen, auch wenn recht arbiträre Richtgrößen wie MAK-Werte angegeben werden. Zu den möglichen Definitionen eines „Umweltschadstoffes" sei auf Kap. 5 verwiesen.

Die Kontroverse, ob und in welchem Umfang „Umweltschadstoffe" pulmonale Schädigung hervorrufen können, die sich an den wenigen vorliegenden wissenschaftlichen Untersuchungen entzündet, wird bereits im vorliegenden Werk deutlich. Anhand wissenschaftlicher Untersuchungen eindeutig nachweisbar sind dauerhafte schädigende Wirkungen von „Umweltschadstoffen" nur für Allergene und das aktive bzw. das passive Tabakrauchen ausreichend dokumentiert (Martinez et al. 1988; Young et al. 1991; Malo et al. 1982). Es bedarf eines recht weiten Brückenschlags, um die natürlich vorkommenden Allergene auch zum Feld der pneumologischen Umweltmedizin zu zählen. Zweifelsohne handelt es sich um Faktoren der Umwelt. Da aber bislang eine schädigende Wirkung von natürlich vorkommenden Allergenen nur bei atopischen Personen offensichtlich ist, steht hier das Problem der individuellen Empfindlichkeit oder Veranlagung im Vordergrund der Betrachtungen, denn das betreffende Allergen übt unter normalen Bedingungen keine schädigende Wirkung aus. Andererseits gibt es interessante Hinweise dafür, daß die Änderung von Lebens- und Umweltbedingungen durch geänderte Exposition die Entwicklung von Allergien begünstigt (Roberts, Dickey, 1995). So leiden Ureinwohner von Neuseeland, die sich einem urbanen Lebensstil aussetzen, häufiger unter Asthma und Allergien als Stammesmitglieder mit mehr traditioneller Lebensweise (Waite et al. 1980). Somit kommt aber nicht nur pulmonal relevanten „Schadstoffen" sondern auch einem veränderten Milieu, das die latente Breitschaft zur Entwicklung atopischer Erkrankungen begünstigt eine umweltmedizinische Bedeutung zu.

Die Sicht, daß eine allergische Sensibilisierung in erster Linie ein Problem der individuellen Veranlagung ist, muß spätestens bei der Betrachtung des Problems sensibilisierender Substanzen am Arbeitsplatz aufgegeben werden. Insbesondere niedermolekulare, berufsbezogene Allergene wie Platinsalze oder Isocyanate, die zu einer Sensibilisierung beruflich exponierter Personen führen, die über den Kreis der Personen mit atopischer Diathese hinausgeht (Baur et al. 1994; Butcher et al. 1982; Baker et al. 1990), bilden Beispiele einer Schädigung durch Umweltfaktoren, die sich anhand individueller Veranlagung nicht mehr ausreichend erklären lassen.

Die politische und vor allem die individuelle Bereitschaft, aktives und passives Tabakrauchen als bedeutendsten Umweltschadstoff der Atemluft im klassischen Sinne zu erkennen und zu behandeln, ist wenig ausgeprägt. Die Vorstellung hingegen, daß industrielle Abgase und andere Verbrennungsrückstände, seien sie gasförmiger oder partikulärer Natur, eine wesentlich stärkere, schädigende Wirkung auf die Atemwege besitzen, wird in weiten Teilen der Bevölkerung, aber auch der Medizin als kollektive Erkenntnis gepflegt.

Als weitere Schädigungsmöglichkeit, die auch nur am Rande zur pneumologischen Umweltmedizin gerechnet werden darf, ist die Exposition gegenüber organischen und anorganischen Stäuben, mit ihren verschiedenen charakteristischen Krankheitsbildern. Diese Erkrankungen, ebenfalls Gegenstand arbeitsmedizinischer Betrachtungen, setzen die Expositionen gegenüber den angeschuldigten Stäuben in hoher Konzentration voraus. Auch hier ist die Exposition keinesfalls mit Erkrankung gleichzusetzen sondern erfordert bislang unbekannte Kofaktoren. Weshalb ausgerechnet das Inhalationsrauchen bei exogen allergischen Lungenerkrankungen protektive Effekte besitzen soll ist ebenfalls völlig unverstanden (Warren, 1977; McSharry et al. 1985; Cormier et al. 1988). Ob niedrig dosierter, berufsunabhängiger Kontakt mit organischen und anorganischen Stäuben ebenfalls zu Veränderungen mit Krankheitscharakter führen kann, ist bislang ebenfalls unzureichend belegt.

Pathophysiologische Konzepte

Die Möglichkeit der Lunge, auf Schädigung und damit auch auf „Umweltschad-stoffe" im weitesten Sinne zu reagieren, ist organspezifisch beschränkt. Ursäch-lich für die Entstehung pulmonaler Veränderungen werden im Zusammenhang mit umweltbedinger Schädigung Entzündung, Oxidantienbelastung und bron-chiale Hyperreagibilität angeführt. Die Vorstellung, daß Entzündung, Oxidan-tienbelastung und bronchiale Hyperreagibilität bei der Pathogenese vermuteter „Umweltkrankheiten" der Lunge eine Rolle spielen, bietet den Vorteil, daß sich diese morphologisch oder pathophysiologisch quantifizieren lassen und damit meßbare Größen darstellen.

Inwieweit diese weitgehend konzeptionellen Betrachtungen bei der Inter-aktion von Lunge und Umweltfaktoren eine Rolle spielen könnten, wird nach-folgend erörtert. Ausdrücklich wird auf die Darstellung der Pathogenese aller-gischer Atemwegserkrankungen verzichtet, die an anderer Stelle behandelt wird (Kap. 3.2).

Bronchiale Hyperreagibilität und Entzündung

Bronchiale Hyperreagibilität läßt sich als eine gesteigerte Neigung der Atem-wege, auf unspezifische pharmakologische und physikalische Reize mit Ob-struktion zu reagieren definieren. Die pathophysiologischen Mechanismen, die dieser gesteigerten Bereitschaft zur Entwicklung passagerer Obstruktion oder zur Verschlimmerung bestehender Obstruktion zugrunde liegen, sind vielfältig und von verschiedenen Faktoren abhängig. Dazu zählen die Abkopplung der Atemwege von der elastischen Retraktionskraft der Lunge (Macklem, 1987; Ding et al. 1987) durch Einlagerung von interstitieller Flüssigkeit oder zellulärem Infiltrat in die Wand der Atemwege in Folge entzündlicher Veränderungen. In Abhängigkeit von der zugrunde liegenden Erkrankung werden zudem Konge-stion der bronchialen Gefäße (Sasaki et al. 1990; Rolla et al. 1990), die Exposition sensibler Nervenendigungen durch Epithelschädigung (Richards, 1983), latente, subklinische Kontraktion der Atemwege (Moreno et al. 1986; Riess et al. 1996; James et al. 1987) und Verlust von Surfactant in den Bronchiolen (Yager et al. 1989) und genetische Disposition (Postma et al. 1995) als Ursache angeführt.

Bronchiale Hyperreagibilität und Asthma

Das Konzept der chronischen Entzündung der oberen und unteren Atemwege als pathologisch-morphologischem Korrelat einer gesteigerten Empfindlichkeit der Atemwege gegenüber exogenen bronchokonstriktorischen Agonisten spielt in den Betrachtungen zur Pathogenese des Asthma bronchiale eine wesentliche Rolle (Virchow, Jr. et al. 1996). Die in verschiedenen Studien dokumentierte Beziehung zwischen dem Schweregrad dieser bronchialen Hyperreagibilität und Indizes der asthmatischen Entzündung (insbesondere den eosinophilen

Granulozyten (Virchow, Jr. et al. 1994; Taylor, Luksza, 1987) einerseits und anderseits die Beobachtung, daß bei 98–100% aller Patienten mit symptomatischem Asthma eine bronchiale Hyperreagibilität nachweisbar ist (Dave et al. 1990), legt nahe, daß entzündungsbedingte bronchiale Hyperreagibilität wesentlicher Bestandteil von Asthma ist. Während beim Asthma bronchiale der Nachweis einer bronchialen Hyperreagibilität als chronisch persistierendes Charakteristikum der Erkrankung angesehen wird, kann bronchiale Hyperreagibilität bei verschiedenen anderen Zuständen nachgewiesen, experimentell induziert und moduliert werden. Daher wird angenommen, daß auch bei anderen Lungenerkrankungen, die mit bronchialer Hyperreagibilität einhergehen, eine endobronchiale, zuminest aber pulmonale Entzündung vorliegt. Ob jedoch die Faktoren, die die bronchiale Hyperreagibilität verursachen, bei allen damit einhergehenden Veränderungen identisch sind, ist unklar. Eine Vielzahl von Faktoren, wie z. B. Zigarettenrauch (James et al. 1987), PAF (Cuss et al. 1986), Leukotriene (Arm et al. 1988), Mediatoren aus eosinophilen (Coyle et al. 1994) und neutrophilen (Suzuki et al. 1996; Anticevich et al. 1996) Granulozyten, Ozon (Linn et al. 1994; Jorres et al. 1996) können unter entsprechenden experimentellen Bedingungen passagere bronchiale Hyperreagibilität induzieren bzw. bestehende Hyperreagibilität verstärken (Arm et al. 1988).

Bronchiale Hyperreagibilität und andere pulmonale Erkrankungen

Persistierende bronchiale Hyperreagibilität hingegen läßt sich nicht nur beim allergischen Asthma nach Allergenkontakt sondern auch nach viralen Infekten der Atemwege (Empey et al. 1976), bei der chronisch obstruktiven Bronchitis (Yan et al. 1985), der zystischen Fibrose (Van Asperen et al. 1981), der bronchopulmonalen Dysplasie (Northway, Jr. et al. 1990), bei aktivem (Mal et al. 1982) und passivem (Martinez et al. 1988; Young et al. 1991) Zigarettenrauchen, aber auch bei gesteigertem pulmonalvenösen Druck (Sasaki et al. 1990; Rolla et al. 1990) nachweisen. Wenig spricht dafür, daß die zugrunde liegenden Mechanismen, die zur Entwicklung und gegebenenfalls Persistenz einer bronchialen Hyperreagibilität führen, bei diesen verschiedenen Erkrankungen identisch sind.

Bronchiale Hyperreagibilität ist daher als organspezifische Antwort auf unterschiedliche endogene und exogene Einflüsse und somit als multifaktoriell bedingtes, pathophysiologisches Epiphänom endobronchialer Schädigung zu verstehen, das unter Laborbedingungen durch Einsatz bronchoaktiver Agonisten meßbar wird. Nicht zuletzt aufgrund seiner erheblichen intra- und interindividuell variablen Ausprägung ist bronchiale Hyperreagibilität als Folge dynamischer Prozesse anzusehen. Während vor allem die Beziehung zwischen Allergenexposition, zunehmender endobronchialer Entzündung (Virchow, Jr. et al. 1995) und längerfristiger Verschlechterung der bronchialen Hyperreagibilität (Cockcroft, Murdock, 1987) für das Asthma bronchiale gut belegt ist, sind ähnliche Zusammenhänge zwischen Schadstoffexposition und bronchialer Hyperreagibilität nur kurzfristig oder überhaupt nicht nachweisbar (Kap. 5.2 und 5.3).

Bronchiale Hyperreagibilität und Umwelt

Mit Ausnahme des Inhalationsrauchens ließ sich die Vorstellung, daß Umwelt-schadstoffe ursächlich in der Pathogenese bestehender Lungenkrankheiten wirken und damit beispielsweise die steigende Prävalenz an Asthma erklären, bislang nicht hinreichend belegen. Zwar wurde in einer Untersuchung an 10 Patienten mit intrinsischem Asthma der Beginn der Erkrankung mit der Expo-sition gegenüber meßbaren, gleichwohl aber tolerierbaren Konzentrationen von Atemwegsirritantien in Verbindung gebracht (Kipen et al. 1994), was aber kei-nesfalls auf alle Patienten mit intrinsischem Asthma abstrahiert werden kann. Verschiedene umweltrelevante Noxen können auch bei lungengesunden Pro-banden eine kurzfristig nachweisbare bronchiale Hyperreagibilität induzieren, worauf an anderer Stelle eingegangen wird (Kap. 5). Ob und unter welchen Vor-aussetzungen Inhalation von Umweltschadstoffen dauerhafte bronchiale Hyper-reagibilität im Sinne einer persistierenden Schädigung *verursachen* kann, ist unbelegt. Hingegen mehren sich experimentelle Hinweise dafür, daß bestehende bronchiale Hyperreagibilität durch Exposition gegenüber Umweltschadstoffen zumindest verschlechtert werden kann. Erste Studien, die die kombinierte Wir-kung von Allergenen und Umweltschadstoffen auf die bronchiale Hyperreagi-bilität untersuchten, konnten unter experimentellen Laborbedingungen einen permissiven Effekt von Ozon, Stickoxiden und Schwefeldioxid auf die aller-geninduzierte Verschlechterung der bronchialen Hyperreagibilität nachweisen (Devalia et al. 1994; Tunnicliffe et al. 1994; Jörres et al. 1996). Studien, die die klinische Bedeutung dieser zum Teil geringfügigen Verstärkung bronchialer Hyperreagibilität beleuchten, fehlen bislang. Und auch wenn dieses Modell Hinweise auf ein mögliches Zusammenspiel in einer multifaktoriellen Genese umweltbedingter pulmonaler Schädigung bietet, bleibt unklar, inwieweit diese Mechanismen in vivo eine Rolle spielen.

Weitere Hinweise darauf, daß Umweltschadstoffe bestehende Lungenerkran-kungen verschlechtern, sind Untersuchungen, nach denen die Belastung der Umgebungsluft durch partikuläre Feinstäube die Exazerbationsrate bei be-stehendem Asthma, d. h. bei bestehender bronchialer Hyperreagibilität verstärkt (Schwartz et al. 1993). Aber auch zur Mortalität kardiovaskulärer Erkrankungen sollen laut epidemiologischen Analysen erhöhte Konzentrationen an Schwefel-dioxid, partikulärem Feinstaub und Kohlenmonoxid beitragen (Peters et al. 1997). Andererseits wurde anderenorts eine Zunahme der Asthmamortalität beobachtet, obwohl die Konzentrationen der wichtigsten Luftschadstoffe im gleichen Beobachtungszeitraum abnahmen (Lang, Polansky, 1994). Ähnliches ließ sich durch Vergleich von betroffenen Kindern in deutschen Städten mit hoher und niedrigerer Luftverschmutzung zeigen (Nowak et al. 1996; von Mutius et al. 1994). Hierbei lag die Inzidenz für allergische Atemwegserkrankungen in den Städten mit hoher Luftverschmutzung niedriger (Nowak et al. 1996; von Mutius et al. 1994), so daß diese epidemiologischen Befunde gegen die Hypo-these einer permissiven Wirkung von partikulären und gasförmigen Schadstof-fen sprechen, die sich auf Allergenen niederschlagen und so die Allergen-wirkung verstärken sollen (Devalia et al. 1994; Tunnicliffe et al. 1994; Jörres et al.

1996). Hingegen könnten neueren Untersuchungen zufolge Innenraumbelastungen wie Passivrauchen (Novak et al. 1996), baulichen Besonderheiten wie
Teppichböden (Nowak et al. 1996) oder Zentralheizungen (von Mutius et al.
1996), sowie Schimmelpilzbefall der Wohnung (Nowak et al. 1996) die Entstehung von Asthma begünstigen. Auch wenn also verschiedene experimentelle
Untersuchungen nahelegen, daß der Kontakt mit Umweltschadstoffen Krank-
heitsausprägung oder pathophysiologische Charakteristika bestehender Lungenerkrankungen verschlechtern kann, bleibt bislang fraglich, ob dies in vivo
pathogenetisch von Bedeutung ist. Ob die chronische Exposition gegenüber
Umweltschadstoffen in subtoxischer oder toxischer Dosis die Entwicklung einer
bronchialen Hyperreagibilität bei Personen ohne anderweitige pulmonale
Vorschädigung begünstigt oder gar im Sinne einer eigenständigen Erkrankung
verursacht, ist bis heute unklar.

Tabakrauch

Der einzie Umweltschadstoff im engeren Sinne, für den eine Beziehung zwischen
Exposition und Atemwegs- bzw. pulmonaler Schädigung gezeigt werden konnte,
ist der Zigarettenrauch, in dem sich eine Vielzahl partikulärer und gasförmiger
Substanzen (Schadstoffe) nachweisen lassen und deren Dosis weit über industriell und umweltpolitisch erlaubten Höchstgrenzen liegt. Persistierende Schädigung mit funktioneller Relevanz läßt sich nicht nur bei der Mehrheit der
aktiven Raucher zeigen sondern betrifft auch Passivraucher. Die Bedeutung der
individuellen Suszeptibilität gegenüber den verschiedenen Noxen des Tabakrauchs hingegen wird nicht nur durch das individuell sehr unterschiedliche Ausmaß der Schädigung belegt, sondern auch durch die unterschiedlichen Krankheitsbilder, die als Folge des Zigarettenrauchs angesehen werden. Während die
chronische Bronchitis, unter der letztlich jeder langjährige Raucher leidet, den
Charakter einer Präkanzerose besitzt, unterstreicht die Entwicklung eines
Lungenemphysems oder auch der Langerhanszellen-Granulomatose die Bedeutung der individuellen Empfindlichkeit für die Pathogenese „umweltbedingter"
Schädigung. Aber selbst beim Inhalationsrauchen mit seiner massiven „Schadstoffexposition" ist das Ausmaß pulmonaler Schäden nur lose mit dadurch verursachten krankhaften Veränderungen assoziiert. Die Ursachen der individuell
unterschiedlichen Suszeptibilität sind weiter im Dunkeln. Sogar bei Patienten
mit der genetischen Prädisposition zur Entwicklung eines Lungenemphysems,
dem alpha-1-Proteaseninhibitor-Mangel ist die individuelle Schädigung
durch Zigarettenrauch unterschiedlich und unerklärt.

Oxidativer Streß als Ursache der schadstoffinduzierten pulmonalen Schädigung

Als Hypothese, die zum Verständnis pulmonaler Schädigung durch exogene
„Schadstoffe" dienen soll, wurde das Konzept des „oxidativen Stress" oder die

veränderte Balance zwischen Oxidantien und Antioxidantien eingeführt. Oxidantien sind hochreaktive Moleküle, die Elektronen von anderen Verbindungen akzeptieren und dabei reversible oder irreversible Schäden verursachen können (Jörres, Magnussen, 1997). Zu den Oxidantien gehören die freien Radikale, die entweder ein ungepaartes Elektron oder gepaarte Elektronen mit hoher Elektronen-Affinität besitzen. Stammen die Radikale aus sauerstoffhaltigen Molekülen, spricht man von Sauerstoffradikalen. Die oxidative Wirkung eines Radikals wird im wesentlichen durch seine Reaktivität und durch seine Halbwertszeit bestimmt (Jörres, Magnussen, 1997). Aufgrund ihrer vergleichsweisen hohen Reaktivität ist jedoch die Wirkung der meisten Oxidantien auf lokale Effekte beschränkt. Endogen gebildete Sauerstoffradikale lassen sich in vielen subzellulären Kompartimenten wie den Lysosomen. Peroxisomen, dem Endoplasmatischen Retikulum, Mitochondrien, Zellmembranen und im Zytoplasma nachweisen, wo ihre Bildung einer engen Kontrolle unterliegt. Hingegen sind verschiedene Umweltfaktoren als Quelle exogener Oxidantien beschrieben, wobei dem Inhalationsrauchen als Radikalenquelle eine überragende Bedeutung zukommt (Lenz et al. 1996; Rahman et al. 1996; Hulea et al. 1995; Rahman, MacNee, 1996). Verschiedene chemische Reaktionen kommen als Radikalenquelle in Frage (s. unten). Ozon (O_3) und Stickstoffdioxid (NO_2) sind, zusammen mit chemisch verwandten Substanzen wie den Peroxyazetylnitraten die wichtigsten Oxidantien in sogenannten photochemischen Smogs, wobei die Bildung von Ozon in enger Beziehung zu den chemischen Prozessen, die zum Auf- und Abbau von Stickstoffmonoxid (NO) und NO_2 führen, steht (Nowak et al. 1993). Aus umweltmedizinischer Sicht interessieren dabei vor allem die folgenden, sonnenlichtabhängigen Reaktionsprodukte:

$$NO_2 \qquad NO + O$$
$$O_2 + O \quad \rightleftharpoons \quad O_3$$
$$O_3 + NO \qquad NO_2 + O_2 \quad \text{(Nach Nowak et al. 1993)}$$

Oxidantien, die im Rahmen physiologischer aber auch pathologischer Prozesse freigesetzt werden, unterliegen der Kontrolle durch Antioxidantien. Hierbei spielen im intrazellulären Milieu vor allem Vitamin E und Vitamin C, β-Karolene, Glutathion, die verschiedenen Superoxid-Dismutasen und die Katalase eine entscheidende Rolle, während im extrazellulären Kompartiment zwar auch Antioxidantien, aber nur wenig Enzyme zur Neutralisierung von Oxidantien vorkommen.

Ausgehend von der Vorstellung, daß die Homöostase der Lunge ein Gleichgewicht zwischen potentiell schädigenden und hemmenden Einflüssen bedingt, postuliert man ein Ungleichgewicht zwischen oxidativen Metaboliten, seien sie endogener oder exogener Natur und den entgegengerichteten Antioxidantien in der Pathogenese verschiedener pulmonaler Erkrankungen (Gillisen, 1993). Insbesondere nimmt man an, daß die erhebliche Belastung der Lunge und der Atemwege durch Oxidantien im Tabakrauch in der Entwicklung der obstruktiven Atemwegs- und Lungenkrankheiten eine Rolle spielt. Hierbei kommen Superoxidanionen, Perhydroxylradikale, Wasserstoffperoxid, Hydroxylradikale,

Alkoxyl- und Peroxylradikale und Hydroperoxide in Frage (Jörres, Magnussen, 1997). Aber auch bei fibrosierenden Lungenerkrankungen (Denis, 1995; Uebelhoer et al. 1995; Gossart et al. 1996), der zystischen Fibrose (Winklhofer-Roob, 1994) und dem adult respiratory distress syndrome (ARDS) (McCord et al. 1994; Lauren et al. 1996) werden solche Mechanismen postuliert. Wesentlich für die pulmonale Schädigung soll dabei die Reduktion und Inaktivierung von Antiproteinasen sein, was die Lunge, ähnlich dem klinischen Modell des α-1-Proteinasen-Inhibitor-Mangels ungeschützt dem Einfluß von Proteinasen aussetzt. Inwieweit oxidativer Stress durch Ozon und andere Umweltschadstoffe zu einer dauerhaften endobronchialen Schädigung durch Verlagerung des Gleichgewichts zwischen Oxidantien und Antioxidantien führt, ist unklar.

Obwohl verschiedene Untersuchungen bei den genannten Lungenkrankheiten einen signifikanten Mangel an Antioxidantien nachweisen konnten und/oder eine gesteigerte Belastung mit Oxidantien vorliegt und die Verabreichung von Antioxidantien, meist in Form von Glutathion, zu einer Besserung der erniedrigten Konzentrationen dieses Radikalenfängers führen kann, konnte bislang nicht überzeugend gezeigt werden, daß die therapeutische Gabe von Antioxidantien, z. B. durch Ausgleich eines Glutathion-Mangels mit einer klinischen Besserung assoziiert ist. Inwieweit diese negativen Resultate dadurch erklärt werden dürfen, daß die betreffenden Krankheiten bereits zu irreversiblen strukturellen Änderungen geführt haben, die durch die Korrektur der erniedrigten Glutathionspiegel nicht mehr korrigiert werden können, bleibt offen. Aber auch Studien, die sich der prophylaktischen Gabe von Glutathion widmeten, konnten bislang keine überzeugenden Ergebnisse mit klinischer Relevanz fördern. Lediglich die Einnahme von Vitamin C konnte bei Patienten mit COPD mit einem verminderten Abfall der FEV_1 in Verbindung gebracht werden (Britton et al. 1995). Ungeklärt bleibt, ob diese Assoziation auf einen kausalen Zusammenhang hinweist oder Epiphänomen anderer potentiell lungenprotektiver Mechanismen ist. Schließlich spricht die Vielzahl der Manifestationen der Erkrankungen, die mit einem Oxidantien-Antioxidantienungleichgewicht assoziiert werden dagegen, daß diesem Mechanismus wesentlicher Anteil an der Verursachung dieser Erkrankungen zukommt.

Ein weiterer, bislang unverstandener Gesichtspunkt zur möglichen pathogenetischen Bedeutung einer gesteigerten Oxidantienbelastung in der Pathogenese pulmonaler Erkrankungen ist die erhebliche interindividuelle Variabilität der expositionsabhängigen pulmonalen Schädigung. Hinweise dafür, daß die Antwort auf exogene Oxidantienbelastung beim Inhalationsrauchen durch individuelle Unterschiede in der Kapazität von antioxidativen Mechanismen begründet ist, läßt sich bislang allenfalls durch In-vitro-Untersuchungen stützen (Holz et al. 1995).

Ein Konzept, das ebenfalls der experimentellen Bestätigung bedarf, ist die Vorstellung, daß hochreaktive Chemikalien der Umwelt bzw. der Arbeitswelt, wie beispielsweise Isocyanate oder Platinsalze, Denaturierung endogener Proteine hervorrufen, die dann in einer anschließenden immunologischen Reaktion als Fremdproteine erkannt werden und eine autoaggressive Erkrankung nach sich ziehen.

ZUSAMMENFASSUNG

Zusammenfassend lassen sich mit Ausnahme des Zigarettenrauchs bislang nur wenig Befunde zitieren, die dokumentieren, daß die chronische, subtoxische Exposition gegenüber „Umweltschadstoffen" im weitesten Sinne endobronchial oder pulmonal-parenchymatös dauerhafte Veränderungen nach sich zieht, die zur Entwicklung einer chronischen Entzündung und/oder bronchialen Hyperreagibilität führen. Faktoren wie die individuelle Empfindlichkeit spielen selbst bei genetisch programmierten Erkrankungen wie dem alpha-1-Proteinasen-Inhibitor eine wesentliche Rolle, so daß Konzepte wie das der unbalancierten Wirkung von Oxidantien offenbar eine grobe Vereinfachung darstellen, die reparative Mechanismen außer Betracht lassen. Dies mag erklären, weshalb bislang interventionelle Studien diese modellhaften Vorstellungen nicht bestätigen konnten. Auch wenn man davon ausgehen muß, daß die Bedeutung nichtallergisierender Noxen in der Atemluft und ihr Beitrag zur Pathogenese von bronchialer Hyperreagibilität und endobronchialer Entzündung insbesondere bei nichtasthmatischen, pulmonalen Erkrankungen bislang unzureichend verstanden wird, liefern verschiedene Untersuchungen, die diese Hypothese untermauern sollen Resultate, die dieser Annahme widersprechen. So tritt beispielsweise Asthma verstärkt in Reinluftgebieten auf während die Belastung der Atemluft mit Schadstoffen epidemiologischen Studien zufolge vor allergischem Asthma schützt. Inwieweit hier Analogien zu der Beobachtung bestehen könnten, daß Zigarettenrauchen vor exogenallergischer Alveolitis schützt (Warren, 1977; McSharry et al. 1985; Cormier et al. 1988), sei nur angedeutet. Das Konzept einer chronischen, subtoxischen Exposition als Ursache chronischer pulmonaler Schädigung darf anhand der vorliegenden Studien nicht vorbehaltlos angenommen werden. Eine Ausnahme bildet nur das Inhalationsrauchen, bei dem jedoch eher von einer toxischen als subtoxischen Schädigung auszugehen ist. Folglich ist gegenwärtig bezüglich der Beurteilung von Umweltschadstoffen auf ihre Fähigkeit zur Auslösung chronischer, bronchopulmonaler Beschwerden bzw. der Verschlimmerung einer vorbestehenden bronchialen Hyperreagibilität Zurückhaltung geboten, solange experimentelle Ergebnisse, oft auch unter politischem Druck, überinterpretiert werden (Ullmann, 1997) und sich in vivo unter Feldbedingungen nicht bestätigen lassen.

Literatur

1. Anticevich SZ, Hughes JM, Black JL, Armour CL (1996) Induction of hyperresponsiveness in human airway tissue by neutrophils–mechanism of action. Clin Exp Allergy 26:549–556
2. Arm JP, Spur BW, Lee TH (1988) The effects of inhaled leukotriene E4 on the airway responsiveness to histamine in subjects with asthma and normal subjects. J Allergy Clin Immunol 82:654–660
3. Baker DB, Gann PH, Brooks SM, Gallagher J, Bernstein IL (1990) Cross-sectional study of platinum salts sensitization among precious metals refinery workers. Am J Ind Med 18:653–664

4. Baur X, Marek W, Ammon J, Czuppon AB, Marczynski B, Raulf-Heimsoth M, Roemmelt H, Fruhmann G (1994) Respiratory and other hazards of isocyanates. Int Arch Occup Environ Health 66:141–152

5. Britton JR, Pavord ID, Richards KA, Knox AJ, Wisniewski AF, Lewis SA, Tattersfield AE, Weiss ST (1995) Dietary antioxidant vitamin intake and lung function in the general population. Am J Respir Crit Care Med 151:1383–1387

6. Butcher BT, O'Neil CE, Reed MA, Salvaggio JE, Weill H (1982) Development and loss of toluene diisocyanate reactivity: immunologic, pharmacologic, and provocative challenge studies. J Allergy Clin Immunol 70:231–235

7. Cockcroft DW, Murdock KY (1987) Changes in bronchial responsiveness to histamine at intervals after allergen challenge. Thorax 42:302–308

8. Cormier Y, Gagnon L, Berube-Genest F, Fournier M (1988) Sequential bronchoalveolar lavage in experimental extrinsic allergic alveolitis. The influence of cigarette smoking. Am Rev Respir Dis 137:1104–1109

9. Coyle AJ, Uchida D, Ackermann SJ, Mitzner W, Irvin CG (1994) Role of cationic proteins in the airway. Hyperresponsiveness due to airway inflammation. Am J Respir Crit Care Med 150:S63–71

10. Cuss FM, Dixon CM, Barnes PJ (1986) Effects of inhaled platelet activating factor on pulmonary function and bronchial responsiveness in man. Lancet 2:189–192

11. Dave NK, Hopp RJ, Biven RE, Degan J, Bewtra AK, Townley RG (1990) Persistence of increased nonspecific bronchial reactivity in allergic children and adolescents. J Allergy Clin Immunol 86:147–153

12. Denis M (1995) Antioxidant therapy partially blocks immune-induced lung fibrosis. Inflammation 19:207–219

13. Devalia JL, Rusznak C, Herdman MJ, Trigg CJ, Tarraf H, Davies RJ (1994) Effect of nitrogen dioxide and sulphur dioxide on airway response of mild asthmatic patients to allergen inhalation. Lancet 344:1668–1671

14. Ding DJ, Martin JG, Macklem PT (1987) Effects of lung volume on maximal methacholine-induced bronchoconstriction in normal humans. J Appl Physiol 62:1324–1330

15. Empey DW, Laitinen LA, Jacobs L, Gold WM, Nadel JA (1976) Mechanisms of bronchial hyperreactivity in normal subjects after upper respiratory tract infection. Am Rev Respir Dis 113:131–139

16. Gillisen A (1993) Oxidantien und der protektive Effekt von Glutathion in der Lunge. Atem Lungenkrkh 19:225–231

17. Gossart S, Cambon C, Orfila C, Seguelas MH, Lepert JC, Rami J, Carre P, Pipy B (1996) Reactive oxygen intermediates as regulators of TNF-alpha production in rat lung inflammation induced by silica. J Immunol 156:1540–1548

18. Holz O, Jorres R, Kastner A, Krause T, Magnussen H (1995) Reproducibility of basal and induced DNA single-strand breaks detected by the single-cell gel electrophoresis assay in human peripheral mononuclear leukocytes. Int Arch Occup Environ Health 67:305–310

19. Hulea SA, Olinescu R, Nita S, Crocnan D, Kummerow FA (1995) Cigarette smoking causes biochemical changes in bloood that are suggestive of oxidative stress: a case-control study. J Environ Pathol Toxicol Oncol 14:173–180

20. James AL, Dirks P, Ohtaka H, Schellenberg RR, Hogg JC (1987) Airway responsiveness to intravenous and inhaled acetylcholine in the guinea pig after cigarette smoke exposure. Am Rev Respir Dis 136:1158–1162

21. Jörres R, Nowak D, Magnussen H (1996) The effect of ozone exposure on allergen responsiveness in subjects with asthma or rhinitis. Am J Respir Crit Care Med 153:56–64

22. Jörres RA, Magnussen H (1997) Oxidative stress in COPD. Eur Respir J 7:131–135

23. Kipen HM, Blume R, Hutt D (1994) Asthma experience in an occupational and environmental medicine clinic. Low-dose reactive airways dysfunction syndrome. J Occup Med 36:1133–1137

24. Lang DM, Polansky M (1994) Patterns of asthma mortality in Philadelphia from 1969 to 1991. N Engl J Med 331:1542–1546

25. Laurent T, Markert M, Feihl F, Schaller MD, Perret C (1996) Oxidant-antioxidant balance in granulocytes during ARDS. Effect of N-acetylcysteine. Chest 109:163–166

26. Lenz AG, Costabel U, Maier KL (1996) Oxidized BAL fluid proteins in patients with interstitial lung disease. Eur Respir J 9:307–312
27. Linn WS, Shamoo DA, Anderson KR, Peng RC, Avol EL, Hackney JD (1994) Effects of prolonged, repeated exposure to ozone, sulfuric acid, and their combination in healthy and asthmatic volunteers. Am J Respir Crit Care Med 150:431–440
28. Macklem PT (1987) Bronchial hyporesponsiveness. Chest 91:189S–191S
29. Malo JL, Filiatrault S, Martin RR (1982) Bronchial responsiveness to inhaled methacholine in young asymptomatic smokers. J Appl Physiol 52:1464–1470
30. Martinez FD, Antognoni G, Macri F, Bonci E, Midulla F, De Castro G, Ronchetti R (1988) Parental smoking enhances bronchial responsiveness in nine-year-old children. Am Rev Respir Dis 138:518–523
31. McCord JM, Gao B, Leff J, Flores SC (1994) Neutrophil-generated free radicals: possible mechanisms of injury in adult respiratory distress syndrome. Environ Health Perspect 102 Suppl 10:57–60
32. McSharry C, Banham SW, Boyd G (1985) Effect of cigarette smoking on the antibody response to inhaled antigens and the prevalence of extrinsic allergic alveolitis among pigeon breeders. Clin Allergy 15:487–494
33. Moreno RH, Hogg JC, Pare PD (1986) Mechanics of airway narrowing. Am Rev Respir Dis 133:1171–1180
34. Northway WH Jr, Moss RB, Carlisle KB, Parker BR, Popp RL, Pitlick PT, Eichler I, Lamm RL, Brown BW Jr (1990) Late pulmonary sequelae of bronchopulmonary dysplasia. N Engl J Med 323:1793–1799
35. Nowak D, Heinrich J, Jorres R, Wassmer G, Berger J, Beck E, Boczor S, Claussen M, Wichmann HE, Magnussen H (1996) Prevalence of respiratory symptoms, bronchial hyperresponsiveness and atopy among adults: west and east Germany. Eur Respir J 9:2541–2552
36. Nowak D, Jörres R, Magnussen H (1993) Inhalative Schadstoffe und Antioxidantien. Atemw Lungenkrkh 19:32–34
37. Peters A, Doring A, Wichmann HE, Koenig W (1997) Increased plasma viscosity during an air pollution episode: a ling to mortality? Lancet 349:1582–1587
38. Postma DS, Bleecker ER, Amelung PJ, Holroyd KJ, Xu J, Panhuysen CI, Meyers DA, Levitt RC (1995) Genetic susceptibility to asthma–bronchial hyperresponsiveness coinherited with a major gene for atopy. N Engl J Med 333:894–900
39. Rahman I, MacNee W (1996) Role of oxidants/antioxidants in smoking-induced lung diseases. Free Radic Biol Med 21:669–681
40. Rahman I, Morrison D, Donaldson K, MacNee W (1996) Systemic oxidative stress in asthma, COPD, and smokers. Am J Respir Crit Care Med 154:1055–1060
41. Richards IM (1983) Pharmacological modulation of bronchial hyperreactivity. Eur J Respir Dis Suppl 129:148–176
42. Riess A, Wiggs B, Verburgt L, Wright JL, Hogg JC, Pare PD (1996) Morphologic determinants of airway responsiveness in chronic smokers. Am J Respir Crit Care Med 154:1444–1449
43. Roberts JW, Dickey P (1995) Exposure of children to pollutants in house dust and indoor air. Rev Environ Contam Toxicol 143:59–78
44. Rolla G, Bucca C, Caria E, Scappaticci E, Baldi S (1990) Bronchial responsiveness in patients with mitral valve disease. Eur Respir J 3:127–131
45. Sasaki F, Ishizaki T, Mifune J, Fujimura M, Nishioka S, Miyabo S (1990) Bronchial hyperresponsiveness in patients with chronic congestive heart failure. Chest 97:534–538
46. Schwartz J, Slater D, Larson TV, Pierson WE, Koenig JQ (1993) Particulate air pollution and hospital emergency room visits for asthma in Seattle. Am Rev Respir Dis 147:826–831
47. Suzuki T, Wang W, Lin JT, Shirato K, Mitsuhashi H, Inoue H (1996) Aerosolized human neutrophil elastase induces airway constriction and hyperresponsiveness with protection by intravenous pretreatment with half-length secretory leukoprotease inhibitor. Am J Respir Crit Care Med 153:1405–1411
48. Taylor KJ, Luksza AR (1987) Peripheral blood eosinophil counts and bronchial responsiveness. Thorax 42:452–456
49. Tunnicliffe WS, Burge PS, Ayres JG (1994) Effect of domestic concentrations of nitrogen dioxide on airway responses to inhaled allergen in asthmatic patients. Lancet 344:1733–1736

50. Uebelhoer M, Bewig B, Sternberg K, Rabe K, Nowak D, Magnussen H, Barth J (1995) Alveolar macrophages from bronchoalveolar lavage of patients with pulmonary histiocytosis X: determination of phenotypic and functional changes. Lung 173:187–195
51. Ullmann M (1997) Gesundheitsschäden durch Sommersmog. Süddeutsche Zeitung, pp 33
52. Van Asperen P, Mellis CM, South RT, Simpson SJ (1981) Bronchial reactivity in cystic fibrosis with normal pulmonary function. Am J Dis Child 135:815–819
53. Virchow JC Jr, Kroegel C, Walker C, Matthys H (1994) Cellular and immunological markers of allergic and intrinsic bronchial asthma. Lung 172:313–334
54. Virchow JC Jr, Luttmann W, Kroegel C et al. (1996) Pathophysiologie der asthmatischen Atemwegsobstruktion. In: Fuchs E, Schulz K-H (eds) Manuale allergologicum. Dustri, Deisenhofen, pp 1–47
55. Virchow JC Jr, Walker C, Hafner D, Kortsik C, Werner P, Matthys H, Kroegel C (1995) T cells and cytokines in bronchoalveolar lavage fluid after segmental allergen provocation in atopic asthma. Am J Respir Crit Care Med 151:960–968
56. von Mutius E, Illi S, Nicolai T, Martinez FD (1996) Relation of indoor heating with asthma, allergic sensitisation, and bronchial responsiveness: survey of children in south Bavaria. BMJ 312:1448–1450
57. von Mutius E, Martinez FD, Fritzsch C, Nicolai T, Roell G, Thiemann HH (1994) Prevalence of asthma and atopy in two areas of West and East Germany. Am J Resp Crit Care Med 149:358–364
58. Waite DA, Eyles EF, Tonkin SL, O'Donnell TV (1980) Asthma prevalence in Tokelauan children in two environments. Clin Allergy 10:71–75
59. Warren CP (1977) Extrinsic allergic alveolitis: a disease commoner in non-smokers. Thorax 32:567–569
60. Winklhofer-Roob BM (1994) Oxygen free radicals and antioxidants in cystic fibrosis: the concept of an oxidant-antioxidant imbalance. Acta Paediatr Suppl 83:49–57
61. Yager D, Butler JP, Bastacky J, Israel E, Smith G, Drazen JM (1989) Amplification of airway constriction due to liquid filling of airway interstices. J Appl Physiol 66:2873–2884
62. Yan K, Salome CM, Woolcock AJ (1985) Prevalence and nature of bronchial hyperresponsiveness in subjects with chronic obstructive pulmonary disease. Am Rev Respir Dis 132:25–29
63. Young S, Le Souef PN, Geelhoed GC, Stick SM, Turner KJ, Landau LI (1991) The influence of a family history of asthma and parental smoking on airway responsiveness in early infancy. N Engl J Med 324:1168–1173

3.2 Allergien und Pseudoallergien

L. JÄGER

EINLEITUNG

Der menschliche Organismus steht in ständigem Kontakt mit der Umwelt. In besonderem Maße gilt dies für die Schleimhäute und hier vor allem für die des Respirationstraktes, die täglich mit etwa 10 m² Atemluft mit allen ihren Bestandteilen Kontakt haben. Die Schleimhaut bietet einen gewissen Schutz gegen toxische wie infektiöse Einflüsse durch unspezifische Neutralisation wie auch die unspezifische Abwehr von Krankheitserregern (Komplement, Lysozym, Laktoferrin, Phagozyten usw.). Die volle Abwehr gewährleistet jedoch erst das Immunsystem, wie die Beobachtungen bei Immundefekten zeigen. Im Vergleich zu diesem lebensnotwendigen Schutz sind allergische Reaktionen relativ harmlose „Fehlprogrammierungen" – auch wenn sie an Bedeutung zunehmen. Letztlich beruhen sie auf überschießenden Reaktionen gegenüber ansonsten relativ harmlosen Bestandteilen der Atemluft.

Allergien

Allergien sind immunologisch bedingte Reaktionen auf Bestandteile unserer Umwelt. Wie bei anderen Immunreaktionen kann man unterscheiden:

- die Sensibilisierungsphase (Immunantwort) vom Antigen(= Allergen)-Kontakt bis zur Produktion entsprechender Antikörper bzw. Proliferation spezifisch reaktionsfähiger T-Lymphozyten. Nach dieser Phase ist der Betreffende sensibilisiert, aber noch nicht erkrankt.
- die Manifestationsphase, in der beim Sensibilisierten durch erneuten Allergenkontakt eine pathogene Immunreaktion ausgelöst wird.

Beide Phasen können selbstverständlich bei fortbestehendem Kontakt ineinander übergehen.

Immunantwort (Sensibilisierung)

Das Immunsystem ist nach Abschluß der Fetalperiode in der Lage, mit allen denkbaren exogenen Strukturen zu reagieren. Jede dieser Strukturen kann – falls sie in geeigneter Weise präsentiert wird – reaktionsbereite Immunzellen finden. Das Immunsystem lernt allerdings nach diesem Erstkontakt, noch besser mit dem Antigen umzugehen, so daß erneuter Kontakt durchaus zu neuen Qualitäten der Immunantwort führen kann, sei es, daß die Antikörper noch besser zum Antigen passen oder daß sie wesentlich rascher und reichlicher produziert werden können (Sekundärantwort). Es hat sich ein immunologisches Gedächtnis entwickelt.

Als Antigen können grundsätzlich alle körperfremden Strukturen wirken. Man kann zwei Gruppen unterscheiden:

- Vollantigene: Sie können eine Immunantwort unmittelbar auslösen. Voraussetzung ist eine gewisse Größe (> 10 kD, oft über 100 kD) und eine gewisse Komplexität ihrer Struktur. Hierher gehören vor allem Eiweiße und eiweißähnliche Verbindungen.
- Halbantigene (Haptene): Diese Gruppe ist niedermolekular und nicht unmittelbar zur Auslösung einer Immunantwort befähigt. Dies wird erst möglich, nachdem sie durch die Bindung an ein Makromolekül (Carrier) zum Vollantigen werden.

Die Mehrzahl der natürlichen Inhalationsallergene (Pollen, tierische Allergene usw.) sind Vollantigene. Haptene finden sich vor allem bei berufsbedingter Exposition (Pharmazeutische Industrie, Medizin).

Antigenverarbeitung

Antigene können in der Regel Immunzellen nicht direkt aktivieren. Typischerweise werden Allergene – wie alle Antigene – zunächst von antigenpräsentierenden Zellen (APC) aufgenommen und in ihnen verarbeitet. Wesentlich effektiver als in Makrophagen erfolgt die Antigenverarbeitung jedoch in speziellen Zellpopulationen, zu denen die dendritischen und die Langerhanszellen gehören. Auch B-Lymphozyten sind für die Antigenverarbeitung geeignet, wobei sie selektiv jene Antigene aufnehmen, die an ihren Zellrezeptor (membrangebundenes Immunglobulin) „passen". Die wesentlichen Funktionen der APC sind (Abb.1):

- Die Verarbeitung des Antigens zu kleineren Bruchstücken, die als Epitop die Basis der späteren Immunreaktion sind. Bei Proteinen handelt es sich um Sequenzen von 7–15 Aminosäuren.
- Die prozessierten Strukturen werden an die Zelloberfläche transportiert und dort gemeinsam mit MHC Klasse II-Strukturen den T-Helfer-Zellen präsentiert. Für eine effektive Präsentation genügt es, daß an 0,03–0,1 % der MHC-Moleküle die fremden Strukturen gebunden sind.
- Die APC sezernieren humorale Faktoren, die für die Aktivierung der T-Helfer-Zellen erforderlich sind. Zugleich kommt es zu entscheidenden Zell/Zell-Interaktionen über spezielle Oberflächenmoleküle.

Es ist nicht ausgeschlossen, daß die Verarbeitung bereits bedeutsam ist für die Art der späteren Immunantwort (humoral oder zellulär, IgG oder IgE), wenngleich exakte Informationen noch ausstehen.

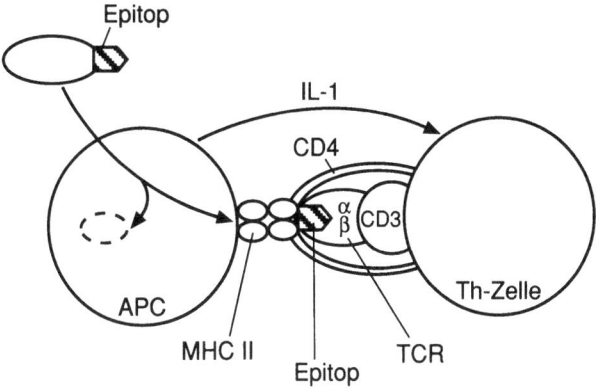

Abb. 1. Mechanismus der Antigenverarbeitung in antigenpräsentierenden Zellen (APC) und der Präsentation für T-Helferzellen (Th) (TCR = T-Zell-Rezeptor)

Typischerweise erfolgt die Antigenverarbeitung und -präsentation im Respirationstrakt ebenfalls in dendritischen Retikulumzellen und Makrophagen. Mit diesen Zellen kann antigenes Material in die regionalen Lymphknoten gelangen und auch dort präsentiert werden. Möglicherweise können auch bronchiale Epithelzellen Antigene präsentieren, da MHC II-Moleküle exprimiert werden. Die Bedeutung dieser Präsentationsmöglichkeit ist allerdings noch unklar.

T-Helfer-Zellen

T-Helfer-Zellen sind unabdingbar für eine „vollwertige" Immunantwort. Sie tragen den CD4-Marker, wenngleich nicht jede CD4-Zelle auch Helferfunktionen entfaltet. Während man früher von einer einheitlichen Helfer-Zell-Population ausging, zeigte sich, daß mindestens 2 Subpopulationen existieren, die sich in ihrem Lymphokin-Spektrum unterscheiden:

- Th1-Zellen: IL-2, IFNγ, TNFβ, IL-3, IL-12
- Th2-Zellen: IL-3, IL-4, IL-5, IL-6, IL-10, IL-13.

Neuere Daten sprechen dafür, daß dies nur polare Funktionszustände im Spektrum der Zytokine innerhalb derselben Population sind, die sich ändern können. Sie determinieren aber maßgeblich die Art der späteren Immunantwort (Abb. 2). So sind die von den Th2-Zellen produzierten IL-4 und IL-13 entscheidend für die IgE-Produktion. Die Aktivierung der T-Helfer-Zellen erfolgt durch die Bindung ihres Rezeptors an das von den APC zusammen mit MHC II präsentierte Allergenbruchstück. Zu diesem spezifischen Kontakt sind nur T-Helfer-Zellen befähigt, die einen passenden Rezeptor tragen. Ihre Aktivierung setzt zusätzliche Zell-Zell-Adhäsionen und die Produktion von IL-1 durch die APC voraus. Im Gefolge der Aktivierung kommt es dann zu der oben skizzierten Lymphokin-Sekretion.

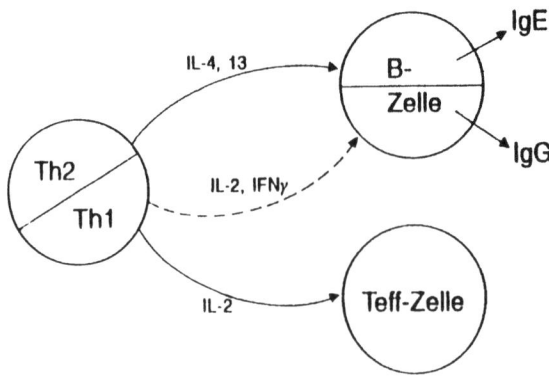

Abb. 2. Beeinflussung der Immunantwort durch Th2- bzw. Th1-Zellen

Aktivierung von B- bzw. T-Effektor-Zellen

Die T-Helfer-Zellen nehmen ihrerseits über das Epitop Kontakt zu B- bzw. T-Effektor-Zellen auf. Auch hier wird das durch die Bindung ausgelöste spezifische Signal ergänzt durch Zell-Zell-Adhäsionen und die Effekte der durch die Helferzellen sezernierten Lymphokine. Im Fall der Th2/B-Zell-Interaktionen bewirken IL-4 und IL-13 eine Umschaltung von der initialen Produktion von IgM-Antikörpern auf IgE-Antikörper. IFNγ hemmt diese Umschaltung. Für die IgE-vermittelte Reaktion sind auch weitere Zytokine der Th2-Zellen von Bedeutung, so das IL-3, das die Reifung von Basophilen und Mastzellen fördert, IL-5 durch seinen Einfluß auf Proliferation und Differenzierung von Eosinophilen (s. S. 137). TGFβ bewirkt zusammen mit IL5 die Umschaltung auf die IgA-Produktion. In analoger Weise können andere Helferzellen auch T-Effektor-Zellen aktivieren. Für zytotoxische T-Zellen sind Th1-Zellen maßgeblich.

Die Sensibilisierung (Vorhandensein von Antikörpern bzw. spezifisch reaktionsfähigen T-Zellen) ist wesentlich häufiger als die klinische Manifestation (latente Sensibilisierung). Die Interpretation immunologischer Befunde muß deshalb sehr zurückhaltend erfolgen.

Manifestationsphase

Mit GELL und COOMBS werden allergische Reaktionen eingeteilt in

- IgE-vermittelte Reaktionen (Typ I),
- antikörper-vermittelte zytotoxische Reaktionen (Typ II),
- Immunkomplex-Reaktionen (Typ III),
- T-Zell-vermittelte Reaktionen (Typ IV).

Diese Einteilung hat erstmals eine gewisse Systematik in die kaum überschaubare Vielfalt allergischer Reaktionen gebracht und war eine wichtige Orientierung sowohl für die Forschung als auch für die Praxis. Mit der Erweiterung unserer

Kenntnisse zeigte sich aber, daß oft kombinierte Reaktionen vorliegen und selbst an einer IgE-vermittelten Reaktion zelluläre Mechanismen beteiligt sind.

IgE-vermittelte Reaktion (pathogene Immunreaktion des Typ I)

Diese Art einer allergischen Reaktion wird oft auch als atopische Reaktion bezeichnet. Der Begriff „Atopie" (a topos = verrückt, unverständlich) geht auf COCA zurück, da nicht zu erklären war, warum manche Menschen auf harmlose Bestandteile unserer Umwelt – wie Gräserpollen – mit Erkrankungen reagierten. Der Begriff wird bis in die Gegenwart sehr unterschiedlich gebraucht und hat dadurch zu manchen Mißverständnissen beigetragen. Manche Autoren sprechen bereits von einer Atopie, wenn die IgE-Konzentration (bei Ausschluß anderer Ursachen) erhöht ist bzw. IgE-Antikörper gegen typische Allergene (z. B. bestimmte Inhalationsallergene) nachweisbar sind. Andere fordern für die Diagnose das Vorhandensein entsprechender klinischer Manifestationen, wie Rhinitis, Asthma, Dermatitis oder Anaphylaxie.

Die verantwortlichen Antikörper gehören der IgE-Klasse an. Sie finden sich in geringer Konzentration auch bei Gesunden. Hier scheinen sie eine wesentliche Rolle in der Frühphase der Immunantwort zu spielen. Eine andere – physiologische – Rolle dürften Abwehrmechanismen gegen Parasiten sein. Bei Allergikern kommt es zu abnormer Produktion dieser Antikörper gegen – in der Regel – harmlose Bestandteile der Umwelt. In zunehmendem Maße werden Genorte identifiziert, die für die abnorme Produktion dieser Antikörperklasse bedeutsam sind, u. a. auf dem Chromosom 11 q bzw. dem Chromosom 5 q (Genort z. B. des IL-4 und IL-13).

Eine Besonderheit der IgE-Antikörper ist ihre Bindung an spezielle Rezeptoren derselben Spezies (homozytotrope Antikörper). Solche Rezeptoren mit hoher Affinität (Typ I) finden sich an Basophilen und Mastzellen, möglicherweise auch an Langerhans-Zellen. Rezeptoren mit geringerer Affinität (Typ II) kommen z. B. an T- und B-Lymphozyten, Makrophagen und Eosinophilen(?) vor.

Das Vorhandensein von IgE-Antikörper muß allerdings nicht klinisch relevant sein – selbst bei Allergenkontakt. Offensichtlich sind für die klinische Manifestation weitere Faktoren entscheidend – von der Fähigkeit der Target-Zellen zur Mediatorfreisetzung (releasability) bis hin zu organspezifischen Faktoren.

Mechanismus

Früher waren nur die Erscheinungen bekannt, die sich innerhalb von 10-20 Minuten manifestierten. Man sprach deshalb auch von einer „Allergie vom Soforttyp". Inzwischen zeigte sich, daß sich – vor allem bei Zufuhr höherer Allergendosen bzw. bei chronischer Allergenexposition – verzögerte Phasen anschließen. Während in der akuten Phase funktionelle Veränderungen dominieren, die allerdings bis zum tödlich verlaufenden anaphylaktischen Schock reichen können, entwickelt sich in der Spätphase eine typische Entzündung mit zellulärer Infiltration und zunehmend auch irreversiblen Gewebsveränderungen (Asthma bronchiale, Rhinitis, Dermatitis).

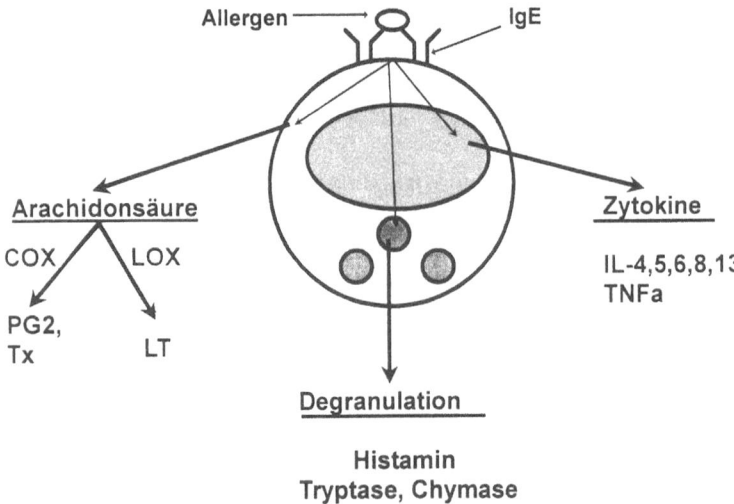

Abb. 3. Folgen der Mastzellaktivierung. *COX* Zyklooxygenase, *LOX* Lipoxygenase, *PG* Prostaglandin, *Tx* Thromboxan, *LT* Leukotriene

Sofortphase. Die im Körper vorhandenen zirkulierenden IgE-Antikörper stehen im Gleichgewicht mit den an den o.a. Rezeptoren gebundenen. Für die Aktivierung, z.B. der Mastzellen, ist die Vernetzung benachbarter IgE-Rezeptoren durch das Allergen („bridging") entscheidend. Die dadurch ausgelösten Membranalterationen haben im wesentlichen 3 Konsequenzen (Abb. 3):

- die Freisetzung präformierter Mediatoren (Histamin, Tryptase) nach vorheriger Fusion der Speichergranula untereinander und mit der Zellmembran,
- die Produktion und Sekretion neugebildeter Mediatoren, z.B. von Leukotrienen (C4, D4, E4), Prostaglandinen und plättchenaktivierendem Faktor (PAF),
- (etwas verzögert) die Produktion und Freisetzung von Zytokinen, z.B. IL-3, IL-4, IL-5, IL-6 und GM-CSF.

Entsprechend den Wirkungsspektren der zuerst genannten Mediatoren sind die wesentlichen Folgen

- Spasmen der glatten Muskulatur,
- Hyperämie und Ödem,
- vermehrte, z.T. auch veränderte Sekretion.

Die klinischen Äquivalente hängen von der Art der Applikation und der Dosis ab. Bei intrakutaner Applikation (z.B. Testung) entwickelt sich die typische und diagnostisch verwertbare Quaddel mit Rötungshof nach 15–20 Minuten. Bei Inhalation entwickeln sich Spasmen der glatten Muskulatur, Schleimhautödem und eine vermehrte Sekretion – ingesamt eine akute Bronchialobstruktion (Abb. 4). Bei Injektion, gelegentlich aber auch nach Resorption, dominieren

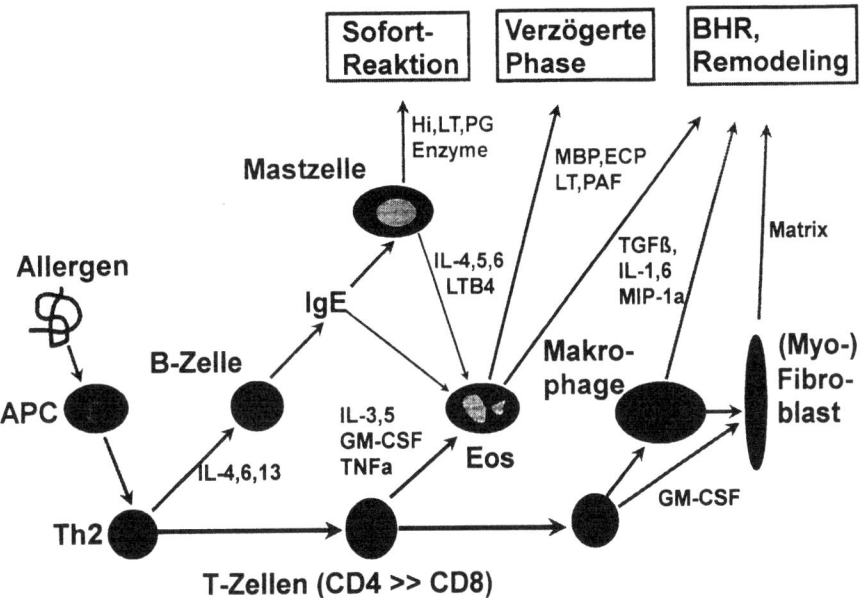

Abb. 4. Mechanismus der IgE-vermittelten Reaktion

systemische Reaktionen, z. B. als Urtikaria aber auch akutes Kreislaufversagen bis hin zum Vollbild des anaphylaktischen Schocks.

In unspezifischer Weise können Mastzellen und Basophile z. B. durch Anaphylatoxine (C3a, C5a), durch Nahrungsmittelzusatzstoffe oder Enzyme aktiviert werden (pseudoallergische Reaktionen). Die Bereitschaft zur Mediatorfreisetzung kann zwischen verschiedenen Personen, aber auch bei derselben Person im Verlaufe der Zeit sehr unterschiedlich sein. Diese „releasability" kann z. B. durch Neuropeptide (Substanz P, Somatostatin, VIP) oder Zytokine (IL-3, IL-5, IL-8, IFN) gesteigert werden. Ihr Schwanken könnte einer der Faktoren sein, die den Verlauf von Allergien so unvorhersehbar machen.

Verzögerte Phase (late phase reaction; LPR). Bis vor wenigen Jahren wurde die IgE-vermittelte Reaktion ausschließlich auf die Mediatorfreisetzung aus Mastzellen (und Basophilen) zurückgeführt. Es zeigten sich jedoch zunehmend protrahierte Mechanismen, z. B. als Dualreaktion nach inhalativer Allergenprovokation. Auch bei der Testung an der Haut kann eine zweite Reaktion nach 6–8 h beobachtet werden, die mehr durch eine Gewebsinfiltration charakterisiert ist. Zytologische Verlaufsbeobachtungen sowohl an der Haut als auch an der Bronchialschleimhaut zeigten, daß sich diese verzögerte Phase durch eine zelluläre Infiltration mit dem Vollbild der Entzündung entwickelt. Neben den protrahiert verlaufenden subjektiven Beschwerden kommt es zu erneuter oder fortbestehender Obstruktion, bei chronisch-rezidivierendem Verlauf auch zu Schädigungen des Epithels, evtl. auch Defekten sowie Schleimhautumbau mit Fibrosierung (bronchiales Remodelling). Dem veränderten morphologischen Bild entspricht die zunehmende Therapieresistenz. Beteiligt sind auch die aus Mastzellen freigesetzten Zytokine. Über FcεII-Rezeptoren werden jedoch auch weitere Zellpopulationen in die Reaktion einbezogen (Abb. 4).

Bei chronischer Exposition spielen Eosinophile eine entscheidende pathogenetische Rolle. Nahm man früher an, daß sie die allergische Reaktion limitieren, gilt es heute als sicher, daß sie in besonderem Maße für die verzögerte Phase wie auch evtl. irreversible Veränderungen bedeutsam sind – vor allem durch ihren Gehalt an toxischen Proteinen – MBP (major basic protein), ECP (eosinophil cationic protein), EPO (Eosinophilen-Peroxidase) – sowie die Freisetzung von Arachidonsäurederivaten und Sauerstoffradikalen. Makrophagen sind ebenfalls zahlenmäßig wie auch funktionell bedeutsam. Sie stehen ebenfalls in enger Wechselwirkung zu den Lymphozyten. Ihre proinflammatorischen Effekte sind z. T. direkt ausgelöst (O_2-Radikale, Arachidonsäurederivate, Enzyme, TNFα), z. T. über die Aktivierung anderer Zellen vermittelt.

T-Lymphozyten sind als Th2-Helferzellen maßgeblich für die gesteigerte IgE-Produktion. T-Zellen können aber auch Träger von Effektormechanismen sein. In dem Infiltrat der durch IgE-Antikörper ausgelösten LPR dominieren CD4-Zellen. Sie tragen meist Aktivierungsmarker (IL-2-Rezeptor = CD25; HLA-DR). Offensichtlich wirken sie in ihrer Mehrzahl nicht als Helferzellen über immunmodulierende, sondern als Effektorzellen über entzündungsfördernde Lymphokine. Ihre Ansammlung wird über Adhäsionsmoleküle vermittelt, möglicherweise unter Mitwirkung noch nicht näher definierter lymphozytotaxischer Faktoren. Der Aktivierungsweg ist noch unklar. Einerseits könnte ein Teil der T-Zellen über den niedrig-affinen Fce-Rezeptor aktiviert werden, wahrscheinlicher ist aber eine Aktivierung z. B. über Zytokine der Makrophagen, möglicherweise auch der Mastzellen. Umgekehrt haben die Lymphokine der CD4-Zellen – entsprechend ihrem Zytokinspektrum – Auswirkungen auf:

- Makrophagen: Steigerung der Zytotoxizität,
- Basophile/Mastzellen: Priming, Erhöhung der Histamin-Freisetzung,
- Eosinophile: Proliferationssteigerung, Reifung, Priming.

Das Epithel spielt nach neueren Erkenntnissen nicht nur eine passive Rolle. Mit einem relativ breiten Spektrum an Mediatoren und Zytokinen kann es maßgeblich die Schleimhautentzündung modulieren. Irreversible Epithelschädigungen, die bronchiale Hyperreaktivität und die zunehmende Fibrosierung sind die Grundlagen der zunehmenden Therapieresistenz und des zunehmendem Umbaues im Sinne des bronchialen Remodellings. Die Basalmembran wird durch Anlagerungen atypischen Kollagens verdickt. Fibroblasten wie auch Myofibroblasten produzieren verstärkt Kollagen, Fibronektin und andere Bestandteile der extrazellulären Matrix. Da damit der Prozeß in ein irreversibles Stadium übergeht, ist die Betonung der rechtzeitigen antiphlogistischen Therapie verständlich.

Antikörper-vermittelte zytotoxische Reaktion (pathogene Immunreaktion des Typ II)

Dieser pathogenen Immmunreaktion liegt eine Antikörperproduktion gegen Bestandteile der Zelloberfläche zugrunde. Die verantwortlichen Antikörper sind gekennzeichnet durch ihre Fähigkeit zur Komplementaktivierung bzw. zur Bindung an zelluläre Fc-Rezeptoren (IgG-Antikörper der Subklassen 1-3, IgM-Antikörper). In erster Linie ist eine solche Konstellation bei Autoimmunerkrankungen gegeben. Hierher würden die Autoantikörper gegen Basalmembranen beim Goodpasture-Syndrom bzw. bei pulmonaler Hämosiderose gehören.

Immunkomplex-Reaktionen (pathogene Immunreaktionen des Typ III)

Immunkomplexe entstehen im Rahmen der physiologischen Abwehrmechanismen ständig und dienen der Antigen-Elimination. Zu pathogenen Immunkomplex-Reaktionen kann es kommen

- durch ein plötzliches Überangebot an Antigen, das die Eliminationskapazität für Immunkomplexe überschreitet,
- durch funktionelle Defekte des mononukleär-phagozytären Systems (MPS) bzw. andere Faktoren der Immunkomplexelimination (z.B. Komplementdefekte).

Mechanismus

Im Prinzip können 2 Konstellationen unterschieden werden:

- Antigen und Antikörper befinden sich im zirkulierenden Blut. Die entstehenden Immunkomplexe werden mit dem Blut transportiert und lagern sich in der Gefäßwandung ab (Serumkrankheit bzw. Serumkrankheits-Syndrom).
- Das Antigen befindet sich im Gewebe, der Antikörper gelangt aus der Blutbahn zum Antigen und führt zur lokalen Entstehung von Immunkomplexen (Arthus-Phänomen).

Die Beteiligung der Lunge an systemischen Immunkomplexreaktionen ist überraschenderweise relativ selten. Hingegen handelt es sich bei der allergischen Alveolitis um eine Sonderform des Arthus-Phänomens: Das Allergen gelangt auf dem Inhalationsweg in die Alveolen, die Antikörper finden sich in den Alveolarkapillaren. Die Folge ist die Alveolitis. Die phlogogenen Effekte der Immunkomplexe sind ausnahmslos indirekt bedingt durch Aktivierung von humoralen Mechanismen oder Zellen.

Am bedeutsamsten ist die klassische Komplementaktivierung mit chemotaktischen Effekten vor allem auf Neutrophile und Makrophagen sowie deren Aktivierung. In geringerem Maße nur werden lytische Prozesse durch terminale Komponenten nachweisbar (Innocent-bystander-Lyse). Zell-Aktivierungen können auch über Fc-Rezeptoren vermittelt werden. Während in der akuten

Phase Granulozyten dominieren, vor allen Neutrophile, kommt es in der chronischen zu einer mononukleären Infiltration (BAL -Befunde). Bei langzeitiger Exposition entwickelt sich schließlich eine zunehmende interstitielle Fibrosierung.

T-Zell-vermittelte Reaktion (pathogene Immunreaktion des Typ IV)

Die gelegentlich noch gebrauchte Bezeichnung Immunreaktion „vom verzögerten Typ" weist auf den protrahierten Verlauf hin, ist aber mißverständlich, da sich z. B. auch bei IgE-vermittelten Reaktionen verzögerte Phasen finden. Die bekanntesten Beispiele einer T-zell-vermittelten Reaktion sind die Tuberkulinreaktion mit ihrem Infiltrationsmaximum nach 24 bis 48 h und das allergische Kontaktekzem. Die Bedeutung dieser Immunreaktion in Rahmen respiratorischer Erkrankungen ist noch unklar. Generell scheint sie sich seltener an den Schleimhäuten zu manifestieren. Vermutet kann ein solcher Mechanismus werden, wenn sich neben einer Kontaktsensibilisierung der äußeren Haut (z. B. durch Formaldehyd) auch analoge expositionsabhängige Symptome am Respirationstrakt manifestieren.

Bei den beteiligten Zellen handelt es sich definitionsgemäß um T-Lymphozyten. Sie erkennen das Antigen in Verbindung mit MHC-Klasse-II-Strukturen (CD4- bzw. Helfer-Zellen) bzw. Klasse-I-Strukturen (CD8- bzw. zytotoxische Zellen). CD4-Zellen wirken jedoch nicht nur als Helferzellen bei der Einleitung der Immunreaktion, sie modulieren auch die Effektorphase und wirken unmittelbar in der Entzündungsphase mit (phlogogene Zytokine). Nach ihrem Zytokinspektrum (IL-2, IFNγ) gehören sie zu den Th1-Lymphozyten. Bei den CD8-Zellen steht das zytotoxische Potential im Vordergrund, doch sind sie ebenfalls Quelle modulierender und phlogogener Zytokine. Als Folge der T-Zell-Aktivierung entwickelt sich eine mononukleäre Infiltration mit mehr oder weniger ausgeprägter Gewebsschädigung.

Pseudoallergien

Pseudoallergische Reaktionen sind dadurch gekennzeichnet, daß sie Allergien imitieren, immunologische Mechanismen jedoch nicht beteiligt sind. Auf diese Art der Nebenwirkungen, die keineswegs auf Arzneimittel beschränkt sind (Konservierungsmittel, Kunststoffe), ist man vor allem in den letzten 10 Jahren aufmerksam geworden. Zahlenmäßig sind sie möglicherweise sogar bedeutsamer als echte Allergien. Exakte Angaben sind jedoch bislang bei den vielen ungelösten Problemen der immunologischen Diagnostik kaum möglich.

Manifestationen

Die wichtigsten Manifestationen pseudoallergischer Reaktionen sind:

- das akute Kreislaufversagen bis hin zum Vollbild des Schocks (anaphylaktoide Reaktion),
- am Respirationstrakt von der Rhinitis bis zum Asthmaanfall,
- uncharakteristische Beschwerden seitens des Magen-Darm-Traktes,
- an der Haut als Urtikaria möglicherweise aber auch in Form anderer Exantheme.

Auch Hämolysen, Nephritiden, Hepatitiden u.a.m. können nichtimmunologischer Genese sein.

Mechanismen

Die verantwortlichen Mechanismen sind nur z.T. bekannt. Im Prinzip werden ähnliche (Teil)Reaktionen ausgelöst, die auch an der Manifestation allergischer Reaktionen beteiligt sind. Manche Reaktionen haben allerdings keinen Bezug zu immunologischen Mechanismen. Lediglich ihre Folgen lassen an eine allergische Reaktion denken.

Die Freisetzung von Mediatoren aus Mastzellen, Basophilen, aber auch anderen Entzündungszellen (Eosinophilen, Neutrophilen, Makrophagen, Thrombozyten) spielt bei allergischen Manifestationen eine entscheidende Rolle. Die gleichen Freisetzungen können auch auf unspezifischem Weg ausgelöst werden. Der Mechanimus der Mediatorfreisetzung ist weitgehend unklar und wahrscheinlich uneinheitlich.

Bei der Analgetikaintoleranz scheint die Interferenz mit dem Arachidonsäuremetabolismus eine zentrale Rolle zu spielen. Durch die Blockade des Cyclooxygenase-Weges werden vermehrt Metaboliten des Lipoxygenaseweges (Leukotriene) freigesetzt. In der Durchschnittsbevölkerung wird eine Analgetikaintoleranz in 0,1–0,3% beobachtet, bei der Kombination von intrinsic Asthma + Polyposis nasi jedoch in 10–18%.

Ein anderes Beispiel sind – relativ seltene – asthmatische Reaktionen nach Genuß von bisulfithaltigen Nahrungs- und Genußmitteln. Entscheidend dürfte die Erregung nervöser Rezeptoren durch freigesetztes SO_2 sein.

Bei asthmatischen Beschwerden in der Kunststoffindustrie kann eine allergische Genese nur in 15–28% gesichert werden. Für Toluediisozyanat (TDI) konnte ein pseudoallergischer Mechanismus durch Blockade von β-Rezeptoren nachgewiesen werden. Exotische Hölzer (z.B. Zeder) können über unspezifische Komplementaktivierungen Atembeschwerden auslösen. Weitere Mechanismen pseudoallergischer Reaktionen sind Kininaktivierung (Lokalanästhetika?), unspezifische Aktivierungen von Lymphozyten und die Freisetzung von Neurotransmittern (z.B. Glutamat).

Diagnostik

Die Besonderheiten der pseudoallergischen Reaktionen machen verständlich, daß die übliche immunologische Diagnostik (Hauttest, RAST) versagt. Der Nachweis stützt sich so meist auf die eingehend erhobene Anamnese. Suspekt sind Unverträglichkeiten von Substanzen unterschiedlicher Struktur aber gleicher pharmakologischer Wirksamkeit. Für die In-vitro-Testungen wurden Methoden empfohlen, die die vermutete Reaktion imitieren – z.B. durch Inkubation von Blut mit der betreffenden Substanz (z.B. CAST). Im Überstand wird dann nach Mediatoren gefahndet (z.B. Histamin, Leukotriene, Eosinophilen-kationisches-Protein, aktivierte Komplement-Komponenten). Keine dieser Methoden hat allerdings allgemeinere klinische Bedeutung erlangt. So wird – bei entsprechender Indikation – der Beweis nur durch den vorsichtigen Provokationstest erbracht.

Therapie

Die Therapie erfolgt rein symptomatisch. Entscheidend ist, künftige Expositionen zu meiden. Wenn auch der erneute Kontakt, wegen des Einflusses unspezifischer Realisationsbedingung nicht regelmäßig zu erneuten Reaktionen führt, ist die Wahrscheinlichkeit 10–20fach höher. Bei Analgatika-Intoleranz kann in Ausnahmefällen das Phänomen der „Desensibilisierung" genutzt werden: Bei vorsichtig steigender Medikamentengabe wird – unter ständiger Medikation – schließlich ein Zustand der Toleranz erreicht. Der zugrundeliegende Mechanismus ist unklar, vermutet wird ein Substratverbrauch. Im Regelfall wird man jedoch auf eine alternative Medikation ausweichen. Zudem ist unklar, ob dieses Phänomen auf andere Intoleranzen übertragen werden kann.

ZUSAMMENFASSUNG

Allergische Reaktionen basieren auf denselben Mechanismen wie die Immunabwehr. In der Sensibilisierungsphase löst das körperfremde Antigen bzw. Allergen eine spezifische Immunantwort aus – sei es durch Produktion von Antikörpern (vor allem der Klasse IgE) oder durch Vermehrung spezifischer reaktionsfähiger T-Lymphozyten. Der betreffende Mensch ist sensibilisiert, aber noch nicht erkrankt. Erst bei erneutem Kontakt kommt es zur allergischen Reaktion. Im Vordergrund stehen IgE-vermittelte Reaktionen, aber auch andere Antikörper- oder Zell-vermittelte Reaktionen sind möglich. Manche Substanzen können analoge Erscheinungen auch ohne Beteiligung des Immunsystems auslösen (Pseudoallergie).

Weiterführende Literatur

Busse WW, Holgate ST (eds) (1995) Asthma and Rhinitis. Blackwell Science, Cambridge
Fuchs E und Schultz K-H (Hrsg) (1988) Manuale allergologicum. Dustri-Verlag, Deisenhofen
Holgate ST, Church MK (eds) (1993) Allergy. Gower Med Publ, London
Jäger L (1989) Klinische Immunologie und Allergologie 3. Aufl. Gustav Fischer, Jena
Kay AB (ed) (1997) Allergy and Allergic Diseases. Part 1: Immunological Basis of the Allergic response; p 3-147. Part 2: Inflammatory Cells and Mediators; p 149–420. Blackwell Science, Oxford
Middleton Jr E, Reed CE, Ellis EF, Adkinson Jr NF, Yunginger JW (eds) (1988) Allergy. Principles and Practice 3rd ed. Mosby, St. Louis
Ring J (1991) Angewandte Allergologie. 2. Aufl. MMV Medizin Verlag, München

4 Ausgewählte Diagnose- und Meßverfahren bei pneumologischen Umweltkrankheiten

4.1 Diagnostische Strategien in der Pneumologischen Umweltmedizin

K. Aigner

EINLEITUNG

Umweltmedizinische Fragestellungen aus dem pneumologischen Fachbereich sind ein zunehmend relevanter Teil moderner Praxis. Medien informieren, Patienten wissen oder meinen vieles und gerade in dieser Situation wird vom Umweltmediziner, vom Allgemeinmediziner, vom behandelnden Arzt oft ein spezielles Fachwissen verlangt, dem mit bestem Willen meist nicht entsprochen werden kann. Dann ist es wichtig zumindest einen Überblick über die Möglichkeiten moderner pneumologischer Differenzierungsmaßnahmen zu haben, um gegebenenfalls adäquate Untersuchungen zu veranlassen.

Untersuchungen zur Früherkennung

Untersuchungen zur Früherkennung einer Lungen-Atemwegserkrankung müssen international folgenden Anforderungen genügen (nach Keller-Wossidlo):

- Sie sind nur gezielt, d. h. nur bei Risiko-Trägern durchzuführen.
- Die Untersuchungsmethoden sollen dem internationalen Standard und den aktuellen wissenschaftlichen und technischen Anforderungen entsprechen.
- Der Untersucher muß in der Untersuchungsmethode geübt und qualifiziert sein.
- Die Untersuchung soll eine geringe Fehlerquote von falsch-positiven oder falsch-negativen Resultaten aufweisen (hohe Sensitivität, hohe Spezifität).
- Die Untersuchungsergebnisse müssen reproduzierbar und dokumentierbar sein.
- Die Untersuchung darf für den Untersuchten nicht belastend, gesundheitsschädigend oder ethisch unzumutbar sein.
- Die Untersuchung sollte nachweislich einen positiven Einfluß auf den zu erwartenden Krankheitsverlauf haben.
- Die Untersuchungskosten sollten in einer angemessenen Relation zu dem individuellen Nutzen stehen.
- Die Vorsorgeuntersuchung sollte wirklich eine Früherkennungsmaßnahme sein.
- Die Untersuchungsmethode sollte auch in großen Kollektiven als Screening-Verfahren (Siebtest) geeignet und einsetzbar sein.

Risikobeurteilung

Für die quantitative Risikobeurteilung ist ein Vier-Stufen-Modell beschrieben worden:

1. Die Gefahrenidentifikation, d.h. die Bestimmung inwieweit ein bestimmtes Agens ursächlich zur interessierenden Gesundheitsstörung in Zusammenhang steht.
2. Die Dosis-Antwort Beurteilung, d.h. Bestimmung des Zusammenhanges zwischen Expositionsdosis und Risiko der Gesundheitsstörung.
3. Expositionsbeurteilung, d.h. die Beschreibung des Ausmaßes der menschlichen Exposition.
4. Risikocharakterisierung, d.h. die Beschreibung des menschlichen Risikos, einschließlich der Unsicherheiten.

Von Samet et al. wurde eine Formel zur Abschätzung des Risikos in einer definierten Bevölkerung angegeben:

$$PAR \% = \frac{(RR - 1) \cdot P}{1 + (RR - 1) \cdot P}$$

PAR ist das der Bevölkerung zuordenbare Risiko. RR ist das relative Risiko für eine Erkrankung bei gegebener Exposition und P ist der Anteil der Bevölkerung, der exponiert ist. So ist z.B. das mütterliche Rauchen mit einem RR von 1,5 für schwerere Erkrankungen der tieferen Atemwege bei Kleinkindern assoziiert, unter weiterer Annahme, daß 25% der Mütter rauchen, ergibt sich ein PAR von 11%. Andererseits wäre PAR relativ niedrig bei nur unregelmäßiger Exposition aber hohem RR.

Risikogruppen

Im pneumologischen Bereich sind sowohl für die obstruktiven Lungenerkrankungen als auch für die Malignome das Lebensalter ein wesentlicher Einflußfaktor. Für die obstruktiven Lungenerkrankungen ist mit zunehmendem Lebensalter das Rauchen ein additiver Faktor. Eine identische Situation besteht beim primären Lungenkarzinom. Ein weiterer Risikofaktor, sowohl für die obstruktiven Lungenerkrankungen, als auch für das Lungenkarzinom ergibt sich aus inhalativen Schadstoffen in Kombination mit dem Zigarettenrauchen. Auch ist das höhere Lebensalter ein zu berücksichtigender Risikofaktor für die Lungentuberkulose. Beim Zusammentreffen mehrerer Risikofaktoren ist eine pneumologische Intervention im Sinne einer Vorsorgeuntersuchung sicherlich gerechtfertigt.

Untersuchungsmethoden

Verschiedene Methoden stehen uns nun als pneumologische Werkzeuge zum Screening und zur Früherkennung von umweltbedingten pneumologischen Erkrankungen, außer denen der Lungenfunktionsuntersuchung, zur Verfügung.

Fragebogen/Anamnese

Auch in der Umweltmedizin ist die Anamnese das wichtigste diagnostische Instrument. Hier sind standardisierte Fragebögen sicher ein sinnvolles Instrument zur Erfassung von Risikogruppen. Als Beispiel werden die Fragebogen aus der Praxis von Kollegen A. Hellmann et al. aus Augsburg (siehe Kap. 4.7) oder der aus Bad Reichenhall von Prof. Petro et al. angeführt. Diese zeichnen sich durch eine praxisgerechte Knappheit und einen doch entsprechenden Umfang aus. Diese Fragebögen können jedoch nur Grundlage einer Anamnese, eines nachher zu führenden ergänzenden Gesprächs mit detaillierten Fragestellungen sein.

Klinik Bad Reichenhall

Fachklinik für Erkrankungen der Atmungsorgane und Allergien

Umweltmedizinischer Fragebogen

Name   _____

Vorname   _____   Geburtsdatum   _____

Wohnort PLZ ....\/_____   Tel.:   _____

Straße   _____

Sehr geehrte Patientin,
sehr geehrter Patient,

Sie oder Ihr Arzt haben den Verdacht, daß bei Ihnen eine Erkrankung vorliegen könnte, die umwelt- und/oder berufsbedingt ist. Wir wollen versuchen dies weiter abzuklären, brauchen dafür aber Ihre Mithilfe.

Füllen Sie dazu bitte den nachfolgenden Fragebogen aus.

Möglicherweise kann es auch erforderlich sein, mit Ihrem Hausarzt, Lungenarzt oder dem Betriebsarzt zu telefonieren. Dazu brauchen wir Ihr Einverständnis und die Anschriften/ Tel.-Nr. dieser Ärzte.

Hausarzt
Name   _____
Anschrift   _____
Tel.:   _____

Lungenfacharzt
Name   _____
Anschrift   _____
Tel.:   _____

Betriebsarzt
Name   _____
Anschrift   _____
Tel.:   _____

Weitere Ärzte, die über meine Erkrankung Auskunft geben können:

Ich bin damit einverstanden, daß die oben angegebenen Ärzte, falls erforderlich, zu meiner Krankheit befragt werden.

Datum: _____   Unterschrift: _____

*Unter welchen **Beschwerden** leiden sie?*

_____
_____
_____
_____
_____

*Auf welche **Umwelteinflüsse** führen Sie Ihre Beschwerden zurück?*

_____
_____
_____
_____

***Warum** halten Sie diese Beschwerden für „**umweltbedingt?**"*

_____
_____
_____
_____

*Glauben Sie, daß Ihre Beschwerden mit Ihrem **Beruf** zusammenhängen?*

☐ ja   ☐ nein   ☐ Ich weiß nicht

Wenn „ja", erläutern Sie das bitte genauer: _____
_____
_____
_____

*Glauben Sie, daß Ihre Beschwerden mit Ihrer **Wohnsituation** zusammenhängen?*

☐ ja   ☐ nein   ☐ Ich weiß nicht

Wenn „ja", erläutern Sie das bitte genauer: _____
_____
_____
_____

*Gibt es **andere Personen**, die unter gleichen Beschwerden leiden?*

☐ ja   ☐ nein

wer? _____
_____

*Wurden **schon spezielle Untersuchungen** deswegen durchgeführt? Mit welchem Ergebnis?*

☐ ja   ☐ nein

wer? _____
_____
_____

Beruf

- Welchen Beruf haben Sie **gelernt**?
- Welchen Beruf **üben Sie aus**?
- Bemerken Sie **gesundheitliche Beschwerden im Zusammenhang mit dem Beruf**?

☐ ja   ☐ nein   ☐ Ich weiß nicht

Wenn „ja", erläutern Sie das bitte genauer: _____

_____

_____

_____

_____

- Bitte beschreiben Sie Ihre Arbeit und Ihren Arbeitsplatz!

Haben Sie zu tun mit ...... (zutreffendes bitte ankreuzen)

☐ Lösungsmittel   ☐ Lacke/Farben   ☐ Kunststoffverarbeitung
☐ Benzindämpfe
☐ Schwermetalle
☐ andere Dämpfe, Gase oder Atemwegsreizstoffe (_____)
☐ Staubbelastung (was für Stäube? _____)
☐ Asbest (wann? wie lange? _____)
☐ Tiere   ☐ Klimaanlage   ☐ Luftbefeuchtung   ☐ Pflanzen
☐ Lärm   ☐ Kälte   ☐ Hitze   ☐ Nässe
Wird am Arbeitsplatz geraucht?   ☐ ja   ☐ nein

Andere Angaben

_____

_____

_____

Wohnumfeld

- Bemerken Sie **gesundheitliche Beschwerden im Zusammenhang mit Ihrer Wohnsituation**?

☐ ja   ☐ nein   ☐ Ich weiß nicht

Wenn „ja", erläutern Sie das bitte genauer: _____

_____

_____

- **Beschreiben Sie Ihre Wohnung**

☐ Großstadt   ☐ Kleinstadt   ☐ Land   ☐ _____
☐ Viel Verkehrsbelastung   ☐ Wenig Verkehrsbelastung   ☐ _____
☐ Altbau (Alter ca ___ J)   ☐ Altbau, renoviert   ☐ Neubau
Feuchte Stellen?   ☐ ja   ☐ nein
☐ Zentralheizung   ☐ Fußbodenheizung   ☐ Klimaanlage   ☐ Luftbefeuchter
☐ Einzelöfen in Zimmern   (☐ Elektroöfen ☐ Holzöfen ☐ Ölöfen ☐ Kamin)
Kochen mit ___ ☐ Elektroherd ☐ Gasherd ☐ Holzofen ☐ _____
Beschreiben Sie kurz Ihre Wohnsituation _____

_____

- **Bodenbelag**

☐ Stein   ☐ Synthetikteppich   ☐ Wollteppich   ☐ Holz   ☐ PVC   ☐ Linoleum
☐ andere _____

- **Bett**
  ☐ Federbett   ☐ Synthetikbett   ☐ Wolldecken   ☐ Seide   ☐ Allergikerüberzüge
  ☐ anderes Bett _____

- **Möbel**
  ☐ viele Möbel aus Spanplatten   ☐ viele lackierte Holzmöbel
  Wurden in den Innenräumen Holzschutzmittel verwendet?   ☐ ja   ☐ nein

- **Haustiere**   ☐ Nein   ☐ Ja (Welche _____)
  (Seit wann _____)

- **Allgemeines Umfeld:** Wohnen Sie in der Nähe von ......
  ☐ Fabrik/Kraftwerk/Müllverbrennungsanlage mit Abgasentwicklung
  ☐ andere umliegende Schadstoffquellen _____
  ☐ hohe Verkehrsbelastung

- **Wurde Ihr Haus/Wohnung in den letzten Jahren renoviert?**
  ☐ Nein   ☐ Ja (wann _____ , was _____)

Hobbys

- Bemerken Sie **gesundheitliche Beschwerden im Zusammenhang mit Ihren Hobbys?**

  ☐ ja   ☐ nein   ☐ Ich weiß nicht
  Wenn „ja", erläutern Sie das bitte genauer: _____
  _____
  _____

- **Welches Hobby** üben Sie aus?
  _____
  _____
  _____

- Sind Sie **Heimwerker?**   ☐ ja   ☐ nein
  Wenn ja, was machen Sie genau? _____

Haben sie bei Ihrem Hobby zu tun mit ......
☐ Schweißen   ☐ Löten   ☐ Schleifen   ☐ Stäube
☐ Dämpfe
☐ Lösungsmittel   ☐ Farben oder Lacke
☐ andere Atemwegsreizstoffe

- **Tierhaltung?**   ☐ ja   ☐ nein
  Wenn ja, was machen Sie genau? _____

- **Gartenarbeiten?**   ☐ ja   ☐ nein
  Wenn ja, was machen Sie genau? _____

Atemwegserkrankung

- **Welche Atemwegserkrankung liegt bei Ihnen vor?**

☐ Asthma   ☐ Chronische Bronchitis   ☐ Emphysem
☐ Heuschnupfen   ☐ Chronischer Schnupfen
☐ chronische Nasennebenhöhleninfekte
☐ andere Atemwegserkrankungen   ☐ Ich weiß es nicht genau

- **Leiden Sie unter ...**

☐ Atemnot
   Wodurch wird die Atemnot ausgelöst? _____

   _____

   Wieviel Etagen können Sie ohne Atemnot treppensteigen? _____

☐ Husten
   Wodurch wird der Husten ausgelöst? _____

   _____

☐ Auswurf
   Farbe? Menge pro Tag? _____

   _____

- Sind bei Ihnen **Allergien** bekannt?   ☐ ja   ☐ nein
Wenn ja, gegen was genau sind Sie allergisch? _____

_____

_____

- Bekommen Sie **Husten bei Kontakt mit ...**

☐ Rauch   ☐ Nebel   ☐ kalter Luft   ☐ Autoabgasen   ☐ Sprays
☐ andere _____

- **Rauchen Sie?** ☐ ja ☐ nein (☐ Zigaretten ☐ Zigarre ☐ Pfeife)

Wenn ja, wieviel pro Tag _____
seit wieviel Jahren _____
Raucht jemand in Ihrer Familie oder am Arbeitsplatz? ☐ ja ☐ nein

   ☐ Zigaretten   ☐ Zigarre   ☐ Pfeife
   Wenn ja, wieviel pro Tag _____
   seit wieviel Jahren _____

Klinische Untersuchung

Auskultation

Posterobasales Knistern bei fibrosierenden Lungenprozessen (Asbestose, exogen allergische Alveolitis, …)

Sputum-Zytologie

Zusammenarbeit mit einem guten Zytologie-Labor müßte gegeben sein. Automatische Zytologie Auswertung ist in Entwicklung, jedoch unseres Wissens für viele umweltmedizinische Fragestellungen noch nicht praxisreif (Fa. Xillix, Vancouver).

Biologische Marker

Alpha-1-Antitrypsin-Mangel

Glykoprotein, hauptsächliche Produktion in Leber und Makrophagen, Halbwertszeit von 5 Tagen. Hinweise mit gehäuften kindlichen Atemwegsinfektionen, atopischem Asthma bronchiale, wiederholte Pneumonien mit Husten und Auswurf. Typisch bei rauchenden Männern. Verhältnis Männer zu Frauen 2:1. Progressive Dyspnoe vor 40. Lebensjahr. Verschiedene genetische Varianten, bedeutsamst PiZZ (einer von 1700). Eine Ersatztherapiemöglichkeit besteht.

CO in Ausatemluft

Korreliert gut mit Anzahl gerauchter Zigaretten. Breite Erfahrung bei deutschen Pneumobil-Untersuchungen. Jedoch Umweltbeeinflussung zu bedenken (Kraftfahrzeugverkehr). Der Normbereich liegt unter 4 ppm. Die Halbwertszeit des CO ist mit ca. 6 Stunden zu berücksichtigen.

Cotinin

Weitestgehend von anderen Faktoren unbeeinflußte Messung des Nikotinkonsums. Messung möglich in Blut, Sputum, Harn. Überblick über die letzten drei Tage. Insbesonders auch geeignet im Kindesalter zur Objektivierung der Passivrauchbelastung. Der Normwert wäre an sich 0, eine Passivrauchbelastung ist bis 450 ng/ml anzunehmen, ein geringer aktiver Nikotinkonsum bis 1000 ng/ml, darüber ein doch relevanter Nikotinabusus. Es ist auch besonders daran zu denken, daß sich Kinder aus Nichtraucherhaushalten oft in Raucherhaushalten aufhalten und daher die anamnestischen Angaben gelegentlich „falsch" sind.

Tumormarker

Ihr Wert liegt eher in der Verlaufskontrolle als im Bereich des Screenings oder der Früherkennung.

Umwelt – Monitoring

Schadstoffe in der Umwelt

Im Außenluftbereich ist die Messung von regionaler und überregionaler Bedeutung und wird von Umweltämtern und -einrichtungen besorgt. Im Einzelfall gibt es auch mobile Meßeinheiten. Im Innenraum sind auch die Außenluftkonzentrationen zu berücksichtigen, ein individuelles Bedenken und Messen ist im Einzelfall erforderlich. Vorerst aber Ausschluß der bedeutsamsten inhalativen Noxe, dem Zigarettenrauch.

Personal Sampler

Bei Verdacht auf inhalative Noxen empfiehlt sich zur individuellen Objektivierung die Verwendung von sogenannten „Personal Samplers". Eine sicherlich nicht unaufwendige Methode, jedoch differieren die Ergebnisse oft beträchtlich von den Erwartungswerten. Innenraumresultate haben auch die Außenluftsituation zu berücksichtigen, teilweise abhängig von den Lüftungsgewohnheiten.

Allergene in Umwelt

Messung der Pollenbelastung mit Pollenfallen, Burkhardt-Falle, Ergebnisse siehe Pollenwarndienst. Die Pollenbelastung des Außenraums ist in bis zu 30 % auch im Innenraum zu bedenken.

Objektivierung eine möglichen Schimmelpilzbelastung im Innenraum durch Aufstellen von Kulturplatten und Einsendung an Speziallabor, z. B. ALK (Allergie-Labor Kopenhagen).

Höhe der Sensibilisierungsrate sicherlich umweltabhängig. Eine eindeutige Zunahme in schadstoffbelasteter Umwelt ist durch Ishizaka et al. belegt.

Messung der Milbenbelastung

Milbenbelastung grob quantitativ mit dem Acarex-Test, eine Guanin-Farbstoffreaktion, erfaßbar.

Als exaktere Methode bietet sich der DerpI/DerfI-Test der Fa. ALK, eine Enzymimmunoassay, an. Ab 2 µg DerpI/g ist eine erhöhte Prävalenz einer Sensibilisierung gegeben, über 10 µg ein erhöhtes Risiko für ein akutes Asthma bronchiale. Wir haben im eigenen Krankenhausbereich keine relevanten Mengen messen können.

Endotoxine

Die Endotoxine sind als Umweltnoxe nicht nur im ländlichen Bereich, sondern auch in Innenräumen bei Luftbefeuchtern, Klimaanlagen etc. zu bedenken. Dafür gibt es zwar durchaus praktikable Teste, aber die Relevanz des Ergebnisses ist im Einzelfall zu diskutieren. Als Screening-Methode vorerst nicht einsetzbar.

Strahlenmessung

Ist der Verdacht auf eine relevante Radon-Belastung in Innenräumen gegeben, so ist zur Objektivierung eine Messung vor Ort erforderlich.

Bakteriologie

Sputum-Kulturen bei gehäuften Infektionskrankheiten in der Umgebung. Tine-Test, Sputum ZN-, Bactec-Untersuchungen bei Lungentuberkulosefall oder im Verdachtsfall, ergänzt durch entsprechende Untersuchungen im Einzelfall.

Allergiediagnostik

Kutanteste

Der Prick-Test als einfach kutane Allergiediagnostik für konventionelle inhalative Allergene ist in der Routine leicht durchführbar. Tierepithelallergene sind durch vermehrte Haustierhaltung, nach Wüthrich bis zu 60% in Europa, besonders zu bedenken.

Gesamt-IgE/RAST

Zur Objektivierung des Gesamt Immunglobulin E-Spiegels als Hinweis auf eine atope Reaktionslage gibt es verschiedene einfache in vitro-Testverfahren. Sowohl radionukliddiagnostisch als auch enzymatisch. Zu berücksichtigen sind nicht atopisch bedingte Erhöhungen, wie z.B. Wurmerkrankungen, Lebererkrankungen. Nach Wüthrich ist bei etwa 30–40% der Bevölkerung die Fähigkeit vorhanden, spontan spezifisches IgE gegen Umweltallergene zu produzieren. Bei spezifischen RASTs wird eine breite Palette angeboten. Ein sinnvoller Einsatz ist sicherlich nur im Verein mit einer gezielten Anamnese zu rechtfertigen.

ECP

Als Marker für eine allergisch bedingte Ursache des Asthma bronchiale im Einsatz. Jedoch nicht unumstritten als Notwendigkeit.

Präzipitationsreaktionen

Bestimmung von spezifischen IgG-Antikörpern bei Verdacht auf eine Typ-III-Allergie, eine exogen allergische Alveolitis, mittels Ouchterlony-Technik. Ein quantitativeres Verfahren bietet sich mit der gekreuzten Gegenstromimmunelektrophorese an. Ein Kontakt zu einem Speziallabor ist dabei von Vorteil. Exogen allergische Alveolitiden sind nicht nur beruflich bedingt, sie treten auch außerberuflich auf, so z.B. die Vogelhalterlunge, Urlaub am Bauernhof etc. Die ganze Palette differentialdiagnostischer Überlegungen ist besonders dabei zu bedenken.

Bildgebende Verfahren

Thoraxfilm pa und seitlich

Bei Filmdokumentationen stets zwei Filme in pa und seitlichem Strahlengang. Die Durchleuchtung ist als ergänzendes Verfahren anzusehen. Insbesonders jährliche Untersuchung als Screening oder zur Früherfassung von malignen Veränderungen in den Risikogruppen älterer Raucher plus unspezifische bronchopulmonale Symptome mit nachgewiesener Effizienz. In Hinkunft ist jedoch zur Früherfassung von interstitiellen, alveolären oder malignen Veränderungen der Einsatz des CT, insbesonders bei speziellen Risikogruppen, als effizienter erwartbar.

Thorax-CT

Zur besseren Erfassung parenchymatöser und mediastinaler Prozesse. Nur im konkreten Verdachtsfall oder zur besseren Darstellung von Veränderungen im Film.

Sonographie

Nur Früherkennung pleural exsudativer Prozesse. Sonst im Screening oder als Früherkennungsmethode nicht sinnvoll. Allerdings erschiene es sinnvoll bei jeder konventionellen Oberbauchsonographie auch den Thoraxbereich, insbesonders Zwerchfell- und Sinusbereich, zu berücksichtigen.

MR

Derzeit kein Einsatz im Screening oder bei Früherkennung umweltbedingter pneumologischer Erkrankungen erkennbar.

Endoskopie

Bronchoskopie

Endoskopische invasive Verfahren sind als Screening Methode kaum denkbar. Jedoch als Früherkennungsmethode bei speziellen Risikogruppen, z.B. älterer Raucher, wechselnde Hustencharakteristik.

LIFE-System

Ergänzung zu bronchoskopischer Routineuntersuchung mit LASER-Licht. Damit insbesonders schwere Dysplasien und Carcinoma in situ in mehr als 50% gegenüber konventionellen Verfahren sicherer erkennbar (Fa. Xillix, Vancouver).

Ziliendiagnostik

Für spezielle Fragestellungen an besonders spezialisierten Stellen erreichbar. Zu denken bei rezidivierenden Infektionen, bei Verdacht auf „immotile cilia syndrome", bei Kartagener-Syndrom, auch bei Infertilität.

Beispiele umweltrelevanter Situationen

Radonexposition

Regional unterschiedlich, vorwiegend abhängig vom Boden, spezieller Einrichtung, Lüftungsbedingungen etc. Im häuslichen Bereich sicherlich geringer als bei berufsbedingter Minensituation. Höhere Konzentrationen treten vorwiegend im Bereich von Granitböden auf. Kurzzeitmeßergebnisse sollten durch eine Langzeitmessung über 3–6 Monate bestätigt werden. In Ländern, wie Frankreich und Deutschland, wo die mittlere häusliche Radonexposition um 40 Bq/m^3 liegt, wird eine 6 bis 10% Lungenkrebsmortalität dieser Exposition zugeschrieben. Diese Annahme hat jedoch Unsicherheiten durch Tabak-Radon-Interaktionen und ist auch abhängig von den Rauchgewohnheiten der Bevölkerung. Für neue Häuser wird eine jährliche Grenze von 200–150 Bq/m^3 empfohlen. Bei Werten über 400 Bq/m^3 sollten die Bewohner über Abhilfemaßnahmen, wie z.B. Verbesserung der Ventilation, informiert werden.

Sick-Building-Syndrom

Meist als mögliche Folge von Innenraumschadstoffen wird das Sick-Building-Syndrom genannt. Dabei treten in Gebäuden gehäuft folgende Symptome auf: Augen-, Nasen- und Halsreizungen, Trockenheitsgefühl an Haut und Schleimhäuten, Erytheme, geistige Ermüdungserscheinungen, Kopfschmerzen, erhöhte Häufigkeit von Atemwegsinfektionen und Husten, Heiserkeit, Juckreiz, unspezifischer Überempfindlichkeit, Übelkeit, Schwindel. Charakteristisch ist die Zunahme der Beschwerden über den Tagesverlauf und ihr baldiges Verschwinden oder Nachlassen nach Verlassen des Gebäudes. Bei medizinischer Untersuchung finden sich oft kaum oder nur geringe Abnormitäten. Es soll Ausdruck der Unzufriedenheit mit spezifischen Baukonstruktionen sein. Übermäßige Beschwerden treten in bis zu 30% der neuen und renovierten Gebäude auf. Als wesentlicher Ursachenfaktor konnte in den USA, bis zu 50%, die raumlufttechnischen Anlagen gefunden werden. Insgesamt ist es ein Zusammenwirken von physikalischen, chemischen, biologischen und psychologischen Faktoren.

Passivrauchen

In Zusammenhang mit der gegebenen Thematik sollen die Schlußfolgerungen der EPA, der amerikanischen Umweltbehörde, aus der aktuellen Literatur zum

Thema Passivrauchen nicht unerwähnt bleiben. Demnach wird in Amerika der Zigarettenrauch als Karzinogen der Gruppe A klassifiziert. Dokumentiert als gesicherte Wirkungen des Passivrauchens, des ETS = Environmental Tobacco Smoke, sind:

- bei den Erwachsenen:
  etwa 3000 Lungenkrebsfälle unter Nichtrauchern in der amerikanischen Bevölkerung,
- bei den Kindern:
  erhöhtes Risiko für Erkrankungen der unteren Atemwege wie Bronchitis und Pneumonie, davon sind jährlich etwa 150000–300000 Kinder bis zum Alter von 18 Monaten betroffen,
  verbunden mit vermehrter Häufigkeit von Flüssigkeit im Mittelohr, Symptomen der Irritation oberer Atemwege und einer geringen, aber signifikanten Reduktion der Lungenfunktion,
  ursächlich für zusätzliche und vermehrter Schwere von Symptomen bei kindlichem Asthma bronchiale. Es wird geschätzt, daß etwa 200000 bis zu 1000000 Kinder ihren körperlichen Zustand durch ETS verschlechtert bekommen.

Risikofaktor für neue Asthmafälle.

Procedere in der Praxis

Eigene Erhebung einer ausführlichen umweltgerechten Anamnese. Ein entsprechender Fragebogen, z.B. der von Petro oder Hellmann, ergänzend vorher oder als Leitlinie ist zu empfehlen, eventuell auch eine Zweitanamnese vor oder zum Untersuchungsabschluß. Eine übliche genaue physikalische Untersuchung wird als selbstverständlich angesehen.

Sind die Hinweise oder der Verdacht für eine Aktualität im pneumologischen Bereich gegeben, so empfiehlt sich als Basisuntersuchung eine Atemfunktion, sowie eine radiologische Untersuchung der Lungen in zwei Ebenen. Weitere Untersuchungen und Differenzierungen in Richtung Ursache bzw. Effekt sind anzuschließen. Sind einem die Untersuchungen bzw. Veranlassungen selbst nicht oder nur begrenzt möglich, so ist dann der Rat beim Fachmann oder der Fachbehörde bzw. die Einholung kompetenter Objektivierung zu veranlassen. Nicht selten ist ein multidisziplinäres Vorgehen geboten und ein interdisziplinäres Gespräch vielfach hilfreich. Das weite Spektrum der Möglichkeiten verlangt eine reiche Erfahrung und stets ein individuell angepaßtes Vorgehen.

Bei bekannten pneumologisch relevanten Umweltsituationen, insbesonders am Arbeitsplatz, sind ein entsprechendes Monitoring der Umweltbelastung und auf die bekannte Noxe zielgerichtete Früherkennungsmaßnahmen zu veranlassen.

ZUSAMMENFASSUNG

Umweltpneumologische Erkrankungen sollen und müssen in die ärztlichen differentialdiagnostischen Überlegungen einbezogen werden. Das Wichtigste dabei ist das daran Denken. Screening und Frühdiagnose erlauben dabei ein Einschreiten zu einem Zeitpunkt, bei dem entsprechende Veranlassungen eine restitutio ad integrum oder das Vermeiden von relevanten Spätschäden erlauben.

Weiterführende Literatur

Brooks SM et al. (1995) Environmental Medicine. Mosby-Year Book, St. Louis
Harber P, Schenker MB und Balmes JR (1996) Occupational and Environmental Respiratory Disease. Mosby-Year Book, St. Louis
Hirsch A et al. (1993) Prevention of Respiratory Diseases. Lung Biology in Health and Disease Vol.68, Marcel Dekker, New York
Petro W et al. (1994) Pneumologische Prävention und Rehabilitation. Springer Verlag, Berlin
Pope AM et al. (1993) Indoor allergens. National Academy Press, Washington
Rom WN (1992) Environmental and Occupational Medicine. Little, Brown and Co., Boston
Samet JM et al. (1991) Indoor Air Pollution. The Johns Hopkins University Press
Seidel HJ (1996) Umweltmedizin. Georg Thieme Verlag, Stuttgart – New York
US-EPA (1992) Respiratory Health Effects of Passive Smoking: Lung Cancer and Other Disorders. EPA, Washington D.C.
Wichmann HE, Schlipköter HW, Fülgraff G (1994) Handbuch der Umweltmedizin. ECOMED, Landsberg

4.2 Lungenfunktionsdiagnostik in der Pneumologischen Umweltmedizin

K. Schultz und W. Petro

EINLEITUNG

Das Methodenrepertoire der Lungenfunktionsdiagnostik ist aus der Umweltmedizin aus mehreren Gründen nicht wegzudenken und betrifft:

- Diagnostik,
- Prävention und Früherkennung,
- Therapie- und Verlaufskontrolle,
- Begutachtung,
- Forschung.

Jeder umweltmedizinisch tätige Arzt muß daher zumindest die Grundmethoden der Lungenfunktionsdiagnostik kennen und die Grundzüge der Befundinterpretation beherrschen.

Aufgaben der Lungenfunktionsdiagnostik in der Pneumologischen Umweltmedizin (Übersicht)

Diagnostik

Unter diagnostischen Aspekten ist hier insbesondere die Abklärung von Dyspnoe und Husten wichtig. Dyspnoe und Husten erfordern immer eine vollständige, lege artis durchgeführte Diagnostik, gerade auch dann wenn eine umweltbedingte Genese angenommen wird. Dazu ist ggf. das gesamte internistisch-pneumologische Diagnostikrepertoire einzusetzen. Die Lungenfunktionsdiagnostik ist hierbei lediglich ein Teilaspekt.

- *Dyspnoe* ist subjektiv und daher definitionsgemäß nicht objektiv meßbar, wohl aber abschätzbar (z.B. Dyspnoeskala nach Borg).
- Erfahrungsgemäß geht aber eine *bronchopulmonal bedingte Dyspnoe* praktisch immer mit lungenfunktionsanalytisch faßbaren Befunden einher. Daher ist eine lungenfunktionsanalytische Diagnostik (neben anderen diagnostischen Schritten) bei der Angabe Husten und/oder Dyspnoe in jedem Falle notwendig.
- Bei unauffälliger Lungenfunktion (Atemmechanische Basisdiagnostik, Blutgasanalyse, ggf. auch unter Belastung, bronchialer Provokationstest bzw.

Peak-Flow-Kurve) ist eine bronchopulmonale Genese der Beschwerden unwahrscheinlich → weitere Differentialdiagnostik erforderlich.

Früherkennung

Gängiges, etabliertes Untersuchungsrepertoire:

- atemmechanische Basisdiagnostik (Spirometrie, Fluß-Volumen-Kurve (MEF$_{25}$, MEF$_{50}$), ggf. Bodyplethysmographie, möglichst im Vergleich zu Vorbefunden);
- Testung der bronchialen und nasalen Reagibilität (nasale und bronchiale Provokationstests).

Weitere, weniger verbreitete Verfahren zur Früherkennung:

- Bestimmung des Closing-Volume [1] z. B. mittels N$_2$-single-breath-Test [2];
- dynamische Compliance.

Verlaufs- und Therapiekontrolle

Wichtiges Untersuchungsrepertoire:

- Peak-Flow-Meter,
- atemmechanische Basisdiagnostik,
- Bronchospasmolysetest,
- nasale und bronchiale Provokationstests.

Forschung

Methodenrepertoire und Befundwertung unterscheiden sich ganz erheblich je nach Fragestellung. So ist z. B. eine Änderung des FEV$_1$ um wenige ml für den einzelnen Patienten i. d. R. irrelevant, hingegen ist unter Forschungsaspekten die Abnahme dieses Wertes z. B. im Rahmen von Felduntersuchungen durchaus wichtig. Bei umweltepidemiologischen Fragestellungen werden aus methodischen Gründen oft andere lungenfunktionsanalytische Methoden angewandt als beim humanexperimentellen Ansatz (z. B. in einer Expositionskammer). Vergl. Kap. 1.3.

Eine Übersicht über spezielle methodische Probleme bei lungenfunktionsanalytischen Längsschnittuntersuchungen wurde kürzlich von Dockery und Brunekreef gegeben [3].

Umweltmedizinisch relevante Aspekte der klinischen Lungenfunktionsdiagnostik

Jeder umweltmedizinisch tätige Arzt wird mit den Leitsymptomen Dyspnoe und Husten konfrontiert. Diese erfordern immer auch eine lungenfunktionsanalytische Abklärung. Daher werden im folgenden Abschnitt ausgewählte Grundlagen der klinischen Lungenfunktionsdiagnostik dargestellt.

Typische Fragestellungen an die Lungenfunktionsdiagnostik in Klinik und Praxis sind:

- Liegt eine Lungenfunktionsstörung vor? Welche Teilfunktion ist betroffen?
- Sind die Symptome (Dyspnoe, Husten, thorakale Sensationen) durch diese Störung der pulmokardialen Funktion zu erklären?
- Therapieindikation und Therapiekontrolle.

Die 4 Grundfragen bei der klinischen Lungenfunktionsdiagnostik sind daher:

1. Liegt eine Lungenfunktionsstörung vor? Welche Teilfunktion ist betroffen?
   - Atemmechanik,
   - Gasaustausch,
   - Perfusion,
   - Atemregulation und Atempumpe.
2. Welcher Art ist die Funktionsstörung?
   - Atemmechanik:
     Obstruktive ↔ restriktive ↔ gemischtförmige Ventilationsstörung
     Hyperreaktivität,
   - Blutgasanalyse:
     Latente ↔ manifeste respiratorische Partialinsuffizienz
     Latente ↔ manifeste respiratorische Globalinsuffizienz.
3. Ist die Ventilationsstörung reversibel?
4. Wie verhält sich die Lungenfunktionsstörung unter Therapie?

Basisprogramm der klinischen Lungenfunktionsdiagnostik

Dabei ist ein diagnostische *Basisprogramm* von weiterführenden Untersuchungen zu unterscheiden. Im klinischen Alltag umfaßt das Basisprogramm:

- Spirometrie bzw. wenn verfügbar Bodyplethysmographie
  ggf. mit bronchialem Provokationstest oder Bronchospasmolysetest,
- Blutgase in Ruhe.

Über eine eventuelle Erweiterung dieses Programmes entscheidet die Anamnese und der körperliche Befund. Entscheidend für den Einsatz aller Untersuchungsverfahren ist immer eine sinnvolle Fragestellung.

Ausgewählte Untersuchungsmethoden

Aus dem Gesamtrepertoire der klinischen Lungenfunktionsdiagnostik sind umweltmedizinisch insbesondere folgende Verfahren relevant:

- Kenngrößen der Atemmechanik
  - Messungen der statischen und dynamischen Ventilationsparameter,
  - Messungen des Atemwegs- bzw. Atmungswiderstandes,
  - Messungen der Lungendehnbarkeit,
  - Verteilungstests.

- Kenngrößen des Gasaustausches,
  - Blutgasanalyse in Ruhe und (wichtiger) unter Belastung,
  - Lungendiffusionskapazität.

Diagnostik der Atemmechanik

Zu den Untersuchungsmethoden der Atemmechanik gehören:

- Spirometrie,
- Fluß-Volumenkurve,
- Peak-Flow-Meter,
- Bodyplethysmographie,
- Bronchomotorik (Bronchialer Provokationstest, Bronchospasmolysetest),
- Compliance,
- Atempumpe (P 0.1),
- Belastungsuntersuchungen.

Spirometrie

Das Spirometer [4]

Die Spirometrie ist bis heute die Basisdiagnostik zur Beurteilung der Atemmechanik. Das einfachste Spirometer ist das Balgspirometer. Diese Geräte sind jedoch weitgehend durch moderne Pneumotachographen ersetzt.

Der Pneumotachograph

„Moderne Spirometer" enthalten als Meßeinheit heute üblicherweise einen Pneumotachographen. Der Pneumotachograph funktioniert nach einem ganz anderen Prinzip. Hier werden keine Volumina gemessen, sondern die Drücke vor und nach einem Widerstand (Gasströmungswiderstand in einem Rohr, „Fleisch'sche Düse"). Der Druckunterschied ist dem Atemstrom proportional, durch Integration über die Zeit werden Volumina errechnet. Im Gegensatz zum Spirometer werden also keine Volumina sondern Flußgeschwindigkeiten gemessen (Name). Die Volumina müssen errechnet werden („Integrator"). Es handelt sich um ein „offenes System". In- und exspiratorische Messung ist möglich. Eine tägliche Eichung ist nötig, da die feinen Siebe/Lamellen leicht verlegt werden und so die Messung verfälschen.

Vorteil: klein, leicht, transportabel, Aussagen über In- und Exspiration.

Die Spirometrie mißt Lungen*volumina* am Mund = statische Ventilationsparameter (z. B. VC).

Einbeziehung der Zeit (Volumina /*Zeit*)   = dynamische Ventilationsparameter (z. B. FEV_1).

Die spirometrischen Meßwerte haben keine enge Beziehung zum Gasaustausch, d.h. man kann von der Atemmechanik nicht direkt auf die Blutgase schließen. Ein wichtiger Schwachpunkt der Spirometrie ist die große Schwankungsbreite der interindividuellen Meßwerte, d.h. die Kollektivvariabilität ist groß (20–30%). Hingegen ist die Reproduzierbarkeit einer Messung bei ein und dem selben Patienten recht gut. Idealziel sind daher individuelle Normalwerte.

Bei Mehrfachmessungen an gesunden Personen finden sich folgende Schwankungsbreiten:

- VC, FVC und $FEV_1 < 5\%$,
- PEV ca. 10%,
- MEF_{50} und MEF_{25} ca. 15%,
- R_{aw} und R_{os} ca. 20%.

> Das heißt wiederholte Lungenfunktionsmessungen bei einer Person bieten eine gute Möglichkeit, krankhafte Lungenfunktionsveränderungen frühzeitiger zu erfassen (Früherkennung bei Risikopersonen). Ansonsten sind nur erhebliche Abweichungen vom Normalkollektiv verwertbar. Das bedeutet z.B., daß bei hohen individuellen Ausgangswerten erhebliche krankhafte Veränderungen auftreten müssen, ehe ein Proband als pathologisch eingestuft wird.

Im Allgemeinen spricht man bei den Lungenvolumina erst dann von einer auffallenden Einschränkung, wenn diese um ca. 20% von der Norm abweichen. Besondere Vorsicht ist geboten, wenn Körpergewicht und Körpergröße stark von der Norm abweichen. Spirometrische Meßwerte (Normwerte) hängen ab von:

- Alter,
- Größe,
- Geschlecht,
- BROCA-Index.

Für Erwachsene werden in Deutschland i.d.R. die Referenzwerte der EGKS [5] verwendet, für Kinder und Jugendliche die von Zapletal et al. [6].

Wichtige Meßwerte der Spirometrie (Abb. 1)

Statische Volumina und Kapazitäten

- *Totalkapazität* (TLC). Die TLC ist das Volumen, welches sich bei maximaler Inspiration in der Lunge befindet. Sie läßt sich in zwei große Teilvolumina auftrennen:
- *Vitalkapazität* (VC) = Volumen, welches maximal ein- bzw. ausgeatmet werden kann.
- *Residualvolumen* (RV) = Volumen, welches nach maximaler Exspiration in der Lunge verbleibt.
  - Beim Gesunden beträgt die VC ca. 75%, das RV ca. 25% der TLC. Dabei nimmt das RV mit dem Alter auf bis zu 35% zu.

> Die Spirometrie kann nur etwas über die mobilisierbaren Lungenvolumina (z.B. VC) aussagen, nicht aber über nicht mobilisierbare Volumina (z.B. das RV).

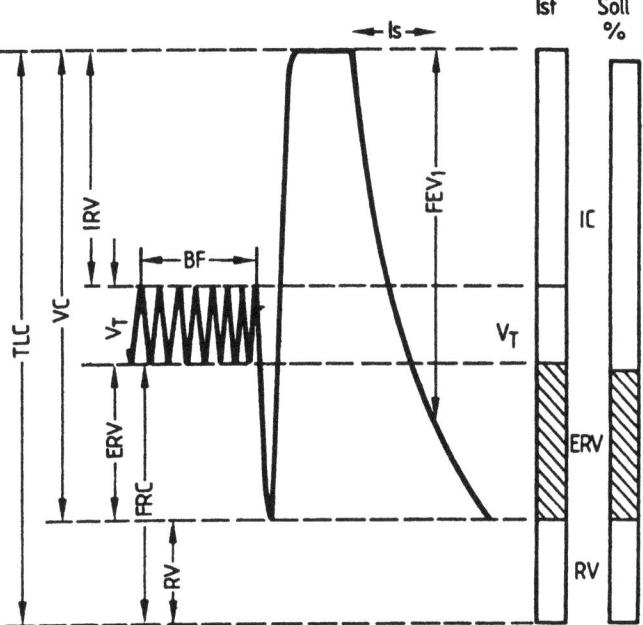

Abb. 1. Schematisierte Darstellung eines Spirogramms. *TLC* Totalkapazität, *VC* Vitalkapazität, *VT* Atemzugvolumen, *IRV* inspiratorisches Reservevolumen, *ERV* exspiratorisches Reservevolumen, *FRC* funktionelle Residualkapazität, *RV* Residualvolumen. (Aus Petro u. Konietzko 1989)

Kapazitäten sind zusammengesetzte Volumina, z. B.:

- *Vitalkapazität* (VC) = V_T + ERV + IRV. (Vergl. Abb. 1)
- *Funktionelle Residualkapazität* (FRC) = RV + ERV = Gasvolumen am Ende einer normalen Ausatmung.

Bei einer pathologischen Erhöhung des RV, z. B. beim Lungenemphysem, kommt es sekundär zu einer Einschränkung der Vitalkapazität.

Statische Parameter: Befundwertung/Normalbefunde. Lungenfunktionsanalytische Schweregradeinteilungen sind bis zu einem gewissen Grade willkürlich, zudem gibt keine allgemein verbindliche Graduierung. Alle im folgenden gemachten Schweregradeinteilungen sind daher als Anhaltspunkte zu verstehen.

Tabelle 1. Schweregradeinteilung

VC	% des Sollwertes	Beispiel Mann	Beispiel Frau
Normal	>80%	180 cm (40 J)	165 cm (40 J)
Leicht erniedrigt	80–70	Normalwert VC 4,54 l	Normalwert VC 2,93 l
Mittelgradig erniedrigt	70–50		
Stark erniedrigt	<50		

Dynamische Parameter

FEV_1 (forciertes exspiratorisches Einsekundenvolumen). Wieviel kann der Patient max. in 1 Sekunde ausatmen. Wichtig: Eine Einschränkung des FEV1 ist nicht mit einer Obstruktion gleichzusetzen, da es sowohl bei einer Restriktion als auch bei einer Obstruktion erniedrigt ist. Ein erster Schritt zu dieser DD ist das relative FEV_1 = Tiffeneau-Index = FEV_1 % IVC (Tabelle 2).

Tabelle 2. Dynamische Parameter: Befundwertung/Normalbefunde

Tiffeneau-Index	FEV_1 % IVC	Einheit (% IVC)
Normal	70 %	14 J = 75 %, unter 35 J > 72 %, über 35 J > 68 % 75 J = 65 %
Leicht erniedrigt	70 – 55	
Mittelgradig erniedrigt	55 – 40	
Schwergradig erniedrigt	< 40	
FEV_1	% SW	Einheit (l/s)
Normal	> 85 %	
Leicht erniedrigt	85 – 70	
Mittelgradig erniedrigt	70 – 40	
Schwergradig erniedrigt	< 40	

Beachte. Neben dem Tiffeneau-Index ist immer auch das FEV_1 in % des SW beachten. Zum Beispiel ist der Tiffeneau-Index bei einer Restriktion normal oder „supernormal" (weil FEV_1 und VC ↓), während das FEV_1%SW deutlich erniedrigt ist. (Wichtig für die spirometrische DD Restriktion ↔ Obstruktion).

Was bedeuten FEV_1-Werte klinisch?

Als grobe Faustregel (Erwachsene) kann gelten: FEV_1 < 1,5 l = Belastungsdyspnoe, < 1 l = Ruhedyspnoe.

VC ↔ FVC (forcierte VC)

VC = langsam geatmete VC (oft inspiratorische VC = IVC);
FVC = schnell ausgeatmete VC.

Bei Gesunden sind IVC und FVC weitgehend identisch, die IVC sollte aber zusätzlich zur FVC routinemäßig mitbestimmt werden, da die FVC insbesondere bei obstruktiven Patienten kleiner als die VC sein kann und dann kein verläßlicher Bezugswert für das FEV_1 ist (Tiffeneau).

Die Grundtypen der Ventilationsstörungen

Als Ergebnis der spirometrischen Basisdiagnostik sollte unterschieden werden in:

- *keine obstruktive oder restriktive Ventilationsstörung*
  Spirometrische Leitparameter: VC > 80 % des SW, FEV_1%VC > 70 %
- *obstruktive Ventilationsstörung* (Tabelle 3)
  Verringerung der Luftleitfähigkeit in den Atemwegen, bzw. erhöhter Atemwegswiderstand. Spirometrischer Leitparameter = FEV_1%VC↓
- *restriktive Ventilationsstörung*
  Verringerte Ausdehnungfähigkeit der Lunge mit eingeschränkten statischen Lungenvolumina. Spirometrischer Leitparameter = VC↓, FEV_1%VC normal oder sogar erhöht
- *gemischtförmige* (obstruktive + restriktive) *Ventilationsstörung* (Tabelle 3)

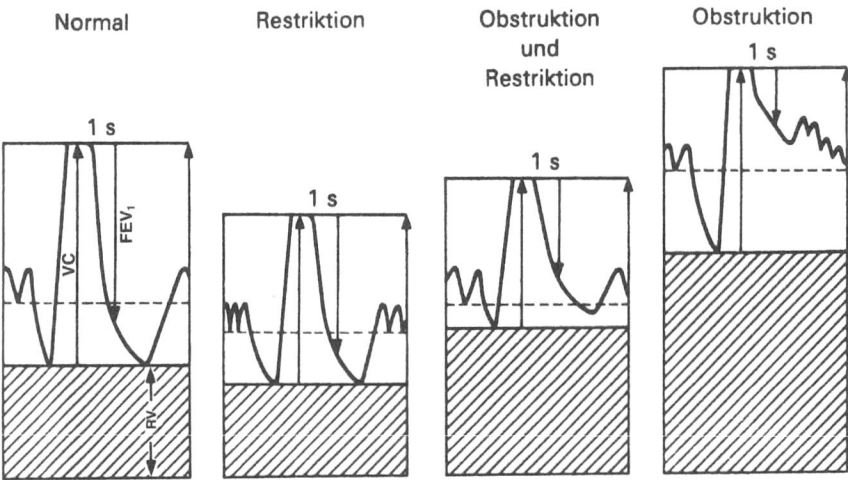

Abb. 2. Schematisierte Darstellung typischer Spirogramme. Mittels FEV_1, IVC, FEV_1/IVC lassen sich 3 Gruppen von Ventilationsstörungen unterscheiden: Eine rein restriktive, eine obstruktive und eine restriktive und obstruktive Ventilationsstörung. (Nach Petro u. Konietzko, aus [45])

Tabelle 3. Spirometrische Befundmuster bei den 3 Gruppen von Ventilationsstörungen

Obstruktion	VC → oder ↓[a]	Tiffeneau ↓	FEV_1%SW↓
Reine Restriktion	VC↓	Tiffeneau → oder ↑	FEV_1%SW↓
Gemischtförmige Ventilationsstörung	VC↓	Tiffeneau ↓	FEV_1%SW↓

[a] Infolge einer sek. Einschränkung der VC infolge der Erhöhung des RV.

Merke:

- Die Spirometrie (am Mund gemessene Volumenänderungen) kann nur etwas über die mobilisierbaren Lungenvolumina aussagen, aber nichts über das nicht mobilisierbare RV. Dies muß indirekt erfolgen – entweder über die Bodyplethysmographie oder über die Heliummethode (s. unten).
- Die Spirometrie (und die Fluß-Volumen-Kurve, s.u.) erlaubt zwar die Diagnose einer Obstruktion, weil aber ohne Bestimmung des RV keine Aussage über die TLC möglich ist, kann eine Restriktion oft nicht sicher von einer „Überblähung" (Erhöhung des RV mit sek. erniedrigter VC) unterschieden werden. Verwechsle nicht Reduktion der VC und Restriktion. Zur genauen Unterscheidung ist z. B. die Bodyplethysmographie hilfreich.

Untersuchungstips: Hinweise zur Durchführung der Spirometrie

- Ausreichende Instruktion des Patienten, ggf. 1- oder 2mal üben oder zuschauen lassen.
- Einheitlich entweder immer im Sitzen oder im Stehen.
- Normalerweise werden 2–3 Messungen durchgeführt, nur die beste wird verwertet.
- Die VC soll sich (bei geeigneten, d.h. reproduzierbaren Werten) nicht mehr als 0,3 l unterscheiden, die FEV_1-Werte sollen nicht mehr als 5 % differieren.
- Bei den Messungen der Lungenvolumina muß eine Nasenklemme verwendet werden.

Fluß-Volumen-Kurve (Pneumotachographie)

Simultane Registrierung (Pneumotachograph) des Flusses und der rechnerisch aus Fluß und Zeit integrierten Volumenwerte. Es wird ein maximaler forcierter Ein- und Ausatemzug aufgezeichnet, korrekt könnte man von einer maximalen Fluß-Volumen-Kurve sprechen. (vergl. Bodyplethysmographie = Untersuchung bei normaler Atmung)

- Spitze = Peak-Flow → nicht hoch = Ausatmungsstörung
- Breite = FVC   → nicht breit = Reduktion der FVC

Die Fluß-Volumenkurve eignet sich zur qualitativen Analyse der Obstruktion, insbesondere zur Differenzierung zwischen intra- und extrathorakaler Atemwegsstenose und zur Emphysemdiagnostik.

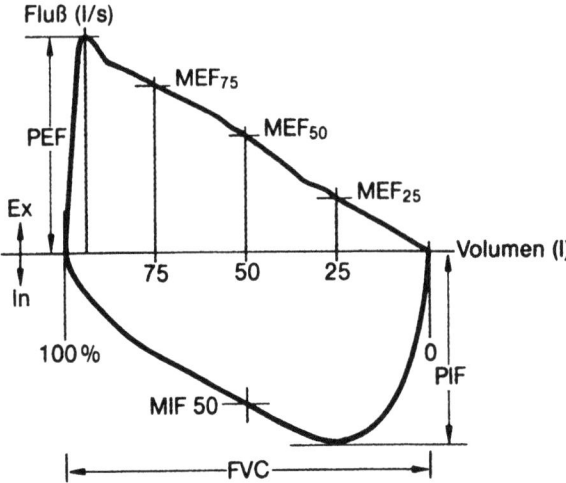

Abb. 3. Schematisierte Darstellung einer Fluß-Volumenkurve. X-Achse = Volumen, Y-Achse = Fluß. Unterhalb der Volumenachse ist die Inspiration, oberhalb der Volumenachse ist die Exspiration dargestellt. PEF = exspiratorischer Spitzenfluß, MEF_{75}, MEF_{50} und MEF_{25} = maximaler exspiratorischer Fluß bei 75, 50 bzw. 25 % in der Lunge befindlicher Vitalkapazität. PIF = inspiratorischer Spitzenfluß, FVC = forcierte Vitalkapazität. (Nach Petro u. Konietzko aus [46])

Wichtige Meßparameter der Fluß-Volumen-Kurve (vgl. Abb. 3)

- FVC   forcierte exspir. VC = Breite der Fluß-Volumen-Kurve
- IVC   inspiratorischen Vitalkapazität
- PEF   peak expiratory flow = exspir. Spitzenfluß = Höhe der Fluß-
          Volumen-Kurve
- MEF_{75} max. exspir. Fluß bei 75 % i. d. Lunge befindlicher VC
- MEF_{50} max. exspir. Fluß bei 50 % i. d. Lunge befindlicher VC
- MEF_{25} max. exspir. Fluß bei 25 % i. d. Lunge befindlicher VC
- PIF   peak inspiratory flow

PEF, MEF_{75} und FEV_1 hängen hochgradig von der Patientenmitarbeit ab. Ab spätestens der Hälfte des ausgeatmeten Volumens aber (MEF_{50}, MEF_{25}) ist der exspiratorische Fluß primär abhängig von den atemmechanischen Eigenschaften der Lunge (Elastizität des Lungenparenchyms und Stabilität der kleinen Atemwege).

Auch der PEF und das FEV_1 (forcierte Atmung) hängen, neben dem Atemwegswiderstand und der Patientenmitarbeit, vor allem von der Stabilität der kleinen Atemwege ab. Beim Emphysem und bei instabilen Atemwegen sind daher beide Parameter deutlich vor einer Zunahme des (bodyplethysmographisch bei Ruheatmung ermittelten) Atemwegswiderstandes eingeschränkt.

$MEF_{25/50}$ Normalwerte

$MEF_{50/25}$ repräsentieren die kleinen Atemwege. Diese Parameter weisen aber erhebliche interindividuelle Unterschiede auf. Daher gibt es eine Vielzahl von

Normalwertvorschlägen. Signifikant sind i. d. R. erst Abweichungen von 20 – 30 % vom „Normalwert". Wegen der großen interindividuellen Schwankungen, ist eine Unterscheidung zwischen pathologischem und normalem Flußverlauf anhand von Sollwerten im Einzelfall problematisch. Andererseits ist die intraindividuelle Variabilität gering und weitgehend mitarbeitsunabhängig. Außerdem gelten beide Parameter als frühe Zeichen einer Ventilationsstörung, sie sind daher epidemiologisch/umweltmedizinisch von Interesse, insbesondere beim Vorliegen von Vorbefunden.

Mitarbeitskriterien bei der Fluß-Volumenkurve

- PEF nach gleichmäßigem steilen Anstieg nach ca. MEF 90 %, spätestens aber vor MEF 75 %.
- Kein exspiratorisches Plateau (DD: extrathorakale Atemflußbehinderung).
- FVC bzw. PEF sollen bei verschiedenen Versuchen um weniger als 5 % divergieren.
- Ausgewertet werden soll die „beste reelle Flußvolumenkurve". Darunter versteht man die Fluß-Volumenkurve, die die höchste Summe aus FVC und FEV1 aufweist und formanalytisch keine Artefakte aufweist.

Formanalyse der Fluß-Volumen-Kurve

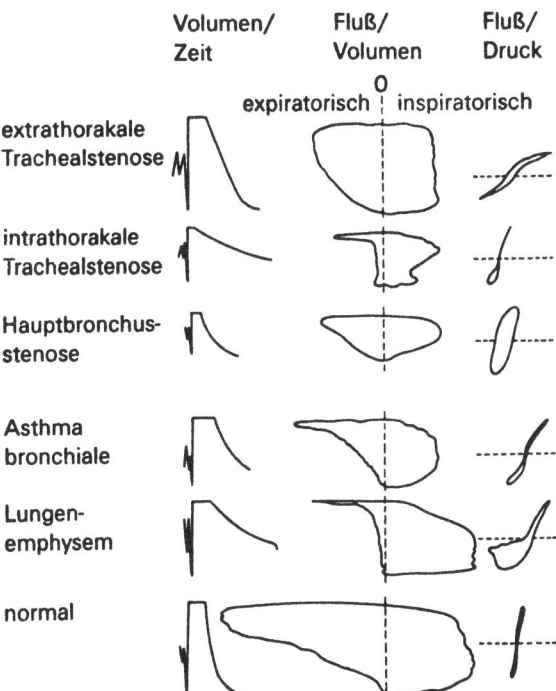

Abb. 4. Synoptische Darstellung der Volumen-Zeitkurve (Spirogramm), der Fluß-Volumen-kurve (Pneumotachogramm) und der Fluß-Druckkurve (Resistanceschleife, Bodyplethysmo-graphie) bei verschiedenen Krankheitsbildern. (Nach Petro u. Konietzko, aus [45])

Peak-Flow-Meter (PFM)

Bei der „Spirometrie mittels PFM" wird der exspiratorische Spitzenfluß (PEF = peak expiratory flow) gemessen.

Der Peak-Flow (Einheit: l/min) hängt u. a. ab von:

- Lumenweite der Atemwege,
- Wandbeschaffenheit,
- Strömungsgeschwindigkeit,
- elastische Rückstellkraft (Compliance).

Beim gesunden Erwachsenen wird der intraindividuelle Variationskoeffizient zwischen 2 und 14% angegeben [7]. Bei 95% (Gesunde und chronisch atemwegskranke Personen) ist der PF innerhalb einer 40 l/min.-Spanne reproduzierbar, bei 90% beträgt die Variabilität weniger als 30 l/min [8]. Da die Querschnittsänderung der Atemwege das Hauptsubstrat des PEF-Variabilität ist, eignet sich die Methode insbesondere zur Verlaufskontrolle bei Asthma bronchiale (wechselnde Obstruktion). Die Amplitude des Peak-Flows wird als Parameter der bronchialen Labilität angesehen. Diese Variabilität korreliert mit der bronchialen Reagibilität auf Histamin und Methacholin. Der Grenzwert für das Verhältnis von höchstem zu niedrigstem Tageswert (Index der täglichen Variation) wurde für gesunde Kinder mit max. 130%, für Erwachsene mit maximal 117/118% (unter/über 35 Jahre) angegeben [9].

Merke: Eine Einschränkung des FEV_1 oder des Peak-Flows kann sowohl durch eine Restriktion als auch durch eine Obstruktion verursacht sein.

Indikationen

- Verlaufskontrolle und Instrument zur ärztlich begleiteten Selbsttherapie bei Asthma und chronisch obstruktiver Bronchitis [10],
- Verdacht auf bronchiale Hyperreagibiliät (PEF-Tagesschwankungen > 20%)
- Suche nach „Asthma-Triggern",
- Diagnostisches (Zusatz-)Instrument zur Sicherung der Relevanz eines Allergens oder einer anderweitigen Atemwegsnoxe,
- arbeitsplatzbezogener inhalativer Provokationstest [11, 12],
- epidemiologische (z.B. umweltmedizinische) Fragestellungen [13, 14].

Es gibt verschiedene mechanische und neuerdings auch elektronische PFM. Entscheidend ist nicht Vergleich mit „Normalwerten" [15], sondern der individuelle Verlauf. Die Werte werden mit dem persönlichen Bestwert (PBW) verglichen. Dieser PBW muß während einer stabilen Phase unter optimaler Therapie ermittelt werden, er ändert sich bei Erwachsenen nur wenig mit dem Alter und gilt für mindestens 5 Jahre als stabil [16].

Bei der Selbstkontrolle des Asthma bronchiale werden mindestens 2 Messungen, morgens und abends empfohlen, zusätzlich aber immer beim Auftreten von Beschwerden. Daraus wurde das Ampelschema ($\rightarrow$ Therapieselbststeuerung geschulter Asthmatiker entwickelt):

- Grün = 80 – 100 %   d. PBW,
- Gelb = 50 – 80 %   d. PBW,
- Rot   = < 50 %   d. PBW.

Jeder Asthmatiker sollte, zumindest während klinisch instabiler Phasen und bei Therapieumstellungen, ein PFM-Protokoll führen (morgendliche und abendliche. Messung, ggf jeweils vor und nach bronchialerweiterndem DA). Dadurch wird beim geschulten Patienten (innerhalb individuell festzulegender Grenzen) eine Therapieselbststeuerung nach (schriftlich ausgehändigter) Anweisung des Arztes möglich [17].

- CB: Schwankungen bis 5 %; Werte im Referenzbereich.
- COB: Werte unterhalb des Referenzbereiches; Schwankungen über 5 %, jedoch weniger als bei Asthma.
- Emphysem: niedrige Werte ohne größere Schwankungen.
- Asthma bronchiale: starke Schwankungen der Werte.

Das PFM kann die Spirometrie aus mehreren Gründen nicht ersetzen:

1. Nur bedingte Meßgenauigkeit.
2. Auch bei normalen PFM-Werten kann eine Funktionsstörung vorliegen, insbesondere bei leichtem Asthma darf der diagnostische Wert des PFM-Monitorings nicht überschätzt werden, so wurden in 24 – 40 % keine Schwankungen über 20 % ermittelt [18].
3. Alleine mit dem PFM kann die Diagnose einer obstruktiven oder restriktiven Ventilationsstörung nicht sicher gestellt werden.

Das Peak-Flow-Meter ist dennoch sowohl für die klinisch-praktische Umweltmedizin, als auch für epidemiologische Untersuchungen eines der wichtigsten diagnostischen Methoden.

Bodyplethsymographie

Vorteil der Bodyplethsymographie

Zusätzlich zu den Meßgrößen der klassischen Spirometrie und der Pneumotachographie können mit der Bodyplethysmographie der

- der Atemwegswiderstand (weitgehend mitarbeitsunabhängig) und das
- ITGV (intrathorakales Gasvolumen) bestimmt werden.

Bodyplethsymographische Messung der Resistance

Der Strömungswiderstand (Resistance) des Tracheobronchialbaums ist der pathophysiologisch wichtigste Parameter der Atemmechanik.

Die Resistance ist die Druckdifferenz, die an den beiden Enden einer Röhre herrschen muß, damit eine Strömung ($\dot{V}$ = V/t; $\dot{V}$ = Atemstromstärkevolumen/ Zeit) von 1 l/s aufrecht erhalten wird. Die Einheit ist daher kPa pro l/s.

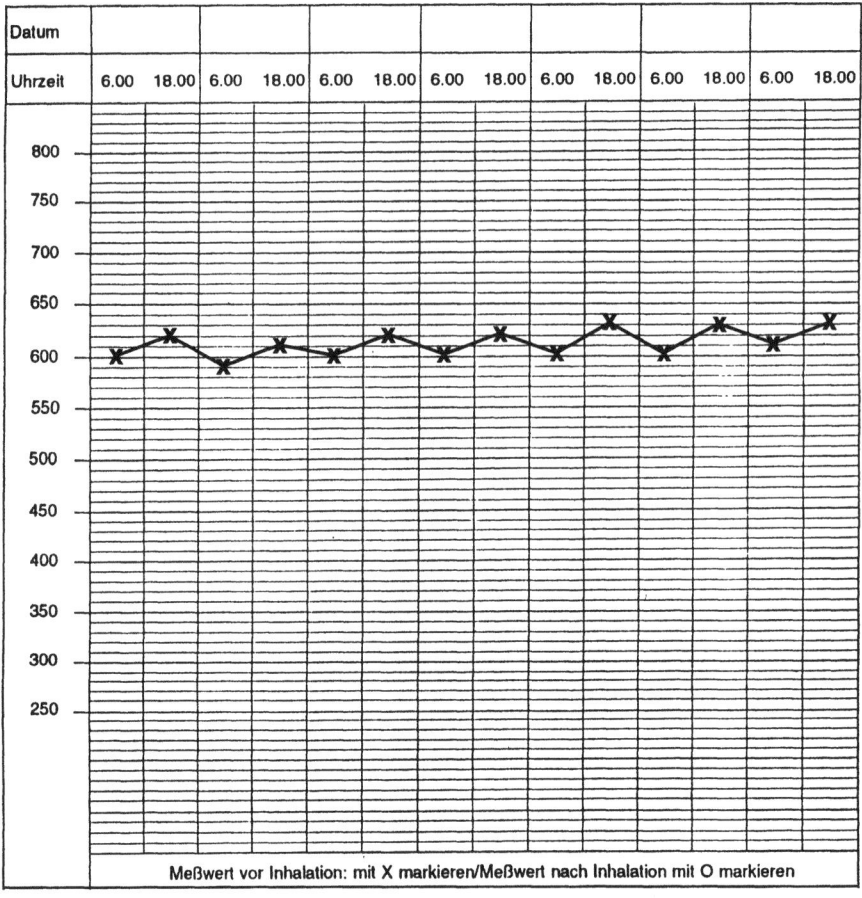

Abb. 5a–c. Typische Peak-Flow-Meter-Kurven. **a)** Beim Gesunden, **b)** bei Asthma bronchiale, **c)** bei chronisch obstruktiver Bronchitis

Prinzip der Resistance-Bestimmung mittels Bodyplethysmographie. Gemessen wird der Fluß am Pneumotachographen (Mundfluß). Dieser wird in Beziehung gesetzt zu der alveolären Druckänderung, die für diesen Fluß erforderlich ist. Da dieser Druck nicht direkt gemessen werden kann, wird statt dessen die durch diese alveoläre Druckänderung induzierte Kammerdruckänderung des Bodyplethysmographen genutzt:

$R_{aw} \approx$ Kammerdruckänderung: Fluß (Mund)

Gemessen wird

1. Kammerdruckänderung,
2. Flußänderung am Mund.

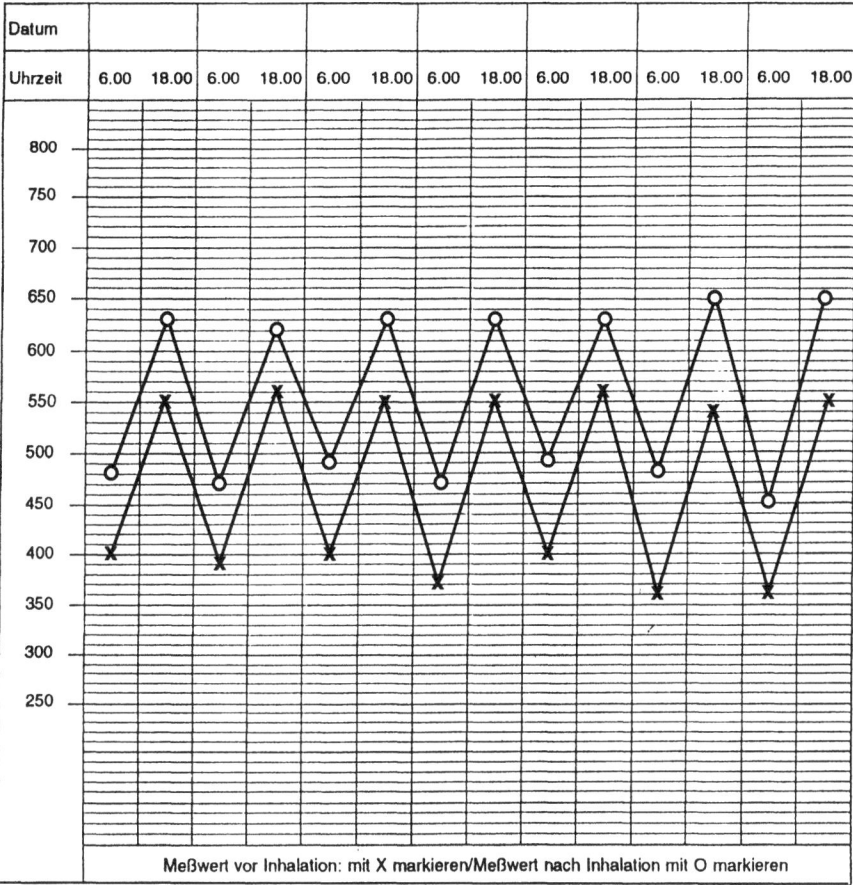

Datum														
Uhrzeit	6.00	18.00	6.00	18.00	6.00	18.00	6.00	18.00	6.00	18.00	6.00	18.00	6.00	18.00

Meßwert vor Inhalation: mit X markieren/Meßwert nach Inhalation mit O markieren

Abb. 5b

Zeitsynchrone Aufzeichnung = Druckflußdiagramm = Resistanceschleife
→ Steilheit der Resistanceschleife = Maß für den Raw.

$R = $ Druckdifferenz/Strömung $= \Delta P : \dot{V}$ (kPa/l/s oder kPa $\cdot$ s/l)

Merke: Einheit der Resistance: kPa pro Liter pro Sekunde oder
kPa mal Sekunde durch Liter

Die bronchiale Resistance (R_{aw} tot) beträgt im Mittel 0,22 kPa $\cdot$ s/l. Die obere
physiol. Grenze wird mit 0,3 cm kPa $\cdot$ s/l angenommen. Werte zwischen 0,3 und
0,35 kPa/l/s gelten als grenzwertig. Es besteht eine leicht ansteigende Tendenz
mit dem Lebensalter. Eine schwache Beziehung besteht auch zum Körpergewicht.

$R_{aw} - sR_{aw} - sG_{aw}$:

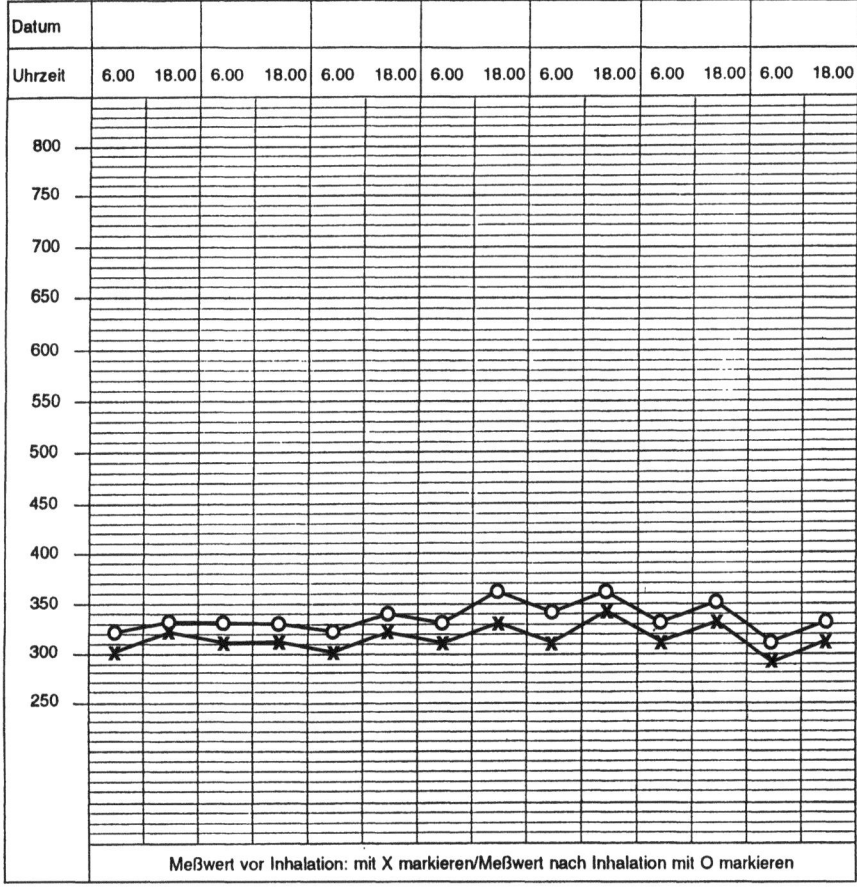

Datum														
Uhrzeit	6.00	18.00	6.00	18.00	6.00	18.00	6.00	18.00	6.00	18.00	6.00	18.00	6.00	18.00

Meßwert vor Inhalation: mit X markieren/Meßwert nach Inhalation mit O markieren

Abb. 5 c

Der Atemwegswiderstand ist abhängig vom aktuellen Lungenvolumen. Bei einer „kleinen" Lunge (Beispiel – Kinder oder Fibrose) sind die Atemwege enger, bei einer Lungenüberblähung (z. B. Lungenemphysem) werden die Atemwege „gedehnt" und sind weiter: Der R_{aw} überschätzt (kleine Lunge) oder unterschätzt (Emphysem) den Atemwegswiderstand. Daher wurde der sR_{aw} (spez. Resistance) eingeführt, der den R_{aw} um das ITGV korrigiert

$$sR_{aw} = R_{aw} \times ITGV$$

sR_{aw} = insbesondere zur Verlaufskontrolle besser als R_{aw} geeignet.
$sG_{aw} = 1/sR_{aw}$ = spez. Conductance.

Befundwertung, Normalbefunde (Atemwegswiderstand)

R_{aw} (Resistance) Gesamtatemwegswiderstand	Zentraler AW-Widerstand	Einheit kPa/l/ s
– Normal	< 0,3	Besser % d. SW, weil R_{aw}, sR_{aw} und sG_{aw} alters- und größen- abhängig sind
– Leicht erhöht	0,3 – 0,5	
– Mittelgradig erhöht	0,5 – 1.0	
– Stark erhöht	> 1.0	
sR_{aw} (spezifische Resistance)	Zentraler AW- Widerstand × TGV	Einheit kPa · s
Normal	< 1	
Leicht erhöht	> 1 – 2	
Mittelgradig erhöht	2 – 4	
Stark erhöht	> 4	
sG_{aw}	Spezifische Conductance	Einheit 1/ kPa · s
Normal	> 1	
Leicht erniedrigt	0,5 – 1	
Mittel	0,5 – 0,3	
Schwer	< 0.3	

„Zentrale ↔ periphere Obstruktion"

Der bodyplethysmographisch ermittelte R_{aw} spiegelt die Verhältnisse bei ruhiger Atmung wider. Er hängt vorwiegend vom Widerstand der mehr zentralen Atemwege ab („zentrale Obstruktion"). Der Tiffeneau-Index wird unter max. forcierter Exspiration ermittelt, d.h. er hängt stark von der Stabilität der peripheren Atemwege ab („periphere Obstruktion"). Im klinischen Jargon erscheint daher die vereinfachende Beschreibung einer zentralen und einer peripheren Obstruktion gerechtfertigt. Beim Emphysem liegt z.B. typischerweise eine sehr starke periphere und oft eine deutlich geringere zentrale Obstruktion vor (Instabilitätskriterium).

Bodyplethysmographische Messung des ITGV (Tabelle 4)

Prinzip = Gesetz von Boyle – Mariotte: V × P = konstant

Der Proband atmet innerhalb der geschlossenen Kammer gegen das am Ende der normalen Ausatmung kurzfristig verschlossene Atemrohr („shutter"). Durch diesen „Trick" entspricht die Munddruckänderung der Alvedardruckänderung.

Nun kann aus der Druckänderung innerhalb der Kammer infolge der Atem-
exkursion und der Munddruckveränderung das ITGV bestimmt werden
(Shutterkurve).

Tabelle 4. Befundwertung/Normalbefunde RV/TLC/ITGV

TLC	% des Sollwertes	RV	% des Sollwertes
Normal	80 – 115 %	Normal	80 – 120
Leicht erhöht	115 – 130	Leicht erhöht	120 – 140
Mittelgradig erhöht	130 – 150	Mittelgradig erhöht	140 – 170
Stark erhöht	> 150	Stark erhöht	> 170
Leicht erniedrigt	80 – 60	Leicht erniedrigt	80 – 70
Mittelgradig erniedrigt	59 – 40	Mittelgradig erniedrigt	70 – 50
Stark erniedrigt	< 40	Stark erniedrigt	< 50
ITGV	% des Sollwertes	RV%TLC	% des Sollwertes
Normal	< 110	Normal	< 35
Leicht	110 – 140	Leicht erhöht	35 – 50
Mittel	140 – 170	Mittelgradig erhöht	50 – 60
Stark	> 170	Stark erhöht	> 60
Sehr schwer	> 200		

Differentialdiagnose: Lungenüberblähung – Emphysem

Eine Erhöhung des ITGV bzw. des RV gibt Hinweise auf das Vorliegen einer
Lungenüberblähung (reversibel) bzw. eines Lungenemphysems (irreversibel).
Ein erhöhtes RV kann sekundär zu einer Einschränkung der VK führen.

Lungenüberblähung: FRC bzw. RV ↑, TLC → oder ↑ (RV/TLC ↑).
Lungenemphysem: FRC bzw. RV ↑ und TLC ↑, Keule und Knick bei
                   der Ganzkörperplethysmographie (TLCO ↓).

Messung der funktionellen Residualkapazität (FRC)
und des Residualvolumens (RV) mit der Heliumverdünnungsmethode

Prinzip. In einem geschlossenen Raum (bei konst. Temp.) ist das Produkt aus
Gaskonzentration und Gasvolumen konstant. Ein Testgas (bekannte Konzentration) verteilt sich auf die Volumina von Spirometer und Lunge, aus der Verdünnung der Konzentration im Spirometervolumen kann auf die Lungengrößen
geschlossen werden. Bei einer Erhöhung der FRC über 50 % ist sicher von einer
Einschränkung der inspiratorischen Reserve auszugehen.

Größe des nicht ventilierten Lungenareals

Die Bodyplethysmographie erfaßt im Gegensatz zur Helimverdünnungs-
methode auch die nicht ventilierten Lungenareale. Diese entsprechen daher der
Differenz der Meßwerte zwischen beiden Methoden: $RV_{(Body)} - RV_{(Heliummethode)} =$

nicht ventilierte Lungenareale („Bulla-Volumen"). *Achtung:* Beide Werte müssen gleichzeitig gemessen werden, nach Bronchospasmolyse.

Andere Methoden zur Messung des Atemwegswiderstandes: Unterbrechermethode, Oszilloresistometrie

Vorteile:

- preiswert, einfach, kleine, tragbare Geräte
- mitarbeitsunabhängig
- fortlaufende Messung (Provokation) möglich

Nachteile:

- weniger genau als die Bodyplethysmographie
- … sollte nicht einziges Verfahren in einer Praxis sein

Oszilloresistometrie (R_{os})

Meßprinzip. Ein Strömungsgenerator erzeugt eine Wechselströmung, die wesentlich höherfrequent ist als die Atmung. Durch diese Wechselströmung wird (während der Patient in einen Schlauch mit einem definierten Widerstand atmet = Referenzwiderstand R_0) dem Atemfluß eine Schwingung einer bestimmter (variablen) Frequenz (meist 10 Hz) aufgeprägt. Diese Schwingungen setzen sich über die Atemwege bis in das Gewebe fort. Dadurch entsteht am Mundstück ein Wechseldruck, der vom Atemwegswiderstand und den Widerständen des Thorax- und Lungengewebes abhängt. Aus dem Verhältnis von Wechseldruck und Wechselströmung läßt sich mittels eines Referenzwiderstandes der Atemwegswiderstand (R_{os}) quantitativ erfassen. Als Referenzwiderstand dient der Schlauch mit definiertem Widerstand, in diesen atmet der Patient zunächst über ca. 2 Minuten, während dieser Zeit wird dem Atemstrom die Schwingung überlagert. Der Oszillationsstrom verteilt sich entsprechend dem Verhältnis von Atemwegswiderstand (R_{os}) und Referenzwiderstand (R_0). Dadurch entsteht ein vom Atemwegswiderstand abhängiger Wechseldruck, der über einen Druckwandler abgenommen werden kann. Vergl. Abb 6.

Im Unterschied zum bodyplethysmographischen Atemwegswiderstand wird mittels der Oszilloresistometrie also ein summarischer Atemwiderstand (von Bronchien, Lungengas, -gewebe und Thoraxwand) gemessen.

Vorteil: fortlaufende Messung möglich, wichtig z. B. bei Provokationstestungen.

Nachteil: Da neben dem Atemwegswiderstand auch Gewebewiderstände in den Meßwert eingehen und der Widerstand des Bronchialsystems frequenzabhängig ist, ist der gemessene Widerstand oft nicht eindeutig zu interpretieren. Außerdem werden wegen der Frequenzabhängigkeit schwere Obstruktionen (> 0,8 kPa) unterschätzt, obwohl im Normalfall $R_{os} > R_{aw}$ ist.

In der Arbeits- und Umweltmedizin finden sich bisher wenig Langzeituntersuchungen mittels Impedanzmessungen. Hier bieten sich aber für die Zukunft möglicherweise interessante ergänzende Aspekte zu den üblicherweise

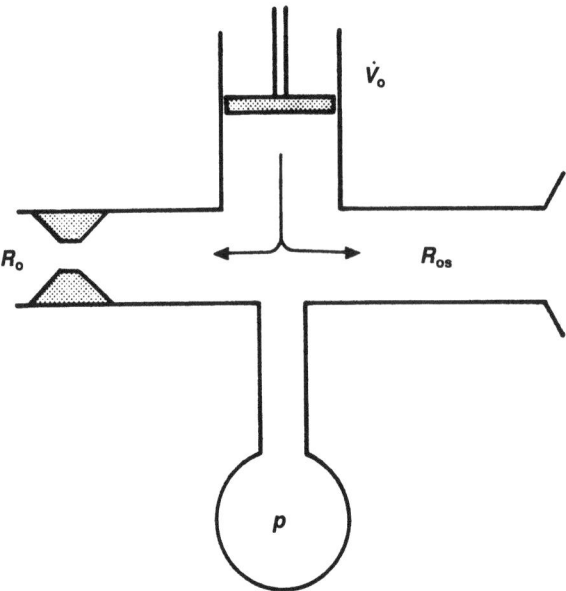

Abb. 6. Meßprinzip der Oszillometrie. Die am Mundstück eingeprägte Oszillationsströmung $\dot{V}_o$ verteilt sich zu gleichen Teilen in einem symmetrischen T-Stück, vorausgesetzt, daß der gesuchte Atemwiderstand R_{os} dem Referenzwiderstand R_o entspricht. In diesem Falle ist $p = O$. Ändert sich der Atemwiderstand R_{os} des Patienten, so muß der Referenzwiderstand R_o eine bestimmte Größe erreichen, um p wiederum gegen O zu führen. R_o entspricht dann dem gesuchten Atemwegswiderstand. (Nach Petro u. Konietzko 1992, aus [46])

benutzten Meßgrößen FEV$_1$, FVC, Fluß-Volumenkurve oder dem Atemwegswiderstand [19].

Unterbrechermethode (R_u)

Meßprinzip. Hier wird (wie bei der Bodyplethysmographie) mittels Pneumotachometer die Atemstromstärke am Mund gemessen. Allerdings werden Atemstromstärke und Alveolardruck nicht gleichzeitig, sondern hintereinander gemessen. Bei einer normalen Ruheatmung wird das Atemrohr mehrmals pro Sekunde verschlossen. Während dieser kurzfristigen Verschlußphase ist der Atemstrom null. Durch diesen methodischen Trick kann der Alveolardruck für diesen Moment am Mund bestimmt werden. Aus Atemstromstärke und Alveolardruck wird der Widerstand errechnet. Dies setzt aber voraus, daß die kurze Verschlußzeit zum Druckausgleich zwischen Alveolarraum und Mundöffnung ausreicht und gleichzeitig kurz genug ist, um nicht zusätzliche Druckkomponenten der aktiven Atembewegung zu erfassen.

$$R_u = \frac{\text{Alveolardruck}_{\text{(am Mund während der kurzen Verschlußzeiten gemessen)}}}{\text{Atemstromstärke}_{\text{(am Mund mittels Pneumotachometer gemessen)}}}$$

Vorteil: tragbare Geräte, preiswert.

Nachteil: weniger genau, insbesondere bei hohen Atemwegswiderständen (mangelnder Druckausgleich).

Bronchiale Provokationstests (BPT)

Unter bronchialer Reagibilität versteht man die Eigenschaft des Bronchialsystems, auf ganz unterschiedliche Reize mit einer Obstruktion zu reagieren. Ist diese Eigenschaft pathologisch gesteigert, so spricht man von bronchialer Hyperreagibilität bzw. bronchialer Hyperreaktivität. Bronchiale Hyperreaktivität ist eines der Kernmerkmale des Asthma bronchiale, ist aber mittels spezieller Testverfahren (s.u.) auch bei anderen Atemwegserkrankungen und bei Gesunden nachweisbar. Eine BHR kann z.B. im Rahmen eines Infektes auftreten und sich später wieder verlieren. Es muß demnach zwischen symptomatischer und asymptomatischer BHR unterschieden werden. Der Nachweis einer BHR war in verschiedenen Studien mit einer stärkeren Abnahme der FEV_1 im Langzeitverlauf assoziiert, war also bezogen auf Entwicklung der Lungenfunktion im Altersverlauf als prognostisch ungünstig zu werten. Andererseits ist letztlich die prognostische Bedeutung einer asymptomatischen, also nur mittels spezieller Testverfahren zu diagnostizierenden BHR nicht abschließend geklärt, insbesondere beweist eine BHR alleine kein beginnendes Asthma bronchiale. Dies muß auch bei der Interpretation vieler Querschnittstudien berücksichtigt werden, die zeigen, daß mit steigender Konzentration verschiedener Außen- und Innenluftschadstoffe eine Zunahme der Häufigkeit einer BHR zu verzeichnen ist. Trendmäßig ist bei diesen Personen von einem höheren Risiko einer sich verschlechternden Lungenfunktion (FEV1 bzw. Entwicklung einer Obstruktion) auszugehen. Beispiele sind die Entwicklung einer BHR unter beruflicher Exposition z.B. bei Schweißern oder Bergleuten. Keinesfalls werden aber alle nach einer gewissen Latenzzeit krank. Eine weitere Kontrolle dieser aber zumindest als Risikopopulation zu wertenden Gruppe ist jedoch in jedem Fall gerechtfertigt.

Bronchiale Hyperreagibilität (BHR)

Definition. Ererbte oder erworbene Bereitschaft der Atemwege, auf einen nichtspezifischen (nichtallergenen) Reiz mit einer Verengung zu reagieren, die bei nicht-reagiblen Personen nicht oder nicht in diesem Ausmaß auftritt. Kurz eine überschießende Reaktion auf direkte und indirekte bronchokonstriktorische Reize.

Direkte Reize:

- pharmakologische Substanzen (z.B. Cholinergika: wie Carbachol, Acetylcholin oder Methacholin),
- Mediatoren (z.B. Histamin).

Indirekte Reize:

- Allergene,
- chemische Irritantien (Ozon, SO_2...),
- pharmakologische Substanzen (PAF, Beta-Blocker...),
- physikalische Reize (Kälte, Staub, Nebel, Anstrengung...).

Viele Frage über die Genese und die Bedeutung einer bronchialen Hyperreagibilität sind aber z. Z. noch unklar. Postuliert wird insbesondere eine genetische Disposition (Holländische Hypothese [20]). Zumindest aber zusätzlich müssen andere Faktoren hinzutreten, damit die in Testverfahren nachweisbare BHR eine klinische Relevanz erlangt.

Wesentliche ätiologische Faktoren bei der Entstehung/ klinischer Manifestierung einer BHR:

- Allergene (Spätreaktion; insbesondere scheinen perenniale Innenraumallergene die Entwicklung einer BHR zu fördern),
- Infekte,
- andere entzündungsinduzierende Faktoren (u. a. Luftschadstoffe [21–26]).

Klinische Bedeutung der BHR:

- Zusammenhang mit Asthma und COB,
- aber auch bei klinisch Gesunden (Prognostische Bedeutung der asymptomatischen BHR letztlich unklar).

Diagnose der BHR:

1. Anamnestische Hinweise:
   - *Husten*, insbesondere nach Kontakt mit Atemwegsreizstoffen wie Nebel, Rauch oder Dämpfe, bei Anstrengung oder bei Kälte,
   - wechselnde *Dyspnoe* oder
   - wechselndes *thorakales Engegefühl*.
2. Unspezifischer Provokationstest (= bronchiale Reagibilität, s. unten).
3. Peak-Flow-Meter (bronchiale Reagibilität/starke Schwankungen).

Unspezifischer bronchialer Provokationstest [27]

Bronchiale Provokationstests dienen entweder zur Sicherung der Aktualität eines Allergens (vorherige Stufendiagnostik) = spezifischer bronchialer Provokationstest = Allergietest, oder aber allgemein der Überprüfung der Reagibilität der Bronchien auf verschiedene *pharmakologische* (Carbachol, Acetylcholin, Methacholin, Histamin, u. a.), *physikalische* (Kälte) oder *atemmechanische* (Belastung, Hyperventilation) Reize. Man spricht vom unspezifischen BPT.

Acetylcholin gilt wegen der starken tussiven Wirkung, die für die Patienten unangenehm ist und die Messung beeinträchtigt, als eher ungünstig und sollte zugunsten Carbachol, Methacholin oder Histamin verlassen werden [28].

Bei der Verneblerapparatur sind entweder spezielle Dosimetersysteme (kommerziell erhältliche – ProvoJet, Fa. Ganshorn; APS, Fa. Jäger; ProvAir, Fa. Zahn) oder aber die Reservoir-Methode (z. B. Provocationstest II; Fa. Medanz-Pari).

Indikation

1. Diagnostik: Abklärung von wechselndem Husten, Dyspnoe und thorakalem Engegefühl.
2. Schweregradeinschätzung von Asthma bronchiale.
3. Begutachtung, arbeitsmedizinische und umweltmedizinische Fragestellungen
4. Therapie- und Verlaufskontrolle. Eine abnehmende bronchiale Reagibilität unter Therapie spricht für eine Abnahme der entzündlichen Bronchialschleimhautveränderung.

In großen Längsschnittstudien konnte gezeigt werden, daß in einem Kollektiv von Patienten mit chronisch obstruktiver Bronchitis und Lungenemphysem die bronchiale Hyperreagibilität nicht häufiger vorkommt als bei Gesunden. Daher sollte beim Nachweis einer bronchialen Hyperreagibilität bei COB-Patienten von *COB mit asthmatischer Komponente* oder von *COB und Asthma* gesprochen werden. Bei diesen Patienten ist die Prognose schlechter als bei einer chronisch obstruktiven Bronchitis ohne Hyperreagibilität [29].

Kriterien eines positiven BPT

Unspezifische bronchiale Provokationstests können mit vielen verschiedenen (nichtallergenen) Reizen durchgeführt werden. Geprüft wird, ob eine stand. Menge oder Konzentration eines Reiz(-stoffes) zu einer definierten Verschlechterung der Lungenfunktion führt.

Es gibt bisher keine allgemein akzeptierten und einheitlichen Standards bzgl. der Durchführung und Bewertung eines BPT. BPT werden daher oft sehr unterschiedlich durchgeführt. Relative Einigkeit besteht aber über die folgenden Zielwerte der Lufu-Änderungen:

Kriterien des positiven BPT:
FEV_1 –20% und/oder sR_{aw} + 100% bzw. sG_{aw} –50%.

Prokovationsdosis PD (PD 100 sG_{aw}, PD – 50 sG_{aw}, PD – 20 FEV_1)
Dosis eines Reizstoffes, die im Provokationstest zu einer Zu-/Abnahme

- + 100% sR_{aw}
- – 50% sG_{aw}
- – 20% FEV_1 führt.

(PC = Provokationskonzentration; analog wird von PC 100 sG_{aw} usw. gesprochen)

Methodik der unspezifischen bronchialen Provokationstests

Einstufentest. Der Einstufentest mit pharmakologischen Substanzen sollte heute nicht mehr durchgeführt werden, da er ein nicht unerhebliches Risiko birgt und keine Graduierung der BHR ermöglicht. Ein Minimum von vier Stufen bis zur Erreichung der Maximaldosis wird empfohlen [30].

Mehrstufentest. Inhalation verschiedener Konzentrationsstufen der Reizsubstanz (z.B. über einen Düsenvernebler) bis zu einer definierten Dosis. Findet sich hier kein Abfall des FEV_1 um 20% bzw. kein Anstieg des sR_{aw} um 100%, so wird von einem negativen PBT gesprochen. Die Konzentrationsstufe, die zu einem positiven Test führt entspricht der PC – 20 FEV_1 bzw. der PC + 100 sG_{aw}.

Kumulative Exposition. Erstellen einer kumulativer Dosis-Wirkungskurve. Dies erfolgt in der klinischen Praxis mittels eines PC gesteuerten Testprogrammes (z.B. APS, Firma Jäger).Dabei werden kumulativ erst ein Atemzug, dann (nach einem standardisierten Modus) zunehmend mehr Atemzüge der Testsubstanz eingeatmet, anschließend erfolgt jeweils die Messung, Die Dosis, die zu einem Abfall des FEV_1 um 20% führt ist die PD–20 FEV_1. Bei Erreichen der PD–20 FEV_1 bzw. der PD + 100 sR_{aw} bzw. oberhalb einer oberen Dosisgrenze erfolgt der Testabbruch.

Als Befundergebnis wird z.B. die PD–20 FEV_1 in "…mg kumulierter inhalativer Carbacholexposition" angegeben. Deskriptiv kann in leichte, mittelstarke bzw. ausgeprägte BHR eingeteilt werden.

Vorteil: genauere Quantifizierung der BRH möglich, dadurch Verlaufskontrollmöglichkeiten (z.B. zur Therapiekontrolle).

Kaltluftprovokation. Bei der isokapnischen Kaltluft-Hyperventilationsprovokation (z.B. RHAS = Respiratory Heat Exchange System, Firma Jäger) wird auf –20°C gekühlte Pressluft über ein Mundstück inhaliert. Diese Dosierung der Kaltluft erfolgt über ein festgelegtes Hyperventilationsprogramm. Um dies zu ermöglichen (→ keine Hyperventilationssymptome) wird die CO_2-Fraktion der Ausatemluft kontinuierlich gemessen und durch Beimischung zur Pressluft auf isokapnischen Werten gehalten. In sequentieller Reihenfolge werden entweder definierte Mengen an Kaltluft ventiliert bzw. hyperventiliert (je 3 Min. 15, 30, 60 Liter/Min. sowie bei 75% der maximalen willkürlichen Ventilation) oder aber es wird ein Einstufentest mit der 75% der max. willkürlichen Ventilation durchgeführt. Ein Abfall von > 20% FEV_1 oder das Erreichen der letzten Stufe beendet die Kaltluftprovokation.

Dabei scheint die Sensitivität der Kaltluftprovokation geringer als die einer Histaminprovokation [31].

Belastungstests (Laufband). Diagnostik des Anstrengungsasthmas bzw. einer belastungsinduzierbaren BHR.

Beachte: Um ein Anstrengungsasthma zu diagnostizieren, ist eine nicht unerhebliche Belastung erforderlich. Gefordert wird eine Belastung über mindestens 6 Min, welche zu einer Pulsfrequenz von 150–170 (85% der altersentsprechenden max. HF = 220 -J) führt.

Typische Einstellung der Laufbandbelastung: 5–10 km/h, Steigung 5%.

Durchführung: Messung von FEV_1, R_{aw} und PEF sofort, und bis zu 30 Min nach Belastung.

In epidemiologischen Untersuchungen wurde die bronchiale Reagibilität auch durch eine kurzfristige, frei gewählte körperliche Belastung im Freien untersucht. So konnte bei Schulkindern in NRW eine BHR in 10,8 % alleine durch die körperliche Belastung während der Schulpause dokumentiert werden [32].

Wichtig ist die Tatsache, daß es Probanden gibt, die z.B. nicht auf einen Histamintest, wohl aber auf einen Lauftest, bzw. umgekehrt nur auf einen Histamintest, nicht aber auf körperliche Belastung mit einem positiven bronchialen Provokationstest reagieren [33]. Gleiches gilt für Kaltluft und Methacholin [34].

Kontraindikationen. Ein unspezifischer BPT darf im Rahmen der Routinediagnostik nur durchgeführt werden, wenn keine Obstruktion in der Ausgangs-Luft vorliegt. Als Kontraindikationen gelten ein $R_{aw} > 0{,}5\ kPa \cdot s/l$ oder ein $FEV_1 < 80\,\%$ d. SW.

Spezifischer bronchialer Provokationstest

Positiv: FEV_1 $-20\,\%$ und/oder sR_{aw} $+100\,\%$. (vergl. Kapitel „Allergiediagnostik").

Bronchospasmolysetest (BSL-T)

> Beim Nachweis einer obstuktiven Ventilationsstörung ist immer ein Bronchospasmolysetest (Kontrolle der Spirometrie/Bodyplethysmographie nach Gabe eines inhalativen Bronchospasmolytikums) angezeigt.

- Unterscheide Akutversuch (z.B. Beta$_2$-Sympathomimetika) vom Langzeitversuch (z.B. Steroidversuch).
- Am empfindlichsten ist die Messung des bodyplethysmographisch ermittelten sR_{aw} bzw. sG_{aw}.
- Möglich ist aber auch eine Therapiekontrolle mittels FEV_1(„reversibel: $+12\,\%$ oder $+200$ ml [35]) oder Peak Flow ($+60$ l/min [36]), allerdings besteht bei der alleinigen Betrachtung spirometrischer Parameter die Gefahr der falsch-negativen Einordnung als „nicht reversibel". Therapeutische Veränderungen können bezüglich der spirometrischen Parameter gering sein oder fehlen, während sich der Atemwegswiderstand (z.B. nach einem Betamimeticum) u.U. relevant verbessern kann [37], dies gilt insbesondere bei instabilen Atemwegen.
- Eine im Akutversuch auf ein Beta$_2$-Sympathomimeticum reversible Obstruktion bedeutet i.d.R. die Indikation zur Therapie. Bei einer irreversiblen Obstruktion ist differentialdiagnostisch auch an eine endo- oder extrabronchiale mechanische Flußbehinderung zu denken und die Indikation z.B. zur Bronchoskopie zu klären.
- Auch bei „normalem" Atemwegswiderstand, aber erhöhtem RV (ITGV) kann ein BSL-Test sinnvoll sein.

Tabelle 5. Befundinterpretation des Bronchospasmolysetests

	sR$_{aw}$	FEV$_1$
Komplette Reversibilität	Wert nach BSL im Normbereich	Wert nach BSL im Normbereich
Partielle Reversibilität	Mindestens −20%	Mindestens +12%
Keine Reversibilität im Akutversuch	Weniger	Weniger

Lungendehnbarkeit (Compliance-Messung)

Die Compliance der Lunge entspricht der Volumenänderung der Lunge, die durch eine bestimmte Änderung des transpulmonalen Drucks bewirkt wird.

Compliance (C$_L$) = $\Delta V/\Delta P$ [Einheit = 1/cm H$_2$O bzw. 1/kPa]

Die Messung erfolgt mittels Pneumotachographen (mißt die Volumenänderung) und einem Ösophagusdruck-Katheter (mißt den Ösophagusdruck, der dem intrapleuralen Druck proportional ist). Prinzip: Ein XY-Schreiber zeichnet auf *welche (Pleura-)Druckänderung welche Volumenänderung bewirkt.* Y-Achse = Volumen, X-Achse = Druck: d.h. je steiler die Neigung, desto schlaffer die Lunge. Bei einer steifen Lunge (z.B. Fibrose) ist die notwendige Druckänderung, die Zwerchfell und der Thorax bewirken müssen groß, die Compliance (Lungendehnbarkeit) also niedrig. Bei einer schlaffen Lunge (z.B. Emphysem) ist die Compliance hoch.

$C_L\uparrow$ = Lungenemphysem,
$C_L\downarrow$ = interstitielle Lungenerkrankungen,
$C_{chw}\downarrow$ = Pleuraschwarten.

Die Methode ist von der Patientenmitarbeit weitgehend unabhängig, gut reproduzierbar (< 10% Differenzen bei Mehrfachbestimmung) und sehr sensitiv, wird aber teilweise als unangenehm empfunden.

Voraussetzung zur Ermittlung der statischen Compliance ist das Atemanhalten (offene Glottis), dies ist oft nicht möglich, daher verwendet man die quasi-statische Compliance, d. h. die Lungendehnbarkeit bei einer möglichst niedrigen Atemfrequenz, z. B. bei 4 Atemzügen pro Min.

Statische C$_L$ (C$_{L\,stat}$) = Compliance-Messung bei sehr langsamer Ausatmung
Dynamische C$_L$ (C$_{L\,dyn}$) = Compliance-Messung bei schneller Atmung

- Ideal: $C_{L\,dyn} = C_{L\,stat}$
- Normal: $C_{L\,dyn} < C_{L\,stat}$
- Bei Obstruktion: Quotient $C_{L\,stat}/C_{L\,dyn}$ steigt *deutlich > 1* = krankhaft.

Bei der Messung der Compliance während schneller Atmung (dynamische Compliance) werden auch Strömungswiderstände insbesondere der kleinen Atemwege (unter 2 mm) miterfaßt, die gemessene Compliance wird zahlenmäßig kleiner. Dieser Effekt des zusätzlichen Strömungswiderstandes nimmt mit zunehmender Obstruktion der kleinen Atemwege zu.

Dies kann zur Diagnostik einer small-airway disease genutzt werden:

- Ist der bodyplethysmographisch bestimmte Atemwegswiderstand normal (in welchen die kleinen Atemwege nur zu 10 % eingehen) und fällt die Compliance unter steigender Atemfrequenz ab, so kann eine small-airways-disease (Frühstadium einer obstruktiven Atemwegserkrankung) angenommen werden. Dies ist der einzige individuell verläßliche Test der diese Diagnose erlaubt.

Volumische Compliance ($C_{L\,Vol}$)

Bei einer starken Obstruktion ergeben sich erhebliche Interpretationsprobleme infolge der Verschiebung der Atemmittellage, außerdem verringert ein erhöhter Atemwegswiderstand die Compliance rechnerisch. Andererseits erhöht ein vermehrtes RV die Compliance. Daher wird die sog. volumische Compliance angegeben. ($C_{L\,Vol} = C_{L\,stat}/ITGV$), wodurch der Einfluß des Lungenvolumens rechnerisch kompensiert wird.

$C_{L\,stat} = \Delta V/\Delta P$ (Einheit: $1/cm\ H_2O$ bzw. $1/kPa$,
Normalwert = $0{,}15 - 0.3\ l/cm\ H_2O = 1{,}5 - 3\ l/kPa$)

$C_{L\,vol} = \Delta V/\Delta P$:   ITGV = entscheidender Parameter
(Einheit: $1/H_2O$ bzw. $1/kPa$)

Verteilungstests

Das Untersuchungsrepertoire der atemmechanischen Basisdiagnostik (Spirometrie/Bodyplethysmographie) gibt oft ungenügende Auskunft über Störungen in den peripheren Atemwegen. Dies ist aber im Frühstadium einer obstruktiven Atemwegserkrankung eine besonders relevante Fragestellung, da hier zunächst nur Veränderungen in den kleinen Atemwegen nachweisbar sind. So kommt es viel früher zu einer inhomogenen Verteilung der Luft im Alveolarraum als zu einer Beeinträchtigung der statischen oder dynamischen Basisparameter der Spirometrie/Bodyplethysmographie.

Schon bei der normalen Ventilation werden die verschiedenen Lungenareale unterschiedlich belüftet (Inspiration: zuerst werden die apikalen Lungenpartien belüftet, zuletzt die basalen, bei der Ausatmung kommt es zuerst zu einem Verschluß der kleinen basalen Atemwege = closing volume, d.h. der letzte Teil der Ausatmung kommt wieder aus den apikalen Lungenanteilen; first-in-last-out-Prinzip). Bei vielen Lungenerkrankungen nimmt diese Inhomogenität der Belüftung zu. Gasverteilungsstörungen gelten als frühes Zeichen obstruktiver Atemwegserkrankungen, daher wurden sie immer wieder zur Früherkennung propagiert, haben sich aber infolge des methodischen Aufwandes im klinischen Alltag und auch in der epidemiologischen Forschung nicht wirklich durchgesetzt.

Auch viele diagnostische Lungenfunktionsmethoden beinhalten Information über eine inhomogene Ventilations- und/oder Perfusionsverteilung (z.B. Blutgase unter Belastung, dynamische Compliance, Fluß-Volumenkurve u.a.).

Der verbreitetste spezielle Gasverteilungstest ist der N_2-single-breath-Test, der z. B. bei Rauchern sehr frühzeitig auf eine drohende chronisch obstruktive Bronchitis hinweisen kann.

Bestimmung der Gasverteilung (N_2-single-breath-Test, Closing Volume)

Die Verteilung und Mischung der eingeatmeten Luft innerhalb der Lunge kann durch die Messung der exspiratorischen Stickstoffkonzentration z. B. nach 100% Sauerstoffaufnahme oder Helium untersucht werden.

Meßverfahren: Nach maximaler Ausatmung wird aus einem Beutel 100% Sauerstoff langsam bis zur totalen Lungenkapazität eingeatmet. Bei der nachfolgenden langsamen Ausatmung wird der N_2-Gehalt der Ausatmung kontinuierlich gemessen. Trägt man die exspiratorische N_2-Konzentration in einer N_2-Konzentrationsvolumenkurve gegen das Ausatmungsvolumen auf, so können mehrere charakteristische Phasen unterschieden werden:

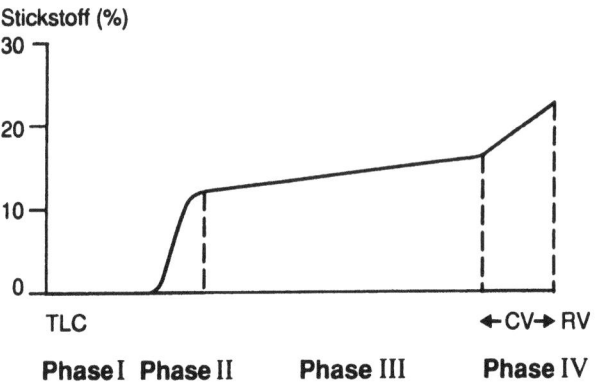

Abb. 7. Schematisierte Darstellung der Stickstoffauswaschmethode (Stickstoff-Volumenkurve nach der Ein-Atemzug-Technik). (Aus Fabel 1989)

- Phase I = Totraum = reines O_2, kein N_2 (weil kein Gasaustausch stattfand).
- Phase II = Mischphase = rascher N_2-Anstieg da sich zur exspiratorischen Totraumluft zunehmend Alveolarluft (und damit N_2) mischt.
- Phase III = Alveolarluftplateau = bei gleichmäßiger Gasverteilung findet sich ein horizontales Plateau, bei ungleichmäßiger Verteilung wird diese Phase steiler, der Anstieg in Phase 3 dient somit als Maß der ventilatorischen Inhomogenität (Slope Index).
- Phase IV = Verschluß der kleinen basal gelegenen Atemwege. Das Volumen dieser Phase wird als closing volume (CV) bezeichnet. Ein erhöhtes closing volume ist ein sehr empfindlicher Test für eine Atemwegsobstruktion im Bereich der kleinen Atemwege (small airway disease = Frühphase obstruktiver Atemwegserkrankungen).

Es gibt noch andere Meßmethoden zur Bestimmung des Verschlußvolumens (closing volume), stichwortartig sei hier nur die Bolusmethode (Helium, Argon, Xenon) genannt.

Ausgewählte Untersuchungsmethoden des Gasaustausches

Blutgasanalyse: Methodische Vorbemerkungen

Voraussetzung für eine reproduzierbare Blutgasanlyse ist ein Steady-State, daher sollte der Patient 10 Min vor der Untersuchung ruhig sitzen, soll nicht sprechen, lachen oder sich bewegen.

Routinemäßig erfolgt die Blutentnahme am kapillarisierten Ohrläppchen (durchblutungsfördernde Salbe, z.B. Finalgon, Salbe vor Blutentnahme entfernen → Desinfektion → trockene Haut → Blutentnahme nur bei kräftiger Hyperämie des Ohrläppchens → kurzer kräftiger Lanzettstich → Verwerfen des ersten Bluttropfens → Bluttropfen ohne Quetschen blasenfrei in die Kapillare aufsaugen. Handschuhe!) Die Blutprobe muß blasenfrei die Meßelektrode erreichen (Sichtkontrolle).

Bei Raumtemperatur sollte die Messung innerhalb von längstens 30 Min. erfolgen. Bei Kühlschranklagerung können Proben auch noch nach 10–12 Stunden gemessen werden [38].

Das Gerät eicht sich permanent selber, täglich erfolgt aber eine Grundeichung mit einem Blutersatzstoff mit konst. PO_2, CO_2 und pH. Doppelbestimmung der Blutgasanalysen sind prinzipiell anzuraten, insbesondere aber bei wichtigen diagnostischen Entscheidungen zwingend. Respiratorisch bedingte Schwankungen der Blutgaswerte (O_2, CO_2) sind aber durchaus innerhalb weniger Sekunden möglich.

Nicht ausreichend ist die Ohrläppchenmethode [39] bei:

- Kreislaufschock,
- dekompensierter Rechtsherzinsuffizienz,
- bei Sauerstoffatmung zur Shunt-Berechnung.

Unsicher ist die Methode bei sehr alten oder adipösen Personen.

Alternativ kann hier eine *arterielle Punktion* der A. radialis mittels Mikronadel durchgeführt werden.

SI-Einheiten. Seit dem 1.1.1978 sind in Deutschland die SI-Einheiten (eigentlich zwingend) vorgeschrieben. 1 mm HG = 0,133 kPa d.h.

    30 mm Hg = 4 kPa
    60 mm Hg = 8 kPa
    90 mm Hg = 12 kPa

Die korrekte Einheit kPa statt mm Hg hat sich in der Medizin aber nicht durchgesetzt. (Blutdruck, Blutgase)

p_aO_2 in Ruhe (arterieller Sauerstoffpartialdruck)

Meßprinzip. Reduktion des physikalisch im Blut gelösten Sauerstoffs an der membrangeschützten Kathode einer Platinelektrode.

Definitionen:

- Sauerstoffpartialdruck (P_aO_2): Teildruck von Sauerstoff, welcher physikalisch im arteriellen Blut gelöst ist.
- Sauerstoffsättigung (S_aO_2): Prozentualer Anteil an Sauerstoff, der im Vergleich zu einer 100 % Sättigung chemisch an das Hämoglobin gebunden ist.
- Sauerstoffgehalt des Blutes (C_aO_2): Sauerstoffmenge, die in 100 ml Vollblut enthalten ist, stellt also die Summe von physikalischem und chemisch gebundenen Sauerstoff dar.
- P_aO_2 = alveolärer Sauerstoffpartialdruck.
- arteriovenöse-O_2-Differenz = 4,5 – 5,5 Vol.-%.

> Respiratorische Insuffizienz = Unfähigkeit des respiratorischen Apparates eine normale Oxygenierung aufrechtzuerhalten (P_aO_2 < Normwert).
> Man unterscheidet 2 Formen:
>
> - Respiratorische Partialinsuffizienz = Hypoxämie = Normo- bzw. Hyperventilation (P_aCO_2 normal oder erniedrigt).
> - Respiratorische Globalinsuffizienz = Hypoventilation = P_aCO_2 erhöht.

Das p_aO_2 sagt wenig über die eigentlich interessierende Frage aus, ob die Gewebsoxygenierung ausreichend ist. Diese hängt u. a. vom Hb, der Sauerstoffsättigung des Hb, dem HZV und der Sauerstoffbindungskurve ab. Zum Beispiel im Rahmen einer Anämie kann die Gewebsoxygenierung trotz Normoxämie gestört sein.

Eine relativ gute Kenngröße des Verhältnisses Sauerstoffaufnahme zu Sauerstoffverbrauch ist die gemischtvenöse Sauerstoffsättigung der Pulmonalarterie (Rechtsherzkatheter). Normwert 60 – 70 %. S_vO_2 < 50 → Sauerstoffverbrauch übersteigt Sauerstoffangebot.

Tabelle 6. Schweregradeinteilung von Hypoxämie und Hyperkapnie (Anhaltswerte)
P_aO_2-Werte korrelieren mit Geschlecht, Gewicht und Alter, der P_aCO_2 ist davon unabhängig

Schweregradeinteilung: Hypoxämie		Schweregradeinteilung: Hyperkapnie	
Normoxämie	> Soll	Normokapnie	< 45 mm Hg
Leichte Hypoxämie	> 5 mm Hg unter Soll	Leichte Hyperkapnie	45 – 50
Mittelschwere Hypoxämie	> 5 – 10 mm Hg unter Soll	Mittelschwere Hyperkapnie	50 – 60
Schwere Hypoxämie	> 10 mm Hg unter Soll oder unter 55 mm Hg	Schwere Hyperkapnie	> 60

30 mm Hg = 4 kPa, 60 mm Hg = 8 kPa, 90 mm Hg = 12 kPa.

Lange wurde über die Frage diskutiert, ob das Gewicht in die Blutgas-Soll-werte eingehen sollte. Dies z. B. wurde in einem Workshop der Arbeitsgruppe „Lungenfunktionssollwerte und Expertensystem" der Gesellschaft für Lungen- und Atmungsforschung [40] verneint.

DD Hypoxämie

1. Verteilungsstörung (schlecht belüftete Alveolen $\rightarrow$ ungleiche Verteilung der Belüftung $\rightarrow$ funktioneller re-li-Shunt).
2. Diffusionsstörung.
3. Hypoventilation ($\rightarrow$ Globalinsuffizienz).
4. Shunt.

Vorgehen bei der Abklärung einer Hypoxämie

1. Beachtung des p_aO_2 (CO_2 $\uparrow$ entspricht immer einer Hypoventilation).
2. Belastungsoxymetrie,
   (*Verteilungsstörung* = p_aO_2-Anstieg, *Diffusionsstörung/Shunt:* p_aO_2-Abfall, *Hypoventilation* = p_aO_2-Abfall plus $PaCO_2$-Anstieg).
3. O_2-Messung unter 100%-Sauerstoffatmung,
   (*Diffusionsstörung:* starker p_aO_2-Anstieg,
   Shunt: geringer oder fehlender p_aO_2-Anstieg).

„Standardisierter p_aO_2": Korrigiert rechnerisch (nach der Formel von Diek-mann und Smidt) den gemessenen p_aO_2 auf den p_aCO_2-Wert von 40 mm Hg. Dies ist insbesondere bei Belastungsuntersuchungen wichtig. (*Formel:* p_aO_{2stand} = $p_aO_2 - 1{,}66 \cdot (40 - p_aO_2)$

Die AaDO$_2$: Die alveoloarterielle Sauerstoffpartialdruckdifferenz ($AaDO_2$) ist die Differenz der O_2-Partialdrucke im Alveolarraum und im arteriellen Blut. Ist die $AaDO_2$ erhöht liegt eine O_2-Gasaustauchstörung vor, auch wenn der PaO_2 durch (kompensatorische) Hyperventilation noch im Normbereich liegt („respi-ratorisch kompensierte Hypoxämie"). Ist die $AaDO_2$ normal liegt keine Gasaus-tauchstörung vor, auch dann nicht, wenn der p_aO_2 vermindert ist; es ist dann eine andere Teilfunktion der Lunge betroffen (z. B. Hypoventilation)

$$AaDO_2 = p_AO_2 - p_aO_2$$

Der art. p_aO_2 wird gemessen, der p_AO_2 kann zentralvenös gemessen werden oder aber aus der alveolären Gasgleichung errechnet werden. Vereinfacht gilt:

$$AaDO_2 = PI\,O_2 - \frac{p_aCO_2 + p_aO_2}{0{,}8}$$

Die $AaDO_2$ ist die entscheidende Größe des Gasaustausches.
Normalwert: 5–15 mm Hg

Die $AaDO_2$ beträgt beim Gesunden etwa 10–15 mm Hg und steigt unter Bela-stung bis auf etwa 25 mm Hg an. Sowohl bei Obstruktion als auch bei Restriktion ist die AaDO$_2$ bereits in Ruhe deutlich erhöht und kann unter Belastung sogar noch ansteigen. Normalisieren sich p$_a$O$_2$ und AaDO$_2$ unter Belastung, so liegt eine Verteilungsstörung vor, eine Diffusionsstörung oder ein Re-Li-Shunt können ausgeschlossen werden.

Oxymetrie (Unblutige Messung der O$_2$-Sättigung)

Meßprinzip: Unterschiedliche Lichtabsorbtion von Hb und Oxy-Hb. Gemessen wird die Sättigung, nicht der p$_a$O$_2$.

Hb-CO (CO-Hämoglobin)

CO-Hämoglobin ist der %-Anteil des Gesamthämoglobins, welches durch CO blockiert ist. CO hat eine sehr viel höhere Bindungsfähigkeit an Hb als O$_2$, Hb-CO kann daher kein O$_2$ binden (Prinzip der CO-Vergiftung, Raucher). Kleine CO-Mengen sind aber auch bei Gesunden und Nichtrauchern nachweisbar. Bei Rauchern und durch Umwelteinflüsse kann das Hb-CO jedoch deutlich erhöht sein.

Nichtrauchender Stadtbewohner	-2%
Verkehrspolizisten	-5 %
Leicht-mittelstarkes Rauchen	2-5%
Exzessivrauchen	>10%

Messung der Diffusion (TLCO)

Der Transferfaktor der Lunge für CO (TLCO) resultiert aus der Konzentrations-bestimmung von CO in der Ein- und Ausatmungsluft. Die Differenz der Konzentration ergibt die Menge, die durch die Alveolo-Kapillarwand ins Blut gelangt ist.

Definition. Transferfaktor = Gasmenge (ml/min/mm Hg bzw. ml/min/kPa) in ml, die pro min zwischen Alveole und Kapillare diffundiert und chemisch an Hämoglobin gebunden wird. Da die Diffusion von O$_2$ schwierig zu messen ist, wird als Testgas CO verwendet (TLCO), daß eine hohe Affinität zum Hb hat. Daher hängt der Transferfaktor für CO vor allem von der alveolokapillären Membran und der Kontaktzeit ab.

- *Steady-state-Methode.* Ein Gemisch aus ca. 0,1 % CO und Luft wird mehrere Minuten eingeatmet. Gemessen werden AMV, inspir. Konz.$_{CO}$ und die gesammelte exspir. Konz.$_{CO}$. *Vorteil:* Unabhängigkeit von Mitarbeit. *Nachteil:* CO-Belastung bei Wiederholung.
- *Single-breath-Methode.* Ausatmen – max. Inspiration und 10 s Atemanhalten – max. Ausatmung: Nach der Ausatmung enthält die Exspirationsluft weniger CO als die Inspirationsluft → Die Differenz ≈ TLCO Eingeatmet wird Testgas aus ca. 0,3% CO, 10% Helium und Luft. *Nachteil:* Atemanhalten erforderlich.
  TLCO ≈ Lungengröße ≈ Alter, Geschlecht Größe. Daher wird die TLCO auf das Alveolarvolumen bezogen = Transferkoeffizient (TLCO/VA%).

Normal	Leicht ↓	Mittel ↓	Schwer ↓
TLCO/VA > 80%	60-80%	40-60%	< 40% des SW

Der Transferfaktor ist sehr sensitiv aber auch sehr unspezifisch. Ein erniedrigter TLCO wird mittels Belastungs-BGA weiter abgeklärt: Verdacht auf Diffusionsstörung → Belastungs-BGA.

Der Transferfaktor erfaßt keinesfalls nur Diffusionsstörungen, sondern wird verfälscht durch:

- Ventilationsstörungen,
- Perfusionsstörungen,
- Verteilungsstörungen,
- wird durch extrapulmonale Erkrankungen beeinflußt:
  - Anämie, Rauchen ↓ (Pro g/dl Ery ↓ → DLCO um 7% ↓),
  - Polyglobulie ↑.

Fehlermöglichkeiten: unzureichende Inspirationstiefe, zu kurzes Atemanhalten.

DD: Transferkoeffizient (TLCO/VA% Sollwert) ↓

- interstitielle Lungenerkrankungen,
- Lungenemphysem,
- Obstruktive Atemwegserkrankungen,
- Lungenembolie,
- Aber auch: Shuntvitien, Pneumonie, Rauchen.

Bei zunehmender Lungendurchblutung steigt der Wert(Belastung).

p_aCO_2 (arterieller Kohlendioxidpartialdruck)

p_aCO_2: Teildruck von CO_2 im Blut. Der p_aCO_2 ist die Kenngröße der alveolären Ventilation. Änderungen des p_aCO_2 spiegeln eine Änderung der Ventilation wider. Da der p_aCO_2 besser blutlöslich ist und wesentlich leichter diffundiert als O_2, ist der p_aCO_2 weniger als der p_aO_2 von Diffusionsstörungen und Inhomogenitäten des Ventilations-Perfusions-Verhältnisses der Lunge abhängig.

Meßprinzip: modifizierte Glaselektrode, die mit einer semipermeablen, CO_2-durchgängigen Teflonmembran überzogen ist → hierbei entstehen abhängig vom p_aCO_2 pH-Verschiebungen, die gemessen werden.

Hyperkapnie = Hypoventilation = respiratorische Globalinsuffizienz.

Blutgasanalyse (BGA) unter Belastung

Voraussetzungen für eine ausreichende O_2-Versorgung unter Belastung sind neben einer ausreichenden Lungenfunktion ein quantitativ und qualitativ normales Hb (Ery) und ein normales HZV. Das Zusammenspiel kann z. B. mittels Ergospirometrie weiter abgeklärt werden. Unter Belastung kann die Ventilation um etwa den Faktor 10 gesteigert werden, das HZV nur um den Faktor 3. Daher wirkt sich beim Gesunden das Herz-/Kreislaufsystem häufiger leistungslimitierend aus als der Atemapparat. Das gilt jedoch nicht bei Patienten mit Erkrankungen der Atmungsorgane.

- Latente respiratorische Partialinsuffizienz = Hypoxämie nur unter Belastung (z.B. bei Lungenfibrose)
- Manifeste respiratorische Partialinsuffizienz = Hypoxämie in Ruhe
- Latente respiratorische Globalinsuffizienz = Insuffizienz der Atempumpe nur unter Belastung = CO_2-Anstieg unter Belastung
- Manifeste respiratorische Globalinsuffizienz = Insuffizienz der Atempumpe in Ruhe = CO_2-Erhöhung in Ruhe

Normal: Anstieg des PaO_2 unter Belastung (vermehrte Durchblutung → Verbesserung des Gleichgewichtes Durchblutung/Ventilation der verschiedenen Lungenareale).

Durchführung. Blutgasanalyse am Ende der 5. bzw. 6 Min einer Belastungsstufe Beachte: Unterschiedliche Belastungsprotokolle beim Belastungs-EKG ↔ Belastungs-BGA erforderlich! Während bei einem *Belastungs-EKG* unter Nicht-Steady-State-Bedingungen eine Ischämie provoziert werden soll, wird bei der *Belastungs-BGA* der Gasaustausch unter Steady-State-Bedingungen untersucht. Dazu sind Belastungsstufen von 5–6 min. Dauer erforderlich.

- Auch beim Gesunden kommt es innerhalb der ersten Minuten zu einem p_aO_2-Abfall unter Belastung. Nach Ablauf von 5 Min. liegen die p_aO_2-Werte unter Belastung normalerweise über den Ausgangswerten.
- Differentialdiagnostisch bedeutsam ist das Verhalten der Blutgase nach der 5. Minute (während einer definierten Belastungsstufe).

Belastungsoxymetrie

- *Verteilungsstörung* = p_aO_2 ↑
- *Diffusionsstörung:* p_aO_2-Abfall
- *Hypoventilation* = p_aO_2-Abfall plus p_aCO_2-Anstieg
- *Re-Li-Shunt:* p_aO_2 Abfall bzw. fehlender p_aO_2-Anstieg

Lungenfunktionsanalytisches Untersuchungsrepertoire im Rahmen der Umweltepidemiologie (Übersicht)

Gängige Methoden:
- Peak-Flow-Meter (PEF = peak expiratory flow),
- Spirometrie, Fluß-Volumenkurve, Bodyplethysmographie.

Im Rahmen der Umweltepidemiologie seltener eingesetzte Methoden:
- Bronchiale Provokationstests,
- Blutgasanalyse/TLCO,
- N_2-single-breath-Test/ Bestimmung des Closing-Volume.

Wertung der verschiedenen Methoden

FEV$_1$, FVC und Tiffeneau-Index

Vorteile:
- Einfach und für epidemiologische Fragen bewährt [41],
- sehr gut reproduzierbar (intraindividueller Variationskoeffizient < 5 %) und standardisiert (Studien vergleichbar).
- FEV$_1$ und FVC sind klinisch relevante Parameter, z. B. sind sie negativ mit der Lebenserwartung assoziiert.
- FEV$_1$ wird u. a. vom Atemwegswiderstand, der Atemmuskulatur und der Lungen-Compliance bestimmt, kann daher als eine Art „Globaltest der Atemmechanik" angesehen werden.

Daher gelten FEV$_1$ und FVC auch heute weiterhin als Goldstandard für epidemiologische lungenfunktionsanalytische Langzeit-Studien und beim Screening von exponierten Gruppen [42].

Grenzen:
- Das FEV$_1$ alleine ermöglicht keine Unterscheidung: Obstruktion ↔ Restriktion.
- Der Tiffeneau-Index allein ermöglicht keine sichere Unterscheidung verschiedener Formen der Obstruktion.
- FEV$_1$ und FVC sind stark mitarbeitsabhängig.

Bodyplethysmographie

Aufwendiger aber genauer (z. B. weitere DD der verschiedenen Formen der Obstruktion).

Peak-Flow-Meter

Vorteil: Selbstmessung möglich, häufige Messungen möglich mit Erfassung der bronchialen Labilität, kostengünstig.

Reaktivitätstests (bronchialer Provokationstest)

Wurde in den letzten Jahren vermehrt als epidemiologische Untersuchungsmethode eingesetzt.

Andere lungenfunktionsdiagnostische Verfahren im Rahmen der Epidemiologie

(z. B. N$_2$-single-breath-Test, Closing-Volume, Dichteabhängigkeit der Atemstromstärke unter forcierter Exspiration u. a.) wurden nur seltener in epidemiologischen Studien eingesetzt. Noch ungeklärt ist die Wertigkeit der Bestimmung von NO in der Ausatemluft für umweltepidemiologische Studien. Die Konzentration des exspiratorischen NO steigt bei entzündlichen Atemwegserkrankungen wie z. B. Asthma oder Bronchiektasen und wird auch durch eine antiinflammatorische Therapie beeinflußt. Möglicherweise liegt hier also eine nichtinvasive Untersuchungsmethode für Entzündungsvorgänge in den Atemwegen vor. Die

Methode ist noch in der Entwicklung, derzeit noch teuer und umweltepidemiologische Untersuchungen liegen noch nicht vor [43].

Merke: Lungenfunktionsdiagnostik erfaßt nur eine Dimension eines potentiell
mehrdimensionalen Schädigungsmusters. Dabei muß es sich keinesfalls um den
empfindlichsten Parameter handeln.

Beispielsweise korrelieren die entzündlichen Gewebseffekte [44] (BAL-Studien)
nach einer experimentellen Ozonexposition nur wenig oder gar nicht mit lungenfunktionsanalytisch faßbaren Veränderungen.

ZUSAMMENFASSUNG

Jeder umweltmedizinisch tätige Arzt wird mit den Leitsymptomen Dyspnoe,
Husten und thorakale Sensationen konfrontiert, diese erfordern immer auch
eine lungenfunktionsanalytische Abklärung. Zusätzlich spielen lungenfunktionsdiagnostische Methoden im Rahmen der umweltmedizinischen Forschung eine wesentliche Rolle.

Jeder umweltmedizinisch tätige Arzt muß daher zumindest die Grundmethoden der Lungenfunktionsdiagnostik kennen und die Grundzüge der
Befundinterpretation beherrschen.

Dyspnoe, und Husten erfordern in jedem Fall eine vollständige, lege artis
durchgeführte Abklärung, gerade auch dann wenn eine umweltbedingte Genese angenommen wird. Dazu ist ggf. das gesamte internistisch-pneumologische Diagnostikrepertoire einzusetzen. Die Lungenfunktionsdiagnostik ist
hierbei lediglich ein Teilaspekt. Bei unauffälliger Lungenfunktion (Spirometrie, Blutgasanalyse, ggf. auch unter Belastung, bronchialer Provokationstest
bzw. Peak-Flow-Kurve) ist eine bronchopulmonale Genese der Beschwerden
unwahrscheinlich und eine weitere Differentialdiagnostik erforderlich.

- **Vorgehen bei Verdacht auf obstruktive Ventilationsstörung:**

  Spirometrie ($\rightarrow$ Fluß-Volumen-Kurve $\rightarrow$ Bodyplethsymographie)
  Keine Obstruktion $\rightarrow$
  Unspezifische bronchiale Provokation und/oder Peak-Flow-Meter
  Obstruktion $\rightarrow$
  Bronchospasmolyse-Test

- **Vorgehen bei der spirometrischen Diagnose einer Obstruktion:**

  (Tiffeneau $< 70\%$ VC)
  1. Bronchospasmolysetest $\rightarrow$ reversibel?
  2. Weitere Differenzierung der Obstruktion
  Lungenemphysem?
  Peripherer Atemwegskollaps?
  $\rightarrow$ Fluß-Volumenkurve
  $\rightarrow$ Bodyplethysmographie

- **Verdacht auf restriktive Ventilationsstörung:**

  Spirometrie $\rightarrow$ Bodyplethysmographie ($\rightarrow$ ggf. Compliance-Messung $\rightarrow$
  DLCO $\rightarrow$) Belastungs-BGA

- **Differentialdiagnose und diagnostisches Vorgehen bei Hypoxämie:**

  - Verteilungsstörung
  - Diffusionsstörung
  - Hypoventilation
  - Shunt

  1. Beachtung des p_aCO_2 ($CO_2\uparrow$ entspricht immer einer Hypoventilation =
  Globalinsuffizienz).
  2. Belastungsoxymetrie
  Verteilungsstörung = p_aO_2-Anstieg,
  Diffusionsstörung/Shunt: p_aO_2-Abfall,
  Hypoventilation = p_aO_2-Abfall plus p_aCO_2-Anstieg.
  3. O_2-Messung unter 100%-Sauerstoffatmung
  Diffusionsstörung: starker p_aO_2-Anstieg,
  Shunt: geringer oder fehlender p_aO_2-Anstieg).

Literatur

1. McCarthy DS, Spencer R, Greene R, Millic-Emili J (1972) Measurement of „closing volume" as a simple and sensitive test of early detection of small airway disease. Amer J Med 52, 747–753
2. Buist AS, Vollmer WM, Johnson LR, McCamant LE (1988) Does the single breath N2 test identify the smoker who will develop chronic airflow limitation? Amer Rev Respir Dis 137: 293–301
3. Dockery DW, Brunekreef B (1996) Longitudinal studies of air pollution effects on lung function. Am J Respir Crit Care Med, 154 (Suppl. Number 6, Part 2) 250–256
4. Quanjer PH (Hrsg) (1983) Europäische Gem. f. Kohle und Stahl: Standardized lung function testing. Report Working Party „Standardization of lung function tests". Bull Europ Physiopath Resp/Clin Respir Physiol 19(Suppl. 5) : 1–95
6. Zapletal A, Samanek M, Paul T (1987) Lung function in children and adolescents. Methods, Reference values. Progress in Respiration (Hrsg: Herzog H) 22: Basel (Karger)
7. Lebowitz MD, Kundson RJ, Robertson G, Burrows B (1982) Significance of intraindividual changes in maximum expiratory flow volume and peak expiratory flow measurements. Chest 81:566–570
8. Pedersen OF, Rasmussen TR, Omland O, Sigsgaard T, Quanjer PhH, Miller MR (1996) Peak Expiratory flow and the resistance of the mini-Wright peak flow meter. Eur Respir J 9: 828–833
9. Quackenboss JJ, Lebowitz MD, Krzyzanowiski M (1991) The normal range of diurnal changes in peak expiratory flow rates. Am Rev Respir Dis 143:323–330
10. Lahdensuo A, Haahtela T, Herrala J, Kava T, Kiviranta K, Kuusisto P, Peramaki E, PoussaT, Saarelainen S, Svahn T (1996) Randomized comparison of guided self management and traditional treatment of asthma over one year. BMJ 312(7033):748–752
11. Moscato G, Godnic-Cvar J, Maestrelli P (1995) Statement on self-monitoring of peak expiratory flows in the investigation of occupational asthma. J Allergy Clin Immunol 96, 3:295–301
12. Gannon PFG, Burge PS (1997) Serial peak expiratory flow measurement in the diagnosis of occupational asthma Eur Respir J; 10:Suppl. 24, 57 s–63 s.
13. Neas LM, Dockery DW, Koutrakis P, Tollerud DJ, Speizer FE (1995) The association of ambient air pollution with twice daily peak expiratory flow rate measurements in children. Am J Epidemiol Vol. 141, No. 2, 111–122
14. Neas LM, Dockery DW, Burge H, Koutrakis P, Speizer FE (1996) Fungus spores, air pollutants, and other determinants of expiratory flow rate in children. Am J Epidemiology 143(8): 797–807
15. Nunn AJ, Grgg I (1989) New regression equations for predicting peak expiratory flow in adults. Br Med J 298:1068–1070
16. Quanjer PH, Lebowitz MD, Gregg I, Miller MR, Pedersen OF (1997) Peak expiratory flow: conclusions and recommendations of a working party of the European Respiratory Society. Eur Respir J 10:Suppl. 24, 2s–8s
17. Wettengel R et al. (1994) Empfehlungen der Deutschen Atemwegsliga zum Asthmamanagement bei Erwachsenen und bei Kinder. Med Klin 89:57–67
18. Lebowitz MD, Krzyzanowski M, Quackenboss JJ (1997) Diurnal variation of PEF and it's usage in epidemiological studies. Eur Respir J, 10:Suppl. 24, 49s–56s.
19. Keman S, Willemse B, Wesseling GJ, Kusters E, Borm PJA (1996) A five year follow-up of lung function among chemical workers using flow-volume and impedance measurements. Eur Respir J 9:2109–2115
20. Orie NGM (1977) Die „Holländische Hypothese" als umfassendes Konzept für die chronisch obstruktiven Atemwegserkrankungen. Atemw-Lungenkrkh 22:56–66
21. Taggart SCO, Custovic A, Francis HC, Faragher EB, Yates CJ, Higgins BC, Woodcock A (1996) Asthmatic bronchial hyperresponsiveness varies with ambient levels of summertime air pollution, Eur Respir J 9:1146–1154

22. Tam AYC, Wong CM, Lam TH, Ong SG, Peters J, Johnson A (1994) Bronchial responsiveness in children exposed to atmospheric pollution in Hong Kong, Chest 106:1056–1060
23. Strand V, Salomonsson P, Lundahl J, Bylin G (1996) Immediate and delayed effects of nitrogen dioxide exposure at an ambient level on bronchial responsiveness to histamine in subjects with asthma, Eur Respir J 9:733–740
24. Mohsenin V (1988) Airway response to 2.0 ppm nitrogen dioxide in normal subjects. Arch Environ Health 43:242–246
25. Søseth V, Kongerud J, Haarr Dagfin, Strand, Ole, Bolle R, Boe J (1995) Relation of exposure to airway irritants in infancy to prevalence of bronchial hyper-responsiveness in school-children. Lancet 345:217–220
26. Massin N, Bohadana AB, Wild P, Goutet P, Kirstetter H, Toamain JP (1996) Airway responsiveness, respiratory symptoms, and exposures to soluble oil mist in mechanical workers. Occup Environ Med 53(11):748–752
27. Klein G, Matthys H (1986) Bronchiale Hyperreagibilität. Pneumol 40:156–166
28. Klein G (1996) Bedeutung und Standardisierung verschiedener bronchialer Provikations-tests. Atemw-Lungenkrkh 22(Nr. 3), 151–156
29. Herrmann, H (1983) Bronchiale Hyperreaktivität und Krankheitsrisiko. Ergebnisse einer epidemiologischen Longitudinalstudie. Prax Klin Pneumol 39:670–675
30. Nolte D (1995) Asthma, 6. Auflage, Urban u. Schwarzenberg
31. Nikolai T, Mutius EV, Reitmeir P, Wjst M (1993) Reactivity to cold-air hyperventilation in normal and in asthmatic children in a survey of 5697 schoolchildren in south bavaria. Am Rev Respir Dis Vol 147, 565–572
32. Islam MS (1996) Atemwegshyperreagibilität der Grundschulkinder. Atemw-Lungenkrkh 22, 9, 469–475
33. Haby MM, Anderson SD, Peat JK, Mellis CM, Toelle BG, Woolcock AJ (1994) An exercise challenge protocol for epidemiological studies of asthma in children: comparison with histamine challenge. Eur Respir J 7:43–49
34. Haber H, Raber W, Kapfhammer G, Studnicka M, Vetter N: Kaltluft versus Methacholin. Atemw-Lungenkrkh, 21, Nr. 10/1995, 525–529
35. Quanjer PhH, Tammerling GJ, Cotes JE, Pedersen OF, Peslin R, Yernault J-C (1993) Lung volumes and forced ventilatory flows. Eur Respir J 6, Suppl. 16:5–40
36. Dekker FW, Schrier AC, Sterk PJ, Dijkman JH (1992) Validity of peak expiratory flow measurement in assessing reversibility of airflow obstruction. Thorax 47:162–166
37. Ulmer WT, Vollmer M, Schmidt EW, Schultze-Werninghaus G (1997) Lungenfunktions-analytische individuelle Korrelationen bei Patienten mit obstruktiver Atemwegserkran-kung. Atemw-Lungenkrkh 23:3–9
38. Genger K, Forche G, Harnoncourt K (1986) Blutgase und Säure-Basen-Haushalt in Ab-hängigkeit von in-vitro-Stoffwechselvorgängen. Wien Med Wschr 136 Suppl. 97, 35
39. Haber P, Harnocourt K, Feldner H, Forche G (1988) Österreichische Standardisierung der Blutgasanalyse. Öst. Ärzteztg. 43/18:32–46
40. Baur X (1996) Kongreßbericht: Workshop der AG „Lungenfunktionssollwerte und Exper-tensystem" in der Gesellschaft für Lungen- und Atmungsforschung. Arbeitsmed. Sozial-med. Umweltmed. 31, 9, 280–281
41. Künzli N, Ackermann-Liebrich U, Keller R, Perruchoud AP, Schindler C (1995) SAPALDIA team: Variability of FVC and FEV1 due to technician, team, device and subject in an eight center study: Three quality control studies in SAPALDIA. Eur Respir J 8:371–376
42. ATS-ERS Workshop on Longitudinal Analysis of Lung Function. Am J Respir Crit Care Med Vol 154, 6, Part 2
43. Barnes PJ, Khaitonov SA (1996) Exhaled nitric oxide: a new lung function test. Thorax 51:233–237
44. Balmes JR, Chen LL, Scannell C, Tager I, Christian D, Hearne PQ, Kelly T, Aris RM (1996) Ozone – induced decrements in FEV1 and FVC do not correlate with measures of inflammation, Am J Respir Crit Care Med 153:904–909
45. Konietzko et al. (1995) Erkrankungen der Lunge. W. de Gruyter, Berlin, New York
46. Ferlinz R (Hrsg) (1992) Diagnostik in der Pneumologie. Thieme, Stuttgart, New York

Weiterführende Literatur

Petro W, Konietzko N (1989) Atlas der Lungenfunktionsdiagnostik, Steinkopff, Darmstadt
Petro W, Konietzko N (1992) Lungenfunktionsdiagnostik. In: R. Ferlinz (Hrsg) Diagnostik in
    der Pneumologie, Georg Thieme Verlag, Stuttgart – New York
Schmidt W (1990) Angewandte Lungenfunktionsprüfung, Dustri Verlag, München – Deisen-
    hofen
Ulmer WT, Reichel G, Nolte D, Islam MS (1991) Die Lungenfunktion, Thieme Verlag, Stuttgart

4.3 Allergologisch-immunologische Diagnostik

L. JÄGER

EINLEITUNG

Die diagnostischen Probleme bei allergischen Erkrankungen resultieren daraus, daß es keine typischen Symptome gibt. Reversible Bronchialobstruktion und bronchiale Hyperreaktivität können sehr unterschiedliche – allergische wie nicht-allergische – Ursachen haben. Eine Differenzierung ist jedoch im Hinblick auf die unterschiedlichen therapeutischen Konsequenzen (Karenz, Hyposensibilisierung) und prognostische Schlußfolgerungen unabdingbar.

Im allgemeinen versteht man unter „Allergie" IgE-vermittelte Reaktionen (z.B. beim allergischen bzw. extrinsic Asthma). Aber auch Immunkomplex-, wahrscheinlich auch T-zell-vermittelte Reaktionen können zu Manifestationen am Respirationstrakt führen (s. Kap. 3.2). Nachfolgend werden vordergründig die diagnostischen Maßnahmen bei IgE-vermittelten Reaktionen besprochen. Ergänzende Informationen berücksichtigen jedoch auch andere Immunreaktionen. Im Gegensatz zur üblichen Diagnostik erfordert die allergologische Diagnostik 3 Aussagen:

- welche Erkrankung liegt vor? „Symptomdiagnose": Asthma, Bronchitis
- liegt eine allergische Pathogenese vor? „pathogenetische Diagnose: IgE-vermittelt, Immunkomplexreaktion
- durch welche Allergene werden die Reaktionen ausgelöst? „ätiologische Diagnose": Hausstaubmilbenasthma.

Entscheidend und gelegentlich allein ausreichend ist die Anamnese. Ihre Ergebnisse bedürfen jedoch oft der Überprüfung durch Untersuchungen am Patienten (Hauttest, Provokationstest) oder immunologische In-vitro-Tests.

Anamnese

Die eingehende Anamnese ist Voraussetzung jeglicher Diagnostik, da sie den Verdacht einer allergischen Erkrankung bestätigen oder unwahrscheinlich machen kann, vor allem aber dadurch, daß nur sie den nahezu unbegrenzten Kreis potentieller Allergene auf jenen im konkreten Fall möglicherweise relevanter einengt. In manchen Fällen erlaubt allerdings bereits die Anamnese eine exakte Diagnose, z.B. eines „Heuschnupfens" oder eines Mehlasthmas.

Vorteilhaft - aber allein nicht ausreichend - ist die Verwendung eines Frage-
bogens. Er gewährleistet, daß alle relevanten Aspekte angesprochen werden.
Eine eingehende Anamnese kann 30 Minuten und mehr benötigen. Sie ist aber
wesentlich wertvoller als eine umfangreiche Batterie von „Allergie-Tests".

Die wesentlichen Informationen einer subtil erhobenen Anamnese beziehen
sich vor allem auf:

1. Die familiäre Belastung mit allergischen (atopischen) Erkrankungen, wie
   Rhinitis, Asthma, Urtikaria, atopische Dermatitis, Nahrungs- oder Arzneimit-
   telallergie.
2. Frühere allergische Erkrankungen bzw. begleitende allergische Symptome.
3. Symptomatologie und Entwicklung der gegenwärtigen Erkrankung.
4. Möglich auslösende Faktoren:
   - bereits identifizierte oder vermutete Ursachen,
   - Wohnverhältnisse (Schimmel, Haustiere, Klimaanlage bzw. Art der Heizung),
   - berufliche Expositionen,
   - Hobbies und andere möglicherweise bedeutsame Einflüsse,
   - Abhängigkeit von Tag/Nacht, Wochenrhythmus, Jahreszeiten, Urlaub o. a.
     Abwesenheiten von Wohnort bzw. Arbeitsplatz,
   - unspezifische Einflüsse (Infektionen, körperliche Belastung, psychische
     Faktoren, Staub/Rauch, Witterung,
   - spezielle Bedingungen beschwerdefreier Zeiten.
5. Ergebnisse vorausgegangener allergologischer Untersuchungen.
6. bisherige Therapie und deren Effekt (einschl. Karenzversuche und Hyposensibilisierung).
7. Laufende Behandlungen.

Wenn diese retrospektive Analyse nicht weiter führt, ist manchmal die prospektive Führung eines Allergietagebuches mit allen relevanten Daten hilfreich.

Testungen an der Haut

Durch Applikation des Allergens auf oder in die Haut kann eine diagnostisch
verwertbare umschriebene allergische Reaktion ausgelöst werden. Wichtigste
Voraussetzung ist die Verfügbarkeit geeigneter Extrakte. Grundlage der Haut-
testung sollten immer die Informationen der Anamnese sein, die in ein individuelles Testspektrum umgesetzt werden (Bestätigungstest). Nur wenn die
Anamnese keine verwertbaren Hinweise lieferte, sind „Suchtests" gerechtfertigt.
Sie erfolgen mit möglichst sinnvoll zusammengesetzten Allergen-Gemischen,
z. B. einem Gemisch der wichtigsten Inhalationsallergene bei respiratorischen
Beschwerden.

Durchführung

Die Testung erfolgt aus praktischen Gründen meist an der Volarseite der Unterarme; die Testung am Rücken ist noch etwas sensitiver. Die Applikation des

Allergens kann durch „Pricken", intrakutan oder mit dem Reibetest erfolgen. Antihistaminika hemmen die Sofortreaktion und sollten 3 Tage bis 3 Wochen (Astemizol) vorher abgesetzt werden. Kortikoide haben keinen nennenswerten Einfluß auf die Sofortreaktion, sie können jedoch die verzögerte Phase vollständig unterdrücken, wie auch die Testreaktionen bei Typ III- und Typ IV-Allergie. β-Mimetika, Theophyllin und Cromoglykat sind ohne Effekt. Wenn auch bedrohliche – systemische – Nebenwirkungen bei sachgemäßer Durchführung selten sind, sollten die Voraussetzungen für eine Notfallbehandlung gewährleistet sein.

Prick-Test. Dieser Test hat sich allgemein durchgesetzt. Ein Tropfen der Testlösung wird auf die gereinigte und desinfizierte Haut aufgetragen. Mit einer dünnen Kanüle oder speziellen Lanzetten wird durch diesen Tropfen hindurch die Haut angeritzt, um den Einstrom des Allergens durch die Epithelbarriere zu fördern. Da das Ausmaß der Reaktion nicht vorhersehbar ist, sollten die einzelnen Applikationsstellen einen Abstand von mindestens 2–3 cm haben. Als Kontrolle dienen die Extraktionslösung (mit Konservierungsmittel) einerseits („Negativ-Kontrolle") und eine Histaminlösung 1:1000 andererseits („Positiv-Kontrolle"). Neben handelsüblichen Extrakten können auch natürliche Allergenquellen im Prick/Prick-Test verwendet werden: Zunächst wird das zu untersuchende Material „geprickt" und dann mit der so präparierten Lanzette der eigentliche Pricktest vorgenommen. Voraussetzung ist, daß das Material nicht toxisch oder infektiös ist.

Intrakutan-Test. 30–50 μl des Allergens werden durch eine dünne Kanüle in die Haut appliziert (Kanülenöffnung sollte sichtbar bleiben). Für die Positiv-Kontrolle darf allerdings nur eine Histaminlösung 1:10 000 verwendet werden. Der I.c.-Test ist etwa 100fach empfindlicher als der Pricktest. Damit verbunden ist auch ein erhöhtes Risiko systemischer Nebenwirkungen. Er ist daher nur für Allergenextrakte mit geringer Aktivität angezeigt, die zuvor im Pricktest eine negative Reaktion erbrachten. Das größere lokale Trauma führt öfter zu falschpositiven Reaktionen (Negativ-Kontrolle!). Größere Bedeutung hat der I.c.-Test bei Verdacht auf Immunkomplexreaktionen (allergische Alveolitis). Die Rötung mit Infiltration erreicht ihr Maximum nach 6–8 h, bei T-zell-vermittelter Sensibilisierung erst nach 24–72 h (vgl. Tuberkulin-Test).

Reibetest. Die Haut wird zunächst präpariert (z.B. durch Stripping mit einem Klebestreifen oder Scratchen). Auf diese Hautpartie wird das Testmaterial aufgetragen und in die Haut eingerieben.

Auswertung

Die Ablesung erfolgt nach 15–20 min. Im positiven Fall entwickelt sich eine zentrale Quaddel, umgeben von einem Rötungshof. Zu einem früheren Zeitpunkt können irritative Effekte nachweisbar werden, zu einem späteren Zeitpunkt –

neben der IgE-vermittelten (verzögerte Phase) auch andere Immunreaktionen (Immunkomplex-Reaktionen nach 6–8 h; T-Zell-vermittelte Sensibilisierung nach 24–72 h). Die Beurteilung kann absolut erfolgen (Angabe des mittleren Durchmessers von Quaddel und Rötungshof im mm) oder relativ (bezogen auf die Histaminquaddel (gleich ++). Als positiv gelten Quaddeldurchmesser von mindestens 3 mm bzw. Rötungsdurchmesser von mehr als 5 mm. Bei besonders starken Reaktionen kann es zur Ausbildung von Pseudopodien kommen, die durch den Zusatz „P" gekennzeichnet werden.

Beurteilung

Ein positiver Hauttest nach 15–20 min beweist das Vorhandensein von IgE-Antikörpern entsprechender Spezifität beim Patienten – nicht aber, daß diese Antikörper auch klinisch relevant sind. Zwischen Hautreaktion und den Ergebnissen der in vitro-Tests (s. u.) besteht eine überzeugende Korrelation, wobei der Hauttest eine etwas höhere Sensitivität zeigt. Ein negativer Hauttest schließt eine Allergie nicht aus: ein irrelevanter Extrakt kann zur Testung verwendet worden sein, aber auch bei „richtigen" Extrakten gibt es erhebliche Qualitätsunterschiede. Nur relativ wenige Extrakte sind exakt standardisiert. Bei unerwartet negativem Ergebnis kann die geschilderte Verwendung von Originalmaterialien weiter helfen. Eine negative Histaminreaktion zeigt eine verringerte Hautreaktivität an. Dies kann der Fall sein unter der Behandlung mit Antihistaminika, aber auch gelegentlich bei Kleinkindern, bei Polyneuropathie u. a. m. Eine positive Reaktion auf das Extraktionsmittel weist auf eine kutane Hyperreaktivität hin (Urtikaria factitia). In beiden zuletzt genannten Fällen hilft die In-vitro-Diagnostik weiter (s. u.). Ein einwandfrei positiver Hauttest zusammen mit entsprechenden anamnestischen Hinweisen (Rhinitis während der Gräserblüte, Asthmaanfall durch Mehlstaub) sichert die Diagnose.

In-vitro-Diagnostik

In-vitro-Techniken können mit 3 Zielstellungen eingesetzt werden:

- zur Identifizierung relevanter Allergene,
- zur Beurteilung der Aktivität des allergischen Prozesses.

Nachweis IgE-spezifischer Antikörper

RAST und Nachfolgemethoden

Diese Möglichkeit war ein entscheidender Fortschritt, da erstmals die Ursache allergischer Erkrankungen unmittelbar erfaßt und gemessen werden konnte. Eine andere wichtige Voraussetzung war die Verfügbarkeit gut standardisierter Allergene. Die klassische Methode ist der Radio-Allergo-Sorbent-Test (RAST):

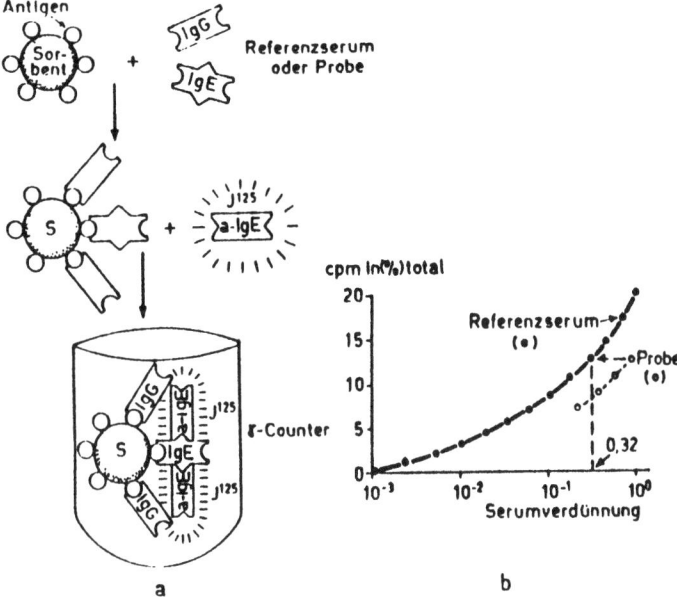

Abb. 1 a, b. Prinzip des Radio-Allergo-Sorbent-Testes. Erläuterungen s. Text

Das Allergosorbent besteht aus einem Träger, an den das jeweilige Allergen gebunden ist. Es wird mit dem Patientenserum inkubiert und anschließend gewaschen. Evtl. vorhandene Antikörper bleiben an das Allergosorbent gebunden. Durch Verwendung eines radioaktiv-markierten Antiserums bzw. monoklonaler Antikörper kann nachgewiesen werden ob und in welchem Maße sich darunter IgE-Antikörper befinden (Abb. 1). Das Ergebnis wird semiquantitativ in RAST-Klassen (0 bis 4 bzw. 0 bis 6) angegeben.

Der RAST ist durch neuere Verfahren weitgehend ersetzt worden, die aber das Prinzip beibehalten haben. Geändert wurden vor allem

- das Trägermaterial, um mehr Allergen zu binden und damit evtl. Konkurrenzen zwischen den Antikörpern der verschiedenen Immunglobulin-Klassen zu vermeiden.
- der Nachweis. Die Antikörper werden heute meist mit Enzymen, fluoreszenzaktiven Verbindungen o. a. markiert. Dadurch kann der Aufwand erheblich verringert werden.

Neben Einzelextrakten können auch Allergengemische verwendet werden (z. B. ein Gemisch typischer Inhalationsallergene – als orientierende Untersuchung, ob eine Inhalationsallergie vorliegen könnte, deren Spezifität dann durch Einzeltestungen zu ermitteln wäre). Allerdings kann durch die Mischung die Sensitivität verringert werden.

Bei Streifentests werden verschiedene Allergene nebeneinander auf entsprechend präparierte Zellulose aufgebracht. Nach Inkubieren mit dem zu untersuchenden Serum und Waschen werden mit einem Enzym-Immuno-Assay gebundene IgE-Antikörper an Hand einer Farbreaktion semiquantitativ erfaßt. Die Spezifität dieser Tests ist relativ hoch, die Sensitivität etwas geringer als die des RAST.

Die Vorteile des RAST und seiner Nachfolgemethoden im Vergleich zum Hauttest sind:

- bei hochgradiger Sensibilisierung wird der Patient nicht gefährdet,
- das Ergebnis ist unabhängig von einer evtl. laufenden Therapie,
- die Untersuchung ist auch bei generalisierten Hauterkrankungen möglich.

Der positive Test beweist das Vorhandensein der entsprechenden IgE-Antikörper. Die entscheidenden Nachteile sind:

- die wesentlich höheren Kosten,
- die zeitliche Verzögerung (4 – 24 h),
- die etwas geringere Empfindlichkeit.

Immunoblotting

Die Methode hat in der Praxis nur beschränkte Bedeutung, ist aber geeignet, Antikörper gegen noch unbekannte oder unzureichend charakterisierte Allergene zu identifizieren. Das vermutete allergene Material wird extrahiert und die verschiedenen Fraktionen dieses Extraktes auf Grund ihres Molekulargewichtes bzw. des isoelektrischen Punktes im Gel aufgetrennt. Das aufgetrennte Gemisch wird auf einen geeigneten Träger transferiert und dieser mit dem Patientenserum inkubiert. Der Nachweis der IgE-bindenden Fraktionen erfolgt mit enzymmarkiertem Anti-IgE.

Histaminliberationstest

Beim üblichen (direkten) Histaminliberationstest werden die Leukozyten aus dem peripheren Blut des Patienten (einschl. der darin enthaltenen Basophilen) oder auch im Vollblut mit unterschiedlichen Konzentrationen des Allergenes inkubiert. Als Folge der Antigen-Antikörper-Reaktion an der Basophilenmembran kommt es zur Zellaktivierung und schließlich Histaminfreisetzung. Nach 60minütiger Inkubation bei 37 °C wird das Histamin im Überstand gemessen und in Prozent des Gesamthistamins (nach Säurezytolyse) angegeben (Abb. 2). Für quantitative Angaben kann der Wert ermittelt werden, der einer 50%igen Histaminliberation entspricht. Der Vorteil des Testes ist, daß nicht nur die IgE-Antikörper, sondern auch die Aktivierungsmechanismen von Basophilen – und damit zusätzlich ein wichtiger Teilprozess der IgE-vermittelten Reaktion – erfaßt werden (Abb. 3). Allerdings sind dadurch auch unspezifische Effekte (mangelhafte Technik) möglich. Eine breitere Anwendung in der Paxis scheitert jedoch vor allem an dem erheblichen Aufwand.

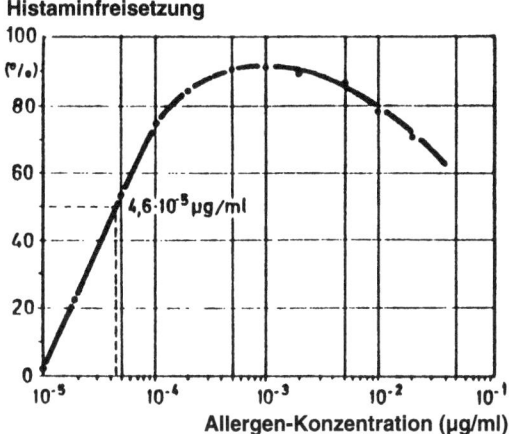

Abb. 2. Histamin-Liberationstest mit Ermittlung des 50%-Wertes

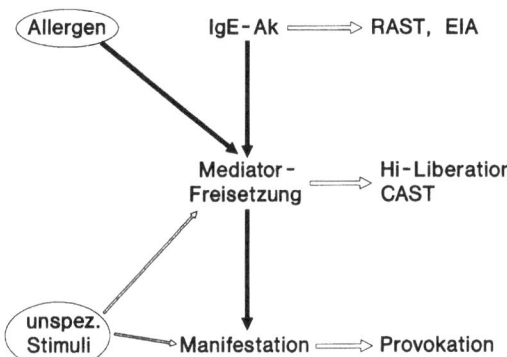

Abb. 3. Aussagefähigkeit der verschiedenen Methoden der allergologischen Diagnostik

Cellular antigen stimulation test (CAST)

Auch dieser Test beruht auf dem Nachweis der Mediatorfreisetzung. Die Patientenleukozyten werden mit IL-3 behandelt und anschließend mit dem Allergenextrakt inkubiert. Im Überstand werden freigesetzte Sulfido-Leukotriene (LTC_4 und dessen Metaboliten LTD_4 und LTE_4) gemessen. Da diese Arachidonsäurederivate nicht nur aus Basophilen stammen, sondern auch aus anderen Granulozyten und Monozyten, zeigt der Test nicht nur IgE-vermittelte Reaktionen an. Er könnte dadurch allerdings auch für den Nachweis pseudoallergischer Reaktionen geeignet sein.

Bestimmung der IgE-Gesamt-Konzentration

Diese Bestimmung erfolgt meist mit Hilfe monoklonaler Anti-IgE-Antikörper als indirekte Latex-Agglutination oder als Enzymimmunoassay. Die Normal-

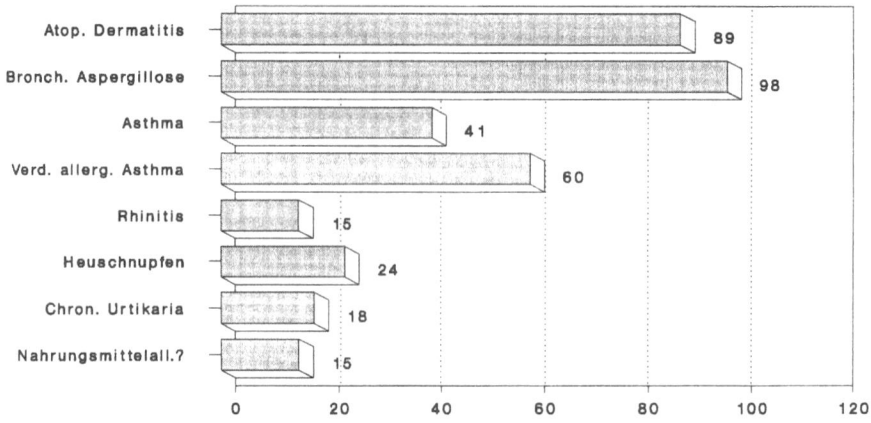

**Bei gesicherter Allergie abhängig von Art der Erkrankung,
Schweregrad/Ausdehnung, Dauer der Exposition (perennial ›
saisonal)**

**Sonstige Erkrankungen: Wurmerkrankungen, Hyper-IgE-Syndrom,
IgE-Plasmozytom, Tumoren, Immundefekte**

Abb. 4. IgE-Erhöhungen (> 100 kU in %) bei allergischen und nichtallergischen Erkrankungen

werte liegen zwischen 20 und 100 IU/ml (1 IU = 2,24 ng). Bei Allergien wird – in
Abhängigkeit von der Art der Sensibilisierung, möglicherweise auch der Art der
Manifestation (atopische Dermatitis > Asthma > Rhinitis) – diese Obergrenze
häufig, aber keineswegs regelmäßig überschritten (s. Abb. 4). Andererseits kön-
nen auch andere Erkrankungen zur IgE-Vermehrung führen. Die höchsten
Werte werden beim seltenen Hyper-IgE-Syndrom und dem noch selteneren IgE-
Plasmozytom beobachtet. Die IgE-Bestimmung trägt so kaum zur Klärung bei
allergischen Erkrankungen bei.

In-vitro-Tests zur Aktivitätsbeurteilung

Im Rahmen der allergischen Reaktionen werden eine ganze Reihe von Zellen aktiviert und noch mehr Mediatoren und Zytokine freigesetzt (s. Kap. 3.2). Einige
von ihnen haben auch Eingang in die Aktivitätsdiagnostik gefunden (Abb. 5).

Eosinophile. Im Durchschnitt sind die Eosinophilen im peripheren Blut bei allergischen Erkrankungen gering vermehrt – mit erheblichen Schwankungen.
Wegen der Abwanderung in das Gewebe kann die akute allergische Reaktion
sogar mit einer Eosinopenie einhergehen. Wesentlich wertvoller ist die Eosinophilie in loco, z.B. im Sputum, der BAL oder im Bioptat. In hohem Prozentsatz
sind diese Eosinophilen aktiviert (Auftreten des EG2-Markers). Ausdruck der
Aktivierung ist auch die Freisetzung des Eosinophilen-kationischen Proteins
(ECP) bzw. des Major Basic Protein (MBP) – beides typische Produkte der akti-
vierten Eosinophilen.

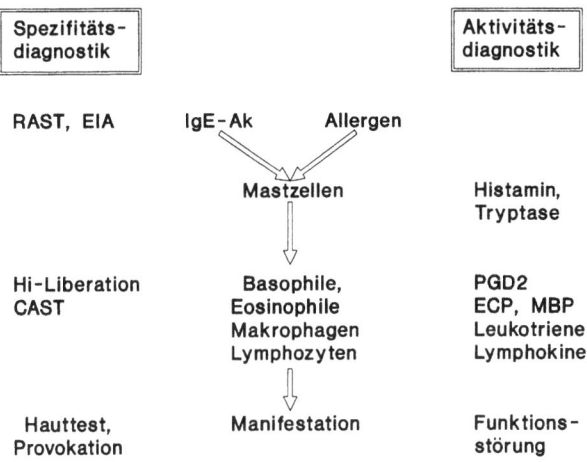

Abb. 5. Spezifitäts- und Aktivitätsdiagnostik bei allergischen Erkrankungen

Tabelle 1. Parameter der allergologischen Aktivitätsdiagnostik. (S = Sekret bzw. Gewebe, P = Plasma, U = Urin; LPR = verzögerte Phase)

Indikator	Quelle	Nachweis	Zeitpunkt	
			Sofort	LPR
Histamin	Basophile, Mastzellen	S, P, U	+	(+)
Tryptase	Basophile, Mastzellen	S, P	+	(+)
PGD$_2$	Mastzellen	S, P, U,		+
Leukotriene	Granulozyten, Makrophagen	S, (P, U)	(+)	+
(PAF)	Diverse Zellen	S	(+)	+
(Kinine)	Plasma, Gewebe	S, P	+	+
ECP, MBP	Eosinophile	S		+
(IL-2, IL-2R)	T-Helferzellen	S		+
IL-4, IL-5	T-Helfer- und Mastzellen			

Mediatoren (Tabelle 1). In der Frühphase der allergischen Reaktion stehen die Mediatoren der Mastzelle im Vordergrund (vor allem Histamin und Tryptase). Im weiteren Verlauf dominieren die Mediatoren des Eosinophilen – ECP und MBP (s. oben) sowie Zytokine aus Lymphozyten (IL-5) und Makrophagen (IL-1). Arachidonsäure-Derivate – vor allem Leukotriene können aus der Mehrzahl der beteiligten Zellen stammen. Grundsätzlich ist auch für diese Mediatoren der Nachweis am Ort der Reaktion aussagefähiger als die Bestimmung im peripheren Blut oder gar Urin, da sich in den letzteren lokale Reaktionen nicht bzw. nur sehr abgeschwächt widerspiegeln. Keiner dieser Mediatoren ist spezifisch für IgE-vermittelte Reaktionen. Selbst für Histamin und die Eosinophilenproteine trifft dies nicht zu. Diese Aktivitätsparameter erlauben daher nur zusammen mit der gesicherten Diagnose einer Allergie eine Aussage über die Aktivität der IgE-vermittelten Reaktion. Die Situation ist der Rheumatoidarthritis vergleichbar, bei der bestimmte Immunphänomene (Rheumafaktor) die Diagnose sichern und nur auf dieser Basis unspezifische lokale oder systemische Parameter eine Aktivitätsbeurteilung erlauben.

Eine gewisse Bedeutung in der Praxis haben gegenwärtig die Bestimmung

- von Histamin: Beweis für Aktivierung von Basophilen und/oder Mastzellen. Im Urin ist nur der Nachweis des stabileren Methylhistamins sinnvoll. Aber auch dieser Test hat eine sehr geringe Sensitivität.
- der Tryptase: Beweis der Aktivierung von Mastzellen (Frühreaktion) bzw. Basophilen (verzögerte Phase).
- von PGD_2: Hinweis auf die Aktivierung von Mastzellen.
- des ECP: Beweis der Aktivierung von Eosinophilen, allerdings sehr oft auch bei intrinsic Asthma erhöht, er ist aber recht gut für Verlaufskontrollen (Therapie-Monitoring) geeignet.
- LTE_4 (stabilster Mediator der über den Lipoxygenaseweg entstehenden Derivate der Arachidonsäure): Freisetzung bei sehr unterschiedlich ausgelösten Entzündungsprozessen.

Provokationstests

Beim Provokationstest wird durch entsprechende Allergenapplikation die typische Exposition imitiert – beim Asthma bronchiale in Form der inhalativen Provokation, bei der Rhinitis als nasale Provokation. Aber auch die natürliche Exposition kann, z.B. bei berufsbedingten respiratorischen Allergien herangezogen werden.

Provokationstests sind indiziert, wenn Anamnese und Nachweis von IgE-Antikörpern (Hauttest, RAST) keine Übereinstimmung zeigen. Positive Testergebnisse können auf ihre klinische Relevanz überprüft werden, bei negativen Testergebnissen (aber entsprechenden anamnestischen Hinweisen) kann die Verwendung des angeschuldigten Materials zur Klärung beitragen. Man wird sich auch zu einem Provokationstest entschließen, wenn der Allergieverdacht erhebliche persönliche Konsequenzen haben würde (Wohnungs- oder Berufswechsel, aufwendige Karenzmaßnahmen, langfristige Hyposensibilisierung). Auch im Rahmen von Begutachtungen wird meist der Provokationstest gefordert.

Inhalative Provokation

Durchführung. Vor Beginn der Provokation wird der Ausgangswert eines geeigneten Parameters der Bronchialobstruktion ermittelt. Mit steigender Wertigkeit kommen infrage: FEV_1 – peak flow – Strömungs/Volumen-Kurve – Resistance. Diese Reihenfolge ergibt sich auch aus der Bedeutung der Mitarbeit des Patienten und der Sensitivität der jeweiligen Parameter. Zunächst wird die Reaktion auf das Extraktionsmedium (einschl. evtl. Konservierungsmittel) getestet. Erst dann erfolgt die Allergenapplikation. Meist wird ein Extrakt verwendet, der durch ein geeignetes Gerät (meist Düsen – oder US-Aerosol) vernebelt wird. Ausgangskonzentration ist in der Regel jene Konzentration, die im Prick-Test noch negativ war. Vor allem bei berufsbedingten Sensibilisierungen ist jedoch auch die Imitation der natürlichen Exposition (Mehlstaub, Löten) geeignet. Interpretationsprobleme können sich allerdings bei gleichzeitigen irritativen Effekten ergeben. Die Objektivierung erfolgt meist in 5minütigen Abständen bis zu 30 min und weiteren 10minütigen Kontrollen bis zum Ablauf einer Stunde. Zeigte sich keine Reaktion, kann die nächste Konzentration appliziert werden (meist in 10er-Potenzen) – bis es zu einer positiven Reaktion kommt bzw. irritative Effekte des Extraktes zu erwarten sind (1:10 bis 1:100 der Ausgangslösung). Pro Tag sollte nur ein einziges Allergen getestet werden. Medikamentöse Einflüsse können zu falsch-negativen Ergebnissen führen. Deshalb sollten kurzwirkende β-Mimetika für 12–24 h, langwirkende für 3 Tage, Theophyllin für 1–2 Tage, DNCG für 2–3 Tage und Kortikoide für 14 Tage abgesetzt werden. Ein unter unverzichtbarer Medikation positiver Test ist natürlich beweisend.

Kontraindikationen sind bereits bestehende stärkere Obstruktionen und floride Infektionen im Respirationstrakt. Besondere Vorsicht ist bei hochgradiger Sensibilisierung geboten.

Bewertung. Positiv ist eine signifikante Veränderung des gewählten Parameters, z.B. Anstieg der Resistance um 100%, mindestens 2 cm $H_2O/l/sec$, Abfall des FEV_1 um 20%. Bewertet wird meist die Reaktion zwischen 20 und 30 min nach Exposition. Frühere Reaktionen sprechen für irritative Effekte. Auch bei IgE-vermittelten Reaktionen – vor allem nach Applikation höherer Dosen – kann es zu verzögerten Reaktionen kommen (mit fließendem Übergang von der Sofortreaktion oder auch mit Intervall (s. Abb. 6). Nur in Ausnahmefällen werden isolierte verzögerte Reaktionen (nach 6–8 h) beobachtet, am ehesten unter der Behandlung mit β-Mimetika. Die Möglichkeit verzögerter Reaktionen ist der Grund, daß pro Tag nur ein Allergen getestet werden soll – wenn erforderlich natürlich in verschiedenen Konzentrationen. Ein positives Ergebnis beweist, daß das applizierte Inhalat zur Bronchialobstruktion führte, nicht aber, daß dem eine allergische Reaktion zugrunde liegt. Positive Reaktionen können auch durch irritative Effekte – zumal bei bronchialer Hyperreaktivität – bedingt sein (Abb. 3). Die Interpretation als allergische Reaktion erfordert immer den zusätzlichen Nachweis der entsprechenden Sensibilisierung. Falsch-negative Reaktionen können vor allem durch die mangelhafte Qualität des Extraktes bedingt sein.

Nasaler Provokationstest

Diese Variante dient vor allem der ätiologischen Klärung von Rhinitiden, kann aber auch beim Asthma eingesetzt werden, wenn die Testung an der Lunge zu gefährlich ist, da der gesamte Respirationstrakt in die Sensibilisierung einbe-

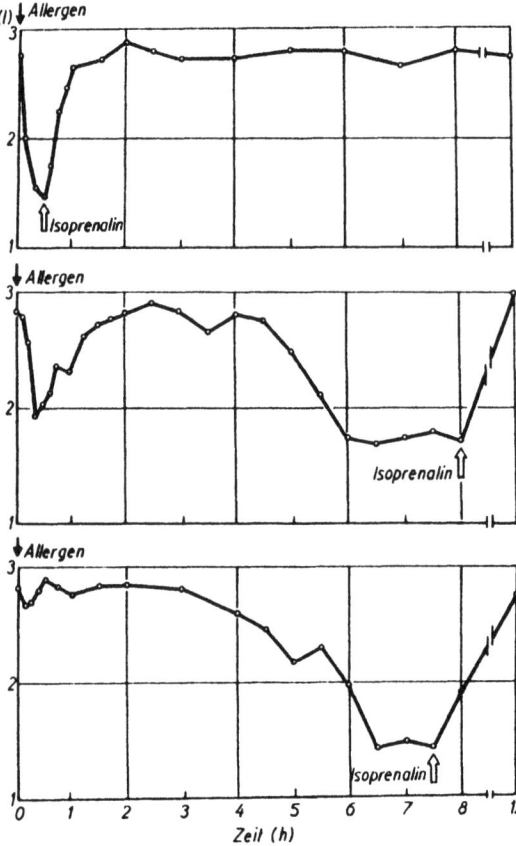

Abb. 6. Formen der positiven Reaktion nach inhalativer Allergenprovokation. Von oben nach unten: Sofortreaktion, kombinierte Sofort- und verzögerte Reaktion, isolierte verzögerte Reaktion

zogen ist. Im letzteren Fall ist allerdings nur ein positives Ergebnis zu verwerten; bei einem negativen sollte die inhalative Provokation angeschlossen werden. Indikation und Kontraindikation sind analog denen bei der inhalativen Provokation.

Durchführung. Die Applikation erfolgt meist mittels einer Pipette oder als Spray auf die untere Muschel. Weniger geeignet ist die Applikation durch allergengetränkte Watte oder Stieltupfer, die zu unspezifischen mechanischen Reizungen führen kann. Als Kontrolle dienen auch hier das Extraktionsmittel.

Auswertung. Sie kann semiquantitativ durch Verwendung von Scores für Sekretion, Niesen und Schleimhautschwellung – evtl. auch Fernreaktionen (Konjunktivitis, Atemnot) erfolgen. Exakter ist die Verwendung objektiver Kriterien, z. B. bei der anterioren Rhinomanometrie – einer Methode analog der Resistance-Messung.

Beurteilung. Positiv ist der Test, wenn eine bestimmte Score-Summe erreicht wird bzw. ein Abfall der nasalen Volumenströmung bei 150 Pascal um mindestens 40% eintritt – bzw. eine Kombination beider Reaktionen. Die Interpretation erfolgt analog dem inhalativen Provokationstest.

Sonstige immunologische Methoden

Nachweis von IgG-Antikörpern

Sie können mit hoher Sensitivität durch entsprechende Modifikationen des RAST bzw. seiner Nachfolgemethoden bestimmt werden, wenn anstelle des Anti-IgE- ein Anti-IgG-Serum verwendet wird. Etwas weniger sensitiv ist die Agglutination antigenbeladener Partikel (Latex-Test). Präzipitationen im Agargel werden nur bei hohem Titer positiv.

Indikation. Wichtigste Indikation ist der Verdacht auf eine allergische Alveolitis. Die wichtigsten Ursachen sind Micropolyspora, Penicillium, Candida, Taubenantigen. Hühnerfedern und Wellensittichantigen.
   Die Interpretation ist dadurch erschwert, daß einerseits bis zu 50% aller Exponierten, aber klinisch Gesunden ebenfalls Antikörper haben können (latente Sensibilisierung), andererseits bei typischem Krankheitsbild der Antikörpernachweis in bis zu 20% negativ sein kann. Auch bei IgE-vermittelten Allergien finden sich häufig IgG-Antikörper gleicher Spezifität. Sie haben jedoch keine klinische Bedeutung, könnten sogar protektive Effekte haben. Um die Bestimmung der IgG_4-Antikörper unter der Hyposensibilisierung ist es ruhig geworden. Sie steigen zwar sehr stark an, ihr Titer zeigt jedoch keine Beziehung zum klinischen Effekt.

Lymphozyten-Transformationstest (LTT)

Der LTT beruht auf der Stimulation von Lymphozyten (vor allem CD4-positiven) durch das Allergen

Durchführung. Separierte mononukleäre Zellen des peripheren Blutes werden mit dem verdächtigen Allergen inkubiert. Im positiven Fall kommt es zur Aktivierung und Proliferation (vor allem der $CD4^+$-Zellen). Am Ende des Testes kann das Ausmaß der Stimulation an Hand der Einbaurate ^{3}H-markierten Thymidins ermittelt werden – je intensiver die Antigenstimulation, umso höher die Inkorporation von Thymidin. Alternativ können das bei diesem Prozess freigesetzte IL-2 oder das Auftreten von Aktivierungsmarkern (CD25, HLA-DR) herangezogen werden. Beurteilt wird der Stimulationsindex (Quotient des gewählten Parameters in antigenhaltiger und Kontroll-Kultur).

Beurteilung. Eine positives Ergebnis beweist lediglich das Vorhandensein spezifisch reaktionsfähiger Lymphozyten. Dies kann sowohl bei IgE-vermittelten

Allergien als auch bei allergischen Alveolitiden – aber auch bei exponierten Gesunden – der Fall sein. Bei respiratorischen Allergien hat er daher in der Praxis keine Bedeutung.

Immunstatus

Die Bestimmung des „Immunstatus" findet zunehmende Verbreitung. Die Bezeichung suggeriert, daß eine exakte Beurteilung der immunologischen Reaktivität möglich wäre. Tatsächlich umfaßt er aber einen Komplex von Einzeluntersuchungen, insbesondere

- die Bestimmung der Zahl der Lymphozyten und anderer mononukleärer Zellen, die Verteilung der Lymphozyten auf die verschiedenen Subpopulationen (CD4, CD8) und deren Aktivierungszustand,
- die Stimulierbarkeit der Lymphozyten durch Mitogene (PHA, PWM),
- die Konzentration der verschiedenen Immunglobulin-Klassen und wichtiger Komplement-Komponenten,
- die Phagozytoseleistungen.

Damit ist er geeignet zur Erfassung von Immundefekten (einschl. von Defekten im C-System und der Phagozyten). Bei allergischen und anderen umweltbedingten Erkrankungen des Respirationstraktes liefern diese Untersuchungen jedoch kaum weiterführende Informationen.

Wertung der diagnostischen Möglichkeiten bei IgE-vermittelten Erkrankungen

Am Anfang jeglicher Diagnostik steht die Anamnese. Hauptziel ist die Klärung, ob eine allergische Reaktion vorliegt (bzw. zu vermuten ist) und welche Ursachen infrage kommen. Der nächste Schritt ist die Testung an der Haut – sei es zur Bestätigung anamnestischer Angaben (sofern erforderlich, z.B. vor Einleitung einer Hyposensibilisierung) oder im Sinne eines „Suchtestes" mit den wichtigsten Allergenen bzw. Allergengruppen. Diskrepanzen zwischen Testergebnis und Anamnese machen eine Überprüfung der letzteren erforderlich.

Bei der Konstellation „Anamnese positiv/Hauttest negativ" stellt sich die Frage, ob die Anamnese korrekt interpretiert und/oder der richtige Extrakt eingesetzt wurde. Bei der Konstellation „Anamnese negativ/Hauttest positiv" könnte ebenfalls eine Fehlinterpretation der Anamnese vorliegen oder aber eine „latente Sensibilisierung" – ein Zustand, in dem IgE-Antikörper vorhanden sind, diese aber – aus meist unbekannten Gründen – nicht zur klinischen Manifestation führen. Die Indikation zum In-vitro-Nachweis dieser Antikörper ist vor allem gegeben, wenn die Testung an der Haut nicht möglich oder nicht interpretierbar ist.

Provokationstests haben die höchste Aussagekraft, stellen aber auch die größte Gefährdung für den Patienten dar. Man wird sie einsetzen, wenn eine ätiologische Klärung unbedingt erforderlich, sonst aber nicht möglich ist – z. B. vor aufwendigen therapeutischen Maßnahmen, Wohnungs- oder Arbeitsplatzwechsel und in Zusammenhang mit Begutachtungen.

Die Tabelle 2 faßt die Wichtung der verschiedenen diagnostischen Möglichkeiten zusammen. Durch ihre sinnvolle Nutzung ist es möglich, bei „klassischen" Allergien die richtige Diagnose zu stellen. Grenzen sind allerdings dadurch gegeben, daß die langen Listen handelsüblicher Allergene z. T. eine Qualität und Standardisierung vortäuschen, die in dieser Breite nicht möglich sind (z. B. Pilzallergene). Die Schwierigkeit der allergologischen Diagnostik liegt weniger in der exakten Durchführung der Methoden begründet als in der richtigen Interpretation. Unkritische Wertung positiver Testergebnisse ist eine der wichtigsten Ursachen für erfolglose Karenzversuche und Hyposensibilisierungen.

Tabelle 2. Stellenwert diagnostischer Möglichkeiten zum Nachweis einer IgE-vermittelten Sensibilisierung

Methode	Sensitivität	Spezifität	Bemerkungen
Anamnese	+++	++	Erfahrung, Zeitaufwand, Compliance
Prick-Test	+++	++	Einfach, rasch, gewisses Risiko
Spez. IgE	++	+++	Kosten
Spez. IgG	0	0	Wertlos
Histaminliberation	+++	++	Aufwand
Provokationstest	+++	++	Risiko
Bluteosinophile	(+)	0	
Gesamt-IgE	+	(+)	
Mediatoren			
Blut	0 – (+)	0	
Gewebe	+ – ++	0 – +	

ZUSAMMENFASSUNG

Grundlage der Diagnostik ist die eingehend erhobene Anamnese. Auf ihrer Basis schließt sich der Nachweis der spezifischen Sensibilisierung an – vor allem durch IgE-Antikörper – doch können auch Antikörper der anderen Immunglobulinklassen oder T-Lymphozyten beteiligt bzw. die Ursache sein. Der immunologische Nachweis sichert jedoch nicht, daß diese Sensibilisierung auch klinisch relevant ist. Dies ist nur bei Übereinstimmung mit anamnestischen Angaben anzunehmen, in unklaren Fällen durch den Provokationsversuch zu beweisen. Neuere Entwicklungen erlauben auch eine allergologische Aktivitätsdiagnostik durch den Nachweis charakteristischer Mediatoren.

Weiterführende Literatur

Barnes RMR (1997) Principles and Interpretation of Laboratory Tests for Allergy. In: Kay AB
    (ed) Allergy and Allergic Diseases. Oxford: Blackwell Science. p 997 – 1006
Bergmann K-Ch (1992) Durchführung und Bewertung des Pricktests. Allergo J 1, 56 – 60
Frew AJ (1997) Skin Tests. In: Kay AB (ed) Allergy and Allergic Diseases. Oxford: Blackwell
    Science, p 1007 – 1011
Gonsior E (1988 ff) Bronchialtest. In: Fuchs E und Schultz KH (Hrsg) Manuale allergologicum.
    Deisenhofen: Dustri-Verlag, Kap. IV, 8
Merrett TG (1997) Quantification of IgE both as Total Immunoglobulin and as Allergen-Specific
    Antibody. In: Kay AB (ed) Allergy and Allergic Diseases. Oxford: Blackwell Science,
    p 1012 – 1035
Schultze-Werninghaus G (188 ff) Anamnese. In: Fuchs E und Schultz KH (Hrsg) Manuale
    allergologicum. Deisenhofen: Dustri-Verlag, Kap. IV, 1
Weeke B, Poulsen LK (1993) Diagnostic Tests for Allergy. In: Holgate ST and Church MK. Allergy
    London: Gower Medical Publ. Chapt. 11

4.4 Untersuchungen der mukoziliären Clearance

W. Petro

EINLEITUNG

Lunge und Atemwege verfügen über ein differenziertes Reinigungssystem. Nur so ist es möglich, daß die Lunge als einziges inneres Organ des Menschen mit ständigem Kontakt zur Umwelt ein Leben lang die Teilfunktionen der Respiration, wenn auch mit abnehmender Leistungsfähigkeit mit steigendem Alter, bewältigen kann.

Die mukoziliäre Clearance reinigt den Bereich vom Larynx einschließlich Nase bis in die 16. Bronchiengeneration. Hauptträger der Clearance sind zilientragende Epithelzellen, wobei ca. 200 Zilien je Epithelzelle vorhanden sind mit einer Länge von ca. 6 µm. Die Größe nimmt zur Atemwegsperipherie hin auf 2 µm ab. Die mittlere Schlagfrequenz beim Gesunden beträgt ca. 14/s wobei zur Peripherie hin eine höhere Schlagfrequenz gefunden wird. Der Zilienschlag bewirkt einen Transport des Bronchialsekrets oralwärts mit einer täglichen Transportleistung von ca. 100–150 cm^3 Sputum (Lopez-Vidriero et al. 1979).

Der Zilienschlag ist möglich in der Umgebung eines definierten Sekretmilieus mit einer oberflächlichen viskösen Gelphase, die der wässrigen Solphase aufgelagert ist. Der oralwärts gerichtete Zilienschlag besteht aus einem sog. „effective stroke", wobei die Zilien in die oberflächliche Gelphase eintauchen. Im Rahmen des sog. „recovery stroke" taucht die Zilie in der Solphase zum Ausgangspunkt zurück. Der Zilienschlag erfolgt koordiniert, so daß optisch der Eindruck eines „wogenden Kornfeldes" entstehen kann (Abb. 1a, b).

Über den Transportmechanismus des Zilienschlages werden eingeatmete Teilchen, aber auch Mikroorganismen zur Glottis transportiert und dort verschluckt.

Ist die Clearance durch eine Minderleistung der Zilien gestört, so kommt es zur Ausbildung von Mukosplaques bis zur Mukostase. Eine dadurch verursachte Reizung der Irritantrezeptoren führt zu reflektorischem Husten, einer weiteren Form der mukoziliären Clearance. Husten jedoch gilt als Ersatzmechanismus, wenn die mukoziliäre Clearance nicht ausreicht (Fleischer 1990). Der Mechanismus des Hustens geschieht durch Inspiration mit nachfolgendem Glottisverschluß, Erhöhung des pleuralen und abdominellen Druckes und Kontraktion der Exspirationsmuskeln. Schlagartige Glottisöffnung verursacht einen extrem forcierten Exspirationsstoß mit Geschwindigkeiten von 20–50 m/s.

Im alveolaren Bereich stellt das Surfactantsystem das Transportmedium dar. Es besteht hier ein oral gerichteter Sekretstrom und die Tendenz der Spreitwirkung, die dazu führt, daß die ziliären Transportmechanismen erreicht werden und den Partikeltransport fortsetzen können. Eine relativ langsame Clearance besteht im Rahmen der tatsächlichen alveolären Reinigung durch Alveolarmakrophagen sowie über pulmonale und extrapulmonale Lymphbahnen.

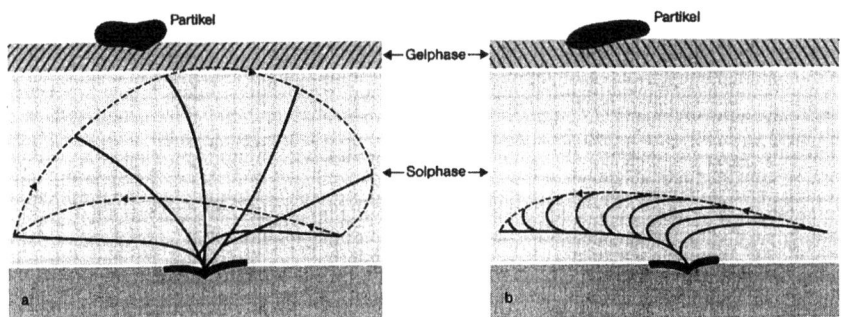

Abb. 1 a, b. Der Zyklus des Zilienschlages beim Sekrettransport, **a** aktiver Zilienschlag (effective stroke) **b** Rückschlagphase (recovery stroke) in die Ausgangslage. (Nach Fleischer 1990)

Meßverfahren

Messung der Ziliarfrequenz

Mittels Bürstenbiopsie gewonnene Epithelzellen werden in eine Nährlösung eingebracht, die auf 37° erwärmt ist und sowohl physiologischen pH-Wert als auch Osmolarität besitzt. Mit einem Phasenkontrastmikroskop werden die Ränder einer Epithelzelle eingestellt, wobei die Unterbrechung eines Lichtstrahls mittels Fotomultiplayer gemessen wird und dieser Vorgang als elektrisches Signal z.B. auf einem EKG-Schreiber registriert wird (Hesse et al. 1980).

Die Bürstenbiopsien können per Fiberbronchoskopie aus dem Bronchialtrakt, üblicherweise aus der ventralen Wand des unteren Tracheadrittels oder aber auch sehr einfach nasal entnommen werden.

Wichtig erscheint die Tatsache, daß zwischen der Schlagfrequenz nasaler und trachealer Zilien eine hohe Korrelation besteht (Petro et al. 1985), so daß nasale Biopsien repräsentativ sind für die Schlagfrequenz bronchialer Zilien. Umfangreiche Untersuchungen haben immer wieder den Versuch unternommen, die Ziliarfrequenz klinisch deutbar zu machen. Dies ist im wesentlichen mißlungen. Nicht einmal über die Tatsache, daß die Ziliarfrequenz zur Lungenperipherie zunimmt, besteht Einigkeit. Offenbar ist der Einfluß methodischer

Unzulänglichkeiten erheblich. So besteht eine starke Abhängigkeit der Ziliarfrequenz von der Temperatur im Sinne einer positiven Korrelation und insbesondere eine starke Beeinflussung durch Verwendung der Lokalanästhetika
(Forker 1986).

Mukoziliäre Clearance

Die mukoziliäre Clearance erscheint die weitaus wesentlichere klinische Größe
im Vergleich zur Ziliarfrequenz. Sie wird beeinflußt von der Ziliarfrequenz aber
auch von den die Zilien umgebenden supraziliären und periziliären Flüssig-
keitsanteilen. Ihre Bestimmung ist durch Verwendung kleinster Partikel und
Aerosole mit unterschiedlichen Eigenschaften, deren Wanderungs- und Elimi-
nationsgeschwindigkeit registriert wird, meßbar (Mizera 1983). Man unterscheidet röntgenologische Meßverfahren durch Verwendung röntgendichten
Tantalums oder Wismutcarbonat oder röntgendichten Teflonplättchen, szinti-
graphische Messung radioaktiv markierter Aerosole oder Mikrosphären, die
Messung der Transportgeschwindigkeit von Teflonplättchen durch Aufzeichnung der Wanderungsgeschwindigkeit und die Mesung der Wanderungsgeschwindigkeit von Farbstoffen oder Geschmacksstoffen.

Neben dieser direkten Messung der mukoziliären Clearance gibt es Meßverfahren, die die Effektivität der Flimmerbewegung der Zilien quantitativ erfassen.
Man unterscheidet die Messung mit Hilfe einer Stroboskoplampe.

Hier wird die Frequnz des Stroboskops auf die Frequenz der Lichtreflexe der
Trachealschleimhaut so eingestellt, daß sie übereinstimmen. Bei der Kameraauf-
zeichnungsmethode werden von der Schleimhaut reflektierte Lichtreflexe ein-
fallender paralleler Lichtstrahlen mit Hilfe einer Hochgeschwindigkeitskamera
aufgezeichnet. Dieses in vivo anwendbare Verfahren unterscheidet sich von der
fotoelektrischen Methode, die vorwiegend eine In-vitro-Methode ist, durch
Messung von Lichtreflexänderungen auf der Trachealschleimhaut mit Hilfe
einer Fotozelle und eines Mikroskops.

In Deutschland hat sich in den 80er Jahren neben der nuklearmedizinischen
Bestimmung der Clearance eine modifizierte röntgenologische Methode verbreitet (Nakhosteen et al. 1981). Hier werden röntgendichte Teflonplättchen mittels Fiberbronchoskop und Druckluft in das untere Drittel der Trachea geblasen.
Die kranialwärts gerichtete Bewegung wird röntgenologisch gemessen und
somit die Wanderungsgeschwindigkeit des trachealen Mukus gemessen.

Als äußerst einfach hat sich die Saccharinmethode bewährt. Hier wird eine
Saccharinprobe standardisiert 4 cm oberhalb des Nasenorificiums auf die
Nasenschleimhautoberfläche gebracht. Der Zeitraum bis zur Registrierung eines
süßen Geschmackes entspricht der nasalen Clearance. Untersuchungen belegen,
daß zwischen nasaler und bronchialer Clearance eine signifikante Korrelation
besteht (Andersen et al. 1974).

Andere Untersuchungen fanden keinen signifikanten Zusammenhang zwischen Saccharinclearance und nasaler Ciliarfrequenz (Moriarty et al. 1991).

Farbstoffmethoden verwenden Indigocarmin oder Edicol-Orange.

Die sicherste Methode zur Bestimmung der bronchialen Clearance geschieht mit Einbringen radioaktive Isotope. Hierzu wird vorrangig ^{99m}Technetium verwendet, was an bestimmte Lösungen oder Partikel gekoppelt wurde, wie Salzlösungen oder mikro- bzw. makroaggregiertes Humanalbumin oder Albuminmikrosphären (Rusznak et al. 1994). Eine sehr weite Verbreitung hat die Bestimmung der mukoziliären Clearance durch Verwendung monodisperser ^{99m}Technetium-aggregierter roter Blutzellen erreicht (Botha et al. 1991).

Störungen der mukoziliären Clearance

Es lassen sich zwanglos angeborene Störungen der mukoziliären Clearance von erworbenen, vorwiegend umweltverursachten Schädigungen trennen.

Zu den angeborenen Störungen zählt die sogenannte primäre ziliare Dyskinesie oder das sogenannte Immotil-Ciliar-Syndrom (ICS).

Ist diese primäre ziliare Dyskinesie kombiniert mit einem Situs inversus, so spricht man von einem Kartagenersyndrom. Die diagnostischen Wege sind in der folgenden Übersicht zusammengefaßt (Konietzko 1985).

Diagnostische Kriterien der primären Ziliardyskinesie (Modifiziert nach Konietzko 1985)

1. Klinische Hinweise

- Rezidivierende Infekte des Respirationstraktes, (Rhinitis, Sinusitis, Bronchitis, Bronchiektasen) in 100%,
- Otitis media (50–80%),
- Situs inversus (50%),
- Infertilität bei männlichen Patienten (100%).

2. Nachweis eines gestörten Ziliartransportes

- Verlangsamung oder Sistieren des mukoziliären Transportes in vivo (nasal, tracheobronchial),
- Ziliardyskinie in vitro (nasal, tracheobronchial):
    Reduktion der Ziliarzellen pro Bürstenbiopsie,
    Reduktion des Anteils noch schlagender Zellen an der Population der Zilienzellen,
    Verminderung der Ziliarfrequenz, häufig Unmöglichkeit der Frequenzmessung (Ziliarflimmern/Akinesie),
- Immotilität der Spermienschwänze.

3. Morphologische Abnormität der Ziliarstruktur (gehäuft)

- Abnormitäten in der Zellstruktur wie Fehlen der Dyneinarme oder Radiärspeichen, überzählige oder fehlende Tubuli,
- Defekte der Zellmembran (?),
- Verplumpung und Verklebung von Zilien.

Eine weitere angeborene Form der Störung der mukoziliären Clearance stellt die Mukoviszidose (zystische Fibrose) dar. Hier steht die abnorme Mukusproduktion im Vordergrund mit eiweißreichem Schleim von vermehrter Viskosität im Respirations- und Gastrointestinaltrakt.

Beide Erkrankungen zeichnen sich aus durch eine chronische Mukostase mit sekundärer Keimbesiedelung, vorwiegend Pseudomonas aeruginosa.

Zu den erworbenen Störungen des mukoziliären Transportes zählen verschiedene physikalische, chemische, infektiöse und inflammatorische Mechanismen, die in der folgenden Übersicht zusammengefaßt sind (Konietzko 1985).

Erworbene Störungen des mukoziliaren Klärsystems. (Nach Konietzko 1985)

1. *Physikalisch*
   - Hyperoxie, Austrocknung, energiereiche Strahlen.

2. *Chemisch*
   - SO_2, O_3, NO_x, H_2SO_4 (Cyanid, Acrolein).

3. *Medikamentös*
   - Atropin, α-adrenerge-Stimulantien, β-adrenerge Blocker, Fluothane, Lidocain.

4. *Infektiös*
   - Rhinoviren, weniger ausgeprägt auch Adenoviren, Enteroviren, RS-Viren, Para-Influenza und Influenzaviren, Mycoplasma pneumoniae, die meisten Bakterien, Aspergillen.

5. *Allergisch und inflammatorisch*
   - Asthma bronchiale, Heuschnupfen.

6. *Mechanisch*
   - Intubation, Bronchoskopie, Trachea- oder Bronchienresektion mit End-zu-End-Anastomose.

Durch Infekt getriggertes Asthma bronchiale und chronische Bronchitis mit oder ohne Obstruktion zählen zu den wesentlichen Erkrankungen, die durch Umweltbelastungen verursacht werden, hier insbesondere Inhaltsstoffe des Zigarettenrauchs.

Gerade das inhalative Zigarettenrauchen führt zu strukturellen Veränderungen des Flimmerepithels und der schleimproduzierenden Becherzellen. Die mukoziliäre Clearance ist daher bei chronischem inhalativen Zigarettenrauchen nachhaltig gestört. Untersuchungen belegen, daß diese Störungen in den zentralen Atemwegen ausgeprägter sind als in der Peripherie. Es besteht eine signifikante korrelative Verknüpfung zwischen Zigarettenkonsum und Clearancestörungen.

Hierbei ist es wichtig, daß die Störung der mukoziliären Clearance früher nachweisbar ist, als eine bronchiale Obstruktion (Vastag et al. 1996).

Untersuchungen zur Wirkung von Umweltnoxen auf die ziliare Clearance-funktion sind rar. Es konnte nachgewiesen werden, daß Ozon in einer Konzentration von 0,4 ppm und einer Wirkzeit von 2 Stunden zu einer Steigerung der tracheobronchialen muköziliären Partikelclearance bei Nichtrauchern führte (Foster et al. 1987). Der gleiche Untersucher fand eine Steigerung der Clearance nach 0,2 ppm Ozonexposition insbesondere in den peripheren Atemwegen ohne spirometrische Veränderungen.

Inhalierte H_2SO_4 zeigt eine dosis- und zeitabhängige Verminderung der muköziliären Clearance (Leikauf et al. 1981, 1984; Spector et al. 1989).

Die muköziliäre Clearance war insbesondere bei Asthmatikern vermindert nach einer 1-stündlichen Exposition gegenüber 1000 µg/m³ H_2SO_4 (Spektor et al. 1985).

Ebenso rar sind Untersuchungen zur beruflichen Einwirkung von Schadstoffen.

Die Untersuchung an asbestexponierten Asbestzementarbeitern zeigte, daß die muköziliäre Clearance gegenüber nichtexponierten Vergleichspersonen signifikant vermindert war (di Luigi et al. 1996). Weitere Untersuchungen sind hier dringend vonnöten, insbesondere zur Beurteilung der Relevanz dieser Störungen bei der Entstehung umweltverursachter chronischer Atemwegs-erkrankungen.

ZUSAMMENFASSUNG

Die muköziliäre Clearance ist ein wesentlicher mechanischer Reinigungsap-parat der oberen und unteren Atemwege. Seine Bedeutung resultiert aus einer stetigen lebenslangen Exposition gegenüber der Umwelt.

Die muköziliäre Clearance wird maßgeblich determiniert durch die Ziliar-frequenz. Diese ist mittels Bürstenbiopsien aus Nase oder Bronchien mit Hilfe eines Phasenkontrastmikroskopes methodisch relativ einfach realisierbar.

Die klinische Bedeutung von Veränderungen zur Ziliarfrequenz ist jedoch multifaktoriell. Aus diesem Grunde ist die Messung der muköziliären Clearance praktisch bedeutsamer. Es existieren röntgenologische, szintigra-phische, Farbstoff- und Geschmacksverfahren zur Messung der muköziliären Clearance. Störungen des Clearancesystems können angeboren (primäre ziliare Dyskinesie) oder erworben sein. Erworbene Störungen resultieren aus physikalischen, chemischen, infektiösen und inflammatorischen Ein-wirkungen.

Die Wirkung von Umweltnoxen auf die Klärgeschwindigkeit ist wenig untersucht. Die Angaben sind teils widersprüchlich. Ozon führt danach zu einer Steigerung der Partikelclearance, H_2SO_4 führt zu einer Verminderung.

Literatur

1. Andersen I, Camner P, Preben L, Jensen, Philipson K, Proctor DF (1974) A comparison of nasal and tracheobronchial clearance. Arch Environ Health 29
2. Botha UM, Strydom WJ, Brandt HD (1991) The assessment of mucociliary clearance using monodisperse ^{99m}-Tc-tagged red blood cells. Am J Phyiol Imaging 6:44–49
3. Fleischer W (1990) Die Reinigungsmechanismen der Lunge. Physiologie – Krankheitsbilder – Therapie. Pneumol Notizen 17–21
4. Forker W (1986) Haben die zur Ziliarzellgewinnung angewendeten Methoden, insbesondere die Lokalanästhesie, einen Einfluß auf die Ziliarfrequenz? Diss. TV-München
5. Foster WM, Costa DL, Langenbach EG (1987) Ozon exposure alters tracheobronchial mucociliary function in humans. J Appl Physiol 63:996
6. Hesse H, Mizera W, Kasparek R, Nakhoosten JA, Konietzko N (1980) Die Ziliarfrequenz Lungengesunder – erste Ergebnisse einer neuen In-vitro-Methode. Prax Pneumol 34: 565–569
7. Konietzko N (1985) Der mukoziliare Transport und dessen therapeutische Beeinflußbarkeit. Atemw- u. Lungenkrkh 11, 4:S145–150
8. Kotzerke J, Hardt v.d. J, Wiese H et al. (1992) Die mukoziliare Clearance im Kindesalter. Monatsschr Kinderheilkd 140:227–232
9. Leikauf G, Yeates DB, Wales KA et al. (1981) Effects of sulfuric acid aerosol on respiratory mechanics and mucociliary particle clearance in healthy nonsmoking adults. Am Ind Hyg Assoc J 42:273
10. Leikauf GD, Sepktor DM, Albert RE et al. (1984) Dosedependent effects of submicrometer sulfuric acid aerosol on particle clearance from ciliated human lung airways. Am Ind Hyg Assoc J 45:285
11. di Luigi L, Marino M, Pegorari M et al. (1996) Lung cinescintigraphy in the dynamic assessment of ventilation and mucociliary clearance of asbestos cement workers. Occup Environ Med 53:628–635
12. Lopez-Viedriero MT, Das J, Reid L (1979) Bronchorrhoea-separation of mucus and serum components in sol and gel phases. Thorax 34:512–517
13. Mizera W (1983) Ziliarfrequenz bioptisch entnommener Trachealschleimhaut Lungengesunder – Ergebnisse einer neuen in vitro Methode. Diss. GHS, Essen
14. Moriarty BG, Robson AM, Smallman LA (1991) Nasal mucociliary function: comparison of saccharin clearance with ciliary beat frequeny. Rhinology 29:173–179
15. Nakhoosten JA, Konietzko N, Hierche H (1981) Modifizierte röntgenologische Methode zur Bestimmungen der trachealen Klärgeschwindigkeit: Methodenanalyse unter Anwendung von Salbutamol bei chronischer Bronchitis. Prax Pneumol 35:705–710
16. Petro W, Forker W, Konietzko N (1985) Vergleichende Untersuchungen der Ciliarfrequenz aus Trachea und Nase. Tagungsblb. Öster Ges für Lungenerkr und Tbc (5:1985)
17. Rusznak C, Devalia JL, Lozewicz S, Davies RJ (1994) The assessment of nasal mucociliary clearance and the effect of drugs. Resp Med 88:89–101
18. Spektor DM, Leikauf GD, Albert RE et al. (1985) Effects of submicrometer sulfuric acid aerosols on mucociliary transport and respiratory mechanics in asymptomatic asthmatics. Environ Res 37:174
19. Spektor DM, Yen BM, Lippmann M (1989) Effect of concentration and cumulative exposure of inhaled sulfuric acid on tracheobronchial particle clearance in healthy humans. Environ Health Perspect 79:167
20. Vastag E, Kiss A (1996) Filterfunktionen der Lunge, analysiert mit radioaktiven Partikeln. Atemw-Lungenkrk 22, 3:157–164

4.5 Toxikologische Umweltanalytik

H.-W. Schiwara und H.W. Hoppe

EINLEITUNG

Die Belastung mit chemischen Schadstoffen aus der Umwelt steht zunehmend im Verdacht, Erkrankungen der oberen Luftwege, der Bronchien, der
Haut, des Nervensystems und anderer Organe zu verursachen. Die Angaben
über die Häufigkeit einer umwelttoxikologischen Ätiologie gehen allerdings
weit auseinander. Während am Beispiel der sog. „Tübinger Krankheit" ein
Kausalzusammenhang zwischen Exposition gegenüber chemischen Umweltnoxen und Erkrankungen weitgehend verneint wird (Remmer 1994), sehen
andere Ärzte gerade hierin die Ursache zahlreicher gesundheitlicher Störungen (Daunderer 1990). In umweltmedizinischen Ambulanzen liegt der
Anteil der Patienten mit gesicherter Belastung durch Umweltchemikalien bei
10–15% (Eis 1995 „persönliche Mitteilung", Seidel 1996). Die Studie der
Innungskrankenkasse Düsseldorf (Stange 1996) weist unter 2080 Mitgliedern, die an Umwelterkrankungen zu leiden glaubten, nur in 42 Fällen (= 2%)
einen Zusammenhang zwischen Innenraumschadstoffen und Gesundheitsstörungen nach. Der größere Teil der Patienten hat offensichtlich andere
Probleme und ist nicht durch Schadstoffe erkrankt. Bei Ihnen spielen vielmehr psychische und soziale Faktoren ursächlich eine Rolle. Ihre Beschwerden können im Sinne eines toxikophischen Syndroms medieninduziert sein,
oder das neue Gewand einer alten Erkrankung darstellen (Remmer 1994,
Tretter 1993).

Vor diesem Hintergrund kommt der umwelttoxikologischen Analytik eine
große Bedeutung zu. Häufig kann sie zur Klärung einer Belastungssituation
beitragen. Dabei ist der Ausschluß einer Schadstoffbelastung in Anbetracht
der großen Zahl von Patienten mit befürchteten Umwelterkrankungen
besonders wichtig und häufig auch therapeutisch wirksam. Der Hälfte der
Betroffenen ging es bereits nach der Durchführung des Düsseldorfer Umwelt-
Checks besser (Stange 1996). Andererseits kann der chemisch-analytische
Nachweis einer Schadstoffbelastung wichtige Argumente für den Kausalzusammenhang zwischen Exposition und Erkrankung liefern. Auch das Bundesinstitut für gesundheitlichen Verbraucherschutz und Veterinärmedizin
(bgvv) mißt in seinem Bewertungskonzept von Vergiftungsfällen chemischen
Analysen in der Umwelt und in biologischem Material neben der Plausibilität
der anamnestischen Daten und der klinischen Symptomatik große Bedeutung bei (Hahn 1996).

Der folgende Beitrag zeigt Möglichkeiten und Grenzen der umweltmedizinischen Analytik im Rahmen der Pneumologie auf. Es werden Grundkenntnisse über Toxikokinetik, Präanalytik, Analytik und Bewertung von Meßergebnissen vermittelt. Sie sollen dem umweltmedizinisch tätigen Arzt helfen, chemische Analysen sinnvoll, gezielt und in einem wirtschaftlich vertretbaren Umfang anzufordern.

Konzept der umweltmedizinischen Analytik

Das Konzept der umweltmedizinischen Analytik basiert auf dem Modell der Pathogenese oder der Toxikogenese von Erkrankungen durch chemische Noxen aus der Umwelt. Die äußere Belastung, also die Anreicherung chemischer Schadstoffe in unserer Umwelt wird durch die allgemein bekannten Emittenten (Industrie, Baustoffe, PKW u.a.) verursacht. Im Innenraumbereich handelt es sich überwiegend um Schadstoffe aus Baumaterialien (Formaldehyd, Holzschutzmittel, organische Lösemittel, polychlorierte Biphenyle), um Tabakrauch, gelegentlich auch um Schädlingsbekämpfungsmittel nach einem Kammerjägereinsatz.

Nimmt der Mensch diese Noxen auf, kommt es zur inneren Belastung. Sie kann biochemische Effekte auslösen, die frühe Stufen in der Pathogenese von Erkrankungen durch chemische Umweltschadstoffe darstellen.

Auf allen Ebenen wird die Toxikogenese durch die biochemische und zelluläre Konstitution des belasteten Individuums, also seine Empfänglichkeit (Suszeptibilität) beeinflußt. Das Verhalten in der Umwelt bestimmt die Menge der aufgenommenen Noxen, die Kapazität der Entgiftungsenzyme beeinflußt ihre Metabolisierung und Elimination, die individuelle Aktivität der Reparaturmechanismen ist verantwortlich für das Ausmaß der gesundheitlichen Schädigung.

Entsprechend diesem Modell der Umwelttoxikogenese ist die umweltmedizinische Analytik strukturiert in Umwelt-, Bio-, biochemisches Effekt- und Empfänglichkeitsmonitoring mit den dazugehörenden Markern (Tabelle 1).

Umweltmonitoring

Schadstoffmessungen in der Umwelt dienen dem Nachweis oder dem Ausschluß einer erhöhten äußeren Belastung durch Umweltnoxen und sollen Belastungsquellen identifizieren helfen. Innenraumbelastungen können durch Hausstaub- und Raumluftmessungen beurteilt werden. Hausstaub eignet sich als Medium für das Umweltmonitoring, weil er wegen seiner großen aktiven Oberfläche, seiner langen Verweildauer, seiner Verteilung und Zirkulation im gesamten Raum Schadstoffe aus der Raumluft bindet. Seine Heterogenität, der Ort der Probennahme, die Raumnutzung und das Alter des Hausstaubes beeinflussen

Tabelle 1. Konzept der umweltmedizinischen Analytik

	Äußere Belastung	Innere Belastung	Biochemische Effekte	Empfänglichkeit
Analytik	Umweltmonitoring:	Biomonitoring:	Biochemisches Effektmonitoring:	Empfänglichkeitsmonitoring:
	Messung der äußeren Belastung durch Nachweis und quantitative Bestimmung von Noxen in der Umwelt (Wasser, Boden, Luft, Lebensmittel, Bedarfsgegenstände, Baumaterialien, Hausstaub)	Messung der inneren Belastung durch Nachweis und quantitative Bestimmung von Noxen oder ihren Metaboliten in Körpermaterialien (Blut, Urin, Frauenmilch, Haaren, Zähnen, Gewebe)	Nachweis biochemischer Veränderungen durch toxische Umweltchemiekalien	Untersuchung von Faktoren, die die individuelle Reaktion auf Umweltschadstoffe beeinflussen (Enzympolymorphismen)
Marker	Umweltmarker	Biomarker	Effektmarker	Empfänglichkeitsmarker

allerdings die gemessenen Schadstoffkonzentrationen. Dadurch sind erhebliche Schwankungen der Meßwerte von Labor zu Labor möglich. Dennoch haben sich Hausstaubmessungen als Screening-Methode für die Beurteilung einer Raumluftbelastung mit Holzschutzmitteln, polychlorierten Biphenylen, polyzyklischen aromatischen Kohlenwasserstoffen und Schädlingsbekämpfungsmitteln bewährt.

Für exaktere Messungen insbesondere von flüchtigen Schadstoffen wie Formaldehyd und organische Lösemittel bieten sich aktive oder passive Raumluftmessungen an. Bei der aktiven Raumluftmessung werden die Schadstoffe durch ein 1–2stündiges Ansaugen eines definierten Luftvolumens mit einer Pumpe an ein Sorptionsmittel gebunden. Bei der passiven Raumluftmessung erfolgt die Bindung der Schadstoffe an die Sorbentien während einer 1–7tägigen Exposition durch Diffusion. Zur Identifizierung von Schadstoffquellen kann auch die Messung in Materialproben wie Holz, Spanplatten, Textilien und Leder erforderlich werden.

Biomonitoring

Ob eine in der Umwelt nachgewiesene Noxe ein Belastungsrisiko für den Menschen darstellt, hängt von vielen Faktoren ab (s. Übersicht). Ein in hoher Konzentration in der Umwelt vorkommender Schadstoff gefährdet den Menschen nur, wenn die Voraussetzungen für seine Aufnahme in den Körper gegeben sind. Dazu ein Beispiel: 1991 wurden in dem Kieselrot-Belag von Spiel- und Sportplätzen in Bremen und Nordrhein-Westfalen bis zu 20 000fach über dem Grenzwert liegende Dioxinkonzentrationen gemessen. Eine signifikante Aufnahme in den Körper konnte bei den exponierten Benutzern der Spiel- und Sportplätze in Nordrhein-Westfalen allerdings nicht nachgewiesen werden. Die Dioxinkonzentrationen im Blutfett lagen im Bereich der Hintergrundbelastung (Ewers 1994). Eine Aufnahme von Dioxinen war auch nicht zu erwarten, da es bei dieser Art der Exposition keinen Aufnahmepfad gibt. Dioxine gelangen überwiegend mit der Nahrung, bei beruflicher und akzidenteller Exposition mit der Atemluft in den Körper (Poiger 1994). Das an die Kieselrotpartikel gebundene Dioxin wird aber nicht inhaliert, und selbst bei Verschlucken von Kieselrotpartikeln besteht kaum die Gefahr einer Dioxinaufnahme durch Absorption im Magendarm-Trakt (Ewers 1994). Dennoch wurde umfangreich saniert. In Bremen betrugen die Sanierungskosten mehr als 7 Millionen DM.

Faktoren, die das Ausmaß der Schadstoffaufnahme beeinflussen (Ewers 1993)

- Aufenthalts- bzw. Kontaktzeit,
- Aufnahmeart (inhalativ, oral, perkutan),
- Kontaktintensität,
- Bioverfügbarkeit,
- Ernährungsgewohnheiten.

Wenn aufgrund der toxikokinetischen Eigenschaften eines Schadstoffes eine innere Belastung möglich ist, bietet sich ein Biomonitoring an. Dieses ist allerdings nur sinnvoll, wenn die umweltmedizinische Exploration Hinweise auf eine entsprechende Exposition ergibt und wenn diese nicht länger als die Nachweiszeit zurückliegt. Die Nachweiszeit für einen Schadstoff oder seine Metaboliten im Körper nach Beendigung einer Belastung ergibt sich aus seiner biologischen Halbwertzeit und seiner analytischen Nachweisgrenze (Tabelle 2).

Tabelle 2. Nachweiszeiten einiger pneumologisch relevanter Umweltschadstoffe

Schadstoffe	Analyt	Halbwertzeit	Nachweiszeit
Organ. Lösemittel			
Benzol	Benzol i. Blut	1–3 h	h
Tetrachlorethen (PER)	Tetrachlorethen i. Blut	ca. 10 h	h
Pestizide			
Pyrethroide	Pyrethroid-Metaboliten i. Harn	10–20 h	d
Pentachlorphenol (PCP)	PCP i. Serum	10–20 d	w
Sonstige			
Formaldehyd	Formaldehyd i. Blut	1,5 min	min
Nikotin	Cotinin i. Harn	20 h	h/d

Besteht der Verdacht auf die Belastung mit einer bestimmten chemischen Noxe, muß geprüft werden, ob es für die zu untersuchende Substanz einen geeigneten Biomarker gibt und in welchem Material er am besten untersucht werden kann (s. Tabelle 7).

Biochemisches Effektmonitoring

Die Reaktion auf die Belastung mit chemischen Umweltnoxen ist individuell sehr unterschiedlich. Dies betrifft Gesundheitsstörungen ebenso wie biochemische Effekte. Beispielsweise reagieren bei einer Bleikonzentration im Blut von 30 µg/dl nur 15% der Männer, aber 50% der Frauen mit einem Anstieg der freien Erythrozytenporphyrine (Skerfving 1988). Der Nachweis noxenspezifischer oder noxentypischer Effekte sollte sich daher besser für die individuelle Risikobeurteilung einer Schadstoffbelastung eignen als das Biomonitoring. Allerdings treten biochemische Effekte meist erst bei Blei-Belastungen auf, die heute nur selten im Umweltbereich vorkommen. Außerdem erfaßt der Anstieg der freien Erythrozytenporphyrine nur die hemmende Wirkung des Bleis auf die Enzyme der Hämbiosynthese. Die toxischen Effekte auf das Zentralnervensystem, die bereits bei Bleikonzentrationen im Blut ab 10 µg/dl möglich sind (Umweltbundesamt 1996a), bleiben dem biochemischen Effektmonitoring verschlossen. Auch bei anderen enzyminhibierenden Schadstoffen wie bei den Alkylphosphaten weist das Biomonitoring eine höhere Sensitivität auf als das biochemische Effektmonitoring. Mit der Bestimmung von p-Nitrophenol im Harn, dem Metaboliten von Parathion (E-605) und anderen Alkylphosphaten, wird eine Belastung zuverlässiger erkannt als aufgrund der Reduktion der Acetylcholinesterase-Aktivität in den Erythrocyten (Lotti 1995).

Die Bedeutung anderer Effektmarker wie z. B. der DNA- oder Hämoglobin-Addukte für die umwelttoxikologische Analytik ist noch unklar. Addukte sind kovalente Verbindungen zwischen Karzinogenen und den Basen der Nukleinsäuren (z. B. Benzo(a)pyren-Addukte) oder den Aminosäuren von Proteinen (z. B. Ethylenoxid-Hämoglobin-Addukte). DNA-Addukte können Punkt-Mutationen induzieren und stellen daher Marker für präkanzeröse Zustände dar. Sie sind deshalb besonders interessant, weil sie länger als die Noxe nachweisbar sind (Farmer 1994). Erfahrungen mit der Addukt-Messung im Umweltbereich liegen bisher kaum vor. Problematisch ist insbesondere die Bewertung einer individuellen Belastung.

Das biochemische Effektmonitoring spielt gegenwärtig in der umwelttoxikologischen Analytik keine Rolle, zum einen, weil viele pneumologisch relevante Umweltschadstoffe (Formaldehyd, organische Lösemittel, PCP u. a.) keine analytisch zugänglichen biochemischen Effekte aufweisen, zum anderen, weil das Biomonitoring wegen der verbesserten instrumentellen Analytik überlegen ist. Allenfalls die Bestimmung IgE-spezifischer Antikörper gegen Formaldehyd, Isocyanate u. a. stellt ein sinnvolles Effektmonitoring zum Nachweis allergisierender Wirkungen von Umweltschadstoffen dar (s. Tabelle 7).

Empfänglichkeitsmonitoring

Die individuell unterschiedliche Reaktion auf Belastungen mit Schadstoffen kann auf molekularer Ebene mit Protein- oder Enzympolymorphismen zusammenhängen. Dabei handelt es sich um die hereditäre Verminderung oder die Dysfunktion von Proteinen oder Enzymen mit wichtiger biochemischer Funktion. Der Polymorphismus von Enzymen, die am Abbau von Schadstoffen oder Medikamenten beteiligt sind, kann die Ursache für eine erhöhte Toxizität sein (Tabelle 3).

Das klassische Beispiel für einen pneumologisch relevanten Polymorphismus ist der Mangel an α_1-Antitrypsin (Proteinaseinhibitor=PI). PI hat die Aufgabe, aus Leukozyten freigesetzte Elastasen zu neutralisieren. Bei genetisch bedingtem Mangel an PI vom homozygoten Typ PIZZ können Leukozytenelastasen nicht ausreichend inhibiert werden. Sie zerstören die Alveolarsepten, so daß es zum vorzeitigen Lungenemphysem kommt. Raucher mit heterozygotem PI-Mangel vom Typ PIZ haben ebenfalls ein erhöhtes Risiko, vorzeitig an einem Lungenemphysem zu erkranken, weil bei ihnen die PI-Konzentration nicht ausreicht, um die durch das Rauchen verursachte erhöhte Elastasen-Aktivität aus den vermehrt in die Alveolen einströmenden Leukozyten zu neutralisieren (Abb. 1). Ob der PI-Mangel Bedeutung im Zusammenhang mit dem Passivrauchen hat, ist nicht bekannt.

Das Empfänglichkeitsmonitoring spielt in der Umweltmedizin, wenn man von der α_1-Antitrypsin-Phänotypisierung absieht, bisher kaum eine Rolle. Wegen der Gefahr der Stigmatisierung von Personen, die bei nachgewiesenem Polymorphismus eines Entgiftungsenzyms ein erhöhtes Risiko befürchten, sollte auch darauf verzichtet werden.

Tabelle 3. Enzympolymorphismen und erhöhtes Risiko bei entsprechender Belastung

Enzymdefekt	Noxe/Medikament	Risiko
α_1-Antitrypsin (PIZ, PIZZ)	Tabakrauch	Vorzeitiges Lungenemphysem
Cholinesterase	Succinylcholin	Verlängerte Apnoe
Glutathion-S-Transferase	Methylenchlorid	CO-Vergiftung Karzinom
Glucose-6-Phosphat-Dehydrogenase	Chloroquin	Hämolytische Anämie
Delta-Aminolaevulinsäure-Dehydratase	Blei	Blei-Intoxikation

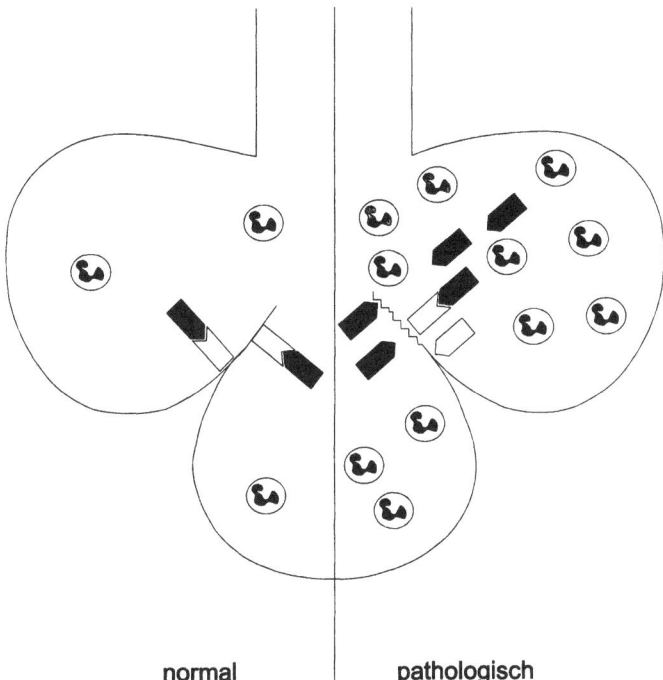

normal | pathologisch

Abb. 1. Schematische Darstellung der Pathogenese des vorzeitigen Lungenemphysems beim α_1-Antitrypsin-Mangel. *Links:* normale Verhältnisse. Die Elastasen aus Leukozyten werden durch α_1-Antitrypsin inhibiert. *Rechts:* α_1-Antitrypsin-Mangel bei einem Raucher. Die α_1-Antitrypsin-Aktivität reicht nicht aus, um die vermehrt aus Leukozyten freiwerdenden Elastasen zu neutralisieren, so daß die elastischen Fasern der Alveolarsepten zerstört werden können. α_1-Antitrypsin ($\boxtimes$), Elastasen (◀█)

Präanalytik

Markerauswahl

Am Anfang der umweltmedizinischen Analytik steht die Auswahl der geeigneten Marker. Was soll untersucht werden? Wann war die Exposition? Wo und worin, also in welchem Bereich und in welchem Probenmaterial sollen Analysen durchgeführt werden? Mit einer sorgfältigen Expositionsanamnese muß zunächst geklärt werden, welche chemischen Noxen überhaupt eine Rolle spielen könnten. Hilfreich sind dabei die inzwischen zur Verfügung stehenden umfangreichen Fragebögen. Steht der vermutete Schadstoff fest, muß geklärt werden, bis wann die Belastung dauerte, oder ob sie noch aktuell ist. Schließlich muß entschieden werden, ob die Noxe selbst oder ihr Metabolit untersucht werden soll, ob ein Biomonitoring sinnvoll und möglich ist, oder ob die Messungen nur in der Umwelt durchgeführt werden können (s. Tabelle 7).

Probennahme

Die zu analysierende Probe muß repräsentativ für die belastete Umwelt und für den belasteten Patienten sein. Bei der Probennahme sind gravierende Fehler möglich. Das trifft für biologisches Material und in noch größerem Ausmaß für die meist sehr heterogenen Umweltmaterialien zu. Die Fehler bei der Probennahme liegen vor dem Komma, bei der Messung im Labor hinter dem Komma. Diese Aussage beschreibt recht gut die Relation der Fehlermöglichkeiten.

Hier soll insbesondere auf Fehler bei der Probennahme für das Biomonitoring hingewiesen werden. Für die pneumologisch relevanten Umweltschadstoffe spielt vor allem die Bestimmung von organischen Lösemitteln und Organochlorpestiziden eine Rolle. Organische Lösemittel diffundieren in Kunststoffe, können aber auch von Kunststoffen oder Gummidichtungen an das Probenmaterial abgegeben werden (z.B. Hexan, Toluol, Xylol). Substanzverluste und Kontaminationen sind bei Verwendung ungeeigneter Kunststoffspritzen für die Blutentnahme und ungeeigneter Kunststoffröhrchen für den Probentransport möglich. Blut für die Bestimmung von organischen Lösemitteln sollte daher mit weitgehend kontaminationsfreien Spritzen (z.B. von SARSTEDT) entnommen und in sogenannten Rollrandröhrchen versandt werden. Rollrandröhrchen bestehen aus Glas und werden mit einer Teflonmembran verschlossen (Abb. 2). Für die Bestimmung von Organochlorverbindungen wie Lindan, DDT und polychlorierte Biphenyle haben sich vorgereinigte Glasröhrchen bewährt, deren Verschluß mit Teflon abgedichtet ist. In Kunststoffröhrchen kann es durch Adsorption zu Verlusten der zu messenden Schadstoffe kommen.

Probentransport

Der Probentransport ist für die Bestimmung von organischen Lösemitteln und Organochlorverbindungen bei Verwendung der geeigneten Röhrchen unproblematisch. Die Konzentration anderer Substanzen kann durch Einflüsse während

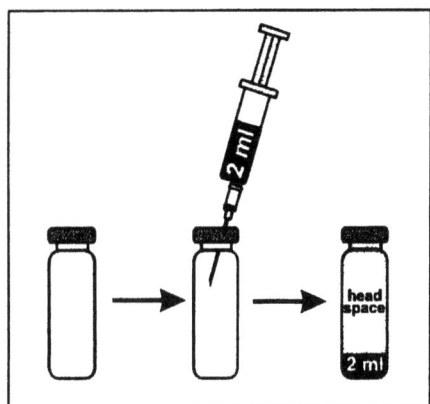

Abb. 2. Rollrandröhrchen. Sie enthalten EDTA und sind mit Teflondichtungen verschlossen. Zur Analyse wird ein Teil der Gasphase über dem Blut entnommen

des Transports erheblich verändert werden. Obwohl die Ameisensäure als Biomarker für eine Formaldehydexposition nicht geeignet ist (s. S. 241), soll an dieser Stelle dennoch kurz auf die Artefakte hingewiesen werden, die durch bakterielle Kontamination möglich sind. Unter anaeroben Bedingungen produzieren Enterokokken im Harn bei pH-Werten von über 6 in großen Mengen Ameisensäure aus Zitronensäure. Die Ameisensäurekonzentration kann dadurch von Werten unter 15 mg/g Kreatinin (Referenzwert: < 15 mg/g Kreatinin) auf Werte von über 1000 mg/g Kreatinin ansteigen (Schiwara 1992 a). Es besteht die Gefahr, daß solche Artefakte als Ausdruck einer Formaldehydbelastung fehldeutet werden. Auch der enzymatische Abbau bestimmter Noxen während des Transports ist möglich (z. B. Pyrethroide im Blut).

Analytik

Gaschromatographie

In der Analytik von pneumologisch relevanten organisch-chemischen Umweltschadstoffen werden überwiegend chromatographische Verfahren eingesetzt. Sie besitzen die erforderliche hohe analytische Leistungsfähigkeit (s. S. 239 f) und erlauben wegen ihrer Flexibilität die Bestimmung eines großen Spektrums von organisch-chemischen Substanzen. Die Chromatographie geht auf Tswett zurück, der Pflanzenfarbstoffe durch Filtration in Calciumcarbonat-Säulen (stationäre Phase) mit Petroläther als Eluens (mobile Phase) trennte (Tswett 1903). Er gab der Methode den Namen (griechisch: chroma = Farbe, graphein = aufzeichnen), seinen Namen (russisch: tswet = Farbe). Allen Modifikationen des Verfahrens ist die Trennung von chemischen Substanzen aufgrund unterschiedlicher Verteilung zwischen einer stationären und einer mobilen Phase gemeinsam. Heute werden hauptsächlich Dünnschichtchromatographie (DC), Gaschromatographie (GC) und Hochdruckflüssigkeitschromatographie (HPLC) verwendet (Abb. 3).

In der umwelttoxikolischen Analytik hat die Gaschromatographie die größte Bedeutung. Die mobile Phase ist hier gasförmig und besteht aus Helium, Stickstoff oder Wasserstoff. Die stationäre Phase bilden Polysiloxane, Polyglykole oder andere Polymere. Bei der heute fast ausschließlich verwendeten Kapillargaschromatographie sind sie an die Innenwand von 30–60 m langen Quarzglaskapillaren mit einem Innendurchmesser von 0,1–0,5 mm gebunden. Die zu trennenden Substanzen müssen unter den Trennbedingungen, also bei 40–300 °C unzersetzt in die Gasphase überführbar sein. Das gelingt problemlos mit organischen Lösemitteln, die durch Erwärmen aus einer Blutprobe bis zur Gleichgewichtseinstellung in die Gasphase oberhalb des Blutes austreten und aus dieser direkt zum Einspritzen in den Gaschromatographen entnommen werden können (sog. Head-Space-Technik) (Abb. 2). Andere Substanzen müssen erst chemisch durch Methylierung, Acetylierung oder Silylierung so verändert werden, daß sie unter den Trennbedingungen verdampfen. Thermisch stabile organische Substanzen bis zu einem Molekulargewicht von 1000 Dalton, d.h.

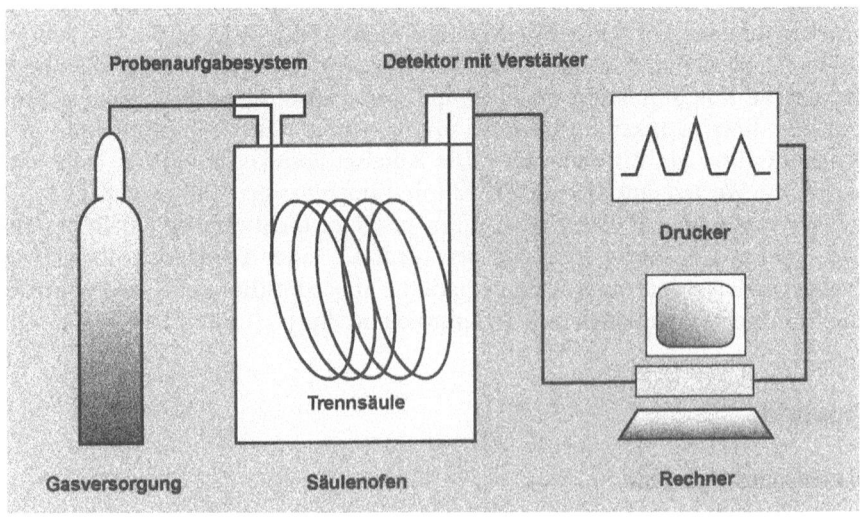

Abb. 3. Schema einer GC-Apparatur (Weber 1992). Mit freundlicher Genehmigung des GIT-Verlags

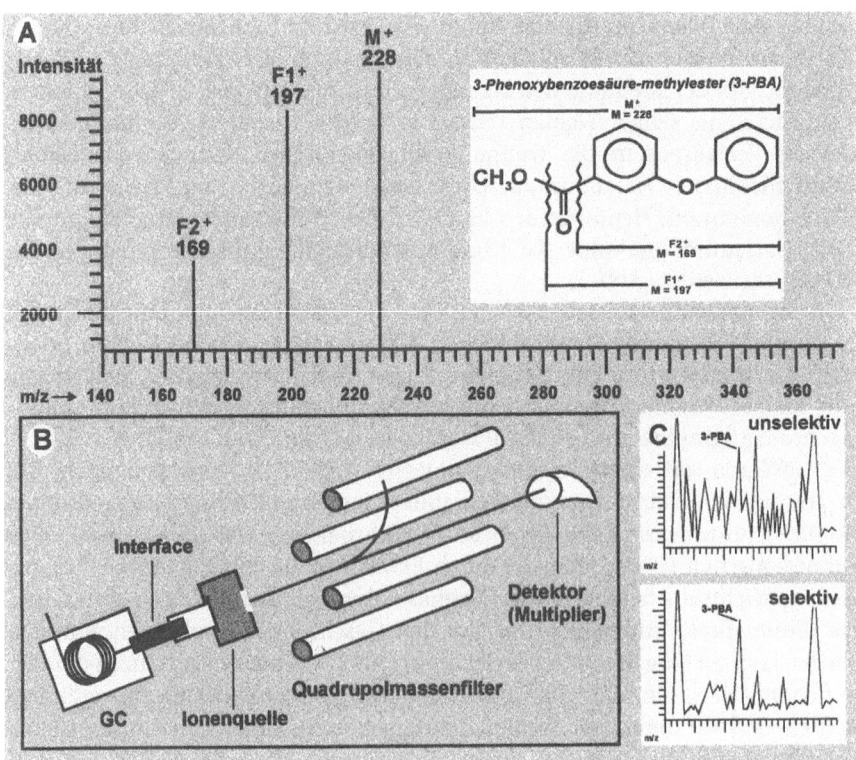

etwa 25 % aller organisch-chemischen Stoffe eignen sich für die gaschromato-graphische Analytik.

Nach der Trennung müssen die Substanzen identifiziert und quantifiziert werden. Dafür werden Detektoren eingesetzt, die entweder unspezifisch alle im Eluat erscheinenden organischen Verbindungen erfassen (z.B. Flammenioni-sationsdetektor = FID), spezifisch organische P- und N-Verbindungen (Stick-stoff-Phosphor-Detektor = NPD) oder mehrfach halogenierte organische Ver-bindungen (Elektroneneinfangdetektor = ECD) nachweisen. Die z.Zt. höchste Spezifität (Selektivität) und Sensitivität erreicht der massenspektrometrische Detektor (MSD) (Abb. 4).

Im Biomonitoring müssen toxische Substanzen im ppb (μg/l)- und teil-weise ppt (ng/l)-Bereich neben komplexen körpereigenen Stoffen zuverlässig bestimmt werden. An die analytische Sensitivität und Spezifität werden daher höchste Anforderungen gestellt. Die Meßsignale (Peaks) müssen auch bei nied-rigen Konzentrationen so hoch sein, daß sie vom Leerwertrauschen unterschie-den werden können. Sie müssen so schmal sein, daß sie sicher von Begleitsub-stanzen getrennt sind. Das erfordert eine ausgefeilte Probenvorbereitung, eine Fokussierung der Substanzen in einem möglichst kleinen Volumen am Säulen-anfang, eine Optimierung von Trenntemperatur und Polarität der stationären Phase sowie eine massenspektrometrische Detektion (Weber 1992).

Analytische Leistungsfähigkeit

Die analytische Leistungsfähigkeit eines chemisch-toxikologischen Verfahrens wird charakterisiert durch Meßbereich, Spezifität (Selektivität), Präzision und Richtigkeit (Keller 1986). Erst wenn diese Kenngrößen den Anforderungen genügen, kann das Verfahren in der umwelttoxikologischen Diagnostik sinnvoll eingesetzt werden.

Der Meßbereich umfaßt das Konzentrationsintervall der zu bestimmenden Noxe (Analyt) zwischen Nachweis (Bestimmungs)- und Verdünnungsgrenze. In diesem Bereich besteht eine lineare Beziehung zwischen Analytkonzentration und Meßsignal. In der umwelttoxikologischen Analytik wird wegen der nied-rigen Schadstoffkonzentration eine hohe Empfindlichkeit, also eine niedrige

---

Abb. 4. Prinzip der massenspektrometrischen Detektion am Beispiel des Pyrethroid-Meta-boliten 3-Phenoxybenzoesäure. Nach gaschromatographischer Abtrennung gelangt die methy-lierte Substanz in die Ionenquelle (*B*). Durch Beschuß mit Elektronen entstehen hier neben dem Molekülion (M^+) positiv geladene Fragmente ($F1^+$, $F2^+$) mit typischen Massen. Molekül-ionen bilden zusammen mit den Fragmenten ein substanzspezifisches Massenspektrum (*A*). Während bei unselektivem Modus des Quadrupolmassenfilters (*B*) alle Ionen den Detektor treffen und deshalb auch störende Probenbestandteile Signale erzeugen, erreichen bei selek-tivem Modus nur geladene Teilchen mit definiertem Masse/Ladungsverhältnis (m/z) den Detektor. Die gesuchte Substanz erscheint im Chromatogramm gut von Begleitstoffen abge-trennt (*C*). Die Identität und Reinheit des Peaks kann durch Untersuchung des Massenspek-trums abgesichert werden

Nachweisgrenze angestrebt. Sie entspricht dem niedrigsten analytspezifischen Signal, das noch von den Rauschsignalen der Leerwertproben sicher unterschieden werden kann. Die Verdünnungsgrenze ergibt sich aus der höchsten Analytkonzentration, bei der noch Linearität zwischen Analytkonzentration und Meßsignal besteht. Bei höheren Konzentrationen muß die Probe nach Verdünnung erneut gemessen werden.

Die analytische Spezifität (Selektivität) gibt an, inwieweit das Analysenverfahren in der Lage ist, nur den gesuchten Schadstoff neben anderen Substanzen zu erfassen. In der chromatographischen Analytik hängt sie von der Probenvorbereitung, der Qualität der Trennung und der Spezifität (Selektivität) der Detektion ab (s. S. 237 f.).

Präzision und Richtigkeit einer Methode sind weitere wichtige Kenngrößen der analytischen Leistungsfähigkeit. Die Präzision beschreibt die Übereinstimmung der Meßergebnisse bei wiederholter Durchführung der Analyse. Da diese Meßwerte normal verteilt sind, kann die Präzision aufgrund der Standardabweichung (s) und des Variationskoeffizienten (V)(=Standardabweichung in Prozent des Mittelwertes) beurteilt werden. Die Standardabweichung sollte unter 10 % des Referenzwertintervalls (s. S. 243) liegen, damit der Anteil falsch positiver (pathologischer) Meßergebnisse alleine aufgrund analytischer Ungenauigkeit möglichst niedrig ist (Bundesärztekammer 1988). Für Pentachlorphenol (PCP) im Serum z. B. (Referenzwertintervall: 0–20 µg/l) muß daher eine Standardabweichung von unter 2 µg/l bei einer Konzentration von 20 µg/l in der Kontrollprobe gefordert werden (Tabelle 4).

Von der Präzision hängt das Auflösungsvermögen einer Methode ab, also die Unterscheidbarkeit zweier Meßwerte. Die kritische Konzentrationsdifferenz (d_k) für PCP im Serum, d.h. die Konzentration, die eine Unterscheidung von 2 Meßwerten erlaubt, beträgt nach der Formel $d_k = 2\sqrt{2} \cdot s = 2{,}828 \cdot 2 = 5{,}7$ µg/l. PCP-Konzentrationen in zwei Patientenproben von 17,2 µg/l und 22,8 µg/l (Differenz = 5,6 µg/l) unterscheiden sich analytisch betrachtet nicht, obwohl mathematisch gesehen der erste Wert unter dem Referenzwert von 20 µg/l als „unbelastet" und der zweite Wert oberhalb des Referenzwertes als „belastet" zu beurteilen ist.

Die Richtigkeit beschreibt die Übereinstimmung zwischen dem gemessenen Wert und dem Sollwert einer Richtigkeitskontrolle. Die prozentuale Abweichung ist ein Maß für die Richtigkeit.

Die Qualitätssicherung umwelttoxikologischer Analysen entspricht weitgehend der seit Jahrzehnten im klinisch-chemischen Labor üblichen statistischen Qualitätskontrolle (Bundesärztekammer 1988). Sie umfaßt die interne und die externe Qualitätskontrolle. Die interne Qualitätskontrolle besteht aus Präzisions- und Richtigkeitskontrolle. Bei der Präzisionskontrolle wird gleichzeitig mit jeder Analyse eine Kontrollprobe analysiert. Die Meßwerte werden mit den in einer Vorperiode ermittelten Mittelwerten und Standardabweichungen verglichen. Mit der Präzisionskontrolle wird die Höhe der zufälligen Fehler beurteilt. Hinweise auf systematische Fehler ergeben sich, wenn mehrere Meßwerte in Folge oberhalb oder unterhalb des Mittelwerts liegen oder eine Tendenz nach oben oder unten aufweisen. Systematische Fehler werden außerdem in der

Tabelle 4. Ergebnis des Ringversuchs 17 (1996) der Deutschen Gesellschaft für Arbeitsmedizin und Umweltmedizin für Pentachlorphenol (PCP)

	Sollwert (SW)	Standardabweichung (s)	Bewertungsgrenzen (SW ± 3 s)
Probe A (µg/l)	21,9	1,9	15,1 – 26,7
Probe B (µg/l)	29,7	2,6	21,9 – 37,5

Teilnehmer: 28; Ringversuch bestanden: 16.

Richtigkeitskontrolle erkannt. Hierbei wird in jeder 4. Untersuchungsserie eine Kontrollprobe mit bekannter Analytkonzentration (Sollwert) analysiert.

Die interne Qualitätskontrolle wird durch die externe Qualitätskontrolle (Ringversuche) ergänzt. Ringversuche werden für das Biomonitoring z.B. von der Deutschen Gesellschaft für Arbeitsmedizin und Umweltmedizin organisiert. Es müssen zwei Proben mit unterschiedlicher Analytkonzentration untersucht werden. Liegen die Meßwerte beider Proben innerhalb der Bewertungsgrenzen (3s-Bereich der Meßwerte der Sollwertlaboratorien), erhält das Labor ein Zertifikat über die erfolgreiche Teilnahme am Ringversuch (Tabelle 4).

Interne und externe Qualitätskontrolle erfassen nur die analytische Phase des Biomonitorings. Die Ausarbeitung zuverlässiger, geprüfter Analysenverfahren (Standard Operating Procedures = SOP) soll nicht nur die Analytik verbessern, sondern durch genaue Beschreibung der Bedingungen für die Probennahme und den Probentransport auch zur Qualitätssicherung in der präanalytischen Phase beitragen (Henschler 1976, Bundesumweltamt 1996 b).

Diagnostische Leistungsfähigkeit

Eine hohe analytische Leistungsfähigkeit ist unbedingte Voraussetzung für den Einsatz umwelttoxikologischer Meßverfahren in der Diagnostik. Ob sich eine Methode für die Erkennung von Umweltbelastungen eignet, ist außerdem eine Frage ihrer diagnostischen Leistungsfähigkeit. Sie hängt von der diagnostischen Sensitivität und Spezifität sowie der Prävalenz der vermuteten Belastung ab (Köbberling 1991). Die Ameisensäurebestimmung im Harn z.B. weist zwar eine hohe analytische Leistungsfähigkeit auf, wegen der unzureichenden diagnostischen Leistungsfähigkeit kann sie jedoch nicht für das Biomonitoring einer Formaldehydbelastung eingesetzt werden (Tabelle 7). Die endogene Ameisensäureproduktion ist nämlich um ein Vielfaches höher als die aus einer Formaldehydbelastung stammende Ameisensäurebildung. Außerdem ist die intraindividuelle Variabilität der Ameisensäurekonzentration im Harn so groß, daß die geringe expositionsbedingte Ameisensäureausscheidung im Harn im „Rauschen" der endogen verursachten Ameisensäureausscheidung untergeht (Schiwara 1992 b).

Ein umwelttoxikologischer Test sollte bei allen Belasteten überwiegend positive Ergebnisse liefern, also sensitiv (empfindlich) sein. Er sollte möglichst ausschließlich bei Belasteten positiv, bei Unbelasteten dagegen negativ ausfallen,

d. h. spezifisch sein (Köbberling 1991). Die Sensitivität gibt den prozentualen Anteil der Belasteten mit positivem Testergebnis, die Spezifität den prozentualen Anteil der Unbelasteten mit negativem Testergebnis an.

Diagnostische Tests, also auch Biomonitoring-Verfahren sollten eine hohe Sensitivität und Spezifität aufweisen, damit Belastete und Unbelastete zuverlässig unterschieden werden können. Belastung bedeutet hier eine über die Hintergrundbelastung hinausgehende zusätzliche inhalative oder perkutane Schadstoffaufnahme z. B. von Pentachlorphenol. Sensitivität und Spezifität werden im allgemeinen an etwa gleich großen Kollektiven Gesunder (Unbelasteter) und Kranker (Belasteter) ermittelt. In der Normalbevölkerung liegen Erkrankungen oder Schadstoff-Belastungen aber in einer sehr geringen Häufigkeit von meist < 5 % vor. Diese Häufigkeit (Prävalenz) hat einen entscheidenden Einfluß auf die diagnostische Leistungsfähigkeit (Abb. 5). Die Entscheidungsgrenze zwischen positivem und negativem Test wird in dem Beispiel durch die Maschengröße des Schleppnetzes definiert. Bei einer Spezifität von 90 %, einer Sensitivität von 100 % und gleich großen Kollektiven werden alle Belasteten erkannt. Nur ein Unbelasteter wird irrtümlich als Belasteter diagnostiziert. Liegt dagegen die Prävalenz bei 1 %, wird zwar der eine Belastete erkannt, gleichzeitig werden aber 10 Unbelastete fälschlich als Belastete eingeordnet. Nur einer der elf als belastet Diagnostizierten ist tatsächlich belastet (positiver prädiktiver Wert 9 %).

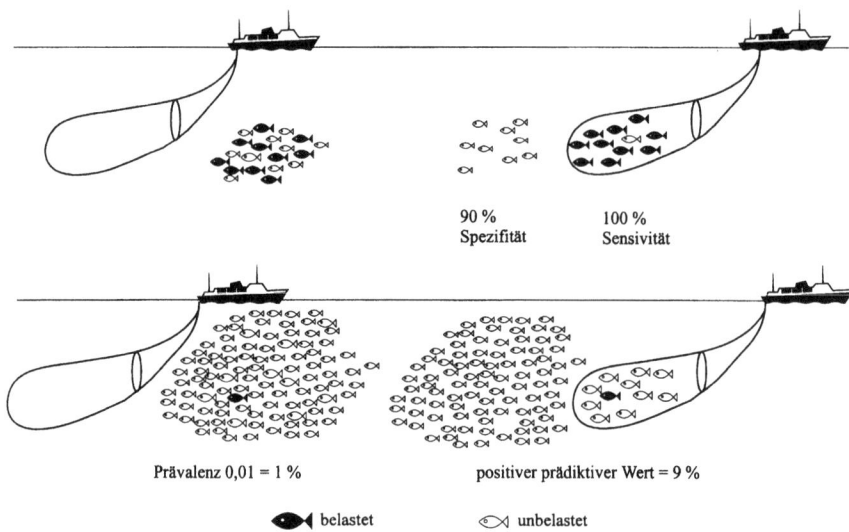

Abb. 5. Diagnostische Leistungsfähigkeit, dargestellt am Beispiel des Fischfangs mit einem Schleppnetz. Die Maschengröße ist so gewählt, daß Unbelastete und Belastete getrennt werden. Bei einer Spezifität von 90 % gelingt die Trennung allerdings nicht 100 %ig. Einer von 10 Unbelasteten (= 10 %) bleibt im Netz hängen und liefert einen falsch positiven Test (obere Bildhälfte). Bei einer geringen Prävalenz (1 %) finden sich dagegen 10 von 100 Unbelasteten (= 10 %) neben einem Belasteten (Sensitivität = 100 %) im Netz (untere Bildhälfte). Von 11 positiven Tests sind also 10 falsch positiv. Der positive Vorhersagewert des Tests beträgt nur 9 %, d. h. nur 9 % der als belastet Eingestuften sind tatsächlich belastet

Wie kann der hohe Anteil falsch positiver Ergebnisse erklärt werden? Alleine durch die Definition des Referenzwertes als 95. Perzentil (s. unten) liegen 5 % der Schadstoffkonzentrationen von Unbelasteten oberhalb des Referenzwertes. Hinzu kommen Meßungenauigkeiten (Tabelle 4).

Die kritische Betrachtung der diagnostischen Leistungsfähigkeit eines Tests ist in der klinischen und in der umwelttoxikologischen Diagnostik gleichsam von Bedeutung. Selbst bei hoher Sensitivität und Spezifität eignet sich z. B. die Bestimmung von Tumormarkern wegen der geringen Carcinom-Prävalenz in der Normalbevölkerung und der dadurch bedingten hohen Zahl falsch positiver Befunde nicht für das Screening und meist auch nicht für die Diagnostik. Die Grenzen der analytischen und der diagnostischen Leistungsfähigkeit umwelttoxikologischer Meßmethoden lassen eine zurückhaltende Beurteilung nur gering erhöhter Schadstoffkonzentrationen sinnvoll erscheinen. Kontrollanalysen und die Identifizierung von Belastungsquellen sind erforderlich, bevor die Diagnose einer Schadstoffbelastung oder gar einer Umwelterkrankung gestellt werden kann.

Beurteilung von Meßwerten

Referenzwerte

Viele pneumologisch relevante Umweltschadstoffe werden wegen ihrer ubiquitären Verbreitung mit der Nahrung aufgenommen und sind als Hintergrundbelastung bei jedem nachweisbar. Ziel des Biomonitorings ist es, eine über diese Hintergundbelastung hinausgehende innere Belastung nachzuweisen oder auszuschließen. Liegen die Meßwerte des Biomonitorings über der Hintergrundbelastung, muß eine zusätzliche Belastungsquelle, z. B. im Wohnbereich, vermutet werden.

Die Hintergrundbelastung (Referenzwert) wird an einem Referenzkollektiv erstellt, das aus mindestens 40 nicht spezifisch belasteten Personen besteht (Solberg 1983). Als Referenzwert wird in der Umwelttoxikologie im allgemeinen das 95. Perzentil der Meßwerte des Referenzkollektivs definiert. Das Referenzwertintervall liegt zwischen Nachweisgrenze und 95. Perzentil. Zahlreiche Faktoren beeinflußen in vivo die Konzentration der zu untersuchenden Schadstoffe (Tabelle 5). Sie müssen bei der Referenzwertermittlung berücksichtigt werden. Die ausgeprägte Altersabhängigkeit der Referenzwerte für die stark kummulierenden polychlorierten Biphenyle 138, 153 und 180 sowie für den DDT-Metaboliten DDE im Blut macht eine Unterteilung in Altersgruppen erforderlich. Für andere Schadstoffe werden vom Geschlecht und von Rauchgewohnheiten abhängige unterschiedliche Referenzwerte angegeben. Schließlich wirken sich Veränderungen des Eintrags von Noxen in die Umwelt auf die Hintergrundbelastung aus. So sind nach der Umstellung auf bleifreies Benzin die Referenzwerte für Blei im Blut von < 40 µg/dl (Baselt 1982) innerhalb eines Jahrzehnts auf < 15 µg/dl (Ewers 1992) zurückgegangen. Ebenso hat sich der Referenzwert für Pentachlorphenol (PCP) im Serum von < 70 µg/l (Butte 1987) nach dem PCP-Verbot von 1989 auf < 20 µg/l vermindert (Butte 1996 „unveröffentlicht").

Tabelle 5. Wovon Referenzwerte beeinflußt werden können

Kriterium	Beispiele
Alter	PCBs: Zunahme mit dem Alter durch Kumulation
Geschlecht	Blei: Männer haben höhere Werte als Frauen
Rauchen	Cadmium i. Blut: Nichtraucher: < 1 mg/l Raucher: < 8 mg/l Formaldehyd in der Raumluft erhöht
Ernährung Fisch	Quecksilber, PCBs erhöht
Amalgam	Quecksilber im Urin erhöht

Toxikologische Grenzwerte

Der Vergleich von Meßwerten mit Referenzwerten erlaubt nur eine Aussage darüber, ob die Hintergrundbelastung überschritten wird oder nicht. Wünschenswert wäre jedoch eine toxikologische Beurteilung. Diese setzt allerdings das Vorhandensein einer Dosis (Belastungs)-Wirkungsbeziehung voraus, die außer für Blei für die meisten Umweltschadstoffe nicht bekannt ist. Die vom ehemaligen Bundesgesundheitsamt mitgeteilten Orientierungswerte für die toxischen Elemente Arsen, Blei, Cadmium und Quecksilber sind außer für Blei nicht klinisch-toxikologisch evaluiert (Kappos „persönliche Mitteilung"). Seit kurzem bemüht sich eine Arbeitsgruppe der Kommision „Human-Biomonitoring" des Bundesgesundheitsamtes, sog. Human-Biomonitoring-Werte (HBM-Werte) zu erstellen (Umweltbundesamt 1996c). Das Konzept dieser HBM-Werte (Tabelle 6) und die Festlegung der HBM-Werte für Blei wurden kürzlich publiziert (Bundesumweltamt 1996a + c). Vorläufige HBM-Werte existieren für Pentachlorphenol (Tabelle 7). Entsprechende Stoffmonographien für die polychlorierten Biphenyle, für Cadmium und für Quecksilber sollen folgen.

Tabelle 6. Das Konzept der Human-Biomonitoring-Werte (HBM)

		Gesundheitliche Beeinträchtigung	Handlungsbedarf
↑	HBM-II	Möglich	– Umweltmedizinische Betreuung – Akuter Handlungsbedarf zur Reduktion der Belastung
Konzentration		Nicht ausreichend sicher ausgeschlossen	– Kontrolle der Werte – Belastungsquellen eruieren – Verminderung der Belastung
	HBM-I	Nach derzeitiger Bewertung unbedenklich	Kein Handlungsbedarf
	Referenzwert		

Tabelle 7. Umwelt-, Bio- und **Effekt**monitoring (*BGA* Bundesgesundheitsamt, *Br₂CA* 3-(2,2-Dibromvinyl)-2,2-dimethylcyclopropancarbonsäure, *Cl₂CA* 3-(2,2-Dichlorvinyl)-2,2-dimethyl-cyclopropancarbonsäure, *GC* Gaschromatographie, *ECD* Elektroneneinfangdetektor, *HPLC* Hochdruckfüssigkeitschromatographie, *m-PBA* 3-Phenoxybenzoesäure, *MS* Massenspektrometrie, *PS* Passivsammler, *VOC* Volatile organic compounds)

Noxe	Analyt	Probenmaterial	Methode	Referenzwerte Toxizitätswerte
Formaldehyd	Formaldehyd	Spanplatten Holz Hausstaub	HPLC	< 150 mg/kg (Güteklasse E 1) < 50 mg/kg (Wohnräume)
		Raumluft (PS)	Photometrisch	BGA-Grenzwert (Wohnräume) 0,10 ppm (0,12 mg/m³)
	Ameisensäure[a]	Harn 10 ml (pH 3–4)	Enzymatisch	< 15 mg/g Kreatinin
	IgE-Antikörper gegen Formaldehyd	Serum 1 ml	RAST	
Isocyanate	Isocyanate	Feststoffe	HPLC	
	Metaboliten[b]: 2,4- u. 2,6-Toluylendiamin, 4,4-Diamino-diphenylmethan	Harn 10 ml	GC/MS	< 1 µg/l
	IgE-Antikörper gegen Isocyanate	Serum 1 ml	RAST	
Lindan γ-HCH	Lindan	Holz Hausstaub Raumluft (PS)	GC/MS GC/MS GC/MS	< 5 mg/kg < 3 mg/kg BGA-Richtwert: < 1 µg/m³
	Lindan	EDTA-Blut[c] 10 ml	GC/ECD	< 0,1 µg/l
	IgE-Antikörper gegen Lindan	Serum 1 ml	RAST	
Organische Lösemittel VOC	Organische Lösemittel: Alkane, Alkohole, Aromaten, Carbonyl- und Halogen-verbindungen, Terpene (ca. 30 Einzelstoffe)	Raumluft (PS)	GC/MS	S. Befunde der Untersuchungs-Laboratorien
		EDTA-Blut[d] 2 ml	GC/MS	

Tabelle 7 (Fortsetzung)

Noxe	Analyt	Probenmaterial		Methode	Referenzwerte Toxizitätswerte
Pentachlor- phenol PCP	PCP	Holz		GC/MS	< 5 mg/kg
		Hausstaub		GC/MS	< 5 mg/kg
		Leder		GC/MS	< 5 mg/kg
		Raumluft (PS)		GC/MS	BGA-Richtwert: 1 µg/m^3
		Serum	2 ml	GC/MS	< 20 µg/l HBM[e] I: 40 µg/l HBM[e] II: 70 µg/l
		Harn	10 ml	GC/MS	< 5 µg/l HBM[e] I: 25 µg/l HBM[e] II: 40 µg/l
	IgE-Antikörper gegen PCP	Serum	1 ml	RAST	
Polychlorierte Biphenyle	PCB 28, 52, 101, 138, 153, 180	Hausstaub 5 g Raumluft (PS)		GC/MS	< 2 mg/kg (Summenwert)
	28[f]	EDTA-Blut[c] 10 ml			<0,01 µg/l
	52[f]				<0,01 µg/l
	101[f]				<0,09 µg/l
	138, 153, 180				Altersabhängig, s. Befunde der Untersuchungs- Laboratorien
Pyrethroide	Pyrethroide	Hausstaub		GC/MS	< 1 mg/kg
	Pyrethroid- Metaboliten: Cl$_2$CA, m-PBA, Br$_2$CA	Harn	10 ml	GC/MS	< 1 µg/l
	IgE-Antikörper gegen Pyrethroide	Serum	2 ml	RAST	
Tabakrauch	Nicotin	Haar		HPLC	Passivraucher: > 1,0 µg/g
	Cotinin	Urin		HPLC	Nichtraucher: < 5 µg/l Passivraucher: 5–85 µg/l Raucher: > 200 µg/l

[a] Wegen zu geringer diagnostischer Sensitivität und Spezifität als Biomarker einer Formal- dehydexposition nicht geeignet (s. S. 241).

[b] Ob die diagnostische Sensitivität und Spezifität für das Biomonitoring einer Umweltbe- lastung ausreicht, ist nicht bekannt.

[c] EDTA-Blut in speziellen Glasröhrchen.

[d] EDTA-Blut im Rollrandröhrchen (Abb. 2).

[e] Vorläufige Human-Biomonitoring-Werte (Butte 1996 „persönliche Mitteilung").

[f] Von den 6 Indikator-PCBs werden wahrscheinlich nur die PCBs 28, 52 und 101 inhaltiv auf- genommen.

Monitoring pneumologisch relevanter Schadstoffe

Als pneumologisch relevante Innenraumschadstoffe werden nachfolgend Substanzen aufgeführt, die Erkrankungen der Atemwege verursachen oder ihren Verlauf ungünstig beeinflussen. Während bei Formaldehyd, Isocyanaten, organischen Lösemitteln und Tabakrauch die schädigenden Effekte auf die Atemwege im Vordergrund stehen, stellen pneumologische Symtome bei Pentachlorphenol und den Pyrethroiden nur einen Teil der vielfältigen toxischen Effekte dar. Der Zusammenhang von Belastungen mit Organochlorverbindungen wie Lindan und polychlorierten Biphenylen und Atemwegserkrankungen wird nur vereinzelt beschrieben (Huber 1992).

Für einige dieser Schadstoffe ist sowohl Umwelt- als auch Biomonitoring möglich (Tabelle 7). Die Belastung mit anderen chemischen Noxen kann nur im Umweltmonitoring erkannt werden (Formaldehyd). Eine allgemeine Empfehlung, welches Monitoring oder welche Stufendiagnostik sinnvoll ist, kann nicht gegeben werden. Aus Kostengründen erscheint bei entsprechendem Verdacht zunächst ein Umweltmonitoring zweckmäßig. Im positiven Fall kann dann zur Beurteilung der individuellen Belastung der einzelnen Bewohner das Biomonitoring durchgeführt werden (Abb. 6).

Gelegentlich wird man auch im Biomonitoring fündig, ohne sogleich eine Belastungsquelle erkennen zu können. Bei einer Patientin wurden hohe PCP-Konzentrationen im Serum gefunden. Eine PCP-Belastung im häuslichen Bereich und am Arbeitsplatz wurden ausgeschlossen. Die Belastungsquelle war eine Motorradbekleidung aus PCP-haltigem Leder, die die Patientin direkt auf der Haut zu tragen pflegte (Pluschke 1996).

Effektivität des Biomonitorings

In Zeiten knapper finanzieller Mittel für das Gesundheitswesen sind auch Überlegungen über das Kosten-Nutzen-Verhältnis des Biomonitoring angebracht. Sowohl erhöhte als auch im Referenzbereich liegende Schadstoffkonzentrationen geben dem Arzt und dem Patienten wichtige Entscheidungshilfen für das weitere diagnostische und therapeutische Vorgehen. Während ein normales Biomonitoring eine aktuelle Belastung unwahrscheinlich macht, muß bei erhöhten Werten die Schadstoffquelle gefunden und ausgeschaltet werden. Unter der Annahme, daß ein pathologisches Biomonitoring den größten Nutzen für den Patienten hat, gibt der Anteil erhöhter Schadstoffmeßwerte einen Hinweis auf die Effektivität. Der Anteil erhöhter Werte für Schadstoffanalysen und einfache klinisch-chemische Analysen ist vergleichbar (Tabelle 8). Andere Autoren fanden für das PCP im Serum sogar in 10,6–26,1% erhöhte Meßwerte (Letzel 1996).

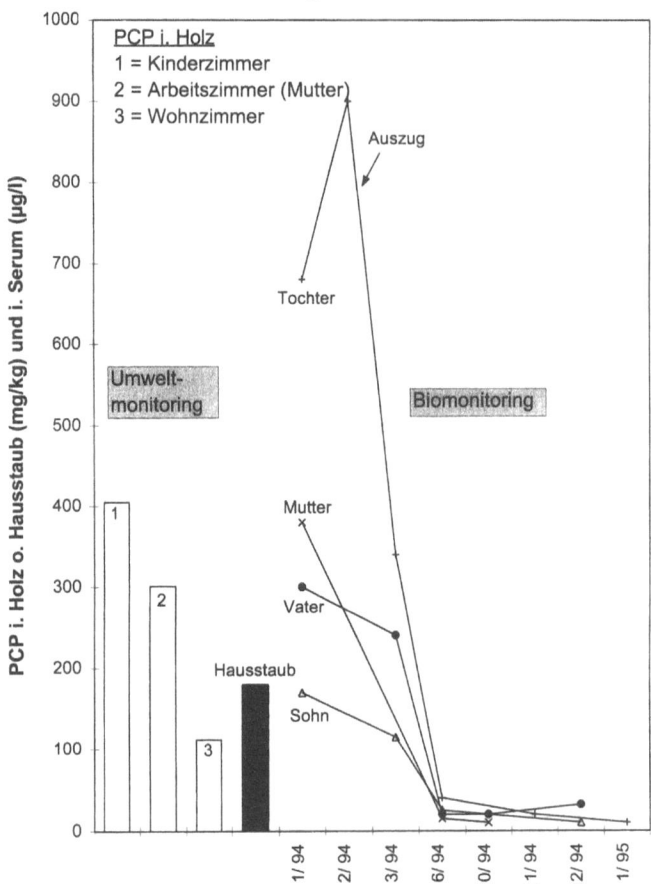

Abb. 6. Kasuistik einer PCP-belasteten Familie. Hohe PCP-Konzentrationen im Holz und im Hausstaub (Referenzwerte: < 5 mg/kg). Entsprechend hohe PCP-Konzentrationen im Serum (Referenzwert: < 20 µg/l). Die Bewohner mit den höchsten PCP-Konzentrationen hatten auch die längsten Expositionszeiten und litten am stärksten unter rezidivierenden Infekten der oberen Luftwege. Nach dem Auszug aus dem PCP-belasteten Haus typischer Abfall der PCP-Konzentrationen im Serum und Besserung der Beschwerden. Umweltmonitoring, Biomonitoring, Anamnese und klinische Symptomatik sind konsistent

Tabelle 8. Effektivität des Biomonitoring

Analyse	Unter Referenzwert	Über	
	n	n	%
PCP i. S.	1974	101	5
Pyrethroide i. H.	863	97	11
Tetrachlorethan i. B.	271	20	7
Benzol i. B.	453	12	3
GPT i. S.	2800	567	17
Kreatinin i. S.	5760	477	8

Umwelttoxikologische Laboratorien

Nachfolgend (Tabelle 9) sind einige medizinische Laboratorien aufgeführt, die von niedergelassenen Laborärzten geleitet werden und nach Einschätzung der Autoren umwelttoxikologische Analysen engagiert und kompetent einschließlich der erforderlichen Beratung durchführen. Staatliche Institute wurden nicht aufgenommen. Alle in Tabelle 7 genannten Analysen werden von diesen Laboratorien angeboten. Die Qualitätssicherung erfolgt u. a. durch Ringversuche der Deutschen Gesellschaft für Arbeitsmedizin und Umweltmedizin. Zertifikate über die erfolgreiche Teilnahme liegen im allgemeinen vor.

Tabelle 9. Umwelttoxikologische Laboratorien

Labor	Ansprechpartner
PD Dr. K. Bauer Berliner Promenade 17 66111 Saarbrücken	Dr. rer. nat. C. Frößl Tel. 0681/37091 oder 37092
Dr. Gärtner Hoyerstr. 51 88250 Weingarten	Dr. med. K. Gärtner Tel. 0751/502-275 Dr. rer. nat. R. Wittmann Tel. 0751/502-250
PMA Sindelfingen GmbH Laborärzte Sindelfingen Nüßstraße 5 71065 Sindelfingen	Dipl.-Ing. A. Friedle Tel. 07031/799345 Dr. med. D. Grottendieck Tel. 07031/7993-0
Dr. Schiwara Dr. von Winterfeld Dr. Pfanzelt Dr. Kunz Dr. Köster Haferwende 12 28357 Bremen	Dr. rer. nat. H. W. Hoppe Tel. 0421/2072251 Dr. med. H. D. Köster Tel. 0421/2072106 Dr. med. H.-W. Schiwara Tel. 0421/2072112

ZUSAMMENFASSUNG

Die toxikologische Umweltanalytik umfaßt das Umwelt-, das Bio-, das biochemische Effekt- und das Empfänglichkeitsmonitoring. Möglichkeiten und Grenzen der unterschiedlichen Monitoringarten werden diskutiert. Die Grundzüge der Präanalytik, der Analytik und der Meßwertbeurteilung werden beschrieben. Auf die adäquate Untersuchungsanforderung als Teil der Präanalytik neben richtiger Probennahme und korrektem Probenversand wird besonders hingewiesen. Das Prinzip der Gaschromatographie als wichtigstes umwelttoxikologisches Analysenverfahren wird erläutert und graphisch dargestellt. Ausführlich werden die analytische und die diagnostische Leistungsfähigkeit behandelt. Die Beurteilung von Meßwerten in Bezug auf Referenz- und toxikologische Grenzwerte wird geschildert. Es werden Hinweise zur toxikologischen Umweltanalytik einiger pneumologisch relevanter Umweltschadstoffe gegeben. Auf die Kosten-Nutzen-Relation des Biomonitoring wird kurz eingegangen. Der Beitrag schließt mit einer Liste von Laboratorien, die in der umwelttoxikologischen Analytik besonders erfahren sind.

Literatur

1. Baselt RC (1982) Disposition of toxic drugs and chemicals in man. Biochemical Publications, Davis, p 421
2. Bundesärztekammer (1988) Qualitätssicherung der quantitativen Bestimmungen im Laboratorium. Dt Ärztebl 85: A-697 – 706
3. Butte W, Angst M, Böhmer W, Eilers J, Goebel A (1987) Referenzwerte der Konzentration an Pentachlorphenol in Serum und Urin. Ärztl Lab 33: 67 – 74
4. Daunderer M (1990) Handbuch der Umweltgifte. ecomed, Landsberg
5. Ewers U, Kramer M, Körting H (1992) Diagnostik der inneren Exposition (Human-Biomonitoring). In: Wichmann HE, Schlipköter HW, Fülgraff G (Hrsg) Handbuch der Umweltmedizin. ecomed, Landsberg, S III – 2.1
6. Ewers U, Wittsiepe J, Schrey P, Exner M, Selenka F, Hofbauer M, Schmeer D, Holwitt L, Eck R (1994) Dioxingehalte im Blutfett von Kindern, Sportlern, Platzwarten und Anwohnern nach Kontakt mit dioxinhaltigen Tennenflächen (Kieselrot). Gesundh Wes 56: 14 – 20
7. Farmer PB (1994) Carcinogen adducts: use in diagnosis and risk assessment. Clin Chem 40: 1438 – 1443
8. Hahn A, Michalak H, Noack K, Heinemeyer G (1996) Ärztliche Mitteilungen bei Vergiftungen 1990 – 1995. Bundesinstitut für Gesundheitlichen Verbraucherschutz und Veterinärmedizin Berlin
9. Henschler D (1976) Analysen in biologischem Material. VCH, Weinheim
10. Huber W, Daniel V, Maletz J, Fonfara J (1992) Zur Pathogenität des CKW-(chlorierte Kohlenwasserstoffe)Syndrom am Beispiel des Pentachlorphenol (PCP). Klin Lab 38: 456 – 461
11. Keller H (1986) Klinisch-chemische Labordiagnostik für die Praxis. Thieme, Stuttgart New York, S 76 – 90
12. Köbberling J, Richter K, Trampisch HJ, Windeler J (1991) Methodologie der medizinischen Diagnostik. Springer, Berlin, S 16 – 22
13. Letzel S, Schaller KH, Drexler H, Wrbitzky R, Weltle D, Angerer J, Lehnert G (1996) Pentachlorphenol-Belastung in Deutschland. Umwelt Forsch Prax 1: 138 – 142
14. Lotti M (1995) Cholinesterase inhibition: complexities in interpretation. Clin Chem 41: 1814 – 1818
15. Pluschke P (1996) Luftschadstoffe in Innenräumen. Springer, Berlin, S 226

16. Poiger H, Schlatter C (1994) Organische Verbindungen/Dioxine und Furane. In: Wichmann HE, Schlipköter HW, Fülgraff G (Hrsg) Handbuch der Umweltmedizin. ecomed, Landsberg, S VI-4.1
17. Remmer H (1994) Die Umwelt als Ursache von Erkrankungen. Dt Ärztebl 91: A-1884-1888
18. Schiwara HW, Siegel H, Goebel A (1992 a) Increase and decrease in formic acid concentration in urine samples stored at room temperature. Eur J Clin Chem Clin Biochem 30:75-79
19. Schiwara HW (1992 b) Ameisensäure im Harn als biologischer Indikator einer Formaldehyd-exposition. Klin Lab 38:418-424
20. Seidel HJ (1996) Umweltmedizin. Thieme, Stuttgart New York, S 40
21. Skerfving S (1988) Biological monitoring of exposure to inorganic lead. In: Clarkson TW, Friberg L, Nordberg GF, Sager PR (ed) Biological monitoring of toxic metals. Plenum Press, New York London, p 180
22. Solberg HE (1983) The theory of reference values. J Clin Chem Clin Biochem 21:749-760
23. Stange M, Schneitler H, Leder B (1996) Wohnraumgifte nur selten Ursache für Krankheiten. Presseinformation der Innungskrankenkasse Nordrhein
24. Tretter F (1993) Ängste um Umwelt und Gesundheit. In: Aurand K, Hazard BP, Tretter F (Hrsg) Umweltbelastungen und Ängste. Westdeutscher Verlag, Opladen, S 271-297
25. Tswett MS (1903) zitiert nach von Zahn P, Rheinholz I (1978) Forschung hat viele Gesichter. Econ, Düsseldorf, S 103
26. Umweltbundesamt (1996 a) Stoffmonographie Blei. Referenz- und Human-Biomonitoring-Werte (HBM). Bundesgesundhbl 39:236-241
27. Umweltbundesamt (1996 b) Qualitätssicherung beim Human-Biomonitoring. Bundesgesundhbl 39:216-221
28. Umweltbundesamt (1996 c) Konzept der Referenz- und Human-Biomonitoring-Werte (HBM) in der Umweltmedizin. Bundesgesundhbl 39:221-224
29. Weber E, Weber R (1992) Buch der Umweltdiagnostik. Methodik und Applikationen in der Kapillargaschromatographie. GIT, Darmstadt, S 9-59

4.6 Meßverfahren (Innen- und Außenluftschadstoffe)

L. W. WEBER

EINLEITUNG

Im Unterschied zur Arbeitswelt, wo die Grenzwerte als wissenschaftlich begründete Schwellenwerte für Gefahrstoffe am Arbeitsplatz durch MAK- und BAT Werte festgelegt sind, finden sich für die Umwelt- und Innenraumluft wesentlich weniger Richtwertfestsetzungen. Dies beruht einerseits auf den wesentlich geringeren bis zu Spurenmengen an vorhandenen Gefahrstoffen, andererseits liegen die Expositionszeiten bis zu einem Faktor 3 und mehr über der regelmäßigen täglichen Arbeitszeit. Proklamiertes weltweites und europaweites Ziel ist es, den Einsatz und die Freisetzung von flüchtigen Schadstoffen so weit als möglich zu begrenzen oder einzuschränken um der drohenden globalen Erwärmung entgegenzuwirken. Trotz aller Minimierungs- und Substitutionsgebote werden Gase, Lösemittel und Stäube bei Verbrennungsprozessen, in technischen Verfahren und von allen Lebewesen, tierischen wie pflanzlichen, benötigt, umgesetzt und emittiert. Im besonderen dieser Freisetzung, Verteilung und Eliminierung widmet sich die Analytik von Gefahrstoffen in der Umweltmedizin, um neben dem globalen Ansatz auch im häuslichen und nachbarlichen Umfeld sowie in der Freizeit keine akut bis chronisch gefährdenden Schadstoffkonzentrationen, auch für die nicht einer offiziellen Arbeit nachgehenden, anzutreffen. Die sprunghafte Entwicklung der Analysetechniken in den letzten 30 Jahren, sowohl was Sensitivität als auch Spezifität anbelangt, hat es ermöglicht, bis zu Spurenkonzentrationen im Attomolbereich teilweise vorzudringen. Die entwickelte Methodenvielfalt erlaubt es heute, Verfahren wie Gaschromatographie und Hochdruckflüssigkeitschromatographie in vielen Fällen parallel anzuwenden. Der ungebremste Drang neue Nachweishorizonte zu erreichen, hat die für eine Bewertung notwendigen toxikologischen Daten oftmals nicht in gleicher Dichte hervorgebracht. Mit Hilfe einer Toxikologie auf epidemiologischer Basis, wie sie in der Arbeitsmedizin langjährig eingeführt ist, wird dies für den Menschen versucht. Gerade für den Niedrigdosenbereich und Mischungen einer chemischen Exposition bestehen Schwierigkeiten bei der toxikologischen Interpretation von Einzelbefunden und Symptombeschreibungen. Andererseits erlauben in vitro Versuche, sowohl was die Dosierung betrifft als auch den Nachweis von Ausgangssubstanzen und Metaboliten, die hohe Nachweisempfindlichkeit umfassend zu nutzen und darüber hinausgehende Forderungen zu stellen. Dies ist vor allem bei kanzerogenen Stoffen und der Aufklärung ihrer Wirkprinzipien der Fall.

Im umweltmedizinischen Labor hat die Kapillargaschromatographie, die Hochdruckflüssigkeitschromatographie, die hochauflösende Dünnschichtchromatographie und Methoden der Ionenchromatographie zusammen mit neuen Detektoren, die jeweils spezifische physiko-chemische Eigenschaften der Analyte zum Nachweis benutzen, breiten Einzug gehalten. Die Trennflüssigkeiten auf Kapillarinnenflächen bleiben durch eine chemische Bindung mit der Quarzwand bis in hohe Temperaturbereiche stabil ohne ein deutliches Abdampfen (Bluten) von Belegungsmaterial zu zeigen. Häufig benutzte Trennflüssigkeiten auf Kapillarsäulen mit breiter Anwendung sind 100 % Methylsilikon, 5 % Phenyl-/95 % Methylsilikon, chemisch gebundenes Polyethylenglykol sowie weitere optimierte Trennflüssigkeiten für spezielle Analytengemische. Die Verbesserung von Detektoren und ihrer nachgeschalteten elektronischen Verstärker z.B. beim Flammenionisationsdetektor (FID), Elektroneneinfangdetektor (ECD), sowie die Entwicklung neuer Detektoren für Einzelelemente (Stickstoff, Phosphor (NPD) und Schwefel) haben die Nachweisempfindlichkeiten deutlich gesteigert. Gleichzeitig ist der Nachweis von ionisierten Molekülen und Fragmenten mittels Massenspektrometrie und ihren verschiedenen Ionisierungsarten, finanziell erschwinglich und stabil reproduzierbar geworden. Durch Erzeugung hoher Temperaturen mit Plasmazuständen der eingebrachten Analyte (Graphitrohr AAS, ICP, AED, etc.) sind weitere Formen der Anregungsspektrometrie im Absorptions- bzw. Emissionsmodus nutzbar geworden. Eine Kombination dieser und weiterer Entwicklungen in der Analytik hat es ermöglicht, spezifische Detektionen im Mikrogramm (µg), Nanogramm (ng) und teilweise auch im Pikogramm (pg) Bereich routinemäßig zu erreichen, wobei neue Dekadensprünge noch bevorstehen.

Im Nachfolgenden sollen einige typische Analysenmethoden für Gefahrstoffe im Innen- und Außenbereich aufgeführt werden und typische Reaktionsmechanismen für den Nachweis exemplarisch dargestellt werden. Die ausgewählten Methoden erheben nicht den Anspruch allein zuverlässige Werte zu generieren. Vorteilhaft ist es immer in der Analytik, wenn man mit zwei prinzipiell verschiedenen Methoden zum gleichen Ergebnis kommt. Deshalb sollte man sich dieser Herausforderung stellen, wenn diskrepante Meßergebnisse vorliegen.

Schadstoffmessung im Innenraumbereich

Wird das Vorhandensein eines Gefahrstoffs oder einer Gefahrstoffkombination als analytisches Problem für eine Innenraumluftkontamination vermutet oder erkannt, so muß, wie bei jeder analytischen Problemstellung gefragt werden, zu welchem Zweck, wann, wo, wie oft und über welche Dauer Proben genommen werden sollen (5 W-Fragen).

Wird die Indikation oder der begründete Verdacht für die Notwendigkeit einer Schadstoffmessung im Innenraumbereich geäußert, so sollte dem veranlassenden Sachverständigen bewußt sein, daß die Planung, Ausführung und analytische Bearbeitung mit größter Sorgfalt und Umsicht vorgenommen werden muß, da aus den Meßergebnissen, soweit sie Richtwerte oder Vergleichswerte mit Verdachtsmomenten erreichen, erhebliche Konsequenzen hinsichtlich Sanierungsbedarf, bzw. Möglichkeiten und Erfolg von Sanierungsmaßnahmen folgen.

Unterliegen den vor Ort aufgefundenen Verdachtsmomenten für eine Gefahrstoffexposition noch unklare Verhältnisse hinsichtlich der eingebrachten Fremdstoffe, so sind Informationen darüber zunächst so umfangreich wie möglich zu beschaffen (Sicherheitsdatenblätter, Herstellerinformationen, analoge Konstellationen, usw.). Gerade von ärztlicher Seite besteht die Möglichkeit, eventuell unter Hinzuziehung eines Experten (Hochschul-Institute, GSF, Umweltberatungsstellen, etc. können vermitteln), unter Beachtung der Schweigepflicht bei geschützten Firmeninformationen, sich hier detaillierte Auskunft über alle Komponenten einer Rezeptur und möglicherweise enthaltener gefährlicher Komponenten zu beschaffen, die für eine Beratung und Entscheidung bei der Art der Probenahme genutzt werden können. Für eine analytische Fragestellung ist es wichtig zu wissen, wonach man mit hoher Empfindlichkeit suchen soll. Produkte mit Verdacht auf einen Fertigungsfehler hinsichtlich der Belastung mit Gefahrstoffen können, unter Rückstellung einer Materialprobe für ein unabhängiges Labor, oftmals im Herstellerlabor reklamiert und bearbeitet werden.

Permanente anorganische Gase im Innenraumbereich

NO, NO_2, O_3, CO, CO_2, SO_2

Stickstoffmonoxid (NO), Stickstoffdioxid (NO₂)

Mit Hilfe von Oxidationsmassen (Chrom VI-, bzw. Mangan IV-haltig), über die vorhandenes Stickstoffmonoxid in der Raumluft geleitet wird, wird Stickstoffdioxid erzeugt, das dann kolorimetrisch unter Bildung eines Azofarbstoffs in einem Impinger nachgewiesen wird.

Ein Differenzmeßverfahren, das zunächst das vorhandene Stickstoffdioxid (Saltzmann-Verfahren) im Gemisch ermittelt und nach Oxidation des Gemisches die Gesamtmenge an NO_2 ermittelt, erlaubt beide letztlich in einem temperaturabhängigen Gleichgewicht stehenden Oxidationsformen des Stickstoffs zu bestimmen. Zwischen 0°C und 30°C Lufttemperatur wird ein Oxidationsgrad zu NO_2 von 91–93% erreicht bei einer durch konz. Phosphorsäure regulierten Feuchte im Sammelsystem.

Wird Stickstoffmonoxid mittels Ozon (Ozongenerator) oxidiert, entstehen angeregte Stickstoffdioxidmoleküle (ca. 10% bei Raumtemperatur), die ihre Energie als Chemilumineszenzstrahlung abgeben (Nachweis über Photomultiplier). Vorhandenes NO_2 kann über einen Konverter für diesen Nachweis reduziert werden. Mit Hilfe eines Mehrkanal-Chemilumineszenz-Analysators (Analysenwellenlänge: 600–660 nm) und NO-Kalibriergas werden quantitative Messungen ausgeführt (VDI 2453, DFG).

Ozon (O$_3$)

Zur Ozonanalyse in Raumluft wird ozonhaltige Luft durch zwei hintereinandergeschaltete Frittenwaschflaschen gesaugt, deren Indigocarminlösung sofort entfärbt und das Ausmaß der Entfärbung photometrisch gemessen wird. Bei einem Probenahmevolumen von 80 l lassen sich bis 0,85 µg/m^3 Ozon nachweisen (DFG, VDI).

Kohlenmonoxid (CO), Kohlendioxid (CO$_2$)

Beide Komponenten können mittels IR-Spektrometern mit langwegigen *Gasküvetten* und Umkehrstrahlengang bei ihren *spezifischen Wellenlängen* detektiert werden.

Schwefeldioxid

Schwefeldioxid läßt sich photometrisch in der Außenluft nach dem TCM-Verfahren (Tetrachloromercurat Pararosanilin Methode) messen. Dieses dient auch als Referenzverfahren für Prüfgase. Eine diskontinuierliche Außenluftmessung ist nach ISO 6767 möglich.

Aliphatische Kohlenwasserstoffe

Methan, Ethan, Propan, Butan, Pentan, Hexan, Heptan, Oktan, Nonan, Decan, etc. Ringalkane: Cyclopentan, Cyclohexan, Cycloheptan, etc. ungesättigte aliphatische, verzweigte und cycloaliphatische Kohlenwasserstoffe: Ethylen, Propen, Buten, Butadien, α, β-Pinen, Limonen, höhere Terpene, Cyclopenten, Cyclohexen, Cyclopentadien, Cyclohexadien

Die bei Raumtemperatur und Normaldruck permanenten Gase Methan – Butan lassen sich über Gassammelbeutel (Tedlar Bags) oder direkt über IR-Spektrometer als Luftverunreinigungen nachweisen. Ab Pentan und Cyclopentan sind die Aliphaten bei Raumtemperatur flüssig, wobei die Flüchtigkeit mit zunehmender Kettenlänge abnimmt und der Siedepunkt zunimmt.

Diese Aliphaten treten in Testbenzinen und als Lösemittel mit variabler Zusammensetzung auf. Nach Sammlung von Luft in gekühlten Adsorberflüssigkeiten, bzw. Adsorption auf Aktivkohlen oder Adsorbern in Thermodesorptionsröhrchen lassen sie sich kapillargaschromatographisch getrennt nachweisen oder als Summenwert (FID-Intergralwert), mittels Kalibrierung auf ein bestimmtes Alkan, qualitativ erfassen. Die Flüchtigkeit der niederen Vertreter aus der Aliphatenreihe bedingt, daß nach einer längeren Belüftungszeit nur noch die höheren Vertreter anzutreffen sind. Mittels Kalibrierstandards von homologen Aliphatengemischen lassen sich quantitative Aussagen machen. Die höchsten Anforderungen und Auflösungen werden bei der Analyse von Erdöldestillaten gefordert, wo mehrere hundert Vertreter u. a. durch die große Homologenzahl, in einer Siedefraktion eines technischen Lösemittels mittels Kapillargaschromatographie identifiziert werden können.

Besondere Beachtung kommt den neurotoxischen Vertretern (Hexan, i-Hexan) zu, wobei sie nur Spurenbestandteile von Lösemitteln sein dürfen.

Aromatische und aliphatisch-aromatische Kohlenwasserstoffe

Benzol, Naphthalin, Phenanthren, Anthracen, höhere polyzyklische PAK (16 EPA PAH) (Pyrene, Chrysene etc.).
Toluol, Ethylbenzol, Propylbenzol, o, m, p Xylol, Trimethylbenzol, Cumol, etc.

Die aromatischen Kohlenwasserstoffe, beginnend mit Benzol, werden (kapillar)-gaschromatographisch an Hand ihrer *Retentionszeiten* (Kovacz-Indizes) auf bekannten Säulenmaterialien identifiziert oder heute verstärkt mit MS-Fragmentspektren.

Zur Identifizierung von polyzyklischen aromatischen Verbindungen in Eluaten von Stäuben oder Materialproben liefert die massenspektrometrische Detektion mit dem Selected Ion Monitoring (SIM-Mode) einen bedeutenden Identifizierungsbeitrag vor allem im Spurenbereich. Unter Benutzung von deuterierten, bzw. fluorierten *Inneren Standards* lassen sich Kalibrierungen bereits mit Beginn der Probenaufarbeitung starten.

Benzol

Der für höhere Benzolkonzentrationen wahrnehmbare aromatische Geruch wird bei Konzentrationen im Außen-/Innenraumbereich nicht mehr bemerkt. Die besonders in Raucherzimmern erhöhten Benzolkonzentrationen werden auf Adsorbern wie Tenax oder Aktivkohle angereichert und nachfolgend durch Elution mit benzolfreien Lösemitteln (CS_2, iso-Hexan, etc.) bzw. nach Thermodesorption gaschromatographisch aufgetrennt und mittels MS von anderen begleitenden Aliphaten und Aromaten spezifisch detektiert. Als innere Standards bzw. Referenzen können deuterierte Benzole oder Toluole dienen. Gepackte Säulen bzw. chemisch gebundene Trennphasen mit aromatischen Gruppen in der flüssigen Austauschphase ermöglichen die Trennung isomerer Gemische von Alkylbenzolen.

Styrol

Neben der Adsorption an geeignete feste Adsorberphasen (Tenax TA, Aktivkohle) besteht die Möglichkeit bei Styrol mit Hilfe der Infrarotspektrometrie in einer Gasküvette mit einem langen optischen Strahlengang spezielle IR-Banden von Styrol einzeln oder zusammen zu detektieren. Die zu analysierende Gaskomponente wird dabei kontinuierlich oder diskontinuierlich in die Gasküvette gesaugt und das jeweilige Absorptionssignal kontinuierlich gegen einen Kalibrierstandard gemessen. Mit Hilfe dieser tragbaren On-line Meßtechnik mit Direktanzeige und einem flexiblen Einlaßschlauch gelingt es, Styrolquellen im Raum durch einen Konzentrationsanstieg einzugrenzen. Es sind damit Messungen oberhalb der Geruchsschwelle für Styrol ($0,2$ mg/m^3) möglich.

Alkohole und Ether

Methanol, Ethanol, n-, iso-Propanol, isomere Butanole, isomere Pentanole, 2-Ethylhexanol, Diethylether, Dipropylether, Methylisobutylether, Tetrahydrofuran, etc.

Die niederen Alkohole lassen sich besonders auf Silicagel-Adsorbern, die höheren Alkohole und Ether auf Aktivkohle und Tenax-Phasen anreichern. Konventionell nach Elution mit Lösemitteln bzw. nach Thermodesorption lassen sich die Komponenten kapillargaschromatographisch trennen.

Monomere/polymere (di-, tri-) Ethylenglykole

Ethylenglykol-mono (methyl), ethyl, (propyl, butyl) ether, Ethylenglykol-mono-ethylether-acetat, etc.

Verdächtige Raumluftproben werden über Aktivkohleröhrchen (100/50 mg Aktivkohlefüllmasse) bzw. an *Passivsammler* (z.B. Orsa 5 Personel Monitor) geführt und mit Methylenchlorid (1 ml) desorbiert und kapillargaschromatographisch untersucht.

2-Butoxyethylacetat in Luft

Als Bestandteil von Lacken, Siebdrucken etc. ist es eine farblose, mild riechende Flüssigkeit, die stark schleimhautreizend wirkt und über die Haut aufgenommen werden kann.

40 Liter Luft (Bestimmungsgrenze: 1 mg/m^3) werden über 2 Stunden auf Aktivkohle gesammelt, mit Diethylether desorbiert und gaschromatographisch mittels FID bzw. MS bestimmt an Hand einer Kalibrierkurve (DFG Methode).

Die Ethylenglykol-Derivate, vor allem die als kanzerogen eingestuften Ethylenglykolmonomethyl bzw. Ethylether sowie die jeweiligen Acetate sind heute zugunsten der (Poly-)Propylenglykolderivate weitgehend substituiert worden. Vereinzelt werden noch andere Ether und Acetate von mehrwertigen Alkoholen in wasserverdünnbaren Lacksystemen, Schuhcremen etc. angetroffen.

Mono-/polymere Propylenglykole, -ether und -acetate

Die Luftproben werden aktiv oder passiv an Aktivkohle, bzw. XAD-7 adsorbiert und mittels Lösemitteln (Dichlormethan, Schwefelkohlenstoff und Methanol) desorbiert. Der Nachweis der hochsiedenden mono- und dimeren Propylenglykolderivate gelingt kapillargaschromatographisch.

In vielen Rezepturen liegen Mischungen verschiedener Propylenglykolether vor.

Auf Grund der kombinierten Aufnahme von Glykolethern über die Atemluft und Haut kann auch der Nachweis dieser Verbindungen selbst oder der substituierten Propionsäurederivate als Metabolite im Urin (Biomonitoring), nach Derivatisierung mit Pentafluorbenzylbromid (ECD-Detektor), herangezogen werden.

Phenol, Polyhydroxyphenole, Alkylhydroxyphenole

Diese Verbindungen kommen in bakteriziden, fungiziden Lösungen zur Oberflächendesinfektion vor. Phenolhaltige Luft wird durch ein Silikagelröhrchen gesaugt und mit Diethylether desorbiert. Die Lösung wird gaschromatographisch aufgetrennt und mit FID (MS) bestimmt. Bei 20 l Probevolumen beträgt die Nachweisgrenze 0,38 ml Gas/m^3 (DFG).

Chlorphenole (PCP)

Für eine orientierende PCP-Messung auf Materialien, die emittieren könnten, kann neuerdings mit einem aufgeklebten Diffusionssammler (Bio-Check PCP, Fa. Dräger) gearbeitet werden. Dies ermöglicht eine Abschätzung über die Quellenstärke einer PCP-Quelle, vor allem noch ohne eine repräsentative Materialprobenahme vornehmen zu müssen. Für eine quantitative PCP-Bestimmung (evtl. mit Salzen!) im Oberflächenbereich des Materials sind (Hobel-)Späne, Bohrkerne, Bohrmehl oder ähnliches als Materialproben erforderlich.

Quantitativer Nachweis von PCP, Lindan in Luft (Staub) und Raummaterialien

In einem über 24 h unbelüfteten Raum werden bei 20–22 °C Raumtemperatur Luftproben von 4–5 m^3 auf einem Silikagelfilter (25 g, Typ E, 0,5–1 mm Korn) gesammelt. Das adsorbierte Pentachlorphenol wird mit alkalischer Kaliumkarbonatlösung desorbiert und mit Essigsäureanhydrid verestert. Das PCP-Acetat wird mit Hexan extrahiert und gaschromatographisch mit einem Elektroneneinfangdetektor (ECD) bestimmt.

Bei einem Probevolumen von 120 l beträgt die Bestimmungsgrenze ca. 100 ng/m^3 (DFG 1991). Alternativ läßt sich PCP auf Polyurethanschaum-Sammlern anreichern und nach Derivatisierung mittels GC-MS nachweisen.

PCP, Lindan – Nachweis in Materialproben (Holz, Staub, Teppichboden)

Aus dem vorbehandelten Holz werden an mehreren Stellen mit einem Handhobel Späne von der Holzoberfläche abgehobelt von 1 mm Tiefe und ca. 100 cm^2 Fläche. Die Nachweisgrenze für PCP liegt bei ca. 0,1 mg/kg. Die Angabe ist auch in mg/m^2 möglich bei bekannter Hobelfläche oder bekannter Holzdichte. Durch Messung von PCP-Tiefenprofilen kann der notwendige Sanierungsumfang abgeschätzt werden (Tragbalken).

Analytik: Nach Zugabe interner Standards (z.B. ^{13}C-PCP, ^{13}C-Lindan) wird das Material oder ein gewogenes Aliquot mit verdünnter Schwefelsäure angesäuert (Elution von PCP-Salzen als PCP) und mit Diethylether im Ultraschallbad extrahiert und konzentriert. Zum PCP Nachweis mittels GC-MS wird als flüchtiges Derivat der Methylphenylether des PCP mit Diazomethan hergestellt. Eine analoge Aufarbeitung gilt für Teppich-, Leder-, Textil- oder Hausstaubproben.

Carbonsäure-Ester mit ein- und mehrwertigen Alkoholen

Essigsäuremethyl, (-ethyl, (iso)-propyl, (iso)butyl, (iso)-pentyl)ester, Fettsäure-ester, Oxal (Malon-, Bernstein-)säure mono, (bzw. di) ester, Maleinsäureester, dibasische Ester, etc.

Die Ester werden auf festen Adsorbentien adsorbiert aus der Raumluft in aktiver oder passiver Sammelweise. Nach Elution wird mittels GC-FID analysiert unter Bezug auf Referenzgemische oder Retentionszeiten auf Standardsäulen.

Die Ester von kurzkettigen Alkoholen mit Essigsäure haben vorwiegend einen fruchtigen Geschmack. Sie werden daher auch als Komponenten mit ge-ruchskorrigierenden Eigenschaften in Lösemittelmischungen eingesetzt. Ihre erlaubten Konzentrationen am Arbeitsschutz sind relativ hoch, da sie neben der narkotischen Wirkung schnell mittels Esterasen im Körper gespalten werden. Mehrfach ungesättigte Carbonsäuren oder Alkohole entwickeln leicht einen ranzigen Geruch (Buttersäure und Derivate), da eine spontane Fettoxidation eintritt (Rapsöl, Leinöl, Firnissöle, etc.).

Phthalate. Benzyl-n-butylphthalat, Di-n-butylphthalat, Di-(2-ethylhexyl)-phtha-lat, etc.

Farblose, klare, wasserunlösliche Flüssigkeiten mit Siedepunkten über 340°C! Zur Bestimmung von flüchtigen Weichmachern in Raumluft werden diese mit-tels einer Probenahmepumpe durch ein Membranfilter mit dahinter geschalte-tem Silicagelröhrchen gesaugt.

In der Filterfraktion werden staubgebundene Weichmacher miterfaßt. Nach Elution von Filter und Silicagelröhrchen mit Methanol werden der/die Weich-macher mit Hochdruckflüssigkeitschromatographie qualitativ und quantitativ bestimmt (DFG).

Ether

Diethylether, Dipropylether, Methyl-tert. Butylether MTBE, Diisobutylether, Methyl-phenylether, etc.

Nachweis nach Feststoffadsorption an Kohle etc. aus Luft und GC-FID bzw. GC-MS Detektion. Als Smog reduzierende Zusätze in Treibstoffen finden Oxidantien wie MTBE breitere Anwendung. Bei Leckagen oder Umfüllfehlern können sie in den Innenraum gelangen.

Bei einer geringen Oberflächenhaftung von Ethern auf Gegenständen ist eine intensive Lüftung wirkungsvoll. Bei geringflächigem Hautkontakt sind lokales Abwischen und Wegblasen effektiv im Außenbereich.

Aldehyde

Formaldehyd, Acetaldehyd, Propionaldehyd, Butyraldehyd, höhere Aldehyde, Fettsäurealdehyde, Terpenaldehyde

Aldehyddämpfe bewirken in niedrigen Konzentrationen Reizerscheinungen mit unterschiedlicher lokaler Intensität an den Schleimhäuten des Nasen-Rachen-raums, der luftleitenden Wege und der Alveolen der Lunge, der Schleimhäute am Auge und Mund, sowie Parästhesien an der Haut von Gesicht, Kopf und Hals sowie der Extremitäten. Die toxische Wirkung steigert sich mit zunehmender Kettenlänge.

Orientierende Meßverfahren für Formaldehyd:

Direktanzeigende Farbreaktion bei chemischem Kontakt mit Formaldehydgas auf dem imprägnierten Trägermaterial. Zum Beispiel das Drägerröhrchen Formaldehyd 0,2/a mit vorgeschaltetem Aktivierungsröhrchen (Sollbruchstelle für „Aktivierung" der angesaugten Probenahmeluft, ca. 10 l). Enzymatischer Nachweis von Formaldehydgas, das über 2 h in einen Sinterglasstab diffundiert und auf einer Indikatorfläche eine nach rosa gehende Verfärbung liefert. Mit Hilfe einer gradierten Farbvergleichsskala, die lupenhaft über die Indikatorzone geführt wird, kann durch optischen Vergleich eine relative Zuordnung zum Innenraumrichtwert vorgenommen werden. Das Diffusionsmeßsystem erlaubt eine orts- (Schublade, Vitrine, folienverpackter Gegenstand, Muster im Glas!), eine raum- (Meßhöhe in Atemhöhe, 1,50 m) oder eine personenbezogene (Haus-frau in vielen Räumen tätig!) Messung (Bio-Check F, Dräger Lübeck). Fehlende Farbreaktion nach 2-stündiger Exposition deutet auf Unterschreitung eines Raumluftwertes für Formaldehyd von 0,02 ppm hin. Der derzeitige Innenraum-luftrichtwert für Formaldehyd beträgt 0,1 ppm. Eine Querempfindlichkeit beim Meßverfahren besteht zu Acetaldehyd mit 1/50 der Formaldehydempfind-lichkeit.

Photometrischer Formaldehydnachweis oder nach HPLC-Trennung als DNPH-Derivat

Der Nachweis von Formaldehyd als Dinitrophenylhydrazin-Derivat besitzt wegen seiner Sensitivität, Spezifität und der Möglichkeit zur simultanen Bestim-mung von zahlreichen Aldehyden (Querempfindlichkeit anderer Methoden!) und weiterer Carbonylverbindungen als analytische Methode eine Vorzugsstel-lung. Formaldehydhaltige Luft wird entweder über Waschflaschen (Impinger) durch eine saure DNPH-Lösung gesaugt, oder über DNPH-dotierte Absorber-kartuschen (SepPak) oder neuerdings an DNPH-behandelten Glasfaserstreifen als Passivsammler angereichert. Für die Passivsammlung können auch DNPH imprägnierte Cellulosefilter mit formaldehydhaltiger Raumluft belegt und auf diverse Aldehyde analysiert werden.

(Form-)Aldehydnachweis als 2,4 Dinitrophenylhydrazonderivat (DNPH) auf Glasfaserfilter (BIA-Arbeitsmappe). Der im Passivsammler oder im Volumensammler belegte Glasfaserfilter wird nach Expositionsende über 10 min mit 6 ml Acetonitril im Ultraschallbad extrahiert.

Gebildete Derivatisierungsprodukte mit Aldehyden im Extraktionsmittel werden mittels RP-18 HPLC chromatographiert und über UV-Absorption bei 365 nm detektiert. Die Nachweisgrenze der DNPH-Derivate, die einen gelben, wasserlöslichen Farbstoff bilden, liegt bei ca. 0,002 mg/m³.

Alternativ erfolgt die Raumluftsammlung auf Formaldehyd-Dämpfe mit zwei hintereinander gekoppelten Silicagel-Röhrchen (Fa. Dräger: Typ G). Mittels einer kalibrierten Pumpe werden bis zu 20 l Raumluft (Nachweisgrenze: 0,005 mg/m³) über die Sammelphasen geführt. Die verschlossenen Probenahmeröhrchen werden gekühlt (6 °C), im Dunkeln gelagert innerhalb von 4 Tagen analysiert (Wiederfindungsrate > 95 %).

Nach Desorption (Desorptionslösung: 50 mg Quecksilber-(II)-chlorid in 1 l dest. Wasser) und Farbreaktion (Reagenzlösungen im Verhältnis 1:1: Natrium-sulfit-Lösung: 50 mg Natriumsulfit in 50 ml Wasser; 160 mg Pararosanilin + 24 ml Salzsäure (38%) in 100 ml Wasser) wird die je nach Aldehydgehalt mehr oder weniger stark rotviolett gefärbte Reaktionslösung auf ihre Absorption bei 570 nm in einer 5 cm Küvette fotometrisch gegen Kalibrierlösungen und Blind-wert gemessen. Findet sich in der Probelösung der Kontrollschicht des 2. Sili-kagelröhrchens eine Extinktion von mehr als 5% der Gesamtextinktion der davorliegenden vereinigten Meßschichten, dann hat eine Überladung des Meß-systems mit (Form-)Aldehyd stattgefunden und die Messung muß mit geringe-rem Luftprobenahmevolumen wiederholt werden (Dräger Probenahme-Hand-buch, 1991).

Störquellen bei der Messung: Durch Rauchen in Innenräumen (ETS) wird Formaldehyd und weiterhin auch Acetaldehyd, Acrolein, Propionaldehyd, Ace-ton und weitere Carbonylverbindungen freigesetzt. Messungen während der Rush-Hour mit Luftaustausch zum Innenraum an vielbefahrenen Straßen er-höhen den Hintergrundwert für Formaldehyd. Der Gebrauch von aldehydhalti-gen Reinigungsmitteln verfälscht den Meßwert bei fehlender Speziesauflösung.

Aldehyde stellen dann ein besonderes Problem dar, wenn sie unangenehm riechen und tiefe Geruchsschwellenwerte besitzen. Sie entstehen durch oxidati-ven Abbau von ungesättigten Fettsäuren u.a. aus Linoleum und Lacksystemen mit Fettsäure(-estern).

Ungesättigte Aldehyde. Acrolein, Methacrolein, ungesättigte Terpenaldehyde

Dialdehyde. Glyoxal, Malonaldehyd, Glutaraldehyd, Alkandiale.
Nachweis als 2,4 Dinitrophenylhydrazone in Luft auf imprägnierten Filtern oder Impingern mit 2,4 DNPH als chemisches Adsorbens.

Ketone

Aceton, Methyl-ethylketon, Diethylketon, Cyclohexanon, Acetophenon, etc.
o-Aminoacetophenon (Tryptophanabbauprodukt aus dem Bindemittel Casein),
geruchs- und geschmacksintensive Verbindung (Salthammer 1994)

2-Butanon: Aceton-ähnlich riechende Dämpfe mit Augen und Haut reizenden
Eigenschaften. Neben Aceton als technisch wichtigstes Keton, vor allem als Lack-
und Harzlösemittel im Einsatz.

10 Liter Probeluft werden über 2 Stunden über Silikagel-Adsorberröhrchen
gesaugt. Nach Desorption mit Diethylether wird 2-Butanon über GC-FID an
Hand von Kalibrierkurven quantitativ bestimmt. Bestimmungsgrenze für 2-
Butanon: 2,4 mg/m^3 (DFG).

Acrylsäuremethyl (-ethyl, -butyl) ester

Acrylsäureester, zur Herstellung von Kunststoffen, Kunststoffdispersionen und
Lackrohstoffen verwendet, wirken stark reizend auf Haut, Augen und Atemwege.
Vorhandene Restmengen in Produkten werden neben dem Ausgasen durch
Licht und Wärme polymerisiert.

Definierte Volumen mit acrylsäureesterhaltiger Luft werden über Aktivkohle
gesaugt und nach Schwefelkohlenstoffdesorption gaschromatographisch getrennt
und detektiert.

Acrylnitril. Entstehung vor allem bei Bränden von Polyacrylnitril(PAN)-, Poly-
amid- und Proteinfasern neben Blausäure und weiteren Nitrilen sowie im
Tabakrauch.

Dämpfe von Acrylnitril werden auf Silikagel Sammelröhrchen adsorbiert, mit
Aceton eluiert und gaschromatographisch mit dem Stickstoff-Phosphor Detektor oder MS detektiert.

Flüchtige Verbindungen mit den Elementen Schwefel und Stickstoff

Thiole, Thioether, Thiocarbonsäuren, Thiophen etc.

Auf Grund ihres oft charakteristischen Geruchs werden diese Verbindungen
sehr empfindlich gerochen. Bei der Zersetzung von Eiweiß und schwefelhaltigen
Peptiden werden Thiole und Thioether natürlicherweise frei. Bei Koch- und
Bratvorgängen entstehen zusätzliche heterozyklische Verbindungen mit Schwefel. Hierbei ist ihre jeweilige Kombination oft entscheidend für den spezifischen,
gewünschten Geruch und Geschmack der Zubereitungsform. Nachweis durch
Adsorption an Aktivkohle, in Kryofallen oder Impinger mit gekühlten Lösemitteln. Der selektive Nachweis erfolgt über GC-MS Identifikation und Refe-
renzsubstanzen.

Primäre, sekundäre, tertiäre Amine. Morpholin, Pyrrol,Pyrrolin, Pyrrolidin, Pyridin, Indol, Skatol, Pyrazin, und Derivate.

Immer wieder werden vereinzelte Vertreter aus dieser Gruppe als Lösemittel oder als Begleitstoffe von der Produktion herrührend analytisch identifiziert. Verschiedene Festadsorber oder Impingerkombinationen erlauben die Anreicherung der Komponenten aus der Luft. Nachweis über HPLC oder GC Verfahren.

Brandschutzmittel in Gehäusen, Möbeln und Textilien

Polybromierte Biphenylether, Tetrabrombisphenol A, Hexabromcyclodecan, Decabrombiphenyl sowie verwandte chemische Verbindungen sind als Flammschutzmittel in Holz, Kunststoffen und Textilien eingearbeitet, um die Brandentstehung und Fortpflanzung möglichst zu Beginn zu verhindern. Oftmals wird Antimon(III)oxid als Synergist mit der Wirkform $SbBr_3$ als wirksamer Flammeninhibitor zugesetzt. Besonders in hochfrequentierten öffentlichen Gebäuden und Verkehrsmitteln können bei durchbrechenden Bränden Gefährdungen ausgehen durch die entstehenden Bromdioxingemische. Als Ersatzstoffe werden zunehmend anorganische Phosphorsalze, roter Phosphor und organische Phosphorsäureverbindungen mit Alkylen und Arylen, die bei der Verbrennung Phosphorsäure bilden, eingesetzt. Die schwerflüchtigen, bromhaltigen Verbindungen sind ähnlich den Chlordioxinen nach Elution mittels GC-MS zu bestimmen.

Kühlmittel

Freone 11, 12, 22, 134H (H-Freon), Ammoniak in Großkühlanlagen

Die als Kältemittel oder in Wärmetauschern eingesetzten Freone haben auch bei einer kurzfristigen Freisetzung im Freien aus einem Kühlschrankaggregat oder einem (Solar-)Wärmetauscher keine toxischen Effekte u. a. bei der Einatmung. Die Grenz- und Kurzzeitwerte für eine Exposition liegen im Bereich von einigen tausend ppm und werden selten erreicht. Ausnahmen bestehen in tiefliegenden Räumen mit schlechter Ventilation. Die Wirkung dieser Fluor-Chlor-Kohlenwasserstoffe liegt vor allem bei der Smog- und Stratosphärenchemie.

In älteren und Großkühlanlagen wird noch Ammoniak verwendet. Größere Leckagen können nur mit Vollatemschutz angegangen werden, umliegende Gebäude müssen geräumt werden wegen der drohenden Atemwegereizung.

Haloalkane und Chlor

Dichlormethan, Trichlormethan, Tetrachlorkohlenstoff, Dichlorethan, Trichlorethan, Tetrachlorethan, Trichlorethylen, Tetrachlorethylen (Per).

Als Lösemittel in Korrekturflüssigkeiten war 1,1,1 Trichlorethan fast ubiquitär anzutreffen. Tri- und Tetrachlorethylen waren bis vor einigen Jahren beliebte

Reinigungsflüssigkeiten mit hohem Verbrauch und offener Anwendung. Erkenntnisse über die direkte Toxizität und atmosphärische Fernwirkungen haben die Anwendung auf geschlossene Systeme beschränkt oder gleich effiziente Reinigungsmöglichkeiten mit Ersatzstoffen hervorgebracht. Vor allem der Verlust und die Übertragung von Per über die chemisch gereinigte Kleidung in den häuslichen Bereich hat dazu beigetragen.

Halomethane in der Raumluft werden auf Feststoffadsorbern (A-Kohle etc.) angereichert und mittels GC-ECD detektiert. Die besondere Nachweisempfindlichkeit des Elektronen Einfangdetektors (ECD) erlaubt niedrige Nachweisgrenzen.

Chlorderivate von Methan und Ethan wie Dichlormethan, Trichlormethan, Tetrachlormethan sind als Spurenverunreinigungen nach Chlorierung von Schwimmbadwasser, Trinkwasser, Zimmerspringbrunnen, Wasserflächen in öffentlichen Gebäuden etc. in der Raumluft vermehrt nachweisbar. Alle Chlor-Halomethane sind auch Hintergrundbelastungen im Umweltbereich.

Chlor. Chlorgehalte finden sich in der Schwimmhallenluft nach Einsatz als Desinfektionsmittel (Hypochlorige Säure und ihre Salze) im Wasser. Zum Nachweis wird chlorgashaltige Luft durch eine schwefelsaure Methylorange-Lösung in einer Waschflasche mit Fritte gesaugt und die oxidative Zerstörung des Farbstoffmoleküls photometrisch bestimmt.

Polychlorierte Biphenyle (PCB)

Seit 1930 wurden ca 1–2 Millionen Tonnen PCBs industriell hergestellt und vermarktet. Als Weichmacher sind sie historisch in Fugen zwischen Beton, Stahl und Glas zum Einsatz gekommen. Die fungizide und bakterizide Wirkung von PCB war kombiniert mit der permanenten Elastizität im Dichtmaterial. Anwendungen in (Haus-)Transformatoren und Kondensatoren als Dielektrika gaben bei Leckagen PCB mit dem Kühlmittel ab.

Die stochastisch nach Chlorierungsort und Zahl in den beiden Phenylringen vorhandenen Congenere werden aus der Luft auf Florisil Röhrchen gesammelt und mittels GC-ECD bzw. GC-MS detektiert. Typische enthaltene Congenere wie Nr. 28, 52, 101, 118, 138, 153 und 180 können mit Referenzmaterialien quantifiziert werden (Referenzmaterialien: z.B. Promochem GmbH, Wesel).

Polychlorierte Dibenzo-p-Dioxine und Dibenzofurane (PCDD, PCDF, TCDD, TCDF)

Zwischen 1–8 Wasserstoffatome können in den beiden Verbindungen durch Chloratome ersetzt werden. Dies ermöglicht 75 Congenere bei den chlorierten Dibenzodioxinen und 135 bei den chlorierten Dibenzofuranen. Die LD_{50}-Werte beim Meerschweinchen für 2,3,7,8 TCDD (Seveso-Gift) bzw. 1,2,3,7,8 PCDD liegen jeweils unter 10 µg/kg Körpergewicht.

Nachweismethoden: EN 1948 (stationäre Emissionsquellen), US-EPA Methode 1613 (tetra-octa chlorierte Dioxine und Furane mit HRGC/High Resolution MS), US-EPA 8280 (low resolution GC/MS), US-EPA 23 (high resolution GC/MS in Luft), VDI 3499 sollten konsultiert werden.

Die Analyse erfordert eine hohe Empfindlichkeit mit Nachweiskonzentrationen im unteren pikogramm Bereich. Mit Hilfe der hochauflösenden Kapillargaschromatographie, Kohlenstoff 13 markierten Standards und einem (hochauflösenden) Massenspektrometrie (GC-MS Kopplung) ist eine Identifizierung und Quantifizierung möglich. Auf Grund der teuren apparativen Ausrüstung, der erforderlichen quantifizierten Referenzmaterialien und einer hohen Reproduzierbarkeit haben sich einige Labore spezialisiert und unterliegen einer Qualitätskontrolle mit Ringversuchen und Referenzproben.

Bei Dotierungen von Materialien mit chlor- und bromhaltigen Verbindungen können bei Bränden gemischte Chlor-Brom Dibenzodioxine und Furane entstehen.

Pestizide im Innenraum

Pestizide, die im Innenraum angewandt werden, müssen für diesen Zweck zugelassen sein (BGA, BGVV). In der TRGS 523 werden, in Ergänzung zur Gefahrstoffverordnung, die Anforderungen bei der Anwendung von Pestiziden an Wohn- und Arbeitsstätten durch Schädlingsbekämpfer geregelt. Bei der Vielzahl der verfügbaren und neu auf den Markt kommenden Verbindungen für die Reduzierung bzw. lokale Eliminierung von Schädlingen muß bezüglich der (Rückstands-)Analytik in Raumluft und Materialproben auf die Spezialliteratur verwiesen werden.

Für die Klasse der chlorierten Pestizide stehen sehr hochempfindliche kapillargaschromatographische Verfahren mit FID oder MS Detektion zur Verfügung (EPA Methode 8081: 22 chlorierte Pestizide).

Für schwerflüchtige, polare Pestizidverbindungen hat sich die Trennung über (Nano-)Hochdruckflüssigkeitschromatographie (HPLC) gekoppelt an die Massenspektrometrie (MS, MS-MS, triple MS) über verschiedene Interface-Systeme (Elektrospray ESI, Ionisation bei Atmosphärendruck API, Thermospray etc.) als besonders leistungsfähig im Spurenbereich entwickelt. Die Anreicherungs- und Trennverfahren aus der Ökotoxikologie von Tieren und Pflanzen im Boden und Wasser bzw. aus der Lebensmittelchemie können oftmals übernommen werden.

Messen von Außenluftschadstoffen

Außenluftschadstoffe werden entweder mit mobilen Meßwagen, die die jeweiligen Meßgeräte auf einer Plattform vereint haben, oder mit stationären Meßstellen, die je nach analytischer Fragestellung mit speziellen Meßgeräten ausgestattet sind, am gewünschten oder festgelegten Ort gemessen. Vielseitig einsetzbar und robust in 19" Meßracks sind z.B. Multigassensoren nach dem photoakustischen Prinzip (PAS). Mit mehr als 20 möglichen verschiedenen IR-Filtern vor der photoakustischen Meßzelle lassen sich eine große Zahl von permanenten Gasen (CO, CO_2, Formaldehyd, Ethylenoxid etc.) mit kurzen Meßzyklen überwachen.

Für die Messung wird eine partikelgefilterte Luftprobe in eine druckfeste und verschließbare Gasmeßzelle mit einer Pumpe gesaugt. Beim photoakustischen Meßprinzip wird das rhythmisch zerhackte und gefilterte Licht einer IR-Lichtquelle in einer Gasmeßzelle zur Absorption angeboten. Enthält die Gasmeßzelle eine absorbierende Komponente, wird durch das intermittierend absorbierte IR-Licht die Gastemperatur und damit der Druck in der Meßzelle rhythmisch erhöht. Mit Mikrophonen an der Gasmeßzelle werden diese rhythmischen Druckschwankungen, deren Amplitude proportional zur jeweiligen Gaskonzentration ist, aufgezeichnet und mittels Kalibrierkurven in eine Gaskonzentration umgerechnet. Störend wirken bei dieser Meßmethode Wasserdampf und Kohlendioxid, die kompensiert werden müssen bei der Meßwertberechnung. Durch Anwendung von Filterkarusells mit beliebiger Zusammenstellung lassen sich einkomponentige und vielkomponentige Mischungen mit Ein- und Mehrpunktmessung in einem Konzentrations-Zeitprofil erfassen. In Applikationstabellen werden die für den jeweiligen gasförmigen Analyten spezifischen IR-Absorptionsbanden mit den verfügbaren IR-Filtern kombiniert. Bei der Filterauswahl und Kombination für Gemische helfen neben den publizierten Gas-IR-Spektren der jeweiligen Analyte die Applikationslaboratorien der Hersteller.

Die Infrarotabsorption von Gasen und Lösemitteldämpfen wird bei Einstrahl- bzw. Zweistrahl-Infrarotanalysatoren benützt um über eine analytspezifische IR-Wellenlängenabsorption eine Konzentrationsmessung nach Kalibrierung zu erzielen.

Verschiedene elektrochemische Sensoren erlauben die kontinuierliche Messung von toxischen Gasen wie CO, H_2S, NH_3, Cl_2, HCN, SO_2, NO und NO_2., wobei die Meßwerteinstellung einige Sekunden dauert.

Für die kontinuierliche Partikel und Staubmessung haben sich Meßgeräte nach dem Streulichtprinzip, vor allem mit Laserlicht bewährt. Nachgeschaltete oder parallele Partikelfiltereinheiten erlauben den gesammelten Staub auf organische und anorganische Bestandteile zu untersuchen. Organische Bestandteile des Staubes werden mit Lösemitteln, speziellen Extraktoren oder mittels überkritischem, flüssigem CO_2 bzw. Mischungen mit diesem extrahiert und der bereits beschriebenen GC- bzw. HPLC-Analytik zugeführt. Die anorganischen Salze werden mittels AAS bzw. ICP auf ihre Kationen (Pb, Cd, Ca, Mg, Fe etc.) und mittels Ionenchromatographie (IC) auf ihre Ionen (Bromid, Chlorid, Fluorid, Nitrat, Nitrit, Phosphat, Sulfat, Bromat, Chlorat, Chlorit, Chromat, etc.) untersucht.

Messen von Geruchsstoffen im Innen-, Außenluftbereich

Die Detektion und Charakterisierung von Aromen bzw. Gerüchen läßt sich auch mit der hochauflösenden Gaschromatographie nicht für alle Fälle befriedigend und schnell lösen, da die menschliche Nase mit ihren Rezeptoren Gerüche hochselektiv und bereits in kleinsten Konzentrationen erkennen kann. Aus diesem Grund wurden verschiedene Methoden entwickelt, die als sogenannte „elektronische Nasen" zur schnellen Charakterisierung und zum Vergleich von Gerüchen herangezogen werden können. Prinzip der Detektion ist die Kombination eines elektronischen Sensorbauelements, das über seine elektronisch aktive Oberfläche mit einem chemischen Sensor verbunden ist, der z.B. eine Sorptionsschicht für Duftkomponenten sein kann. Durch eine Kombination unterschiedlich modifizierter chemischer Sensoren erhält man von den gekoppelten elektronischen Bauelementen ein Signalmuster, das von neuronalen Netzen bearbeitet und als Muster wiedererkannt werden kann. Für Sorptionsschichten werden gezielt Polymere hergestellt, deren Sorptionsfähigkeit dadurch konfiguriert werden kann und die jeweiligen Sensoreigenschaften bestimmt.

Mit diesen Systemen zur Geruchsstofferkennung und Identifizierung lassen sich Emissionsquellen sowohl im gewerblichen wie im privaten Bereich erkennen und bewerten auf mögliche Ausgangsquellen. Man muß abwarten, welche zusätzlichen Informationen bei einem Verdacht auf ein Sick building Syndrom damit gewonnen werden können, wenn Gerüche bzw. Duftstoffe dabei im Vordergrund stehen.

Messung von schwermetallhaltigen Stäuben und Aerosolen

Im Schwebstaub (atembare Schwebstaubkonzentration: PM10), wie er auf das Hausdach und die umliegenden Grundstücke deponiert wird durch Wind, Regen, Schnee, Nebel und staubhaltige Luft, lassen sich einerseits Schwermetalle wie Blei, Cadmium, Kupfer, Quecksilber etc. nachweisen, andererseits befinden sich basische Calcium- und Magnesiumsalze in Form ihrer Oxide, Hydroxide und Karbonate sowie saure Ammoniumsalze mit Nitrat und Sulfat als Gegenionen im Staub.

Allgemeine Auflagen zur Reduktion der Staubemission (Bundes-Immissionsschutzverordnung (BImSchV), Technische Anleitung Luft (TA Luft) ergänzt durch besondere Maßnahmen der Entschwefelung von Energieträgern und Verbrennungsemissionen sowie Reduktion der Stickoxidemissionen vorwiegend von stationären Energieerzeugungsanlagen unter Einsatz von Katalysatoren (Verbrennungsanlagen-Verordnung) haben die Schwebstaubmenge und deren Säurelast vermindert.

Mit Hilfe der Atomabsorptionsspektrometrie lassen sich die Metallgehalte in trockenen und feuchten Proben bestimmen. Die jeweiligen Salzformen mit den Ionen Carbonat, Nitrat, Sulfat, Chlorid, Fluorid, usw. lassen sich durch Ionenchromatographie bestimmen.

Bundesweit sind die Calcium- und Magnesiumdepositionen am deutlichsten zurückgegangen. Ebenfalls rückläufig sind die Sulfat-Schwefel-Immissionen, vor allem in den östlichen Bundesländern, die zu einer Versauerung des (Wald-) Bodens führen (Kalkungsverfahren als Antidot!).

In der Luft in Form von Staub oder Aerosol verteilte Metalle oder metallhaltige Stäube werden auf einem Zellulosenitratfilter (Porenweite: 0,2; 0,4 μm)

gesammelt und nach einem Säureaufschluß mit heißer, konzentrierter Salpetersäure oder ergänzend mit speziellen Aufschlußmethoden in Lösung gebracht
und mit der Atomabsorptionsspektrometrie in der Graphitrohrküvette oder
Flamme bzw. ICP detektiert. Die Kalibrierung für die jeweiligen Elemente erfolgt
nach der Standardadditionsmethode.

Mit diesem Verfahren lassen sich Blei, Cadmium, Kupfer, Chrom, Nickel,
Platin, etc. nachweisen.

Blei

Bleihaltige Stäube können aus Korrosionsherden an Rohren, Dachverwahrun-
gen, ungeeigneten Trenn- und Lötverfahren bleihaltiger Lote, Verbindungen und
Rohre etc. entstehen. Selten können auch Bleipigmente, Bleiweiß (Bleioxid, -car-
bonat), Bleichromat (rot), aus alten Anstrichen und zerfallenden Gemälden bei
Renovierungsarbeiten anfallen.

In der Luft als Staub befindliches Blei wird mit Staubsammelgeräten an Par-
tikelfiltern niedergeschlagen und nach naßchemischem Aufschluß atomabsorptionsspektrometrisch mittels Flamme oder Graphitrohr bestimmt. Hinweise auf
mögliche Quellen liefern Analysen im gesammelten Hausstaub auf Blei nach
Aufschluß.

Quecksilberdämpfe

Quecksilberdämpfe, wie sie aus zerbrochenen Hg-Metallthermometern entstehen können, werden auf Goldfolien amalgamiert (z. B. 3M-Monitore). Für die
On-line Bestimmung von Hg-Dämpfen stehen empfindliche, auf die Quecksil-
bermasse justierte Massenspektrometer zur Verfügung, bzw. die Kaltdampf-
analyse nach dem Fluoreszenzprinzip (Nachweisgrenze bei 0,1 pg).

Nickel

Unbekannte galvanische Überzüge an Armaturen, Musikinstrumenten, Kunst-
gegenständen, Haushaltsgeschirr etc. können mit dem Handschweiß oder infolge Korrosion Nickel enthalten.

Gelöste Nickelverbindungen werden atomabsorptionsspektrometrisch bei
232 nm in der Graphitrohrküvette ausgehend von Ni(II)nitrat bestimmt.

Regionale, nationale und globale Meßnetze
für Umweltschadstoffe

Erkenntnisse zum regionalen, nationalen, kontinentalen und globalen Transport
von Schadstoffen und deren Interaktion in den verschiedenen Schichten der
Atmosphäre haben zu vielfältigsten Forschungskooperationen, Verknüpfungen
von Meßstellen und internationalem Datenaustausch geführt. Es kann daher in
diesem Rahmen nur von wenigen beispielhaft berichtet werden.

Für den Umweltmediziner sind aktuelle Luftmeßwerte der Landesumweltämter über T-Online unter „Bürgerservice – Umwelt – Luftmeßwerte" abzufragen oder im Internet über „Asthma Information Center" und der Rubrik „aktuelle Ozonwerte" auf der deutschen Seite.

Weiterhin kann auf die Internet Informationen von UBA, GFS, BGVV, BFS etc. hingewiesen werden.

ZUSAMMENFASSUNG

Der allgemeine technische Fortschritt und vor allem die Fortentwicklung der Sensor- und Verstärkertechnik hat die Nachweisgrenzen für anorganische wie organischen Analysen bis in den piko-, femto- und teilweise attomol-Bereich abgesenkt. Diesem analytischen Fortschritt konnte die toxikologische bzw. epidemiologische Forschung nicht mit gleicher Präzision folgen. Gesicherte Dosis-Wirkungsbeziehungen können im Niedrig- bzw. Niedrigstdosenbereich nicht mit gleicher Wahrscheinlichkeit für das Individuum festgelegt werden. Gleichzeitig vergrößern niedrigere Nachweisgrenzen die Anzahl an charakterisierbaren Verbindungen, was eine Bewertung außerhalb der vorhandenen Leitsubstanzen zusätzlich erschwert. Die Meßmethoden für die umweltmedizinische Praxis müssen einerseits die erforderliche Nachweisempfindlichkeit und andererseits den Geräte-, Analysen- und Personalaufwand berücksichtigen. Die zunehmende Verbreitung der massenspektrometrischen Detektion erlaubt es heute schnell ein komplexes organisches Gemisch, wie es im Innen- wie Außenluftbereich vornehmlich anzutreffen ist, zu charakterisieren. Spezifische Sensoren und Optiken mit hoher spektraler Auflösung erlauben heute oftmals den direkten Nachweis einer Einzelsubstanz oder einer spezifischen Verbindungsklasse. Die Tendenzen zu einer eigenen Probenahme vor Ort und qualitativen Direktanzeige des Meßergebnisses vor Ort oder nach Versand und zentraler Auswertung in einem Speziallabor erniedrigen die Schwelle für eine orientierende Schadstoffmessung durch den Arzt oder Patienten.

Bei dem hinreichenden Verdacht auf eine komplexe Schadstoffexposition als mögliche Ursache für eine Gesundheitsstörung bleiben Analysenverfahren, wie sie für Arbeitsplatzexpositionen sich seit langem bewährt haben, die aussagekräftige Methode hinsichtlich Erfassungsbreite und quantitativer Aussagen für eine Bewertung.

Literatur

1. Seifert B (1989) Die Untersuchung von Innenraumluft. Gesundheits-Ingenieur 5:217–221
2. Seifert B (1984) Plannung und Durchführung von Luftmessungen in Innenräumen. Haus-technik-Bauphysik-Umwelttechnik-Ges. Ing. 105:15–18
3. VDI 2451 Blatt 3 (1996) Messen von gasförmigen Immissionen – Messen der Schwefel-dioxid-Konzentration – Photometrisches Verfahren

Glykolethern:
4. Begerow J, Angerer J (1990) Improved method for the determination of urinary 2-ethoxy-acetic acid by capillary gas chromatography with electron capture detection. Fresenius J of Analytical Chemistry 366:42–43
5. Göen Th, Söhnlein B, Hubner B, Angerer J (1994) Simultaneous determination of polar and non-polar solvents in the workplace air. Staub-Reinhaltung der Luft 54:99–103
6. Johanson G, Bomann A (1991) Percutaneous absorption of 2-butoxyethanol vapour in human subjects. Br J Ind Med 48:788–792
7. Norbäck D, Wieslander G, Edling C, Johanson G (1996) House painters exposure to glycols and glycol ethers from water based paints. Occupational Hygiene, Vol. 2, pp 111–117
8. Vincent R, Rieger B, Subra I, Poirot P (1996) Exposure assessment to glycol ethers by atmo-sphere and biological monitoring. In: Occupational Hygiene, Vol. 2, pp 79–90,
9. Vincent R, Cicolella A, Subra I, Rieger B, Poirot P, Pierre F (1993) Occupational exposure to 2-butoxyethanol for workers using window cleaning agents. Appl Occup Environ Hyg 8:580–586
10. Wieslander G, Jansson C, Norbäck D, Björnsson E, Stalenheim G, Edling C (1994) Occupa-tional exposure to water-based paints and self-reported asthma, lower airway symptoms, hyper-responsivenessn, and lung function. Int Arch Occup Environm Health 66:261–267
11. Wieslander G, Norbäck D, Edling C (1994) Occupational exposure to water based paint and symptoms from the skin and eyes. Occup Environ Med 51:181–186
12. Wieslander G, Norbäck D, Björnsson E, Janson C, Boman G: Asthma and blood eosinophils in relation to exposure to fresh painted indoor surfaces and volatile organic compounds (VOC). In: Proceedings. from Int. Symposium on Indoor Air Quality in Practice – Moisture and Cold Climate Solutions. 18–21 June, Oslo, Norway
13. Schlitt H (1997) A new device for the automatic determination of formaldehyde in air. Gefahrstoffe – Reinhaltung der Luft, VDI-Verlag 57:75–78
14. Committee on aldehydes, Board of toxicology and environmental hazard, National Re-search Council: Formaldehyd und other aldehydes. National Academy Press, Washington DC 1981

Aldehyde:
15. de Andrade JB, Bispo MS, Reboucas MV, Carvalho ML SM (1996) Spectrofluorimetric deter-mination of formaldehyde in liquid samples. International Laboratory, 26(6) 13a–c
16. Deutsche Forschungsgemeinschaft (DFG) Senatskommission z. Prüfung gesundheitsschäd. Arbeitsstoffe (1996) (Hrsg) MAK- und BAT-Werte Liste 1996, 32. Mitteilung, VCH Weinheim
17. DFG: Analytische Methoden zur Prüfung gesundheitsschädlicher Arbeitsstoffe, Luftana-lysen Band 1 und 1/2 (1983) Verlag Chemie, Weinheim
18. BG: ZH 1/120 (1983) Von der Berufsgenossenschaft anerkannte Analysenverfahren zur Feststellung der Konzentrationen krebserzeugender Arbeitsstoffe in der Luft in Arbeits-bereichen, ZH 1/120, Carl Heymanns Verlag Köln
19. NIOSH: NIOSH Manual of Analytical Methods, Third Edition, 1984, Volume 1 und 2. US Department of Health and Human Services, Cincinnati, Ohio.
20. HSE: Health and Safety Executive (HSE), Occupational Medicine and Hygiene Laboratories: Methods for the Determination of Hazardous Substances (MDHS), No 1...54
21. BIA Arbeitsmappe (1989) Berufsgenossenschaftliches Institut für Arbeitsschutz, Messung von Gefahrstoffen – BIA-Arbeitsmappe, Erich Schmidt Verlag, Bielefeld
22. Dräger (1991) Probenahme-Handbuch, Drägerwerk AG, Lübeck 74–83

23. VDI 2457 Blatt 1: Messen gasförmiger Emissionen; Chromatographische Bestimmung organischer Verbindungen; Grundlagen: Entwurf Sept. 1996

Flammschutzmittel:
24. Hutzinger O, Dumler R, Lenoir D. Formation of Brominated Dibenzofurans and -Dioxins from the combustion of the Flame Retardant Decabromdiphenyl Ether under different conditions. Dioxin '90, 10th Symposium on Chlorinated Dioxins and Related compounds
25. Luijk R (1993) Formation of polyhalogenated dibenzo-p-dioxins and -dibenzofurans during thermal degradation processes, Dissertation Universität Amsterdam

Halomethane:
26. Weber L (1991) Perchlorethylen – Adsorption sowie Desorptionsverhalten nach chemischer Reinigung von Baumwollberufsbekleidung. VDI Berichte 888, 861 – 871

Pestizide:
27. Wirkstoffe in Pflanzenschutz- und Schädlingsbekämpfungsmitteln. Physikalisch-chemische und toxikologische Daten. Hrsg.: Industrieverband Agrar e. V., Karlstr. 21, 60329 Frankfurt am Main
28. Deutsche Forschungsgemeinschaft: Methodensammlung zur Rückstandsanalytik von Pflanzenschutzmitteln. Arbeitsgruppe: Analytik der Kommission für Pflanzenschutz-, Pflanzenbehandlungs- und Vorratsschutzmittel der DFG, VCH-Weinheim
29. DFG: Analytische Methoden zur Prüfung gesundheitsschädlicher Arbeitsstoffe. VCH Weinheim

4.7 Vorgehen in der Praxis

A. Hellmann

EINLEITUNG

Eine ausreichende praktikable Systematik umweltmedizinischer Patienten liegt noch nicht vor. Zu diffus ist „Umweltmedizin" in dem Kanon der klinischen Fächer definiert. Die Einteilung in Symptompatienten, Schadstoffpatienten und Präventionspatienten ist ein erster Versuch Pneumologische Umweltmedizin am Patienten zu strukturieren. Der „Umweltpneumologe" sollte aber nie vergessen, daß die herkömmlichen Methoden der deduktiven Medizin unzulänglich sind, die komplexen Systemprobleme in der Umweltmedizin zu erfassen.

Die fehlenden Krankheitsdefinitionen (z.B. MCS, IEI, CFS) zeigen die Unschärfe der Sache. Dazu kommt die Unschärfe der Daten (z.B. unterschiedliche Meßhöhen bei Luftprobensammlung [1]). Auch ist nicht klar, wer wirklich zu einer Risikogruppe gehört (Kinder, Alte, Frauen, körperlich Belastete, Raucher, Asthmatiker, Schwangere oder wer?). Zusammen mit der Unschärfe der Beobachtung und dem subjektiven Beobachterstandpunkt resultiert die Variabilität der Entscheidungen, ein notwendig entstehendes Phänomen.

Vor allem aber die Verwaltungsbürokratie, Krankenkassen und nicht zuletzt der objektive Handlungsdruck der Politik zwingen uns auf den gefährlichen Pfad der „Typisierung durch Definitionen", der uns in eine operationelle Zwangsjacke führen kann.

Keiner wagt einzugestehen, daß objektive Entscheidungen nicht möglich sind. Gerade in der Politik besteht ein archaisches Kausalitätsbedürfnis, das operationelle Linearisierungstendenzen erzwingt. Folge ist oft, daß Strukturen verfestigen und Entwicklungen fortgesetzt werden, deren Auswirkungen aus grundsätzlichen methodischen Überlegungen nicht abwägbar sind.

Pragmatische Notlösung: „Wähle die Definition, die den geringsten Schaden bei verfehltem Sachverhalt verursacht und suche einen professionellen Entscheiderstandpunkt" [2]. Dazu sollen die folgenden Ausführungen dienen.

Umweltmedizinische Patienten präsentieren sich in der pneumologischen Praxis unterschiedlich. Der klassische Fall ist ein Patient mit unklaren Symptomen, bei dem sich im Verlauf der Untersuchung herausstellt, daß seine Beschwerden mit seiner „Umwelt" in Beziehung stehen. Es handelt sich um die bekannte und klassische Situation in der pneumologischen Praxis, was zeigt, daß Pneumologie schon immer „Umweltmedizin" war und durch zunehmende Kenntnisse immer mehr umweltmedizinische Bezüge entstehen werden. Diese Art von umweltmedizinischem Problem sei im Folgenden unter „Symptompatient" erläutert.

Viel größere Probleme ergeben sich beim sog. „Schadstoffpatient". Meist kommt dieser Patient mit einer fest gefügten Überzeugung über die Ursache seiner Beschwerden in die Praxis. In diesem Fall bestehen die medizinisch sachlichen Probleme des „Symptompatienten", kompliziert durch eine in vielen Fällen nicht zu durchbrechende Fixierung auf einen bestimmten Schadstoff. In diesen Fällen ist neben einem profunden Wissen und optimalem Zugriff auf Stoffinformationen besonders sensibles Vorgehen erforderlich, um nicht durch übereilte Konfrontation Vertrauen zu verspielen und damit jede Hilfestellung unmöglich zu machen.

Der dritte Bereich umfaßt die umweltmedizinische Prävention. In diesem Fall ergibt sich Beratungsbedarf in bezug auf Lebenssituationen, der durch eine bestehende Krankheit ausgelöst ist. So hat sicher ein Patient mit rezidivierender Bronchitis bezüglich seiner Lebensgewohnheiten Informationsbedarf, was Urlaub, Arbeit, Hobbys, Rauchen, Wohnung und „Umwelt" betrifft.

Der sog. „Symptompatient"

Anamnese

Wie bei jedem Erstkontakt mit einem Patienten steht im Mittelpunkt die Anamnese. Eine umweltmedizinische Anamnese unterscheidet sich nicht von einer gewöhnlichen Anamnese, die Erfahrung und die Bereitschaft des Arztes Zuzuhören und gezielt Nachzufragen bestimmen das Ergebnis. Es sollte natürlich genügend Zeit zur Verfügung stehen; bewährt hat sich im Praxisbetrieb, für „Umweltpatienten" eigene Termine zu vereinbaren, z. B. am Ende einer Sprechstunde, damit die Anamnese ohne Zeitdruck erhoben werden kann.

In der Anamnese wird versucht einen örtlichen, zeitlichen oder stofflichen Bezug herzustellen, der Rückschlüsse auf eine Exposition zuläßt.

Fragebogen

Der Einsatz von Fragebogen ist unterschiedlich zu bewerten. Im Rahmen wissenschaftlicher Untersuchungen sind ausführliche Fragebogen sicher sinnvoll, die dann ggf. einer wissenschaftlicher Evaluation zugeführt werden können. Für den Praxisbetrieb haben sich m. E. umfangreiche Fragebogen nicht bewährt, weil die Auswertung genauso aufwendig ist, wie das Patientengespräch.

Sinnvoll kann ein kurzer Fragebogen sein, der es dem Patienten ermöglicht, vor dem Arztgespräch die wichtigsten Informationen zu sortieren, sich über Zeiträume Gedanken zu machen und die Medikamentengeschichte zu ordnen. Jeder Arzt wird hier eine persönliche Systematik haben, die Bereiche einer „umweltmedizinischen" Anamnese seinen hier noch einmal zusammengefaßt:

Faktoren umweltmedizinischer Anamnese

- Allergie
  - Neurodermitis, allergisches Exanthem, Nickelallergien, Heuschnupfen, Tierallergien „Sonnenallergien", andere Überempfindlichkeitsreaktionen, bisherige Tests, Behandlungen (z. B. Hyposensibilisierungen).

- Arbeit
  - Erlernter Beruf, alle bisherigen Tätigkeiten, aktuelle Beschäftigung, Teilzeit, Schicht, Außendienst, Aufenthaltsdauer im Verkehr, körperliche Belastung.
  - Genaue Arbeitsplatzbeschreibung, verwendete Materialien, Maschinen, Computer.
  - Arbeitsplatzklima: Luftreinigung, Ausstattung, Heizung, Pflanzen, Klimatisierung, Passivrauch, Kollegen, hierarchische Einordnung.

- Wohnung
  - Lokalisation der Wohnung, Stockwerk, Keller, angrenzende Verkehrswege, Industrie, wird mit offenem Fenster geschlafen?
  - Heizungssysteme wie Bodenheizung, Nachtspeicheröfen, offener Kamin, Kachelofen, Gaskochstelle, Klimatisierung, Wärmedämmung (Innen- oder Außendämmung), Isolierfenster, Zwangsentlüftung, Wärmetauscher.
  - Innenausstattung mit Bodenbelägen, Parkett, Holzpaneelen, Seegrastapeten.
  - Feuchtigkeitsquellen wie Luftbefeuchter, Aquarien, Wintergärten, Zimmerpflanzen.
  - Möblierung, Spanplatten, geöltes Holz, Ledersofa, Schafwollteppiche, Lammfelle, Trockenblumen, Tierfelle, Rosshaarmatratze, Wildseidenbett u. v. m.
  - Pflanzen, Überwinterung von Pflanzen, (Geranien).

- Tierkontakte

- Medikamente

- Rauchen, Passivrauch

- Hobbys, Werkstatt, Lösungsmittelbelastung, Brieftauben, Holzstaub etc.

- Ernährung, Diäten, Unverträglichkeiten, Histamin- und andere Überempfindlichkeiten

- Urlaub

- Auto: Klimaanlage, Pollenfilter, Gebläsefilter, Schafwollüberzüge

- Drogen: Alkohol, Haschisch, Heroin.

Mit dieser Zusammenstellung sind keineswegs alle möglichen Fragen erfaßt, es sollte nur auch auf etwas seltenere Fragestellungen hingewiesen werden.

Beispiel

48 jähriger Vertreter im Pharmaaußendienst mit histologisch und in der BAL gesicherten exogen allergischen Alveolitis. Pollenallergiker. Nachweis hoher IgG Titer gegen Aureobasidium pullulans. Als Quelle wurde der 1 Jahr alte Wintergarten ausgemacht, an dessen schlecht isolierten Metallstreben deutliche Schimmelflecken nachweisbar waren. In der Kultur aber lediglich Mucor und Penicilliumspecies, gegen die keine präzipitierenden AK nachweisbar waren. Sanierung des Wintergartens und in der Hoffnung auf Expositionsverminderung Reduktion der Cortisondosis. Bei 5 mg Tagesdosis massiver Rückfall mit Allgemeinsymptomen, zunehmender Röntgenveränderungen und resp. Partialinsuffizienz (PO_2 bei 40 mm HG) nach erneuter Arbeitsaufnahme.

Daraufhin Untersuchung des Pollenfilters in dem Dienstmercedes des Handelsvertreters: Reinkultur Aureobasidium Pullulans.

Körperliche Untersuchung

Unterscheidet sich nicht von dem allgemeinüblichen pneumologischen Ganzkörperstatus, wobei ggf. Besonderheiten zu gewichten sind, wie Zahnstatus, Endoprothesen, Exantheme oder auch Nikotinfinger(z. B. bei einem Patienten, der seinen Wohnzimmerschrank wegen erhöhter Formaldehydausgasung zurückgeben will).

Technische Untersuchungen

Für die pneumologische Umweltmedizin muß das ganze Spektrum pneumologischer Untersuchungsmethoden verfügbar sein, schon allein um allen differentialdiagnostischen Möglichkeiten nachzugehen. Es ist einem „Umweltpatient" nicht gedient, wenn durch Versäumen einer Röntgenaufnahme vielleicht sein wahres Problem, z. B. ein Tumor, übersehen wird. Von großer Bedeutung in der pneumologischen Umweltmedizin ist die allergologische Diagnostik, die auf jeden Fall neben dem Hauttest auch die Option auf einen spezifischen Provokationstest beinhalten sollte, sowie die Messung der bronchialen Reaktivität.

Wohnungs- oder Arbeitsplatzbesuch

Sollte sich aus den vorstehend erhaltenen Informationen der Verdacht auf ein „Umweltproblem" ergeben, so sollte ein Hausbesuch erfolgen. Durch eine Inspektion der unmittelbaren Lebensverhältnisse eines Patienten lassen sich oft erhellende Erkenntnisse ziehen. Auf jeden Fall sollte eine Bilddokumentation vorgenommen werden (Schimmel, Tierkäfige, Umfeld u. v. m.). Besonders geeignet sind dafür digitale Kameras, die eine direkte Aufnahme der Bilder in einen Arztbrief ermöglichen.

Spezielle Untersuchungen

In Einzelfällen können Raumluftmessungen pneumologische Probleme erhellen. Sinnvoll kann eine Faserzählung bei Verdacht auf Asbestbelastung sein. Eine einfache Methode ist ein Personal Sampling mit einem sog. Aktivsammler. Diese Geräte können vom Patienten selbst bedient werden. Damit lassen sich VOCs, Alkohole, Ester, Ketone und Terpene, Formaldehyd und Isocyanate messen.

Messungen

Diese lassen in der Regel nur eine grobe Abschätzung der individuellen Belastung zu. Am genauesten gelingt dies noch mit der Bestimmung der CO Konzentration in der Atemluft, die einen ziemlich genauen Rückschluß auf die Zahl der täglich gerauchten Zigaretten zuläßt. Insgesamt sollte das Instrument der Messung von Luftschadstoffen zurückhaltend eingesetzt werden. Insbesondere sollten keine Schadstoffe gemessen werden, für die keine ausreichende Beurteilungserfahrung vorliegt. Ggf. sollten solche Untersuchungen dann in Zusammenarbeit mit einem entsprechenden Institut, wie z.B. Gesundheitsamt oder einer Umweltambulanz erfolgen.

Messung durch Fachinstitut

Am besten ist es, notwendige Messungen von einem Fachinstitut vornehmen zu lassen, das sowohl über einschlägige Erfahrungen verfügt, das sich einer Qualitätskontrolle (z.B. in der Arbeitsgemeinschaft ökologischer Forschungsinstitute zusammengeschlossenen Institute) unterwirft und mit dem man einen guten persönlichen Kontakt pflegt. Es sollte eine genaue Planung und Protokollierung erfolgen. Wichtig ist in jedem Fall, daß durch das Meßinstitut keine Interpretationen der Ergebnisse erfolgt. Das messende Institut sollte deshalb seine Meßergebnisse in einer zusammenfassenden Stellungnahme an den behandelnden Arzt übermitteln. Die Gesamtbeurteilung – Meßwert/Krankheit – sollte aber unbedingt durch den Arzt erfolgen.

Allergologische Untersuchungen

Über die üblichen allergologischen Untersuchungen hinaus gibt es wahrscheinlich keine sinnvollen Laboruntersuchungen bei pneumologischen „Umweltpatienten". Schadstoffmessungen im Exhalat und die BAL als Biomonitoring sind noch nicht über das experimentelle Stadium hinaus und damit für die Praxis nicht verfügbar.

Karenzversuch

Ein wesentliches Hilfsmittel stellt sowohl für die Diagnostik, als auch für die Therapie der Karenzversuch dar. Begründeter Verdacht auf pathogene Schadstoffbelastung sollte immer zu einem Karenzversuch führen, der möglichst sorg-

fältig zu dokumentieren ist (Lungenfunktionskontrollen, Peak Flow, Fotodoku-
mentation). Da oft das Ergebnis des Karenzversuches den einzigen rationalen
Zugang zur Gesamtproblematik darstellt, ist die Dokumentation von besonderer
Bedeutung.

Behandlung

Die Behandlung umweltbedingter Erkrankungen der Lunge unterscheidet sich
in der Praxis nicht von der Behandlung anderer Lungen- oder Bronchialerkrankungen. Es existiert keine spezifische umweltmedizinische Therapie. Im Vordergrund steht immer das Vermeiden des auslösenden Agens, ggf. sind Wohn-
raumsanierungen oder auch einmal ein Wohnungs- oder Arbeitsplatzwechsel
notwendig. Da es sich oft für den Patienten um einschneidende Maßnahmen
handelt, kommt der ärztlichen Rolle eine entscheidende Bedeutung zu. Die nicht
unerheblichen Wissensdefizite im Bereich der pneumologischen Umweltmedizin erschweren die Beratung, sollten aber dem Patienten gegenüber offen zuge-
geben werden. Besondere Vorsicht ist bei der Äußerung von Verdachtsmomenten geboten, da oft die Patienten, die unter einem starken Leidensdruck stehen
können, die Unterscheidung zwischen Vermutung und tatsächlich nachweisba-
rer Schädigung nicht nachvollziehen wollen.

Rechtliche Probleme

Da oft Dritte als mögliche Verursacher von Gesundheitsschäden in Frage kommen sind evtl. rechtliche Konsequenzen für den Patienten zu beachten (z.B.
Schadenersatz im Rahmen der Produkthaftung). Der kluge Arzt enthält sich
jeglicher rechtlicher Bewertung seiner Untersuchungsergebnisse und empfiehlt
die Konsultation eines Rechtsanwaltes.

Verdacht auf berufliche Verursachung

Bei Verdacht auf eine berufliche Verursachung immer Meldung an die zuständige Berufsgenossenschaft, einerseits aus rechtlichen, als auch aus sachlichen Gründen. Die BG ist verpflichtet ein Belastungsprofil zu erstellen und auch
notwendige Umgebungsuntersuchungen durchzuführen, die zur Klärung der
Krankheitssymptome beitragen können.

Der sog. „Schadstoffpatient"

Der sog. „Schadstoffpatient" kommt mit einer fertigen Vorstellung über die
Ursache seiner Beschwerden in die Praxis. Die Erkenntnisse beruhen entweder
auf selbst eingeholten Informationen, oder auf bereits durchgeführten Unter-

suchungen unterschiedlicher Qualität. In den meisten Fällen ist ein wie auch immer geartetes rechtliches Verfahren mit der Problematik verbunden, oft wird eine Diagnosebestätigung gesucht, die für Schadensersatzklagen benötigt wird. Diese Problematik erfordert besondere ärztliche Sensibilität, da diese Patienten oft einen jahrelangen Leidensweg hinter sich haben und häufig negative Erfahrungen mit Ärzten, öffentlichen Institutionen und Gerichten gemacht haben.

Anamnese

Der Anamnese kommt in einem solchen Fall eine noch wichtigere Rolle zu, als bei einem „Symptompatient". Hier entscheidet sich, ob eine therapeutische Beziehung zu dem Patienten aufgebaut werden kann. Aus meiner Erfahrung ist es nicht opportun den Patienten mit den evtl. vorliegenden Widersprüchlichkeiten seiner Argumentation zu konfrontieren. Im Vordergrund steht am Anfang der Aufbau einer tragfähigen Vertrauensbasis. Kompliziert wird die Situation oft durch den erheblichen Informationsvorsprung, über den der Patient in seiner Sache verfügt. Man sollte die Informationen des Patienten annehmen, ohne sie zu kommentieren und ohne Bedenken auch die eigenen Wissenslücken zugestehen, immer in dem Bewußtsein, daß nichts unwichtig ist, was ein Patient zu seinen Beschwerden mitzuteilen hat. Alle Unterlagen sollten kopiert und die Anamnese sorgfältig dokumentiert werden.

Untersuchung

Auf die Anamnese sollten alle notwendigen Untersuchungschritte, sofern nicht schon vorliegend, analog dem Ablauf beim „Symptompatienten" erfolgen. Meist läßt sich nach diesen Untersuchungsschritten keine Verifizierung oder Falsifizierung der Patientenhypothese erreichen. Besondere Vorsicht ist bei der Interpretation von pathologischen Befunden geboten, die möglicherweise gar nicht mit den in der Anamnese geschilderten Beschwerden in Zusammenhang stehen können. Neue Fixierungen sind unbedingt zu vermeiden.

Informationsbeschaffung

Unter Heranziehung der Patienteninformationen Literaturrecherche z.B. über On-Line Dienste, Expertensysteme oder vorliegende Literatur. Offene Diskussion der Ergebnisse mit dem Patienten und ggf. Hinweis auf die ungesicherte Datenlage und Forschungsdefizite. Hinweis auf andere denkbare Ursachen und Zusammenhänge, Vermeidung von abwertenden Äußerungen über andere Therapie- und Diagnostikverfahren, Versuch möglichst sachlicher Information.

Karenzversuch

Gerade bei stoffzentrierten Patienten kommt dem Karenzversuch eine besondere Bedeutung zu und sollte besonders gut vorbereitet und kontrolliert werden. Soweit als möglich sollten objektive Meßmethoden eingesetzt werden, ggf. Einsatz von differenzierten Symptomscores. Sollte sich eine Belastungssituation oder ein Stoffproblem als stichhaltig erweisen, ist oft ein gut dokumentierter Karenzversuch das einzig verwertbare Indiz einer Kausalitätskette. Falls möglich und ethisch vertretbar kann auch ein kontrollierter Expositionsversuch zur Aufklärung beitragen.

Therapie

Oft wird es aber nicht möglich sein, den angeblich auslösenden Schadstoff als Ursache der Beschwerden nach den Kriterien einer rationalen, monokausal und linear arbeitenden Medizin zu identifizieren. Sollte der Karenzversuch scheitern, oder nicht durchführbar sein, bedarf der Patient besonderer Zuwendung. Alle symptomatisch möglichen Therapieformen sollten ausgeschöpft werden. (z. B. Behandlung einer bronchialen Hyperreaktivität). Man sollte Therapieformen anbieten, die zwar (noch) nicht evaluiert sind, die aber unproblematisch sind, wie z. B. die antioxidative Therapie. Diätetische Ausleitungen, Homöopathie und klassische Naturheilverfahren sind häufig erstaunlich wirksam und sollten positiv motiviert werden. Dringend abzuraten ist von technischen Pseudotherapien, wie Bioresonanz und Elektroakupunktur, die als Placebowerkzeuge unanständig hohe Kosten verursachen.

Zusammenfassung

Stoffzentrierte Patienten stellen oft eine pneumologischen Praxis vor nicht lösbare organisatorische, informelle und psychologische Probleme. Ein klar strukturierter Ablauf in der Praxis, klare Informationen, professioneller Umgang mit dem pneumologischen und umweltmedizinischen Handwerkszeug und natürlich ausreichend Zeit sind Voraussetzungen für eine optimale Patientenversorgung.

Der „Präventivpatient"

Es handelt sich hierbei um Patienten, die wegen eines medizinischen Problems die Praxis aufsuchen, bei denen sich aber im Verlauf der Untersuchung und Behandlung herausstellt, daß umweltmedizinischer Beratungsbedarf besteht. Es kann sich hier um den privaten Bereich handeln, wie z. B. Vogelhaltung, Passivrauch, Heizungs- und Lüftungsprobleme, Schimmelbildung u. v. m., oder es handelt sich um Fragestellungen, die mit der Berufsausübung oder mit einer beabsichtigten Berufswahl zusammenhängen.

Um hier qualifizierte Beratung durchführen zu können, ist ein ausreichender Wissensstand über die Risiken und Gefahren unseres Lebensumfeldes in Bezug auf pneumologische Krankheiten erforderlich. Dazu gehört auch die richtige Einordnung der einzelnen Risiken im Rahmen einer Risikokommunikation, die sich auf Fakten stützt; gleichzeitig aber auch den elementaren Unterschied zwischen selbstgewähltem und aufgezwungenem Risiko berücksichtigt.

Für die Prävention hat der Berufsverband der Pneumologen eine umweltmedizinische, pneumologische Vorsorgeuntersuchung vorgeschlagen (siehe Anlage), die aber bisher von den ärztlichen Gremien, insbesondere von der KV, noch nicht eingehender diskutiert worden ist, aber jetzt in dem neuen Konzept der kassenärztlichen Bundesvereinigung der „individuellen Gesundheitsleistungen" eine neue Bedeutung bekommen könnte. Dabei handelt es sich um eine standardisierte Fragebogenanamnese, einen Allergiehauttest gegen häufige Inhalationsantigene und die Kontakttiere und um eine quantifizierte inhalative Provokation zur Bestimmung der bronchialen Reaktivität. Darauf aufbauend würde sich eine Informationsbasis für eine eingehende Beratung und ggf. weiterere Untersuchungen ergeben, mit dem Ziel präventiv chronische Atemwegserkrankungen zu vermeiden.

Einen wesentlichen Beitrag dazu könnte die strukturierte modulare Patientenschulung liefern, für die im Rahmen des „CHARME" – (chr. Atemwegserkrankungen rehabilitieren, minimieren, eliminieren) Projekts des Bundesverbandes der Pneumologen Unterlagen zur Umweltmedizinischen Prävention entwickelt werden. Auch andere umweltmedizinische Informationen für Patienten, wie z.B. der Klinik für Atemwegserkrankungen Bad Reichenhall, sollten Eingang in ein umweltmedizinisches Präventionssystem finden.

Umweltscreening Pneumologie

Name _____   Größe _____   Gewicht _____
Adresse _____   Geb. Datum _____

Liebe Patientin, lieber Patient, bitte versuchen Sie diesen Fragebogen nach bestem Wissen auszufüllen. Im anschließenden Gespräch werden wir unklare Punkte ausführlich besprechen können.

Dieser Fragebogen soll uns einen groben Überblick über Ihre möglichen Umweltbelastungen geben. Die zusätzlich durchgeführten Untersuchungen erlauben uns weitere Rückschlüsse auf für Sie bestehende Risiken. Sämtliche Ergebnisse werden wir Ihnen genau erklären und mögliche Konsequenzen mit Ihnen besprechen.

FVC _____   FEV1 _____   FEV1/FVC _____
Raw _____   ITGV _____   MEV 50 _____

Inhalative unspez. Provokation   neg/schwach pos./pos./stark pos.

Allergietest: NaCl   Milbe 1   Milbe 2   Gräser   Birke
               Histamin   Katze   Birke   Tier

1. Gibt es bekannte Umwelteinflüsse, die Ihr Wohlbefinden beeinflussen?
_____
_____

2. Familienvorgeschichte (bitte unterstreichen). Sind in Ihrer Familie bekannt?

Allergien   Asthma   Bronchitis
Lungenkrebs   Andere Krankheiten _____

3. Bestehen Beschwerden?
Husten   Auswurf   Atemnot

4. Wann haben die Beschwerden begonnen? _____

5. Eigene Krankheitsvorgeschichte (leiden Sie oder litten Sie unter…?)
Asthma   Bronchits   Heuschnupfen
Lungenentzündung   Nasennebenhöhlenerkr. Milchschorf/Neurodermitis

6. Bereits bekannte Allergien: _____

7. Bestehen Überempfindlichkeiten gegen…?
Gerüche   Nebel   Kaltluft
Haarspray   Küchendunst   Zigarettenrauch
Andere _____

8. Welche Medikamente werden eingenommen? (bitte genau angeben)
_____

9. Nikotinkonsum (Zahl bitte angeben)
Zigaretten ____   Zigarren ____   Zigarillos ____
Pfeifen ____   Passivrauchbelastung   ja/nein

10. Zahl der medizinischen Röntgenuntersuchungen
Laut Röntgenpass _____ Geschätzt _____

11. Berufsausübung:
Berufsbezeichung erlernter/ausgeübter Beruf _____

Tätigkeit in geschlossenen Räumen	Im Freien	Bürotätigkeit
Industr. Arbeitsplatz	Publikumsverkehr	Klimaanlage
Nachtschicht	Wechselschicht	Luftbefeuchter
Verbrennungsgasbelastung	Lösungsmittelbelastung	

12. Kurze Charakterisierung des Arbeitsplatzes _____

13. Häusliches Umfeld

Zahl der Wohnungsbewohner	Einwohnerzahl des Wohnortes	Zahl der Zimmer
Heizung: _____	Baujahr des Gebäudes	Kochart Gas/Elektro

Bodenbelag: Stein/Holz/Synth./Wolle/PVC, Kork/Linoleum/andere _____
Bett: Daunen/Wolle/Seide/Synth.   Matratze: Roßhaar/Latex/Allergikermatratze
Wohnungszustand

Feuchtigkeitsflecken	Schimmel	Innenisolierung
Holzschutz in Innenräumen	Paneele	Abgehängte Decken

Möbelausstattung

Spanplatten	Lackierte Möbel	Geöltes Naturhalz

Alter der Möblierung

14. Regelmäßige sportliche Betätigung Ja/Nein Was _____ Wie oft _____

15. Eßverhalten
Diät (welche _____)   Vegetarier
Selbsterzeuger

16. Verkehr/Mobilität

Zahl der Autos in der Familie	Km/Jahr im Auto
Entfernung Wohnung/ _____ Arbeitsplatz	Tägliche Aufenthaltsdauer im Verkehr _____

Verkehrsmittel des Berufsweges _____ Bahn/Auto/Fahrrad/Bus/Fuß

17. Lärmbelastung tags: Wenig   Mittel   Schwer

18. Lärmbelastung nachts: Wenig   Mittel   Schwer
Können Sie nachts mit offenem Fenster schlafen?   ja/nein

19. Allgemeines Umfeld
Definierte Punktquellen in der Umgebung

Flugplatz	Kraftwerk	Industrie
Hauptverkehrsstraße	Deponie	Landwirtschaft

20. Anmerkungen: _____

ZUSAMMENFASSUNG

Pneumologische Umweltmedizin bedarf weiterer Entwicklung von Strukturen, die das Fach im Kanon der klinischen Fächer definiert. Die Einteilung
der Patienten in „Symptompatienten, Schadstoffpatienten und Präventivpa-
tienten" ist ein Versuch dazu.

Die fehlenden Definitionen erschweren die Einführung eines Vergütungssystems, z.B. unter dem Dach des einheitlichen Bewertungsmaßstabes. Der
Geldmangel des Sozialversicherungssystems läßt auch kaum Hoffnungen auf
eine baldige Vergütungsregelung zu. Dankbar wäre die Subsummierung
umweltmedizinischer Leistungen in einem Katalog „individueller Gesundheitsleistungen", die außerhalb des GKV-Katalogs erstattet werden.

Literatur

1. Greenpeace: Ergebnisse der Luftschadstoffmessungen in Kindernasenhöhe, Frühjahr 1992,
   Greenpeace e.V., Postfach 111651, Vorsetzen 53, Hamburg
2. Blaha H, Hellmann A (1980) Definitionen von Lungen- und Bronchialerkrankungen, Münchener Med. Wochenschrift 122, Nr. 31

5 Pneumologisch relevante Umweltschadstoffe

5.1 Systematik der Luftschadstoffe
Einteilung, Definitionen, Grundbegriffe

K. SCHULTZ

EINLEITUNG

Die Begriffe Luftverunreinigung und Luftschadstoffe können unter ganz verschiedenen Aspekten interessieren, beispielsweise unter dem Blickwinkel der Luftreinhaltung oder der Emissionsüberwachung mit vielen weitreichenden politischen, rechtlichen und technischen Problemen. Wichtige Fragestellungen sind auch die Auswirkungen der Luftverunreinigungen auf Tiere, Pflanzen und unbelebte Dinge. Aktuelle Schlagworte: Waldsterben, Zerfall alter Baudenkmale.

In den folgenden Kapiteln (5.1 – 5.6) soll das Thema jedoch ausschließlich unter dem Blickwinkel der pneumologischen Umweltmedizin betrachtet werden: „Welche Auswirkungen haben Luftverunreinigungen auf die menschliche Gesundheit unter besonderer Berücksichtigung der Atmungsorgane?". Hierbei interessieren natürlich insbesondere die Auswirkungen bei Risikogruppen wie Kinder, Kranke und alte Menschen.

Begriffsdefinitionen

Normale Luft – Luftverunreinigungen – Luftschadstoffe

Die normale „reine Luft" ist ein Gemisch von *ständigen gasförmigen Komponenten* [1], deren Volumenanteil konstant bleibt:

- 78,1 Vol.% Stickstoff*,
- 20,9 Vol.% Sauerstoff,
- 0,03 Vol.% Kohlendioxid sowie
- geringfügige Mengen verschiedener Edelgase (Argon 0,93 Vol.%, Neon 0,002 Vol.%, Helium 0,0005 Vol.%, Methan 0,0002 Vol.%, Krypton 0,0001 Vol.%, Xenon 0,000009 Vol.%) und
- Wasserstoff (0,00005 Vol.%).
- Sie enthält in wechselnder Menge Wasserdampf.

---

* Volumenprozent nach Trocknung und Filtration.

Neben diesen ständigen gasförmigen Komponenten, treten als *nichtständige Komponenten gas- und partikelförmige Stoffe* in der Atmosphäre auf, teils aus „natürlichen Quellen", teils als Folge menschlicher Aktivitäten.

Angelehnt an das Bundes-Immissionsschutzgesetz – BImSchG [2], (Erster Teil, Allgemeine Vorschriften, §3) können die Begriffe Luftverunreinigung bzw. Luftschadstoffe wie folgt definiert werden:

Luftverunreinigungen „... sind Veränderungen der natürlichen Zusammensetzung der Luft, insbesondere durch Rauch, Ruß, Staub, Gase, Aerosole, Dämpfe und Geruchsstoffe".

Luftschadstoffe: „Schädliche Umwelteinwirkungen ... sind Immissionen, die nach Art, Ausmaß oder Dauer geeignet sind, Gefahren, erhebliche Nachteile oder erhebliche Belästigungen für die Allgemeinheit oder die Nachbarschaft herbeizuführen".

Immission – Emission – Transmission

Als wichtigste Quelle der aktuellen Luftverschmutzung gilt der Mensch mit seinen Aktivitäten, in erster Linie durch die Verbrennung fossiler Energieträger (Heizung, Energiegewinnung, Verkehr). Die dabei entstehenden Verbrennungsprodukte wären weniger relevant, wenn die Verbrennung vollständig abliefe und die verwendeten Brennstoffe rein wären. Es würden dann lediglich Kohlendioxid und Wasser entstehen, nur durch den Stickstoffgehalt der Luft würden Stickoxide als Schadstoffe auf den Menschen einwirken [3]. De facto treten aber durch Verunreinigung der Brennstoffe zahlreiche Luftverunreinigungen auf, z.B. SO_2 bei der Kohleverbrennung (Schwefelgehalt). Zudem entstehen durch unvollständige Verbrennungsprozesse oxidative Zwischenprodukte wie z.B. Kohlenmonoxid, Benzol, polyzyklische aromatische Kohlenwasserstoffe und Aldehyde, welche toxischer sind als die Produkte der vollständigen Verbrennung.

Die Abgabe von Schadstoffen wird als *Emission* bezeichnet. Unter *Transmission* wird der Transport in der Atmosphäre verstanden. Manche Emissionen können Tage bis Wochen in der Atmosphäre verweilen und so weiträumig transportiert werden. Nach Eintritt in die Atmosphäre unterliegen die emittierten Stoffe physikalischen und chemischen Veränderungen, was zum Auftreten neuer und zum Verschwinden ursprünglicher Stoffe führen kann. Wirken Schadstoffe auf den Menschen sowie Tiere, Pflanzen und unbelebte Dinge ein, so werden sie als *Immissionen* bezeichnet.

Schadstoffpfade für Luftverunreinigungen

Luftverunreinigungen wirken nicht nur per inhalationem, sondern z.B. auch über die Nahrungskette (Staubniederschlag) oder bei Kontakt mit Haut und Augen. Andererseits stellt die Verunreinigung der Außenluft nur einen Teil der auf den Menschen einwirkenden Umweltbelastung dar. Der überwiegende Teil aller in die Umwelt eingetragenen Stoffe wird vom Menschen über die Nahrung aufgenommen, nicht über die Atemluft. Jedoch ist nach inhalativer Aufnahme – anders als nach enteraler oder transdermaler – mit einer sehr hohen Resorption zu rechnen [4]. Insgesamt schätzt man, daß von den bisher bekannten gesundheitsrelevanten Umweltschadstoffen etwa 70 % mit der Nahrung, 20 % mit der Atemluft und 10 % mit dem Trinkwasser aufgenommen werden [1].

Größendimensionen der Luftverunreinigungen

Die Zusammensetzung der Luft ist durch ständige (normale) und nichtständige Komponenten (Verunreinigungen) charakterisiert. Die Luftverunreinigungen machen im Vergleich zu den normalen, besser ständigen Komponenten der Luft, mengenmäßig nur einen verschwindend geringen Teil aus, die Volumenanteile der ständigen Luftkomponenten werden dadurch nicht verändert. So bleibt beispielsweise selbst in Smogsituationen der Sauerstoffanteil erhalten und wird nicht etwa „knapp", wie es durch Sauerstoffverbrauch in geschlossenen Räumen bei schlechter Lüftung geschehen kann [1].

Die nichtständigen Komponenten treten im allgemeinen nur in Spuren auf, in einem Verdünnungsverhältnis $1:10^{-6}$ bis $1:10^{-12}$ d. h. in extrem hoher Verdünnung. Ein m^3 Luft hat eine Masse von etwa 1,2 kg. Der im allgemeinen in einem m^3 Luft vorkommende Gehalt an luftfremden Stoffen beträgt aber nur einige Zehntausendstel bis Millionstel Gramm, zum Teil noch weniger [4]. Beispielsweise beträgt der Sauerstoffgehalt ca. 320 g/m^3 Luft, der CO_2-Gehalt hingegen nur 0,7 g/m^3 also etwa 1/500 des Sauerstoffgehaltes. Der SO_2 Gehalt liegt bei etwa 0,00005 g/m^3, also bei 1/14000 des CO_2-Gehaltes, und bei etwa 1/600000 des Sauerstoffgehaltes [5].

1 $\mu g/m^3$ Luft = 1/1 Millionen g/m^3 Luft = 10^{-6} g/m^3 Luft
1 ng/m^3 Luft = 1/1 Milliarde g/m^3 Luft = 10^{-9} g/m^3 Luft
1 pg/m^3 Luft = 1/1 Billion g/m^3 Luft = 10^{-12} g/m^3 Luft

Beispiel: Rechnerisch entsprechen 4 Würfelzucker in einer großen Talsperre (135 Milliarden Liter Wasser) 0,1 ng Zucker pro l Wasser.

Systematik der umweltmedizinisch/pneumologisch relevanten Luftschadstoffe

Es gibt keine allgemein gültige Einteilung der „Luftschadstoffe". Der Versuch einer Systematik der Luftschadstoffe muß je nach Fragestellung unter ganz verschiedenen Kriterien erfolgen, z. B.:

- physikalische Kriterien (z. B.: Gase ↔ Aerosole),
- chemische Kriterien (z. B.: organische ↔ anorganische Schadgase),
- pathogenetische Einteilung (z. B.: irritativ-toxische Substanzen, Karzinogene, Allergene, Infektionserreger u. a.),

- Entstehungsmechanismus (z. B.: primäre Luftschadstoffe, z. B. SO_2 ↔ sekundäre Luftschadstoffe, z. B. NO_2 und Ozon),
- Vorkommensbedingungen (z. B.: Sommersmog ↔ Wintersmog),
- Außenluftschadstoffe ↔ Innenraumschadstoffe.
- Natürliche ↔ anthropogene Luftverunreinigungen (Beispiele für „natürliche" Luftverunreinigungen sind natürliche Stäube oder die meisten Allergene).

Im Rahmen einer einleitenden Systematik erscheint – auch aus didaktischen Gründen – zunächst die Einteilung in gasförmige und partikelförmige Luftverunreinigungen angezeigt [1].

Gasförmige Luftverunreinigungen

Die gasförmigen Luftverunreinigungen können unter chemischen Aspekten in anorganische und organische gasförmige Luftverunreinigungen eingeteilt werden. Es gibt aber auch zahlreiche andere sinnvolle Unterteilungsmöglichkeiten (Art der Wirkung, Vorkommensbedingungen, primär – sekundäre Schadstoffe, s. oben).

Anorganische gasförmige Stoffe

Wichtige Beispiele sind:

- SO_2 (Schwefeldioxid),
- NOx (Stickstoffoxide),
- CO (Kohlenmonoxid),
- O_3 (Ozon und andere Photooxidantien),
- H_2S (Schwefelwasserstoff),
- NH_3 (Ammoniak),
- Chlorwasserstoff (wässrige Lösung = Salzsäure),
- HF (Fluorwasserstoff) ... und zahlreiche andere anorganische gasförmige Verbindungen.

Unter pneumologisch-umweltmedizinischen Aspekten sind von den anorganischen Gasen vor allem SO_2, Ozon, NOx („Stickoxide") und CO relevant. („Criteria pollutants" im Rahmen der amerikanischen Umweltgesetzgebung).

Ein mögliches Einteilungskriterium der anorganischen Schadgase stellen die Vorkommensbedingungen dar:

- NO_2 stellt mit den photochemischen Oxidantien (u. a. Ozon) den wesentlichen Bestandteil des Sommersmogs,
- SO_2 und Schwebstaub gelten als die Hauptkomponenten des Wintersmogs.

Die anorganischen Gase stellen die größte Menge der Luftverschmutzung [6]. Sie spielen hierbei sowohl im Innenraumbereich (z. B. CO, NO_2) als auch in der Außenluft (z. B. Ozon, SO_2, NO_2) eine wesentliche Rolle. Ihre Wirkungen sind vielfältig und werden ausführlich in den folgenden Kapiteln abgehandelt.

Ihre Konzentration wird üblicherweise in mg/m^3 bzw. $\mu g/m^3$, also als Masse pro Volumen, angegeben. Daneben wird, insbesondere im anglo-amerikanischen Schrifttum, die Konzentration in Gewichts- oder Volumenanteilen angegeben. Insbesondere bei sehr kleinen Konzentrationen werden die Begriffe ppm (parts per million) bzw. ppb (parts per billion) benutzt.

1 ppm = 1 Teil von 1 Millionen Teilen,
      sowohl gewichts- als auch volumenbezogen.
1 ppb = 1 Teil von 1 Milliarde Teilen,
      sowohl gewichts- als auch volumenbezogen.

Gasförmige organische Luftverunreinigungen

Unter „organischen Verbindungen" werden chemische Verbindungen mit einem Kohlenstoffgrundgerüst verstanden. Die organischen gasförmigen Luftverunreinigungen können nach verschiedenen Kriterien eingeteilt werden. So unterscheidet man z. B. nach Löslichkeitsverhalten (abhängig vom Siedepunktsverhalten) in:

- Leichtflüchtige organische Verbindungen (VOC = volatile organic compounds),
- Schwerflüchtige organische Kohlenwasserstoffe.

Die VOC stellen eine große heterogene Gruppe von Stoffen dar. Die Hauptemittenten von VOC sind die Verwendung von Lösungsmitteln und der Verkehr. Im Verkehrsbereich resultieren die Emissionen vor allem aus unvollständig ablaufenden Verbrennungsprozessen und aus Verdunstungsvorgängen am Fahrzeug. Bei den Lösungsmitteln dominieren quantitativ Emissionen aus der Lackverarbeitung. Einzelheiten zu Quellen/Verwendungsbereichen s. [41] und [44].

Ausgewählte Beispiele

Leichtflüchtige organische Verbindungen – VOC

- Alkane und Alkene (z. B. n-Hexan, Cyclohexan, 1,3-Butadien),
- Alkohole (z. B. Methanol, Ethanol, Butanol, Butylglykol),
- Aromate (z. B. Benzol, Toluol, Xylol, Styrol),
- Carbonsäuren und Ester (Essigsäure, Butylacetat, Ethylacetat),
- Ketone (z. B. Azeton, Cyclohexanon) und Phenole,
- Aldehyde (z. B. Formaldehyd),
- Merkaptane und Amine (geruchsintensive Stoffe),
- Leichtflüchtige halogenierte Kohlenwasserstoffe (z. B. Perchlorethylen – PER, Chloroform, Chlorbenzol).

Schwerflüchtige organische Verbindungen

- Bi- und polyzyklische aromatische Kohlenwasserstoffe (z. B. Benzo(a)pyren, Naphthalin),
- Schwerflüchtige halogenierte Verbindungen (z. B. Pentachlorphenol (PCP), Polychlorierte Biphenyle (PCB), Dioxine und Furane).

Gasförmige organische Luftverunreinigungen spielen in der Umweltmedizin vor allem im Innenraumbereich (Gebäude, Fahrzeuge) eine Rolle. Hier ist insbesondere das Formaldehyd als Reizgas für die oberen Atemwege und die Augen zu nennen. Untersuchungen über die Auswirkungen flüchtiger organischer Gase auf die Lungenfunktion finden sich in der Literatur im Vergleich mit den anorganischen Schadgasen eher spärlich, die Auswirkungen diesbezüglich werden als gering eingestuft [7]. (Einzelheiten s. Kap. 5.3)

Die teilweise heftig und kontrovers diskutierten neurologischen Effekte sind primär nicht Gegenstand der pneumologischen Umweltmedizin.

Gasförmige Schadstoffe können auch nach ihrer Wasserlöslichkeit und damit ihrem hauptsächlichen Wirkungsort eingeteilt werden in:

- *leicht wasserlösliche* Stoffe wie Schwefeldioxid, Fluorwasserstoffe oder das Formaldehyd, welche bereits in den oberen Atemwegen ihre Wirkung entfalten und
- *schwerlösliche Gase* wie Stickoxide und Ozon, die auch in den tiefen und terminalen Bereichen der Atmungsorgane gelangen.

Nicht gasförmige Luftschadstoffe

Beispiele:

- Feuchte und trockene Aerosole (partikelförmige Luftverunreinigungen),
- Staub mit toxischen Inhaltsstoffen (Cr, Mn, Ni, Pb, Cd),
- Saure Aerosole (Schwefelsäure: H_2SO_4, Salpetersäure: HNO_3),
- Faserförmige Stäube wie Asbestfasern.

Während der Wirkungsort der Schadgase vor allem von der Wasserlöslichkeit bestimmt wird, hängt der Wirkungsort der partikelförmigen Luftschadstoffe im Respirationstrakt ganz wesentlich von der Partikelgröße ab. Die größeren Partikel sind meist „natürlicher Herkunft", diese erreichen nur den Nasen-Rachen-Raum (> 10 µm) bzw. die größeren Bronchien. Die Depositionswahrscheinlichkeit in den Alveolen ist am größten für Partikel unter 2,5 µm. Solche feinen (Ruß-)Partikel entstehen bei der Verbrennung fossiler Brennstoffe und durch photochemische Reaktionen. Sie können den mukoziliären und zellulären Abwehrmechanismen entgehen und im Tierversuch entzündliche oder fibrosierende Reaktionen verursachen [8]. Weitere Einflußfaktoren der Partikeldeposition sind Durchmesser, Form, Elastizität, elektrische Ladung oder aber der Grad der körperlichen Belastung bzw. eine Änderungen des Nasen-Mund-Atemverhältnis.

Die Definition für bestimmte Größenfraktionen der Aerosole wurde durch die CEN (Commission Européen Normalisation) vereinheitlicht. [modifiziert nach 9]:

- einatembarer Schwebstaub (Total Suspended Particulates = TSP, Gesamt-schwebstaub bis ca. 100 µm),
  Eingeatmeter Grobstaub wird im Nasen-Rachen-Raum abgelagert und ver-schluckt und kann den Organismus belasten – je nach Eigenschaften seiner Bestandteile: Metalle, Säurebildner, organisch-chemische Verbindungen u.a.,
- thorakale Partikel (~ PM 10, engl.: inhalable particles $\leq$ 10 µm),
- alveoläre Partikel (~ PM 2,5, fine particles $\leq$ 2,5 µm).

In zahlreichen epidemiologischen Studien der letzten Jahre fand sich weltweit eine Assoziation zwischen einer erhöhten Konzentration an feinen Partikeln (PM 10 und PM 2,5) und einer Zunahme der nicht unfallbedingten Mortalität [10, 11] und Morbidität [12–14], insbesondere bei älteren Menschen mit vorbe-stehenden Erkrankungen der Atmungsorgane und Herzerkrankungen. Auch verdichten sich nach den Ergebnissen großer epidemiologischer Untersuchun-gen aus den USA [15] aber z.B. auch aus der Schweiz [16] die Indizien, die eine Verschlechterung der Lungenfunktion bei steigenden TSP- bzw. PM10-Jahres-mittelwerten nahelegen.

Das Interesse an den partikelförmigen Luftverunreinigungen ist daher groß, neue Grenzwerte für PM 10 und PM 2,5 werden beispielsweise von der amerika-nischen Umweltbehörde EPA diskutiert. Insgesamt hat die Luftbelastung durch anthropogene Stäube z.B. in der BRD in den letzten Jahrzehnten stark abge-nommen hat. Dies ist Folge der Entstaubungstechnik und gilt sowohl für Staub-niederschlag als auch für Schwebstaub.

Die Konzentration feiner Partikel ist in Innenräumen etwa gleich hoch oder höher als im Freien, bei groben Partikeln i.d.R. niedriger. Wenn in einem Innen-raum geraucht wird, müssen pro Zigarette 2–5 µg/m^3 an feinen Partikeln addiert werden. Spitzenkonzentrationen (Winterwerte) in der Außenluft euro-päischer Großstädte betrugen 1987–1992 für TSP von 84 in Köln bis 233 µg/m^3 in Barcelona [8] (24-Stundenwerte).

Zu den partikelförmigen Luftverunreinigungen gehören auch Asbest und die Asbestersatzstoffe. Obwohl fibrosierende Lungenerkrankungen durch eine umweltbedingte Asbestexposition nicht vorkommen (anders als in der Ar-beitsmedizin), sind asbestbedingte Fälle von Pleuramesotheliomen auch unter nichtarbeitsmedizinischen Expositionen beschrieben, z.B. bei Anwohnern von Asbestfabriken und bei Angehörigen von Asbestarbeitern [17]. Obwohl Asbest seit 1993 in der BRD verboten ist, ist aufgrund der langen Latenzzeit des Pleuramothelioms mit dem Häufigkeitsgipfel erst in 15–20 Jahren zu rechnen [18].

Schadstoffgemische

SO_2, NOx, O_3 und CO gelten im Rahmen der Betrachtung der Luftverschmutzung als besonders relevant, es gibt umfangreiches Datenmaterial. Es gibt aber noch unzählige andere gasförmige Luftverunreinigungen. Alleine unter dem Begriff „Luftbelastung durch organische Verbindungen" verbergen sich viele hundert Einzelkomponenten. Die TA Luft nennt über hundert organische Luftverunreinigungen und zahlreiche organische krebserzeugende Stoffe mit mehr oder minder großer Relevanz für den Immissionsschutz. Im Tabakrauch sind mehrere Tausend Stoffe identifiziert worden. In der Luft mancher Städte wurden mehr als 1000 Fremdstoffe gefunden, allein der Schwebstaub soll mehr als 500 Substanzen enthalten [3]. Oft wird die „Luftqualität" auf die Konzentration einzelner Schadstoffe bezogen, richtiger wäre die Einbeziehung des Koergismus zahlreicher Stoffe. Bis heute sind alle Einzel- und Kombinationswirkungen dieser Stoffe keinesfalls vollständig geklärt.

Pneumologie und Luftschadstoffe

Die Lunge als Umweltorgan: Die Atmungsorgane sind den Folgen der Luftverschmutzung in besonderer Weise ausgesetzt, denn die Atmungsorgane sind eine wichtige Eintrittspforte für die Luftschadstoffe: Die innere Oberfläche beträgt ca. 80 – 90 m². Die täglich Ventilation beträgt ca. 20 000 Liter Umgebungsluft. Schon daraus ergibt sich die Nähe zwischen Umweltmedizin und Pneumologie.

Die Pneumologie liefert einen wesentlichen Teil des umweltmedizinisch erforderlichen Methodenrepertoires: So werden viele der Auswirkungen der Luftschadstoffe mit pneumologischen Methoden untersucht. (vergl. Teil 4)

Welche Luftschadstoffe sind pneumologisch besonders relevant?

Schadstoffe können einerseits direkt auf das Atmungsorgan einwirken, andererseits im Alveolarraum in Blut bzw. Lymphsystem übergehen, können also lokal an den Atmungsorganen selber oder aber systemisch wirken. Den Pneumologen interessieren natürlich vorwiegend jene Luftschadstoffe, die primär auf die Atemwege einwirken. Unter „Pneumologischer Umweltmedizin" verstehen wir den Aspekt der Umweltmedizin, der sich mit pneumologischen Krankheitsbildern befaßt. Nicht primärer Fachgegenstand sind also extrapulmonale Erkrankungen, bei denen die Atemwege lediglich als Schadstoffpfad fungieren. Die folgenden Ausführungen beziehen sich daher ganz vorwiegend auf die Auswirkungen von Luftschadstoffen auf die Atmungsorgane. Typische Beispiele vorwiegend systemisch wirkender Luftschadstoffe sind Blei und viele organische Gase.

Relevante Luftschadstoffe mit vorwiegend oder ausschließlich *lokaler* Wirkung auf die Atmungsorgane

Unter diesem Aspekt lassen sich für die pneumologische Umweltmedizin die wichtigsten Luftschadstoffe wie folgt gliedern:

- Anorganische Gase, vor allem SO_2, NOx, Ozon, CO,
- Einige organische Gase z.B. (leichtflüchtig) Formaldehyd oder (schwerflüchtig) Benzo(a)pyren,
- Partikelförmige Schadstoffe, vor allem der Fein- und Feinststaub (PM 10, PM 2,5) und asbesthaltige Stäube.

Unabhängig von dieser primär physikalisch/chemischen Systematik gehören zu den pneumologisch relevanten Schadstoffe darüber hinaus die verschiedenen

- *Kanzerogene* wie Radon oder PAH bzw. Chromate, Nickel, Cadmium, Arsen (wie sie z.B. staubgebunden vorkommen können),
- *Inhalationsallergene*, wobei unter dem Aspekt der Umweltmedizin (geänderte Lebensbedingungen) insbesondere die Innenraumallergene (z.B. Milben, Küchenschaben, Schimmelpilze, Haustiere oder aber auch Latex) von Interesse sind, insbesondere auch mögliche Wechselwirkung zwischen Luftverunreinigungen und Allergenen („Allergo-Toxikologie").

Einflußvariable der Schädigungswirkung von Luftschadstoffen auf die Atmungsorgane modifiziert nach [19]

Hier spielen zahlreiche Faktoren, sowohl schadstoffseitig als auch auf Seiten der Atemwege eine Rolle, u.a.:

- Art des Schadstoffes,
  z.B. physikalische und chemische Eigenschaften (Beispiel: Wasserlöslichkeit bestimmt wesentlich den Schädigungsort im Respirationstrakt)
- Einwirkungsmodus (Konzentration, Dauer, Atemminutenvolumen)
  z.B. Ruhe ↔ Belastung (Beispiel: Mit zunehmender körperlicher Belastung steigt das Atemvolumen und damit die Dosis eines Schadstoffes, desgleichen mit der Dauer der Exposition)
  z.B. kurzzeitige Belastungsspitzen ↔ kontinuierliche Belastung,
- Häufigkeit der Exposition,
- Deposition, Retention, mucoziliären Clearance
  z.B. Nasen ↔ Mundatmung,
- Integrität des Atemapparates
  z.B. gesund ↔ krank ↔ empfindlich
  u.v.a. …

Untersuchungsmethoden bezüglich der Auswirkungen von Luftverunreinigung auf die menschliche Gesundheit

Die Erkenntnis über die Schädigungswirkung der Luftschadstoffe entstammen einerseits epidemiologischen Studien andererseits experimentellen Studien an Zellen, Geweben, Tieren und Menschen. (vergleiche Teil 1.1 – 1.3)

Humanexperimentelle Studien

Typische Versuchssituation: Lungenfunktionsmessungen, Biopsien oder BAL nach kontrollierter Schadstoffexposition z. B. in einer Expositionskammer, oft unter intermittierender körperlicher Belastung. Dabei müssen die o. g. Einfluß-variablen berücksichtigt, bzw. kontrolliert werden. Auch unter optimaler Versuchsplanung ist das systematische Einbeziehen aller dieser Faktoren schwierig, wenn nicht unmöglich.

Vorteile von Laboruntersuchungen

Genau definierte Probandenauswahl möglich, ständige Beobachtungsmöglichkeit, kontrollierte Untersuchungsbedingungen, Konstanthalten anderer Einflußpara-meter $\Rightarrow$ hoher Grad an Reproduzierbarkeit und Vergleichbarkeit der Befunde.

Schwachpunkte von Laborstudien

In der Realität haben wir es mit Schadstoffgemischen zu tun, additive und über-additive Wirkung der Einzelkomponenten sind möglich. Ein Großteil unseres Wissens über Luftschadstoffe beruht aber auf experimentellen Untersuchungen an Einzelsubstanzen. Die Wirkung von Schadstoffgemischen ist schwerer zu erfassen und zu quantifizieren. Humanexperimentelle Studien mit Schadstoff-gemischen sind im Vergleich zu Studien mit Einzelsubstanzen rar [20]. Die Wir-kung der vielen gleichzeitig vorkommenden Luftschadstoffe kann sich addieren, sich aber auch gegenseitig verstärken, also synergistisch wirken.

Exemplarische Darstellung einer möglichen Wirkungsverstärkung
nach Exposition gegenüber einem Schadstoffgemisch im Vergleich mit
einer Monoexposition am Beispiel Ozon

NO_2 und Ozon

- Es gibt einige Untersuchungen, die die Wirkung einer gleichzeitigen NO_2/Ozon-Exposition untersuchten, teils mit widersprüchlichen Ergebnissen. So wurde insbesondere in älteren Untersuchungen keine Verstärkung der Wir-kung einer kombinierten NO_2/Ozonexposition gegenüber einer alleinigen Ozonexposition gefunden [21 – 23].
- Eine relativ aktuelle Studie [24] untersuchte bei gesunden Probanden die Auswirkung einer sequentiellen Exposition (NO_2 vor Ozonexposition) im Vergleich mit einer alleinigen Ozonexposition (Reinluft vor Ozonexposition)

auf verschiedene Parameter der Lungenfunktion, u.a. auf die bronchiale Reagibilität. 21 gesunde Nichtraucherinnen wurden mit NO_2 „vorexponiert" (2 h 0,6 ppm NO_2) und drei Stunden später 2 h gegen 0,6 ppm Ozon. Kontrollversuch mit gefilterte Luft, jeweils unter körperlicher Belastung. NO_2 alleine beeinflußte das FEV_1 nicht signifikant, in Kombination mit Ozon verstärkte es aber geringfügig die FEV_1-Veränderungen gegenüber der alleinigen Inhalation von Ozon. Bezüglich des Atemwegswiderstandes fanden sich keine Veränderungen. Sowohl nach der alleinigen Ozonexposition als auch nach der sequentiellen ($NO_2 \rightarrow$ Ozon) Exposition fand sich eine Zunahme der bronchialen Reagibilität gegen Methacholin. Diese Zunahme war nach sequentiellen Exposition ($NO_2 \rightarrow$ Ozon), verglichen mit alleinigen Ozonexposition (Reinluft $\rightarrow$ Ozon), signifikant stärker.

- In einer neuen humanexperimentellen Studie [25] wurde die Auswirkung einer gleichzeitigen O_3 und NO_2 Exposition auf den O_3-uptake der Atemwege bei 10 gesunden Probanden untersucht (bolus response method): Dabei kam es bei der kontinuierlichen (alleinigen) O_3-Exposition zu einer zunehmenden Abnahme des „fractional uptake" von Ozon, hingegen wurde dieser (Ozonuptake) bei der gleichzeitigen NO_2-Exposition gesteigert.

Ozon und SO_2

Bei Studien mit Gesunden sind i. d. R. keine relevanten Ozon-SO_2-Interaktionen gefunden worden [19, 20, 26].
Aber:

- In einer älteren Studie wurde eine Verstärkung der Lungenfunktionsveränderungen bei einer kombinierten SO_2-Ozon-Exposition im Vergleich mit einer Monoexposition gegenüber Ozon beschrieben [27].
- In einer Studie von J. König und Mitarbeitern fand sich bei Asthmatikern eine Zunahme der SO_2-induzierten Lungenfunktionsveränderungen nach vorheriger Exposition gegenüber Ozon [28] (Jugendliche Asthmatiker, Vorexposition mit 0,12 ppm $\approx$ 240 µg/m^3 Ozon, anschließend Exposition gegenüber 0,1 ppm $SO_2 \approx$ 300 µg/m^3: Die sequentielle Kombination führte zu einer signifikanten Bronchokonstriktion, nicht jedoch die eine entsprechende Luft-SO_2-Sequenz oder eine zweimalige Ozonexposition.)

Ozon und unspezifische Atemwegsreizstoffe/Allergene

- Die Verstärkung der unspezifischen bronchialen Reagibilität, auch bei Gesunden, nach einer Ozonexposition ist seit langem bekannt [29]. Verschiedene neuere Untersuchungen legen auch eine Wirkungsverstärkung von Allergenen nach einer Ozonexposition nahe [30–32]. (Einzelheiten siehe Kapitel 5.2.)

Bei diesen Beispielen handelte es sich um Mischexposition gegenüber nur 2 Komponenten, und dies nur über eine kurze Zeit. Was aber geschieht bei der Kombination einiger Dutzend Schadstoffe über eine längere Periode?
Die Kenntnisse über die Kombinationswirkungen von Luftschadstoffen werden als sehr fragmentarisch bewertet [1]. So kommt Sandström (1995) in einem

ausführlichen Übersichtsartikel [20] zu der Aussage: „Es besteht ein klarer Bedarf nach speziell entworfenen Studien, um die Kombinationswirkung von Ozon und anderen Luftschadstoffen zu erforschen, bevor dieses Thema abgeschlossen werden kann".

Ein weiterer entscheidender Schwachpunkt der Laborexperimente ist, daß es sich hierbei ganz überwiegend um Kurzzeitexpositionen handelt. Hohe Schadstoffbelastungen spielen aber in der Umweltmedizin eine untergeordnete Rolle (Ausnahme: Störfall), das eigentliche Problem stellen Konzentrationen im Niedrig-Dosis-Bereich und jahrelange Exposition dar [4].

Epidemiologische Studien [33]

Bei epidemiologischen Untersuchungen liegt immer eine Mischexposition vor (i.G. zum humanexperimentellen Ansatz). Der Einfluß der einzelnen Luftverunreinigung ist meist nicht sicher abzugrenzen. Zusätzliche Einflußfaktoren („Störgrößen") sind meteorologische und soziologische Einflüsse (Rauchen, Beruf, Wohnen, Hobbys). Grundsätzlich ist daher der Rückschluß auf die individuelle Exposition unsicher. Andererseits lassen sich solch komplexe Expositionsbedingungen im Laborexperiment nur höchst unvollständig abbilden. Dies ist aber der entscheidende Vorteil des epidemiologischen Ansatzes. Sollen die Auswirkungen realer Expositionsverhältnisse ermittelt werden, so müssen daher sowohl experimentelle Untersuchungen als auch epidemiologische Untersuchungen durchgeführt werden.

Übersicht:
Wirkungen von Luftschadstoffen auf die Atmungsorgane

Luftschadstoffe (Air pollutants) sind Luftverunreinigungen, die in einer genügend hohen Konzentration Menschen, Tiere, Pflanzen oder Sachen schädigen können. Was sind nun die schädliche Wirkungen von Luftverunreinigungen beim Menschen? Ein aktuelles, sehr umfassendes Statement der ATS (American Thoracic Society) über Außenluftschadstoffe [34] diskutiert folgende nachteilige Gesundheitsauswirkungen von Luftschadstoffen bzw. entsprechende Indikatoren für eine solche nachteilige Wirkung:

- Erhöhte kardiorespiratorische Sterblichkeit,
- Zunahme der Inanspruchnahme medizinischer Betreuung/Hilfe,
- Zunahme von Asthma-Exazerbationen,
- Zunahme von Beschwerden der Atmungsorgane (Symptome),
- Verschlechterung der Lungenfunktion,
- Zunahme der bronchialen Reagibilität,
- Entzündliche Lungenveränderungen,
- Veränderungen der pulmonalen Abwehr.

Diese Liste darf jedoch nicht als „Katalog gesicherter Effekte der Luftverschmutzung" mißverstanden werden, sondern es handelt sich hierbei um Arbeitshypothesen, die eine Operationalisierung potentieller Effekte bei verschiedenen Luftfremdstoffen ermöglichen sollen. In diesem Sinne ist auch der folgende, an den o. g. Kriterien angelehnte summarische Überblick über potentiell erfaß-/meßbare Wirkungen bzw. Indikatoren für die Wirkungen von Luftschadstoffen zu verstehen. Einzelheiten werden bei der Abhandlung der einzelnen Schadstoffe dargestellt.

Tabelle 1. Potentiell erfaßbare und meßbare Wirkungen bzw. Indikatoren für die Wirkungen von Luftschadstoffen

Indikator/Wirkung	Literaturbeispiele
Erhöhte kardiorespiratorische Sterblichkeit	
• Übersterblichkeit an Herz- oder Lungenerkrankungen	[35] [11] [36–39] Übersicht bei [40]
Zunahme der Inanspruchnahme medizinischer Betreuung/Hilfe wegen Asthma-Exazerbationen und Verschlechterung der Erkrankungen der Atmungsorgane	
• Zunahme von Notfallbehandlungen und Krankenhausaufnahmen	[41, 42] [43–46]
• vermehrter Medikamentenbedarf	[47, 48]
• Zunahme von Atemwegsinfekten	[49]
• Zunahme von Atemwegssymptomen	[50, 51]
Beschwerden bei Atemwegsgesunden	
• Husten, Atembeschwerden	[52, 53]
• Tränenreiz, Kopfschmerzen	[54]
Vorübergehende Verschlechterung der Lungenfunktion	
a) bei Gesunden	[16, 55, 56]
b) bei Kranken	[57]
c) bei Risikogruppen wie Kindern	[58–60]
• Spirometrie	[61]
• Abfall der Peak-Flow-Werte	[62, 63]
• Abnahme der körperlichen Leistungsfähigkeit	[64, 65]
Zunahme der bronchialen Reagibilität	
• Verstärkte Reaktion auf Methacholin, Carbachol, Histamin, Kaltluft oder Belastung	[66–70]
• Verstärkte Reaktion auf Allergene	[71–73]
Entzündliche Lungenveränderungen	
• Einstrom von Entzündungszellen, Mediatoren und Proteine	[74–77]
Veränderungen der pulmonalen Abwehr	
• Veränderte mucoziliäre Clearance	
• Makrophagenfunktion	[78]
• Immunreaktion	

Umweltnoxe Nr. 1: Das Zigarettenrauchen

Um den notwendigen Gasaustausch aufrechtzuerhalten atmet der Mensch täglich ca. 20 000 l Luft. Diese Luft enthält zahlreiche potentielle Schadstoffe, die teils aus der natürlichen Umwelt stammen, teils aber Folge unserer Zivilisation sind. Im Vordergrund der Schädigung durch inhalative Noxen steht sicherlich der Tabakrauch. Zahlreiche Studien im internationalen [79, 80] Schrifttum belegen dies. In Deutschland konnte z.B. die große Bronchitis-Studie der DFG [81] zeigen, daß für die Volkskrankheit chronische Bronchitis das Rauchen die wichtigste Einflußgröße darstellte, gefolgt von der Staubbelastung am Arbeitsplatz und dem Alter.

ZUSAMMENFASSUNG

Die normale „reine Luft" ist ein Gemisch der ständigen gasförmigen Luftkomponenten Stickstoff (78 Vol.%), Sauerstoff (21 Vol.%) und Kohlendioxid (0,03 Vol.%) sowie geringfügigen Mengen verschiedener Edelgase und einer wechselnden Menge Wasserdampf. Luftverunreinigungen sind Veränderungen der natürlichen Zusammensetzung der Luft durch nichtständige gas- oder partikelförmige Luftkomponenten. Sind diese nichtständigen Luftkomponenten (Luftverunreinigungen) nach Art, Ausmaß oder Dauer geeignet, Gefahren, erhebliche Nachteile oder erhebliche Belästigungen für die Allgemeinheit oder die Nachbarschaft herbeizuführen, so handelt es sich um Luftschadstoffe.

Die wichtigste Quelle der aktuellen Luftverschmutzung ist der Mensch mit seinen Aktivitäten, vor allem durch die Verbrennung fossiler Energieträger (Heizung, Energiegewinnung, Verkehr). Die Abgabe von Schadstoffen wird als Emission bezeichnet. Unter Transmission wird der Transport in der Atmosphäre verstanden. Wirken Schadstoffe auf den Menschen sowie Tiere, Pflanzen und unbelebte Dinge ein, so werden sie als Immissionen bezeichnet.

Es gibt keine allgemein gültige Einteilung der „Luftschadstoffe". Geläufig ist aber die Unterteilung in gas- und partikelförmige Schadstoffe.

Relevante Luftschadstoffe mit vorwiegend oder ausschließlich lokaler Wirkung auf die Atmungsorgane sind:

- Anorganische Gase, vor allem SO_2, NOx, O_3, CO,
- Einige organische Gase z.B. (leichtflüchtig) Formaldehyd oder (schwerflüchtig) Benzo(a)pyren,
- Partikelförmige Schadstoffe vor allem der Feinstaub oder asbesthaltige Stäube.

Unabhängig von dieser primär physikalisch/chemischen Systematik gehören zu den pneumologisch relevanten Schadstoffe darüber hinaus die verschiedenen

- Kanzerogene wie z. B. Radon oder PAH,
- Inhalationsallergene, wobei im Rahmen der Pneumologischen Umwelt-medizin insbesondere die Innenraumallergene von Interesse sind.

In diesem einleitenden Kapitel wird der Versuch einer Systematik der für die Pneumologische Umweltmedizin relevanten Luftschadstoffe unternommen. Die einzelnen Schadstoffe werden in den folgenden Kapiteln ausführlicher abgehandelt.

Literatur

Wichtige Übersichtsarbeiten

Sandström T (1995) Respiratory effects of air pollutants: experimental studies in humans. Eur Respir J 8:976–995

Chitano P, Hosselet JJ, Mapp CE, Fabbri LM (1995) Effect of oxidant air pollutants on the respiratory system: insights from experimental animal research. Eur Respir J 8:1357–1371

Lebowitz MD (1996) Epidemiological studies of the respiratory effects of air pollution. Eur Respir J 9:1029–1054

Bascom R, Bromberg PA, Costa DA, Develin R, Dockery DW, Framptom MW, Samet JM, Speizer FE, Utell M (1996) Health effects of outdoor air pollution. State of the art. Am J Resp Crit Care Med 153:3–50 (part 1), 477–498 (part 2)

Pluschke P (1996) Luftschadstoffe in Innenräumen: Ein Leitfaden. Springer

Zitierte Literatur

1. Bundesminister für Umwelt, Naturschutz und Reaktorsicherheit (1987) Auswirkungen der Luftverunreinigungen auf die menschliche Gesundheit
2. Gesetz zum Schutz vor schädlichen Umwelteinwirkungen durch Luftverunreinigungen, Geräusche, Erschütterungen und ähnliche Vorgänge (Bundes-Immissionsschutzgesetz – BImSchG)
3. Schlipköter H, Beyen K (1985) Wirkungen von Luftverunreinigungen auf den Menschen. In: Jänicke M, Simonis UE, Weigmann G: Wissen für die Umwelt. Walter de Gruyter, Berlin, New York
4. Horn K (1994) Belastungen der Umweltmedien, Teil 1: Außenluft. In: Beyer A, Eis D (Eds.) Praktische Umweltmedizin, Springer
5. Buck M (1989) Außenluftverunreinigungen. Allergologie 12: Nr. 3 S 100–108
6. Lahmann E (1992) Anorganische Gase. In: Wichmann HE, Schlipköter HW, Fülgraff G (Eds.) Handbuch der Umweltmedizin, Ecomed, Landsberg/Lech
7. Harving H, Dahl R, Møhlhave L (1991) Lung function and bronchial reactivity in asthmatics during exposure to volatile organic compounds. Am Rev Respir Dis 143:751–754

302 K. Schultz

8. Brändli O (1996) Sind inhalierte Staubpartikel schädlich für unsere Lungen? Schweiz Med Wochenschr 126:2165–2174
9. Monn Ch (1994) Staubförmige Verunreinigungen der Luft, Allergologie, 17, Nr.11 S509–513
10. Pope CA, III, Thun MJ, Mamboodiri MM, Dockery DW, Evans JS, Speizer FE, Heath CW jr (1995) Particulate Air Pollution as a Predictor of Mortality in a Prospective Study of U.S. Adults. Am J Respir Crit Care Med 151:669–674
11. Dockery DW, Pope CA III, Xu X, Spengler JD, Ware JH, Fay ME, Ferris BG, Speizer FE An association between air pollution and mortality in six U.S. Cities, The New England Journal of medicine, 329, 24, S1753–1808
12. Schwartz JD, Slater T, Larson V, Pierson WE, Koenig JQ (1993) Particulate air pollution and hospital emergency room visite for asthma in Seattle. Amer Rev Resp Dis 147:826–831
13. Zemp E, Perruchoud AP, Elsasser S, Medici TC, Domenighetti G et al. (1994) Long-term ambient air pollution and chronic respiratory symptoms (SAPALDIA). Am J Respir Crit Care Med 149:662A
14. Pope III,CA (1996) Particulate pollution and health: a review of the Utah Valley experience. Journal of Exposure Analysis and Environmental Epidemiology, Vol. 6, No. 1, 23–34
15. Chestnut LG, Schwartz J, Savitz DA, Burchfield CM (1991) Pulmonary function and ambient particulate matter. Arch Environ Health 46:135–144
16. Ackermann-Liebrich U, et al. (1997) Lung function and long term exposure to air pollutants in Switzerland. Am J Respir Crit Care Med Vol 155, pp 122–129
17. Schneider J, Großgarten K, Woitowitz H-J (1995) Tödliche Pleuramesotheliomerkankungen infolge familiärer Haushaltskontakte mit Asbestfaserstaub. Pneumologie 49:55–59
18. Woitowitz H-J, Kiesel K (1996) Epidemiologie des Mesothelioms: „Aktuelle Aspekte" in: Hrsg. BG der keramischen und Glas-Industrie, Würzburg 1996: Mesotheliom – Aktuelle Aspekte. Arbeitsmedizinisches Kolloquium, Bad Reichenhall
19. Nowak D, Jörres R, Magnussen H (1992) Einfluß von Luftschadstoffen auf die Lungenfunktion Atemw-Lungenkrankh 18, Nr. 10, S441–447
20. Sandström T (1995) Respiratory effects of air pollutants: experimental studies in humans. Eur Respir J 8:976–995
21. Folinsbee LJ, et al. (1981) Combined effects of ozone and nitrogene dioxid on respiratory function in man. Am Ind Hyg Assic J 42:534–541
22. Adams WC, Brookes KA, Schelegle ES (1987) Effects of NO_2 alone and in combination with O_3. J Appl Physiol 62:1698–1704
23. Koenig JQ, et al. (1988) The pulmonary effects of ozone and nitrogen dioxid alone and combined in healthy and asthmatic adolescent subjects. Toxicol Ind Health 3:521–532
24. Hazucha MJ, Folinsbee LJ, Seal E, Bromberg PhA (1994) Lung function response of healthy women after sequential exposures to NO_2 and O_3. Am J Respir Crit Care Med, Vol. 150, pp 642–647
25. Ben-Jebria A, Rigas ML, Ultman JS (1996) Effects of continuos exposure to O_3 and NO_2 un uptake in human lung airways. Am J Resp Crit Care Med 153:A700
26. Folinsbee LJ, Bedi JF, Horvath SM (1985) Pulmonary response to threshold levels of sulfur dioxid (0.1 ppm) and ozone (0.3 ppm). J Appl Physiol 58:1783
27. Hazucha M, Bates DV (1975) Combined effect of ozone and sulfur dioxide on human pulmonary function. Nature 4(257):50–51
28. Koenig JQ, Covert S, Hanley QS, van Belle G, Pierson WE (1990) Prior exposure to ozone potentiates the subsequent response to sulfur dioxide in adolescent asthmatic subjects. Am Rev Respir Dis 141:377–380
29. Golden JA, Nadel JA, Boushey HA (1978) Bronchial hyperirritability in healthy subjects after exposure to ozone. Am Rev Respir Dis 118:287–294
30. Molfino NA, Wright SC, Katz I, Tarlo S, Silvermann F, McClean PA, Szalai JP, Raizenne M, Slutsky AS, Zamel N (1991) Effect of low concentrations of ozone on inhaled allergen response in asthmatic subjects. Lancet 338:200
31. Jörres R, Nowak D, Magnussen H (1996) The effect of ozone exposure on allergen responsiveness in subjects with asthma or rhinitis. Am J Respir Crit Care Med 153:56–64

32. Peden DB, Setzer RW, Devlin RB (1995) Ozone exposure has both a priming effect on allergen-induced responses and an intrinsic inflammatory action in the nasal airways of perennially allergic asthmatics. Am J Respir Crit Care Med 151:1336–1345

33. Nach: Wichmann HE, Kreienbrook L (1992) Umweltepidemiologie. In: Wichmann H-E, Schlipköter H-W, Fülgraff G (Eds.) Handbuch der Umweltmedizin, Ecomed, Landsberg/Lech

34. Bascom R, Bromberg PA, Costa DA, Develin R, Dockery DW, Framptom MW, Samet JM, Speizer FE, Utell M (1996) Health effects of outdoor air pollution. State of the art. Am J Resp Crit Care Med 153:3–50 (part 1)

35. Logan WPD (1953) Mortality in the London fog incident. Lancet (Feb. 14):336–339

36. Moolgavkar SH, Luebeck EG, Hall TA, Anderson EL Fred Hutchinson (1995) Air pollution and daily mortality in Philadelphia. Epidemiology 6(5):476–484

37. Sunyer J, Castellsague J, Saez M, Tobias A, Anto JM (1996) Air pollution and mortality in Barcelona. J Epidemiol Community Health 50 Suppl 1:S76–S80

38. Spix C, Wichmann HE (1996) Daily mortality and air pollutants: findings from Koln, Germany. J Epidemiol Community Health 50 Suppl 1:S52–S58

39. Zmirou D, Barumandzadeh T, Balducci F, Ritter P, Laham G, Ghilardi JP (1996) Short term effects of air pollution on mortality in the city of Lyon, France, 1985–1990. J Epidemiol Community Health 50 Suppl 1:S30–S35

40. Lebowitz MD (1996) Epidemiological studies of the respiratory effects of air pollution. Eur Respir J 9:1029–1054

41. Delfino RJ, Murphy-Moulton AM, Burnett RT, Brook JR, Becklake MR (1997) Effects of air pollution on emergency room visits for respiratory illnesses in Montreal, Quebec. Am J Respir Crit Care Med 155:568–576

42. Burnett RT, Brook JR, Yung WT, Dales RE, Krewski D (1997 Jan) Association between ozone and hospitalization for respiratory diseases in 16 Canadian cities. Environ Res 72:24–31

43. Schwartz J (1996) Air pollution and hospital admissions for respiratory disease. Epidemiology 7(1):20–28

44. Lipsett M, Hurley S, Ostro B (1997) Air pollution and emergency room visits for asthma in Santa Clara Country, California. Environ Health Perspectives, Vol. 105, Nr. 2, 216–222

45. Romieu I, Meneses F, Sienra-Monge JJ, Huerta J, Ruiz Velasco S, White MC, Etzel RA, Hernandez-Avila M (1995) Effects of urban air pollutants on emergency visits for childhood asthma in Mexico City. Am J Epidemiol 141,6:546–553

46. White MC, Etzel RA, Wilcox WD, Lloyd C (1994) Exacerbations of childhood asthma and ozone pollution in Atlanta. Environ Res 65:56–68

47. Delfino RJ, Coate BD, Zeiger RS, Seltzer JM, Street DH, Koutrakis P (1996) Daily asthma severity in relation to personal ozone exposure and outdoor fungal spores. Am J Respir Crit Care Med 154:633–641

48. Gielen HM, van der Zee SC, van Wijnen H, van Steen CJ, Brunekreef B (1997) Acute effects of summer air pollution on respiratory health of asthmatic children. Am J Respir Crit Care Med 155:2105–2108

49. Samet JM (1989) Nitrogen dioxid and respiratory infection. Am Rev Respir Dis 139:1073–1074

50. Peters A, Dockery DW, Heinrich J, Wichmann HE (1997) Short-term effects of particulate air pollution on respiratory morbidity in asthmatic children. Eur Respir J 10:872–879

51. Wittemore AS, Korn EL (1980) Asthma and Air Pollution in the Los Angeles Area. Am J Puplic Health 70:687–696

52. Rutishauser M, Ackermann U, Braun CH, Gnehm HP, Wanner HU (1990) Significant Association between Outdoor NO_2 and Respiratory Symptoms in Preschool Children, Lung (Suppl: 347–352)

53. Ware JH, Ferris BG Jr, Dockery DW, Spengler JD, Stram DO, Speizer EF (1986) Effects of ambient sulfur oxides and suspended particles on respiratory health of preadolescent children. Am Rev Respir Dis 133:834

54. Hammer DI, Hasselblad V, Portnoy B, Wehrle PF (1974) Los Angeles student nurse study. Arch Environ Health 28:255–260
55. Frampton MW, et al. (1991) Effects of Nitrogen Dioxide Exposure on Pulmonary Function and Airway Reactivity in Normal Humans. Am Rev Respir Dis 143:522–527
56. Brunerkreef B, Hoek G, Breugelmans O, Leentvaar M (1994) Respiratory Effects of Low-level Photochemical Air Pollution in Amateur Cyclists. Am J Resp Crit Care Med 150: 962–966
57. Kreit JW, Gross KB, Moore TB, Lorenzen TJ, d'Arcy J, Eschenbacher WL (1989) Ozone-induced changes in pulmonary function and bronchial hyperresponsiveness in athmatics. J Appl Physiol 66:217–222
58. Braun-Fahrländer Ch, et al. (1994) Acute effects of ambient ozone on respiratory function of swiss schoolchildren after a 10-minute heavy exercise. Pediatric Pulmonology 17:169–177
59. Fritscher T, Studnicka M, Beer E und Neumann M (1993) Einfluß von NO_2 auf die Lungenfunktion von Volksschulkindern in Niederösterreich. Atemw-Lungenkrkh S185–186
60. Kühr J, Forster J, Hendel-Kramer A, Karmaus W, Moseler M, Urbanek R, Weiss K (1993) Kindliche Atemwege und NO_2-Exposition. Atemw-Lungenkrkh, Nr. 5, S183–184
61. Horstmann DH et al. (1990) Ozone concentration and pulmonary response relationship for 6.6-hoer exposures with five hours of moderate exercise to 0.08,0.10, and 0,12 ppm. Am Rev Respir Dis 142:1158
62. Neas LM, Dockery DW, Koutrakis P, Tollerud DJ, Speizer FE (1995) The association of ambient air pollution with twice daily peak expiratory flow rate measurements in children. Am J Epidemiol Vol. 141, No. 2, 111–122
63. Neas LM, Dockery DW, Burge H, Koutrakis P, Speizer FE (1996) Fungus spores, air pollutants, and other determinants of expiratory flow rate in children. Am J Epidemiology 143(8):797–807
64. Linder J, Herren D, Monn C, Wanner HU (1988) Die Wirkung von Ozon auf die körperliche Leistungsfähigkeit. Schweiz Zeitschr Sportmed 36:5–10
65. Wayne WS, Wehrle PF, Caroli RE (1967) Oxidant air pollution and athletic performance. J Am Med Assoc 199:901–904
66. Taggart SCO, Custovic A, Francis HC, Faragher EB, Yates CJ, Higgins BC, Woodcock A (1996) Asthmatic bronchial hyperresponsiveness varies with ambient levels of summertime air pollution. Eur Respir J 9:1146–1154
67. Tam AYC, Wong CM, Lam TH, Ong SG, Peters J, Johnson A (1994) Bronchial responsiveness in children exposed to atmospheric pollution in Hong Kong. Chest 106:1056–1060
68. Strand V, Salomonsson P, Lundahl J, BylingG (1996) Immediate and delayed effects of nitrogen dioxide exposure at an ambient level on bronchial responsiveness to histamine in subjects with asthma. Eur Respir J 9:733–740
69. Salome CM, Brown NJ, Marks GB, Woolcock AJ, Johnson GM, Nancarrow PC, Quigley S, Tiong J (1996) Effect of nitrogen dioxide and other combustion products on asthmatic subjects in a home-like environment. Eur Respir J 9:910–918
70. Søseth V, Kongerud J, Haarr Dagfin, Strand Ole, Bolle R, Boe J (1995) Relation of exposure to airway irritants in infancy to prevalence of bronchial hyper-responsiveness in schoolchildren. Lancet 345:217–220
71. Jörres R, Nowak D, Magnussen H (1996) The effect of ozone exposure on allergen responsiveness in subjects with asthma or rhinitis. Am J Respir Crit Care Med 153: 56–64
72. Aris RM, et al. (1993) Ozone-induced airway inflammation in human subjects as determined by airway lavage and biopsy. Am Rev Respir Dis 148:1363–1372
73. Devlin RB, et al. (1991) Exposure of humans to ambient levels of ozone for 6.6 hours causes cellular and biochemical changes in the lung. Am J Resp Cell Mol Biol 4:72–81
74. Balmes JR, Chen LL, Scannell C, Tager I, Christian D, Hearne PQ, Kelly T, Aris RM (1996) Ozone – induced decrements in FEV1 and FVC do not correlate with measures of inflammation. Am J Respir Crit Care Med 153:904–909

75. Jörres R, Nowak D, Grimminger F, Seeger W, Oldigs M, Magnussen H (1995) The effect of 1 ppm nitrogen dioxide on bronchoalveolar lavage cells and inflammatory mediators in normal and asthmatic subjects. Eur Respir J 8:416–424
76. Frampton MW, et al. (1989) Nitrogen dioxide exposure in vivo and human alveolar macrophage inactivation of influenza virus in vivo. Environ Res 48:179–192
77. ATS: Cigarette smoking and health (1996) Am J Respir Crit Care Med 153:861–865
78. Law RM, Hackshaw AK (1996) Environmental tobacco smoke. British Medical Bulletin 52, No. 1, 23–34
79. Boldt H (1975) DFG-Forschungsbericht chronische Bronchitis – Teil 1. Boldt, Boppard
80. Valentin H (1981) Chronische Bronchitis: Forsch.-Bericht Dtsch. Forsch. Gemeinschaft, Teil 2. Boldt, Boppard

5.2 Außenluftschadstoffe: Gas- und partikelförmige Außenluftschadstoffe

R.A. Jörres, D. Nowak und H. Magnussen

EINLEITUNG

In den vergangenen beiden Jahrzehnten wurde das Risiko, das Außenluft-schadstoffe für die menschliche Gesundheit und insbesondere die Integrität des Respirationstraktes darstellen können, in seiner Bedeutung zunehmend erkannt. Es erfolgten eine Vielzahl sowohl epidemiologischer als auch experimenteller Untersuchungen, um dieses Risiko abzuklären. Dabei schälte sich heraus, daß unter den gasförmigen Schadstoffen Ozon, Stickstoffdioxid und Schwefeldioxid die wesentlichen Komponenten darstellen; daneben erscheinen Partikel bzw. Aerosole von zunehmender Bedeutung. Im folgenden soll versucht werden, den gegenwärtigen Erkenntnisstand zur Wirkung der einzelnen Schadstoffe zu umreißen. Dabei soll der Schwerpunkt auf den experimentell gesicherten Befunden beim Menschen liegen, die vornehmlich für die gasförmigen Schadstoffe vorliegen.

Ozon

Ozon wird in der Troposphäre über eine Kette von Reaktionen zwischen Kohlenwasserstoffen und Stickstoffdioxid (NO_2) unter der maßgeblichen Wirkung ultravioletter Strahlung erzeugt. Demzufolge sind die mittleren Außenluftkonzentrationen im Winter deutlich niedriger als im Sommer; darüber hinaus zeigt Ozon einen Tagesgang, der normalerweise zu einem Maximum der Konzentration am frühen Nachmittag führt. Sowohl die mittleren Werte als auch die Maxima der Ozonkonzentrationen weisen starke Unterschiede zwischen verschiedenen Orten auf. Die über ein Jahr gemittelten Werte liegen im allgemeinen im Bereich von 20–40 ppb (parts per billion, v/v, äquivalent Moleküle pro Milliarde Luftmoleküle) entsprechend einer Massenkonzentration von 40–80 µg/m³, doch erreichen die Spitzenwerte in vielen Gebieten regelhaft Konzentrationen von mehr als 100 ppb entsprechend einer Massenkonzentration von 200 µg/m³.

Epidemiologische Studien haben in konsistenter Weise das Auftreten von Atemwegsbeschwerden und Einschränkungen der Lungenfunktion in Abhängigkeit von der Ozonkonzentration der Außenluft nachgewiesen [1–3]. Diese Effekte traten teilweise bereits nach nur kurzen ergometrischen Belastungen auf [4]. Trotz großer Unterschiede der Regressionskoeffizienten, die den Zusammenhang zwischen Ozonkonzentration und Verschlechterung beispielsweise des exspiratorischen Spitzenflusses (Peak expiratory flow rate, PEFR) beschreiben, können die Daten als konsistent gelten, da die Studien naturgemäß unter ganz verschiedenen Bedingungen stattfanden; insbesondere die bei Kindern beispielsweise in Sommerlagern durchgeführten Untersuchungen haben wertvolle Abschätzungen erlaubt, möglicherweise auch deshalb, weil die Exposition relativ homogen in der Population erfolgte. In Übereinstimmung damit konnte gezeigt werden, daß die Korrelation zwischen asthmatischen Beschwerden und Ozonbelastung durch Registrierung der persönlichen Ozonexposition (personal sampling) verbessert werden kann [5]. Mögen diese Befunde aufgrund der zumeist kleinen und vorübergehenden Änderungen in ihrer klinischen Relevanz bezweifelbar sein, gilt dies weniger für andere Arbeiten, welche einen Zusammenhang zwischen der Ozonkonzentration der Außenluft und der Rate der Krankenhauseinweisungen wegen respiratorischer Beschwerden bei Personen mit vorbestehenden Atemwegserkrankungen nachweisen konnten [6, 7]. Die Befunde sind allerdings zur Zeit nicht ganz eindeutig [8]. In Hinsicht auf die Langzeitexposition gegenüber Oxidantien und insbesondere Ozon wurde berichtet, daß sowohl die Symptome chronisch respiratorischer Erkrankungen [9] als auch die altersbedingte jährliche Abnahme der Lungenfunktion [10] negativ beeinflußt wurden.

Die experimentellen Expositionsstudien haben analog den epidemiologischen Studien belegen können, daß Ozon Symptome wie Husten oder Schmerzen bei der tiefen Einatmung hervorruft sowie eine vorübergehende Verschlechterung der Lungenfunktion bewirkt. Diese äußert sich hauptsächlich als Einschränkung der inspiratorischen Kapazität [11] durch Hemmung der tiefen Inspiration und schlägt sich in einer näherungsweise gleich großen Reduktion der spirometrischen Parameter, die durch Atemstoß (Einsekundenkapazität, FEV_1) und forcierte Vitalkapazität (FVC) gegeben sind, nieder. Somit bietet sich phänomenologisch das Bild einer vorübergehenden restriktiven Ventilationsstörung. Zusätzlich wurde beschrieben, daß Parameter, welche primär die Funktion der kleinen Atemwege anzeigen, entweder länger andauernde oder stärkere Effekte zeigen können [12]. Verglichen mit der Antwort der spirometrischen Parameter sind die ozoninduzierten Änderungen des Atemwegswiderstandes in der Regel klein und führen nicht oder nicht wesentlich aus dem Normbereich. Die akute Antwort der Lungenfunktion auf Ozon ist eine Funktion der Ozonkonzentration, Höhe der Ventilationsrate und Dauer der Einatmung [13] (Abb. 1). Hierbei spielt die Konzentration die größte Rolle; mit zunehmender Dauer der Einatmung nähert man sich einem Plateau. Wenn Dauer und Stärke der Ventilation genügend hoch sind, können auch relativ niedrige Ozonkonzentrationen eindeutige Effekte hervorrufen. Beispielsweise war es möglich, durch eine nahezu kontinuierliche Fahrradbelastung über 6,6 Stunden bei einer Konzentration von 80 ppb Ozon signifikante Einschränkungen des FEV_1 hervorzurufen [14]. Die meisten Untersucher verwandten höhere Konzentrationen, um innerhalb der zeitlichen und personellen Begrenzungen experimenteller Untersuchungen statistisch verwertbare Effekte zu erzielen. Auffällig ist, daß die akute Lungenfunktionsantwort auf Ozon große Unterschiede zwischen den Indivi-

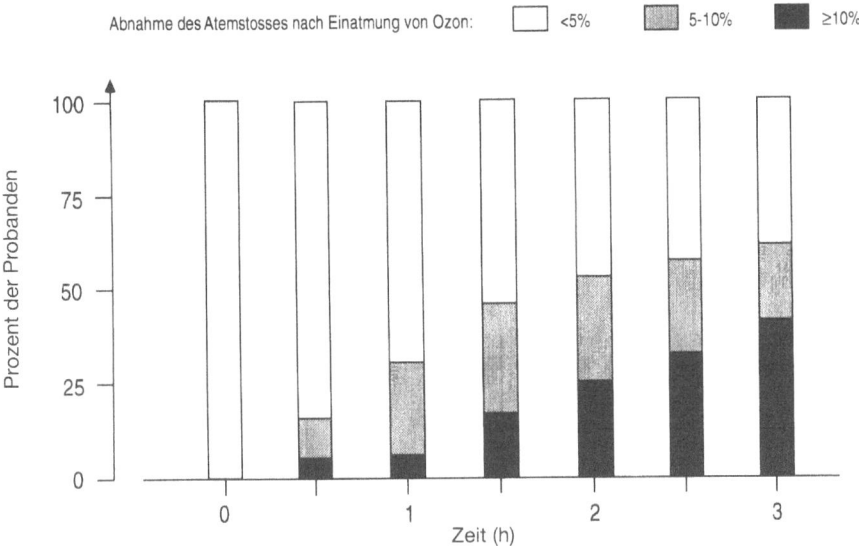

Abb. 1. Akute Lungenfunktionsantwort auf Ozon versus Dauer der Exposition. Dargestellt ist der Prozentsatz der Probanden, die während einer Exposition gegenüber 500 µg/m³ Ozon jeweils eine Abnahme ihrer Einsekundenkapazität (FEV$_1$) um einen definierten Prozentsatz zeigten. Die Daten stammen von 57 Probanden mit Asthma, 29 Probanden mit Heuschnupfen und 32 Gesunden. Eine Abnahme der Einsekundenkapazität um ≥ 10 % wurde als möglicherweise klinisch relevant, eine solche von 5 – 10 % als fraglich, eine solche von < 5 % als irrelevant gewertet. Daten nach [19]

duen zeigt, für die bislang keine hinreichenden Erklärungen oder auch nur formale Prädiktoren gefunden wurden. Zwar klingt die Reaktion im Mittel mit zunehmendem Alter ab, doch ist hier die enorme Streuung zu bedenken [15]. Patienten mit einem Asthma bronchiale beispielsweise scheinen im Mittel gleiche oder nur geringfügig stärkere Antworten als Gesunde zu zeigen [16 – 19]. Allerdings ist leicht vorstellbar, daß sich bei einer bereits bestehenden Einschränkung der Ausgangswerte eine Änderung gegebener absoluter oder prozentualer Größe stärker bemerkbar macht. Ferner besteht ein bemerkenswerter Befund darin, daß die akute Lungenfunktionsreaktion nach wiederholter Einatmung von Ozon abklingt, ein als Toleranzentwicklung oder Adaptation bezeichnetes Phänomen [20, 21]. Auch hier ist ungeklärt, welche Mechanismen dem Vorgang zugrundeliegen und inwieweit tatsächlich von einem adaptiven Prozeß als positiver Leistung des Organismus gesprochen werden darf.

Neben Änderungen der Lungenfunktion bewirkt Ozon einen vorübergehenden Anstieg der Atemwegsempfindlichkeit auf eingeatmetes Methacholin [16, 18, 19, 22]. Dieser Effekt scheint in wiederholten Expositionen nicht in dem Maße abzuklingen, wie dies bei der akuten Änderung der Lungenfunktion beobachtet wird [20]. Darüber hinaus korrelieren die ozoninduzierten Änderungen der Methacholinempfindlichkeit nicht mit den entsprechenden Änderungen der Lungenfunktion [18, 19]. Im täglichen Leben können asthmatische Reaktionen

oftmals durch Hyperventilation bzw. Anstrengung oder durch Allergenbelastung ausgelöst werden. Das Auftreten oder Ausmaß der anstrengungsinduzierten Atemwegsobstruktion scheinen durch Ozon nicht beeinflußt zu werden [23].
Im Gegensatz dazu gibt es Daten, die einen Einfluß auf die allergische Reaktion
nahelegen. So wurde berichtet, daß Patienten mit einem allergischen Asthma
bronchiale nach Einatmung von 120 ppb Ozon während einstündiger Ruheatmung, d. h. bereits nach einer verglichen mit sonstigen experimentellen Belastungen niedrigen Ozondosis, eine gesteigerte bronchiale Allergenreaktion zeigten [24]; allerdings konnten diese Daten nicht oder allenfalls der Tendenz nach
an einem größeren Kollektiv bestätigt werden [25]. In einer wesentlich größeren
Gruppe leichtgradiger Asthmatiker fand sich ein signifikanter Anstieg der bronchialen Allergenreaktion nach vorheriger Belastung mit 250 ppb Ozon während
dreistündiger intermittierender Ruheatmung und moderater Fahrradbelastung
[18,19] (Abb. 2). Diese Reaktion trat homogen im gesamten Kollektiv unabhängig von den Ausgangswerten der allergischen Atemwegsempfindlichkeit auf. In
der gleichen Untersuchung zeigten Probanden mit alleiniger allergischer Rhinitis ohne zusätzliches Asthma bronchiale nach vorheriger Ozonexposition eine
geringe, jedoch statistisch signifikante bronchiale Allergenreaktion; nach vorheriger Einatmung von gefilterter Luft trat keine derartige Reaktion auf (Abb. 2).
Mit Hilfe der Methode der Nasenlavage konnte überdies nachgewiesen werden,
daß die nasale Allergenreaktion auch in Form ihrer zellulären und biochemi-

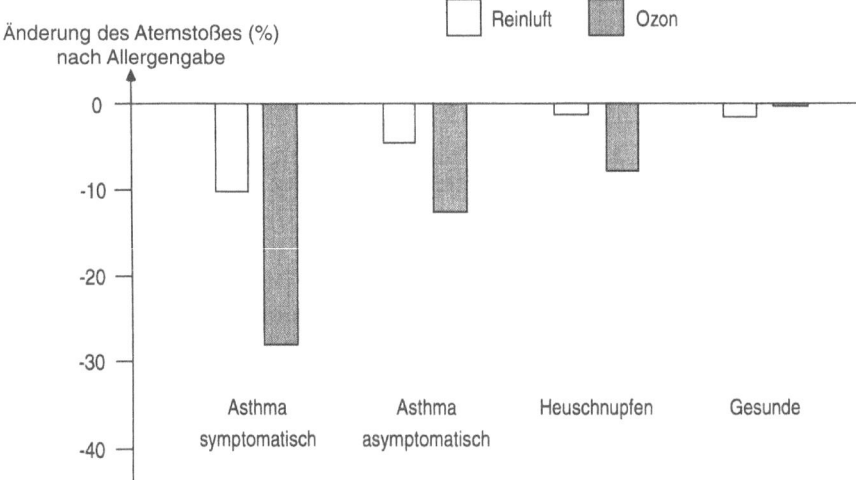

Abb. 2. Mittlere Atemwegsreaktion (prozentualer Abfall von FEV_1) auf die Einatmung von Allergen nach vorheriger Exposition gegenüber 500 µg/m³ Ozon für 3 Stunden. Symptomatische
Asthmatiker (n = 24) waren solche, die zum Zeitpunkt der Untersuchung stark auf das gewählte
Allergen reagierten, asymptomatische Asthmatiker solche, die schwach reagierten (n = 5). Probanden mit alleinigem Heuschnupfen (n = 12) und Gesunde (n = 10) zeigten unter Reinluft-
bedingungen keine bronchiale Allergenreaktion. Beide Gruppen von Asthmatikern wiesen eine
signifikant gesteigerte und die Probanden mit Heuschnupfen eine neu auftretende, statistisch
signifikante bronchiale Allergenreaktion nach Ozon auf. Daten nach [18, 19]

schen Korrelate, wie der Anzahl der eosinophilen Granulozyten und der Konzentration des eosinophilen kationischen Proteins (ECP), durch vorherige Ozonexposition verstärkt wurde [26].

Aufgrund seiner relativ geringen Löslichkeit in Wasser kann Ozon bis in die Lungenperipherie vordringen. Schätzungsweise 40% des inhalierten Ozons werden beim Menschen in den extrathorakalen Atemwegen und weitere 55% in den intrathorakalen Atemwegen [27] absorbiert. Sowohl experimentelle Ergebnisse als auch Modellstudien deuten an, daß die lokale Rate der Ozonaufnahme ihr Maximum im Bereich der terminalen Bronchiolen besitzt [28]. Um den Vergleich von Expositionsdaten zu erleichtern, wurden in einzelnen Experimenten die Aufnahmeraten von Ozon in verschiedenen Spezies verglichen. Beispielsweise haben Experimente mit ^{18}O-markiertem Ozon gezeigt, daß bei fixer Ozonkonzentration die relative Ozonaufnahme bei Ratten in Ruheatmung etwa vierfach niedriger liegt als beim Menschen während ergometrischer Belastung [29].

Die chemischen Eigenschaften des Ozons sind durch seine oxidativen Eigenschaften bestimmt, die sich in Lipidperoxidation und der Inaktivierung empfindlicher funktioneller Gruppen von Biomolekülen äußern [30]. Hierbei stellen die Zellmembranen wesentliche Orte der ozonbedingten Schädigung dar. Sekundär können Reaktionsprodukte von Ozon mit Fettsäuren zu einer Aktivierung des Eikosanoid-Metabolismus führen [31]. Daher rühren die zellulären und biochemischen Effekte des Ozons zum einen direkt aus der Oxidation und Peroxidation biochemischer Komponenten her und werden zum anderen auf indirekte Weise durch die Aktivierung von Zellen bewirkt, die im Bronchialsystems angesiedelt sind oder in die Atemwege rekrutiert werden.

Einige Hinweise zu den Wirkmechanismen des Ozons können aus Untersuchungen gewonnen werden, welche die Gabe von Medikamenten beinhalten. β_2-Adrenozeptor-Agonisten [32, 33] und Atropin [32] scheinen nur die im allgemeinen geringfügige ozoninduzierte Zunahme des Atemwegswiderstandes verringern zu können. Die Gabe des Cyclooxygenaseinhibitors Indomethazin bewirkte eine Abnahme der durch Ozon hervorgerufenen Einschränkung der spirometrischen Volumina [34], übte jedoch keine signifikanten Wirkungen auf die ozoninduzierte Zunahme der Methacholinempfindlichkeit aus [35]. Nach Vorbehandlung mit Budesonid waren bei Hunden sowohl der durch Ozon bewirkte Anstieg des Atemwegswiderstandes als auch der Einstrom von Neutrophilen reduziert, doch auch hier wurde der Anstieg der Atemwegsempfindlichkeit nicht signifikant beeinflußt [36]. Ferner legen am Tier erhaltene Daten nahe, daß die Gabe von Antioxidantien die Antwort auf Ozon abschwächen könnte. Die für den Menschen vorliegenden Daten tragen zur Zeit noch vorläufigen Charakter und bedürfen der eingehenden Bestätigung.

Ozon ruft zelluläre und biochemische Änderungen im Bronchialsystem und Alveolarraum hervor, die mit Hilfe der Technik der bronchoalveolären Lavage (BAL) aufgezeigt werden können [17, 21, 22, 37–43]. Hierbei trat in der überwiegenden Mehrzahl aller Untersuchungen der Einstrom neutrophiler Granulozyten als auffälligstes Merkmal in den Vordergrund (Abb. 3). Die entzündliche Reaktion war sowohl in den unteren als auch den oberen Atemwegen nachzuweisen [39–42] und bei Probanden mit einem vorbestehenden Asthma bron-

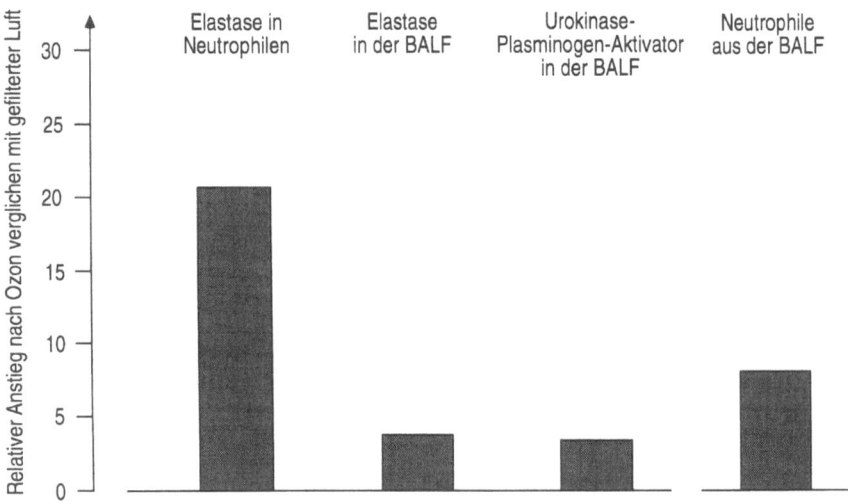

Abb. 3. Wirkung der Einatmung von 800 μg/m³ Ozon für 2 Stunden auf die Zusammensetzung der BALF bei 11 Gesunden. Gezeigt sind die Faktoren, um welche die 18 Stunden nach Ozon gemessenen Werte der Protease-Konzentrationen und die Neutrophilenzahlen gegenüber den mit gefilterter Luft gewonnenen Werten im Mittel erhöht waren. Daten gemäß [37]

chiale zumindest tendenziell stärker ausgeprägt als bei Gesunden [17, 42]. Darüber hinaus ging die Ozonantwort mit einem Anstieg der Konzentrationen von Mediatoren der Entzündung in der Lavageflüssigkeit wie Prostaglandin (PG) E_2, $PGF_{2\alpha}$ und Thromboxan (Tx) B_2 einher [22, 37, 38, 40]. Die Konzentrationen der Leukotriene waren nicht signifikant verändert. Auch Zytokine und Chemokine wie Interleukin (IL) 6, IL-8 und der Granulozyten-Makrophagen-Koloniebildungs-stimulierende-Faktor (GM-CSF) zeigten zum Teil deutlich erhöhte Werte [17, 38, 39, 41, 42]. Es wird angenommen, daß die Stimulation von nichtmyelinisierten C-Fasern, u.a. durch Produkte der Cyclooxygenase, und die Freisetzung von Neuropeptiden an der akuten Ozonantwort beteiligt sind. In der Tat konnten nach Ozonexposition beim Menschen erhöhte Konzentrationen von Substanz P [44] und Bradykinin [40] in der Lavageflüssigkeit nachgewiesen werden. Die Induktion der beschriebenen zellulären und biochemischen Reaktionen findet auf der Basis einer ozoninduzierten Zellschädigung statt, die mit einer Erhöhung der epithelialen und vaskulären Permeabilität einhergeht. Diese Effekte spiegelten sich in den verschiedenen Untersuchungen in erhöhten Konzentrationen der Laktatdehydrogenase (LDH), des Gesamtproteins, Fibronektins, Fibrinogens, Immunglobulins G und Albumins in der Lavageflüssigkeit wider [37–42]. Ferner zeigten die vorliegenden Daten, daß die Lungenfunktionsantwort zumindest im Sinne der spirometrischen Parameter nicht mit den Markern der entzündlichen Reaktion korreliert [41]. Zieht man jedoch Parameter heran, die überwiegend die Funktion der kleinen Atemwege repräsentieren, so scheint es Korrelationen mit entzündlichen Parametern zu geben. Dies wurde für den unter Isovolumen-Bedingungen gemessenen forcierten exspiratorischen Fluß bei 25–75 % des exspirierten Volumens und für Fibrinogen als Marker der vaskulären Permeabilität gezeigt [12, 40]. Darüber hinaus ist erwähnenswert, daß zelluläre und biochemische Reaktionen auf Ozon, die mit den klinisch-experimentellen Befunden konform gehen, auch unter Umweltbedingungen durch Vergleich im Sommer und Winter erhaltener bronchoalveolärer Lavageproben von Joggern nachgewiesen werden konnten [43]. Analog konnte mit Hilfe der Technik der nasalen Lavage bei Kindern eine Korrelation zwischen zellulären Änderungen und den Konzentrationen von Ozon in der Außenluft detektiert werden [45].

Stickstoffdioxid

Stickstoffdioxid (NO_2) in der Außenluft entstammt primär dem Kraftfahrzeugverkehr sowie Kraftwerken und Industrieanlagen. Es kann auch am Arbeitsplatz in relevanten Konzentrationen auftreten, zum Beispiel in Garagen und beim Schweißen, sowie zur Verschmutzung der Innenraumluft beitragen, beispielsweise durch offene Gasherde und -heizungen. In den Ballungsgebieten liegen die Konzentrationen von NO_2 im Mittel deutlich unter 50 ppb. Lokale Spitzenwerte können 100 ppb erreichen; allerdings wurden für die Zentren von Großstädten, z. B. London, auch Konzentrationen bis zu 400 ppb berichtet. Andererseits können die durch Kochen an offenen Gasherden hervorgerufenen Innenraumkonzentrationen kurzzeitig Werte von 500 ppb und mehr erreichen.

Sowohl die NO_2-Konzentrationen der Außenluft als auch diejenigen der Innenraumluft können mit der Häufigkeit [46, 47] und der Dauer [48] von Atemwegsbeschwerden oder der Einschränkung der Lungenfunktion [46] bei Kindern korrelieren. Dies gilt auch für Expositionen gegenüber niedrigen Konzentrationen [49], allerdings sind die Daten nicht einheitlich. Die Befunde an Erwachsenen und an Patienten mit vorbestehenden Atemwegserkrankungen erscheinen weniger konsistent. Nur wenige Untersucher fanden eine Assoziation zwischen den Konzentrationen von NO_2 und Atemwegsbeschwerden oder Werten des Spitzenflusses bei Patienten mit Asthma bronchiale [50]. Es bedarf kaum der Erwähnung, daß die gleichzeitige Präsenz mehrerer Luftschadstoffe und die Ungewißheiten der individuellen Exposition nahezu alle derartigen Untersuchungen in ihrer Aussage merklich beeinträchtigt haben.

Experimentelle Expositionsstudien haben belegen können, daß NO_2 bei Gesunden oder Patienten mit einem leichtgradigen Asthma bronchiale keine wesentlichen Wirkungen auf die Lungenfunktion ausübt [51–57]. Patienten mit chronisch-obstruktiver Lungenerkrankung (COPD) zeigten individuell verschiedene Verschlechterungen ihrer Lungenfunktion, wenn sie eine Konzentration von 300 ppb NO_2 eingeatmet hatten [58]. Allerdings traten derartige Befunde in einer anderen Untersuchung nicht auf, obgleich sowohl die Expositionsbedingungen als auch der Schweregrad der untersuchten Patienten ähnlich waren [59].

Ferner können Patienten mit Asthma nach NO_2-Exposition mit einer geringfügigen Verstärkung ihrer Atemwegsempfindlichkeit gegenüber eingeatmetem Methacholin [52] oder Histamin [53] reagieren. Gesunde zeigen diesen Effekt nicht in konsistenter Weise. In dieser Hinsicht sind sie unempfindlicher gegenüber NO_2 als Patienten mit Asthma [60]. Allerdings wurde auch bei den Asthmatikern die Erhöhung der unspezifischen Atemwegsempfindlichkeit keineswegs von allen Untersuchern beobachtet [51, 56]. Darüber hinaus wurde berichtet, daß NO_2 die anstrengungsinduzierte Bronchokonstriktion und die Atemwegsantwort gegenüber der Hyperventilation von Kaltluft verstärke [61], doch wurden auch diese Befunde nicht von allen Untersuchern bestätigt [54, 56]. Die durch Inhalation einer festen Konzentration von Schwefeldioxid (SO_2) bei steigenden Ventilationsraten ausgelöste Bronchokonstriktion konnte durch die vorherige Einatmung von NO_2, die selbst keine direkte Wirkung hervorrief, verstärkt werden [55]. Allerdings ist es wahrscheinlich, daß dieser Effekt an die Verstärkung der Hyperventilationsantwort gekoppelt und nicht spezifisch für SO_2 war [62]. Eine kritische Analyse der experimentellen Untersuchungen zum NO_2 beim Menschen legt nahe, daß bei diesem Schadstoff die Resultate in besonderem Maße von der Art des Studienprotokolls und der Wahl der Probanden beeinflußt wurden. Über die geschilderten Effekte hinaus scheint NO_2 auch die bronchiale Allergenreaktion bei Patienten mit Asthma bronchiale zu verstärken; dies gilt sowohl für die Früh- als auch die Spätreaktion [63] (Abb. 4). Andere Untersucher fanden für NO_2 nur eine Tendenz zur Verstärkung der allergischen Sofortreaktion, hingegen eine signifikante Verstärkung der Allergenempfindlichkeit, wenn NO_2 in Kombination mit SO_2 eingeatmet wurde [64].

Nur wenige Untersucher haben den Einfluß von Medikamenten auf die Wirkung von NO_2 untersucht. Aufgrund seiner oxidativen Eigenschaften kann NO_2 die Lipidperoxidation bewirken sowie reaktive Verbindungen mit chemischen Komponenten der Atemwege bilden. Daher wurde versucht, mit Hilfe der Gabe

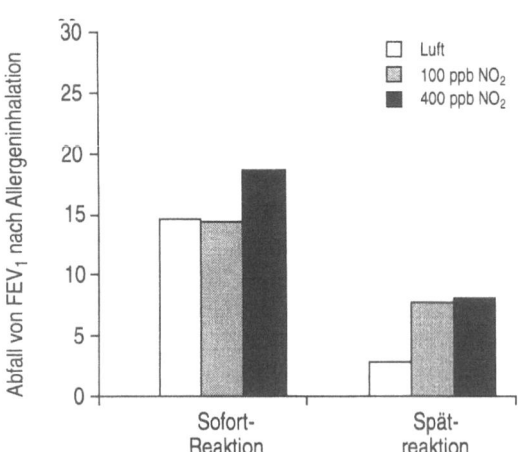

Abb. 4. Abfall des Atemstoßes (FEV_1) bei 8 Patienten mit Asthma bronchiale nach Inhalation von Hausstaubmilbenallergen und vorheriger Einatmung von NO_2 in zwei verschiedenen Konzentrationen (100 und 400 ppb) für eine Stunde. Nach Exposition gegenüber 400 ppb NO_2 waren sowohl die allergische Sofort- als auch die Spätreaktion statistisch signifikant gesteigert. Daten nach [63]

von Antioxidantien einen protektiven Effekt beim Menschen zu erzielen. Die allerdings nur spärlichen Befunde deuten an, daß die vorherige Gabe von Vitamin C und E den in der bronchoalveolären Lavageflüssigkeit nachweisbaren Grad der Lipidperoxidation reduzieren kann [65]. Ferner führte die vorherige Gabe von Vitamin C bei gesunden Probanden zu einer Blockade des allerdings nur geringfügigen Anstieges der bronchialen Methacholinempfindlichkeit [66]. Die durch Einatmung hoher NO_2-Konzentrationen bei Patienten mit chronischer Bronchitis ausgelöste Bronchokonstriktion konnte durch ein Antihistaminikum, nicht jedoch durch Atropin oder β_2-Adrenozeptor-Agonisten abgeschwächt werden [67].

Ähnlich wie bei Ozon wurde auch bei NO_2 die Technik der bronchoalveolären Lavage verwandt, um Aufschlüsse über die Mechanismen der Schädigung zu erlangen. Derartige Untersuchungen an gesunden Probanden haben gezeigt, daß die Inhalation von 3 – 4 ppm (parts per million) NO_2 zu einer Reduktion der inhibitorischen Kapazität des α_1-Proteinase-Inhibitors führen kann [68]. Im Gegensatz dazu riefen die Exposition gegenüber einer niedrigeren Konzentration von NO_2 oder eine diskontinuierliche Exposition mit intermittierenden Peaks keine Effekte hervor [69]. NO_2 führte zu einer konzentrationsabhängigen Erhöhung der Zellzahlen in der Lavageflüssigkeit; hierbei war die Zahl der Mastzellen und Lymphozyten bis zu einem Tag nach Exposition erhöht [70, 71]. Die zelluläre Antwort zeigte geringfügige Unterschiede zwischen Rauchern und Nichtrauchern [72]. Patienten mit einem leichtgradigen Asthma bronchiale reagierten auf die Einatmung von 1 ppm NO_2 mit einem Anstieg von TxB_2 und PGD_2 sowie einem Abfall von 6-keto $PGF_{1\alpha}$, einem Metaboliten von Prostazyklin (PGI_2) [57] (Abb. 5). Die Zellzahlen änderten sich bei dieser Exposition nicht signifikant. Gesunde zeigten unter den gleichen Bedingungen nur einen marginalen Anstieg der Konzentration von TxB_2. Die Wirkung wiederholter Expositionen gegenüber NO_2 bei Gesunden ist nicht geklärt, da in zwei Untersuchungen widersprüchliche Ergebnisse erhalten wurden. Nach mehrfacher Einatmung von 4 ppm NO_2 zeigten gesunde Probanden keinen Anstieg in der Zahl der Mastzellen und Lymphozyten in ihrer bronchoalveolären Lavageflüssigkeit, wie er nach einer einzelnen Exposition beobachtet worden war [73]. Jedoch war, wiederum im Gegensatz zur einzelnen Exposition, das Verhältnis der CD4- zu CD8-positiven Zellen erhöht sowie die Zahl der B- und Natürlichen Killer-(NK)-Zellen reduziert. Eine andere Arbeitsgruppe fand jedoch keine Veränderung im CD4/CD8–Quotienten und einen Anstieg statt eines Abfalls der NK-Zellen [74]. Die meisten Untersuchungen am Menschen konnten keine signifikanten Wirkungen von NO_2 auf die Konzentrationen von Albumin und LDH in der Lavageflüssigkeit nachweisen. Dennoch deuten einzelne Befunde auf eine Zellschädigung im Sinne einer verzögerten Erhöhung der alveolären Permeabilität [75], und Daten zur Kinetik der Konzentration von Antioxidantien unterstützen die Annahme eines mehrphasigen und zwischen zentralen und peripheren Atemwegen unterschiedlichen Verlaufs der Atemwegsreaktion auf NO_2 [76]. In diesen Untersuchungen wurde eine rasche und vorübergehende Abnahme der Konzentration von Ascorbinsäure, hingegen eine langsamere und ebenfalls vorübergehende Zunahme der Konzentration des reduzierten Glutathions (GSH) ge-

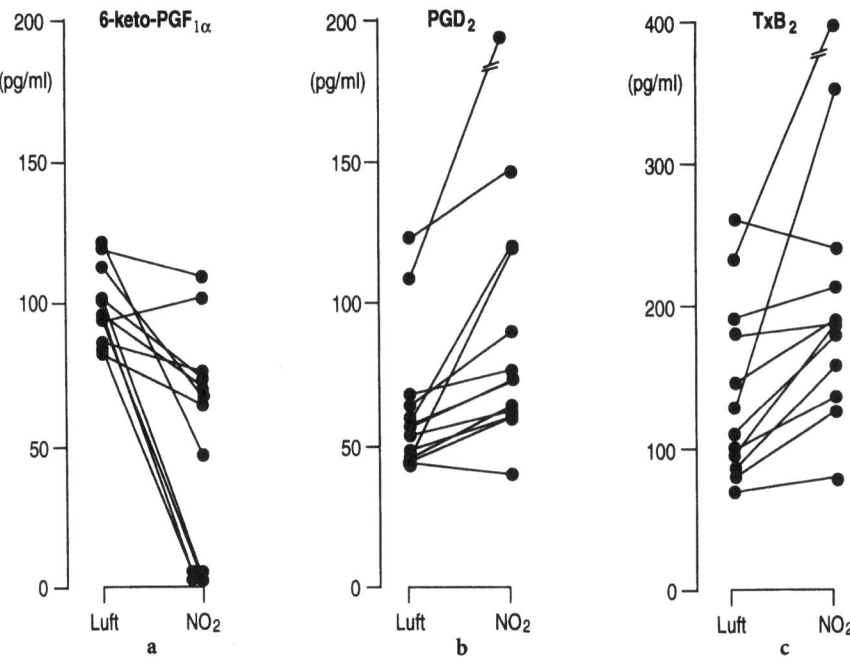

Abb. 5a–c. Individuelle Daten der Konzentrationen von **a** 6-keto-Prostaglandin (PG) $F_{1\alpha}$, **b** PGD_2 und **c** Thromboxan (Tx) B_2 in der bronchoalveolären Lavageflüssigkeit nach Exposition gegenüber 1 ppm NO_2 oder gefilterter Luft während 3 Stunden intermittierender Fahrradbelastung bei Patienten mit leichtgradigem Asthma (n = 12). Die Bronchoskopie erfolgte eine Stunde nach Exposition. Die Änderungen der drei Parameter waren statistisch signifikant. Daten nach [57]

funden; letztere trat nur in der bronchialen Fraktion auf. Es ist denkbar, daß in einer Reihe von Studien, die sich auf kurzzeitig eintretende Wirkungen konzentrierten, die Zeitpunkte der Messung nicht optimal zur Erfassung der geschilderten Effekte lagen.

Schwefeldioxid

Schwefeldioxid (SO_2) wird haupsächlich durch die Verbrennung fossiler Brennstoffe in die Umwelt freigesetzt. Zusätzlich kann es in hohen Konzentrationen an einer Reihe von Arbeitsplätzen vorkommen. Gegenwärtig sind die Außenluftkonzentrationen in Form der Jahresmittelwerte im allgemeinen niedrig und liegen unterhalb 20 ppb. Während Luftverschmutzungsepisoden wurden Konzentrationen von mehr als 100 ppb beobachtet, mit Spitzenwerten oberhalb 200 ppb. In einigen Gebieten Osteuropas muß jedoch mit wesentlich höheren Konzentrationen von SO_2 gerechnet werden.

Als akute Wirkungen von SO_2 konnten in epidemiologischen Untersuchungen kleine und vorübergehende Reduktionen des Atemstosses (FEV_1) und der forcierten exspiratorischen Vitalkapazität (FVC) bei Kindern nachgewiesen werden [77]. Ähnliche Befunde wurden bei Erwachsenen mit Atemwegsobstruktion erhalten [78]. Darüber hinaus waren erhöhte Außenluftkonzentrationen von SO_2 mit einer erhöhten auf den Tag bezogenen Mortalität [79] und einer erhöhten respiratorischen Morbidität bezüglich Asthma bronchiale [80] oder Bronchitis [81] assoziiert; allerdings hat es sich oftmals als schwierig herausgestellt, die akuten oder chronischen Wirkungen von SO_2 von denjenigen der Partikel zu trennen (s. u.).

Die Befunde der experimentellen Studien zur Wirkung von SO_2 sind insofern eindeutig, als sie zeigen, daß SO_2 bei empfindlichen Personen als potenter Bronchokonstriktor wirkt [82]. Der Grad der Bronchokonstriktion bei einem derartigen Individuum ist durch die Konzentration, die Minutenventilation und den Weg der Inhalation bestimmt [83]; Einatmung durch die Nase führt zu geringeren Reaktionen als Einatmung durch den Mund. Wenn die Ventilation über den Pegel der Ruheatmung hinaus angehoben wird, kann die akute Bronchokonstriktion bei Konzentrationen von 250–600 ppb und bei besonders empfindlichen Individuen darunter eintreten [84, 85]. Die Erklärung für die markante Zunahme der Reaktion mit der Ventilationsrate liegt neben einer Erhöhung der SO_2-Dosis in der erhöhten Strömungsgeschwindigkeit innerhalb der Atemwege, die zu einem tieferen Eindringen des Gases und einer Reduktion desjenigen Prozentsatzes von SO_2 führt, der in den oberen Atemwegen absorbiert wird. Wird SO_2 in trockener oder kalter Luft gegeben, fällt die Antwort stärker aus als in feuchter Luft oder bei Raumtemperatur [86]. Die akute Atemwegsantwort auf SO_2 ist nahezu ausschließlich bei Patienten mit unspezifischer Überempfindlichkeit der Atemwege bzw. Asthma bronchiale zu finden, da das Bestehen einer Überempfindlichkeit gegenüber Methacholin oder Histamin eine notwendige Voraussetzung einer Überempfindlichkeit gegenüber SO_2 ist. Etwa 20–25 % der überempfindlichen Personen reagieren auch auf SO_2 [87] (Abb. 6). Trotz dieser qualitativen Beziehung zwischen der Empfindlichkeit gegenüber Histamin oder Methacholin einerseits und SO_2 andererseits korreliert das Ausmaß der Überempfindlichkeit gegenüber beiden Stimuli nicht miteinander [87,88]. Wird die Einatmung von SO_2 in kurzen Abständen wiederholt, schwächt sich die dadurch ausgelöste akute bronchokonstriktorische Reaktion ab [89] (Abb. 7). Dieses Phänomen wird als Toleranzentwicklung bezeichnet und hängt möglicherweise damit zusammen, daß die Reaktion über Neuropeptide vermittelt wird, deren Speicher sich entleeren. Im Gegensatz zu anderen Schadstoffen scheint SO_2 weder die unspezifische Atemwegsempfindlichkeit [89] noch die Empfindlichkeit gegenüber eingeatmeten Allergenen [64] zu verstärken.

Sowohl vom praktischen Gesichtspunkt aus als auch zum Verständnis der zugrundeliegenden Mechanismen ist die Wirkung von Medikamenten auf die SO_2-Reaktion von Interesse. β_2-Adrenoceptor-Agonisten [90], Dinatrium-Cromoglicinsäure [91], Nedocromil-Natrium [92] und Theophyllin [93] bewirkten einen partiellen oder vollständigen Schutz vor der SO_2-induzierten Bronchokonstriktion. Im Gegensatz dazu scheinen inhalierte Kortikosteroide allenfalls einen geringen protektiven Effekt auszuüben [94] und Ipratropiumbromid ohne Wirkung zu sein [95]. Diese Daten legen nahe, daß eine Relaxation der Bron-

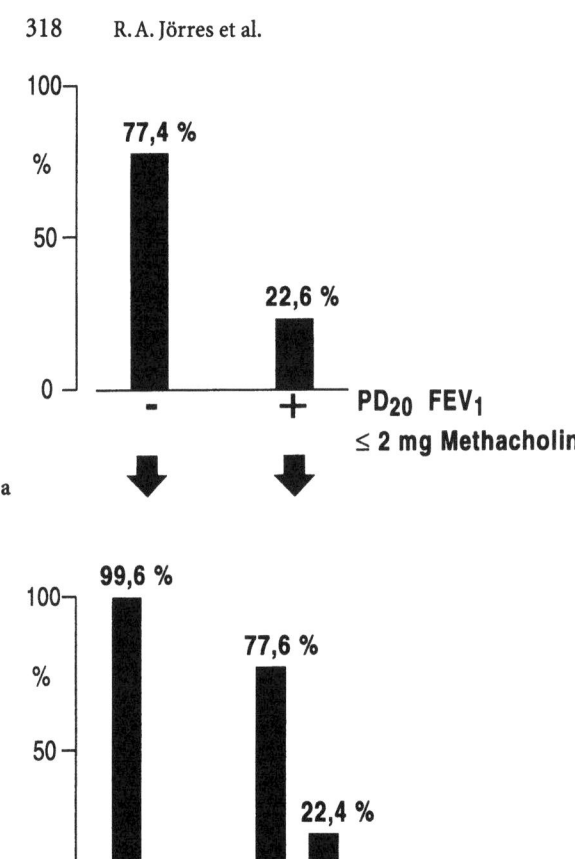

Abb. 6 a, b. Prozentuale Häufigkeit der Atemwegsüberempfindlichkeit gegenüber der Einatmung von SO_2 in einer bevölkerungsbezogenen Stichprobe **b** (Alter 20–44 Jahre) relativ zur Atemwegsüberempfindlichkeit gegenüber Methacholin **a**. Als positive Reaktion war ein Abfall des Atemstoßes (FEV_1) um mindestens 20 % bei den angegebenen Konzentrationen von Methacholin bzw. SO_2 gefordert. Gegenüber Methacholin normoreaktive Probanden zeigten nur in Ausnahmefällen eine positive Antwort auf SO_2. Daten nach [87]

chialmuskulatur oder eine Blockade von C-Fasern und Irritant-Rezeptoren Möglichkeiten darstellen, die akute Atemwegsantwort auf SO_2 zu inhibieren. Wahrscheinlich ist die obstruktive Atemwegsreaktion auf SO_2 durch den gleichen Mechanismus wie die Antwort auf eingeatmetes Metabisulfit bestimmt. Dies wird unter anderem durch Daten nahegelegt, die eine Zunahme der Atemwegsempfindlichkeit, d. h. eine Abnahme der zur Auslösung der Obstruktion erforderlichen Dosis von Sulfit in Abhängigkeit vom pH-Wert belegen [96] (Abb. 8). Die Konzentration von Bisulfit-Ionen und die Freisetzung von SO_2 steigen mit abnehmenden pH-Wert; auch wurde nach Einatmung von Bisulfit Toleranzentwicklung beobachtet.

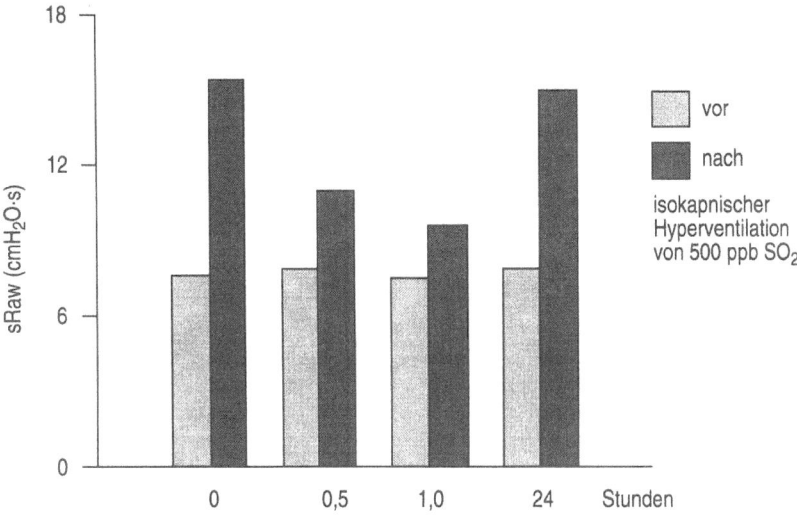

Abb. 7. Toleranzentwicklung der akuten Atemwegsantwort auf SO_2 bei Patienten mit Asthma bronchiale in Abhängigkeit vom zeitlichen Abstand zwischen beiden Testungen. Die Reaktion ist als Mittelwert des spezifischen Atemwegswiderstandes angegeben. Daten nach [89]

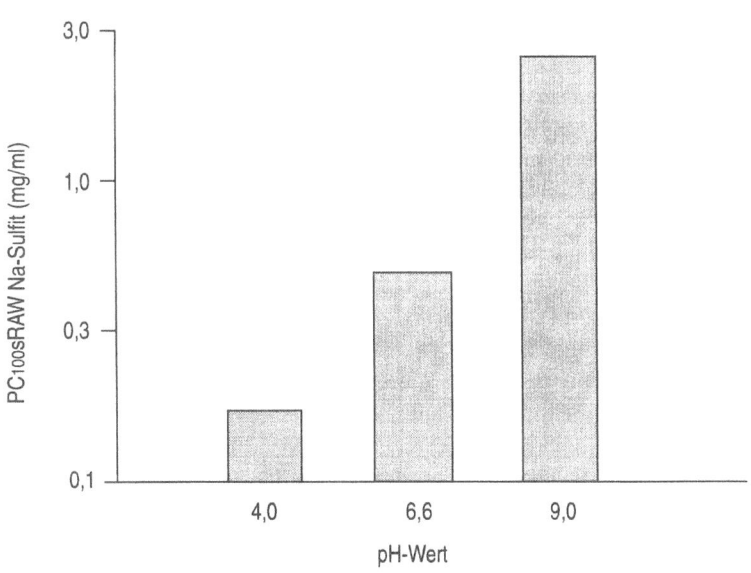

Abb. 8. Abhängigkeit der Atemwegsempfindlichkeit gegenüber inhaliertem Na-Sulfit vom pH-Wert der Lösung. Angegeben sind die geometrischen Mittelwerte der Provokationskonzentrationen, die einen Anstieg des spezifischen Atemwegswiderstandes um 100% bei Patienten mit Asthma bewirkten. Bei niedrigeren pH-Werten sind der Gehalt an Bisulfit-Ionen und die Freisetzung von SO_2 stark gesteigert. Daten nach [96]

Nur wenige Autoren haben die zellulären und biochemischen Ereignisse in Augenschein genommen, die durch inhaliertes SO_2 beim Menschen ausgelöst werden. Gesunde Probanden zeigten nach Inhalation hoher SO_2-Konzentrationen einen Anstieg der Gesamtzellzahl, der absoluten und relativen Zahl der Mastzellen und Lymphozyten sowie einen Anstieg der absoluten Zahl der Makrophagen [97]. Diese Änderungen traten innerhalb von 4 Stunden auf, erreichten ihr Maximum nach 24 Stunden und waren nach 3 Tagen abgeklungen. Beim Tier läßt sich durch Einatmung extrem hoher Konzentrationen von SO_2 eine chronische Bronchitis induzieren. Es ist allerdings zweifelhaft, ob diese Daten das Verständnis der Wirkung von SO_2 in umweltrelevanten Konzentrationen fördern.

Aerosole und Partikel

Daß Aerosole bzw. Partikel das Auftreten von Atemwegssymptomen begünstigen, die Lungenfunktionswerte verschlechtern und in vielen Fällen die Mortalität steigern können, ist inzwischen in einer Vielzahl von epidemiologischen Untersuchungen belegt [98]. Hierbei scheint dem Anteil der sauren Aerosole, d. h. vornehmlich Sulfate, und insbesondere demjenigen der feinen und ultrafeinen Aerosole eine wesentliche Bedeutung zuzukommen. Unter letzteren versteht man Partikel in der Größenordnung unterhalb etwa 100 nm Durchmesser, die aufgrund ihres geringen Volumens trotz einer kleinen Massenkonzentration in enormen Anzahlkonzentrationen vorkommen können. Im folgenden seien die hauptsächlich beobachteten Effekte anhand ausgewählter epidemiologischer Literatur illustriert. Ein wesentliches methodisches Problem stellte in der Regel die Korrelation zwischen der Partikelbelastung, insbesondere den sauren Aerosolen, und der SO_2-Konzentration dar. Eine Reihe von Untersuchern fanden, daß Atemwegssymptome und eine Verschlechterung der Lungenfunktionswerte mit der Partikelbelastung assoziiert waren [3] und die respiratorischen Symptomenscores und Symptome einer obstruktiven Lungenerkrankung bzw. eines Asthma bronchiale stärker durch Partikel (TSP, total suspendend particulates) als durch SO_2 beeinflußt wurden [99, 100]. Daneben bestand ein unabhängiger Einfluß von Ozon [100]. Neben den Symptomen wurde auch die Rate der Krankenhauseinweisungen wegen Atemwegserkrankungen bei mindestens 65 Jahre alten Personen durch Partikel beeinflußt [101]. Hierbei war es durch Vergleich zweier Städte, die eine ähnliche Partikelbelastung, aber unterschiedliche Konzentrationen von SO_2 aufwiesen, möglich, die Effekte dieser beiden Variablen zu separieren. Es fanden sich schwache, jedoch signifikante Assoziationen mit den Konzentrationen des SO_2 und insbesondere der Gesamtpartikel. Ebenso bestand ein Effekt von Ozon, der unabhängig von demjenigen der beiden anderen Variablen war. Die Beziehung zwischen dem Grad der Partikelbelastung und dem Auftreten respiratorischer Symptome, vornehmlich solcher einer chronischen Bronchitis, konnte auch für die durch Kohleverbrennung verursachte Innenraumbelastung nachgewiesen werden [102]. Zusätzlich zur Innenraumbelastung fand sich eine Korrelation mit der Außenluftkonzentration der

Partikel; diese wurde von der Wirkung der sehr hohen Innenraumbelastung überdeckt, wenn letztere nicht in Rechnung gestellt wurde. Nicht von allen Untersuchern wurden allerdings Assoziationen mit Atemwegsbeschwerden beobachtet; so fanden sich während einer Luftverschmutzungsepisode keine Effekte der Partikelbelastung auf das Auftreten akuter Atemwegssymptome bei Kindern [103]. Die Wirkungen der Partikel scheinen auch im Kleinkindesalter manifest zu werden. Dies wurde durch signifikante Assoziationen zwischen dem Partikelgehalt der Außenluft und der Zahl der Pseudokruppfälle belegt [104]. Hierbei ging ein Anstieg der Konzentration von 10 auf 70 µg/m^3 mit einem Anstieg der Pseudokruppfälle um 27% einher; ähnliches galt für NO_2. Somit liegt es nahe, anzunehmen, daß Kinder und alte Menschen besonders empfänglich gegenüber der Schadstoffbelastung sein könnten.

Über das Auftreten respiratorischer Symptome hinaus zeigte die bekannte amerikanische Six-Cities-Study, daß die Mortalität stärker an die Partikel als an SO_2 gekoppelt war [105]. Nach Einbeziehung der gravierenden Effekte des Zigarettenrauchens konnte diese Untersuchung einen klaren Zusammenhang zwischen der Sterblichkeitsrate aufgrund kardiopulmonaler Erkrankungen und Lungenkrebs und den Außenluftkonzentrationen feiner Partikel (fine particulates) und Sulfate nachweisen; dieser Zusammenhang betraf nicht die Mortalität aufgrund anderer Ursachen. Beim Vergleich des am stärksten und des am geringsten belasteten Gebietes rangierten für feine Partikel die adjustierten Mortalitätsraten-Quotienten zwischen 1,26 und 1,31. Eine weitere großangelegte Studie, die ca. 550 000 Personen aus 151 Städten umfaßte, bestätigte diese Zusammenhänge [106] (Abb. 9). Der Einfluß des Zigarettenrauchens war zwar ebenfalls dominant, nach entsprechender Korrektur jedoch betrugen beim Vergleich der stark und schwach belasteten Gebiete die Werte des adjustierten relativen Risikos 1,15 und 1,17. Auch hier bezog sich das Risiko primär auf kardiopulmonale Erkrankungen und Lungenkrebs. Diese Effekte traten bei einer Variation der medianen Konzentrationen von Sulfataerosolen zwischen 3,6 und 23,5 µg/m^3 und der feinen Partikel zwischen 9,0 und 33,5 µg/m^3 auf.

Somit belegen die bislang verfügbaren Daten klare Effekte insbesondere der Sulfataerosole und der feinen Partikel auf die respiratorische Morbidität und die kardiopulmonale Mortalität, auch unterhalb der zur Zeit gültigen Umweltstandards. Offenbar reagieren Personen mit vorbestehenden Atemwegserkrankungen in besonderem Maße auf Partikel, und das mit Partikeln assoziierte Risiko ist größer als das mit SO_2 assoziierte. Die Ergebnisse der Ost-West-Vergleiche legen nahe, daß hohe Konzentrationen von SO_2 und Partikeln nicht per se mit erhöhten Prävalenzen allergischer Erkrankungen oder eines Asthma bronchiale einhergehen [107, 108]. Insofern kommt diesen Agenzien wahrscheinlich weniger die Rolle eines Auslösers von Atemwegserkrankungen als die Rolle von Modulatoren vorbestehender Erkrankungen zu.

Experimentelle Daten zur Wirkung saurer Aerosole beim Menschen, die der Verifikation dieser Zusammenhänge dienen könnten, sind rar; im Falle ultrafeiner Aerosole existieren nur tierexperimentelle Daten. Bei den Inhalationsexperimenten ist zu beachten, daß die sauren Aerosole leicht durch das im Mund produzierte Ammoniak zu Ammoniumsulfat neutralisiert werden können. Die

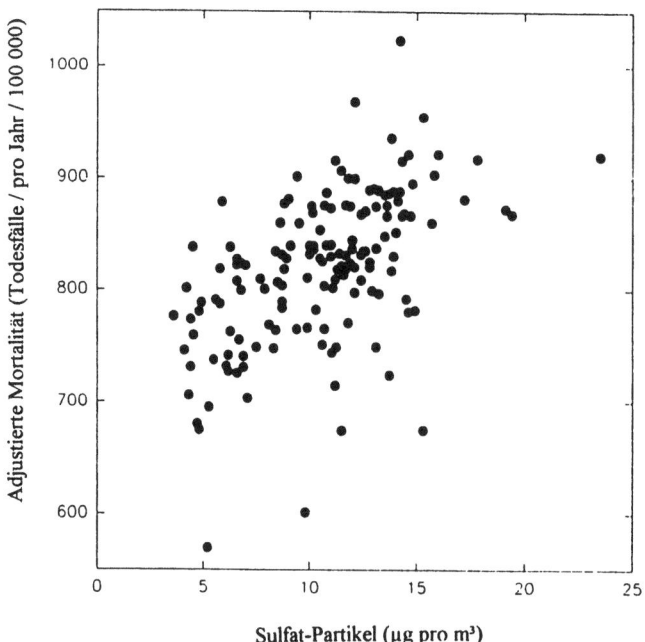

a   Sulfat-Partikel (µg pro m³)

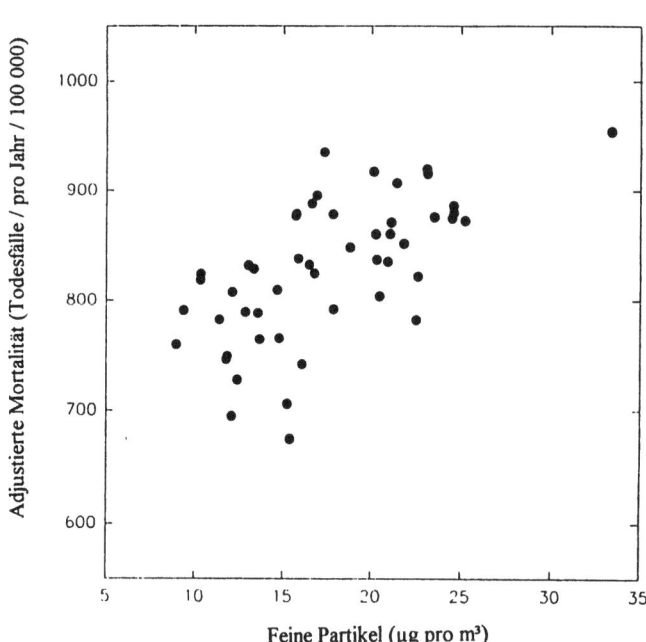

b   Feine Partikel (µg pro m³)

Abb. 9. Beziehung zwischen der für Alter, Geschlecht und Rasse adjustierten Mortalität pro Jahr und 100000 Einwohner und den Konzentrationen der Sulfatpartikel **a** und der feinen Partikel **b**. Die Analyse basierte auf einem Vergleich von 151 städtischen Gebieten für das Jahr 1980. Daten nach [106]

meisten Untersuchungen haben gezeigt, daß die kurzzeitige Exposition gegenüber Schwefelsäure- oder Sulfataerosolen in Konzentrationen bis 1 mg/m^3 bei Gesunden keine Atemwegsobstruktion bewirkt [109]. Bei Asthmatikern konnten hingegen bronchokonstriktorische Effekte bei Konzentrationen von 0,1 mg/m^3 [110] oder höher nachgewiesen werden [111]; jedoch sind diese Befunde keineswegs einheitlich [112]. Die Inhalation von Schwefelsäure-Aerosolen in einer Konzentration von 0,45 mg/m^3 konnte bei Gesunden die Entwicklung einer vorübergehenden bronchialen Überempfindlichkeit gegenüber Carbachol hervorrufen [113]. Bei Patienten mit Asthma korrelierte die Reaktionsbereitschaft gegenüber der Einatmung von Schwefelsäure mit dem Grad der unspezifischen Ausgangsempfindlichkeit gegenüber Carbachol [111]. Zu beachten ist, daß die Wirkung saurer Aerosole nicht nur durch den pH-Wert vermittelt wird, sondern auch durch die titrierbare, d. h. zur Verfügung stehende Menge an Protonen und die spezielle chemische Zusammensetzung [96]. Auch Nitrat-Aerosole wurden von einigen Autoren experimentell geprüft, mit dem Ergebnis, daß diese Aerosole selbst in Konzentrationen bis zu 7 mg/m^3 die Lungenfunktion bei Gesunden und leichtgradigen Asthmatikern nicht signifikant ändern [114]. Während eines akuten Infektes der Atemwege hingegen können vormals gesunde Individuen eine Atemwegsobstruktion nach Einatmung derartiger Nitrataerosole entwickeln [115]. Weder Sulfat- noch Nitrataerosole waren selbst in hohen Konzentrationen in der Lage, die Empfindlichkeit der Atemwege gegenüber eingeatmetem SO$_2$ bei Patienten mit Asthma bronchiale zu erhöhen [116]. Auch rief die Exposition gegenüber 1 mg/m^3 Schwefelsäureaerosol bei Gesunden keinerlei Änderungen der bronchoalveolären Lavageflüssigkeit hervor [117]. Es ist zur Zeit nicht klar, wie die Diskrepanz zwischen den weitgehend negativen Daten der Expositionsstudien und denjenigen der epidemiologischen Studien zu erklären ist. Mögliche Erklärungen sind, daß nur Endpunkte der Lungenfunktion und nicht solche indirekter kardiopulmonaler Wirkungen erfaßt wurden und daß in der Regel keine Patienten mit vorbestehenden Atemwegserkrankungen oder kardiopulmonalen Erkrankungen eingeschlossen wurden. Ferner sind diese Befunde schwierig durch experimentelle Untersuchungen am Menschen zu erhärten; vorläufige Daten am Tier deuten in der Tat kardiopulmonale Effekte an [118].

Derartige Wirkungsstrecken sind möglicherweise auch für den Effekt ultrafeiner Aerosole wesentlich [98], die zu einem hohen Prozentsatz in der Lunge verbleiben und eine massive entzündliche Antwort hervorrufen können [119]. Ferner könnten auch auf der Oberfläche der Partikel befindliche Eisenionen pro-oxidative, katalytische Eigenschaften der Partikel bewirken und auf diese Weise zu ihrer Toxizität beitragen [120, 121]. Es erscheint als sinnvolle Hypothese, daß diese Faktoren nach Inhalation ultrafeiner Partikel ungeachtet ihrer geringen Massenkonzentration sowohl Exazerbationen der Erkrankung als auch Änderungen der Viskosität und Zusammensetzung des Blutes bewirken, die ihrerseits das Auftreten kardiopulmonaler Erkrankungen begünstigen [98].

Schadstoffgemische

Die Vielzahl der vorkommenden Mischungsverhältnisse von Luftschadstoffen setzt der experimentellen Überprüfung potentieller Interaktionen enge Grenzen. Derartige Effekte wurden entweder durch simultane oder durch sequentielle Exposition gegenüber verschiedenen Schadstoffen untersucht und seien an einigen Beispielen dargestellt. Die Lungenfunktionsantwort auf die Einatmung von Ozon konnte durch vorherige Exposition gegenüber zwei anderen typischen Komponenten des Sommersmogs, Peroxyacetylnitrat (PAN) [122] und salpetrige Säure [123], nicht gesteigert werden. Hingegen gibt es Befunde, die das Auftreten einer verzögerten Atemwegsantwort auf Ozon nach vorheriger Einatmung von NO_2 nahelegen [124]. Während gesunde Individuen keine signifikante Wechselwirkung zwischen den Effekten von SO_2 und Ozon zeigten [125], ließ sich nach vorheriger Ozonexposition bei Patienten mit einem leichtgradigen Asthma bronchiale eine Atemwegsobstruktion durch SO_2 auslösen, die ohne Ozon nicht auftrat [126]. Allerdings bewirkte die gleichzeitige Exposition gegenüber diesen Gasen keine derartigen synergistischen Effekte [127]. Diese Ergebnisse legen nahe, daß nicht nur die Art der Luftschadstoffe und ihre Konzentrationen, sondern auch die Reihenfolge ihrer Einatmung für die Wechselwirkung ihrer Effekte bedeutsam sind. Allerdings ist zu konstatieren, daß die Datenlage auf diesem Gebiet zur Zeit völlig unzureichend ist, um ein Verständnis potentieller Interaktionen und ihrer praktischen Bedeutsamkeit zu erzielen.

ZUSAMMENFASSUNG

Als Resümee der epidemiologischen und experimentellen Untersuchungen zur Wirkung von Luftschadstoffen beim Menschen läßt sich festhalten, daß Ozon, NO_2, SO_2 und Partikel akute Wirkungen auf die Lungenfunktion und teilweise die Atemwegsempfindlichkeit ausüben und Zeichen einer in Art und Ausmaß variablen Atemwegsentzündung hervorrufen können. Diese Wirkungen treten bevorzugt bei Personen mit bereits bestehenden Atemwegserkrankungen wie einem Asthma bronchiale oder einer chronischen Bronchitis auf. Die langfristige klinische Bedeutung und die physiologische Grundlage der Wechselwirkung von Luftschadstoffen mit vorbestehenden Pathomechanismen, beispielsweise mit der allergischen Reaktionsbereitschaft der Atemwege oder kardiopulmonalen Erkrankungen, sind nicht geklärt. Klinisch bedeutsam erscheinen jedoch zur Zeit vor allem die Korrelationen zwischen Ozon- und Partikelbelastung und der Rate von Krankenhauseinweisungen sowie die Beziehungen zwischen den Konzentrationen saurer Aerosole, feiner oder ultrafeiner Partikel und der kardiopulmonalen Mortalität. Im Gegensatz zur Modulation bereits bestehender Atemwegserkrankungen ist es jedoch wenig wahrscheinlich, daß Luftschadstoffe in den Konzentrationen, die in Mitteleuropa vorkommen, das Neuauftreten von Atemwegserkrankungen bewirken können.

Literatur

1. Kinney PL, Ware JH, Spengler JD (1988) A critical evaluation of acute ozone epidemiology results. Arch Environ Health 43:168–173
2. Castillejos M, Gold DR, Dockery D, et al. (1992) Effects of ambient ozone on respiratory function and symptoms in Mexico City schoolchildren. Am Rev Respir Dis 145:276–282
3. Romieu I, Meneses F, Ruiz S, et al. (1996) Effects of air pollution on the respiratory health of asthmatic children living in Mexico City. Am J Respir Crit Care Med 154:300–307
4. Braun–Fahrländer C, Künzli N, Domenighetti G, et al. (1994) Acute effects of ambient ozone on respiratory function of Swiss schoolchildren after a 10-minute heavy exercise. Pediatric Pulmonology 17:169–177
5. Delfino RJ, Coate BD, Zeiger RS, et al. (1996) Daily asthma severity in relation to personal ozone exposure and outdoor fungal spores. Am J Respir Crit Care Med 154:633–641
6. Cody RP, Weisel CP, Birnbaum G, Lioy PJ (1992) The effect of ozone associated with summertime photochemical smog on the frequency of asthma visits to hospital emergency departments. Environ Res 58:184–194
7. Burnett RT, Dales RE, Raizenne ME, et al. (1994) Effects of low ambient levels of ozone and sulfates on the frequency of respiratory admissions to Ontario hospitals. Environ Res 65:172–194
8. Bates D, Baker-Anderson M, Sizto R (1990) Asthma attack periodicity: a study of hospital emergency visits in Vancouver. Environ Res 51:51–70
9. Euler G, Abbey D, Hodgkin J, Magie A (1988) Chronic obstructive pulmonary disease symptom effects of long-term cumulative exposure to ambient levels of total oxidants and nitrogen dioxide in California Seventh-Day Adventists Residents. Arch Environ Health 43:279–285
10. Detels R, Tashkin DP, Sayre JW, et al. (1987) The UCLA population studies of chronic obstructive respiratory disease. 9. Lung function changes associates with chronic exposure to photochemical oxidants; a cohort study of never smokers. Chest 92:594–603
11. Hazucha MJ, Bates DV, Bromberg PA (1989) Mechanisms of action of ozone on the human lung. J Appl Physiol 67:1535–1541
12. Weinmann GG, Bowes SM, Gerbase MW, et al. (1995) Response to acute ozone exposure in healthy men. Am J Respir Crit Care Med 151:33–40
13. McDonnell WF, Smith MV (1994) Description of acute ozone response as a function of exposure rate and total inhaled dose. J Appl Physiol 76:2776–2784
14. Horstman DH, Folinsbee LJ, Ives PJ, et al. (1990) Ozone concentration and pulmonary response relationships for 6.6-hour exposures with five hours of moderate exercise to 0.08, 0.10, and 0.12 ppm. Am Rev Respir Dis 142:1158–1163
15. McDonnell WF, Muller KE, Bromberg PA, Shy CM (1993) Predictors of individual differences in acute response to ozone exposure. Am Rev Respir Dis 147:818–825
16. Kreit JW, Gross KB, Moore TB, et al. (1989) Ozone-induced changes in pulmonary function and bronchial responsiveness in asthmatics. J Appl Physiol 66:217–222
17. Basha MA, Gross KB, Gwizdala CJ, et al. (1994) Bronchoalveolar lavage neutrophilia in asthmatic and healthy volunteers after controlled exposure to ozone and filtered purified air. Chest 106:1757–1765
18. Jörres R, Nowak D, Magnussen H (1996) The effect of ozone exposure on allergen responsiveness in subjects with asthma or rhinitis. Am J Respir Crit Care Med 153:56–64
19. Jörres R, Nowak D, Magnussen H (1995) Die Wirkung der Einatmung von Ozon auf die allergische Reaktion des Bronchialsystems. XI, 168 S., Berichte Umweltforschung Baden-Württemberg, FZKA-PUG 19, ISSN 0948-5511.
20. Folinsbee LJ, Horstman DH, Kehrl HR, et al. (1994) Respiratory responses to repeated prolonged exposure to 0.12 ppm ozone. Am J Respir Crit Care Med 149:98–105
21. Jörres R, Gercken G, Böttcher M, Zachgo W, Magnussen H (1995) bzw. Jörres R, Magnussen H (1996) Zelluläre und biochemische Untersuchungen zur Toleranzentwicklung nach wiederholter Einatmung von Ozon beim Menschen. In: F Horsch et al. (Hrsg.): Berichte des 4. und 5. Statuskolloquiums des Projektes Umwelt und Gesundheit (PUG), Forschungszentrum Karlsruhe, FZKA-PUG 17:115–125 bzw. 22:27–39

22. Seltzer J, Bigby BG, Stulbarg M, et al. (1986) O_3-induced change in bronchial reactivity to methacholine and airway inflammation in humans. J Appl Physiol 60:1321–1326
23. Weymer AR, Gong H, Lyness A, Linn WS (1994) Pre-exposure to ozone does not enhance or produce exercise-induced asthma. Am J Respir Crit Care Med 149:1413–1419
24. Molfino NA, Wright SC, Katz I, et al. (1991) Effect of low concentrations of ozone on inhaled allergen responses in asthmatic subjects. Lancet 338:199–203
25. Ball BA, Folinsbee LJ, Peden DB, Kehrl HR (1996) Allergen bronchoprovocation of patients with mild allergic asthma after ozone exposure. J Allergy Clin Immunol 98:563–572
26. Peden DB, Setzer RW, Devlin RB (1995) Ozone exposure has both a priming effect on allergen-induced responses and an intrinsic inflammatory action in the nasal airways of perennially allergic asthmatics. Am J Resp Crit Care Med 151:1336–1345
27. Gerrity TR, Weaver RA, Berntsen J, House DE, O'Neil JJ (1988) Extrathoracic and intrathoracic removal of O_3 in tidal-breathing humans. J Appl Physiol 65:393–400
28. Hu SC, Ben-Jebria A, Ultman JS (1992) Simulation of ozone uptake distribution in the human airways by orthogonal collocation on finite elements. Computers and Biomedical Research 25:264–278
29. Hatch GE, Slade R, Harris LP, et al. (1994) Ozone dose and effect in humans and rats. A comparison using oxygen-18 labeling and bronchoalveolar lavage. Am J Respir Crit Care Med 150:676–683
30. Mustafa MG (1990) Biochemical basis of ozone toxicity. Free Radical Biology and Medicine 9:245–265
31. Leikauf GD, Zhao Q, Zhou S, Santrock J (1993) Ozonolysis products of membrane fatty acids activate eicosanoid metabolism in human airway epithelial cells. Am J Respir Cell Mol Biol 9:594–602
32. Beckett WS, McDonnell WF, Horstman DH, House DE (1985) Role of the parasympathetic nervous system in acute lung response to ozone. J Appl Physiol 59:1879–1885
33. Gong H, Bedi JF, Horvath SM (1988) Inhaled albuterol does not protect against ozone toxicity in non-asthmatic athletes. Arch Environ Health 43:46–53
34. Schelegle ES, Adams WC, Siefkin AD (1987) Indomethacin pretreatment reduces ozone-induced pulmonary function decrements in human subjects. Am Rev Respir Dis 136:1350–1354
35. Ying RL, Gross KB, Terzo TS, Eschenbacher WL (1990) Indomethacin does not inhibit the ozone-induced increase in bronchial responsiveness in human subjects. Am Rev Respir Dis 142:817–821
36. Stevens WHM, Ädelroth E, Wattie J, et al. (1994) Effect of inhaled budesonide on ozone-induced airway hyperresponsiveness and bronchoalveolar lavage cells in dogs. J Appl Physiol 77:2578–2583
37. Koren HS, Devlin RB, Graham DE, et al. (1989) Ozone-induced inflammation in the lower airways of human subjects. Am Rev Respir Dis 139:407–415
38. Devlin RB, McDonnell WF, Mann R, et al. (1991) Exposure of humans to ambient levels of ozone for 6.6 hours causes cellular and biochemical changes in the lungs. Am J Respir Cell Mol Biol 4:72–81
39. Aris RM, Christian D, Hearne PQ, et al. (1993) Ozone-induced airway inflammation in human subjects as determined by airway lavage and biopsy. Am Rev Respir Dis 148:1363–1372
40. Weinmann GG, Liu MC, Proud D, et al. (1995) Ozone exposure in humans: inflammatory, small and peripheral airway responses. Am J Respir Crit Care Med 152:1175–1182
41. Balmes JR, Chen LL, Scannell C, et al. (1996) Ozone-induced decrements in FEV_1 and FVC do not correlate with measures of inflammation. Am J Respir Crit Care Med 153:904–909
42. Scannell C, Chen L, Aris RM, et al. (1996) Greater ozone-induced inflammatory responses in subjects with asthma. Am J Respir Crit Care Med 154:24–29.
43. Kinney PL, Nilsen DM, Lippmann M, et al. (1996) Biomarkers of lung inflammation in recreational joggers exposed to ozone. Am J Respir Crit Care Med 154:1430–1435
44. Hazbun ME, Hamilton R, Holian A, Eschenbacher WL (1993) Ozone-induced increases in substance P and 8-epi-prostaglandin $F_{2\alpha}$ in the airways of human subjects. Am J Respir Cell Mol Biol 9:568–572

45. Frischer TM, Kuehr J, Pullwitt A, et al. (1993) Ambient ozone causes upper airways inflammation in children. Am Rev Respir Dis 148:961–964
46. Speizer FE, Ferris Jr B, Bishop YMM, Spengler JD (1980) Respiratory disease rates and pulmonary function in children associated with NO_2 exposure. Am Rev Respir Dis 121:3–10
47. Neas LM, Dockery DW, Ware JH, et al. (1991) Association of indoor nitrogen dioxide with respiratory symptoms and lung function in children. Am J Epidemiol 134:204–219
48. Braun-Fahrländer C, Ackermann-Liebrich U, Schwartz J, et al. (1992) Air pollution and respiratory symptoms in preschool children. Am Rev Respir Dis 145:42–47
49. Hasselblad V, Eddy DM, Kotchmar DJ (1992) Synthesis of environmental evidence: nitrogen dioxide epidemiology studies. J Air Waste Manage Assoc 42:662–671
50. Lebowitz MD, Collins L, Holberg CJ (1987) Time series analyses of respiratory responses to indoor and outdoor environmental phenomena. Environ Res 43:332–341
51. Hazucha MJ, Ginsberg JF, McDonnell WF, et al. (1983) Effects of 0.1 ppm nitrogen dioxide on airways of normal and asthmatic subjects. J Appl Physiol 54:730–739
52. Mohsenin V (1987) Airway responses to nitrogen dioxide in asthmatic subjects. J Toxicol Environ Health 22:371–380
53. Bylin G, Hedenstierna G, Lindvall T, Sundin B (1988) Ambient nitrogen dioxide concentrations increase bronchial responsiveness in subjects with mild asthma. Eur Respir J 1:606–612
54. Avol EL, Linn WS, Peng RC, et al. (1989) Experimental exposures of young asthmatic volunteers to 0.3 ppm nitrogen dioxide and to ambient air pollution. Toxicology and Industrial Health 5:1025–1034
55. Jörres R, Magnussen H (1990) Airways response of asthmatics after a 30 min exposure, at resting ventilation, to 0.25 ppm NO_2 or 0.5 ppm SO_2. Eur Respir J 3:132–137
56. Jörres R, Magnussen H (1991) Effect of 0.25 ppm nitrogen dioxide on the airway response to methacholine in asymptomatic asthmatic patients. Lung 169:77–85
57. Jörres R, Nowak D, Grimminger F, et al. (1995) The effect of 1 ppm nitrogen dioxide on bronchoalveolar lavage cells in normal and asthmatic subjects. Eur Respir J 8:416–424
58. Morrow PE, Utell MJ, Bauer MA, et al. (1992) Pulmonary performance of elderly normal subjects and subjects with chronic obstructive pulmonary disease exposed to 0.3 ppm nitrogen dioxide. Am Rev Respir Dis 145:291–300
59. Hackney JD, Linn WS, Avol EL, et al. (1992) Exposures of older adults with chronic respiratory illness to nitrogen dioxide. A combined laboratory and field study. Am Rev Respir Dis 146:1480–1486
60. Folinsbee LJ (1992) Does nitrogen dioxide exposure increase airways responsiveness? Toxicol Indust Health 8:273–283
61. Bauer MA, Utell MJ, Morrow PE, et al. (1986) Inhalation of 0.30 ppm nitrogen dioxide potentiates exercise–induced bronchospasm in asthmatics. Am Rev Respir Dis 134:1203–1208
62. Rubinstein I, Bigby BG, Reiss TF, Boushey HA (1990) Short-term exposure to 0.3 ppm nitrogen dioxide does not potentiate airway responsiveness to sulfur dioxide in asthmatic subjects. Am Rev Respir Dis 141:381–385
63. Tunnicliffe WS, Burge PS, Ayres JG (1994) Effect of domestic concentrations of nitrogen dioxide on airway responses to inhaled allergen in asthmatic patients. Lancet 344:1733–1736
64. Devalia JL, Rusznak C, Herdman MJ, et al. (1994) Effect of nitrogen dioxide and sulphur dioxide on airway response of mild asthmatic patients to allergen inhalation. Lancet 344:1668–1671
65. Mohsenin V (1991) Lipid peroxidation and antielastase activity in the lung under oxidant stress: role of antioxidant defenses. J Appl Physiol 70:1456–1462
66. Mohsenin V (1987) Effect of vitamin C on NO_2-induced airway hyperresponsiveness in normal subjects. A randomized double-blind experiment. Am Rev Respir Dis 136:1408–1411
67. von Nieding G, Krekeler H (1971) Pharmakologische Beeinflussung der akuten NO_2-Wirkung auf die Lungenfunktion von Gesunden und Kranken mit einer chronischen Bronchitis. Int Arch Arbeitsmed 29:55–63

68. Mohsenin V, Gee JBL (1987) Acute effect of nitrogen dioxide exposure on the functional activity of α_1-protease inhibitor in bronchoalveolar lavage fluid of normal subjects. Am Rev Respir Dis 136:646–650
69. Johnson DA, Frampton MW, Winters RS, et al. (1990) Inhalation of nitrogen dioxide fails to reduce the activity of human lung alpha-1-proteinase inhibitor. Am Rev Respir Dis 142:758–762
70. Sandström T, Stjernberg N, Eklund A, et al. (1991) Inflammatory cell response in broncho-alveolar lavage fluid after nitrogen dioxide exposure of healthy subjects: a dose-response study. Eur Respir J 3:332–339
71. Sandström T, Andersson MC, Kolmodin-Hedman B, et al. (1990) Bronchoalveolar masto-cytosis and lymphocytosis after nitrogen dioxide exposure in man: a time-kinetic study. Eur Respir J 3:138–143
72. Helleday R, Sandström T, Stjernberg N (1994) Differences in bronchoalveolar cell response to nitrogen dioxide exposure between smokers and nonsmokers. Eur Respir J 7:1213–1220
73. Sandström T, Helleday R, Bjermer L, Stjernberg N (1992) Effects of repeated exposure to 4 ppm nitrogen dioxide on bronchoalveolar lymphocyte subsets and macrophages in healthy men. Eur Respir J 5:1092–1096
74. Rubinstein I, Reiss TF, Bigby BG, Stites DP, Boushey HA (1991) Effects of 0.60 ppm nitro-gen dioxide on circulating and bronchoalveolar lavage lymphocyte phenotypes in healthy subjects. Environ Res 55:18–30
75. Rasmussen TR, Kjaergaard SK, Tarp U, Pedersen OF (1992) Delayed effects of NO_2 ex-posure on alveolar permeability and glutathione peroxidase in healthy humans. Am Rev Respir Dis 146:654–659
76. Kelly FJ, Blomberg A, Frew A, Holgate ST, Sandström T (1996) Antioxidant kinetics in lung lavage fluid following exposure of humans to nitrogen dioxide. Am J Respir Crit Care Med 154:1700–1705
77. Brunekreef B, Lumens M, Hoek G, et al. (1989) Pulmonary function changes associated with an air pollution episode in January 1987. JAPCA 39:1444–1447
78. Wichmann HE, Sugiri D, Islam MS, et al. (1988) Pulmonary function and carboxyhaemo-globin during the smog episode in January 1987. Zentralbl Bakteriol Mikrobiol Hyg Ser B 187:31–43
79. Derriennic F, Richardson S, Mollie A, Lellouch J (1989) Short-term effects of sulphur dioxide pollution on mortality in two French cities. Int J Epidemiol 18:186–197
80. Walters S, Griffiths RK, Ayres JG (1994) Temporal association between hospital admissions for asthma in Birmingham and ambient levels of sulphur dioxide and smoke. Thorax 49:133–140
81. Sunyer J, Saez M, Murillo C, et al. (1993) Air pollution and emergency room admissions for chronic obstructive pulmonary disease: A 5-year study. Am J Epidemiol 137:710–705
82. Sheppard D, Wong WS, Uehara CF, et al. (1980) Lower threshold and greater bronchomotor responsiveness of asthmatic subjects to sulfur dioxide. Am Rev Respir Dis 122:873–878
83. Bethel RA, Erle DJ, Epstein J, et al. (1983) Effect of exercise rate and route of inhalation on sulfur-dioxide-induced bronchoconstriction in asthmatic subjects. Am Rev Respir Dis 128:592–596
84. Linn WS, Venet TG, Shamoo DA, et al. (1983) Respiratory effects of sulfur dioxide in heavily exercising asthmatics. A dose-response study. Am Rev Respir Dis 127:278–283
85. Sheppard D, Saisho A, Nadel JA, Boushey HA (1981) Exercise increases sulfur dioxide-induced bronchoconstriction in asthmatic subjects. Am Rev Respir Dis 123:486–491
86. Sheppard D, Eschenbacher WL, Boushey HA, Bethel RA (1984) Magnitude of the inter-action between the bronchomotor effects of sulfur dioxide and those of dry (cold) air. Am Rev Respir Dis 130:52–55
87. Nowak D, Jörres R, Berger J, Claussen M, Magnussen H (1997) Airway responsiveness to sulfur dioxide in an adult population sample. Am J Respir Crit Care Med, angenommen zur Publikation 1997.
88. Magnussen H, Jörres R, Wagner HM, von Nieding G (1990) Relationship between the airway response to inhaled sulfur dioxide, isocapnic hyperventilation, and histamine in asthmatic subjects. Int Arch Occup Environ Health 62:485–491

89. Sheppard D, Epstein J, Bethel RA, et al. (1983) Tolerance to sulfur dioxide-induced broncho-constriction in subjects with asthma. Environ Res 30:412–419

90. Koenig JQ, Marshall SG, Horike M, et al. (1987) The effects of albuterol on SO_2-induced bronchoconstriction in allergic adolescents. J Allergy Clin Immunol 79:54–58

91. Myers DJ, Bigby BG, Boushey HA (1986) The inhibition of sulfur dioxide-induced broncho-constriction in asthmatic subjects by cromolyn is dose-dependent. Am Rev Respir Dis 133:1150–1153

92. Bigby B, Boushey H (1993) Effects of nedocromil sodium on the bronchomotor response to sulfur dioxide. J Allergy Clin Immunol 92:195–197

93. Koenig JQ, Dumler K, Rebolledo V, et al. (1992) Theophylline mitigates the broncho-constrictor effects of sulfur dioxide in subjects with asthma. J Allergy Clin Immunol 89: 789–794

94. Wiebicke W, Jörres R, Magnussen H (1990) Comparison of the effects of inhaled cortico-steroids on the airway response to histamine, methacholine, hyperventilation, and sulfur dioxide in subjects with asthma. J Allergy Clin Immunol 86:915–926

95. McManus MS, Koenig JQ, Altman LC, Pierson WE (1989) Pulmonary effects of sulfur dioxide exposure and ipratropium bromide pretreatment in adults with nonallergic asthma. J Allergy Clin Immunol 83:619–626.

96. Fine JM, Gordon T, Thompson JE, Sheppard D (1987) The role of titratable acidity in acid aerosol-induced bronchoconstriction. Am Rev Respir Dis 135:826–830

97. Sandström T, Stjernberg N, Andersson MC, et al. (1989) Cell response in bronchoalveolar lavage fluid after exposure to sulfur dioxide: a time-response study. Am Rev Respir Dis 140:1828–1831

98. Seaton A, MacNee W, Donaldson K, Godden D (1995) Particulate air pollution and acute health effects. Lancet 345:176–178

99. Euler G, Abbey D, Hodgkin J, Magie A (1987) Chronic obstructive pulmonary disease symptom effects of long-term cumulative exposure to ambient levels of total suspended particulates and sulfur dioxide in California Seventh-Day Adventists Residents. Arch Environ Health 42:213–222

100. Abbey DE, Petersen F, Mills PK, Beeson WL (1993) Long-term ambient concentrations of total suspended particulates, ozone, and sulfur dioxide and respiratory symptoms in a nonsmoking population. Arch Environ Health 48:33–46

101. Schwartz J (1995) Short term fluctuations in air pollution and hospital admissions of the elderly for respiratory disease. Thorax 50:531–538

102. Xu X, Wang L (1993) Association of indoor and outdoor particulate level with chronic respiratory illness. Am Rev Respir Dis 148:1516–1522

103. Hoek G, Brunekreef B (1993) Acute effects of a winter air pollution episode on pulmonary function and respiratory symptoms of children. Arch Environ Health 48:328–335

104. Schwartz J, Spix C, Wichmann HE, Malin E (1991) Air pollution and acute respiratory illness in five German communities. Environ Res 56:1–14

105. Dockery DW, Pope CA, Xiping X, et al. (1993) An association between air pollution and mortality in six U.S. cities. New Engl J Med 329:1753–1759

106. Pope III CA, Thun MJ, Namboodiri MM, Dockery DW, Evans JS, Speizer FE, Heath Jr, CW (1995) Particulate air pollution as a predictor of mortality in a prospective study of U.S. adults. Am J Respir Crit Care Med 151:669–674

107. von Mutius E, Martinez FD, Fritzsch C, et al. (1994) Prevalence of asthma and atopy in two areas of West and East Germany. Am J Respir Crit Care Med 149:358–364

108. Nowak D, Heinrich J, Jörres R, et al. (1996) Prevalence of respiratory symptoms, bronchial hyperresponsiveness and atopy among adults: West and East Germany. Eur Respir J 9: 2541–2552

109. Sackner MA, Ford D, Fernandez R, et al. (1978) Effects of sulfuric acid aerosols on cardio-pulmonary function of dogs, sheep, and humans. Am Rev Respir Dis 118:497–510

110. Koenig JQ, Pierson WE, Horike M (1983) The effects of inhaled sulfuric acid on pulmonary function in adolescent asthmatics. Am Rev Respir Dis 128:221–225

111. Utell MJ, Morrow PE, Speers DM, Darling J, Hyde RW (1983) Airway responsiveness to sul-fate and sulfuric acid aerosols in asthmatics. Am Rev Respir Dis 128:444–450

112. Avol EL, Linn WS, Shamoo DA, et al. (1990) Respiratory responses of young asthmatic volunteers in controlled exposures to sulfuric acid aerosol. Am Rev Respir Dis 142: 343–348

113. Utell MJ, Morrow PE, Hyde RW (1983) Latent development of airway hyperreactivity in human subjects after sulfuric acid aerosol exposure. J Aerosol Science 14:202–205

114. Utell MJ, Swinburne AJ, Hyde RW, et al. (1979) Airway reactivity to nitrates in normal and mild asthmatic subjects. J Appl Physiol 46:189–196

115. Utell MJ, Aquilina AT, Hall WJ, et al. (1980) Development of airway reactivity to nitrates in subjects with influenza. Am Rev Respir Dis 121:233–241

116. Jörres R, Magnussen H (1992) The effect of acid aerosols on airway responsiveness in asthmatics. J Aerosol Science 5:101–105

117. Frampton MW, Voter KZ, Morrow PE, et al. (1992) Sulfuric acid aerosol exposure in humans assessed by bronchoalveolar lavage. Am Rev Respir Dis 146:626–632

118. Godleski JJ, Sioutas C, Verrier RL, et al. (1997) Inhalation exposure of canines to concentrated ambient air particles. Am J Respir Crit Care Med 155:A246 (Abstract)

119. Ferin J, Oberdörster G, Penney DP (1992) Pulmonary retention of ultra-fine and fine particles in rats. Am J Respir Cell Mol Biol 6:535–542

120. Tepper JS, Lehmann JR, Winsett DW, Costa DL, Ghio AJ (1994) The role of surface complexed iron in the development of acute lung inflammation and airway hyperresponsiveness. Am J Respir Crit Care Med 149:A839

121. Jörres RA, Magnussen H (1997) Oxidative stress in COPD. Eur Respir Rev 43:131–135

122. Drechsler-Parks DM, Bedi JF, Horvath SM (1984) Interaction of peroxyacetyl nitrate and ozone on pulmonary functions. Am Rev Respir Dis 130:1033–1037

123. Aris R, Christian D, Sheppard D, Balmes JR (1991) The effects of sequential exposure to acidic fog and ozone on pulmonary function in exercising subjects. Am Rev Respir Dis 143:85–91

124. Hazucha MJ, Folinsbee LJ, Seal E, Bromberg PA (1994) Lung function response of healthy women after sequential exposures to NO_2 and O_3. Am J Respir Crit Care Med 150:642–647

125. Folinsbee LJ, Bedi JF, Horvath SM (1985) Pulmonary response to threshold levels of sulfur dioxide (1.0 ppm) and ozone (0.3 ppm). J Appl Physiol 58:1783–1787

126. Koenig JQ, Covert DS, Hanley QS, Van Belle G, Pierson WE (1990) Prior exposure to ozone potentiates subsequent response to sulfur dioxide in adolescent asthmatic subjects. Am Rev Respir Dis 141:377–380

127. Linn WS, Jones MP, Bailey RM, et al. (1980) Respiratory effects of mixed nitrogen dioxide and sulfur dioxide in human volunteers under simulated ambient exposure conditions. Environ Res 22:431–438

5.3 Innenraumschadstoffe

I. Gross, J. Heinrich und H. E. Wichmann

EINLEITUNG

Bereits vor über 100 Jahren hat Pettenkofer auf die Mißstände in Innenräumen hingewiesen und die Bedeutung reiner Luft in Wohnungen hervorgehoben [7]. Mit Verbesserung der hygienischen Situation im Wohnbereich des Menschen hat sich der Schwerpunkt der Diskussion über Zusammenhänge zwischen Luftschadstoffen und Erkrankungen zunächst auf die vom Menschen verursachte Luftverschmutzung der Außenluft konzentriert. In den letzten Jahren hat das Interesse an möglichen gesundheitlichen Belastungen in Innenräumen jedoch stark zugenommen. Gründe für die wachsende Aufmerksamkeit liegen vor allem darin, daß man in den 70er Jahren aus Gründen der Einsparung der Heizungsenergie begonnen hat, die Räume besser gegen die Außenluft abzuschirmen. Durch verringerten Luftaustausch wurde die Schadstoffkonzentration in Innenräumen erhöht. Außerdem wurden durch neuartige Baustoffe und eine ständig steigende Zahl an Haushalts- und Hobbyprodukten viele Substanzen im Innenraum freigesetzt. Entsprechend nahm die Zahl der Beanstandungen über eine schlechte Qualität der Innenraumluft zu, wobei hier nur auf die Substanzen Formaldehyd, ein Bestandteil von Klebern für Spanplatten, und das in Holzschutzmitteln enthaltene Pentachlorphenol und Lindan hingewiesen werden soll, die Anstoß zu größeren Untersuchungen gaben. Entscheidend für das große Interesse am Innenraum ist aber vor allem, daß ein großer Teil der Bevölkerung den überwiegenden Teil des Tages in Innenräumen, davon die meiste Zeit im Wohnbereich, verbringt. Für bestimmte Bevölkerungsgruppen (z. B. Kleinkinder und alte Leute) sind dies sogar 90 % und mehr [17].

Angesichts der Bedeutung der Innenraumschadstoffe soll dieses Kapitel einen Überblick über Schadstoffcharakteristika und -exposition geben. Im folgenden werden zunächst wichtige Quellen von Innenraumluftverunreinigungen dargelegt. Zur Untersuchung der Zusammenhänge zwischen Expositionsbedingungen und potentiellen Erkrankungen, ist im Rahmen einer epidemiologischen Untersuchung die Exposition zu quantifizieren. Folgend werden wichtige Innenraumschadstoffe hinsichtlich ihrer chemischen Eigenschaften, ihrer Verbreitung im Innenraum und ihrer Wirkungseigenschaften am Menschen beschrieben, wobei aufgrund der Komplexität der Schadstoffimmissionen hier kein Anspruch auf Vollständigkeit erhoben werden kann. Schließlich wird die Messung von Innenraumschadstoffen dargestellt. Wesentliche Aussagen werden abschließend zusammengefaßt.

Innenraum

Quellen von Innenraumluftverunreinigungen

Innenraumschadstoffe stammen aus den verschiedensten Quellen. Tabelle 1 zeigt eine Übersicht über die Herkunft der wichtigsten in verschiedener Weise emittierten Einzelsubstanzen und Substanzgruppen, die zu Verunreinigungen der Innenraumluft führen.

Außenluft

Durch Lüftungsvorgänge gelangt Außenluft ständig in den Innenraum, insbesondere durch das Öffnen der Fenster, aber auch über Fugen, feine Mauerrisse sowie über undichte Fenster und Türen. Selbst bei geschlossenen Fenstern findet in modernen, gut abgedichteten Gebäuden innerhalb von zwei Stunden einmal ein Luftaustausch statt (Luftwechselzahl 0,5). Eine wichtige Rolle für die Schadstoffbelastung in Innenräumen spielt die Außenluft vor allem dann, wenn sie stark verunreinigt ist, wie in verkehrsbelasteten Gebieten, in der Nähe von Gewerbebetrieben (Chemische Reinigungen, Lackierbetriebe usw.) oder unmittelbar angrenzenden Feuerungsstätten (Außenwandgasfeuerstätten).

Jahreszeitlich bedingte negative Einflüsse auf die Innenluft können auftreten, wenn austauscharme Wetterlagen („Smog") vorliegen. Gelangt Außenluft in den Innenraum, verringern Sorptionseffekte chemischer und physikalischer Art in der Regel die Substanzkonzentrationen.

Tabelle 1. Wichtige Quellen von Luftverunreinigungen in Innenräumen und die von ihnen hauptsächlich emittierten Verbindungen. Aus [17]

Quelle	Emittierte Verbindungen oder Verbindungsklassen
Äußere Umgebung	Übliche Außenluftverunreinigungen, Radon, flüchtige Verbindungen in der Bodenluft
Mensch und menschliche Aktivität	
– Mensch	Kohlendioxid, Wasserdampf, Körpergerüche
– Energieproduktion	Stickstoffoxide, Kohlenstoffoxide, flüchtige organische Verbindungen, Wasserdampf, Schwebstaub und höhersiedende organische Verbindungen (z. B. PAH)
– Rauchen	Wie Energieproduktion, ferner u. a. Nikotin, Nitrosamine
– Haushalts- und Hobbyprodukte	Flüchtige organische Verbindungen
Raumausstattung	
– Bau- und Renovierungsmaterialien	Flüchtige organische Verbindungen, Fungizide, Asbest und andere Fasern
– Einrichtungsgegenstände	Flüchtige organische Verbindungen

Ein Sonderfall einer von außen eindringenden Luftverunreinigung stellt das Edelgas Radon dar. Radon ist ein im Baugrund enthaltenes Gas, das durch Mauerrisse und Hohlräume zwischen Mauerwerk und durchlaufenden Rohrleitungen ins Gebäude gelangt und daher im Innenraum in höheren Konzentrationen als in der Außenluft zu finden ist [17].

Mensch und menschliche Aktivitäten

Der Mensch selbst, der Kohlendioxid und Wasserdampf ausatmet, durch die Transpiration über die Haut ebenfalls Wasserdampf abgibt und eine Vielzahl von Stoffwechselprodukten und Geruchsstoffen ausscheidet, ist eine Quelle für Luftverunreinigungen. Überwiegend werden aber Luftverunreinigungen nicht durch den Menschen, sondern durch seine vielfältigen Aktivitäten verursacht. So führt die Erzeugung von Energie zum Kochen und Heizen zum Auftreten hoher Schadstoffkonzentrationen, wobei als wichtigste Quelle der gasbetriebene Kochherd anzusehen ist. Das Brennen der Gasflammen bringt kurzfristige Spitzenbelastungen mit Verbindungen aus unvollständigen Verbrennungen mit sich. Neben anorganischen Verbrennungsabgasbestandteilen (Kohlenstoffoxide, Stickstoffoxide) sind dies insbesondere flüchtige organische Verbindungen. Die unvollständige Verbrennung führt außerdem zum Auftreten von schwerflüchtigen organischen Verbindungen, z. B. polyzyklischen aromatischen Kohlenwasserstoffen, die an Staubteilchen gebunden werden.

Die Hauptursache für schlechte Luft in Innenräumen ist oftmals Tabakrauch. Tabakrauch stellt ein komplexes Gemisch von gas- und partikelförmigen Schadstoffen dar.

Die Menge der im Innenraum verwendeten Haushalts- und Hobbyprodukte macht es unmöglich, alle Bestandteile aufzulisten. Bedeutsam sind vor allem flüchtige organische Verbindungen aus den Klassen der reinen und halogenierten Kohlenwasserstoffe, Aldehyde und Ester [17].

Raumausstattung

Im Gegensatz zu menschlichen Aktivitäten, die häufig zu einer kurzfristig erhöhten Schadstoffbelastung im Innenraum führen, bedingen Baumaterialien und mit der Bausubstanz fest verbundene Quellen, wie Tapeten, Teppiche, Farbanstriche sowie Einrichtungsgegenstände oft eine langandauernde kontinuierliche Abgabe von chemischen Verbindungen in die Raumluft. Insbesondere Formaldehyd spielt hier eine wichtige Rolle. Formaldehyd ist ein Hauptbestandteil der zur Herstellung von Spanplatten verwendeten Harnstoff-Formaldehyd-Harze und wird aus den zum Haus- oder Möbelbau eingesetzten Spanplatten freigesetzt. Neben Formaldehyd ist vor allem in neuen Gebäuden eine Vielfalt flüchtiger organischer Verbindungen zu beobachten. Diese treten insbesondere in den ersten Wochen in hohen Konzentrationen auf, die um ein vielfaches über denjenigen liegen, die vom Standpunkt der Umweltmedizin aus wünschenswert wären. Auch schwerer flüchtige organische Verbindungen werden in die Innenraumluft abgegeben, wenngleich meist in geringeren Konzentrationen. Zu dieser Gruppe gehören u. a. bestimmte Fungizide, die entweder als Bestandteile von

Holzschutzmitteln oder aber als Konservierungsstoffe, speziell für wasserlösliche Farben, eingesetzt werden. Unter den reinen Baumaterialien ist es vor allem Asbest in seiner Form als Spritzasbest, der für den Innenraum bedeutsam ist. Auch wenn die Anwendung von Spritzasbest bereits 1979 untersagt wurde, wird es noch Jahre dauern, bis alle damit ausgestatteten Gebäude saniert sind [17].

Die unterschiedlichen Lebensgewohnheiten der Menschen bedingen eine komplexe Abschätzung der tatsächlichen Exposition insbesondere bei intermittierenden Quellen. Nur anhand von Schadstoffmessungen lassen sich genaue Aussagen über Innenraumluft-Konzentrationen treffen.

Expositionsabschätzung

Für eine validierte Bestimmung gesundheitlicher Wirkungen der Innenraumschadstoffe ist die Exposition der Probanden zu quantifizieren. Die „individuelle Exposition" bezieht sich dabei auf den Schadstoffkontakt der Person, der durch Ingestion, Hautaufnahme und/oder Inhalation des Stoffes erfolgt. Die Expositionsbestimmung ist für den Innenraum erheblich aufwendiger als für die Außenluft, wo Immissionsmessungen für eine größere Personenzahl repräsentativ sind.

Das Ausmaß der individuellen Schadstoffbelastung ist einerseits von der Schadstoffkonzentration an den verschiedenen Aufenthaltsorten, andererseits von der jeweiligen Aufenthaltsdauer abhängig. Die Gesamtexposition für das Individuum ist gleich der Summe aller zeitgewichteten Expositionen an den verschiedenen Stellen. Um eine Vergleichbarkeit der Meßdaten aus unterschiedlichen Untersuchungen zu erreichen, sind für repräsentative Schadstoffmessungen verfügbare Meßvorschriften in Innenräumen zu verwenden.

Beim individuellen Monitoring der Schadstoffexposition lassen sich zwei grundsätzliche Methoden unterscheiden, die direkte und die indirekte Methode. Die direkte Methode verwendet Sammler, die von den Probanden direkt am Körper getragen werden. Die Anwendung dieser Methode ist arbeitsintensiv und zeitaufwendig, außerdem stehen nicht für alle Schadstoffe Monitore zur Verfügung. Verwendet wurde dieses Verfahren in einer Reihe amerikanischer Studien in Verbindung mit den total exposure assessment methodology (TEAM)-Studien der Environmental Protection Agency (EPA) [6, 22]. Die zweite Methode läuft über detaillierte Messungen an den wichtigsten Aufenthaltsorten der Probanden. Zusätzlich wird ein Zeit-Aktivitäts-Tagebuch geführt und mittels eines mathematischen Modells die Exposition aus den gemessenen Konzentrationen und den dokumentierten Aufenthaltszeiten unter Berücksichtigung der körperlichen Aktivität berechnet [6, 22, 23].

Schadstoffe, die nicht nur von außen in Kontakt mit Körperoberflächen treten, sondern aufgenommen werden, lassen sich auch durch Biomonitoring quantifizieren. Dabei werden Proben aus Blut, Urin bzw. ausgeatmeter Luft genommen und im Hinblick auf Schadstoffe oder ihre Metabolite analysiert. Durch Biomonitoring ist es möglich, die aufgetretene „innere Exposition" direkt zu quantifizieren, statt die „äußere Exposition" abzuschätzen. Mittels dieser

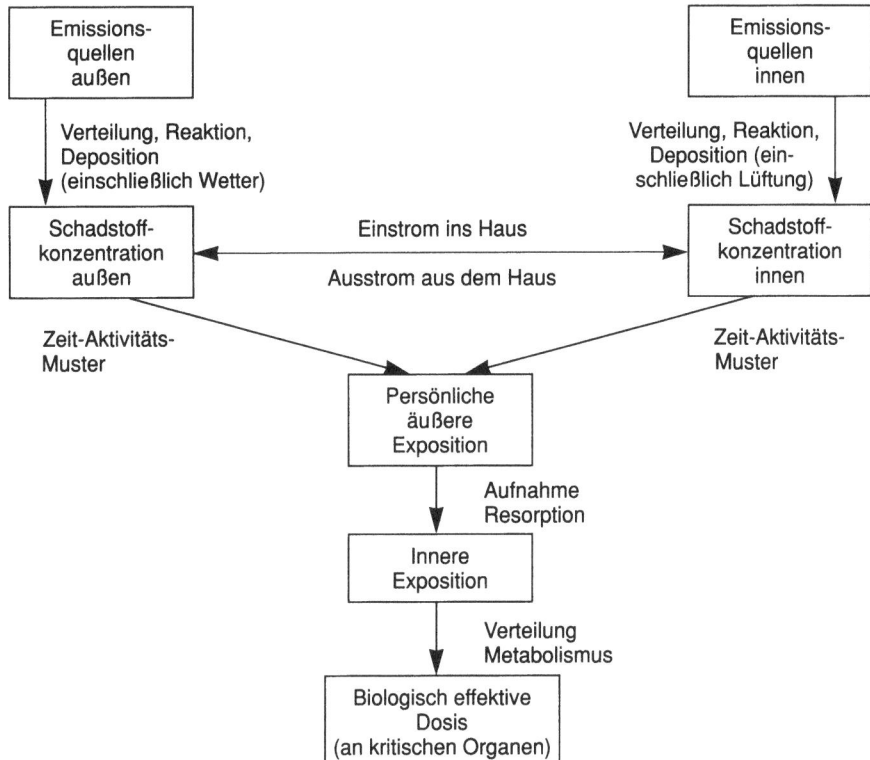

Abb. 1. Vorgehensweise bei der Expositionsabschätzung. Aus [23]

Methode ist jedoch nicht feststellbar, auf welchem Aufnahmepfad und aus welcher Quelle der Schadstoff in den Körper gelangt ist [23]. Abbildung 1 zeigt ein Schema zur allgemeinen Vorgehensweise bei der Expositionsabschätzung.

Innenraumschadstoffe

Zu den Schadstoffkomponenten, die auf die Atemwege einwirken, gehören im wesentlichen anorganische Gase, organische Komponenten sowie Staub und Staubinhaltsstoffe.

Anorganische Gase

Stickstoffdioxid

Stickstoffdioxid ist eine der wichtigsten Komponenten der Innenraumbelastung. Gasförmiges Stickstoffdioxid (NO_2) ist ein stechend riechendes, starkes Oxidationsmittel mit rotbrauner Färbung. Bei Verbrennungsvorgängen wird überwiegend Stickstoffmonoxid (NO) emittiert, das durch Luftsauerstoff zu Stickstoffdioxid (NO_2) oxidiert wird.

NO_2 ist primär ein Schadstoff der Außenluft, der in erster Linie durch Verkehr sowie Kraft- und Fernheizwerke emittiert wird. In Wohnungen ohne Innenraumquellen wird NO_2 in der Regel als Indikatorsubstanz für in Wohnungsnähe freigesetzte Kfz-Abgase angesehen. NO_2-Emissionen in Innenräumen sind vergleichsweise niedrig, dennoch kann es aber beim Vorhandensein von Innenraumquellen durch das wesentlich geringere Raumvolumen zu Schadstoffanreicherungen bzw. höheren Konzentrationen kommen. Als Quellen für Luftverunreinigungen mit NO_2 in Innenräumen gelten die Warmwasseraufbereitung durch Gas, das Heizen mit fossilen Brennstoffen sowie das Kochen mit Gas und das Zigarettenrauchen.

Im Rahmen einer 1994 durchgeführten Untersuchung wurden mit Hilfe von Passivsammlern NO_2-Messungen in 20 Wohnungen an verschiedenen Beprobungsorten über eine Probenahmedauer von einer Woche durchgeführt [1]. Dabei zeigte sich, daß in Wohnungen mit Gasbenutzung die NO_2-Konzentrationen deutlich höher waren als in Wohnungen, wo kein Gas benutzt wurde. Außerdem zeigte sich, daß die Belastung innerhalb einer Wohnung in Abhängigkeit von den Schadstoffquellen stark zwischen den einzelnen Räumen variierte. In der Küche wurden ohne Gasbenutzung viele Werte unterhalb der Nachweisgrenze gefunden, bei Gasbenutzung wurden dort Spitzenkonzentrationen von über 50 $\mu g/m^3$ gemessen. In der Außenluft waren die NO_2-Konzentrationen höher als in Wohn- und Schlafzimmern. Abbildung 2 stellt die Mittelwerte der NO_2-Konzentrationen und 95%-Konvidenzintervalle an den verschiedenen Beprobungsorten in Abhängigkeit von der Gasbenutzug dar.

Stickstoffdioxid ist ein Reizgas, das in die Bronchien inhaliert wird, dort oxidativen Streß verursacht und primär die Schleimhäute der Atemwege angreift. Aufgrund seiner geringen Wasserlöslichkeit dringt es in tiefere Lungenabschnitte vor, wobei 80 bis 90% des inhalierten Gases im Atemtrakt absorbiert werden [13].

NO_2 zeigt in zahlreichen Studien Zusammenhänge mit Asthmasymptomen und -erkrankungen und bronchialer Hyperreagibilität. Die Ergebnisse epidemiologischer Studien sind jedoch häufig nicht konsistent [24].

Kohlenmonoxid

Kohlenmonoxid (CO) ist ein farb-, geruch- und geschmackloses Gas, das vom Menschen selbst in toxischen Konzentrationen nicht wahrnehmbar ist. Es entsteht bei der unvollständigen Verbrennung von Kohlenstoff und kohlenstoffhaltigen Verbindungen, vor allem von fossilen Brennstoffen wie Kohle, Öl, Benzin und Holz. Wichtige Emissionsquellen in Innenräumen sind Herde, Öfen sowie das Tabakrauchen. Die CO-Konzentrationen im Innenraum sind häufig höher als die in der Außenluft, insbesondere in Kraftfahrzeuginnenräumen. Jahreszeitliche und bestimmte meteorologische Einflüsse (Inversionswetterlagen) und vor allem der Verkehr tragen über den Einfluß der Außenluft zu erhöhten CO-Werten bei.

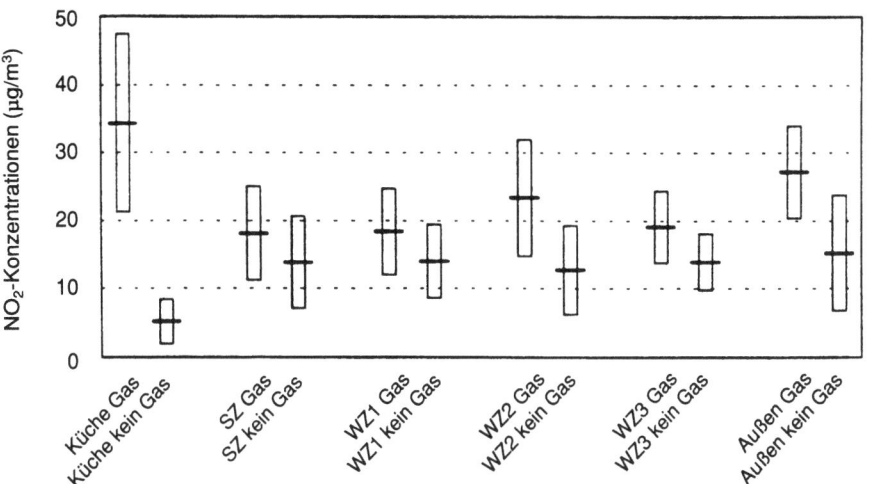

Abb. 2. Mittelwerte der NO_2-Konzentrationen und 95%-Konvidenzintervalle in Abhängigkeit von der Gasbenutzung (SZ: Schlafzimmer, WZ1–3: Wohnzimmer, Meßhöhe 0,7 m, 1,2 m und 2 m). Aus [1]

Die schädliche Wirkung von Kohlenmonoxid gründet sich auf die hohe Affinität des roten Blutfarbstoffes (des Hämoglobins) für dieses Gas, die beim Menschen etwa 250fach höher liegt als für den Sauerstoff. Dadurch wird der Sauerstoff verdrängt. Die CO-Bindung an Hämoglobin ist jedoch reversibel, somit wird Kohlenmonoxid nach Beendigung der Exposition wieder durch Sauerstoff ersetzt. Die Wirkung des Schadstoffs wird bestimmt durch die Menge des an das Hämoglobin gebundenen CO. Aufgrund des Wirkungsmechanismus des Schadstoffes sind vor allem Organsysteme mit hohem Sauerstoffbedarf, wie Herz, Zentralnervensystem und arbeitende Muskeln, von erhöhten CO-Konzentrationen betroffen. Kurzdauernde experimentelle CO-Expositionen gesunder Personen zeigen, daß CO-Hämoglobinanteile von etwa 2,5–5% zu ersten Beeinträchtigungen bei Leistungsprüfungen führen können [13, 23].

Kohlendioxid

Kohlendioxid (CO_2) kommt zu 0,03 bis 0,04 Vol.% in der Frischluft und zu 3–4 Vol.% in der Ausatemluft des Menschen vor. Bei akuten Vergiftungsfällen, z.B. durch Gasbadeöfen, handelt es sich häufig um Kombinationen der Wirkungen von CO_2 und CO.

Sehr hohe CO_2-Konzentrationen, die in Innenräumen gewöhnlich nie erreicht werden, verursachen Kopfschmerzen, Ohrensausen, Blutdruckanstieg, psychische Erregung, Schwindel und Benommenheit. Epidemiologische Untersuchungen über die Wirkung von CO_2 auf Lungenfunktion und Atemwege liefern unterschiedliche Aussagen [24].

Organische Komponenten: Leichtflüchtige organische Verbindungen

Unter dem Begriff „flüchtige organische Verbindungen" (VOC) wird eine Vielzahl von Stoffen zusammengefaßt, deren Art und Herkunft sehr heterogen ist. Die quantitativ bedeutendsten Vertreter sind z. B. niedermolekulare Kohlenwasserstoffe, Alkohole (z. B. Ethanol, Butanol, Butylglykol), Aromate (Ethylbenzol, Toluol, Xylol), Ester (Butylacetat, Ethylacetat) und Ketone (Aceton, 2-Butanon). Die individuelle Exposition ist hauptsächlich bestimmt durch Innenraumquellen, wie Baumaterialien, Konsumgüter und menschliche Aktivitäten, Emissionen flüchtiger Kohlenwasserstoffe sind außerdem das Ergebnis einer unvollständigen Verbrennung. Bei Renovierungen wurden auch erhebliche Konzentrationsanstiege für VOC aus den verschiedenen Klassen beobachtet, die etwa 4 – 6 Wochen nach Beendigung der Renovierungsarbeiten wieder die ursprüngliche Höhe erreichen [17]. VOC können in Abhängigkeit von der Art des Lösemittels, der Konzentration und der Expositionsdauer akute gesundheitliche Wirkungen, wie Haut- und Schleimhautreizungen, Kopfschmerzen und Übelkeit (sick building syndrome), oder chronische Wirkungen sowie teilweise Krebs hervorrufen.

Unter der Gruppe der leichtflüchtigen organischen Verbindungen werden im folgenden Formaldehyd, Benzol und halogenierte Kohlenwasserstoffe detaillierter beschrieben.

Formaldehyd

Wenige Luftschadstoffe haben in den letzten 20 Jahren mehr Anlaß zu öffentlichen und wissenschaftlichen Diskussionen gegeben als Formaldehyd. Ende der 70er Jahre häuften sich Berichte über gesundheitschädliche Wirkungen bei Bewohnern von mit formaldehydhaltigen Isolierungen ausgestatteten Häusern. Die wichtigsten Formaldehydquellen sind die Raumausstattung, insbesondere Spanplatten, außerdem Lacke, Farben, Holzschutzmittel, Zigarettenrauchen sowie das Heizen und Kochen mit Holz und Gas. Das in Innenräumen freigesetzte Formaldehyd kann zu deutlich höheren Konzentrationen führen als sie selbst emittentennah in der Außenluft gemessen werden. Im Gegensatz zur Außenluft spielen in Innenräumen photochemische Abbauprozesse keine Rolle. Formaldehyd ist ein farbloses Reizgas mit stechendem Geruch, das in höheren Konzentrationen zu Reizungen von Augen und Nase führt. Allergische Reaktionen vom Soforttyp I im Bereich der Atemwege sind nicht sicher belegt. Obwohl auch positive bronchiale Provokationsstudien vorliegen, ließ sich in anderen Untersuchungen kein derartiger Zusammenhang zeigen. Für die chronische Einwirkung bei beruflicher Formaldehydexposition wurde früher angenommen, daß sie Atemfunktionsstörungen hervorrufen kann. Die vorliegenden Arbeiten liefern jedoch für diese Konzentrationsbereiche (0,05 – 3 mg/m^3) keine klaren Hinweise darauf. Aufgrund tierexperimenteller und epidemiologischer Untersuchungsergebnisse bestehen begrenzte Anhaltspunkte für eine kanzerogene Wirkung von Formaldehyd beim Menschen [8].

Benzol

Benzol ist der einfachste aromatische Kohlenwasserstoff. Es ist vor allem durch Emissionen aus dem zunehmenden Kraftfahrzeugverkehr in den Vordergrund des öffentlichen Interesses getreten.

Die Benzolbelastung im Innenraum stammt zum Teil von außen, zusätzlich aus Renovierungsarbeiten sowie aus der Verwendung von Lacken und Lösemitteln. Relativ hohe Benzol-Konzentrationen enthält der Zigarettenrauch. Er stellt eine bedeutende Belastungsquelle für Raucher dar, deren Benzol-Aufnahme auf 10 bis 30 µg pro Zigarette geschätzt wird. Nach Angaben des Bundesgesundheitsamtes sind etwa 7 % der Gesamtzufuhr von Benzol auf das Passivrauchen zurückzuführen. Eine 1994 durchgeführte Studie [15] untersuchte die Variabilität der Benzolkonzentrationen in 20 Wohnungen und zeigte, daß sich die Mediane der über eine Woche gemittelten Benzolwerte an verschiedenen Beprobungsorten (in 2 m Höhe) in den Räumen teilweise signifikant unterschieden. In der Küche wurden die höchsten, in der Außenluft die niedrigsten Konzentrationen ermittelt (vgl. Abb. 3). Mit steigender Höhe der Meßpunkte wurde im Wohnzimmer eine leichte, aber statistisch nicht signifikante Konzentrationszunahme von Benzol gemessen.

Bei chronischer Benzolexposition wurden myelotoxische, leukämogene und chromosomenschädigende Wirkungen am Menschen beobachtet. Die Symptome akuter sowie chronischer Benzolintoxikationen sind in der Regel nur bei sehr hohen Konzentrationen zu finden wie sie in Innenräumen nicht auftreten. Es

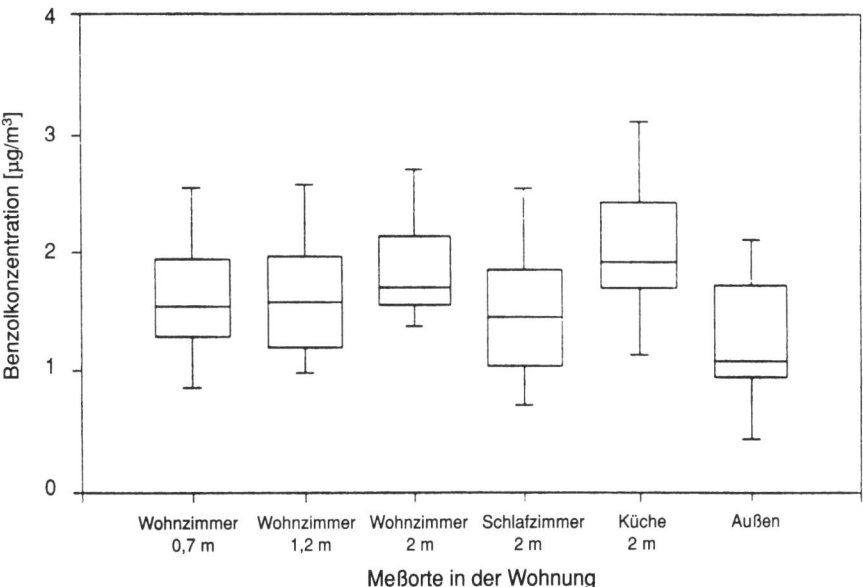

Abb. 3. Boxplots der Benzolkonzentrationen an den verschiedenen Meßorten in Erfurter Wohnungen, Balken = 10–90 Perzentil, Kasten = 25–75 Perzentil, dazwischen Median. Aus [15]

bestehen aber Hinweise darauf, daß bei Benzol-Exposition am Arbeitsplatz sowie bei Rauchern ein erhöhtes Leukämierisiko besteht [2].

Leichtflüchtige halogenierte Kohlenwasserstoffe

Halogenierte Kohlenwasserstoffe werden beim Einsatz von Verbrauchsprodukten in Innenräumen freigesetzt. So sind Verbindungen wie Tri-, Tetrachlorethen oder Methylenchlorid in Fleckenentfernern oder Abbeizmitteln enthalten. Diese wirken bei akuter Vergiftung überwiegend narkotisch, bei chronischer Exposition wird über Müdigkeit, neurologische Störungen, Zentralnervensystem-, Leber- und Herzmuskelschädigungen berichtet [24].

Organische Komponenten: Schwerflüchtige organische Verbindungen

Unter den schwerflüchtigen organischen Verbindungen im Innenraum seien hochmolekulare halogenierte Kohlenwasserstoffe, wie Pentachlorphenol und polychlorierte Biphenyle (PCB), und polyzyklische aromatische Kohlenwasserstoffe erwähnt. Letztere werden im folgenden genauer betrachtet.

Polyzyklische aromatische Kohlenwasserstoffe

Bei der unvollständigen Verbrennung organischer Materialien entstehen unter Sauerstoffmangel Gemische, die polyzyklisch aromatische Kohlenwasserstoffe (PAH) und aromatische Heterozyklen enthalten. PAH sind in geringen Konzentrationen in der Umwelt verbreitet und gelangen z. B. durch Hausbrandemissionen und Tabakrauch in Innenräume. Sie treten oft in kondensierter Form an der Oberfläche partikelförmiger Emissionen auf und bestimmen damit das von den Emissionen ausgehende Wirkungspotential. Am besten bekannt, analysiert und auf biologische Wirkungen untersucht von den vielen hundert Stoffen aus der Gruppe der PAH ist das Benzo(a)pyren.

Die wichtigste biologische Wirkungsqualität der PAH ist ihr kanzerogenes Potential. Trotz ihrer chemischen Strukturähnlichkeit besitzen die verschiedenen PAH auf der Skala der kanzerogenen Potenz ein sehr breites Spektrum, das von „nicht nachweisbar" (z. B. Benzo[e]pyren) bis zu „sehr stark" (z. B. Benzo[a]pyren) reicht. Epidemiologische Untersuchungen ergaben eine erhöhte Häufigkeit an bösartigen Tumoren der Atemwege bei Arbeitnehmern, die in Kokereien oder als sog. Gasarbeiter auf oder neben den Öfen beschäftigt waren und darüber hinaus bei Teer verarbeitenden Dachdeckern. Das Lungenkrebsrisiko durch Kokereiabgas wird nach gegenwärtigem Wissensstand weitgehend durch die darin enthaltenen PAH verursacht [10].

Staub und Staubinhaltsstoffe

Bei Schwebstaub interessiert neben der Korngrößenverteilung auch dessen Inhaltsstoffe. Vor allem organische Komponenten, wie polychlorierte Dibenzo-

dioxine und -furane, polyzyklische aromatische Kohlenwasserstoffe und polychlorierte Biphenyle, sowie faserige Stäube können sich an Schwebstaub
anlagern. Innenraumstäube werden als besonders gesundheitsschädlich angesehen, wenn sie starke Beimengungen von Tabakrauch enthalten.

Passivrauchen

Tabakrauch in der Raumluft (ETS = Environmental tabacco smoke) enthält eine
Vielzahl von Verbrennungsgasen wie NO_2, CO, Formaldehyd sowie Rauch-
partikel und komplexe organische Verbindungen. Tabakrauch setzt sich aus
dem Nebenstromrauch und dem extrahierten Hauptstromrauch des Rauchers
zusammen. Der beim Ziehen an der Zigarette erzeugte und zunächst vom Raucher über das Mundstück aufgenommene Hauptstromrauch entsteht bei sehr
hohen Temperaturen (bis zu 900 °C). Die nicht in den Atemwegen des Rauchers
resorbierten Inhaltsstoffe des Hauptstromrauchs werden vom Raucher wieder
exhaliert und vermischen sich in der Raumluft mit dem volumenmäßig be-
deutenderem Nebenstromrauch, der durch Glimmen der Zigarette bei 400 °C
entsteht. Aufgrund der unterschiedlichen Verbrennungstemperaturen unterscheidet sich die Zusammensetzung von Haupt- und Nebenstromrauch quantitativ und qualitativ. Als tabakrauchspezifische Verbindung ist Nikotin anzusehen.

Von großer Bedeutung sind die Folgen einer chronischen Tabakrauchexposition, die Reizungen der Augen und der oberen Atemwege, Herz-Kreislauf-
Erkrankungen und vor allem Lungenkrebs hervorrufen kann. In mehreren
bevölkerungsbezogenen Querschnittstudien mit Kindern zeigte sich ein signifikant erhöhtes Auftreten von Asthma oder eine erhöhte Empfindlichkeit der
Atemwege, wenn mindestens ein Elternteil – insbesondere die Mutter – raucht.
In mehreren dieser Studien konnte eine positive Dosis-Wirkungs-Beziehung
zwischen dem Grad des Passivrauchens (Zahl der Zigaretten und Anzahl der
Raucher) und diesen Krankheiten nachgewiesen werden [23].

Asbest

Asbest ist ein Kollektivbegriff für natürlich vorkommende faserförmige Silikate,
die aufgrund ihrer enormen Widerstandsfähigkeit gegen Hitze und korrodie-
rende Einflüsse weltweit industriell verarbeitet werden und in Baumaterialien
für Isolierzwecke und als Brandschutz eingesetzt werden. Man unterscheidet
z. B. Serpentinasbeste wie Chrysotil, die mit 93 % den überwiegenden Anteil stellen, und Amphibolasbeste wie Krokydolith, Amosit, Antophyllit oder Tremolit.
Die Asbestfaser verursacht im Gewebe sowohl eine physikalische als auch eine
chemische Form der Reizung. Am gefährlichsten ist zweifellos Krokydolith, auch
Blauasbest genannt. Asbest kann Lungenkrebs und Mesotheliome verursachen,
in höheren Konzentrationen auch Asbestose. Ein Lungenkrebsrisiko durch
Asbest ist vor allem bei Rauchern nachweisbar [24].

Weitere Innenraumschadstoffe

Innenraumallergene

In der Innenraumluft ist eine Vielzahl von Allergenen anzutreffen, die entsprechend ihrer antigenen Potenz zu Sensibilisierungen des Menschen im Bereich der Atemwege führen können. Die wichtigsten Innenraumallergene sind allergene Proteine von Hausstaubmilben, Haustieren und Küchenschaben. Hausstaubmilben sind 0,3 mm lange Tierchen, deren wichtigste Vertreter die Dermatophagoides pteronyssinus (Der p 1) und die Dermatophagoides farinae (Der p 1) sind. Sie befinden sich im Bodenstaub, auf Polstermöbeln und auf Matratzen und ernähren sich von Hautschuppen und anderen organischen Materialien im Staub. Sie vermehren sich optimal bei feucht-warmen Umgebungsbedingungen oberhalb 20 °C und 75% Luftfeuchtigkeit. Durch die Haltung von Haustieren, insbesondere von Katzen und Hunden ist eine Sensibilisierung gegen Tierantigene weit verbreitet. Das Majorallergen der Katze (Fel d 1) und des Hundes (Can f 1) findet sich hauptsächlich im Fell und im Speichel der Tiere. Diese sind in Staubproben in der Mehrzahl der Wohnungen nachweisbar, bedingt durch den Passivtransport mit der Kleidung auch in Wohnungen ohne Tiere. Unter den Insekten als potentielle Auslöser von Inhalationsallergien sind hauptsächlich die Kakerlaken zu nennen. In gemäßigten Klimazonen ist die Blattella germanica (Bla g 1) weit verbreitet, deren Allergene vor allem in Küchen und Abstellkammern gefunden werden. Für Gruppe I-Milben wird als Schwellenkonzentration für eine Sensibilisierung 2 µg/g Staub und als Risikofaktor für akute Asthmaattacken 10 µg/g Staub angegeben [9], für Katzenallergene eine Sensibilisierungsschwelle von 8 µg/g. Schwellenkonzentrationen für Can f 1 und Bla g 1 lassen sich bisher nicht angeben [23].

Schimmelpilzsporen sind weitere bedeutsame Allergene im Innenraum. Die wichtigsten sind Alternaria, Aspergillus, Cladosporium und Penicilium. Ausreichende Temperatur- und Feuchtigkeitswerte sind Voraussetzung für das Schimmelpilzwachstum und die Sporenverbreitung. Diese Bedingungen sind vor allem da zu finden, wo sich aufgrund von baubedingten Isolationsmängeln oder mangelnder Lüftung Wasser ansammelt, z.B. in Kellern, Duschen und Klimaanlagen.

Neben den beschriebenen Innenraumallergenen, die nach dem derzeitigen Wissensstand als die wichtigsten anzusehen sind, sind die Pollen zu nennen, die von außen durch offene Fenster oder über die Kleidung ins Wohnungsinnere eindringen können.

Im Innenraum binden sich die Allergene an Schwebstäube und gelangen über die Atemwege in den menschlichen Organismus, wo sie zu allergenbedingten Entzündungsreaktionen führen können. Einen guten Überblick über Verbreitung, Nachweis und gesundheitliche Auswirkungen von Innenraumallergenen geben mehrere Übersichtsarbeiten [4, 9, 23].

Radon

Radon 222 ist ein natürlich und ubiquitär vorkommendes radioaktives Edelgas. Es entsteht durch den Zerfall von Radium 226, das in natürlichen Gesteinen und im Boden durch den Zerfall von Uran vorkommt. Radon gelangt als inertes Gas über Risse und andere Undichtigkeiten in der Gebäudehülle ins Gebäudeinnere. Es zerfällt unter Freisetzung von Alphastrahlung mit einer Halbwertszeit von knapp 4 Tagen in eine Reihe kurzlebiger Zerfallsprodukte. Die beiden Zerfallsprodukte Polonium 218 und Polonium 214 setzen ebenfalls Alphateilchen frei. Sie können ungebunden oder an Aerosolteilchen angelagert in die Lunge gelangen. Beim Einatmen von Radon verbleibt das Edelgas selbst nicht im Atemtrakt, die Zerfallsprodukte werden aber teilweise auf den Oberflächen der bronchialen und alveolären Epithelien abgelagert, wo Alphastrahlung freigesetzt wird. Einen Nachweis über ein erhöhtes Lungenkrebsrisiko bei der Exposition gegenüber Radon und seinen Zerfallsprodukten erbrachten epidemiologische Untersuchungen an Bergarbeitern, unterstützt durch tierexperimentelle Beobachtungen [21].

Da Radon hauptsächlich aus dem Boden kommt, nehmen im allgemeinen die Konzentrationen in den Innenräumen zu den höheren Geschossen hin ab. Die in der Bundesrepublik Deutschland 1985 in etwa 6000 repräsentativ ausgewählten Räumen gemessenen und über drei Monate hinweg gemittelten Medianwerte der Radonkonzentrationen betrugen 40 Bq/m³ [14]. Allen bisherigen Abschätzungen zufolge ist Radon in Wohnungen der wichtigste umweltbedingte Risikofaktor für Lungenkrebs. Laut einer Schätzung sind im Mittel 7% der Lungenkrebstoten in den westlichen Bundesländern auf die Radonbelastung in Innenräumen zurückzuführen [19].

Messung der Innenraumschadstoffe

Die in diesem Abschnitt zunächst beschriebenen Vorgehensweisen und Methoden beschränken sich vorwiegend auf chemische Luftschadstoffe, während sie für Schadstoffe z.B. mikrobieller Art nur teilweise Gültigkeit haben. Im Gegensatz zu Außenluftuntersuchungen wird die Innenraumluftqualität wegen der Vielzahl der Quellen und Stoffe und der starken Geräuschentwicklung der verfügbaren Meßgeräte im allgemeinen nicht kontinuierlich überwacht. Für die meisten Messungen werden daher diskontinuierliche Verfahren unter aktiver und passiver Probenahme eingesetzt. Die Aktivprobenahme eignet sich sowohl für kurze als auch – bei entsprechender Verringerung des Luftdurchsatzes – für längere Meßzeitintervalle, die Passivprobenahme meist nur für Langzeitmessungen. In der Praxis wird die passive Probenahme häufig genutzt. Die Passivsammler arbeiten überwiegend nach dem Diffusionsprinzip und sind sowohl für den stationären als auch für den personengebundenen Gebrauch geeignet.

Die Durchführung der Messungen erfordert einen Meßplan, in dessen Rahmen zu überlegen ist, wozu, wann, wo, wie oft und über welche Dauer Proben zu nehmen sind. Eine detaillierte Beschreibung der für die Meßplanung zu beachtenden Punkte wurde im Rahmen der Europäischen Konzertierten Aktion

„Indoor Air Quality and its Impact on Man" [16] erarbeitet. Wichtige Parameter für die Wahl des Zeitpunktes der Messung und die Dauer der Probenahme sind Luftwechsel, Temperatur und relative Feuchte sowie Wirkungseigenschaften der zu untersuchenden Substanz, die Emissionscharakteristik der Quelle und die Nachweis- und Bestimmungsgrenze des Analyse-Verfahrens. So ist die Erfassung der Emissionen einer nur kurzzeitig emittierenden Quelle (z. B. NO_2 aus dem Betrieb von Gasherden) nur mit einer Kurzzeitmessung sinnvoll, während langfristig emittierende Quellen (z. B. Formaldehyd aus Spanplatten) besser mit Langzeitmessungen zu erfassen sind [20]. Als geeignete Stelle für die Probenahme wird im allgemeinen die Mitte des Raumes – in der Regel Wohn- oder Schlafzimmer – in 1,5–2 m Höhe angesehen.

Im Gegensatz zu Luftverunreinigungen chemischer Art läßt sich die Belastung eines Raumes durch Innenraumallergene am besten über Antigenbestimmungen im sedimentierten Hausstaub ermitteln, obwohl der inhalative Allergenkontakt der Bewohner für deren Allergisierung im Vordergrund steht. Die Messung von Aeroallergenen ist aber technisch aufwendiger und liefert nur Momentanwerte, die zur Charakterisierung der mittleren Exposition ungeeignet sind. Statt dessen wird der Hausstaub mit Hilfe eines Staubsaugers in standardisierter Weise, üblicherweise in einer festgelegten Zeit von 2 Minuten auf einer Fläche von 1 m² gesammelt, aufbereitet und der Allergengehalt in Einheiten pro Gramm Staub bzw. pro m² abgesaugter Fläche angegeben. Zur Staubsammlung werden textile Beläge in Wohn- und Schlafzimmer und auf Matratzen, je nach Fragestellung z. B. auch in Küchen oder Schulen, abgesaugt [23]. Neben der aktiven Staubsammlung besteht die Möglichkeit zur passiven Staubsammlung durch die Aufstellung von Staubbechern, wo sich der Hausstaub über einen längeren Zeitraum ablagert. Dieses Verfahren wird in der Regel zur Bestimmung der Schwermetallkonzentrationen im Hausstaub angewandt, die aber in Bezug auf den inhalativen Schadstoffkontakt kaum eine Rolle spielen.

ZUSAMMENFASSUNG

Luftschadstoffe als auslösende Faktoren einer unspezifischen Atemwegserkrankung (chronische Bronchitis, Emphysem) oder als Wegbereiter einer allergischen Erkrankungsmanifestation sind in den letzten Jahren zunehmend ins Blickfeld gerückt. Aufgrund der langen Aufenthaltsdauer in Innenräumen wird den Luftverunreinigungen dort eine besondere Bedeutung beigemessen. Sie entstammen einer Vielzahl von Quellen, wobei insbesondere die Außenluft, der Mensch selbst, der neben Kohlenstoffdioxid auch Geruchsstoffe in die Raumluft abgibt, und Bauprodukte im weitesten Sinne zu nennen sind. Darüber hinaus spielen Ausstattungsgegenstände und eine Reihe von Aktivitäten des Menschen, z. B. Heizen und Kochen, der Einsatz von Haushalts- und Hobbyprodukten und vor allem das Rauchen eine wichtige Rolle.

Aufgrund der Vielzahl möglicher Quellen in der Außen- sowie in der Innenluft sind Konzentrationsunterschiede zwischen Außen- und Innenluft sowie innerhalb der Gebäude sehr deutlich. Formaldehyd und flüchtige organische Verbindungen treten in fast allen Innenräumen in Konzentrationen auf, die weit über denen der Außenluft liegen. Innenraumallergene, wie Hausstaubmilben, Tierepithelien, Kakerlaken und Schimmelpilze sind potentielle Auslöser allergischer Erkrankungen. Teilweise lassen sich Konzentrationen angeben, oberhalb derer mit einem erhöhten Sensibilisierungsrisiko zu rechnen ist. Innenraumschadstoffe sind im Hinblick auf allergische Erkrankungen als Adjuvanten anzusehen, die allergische Reaktionen fördern können. In zahlreichen epidemiologischen Studien zeigt sich, daß eine Exposition gegenüber Tabakrauch bei Kindern zu „wheezing" und Asthma führt. Entsprechende Auswirkungen von Stickstoffdioxid sind nicht so eindeutig belegt, ebenfalls ist die Rolle von Formaldehyd und vieler anderer Innenraumschadstoffe unklar und bedarf weiterer Forschungsvorhaben.

Literatur

1. Cyrys J, Beyer U, Witthauer J, Heinrich J, Wichmann HE (1995) NO_2-Konzentrationen in Erfurter Wohnungen – Entwicklung und Erprobung einer Meßstrategie für eine epidemiologische Studie. Allergologie 18:511–517
2. Eikmann Th (1992) Organische Verbindungen/Benzol. In: Wichmann HE, Schlipköter HW, Fülgraff G: Handbuch der Umweltmedizin. Ecomed-Verlag Landsberg, Kapitel VI-4
3. Jöckel KH, Knauth C (1994) Passivrauchen. In: Wichmann HE, Schlipköter HW, Fülgraff G: Handbuch der Umweltmedizin. Ecomed-Verlag Landsberg, Kapitel VI-2, 5. ErgLfg 10/94
4. Ledford DK (1994) Indoor allergens. J Allergy Clin Immunol 94, 327–334
5. McCarthy JF, Bearg DW, Spengler JD (1991) Assessment of Indoor Air Quality. In: Samet JM and Spengler JD (eds.). Indoor Air Pollution – A Health Perspective. Johns Hopkins University Press, Baltimore
6. NAS (1991) Human exposure assessment for airborne pollutants. National Academy of Sciences, Washington DC
7. Pettenkofer M (1858) Über den Luftwechsel in Wohngebäuden. Cotta, München
8. Pesch B, Schlipköter H, Wichmann HE (1993) Formaldehyd. In: Wichmann HE, Schlipköter HW, Fülgraff G (Hrsg): Handbuch der Umweltmedizin. Ecomed-Verlag Landsberg, Kapitel VI-4, 1. ErgLfg 6/93
9. Platts-Mills TAE, de Weck AL (1989) Dust mite allergens and asthma – a worldwide problem. J Allergy Clin Immunol 83:416–427
10. Pott F, Heinrich U (1992) Staub und Staubinhaltsstoffe/Polyzyklische aromatische Kohlenwasserstoffe (PAH). In: Wichmann HE, Schlipköter HW, Fülgraff G: Handbuch der Umweltmedizin. Ecomed-Verlag Landsberg, Kapitel VI-2
11. Ryan PB, Lambert WE (1991) Personal exposure to indoor air pollution. In: Samet JM, Spengler JD (eds.). Indoor Air Pollution – A Health Perspective. Johns Hopkins University Press, Baltimore
12. Samet JM (1991) Nitrogen Dioxide. In: Samet JM, Spengler JD (eds.). Indoor Air Pollution – A Health Perspective. Johns Hopkins University Press, Baltimore
13. Schlipköter HW (1986) Wirkung von Luftschadstoffen auf den Menschen. In: Vogl J, Heigl A, Schäfer K: Handbuch des Umweltschutzes. Ecomed-Verlag Landsberg, Kapitel II-2.6.1
14. Schmier H, Wicke A (1985) Results form a survey of indoor exposures in the Federal Republic of Germany. Sci Total Environ 45:307–310
15. Schneider P, Gebefügi I, Heinrich J, Bischof W, Wichmann HE (1995) Horizontale und vertikale Variabilität der Benzolkonzentrationen in Wohnungen. Allergologie 18:518–524

16. Seifert B, Knöppel H, Lanting RW, Person A, Siskos P, Wolkoff P (1989) Workung Group 2: Indoor Air Quality & Its Impact On Man. Report No. 6 Strategy for Sampling Chemical Substances in Indoor. Air Commission of the European Communities, Office for Publications of the European Communities, Brussels
17. Seifert B (1992) Belastung der Umweltmedien – Innenräume. In: Wichmann HE, Schlipköter HW, Fülgraff G: Handbuch der Umweltmedizin. Ecomed-Verlag Landsberg, Kapitel IV-1.2
18. SRU (Rat der Sachverständigen für Umweltfragen) (1987): Luftverunreinigungen in Innenräumen. Sondergutachten Mai 1987. Verlag Kohlhammer, Stuttgart
19. Steindorf K, Lubin JH, Wichmann HE, Becher H (1995) Lung cancer deaths attributable to indoor radon exposure in West Germany. Int J Epidem 24:485–492
20. VDI (1992) Messen von Innenraumluftverunreinigungen, Allgemeine Aspekte und Meßstrategie. VDI 4300, VDI-Verlag Düsseldorf
21. VDI (1994) Luftverunreinigung in Innenräumen. Herkunft, Messung, Wirkung, Abhilfe. VDI 1122, VDI-Verlag Düsseldorf
22. Wallace LA (1987) The total exposure assessment methodology study: Summary and analysis. Vol 1: EPA office of Research and Development. Washington Bull Nr. EPA/60016-87/002a
23. Wichmann HE, Wjst M, Heinrich J (1995) Innenraumbelastungen, Asthma und Allergien. Allergologie 18:482–494
24. Wichmann HE (1996) Kenntnisstand zum Thema Umwelt und Gesundheit unter besonderer Berücksichtigung epidemiologischer Aspekte. Gutachten im Auftrag des Büros für Technikfolgenabschätzung beim Deutschen Bundestag (TAB)

5.4 Natürliche und künstliche Allergene

H. ALLMERS

EINLEITUNG

Der Anstieg von allergischen Erkrankungen im Bereich des Hautorganes und der Atemwege hat in den letzten Jahren zu vielen Spekulationen über die Gründe und Ursachen geführt. In diesem Kapitel sollen einige Gedanken und Hypothesen zur Pathogenese vorgestellt werden. Weiterhin soll hier auf Dosis-Wirkungsbeziehungen und inhalative Verursachung von Sensibilisierungen eingegangen werden. Abschließend sollen einige Umwelt- und Arbeitsbereiche exemplarisch vorgestellt werden.

Atopie Vergleich Ost-West: Erklärungsversuche

In der 1995 publizierten SAPALDIA Studie wurden 8.357 Schweizer Erwachsene zwischen 18 und 68 Jahren untersucht. Unter Berücksichtigung eines positiven Haut-Prick-Testes mit acht Umweltallergenen und einem In-vitro-Allergietest zeigte sich eine Atopierate von 32,3 %. Die Prävalenz einer atopischen Rhinitis lag bei 13,5 %, die Prävalenz von Heuschnupfensymptomen bei 11,2 % [91]. Nach der Wiedervereinigung Deutschlands im Jahre 1990 fiel die höhere Prävalenzrate von atopischen Erkrankungen in der alten Bundesrepublik gegenüber der ehemaligen DDR auf. Es war möglich, den Nachweis zu führen, daß bei der vor 1960 geborenen Bevölkerung in allen Landesteilen die gleiche Atopieprävalenz vorlag. Erst die Jahrgänge nach 1960 zeigten in der alten Bundesrepublik einen Anstieg der Atopierate von bis zu 150 %, während in der ehemaligen DDR nur eine geringe Erhöhung nachweisbar war [16].

Einen umfassenden Überblick der verschiedenen Erklärungsversuche und Hypothesen für dieses Phänomen faßte H. E. Wichmann 1996 zusammen [90]: Nach der Errichtung der DDR in der sowjetischen Besatzungszone kam es zu einer zunehmenden Abschottung gegenüber dem westlichen Ausland, die 1961 im Mauerbau den Tiefpunkt fand. Reisen, selbst in die sozialistischen Nachbarstaaten waren selten. Die Nahrungsmittel wurden vorwiegend im Inland produziert, exotische Nahrungsmittel und Früchte standen der Allgemeinbevölkerung nur selten und in geringen Mengen zur Verfügung. Da die vom Staat subventionierten Energiekosten niedrig gehalten wurden, war kein Anreiz zum Energiesparen vorhanden. Im häuslichen Bereich war die Temperaturregulierung während der Heizperiode in vielen Orten bedingt durch Fernwärmeanschlüsse häufig nur durch das Öffnen von Türen und Fenstern möglich, da die Heizkörper nicht abgestellt werden konnten. Die geringe Isolierung der Wohnungen hatte als – ungewollten, aber positiven – Nebeneffekt eine ausreichende Ventilation zur Folge. Teppiche und Teppichböden gehörten selten zur Einrichtung.

Da in den meisten Familien beide Elternteile berufstätig waren, verbrachten die Kinder viel Zeit in Kindertagesstätten, durch den Kontakt zu anderen Kindern ergab sich eine hohe Zahl von Infektionskrankheiten. Haustiere wurden selten gehalten, so daß die Exposition gegenüber Tierallergenen als gering eingeschätzt werden muß.

Im Westen Deutschlands verliefen die Entwicklungen anders. Durch die Reisemöglichkeiten kam ein Großteil der Bevölkerung mit vielen neuen Einflüssen, darunter auch zahlreichen für sie neuen Allergenen in Berührung. Das Angebot an exotischen Früchten und anderen Nahrungsmitteln wuchs ebenso wie in anderen westlichen Staaten. Dies galt auch für Kleidung und Waren des täglichen Bedarfs.

Die "Ölkrise" am Anfang der siebziger Jahre führte zu einer erheblichen Verteuerung der Energiekosten. Als Gegenmaßnahme versuchte man, im Wohnbereich den Verlust an Heizenergie mittels stetig verbesserter Isolierungstechniken auf ein Minimum zu reduzieren. Durch diese Maßnahmen wurde die Luftaustauschrate in Wohnungen durchschnittlich auf ein Drittel des Nachkriegsniveaus verringert. Teppiche und Teppichböden wurden in großem Maße in der Wohnungseinrichtung verwendet. Die Haustierhaltung ist im Westen weit verbreitet. Durch den Umstand, daß viele Kinder in Kleinfamilien aufwachsen und sich im häuslichen Bereich aufhalten, ist die Exposition gegenüber einer Vielzahl von allergen wirkenden Stoffen sehr viel intensiver als es in der DDR der Fall war und die Infektprävalenz geringer ist.

Abzuwarten bleibt, ob die Angleichung der Lebensverhältnisse an den Westen in den neuen Bundesländern ebenfalls zu einer Erhöhung der Atopie- und Asthmaprävalenz führen wird. Erste Untersuchungen deuten darauf hin, daß dies der Fall ist.

Einfluß der Luftverschmutzung auf die Atopieentwicklung

Auch eine weitere Hypothese zur Pathogenese der Atopie, die nicht speziell die Ost-West-Problematik betrifft, soll am Anfang dieses Kapitels kurz vorgestellt werden. Diese betrifft den Einfluß der Luftverschmutzung auf die Atopieentwicklung.

Der erste Nachweis von gummihaltigem Reifenabrieb im Straßenstaub war bereits 1966 gelungen, ein Zusammenhang mit der Atopie wurde damals nicht hergestellt [85]. Eine in Los Angeles ansässige Arbeitsgruppe untersucht seit mehreren Jahren den Zusammenhang zwischen Luftverschmutzung und Atopieneigung. Man fand dabei heraus, daß in der Außenluft, insbesondere an stark befahrenen Straßen, u. a. Latexallergene in der Luft nachweisbar sind [65]. Eine genauere Analyse des Feinstaubes zeigte, daß dieser aus einer Vielzahl von potentiell sensibilisierenden und/oder irritativen Stoffen wie Pflanzenresten,

Tabak, Holz, Fleisch, Reifenteilchen und Straßenbelag besteht [35]. Hinweise darauf, daß eventuell ein Zusammenhang zwischen Luftverschmutzung und Atopie besteht, können aus Untersuchungen, in denen die Häufigkeit obstruktiver Ventilationsstörungen mit der Verkehrsintensität im Bereich der Wohnung der Probanden korreliert, hergeleitet werden. Es gibt allerdings bisher keine epidemiologischen Untersuchungen, die einen eindeutigen Zusammenhang zwischen Luftverschmutzung und Atopie zweifelsfrei belegen.

Pathogenese und Dosis-Wirkungs-Beziehungen

Untersuchungen über die Allergie-Pathogenese haben in den letzten Jahren in einigen Fällen Hinweise auf Dosis-Wirkungsbeziehungen bei der Entstehung von Atemwegsallergien ergeben. Liebers et al. stellten vierzehn aktuelle Beispiele zusammen, die in modifizierter Form in Tabelle 1 dargestellt sind [61].

Eine wichtige Ursache für die Entstehung einer Sensibilisierung gegenüber den in der Liste aufgeführten Stoffen ist die Exposition der Mukosa des oberen und unteren Respirationstraktes nach der Inhalation entsprechender Partikel. Im Gegensatz zum direkten Hautkontakt wird dieser Aufnahmeweg gerade auf dem Gebiet der Typ 1 Allergie gegenüber Naturlatex oft unterschätzt.

Eine weitere Beobachtung im Zusammenhang mit den Symptomen einer Inhalationsallergie ist der sogenannte Etagenwechsel. Dieser liegt dann vor, wenn nach einer initialen rhino-konjunktivalen Allergiesymptomatik eine Mitbeteiligung des unteren Respirationstraktes auftritt. Diese Symptomatik reicht von einer nur im inhalativen Provokationstest nachweisbaren bronchialen Hyperreagibilität bis hin zu einer schwergradigen obstruktiven Ventilationsstörung. Erfahrungsgemäß führt eine Expositionskarenz nach rasch aufgetretenen Symptomen im Bereich der unteren Atemwege zum Verschwinden dieser Beschwerden. Dagegen kann es nach langjährigem Allergenkontakt zu einer Chronifizierung der Beschwerden kommen, die dann auch nach einer vollständigen Vermeidung des Allergens persistieren können.

In vielen Fällen ist die Pathophysiologie der Sensibilisierung jedoch noch ungeklärt.

Aufgrund des Umfangs der Allergieproblematik sollen im weiteren nur einige Bereiche exemplarisch vorgestellt werden.

Haus und Wohnung

Im häuslichen Bereich und in der nicht beruflichen Umwelt spielen Sensibilisierungen und allergische Reaktionen gegenüber Hausstaubmilben, Baum-, Gras- und Strauchpollen sowie Reaktionen auf Haustiere eine große Rolle. In Gegenden unterhalb von 1500 Metern über dem Meeresspiegel sind die Hausstaubmilbenallergene als die wichtigsten im häuslichen Bereich vorhandenen Allergene anzusehen. Die häufigsten Hausstaubbewohner sind die Milben Dermato-

Tabelle 1. Dosis-Wirkungsbeziehungen von Inhalationsallergenen. (Mod. nach [61]).

Substanz	Expositionsermittlung (Methode)	Antigenbelastung	Gemessener Effekt	Kollektiv	Literatur
Asp o 2 (α-Amylase)	Staubsammlung in Bäckereien	0,25 ng/m³	Anstieg der Sensibilisierungsrate bei steigender Exposition	230 Bäckereimitarbeiter	Houba et al. 1996 [42]
Harze (Kolophonium)	Luftprobenanalyse	1,92; 0,02 und 0,01 mg/m³	Arbeitsplatzbezogenes Asthma bei 21% der höher Exponierten und 4% der niedriger Exponierten	88 Mitarbeiter einer Lötmittelfabrik	Burge et al. 1981 [21]
Hausstauballergene Der p 1 und Der f 1	Staubsammlung aus Matratzen	> 2 µg/g Staub	Signifikant höheres spez. IgE als bei geringer Exponierten	133 atopische Kinder, Deutschland	Wahn und Lau 1994 [89]
Holzstaub (Rotzeder)	Fragebogen und Staubsammlung in einer Sägemühle	0–0,4 mg/m³	Dosisabhängiger Abfall von FVC	243 Sägemühlenmitarbeiter 140 Büroarbeiter	Noertjojo et al. 1996 [68]
Hund Can f 1	Staubsammlung in Innenräumen	10 µg/g Staub möglich	IgE-Sensibilisierung	Verschiedene epidemiologische Studien	Chapman et al. 1995 [23]
Insektenallergen Chi t 1–9	Schätzung entsprechend Fragebogendaten	> 5 mg/Monat	Anteil Sensibilisierter sowie spez. IgE innerhalb dieser Gruppe signifikant höher bei in geringer Exponierten	184 Chi t 1–9 exponierte Personen, Deutschland	Liebers et al. 1993 [59]

Allergen	Methode	Konzentration	Wirkung	Studienkollektiv	Referenz
Isocyanate	Expositionskammer mit definierten Atmosphären	0,12–10 ppm TDI	Höherer Anteil Sensibilisierter, höhere Antikörpertiter ab 0,36 ppm	Tiermodell (Meerschweinchen)	Karol 1983 [49]
		10 ppb	Veränderungen niedermolekularer Serumproteine	10 Industriearbeiter	Baur 1995 [8]
Katze Fel d 1	Staubsammlung in Innenräumen	Ab 8 µg/g Staub	IgE-Sensibilisierung möglich	Verschiedene epidemiologische Studien	Chapman et al. 1995 [23]
Latex	Staubsammlung im Krankenhausbereich (Luft)	Nicht nachweisbar	Keine Sensibilisierten	Krankenhauspersonal	Allmers et al. 1996
		> 0,6 ng/m³	Sensibilisierte bis 10%		[1]
Pollen (Japanische Zeder)	Pollenzählung	Vor und nach Pollenflugsaison	Anstieg von spezifischem IgE nach der Pollensaison	90 Pollinose Patienten aus Tokio	Imaoka et al. 1996 [45]
Rattenallergen (Urin, Staub)	Fragebogen und Staubsammlung am Arbeitsplatz (Luft)	0,1–68 µg/m³	Steigende Prävalenz allergischer Symptome	323 Arbeiter die Kontakt mit Laborratten haben	Cullinan et al. 1994 [25]
Rinderhaarallergen Bos d 2	Staubsammlung im Wohnbereich	1–29 µg/g Staub	Für Atopiker Schwellenwert für Sensibilisierung	40 Landwirte mit Rinderhaarasthma	Hinze et al. 1996 [40]
		24–50 µg/g Staub	Für Nicht-atopiker		
Säureanhydride	Luftprobenanalyse	0,1–0,39 mg/m³ TCPA	Zunahme der Symptome ab 0,1 mg/m³	52 Fabrikarbeiter	Liss et al. 1993 [63]
Schabe Bla g 2	Staubsammlung mit Staubsauger	2 Units/g Staub	Kein Allergen in der Luft nachweisbar, aber auf Stühlen in Schulen (USA)	Allergenmessungen an verschiedenen öffentlichen Plätzen	Custovic et al. 1996 [26]

phagoides pteronyssinus, Dermatophagoides farinae und Euroglyphus maynei. Kreuzreaktionen zwischen diesen Hausstaubmilben und den Vorratsmilben sind belegt [32]. Die klinische Symptomatik und der Schweregrad der Asthmasymptome ist bei gegenüber Hausstaubmilben sensibilisierten Personen mit der Intensität der Exposition gegenüber Milbenallergenen aus Staubspeichern (insbesondere Betten) korreliert [26].

Haustiere sind eine weitere wichtige Allergenquelle, so zeigten in der o.g. SAPALDIA Studie 3,8% der Probanden eine positive Haut-Prick-Reaktion auf Katzen- und 2,8% auf Hundeepithelien. Vor allem der Kontakt zu kleinen Haustieren wie Meerschweinchen, Zwergkaninchen und anderen Nagetieren kann besonders beim intensiven Umgang durch Spielen und Schmusen im Kindesalter zur Entwicklung eines Kontaktekzems und später zu generalisierten Symptomen führen.

In zwei Freiburger Untersuchungen kamen Monosensibilisierungen gegen Hausstaubmilben oder Gräserpollen bei Kindern mit 18,4–20,3% bzw. 8,8–12,2% am häufigsten vor.

Bemerkenswert war der gehäufte Nachweis von kombinierten Sensibilisierungen gegenüber Hasel- und Birkenpollen sowie Hunde- und Katzenepithelien. Die Autoren leiten folgende praktische Empfehlungen aus diesen Ergebnissen ab [78a]:

1. Tierbesitzer mit einer Sensibilisierung gegen Hund und/oder Katze sollten sich nach Abschaffung ihres Haustiers kein anderes zulegen, da die Gefahr einer Ko-Sensibilisierung gegenüber anderen Tierepithelien hoch ist.
2. Vor einer Hyposensibilisierung sollten monosensibilisierte Pollenallergiker auf ihr erhöhtes Sensibilisierungsrisiko gegenüber anderen Pollenarten hingewiesen werden.
3. Die Eltern von Kindern mit einer Sensibilisierung gegenüber nur einer Milbenart sollten über die äußerst günstigen Ergebnisse einer Allergenkarenz aufgeklärt werden.

Berufliche Expositionen

In Deutschland ist eine Mehlstaubexposition die häufigste Ursache für die Entstehung einer Berufskrankheit (BK) Nr. 4301, die wie folgt definiert ist: Durch allergisierende Stoffe verursachte obstruktive Atemwegserkrankungen (einschließlich Rhinopathie), die zur Unterlassung aller Tätigkeiten gezwungen haben, die für die Entstehung, die Verschlimmerung oder das Wiederaufleben der Krankheit ursächlich waren oder sein könnten [15]. Demgegenüber werden durch chemisch irritative oder toxische Einwirkungen entstandene obstruktive Atemwegserkrankungen (ohne Rhinitis) als BK Nr. 4302 entschädigt. Die Entwicklung der Berufskrankheitenmeldungen für diese Atemwegserkrankungen ist in Abb. 1 dargestellt.

Tabelle 2. Wichtige Asthma-auslösende Arbeitsstoffe: A = allergisch (IgE-vermittelt), I = chemisch-irritativ oder toxisch, ? = Hinweise auf entsprechende Genese, bisher aber nicht gesichert. (modifiziert nach 6a)

Inhalationsstoff	Exposition	Pathome-chanismen
Pflanzliche Materialien		
Mehle, Kleie	Bäckerei, Konditorei, Mühle	A
Getreidestaub	Landwirtschaft, Mühle	A
Sojamehl, -bohne	Nahrungsmittel-, Futtermittelindustrie	A
Sträucher-, Blumen-pollen	Gärtnerei, Blumengeschäft	A
Gewürze	Gewürzindustrie, Großküche, Drogerie	A
Tabakblätter, Tee	Anbau, Verarbeitung	A
grüne Kaffeebohne, Kakaobohne	Plantagen, Dockarbeit	A
Rizinusbohne	Pflanzenölherstellung, Düngemittel, Landwirtschaft	A
Holzstäube (Abachi, Mahagoni, Redwood, Teak, Rotzeder, Eiche u. a.)	Sägerei, Möbelherstellung, Schreinerei	A, I
Henna	Friseursalon	A
Lykopodium	Gummiindustrie, Theater	A
Gummi arabicum	Druckerei	A
Enzyme (Papain, Bromelin)	Nahrungsmittelherstellung (Fleisch, Kekse, Getränke)	A
Latex	pharmazeutische Industrie, medizinisches Personal	A
Schimmelpilz-Produkte		
Kulturen, kontam. Futter	chemische u. pharmazeutische Industrie, Käse-, Zucker, Antibiotikaherstellung, Gärungsbetriebe, Landwirtschaft	A
Enzyme (Alpha-Amylase, Amyloglykosidase, Hemizellulase u. a.)	Bäckerei, Sirup- u. Getränke-herstellung	A
Bakterielle Bestandteile		
Bacillus subtilis-Enzyme (Alkalase, Maxatase, Subtilisin)	Waschmittelherstellung, Bäckerei	A
Tierische Materialien		
Tierschuppen, -haare (Katze, Hund,Pferd, Nager, Rind, Pelz-tiere u.a.)	Landwirtschaft, Tierfarm, Tierarztpraxis, Zoo, Laboratorien	A
isolierte Proteine, z.B. Enzyme (Pankreatin, Trypsin, Pepsin)	Laboratorien, pharmazeutische Industrie, Krankenhaus, Bäckerei, Käseherstellung, Fleischbeschau	A

Tabelle 2 (Fortsetzung)

Inhalationsstoff	Exposition	Pathome-chanismen
Tierische Materialien		
Vögel, Federvieh	Zoohandlung, Geflügelfarm,	A
Hausstaub-,	Federverarbeitung	
Vorratsmilben	Landwirtschaft, Lebensmittel-,	A
	Futtermittelindustrie	
Bienen, Bienenmilben	Imkerei	A
rote Spinnmilbe	Obstbauern	A
Coccus cactus (Schildlaus)	Getränkeindustrie (Karminrot)	A
Zuckmückenlarven,	Fischfutterherstellung, -anwendung	A
Daphnien		
Schmetterlinge	Zoologen	A
Seidenspinner	Seidenzucht, Rohseidenverarbeitung	A
Fliegen, Küchenschaben,	Forschungslabors, Zuchtbetrieb	A
Heuschrecken		
Mehlwurm, Mehlmotte,	mehlverarbeitende Betriebe	
Reismehlkäfer		
Trogoderma-Käfer	Futter-, Nahrungsmittelindustrie	
Arzneimittel		
Antibiotika (Penizilline,		
Cephalosporine,		
Spiromycin,		
Streptomycin,		
Tetrazykline u.a.)	Pharmazeutische Industrie	A, I?
Psyllium, Folia sennae	Pharmazeutische Industrie	A, I?

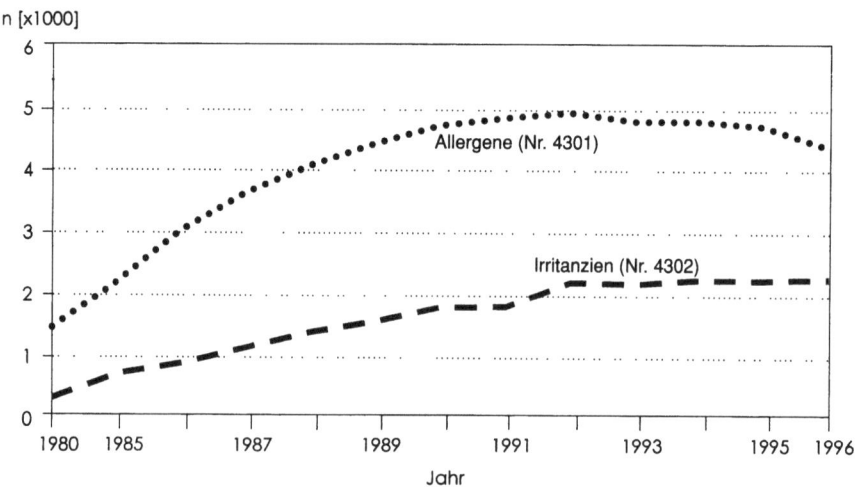

Abb. 1. Angezeigte Atemwegskrankheiten nach BK 4301 und 4302. Nach BK-Dok

Bäckereibetriebe

Die häufigste Berufskrankheit mit allergischer Symptomatik der Atemwege ist eine durch Mehlstaubexposition hervorgerufene Rhinitis bzw. ein Asthma bronchiale. Jährlich werden etwa 1500 neue Verdachtsfälle von „Bäckerasthma" der Berufsgenossenschaft für Nahrungsmittel und Gaststätten (BGN) gemeldet.

Ein irritatives Asthma bronchiale im Sinne einer BK Nr. 4302 tritt im Bäckerhandwerk dagegen nur selten auf. Der Einfluß der Irritation der Atemwege, insbesondere durch Backpulver und andere Backzusätze, als Faktor der Wegbereitung des allergischen Berufsasthmas darf jedoch nicht unterschätzt werden. Die Beschwerden beim allergischen Asthma der Bäcker („Bäckerasthma") bestehen aufgrund des permanenten und intensiven Kontaktes mit den auslösenden Allergenen ganzjährig. Neben dem Weizenmehl ist auch das etwas seltener gebrauchte Roggenmehl von Bedeutung. Gerste, Roggen und Weizen sind allergologisch nahestehend, die wasserlöslichen und -unlöslichen Proteinfaktoren zeigen starke Kreuzreaktivitäten. Hafer zeigt hingegen schwächere Kreuzreaktionen mit Weizen, Roggen und Gerste. Die verschiedenen Getreidesorten enthalten vergleichbare Proteinmengen, unterscheiden sich aber durch den Prolamin(Gliadin)-Gehalt [79].

IgE-Antikörper auf eine Vielzahl von Weizenmehlkomponenten wurden bei Patienten mit Bäckerasthma gefunden. Die stärksten Reaktionen zeigen sich auf Weizenalbumin und -globulin. Es konnte ein α-Amylase-Inhibitor als ein Hauptallergen beim Weizenmehl identifiziert werden.

Neben den mehlspezifischen Allergenen gewinnt auch das stärkespaltende Schimmelpilz-Enzym α-Amylase aus *Aspergillus oryzae* oder *A. niger* an Bedeutung (das Enzym wird u. a. unter dem Namen Fungamyl (Novo) vertrieben). Es stellt ein bedeutendes Inhalationsallergen dar. Es lassen sich in etwa 20% der Fälle eines Bäckerkollektivs IgE-Antikörper gegen Aspergillus-Amylase nachweisen. Das Protein besteht aus einer einzigen Polypeptidkette von 478 Aminosäuren, wobei sich an Position 197 (Asparagin) eine Kohlenhydratkette (Mannose und Glukosamin) ankoppelt. Kreuzallergien mit Amylasen anderen Ursprungs oder mit dem Schimmelpilz selbst wurden nicht beobachtet [76].

Papain findet sich in den Blättern und im Stengel der Papayafrucht. Das Enzym wird auch als Fleischweichmacher verwendet. Die Bedeutung von Papain als Inhalationsallergen erscheint jedoch eher untergeordnet, zumal dieses proteolytische Enzym selten als Backmittelzusatzstoff eingesetzt wird.

Zu den übrigen Backhilfsmitteln ist erwähnenswert, daß sie ebenfalls Ursache von Inhalationsbeschwerden sein können und eine spezifische IgE Antikörperantwort induzieren können (mittels RAST-Untersuchung nachweisbar).

Bis zu 24% der Bäcker, die an berufsbedingten Inhalationsbeschwerden leiden, wiesen gegen verschiedene Backzusatzstoffe positive RAST-Ergebnisse auf. 6% zeigten ausschließlich Sensibilisierungen gegen Enzyme und/oder Sojamehle, nicht jedoch gegen Roggen- oder Weizenmehlkomponenten. Insbesondere bei Diskrepanzen zwischen der Anamnese und den Ergebnissen der Diagnostik ist eine Sensibilisierung gegen Zusatzstoffe zu prüfen [9]. Die meisten Sensibilisierungen liegen gegenüber Mehlen vor.

Eine besondere pathogenetische Rolle für die Entstehung allergischer Atemwegserkrankungen haben Vorratsmilbenschädlinge und Mikroorganismen. Aufgrund der verbesserte Arbeitshygiene werden parasitäre Verunreinigungen in Mehlen heute seltener gefunden. Neben den Vorratsmilbenschädlingen Tribolium confusum und Ephestia kuehniella ist vor allem der Kornkäfer Sitophilus granarius erwähnenswert. Er ist verbreitet in getreideanbauenden Ländern und verursacht gravierende Schäden in lagerndem Getreide. Zur Vermehrung benötigt er ganze Getreidekörner. In den Backstuben findet man ihn als vermahlene Mehlverunreinigung wieder. Spezifische IgE-Antikörper auf Extrakte von *Sitophilus granarius* konnten mit Hilfe der Westernblot-Technik und des Fluoreszenz-Allergo-Sorbent-Tests in 8 von 53 Seren von Bäckern mit beruflich bedingten Atemwegserkrankungen nachgewiesen werden. Ist ein Getreidelager vom Kornkäfer befallen, kann – ohne Bekämpfung – innerhalb von wenigen Wochen 20 bis 30 % Gewichtsverlust am Lagergetreide entstehen.

Die Rolle von Mikroorganismen als Kofaktor bei der Entstehung von Allergien ist derzeit ein aktuelles Forschungsthema. Neben Schimmelpilzen, die eine exogen-allergische Alveolitis verusachen können, spielen insbesondere grampositive Kokken bzw. deren Enterotoxine eine Rolle – zumindest als Wegbereiter für die Entstehung des Bäckerasthmas. In diesem Zusammenhang wird auch diskutiert, ob Enterotoxine möglicherweise als Stimulatoren einer antigenunabhängigen T-Zell-Aktivierung fungieren [79].

Entsorgungsbetriebe

In Zukunft ist mit einem erhöhten Aufkommen von Biomüll zu rechnen. Darüber hinaus ergeben sich durch relativ lange Lagerzeiten (z.B. durch in nur 14tägigen Abständen stattfindende Entsorgung) ideale Wachstumsbedingungen für Schimmelpilze, insbesondere während der warmen Jahreszeit. Im häuslichen und auch im beruflichen Bereich der Müllentsorgung ist somit grundsätzlich mit einem Anstieg von Schimmelpilzallergien, unter abwehrgeschwächten Personen auch von Infektionen, zu rechnen. Diesbezügliche epidemiologische Daten fehlen bisher weitgehend, so daß hier zur genaueren Risikoabschätzung und Entwicklung geeigneter Präventionsstrategien dringender Forschungsbedarf besteht. Zur Zeit sind drei Studien von der Bundesanstalt für Arbeitsschutz und Arbeitsmedizin initiiert worden, die spezielle Gesundheitsgefahren in den Bereichen Wertstoffsortieranlagen, Kompostanlagen sowie Sammlung von Müll abschätzen sollen.

Kasuistik: Allergische bronchopulmonale Aspergillose (ABPA) eines Mülladers [1]

Die allergische bronchopulmonale Aspergillose (ABPA) ist die häufigste allergische bronchopulmonale Mykose bei Menschen. Sie kommt u.a. bei bestimmten Patienten mit schweren chronischen Asthmaleiden oder zystischer Fibrose vor. Steroidpflichtige Patienten der ersteren

Gruppe mit zusätzlicher Aspergillus fumigatus-Sensibilisierung sollen nach englischen Angaben in 15 bis 22% der Fälle eine ABPA aufweisen [64]. Bei Allergikern oder auch bei besonders intensiver Exposition gegenüber Sporen pathogener Aspergillen kann ebenfalls eine allergische bronchopulmonale Aspergillose auftreten [31].

Für die ABPA ist ein Krankheitsverlauf mit rezidivierenden Asthmaexazerbationen und Lungeninfiltraten, die gut auf Kortikosteroide ansprechen, typisch. Spontanheilungen stellen die Ausnahme dar.

Der 29jährige Patient wurde zur Klärung des Vorliegens einer Berufskrankheit vorgestellt.

Nach einer Lehre als Bauschlosser war er zunächst als Packer und Kraftfahrer tätig. Von November 1991 bis Juni 1995 arbeitete er als Reserve-Müllader und später regelmäßig bei der Hausmüllabfuhr, wobei intermittierend intensiver Biomüll-Kontakt bestand.

Seit 1992 klagte der Patient über eine ganzjährige Atemnot während körperlicher Belastung. Hinzu kommt ein morgendlicher Husten mit bräunlich-grünlichem Auswurf. Ende 1992 entwickelte der bis dahin aktive Fußballspieler Atemnot in Ruhe und unter Belastung. Seit Mai 1993 traten nach den o.g. beruflichen Tätigkeiten zwei- bis dreimal pro Woche abendliches Fieber und Abgeschlagenheit auf. Wegen zunehmender Krankheitssymptome suchte er im Mai 1993 einen Lungenfacharzt auf. Nach Ausschluß einer Tuberkulose und ausführlicher Diagnostik wird der Verdacht auf eine allergische bronchopulmonale Aspergillose geäußert.

Am 2.6.1994 erfolgte eine ärztliche Anzeige über eine Berufskrankheit wegen des Verdachts auf eine allergische bronchopulmonale Aspergillose. Im Rahmen der weiteren Ermittlungen wurde die Tätigkeit als Mülllader (insbesondere durch die Abfuhr von Biomüll an warmen Sommertagen) als haftungsbegründend für die Entstehung der ABPA angesehen, da eine erhöhte Belastung durch Schimmelpilze allgemein und speziell durch Aspergillus fumigatus im Vergleich zur Normalbevölkerung anzunehmen sei.

Zum Untersuchungzeitpunkt war der Patient arbeitsunfähig geschrieben.

Derzeitige Medikation: Berodual bei Bedarf, 3×2 Hub Pulmicort/die.

Der Nikotinkonsum beträgt 20 bis 25 Zigaretten pro Tag seit 15 Jahren.

Körperlicher Untersuchungsbefund:
Unauffällig, insbesondere befindet sich der 29jährige Patient in gutem Allgemein- und Ernährungszustand (175 cm, 70 kg).

Haut und sichtbare Schleimhäute sind gut durchblutet. Es liegen keine Zyanose, keine Ruhedyspnoe, keine Ödeme und keine Hautveränderungen vor. Der knöcherne Thorax ist regelrecht. Die Lungengrenzen sind an typischer Stelle und normal atemverschieblich. Über allen Lungenabschnitten sonorer Klopfschall und unauffälliges Atemgeräusch ohne Nebengeräusche.

Laborwerte:
Leichte Leukozyturie. Gesamt-IgE mit 5430 kU/l sehr stark erhöht (Norm < 100 kU/l). Die übrigen Serumparameter sind unauffällig.

Antigen-spezifische IgE-Antikörper im Serum:

Aspergillus fumigatus	90,5 kU/l	RAST-Klasse 5
Alternaria tenuis	39,0 kU/l	RAST-Klasse 4
Dermatoph. pteronyssinus	35,6 kU/l	RAST-Klasse 4
Dermatoph. farinae	24,8 kU/l	RAST-Klasse 4
Penicillium notatum	18,3 kU/l	RAST-Klasse 4
Aureobasidium pullulans	2,59 kU/l	RAST-Klasse 2
Saccharopolyspora rectov.	0,44 kU/l	RAST-Klasse 1

IgG-Antikörper gegen *Aspergillus fumigatus*: 186,1% (stark positiv).

Lungenfunktionsprüfung:
In Ruhe ohne antiobstruktive Medikation zeigt sich eine leichtgradige Erhöhung der Atemwegswiderstände. Das intrathorakale Gasvolumen liegt innerhalb der Sollgrenzen. Die totale Lungenkapazität ist grenzwertig hoch. Nach inhalativer Bronchospasmolyse kommt es zu einem Rückgang der Atemwegswiderstände auf Normwerte. Die totale Lungenkapazität steigt ebenfalls auf Normwerte an. Spirometrie und Fluß-Volumen-Kurve sind ohne pathologische Einschränkungen. Die Diffusionskapazität befindet sich im Normbereich. Der arterielle Sauer-

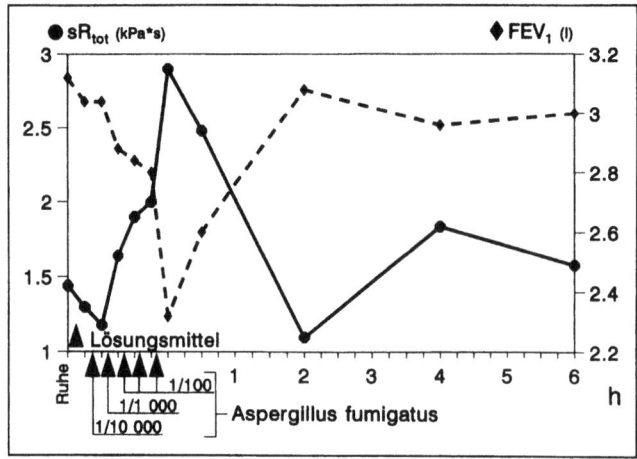

Abb. 2. Inhalativer Provokationstest mit Aspergillus fumigatus-Extrakt in aufsteigender Konzentration

stoffpartialdruck ist in Ruhe und unter Belastung (75 W über 3 min, 100 W über 1 min) im Normbereich.

Röntgen-Thoraxübersicht in 2 Ebenen:
In beiden Lungen-Mittelgeschossen finden sich, ausgehend von der Hilusregion, beidseits nach kraniolateral in das Lungengewebe einstrahlend feinsträngige, narbige Veränderungen. Die postentzündlichen Veränderungen können als Folge rezidivierender Aspergillose-Expositionen interpretiert werden. Hiervon ist die linke Seite stärker betroffen.

Allergiehauttestungen:
Bei negativer NaCl- und positiver Histaminkontrolle zeigen sich positive Sofortreaktionen auf *Dermatophagoides farinae*, *Dermatophagoides pteronyssinus*, Küchenschabe, *Penicillium expansum*, *Penicillium notatum* sowie auf *Aspergillus fumigatus*.

Inhalative bronchiale Provokation mit Aspergillus in aufsteigenden Konzentrationen:
Es zeigt sich klinisch und meßtechnisch eine positive bronchiale Sofortreaktion (Abb. 2)
6 Stunden nach Provokation kommt es zu einem signifikanten Anstieg der Leukozyten von $8300/mm^3$ auf $14200/mm^3$.

Synopsis und Diskussion
Die ABPA ist gekennzeichnet durch eine Typ I-, Typ III- und Typ VI-Allergie gegen Aspergillus fumigatus (oder andere Aspergillusarten). Dementsprechend ist das Krankheitsbild sowohl durch ein Asthma bronchiale als auch durch Lungeninfiltrate gekennzeichnet.

Es ist darüber hinaus erwähnenswert, daß ABPA-identische Krankheitsverläufe durch einige andere Pilze, z.B. *Elmindosporium*, *Curvularia dreschlera* und *Stemphylum*, hervorgerufen werden können [39].

Die Diagnose der Erkrankung kann weitgehend als gesichert angesehen werden, wenn die sechs sog. primären Kriterien vorliegen [7, 74]:
1. Asthma bronchiale,
2. periphere Bluteosinophilie,
3. positiver Akut-Hauttest auf *Aspergillus fumigatus*,
4. Nachweis von Präzipitaten,
5. erhöhtes Gesamt-IgE,
6. pulmonale Infiltrate.
Wenn zusätzlich Bronchiektasen vorkommen, gilt die Diagnose als sicher.

Sekundäre Kriterien stellen folgende Befunde dar:
1. positive Sputumkultur auf Aspergillus,
2. anamnestisch Expektoration von bräunlichen Plaques,
3. verzögerte Hautreaktion auf Aspergillus fumigatus.

In der gutachterlichen Untersuchung konnten wir durch Anamnese, Allergiehautteste, Serologie und den spezifischen Provokationstest mit Aspergillus fumigatus-Konzentrat die Diagnose bestätigen. Auch das massiv erhöhte Gesamt-IgE trug weiter zur Diagnosesicherung bei. Insgesamt liegt bei dem Patienten eine typische Befundkonstellation vor, die in den o.g. Kriterien gefordert ist. Auch die positiven RAST-Klassen gegenüber ubiquitären Inhalationsallergenen (z.B. Hausstaubmilben) tragen letztlich zur Diagnosesicherung bei. Allergiker sind für das Krankheitsbild einer ABPA prädisponiert.

Der inhalative Provokationstest zeigte einen signifikanten Anstieg des Atemwegswiderstandes im Sinne einer allergischen bronchialobstruktiven Sofortreaktion (BK 4301). Angedeutet konnten wir jedoch auch eine systemische Komponente im Sinne einer exogen allergischen Alveolitis [Leukozytenanstieg] erkennen. Ein Fieberschub trat nach der relativ geringgradigen inhalativen Provokationsdosis nicht auf.

Die anamnestisch geschilderten, meist abendlichen Krankheitsschübe mit Fieber und Allgemeinsymptomatik sind als Folge der berufsbedingten erheblichen Schimmelpilzsporen-Exposition zu interpretieren; sie entsprechen am ehesten einer BK Nr. 4102 der BeKV vom Typ der Farmerlunge (exogen-allergische Alveolitis).

Die haftungsbegründende Kausalität für die Entstehung einer ABPA durch die Tätigkeit als Mülllader ist gegeben, da der Patient gegenüber den krankheitsauslösenden Aspergillen im Vergleich zur Normalbevölkerung einer erheblich höheren und letztlich krankheitsauslösenden Exposition beim Verladen von Biomüll ausgesetzt war. Da die Diagnose einer ABPA als gesichert anzusehen ist und weitere außerberufliche Risikofaktoren, z.B. vorbestehendes steroidpflichtiges Asthma oder Immunsuppressionen fehlen, wurde die Erkrankung von uns als durch die erhebliche berufliche Exposition gegenüber Aspergillen ausgelöst gedeutet.

Im Vordergrund der momentanen Krankheitssymptomatik steht eine überwiegend obstruktive Atemwegserkrankung im Sinne einer BK Nr. 4301 der BeKV. Bei der spezifischen Provokation konnten wir auch angedeutet die anamnestisch eindrucksvoll dargestellte systemische Reaktion im Sinne einer BK Nr. 4201 der BeKV sehen.

Da Spontanheilungen selten sind, ist aus medizinischer und arbeitsmedizinisch-versicherungsrechtlicher Sicht wesentlich, daß im weiteren Verlauf sowohl mit einer Exazerbation der obstruktiven Atemwegserkrankung als auch der Alveolitis gerechnet werden muß. Letztere Reaktionsform (Fieber, Lungeninfiltrate mit Fibrosierungstendenz) ist oft kortikosteroidpflichtig.

Sensibilisierung durch Arbeit mit Labortieren

Ca. ein Drittel der Beschäftigten, die mit Ratten (*Rattus norwegicus*), Mäusen (*Musculus*) und anderen kleinen Labortieren Umgang haben, entwickeln allergische Symptome, wie Rhinits, Konjunktivitis, Kontakturtikaria und Asthma [44, 67]. Asthmatische Beschwerden entwickeln sich bei 10 % der exponierten Personen und können an Intensität zunehmen, wenn die Exposition nicht eingestellt wird. Bereits bei Beschäftigten, die nur kurze Zeit mit Labortieren zu tun hatten, wurden Änderungen der bronchialen Hyperreagibilität beschrieben [72]. Insbesondere die in der Raumluft befindlichen Urin- und Epithelpartikel sind starke Allergene [41].

Naturlatexallergie im Gesundheitswesen

Seit Mitte der achtziger Jahre haben Überempfindlichkeitsreaktionen gegenüber Latexhandschuhen stark zugenommen. Latexproteine, die in der Milch des Gummibaums *Hevea brasiliensis* enthalten sind, verursachen Typ I-Reaktionen, die sich in Urtikaria, Rhinitis, Konjunktivitis und Asthma bis hin zum anaphylaktischen Schock äußern [4]. Diese Reaktionen werden einerseits durch direkten Haut- oder Schleimhautkontakt ausgelöst. Andererseits ist der durch Handschuhpuder hervorgerufene Allergengehalt in der Luft von besonderer Bedeutung. Er bedingt, daß schon während des Aufenthaltes in Räumen, in denen gepuderte Latexhandschuhe benutzt werden, rhinokonjunktivale und asthmatische Reaktionen hervorgerufen werden [3, 81]. Während unserer Untersuchungen in Krankenhäusern und Arztpraxen gaben Latexsensibilisierte ausschließlich in Räumen mit meßbarer Latexluftkonzentration derartige Allergiesymptome an [13, 15]. Der meist aus Maisstärke bestehende Puder wird nach dem Herstellungsprozeß aufgetragen, um ein Verkleben der Handschuhe zu verhindern. Nebenbei wird dadurch auch die Gleitfähigkeit des Handschuhs auf der Haut verbessert [11, 12]. Die Maisstärke ist nur der „Träger" und nicht selbst das Allergen. Während in der Allgemeinbevölkerung die Sensibilisierungsrate gegenüber Naturlatex je nach Atopiestatus zwischen 0 und 16,6 % liegt [6, 28, 66, 70, 86], sind durch den häufigen Gebrauch von gepuderten Latexhandschuhen bis zu 22 % der im Gesundheitswesen Beschäftigten betroffen [6, 14, 15, 29, 37, 55, 56, 86, 87, 92]. Gegenüber aerogenem Naturlatex exponierte Probanden wiesen in bis zu 9 % der Fälle asthmatische Symptome auf. Tabelle 3 zeigt die unterschiedliche Prävalenz einer Typ I-Sensibilisierung sowie von Atemwegssymptomen der gegenüber Naturlatex Sensibilisierten innerhalb der Normalbevölkerung und ausgewählter Risikogruppen.

Das Gefühl der Luftnot scheint in vielen Fällen durch eine behinderte Nasenatmung infolge der allergischen Rhinitis hervorgerufen zu sein, ohne daß eine manifeste (meßtechnisch signifikante) Atemwegsobstruktion vorliegt. Folglich ist die Angabe von Luftnot nicht mit dem Vorliegen von asthmatischen Symptomen gleichzusetzen. Untersuchungen von Swanson ergaben, daß 70 % der Handschuhpuderpartikel bereits im Nasenraum zurückgehalten werden und nicht in den unteren Respirationstrakt gelangen, dies könnte ein Erklärungsmodell für das Überwiegen der rhinitischen Symptome sein [81].

Respiratorische Beschwerden von Beschäftigten im Gesundheitswesen lassen an eine Latexallergie denken. Sie sollten Anlaß zu weiteren Untersuchungen geben, da das Risiko, eine obstruktive Atemwegserkrankung zu entwickeln, hoch ist. In der Literatur schwanken die Angaben von asthmatischen Symptomen („wheezing" und „tightness of breath") in Verbindung mit einer berufsbedingten Latexallergie zwischen 1,3 % und 9 % [15, 56, 69, 83, 87]. Ob diese Symptome mit steigender Expositionsdauer zunehmen, erfordert weitergehende epidemiologische Untersuchungen.

Eine kutan oder serologisch nachweisbare Sensibilisierung muß zusammen mit klinischen Symptomen, etwa einer Rhinitis, als klinisch relevant angesehen werden. Tritt mit der obstruktiven Atemwegssymptomatik der sogenannte

Tabelle 3. Häufigkeit einer Naturlatexallergie und asthmatischer Beschwerden in verschiedenen Kollektiven

	Anzahl der Probanden	Sensibilisierung gegenüber Naturlatex (%)	Asthma bronchiale ausgelöst durch Naturlatexallergie (%)	Literatur
Gesamt-Bevölkerung				
„Kontrollprobanden"	207	0	n.d.	Pecquet et al. 1990 [70]
Nicht-atopische Kinder mit Diabetes mellitus	70	0	n.d.	Danne et al. 1997 [28]
Nicht-Atopiker (allergologische Ambulanz)	272	0,4	n.d.	Moneret et al. 1993 [66]
Patienten in einer dermatologischen Ambulanz	130	0,8	n.d.	Turjanmaa 1987 [86]
Atopiker (allergologische Ambulanz)	100	3,0	n.d.	Arellano et al. 1992 [6]
Atopiker (allergologische Ambulanz)	180	9,4	n.d.	Moneret et al. 1993 [66]
Atopische Kinder mit Diabetes mellitus	42	16,6	n.d.	Danne et al. 1997 [28]
Gummiverarbeitende Industrie				
Puppenherstellung	22	9,0	9,0	Orfan et al. 1994 [69]
Handschuhherstellung	64	10,9	6,0	Tarlo et al. 1990 [83]
Gewächshaus	418	18	n.d.	Carillo et al. 1995 [22]
Beschäftigte im Gesundheitswesen				
Krankenhausmitarbeiter	534	n.d.	1,3	Kujala et al. 1995 [56]
Operationssaal/Labor	512	2,8	n.d.	Turjanmaa 1987 [86]
Krankenhausmitarbeiter	273	4,7	2,5	Vandenplas et al. 1995 [87]
OP-Schwestern	71	5,6	n.d.	Turjanmaa 1987 [86]
Chirurgen	54	7,4	n.d.	Turjanmaa 1987 [86]
Krankenhausmitarbeiter	135	8,2	n.d.	Kibby et al. 1997 [52]
Krankenschwestern/-pfleger	741	8,9	n.d.	Grzybowski et al. 1996 [37]
Ärzte (Chirurgen, Anästhesisten, Laborärzte)	101	9,9	n.d.	Arellano et al. 1992 [6]
OP-Schwestern	197	10,7	n.d.	Lagier et al. 1992 [57]
Krankenhausmitarbeiter	86	11,6	5,8	Allmers et al. 1996 [1]
Zahnärzte	1043	13,7	n.d.	Berky et al. 1992 [14]
Anästhesiepersonal	101	16,8	3	Konrad et al. 1997 [55]
Krankenhausmitarbeiter	224	16,9	n.d.	Yassin et al. 1994 [92]
Krankenschwestern/-pfleger	140	22	n.d.	Douglas et al. 1997 [29]
Vielfach Operierte				
Kinder mit Spina bifida	25	32,0	n.d.	Moneret et al. 1993 [66]
Kinder mit Spina bifida	93	37,6	n.d.	Slater 1994 [78)
Kinder mit Spina bifida	146	40,5	n.d.	Cremer et al. 1997 [24]
Kinder mit Spina bifida	83	50,6	n.d.	Kelly et al. 1993 [50]

n.d. = nicht durchgeführt.

Etagenwechsel ein, ist eine entscheidende qualitative Veränderung im Krankheitsverlauf erfolgt. Die zeitlichen Unterschiede der Expositionsdauer sind daher von großer Bedeutung.

Patienten mit einer signifikanten bronchialobstruktiven Reaktion entwickelten die ersten Symptome einer Latexallergie im Durchschnitt bereits acht Monate früher als Probanden, die nur mit einer Rhinitis reagierten (durchschnittlich 44,5 Monate bzw. 52,5 Monate). Je kürzer das Intervall zwischen Exposition gegenüber gepuderten Latexhandschuhen und Entwicklung der ersten Symptome einer Latexallergie ist, desto wahrscheinlicher ist die Entstehung eines Asthma bronchiale. Dermale und rhino-konjunktivale Symptome gehen einer bronchialen Obstruktion im Rahmen der Latexallergie um durchschnittlich 24 Monate voraus [3].

Die Konzentrationen der spezifischen IgE-Antikörper gegen Naturlatex sanken mit zunehmender Allergenkarenz. Epidemiologische Untersuchungen zum Verlauf der latexspezifischen IgE-Antikörper stehen bisher aus.

Die steigende Sensibilisierungsprävalenz der Latexallergie im Gesundheitswesen macht Präventionsstrategien notwendig. Hierzu gehören neben dem Verzicht auf latexhaltige Produkte und der Reduktion des Allergengehaltes die Früherkennung und die berufliche Rehabilitation [10, 15, 30, 82]. Um eine zunehmende Sensibilisierung gegenüber aerogenem Naturlatex zu verhindern und um den bereits sensibilisierten Personenkreis vor der Entwicklung eines allergischen Asthma bronchiale zu schützen, sollten auch von noch nicht sensibilisierten Personen nur noch ungepuderte Latexhandschuhe im Gesundheitswesen verwendet werden.

Kasuistik: Rhinopathie und obstruktive Atemwegserkrankung als Folge einer Latex-Allergie

Ein 33jähriger Arzt, der sich im fünften Jahr der Weiterbildung zum Chirurgen befand, kam im September 1994 zur Begutachtung wegen des Verdachts auf das Vorliegen einer Berufskrankheit Nr. 4301 nach der BeKV in unser Institut. In der Vorgeschichte waren eine Kontaktallergie mit ekzematösen Veränderungen der Hände sowie Konjunkitviden nach dem Gebrauch von latexhaltigen OP-Handschuhen bekannt. Während eines Nachtdienstes im Februar 1992 erlitt er einen akuten Atemnotanfall nach dem Tragen von gepuderten Latexhandschuhen. In der notfallmäßig durchgeführten Ganzkörperplethysmographie zeigte sich eine schwergradige Obstruktion der unteren Atemwege (Rt = 1,5 kPa · s/l, Norm < 0,3 kPa · s/l, sRt = 7,7 kPa · s, Norm < 1 kPa · s). Es wurde eine sofortige parenterale Therapie mit Theophyllin und einem β_2-Sympathomimetikum eingeleitet. In der Epicutan-Testung zeigten sich u. a. Spätreaktionen auf verschiedene latexhaltige gepuderte und ungepuderte Handschuhe. Im Verlauf der nächsten Monate entwickelte sich als äußerst belastendes Symptom ein besonders bei den Visiten auftretender, unstillbarer Fließschnupfen. Im Operationssaal, der über eine Raum-Luft-technische Anlage verfügte, traten dagegen nur selten rhinitische Symptome oder Atemnot auf. Auch außerhalb der Klinik wurden bei Exposition mit Hausstaub, Desinfektionsmitteln, Tabakrauch sowie durch Nebel und Kälte Atembeschwerden ausgelöst. Zusätzlich bestand ein Belastungsasthma. Im Urlaub lag eine völlige Beschwerdefreiheit auch unter Medikamentenkarenz vor. Medikamenteneinnahme: Seit dem Frühjahr 1992 täglich 20 Tropfen Cetirizin Lösung. Bei Bedarf Inhalation eines topischen Glukokortikoids sowie eines β_2-Sympathomimetikums. Durch den Betriebsarzt wurde im Juni 1992 eine Anzeige über eine Berufskrankheit erstattet.

Untersuchungsbefunde

Bei der körperlichen Untersuchung fand sich ein altersentsprechender, unauffälliger Befund. Im klinischen Labor zeigten sich keine pathologischen Werte. Gesamt IgE = 62,6 kU/l (Norm < 100 kU/l]. Spezifische IgE Antikörper gegen Latex = 3,03 kU/l [RAST Klasse 2]. Im Pricktest fanden sich positive Reaktionen auf Latex-Extrakt 1:1000 und Hev b 1, einem Latexhauptallergen. Die Lungenfunktionsparameter waren unter Ruhebedingungen normal. Nach einer inhalativen Provokation mit 0,1 mg Methacholin kam es zu einer überschießenden Bronchokonstriktion im Sinne eines hyperreagiblen Bronchialsystems. Beim arbeitsplatzbezogenen inhalativen Provokationstest, der mittels Schütteln von gepuderten Latexhandschuhen erfolgte, führte bereits eine 5minütige Exposition mit einem Paar „Malaysia" Handschuhen zu einer rhinitischen Sympomatik mit starkem Fließschnupfen. Nach 10minütiger Exposition mit 10 Paar „Malaysia" Handschuhen zeigten sich eine Bronchokonstriktion sowie stark geschwollene Nasenschleimhäute. Die medizinischen Voraussetzungen für die Anerkennung der BK 4301 der BeKV waren damit als erfüllt anzusehen.

ZUSAMMENFASSUNG

Die neuen Erkenntnisse über Allergien mit Symptomen an den oberen und unteren Atemwegen zeigen deutlich, daß in einigen wichtigen Fällen Dosis-Wirkungsbeziehungen eine entscheidende pathogenetische Rolle spielen. Dieses Wissen ermöglicht es, mit Hilfe geeigneter Präventionsmaßnahmen in besonders belasteten Bereichen, wie z.B. dem Gesundheitswesen durch Einsatz von ungepuderten statt gepuderten Naturlatex-Handschuhen, die Zahl der neuen Sensibilisierungen drastisch zu vermindern. Auch die Tatsache, daß Allergenkarenz in vielen Fällen zu einem Rückgang der Häufigkeit und Schwere der Symptome führt, verpflichtet alle diagnostisch und therapeutisch in diesem Bereich Tätigen, bereits beim ersten Symptom einer Allergie Ursachen und mögliche Präventionsmaßnahmen zu ermitteln. Dies gilt insbesondere auf dem Gebiet der Berufsallergene.

Literatur

1. Allmers H, Huber H, Baur X (1997) Bronchopulmonale Schimmelpilzallergie eines Müllwerkers. Arbeitsmed Sozialmed Umweltmed 32 : 64 – 67
2. Allmers H, Kirov A, Hagemeyer O, Huber H, Walther JW, Baur X (1996) Latexsensibilisierung und Latexallergenkonzentration in der Luft. Ergebnis einer Querschnittsuntersuchung in einem Krankenhaus und in Arztpraxen. Allergologie 19:68 – 70
3. Allmers H, Kirchner B, Huber H, Chen Z, Walther JW, Baur X (1996): Latenzzeit zwischen Exposition und Symptomen bei Allergie gegen Naturlatex. Dtsch med Wschr 121: 823 – 828
4. Alroth M, Alenius H, Turjanmaas K, Mäkinen-Kiljunen S, Reunala T, Palosuo T (1995) Cross-reacting allergens in natural rubber latex and avocado. J Allergy Clin Immunol 96: 167 – 173
5. Antó JM, Sunyer J, Taylor Newman AJ (1996) Comparison of soybean epidemic asthma and occupational asthma in Occupational Lung Disease. Thorax 51:743 – 749
6. Arellano R, Bradley J, Sussman G (1992) Prevalence of latex sensitization among hospital physicians occupationally exposed to latex gloves. Anesthesiology 77:905 – 908
6 a. Baur X, Allmers H (1996) Berufsbedingte Allergien. Diagnostisches Vorgehen in der Praxis. Praxismagazin med. 3/96 S. 30 – 35

7. Baur X, Hahn D, Weiss W (1988) Allergische bronchopulmonale Aspergillose mit heustaub-induzierter Alveolitis und Asthma bronchiale. Dtsch Med Wschr 113:1105
8. Baur X (1995) Wirkung von Isocyanaten und anderen niedermolekularen Substanzen auf die Atemwege und das Immunsystem. Atemw Lungenkrkh 4:184–188
9. Baur X (1990) Inhalative Allergene und Irritantien am Arbeitsplatz. Allergologie 13; 4: 134–139
   Sonderdruck aus Allergologie, Dustri Verlag München-Deisenhofen
10. Bauer X und Mitglieder der interdisziplinären Arbeitsgruppe (1996) Naturlatex-Allergie – Empfehlungen der interdisziplinären Arbeitsgruppe. Allergologie 19:248–251
11. Baur X, Jäger D (1990) Airborne antigens from latex gloves. Lancet 335:912
12. Baur X, Ammon J, Chen Z, Beckmann U, Czuppon AB (1993) Health risk in hospitals through airborne latex allergens for patients presensitised to latex. Lancet 342:1148–1149
13. Baur X, Chen Z, Allmers H, Beckmann U, Walther JW (1996) Relevance of latex aeroallergen for healthcare workers. Allergology International 20:105–111
14. Berky ZT, Luciano WJ, James WD (1992) Latex glove allergy. A survey of the US Army Dental Corps. J Amer Med A 268:2695–2697
15. Berufskrankheiten-Verordnung (BeKV) vom 8. Dezember 1976, Bundesgesetzblatt I, S. 3329 in der Fassung der Zweiten Verordnung zur Änderung der Berufskrankheiten-Verordnung vom 18. Dezember 1992. Bundesgesetzblatt I, S. 2343
16. BGA (Bundesgesundheitsamt, Institut für Sozialmedizin und Epidemiologie) (1994) Die Gesundheit der Deutschen. Ein Ost-West-Vergleich. Soz Epi Hefte 4
17. Blaski CA, Clapp WD, Thorne PS, Quinn TJ, Watt JL, Frees KL, Yagla SJ, Schwartz DA (1996) The Role of Atopy in Grain Dust-Induced Airway Disease. Am J Respir Crit Care Med 154:334–340
18. Bohadana AB, Massin N, Wild P, Berthiot G (1996) Airflow obstruction in chalkpowder and sugar workers. Arch Occup Environ Health, Springer Verlag, Berlin 68:243–248
19. Bolm Audorff U, Bienfait HG, Albracht G (1996) Staubexposition in Bäckerbetrieben. Zbl Arbeitsmed 46:105–110
20. Brauer M, Kennedy SM (1996) Gas stoves and respiratory health. The Lancet 347:412–416
21. Burge PS, Edge G, Hawkins R, White V, Newman Taylor AJ (1981) Occupational asthma in a factory making flux-cored solder containing colophony. Thorax 36:828–834
22. Carillo T, Blanco C, Quiralte J, Castillo R, Cuevas M, Rodriguez de Castro F (1995) Prevalence of latex allergy among greenhouse workers. J Allergy Clin Immunol 96:699–701
23. Chapman MD, Heymann PW, Sporik RB, Platts-Mills TAE (1995) Monitoring allergen exposure in asthma: new treatment strategies. Allergy 50:29–33
24. Cremer R, Hoppe A, Korsch E, Kleine-Diepenbruck U, Bläker F (1997) Natural rubber latex allergy: prevalence and risk factors in patients with spina bifida compared with atopic children and controls. Europ J Ped, im Druck
25. Cullinan P, Lowson D, Nieuwenhuijsen MJ, Gordon S, Tee RD, Venables KM, McDonald JG, Newman Taylor AJ (1994) Work related symptoms, sensitisation, and estimated exposure in workers not previously exposed to laboratory rats. Occ Env Med 51:589–592
26. Custovic A, Green R, Taggart SCO, Smith A, Pickering CAC, Chapman MD, Woodcock A (1996) Domestic allergens in public places II:doc (Can f1) and cockroach (Bla g2) allergens in dust and mite, cat, dog and cockroach allergens in the air in public buildings. Clin Exp Allergy 26:1246–1252
27. Custovic A, Taggart SCO, Francis HC, Chapman MD, Woodcock A (1996) Exposure to house dust mite allergens and the clinical activity of asthma. J Allergy Clin Immunol 98: 64–72
28. Danne T, Niggemann B, Weber B, Wahn U (1997) Prevalence of latex-specific IgE antibodies in atopic and nonatopic children with type I diabetes. Diabetes Care 20:476–478
29. Douglas RJ, Morton D, Czarny RE, O'Hehir (1997) Prevalence of IgE-mediated allergy to latex in hospital nursing staff. Aust N Z J Med 27:165–169
30. Drexler H, Lehnert G (1996) Latexallergie – das geht uns alle an. Dtsch med Wschr 121:1198–1203
31. Endres P, Müller-Querenheim J (1994) Alveolitiden, Granulomatosen. In: Ferlinz R (Hrsg) Pneumologie in Klinik und Praxis, Georg Thieme Verlag, Stuttgart – New York, 487–540

32. Fernandez-Caldas E (1997) Mite species of allergologic importance in Europe. Allergy 52:383–387
33. Gesundheitsgefährdung im Friseurhandwerk (1996) Tagungsbericht 8. In: Schriftenreihe der Bundesanstalt für Arbeitsmedizin, Berlin
34. Getreidemehlstäube Roggen/Weizen (1995) MAK 21
35. Glovsky MM, Miguel AG, Cass GR (1997) Particulate air pollution: possible relevance in asthma. Allergy Asthma Proc 18(3):163–166
36. Gordon S (1997) Occupational sensitization to laboratory animals. Clinical and Experimental Allergy 27:603–605
37. Grzybowski M, Ownby DR, Peyser PA, Johnson CC, Schork MA (1996) The prevalence of anti-latex IgE antibodies among registered nurses. J Allergy Clin Immunol 98:535–544
38. Heese A, Peters K-P, Koch HU, Hornstein OP (1994) Allergien gegen Latexhandschuhe. Gynäkologie 27:336–347
39. Henderson A, Englisch PN, Vecht RJ (1968) Pulmonary aspergiliosis: survey of its occurance in patients with chronic lung disease and discussion of the significance of diagnosis tests. Thorax 513–518
40. Hinze S, Bergman K-Ch, Løwenstein H, Nordskov Hansen G (1996) Differente Schwellenwertkonzentrationen für Sensibilisierungen durch das Rinderhaarallergen Bos d2 bei atopischen und nichtatopischen Landwirten. Pneumologie 50:177–181
41. Hollander A, Run van P, Spithoven J, Heederik D, Doekes G (1997) Exposure of laboratory animal workers to airborne rat and mouse urine allergens. Clin Exp Allergy 27:617–626
42. Houba R, Heederik DJJ, Doekes G, van Run PEM (1996) Exposure-sensitization relationship for α-Amylase allergens in the baking industry. Am J Respir Crit Care Med 154:130–136
43. Huber H, Ammon J, Baur X (1997) Bronchialer Hyperreaktivitätstest (Kontraktionstest). In: Baur X (Hrsg) Lungenfunktionsprüfung und Allergiediagnostik. Dustri-Verlag: München-Deisenhofen
44. Hunskaar S, Fosse RT (1990) Allergy to laboratory mice and rats: a review of the pathophysiology, epidemiology and clinical aspects. Lab Animals 24:358–374
45. Imaoka K, Miyazawa H, Nishihata S, Sakaguchi M, Inouye S (1996) Effect of pollen exposure on serum IgE and IgG antibody responses in japanese cedar pollinosis patients. Allergology Int 45:159–162
46. Jaeger D, Engelke T, Rennert S, Czuppon AB, Baur X (1993) Stufendiagnostik der respiratorischen Latexallergie. Pneumologie 474:91–96
47. Jarvis D, Chinn S, Luczynska C, Burney P (1996) Association of respiratory symptoms and lung function in young adults with use of domestic gas appliances. The Lancet 347:426–431
48. Jorde W (1996) Mastzellen – Allergenextrakte – Schimmelpilze und Enzyme als Allergene – Nahrungsmittelallergie – Alveolitis in Allergologie für die Praxis 4. Dustri-Verlag Dr. Karl Feistle, München-Deisenhofen
49. Karol MH (1983) Concentration-dependent immunologic response to toluene diisocyanate (TDI) following inhalation exposure. Toxicol Appl Pharmacol 68:229–241
50. Kelly KJ, Kurup V, Zacharisen M, Resnick A, Fink JN (1993) Skin and serologic testing in the diagnosis of latex allergy. J Allergy Clin Immunol 91:1140–1145
51. Kelly KJ (1995) Management of the latex-allergic patient. Imm and All Clin of N Amer 15:139–157
52. Kibby T, Akt M (1997) Prevalence of latex sensitization in a hospital employee population. Ann Allergy Asthma Immunol 78:41–44
53. Knox RB, Suphioglu C, Taylor P, Desal R, Watson HC, Peng JL, Bursil (1997) Major grass pollen allergen Lol p1 binds to diesel exhaust particles: implications for asthma and air pollution. Clin Exp Allergy 27(3):246–251
54. Kongreßbericht (1994) Heuschnupfen – Neue Erkenntnisse zur Pathogenese, therapeutische Konsequenzen in Allergologie. Sonderdruck, Dustri Verlag, München-Deisenhofen
55. Konrad C, Fieber T, Gerber H, Schüpfer G, Müllner G (1997) The prevalence of latex sensitivity among anesthesiology staff. Anesth Analg 84:629–633
56. Kujala VM, Reijula ER (1995) Glove-induced dermal and respiratory symptoms among health care workers in one Finnish hospital. Am J of Ind Med 28:89–98

57. Lagier F, Vervloet D, Lhermet I, Poyen D, Charpin D (1992) Prevalence of latex allergy in operating room nurses. J Allergy Clin Immunol 90:319–322
58. Lemière C, Cartier A, Dolovich J, Chan-Yeung M, Grammer L, Ghezzo H, L'Archeveque J, Malo JL (1996) Outcome of Specific Bronchial Responsiveness to Occupational Agents after Removal from Exposure. Am J Respir Crit Care Med 154:329–333
59. Liebers V, Hoernstein M, Baur X (1993) Humoral immune response to the insect allergen Chi t 1 in aquarists and fish-food factory workers. Allergy 48:236–239
60. Liebers V, v Kampen V, Sander I, Raulf-Heimsoth M, Rozynek P, Baur X (1995) Aktuelle Aspekte der Allergieforschung. MMV Medizin Verlag GmbH München. Allergo J 5; 4: 280–288
61. Liebers V, van Kampen V, Baur X (1997) Dosis-Wirkungsbeziehungen bei arbeits- und umweltbedingten Atemwegsallergien. Arbeitsmed Sozialmed Umweltmed 32:212–218
62. Liou SH, Yang JL, Cheng SY, Lai FM (1996) Respiratory symptoms and pulmonary function among wood dust-exposed joss stick workers. Int Arch Occup Environ Health, Springer Verlag, Berlin 68:154–160
63. Liss GM, Bernstein D, Genesove L, Roos JO, Lim J (1993) Assessment of risk factors for IgE-mediated sensitization to tetrachlorophthalic anhydride. J Allergy Clin Immunol 92(2): 237–247
64. Menz G, Ismail C, Crameri R (1996) Die allergische bronchopulmonale Aspergillose. Georg Thieme Verlag, Stuttgart – New York. Pneumologie 50:419–427
65. Miguel AG, Cass GR, Weiss J, Glovsky MM (1996) Latex allergens in tire dust and airborne particles. Environ Health Perspect 104(11):1180–1186
66. Moneret-Vautrin D, Beaudouin E, Widmer S, Mouton C, Kanny G, Prestat F, Kohler C, Feldmann L (1993) Prospective study of risk factors in natural rubber latex hypersensitivity. J Allergy Clin Immunol 92:668–677
67. Newman Taylor AJ, Gordon S (1993) Laboratory animal and insect allergy. In: Bernstein IL, Chan-Yeung M, Malo IL, Bernstein DI (Eds): Asthma in the workplace. New York: Marcel Dekker, Inc, pp. 399–414
68. Noertjojo H, Dimich-Ward H, Peelen S, Dittrick M, Kennedy S, Chan-Yeung M (1996) Western Red cedar dust exposure and lung funktion: a dose-response relationship. Exposure and lung function: a dose-response relationship. Am J Resp Crit Care Med 154:968–973
69. Orfan NA, Reed R, Dykewicz MS, Ganz M, Kolski GB (1994) Occupational asthma in a latex doll manufacturing plant. J Allergy Clin Immunol 94:826–830
70. Pecquet C, Laynadier F, Dry J (1990) Contact urticaria and anaphylaxis to natural rubber. J Am Acad Dermatol 22:631–633
71. Prieto JL, Guitiérrez V, Bertó JM, Camps B (1996) Sensivity and maximal response to methacholine in perennial and seasonal allergic rhinitis. Clinical and Experimental Allergy 26:61–67
72. Renström A, Malmberg P, Larsson K, Larsson PH, Sundblad BM (1995) Allergic sensitization is associated with increased bronchial responsiveness: a prospective study of allergy to laboratory animals. Eur Respir J 8:1514–1519
73. Romieu I, Meneses F, Ruiz S, Sienra JJ, Huerta J, White MC, Etzel RA (1996) Effects of Air Pollution on the Respiratory Health of Asthmatic Children Living in Mexico City. Am J Respir Crit Care Med 154:300–307
74. Rosenberg M, Patterson R, Mintzer P, Cooper B, Roberts M, Harris KE (1977) Clinical and immunological criteria for the diagnosis of allergic bronchopulmonary aspergillosis. Ann Intern Med 71:115
75. Sakaguchi M, Inouye S, Sasaki R, Hashimoto M, Kobayashi C, Yasueda H (1995?) Measurement of airborne mite allergen exposure in individual subjects. J Allergy Clin Immunol 97; 5:1040–1044
76. Sander I, Bauer X, Isringhausen-Bley, Rozynek P (1993) Aspergillus Amylase als Bäckerallergen. Allergologie 16:87–90
77. Sieber W, Siemon G (1996) Exogen-allergische Alveolitis durch Pilzsporen in schimmeliger Blumenerde. Allergologie 19; 3:142–144
78. Slater JE (1994) Latex allergy. J Allergy Clin Immunol 94:139–149

78a. Storm van's Gravesand, Moseler M, Kuehr J (1996) The most common phenotypes of sensitization to inhalant allergens in childhood. Clinical and Experimental Allergy 27: 646–652

79. Straube M, Szliska C, Schwanitz HJ (1996) Allergene und Irritanzen im Bäckerhandwerk. Allergologie 19:494–499

80. Sunyer J, Antó JM, Castellsagué J, Soriano JB, Roca J (1996) Spanish Group of the European Study of Asthma: Total serum IgE is associates with asthma independently of specific IgE levels. Eur Respir J 9:1880–1884

81. Swanson MC, Bubak ME; Hunt LW, Yunginger JW, Warner MA, Reed CE (1994) Quantification of occupational latex aeroallergens in a medical center. J Allergy Clin Immunol 94:139–149

82. Tarlo MS, Sussman G, Contala A, Swanson MC (1994) Control of airborne latex by use of powder free gloves. J Allergy Clin Immunol 93:985–989

83. Tarlo SM, Wong L, Roos J, Booth N (1990) Occupational asthma caused by latex in a surgical glove manufacturing plant. J Allergy Clin Immunol 85:626–631

84. Taylor Newman AJ (1996) Respiratory irritants encountered at work. In: Occupational lung disease. Thorax 51:531–545

85. Thompson RN, Nau CA, Lawrence CH (1966) Identification of vehicle tire rubber in roadway dust. Am Ind Hyg Assoc J 27(6):488–495

86. Turjanmaa K (1987) Incidence of immediate allergy to latex gloves in hospital personnel. Contact Dermatitis 17:270–275

87. Vandenplas O, Delwiche JP, Evrard G, Aimont P, van der Brempt X, Jamart J, Delaunois L (1995) Prevalence of occupational asthma due to latex among hospital personnel. Am J Respir Crit Care Med 151:54–60

88. Vanhanen M, Tuomi T, Hokkanen H, Tupasela O, Toumainen A, Holmberg PC, Leisola M, Nordmann H (1996) Enzyme exposure and enzyme sensitisation in the baking industry. Occupational and Environmental Medicine 53:670–676

89. Wahn U, Lau S (1994) Die Bedeutung der Allergenexposition für die Entstehung allergischer Atemwegserkrankungen – speziell des „Hausstaub-Asthmas". Pneumologie 48:89–90

90. Wichmann HE (1996) Possible explanation for the different trends of asthma and allergy in east and west Germany. Clinical and Experimental Allergy 26:621–623

91. Wütherich B, Schindler C, Leuenberger P, Ackermann-Liebrich U (1995) Prevalence of Atopy and Pollinosis in the Adult Population of Switzerland (SAPALDIA Study). Inter Arch Allergy Immunol 106:149–156

92. Yassin MS, Liertl MB, Fisher TJ, O'Brien K, Cross J, Steinmetz C (1994) Latex allergy in hospital employees. Ann Allergy 85:626–631

5.5 Pneumologisch relevante Karzinogene

M. Wittmann

EINLEITUNG

Seit im Jahre 1939 Müller [1] den Tabakrauch als Hauptrisiko für das Bronchialkarzinom erkannte, sind Karzinogene aus der Tumorentstehung nicht mehr wegzudenken. Erst in neuerer Zeit wurden die zellbiologischen Erkenntnisse gewonnen, die den weiten Weg vom Karzinogen als Mutagen über die DNS-Schädigung zum manifesten Tumor beschreiben. Außer chemischen Karzinogenen und physikalischen Noxen spielen auch die Vererbung, Viren und die Ernährung eine wesentliche Rolle auf dem Weg zur Manifestation eines Tumors.

Die Lunge ist über die Ventilation von ca. 15 000 bis 25 000 Liter Luft täglich das Organ, das maßgeblich für die Aufnahme von Karzinogenen verantwortlich ist; darunter sind auch Substanzen, die Schäden überwiegend an anderen Organen verursachen, so Benzol mit der Entstehung von Leukämien. Die Lunge selbst ist aber über diese Schadstoffaufnahme das am häufigsten geschädigte Organ, was sich in der Häufigkeit des Bronchialkarzinoms widerspiegelt.

Wegen der gebotenen thematischen Eingrenzung soll sich diese Übersicht auf die beiden pneumologisch relevanten Tumoren, das Bronchialkarzinom und das Pleuramesotheliom, beschränken, und von seiten der Karzinogene auf die inhalativen Noxen.

Malignome in der Pneumologie

Entstehung von Malignomen

Die Tumorentstehung ist multifaktoriell begründet und das Karzinogen ist nur ein Faktor im komplexen Ablauf (Übersicht bei [2]). Karzinogene werden metabolisch aktiviert, wobei durch unterschiedliche Metabolisierungsaktivitäten genetische Merkmale des Betroffenen und exogene Einflüsse, wie Ernährung und Rauchen, eine Rolle spielen. Die Karzinogen-Metabolite binden an DNS, wobei sie als DNS-Addukte zur Risikoabschätzung analysiert werden können. Sie stören dabei den genetischen Code und können u.a. zur Aktivierung von Onkogenen oder zur Inaktivierung von Tumorsuppressorgenen führen.

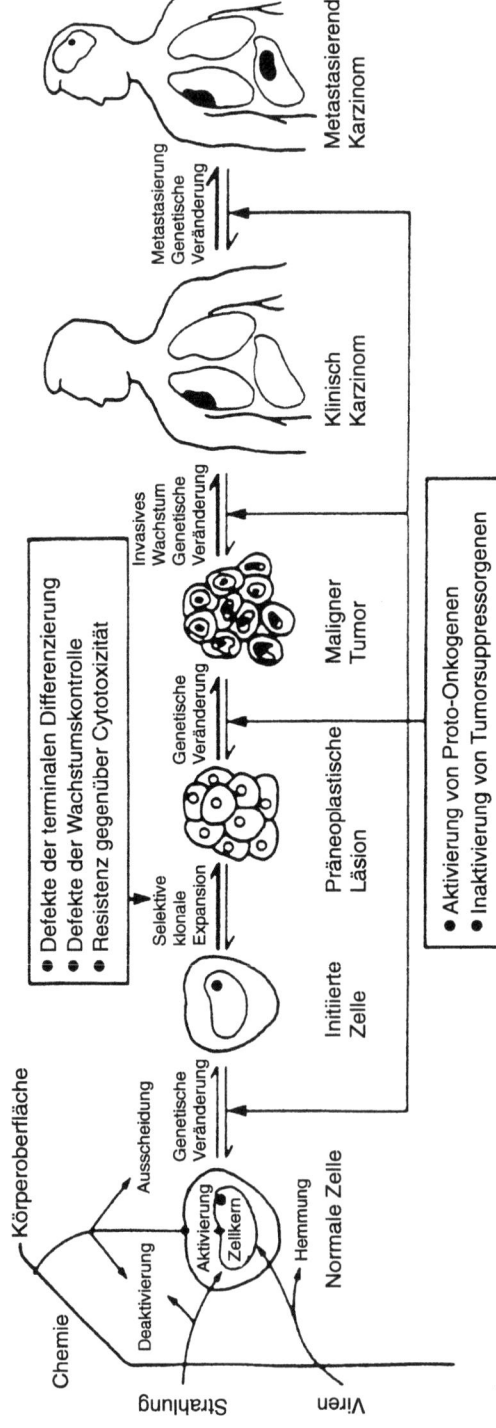

Abb. 1. Stadien der Karzinogenese nach Harris [44]

Es bleibt dann noch ein weiter, in der Regel Jahre dauernder Prozeß, bis aus der initiierten Zelle schließlich über Metaplasien, Dysplasien, das Carcinoma in situ und schließlich ein invasives Karzinom wird, siehe Abb. 1.

In diesem Zusammenhang ist es auch sinnvoll, sich folgende Zahlen vor Augen zu führen [3]: es wurde berechnet, daß aufgrund der Instabilität des menschlichen Genoms durch Strangbrüche, Depurinierungen, Methylierungen und Deaminierungen mehr als 10^5 Modifikationen pro Zelle und Tag eintreten, ohne daß ein Schadstoff von außen einwirkt [4]. Bezogen auf die etwa 5×10^{14} menschlichen Körperzellen bedeutet dies, daß 10^{19} DNA-Modifikationen als Hintergrundbelastung pro Tag auftreten.

Natürlich führt nicht jede dieser Mutationen zu einem Karzinom; und es genügt auch nicht, daß *eine* Mutation *ein* dominantes Onkogen hervorbringt. Nach heutigem Wissen bedarf es zur Karzinomentstehung einer *sequentiellen* Anhäufung *vieler* Mutationen. Offensichtlich besitzt der Mensch nämlich ein solch hervorragendes Reparatursystem, daß diese Mutationen in der Regel eben nicht zur Karzinomentstehung führen, auch nicht bei einer Exposition gegen Karzinogene, der wir alle ausgesetzt sind.

Entscheidend ist das Gleichgewicht zwischen Belastung und deren Verarbeitung, das durch hohe Exposition gegenüber Karzinogenen gestört werden kann wie durch mangelnde Abwehr, so genetische Defekte an Reparaturmechanismen, unterschiedlichen Karzinogen-Metabolismus in der Zelle oder Vitamin-A-Mangel; ein Beispiel sind auch die erhöhten Malignomraten bei Immunsupprimierten Patienten, z.B. nach Nierentransplantation. Die Theorie, daß *ein* Molekül eines Karzinogens oder *ein* Gamma-Strahl eine Zelle verändert und so zur Tumorentstehung führt, muß zumindest erheblich relativiert werden.

Das Bronchialkarzinom

Das Bronchialkarzinom ist das häufigste Karzinom beim Mann und einer der häufigsten Tumore bei der Frau. In Deutschland starben 1995 nach Angaben des Statistischen Bundesamts 28 887 Männer und 8260 Frauen daran, 2,5% mehr als 1994, bei einem kontinuierlichen Anstieg. Die Inzidenz ist in Deutschland nicht genau bekannt, dürfte aber lediglich um 10 – 12% höher liegen, was die schlechte Prognose belegt [5]. In den USA nimmt das Bronchialkarzinom auch bei der Frau den Spitzenplatz unter den Todesursachen an Tumoren ein, wobei die Mortalität am Bronchialkarzinom bei Frauen über 55 unverändert stark ansteigt, während sie bei den Männern über 55 und den Frauen unter 55 Jahren infolge veränderter Rauchgewohnheiten bereits wieder langsam zu sinken beginnt [6]. Bei uns haben die Frauen nie die hohen Raucherquoten amerikanischer Frauen erreicht, auch ist die Quote rauchender Frauen bereits wieder leicht rückläufig.

Das Bronchialkarzinom wird aus therapeutischer und prognostischer Sicht in kleinzellige (ca. 25%) und nicht-kleinzellige (Plattenepithel-, Adeno-, Großzelliges Karzinom, ca. 75%) Tumore unterteilt. Eine histologische Zuordnung zu einem verursachendem Agens ist nicht möglich. Das Adenokarzinom tritt häufiger als Narbenkarzinom auf, auch schien es eher unabhängig von den Rauchgewohnheiten. Aktuell wird aber auch ein Zusammenhang zwischen der Zunahme des Adenokarzinoms und den sogenannten Leichtzigaretten gesehen [7].

Die Prognose ist schlecht: Maximal etwa ein Viertel der Patienten kann einer Operation mit kurativer Absicht zugeführt werden, davon überlebt wiederum nur etwa ein Viertel die nächsten 5 Jahre.

Mesotheliom

Im Gegensatz zum Bronchialkarzinom ein sehr seltener bösartiger Tumor des Brust- oder Bauchfells. 1995 starben in Deutschland 693 Männer und 334 Frauen am Pleuramesotheliom. Dieser Tumor ist so charakteristisch für die Asbestexposition, daß ihm von Woitowitz der Name eines Signaltumors gegeben wurde [8]. Das Risiko für beruflich Exponierte ist extrem hoch; für Großbritannien wurde geschätzt, daß etwa 1 % der Männer, die in den 40er Jahren geboren wurden, am Mesotheliom versterben [9]. Aufgrund des beruflichen Expositionshöhepunkts in Deutschland gegenüber Asbest im Jahre 1979 und der Latenz der Tumorentwicklung von 30–35 Jahren wird mit einem Gipfel an Mesotheliomen erst zwischen den Jahren 2010 und 2015 gerechnet.

Für das Mesotheliom gibt es bisher keinen kurativen therapeutischen Ansatz.

Das Mesotheliom läßt sich im Tierexperiment durch intrapleurale Applikation von Fasern regelmäßig erzeugen. Nach intratrachealer Instillation läßt sich die Anreicherung der Asbestfasern in der Pleura pulmonalis nachweisen. Es resultieren eine Reihe von Entzündungsprozessen, die die Pleurafibrose und Pleuraplaques verursachen. Ob die chronische Entzündung oder eine direkt mutagene Aktivität, in vitro ist eine Transformation von Mesothelzellen durch Asbestfasern nachgewiesen, zum Mesotheliom führen, bleibt unklar. Es dürfte sich auf jeden Fall ebenfalls um eine Reaktionskaskade handeln (Übersicht bei [10]). Dabei sind es die physikalischen Eigenschaften der Fasern, die die Karzinogenität bedingen: je länger, dünner und beständiger, desto gefährlicher.

Relevanz der inhalativen Karzinogene

Das große Problem in der Erkennung von umweltrelevanten Karzinogenen liegt in der – relativ – niedrigen Inzidenz der durch sie verursachten Erkrankungen und am – im Individualfall – unmöglichen Kausalitätsbezug. So lassen nur hohe Expositionsgrade gegenüber Einzelstoffen, wie sie vor allem in der Arbeitsmedizin auftreten, eine Ursache-Wirkungsbeziehung vermuten, die tierexperimentell abgesichert werden muß und epidemiologisch schließlich weiter verfolgt werden kann. Tierversuche können dabei oft nur Anhaltspunkte bieten, da es große Speziesunterschiede gibt. Und falls eine Substanz in der Arbeitsmedizin keine Rolle spielt und sie im Tierversuch nicht zufällig als Karzinogen erkannt würde, man hätte kaum eine Chance sie zu entlarven.

Arbeitsmedizin

Die Arbeitswelt ist voller karzinogener Substanzen. Die Quote der Arbeitsstoffe, die als krebserzeugend oder verdächtig eingestuft werden, beträgt in der aktuellen MAK-Liste ca. 30%! [11].

Welche Karzinogene sind in der Luft, die auch in epidemiologischem Sinne relevant sind? Zunächst sind dies auch die Stoffe, die in der Berufskrankheitenverordnung als krebserzeugend anerkannt sind (Tabelle 1).

Tabelle 1. Berufskrankheiten (Statistik für 1994) [12]

BK-Nr.	Karzinogen	Angezeigt	Anerkannt
Mesotheliom des Rippenfells und des Bauchfells			
4105	Asbest	702	495
Bronchialkarzinom (LC)			
4104	Asbest	1395	545
2402	Ionisierende Strahlen (nicht nur LC)	889	306
1310	Halog. Alkyloxide	943	31
1103	Chrom (6wertig)	93	20
1108	Arsen	46	10
4110	Kokereirohgase	25	8
4109	Nickel oder seine Verbindungen	32	7

Für diese Substanzen ist tierexperimentell und epidemiologisch der Zusammenhang mit der Bronchialkarzinom-Entstehung gesichert. Hier gilt es in erster Linie daran zu denken, daß das Bronchialkarzinom auch eine Berufskrankheit sein könnte, die entsprechende Anamnese zu erheben und evtl. eine Verdachtsmeldung an die BG zu erstatten; insbesondere das Arbeiten mit Asbest war weit verbreitet und nicht auf Zentren der Schwerindustrie oder chemischen Industrie beschränkt, was für die meisten anderen beruflichen Karzinogene Voraussetzung ist.

Unter der BK-Nr. 4101 werden auch vereinzelt (im Jahr 1994 ca. 40) Bronchialkarzinome anerkannt, die sich als sogenannte Narbenkarzinome in unmittelbarer Nachbarschaft silikotischer Schwielen entwickelt haben. Statistisch gesehen ist jedoch, an großen Kollektiven evaluiert, eine (Anthrako-)Silikose nicht mit einer erhöhten Bronchialkarzinominzidenz verbunden [5]. Narbenkarzinome können unter BK-Nr. 3101 auch nach Tuberkulose anerkannt werden, wenn die Anerkennung schon für die Tuberkulose erfolgt war.

Eine Reihe weiterer Stoffe aus der Arbeitswelt (Tabelle 2) steht als Karzinogene bezüglich ihrer Relevanz in der Diskussion und kann noch nicht abschließend beurteilt werden.

Tabelle 2. Fragliche Lungenkarzinogene (mod. und ergänzt nach [5])

Tierexperimentell gesichert	Epidemiologischer Verdacht	Mögl. Arbeitsplatzgefährdung ohne eindeutiges Karzinogen
Cadmium	Acrylnitrate	Gießerei
Chlorierte Toluole	Beryllium	Gummiverarbeitung
Dimethylsulfat	Vinylchlorid	Schweißer
Epichlorhydrine	Nitrosamine	Maler und Anstreicher
Man-made-fibers	Formaldehyd	Umgang mit Pestiziden,
Silicium	Blei	Herbiziden
Talkum		Ölraffinerie
Blei		Zuckerrohrverarbeitung

Allgemeinbevölkerung

Nach epidemiologischen Studien kann das Bronchialkarzinom auf folgende Ursachen zurückgeführt werden [13]:

- Tabakrauch (Inhalations- und Passivrauchen)   85 %
- Berufsabhängige inhalative Exposition   8 %
- „Luftverschmutzung"   5 %
- Andere (Narbenkrebs, Ernährung,   2 %
  genetische Faktoren, Radon)

Tabakrauchen steht an erster Stelle in der Verursachung des Bronchialkarzinoms. Auch unter den zuletzt genannten Faktoren sind natürlich Raucher, weshalb nur etwa 6 % der Patienten mit einem LC Nichtraucher sind.

Die Schadstoffe aus der Arbeitswelt begegnen uns z.T. auch wieder bei der Luftverschmutzung, allerdings in viel niedrigerer Konzentration. Und diese niedrige Konzentration ist es, die wegen der relativ geringen Inzidenz von Krankheiten epidemiologisch aufwendige Studien braucht, um die Karzinogenität für die Allgemeinbevölkerung wirklich beweisen zu können.

Die Luftverschmutzung ist als ein Risikofaktor für die Entstehung des Bronchialkarzinoms inzwischen anerkannt. Diese Zahlen sind auf Deutschland nicht ohne weiteres übertragbar, gibt es hier in den Städten doch 10mal soviel PAH durch Kohleverbrennung und außerdem einen 10fach höheren Diesel-PKW-Anteil [14]. Eine europäische Fall-Kontroll-Studie aus dem stark belasteten Krakau hat gezeigt, daß bei Männern 4,3 % und bei Frauen 10,5 % der Bronchialkarzinome auf die Luftverunreinigung zurückgeführt werden können (zitiert nach [14]).

Das Bundesimmissionsschutzgesetz und die TA Luft dienen dem Ziel, die Bevölkerung Deutschlands vor schädlichen Umwelteinwirkungen, u.a. vor Karzinogenen, zu schützen. Ein kausaler Beitrag von Umweltkarzinogenen zum Krebsrisiko kann durch diese Vorschriften entgegen den gesetzlichen Intentionen aber nicht verhindert werden [15]. Der Kraftfahrzeugverkehr ist als Hauptemittent von Dieselmotoremissionen, Benzol und PAH der wesentliche Verursacher von Karzinogenen in der Umwelt. Dennoch hinken die verkehrsrechtlichen Regelungen den Vorschriften der TA Luft im industriellen Bereich

Tabelle 3. Karzinogene Substanzen

	Ubiquitäre Belastung	Relevantes Krebsrisiko, Außenluft
Arsen	+	+
Asbest	+	+
Benzo(a)pyren	+	++
Benzol	+	+
Beryllium	+	
Cadmium	+	+
Chrom	+	+
1,2-Dibromethan	(+)	
Dieselruß	+	++
2,3,7,8-TCDD (Dioxin)	+	
Kobalt	?	
Nickel	+	(+)
Vinylchlorid	(+)	

bezüglich der Grenzwerte um ein Vielfaches hinterher. Eine Begrenzung des Auswurfs je Fahrzeug reicht aber nicht zur Emissionsbegrenzung aus, solange die Zahl der Fahrzeuge und v.a. die Gesamtfahrleistung weiter zunimmt.

In der TA Luft sind karzinogene Substanzen aufgeführt, die eine ubiquitäre Belastung darstellen [14] (Tabelle 3).

Fehlende Beurteilungen des Krebsrisikos sind auf fehlende Datenlage oder regionale Verbreitung (wenige Emittenten: Vinylchlorid) zurückzuführen. Dioxin wurde praktisch nur wegen seiner Publicity aufgenommen, aufgrund der geringen Umweltkonzentration ist das Risiko aber zu vernachlässigen. Eine Vielzahl weiterer Substanzen kann derzeit noch nicht abschließend beurteilt werden.

Der Länderausschuß für Immissionsschutz (LAI) hat anhand vorliegender tierexperimenteller und epidemiologischer Studien und der bekannten Immissionen sorgfältig das Krebsrisiko für die Allgemeinbevölkerung in Deutschland beurteilt (Tabelle 4).

Tabelle 4. Krebsrisiko durch Luftverunreinigungen (nach [16], ergänzt um Radon und das derzeitige Verkehrsrisiko)

Schadstoff	Lebenszeitrisiko pro 100 000 (70 Jahre exponiert)	
	Ballungsgebiete	Ländliche Gebiete
Dieselrußpartikel	50	6,3
PAH	13	5,0
Benzol	6,5	0,6
Arsen	4,3	1,1
(Radon)	($\approx 3,5$)	
Cadmium	3,9	1,1
Asbest	2,1	0,8
Dioxin	0,001	0,0002
Gesamt	80	15
(Verkehrstod)	(≈ 800)	

Für Berlin wird das Lebenszeitrisiko bereits mit 100 angenommen, in der Nähe von Verkehrsknotenpunkten mit 200! Das bedeutet, hier stirbt jeder 500. am umweltbedingten Karzinom! Beachtlich ist das Stadt-Land-Gefälle, beim Gesamtrisiko 80 Karzinome gegen 15. Zur Vervollständigung wurde Radon nach Schätzungen der GSF ergänzt, und zum Vergleich das Risiko eines tödlichen Verkehrsunfalls, das immer noch beträchtlich höher liegt (ebenfalls das Lebenszeitrisiko, jeweils für die Gesamtbevölkerung!).

Karzinogene

Rauchen/Passivrauchen

Tabakrauchen ist unbestritten die Nummer 1 der Ursachen des Bronchialkarzinoms. Von den 37 147 Toten durch Lungenkrebs 1995 in Deutschland sind mindestens 31 000 durch Tabakrauchen zu Tode gekommen, mehr als dreimal so viele wie wir als Verkehrstote zu beklagen haben. Dennoch versterben „nur" etwa 7 % der Raucher am Bronchialkarzinom. Neben anderen Malignomen stirbt die Mehrzahl der Raucher an Herz-Kreislauferkrankungen. Aber auch an den sogenannten „gutartigen" Lungenerkrankungen, der chronischen Bronchitis und dem Emphysem, versterben etwa 1,5mal soviel wie am Bronchialkarzinom. Je früher mit dem Rauchen begonnen wird, desto höher ist das Risiko. Die Gefährdung des Rauchers steigt mit der Zahl der gerauchten Zigaretten: Pro Verdoppelung der Pack-Years (Produkt der täglich gerauchten Schachteln Zigaretten und der Raucherjahre) findet sich ein 2–4 fach erhöhtes Bronchialkarzinom-Risiko [5].

Im Tabakrauch allein wurden mehr als 200 karzinogene Einzelsubstanzen nachgewiesen. Man unterscheidet die Gasphase mit Nitrosamin, Nirosopyrrolidin, Hydrazin u. a. von der Partikelphase mit Polonium, Nickelverbindungen, Cadmium, PAH u. v. m. Bedeutsam ist, daß in Verbindung mit anderen Karzinogenen das Risiko jeweils nicht additiv sondern überadditiv bzw. sogar multiplikativ ansteigt. Dies finden wir z. B. bei Asbest, wobei als eine mögliche Ursache eine vermehrte Asbestretention bei Rauchern nachgewisen wurde [17]. Die verminderte mukoziliäre Klärfunktion beim Raucher könnte so einen Teil des hohen BC-Risikos auch für andere Karzinogene erklären.

Der Raucher gefährdet aber nicht nur sich, er belastet auch die Umwelt mit den Schadstoffen aus der Zigarette: Passivrauchen. Fatal ist in diesem Zusammenhang die Tatsache, daß im Nebenstromrauch viele Karzinogene in noch höherer Konzentration vorliegen als im Hauptstromrauch. Man kann unmittelbar messen, wie während des Rauchens in einem Raum die Schwebstoffkonzentration ansteigt. Die PAH sind in Raucherhaushalten etwa in doppelter Konzentration in der Luft anzutreffen als bei Nichtrauchern.

Es ist nachgewiesen, daß Berufe wie Kellner und Schaffner, die beruflich zwangsrauchen müssen – auch wenn sie selbst Nichtraucher sind – ein höheres Bronchialkarzinomrisiko tragen [18]. Eine große Multicenterstudie hat das Risiko nichtraucher Ehefrauen untersucht, ein BC zu bekommen [19]. Das relative Risiko durch den rauchenden Ehemann betrug 1,29, sofern er mehr als 80 pack-years geraucht hatte sogar 1,79. Ein verrauchter Arbeitsplatz erhöhte das LC-Risiko um den Faktor 1,39. Aufgrund dieser Studie wurden für Deutschland etwa 400 Lungenkrebstodesfälle durch Passivrauchen pro Jahr errechnet.

Deutschland ist bezüglich gesetzlicher Einflußnahme auf die Zigarettenwerbung ein Schlußlicht unter den westlichen Staaten [20].

Karzinogene: Einzelsubstanzen

Chrom, Nickel und Vinylchlorid können aufgrund mangelnder Datenlage noch nicht bewertet werden.

Dieselruß

Dieselmotoremissionen (DME) sind als Karzinogen für den Menschen noch gar nicht lange als relevant anerkannt. So wurden DME Mitte der 80er Jahre bei der Neufassung der TA Luft noch gar nicht berücksichtigt. DME bestehen aus einer Vielzahl von gasförmigen und partikulären Stoffen, wobei die Partikel für den karzinogenen Effekt verantwortlich sind. Diese Ruß-Partikel sind sehr klein (ca. 0,2 µm) und daher gut alveolargängig. Früher dachte man, die an den Partikeln haftenden PAH wären die eigentlich karzinogenen Substanzen; sie konnten aufgrund ihrer Konzentration aber nur etwa 1‰ der karzinogenen Wirkung im Tierversuch erklären. Neuere Tierversuche belegen aber, daß die karzinogene Wirkung von DME auf die Rattenlunge eindeutig auf den Rußkern der Partikel zurückzuführen ist. Diese Tierversuche sind so überzeugend, daß in den Entwürfen für das neue Immissionsschutzgesetz die Meßverfahren von der Messung der Gesamtmasse auf die Rußpartikelmasse umzustellen sind; der Ruß im Dieselabgas nimmt einen variablen Anteil von etwa 15–50% ein [21].

Die epidemiologische Sicherung der Karzinogenität von DME war lange umstritten, nachdem die ersten amerikanischen Eisenbahnstudien die Rauchgewohnheiten ungenügend berücksichtigt hatten. In einer aktuellen Übersicht wird der statistische Zusammenhang zwischen langer (> 20 Jahre) Diesel-Exposition und vermehrtem Auftreten von LC bei Lokomotivführern, Bremsern und Dieselmotor-Mechanikern anerkannt, der kausale Zusammenhang aber als ungenügend bezeichnet [22]. Der LAI und auch die amerikanische Gesundheitsbehörde kamen jedoch aufgrund der Tierversuche zum Beschluß, Dieselabgase als Karzinogene zu bewerten [21].

In Deutschland werden große Anstrengungen unternommen, durch technische Maßnahmen am Motor, Rußfilter, Kraftstoffverbesserung, Geschwindigkeitsbegrenzer für LKW, oder auch durch Verzicht auf Diesel-PKW im öffentlichen Dienst den Ausstoß von DME zu verringern. Eine Reduktion des Schwerlastverkehrs oder eine Verlagerung von Transporten auf die Schiene scheint weniger aktuell. Es erstaunt, daß in der öffentlichen Diskussion um Karzinogene und Verkehr einseitig Dieselfahrzeuge verteufelt werden. Auch die Abgase von

Ottomotoren enthalten Karzinogene, wie aromatische Kohlenwasserstoffe und PAH, die an epidemiologisch-karzinogener Potenz den DME nicht nachstehen. Aufgrund des geringeren Kraftstoffverbrauchs ist der Dieselmotor bezüglich CO_2-Ausstoß zudem dem Ottomotor überlegen.

PAH (Polyzyklische aromatische Kohlenwasserstoffe)

Die PAH beinhalten weit über 100 Substanzen, die Markersubstanz ist das Benzo(a)pyren; sie entstehen bei der unvollständigen Verbrennung bzw. bei Erhitzen unter Sauerstoffmangel, sie sind in hohen Konzentrationen enthalten in Teer, Motorenöl und Ruß. Hauptemissionsquelle ist der Verkehr, der Hausbrand ist durch die weitgehende Umstellung auf Öl und Gas in den Hintergrund getreten. Auch das Zigarettenrauchen ergibt hohe PAH-Mengen: Das karzinogene Risiko ist aber viel höher als allein über die PAH-Konzentration abzuschätzen (Tabelle 5).

Bereits 1775 wurden gehäuft auftretende Skrotalkarzinome bei Schornsteinfegern beschrieben, später kam der Hautkrebs der Teerarbeiter dazu. Auch die Verursachung von Lungenkrebs ist inzwischen epidemiologisch einwandfrei bewiesen. Eine Studie aus England belegt das leicht erhöhte Bronchialkarzinom-Risiko auch für Drucker, die an Rotationsdruckmaschinen in der Zeitungsherstellung arbeiten; dies wird auf den erhöhten Benzo(a)pyren-Gehalt in den Druckhallen zurückgeführt, verursacht durch Verneblung der Druckertinte [23]).

Tabelle 5. PAH-Konzentration und Emissionsquelle [16]

Quelle	PAH-Konzentrationen [ng/m3]		
Ländliche Gebiete	0,5	bis	1
Ballungsgebiete	1		6
Emittenten-Nahbereiche	3		50
Wohnhaus mit offenem Kamin	10		370
Xuan Wei (China; offene Feuerstätten)	3000		15000
Kokerei (Ofendecke)			15000
Straßenbau (Pechbitumen)			5000
1 Zigarette	10		18 ng

Die PAH sind als Kokereirohgase seit 1988 unter der Nr. 4110 in die Berufskrankheitenliste aufgenommen, z. T. werden sie noch unter § 551 Abs. 2 RVO entschädigt. Bisher nicht anerkannt als BK ist das Bronchialkarzinom jedoch bei Schornsteinfegern oder im Straßenbau.

Mit 13/100000 Krebstoten überschreitet das Bevölkerungsrisiko durch die PAH in den Ballungsgebieten deutlich den Schwellenwert des sogenannten vertretbaren Risikos, auf dem Land beträgt das Risiko weniger als die Hälfte.

Arsen

Arsen stammt v. a. aus dem Industrie- und gewerblichen Bereich, aus der Metallerzeugung, aus der Glasproduktion und aus Feuerungsanlagen, aber auch aus

Tabelle 6. Arsen [16]

	Inhalation (in µg/Woche)	Krebsrisiko $\times 10^{-5}$
Außenluft ländliche Gebiete	< 5	1,1
Ballungsgebiete	5–20	4,3
Emittentennähe	10–30	~ 60

dem heimischen Herd, in dem Kohle verbrannt wird. Die Arsenexposition ist nicht unerheblich, beachtlich hier wieder das Stadt-Landgefälle; aus der DDR stammen aus der Braunkohleverbrennung noch Durchschnittswerte bis zum 15fachen dieses westdeutschen Emittentenwerts (Tabelle 6).

Cadmium

Cadmium ist ein relativ moderner Werkstoff, ubiquitär in der Luft vorhanden mit einem deutlichen Anstieg der Konzentration vom Land in städtische Bereiche. Industriell angewendet wird Cd in Form Cd-haltiger Farbpigmente in der Kunststoffindustrie (90%); zunehmend eingesetzt wird Cd in der Elektronik und vor allem in den Akkus. Nur das inhalierte Cadmium ist als karzinogen bzgl. Bronchialkarzinom einzustufen.

Cadmium muß als karzinogen bei exponierten Arbeitern angesehen werden, wenngleich dies statistisch noch nicht gut untermauert ist und nur bei den höchst belasteten Arbeitern ein Zusammenhang gesichert werden konnte. Für die Allgemeinbevölkerung scheint Cd, abgesehen als Kofaktor beim Rauchen, jedoch nur eine relativ untergeordnete Rolle zu spielen (Tabelle 7).

Tabelle 7. Cadmium [16]

	Inhalation (in µg/Woche)		Krebsrisiko $\times 10^{-5}$
Außenluft ländliche Gebiete	0,07 bis	0,21	1,1
Ballungsgebiete	0,28	0,7	3,9
Emittentennähe	0,7	4,2	16
Rauchen (20 Zig/d)	7	42	

Asbest

Asbest ist ein faserförmiges Mineral, das in Deutschland im wesentlichen als Chrysotil (Weißasbest, zu 90–95%) und als Krokydolith (Blauasbest, zu 5–10%) verwendet wurde. Die Fasern unterscheiden sich in der Länge, Beständigkeit, Dicke und Flexibilität. Die karzinogene Potenz ist umso höher, je länger, je dünner und je beständiger sie sind. Am gefährlichsten ist zweifellos Krokydolith.

Asbest wurde wegen seiner Temperaturbeständigkeit, Nichtbrennbarkeit, sowie Scher- und Bruchfestigkeit geschätzt [24] und in vielen Fabrikationsbereichen verwendet: Zementprodukte, Brems- und Kupplungsbeläge, Textilien, Fußbodenbeläge, Hochdruckdicht-Platten, Spritzmassen, bauchemische und sonstige Produkte. Auch in einer Vielzahl von Haushaltsgeräten findet sich Asbest: Bügeleisen, Bügelbrettunterlage, Haartrockner, Heizdecke, Herd und Backofen, Nachtstromspeicher-Heizung, Toaster u.v.m. Bis 1976 war die Isolierung von Stahlkonstruktionen, Lüftungsrohren und Turbinen mit Asbestsuspension verbindlich vorgeschrieben. Seit 1993 besteht ein generelles Asbestverbot in der BRD bezüglich der Verarbeitung und des Inverkehrbringens.

Asbest hat eine Sonderrolle unter den in der Berufskrankheitenverordnung aufgeführten Substanzen:

1. Aufgrund der massenhaften Produktion und der hohen Zahl der Arbeiter, die exponiert wurden; das Bundesarbeitsministerium nennt 840 000, der Deutsche Gewerkschaftsbund 4 000 000. Auf jeden Fall handelt es sich um eine gewaltige Zahl; die große Unsicherheit in der Abschätzung besteht in der Weiterverarbeitung der Asbestprodukte – insbesondere von Zementprodukten und Textilien [25].
2. Wegen der weiten Verbreitung als Baustoff und der allmählichen Freisetzung durch die Verwitterung stellt Asbest ein wesentliches Umweltkarzinogen dar. So werden in der BRD etwa 100 Tonnen Asbest pro Jahr aus Baustoffen freigesetzt.
3. Wegen der langen Latenz der Tumorentstehung ist mit einem massiven Ansteigen von Bronchialkarzinomen und Pleuramesotheliomen noch etwa bis zum Jahre 2020 zu rechnen.

In den folgenden Branchen sind die Asbest-belasteten Arbeitsplätze übers ganze Land verteilt, während die Arbeiter in der Herstellung von Asbestprodukten mit einigen 10000 recht überschaubar sind (s. Übersicht).

Pleuramesotheliomrisiko nach Berufsgruppen [26]
Asbestzementarbeiter
Asbesttextilarbeiter
Isolierer
Schiffsbauer
Flugzeugbauer
Ofenmaurer
Schlosser
Installateure
Elektriker
Schmelzer
Former
Schweißer

Epidemiologische Studien zum Bronchialkarzinomrisiko zeigen ein interessantes Phänomen: Bisher war es mit epidemiologischen Studien nicht möglich zu

Tabelle 8. Bronchialkarzinom bei Asbestexposition

	Inzidenz (10^{-6})	Relatives Risiko
Nichtraucher	8	1
Starke Raucher	130	15
Nichtrauchende Asbestarbeiter	8	1
Rauchende Asbestarbeiter	560	70

beweisen, daß Asbest allein ein Bronchialkarzinom erzeugen kann [27]. Nur in Verbindung mit Rauchen war das Bronchialkarzinomrisiko bei Asbestexponierten erhöht, dann aber in überadditiver Form [28] (Tabelle 8).

Damit kann Asbest aber unter Nichtrauchern keinesfalls verharmlost werden, denn es verursacht das Pleuramesotheliom (PM), das in der Prognose noch schlechter als das Bronchialkarzinom zu beurteilen ist und das völlig unabhängig von den Rauchgewohnheiten entsteht. Und hier ist das Risiko für beruflich Exponierte extrem hoch. Dieser Tumor ist so charakteristisch für die Asbestexposition, daß ihm von Woitowitz der Name eines Signaltumors gegeben wurde [8].

Wir sind erst am Beginn einer gewaltigen Welle von Asbest-assoziierten Tumoren. Für 1993 lag die Zahl anerkannter BK-Fälle Nr. 4105 bei 334. Andrerseits starben 1993 1002 Menschen am Pleuramesotheliom – wie erklärt sich diese Differenz? Durch eine unerkannte Exposition? Wegen der langen Latenz von im Mittel 35 Jahren ist anamnestisch der Kontakt aber oft nicht mehr zu eruieren und so kommen sicher viele Fälle von „nicht Asbestassoziiertem PM" zustande. Auch durch Haushaltskontakte – Reinigung der Arbeitskleidung des Ehemanns und Besuche am väterlichen Arbeitsplatz – sind tödliche Mesotheliom-Fälle beschrieben [29]. Oder erklärt sich diese Differenz bereits durch die allgemeine, die Umwelt-Exposition? Asbest ist einer der wenigen Stoffe, für die eine karzinogene Wirkung in der Umwelt direkt nachgewiesen wurde: In der Umgebung asbestverarbeitender Betriebe in Hamburg wurden vermehrt Mesotheliome gefunden [30].

Asbest ist ubiquitär vorhanden. Besondere Aufmerksamkeit jedoch ziehen Asbest-„verseuchte" öffentliche Gebäude (Münchner Residenztheater, Palast der Republik in Berlin), regional v.a. Kindergärten und Schulen auf sich (s. Tabellen 9 u. 10).

Tabelle 9. Asbestfasern-Konzentration [31]

Ort	Konzentration Fasern/m^3
Außenluft in Städten	50–200
Emittenten-Nähe	100–330
Verkehrsreiche Gebiete	1000
Münchner Kindergärten	max. 360

Tabelle 10. Asbestrisiko für die Allgemeinbevölkerung im Vergleich (mod. nach [27])

Todesursache	Todesfälle (Lebenszeitrisiko) pro 100 000
Asbestexposition in Schulen (1000 Fasern pro m³ Luft)	0,035 – 0,63
Umweltbelastung durch Asbest:	
Ländliche Gebiete	0,8
Ballungsgebiete	2,1
Emittentennahbereiche	3,8
Überschwemmung	14
Flugzeugunfälle	42
Schulsport	70
Hausunfälle (1 – 14jährige)	84
Ertrinken (5 – 14jährige)	189
Lungenkrebs durch Rauchen	8400

Spätestens an dieser Stelle muß man über das vertretbare Risiko nachdenken: Ab wann ist ein geringes Risiko noch tragbar, bzw. ab wann erfordert es umweltpolitisches Handeln? Die Niederländer haben einen im internationalen Maßstab recht niedrigen Grenzwert von 10^{-6} pro Jahr als Bagatellschwelle vorgeschlagen, also 1 Toter pro 1 Million Menschen pro Jahr [14]. Bezogen auf das Lebenszeitrisiko pro 100 000 wären dies 7 Todesfälle. Diese Grenzwerte orientieren sich natürlich immer an den Gegebenheiten und nicht am theoretisch Machbaren oder gar Wünschenswerten, aber es ist ein Anhaltspunkt, und dieser Schwellenwert liegt auf der Risikohöhe mit einem Todesfall durch Naturkatastrophen, und 6mal niedriger als das Risiko eines Flugunfalls. Damit erscheint dieser Schwellenansatz irgendwie verständlich und akzeptabel.

Zurück zum Asbestrisiko der Allgemeinbevölkerung: Für derart niedrige Faserkonzentrationen, die um Zehnerpotenzen unter der beruflichen Exposition liegen, existieren keine entsprechenden epidemiologischen Daten, sondern unter der Annahme einer linearen Dosiswirkungsbeziehung wurden diese Werte extrapoliert. Und dieses sehr geringe Risiko muß man in Bezug setzen zu den ungeheuren Kosten der Gebäudesanierungen, und wieviele Menschenleben man mit diesen Geldern bei der Beeinflussung der Rauchgewohnheiten retten könnte.

Chrom und Nickel

Chrom ist das vierthäufigste Element der Erdkruste. Nur das 6wertige Chrom stellt ein Karzinogen für den Menschen dar. Das gehäufte Vorkommen Chromatverursachter Bronchialkarzinome ist neben der Chromverhüttung beim Umgang mit zinkchromathaltigen Korrosionsschutzmitteln und auch aus der Galvanik belegt [32, 33]. In der Arbeitswelt bei uns betroffen sind insbesondere Schweiß- bzw. Schneidarbeiten von hochlegierten Edelstählen und Pulverflammspritzer [34]. Dabei kommt es regelhaft zu einer Anreicherung von Chrom- und Nickelverbindungen im Lungengewebe.

Eine epidemiologische Abschätzung des Risikos für die Allgemeinbevölkerung ist nicht bekannt.

Sonstige

Wieviele Einzelkarzinogene aus der Umwelt noch in epidemiologischem Sinne wirksam sind, ist derzeit nicht absehbar. Zumindest im Sinne der Kokarzinogenität und Verstärkung bekannter Noxen sind viele Substanzen verdächtig, die als Einzelsubstanzen keine Relevanz erkennen lassen. Aufgrund neuerer Ergebnisse bzw. der aktuellen öffentlichen Diskussion seien noch einige Stoffe explizit erwähnt.

Blei

Tierexperimentelle Studien zeigen, daß auch Blei Krebs erzeugen kann. Eine finnische Studie an 20700 Arbeitern, deren Bleigehalt im Blut überwacht wurde, zeigt ein 1,8faches Risiko für Lungenkrebs bei Personen, die auch nur einmal einen Blutbleispiegel $\geq 1,0$ µmol/l hatten [35]. Ob Umweltkonzentrationen an Blei bereits ein epidemiologisch erhöhtes Risiko bewirken, ist bisher nicht bekannt.

Formaldehyd

Bisher kein sicherer Anhalt für Lungenkrebs-Induktion beim Menschen: 13000 Arbeiter in der britischen chemischen Industrie, die Formaldehyd exponiert waren, wurden z.T. über 25 Jahre beobachtet. Eine Übersterblichkeit von 12% am Bronchialkarzinom wurde festgestellt, ein sicherer Bezug zum Formaldehyd war jedoch nicht nachzuweisen, Unsicherheiten durch das Zigarettenrauchen nicht sicher auszuschließen [36]. Eine dänische Studie mit Formaldehyd-exponierten Arbeitern fand kein erhöhtes Risiko für das Bronchialkarzinom, jedoch ein dreifaches Risiko für Karzinome der Nase und Nasennebenhöhlen [37].

Nicht-Asbestfasern, man-made-fibres

Das Problem der Ersatzstoffsuche für Asbest hat die Aufmerksamkeit auf die sog. man-made-fibres gelenkt, da sie zum Großteil ähnliche physikalische Eigenschaften wie Asbest aufweisen. Diese Fasern können aus Glas, Stein, Schlacke, Gips oder Keramik sein. Langgestreckte Staubteilchen jeder Art dürften im Prinzip die Möglichkeit zur Mesotheliomentstehung besitzen, falls sie hinreichend lang, dünn und biobeständig sind [38]. Für Glas-, Stein-, Schlacke- und insbesondere Keramikfasern ist im Tierversuch die Karzinogenität, wenn auch geringer als durch Asbest, nachgewiesen; Gips- und Wollastonitfasern dürften aufgrund der geringen Biobeständigkeit als unbedenklich gelten.

Bei Arbeitern in der Steinwoll-Produktion wurde ein erhöhtes LC-Risiko nachgewiesen, was in der frühen Phase der Produktion auch auf vorhandene andere Karzinogene zurückgeführt werden könnte. Ein erhöhtes Pleuramesotheliomrisiko war bisher nicht nachzuweisen, wobei die Daten aufgrund kleiner Kohorten und relativ kurzer Beobachtungsdauer bisher epidemiologisch unbefriedigend sind (Übersicht bei [39]).

Es ist anzunehmen, daß wegen der Latenz von 35 Jahren der Pleuramesotheliomentstehung der epidemiologische Beweis der Karzinogenität oder Unschädlichkeit noch auf sich warten läßt. Auch wenn das Risiko durch Glaswolle zweifellos geringer ist als durch Asbest, dürfte es für stark exponierte Arbeiter in der Herstellung oder Verarbeitung (Isolierer) nicht vernachlässigbar sein [38].

Ozon

Ozon als extrem publicityträchtige Substanz kam 1995 in die Schlagzeilen der Presse als Krebsauslöser. Im Tierversuch war nachgewiesen worden, daß weibliche Mäuse bei extremen Konzentrationen (1000–2000 µg/m³) vermehrt Lungenkrebs entwickeln. Bei praxisnäheren, für deutsche Verhältnisse immer noch sehr hohen, Konzentrationen von 240 µg/m³ 2 Jahre lang mit 30 h/Woche, war die Lungenkrebsrate nicht erhöht [40]. Auch beim Menschen ergibt sich bisher keinerlei Anhalt für einen karzinogenen Effekt. Der MAK-Wert für Ozon wurde dennoch im Mai 1995 ausgesetzt.

Natürlich vorkommende Karzinogene

Radon (Übersicht bei [41])

Radon ist bei uns das bedeutendste natürlich vorkommende Karzinogen. Bereits um 1530 wurde von Georgius Agricola, Stadtarzt im böhmischen Joachimsthal eine Lungenkrankheit von Bergarbeitern im Grubenrevier des böhmischen Schneeberg als „Schneeberger Krankheit" beschrieben. 1879 wurde die Krankheit als Lungenkrebs erkannt und in den Jahren 1950–1955 schließlich Radon als Auslöser identifiziert. Diese Erkenntnis kam für viele Arbeiter im Uranbergbau zu spät. Hauptproblem sind die Radon-Zerfallsprodukte, kurzlebige Alpha-Strahler, die häufig auch an Staubpartikeln lagern, so direkt am Bronchialepithel strahlen und zu einer Dosis von etwa 2 rem am Bronchialepithel führen können. Aus der CSSR ist von Bergarbeitern im Uranbergbau bekannt, daß ab einer kumulierten Exposition von 3 Kilo-Becquerel/m³ × Jahre die Lungenkrebshäufigkeit signifikant ansteigt.

Radon spielt nicht nur eine Rolle bei Grubenarbeitern. Es kommt überall aus dem Boden und gelangt über den Keller in die Häuser. In erdgeschichtlich älteren Gebieten wie dem bayerischen Wald und im Oberpfälzer Wald sind die Konzentrationen deutlich erhöht. Vergleicht man die Karte der Radon-Strahlung mit der Karte der Bronchialkarzinom-Häufigkeit, so erhält man ein inverses Verhältnis, eine – allerdings sehr schwache – negative Korrelation von 0,4. Man könnte denken, Radon schützt vor Bronchialkarzinom! Die Erklärung hierfür liegt darin, daß in den ländlichen Gebieten mit hoher Radonstrahlung weniger geraucht wird und dieses umgekehrte Rauchverhalten das schwächere Karzinogen Radon völlig überdeckt. Dies illustriert das wesentliche Problem bei der Suche nach der Relevanz aller schwachen Karzinogene (vergl. 1.2).

In Schweden ist eine relativ hohe Belastung durch Radon im ganzen Land festzustellen, in Wohnungen im Durchschnitt 100 Becquerel/m³ Luft. In der BRD beträgt dieser Wert die Hälfte, etwa 1 % der Wohnungen weisen aber Werte über 200 Becquerel/m³ auf. Besonders betroffen ist die Gegend um Schneeberg im Gebiet des ehemaligen Uranerzbaus der Wismut AG, wo im Durchschnitt 280 Becquerel/m³ gemessen werden und 1 % über 15 000 Becquerel/m³ liegen!

Die GSF hat aus diesen Zahlen abgeleitet, daß in Deutschland 4–12 % der Bronchialkarzinome durch Radon bzw. seine Zerfallsprodukte verursacht sind. Absolut sind dies 2800 Lungenkrebsfälle, davon ca. 560 Nichtraucher pro Jahr. Diese Schätzungen der GSF wurden durch eine großangelegte schwedische Studie weitgehend bestätigt [42] (Tabelle 11).

Tabelle 11. Relatives BC-Risiko durch Radon und Rauchen

| | Radon Exposition (Bq/m³ Luft) | | | | |
	≤ 50	> 50–80	> 80–140	> 140–400	> 400
Nie geraucht	1	1,1	1,0	1,5	1,2
Raucher:					
< 10 Zig./Tag	6,2	6,0	6,1	7,3	25,1
≥ 10 Zig.Tag	12,6	11,6	11,8	15,0	32,5

Man erkennt wieder das gleiche Phänomen wie bei Asbest und dem Bronchialkarzinom, daß nämlich Nichtraucher durch Radon offensichtlich gar nicht oder nur sehr gering gefährdet werden; bei Rauchern steigt das Risiko ein Bronchialkarzinom zu bekommen jedoch mit der Radon-Dosis multiplikativ an.

Noch ein interessantes Ergebnis erbrachte die schwedische Studie: Dieses Radon-Risiko kann man umgehen. Eine Frage an die Studienteilnehmer galt nämlich den Schlafgewohnheiten, ob mit geschlossenem oder geöffnetem Fenster. Bei den Personen, die mit geöffnetem/gekipptem Fenster schliefen, bestand kein erhöhtes Risiko. Dies gilt für eine durchschnittliche Belastung, so daß dieses Ergebnis sicher nicht übertragen werden darf auf die extrem betroffenen Gebiete des Uranbergbaus.

Mineralische Fasern

Ein Beispiel für ein extrem starkes natürliches Karzinogen ist in Kappadokien, Zentralanatolien, einem Tuffsteingebiet zu finden [43]; hier starben in einem Dorf von 575 Einwohnern 1970–1974 55 Menschen, davon hatten 24 ein Pleuramesotheliom. Das Tuffgestein in diesem Gebiet enthält Erionitfasern, also nichtasbesthaltige mineralische Fasern. Dies betrifft z.T. auch türkische Arbeitnehmer in Deutschland, die in der Kindheit bereits exponiert waren und daher frühzeitiger als durch die Arbeitsanamnese erklärbar Mesotheliome entwickeln.

ZUSAMMENFASSUNG

Die Lunge schädigt sich über die Aufnahme von Karzinogenen aus der Luft selbst am meisten, was sich in der Häufigkeit von Lungenkrebs widerspiegelt. Das Pleuramesotheliom ist zwar erheblich seltener, als Signaltumor für die Asbestexposition kann es jedoch als Paradebeispiel für einen bösartigen Tumor durch ein inhalatives Karzinogen gelten. Die Karzinogenese wird zunehmend entschlüsselt, sie verläuft komplex über viele Schritte mit Veränderungen des genetischen Codes.

Das inhalative Zigarettenrauchen ist über die Zufuhr vieler verschiedener Karzinogene in hohen Konzentrationen für etwa 85% der Bronchialkarzinome verantwortlich. Etwa 5–10% der Erkrankungen entstehen aber durch die Inhalation von Schadstoffen aus der Umwelt, wobei der Verkehr noch vor der Industrie den hauptverantwortlichen Emittenten darstellt. Auch natürlich vorkommende Karzinogene spielen bei uns eine Rolle, so besteht durch Radon ein – regional sehr unterschiedliches – Risikopotential.

Literatur

1. Müller JH (1939) Tabakmißbrauch und Lungenkarzinom. Z Krebsforsch 49:57–85
2. Lorenz J (1994) Neue zellbiologische Erkenntnisse zur Enstehung des Bronchialkarzinoms. Internist 35:692–699
3. Rüdiger HW, Nowak D (1994) Bronchialkarzinom. Die Rolle von Anlage und Umwelt. Internist 35:700–709
4. Ames BN, Saul RL (1986) Oxidative DNA damage as related to cancer and aging genetic toxicology of environmental chemicals. In: Part A: Basic principles and mechanisms of action. Ramel C, Lambert B, Magnusson J (eds) Alan R. Liss Inc, New York 11–26
5. Schulz V, Zidler D, Adolph J, zum Winkel K (1994) Bronchopulmonale Tumoren. In: Pneumologie in Praxis und Klinik. R Ferlinz (Hrsg). Georg Thieme Verlag, Stuttgart-New York
6. Bailar JC, Gornik HL (1997) Cancer undefeated. N Engl J Med 336:1569–1574
7. Hoffmann D, Melilian AA, Wynder EL (1996) Scientific challenges in environmental carcinogenesis. Prev Med 25:14–22
8. Woitowitz HJ, Paur R, Breuer K, Rödelsperger K (1984) Das Mesotheliom, ein Signaltumor der beruflichen Asbeststaubgefährdung. Dtsch med Wschr 109:363–368
9. Peto J, Hodgson JT, Matthews FE, Jones JR (1995) Continuing increase in mesothelioma mortality in Britain. Lancet 345:535–539
10. Müller KM: Mesotheliome (1996) In: Mesotheliom – Aktuelle Aspekte. Arbeitsmedizinisches Kolloquium Bad Reichenhall 1996. BG der keramischen und Glas-Industrie, Würzburg, Heft 39
11. Norpoth K (1993) Gentoxizität von Umwelt- und Berufsnoxen. Reichenhaller Kolloquien Bd. 25, Dustri-Verlag 191–204
12. ASU Arbeitsmedizinische Tafeln (1996) Angezeigte Berufskrankheiten und neue Berufskrankheitenrenten nach Krankheitsarten. Arbeitsmed Sozialmed Umweltmed 31: 340–342
13. Peto J, Doll R (1984) Keynote address: The control of lung cancer. In: Mizell M, Correa P (eds), Lung Cancer: Causes and Prevention. VCH Weinheim
14. Krebsrisiko durch Luftverunreinigungen (1992) LAI, Länderausschuß für Immissionsschutz (Hrsg) Ministerium für Umwelt, Raumordnung und Landwirtschaft des Landes Nordrhein-Westfalen

15. LAI: Beurteilungsmaßstäbe zur Begrenzung des Krebsrisikos durch Luftverunreinigungen (1992) In: Krebsrisiko durch Luftverunreinigungen. Länderausschuß für Immissionsschutz (Hrsg) Ministerium für Umwelt, Raumordnung und Landwirtschaft des Landes Nordrhein-Westfalen

16. Krebsrisiko durch Luftverunreinigungen (1993) Materialienband, Band I. LAI, Länderausschuß für Immissionsschutz. Hrsg: Ministerium für Umwelt, Raumordnung und Landwirtschaft des Landes Nordrhein-Westfalen

17. Churg A, Stevens B (1995) Enhanced Retention of Asbestos Fibers in the Airways of Human Smokers. Am J Respir Crit Care Med 151:1409–1413

18. Samet JM (1993) The epidemiology of lung cancer. Chest 103:20

19. Fontham ET, Correa P, Reynolds P, Wu-Williams A, Buffler PA, Greenberg RS, Chen VW, Alterman T, Boyd P, Austin DF (1994) Environmental tobacco smoke and lung cancer in nonsmoking woman. A multicenter study. J Am Med Assoc 271:1752–1759

20. MacKenzie TD, Bartecchi CE, Schrier RW (1994) The human costs o tobacco use. NEJM 330:975–1990

21. Krebsrisiko durch Luftverunreinigungen (1993) Materialienband, Band II. LAI, Länderausschuß für Immissionsschutz. Hrsg: Ministerium für Umwelt, Raumordnung und Landwirtschaft des Landes Nordrhein-Westfalen

22. Muscat JE, Wynder EL (1995) Diesel engine exhaust and lung cancer; an unproven association. Environ Health Perspect 103:812–818

23. Leon DA, Thomas P, Hutchings S (1994) Lung cancer among newspaper printers exposed to ink mist: a study of trade union members in Manchester, England. Occup Environ Med 51:87–94

24. Raithel HJ, Kraus T, Hering KG, Lehnert G (1996) Asbestbedingte Berufskrankheiten. Dt Ärztebl 93:A685–693

25. Konietzko N, Teschler (1992) Asbest und Lunge. Steinkopff Verlag, Darmstadt

26. Otto H (1980) Das berufsbedingte Mesotheliom in der BRD. Pathologe 2:8–18

27. Doll R, Peto J (1985) Effects in health of exposure to asbestos. London, Health and Safety Commission, Her Majesty's Stationery Office

28. Preger L: Asbestos-related disease. Grune & Stratton, New York

29. Schneider J, Großgarten K, Woitowitz HJ (1995) Tödliche Pleuramesotheliomfälle infolge familiärer Haushaltskontakte mit Asbestfaserstaub. Pneumologie 49:55–59

30. Hain E (1983) Untersuchungen über gesundheitliche Asbestschäden in Hamburg. In: Fischer M, Meyer E: The assessment of the health risk from asbestos fibres by the Federal Health Office of the FRG. VDI-Berichte 475, Düsseldorf 325– 330

31. Wolff T (1993) Gesndheitsrisiken von Innenraumchemikalien. Münchner Ärztl Anz 12.11–17

32. Hertl M, Merk HF (1994) Metalle/Chrom. In: Wichmann, Schlipköter, Fülgraff (Hrsg): Handbuch der Umweltmedizin. 3. Erg.

33. Langård S (1990) One hundred years of chromium and cancer; A review of the epidemiological evidence and selected case reports. Am J Ind Med 17:189–215

34. Raithel HJ, Müller KM, Kraus T, Schaller KH, Fischer M (1996) Aussagemöglichkeiten der quantitativen Chrom- und Nickelbestimmung im Lungengewebe bei fraglich berufsbedingten Lungenkrebserkrankungen. Arbeitsmed Sozialmed Umweltmed 31:262–268

35. Anttila A, Heikkilä P, Pukkula E, Nykyri E, Kauppinen T, Hernberg S, Hemminki K (1995) Excess lung cancer among workers exposed to lead. Scand J Work Environ Health 21:460–469

36. Cruddas AM, Gardner MJ, Pannett B, Winter PD (1993) A cohort study of workrs exposed to formaldehyde in the British chemical industry: an update. Br J Ind Med 50, 827–834

37. Hansen J, Olsen JH (1995) Formaldehyde and cancer morbidity among employees in Denmark. Cancer Causes Control 6:354–360

38. Pott F, Roller M (1993) Kanzerogenität von Nicht-Asbestfasern. Bad Reichenhaller Kolloquien Band 25, Dustri Verlag, München-Diesenhofen

39. De Vuyst P, Dumortier P, Swaen GMH, Pairon C, Brochard P (1995) Respiratory health effects of man-made vitreous (mineral) fibres. Eur Respir J 8:2149–2173

40. National Institute of Health/National Toxicology Program: NTP technical report on the toxicology and carcinogenesis studies of ozone. NIH Publication No. 95-3371, 5–12

41. GSF: Strahlung im Alltag. Mensch + Umwelt. Forschungszentrum für Umwelt und Gesund-
    heit, Neuherberg, 7/1991
42. Pershagen G, Åkerblom G, Axelson O, et al. (1994) Residential Radon Exposure and Lung
    Cancer in Sweden. N Engl J Med 330:159–164
43. Erkan F (1993) Umweltbelastungen als gesundheitliches Risiko in der Türkei. Bad Reichen-
    haller Kolloquien Band 25, Dustri Verlag, München-Deisenhofen
44. Harris CC, Benett WP, Gerwin BI, Iman DS, Lehmann TA, Metcalf RA, Pfeifer AMA, Reddel
    RR, Sugimura H, Weston W (1991) Oncogenes and tumor suppressor genes involved in
    human lung carcinogenesis. In: Grugge J, Curran T, Harlow E, McCormick F (eds) Origins
    of human cancer. Cold Spring Harbor Laboratory Press, New York 739–744

5.6 Praktische Beispiele verbreiteter potentieller Schadstoffe in Haus, Beruf und Freizeit

L.W. WEBER

EINLEITUNG

Unser wichtigster Sinn zur Erkennung von möglicherweise gefährlichen Inhaltsstoffen in der Einatemluft ist der Geruchssinn. Neben wahrnehmbaren Reizerscheinungen an den Schleimhäuten und der Haut beeinflußt er entscheidend unsere Verhaltensweisen und Empfindungen. Werden Stoffe im Alltag bei Tätigkeiten im Haus, am Arbeitsplatz oder im Freien emittiert, die Wirkungen an den jeweiligen Organrezeptoren auslösen, so bestimmen diese unsere emotionale Einschätzung einer Gefährdung. Leider erlaubt die geruchliche Wahrnehmung bzw. Nichtwahrnehmung aber Vermutung nicht in allen Fällen eine den möglicherweise resultierenden Gefährdungen angepaßte Reaktionsweise. Unter Nutzung der chemischen Analytik und Toxikologie ist es möglich, die chemische Natur einer flüchtigen Verbindung einzeln oder im Gemisch zu bestimmen, sie zu quantifizieren und auf Grund vorhandener toxikologischer Versuche und Erkenntnisse ihr Gefährdungspotential auf den Menschen abzuschätzen. In Feld- und Laborversuchen wurden die resultierenden Emissionen bei Lackier- Klebe- und Sprüharbeiten mit diesen Methoden gemessen.

Während bei beruflichem Umgang mit flüchtigen gas-, dampf- und staubförmigen Produkten wegen entsprechend hoher Häufigkeit und Dauer, frühzeitig Expositionsgrenzwerte aufgestellt wurden, wurden analoge Grenzwerte bei länger dauernder Einwirkung bei Aufenthalten und Tätigkeiten im Haus- und Freizeitbereich pauschal mit 1/20 dieser Grenzwerte angenommen. Für eine begrenzte Zahl von Stoffen wurden detaillierte Innenraumgrenzwerte aufgestellt. Im nachfolgenden soll versucht werden gerade für diesen Bereich einen Überblick über die Expositionsmöglichkeiten und die vielfältigen Komponenten zu vermitteln. Auf die Angabe von Konzentrationsbereichen wurde verzichtet, da die jeweiligen Umstände eine Ableitung aus Modellen nicht einfach erlauben. Beide Seiten, Autor und Leser, sind sich aber bewußt, daß in Folge eines beständigen Fortschritts und Wandels in der Zusammensetzung von Produkten und technischen Verfahrensweisen, angetrieben durch ökonomische und legale Vorgaben, auch die folgenden Mitteilungen einem beständigen Wandel unterliegen. Dem Informations- und Aktualisierungsbedarf des Handwerkers und Kunden wird durch zunehmend umfangreichere Datenbanken, in schriftlicher und elektronischer Verbreitung erhältlich, Rechnung getragen (vergl. auch 9.3). Kritische, vergleichende Bewertungen von Produkten und Dienstleistungen erlauben dem Konsumenten nach dem erforderlichen Aufwand an Zeit und Eindenken auch eine orientierende Information über begleitende Geruchs- und Emissionsphänomene zu erhalten.

Wie am Arbeitsplatz so sind auch beim Umgang mit Gefahrstoffen im Hobby- und Freizeitbereich, sowie im Haus- und Garten die Regeln des vorbeugenden Gesundheitsschutzes anzuwenden. Die technischen und persönlichen Schutzmittel sind für die jeweiligen Arbeiten auszuwählen oder gemäß den Empfehlungen in der Verbraucherinformation zu tragen. Die technischen Anweisungen, Hilfsmittel und Geräte sind gemäß den Empfehlungen des Herstellers zu benützen oder durch gleichwertige zu ersetzen. Hierdurch werden z.B. die empfohlenen Abluftzeiten bei Farbanstrichen und Klebematerialaufträgen am ehesten eingehalten. Trotz lösemittelarmer Lacke und Klebern, Baumaterialien und Einbauteilen kann es zu Beschwerden durch bestimmte Inhaltsstoffe in den Produkten kommen, deren Bedeutung als reizender bzw. sensibilisierender Stoff nicht erkannt und ausreichend deklariert wurde. Im nachfolgenden soll versucht werden eine mehr oder minder aktuelle Zusammenstellung von Stoffen und Kombinationen zu geben, die in Innenräumen wiederholt angetroffen werden und oftmals mit gesundheitlichen Störwirkungen in Zusammenhang gebracht werden. Auf die Angabe von Grenz- und Richtwerten wurde verzichtet, da sie vornehmlich im Zusammenhang mit Messungen und einem gesicherten Verdacht Bedeutung gewinnen. Bei einem Verdacht auf die Einbringung von Stoffen mit sensibilisierendem Potential (TRGS 540) ist eine besonders eingehende Spurensuche auch im privaten Bereich notwendig.

Medizin und Architektur

Ökologisches Bauen ist in den letzten Jahren zu einem vielzitierten Begriff in den Medien geworden, wobei Architekten, Handwerker und Baustoffproduzenten die Baubiologie und Ökologie in ihre Entwürfe und Materialien zu integrieren versuchen. In den Bereichen Neubau und Altbausanierung macht man sich immer häufiger Gedanken über mögliche Umweltbelastungen und die Entsorgung der verwandten und neuer Materialien. Hier ist eine verstärkte Kooperation von Architekt, Baustoffhersteller und Umweltmediziner zu erwarten, was die Beratung und Problemlösungen für den einzelnen Bauherrn mit seiner jeweiligen Disposition und künftigen Prognose im neuen Wohnumfeld betrifft.

Für die auf dem Markt befindlichen Baustoffe und deren Einsatzzweck werden vermehrt Ökobilanzen für die Herstellung, den Transport, die bauphysikalischen Eigenschaften der Energiekonservierung sowie deren Nutzungs-, Korrosions- und Weiterverwertungspotential aufgestellt. Prüfungen zur Gesundheitsverträglichkeit dieser Materialien sind im Rahmen des Umweltverträglichkeitsgesetzes seit 1990 vorgeschrieben. Sie sollen u.a. zeigen, aus welcher Lebensphase des Produkts möglicherweise Gesundheits- und/oder Umweltbe-

Tabelle 1. Emissionen an VOC, die einer Grundlüftung beim Wohnen bedürfen

Quelle	Emittierte Verbindungen oder Verbindungsklassen
Äußere Umgebung	Übliche Außenluftverunreinigungen: Aromaten,
Straße, Verbrennungsanlagen	Aliphaten, Aldehyde, Gase
Garten, Wiesen, Felder, Hecken, Wälder	Radon, flüchtige Verbindungen in der Bodenluft
Mensch und menschliche Aktivitäten	
Mensch	Kohlendioxid, Wasserdampf
	Ethanol, Aceton, Aldehyde, Pentan, Indol,
	Skatol, Sulfide, etc.
	Darmgase, Gerüche, flüchtige Maillardprodukte
Rauchen	Pflanzliche Pyrolyseprodukte (– 600 °C)
	Nikotin, Nitrosamine, Partikel mit kondens.
	Hochsiedern, wie PAH, etc.
Offene oder unvollständige geschlossene	Kohlenmonoxid, Kohlendioxid, Stickoxide,
Verbrennungsprozesse für Wärme-	Schwefeloxide bei Öl und (Braun-)Kohle,
erzeugung	Rußpartikel bei unvollständiger Verbrennung,
	Schwermetalle im Brennergehäuse
Lebensmittelzubereitung durch Dünsten,	Maillard-Produkte (ca. 2000 Komponenten
Kochen, Braten, Grillen, Frittieren etc.	bekannt), Fettoxidationsprodukte,
Flüchtige Oberflächen- und Tiefen-	Eiweißabbauprodukte,
reaktionsprodukte im Lebensmittel	Kohlenhydratabbauprodukte
treten aus.	
Haushaltsreinigungs- und Pflegemittel	Seifen und Detergentien, Poliermittel mit
	Reibezusätzen, Imprägnierungsmittel auf Öl,
	Wachsbasis, Entkalkungsmittel,
	Fleckenentferner, Parfüm-, Duftstoffzusätze
Körperpflegemittel, Cremes und Lotionen,	Eigengerüche und Duftstoffe, Stabilisatoren,
Parfüme, Medikamente, Salben, Gele, etc.	Lösemittelzusätze, Zersetzungsprodukte
Raumausstattung	
Raumtextilien	Fasern und Veredlungsprodukte,
Vorhänge, Teppiche, Tapeten, Gobeline	Textilhilfsmittel, Imprägnierung,
	Fraßschutzstoffe,
Holz und holzhaltige Werkstoffe	flüchtige Synthesestoffe: Terpene,
Vollhölzer unterschiedlicher Arten,	Terpenalkohole, -aldehyde etc.
Verleim- und Spanplattenwerkstoffe	Amino-, Phenoplastleime, Isocyanatharze,
Holzkomponentenwerkstoffe	Zelluloseprodukte, Papiere, Bücher etc.
(Hemi-)Cellulosen, (Lignin-)Harze,	(Wasserdampf-)Destillate, Lösemittelextrakte
(Terpen-) Lösemittel etc.	auf Harze, enzymatische Abbauprodukte
Kunststoffe als Beschichtungsmaterial.	Ausgasung von Restpolymeren, Weichmachern.
Vollmaterial, Laminatmaterial.	Cave: Pyrolyseprodukte an Wärmequellen,
	Verbrennung in Innenräumen, Brände
Oberflächenbeschichtungsmaterialien	Farbige Holzimprägnierungsmittel,
mit/ohne Farbpigmente	Lackfarben, Dispersionsfarben, Innenputze,
	Steinimprägnierungsmittel,
Verbundmaterial zur Wärme-, Schall- und	(Protein-, Kollagen-, Silikat-)Klebematerialien,
Schwingungsisolierung	Naturstoffe als Füllmaterial (Wolle, Sisal,
	Sägemehl, Sägespäne, Wollfilz, Pflanzenteile
	(Stroh, Spelzen, etc.), PUR-, Polystyrol-,
	Polyether-Schäume, Latex-, Polyacrylat,
	Isocyanat-, Schmelzkunststoffkleber

lastungen resultieren können. Ziel ist die Beseitigung gesundheitsgefährdender und ökologisch bedenklicher Schwachstellen im Lebenszyklus eines Produkts.

Im Rahmen eines Pilotprojekts hat die Bayerische Architektenkammer ein Informationsbüro: „Baustoffe-Umwelt-Gesundheit" eingerichtet, in dem sie Informationen (Datenbank) zu Umwelt- und Gesundheitsaspekten von Baustoffen sammelt. Ökologisch sinnvolles Bauen erfordert ausreichend zahlreiche Alternativen bei Baumaterialien, die Entwicklung und Erforschung neuer Baumaterialien, deren gesundheitliche Bewertung bei Produktion, Nutzung und Entsorgung. Künftig werden (Umwelt-)Mediziner vermehrt mit Architekten und Bauingenieuren bei der Planung von Krankenhäusern, Rehabilitationseinrichtungen, Altenheimen, Wohnräumen für Behinderte, Allergiker, Asthmatiker usw. beratend zusammenarbeiten um ein humanökologisches Bauwerk zu erstellen neben der Einhaltung gesetzlicher Auflagen.

Lösemittel in Innenräumen

Die bessere Abdichtung von (Wohn-)Gebäuden um über verminderte Lüftungswärmeverluste Heizenergie zu sparen hat zu stark verminderten Raten des Luftwechsels in Innenräumen geführt. Vor allem bei Neubauten und Renovierungen in Altbauten resultieren daraus längere Verweilzeiten von Emittenten aus den eingebrachten Baumaterialien. Selbst ökologisch zertifizierte Materialien zum Innenausbau können hierdurch mit lästigen Geruchskomponenten über lange Zeit auffallen. Die Baumaterialien selbst enthalten zunehmend komplexer werdende Gemische aus Bauchemikalien, um neben ihrem primären Einsatzzweck Ziele wie schnelle Härtung, Trocknung, usw. zu erfüllen. Insgesamt haben die höhere Sensibilität der Verbraucher, die Gefahrstoffauflagen des Gesetzgebers und der Berufsgenossenschaften für das Baugewerbe und benachbarter Gewerbezeige, sowie viele Berichte von unabhängigen Instituten zur Materialprüfung, Bewertung und Verbraucherberatung zu einer wesentlichen Reduktion von gesundheitsschädlichen Gefahrstoffen und ihren Gemischen geführt. Die Reduktion des Verbrauchs von Lösemitteln und Bioziden ist zu einer europäischen Idee geworden. Infolge der Wahrnehmung von Gerüchen, Sensationen an Haut und Schleimhäuten und diversen Symptomen einer körperlichen Beeinträchtigung bzw. Erkrankung wird von Bewohnern von Neu- bzw. Renovierungsbauten immer wieder medizinische Beratung und Hilfe angefordert. Neben einer notwendigen Diagnose und Therapie interner Erkrankungen muß einer vermuteten oder beschriebenen Kausalität mit einer oder mehreren Belastungen durch Innenraumschadstoffe differentialdiagnostisch oder ergänzend nachgegangen werden. Basis einer wissenschaftlichen, medizinischen Diagnosestellung ist die gründliche Erkundung der äußeren und inneren Umstände des exponierten Bewohners um zu einer personen- und/oder umgebungsbezogenen Therapie zu kommen.

Hierfür sind detaillierte Kenntnisse über eine äußere Exposition, z.B. in einer Wohnraumbegehung, zu erheben, wenn von dort die Einwirkung vermutet oder in einem wahrscheinlichen Zusammenhang dargestellt wird.

Tabelle 2. VOC nach Siedepunktsbereichen

VOC	Emission	Quelle
Permanente Gase	NO, NO$_2$, O$_3$, SO$_2$, CO, CO$_2$,	Offene Gasflammen, Motoren, Kaminöfen, UV-Lichtquellen, Schaltkontakte, Hochspannungsquellen
	Ethylen, Isopren	Pflanzliche Vorräte bei der Lagerung
	Formaldehyd, Acetaldehyd, etc.	Biologische Oxidations-, unvollständige Verbennungs-produkte
HVOC Sdpkt: –50 °C	Propan, Butan, Pentan, Freone 11, 12, 22, 134a, etc.	Gaskocher, Erdgas, Treibgase Kühlmittel, Wärmetauscher, Treibmittel in medizin. Sprays (Asthma-, Cortisonspray)
	i, n-Pentan, i-Hexan,	Niedrig siedender Petrolether, Wundbenzin
	Diethylether	Narkosemittel, Lösemittel
	Methylenchlorid	Abbeizmittel, Lösemittel
VOC Sdpkt: 50–150 °C	Benzol, Toluol, Ethylbenzol, Styrol, Xylole	Lösemittel, Verbrennungsprodukte (Zigaretten, Zigarrenrauch, Holz-, Kohle, Gasfeuer)
	Ethanol-Lösung (70 %) Isopropanollösung	Oberflächendesinfektion, Hautdesinfektion
	Propionaldehyd, Butyraldehyd	Biologische Oxidations-, unvollständige Verbrennungs-produkte
	Essigsäureester mit Methanol, Ethanol, n-, i Propanol, Butanol etc.	Klebstoffe, Lacke, Entfettungsmittel, Kosmetika, Nagellackentferner, etc.
	Ketone: Diethylketon, Methyl-isobutylketon, 2-Butanon, Cyclohexanon, etc.	Lösemittel
	Pyridin, n-Methylpyrrolidon Tetrahydrofuran, Dioxan, DMF, etc.	Polare Lösemittel,
	Terpene: α, β Pinen, Δ3-Caren, Limonen, etc.	Holz, Holzprodukte, Extrakte, Brennholz, Torf, Stroh, Pflanzenfasern, Sisal, etc.
	Mineralölfraktionen: Aliphaten, Aromaten Mischung	verschiedene Siedegrenz-benzine ohne n-Hexan und Benzol
LVOC Sdpkt: 150 °C–250 °C	Glykolether, -ester, Ethylen-, Propylenglykol	Filmbildner auf Lacken, mittel-schwerflüchtige Lösemittel, Farbpasten, Druckfarben.
	Mittlere Fettsäureester	Lösevermittler, visköse Produkte
SVOC Sdpkt: 250 °C und höher	Phthalate (Ester, Alkohole) Weichmacher von Kunststoffen, oligomere Polymere	Weichmacher in organischen Polymermaterialien, Niederpolymere

Tabelle 2 (Fortsetzung)

VOC	Emission	Quelle
SVOC	Insektizide, Fungizide, Pestizide, Netzmittel Pyrethroide, Dichlofluanid, Chlorpyrifos, Organophosphate, Dichlorvos, Propoxur, etc. Historisch: PCP (– 1989), Lindan, PCB, DDT (DDR: – 1984!)	Organische Schädlings- bekämpfungsmittel als Fraß-, Kontaktgift etc. Pflanzenschutzmittel: Pyrethroide, Altlasten von langlebigen, akkumulierenden Organochlorverbindungen
Staub, Sediment: Schwebstoffe	Mineralfasern, Asbestfasern, Textilfasern, (Kerzen-) Rußpartikel, Mineralpigmente, Pilzsporen, bakterielle Besiedlung auf organischem Material, Korrosionsstäube, etc.	Reservoirfunktion (Sink) für mittel- bis schwerflüchtige Verbindungen, „dynamischer Puffer", Feinstaubreservoir, Aufmischung durch Bodenstaubsauger

Es gelten dabei die allgemeinen Regeln der Toxikologie und Immunologie was die Art, Menge und den zeitlichen Verlauf von schädlichen Emissionen aller Art betrifft. Da vor allem organische, mehr oder weniger flüchtige Verbindungen von Baumaterialien und Raumgegenständen emittiert werden, unterscheidet man nach ihrem Siedepunktsverhalten die HVOC (hochflüchtige organische Verbindungen, Siedepunkt: –10 °C –50 °C), die VOC (flüchtige org. Verbindungen, 50 °C–150 °C), die niedrig flüchtigen VOC (LVOC, Siedepunkt 150 °C–250 °C) und die schwerflüchtigen VOC (Sdpkt: 250 °C und höher).

Neuerdings werden auch M-VOC (mikrobiologische VOC) diskutiert als gasförmige Markersubstanzen für eine mikrobielle Besiedlung mit Stoffwechselprodukten in Innenräumen, wobei der Mensch mit seiner Haut- und Schleimhautbesiedlung, gasförmigen Stoffwechselprodukten aus Darm und Lunge, sowie Haustiere und ihre Schädlinge, zusätzliche Beiträger sind.

Bedeutende VOC-Belastungen im Innenraum gehen vor allem von rauchenden Nutzern, offenen Kaminen, Reinigungsmitteln (Spül-, Glasreinigungs-, Fensterputzmittel mit Duftstoffen), Polituren (Möbel-, Metall-, Boden-, Auto-, Bohnerwachs, Schuhcreme), Fleckentfernungsmitteln, Hobbyaktivitäten mit Lacken, Lösemitteln und Klebern, neuer Möblierung, zahlreichen neuen Zeitschriften und Zeitungen, Baumaterialien und vom Außenluftaustausch (Fahrzeugemissionen, Holzfeuer-, Kohlebrandemissionen, feuchten oder unzulässigen Heizmaterialien in der Nachbarschaft) aus. Durch Einführung der elektrischen Beleuchtung sowie zentraler Heiz- und Warmwasserversorgungssysteme sind die historischen Brenn- und Leuchtmaterialien wie Holz, Kohle und Öl aus dem unmittelbaren Wohnbereich verdrängt worden, was die Innenraumluftbelastung mit Gasen, Lösemitteln und Stäuben enorm vermindert hat. Heutige Restquellen in diesem Sinne stellen noch offene Kaminheizungen, Kerzenlicht, Öllampen, sowie offene Kochherde und Kochverfahren dar.

Die bisher vorliegenden Untersuchungen zu VOC Emissionen bei den verschiedenen Zubereitungsformen in der Küche konnten weder bei den beruflich in der Küche Tätigen noch bei privater Küchennutzung signifikante Ergebnisse für eine Schädigung akuter oder chronischer Art aufzeigen, obgleich dies für verschiedene Einzelstoffe in höheren Konzentrationen gesichert ist.

In Tabelle 2 sind für eine Orientierung typische Vertreter von VOC mit der Einteilung nach Siedepunktsbereichen aufgeführt.

Baumaterialien und ihr Emissionsverhalten

Das Emissionsverhalten von einzelnen Baustoffen kann unter den jeweiligen Raumbedingungen als Differenzanalyse (vorher/nachher), als Präsensanalyse der jeweils individuell anwesenden organischen Emissionen, oder für die Produktentwicklung und Charakterisierung nach der Anwendung in verschiedenen Formen von Prüfzellen (Mikrozelle, FLEC-Zelle, Klimakammern) als On-line Analyse ausgeführt werden.

Die Resultate von Schadstoffprüfungen an wichtigen Materialgruppen ergaben folgendes:

Tabelle 3. Baumaterialien und Schadstoffe

Baustoff	Emission	Quelle
Beispiele	*VOC-Emissionen*	*Produkte*
Produkte auf mineralischer Basis	Beton, Ziegel, Bimsstein, Naturstein, Kalksandstein, Gips, Stein-, Mineral-, Glaswolle, Gläser, Emaille, etc.	Keine oder sehr geringe Emissionen, aliphatische KW um $C_{10}-C_{15}$, BTX-Adsorbate	Betondecke, Betonsteine, Mauersteine, Treppenstufen, Bodenplatten Innenputz, Dämm-, Isolierstoffe,
	Mörtel, mineralisch gebundene Putze: Gipskleber, Spachtel mineralischer Weißputz	Kaum Emission von VOC	Putzmörtel, Fertigmischungen, einfach, doppelt gebrannter Gips,
	Kunststoffputze:	VOC-Emission möglich	Oligomere Acrylate, Silikate, etc.
Produkte auf metallischer Basis	Oberflächen mit Überzug aus Chrom, Nickel, Cadmium, Zink, Kupfer, Messing, Eisenoxide	Keine VOC-Emissionen, wenn dann durch sekundäre organische Besiedlung, Anstrichstoffe	Kochgeschirr, Besteck, Kunstgegenstände, Wasserarmaturen, Installationen für Gas Wasser, Fittings, usw.
Produkte mit Metallkorrosion	Oxidationsfilme, -stäube, Beläge: Metalloxide, -carbonate, sulfate, -sulfide etc.	Freisetzung von schwer-, mittel- und leichtlöslichen Verbindungen als Staub möglich	Grünspan, Eisenrost, Aluminiumoxid, Metallfettsäuren, Silberoxid, -sulfid, etc.

Tabelle 3 (Fortsetzung)

Baustoff		Emission	Quelle
	Beispiele	*VOC-Emissionen*	*Produkte*
Holz und holzhaltige Produkte	Holzinhaltstoffe, Emission abhängig von Oberfläche, Verteilungsgrad, Holzart, Materialtemperatur und Alter	Terpene: (α-Pinen, β-Pinen, Δ3-Caren, Limonen), Aldehyde: (Hexanal), Carbonsäuren: (Ameisen-, Essigsäure etc.), Ester, Phenole,	Fertigparkett (gering) Tischlerplatten, Dielen, Deckenpaneelen, Regalbretter, Schränke etc. (unbehandelt)
	Biozidimprägnationen	Bioziddämpfe Dichlorfluanid, Pyrethroide	Organische Holzschutzmittel
Klebstoffe (wichtige VOC Quelle bei flächiger Ausbringung, Überdeckung)	Dispersionskleber, Universalkleber, Fliesenkleber, Holzleim, Sekundenkleber	Toluol, Cyclohexan, Isobutylketon, Alkan-, Aromatengemische, etc.	Montagekleber, Sekundenkleber, Latexkleber, Acrylatkleber, etc.
Anstrichstoffe Lösemittel arm: <5% Lösemittel	Hohe Anfangsemissionen, Schichtdicke, Untergrundmaterial,	Ester, Ketone, hochsiedende Glykolester, -ethergemische, in Wasserbasis	(Wetter-)Lasuren, Holzschutzlasuren, Metalliclacke, Alkydharz- Acrylatlacke
Fugendichtungen	Fugen zwischen Stahl,	Ester, Alkane,	Acrylate, PU-Schaum,
Kitte, elastische Füllstoffe	Aluminium, Glas, Holz, etc.	Aromaten	Silicone, Plaste und Elaste mit Füllstoffen
Wärmedämmstoffe	Polystyrol-, PUR-Platten, Steinwolle, Glaswolle, Zellulosefasern, Schafwolle, etc.	Monomeres Styrol, sekundäre Besiedlung in Kondenswasserzonen, verdeckte Schimmelquellen, MVOC	Außen-, Innenwand-, Decken-, Geräteisolierungen, Formteile
Bodenbeläge langsame Emissionen (DD: Kleber, Versiegelungen, Reinigungsmittel)	PVC-Beläge Teppiche Teppichrücken	Sehr geringe-hohe Emissionen je nach Produkt Phenole SBR-Kautschuk	VC-Restmonomere: < 100 µg/kg PVC Phenol-Langzeitemission, Weichmacher, 4-Phenylcyclohexen
	Linoleum: Fettsäurehaltig, Stoffwechselprodukte, Feuchtigkeitsabhängig, typischer Geruch	Aldehyde, Carbonsäuren Aldehyde (Hexanal, $C_4 - C_{10}$, linear und gesättigt), Carbonsäuren ($C_2 - C_6$, v. a. linear), Glykolether, Terpene	

Reale Räume zeigen im Vergleich zu Prüfkammern beim Studium des Emissionsverhaltens von Baumaterialien oftmals deutliche Unterschiede (bis größer Faktor 10), die durch andere Untergründe (Glasplatte gegenüber Decken-, Wand-, Bodenmaterialien als Unterlage), andere sekundäre Adsorptionsflächen (Senken durch Adsorption/Re-emission) und differente Strömungen bedingt werden. Einerseits verzögern die vorhandenen Senken im Raum das Emissionsverhalten, andererseits können bewegliche Senken, wie Staub, Oberflächenfilme etc. durch Saugen und Wischen entfernt werden.

Eine Beurteilung der Emissionen aus (derzeitigen) Baustoffen aus gesundheitlich-toxikologischer Sicht ist äußerst schwierig, da die üblicherweise gemessenen Konzentrationen nach einer empfohlenen Lüftungszeit fast immer weit unterhalb von 1/20 des MAK-Werts liegen. Allgemein akzeptierte Grenz- und Richtwerte für innerhäusliche Belastungen durch VOC Gemische existieren derzeit nicht, wenn nicht irritative oder sensibilisierende Eigenschaften von Komponenten die Beschwerden prägen. Oft bestehen mehrere Emissionsquellen nebeneinander, so daß eine weitere hinzutretende oftmals das Maß der Toleranz bei einem Bewohner überschreitet und das sprichwörtliche Faß zum Überlaufen bringt.

Aufgabe einer umweltmedizinischen Beratung und Empfehlung für den (die) Bewohner ist es mono- oder polykausale Faktoren zu erkennen, die einer Sanierung zugänglich sind bzw. die durch Vermeidung oder gezielte Auswahl gesenkt oder vermieden werden können. Im Rahmen eines breiten Konsenses, Belastungen der Raumluft generell zu minimieren, sind die Hersteller aufgefordert worden emissionsarme Produkte zu entwickeln und darüber Referenzmessungen aus Prüfkammern vorzulegen. Zur Zeit existieren hierfür mehrere Modelle, wie Gütegemeinschaften von Herstellern, selbstauferlegte Zertifizierung der Produkte in unabhängigen privaten oder staatlichen Laboren, gesetzliche und/oder technische Mindestanforderungen an Produkte und Dienstleistungen, gesetzliche Anwendungseinschränkungen bis Verbote von Gefahrstoffen.

In verschiedenen Ländern, wie Kanada, Dänemark, Schweiz, Deutschland etc. sind Dokumentationen und Datenbanken über Baumaterialien vorhanden, die Auskunft geben können u.a. für eine Auswahl durch Architekten, Bauherrn oder Baustoffhersteller. (BRD: Sicherheitsdatenblatt für Produkte, technische Merkblätter, GIS-Bau, GIS-Code der Berufsgenossenschaften, etc.)

VOC-Messung

Die VOC Adsorption aus Luftproben erfolgt auf Adsorbentien (Tenax, Aktivkohle, XAD-Harze, etc.), die nachfolgend mittels Thermodesorption oder Lösemittelelution freigesetzt werden. Die Analyse und Identifikation der Komponenten erfolgt mittels GC/MS, bzw. GC/FID. Hochreine Adsorbentien erlauben es aus kleinen Luftvolumina aussagefähige Produktspektren zu erhalten, die auch quellentypische Komponenten umfassen können.

Emissionen von ausgewählten Baustoffen

Emissionen von Bodenbelägen

Die Emissionen von Bodenbelägen dauern in der Regel über längere Zeit (Monate) an, wobei die Intensität der Emissionen allerdings je nach Qualität der Beläge große Unterschiede aufweisen kann. Aus den verschiedenen Belägen (PVC, Teppichboden, geknüpfter Teppich, Linoleum, Parkett, Holzboden) lassen sich nur sehr beschränkt belagstypische VOC-Verbindungen nachweisen. 4-Phenylcyclohexen aus SBR-Kautschuk im Teppichrücken dominiert als Geruchskomponente für neue Teppichböden. Oxidative Abbauprodukte von Fettsäuren (niedere Aldehyde und Fettsäuren) sind typisch für Linoleum. Durch den Einsatz terpenhaltiger Lösemittel haben diese ihren spezifischen Charakter für Holzprodukte weitgehend eingebüßt. Werden Klebstoffe eingesetzt, ist auch deren Abdampfverhalten je nach Okklusion verzögert.

Linoleum ist ein dauerhafter, elastischer Belagstoff für Fußböden, Wände, Tische u.a., der auf Grund seiner hohen natürlichen Rohstoffanteile vermehrt eingesetzt wird. Hauptbestandteile von Linoleum sind Leinölfirnis, auch Sojabohnenöl, Naturharze, Kalksteinfein-, Holz- und Korkmehl, die gemischt werden und mit natürlichen und naturidentischen Pigmenten eingefärbt werden. Diese plastische Masse wird unter großem Druck auf Jutegewebe gepreßt. Der typische Geruch resultiert u.a. aus den Oxidationsprodukten der enthaltenen (ungesättigten) Fettsäuren.

Raumtextilien und Teppichböden

Raumtextilien und Teppichböden, im besonderen neue Teppichböden, bieten oftmals Anlaß zu Geruchs- und Reizproblemen in den Atemwegen. Ursächlich hierfür ist vor allem die große Oberfläche der Textilfasern bei Nutzschicht, Flechtgewebe und neuerdings Rückenfasern, die zu einer hohen Speicherung von VOC aus dem Herstellungs- und Synthesebereich führen. Weiterhin können Schaumrücken noch Reste an VOC aus der Polymerisation enthalten und verzögert freigeben. So treten Styrol, trimeres Isobuten, 4-Vinylcyclohexen und 4-Phenylcyclohexen häufig als Emissionen auf. Als sehr geruchsintensive Komponenten machen die beiden letzten Verbindungen den typischen Geruch neuer Teppiche mit Styrol/Butadien-Kautschuk (SB-Rubber) als Rückenmaterial aus. Daneben treten eine große Zahl weiterer Substanzen vor allem aus neuen Teppichböden aus, ohne daß diese einen spezifischen Charakter aufweisen, was die Untersuchung jeder einzelnen Qualität bei Beanstandungen erfordert. Weitere wechselnd anzutreffende Substanzen können sein: Toluol, Styrol, Cumol, 2-Ethylhexanol, 1,2 Propandiol, Undecan, Dodekan, Essigsäure, 1-Butanol, Diisopropylbenzol, etc.

Eine große Variation der Resultate bedingen ferner Alter, Transport- und Lagerbedingungen der Teppichware bis sie zum Verbraucher gelangt. Eine Verminderung der Emissionsfaktoren im Größenbereich 2 – 10 ist in den ersten 200 Stunden zu erwarten.

Teppiche aus Proteinfasern werden mit Pyrethroiden als Fraßgiften geschützt. Bei fachgerechter Anwendung sind diese fast ausschließlich in der Faser gebunden und treten von hier in den Staub über (s. Übersicht).

Das amerikanische Carpet and Rug Institute (CRI, Dalton, Georgia) hat für die Emissionen aus Teppichen folgende Grenzwerte festgelegt:

- TVOC: $0,5 \; mg/m^2/hr$
- Styrol: $0,4 \; mg/m^2/hr$
4-Phenylcyclohexen: $0,1 \; mg/m^2/hr$

Parallel wurden für Teppichbodenkleber Emissionsgrenzwerte, gewonnen aus einem Testkammerversuch, aufgestellt:

- TVOC (alle VOC)-Emissionen: $10 \; mg/m^2/hr$
- Formaldehyd: $0,05 \; mg/m^2/hr$
- 2-Ethyl-1-Hexanol: $3 \; mg/m^2/hr$

Bei Einhaltung dieser Grenzwerte für Emissionen in der Testkammer vergibt das Testinstitut ein grünes Umweltsiegel. Zum Relativ-Vergleich der Langzeit-Emissionen verschiedener Kleberprodukte für VOC und SVOC wird gemäß einem dänischen Vorschlag nach 10 Tagen der EMICODE bestimmt. Verfahren oder Regelungen ähnlich der amerikanischen Vorbilder befinden sich derzeit in reger Diskussion.

Häufig geklagte Symptome mit neuen Teppichausrüstungen sind: Reizungen der Augen, der Nase und des Rachens, Atemnot, Kopfschmerzen, Gedächtnisschwäche, Ermüdung, Muskelschmerzen, Schwäche und Hautausschläge. Differentialdiagnostisch kommen folgende weitere umweltmedizinische Ursachen in Betracht: Milbenbestandteile (Häutungen, vertrocknete Tiere, etc.), biologische Besiedlung und Kontamination bioabbaubarer Teppichkomponenten, unvollständige oder verbesserungsbedürftige Reinigungsmethoden, unangenehme Geruchswahrnehmungen durch Haushaltsdeodorantien in Pflegemitteln.

Probengewinnung und Aufbewahrung

Dem Originalteppich nahe Proben für eine Analyse auf VOC können unter den Randleisten (seitlich und unter Heizkörpern sind hohe Abdampfverluste von Inhaltsstoffen möglich!) sowie unter Möbelstücken mit und ohne Möbelfüße gewonnen werden. Die Teppichprobe sollte Hinweise auf den Gewinnungsort, eine Verklebung, die Teppichunterlage, erfolgte Reinigungsmaßnahmen sowie evtl. aufliegende Möbelteile enthalten. Als Transport- und Aufbewahrungsgefäß kann ein sauberes Einmachglas mit Glasdeckel (ohne Gummiring) verwandt werden, das mit einer Schnur über einen Schaumstoff auf dem Glasdeckel verschnürt wird. Konventionelle Vakuumverschlüsse von Konservengläsern können zusätzliche Geruchs- und Aromastoffe in der Deckelinnenlackierung und der

Dichtungsmasse enthalten, bzw. ausgasende Stoffe adsorbieren. Mit einem Passivsammelsystem oder offenen Sammelröhrchen lassen sich im Glas über wenige Tage Sammelzeit direkt verwertbare VOC-Proben gewinnen. Alternativ kommen frische Polyethylenbeutel (Tiefkühlbeutel) als Transportverpackung in Frage, in die besonders kleine Proben zweifach mit wenig Luft eingepackt werden.

Neben der vor allem passiven Probenahme aus textilen Proben im Labor, unterstützt evtl. durch eine Ausheizung, sollte auch ergänzend eine orientierende Geruchsprobe vorgenommen werden.

PVC-Beläge

Neben dem Monomer Vinylchlorid in Restspuren und Polymerisationshilfsmitteln treten nur unspezifische Lösemittel und Weichmacher in die Raumluft über.

Holzböden

Emissionen von Bodenbelägen auf Holzbasis sind vergleichsweise gering. Gleiches gilt für versiegeltes Fertigparkett, im Unterschied zu frisch versiegeltem Parkett. Laminatböden können gelegentlich höhere Emissionen von Aldehyden und Naturstoffen zeigen.

Anstrichstoffe

Beim Anbringen von Neu- oder Reparaturlackierungen ist generell die Brand- und Explosionsgefahr zu beachten, die vor allem in der Nähe der Vorratsgefäße herrscht, neben der Gesundheitsgefährdung. Zündquellen jeglicher Art, wie zündfähige heiße Oberflächen, funkenreißende Maschinen, offene Flammen, Heizkörper, Heizrohre, nicht explosionsgeschützte Einrichtungen usw. dürfen nicht vorhanden sein. Hinweise durch Kennzeichnung gemäß der Verordnung über brennbare Flüssigkeiten (VbF) sind zu beachten. Emissionen aus Neuanstrichen bilden eine bedeutende Quelle für VOC im Innenraum. Eine großflächige Anwendung bedingt auch bei relativ geringen Emissionen kurzfristig einen hohen VOC Anteil in der Raumluft, wenn gleichzeitig nur geringe Lüftungsraten bestehen. Anstrichstoffe zeigen eine rasche Abnahme der Emissionsfaktoren, die umso ausgeprägter ist, je tiefer die Siedepunkte der jeweiligen emittierten Substanzen, je dünner die Anstrichdicke und je weniger saugfähig das Untergrundmaterial sich darstellt. Kleine Mengen schwerflüchtiger Substanzen können über einen langen Zeitraum relativ konstant abgegeben werden. Sie vermindern gleichzeitig das Problem der hohen Anfangsemissionen in einer Rezeptur. Anstrichstoffe auf biologischer Basis benötigen, wenn sie in Feuchtbereichen einsetzbar sein sollen, einen bioziden Zusatz um nicht kurzfristig verstoffwechselt zu werden.

Um den Reinigungsaufwand mit zusätzlichem Lösemittelaufwand durch Vertropfen und Verlaufen von Farbe zu vermindern, werden häufig thixotrope Lacke hergestellt.

Abbeizmittel

Abbeizmittel dienen vornehmlich zum Entfernen von Lack- und Farbanstrichen. Abbeizmittel mit Chlorkohlenwasserstoffen (CKW: Methylenchlorid) sind durch Verordnung verboten. Die dickflüssigen bis pastösen Abbeizer enthalten entweder Lösemittel (Lösemittelkombinationen aus Glykolen, Estern, Alkylaromaten oder Methylpyrrolidon) oder laugenhaltige Produkte (anorganische Carbonate, Hydroxide in Verdickungsmitteln). Bei der Abbeizung sind aus Sicherheitsgründen Handschuhe und eine geschlossene Schutzbrille wegen Verätzungsgefahr zu tragen. Die notwendige Einwirkdauer beim Abbeizvorgang dauert ca. 1 Tag und mehr und sollte im Freien, evtl. unter PE-Einfolung des Objekts, vorgenommen werden.

Dispersionsfarben, Anstrichstoffe auf Wasserbasis

Dispersionsfarben für den Innenbereich, bestehend aus weißen Pigmenten (Titandioxid, Calciumcarbonat, Calciumsulfat, etc.), Kunstharzbinder (Acrylat-, Latexoligomere) und Wasser, enthalten keine oder nur geringe Anteile an organischen Lösungsmitteln (Glykolethergemische, Konservierungsstoffe!). Anstrichproben zeigen daher nahezu keine bis sehr geringe Emissionen in der Testzelle.

Bei Parkettversiegelungen (PU-, Acrylatharzbinder) auf wäßriger Basis werden neben Glykolen, Glykolethern und verwandten Verbindungen oft N-Methyl-2-Pyrrolidon und Triethylamin emittiert, für die haut- und schleimhautreizende Wirkungen bekannt sind. Oftmals finden sich auch Abbauprodukte von Anstrichen bei der Emission wie Hexanal oder Hexansäure, die langfristig den Geruch bestimmen können.

Das Emissionsverhalten von Baustoffen und Lackoberflächen ist neben den Inhaltsstoffen von den Umgebungsbedingungen (Temperatur, Luftfeuchte, Konvektion, Luftwechselrate, Oberflächenfarbe, Strahlungswärme), der Applikation (Schichtdicke, Schichtaufbau, Untergrundmaterial) abhängig. Mit größerer Schichtdicke eines Anstrichfilms erreicht die innere Diffusion zunehmend einen kritischen kinetischen Einfluß auf den Emissionsprozeß. Die Dauer der Emission wird mit höherer Schichtdicke deutlich verlängert (Faktor ca. 4–6), wobei die maximalen Emissionswerte nahezu gleich bleiben. Das Abdampfverhalten von apolaren Stoffen wie Pentan, Dekan etc. wird durch unterschiedliche Untergrundmaterialien kaum beeinflußt, hingegen zeigen polare Lösemittel wie Glykolether, Amine etc. eine deutliche Abhängigkeit infolge der Wechselwirkung vom Untergrundmaterial (Glas, Keramik, Metall, Holz, Gips, Mörtel, Zellulose, Polymere, etc.).

Tapeten

Rauhfasertapeten, mit Methylcellulose-Kleister bestrichen, zeigen nur geringe VOC-Emissionen. Hingegen tritt eine große Zahl von relativ schwerflüchtigen Substanzen auf, die bisher nicht genauer identifiziert werden konnten. Mit der Zeit gehen diese Emissionen rasch zurück. Je nach Tapetenart (Papier, Faser, Gräser, Vinylschaum, etc.) und Zusammensetzung sowie des Klebstoffs sind weitere Emissionen zu erwarten. Tapeten mit hoher äußerer und innerer Oberfläche, vor allem Fasertapeten bilden einen Speicher für Ausgasungen (Tabakdämpfe). In Zonen mit Wasserdampfkondensation und längerer Feuchte bildet die organische Tapetenmatrix den Nährboden für eine Pilz- und Bakterienbesiedlung. Eine vorhandene Biozidimprägnation wird verwässert und sekundär besiedelt. Aus diesen Gründen sollte zwischen tapezierter Wand und Möbelstück eine handbreite Spalte zur Raumluftkonvektion bestehen und der Taupunkt (Winterzeit!) nicht in der Tapete oder der unmittelbar benachbarten Wandzone liegen (Außenisolierung!).

Lösemittel in Parkettsiegeln

Der Übergang zu lösemittelfreien Parkettsiegeln (Deck-, Nutzlacksystem auf Parkettböden) durch das Ersatzstoffgebot (TRGS 610, GIS-CODE) wird zunehmend realisiert. Als lösemittelfrei gelten hierbei hochsiedende Propylenglykolether und verwandte Substanzen.

Für die Erzeugung hochfester Decklackierungen sollte der Raum mindestens auf 20 °C erwärmt und gleichzeitig gut belüftet werden über mehr als einen Tag.

Lösemittel in Dichtungs- und Fugenmassen

Bei der Nutzung von Silikondichtungsmassen kann Essigsäure und deren Dämpfe, sowie Essigsäureester freigesetzt werden. Alte Dichtungsmassen können PCP als Weichmacher, Füllstoff und Fungizid enthalten. Sie können als Depot mit langfristiger Ausgasung die Raumluft und weitere oberflächenreiche Stoffe im Raum kontaminieren als auch bei Arbeiten an und in unmittelbarer Nähe der Dichtungsmasse zu Hautkontaminationen führen. PCP-haltige Dichtungsmassen in innenliegenden Bauteilen sollten soweit als möglich identifiziert und entfernt werden.

Formaldehyd im Innenraum

Physikalische Eigenschaften von Formaldehyd: farbloses, stechend riechendes Gas, gut löslich in Wasser, Alkohol, polaren Lösemitteln, Festpunkt: $-92\,°C$, Siedepunkt: $-21\,°C$. Formaldehyd tritt gasförmig in Luft auf und entsteht neu in Verbrennungsprodukten wie Zigarettenrauch, offenem Feuer, sowie bei der

Verbrennung von Holz, Kohle, Öl und anderen organischen Quellen. Die besondere Problematik chronischer Formaldehydemissionen resultiert aus der Phenol-Formaldehyd basierten Bindung von Holzspänen in Spanplatten. Der weitverbreitete Einsatz dieser Holzplattenprodukte im Innenbereich von Häusern führt, auch nach Einführung der E-1 Emissionsklasse für Spanplatten, vermindert bei konformen, noch erhöht bei älteren Spanplatten zu einer chronischen Diffusion von Formaldehydgas aus unversiegelten, offenen Schnittkanten und Bohrlöchern. Bei fehlender oder verminderter Lüftung akkumuliert die Formaldehydkonzentration bis nahe einer Gleichgewichtskonzentration. Sekundäre Maßnahmen einer Expositionsminderung können daher nur erhöhte Luftwechselraten und Verminderung der direkt offenen Diffusionsfläche z. B. durch Umleimer sein. In Fällen mit hoher Sensibilität der Bewohner auf niedrige Formaldehydkonzentrationen reichen diese Maßnahmen nicht aus und erfordern eine Verminderung bzw. ein Austausch der emittierenden Holzmasse.

Um ökonomisch vorzugehen, sollten zunächst großflächige Quellen wie (Schrank-) Möbel, Wandverkleidungen, Täfelungen aus Spanplatten entfernt werden oder bei wertvollen Stücken einer isolierten Ammoniakbehandlung unterzogen werden. Dies trifft auch dann zu, wenn einzelne Möbelstücke hinzugefügt wurden und danach die Symptome auftraten. Erhöhte Emissionen treten bei höherer Raumtemperatur und höherer Luftfeuchtigkeit in einem Raum mit Spanplatten und weiteren formaldehydhaltigen Quellen auf.

Vom ehem. Bundesgesundheitsamt wurde für Formaldehyd ein Richtwert von 0,1 ppm in Innenräumen z. B. in Aufenthaltsräumen, Schulen, Kindergärten, Sport-Hallen etc. vorgegeben. Der derzeitige MAK-Wert für eine durchschnittlich 8stündige Exposition am Arbeitsplatz beträgt 0,5 ppm, bzw. 0,6 mg/m^3 (1997). 329 Proben aus Haushalten in der BRD ergaben 1991 einen Mittelwert von 58,55 µg/m^3 ($\sigma \pm$ 32,79 µ/m^3) an Formaldehyd. Typische Werte in Nordeuropa liegen zwischen 40–60 µg/m^3.

Obgleich eindeutige Hinweise auf eine Kanzerogenität durch Formaldehyd beim Erwachsenen fehlen, sind die Langzeiteffekte bei Kleinkindern, Kindern und Schwangeren noch nicht ausreichend bekannt. Besondere Empfindlichkeiten auf niedrige Formaldehydkonzentrationen werden von Neurodermitikern berichtet.

Formaldehyd ist ein physiologischer Metabolit des C-1 Stoffwechsels (ungerade Nahrungsfettsäuren etc.) und kommt in Spuren im Blut vor und wird selbst oder als Ameisensäure im Urin ausgeschieden.

Formaldehyd dient beim industriellen Einsatz wegen bakteriostatischer/bakterizider, fungizider Wirkung als Konservierungszusatzstoff, dient zur Bildung von Aminoplasten mit Phenol, Resorcin, Harnstoff etc. (Kunstharze), ergibt eine Denaturierung und Härtung von Eiweißen, hemmt Enzyme und ist leicht polymerisierbar.

Als Komponente kann es in Kosmetika, Medikamenten, Reinigungsmitteln, Desinfektionsmitteln, Holzschutzmitteln, Holzbindemitteln, Farben, Spanplatten, Sperrholzplatten, Leimbindern, Leder, Teppichböden, Textilien, Kleb-, Schaumstoffen, geräucherten Lebensmitteln, Alkoholika angetroffen werden.

Tabelle 4. Luftgrenzwerte für Formaldehyd

Untersuchungsmaterial	Konzentration	Anmerkungen
Innenraumluft (be-, unbelüftet)	$0,125$ mg/m^3, 125 µg/m^3 $= 0,1$ ppm	BGA-Richtwert 1977
Luft (innen/außen)	$< 0,06$ mg/m^3, 60 µg/m^3 $= 0,05$ pm $> 0,1$ mg/m^3, > 100 µg/m^3, $> 0,08$ ppm	WHO: region of no concern (Unbedenklichkeitswert) WHO: region of concern
Luft am Arbeitsplatz, 8 h/d	$0,6$ mg/m^3, 600 µg/m^3, $0,5$ ppm	MAK-Wert
Prüfraum für Spanplatten E1	$0,125$ mg/m^3, 125 µg/m^3	ChemVVO

Akute Minderungsmaßnahmen: gezielte Raumlüftung nach Wochenenden, vor Arbeitsbeginn im Raum, bei Kellerräumen aktive Lüftung, regelmäßiges Lüftungsschema oder Dauerlüftung im Hintergrund während der Nutzung (Luftwechselrate (LWR) $> 0,8$/Std). Nach einem ausgedehntem Lüften (10–15 Min. Dauer) stellt sich nach 4 Stunden (LWR 0,8/Std) im Raum wieder eine steady state Konzentration für Formaldehyd ein. In den meisten Wohnungen werden LWR unter 0,4/h gefunden mit entsprechend hohen Innenraumluftbelastungen an Formaldehyd.

Sanierungsmöglichkeiten bei Formaldehydemissionen

Spanplatten: Die Formaldehydemissionen resultieren überwiegend aus der Aminoplastverleimung und erfolgen aus der gesamten Spanplattenfläche. Bei Spanplatten ist daher auf eine Beschichtung der Oberflächen und der Kanten zu achten um den Emissionsfaktor zu reduzieren. Eine vorhandene Beschichtung sollte nicht angebohrt oder beschädigt werden. Eine Emissionsreduzierung wird durch eine Beschichtung mit Bakelitplatten (Resopal etc.), bzw. Umleimer auf den Schnittflächen, bzw. Lackierung mit harten, porenlosen Lacken erreicht. Bei großen Objekten (Fertighausbauten, Holzhäusern, Wohnwägen bzw. -mobilen (bis 700 µg/m^3 wurde berichtet) besteht zusätzlich die Möglichkeit der mehrtägigen, hochdosierten Ammoniakbegasung zur organischen Fixierung (Hexamethylentetramin-Bildung) von Formaldehyd im Material (*Cave*: Kupferoberflächenkorrosion!). Spanplatten wie Sperrholzplatten wurden früher nach Equilibrierung in einer definierten Expositionskammer bewertet und in die Formaldehyd-Emissionsklassen 1 (E 1) (jetzt noch allein zulässig) mit 0,1 ppm, E 2 mit 1 ppm und E 3 mit 2,3 ppm als Grenzwert eingestuft.

Für den Möbelbau sind in Deutschland seit 1989 nur noch E 1 Spanplatten erlaubt. In Deutschland wird das Umweltzeichen RAL-UZ 38 für formaldehydarme Produkte aus Holz, bzw. Holzwerkstoffe, bzw. RAL-UZ 76 für emissionsarme Holzwerkstoffplatten vergeben. Als Ersatzbindemittel für Holzwerkstoffe werden Isocyanatharze verwendet, die thermisch ausgehärtet werden. Bisherige Untersuchungen haben kaum Freisetzungen der Harzkomponenten zeigen können.

Pentachlorphenol und Lindan (historische Belastungen?)

Von den 50er Jahren bis in die 80er Jahre wurde Pentachlorphenol und dessen Salze (PCP-Na) in Holzschutzmitteln wegen der pilz- und bakterientötenden Wirkung im vorbeugenden Holzschutz eingesetzt als Nachfolger der Chlornaphthaline, die bei den Verarbeitern akute gesundheitliche Probleme ausgelöst haben. Technisch produziertes PCP enthält als Verunreinigung u.a. niedriger chlorierte Phenole und andere Aromaten, sowie in Spuren polychlorierte Dibenzo-p-dioxine (PCDD) und Dibenzofurane (PCDF). Untersuchungen in der Innenraumluft und in Hausstäuben auf PCDD/PCDF (PCP-Synthese Nebenprodukte) konnten zeigen, daß deren Zusammensetzung und Isomerenverteilungsmuster eindeutig auf technisches PCP als Quelle hinwies. Die großflächige Anwendung und das Eindringen ins Holz führten zu einer langjährigen, verzögerten Freisetzung dieser Gemischverbindungen in die freie Raumluft und sekundär in Raumluftpartikel. Der Wirkstoff wurde in Holzschutzmitteln, bei der Textil- und Lederverarbeitung eingesetzt. Bis in die 80er Jahre kamen solche Holzschutzmittel auch im Innenraumbereich zur Anwendung. Zur Transportkonservierung werden Rohstoffe aus tropischen Ländern (Rohhäute, Fertigleder, Kautschuk, Hölzer etc.) häufig mit PCP behandelt um Bakterien- und Pilzbefall zu verhindern. Trotz eines PCP-Verbots (23.12.1989 PCP Verbotsverordnung > 0,01 % PCP, bzw. Na-PCP,PCP-Salze, > 5 mg PCP/kg), heute: Anhang IV Chemikalien-Verbotsverordnung vom 14.3.1993) sind Altbestände, Importe von imprägniertem Holz und schweren Textilien aus der EU und Importe von außerhalb weiterhin potentiell mit PCP belastet.

Der Mensch nimmt PCP-Dämpfe über die Atmung, über die Haut (z.B. kontaminierte Kleidung, Kinderspielzeuge oder Möbel (PCP-haltige Leder-, Kunstleder, Textilbezüge) oder über die Nahrung auf. PCP-belastete Gegenstände, Oberflächen gasen über Jahrzehnte aus, was vor allem bei großflächigen Emittenten auch noch lange nach dem PCP-Einsatz zu erhöhten Belastungen führt.

Häufige Symptomatiken sind: Kopfschmerzen, Herz- und Kreislaufstörungen, Schwindel, Schlaf- und Konzentrationsstörungen, Magen- und Darmbeschwerden, Hautausschläge, Schwächung des Immunsystems, möglicherweise Nervenschäden.

PCP und seine Salze sind laut Gefahrstoffverordnung als Stoffe mit begründetem Verdacht auf ein krebserzeugendes Potential eingestuft, Belege hierzu fehlen beim Menschen derzeit noch.

In der Gefahrstoffverordnung darf PCP seit 1987 als biozider Wirkstoff im Innenraumbereich nicht mehr angewendet werden. 1986 wurde die PCP-Produktion in Deutschland eingestellt. Seit 1989 dürfen infolge der PCP-Verbotsverordnung keine Waren hergestellt, in den Verkehr gebracht, oder verwendet werden, die mehr als 0,01 % PCP enthalten. Die PCP-Freisetzungsrate belasteter Gegenstände und damit die Belastung der Raumluft wird beeinflußt durch die Temperatur des Materials an der Oberfläche, den Gehalt an organischem, nicht salzgebundenem PCP, sowie von eventuell vorhandenen Oberflächenversiegelungen.

Tabelle 5. Richtwerte für Innenraumluft (BGA)

Substanz	BGA Richtwert	Lahl und Neisel	WHO-Empfehlung
Pentachlorphenol	1 µg/m^3	0,1 µg/m^3	Tagesaufnahme: – 10 µg/m^3, Luft < 10%. 15 m^3/d; 0,07 µg/m^3
PCP in Materialien Lindan	5 mg/kg PCP-VVO 1 µ/m^3	 0,1 µg/m^3	
Lindan in Materialien		< 2 mg/kg Grundbelastung	

Das BGA hat 1993 mit 1 µg PCP/m^3 einen Innenraumrichtwert benannt, der einen Beurteilungsmaßstab für die Durchführung von Sanierungsmaßnahmen darstellt.

Lindan (gamma-Hexachlorcyclohexan, γ-HCH)

besitzt als wichtigstes vollchloriertes Cyclohexanisomer insektizide Wirkung und wurde deshalb zum chemischen Holzschutz im Bau- und Forstwesen eingesetzt. Lindan ist bei einem Reinheitsgrad von 99% als Wirkstoff in Holzschutzmitteln zugelassen. Nicht zugelassen ist technisches HCH mit Anteilen an α- und β-HCH. Ersatzstoffe für PCP und Lindan sind heute Wirkstoffe wie: Endosulfan, Chlorthalonil, Dichlorfluanid, Pyrethroide und salzhaltige Verbindungen, wie z.B. Bor-, Kupfer-, Chrom- Fluorsalze sowie Ammoniumphosphat im präventiven chemischen Holzschutz. In der erneuerten DIN 68800 aus 1990 kann unter bestimmten Voraussetzungen auf den chemischen Holzschutz für tragende Bauteile in Innenräumen ganz verzichtet werden.

Auf Grund gesetzlicher Bestimmungen, gültig bis Ende der 80er Jahre, mußte für Tragkonstruktionen bzw. sollte für Verkleidungen und nichttragende Teile aus Holz ein chemischer Holzschutz angewandt werden.

Häufig geäußerte Krankheitssymptome unter einer PCP bzw. Lindan Belastung können sein: Müdigkeit, Kopfschmerzen, gehäufte Atemwegsinfektanfälligkeiten (Bronchitiden, Nasennebenhöhleninfekte), Störungen des Immunsystems, neurologische Symptome, hormonelle Fehlregulationen.

Polychlorierte Dioxine und Furane (PCDD, PCDF)

Messung und Nachweis mittels Kapillargaschromatographie in Kopplung an hochauflösende Massenspektrometrie (GC-MS Kopplung). Auf Grund der teueren apparativen Ausrüstung, der erforderlichen quantifizierten Referenzen und hohen Reproduzierbarkeit haben sich einige Labore spezialisiert und unterliegen einer Qualitätskontrolle mit Ringversuchen und Referenzmaterialien.

PCDD/PCDF in Innenräumen

Chlorhaltige Dioxine und Furane sind in Spuren ubiquitär, d.h. überall auf der Welt nachweisbar. In Innenräumen traten signifikante Belastungen von Raumluft, Hausstaub und Materialen vor allem durch die Anwendung von ehemals PCP-haltigen Holzschutzmitteln, Fugendichtungsmassen und heute bei Brandschadensfällen unter Beteiligung chlorhaltiger Materialien auf. Chlorierte Pestizide können herstellungsbedingt Verunreinigungen von PCDD/PCDF enthalten, während beim Abbrand von chlorhaltigen Materialien Dioxine und Furane neu entstehen. Nach großflächiger Anwendung von Holzschutzmitteln im Innenraum und nach Brandschäden wurden Raumbelastungen von Dioxinen und Furanen bis 1,5 pg/m^3 ITE (internationale Toxizitätsäquivalente, NATO) ermittelt. Eine tägliche Aufnahme von 1 pg PCDD/kg Körpergewicht und Tag schließt eine gesundheitliche Gefährdung aus (BGA/UBA-Berichte). In der Bundesrepublik Deutschland beträgt die berechnete tägliche Aufnahme 1–2 pg/TE nach NATO/kg Körpergewicht, davon ca. 90% aus der Nahrung mit abnehmender Tendenz. Über den Luftpfad sollten nach Empfehlung von Toxikologen nur 10% der tolerierbaren Aufnahmemenge inkorperiert werden. Für ein Kind mit einem Körpergewicht von 35 kg und einem Atemvolumen von 15 m^3/Tag errechnet sich bei einer Expositionsdauer von 10 h pro Tag eine maximale Luftbelastung von 0,5 pg/ITE pro Kubikmeter Raumluft (Schulräume, Hallen).

Die Verwendung von technischem Pentachlorphenol als Holzschutzmittelzusatz läßt auf eine erhöhte PCDD/PCDF-Belastung in der Innenraumluft schließen. Die Sanierung der Quellen entspricht der PCP Sanierung von damit imprägnierten Hölzern.

Zur Bewertung von Belastungen mit Dioxinen und Furanen muß der unterschiedlichen Toxizität der einzelnen Kongeneren im Gemisch Rechnung getragen werden. Mit Bezug auf das bisher am höchsten toxisch gefundene TCDD (Tetrachlorodibenzodioxin, TE = 1), wurde für weitere 20 Kongenere eine Abschätzung aufgestellt, die auf der Bewertung der Rezeptorbindung, Enzyminduktion und akuten Toxizität basiert, aber keine Langzeiteffekte im Bereich von Immunsystem, Nervensytem und endokrinem System berücksichtigt, die gleichfalls bei Dioxinen beobachtet wurden.

Die Bewertungsmodelle nach NATO und BGA werden eingesetzt, um die Toxizität der insgesamt 210 Einzelverbindungen abschätzen zu können. Durch Multiplikation der Analysenwerte mit den entsprechenden Äquivalenzfaktoren erhält man das sogenannte Toxizitätsäquivalent (TE).

Die hohe Lipophilie von Dioxinen und Furanen bedingt ihre Anreicherung in fettreichen Geweben und die daraus folgende lange Halbwertszeit, die für 3,4,7,8 TCDD beim Menschen 10–15 Jahre dauern kann.

Entspeichernde Vorgänge aus dem Fettgewebe sind der Laktationsprozeß stillender Mütter. Über die Frauenmilch können im Mittel 22,4 (8,2–40,2) pg ITE/g Fett auf den Säugling übergehen. Durch Messung individueller Frauenmilchproben kann die Belastung ermittelt und eine Beratung über die Stilldauer gegeben werden. Akute Sanierungsversuche über eine Änderung der Nahrungsmittel und deren Herkunft sind nicht erfolgreich. Bewußte starke Gewichtsreduzierungen bzw. Hungerkuren nach der Schwangerschaftsperiode können die Freisetzung mit der Frauenmilch erhöhen.

Nur eine allgemeine Reduktion der Produktion und Freisetzung von chlorierten Dioxinen/Furanen kann die Grundbelastung der Bevölkerung und gefährdeter Gruppen herabsetzen. Mit dazu beitragen kann die konsequente Beachtung und Verfolgung der Zyklen chlorhaltiger Materialien im Wirtschaftsprozeß und deren Minimierung bei Verbrennungsprozessen mit dioxinzerstörenden Verfahrensschritten.

Die Sanierung umfaßt die Entfernung PCP-haltiger Holzkonstruktionen, die Wohnungssanierung nach Bränden mit PVC Beteiligung (Gardinenschienen, elastische Dichtleisten, Randleisten, Rolladenlamellen, PVC-Tür-, Fensterrahmen etc.), Sanierung offener Kamine nach Benutzung chlorhaltiger Brennmaterialien, Erkundigungen zu überdeckten Altlasten im Untergrund und in der Umgebung.

Auskunfts- und Bezugsquellen für lösemittel-, pigmenthaltige, etc. Materialien

Berufsgenossenschaftliches Institut für Arbeitssicherheit – BIA, Alte Heerstraße 111, 53754 Sankt Augustin, Tel/Fax: 02241/231-743/234

Bundesanstalt für Arbeitsschutz und Arbeitsmedizin, BAuA, Friedrich-Henkel-Weg 1-25, 44149 Dortmund, Tel/Fax: 0231/9071-0//454

Carl-Heymanns Verlag KG, Luxemburger Straße 449, 50939 Köln, Tel/Fax: 0221/94373-0//603

ecomed. verlags GmbH, Rudolf-Diesel-Straße 3, 86899 Landsberg/Lech, Tel/Fax: 08191/125-184//151

Erich Schmidt Verlag GmbH, Genthiner Str. 306, 10785 Berlin, Tel/Fax: 030/4705-279/288

Industrieverband Friseurbedarf e.V. (IVF), Karlstr. 2, 60329 Frankfurt, Tel/Fax: 069/2556-1326/237631

Körperpflege- und Waschmittel e.V., Karlstraße 21, 60329 Frankfurt

Verband der Chemischen Industrie e.V., Karlstr. 21, 60329 Frankfurt, Tel/Fax: 069/2556-0//1471

Verband der Lackindustrie e.V., Karlstr. 21, 60329 Frankfurt, Tel/Fax: 069/2556-1411//1358

Länderausschuß für Arbeitsschutz und Sicherheitstechnik (LASI)
Ministerium für Arbeit, Soziales und Gesundheit des Landes Sachsen-Anhalt, Pf 3740, 39012 Magdeburg, Tel/Fax: 0391/657-4515, 4513//-4522

LASI Unterausschuß II (UA II), „Gefahrstoffe" Wiesbaden, Pf 3140, Tel/Fax: 0611/817-3316//86837

Zentralstelle für Arbeitschutz, Ludwig-Mond-Straße 33, 34121 Kassel, Tel/Fax: 0561/1000-199//16364.

GSF – Forschungszentrum für Umwelt und Gesundheit, „Information Umwelt", Ingolstädter Landstr. 1, 85764 Neuherberg, Tel: 089/3187-2710 Fax: 3324; http://www.gsf.de/aktuelles/info_umw.html

Lösemittel in Fertigprodukten für den Hobby-, Heimwerker- und Heimbaubereich

Die Hersteller von lösemittelhaltigen Produkten in diesem Bereich sind durch die Gefahrstoffverordnung (§ 16) und die TRGS 440 „ Ermitteln und Beurteilen der Gefährdungen durch Gefahrstoffe am Arbeitsplatz" bereits bei der Entwicklung, Produktion und Anwendungstechnik angehalten sowohl zum Schutz ihrer eigenen Mitarbeiter als auch der späteren Nutzer im handwerklichen wie im privaten Bereich Gefährdungen durch austretende Lösemittel zu erkennen, zu bewerten und gesundheitlich unbedenkliche Lösungen mit Ersatzstoffen zu entwickeln. Unterstützt werden die Anwender beim Gebrauch von Lösemitteln durch die Auflage, daß Sicherheitsdatenblätter über die jeweiligen Arbeitsstoffe vom Hersteller bzw. Vertreiber bereitgestellt werden müssen.

Konsequente Nutzung dieser Quellen läßt die zum Einsatz gebrachten Stoffe in den allermeisten Fällen erkennen evtl. unterstützt und beraten durch arbeits-, bzw. umweltmedizinische Hilfe. Da neben dem umweltmedizinischen Problemfall in der Praxis, vermehrt noch die Beschäftigten des jeweiligen Handwerksbetriebes von den Emissionen ihrer Arbeitsstoffe betroffen sind, unterstützen besonders die Berufsgenossenschaften diese Hinweise von Nutzerseite und geben ihren gegenwärtigen Kenntnisstand zum vorgelegten Problem an den Fragenden bereitwillig weiter (Addressen im Datenjahrbuch „Betriebswacht" der BG nachschlagen, regionale oder nationale Vertretungen auswählen). So stellt z.B. die Bauberufsgenossenschaft unter dem Namen GISBAU (Gefahrstoffinformationssystem für die Bauwirtschaft, Frankfurt a. Main, An der Festeburg 27–29, 60389 Frankfurt, Tel: 069/4705-279//-288 Fax) ihren Mitgliedern ein umfassendes Gefahrstoffinformationssystem zur Verfügung.

Umgang mit einem Stoff, einer Zubereitung oder einem Erzeugnis hat ein privater Nutzer, nicht nur beim Bearbeiten, Verarbeiten oder Verbrauchen, sondern ebenso beim Lagern, Umfüllen und Beseitigen im weitesten Sinne. Umgang besteht auch, und dies sollte nicht vergessen werden, mit unbeabsichtigt entstehenden oder freigesetzten Stoffen. So z.B. beim Lagern von Reifen, Transport, Ein- und Ausbau am Fahrzeug, beim Bearbeiten von Holz mit Staubentstehung, beim Abbeizen/Abflämmem alter Lacke, Emissionen von Diesel/Benzin getriebenen Fahrzeugen sowie bei deren Betanken und eventuellen Arbeiten am Kraftstoffsystem.

Unterschiedliches Emissionsverhalten von Baustoffen

VOC-Emissionen aus einem Material werden durch physikalisch-chemische Vorgänge wie Verdunstung, Desorption und Diffusion innerhalb des Materials und/oder durch eine gasförmige Grenzschicht bestimmt. Diese Prozesse sind von den jeweiligen Lösemitteleigenschaften wie Siedepunkt, Dampfdruck, Polarität, Diffusionskoeffizienten und Desorptionsenthalpien der individuellen Komponenten und den Eigenschaften des Baumaterials abhängig.

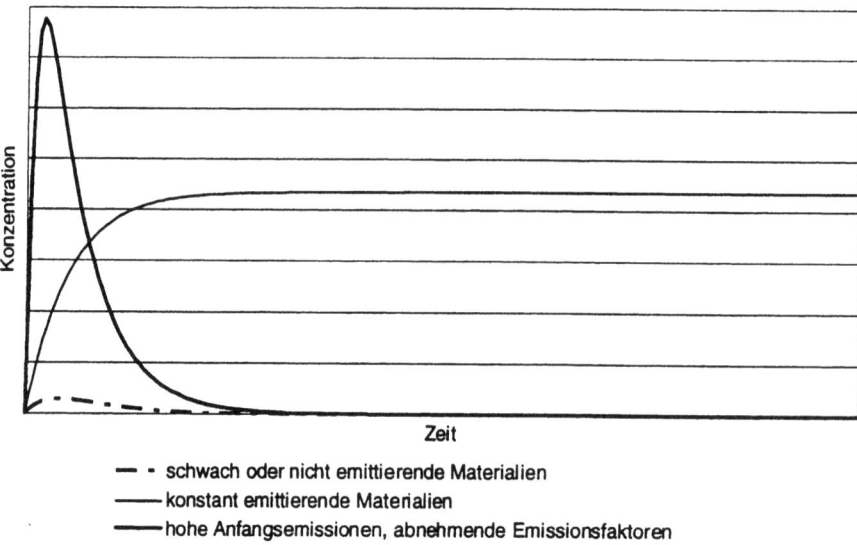

Abb. 1. Qualitative Konzentrationsverläufe von VOC-Komponenten aus Baustoffen und Gegenständen (Zeiteinheiten: Stunden, Tage, Wochen)

Der Trocknungsprozeß von „nassen" Materialien, wie er bei Anstrichen zunächst vorherrscht, ist normalerweise durch Verdampfung kontrolliert und führt zu einer exponentiellen Konzentrationsabnahme erster Ordnung. Der Verdampfungsprozeß an der Grenzschicht Material/(Raumluft-)Gasphase ist proportional zur Konzentrationsdifferenz zwischen Materialoberfläche und Gasphase. Verläuft die interne Diffusion langsamer als der oberflächliche Verdampfungsprozeß, wird sie zum geschwindigkeitsbestimmenden Element des Emissionsverhaltens und führt zu einer scheinbaren Konstanz der Emission.

Die Emissionsfaktoren (EF: µg/m² × h) geben die emittierte Masse pro Fläche und Zeit, die Emissionsraten (ER: µg/h) die Emittentenmenge je Stunde an.

Die Umgebungsbedingungen im Raum wie Temperatur (Raumtemperatur 18–24 °C, Bodenheizungen, direkte Sonneneinstrahlung bis 60 °C), Luftfeuchte (geringer Einfluß überwiegt, Solinger und Levsen, 1993), Anströmgeschwindigkeit durch Thermik, Alter und Vorgeschichte des Materials beeinflussen das Emissionsverhalten eines Materials.

Beispiele praktischer Raumluftuntersuchungen

Ziel von Raumluftuntersuchungen ist es störende oder vermutete Lösemittelquellen zu identifizieren oder hinsichtlich ihres vorhandenen Emissionsvolumens abzuschätzen, wenn vorausgegangene, effiziente Lüftungsmaßnahmen nicht die erforderliche, dauerhafte Senkung der sich aufbauenden Geruchskonzentration erbringen konnten.

Als Hintergrundsbelastung in einer Stadtwohnung finden sich z. B. folgende VOC sowohl in der Innen- wie Außenluft, wobei die Innenraumluft überwiegend niedere Konzentrationen enthält: Benzol, Cumol, Dodecan, Ethylbenzol, 2-, 3-, 4-Ethyltoluol, Hemellitol, Mesitylen, Nonan, n-Propylbenzol, Pseudocumol, Styrol, Tetrachlormethan, Toluol, 1,1,1-Trichlorethan, Undecan, o,m,p-Xylol und weitere. Nach einer Renovierung oder in einem Neubau können einzelne Vertreter kurzfristig bis in Konzentrationen von einigen mg/m^3 auftreten. Unter diesen Bedingungen kann eine durch Außenluft verursachte Belastung im Innenraum fast immer vernachlässigt werden mit Ausnahme von Benzol, das ohne Rauchen und offene Flammen fast ausschließlich über die Außenluft eindringt.

Um Hinweise auf VOC aus Baustoffen oder Haushaltsmaterialien zu erhalten, sind typische VOC aus diesen Quellen besonders aussagekräftig. Einige dieser typischen Verbindungen sind Alkane (Cyclohexan), Ketone (Isobutylmethylketon), Aldehyde (Hexanal), Ester (Ethylacetat, Butylacetat, Amylacetat), Diester, Alkohole (Texanol 1, -2, 1-Methoxy-2-propanol), Glykolether, -ester (Butylglykol, Methyldiglykol, Ethyldiglykol, Ethyldiglykolacetat, Butyldiglykol, Propylglykole, Dipropylenglykol-n-butylether), Aromaten (C$_4$-Benzole), 1,4 Dichlorbenzol, N-Methyl-2-pyrrolidon, 4-Phenylcyclohexen, 4-Vinylcyclohexen.

Einfluß auf die Konzentrationen von VOC im Raum nehmen auch Baustäube, Folienreste, Oberflächenverunreinigungen aus der Produktion, Konservierung oder Verpackung von Baumaterialien, die sich mit Reinigungsmaßnahmen entfernen lassen. Diese Senken für Lösemittel, vor allem polare mit niederen Dampfdrücken, verzögern die Lösemittelentfernung aus dem Raum, können aber andererseits durch Reinigungsverfahren für Staub und Oberflächenverschmutzung oft deutlich vermindert werden.

So sind besonders schwerflüchtige VOC für Senkeneffekte empfänglich und führen zu Reemissionen. Für die hochsiedenden Glykole, -ester, -ether und Diester sind Zeiträume von 600 – 800 Stunden realistisch bis zum Absinken in den Bereich des unteren Nachweises. Oftmals können durch Verlagerung von Renovierungsarbeiten in wärmere Jahreszeiten die erforderlichen Abluftzeiten besser und verträglicher eingehalten werden.

Stäube im Haushalt

Von dem im Haushalt entstehenden Eisenrost an Scharnieren, Achsen, Zaunmaterialien etc. geht keine dermale oder inhalative Gefährdung aus. Bei Bohr- und Schleifarbeiten an Wänden und Ausrüstungen, bei denen trockener, feiner, atembarer Staub entsteht, der vermehrt durch Kühlluft an den elektrisch betriebenen Maschinen aufgewirbelt wird, sollte generell eine filtrierende Halbmaske (PFM 1, besser 2) getragen werden, oder direkt am Bohrloch (Schleifplatte) abgesaugt werden. Sowohl Inertstaub wie auch basischer Staub aus Beton, Steinmaterial und Mörtel kann durch Inhalation zu Reizungen der Atemwege und Haut führen (Chromatgehalt). Besonderer Erwähnung bedarf das Entrosten

alter Bleimennige- bzw. zinkchromathaltiger Korrosionsschutzanstriche vor
allem im Außenbereich. Hier sollte nach Konsultation mit einer Fachfirma das
weitere Vorgehen abgestimmt werden.

Hinweise, Tips und Tricks bei einer Hausbegehung

Wenn Sie die Aufforderung zu einer Hausbegehung erhalten haben, oder diese
für eine differentialdiagnostische Abklärung für notwendig halten, suchen Sie
sich eine helle Tageszeit aus. Gute Helligkeit in allen zu begehenden Zimmern,
möglicherweise vom Keller bis zum Dachgeschoß, ist eine notwendige Voraussetzung um feine und diskrete Hinweise auf den Decken, Wänden, Böden und
der Möblierung zu erkennen. Sie können dabei weiterhin erkennen, wie das Lüftungsverhalten von den jeweiligen Bewohnern organisiert wird. Es wird sie oft
überraschen, daß man in sehr feuchte, schlecht belüftete Zimmer gebeten wird,
die gerade zur Begehung mit offenen Bad- und Balkonfenstern nachgelüftet werden. Infolge der oftmals hohen Luftfeuchtigkeit sind typische feuchte, muffige
Moder- und Körpergerüche anzutreffen. Es kann auch vorkommen, daß sie
einen Bindfaden hinter der Eingangstür (anderen Türen und Fenstern) bestau-
nen dürfen, der angeblich oftmals am Morgen oder nach der abendlichen Rück-
kehr zerrissen ist. Dies erfordert eine weitergehende Angstdiagnostik. Die allermeisten Begehungen beginnen in den Wohn- und Arbeitsräumen. Sind Emissionen vermutet, kann es vorkommen, daß man einerseits in ein auf 25–30 °C
aufgeheiztes Wohn- oder Arbeitszimmer gebeten wird, den dann dort ausge-
heizten und eingesperrten Geruch wahrzunehmen, der aber in einem gleichartig
renovierten Nebenraum bei Raumtemperatur kaum oder nicht wahrnehmbar
ist. Hier gilt es Auskünfte über das Lüftungsverhalten und die Häufigkeit seit der
Einlegung des verdächtigten Gegenstandes in die Wohnung zu eruieren, wenn
möglich durch weitere Fremdanamnesen darüber (Nachbarn, Hausmeister etc.).
Oftmals werden dem Begeher der Wohnung Rückstände, Reste oder zufällige
Konservate präsentiert, die kritisch auf ihren Zustand und Verweilen seit der
handwerklichen Verarbeitung überprüft werden müssen. Stoffe mit biologisch
leicht abbaubaren Komponenten können mikrobiell stark angegriffen präsentiert werden ohne für das verarbeitete Produkt noch typisch zu sein. Versuchen
Sie sich ein objektives Bild durch Geruchsproben zu verschaffen, nehmen Sie
dazu im Intervall Außenluft als Referenzstandard, in dem sie auf den Balkon
gehen oder aus dem offenen Fenster blicken. Neue Fenster und Türen weisen oftmals nur geringe Öffnungen für eine Zwangslüftung auf. Sie erkennen diese an
den geringen Lüftungsquerschnitten und der oftmals fehlenden Möglichkeit
der Querlüftung über den jeweiligen Raum (feststehende Scheiben, minimale
Öffnungsspalte, aufbauschende Doppeldichtungen in den Fenster- und Türrahmen. Hier muß eine regelmäßige Intervall-Lüftung zur Gewohnheit werden,
oder in ihrem Kippwinkel dynamisch regelbare Beschläge erlauben die Dauer-
lüftungsrate gezielt zu erhöhen, ohne daß bereits Zugerscheinungen auftreten.
Hier sind von Seiten der Beschlägehersteller noch deutliche Innovationen zu
erwarten, gerade was Neubauten betrifft.

Für eine effiziente Durchlüftung im Zeitraum von 3–5 Minuten sind zwei gegenüberliegende Lüftungsöffnungen vonnöten. Vor allem in Dach- und bewohnten, zum Gelände tieferliegenden Räumen wird oftmals die geringe Luftaustauschrate unterschätzt, was sich in wiederkehrender Müdigkeit nach kurzer Zeit äußern kann.

Bei der Begehung von Wohn- und Eßzimmer sind die Bodenbeläge sowie eventuelle organische Besiedlungen und Beläge zu ermitteln. Hierzu empfiehlt es sich gerade in den kühlen Ecken auf biologische Kontamination auf und unter beweglichen Bodenbelägen zu suchen. Ferner sollten dicht an der Außenwand bzw. in Außenecken stehende Möbel einen Belüftungsschlitz an der Rückseite von mindestens ca. 5 cm aufweisen. Hinweise auf eine mikrobielle Besiedlung finden sich auch auf Tapeten aus Naturstoffen oder Anteilen.

Sind Lacke auf Türrahmen, Türblätter oder Möbelstücke aufgebracht worden, lassen Sie sich eventuelle Restmengen in regelrecht verschlossenen Dosen oder leere Dosen zeigen. Notieren Sie sich die Namen und Deklarationen um evtl. den Hersteller oder Vertreiber für weitere Informationen zu gewinnen. Lassen Sie sich bei allen Lackierarbeiten auch die verwendeten Verdünner (Universalverdünner, Nitroverdünner etc.) zeigen, die angewandt wurden. Ferner sollte die Abluftzeit erfragt werden, nach der die Wohnung erneut bewohnt wurde. Oftmals finden sich hinter Renovierungsanstrichen alte Anstriche, übermalte Schäden im Mauerwerk (undichte Kaminwände: gelb-braune Verfärbung, Wasserschäden an der Decke oder unter Abflüssen, Wasserschäden an Kellerwänden mit braunen Rost und Kalkausschwemmungen, unvollständig getrocknete oder alte Ölfarben, die erneut durchtränken, Brandstellen in Vinylschaumtapeten oder anderen Tapetensorten hinter Ofenrohren wegen ungenügender Sicherheitsabstände, (Heiz-)Ölschäden in Parkett und Teppichböden, usw.

Besonders schwierig sind Schäden in einer unfachgerechten Isolation der Innenwände zu erkennen, wenn sich Besiedlungen in den Zwischenzonen vor und hinter der Dämmplatte oder in den Zwischenstegen der Dämmplatten oder unerwarteten Hohlräumen (Holzverschalung mit Füllungsdefekten) gebildet haben. Wird hier über Tauzonen bzw. rezidivierende Schimmelzonen oder dunkle Zonen berichtet, sollte eine Kernbohrung hier Klarheit schaffen, die nachgehend wieder gut verschlossen werden kann, wenn sie ohne weitergehenden Hinweis bleibt.

Geruchsbelästigungen aus der Küche – einem Hausarbeitsplatz

Moderne Einbauküchen pflegen umlaufend an der Arbeitsplatte sowie im Sockelbereich gut abgedichtet zu sein. Probleme treten dann auf, wenn ein Heizkörper mit seiner Thermik in eine Küchenzeile integriert werden muß. Sowohl am Luftauslaßgitter wie am Lufteinlaß im Sockelbereich können küchetypische Stäube, Aerosole und sonstige Kleinteile in diese Lüftungsschlitze gelangen und dann im verborgenen still vor sich hin modern nach längerer Zeit. Ferner nisten sich oft Spinnen (Silberfischchen, etc.) über das offene Küchenfenster hier ein und verstärken den Abscheidegrad mit ihren Netzen. In einer modernen hygienisch zu reinigenden Küche sollten auch diese Eck- und Kantenteile durch ein einfaches Ausbauen der Sockelleiste durch die Hausfrau gut reinigbar sein in halbjährigem Rhythmus. Da auch Einbaugeräte (Herd, Spülmaschine, Kühlschrank, Waschmaschine(!), mit ihren Motoren, Heizaggregaten und Kühlflügeln Luftzirkulation und Turbulenzen verursachen, ist dies umso mehr gerechtfertigt. Aus ergonomischen Gründen kann die unterste Regal- oder Schubladenlage in Küchen ehedem noch etwas mehr angehoben werden, was für die Reinigung und eine evtl. Höhenverstellung vorteilhafter wäre.

Besonders fettartige oder gar ranzige Gerüche treten auf, wenn der Luftdurchsatz bei Dunstabzugshaubenfilter durch hohe Belegung vermindert ist, da dann andere Möbel- und Wandoberflächen mit einer Fettschicht aus dem Aerosol überzogen werden.

Fettkontaminierte Lochgitter, Leitbleche und Halter lassen sich durch Abpinseln mit einer konzentrierten Seifenlösung gut ablösen, wobei die anhaftenden Küchengerüche mitentfernt werden.

Bei Kühlschränken mit Abtauautomatik kann sich nach wiederholter Nutzung oder undichten Türdichtungen ein organisches Substrat in der Verdampferwanne über dem Kompressor ansammeln und als lästige Geruchsquelle identifizert werden. Abhilfe schafft hier ein evtl. möglicher Blick auf diese Abdampfwanne aus hellem oder weißen Kunststoff über dem schwarzen, geschweißten Kompressoraggregat oder ein notwendiger Ausbau mit Blick auf die Rückseite des Kühlgeräts.

Bei Spülmaschinen kann die Ansammlung eines Fettrandes an der unteren Seite der Fronttür Ursache für eine starke Geruchsentwicklung oder für eine Undichtigkeit werden. Alternativ kommt ein Leckfluß an der Motorwelle zum Pumpengehäuse im Bodenbereich des Spülers in Betracht.

Lebensmittel in Bevorratungsgefäßen und Mulden sollten regelmäßig auf Fäulnis oder Schimmelspuren untersucht werden. Größere Vorräte von verderblichen Lebensmitteln sollten in kühleren (Keller-)Räumen gelagert werden und dort gleichfalls mindestens im Wochenrhythmus auf Fäulnis geprüft werden. Ein Zutritt von Nagern und anderen Lebensmittelschädlingen sollte durch bauliche Einrichtungen (Fliegengitter aus Nylon, Edelstahl oder Zinkdraht) verwehrt sein. Kartonagen, speziell von Bananenkisten oder anderen Früchten aus tropischen Ländern sollten wegen der damit verbundenen Schabeneinschleppung (Ootheken in Ritzen und Spalten der Faltpappe!) nicht in warmen Kellerräumen oder Heizräumen gelagert werden.

WC- und Toilettenräume: In privaten und öffentlichen Wasch- und Toilettenräumen werden häufig Duftstoffe in Depots eingesetzt, die den u.a. von Indol und Skatol herrührenden Fäkalgerüchen sowie Ammoniak und den verschiedenen Aminen aus dem enzymatischen Angriff der Harninhaltsstoffe geruchlich überdeckend entgegenwirken. Neben der schnellen und hohen Adaptation an diese Duftstoffgemische können vereinzelte Geruchsaversionen auftreten. Selbst Reinigungsmittel mit Oxidantien und Tensiden für den WC-Bereich werden heute stark parfümiert angeboten. Bei Nutzung chlorfreisetzender Oxidantien, z.B. als Hypochloritsalze, sind Reizungen und Verätzungen der Haut- und Schleimhäute möglich. Bei Streumitteln sind staubarme, perlierte Produkte vorzuziehen um atembare Stäube zu vermeiden.

Kochen und Heizen

Das Kochen und Braten mit offener Gasflamme ist in Deutschland nicht so verbreitet wie teilweise in anderen Ländern. Küchen mit Gasherden sollten eine gute Belüftung nach Außen aufweisen, die während des Kochens geöffnet sein sollte. Die Flammentemperatur des Gasherds liegt überwiegend im Blaubrandbereich um 600–700 °C. Bei dieser Temperatur wird der mit dem Sauerstoff in der Luft mitverbrannte Stickstoff zu Stickstoffmonoxid und weiter zu Stickstoffdioxid oxidiert. Beide Stickstoffoxide stellen ein Reizgas für die Schleimhäute der Atemwege dar. Breite Untersuchungen in amerikanischen Haushalten mit Gasherden konnten mittlere Konzentrationen um 30–40 ppb mit Spitzen bis 60 ppb an NO_2 feststellen. Interessant war dabei die weitläufige Verbreitung in allen Wohn- und Schlafräumen. Will man die Stickoxidkonzentrationen bei den heutigen Brennern weiter mindern, muß der Küchenbereich mit dem Gasherd isoliert belüftet werden, sowie Falttüren und offene Durchgänge vermieden werden.

Die bisherigen epidemiologischen Daten lassen eine gesicherte Wirkung dieser NO_x-Konzentrationen im unteren ppb-Bereich auf den menschlichen Atemtrakt als noch nicht eindeutig signifikant erscheinen. Neue Verfahren der Gasverbrennung mit Katalysatoren erlauben niedrigere Flammtemperaturen bzw. eine flammenlose Verbrennung. Die entstehende Wärme wird als Infrarotwärme genutzt und der Beginn der Stickstoffoxidation in Luft vermieden.

Problematik von offenen Herdstellen und Kaminen

Nostalgische Tendenzen in den 70er Jahren haben oftmals zum Einbau von Innenraumkaminen oder kombinierten Innen-/Außenkaminen geführt. Die Erfahrungen mit hohen Staub- und Gasbelastungen durch solche Systeme, besonders wenn die Luftführung nicht einwandfrei gestaltet ist sowie Wärmeverluste in ungenutztem Zustand, haben die Einbauzahlen reduziert. Als Brennstoffe sind nur einwandfrei gesundes Holz mit entsprechender Lagerung bis zur Mindesttrockenheit, Holzkohle und raucharme Kohlesorten zu verwenden.

Vor allem in den ersten 15–20 Minuten sind die Emissionsraten an Aldehyden, Terpenen und PAH bei holzgefeuerten Kaminen weit (10–20fach teilweise) über den Emissionsraten des Dauerbetriebs. Nur bei einer steuerbaren Zu- und Abluftführung (Ventilator) läßt sich diese kritische Phase des Anheizens verträglich gestalten, auch für die Nachbarn. Ähnlich wie beim Tabakrauchen lassen sich im Schwebstaub bei Holzofen- und Kaminheizung mit Holz polyzyklische aromatische Kohlenwasserstoffe nachweisen. Bei Ölzentralheizungen sollten eher längere Brennerzeiten bei kleinerer Heizleistung gewählt werden, um häufige Brennerstarts zu vermeiden, die im jeweils vorweg eingedüsten Ölaerosol beginnen.

Bei Übernahme alter Heizanlagen, Renovierungen an Heizanlagen muß die Funktionsfähigkeit und Dichtigkeit des ableitenden Kamins geprüft werden. Diese Arbeiten, die eine Inspektion des Kamins von Innen und Außen erfordern sowie Differenzdruckmessungen, sollten von einem Fachmann mit schriftlicher Dokumentation der Ergebnisse ausgeführt werden. Undichte Kamine und schlecht ziehende Öfen (Inversionswetterlage, Winddruck) können auch heute sehr schnell zu einer Kohlenmonoxidvergiftung führen. Das Gas reichert sich langsam im Raum an und erzeugt eine Schläfrigkeit beim Wachen oder den unbemerkten Tod beim Schlafenden. Die zunehmenden Auflagen infolge des technischen Fortschritts bei Feuerungsanlagen durch die Bundes Immissions-schutzverordnung (BImSchV) haben zu einer spürbaren Reduzierung der Immissionsbelastung durch den Hausbrand geführt. Weitere Verschärfungen hinsichtlich fester Brennstoffe sind zu erwarten.

Problematik schadstoffbelasteter Brennmaterialien

Der Gesetzgeber legt in der Feuerstättenverordnung fest, welche festen, flüssigen oder gasförmigen Materialien als Brennstoffe zum Einsatz kommen dürfen. Für die einzelnen Brennstoffe und die hierfür geeigneten Ofentypen können diese Informationen beim lokalen Schornsteinfegermeister abgefragt werden. Hier erhält man auch Hinweise für die Lagerung und das jeweils beste Verbren-nungsverfahren für die jeweilige Situation beim Anwender. Neben diesen Brenn-stoffen sind keine weiteren Materialien für die Nutzung als Hausbrand zugelas-sen. Bei Feuerungsanlagen für feste Brennstoffe wird gelegentlich versucht diese für weitere Stoffe und verunreinigte Brennmaterialien zu nutzen. Besteht der Verdacht, daß gehäuft oder regelmäßig unerlaubte Brennstoffe in einem Brenn-raum verbrannt werden, können Analysen im Rauchkondensat (Kaminruß, Kaminmaterial) in vielen Fällen Hinweise auf diese Materialien liefern. Ferner lassen sich durch Remote Sensing Verfahren die Gasemissionen über dem Kamin aus der Distanz bestimmen. Neben der erhöhten Korrosion am Ofenma-terial durch Säuredämpfe aus halogenhaltigen Materialien (PVC, PCP-Holz, imprägnierte Materialien mit Feuerschutz) kann auch ein Übertritt in die Innen-raumluft erfolgen. Besonders wenn offene Kamine, die besonders verleitend wir-ken, zur Entsorgung von Anteilen aus dem Hausmüll dienen, kommt es zu einer beträchtlichen Belastung mit Dämpfen durch Weichmacher und Pyrolysaten aus Plastikmaterialien und Textilien. Aus tierischen Fasern und Polyamiden wird dabei u.a. Blausäuregas freigesetzt. Werden schwermetallhaltige Abfallstoffe (lackierte Gegenstände) in einem undichten Ofen verbrannt, gehen die Metall-oxide teilweise in den Schwebstaub über oder werden über die Ofenschlacke ver-breitet. Ofenschlacke aus Heizanlagen für flüssige Brennstoffe stellt ein schwer-metallhaltiges Abfallprodukt dar, das heute noch über den Hausmüll entsorgt wird. Industrielle Anlagen zur Co-Incineration von Brennstoffen mit Alt- und Abfallstoffen bedürfen der besonderen Genehmigung und Überwachung des Verfahrens um gleiche Emissionswerte wie Müllverbrennungsanlagen zu er-reichen.

Innenraumbelastungen durch Ozon infolge Laserdrucker und Fotokopierer

Die endotherme Ozonbildung aus Luftsauerstoff findet im Hochspannungsfeld oder im UV-Licht statt. Kopiergeräte im Büro arbeiten heute überwiegend nach dem elektrophotograpischen Verfahren als Trockenkopierer. Eine Quelle für Ozonbildung im Laserdrucker bzw. Fotokopierer stellt die Hochspannungsaufladung einer mit Selen beschichteten Druckwalze dar, die für die (Schwarz-) Pigmentaufnahme (spezieller Ruß, früher PAH haltig) dient. Eine weitere Ozonquelle bildet die Beleuchtung der Kopiervorlage mit einer Halogenlampe mit hohem Ultraviolettanteil. Eine offene Bauweise der Geräte mit hohem Kühlluftanteil an diesen Bauteilen hat in der Vergangenheit bis zu einem deutlich geruchlich wahrnehmbaren Ozongehalt geführt. Als Empfehlung für die Aufstellung dieser Alt-Geräte wurde, ungeachtet der jeweils entstehenden Mengen und sich bildenden Konzentrationen, ein separater Raum mit guter Lüftungsmöglichkeit empfohlen. Konstruktive Veränderungen haben bei beiden Geräten seit einigen Jahren zu einer starken Reduzierung der Ozonemission geführt, die normale Außenluftwerte bei der Lüftung nicht übersteigen. Bei jährlich etwa 3 Millionen verkaufter Nadel-, Tintenstrahl- und Laserdrucker können jetzt auch Laserdrucker mit dem Umweltzeichen „Blauer Engel" erworben werden, das von den drei beteiligten Institutionen: die Jury Umweltzeichen, der RAL – Deutsches Institut für Gütesicherung und Kennzeichnung e.V. und dem Umweltbundesamt vergeben wird.

ZUSAMMENFASSUNG

Das bewußte Registrieren von Gerüchen und Dämpfen im Innen- und Außenbereich, verbunden mit der Sorge um daraus resultierende gesundheitliche Gefährdungen bekannter oder noch unbekannter Zusammenhänge, hat den Verbraucher bei Dienstleistungen und Eigenarbeiten sensibel für die Inhaltsstoffe bzw. Emissionen bei technischen Verfahren im Haus und dessen Umfeld gemacht.

Auf Grund marktwirtschaftlichen Verhaltens und vielfältiger Informationsmöglichkeiten und Auskunftsdienste kann der moderne, viele Techniken nutzende Mensch, sich gesundheitlich und ökologisch sinnvolle Produkte heraussuchen bzw. deren Verwendung bestimmen, um Belästigungen und selten Gefährdungen weitgehend zu vermeiden. Diese Aufklärung erlaubt es einerseits Markenzeichen zu gebrauchen, Testurteile zu benennen oder andere Vorzüge mit ökologischer Bedeutung beim Produkt in den Vordergrund zu stellen und damit dessen Verbreitung und Einsatz zu erhöhen. Für den umweltmedizinisch orientierten Arzt müssen vollständige Deklarationen der Inhaltsstoffe oder der im Verfahren entstehenden Stoffe dokumentiert und verfügbar sein, will er seinen „Patienten" präventiv oder im Zusammenhang mit einer Exposition aufklären und beraten. Andererseits ist der Verbraucher dringend angehalten, die für die Anwendung, Inbetriebnahme, Wartung und

Entsorgung gemachten Angaben des Herstellers oder Vertreibers sorgfältig zu lesen und für seinen Anwendungsfall in die Praxis umzusetzen. Die Betrachtung ökologischer Kreisläufe von Materialien und Energie in einem Produkt oder Prozeß gewinnt bei hoher Besiedlungsdichte, hoher technischer Unterstützung für die Bedürfnisse des Lebensstils eine entscheidende Bedeutung in hochentwickelten Industrie- und Dienstleistungsgesellschaften.

Literatur

Formaldehyd:

Crump DR, Squire RE, Yu CWF (1997) Sources and Concentrations of Formaldehyde and other Volatile Organic Compounds in the Indoor Air of Four Newly Built Unoccupied Test Houses. Indoor Built Environ 6(1):45–56

Formaldehyde and other aldehydes (1981) National Research Council, Committee on Aldehydes, Washington, DC: National Academy of Sciences

Goldschmidt BM (1984) Role of aldehydes in carcinogenesis. J Environ Sci Health 2:231–249

Formaldehyde, Environmental Health Criteria 89, World Health Organization, Geneva, 1989

Marutzky R (1989) Möglichkeiten der Formaldehydminderung in belasteten Innenräumen. Holz als Roh-Werkstoff 47:207–211

Mücke W (1994) Formaldehyd in Innenräumen, Z Umweltchem Ökotox 6(4):196–198

Salthammer T (1994) Effekt of the air exchange on formaldehyde concentrations in indoor air. Indoor Air Pollution-Innenraumschadstoffbelastung (Ed. L Weber), Indoor Air International, Rothenfluh, Switzerland 452–464

Nash T (1953) The colorimetric estimation of formaldehyde by means of the Hantzsch reaction. Biochemical J 55:416–421

Belman S (1963) The fluorimetric determination of formaldehyde. Analytica Chimica Acta 29:120–126

Krause C, Chutsch M, Henke M, Huber M, Kliem C, Leiske M, Mailahn W, Schulz C, Schwarz E, Seifert B, Ullrich D (1991) Umwelt-Survey Band IIIc Wohn-Innenraum: Raumluft. Institut für Wasser-, Boden- und Lufthygiene des Bundesgesundheitsamts, WaBoLu-Hefte 4:271–276

Kaulbach S, Hoyen HJ (1990) Zur HCHO-Konzentration in Wohnräumen; Staub Reinhaltung der Luft 50

Bundesgesundheitsamt (1977) BGA-Pressedienst; Bewertungsmaßstab für Formaldehyd in der Raumluft

Bundesgesundheitsamt (1985) Vom Umgang mit Formaldehyd, Informationsschrift der Pressestelle der Bundesgesundheitsamtes

Verbraucherzentrale NRW und Niedersachsen (1990) Formaldehyd in Haus und Haut, ISBN 3-923214-17-0

Emission von Baumaterialien:

Salthammer T (1994) Luftverunreinigende organische Substanzen in Innenräumen. Chemie in unserer Zeit, VCH 6:280–290

Witthauer J, Horn H, Bischof W (1993) Raumluftqualität – Belastung, Bewertung, Beeinflussung. Müller CF, Karlsruhe

Zellweger C, Hill M, Gehrig R, Hofer P (1995) Forschungsprogramm „Rationelle Energienutzung in Gebäuden": Schadstoffemissionsverhalten von Baustoffen – Methodik und Resultate. EMPA, Bundesamt für Energiewirtschaft, Schweiz

ECA, European Concerted Action (1991) „Indoor Air Quality and its Impact on Man". Guideline for the Characterization of Volatile Organic Compounds Emitted from Indoor Materials and Products Using Small Test Chambers, Report Nr. 8 (EUR 13593 EN) – Luxemburg, Office for Official Publications of the European Communities

Clausen PA (1993) Emissions of Volatile and Semivolatile Organic Compounds from Water-borne Paints. The Effect of the Film Thickness. Indoor Air 3:269–275

Gehrig R, Hill M, Zellweger C, Hofer P (1994) Beeinflussung des Emissionsverhaltens von Baumaterialien durch Temperatur und Materialstruktur. Bericht EMPA F + E 133'565

Rohbock E, Müller H, Zingsheim T (1987) Untersuchungen der Innenraumluftzusammensetzung in Großraumbüros mit zentraler Belüftung. Gesundheits-Ingenieur, Haustechnik-Bauphysik-Umwelttechnik 6:269–316

Jensen B, Wolkoff P, Wilkins CK, Clausen PA (1994) Characterization of linoleum. Part 1: Measurement of volatile organic compounds by use of the field and laboratory emission cell, FLEC. Indoor Air 5(1):38–43

Jensen B, Wolkoff P, Wilkins CK (1995) Characterization of Linoleum. Part 2: Preliminary Odor Evaluation. Indoor Air 5:44–49

Gehrig R, Hill M, Zellweger C, Hofer P (1994) Emissionen organischer Verbindungen aus Baumaterialien, Chimia 6:206–212

Gehrig R (1995) Characterization of Emissions of Volatile Organic Compounds from Building Materials: Materials and Structures 28:113–115

Colombo A, De Bortoli M, Knöppel H, Pecchio E, Vissers H (1993) Adsorption of Selected Volatile Organic Compounds on a Carpet, a Wall Coating, and a Gypsum Board in a Test Chamber. Indoor Air 3:276–282

Gehrig R, Hill M, Zellweger C, Hofer P (1994) Einfluß von Struktur und Schichtdicke geklebter Materialien auf die Emission von Leim. VDI-Bericht 1122:799–810

Kirchner S, Karpe P, Cochet C (1993) Characterization of Volatile Organic Compounds Emission from Floor Coverings. Proceedings of Indoor Air '93:455–460

Roffael E (1989) Abgabe von flüchtigen organischen Säuren aus Holzspänen und Holzspanplatten. Holz als Roh- und Werkstoff 47:447–452

Richtlinien, Grenzwerte:

WHO-Regional Office for Europe (1987) Air Quality Guidelines for Europe. WHO Regional Publications, Copenhagen, European series No. 23

Verein Deutscher Ingenieure VDI 2310 (1988) Maximale Immissionswerte; Bl. 1: Zielsetzung und Bedeutung der Richtlinien Maximale Immissions-Werte, Bl. 11: Maximale Immissionswerte zum Schutz des Menschen: Maximale Immissionswerte (MIK) für Schwefeldioxid (1984), Bl. 12: MIK für Stickstoffdioxid (1985), Bl. 15: MIK für Ozon (und photochemische Oxidantien (1987), Bl. 19: MIK für Schwebstaub (1992)

Deutsche Forschungsgemeinschaft, Senatskommission zur Prüfung gesundheitsschädlicher Arbeitsstoffe (1997) MAK- und BAT-Werte-Liste 1997, Mitteilung 33, VCH Verlagsgesellschaft, Weinheim

Hauptverband der gewerblichen Berufsgenossenschaften (HVBG) (1997) BIA-Report, Gefahrstoffliste – Gefahrstoffe am Arbeitsplatz

Messung, Verfahren etc.

Verein Deutscher Ingenieure (VDI) Richtlinie 4300: Messen von Innenraumluftverunreinigungen – Allgemeine Aspekte der Meßstrategie. Beuth Verlag GmbH, Berlin

Verein Deutscher Ingenieure VDI 2309 (1983) Bl. 1 ff. Ermittlung von Maximalen Immissions-Werten: Grundlagen

Wolkoff PA, Nielsen (1996) A new approach for indoor climate labeling of building materials – emission testing, modeling, and comfort evaluation. Atmospheric Environment, Vol 30, 15: 2679–2689

Berglund T, Lindvall T, Sundell J (1984) INDOOR AIR Vol 1–5, Proc 3rd Internat Conf Indoor Air Quality and Climate 20–24 Aug 1984, Swedish Council for Building Research. Stockholm

Seifert B, Esdorn H, Fischer M, Rüden H, Wegner J (Eds) (1987) Indoor Air '87. Vol 1–4. Proc 4th Internat Conf Indoor Air Quality and Climate, 17–21 Aug 1987, Inst Wasser-, Boden- und Lufthygiene, Berlin

Walkinshaw D (Ed) (1990) Indoor Air '90, Vol 1–5, Proc 5th Internat Conf Indoor Air Quality and Climate, Toronto, 29. July–3. Aug 1990, Canada, Mortgage and Housing Corp, Ottawa

420   L.W. Weber: Praktische Beispiele verbreiteter potentieller Schadstoffe

Geruch- und Aroma in Innenräumen:

Amoore JE, Hautala E (1983) Odor as an aid to chemical safety: odor thresholds compared with threshold limit values and volatilities for 214 industrial chemicals in air and water dilution. J Appl Toxicol 6:272–289

Devos M, Patte F, Rouault J, Laffort P, van Gemert LJ (1990) Standardized human olfactory thresholds. Oxford, University Press

Schriever E, Marutzky R (1991) Geruchs- und Schadstoffbelastungen durch Baustoffe in Innenräumen – Eine Literaturstudie. Wilhelm Klauditz Institut, Fraunhofer-Arbeitsgruppe für Holzforschung, WKI-Bericht Nr. 24

Haut- und Lungenreizstoffe:

Orthen B, Braasch A (1996) Vergleich der Reizwirkung an Haut und Auge mit lokalen Wirkungen im Atemtrakt nach wiederholter inhalativer Belastung. Bundesanstalt für Arbeitsschutz und Arbeitsmedizin, 44061 Dortmund, Projekt F 1487

Nielsen GD, Alarie Y, Poulsen OM, Nexö BA (1995) Scand J Work Environ Health 21:165–178

Nielsen GD, Alarie Y, Poulsen OM: Possible mechanisms for the respiratory tract effects of non-carcinogenic indoor-climate pollutants and bases for their risk assessement

Schaper M (1993) Development of a database for sensory irritants and its use in establishing occupational exposure limits. Am Industrial Hyg Assoc J 54(9):488–544

NO, NO$_2$:

Spengler JD, Schwab M, McDermott A, Lambert WE, Samet JM (1993) Nitrogen Dioxide and Respiratory Illness in Children; Part I: Health Outcomes, Part II: Assessment of Exposure to Nitrogen Dioxide, Part III: Quality Assurance in an Epidemiologic Study Report 58, Part IV: Effects of Housing and Meterologic Factors on Indoor Nitrogen Dioxide Concentrations (1996) Health Effect Institute (HEI), 955 Massachusette Av, Cambrigde, MA 02139, Research Report 58

Kulle TJ (1988) Susceptibility to Virus Infection with Exposure to Nitrogen Dioxide, HEI, Report 15

Jacob GJ (1988) Modulation of Pulmonary Defense Mechanisms Against Viral and Bacterial Infections by Acute Exposures to Nitrogen Dioxide. HEI, Report 20

Rose RM (1989) Altered Susceptibility to Viral Respiratory Infection During Short-Term Exposure to Nitrogen Dioxide, HEI, Report 24

Samet JM (1989) Nitrogen Dioxide and Respiratory Infection: Pilot Investigations. HEI 28

Utell MJ (1991) Mechanisms of Nitrogen Dioxide Toxicity in Humans, HEI, Report 43

Witschi H (1993) Failure of Ozone and Nitrogen Dioxide to Enhance Lung Tumor Development in Hamsters. HEI, Report 60

Koenig JQ (1994) Oxidant and Acid Aerosol Exposure in Healthy Subjects and Subjects with Asthma. Part I: Effects of Oxidants, Combined with Sulfuric or Nitric Acid, on the Pulmonary Function of Adolescents with Asthma. HEI 70

Lösemittel in Farben und Lacken:

Clausen PA (1993) Emissions of Volatile and Semivolatile Organic Compounds from Waterborne paints – The effect of the Film Thickness. Indoor Air 3:269–275

Sullivan DA (1975) Water and Solvent Evaporation from Latex and Latex Paint Films. Journal of Paint Technology, 47:60–67

Goldschmidt A, Hantschke B, Knappe E, Vock G-F (1984) Glasurit-Handbuch Lacke und Farben der BASF Farben und Fasern AG, CR Vincentz Verlag, Hannover

6 Prävention, Risikominimierung, Schulung

6.1 Karenzmaßnahmen bei allergischen Erkrankungen

L. JÄGER

EINLEITUNG

Da Allergien spezifisch durch das bzw. die entsprechenden Allergene ausgelöst werden, ist die zuverlässigste Prophylaxe die Vermeidung jedes weiteren Kontaktes. Dies setzt voraus, daß alle im jeweiligen Fall relevanten
Allergene identifiziert wurden. Durch die Charakterisierung der besonders
bedeutsamen Major-Allergene konnten sowohl die Diagnostik als auch der
Nachweis der Exposition verbessert werden - bis hin zur Identifizierung
der entsprechenden Allergenquellen (Pflanzen, Tiere) und deren besondere
Vegetationsbedingungen.

Bei allergischen Erkrankungen sollte in jedem Fall eine entsprechende
Karenz angestrebt werden. Auch wenn dies nur eine sekundäre Präventions-
maßnahme darstellt, ist sie kausaler als jede medikamentöse Therapie. Dies
begründet den hohen Stellenwert der allergologischen Diagnostik bis zur
Identifizierung des bzw. der im konkreten Fall bedeutsamen Allergene. Eine
unqualifizierte Diagnostik programmiert den erfolglosen Karenzversuch vor.
Aber auch eine qualifizierte Diagnostik kann bei der Umsetzung in eine
Karenz auf Grenzen stoßen (Pollen, Katzenallergen). In diesen Fällen wäre
vor der medikamentösen Therapie noch die Hyposensibilisierung indiziert.

Nachfolgend wird zu den Karenzmöglichkeiten für die wichtigsten Inhalationsallergene Stellung genommen. Der Erfolg geeigneter Karenzmaßnahmen wurde in mehreren Studien bestätigt (z.B. Haustaubmilbe): Es kam
zu subjektiver Besserung und einer Verringerung des Arzneimittelbedarfs.
Aber auch die Zeichen der bronchialen Entzündung einschließlich der bronchialen Hyperreaktivität gingen zurück.

Pollen

Bedeutsam sind vor allem die Pollen von Windblütlern (Anemophilen), insbesondere die der Gräser, ausgewählter Bäume und mancher Stauden. Ihrem Ver-
breitungsprinzip entsprechend sind sie während der Blühphase (Blütekalender!)
ubiquitär vorhanden. Pollenkörner können noch in 4–6000 m Höhe und bis zu
250 km von Küsten entfernt nachgewiesen werden. Der Transport wird durch
Winde unterstützt. Bei Windstille konzentrieren sich die Pollen um ihre Quellen.

Heftige Winde lassen die Konzentration durch entsprechende Verwirbelung wieder absinken. Regen, wie auch hohe Luftfeuchtigkeit beeinträchtigen die Ausbreitung durch Aggregatbildung. Auch zirkadiane Rhythmen können für die Praxis bedeutsam sein. Auf dem Lande ist die Pollenkonzentration am Morgen am höchsten, dann sinkt sie durch vertikale Aufwinde allmählich ab. In der Stadt liegt der Gipfel in den Abendstunden (Abkühlung mit Fallwinden).

Trotz der ubiquitären Verbreitung anemophiler Pollen sind einige Empfehlungen zur Verringerung der Exposition durchaus hilfreich, z. B.

- die Vermeidung bekannter, lokalisierter Allergenquellen (Haselnuß, z. T. auch Birken),
- Verringerung von „outdoor"-Aktivitäten an ungünstigen Tagen der Blütezeit (warme, trockene Tage mit mäßigen Windbewegungen, Pollenvorhersage),
- Türen und Fenster sollten geschlossen gehalten werden. Bei Klimaanlagen ist die Verwendung gut gewarteter Pollenfilter (wie auch im Auto) nützlich. Bei der Reinigung der Wohnung sollten feuchte Methoden den Vorzug haben. Vor allem sollte versucht werden, das Schlafzimmer pollenarm zu halten (nicht im Schlafzimmer entkleiden, Haare abends waschen usw.).
- Die regionalen Unterschiede der Blütezeiten können bei der Urlaubsplanung genutzt werden, z. B. durch Bevorzugung von Orten, in denen die Blüte noch nicht begonnen hat (Norden bzw. Gebirge), bzw. bereits vorbei ist (Süden). Das Hochgebirge ist zudem vegetationsarm. Vorteilhaft sind auch Küsten mit dominierendem Seewind (Nordsee und Atlantik besser als Ostsee).

Aber auch bei Ausnutzung aller Möglichkeiten sind die Karenzeffekte beschränkt. In der Regel sollte deshalb, vor allem bei drohendem Übergang von der Rhinitis zum Asthma, die Hyposensibilisierung erfolgen.

Milben

Im Vordergrund stehen die Hausstaubmilben (Dermatophagoides pteronyssinus und farinae, seltener microceras und Euroglyphus maynei). Speichermilben spielen mehr in der Landwirtschaft und in der Nahrungsmittelindustrie eine Rolle. Unter den „indoor"-Allergenen dominieren sie weltweit – wenn auch mit regionalen Unterschieden.

Der Milbengehalt kann zwischen < 10 und > 20 000 ng Majorallergen/g Hausstaub liegen. Er zeigt deutliche jahreszeitliche Schwankungen. In der nördlichen Hemisphäre werden die Maximalzahlen zwischen Juli und Oktober erreicht, das Maximum des Allergengehaltes (= Milbenkot) mit einer Verzögerung von 1–2 Monaten. Gefördert wird die Exposition durch Maßnahmen zur Schall- und Wärmedämmung (Isolierung der Wohnräume). Der Anstieg der Asthmamorbidität scheint wesentlich durch den Anstieg des Milbenbefalls mit steigendem Wohnkomfort bedingt zu sein. In Papua/Neuguinea entwickelte sich das Asthma erst mit dem Einzug der Hausstaubmilbe durch Veränderung der Wohnbedingungen.

Die optimalen Bedingungen für die Milbenvermehrung sind 20–25°C und eine Luftfeuchtigkeit > 50 % sowie geringe Lichteinwirkung. Diese Bedingungen gleichen z. T. den Bedingungen für die Vermehrung bestimmter Pilzarten. Dies erklärt manche Korrelationen zwischen beiden Allergengruppen. Die genannten Bedingungen werden in Polsterbezügen, auf Teppichen und in Betten erreicht. Hier finden die Milben vor allem auch ihre Hauptnahrung, die Schuppen der Menschenhaut (Dermatophagoides!). Unter besonders günstigen Bedingungen können sie sich auch in Kleidungsstücken, an Gardinen und anderen Heimtextilien vermehren. Am reichlichsten kommen Hausstaubmilben in feuchtem, warmen Klima (z. B. an Küsten) vor, während sie in kalten, trockenen Gebirgregionen weitgehend fehlen.

Die Allergene sind vor allem in den Kotballen vorhanden, die von den Milben mit einer Größe von 15–30 µm abgesetzt werden. Sie zerfallen dann teilweise. Dennoch entspricht dem, daß sich Milbenallergene vorwiegend in den größeren Staubpartikeln finden. 95 % haben einen Durchmesser von mehr als 10 µm. Nach dem Aufwirbeln sedimentieren sie relativ rasch. Kritisch für die Sensibilisierung ist eine Schwelle von 2 mg des Major-Allergens Der p 1 in 1 g Hausstaub. Dies entspricht etwa 100 Milben/g. Ein Kotballen enthält etwa 0,2 ng Der p 1. Die höchsten Konzentrationen in der Atemluft werden nachts im Bett erreicht bzw. beim Bettenmachen und Ausklopfen der Matratzen.

Nachweismöglichkeiten. Eine semiquantitative Bestimmung ist durch den Nachweis des Guanins des Milbenkots möglich (Acarex-Test). Exakter ist die Bestimmung des Major-Allergens mit Hilfe eines Immunoassays.

Karenzmöglichkeiten. Da eine wirksame Karenz die zuverlässige Mitarbeit des Patienten - und seiner Familie - voraussetzt und z. T. erhebliche finanzielle Aufwendungen erfordert, sollte die Bedeutung der Milbenallergie im Provokationstest gesichert sein, nach Möglichkeit auch der Milbenbefall der Wohnung durch Analyse des Hausstaubes. Die Karenzmaßnahmen zielen ab

- auf die Abtötung der Milben,
- auf die Beseitigung von Milbenallergen bzw. Verhinderung des Kontaktes mit diesen,
- die Beeinträchtigung der Lebens- und Vermehrungsbedingungen der Milben.

Abtöten von Milben

Zum Abtöten der Milben steht eine ganze Reihe von Akarizida zur Verfügung, die z. T. auch Milbenallergene denaturieren. Sie können als Spray, als Schaum oder als Pulver für die Behandlung von Matratzen, Polstermöbeln oder auch Wänden angewendet werden (Tabelle 1). Wirksame Bestandteile sind meist Benzoate, Tanninsäure und Piperonylbutoxid. Leider sind sie für die Hauptquelle der Milbenallergene – Kopfkissen, Deckbetten und Matratzen – nicht geeignet. Hinzu kommt, daß die Diskussion über evtl. toxische Effekte lang-

Tabelle 1. Akarizida

Wirkstoff	Präparate	Applikationsformen
Pirimiphosmethyl	Acetelic	Spray
Piperonylbutoxid	Acardust, Actomite	Spray
Benzylbenzoat	Acarosan, Allerbiocid	Spray, Schaum, Flüssigkeit, Pulver
Tanninsäure	Allerbiocid, Allergy, Control, Banamite	Spray
Bioallethrin (Pyrothroid)	Actomite	Spray

fristiger Exposition – vor allem für Kinder – noch nicht abgeschlossen ist. Die Behandlung mit Akarizida muß regelmäßig in Abständen von 3–4 Monaten erfolgen. Als alleinige Maßnahme ist dies unzureichend.

Beseitigung von Milben/Milbenallergenen

Eine gründliche Reinigung ist in jedem Fall sinnvoll, reicht aber für die tief in den Polstermöbeln, Teppichen oder Matratzen sitzenden Milben nicht aus. Absaugen, Ausklopfen u. ä. kann bestenfalls nur Teile der Allergene und abgetöteten Milben beseitigen. Staubsauger sollten mit einem geeigneten Filter versehen sein, damit das allergenhaltige Material nicht nur aufgewirbelt wird. Aus Textilien können durch Waschen die Allergene entfernt werden. Für das Abtöten der Milben sind 60 min bei mindestens 60 °C erforderlich. Die Verwendung synthetischer Materialien bringt nicht notwendigerweise Vorteile, am ehesten noch durch eine glatte Oberfläche, die die Reinigung erleichtert. Luftreiniger sind nur bedingt wirksam, da das Milbenallergen nur temporär in der Raumluft vorhanden ist. Die Hauptexposition erfolgt im Bett.

Vermeidung des Allergenkontaktes

Der bedeutsamste Fortschritte der letzten Jahre ist das „encasing" – das Einhüllen der sonst kaum zugängigen wichtigen Allergenquellen (Kissen, Deckbett, Decken, Matratze). Verwendet werden Bezüge, die einerseits durch ihre Porengröße verhindern, daß allergenhaltiges Material nach außen gelangt und gleichzeitig den Milben ihre wichtigste Nahrungsquelle – die Hautschuppen – entzieht. Andererseits sollen sie aber für Wasserdampf durchlässig sein, um einen akzeptablen Schlafkomfort zu gewährleisten. Zwischen beiden Parametern besteht eine inverse Beziehung, so daß die Entscheidung zwischen Allergensicherheit und Schlafkomfort zu treffen ist. Darin unterscheiden sich vor allem die Produkte der verschiedenen Hersteller („Allergy Control" (Dr. Beckmann), „Alprotect" (HAL), „Bencase" (PSP), „Allergocover" (Allergopharma), „Intervent" (Gore), „Med-tex" (Innoval)). Verwendet werden meist Polyester oder Polyurethan. Entscheidend ist auch, daß das betreffende Teil vollständig eingehüllt ist und die Verschlüsse dicht sind. Durch diese Maßnahmen kann die Allergenexposition um 92–99% reduziert werden und bei vielen Patienten Beschwerdefreiheit oder doch eine Besserung und eine Verringerung des Arzneimittelbedarfs erreicht werden. Wegen der erwiesenen Wirksamkeit kann der Patient einen „angemessenen Zuschuß" von seiner Krankenkasse für die Sanierung seines Schlafzimmers beanspruchen.

Verbesserung des Raumklimas

Die Vermehrung der Milben kann vor allem durch die Verringerung der Luftfeuchtigkeit und der Temperatur erreicht werden. Die Verringerung der Temperatur auf 15°C oder darunter ist am ehesten im Schlafzimmer zu erreichen. Aufwendiger ist es, die Wasserdampfsättigung unter 50% zu senken. Meist sind hierfür aufwendige Maßnahmen erforderlich (Klimaanlage, Beseitigung von Feuchtigkeitquellen (Küche, Bad). Selbst dann können ökologische Nischen mit günstigen Bedingungen für die Milbenvermehrung überdauern.

Ziel aller dieser Maßnahmen ist es, den Kontakt mit Milbenallergenen um 1–2 Zehnerpotenzen zu senken und möglichst die kritische Schwelle von 2 µm Der p 1/g Staub zu unterschreiten. Bei dem damit verbundenen Aufwand ist es zweckmäßig, differenziert vorzugehen: An erster Stelle steht die Sanierung des Schlafzimmers durch Verwendung geeigneter Überzüge und regelmäßiges Waschen aller geeigneten Materialien bei mindestens 60°C. Diese Temperaturen töten die Milben ab und können in beschränktem Maße auch die Allergenaktivität verringern (vor allem Der p 1). Alle „Staubfänger" sollten entfernt und die Kleidung außerhalb des Schlafzimmers abgelegt werden. In den übrigen Räumen sollten Teppiche und Polster regelmäßig (alle 3 Monate) und intensiv mit Akarizida behandelt werden. Mittelfristig sollte auf Teppiche verzichtet und Polstermöbel durch solche mit glatten Oberflächen (Leder- oder Kunststoffbezüge) ersetzt sowie Vorhänge und Gardinen aus waschbarem Material angeschafft werden. Falls Klimaanlagen vorhanden sind, sollte die Luftfeuchtigkeit auf Werte unter 50% abgesenkt werden. Bei üblichen Heizungen kann ein Lufttrockner – neben der Beseitigung von Feuchtigkeitquellen – hilfreich sein. Falls ein Wohnungswechsel nicht zu umgehen ist, ist ein höheres Stockwerk bzw. eine Wohnung mit Klimaanlage vorzuziehen. Das Mobiliar sollte nach den oben gegebenen Empfehlungen ausgewählt werden.

Neben Dermatophagoides pteronyssinus und farinae kann auch D. microceras eine gewisse Rolle spielen. Speichermilben sind hingegen in der Landwirtschaft und in der Nahrungsmittelindustrie bedeutsamer. Sie gehören vor allem zu den Familien Acaridae und Glycophagidae – u.a. Acarus siro, Thyrophagus putrescentiae, Glycophagus domesticus und Lepidoglyphus destructor. Karenzmöglichkeiten sind beschränkt (Tragen geeigneter Masken). Auf jeden Fall sollte vermieden werden, daß milbenhaltiges Material in den Wohnbereich gebracht wird. In vielen Fällen ist ein Berufswechsel nicht zu umgehen.

Schaben (Blatta germanica und orientalis; Periplaneta americana)

Sie spielen vor allem in den Wohnungen sozial schwächerer Schichten in den Innenstädten in den USA eine wesentliche Rolle. Ausgangspunkt für den Schabenbefall sind vor allem die Küchen, z. T. aber auch Versorgungs-, inbesondere Heizungsstränge. Schabenallergene können auch ohne sichtbaren Schabenbefall nachgewiesen werden. In Mitteleuropa scheinen Schaben jedoch keine wesentliche Rolle als Ursache respiratorischer Allergien zu spielen. Wir fanden nur in 4 % einer repräsentativen Analyse von Hausstäuben eine Überschreitung der kritischen Schwelle von 2 U/g Bla g 2. Ähnlich wie Milbenallergene finden sich Schabenallergene vorwiegend in größeren Partikeln.

Zur Verringerung der Exposition sollten Speisereste immer unter Verschluß gehalten, feuchte Stellen beseitigt und die Öffnungen, durch die Schaben eindringen, verschlossen werden. Die Behandlung befallener Räume kann mit Diazonium, Chlorpyrifos oder Borsäure erfolgen. Auch Köder mit Hydtramethylnon oder entomopathogenen Pilzen werden empfohlen. In vielen Fällen ist eine professionelle Schabenbeseitigung durch den „Kammerjäger" erforderlich.

Haustiere

Tierallergene nehmen unter den „Indoor-Allergenen" die zweite Stelle ein. Im Vordergrund steht die *Katze*. In Deutschland werden mehr als 5 Millionen Katzen gehalten – mit steigender Tendenz. Das Major-Allergen (Fel d 1) stammt vor allem aus den Schweißdrüsen. Es findet sich vorzugsweise in Partikeln unter 2,5 µm, die nach dem Aufwirbeln lange in der Luft schweben und auch über die Kleidung weit verbreitet werden. Dies erklärt, daß z. B. in öffentlichen Räumen, zumal in solchen mit Polstermöbeln (Kino, Theater, aber auch Kindergärten), fast ebenso hohe Konzentrationen gemessen werden, wie in Haushalten mit einer Katze – ganz im Gegensatz zu Milbenallergenen. Eine Katzenallergie kann sich so auch ohne Katze manifestieren. Besonders hoch ist der Gehalt an Katzenallergenen auf Polstermöbeln, an Plüschtieren u. ä. Die kritische Schwelle für die Sensibilisierung liegt bei 8 µg/g.

Hund. Das Major-Allergen Can f 1 entstammt den Speicheldrüsen und der Haut. In Urin und Kot findet es sich nur in geringen Mengen. Es wird von den verschiedenen Hunderassen in unterschiedlicher Menge produziert. Nicht allgemein akzeptiert sind bisher Hinweise auf rassen- oder gar individual-spezifische Allergene. Hundeallergene werden offensichtlich nicht in gleichem Maße wie Katzenallergene verbreitet, dennoch können sie in etwa der Hälfte aller Haushalte nachgewiesen werden. Die Sensibilisierungsschwelle wird bei 10 µg/g Hausstaub vermutet.

Andere Haustiere mit einer gewissen Bedeutung sind Hamster, Meerschweinchen, Ratten und weiße Mäuse. Bedeutsamer sind sie bei berufsbedingter Exposition. Das Major-Allergen von Ratte und Maus ist ein Präalbumin, welches sich vor allem im Urin findet. Die früher öfters vermutete „Bettfederallergie" ließ sich mit exakten Untersuchungen meist nicht bestätigen. Ihr liegt fast ausnahmslos eine Milbenallergie zugrunde. Nur in Einzelfällen wurde eine Sensibilisierung durch Hühner oder Gänse nachgewiesen.

Karenzmöglichkeiten: Entscheidend ist es natürlich, die betreffenden Tiere abzuschaffen. Dies stößt nicht selten auf unüberwindliche psychologische Probleme. Aber nur dadurch kann die Exposition erheblich verringert werden – wenngleich meist erst in Verlaufe von Monaten. Dennoch ist die anschließende gründliche Reinigung – vor allem der Polstermöbel und Teppiche – wichtig. Regelmäßiges Waschen („Katzenwäsche") kann die Exposition meist nicht in einen therapeutisch relevanten Bereich senken. Vor allem bei Katzen kann die weiterbestehende Kontamination aus anderen Quellen auch klinisch relevant bleiben. Luftreiniger mit leistungsfähigen Filtern können bei diesen Expositionen nützlich sein. Der Luftreiniger von Philips enthält neben einem Vorfilter ein ROTA-Filter für kleinere Schwebeteilchen und ein HEPA-Filter für kleinste Partikel. Encasing hilft bei tierischen Allergenen nicht, da diese von außen kommen.

Schimmelpilze

Schimmelpilze dürften eine größere Rolle in der Ätiologie respiratorischer Allergien spielen als dies gegenwärtig zu beweisen ist. Die sehr widersprüchlichen Angaben resultieren daraus, daß nur wenige Pilzallergene (Alternaria alternata, Cladosporium, Aspergillus fumigatus) exakt charakterisiert sind. Zudem schwankt die Allergenität der Sporen erheblich in Abhängigkeit von den Vegetationsbedingungen.

Kontakt zu Schimmelpilzsporen ist in geschlossenen Räumen aber auch extramural möglich. Insgesamt existieren 100–200000 Pilzarten, die zu mehreren Unterabteilungen gehören. Allergologisch bedeutsam sind vor allem

Alternaria alternata. Extra- und intramural; an Wänden, auf Lebensmitteln, in der Erde.

Aspergillus (Hauptvertreter fumigatus und flavus). Extra- und intramural z.B. in Klimaanlagen, Blumentopferde, auf Lebensmitteln. Die Sporulation kann bei optimalen Vegetationsbedingungen ganzjährig erfolgen.

Botrytis. Extra- und intramural; auf verschimmelten Pflanzenresten, auf Obst und Salaten. Sporulation vor allem Mai bis August.

Cladosporium. Vorwiegend extramural, aber auch in feuchten Räumen, in Klimaanlagen und auf Lebensmitteln. Höchste Sporenkonzentration Juli/August.

Fusarium. Vorwiegend extramural z.B. auf Getreide. Sporulation vor allem Sommer und Herbst.

Mucor. Vorwiegend in der Erde und kompostierten Pflanzen, aber auch in feuchten Wohnungen.

Penicillium. Extra- und intramural. Sporulation ganzjährig möglich.

Die *Outdoor-Exposition* zeigt bei der ubiquitären Verbreitung von Schimmel-pilzen keine wesentlichen Unterschiede. Dennoch kann es durch lokale Quellen (verfaulendes Material) zu regionalen Erhöhungen der Sporenzahlen kommen. Auch klimatische Unterschiede spielen eine Rolle. Manche Pilze zeigen eine vermehrte Sporulation im Spätsommer und können dann eine Pollenallergie vortäuschen (Cladosporium, Alternaria, Sporobolomyces). Im Winter sind die Sporenzahlen am niedrigsten. Durch die Art der Sporulation zeigen manche Pilz-sporen auch zirkadiane Rhythmen mit einem Mittagsgipfel (z. B. Cladosporium und Alternaria) oder auch einem nächtlichen Gipfel (Asco- und Basidiosporen).

Als *Indoor-Allergene* zeigen Pilzsporen Ähnlichkeiten mit den Haustaub-milben. Die optimale Vermehrung erfolgt jedoch bei noch höherer Luftfeuchtig-keit (> 80 %). Dies erklärt die bekannte Beobachtung, daß sich Schimmelpilze vor allem in feuchten Wohnungen, in Erdgeschossen, in Kellern u. ä. finden. Auch Maßnahmen zur Energieeinsparung führen zu vermehrter Schimmelpilzexposi-tion (Cladosporium, Penicillium und Aspergillus).

Karenzmöglichkeiten: Extramurale Expositionen sind nur in Ausnahmefällen zu beeinflussen (faulendes Material in der Nähe der Wohnung). Bei intramuraler Exposition sind vor allem Maßnahmen zur Verringerung der Luftfeuchtigkeit angezeigt. Nicht selten erfordert dies allerdings umfangreiche Sanierungen des Mauerwerkes. In feuchten Räumen sollten Verschalungen und Tapeten vermie-den werden. Klimaanlagen bedürfen sorgfältiger Wartung, da sie sowohl Quelle als auch Ursache der Verbreitung sein können. Luftreiniger können – geeignete Filter vorausgesetzt – die Exposition verringern. Auch die Verwendung von Fun-gizida kann hilfreich sein. Vorteilhaft ist im Winter auch die Schocklüftung. Bei dem erheblichen Aufwand einer gründlichen Sanierung sind die Grenzen durch die oft unbefriedigenden diagnostischen Möglichkeiten besonders hinderlich.

Berufliche Expositionen sind vor allem in der Landwirtschaft möglich, in der es zu ganz erheblichen Konzentrationen von Pilzsporen kommen kann – auch als Ursache einer allergischen Alveolitis. (z. B. bei Pilzzüchtern, bei der Mehl-herstellung und -verarbeitung, in Käsereien, bei der Enzymgewinnung (Asper-gillus), aber auch bei Waldarbeitern, bei der Verarbeitung pflanzlicher Fasern und der Abfall-Verwertung bzw. -Beseitigung. Oft ist das Tragen geeigneter Masken unumgänglich, nicht selten muß der Beruf gewechselt werden.

Monitoring der Allergenexposition

Die Fortschritte der Allergenanalytik haben quantitative Allergenbestimmun-gen möglich gemacht. Im allgemeinen basieren sie auf dem immunologischen Nachweis von Majorallergenen unter Verwendung monoklonaler Antikörper. Am verbreitetsten ist der Nachweis mittels ELISA. Auf dieser Basis wurden Nachweismethoden entwickelt für

- Hausstaubmilben (Der p 1, Der f 1; Der p/f 2),
- Katze (Fel d 1),
- Hund (Can f 1),

- Schaben (Bla g 1 und 2),
- Aspergillus (Asp f 1).

Dies sind wichtige Voraussetzungen sowohl für die Beurteilung der Exposition als auch der Wirksamkeit von Karenzmaßnahmen. Mit diesen Methoden konnten kritische Schwellenwerte ermittelt werden, jenseits denen die Gefahr der Sensibilisierung bzw. der klinischen Manifestation – zumindest für Atopiker – ansteigt (Tabelle 2). Es handelt sich allerdings nur um Orientierungswerte bei erheblichen interindividuellen Unterschieden. In neuerer Zeit wurden auf derselben Basis auch Streifentests entwickelt (z. B. Dust-Screen, Fa. Wallac), mit deren Hilfe die Allergenexposition an Hand einer Farbreaktion zumindest semiquantitativ bestimmt werden kann.

Tabelle 2. Schwellenwerte für Indoor-Allergene. (Nach Chapman et al.)

Allergen	Sensibilisierung	Manifestation
Hausstaubmilbe		
Gruppe 1-Allergen	> 2 µg/g	10 µg/g
Milbenzahl	> 100 Milben/g	> 500 Milben/g
Guaningehalt	> 0,9 mg/g	> 3,0 mg/g
Katze	>8 µg Fel d 1/g	?
Hund	> 10 µg Can f 1/g	?
Schaben	> 2 E Bla g 2/g	?

Optimal wäre die Untersuchung der Atemluft. Ihre geringen Allergenkonzentrationen entziehen sich jedoch noch den gegenwärtigen Analysemöglichkeiten. Aus diesem Grund wird in der Regel Staubsaugerinhalt verwendet, nachdem eine definierte Fläche (meist 1 m²) mit einem leistungsfähigen, mit geeigneten Filtern versehenen Staubsauger abgesaugt wurde (z. B. Matratze, Teppich). Für epidemiologische Untersuchungen sind exakt standardisierte Bedingungen unabdingbar. Man geht davon aus, daß zwischen den so ermittelten Werten und der Konzentration in der Atemluft eine Korrelation besteht. Die o. g. Grenzwerte wurden ebenfalls auf dieser Basis ermittelt. Vor allem für die Bestimmung des Sporen-Gehaltes in der Luft sind spezielle Sammler geeignet. Das Ergebnis kann qualitativ und quanitativ durch mikroskopische Auswertung oder Kultur auf geeigneten (!) Nährböden erfolgen.

Besondere Bedeutung haben diese Untersuchungsmöglichkeiten verständlicherweise bei Indoor-Exposition. Es zeigte sich, daß die Erhöhung des Wohnkomforts (gleichbleibende, höhere Zimmertemperatur; Zunahme von Teppichen und Polstermöbeln usw.) wie auch der Maßnahmen zur Wärme- und Schalldämmung mit Verringerung des Luftaustausches zu einer vermehrten Produktion typischer Hausstauballergene (Milben, Schimmelpilze) führte, die zudem in den Räumen zurückgehalten wurden. In neuerer Zeit kommt es zu einer gewissen Korrektur, indem wieder etwas höhere Werte für den Luftaustausch akzeptiert werden.

ZUSAMMENFASSUNG

Die Fortschritte der Allergenanalyse erweiterten unsere Kenntnisse über Indoor- und Outdoor-Allergene erheblich, trotz großer Lücken – z. B. hinsichtlich der Bedeutung von Pilzsporen. Auf der Basis des Nachweises von „Major-Allergenen" konnten exakte Daten zur Exposition und deren Risiken gewonnen werden. Sie und die erweiterten Kenntnisse über die Vegetationsbedingungen führen zu veränderten Akzenten in der Raumklimatologie. Hinzu kamen chemische und physikalische Maßnahmen zur Verringerung der Exposition (Milben, Schimmelpilzsporen). Bei anderen Allergenen ist hingegen die Exposition nicht oder nur in beschränktem Maße zu beeinflussen (Pollen, z. T. auch Katzen).

Weiterführende Literatur

Chapman MD, Heymann PW, Sporik RB, Platts-Mills TAE (1995) Monitoring allergen exposure in asthma: new treatment strategies. Allergy 50 (suppl. 25), 29–33

Chapman MD, Vailes LD, Hayden ML, Platts-Mills TAE (1997) Arruda LK Cockroach Allergens and their Role in Asthma. In: Kay AB (ed.) Allergy and Allergic Diseases. Oxford: Blackwell Science. p 942–951.

Dahl R (1997) Prevention of Allergic Diseases and Sensitization. In: Kay AB (ed.) Allergy and Allergic Diseases. Oxford: Blackwell Science, p 1709–1714

Jorde W und Schata M (1989) Schimmelpilze. Deisenhofen: Dustri-Verlag

Jorde W und Schata M (1993) Innenraumallergene. Deisenhofen: Dustri-Verlag

Klimek L, Riechelmann H, Saloga J, Mann W, Knop J (1997) Allergologie und Umweltmedizin. Stuttgart: Schattauer

Platts-Mills TAE, Solomon WR (1993) Aerobiology and Inhalant Allergens. In: Middleton E, Reed CE, Ellis EF et al. (eds.) Allergy: Principles and Practice. St. Louis: Mosby, p 116–123

Platts-Mills TAE, Woodfolk JA (1997) Dust Mites and Asthma. In: Kay AB (ed.) Allergy and Allergic Diseases. Oxford: Blackwell Science, p 888–899

6.2 Innenraumklima: Temperatur und Luftfeuchtigkeit

M. WITTMANN

EINLEITUNG

Das Innenraumklima wird im wesentlichen von den Faktoren Temperatur und Luftfeuchtigkeit geprägt. Einflüsse auf die Atemwege sind unstrittig vorhanden und haben in der Diskussion um die Zunahme des Asthma bronchiale an Aktualität gewonnen. Das Ausmaß der Einflüsse des Innenraumklimas auf die Gesundheit und vor allem die Verbesserungsstrategien müssen diskutiert werden.

Fast täglich sprechen wir über das Wetter. Doch obwohl wir 85–90 % unseres Lebens in Innenräumen verbringen, ist das Innenraumklima offenbar kein Thema für uns. Vor den Unbilden der Witterung draußen durch dicke Wände und Isolierglasscheiben geschützt, glauben wir, uns durch den Dreh an der Heizung immer Behaglichkeit sichern zu können.

Klimatische Einflüsse auf die Gesundheit allgemein sind in vielerlei Hinsicht gegeben und auch auf Atemwegserkrankungen unbestritten, ist doch die Reaktion auf kalte Luft *die* Standardfrage bei der Anamneseerhebung nach der unspezifischen Überempfindlichkeit der Atemwege, wie sie bei Asthma bronchiale gegeben ist. Temperaturschwankungen stellen im Innenraum kaum mehr ein Problem dar, ganz anders verhält es sich jedoch mit der Luftfeuchtigkeit. Die Luftfeuchtigkeit bestimmt zusammen mit der Raumtemperatur das Temperaturempfinden, und sie greift selbst in vielfacher Weise in die Entwicklung und den Verlauf von Atemwegserkrankungen mit ein. Sowohl trockene als auch feuchte Luft sind bedeutsam und müssen getrennt betrachtet werden.

Ziel der Umweltmedizin ist aber nicht nur die Tertiärprävention, also der Schutz der Patienten vor ungünstigen Umgebungsbedingungen, oberste Priorität kommt der Primärprävention zu. Lange Zeit wurden die Hausstaubmilben als wesentliche Mitursache der Zunahme des Asthma bronchiale in den westlichen Industrienationen angesehen [1], was auch durch neuere Studien vorgeblich gezeigt wird [2, 3]. Dies kann jedoch unter kritischer Würdigung der Literatur nicht mehr aufrecht erhalten werden, weshalb es unwahrscheinlich erscheint, daß Milbenreduktion, z. B. durch trockene Luft, Asthma verhindern kann [4, 5]. Es muß untersucht werden, welche Beeinflussung des Innenraumklimas sich auch in der Primärprävention vorteilhaft auswirken könnte.

Faktoren des Innenraumklimas, physikalische Grundlagen

Klima beinhaltet die Faktoren Temperatur, Luftfeuchtigkeit und Windgeschwindigkeit, letzteres muß für den Innenraum sinnvollerweise durch die Luftwechselrate ersetzt werden. Das Innenraumklima ist in Mitteleuropa von den jahreszeitlichen Klimaänderungen stark abhängig: im Sommer können hohe Temperaturen und die hohe Luftfeuchtigkeit zum Problem werden, während im Winter Kälte und trockene Luft vorherrschen.

Die Temperatur kann in der kalten Jahreszeit durch die Heizung weitgehend konstant gehalten werden. Problematischer zu beeinflussen ist die Hitze, die jedoch im gemäßigten Klima Mitteleuropas wenig relevant ist. Die Temperatur kann nie für sich allein betrachtet werden, da die Temperaturempfindung maßgeblich von der Luftfeuchtigkeit mitbestimmt wird: 18 °C und 70 % relative Luftfeuchtigkeit werden wärmer empfunden als 20 °C und 25 % relative Luftfeuchtigkeit.

Die Luftfeuchtigkeit in Innenräumen ist abhängig von drei Faktoren: Der Wasserdampfproduktion, der Luftaustauschrate und der Luftfeuchtigkeit der Außenlußt. Die Empfindung für den Grad der Luftfeuchtigkeit wird nicht vom absoluten Wassergehalt der Luft bestimmt, sondern von der relativen Luftfeuchtigkeit (rF). Luft einer bestimmten Temperatur kann maximal eine bestimmte Menge Wasser aufnehmen, bevor es zur Nebel- bzw. Taubildung kommt (Abb. 1). Die relative Luftfeuchtigkeit besagt, wieviel Prozent dieser maximalen Wassermenge tatsächlich in der Luft vorhanden sind. Eine relative Luftfeuchtigkeit über etwa 80–85 % wird als feucht bzw. (bei entsprechender Wärme) als schwül empfunden, unter etwa 30–40 % als trocken. Die Messung der relativen Luftfeuchtigkeit mit den üblichen Hygrometern erweist sich als sehr problematisch, bei haushaltsüblichen Geräten sind Differenzen der Meßwerte von 20 % nicht ungewöhnlich.

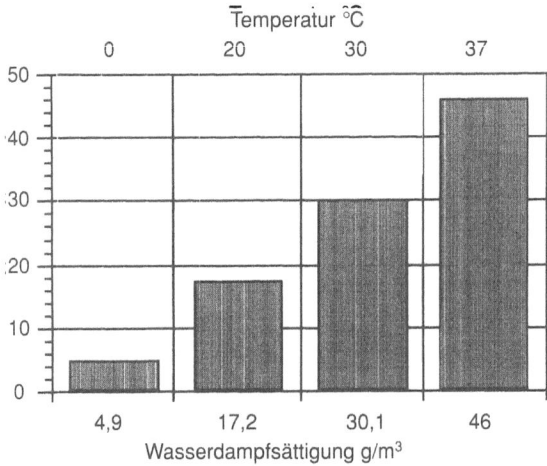

Abb. 1. Maximaler Wassergehalt der Luft in Abhängigkeit von der Temperatur

Da Luft höherer Temperatur erheblich mehr Wasser aufnehmen kann als kalte Luft, nämlich Luft von 30 °C etwa das 6fache der Luft von 0 °C, bedeutet dies, daß selbst vollständig mit Wasserdampf gesättigte Luft von 0 °C, die man auf 30 °C erwärmt, eine rF von 17 % hätte und damit ein sehr trockenes Wüstenklima ergäbe.

Praktisch bedeutsam ist dieser Aspekt beim Luftaustausch zwischen unterschiedlich warmen Lufträumen: kalte Luft enthält in der Regel weniger Wasser als warme Luft, und je größer der Temperaturunterschied wird, desto unabhängiger wird diese Aussage von der jeweiligen relativen Luftfeuchtigkeit. Ein Beispiel: Luft im Kühlschrank hat aufgrund der niedrigen Temperatur immer einen sehr geringen absoluten Wassergehalt. Bleibt die Kühlschranktür versehentlich einen Spalt offen, wird die Zimmerluft immer, auch wenn sie relativ trocken ist, konstant Feuchtigkeit in den Kühlschrank abgeben, dieser beschlägt bzw. vereist („Kühlschrankeffekt"). Dies ist der Fall, obwohl der Kühlschrank durch den regelmäßigen Kontakt mit der Zimmerluft immer eine sehr hohe relative Luftfeuchtigkeit, über 90 %, aufweisen wird.

Die Luftaustauschrate ist in hohem Maße abhängig von den baulichen Gegebenheiten und den Lüftungsgewohnheiten der Bewohner (Tabelle 1). Stoßlüften bzw. Querlüften ist wegen der höheren Effektivität zu bevorzugen. Anhaltendes Kippen der Fenster im Winter führt nicht nur zu vermehrtem Wärmeverlust, sondern auch über das stärkere Auskühlen der unmittelbaren Fensterumgebung u. U. hier zu Kondenswasserbildung. Durch die Energiesparmaßnahmen werden in modernen Wohnungen Fenster und Türen immer dichter, so daß der automatische Luftwechsel reduziert wird.

Da der Mensch durch Atmen und Schwitzen, insbesondere aber durch Duschen, Kochen und Waschen ständig Wasserdampf produziert, steigt bei geringer Luftaustauschrate die Luftfeuchtigkeit an. Eine 4köpfige Familie produziert 3,3 – 12,5 kg Wasserdampf pro Tag [7]! Auch Pflanzen tragen weiter zur Steigerung der Luftfeuchtigkeit bei.

Ältere Wohnungen weisen oft eine schlechte Isolierung auf, wodurch an den Wänden der Taupunkt unterschritten werden kann; d. h., die kühle Luft an der Wand kann aufgrund des Temperaturunterschieds die Luftfeuchtigkeit nicht mehr aufnehmen und Wasser schlägt sich nieder. Damit ist ein hervorragendes Mikroklima für das Gedeihen von Schimmelpilzen entstanden.

Tabelle 1. Luftwechselraten in Abhängigkeit von der Lüftungsart, sowie der Bedarf. (Nach [6])

Luftwechselrate pro Stunde:	
Fenster und Türen geschlossen	0,3 – 0,5
Fenster gekippt, Rolläden geschlossen	0,3 – 1,5
Fenster gekippt ohne Rolläden	0,8 – 4
Fenster ganz geöffnet	9 – 15
Durchzug	40
Bedarf pro Person:	
Schlafzimmer	ca. 0,4
Wohnräume	0,4 – 0,8

Auswirkungen auf Atemwegserkrankungen

Temperatur

Kalte Luft ist einer der wesentlichen unspezifischen Auslöser einer Atemwegs-obstruktion. Dies wird mit Hilfe der Kaltluftprovokation, z.B. mit Luft von –20°C, diagnostisch genutzt, um die Überempfindlichkeit der Atemwege zu testen. Entsprechende Kältegrade werden in Innenräumen (abgesehen von Kühlräumen in Gewerbebetrieben) nicht erreicht. Bei Hyperventilation oder belastungsinduzierter Tachypnoe kann die dadurch bedingte Abkühlung der Bronchien jedoch bereits bei normalen Raumtemperaturen zu Symptomen führen, insbesondere bei trockner Luft [8]; dies kann durch Anwärmung und Befeuchtung der Einatemluft verhindert werden [9].

Hitze belastet den Kreislauf, nicht direkt die Atemwege. Durch die Steigerung von Herzzeitvolumen und Grundumsatz wird Hitze aber auch besonders für Patienten mit fortgeschrittenen Formen von COPD unerträglich, wobei entspre-chende Temperaturen bei uns im Innenraum kaum erreicht werden.

Luftfeuchtigkeit

Feuchte Luft

Feuchte Luft, insbesondere Nebel, wird von Patienten mit Atemwegserkran-kungen oft als belastend angegeben. Eine hohe Luftfeuchtigkeit per se hat bei Raumtemperatur jedoch sicher keine negativen Auswirkungen, wie viele Labor-untersuchungen [10] und auch die klinische Erfahrung belegen: so kann das Schwimmen im Schwimmbad als eine ideale Asthmasportart gelten, was durch Olympiasiege von Asthmatikern in diesem Sport unterstrichen wird.

Wenngleich nicht primär den Innenraum betreffend, sei doch kurz auf die veränderten Verhältnisse bei Kälte eingegangen: In der Praxis fällt auf, daß viele Asthmatiker sich bei Nebel und Temperaturen über dem Gefrierpunkt schlech-ter fühlen als bei trockener, sehr kalter Winterluft. Hier verstärkt die Feuchtig-keit die Kälteempfindung und führt zu vermehrter Symptomatik, so wie auch Wind die Kälteempfindung erheblich verstärkt. Bei Nebel ist allerdings auch eine Überlagerung durch die Psyche hier nicht auszuschließen, da Nebel all-gemein als bedrückend empfunden wird.

Feuchte Wohnungsverhältnisse mit Stockflecken, Schimmelpilzen oder er-kennbaren Wasserschäden verschlechtern oder verursachen gar Atemwegs-erkrankungen, was durch eine Vielzahl von Studien belegt ist z.B. [11–13]. Die Zunahme von Atemwegserkrankungen wird nicht durch den Anstieg von Hausstaubmilbenkonzentration und das vermehrte Wachstum von Schimmel-pilzen erklärt, da insbesondere nicht-allergische Atemwegserkrankungen und Infektionen zunehmen; besonders prägend scheint hier das 1. Lebensjahr zu sein [14].

Insbesondere die Hausstaubmilben erfordern dennoch unsere Aufmerksamkeit, da durch Studien belegt ist, daß höhere Milbenkonzentrationen:

- zu häufigeren Sensibilisierungen führen [15],
- Sensibilisierte häufiger an Asthma erkranken [16, 17], und aus therapeutischer Sicht,
- daß die Reduktion der Milbenkonzentration Asthma-Symptome bessert [18, 19],
- daß die Milbenkonzentration von der Luftfeuchtigkeit abhängt [21, 29],
- durch Reduktion der Luftfeuchtigkeit die Milbenkonzentration reduziert werden kann [22, 23].

Die Hausstaubmilben sind auf einen bestimmten Wassergehalt der Luft angewiesen: Sie benötigen mindestens 45 % relative Luftfeuchtigkeit bei etwa 20 °C zum Leben, zur Vermehrung mindestens 55 %; der absolute Wassergehalt muß mindestens 7 g/m^3 Luft betragen [24]. Schimmelpilze gedeihen optimal bei noch höherer Luftfeuchtigkeit.

Trockene Luft

Der internationale Konsensusbericht zur Diagnose und Behandlung des Asthma bronchiale empfahl daher für Milbenallergiker 1993: „Achten Sie in Innenräumen auf eine Luftfeuchtigkeit unter 50 %" [25], was von der Deutschen Atemwegsliga übernommen wurde.

Jedoch auch zu trockene Luft verschlechtert die Atemwegsobstruktion, wie Expositionsversuche in der Klimakammer eindrucksvoll belegen konnten (Abb. 2). Daß die Ergebnisse aus der Klimakammer im Alltag auch relevant sind, scheint eine Studie aus Dänemark zu bestätigen [27]: ein Absinken des peak-flow ist assoziiert mit niedrigerer relativer Luftfeuchtigkeit.

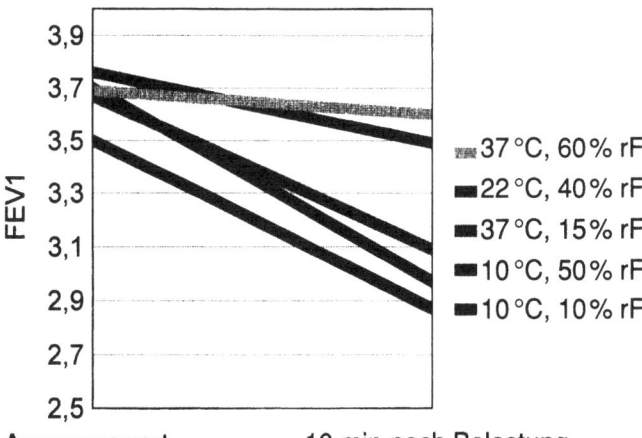

Abb. 2. Atemwegsreaktionen von Asthmatikern in der Klimakammer. (Nach [26])

Es gibt noch weitere Argumente, die für einen ungünstigen Einfluß von trockener Luft auf die Atemwege sprechen:

- In der Heizperiode leiden viele unter einer Rhinitis sicca, oder einfach einer verborkten Nase, gelegentlich auch mit Blutbeimengungen [28]; bei Wegfall der oberen Luftwege als Befeucher (Tracheostoma, Beatmungspatienten) verlagern sich diese Symptome in die unteren Atemwege.
- Zunahme der Krupp-Häufigkeit bei trockener Luft [25].
- Staub wird vermehrt zu Feinstaub, der leichter aufgewirbelt wird; gerade der Milbenkot, das relevante Allergen der Hausstaubmilbenallergie, wird dadurch leichter flüchtig und besser verteilt [30].
- Die vermehrte Sekreteintrocknung bei Asthmatikern zu Beginn der Heizperiode führt zur vermehrten Schleimretention, bis hin zur Bildung von Bronchialausgüssen.
- Die trockene Luft als ein Cofaktor bei der Infekthäufung in der kalten Jahreszeit wird diskutiert, sei es durch Mukostase oder durch Sekreteintrocknung, wenn es bei Fehlen des schützenden Schleimfilms zu vermehrtem Zellkontakt von Krankheitserregen kommt.
- Eine Studie aus Saudi-Arabien [31] scheint zu belegen, daß im feuchtheißen Klima von Dammam die Asthma-Prävalenz bei Schulkindern mit 3,59% niedriger ist als im trockenen Wüstenklima von Riyadh mit 9,28%. Begünstigt somit trockene Luft sogar die Asthmaentstehung?

Beeinflussung des Innenraum-Klimas

Es konnte gezeigt werden, daß Kälte, sowie eine hohe und eine niedrige Luftfeuchtigkeit in Innenräumen Atemwegserkrankungen ungünstig beeinflussen können. In jahreszeitlicher Abhängigkeit vom Klima kommen diese Faktoren in Mitteleuropa im Wechsel vor, wobei im Sommer die hohe Luftfeuchtigkeit zum Problem werden kann, während im Winter Kälte und trockene Luft vorherrschen. Wie können wir diese Faktoren günstig beeinflussen?

Temperatur

Kälte kann durch Heizen ausgeglichen werden, bis Wohlbehagen eintritt. Die so als angenehm empfundene Temperatur hängt von vielen Faktoren wie Alter, körperlicher Aktivität, Kleidung, Gewöhnung ab. Empfohlen aus arbeitsmedizinischer Sicht werden 20–24°C [32], für Wohnräume 19–21°C [7]. Schlafräume sollten kühler gehalten werden, was auch der Unterdrückung des Milbenwachstums dient, wobei der erforderliche Temperaturunterschied vom Tag zur Nacht in kombinierten Wohn-Schlafräumen, insbesondere auch in Kinderzimmern, schwierig zu erreichen ist.

Aus Gründen des Umweltschutzes muß zudem bedacht werden, daß eine um 1°C kühlere Raumtemperatur etwa 6% der Heizenergie spart und damit auch die Luft weniger mit Schadstoffen und CO_2 belastet.

Luftfeuchtigkeit

Reduktion

In den gemäßigten Klimazonen Mitteleuropas kann im Sommer, wie in weiten Teilen der Erde ganzjährig (Küstenregionen und Tropen), das Problem einer hohen Luftfeuchtigkeit auftreten, insbesondere in den niederschlagsreichen Gebieten. Die Klimatabelle Deutschlands zeigt uns, daß die relative Luftfeuchtigkeit der Außenluft immer um 80 % liegt. Lediglich die durchschnittlichen Tageshöchsttemperaturen im Sommer weisen Werte zwischen 52 % und 61 % rF auf [33], was absolut gesehen jedoch dem höchsten Wassergehalt der Luft im Monatsmittel entspricht. Der Mensch produziert, wie oben dargestellt, selbst laufend Wasserdampf, und die so in den Innenräumen produzierte Feuchtigkeit muß abgeführt werden.

Zunächst gilt es, übermäßige Zufuhr zu reduzieren. Dies geschieht in der Küche durch eine Ablufthaube, die die Kochdämpfe nach draußen leitet. Im Bad sollten z. B. die Duschwände vom Spritzwasser befreit werden, die Badetücher möglichst, wie auch die Wäsche, draußen getrocknet werden. „Feuchträume" wie Küche, Bad, oder auch der Waschraum sollten immer nach außen und zumindest im Sommer nicht zu den Wohnräumen hin entlüftet werden. Hier ist bereits der wesentliche Punkt der Ableitung von Wasserdampf angesprochen: Lüften. Regelmäßiges Lüften ist erforderlich, und dies wird – fälschlicherweise – sogar zur heißen Mittagszeit empfohlen [34].

Lüften bewirkt einen Luftaustausch mit einem Ausgleich des absoluten Wassergehalts. In der kühlen Jahreszeit, in der die kalte Luft draußen nur wenig Wasser enthalten kann, ist die Ableitung von Feuchtigkeit daher kein Problem. Dahinter steckt wieder der o. a. „Kühlschrankeffekt". Auch bauliche Voraussetzungen, die zu einem konsequenten Luftwechsel führen, resultieren in einer reduzierten Milbenkonzentration [35, 36].

Diese Verhältnisse können jedoch im Sommer, wenn es draußen heiß und schwül ist, sogar umgekehrt sein: die heiße Luft draußen enthält *absolut* mehr Wasser als die, nur *relativ* höher mit Wasserdampf belastete, aber kühlere Luft in Innenräumen. D. h. durch Lüften tagsüber kann man im Hochsommer u. U. sogar Feuchtigkeit nach innen transportieren, statt sie, wie beabsichtigt, nach draußen abzuführen. Eine durch Kochen dampfgefüllte Küche oder ein Bad nach dem Duschen wird natürlich immer noch etwas Wasser nach draußen abgeben können.

Der „Kühlschrankeffekt" führt auch zu den weit verbreiteten feuchten und oft auch modrigen Kellern, die im Sommer aufgrund der darin vorherrschenden Kühle die Luftfeuchtigkeit geradezu aufsaugen; hier kann nur nützen, *ausschließlich nachts* konsequent zu lüften.

Bei manchen feucht-heißen Wetterlagen reicht jedoch Lüften nicht aus, und Schimmelbildung kann zum Problem werden. Insbesondere wenn durch Wasserschäden Feuchtigkeit ins Mauerwerk eingedrungen ist, kann in feuchten Sommern Lüften allein keine Austrocknung erreichen. In solchen Situationen bieten sich elektrische Luftentfeuchter an, die nach dem Kondensationsprinzip der Luft Wasserdampf entziehen und in Tanks abscheiden, z. T. mehrere Liter pro Tag. Dies ist dann viel effektiver und umweltschonender, weil energiesparender, als z. B. den Raum unnötig aufzuheizen. Inzwischen ist auch eindrucksvoll nachgewiesen, daß solche Luftentfeuchter die Milben reduzieren; also für manch ansonsten ausweglose Situation sicherlich eine Lösung darstellen [23].

Da ein wesentliches Milbenreservoir in der Wohnung das Bett darstellt, wobei besonders die Matratze für die Symptomauslösung des Milbenallergikers entscheidend ist, ist ein Lüften und Austrocknen tagsüber mit aufgedecktem Oberbett ganz wesentlich.

Zimmerpflanzen tragen zweifellos zur Erhöhung von Luftfeuchtigkeit bei, wobei der Wasserbedarf und damit die -abgabe von Kakteen bis hin zu den Orchideen extrem unterschiedlich ist. Zur Verminderung von Luftschadstoffen sind sie als positiv zu bewerten, die alleinige Ursache von Feuchtigkeitsproblemen stellen sie in der Regel nicht dar, können das Problem aber, wie auch Aquarien oder Terrarien, verschärfen.

Erhöhung der Luftfeuchtigkeit

Im Winter erfordert die trockene Luft u. U. eine bewußte Feuchtigkeitszufuhr. Am einfachsten geschieht dies durch die Nutzung des Wasserdampfs, der durch Kochen, Duschen usw. sowieso entsteht; statt ihn nach außen abzuführen können im Winter also Küche und Bad durchaus in die Wohnräume entlüftet werden. Auch durch Zimmerpflanzen, einfache Wasserbehälter an den Heizungen oder Zimmerbrunnen läßt sich die Wasserzufuhr steigern. Bedenklich sind viele elektrische Luftbefeuchter, da sie nicht nur durch Filtermatten in Kombination mit Erwärmung einen hygienischen Schwachpunkt mit der Schimmelpilzentstehung aufweisen, sondern da sie auch durch zusätzlichen Energiebedarf unsinnig sind.

Bei sehr trockener Luft im Winter stellt sich immer auch die Frage nach einer übermäßig erhöhten Raumtemperatur.

ZUSAMMENFASSUNG

Das Außenklima, die Bausubstanz, vor allem jedoch die menschlichen Lebensgewohnheiten bestimmen das Innenraumklima. Das Wohlbefinden ist dabei weniger von der Temperatur abhängig, die relativ leicht weitgehend konstant gehalten werden kann, als vielmehr von der Luftfeuchtigkeit. Sowohl eine hohe, wie auch eine niedrige Luftfeuchtigkeit wirken sich nachteilig auf die Gesundheit aus: Sie können auf vielfältige Weise sowohl die Entstehung von Atemwegskrankheiten begünstigen als auch bei betroffenen Patienten die Symptome verschlechtern.

Die aktuelle Zunahme des Asthma bronchiale kann nicht allein mit der Milbenkonzentration in Zusammenhang gebracht werden. Der „westliche Lebensstil" wird als Kofaktor angeführt [4]. Inwieweit hier die Zunahme der

Wohnungstemperaturen im Winter, die verringerte Luftaustauschrate und dadurch der Anstieg der Luftfeuchtigkeit eine Rolle spielen, ist ungeklärt. Für Milben-Sensibilisierte ist gleichwohl die Reduktion der Milbendichte evident. Die Allergenexposition ist maßgeblich von uns selbst, unseren Lebensgewohnheiten und den baulichen Voraussetzungen abhängig; die Literatur zeigt, daß in unterschiedlichsten Klimazonen milbenreiche und milbenarme Haushalte nebeneinander vorkommen [37, 38].

Tabelle 2. Empfehlungen für ein gesundes Raumklima. (Nach [7])

• Temperatur		19–21°C
• Luftfeuchtigkeit	Sommer	40–70%
	Winter	40–50%
• Luftgeschwindigkeit		0,15–0,25 m/s
• Wandoberflächentemperatur kaum niedriger als Raumtemperatur		
• Reine, schadstoffarme Luft		

Die Empfehlungen von Schober (Tabelle 2) für ein vernünftiges Raumklima sind auch aus pneumologischer Sicht zu befürworten: Im Winter wäre eine relative Luftfeuchtigkeit um 50% zu empfehlen und damit wird eventuell die Zufuhr von Wasserdampf notwendig; im Sommer wird zu einer ausreichenden Senkung der Luftfeuchtigkeit eine konsequente, aber sinnvoll angewandte Lüftung unumgänglich sein. In einem solchen Klima fühlen sich alle Menschen wohl, insbesondere auch die Patienten mit Atemwegserkrankungen. Für die Milben aber, Schlafräume sollten ja entsprechend kühler sein, ist dieses Klima weniger geeignet und das ist schließlich das, was wir erreichen wollten. Auf keinen Fall aber zu empfehlen sind irgendwelche Extreme, egal ob zu feucht oder zu trocken.

Literatur

1. Dust mite allergens and asthma (1992) Report of a second international workshop. J Allergy Clin Immunol 89:1046–1060
2. Peat JK, Tovey E, Toelle B, Haby M, Gray E, Mahmic A, Woolcock A (1996) House dust mite Allergens. A Major Risk Factor for Childhood Asthma in Australia. Am J Respir Crit Care Med 153:141–146
3. Peat JK (1996) Prevention of Asthma. Eur Respir J 9:1545–1555
4. Platts-Mills TAE, Carter MC (1997) Asthma and Indoor Exposure to Allergens. NEJM 19: 1382–1384
5. Sporik R, Ingram JM, Price W, et al. (1995) Association of Asthma with Serum IgE and Skin test Reactivity to Allergens Among Children living at High Altitude. A J Respir Crit Care Med 151:1388–1392
6. Cegla UH (1992) Bautechnik, Filter, Ionisatoren. Atemw-Lungenkrkh 18, 1. Suppl 94–102
7. Schober G (1988) Feuchte und Entwicklung von Wohnungsallergenen. Allergologie 11: 229–234
8. Boulet LP, Turcotte H (1991) Influence of water content of inspired air during and after exercise on induced bronchoconstriction. Eur Respir J 4:979–984

9. Nisar M et al. (1992) A mask to modify inspired air temperature and humidity and its effect on exercise induced asthma. Thorax 47:446–450

10. Aris R, Christian D, Sheppard D, Balmes JR (1991) Lack of Bronchoconstrictor Response to Sulfuric Acid Aerosols and Fogs. Am Rev Respir Dis 143:744–750

11. Dales RE, Burnett R, Zwanenburg H (1991) Adverse Health Effects Among Adults Exposed to Home Dampness and Molds. Am Rev Resp Dis 143:505–509

12. Pirhonen I, Nevalainen A, Husman T, Pekkanen J (1996) Home dampness, moulds and their influence on respiratory infections and symptoms in adults in Finland. Eur Resp J 9: 2618–2622

13. Brunekreef B (1992) Damp housing and adult respiratory symtpoms. Allergy 47:498–502

14. Åberg N, Sundell J, Eriksson B, Hesselmar B, Åberg B (1996) Prevalence of allergic diseases in schoolchildren in relation to family history, upper respiratory infections, and residential characteristics. Allergy 51:232–237

15. Kopp M, Kühr J, Frischer T, Karmaus W (1995) Allergische Sensibilisierung in der ersten Lebensdekade. Dt Ärztebl 92:A2246–2242

16. Sears MR, Hervison GP, Holdaway MD, Hewitt CJ, Flannery EM, Silva PA (1989) The relative risks of sensitivity to grass pollen, house dust mite, and cat dander in the development of childhood asthma. Clin Exp Allergy 19:419–424

17. Sporik R, Holgate ST, Platts-Mills TAE, Cogswell J (1990) Exposure to house dust mite allergen (Der p1) and the development of asthma in childhood: a prospective study. N Engl J Med 323:502–507

18. Vervloet D et al. (1979) Objektive immunological and clinical data observed during an altitude cure at Briançon in asthmatic children allergic to house dust and Dermatophagoides. Rev Franc Mal Respir 7:19–27

19. Platts-Mills TAE et al. (1982) Reduction of bronchial hyperreactivity during prolonged allergen avoidance. Lancet 2:675–678

20. Dreborg S (1992) Milben- und Tierallergene in schwedischen Schulen und Haushalten. Allergologie 15:359

21. Andrade de DA, Birnbaum J, Lanteaume A, Izard JL, Corget P, Artillan MF, Toumi M, Vervloet D, Charpin D (1995) Housing and house-dust mites. Allergy 50:142–146

22. Harving H, Korsgaard J, Dahl R (1993) House-dust mites and associated environmental conditions in Danish homes. Allergy 48:106–109

23. Cabrera P et al. (1995) Reduction of house dust mite allergens after dehumidifier use. J Allergy Clin Immunol 95:635–636

24. Korsgaard J (1988) Milbenasthma und Hausbau in Dänemark. Allergologie 11:286–289

25. Internationaler Konsensus-Bericht zur Diagnose und Behandlung des Asthma bronchiale. Pneumologie 47, Sonderheft 2:245–288

26. Eschenbacher WL, Moore TB, Lorenzen TJ, Weg JG, Gross KB (1992) Pulmonary Responses of Asthmatic and Normal Subjects to Different Temperature and Humidity Conditions in an Environmental Chamber. Lung 170:51–62

27. Moseholm L, Taudorf E, Frosig A (1993) Pulmonary function changes in asthmatics associated with low-level SO_2 and NOs air pollution, weather, and medicine intake. An 8-month prospective study analyzed by neural networks. Allergy 48:334–344

28. Diebschlag W, Heidinger F (1996) Über die Bedeutung der Luftfeuchtigkeit für die Atembarkeit von Luft. Psychologische Beiträge, Band 38:58–78

29. Skolnik N (1993) Family Practice Residency Program. J Fam Pract 37:165–170

30. Bischoff E (1989) Vorkommen und Bedeutung von Hausstaubmilben. Allergologie 12:143–146

31. Bener A et al. (1993) Prevalence of asthma and wheeze in wo different climatic areas of Saudi Arabia. Indian J Chest Dis Allied Sci 35:9–15

32. Grenzwerteliste 1996. BIA-Report, Hauptverband der gewerblichen Berufsgenossenschaften 11/96

33. Müller-Westermeier G (1990) Klimadaten der Bundesrepublik Deutschland, Zeitraum 1951–1980. Selbstverlag des Deutschen Wetterdienstes, Offenbach am Main

34. Mumcuoglu YK (1988) Biologie und Ökologie der Hausstaubmilben. Allergologie 11:223–228

35. Harving H, Korsgaard J, Dahl R (1994) House-dust mite exposure reduction in specially designed, mechanically ventilated Danish homes. Allergy 49:713–718
36. Wickmann M, Emenius G, Egmar A-C, Axelsson G, Pershagen G (1994) Reduced mite allergen levels in dwellings with mechanical exhaust and supply ventilation. Clin Exper Allergy 24:109–114
37. Elixmann JH, Jorde W, Schata M (1991) Milbenvorkommen in Wohntextilien in der Bundesrepublik Deutschland. Allergologie 14:451–460
38. Lintner TJ, Brame KA (1993) The effects of season, climate, and air-conditioning on the prevalence of Dermatophagoides mite allergens in household dust. J Allergy Clin Immunol 91:862–867

6.3 Rauchen – Passivrauchen – Prävention

P.L. BÖLCSKEI und M.W. KÖNIG

P.L. BÖLCSKEI und M.W. KÖNIG

EINLEITUNG

Tabakrauchen ist – zweifelsfrei – eine der wichtigsten Ursachen für Krankheit und den frühzeitigen Tod vieler Menschen [35, 70, 114]. Weltweit sterben jährlich etwa 3 Mio. Menschen an den Folgen des Tabakkonsums, davon etwa 1,5 Mio. in den Industrieländern. In Deutschland sind es jährlich etwa 115000 Menschen [99]. Rund 40% der tabakbedingten Todesfälle werden durch Herz- Kreislauferkrankungen verursacht, mehr als 20% durch Bronchialkrebs und etwa 18% durch chronisch obstruktive Atemwegserkrankungen. Die restlichen, etwa 22% der Todesfälle sind auf verschiedene andere tabakbedingte Erkrankungen zurückzuführen [139].

Nach der Bundeszentrale für gesundheitliche Aufklärung (1996) sind 37% der Männer und 22% der Frauen in den alten sowie 42% der Männer und 23% der Frauen in den neuen Bundesländern Raucher. Dabei zeigt sich ein unterschiedliches Rauchverhalten der Bevölkerung in den verschiedenen Altersgruppen. So steigt bis etwa zum 30. Lebensjahr der prozentuale Raucheranteil, um in höherem Alter wieder abzufallen [118] (s. Tabelle 1). Ein weiterer entscheidender Punkt in der Altersverteilung wird durch das Durchschnittsalter von 13,8 Jahren beim Probieren der ersten Zigarette markiert [19].

76,1% der regelmäßigen Raucher gaben 1995 an, durchschnittlich 5–20 Zigaretten zu konsumieren. 16,2% der Regelmäßigraucher rauchten 20–40 Zigaretten täglich [119].

Hinsichtlich des Rauchverhaltens der Bevölkerung zeigen sich Unterschiede in Bezug auf bestimmte sozioökonomische Faktoren wie soziale Schichtzugehörigkeit, Schulbildung, Einkommen, Erwebslosigkeit sowie auch bestimmte Berufsgruppen. Unter den Personen mit niedrigem sozialen Status finden sich überdurchschnittlich viele Raucher [53]. So gab fast die Hälfte der Volks- und Hauptschulabsolventen in der Gruppe bis 40 Jahre 1995 an Raucher zu sein, demgegenüber war die Raucherquote bei Männern mit Abitur nur halb so hoch wie bei Männern mit Hauptschulbildung [66, 112]. Einen weiteren sozioökonomischen Einflußfaktor auf das Rauchverhalten stellt die Erwerbslosigkeit dar. Hier zeigt sich in sämtlichen Altersgruppen ein höherer Raucheranteil zuungunsten der Erwerbslosen, bei den unter 40jährigen Männern z.B. 61,6% gegenüber 45,8% und bei den Frauen dieser Altersgruppe von 45,4% gegenüber 34,7% [119]. Auch hinsichtlich der Berufsgruppenzugehörigkeit zeigen sich Unterschiede im Rauchverhalten. Sowohl bei den Männern als auch bei den Frauen lagen 1995 die im Hotel- und Gast-stättengewerbe Tätigen mit einem Raucheranteil von 56% bzw. 44% an der Spitze, die mit je 18% für Männer und Frauen niedrigste Raucherquote fand sich bei Ärzten, Apothekern und Lehrern [112, 115].

Seit mehr als zwei Jahrzehnten besteht der inzwischen wissenschaftlich begründete Verdacht, daß auch das Passivrauchen, d.h. die ungewollte Ex-position von Nichtrauchern mit Tabakrauch, ein wichtiges Risiko für die menschliche Gesundheit darstellt [127, 129, 140]. Die Komission für Maxi-male Arbeitsplatz Konzentration (MAK) der Deutschen Forschungsgemein-schaft (DFG) kam bereits 1985 zu dem Schluß, daß der „passiv inhalierte Tabakrauch als gesundheitsschädliches Stoffgemisch zu werten ist", wobei hier auch die kanzerogene Wirkung bereits ausdrücklich mitberücksichtigt wurde [113]. In Deutschland beträgt der Anteil der Männer bzw. Frauen mit regelmäßiger, ungewollter Tabakrauchexposition 50–70% bzw. 60–80% [105, 71, 136].

Die amerikanische Umweltbehörde hat im Jahre 1992 eine zusammenfas-sende Bewertung der bis dahin zu den gesundheitlichen Auswirkungen des Passivrauchens erschienenen Kohorten- und Fall-Kontroll-Studien durchge-führt und das Passivrauchen als eine gesicherte Ursache für Erkrankungen der unteren Atemwege bei Erwachsenen und Kindern sowie für die Mani-festation kindlichen Asthmas herausgestellt. Weiterhin kam man zu der alarmierenden Feststellung, daß jährlich 3000 Nichtraucher in den USA infolge ungewollter Tabakrauchexposition an Bronchialkarzinomen verster-ben [40]. Anhand von US-amerikanischen Daten haben Becher und Wahren-dorf für die Bundesrepublik Deutschland berechnet, daß etwa 400 tabak-rauchexponierte Nichtraucher jährlich in der Bundesrepublick Deutschland an Bronchialkarzinom sterben [9, 47, 107, 121].

Tabelle 1. Altersabhängige Raucherquoten in Ost- und Westdeutschland 1992. (Nach [118])

Altersgruppen	Männer		Frauen	
(Jahre)	Ost	West	Ost	West
15–19	25,3	20,1	13,9	14,5
20–24	48,4	40,2	33,9	31,8
25–29	53,6	45,2	37,4	35,4
30–39	50,7	47,4	33,2	36,2
40–49	41,5	41,8	19,8	29,4
50–59	33,8	33,5	12,7	16,6
60–69	26,9	26,6	10,4	11,4
über 70	21,3	18,4	4,5	5,4
über 15	39,4	36,3	19,5	22,0

Schadstoffe durch Tabakrauch in Innenräumen

Tabakrauch ist eine Mischung von Aerosolen und Dämpfen. Er enthält mindestens 40 Karzinogene und 4000 andere Chemikalien. So lassen sich im Tabakrauch u. a. Nikotin, Nitrosamine, Kohlenmonoxid, NOx, Cyanate, Acrolein, Acetone, Formaldehyde und polyzyklische aromatische Kohlenwasserstoffe finden [92].

Der Tabakrauch in der Raumluft enthält 15 % exhalierten Hauptstrom- und 85 % Nebenstromrauch. Beide Komponenten entstehen an der Glimmzone der Zigarette, Hauptstromrauch bei Temperaturen um 700–900 °C beim Ziehen an der Zigarette und Nebenstromrauch während der Zugpausen bei Temperaturen um 400–600 °C [65]. Der Temperaturunterschied ist der Grund dafür, daß der Nebenstromrauch zwar dieselben Substanzen aber in anderen Konzentrationen enthält. So findet man im unverdünnten Nebenstromrauch je nach Zigarettentyp 2,6–3,3mal mehr Nikotin, 2,1mal mehr Benzpyren und 12–438mal mehr Nitrosamine als im Hauptstromrauch [6, 141].

In der Raumluft ist der Tabakrauch weder örtlich gleichmäßig verteilt, noch zeitlich konstant. Als Leitsubstanz für die Bestimmung der Luftqualität in einem Raum, in dem Tabakrauch vorhanden ist, dient das Kohlenmonoxid (CO). CO ist nicht tabakspezifisch, sondern kann auch aus anderen Quellen (Straßenverkehr, Kochen, Arbeitsprozesse) stammen [130]. Der Grenzwert für eine noch zumutbare Belastung an Tabakrauch liegt bei 1,5–2,0 ppm CO. Dieser Wert wird z.B. in einem 80 m³ großen Raum (z. B. mit 32 m² Grundfläche) mit einfachem Luftwechsel (einmal/Stunde) schon dann erreicht, wenn pro Stunde 2–3 Zigaretten geraucht werden [130].

Fehlerquellen epidemiologischer Studien

Ein Großteil der in diesem Kapitel „Rauchen – Passivrauchen – Prävention" dargestellten Erkenntnisse wurde in epidemiologischen Studien gewonnen. Es erscheint daher angebracht, zumindest einige kritische Bemerkungen einzufügen, die für die Interpretation solcher Studien von Bedeutung sind [2].

Insbesondere ist zu beachten, daß empfindliche Individuen durch Vermeidungsverhalten (z. B. Wahl eines rauchfreien Arbeitsplatzes, Einrichtung rauchfreier Zonen) in der Regel einer Tabakrauchexposition aus dem Weg gehen [16, 37]. An weiteren Fehlerquellen sind in der Literatur beschrieben worden die teilweise nicht ausreichende Teststärke [48], die mögliche Fehleinstufung von Ex-Rauchern als Nieraucher [83], die Rekrutierung der Kontrollkollektive [83], sowie der Einfluß von Fehlernährung bei nichtrauchenden Ehepartnern von Rauchern [38, 82]. Weiterhin ist bei epidemiologischen Studien zu beachten, daß auch andere Faktoren eines niedrigen sozialen Status wie häufige respiratorische Infekte einen Einfluß auf zu untersuchende Kenngrößen, wie z.B. Lungenfunktionsparameter, haben können [55].

Gesundheitsschäden

Kinder

Kinder in gemäßigten Klimazonen verbringen etwa 60–80% ihrer Zeit in der Wohnung, sodaß für sie Passivrauchen eine der wichtigsten inhalativen Noxen darstellen dürfte [10]. Polgar und Weng veröffentlichten bereits Ende der 80er Jahre Untersuchungen, in denen sie eine besondere Anfälligkeit des kindlichen Respirationstraktes gegenüber Tabakrauch feststellten [100]. Seitdem wird diese Thematik kontrovers diskutiert [68].

In der Zusammenfassung des wissenschaftlichen Kenntnisstandes zum Passivrauchen stellte die amerikanische Umweltbehörde die ungewollte Tabakrauchexposition als eine Ursache häufiger Infektionen im unteren Respirationstrakt im Kindesalter fest, sowie einen Zusammenhang zwischen Passivrauchen und neu aufgetretenem kindlichen Asthma bzw. der Exacerbation bei bekannten Asthmapatienten [40]. Das Rauchen der Eltern verursacht jährliche Ausgaben für die medizinische Versorgung der Kinder (in den USA) in Höhe von 4,6 Billionen Dollar [90].

Eine näherungsweise Quantifizierung der Tabakrauchexposition ist über die Bestimmung von Cotinin im Urin oder Serum möglich. Als Hauptmetabolit des Nikotins hat es eine Halbwertzeit im Körper von 15–25 Stunden, im Vergleich zu 30 min beim Nikotin. Für die Verifizierung tabakspezifischer Karzinogene finden spezielle Untersuchungen Anwendung [61].

In der folgenden Übersicht werden gesicherte und mögliche, mit dem Passivrauchen in Zusammenhang stehende gesundheitliche Probleme bei Kindern nochmals dargestellt (nach [54]).

Passives Rauchen – Gesichertes und Mögliches

- Perinatale Mortalität 30% höher (gesichert),
- Höhere Krebsrate 1.–5. Lebensjahr,
- Kognitive Fähigkeiten niedriger,
- SIDS (plötzlicher Kindstod) häufiger (gesichert),
- Respiratorische Erkrankungen im 1.–2. Lebensjahr, häufiger (gesichert),
- Otitiden häufiger (gesichert),
- Spätere respiratorische Erkrankung häufiger (gesichert),
- Verminderte Lungenfunktion (gesichert).

Peri- und neonatale Schäden

Nach den bisherigen Studienergebnissen führt die indirekte Exposition bereits in utero mit den gesundheitsschädlichen Effekten des Tabakrauchens zu einer Beeinträchtigung des Föten. Für Nikotin konnte der diaplazentare Übertritt aus dem Blutkreislauf der Mutter auf den Fötus nachgewiesen werden und die meisten ungünstigen Effekte des mütterlichen Rauchens auf den Fötus, denen dieser ungeschützt ausgesetzt ist, sind einerseits einer indirekten und direkten Nikotinwirkung, andererseits einer Plazentaschädigung zuzuschreiben [22, 86, 122]. Neugeborene von Müttern, die bis zur Entbindung rauchen, können nach der Geburt ein regelrechtes Nikotin-Entzugssyndrom mit starker Unruhe, Zittrigkeit, auffälligem Schreien und Trinkschwäche zeigen [80].

Das Rauchen einer einzigen Zigarette reicht aus um die Herzfrequenz des Föten um 10–15 Schläge/min. zu beschleunigen. Diese Tachykardie wird als eine Kompensation des Sauerstoffdefizites infolge des erhöhten COHb des Föten erklärt.

Andere Untersuchungen ergaben eine Verminderung des Geburtsgewichtes bei Neugeborenen rauchender Mütter in Abhängigkeit von der Anzahl pro Tag gerauchter Zigaretten bzw. dem Cotinin-Spiegel im mütterlichen Venenblut [103]. Bei mehr als 25 Zigaretten/Tag und Cotinin-Spiegel-Werten über 224 ng/ml waren die Kinder um durchschnittlich 441 g leichter als die Kinder von nichtrauchenden Müttern [57].

Weiterhin haben rauchende Schwangere ein erhöhtes Risiko für Plazenta praevia, vorzeitige Plazentalösung, Blutungen und vorzeitige Wehen, wodurch bei ihren Neugeborenen eine höhere Rate neonataler Probleme wie Atemnotsyndrom, Asphyxie, Pneumonie und Unreife zu beobachten ist. Insgesamt ist die perinatale Mortalität von Kindern schwerer Raucherinnen damit um etwa 35 % höher als bei Kindern von Nichtraucherinnen [5]. In den Industrieländern ließe sich allein durch Tabakverzicht aller Schwangeren eine Reduktion der perinatalen Sterblichkeit von etwa 10 % erreichen [111].

Das Rauchverhalten hat auch Einfluß auf Dauer und Frequenz des Stillens. So betrug in einer Untersuchung an 137 Müttern, von denen 46 % rauchten, die durchschnittliche Stilldauer der Raucherinnen 4,3 Wochen gegenüber 6,2 Wochen bei Nichtraucherinnen. Zwischen dem täglichen Zigarettenkonsum und der Stilldauer wurde eine inverse Korrelation gefunden [108].

In einer großen Fallanalyse mit 6000 Säuglingen wurde der Zusammenhang von elterlichem Tabakrauchen und dem Auftreten des „sudden infant death syndrome" [SIDS] untersucht. Rauchten die Mütter dieser Kinder während und in den ersten 3 Monaten nach der Schwangerschaft, erhöhte sich das Risiko eines plötzlichen Kindstodes auf das Dreifache [109]. Das Rauchen der Väter stellt zwar keinen eigenständigen Risikofaktor für SIDS dar, es kommt jedoch hierdurch zu einem additiven Effekt, wenn beide Eltern rauchen [89].

Schließlich wurde in einer kontrollierten Studie an über 600 Kindern festgestellt, daß mütterlicher Zigarettenkonsum von mehr als zehn Zigaretten pro Tag während der Schwangerschaft zu einer 50 %igen Erhöhung des Krebsrisikos der Kinder führt [120].

Erkrankungen durch Passivrauchen bei älteren Kindern

Ein statistisch gesicherter Einfluß des chronischen Passivrauchens auf den Gesundheitszustand des respiratorischen Systems bei Kindern in Form von Husten, Auswurf, Atembeschwerden und reduzierter Lungenfunktionsparameter konnte bereits Anfang der 80er Jahre nachgewiesen werden [131]. In der bereits erwähnten Zusammenstellung der relevanten Forschungsergebnisse durch das amerikanische Umweltamt zeigten sich infolge Passivrauchens bei Kindern:

- eine erhöhte Prävalenz von Infektionen der oberen und unteren Atemwege,
- eine erhöhte Prävalenz von Reizsymptomen wie Husten und Auswurf,
- eine erhöhte Inzidenz von neu diagnostiziertem Asthma bronchiale sowie häufigeren schweren Exazerbationen bei Asthmapatienten,
- eine erhöhte Prävalenz von Mittelohrentzündungen und
- eine statistisch signifikante Reduktion der Lungenfunktionsparameter.

Atemwegsinfekte

Der Zigarettenkonsum desjenigen Elternteils, der am meisten Zeit mit den Kindern verbringt, meist die Mutter, korreliert mit einem erhöhten Risiko für Infektionen des unteren Respirationstraktes (Bronchitis, Bronchiolitis und Pneumonie) bei Kleinkindern und insbesondere bei Neugeborenen [51]. In den USA sind durch Passivrauchen etwa 150000 bis 300000 Kinder unter 18 Monaten jährlich von solchen Infekten betroffen und 7500 bis 15000 müssen deshalb sogar stationär behandelt werden [40].

Tabelle 2 zeigt die Anzahl der Patienten mit mindestens zwei Schüben einer respiratorischen Infektion innerhalb des letzten Jahres sowie deren Urincotininspiegel aus einer Zufallsstichprobe von 501 1–5jährigen Kindern, die hinsichtlich ihrer Einweisungsdiagnose nicht vorselektiert waren [7]. Daraus geht hervor, daß tabakrauchexponierte Kinder signifikant häufiger an unteren und oberen Atemwegsaffektionen erkranken als nichtexponierte.

Asthma

Weitzmann et al. (1990) waren die ersten, die den Kausalzusammenhang zwischen Asthmaerkrankung bei Kindern und Rauchen ihrer Mütter gesichert haben [132]. In den USA manifestiert sich jährlich bei 8000 bis 26000 vorher asymptomatischen Kindern erstmalig ein Asthma bronchiale, weil deren Mütter

Tabelle 2. Häufigkeit respiratorischer Erkrankungen tabakrauchexponierter und nichtexponierter Kinder [7]

Respiratorische Erkrankungen	Anzahl der Kinder mit erhöhter Krankheitshäufigkeit		Korrigierte Odds ratio (95% Cl)[a]
	Exponierte	Nicht exponierte	
Insgesamt	180	11	3,50 (1,56–7,90)
Obere Atemwege	127	8	3,00 (1,13–8,03)
Untere Atemwege	45	2	7,73 (0,95–62,8)

[a] Korrigiert nach Alter, Geschlecht, evtl. Kindergartenbetreuung, Anamnese bzgl. chronischer Atemwegserkrankungen der Eltern, Zahl der Mitbewohner (in der Wohnung pro m²), sozioökonomischer Status.

10 Zigaretten oder mehr täglich rauchen. Darüberhinaus wurde geschätzt, daß in den USA jährlich etwa 20 % der 2 – 5 Mio. Kinder mit Asthma, bedingt durch Passivrauchen, eine Exazerbation ihrer Erkrankung erleiden [40].

Auch beim belastungsinduzierten Asthma fanden Frischer et al. eine erhöhte Prävalenz bei Grundschulkindern, die im ersten Lebensjahr rauchexponiert waren [50].

Obwohl eine akute Tabakrauchexposition (20 ppm CO) asthmatischer Kinder, offenbar bedingt durch die interpersonell variable Empfindlichkeit, nicht zwingend zu einer signifikanten Erhöhung des Atemwegswiderstandes führen muß, bleibt die Gefährdung durch eine chronische Exposition unbestritten [87, 96].

Schließlich konnte gezeigt werden, daß sich der Zustand bereits asthmakranker Kinder signifikant bessert, wenn das Passivrauchen gestoppt wird [15, 44, 94].

Mittelohrentzündungen

Bereits im Bericht der amerikanischen Umweltbehörde (1992) wurde festgestellt, daß Passivrauchen bei Kindern zur Erhöhung des Erkrankungsrisikos an einer Mittelohrentzündung führt. Fünfzehn epidemiologische Studien zeigten, daß die Erhöhung des Risikos zu Hause tabakrauchexponierter Kinder an einer Mittelohrentzündung zu erkranken 50 % beträgt [40]. Diese Aussage wurde u. a. von Etzel et al. (1992) und Gulya et al. (1994) bestätigt. Etzel et al. fanden eine positive Korrelation zwischen dem erhöhten Cotininspiegel im Serum von tabakrauchexponierten Kindern und der Anzahl ihrer Krankheitstage an Mittelohrentzündung mit Erguß [41, 56].

Reduktion von Lungenfunktionsparametern

Untersuchungen an Kindern, die jünger als 14 Monate waren zeigten, daß das Rauchen der Mutter während der Schwangerschaft zu einer signifikanten Reduktion verschiedener Flußsegmente der exspiratorischen Fluß-Volumen-Kurve führte, ebenfalls kam es zu einer geringgradigen Reduktion der Funktionellen Residualluftkapazität (FRC) [59]. Es zeigte sich im weiteren, daß derartige Einschränkungen der Lungenfunktion mindestens bis zum 18. Lebensmonat bestehen bleiben, wobei die Flußwerte stärker als die Volumenwerte reduziert sind [124].

Cunningham und Mitbarbeiter konnten im Rahmen einer großen Querschnittsstudie nachweisen, daß der intrauterinen Tabakschadstoffexposition eine entscheidende Bedeutung zukommt. Sie fanden bei 75 Kindern, deren Mütter nur vor aber nicht nach der Entbindung geraucht hatten, im Alter von 8 – 12 Jahren signifikant reduzierte exspiratorische Flußwerte [30].

Weitere Studien sprechen zudem dafür, daß Lungenfunktionsveränderungen im Säuglings- und Kleinkindalter infolge von intrauteriner Tabakschadstoffexposition und postpartalem Passivrauchen über die Kindheit und Jugend bis in das Erwachsenenalter nachweisbar sind [21, 123, 124].

In einer Untersuchung über die Auswirkungen des Passivrauchens in Raucherhaushalten auf respiratorische Symptome und Lungenfunktionswerte bei

10jährigen Schulkindern im südbayerischen Raum konnte gezeigt werden, daß unter Berücksichtigung von Größe, Alter, Gewicht und Geschlecht signifikant schlechtere Flußparameter bei tabakrauchexponierten Kindern vorlagen als bei Kindern aus Nichtraucherhaushalten. In dieser bei 7284 Schülern durchgeführten Untersuchung betrugen die negativen Veränderungen der Flußparameter durchschnittlich 4,9% bis 5,7% [34].

Die biologische Relevanz und insbesondere die Langzeitentwicklung der Lungenfunktionseinschränkungen im Säuglings- und Kindesalter muß derzeit noch offen bleiben, wenn auch eine Verringerung der Lungenfunktion a priori als Risikofaktor für die Langzeitentwicklung zu werten ist [54]. Ein verminderter altersgemäßer Anstieg der Lungenfunktionsparameter könnte dazu führen, daß die Optimalwerte im frühen Erwachsenenalter nicht erreicht werden, wodurch es dann früher zum Auftreten von Symptomen einer eventuellen chronisch obstruktiven Atemwegserkrankung kommen kann [15, 46, 94].

Erwachsene

Asthma und Lungenfunktion

Im Rahmen der unspezifischen Überempfindlichkeit der unteren Atemwege bei Asthmatikern kommt es bei chronischen Passivrauchern zu einer FEV_1-Abnahme als Reaktion auf die Reizstoffe im Tabakrauch wie Acrolein, Formaldehyd, NOx und lungengängige Partikel [43, 104]. Studien mit experimenteller Tabakrauchexposition zeigten einen akut reversiblen Effekt auf die Lungenfunktion bei manchen Personen mit Asthma. Das Ausbleiben eines feststellbaren Effektes in einigen Studien [137] könnte durch die Existenz einer Empfindlichkeitsvariabiliät zwischen den unterschiedlichen Personen erklärt werden [117]. In diesem Zusammenhang stellten Cummings und Mitarbeiter fest, daß Personen mit präexistenter schwerer Lungenschädigung durch Reduktion der Lungenfunktionsparameter infolge ungewollter Tabakrauchexposition verhältnismäßig mehr beeinträchtigt sind als Gesunde [28]. Leider ist bislang der Identifikation solcher empfindlicher Subgruppen in der Literatur noch zu wenig Aufmerksamkeit gewidmet worden.

Mehrere große Studien zeigen an hinsichtlich vorbestehender Lungenerkrankungen nicht selektierten Populationen eine Beeinträchtigung der Lungenfunktion als Folge chronischen Passivrauchens in Form einer im Mittel um 3% erniedrigten FEV_1 [31]. Eine Geschlechtsdifferenz bei der Reduktion von Lungenfunktionsparametern infolge Passivrauchens wurde in den bisher durchgeführten epidemiologischen Studien nicht einstimmig gefunden, was jedoch zum Teil auf die unterschiedlichen Expositionsorte (Männer am Arbeitsplatz, Frauen überwiegend zuhause) zurückzuführen sein könnte [42].

Darüber hinaus konnte in einer Metaanalyse von acht epidemiologischen Studien ein relatives Risiko von 1,25 für das Erkranken an einem Atemwegsleiden infolge chronischer Tabakrauchexposition gezeigt werden [81]. Hierzu muß noch bemerkt werden, daß aufgrund der oben erwähnten Fehlerquellen epidemiologischer Studien die tatsächlichen nicht malignen negativen gesundheitlichen Effekte des Passivrauchens möglicherweise größer sind als die vorliegenden Studienergebnisse erwarten lassen [31, 88].

Herz-Kreislaufsystem

Mehrere Untersuchungen haben gezeigt, daß Passivrauchen die physische Arbeitskapazität sowohl bei kardial symptomatischen als auch symptomlosen Personen erniedrigt, den Sauerstoffbedarf unter körperlicher Belastung erhöht und die chronotrope Anpassungsfähigkeit des Herzens vermindert, sodaß es bei kardial vorbelasteten Personen durch vorgenannte Faktoren nach Tabakrauchexposition zu einer pektanginösen Beschwerdesymptomatik kommen kann [4, 103]. Diese kardialen Funktionseinschränkungen könnten sich durch eine im Tierversuch festgestellte Zell-Enzym-Aktivität-Herabsetzung nach Tabakrauchexposition erklären lassen.

Ferner konnte die Vermehrung der Plättchenaggregation und -adhäsion sowie Verminderung des Thromboxans, Fibrinogens und der Plasmaviskosität nach Exposition mit Tabakrauch gemessen werden [116]. Hinsichtlich der atherogenen Effekte wurden Intimaschädigungen und die Förderung der Proliferation glatter Gefäßmuskelzellen unter Tabakrauchexposition festgestellt [25, 76, 77, 78].

Zur Frage nach einem Zusammenhang von Passivrauchen und der Entstehung ischämischer Herzerkrankungen zeigten die bisherigen, nicht in allen Fällen signifikanten Studien, in der Metaanalyse für Männer und Frauen ein signifikant erhöhtes Erkrankungsrisiko von im Mittel 77 % [18 % – 165 %] unter Berücksichtigung von Risikofaktoren wie Alter, erhöhter Cholesterinwert, Hypertonie, Diabetes mellitus, Übergewicht, körperlicher Inaktivität usw. [134].

Das Mortalitätsrisiko bezüglich ischämischer Herzerkrankungen unter den Passivrauchern war bei Frauen im Mittel 23 % (11 % – 36 %), bei Männern im Mittel 25 % (3 % – 51 %) erhöht [23, 64, 67, 167]. Für die in diesem Absatz zitierten epidemiologischen Studien gelten ebenfalls die auf S. 447 beschriebenen Einschränkungen. LeVois und Layard halten insbesondere für die Thematik „Herz-/Kreislaufsystem" das Nichtpublizieren von „unerwünschten" wissenschaftlichen Ergebnissen als eine gravierende Fehlerquelle [84, 133].

Bronchialkarzinom

Die Datenlage zum Bronchialkarzinom und Passivrauchen beschränkt sich nahezu ausschließlich auf die Untersuchung von passivrauchenden Frauen, die in ihrem Leben nicht mehr als 100 Zigaretten aktiv geraucht haben. 1992 faßte die amerikanische Umweltbehörde die Aussagen von 30 epidemiologischen Untersuchungen aus 8 Ländern zusammen und stellte einen Kausalzusammenhang zwischen Passivrauchen bei Frauen und dem Auftreten von Bronchialkarzinom bei ihnen fest, was auch durch aktuellere Studien wiederum bestätigt wurde [15, 40, 47, 85, 121]. Eine Risikobewertung zeigte darüber hinaus, daß die gesamte jährliche Anzahl der Bronchialkarzinomtodesfälle, die dem Passivrauchen zugeschrieben werden können, die Todesfälle, welche durch andere Schadstoffe verursacht werden, sogar übertrifft [102].

Die amerikanische Umweltbehörde klassifizierte daraufhin den Tabakrauch in der Raumluft als Karzinogen vom Typ A, d. h. als humankarzinogenes Substanzgemisch. Hierzu soll noch angemerkt werden, daß US-Richtlinien die zulässigen Expositionen mit Umwelt-Karzinogenen auf ein mittleres Risiko von 10^{-5} (1/100 000), d. h. 1 Tumorfall auf 100 000 Individuen, bis 10^{-4} (1/10 000) für kleine Populationen und von 10^{-7} (1/10 Millionen) bis 10^{-6} (1/1 Million) für große Populationen limitieren [126].

Analog zu den bisherigen Erkenntnissen zum Aktivrauchen geht man auch beim Passivrauchen von der Nichtexistenz eines Schwellenwertes für die kanzerogene Wirkung aus und es ist demzufolge auch kein Schwellenwerteffekt bei der Risikobewertung der Tabakrauchexposition anzunehmen [36, 39, 98, 102, 135]. Epidemiologische Studien haben gezeigt, daß ein bedeutender Anteil der amerikanischen Frauen sowohl im sozialen Bereich wie auch am Arbeitsplatz Passivrauch ausgesetzt war [13, 24, 26, 27, 49, 58, 138]. Die Tabelle 4 zeigt anhand einer aktuellen Metaanalyse von Morris, daß passivrauchende Frauen aus den USA, die in verschiedenen Lebensbereichen einer Tabakrauchexposition ausgesetzt sind, ein erhöhtes Risiko haben, an einem Bronchialkarzinom zu sterben [52, 91].

Da die zur Situation in Deutschland vorliegenden Daten keine durchgehend exakte Differenzierung zwischen Nicht- und Nieraucherinnen zulassen, sind entsprechende Risikoabschätzungen hier leider nicht möglich.

Ebenfalls anhand vorliegender US-amerikanischer Daten haben Becher und Wahrendorf unter der Annahme eines relativen Risikos von 1,35 für nichtrauchende Männer und Frauen in der Bundesrepublik Deutschland eine Zahl von etwa 400 jährlichen Todesfällen durch Bronchialkarzinome, verursacht durch Passivrauchen, errechnet [9, 14].

Bei der Betrachtung von durch Metaanalysen errechneten Risikoabschätzungen für Passivraucher ist jedoch wichtig zu beachten, daß diese in erheblichem Maße von der Auswahl der zugrundegelegten Einzelstudien abhängen [81].

Tabelle 3. Erworbene Risikoerhöhung von US-Nieraucherinnen infolge Tabakrauchexposition an verschiedenen Orten [91]

Expositionsort	Risiko
Zuhause	6,5/10 000
Im sozialen Bereich	1/10 000
Am Arbeitsplatz	1 – 6/100 000
Im Büro	2/10 000
Im Restaurant	3/10 000
In Bars	9/10 000

Prävention

Die im vorangegangenen Abschnitt erwähnte Berechnung von etwa 400 jährlich durch Passivrauchen verursachten Bronchialkarzinomtodesfällen in der BRD zeigt, daß hier aktuell ein dringender Handlungsbedarf besteht. Dies wird umso deutlicher, wenn man sich zudem die Zahl von etwa 115000 Todesfällen vor Augen hält, die jedes Jahr durch Aktivrauchen verursacht werden [99].

Die Strategien zur Reduktion der Tabakrauchexposition in Innenräumen beinhalten Lüftung, Einsatz von Luftreinigungseinrichtungen und Elimination der Expositionsquelle, wobei die ersteren beiden sich jedoch als wenig erfolgversprechend erweisen [125].

Sekundär- oder Tertiärprävention

Im folgenden sollen Management-Strategien beschrieben werden, die die erfolgreiche Entwöhnung von Aktivrauchern zum Ziel haben. Zunächst soll hier nochmals darauf hingewiesen werden, daß bei langjährigen Rauchern in der Regel eine Nikotinabhängigkeit besteht [97]. Eine gute Möglichkeit, um den Grad der Nikotin-Abhängigkeit zu erfassen, stellt der Fagerstrom-Test dar [60]. Ebenso wichtig ist die Erkennung des Motivationsstadiums des Rauchers und die Kenntnis der Gesetzmäßigkeiten, nach denen unterschiedliche Motivationsstadien typischerweise aufeinanderfolgen [32, 101]

Allein die Anwendung der folgenden einfachen und nicht zeitaufwendigen Ratschläge an Ärzte, um ihre rauchenden Patienten zum Nichtrauchen zu bewegen, erzielen in 5 – 10% der Fälle einen Langzeiterfolg [110]:

- Rauchfreie Gestaltung der Praxis/Sprechstunde [72].
- Der Raucherstatus jedes Patienten sollte erfragt und dokumentiert werden [74].
- Jedem Raucher sollte bei jeder Konsultation zum Aufhören geraten und Hilfe dazu angeboten werden [95].
- Abstinenzwillige Patienten sollten kompetent über das Aufhören beraten werden [1].
- Nach der Schlußpunktmethode sollte gemeinsam ein Termin festgelegt werden, an dem das Rauchen (von einem auf den anderen Tag) eingestellt wird [3].
- Bezüglich eventueller Rückfälle sollte entsprechend beraten werden und Nachfolgetermine vereinbart werden [29].
- Im ersten Monat nach dem Rauchstop sollte der Patient wöchentlich oder zweiwöchentlich für einige Minuten gesehen oder telefonisch kontaktiert werden [45].
- Rückfällig gewordene Patienten sollten aufgefangen und mit ihnen ein Termin für einen erneuten Rauchstop vereinbart werden [32].
- Stark abhängigen und rückfällig gewordenen Patienten sollte eine Nikotinsubstitution angeboten werden, und/oder eine Überweisung in eine Gruppentherapie zur Raucherentwöhnung erfolgen [45].

In Gruppentherapie lassen sich in kombinierter Vorgehensweise durch Verhaltenstherapie und Nikotinsubstitution bis in 20%–35% der Fälle 1-Jahresabstinenzraten erzielen [11, 17].

Eine Hilfe, ob nach der Schlußpunkt- oder allmählichen Abstinenzmethode sollte jedem symptomlosen wie symptomatischen Raucher angeboten werden. Die Therapie einer tabakbedingten (chronische Atemwegserkrankung, operiertes Bronchialkarzinom, periphere arterielle Verschlußkrankheit, usw.) wie auch tabakassoziierten (Diabetes mellitus, gastrointestinale Ulcera, usw.) Erkrankung bleibt unvollständig, wenn eine begleitende Raucherentwöhnung unterlassen wird [72].

Es hat sich gezeigt, daß sich durch Entwöhnung von Aktivrauchern durch Maßnahmen der Sekundär- und Tertiärprävention nur in begrenztem Maß die Raucherquote der Bevölkerung senken läßt. Durch die immer wieder hinzukommenden Neuraucher, oftmals jugendliche Tabakkonsumenten, stellt sich ein Gleichgewicht bei einem bestimmten Pegel der Raucherquote ein.

Primärprävention

Die Ursachen, die Jugendliche zu (Alltags) Drogen greifen lassen, entstehen meist schon in der Kindheit. Die Familie hat lebensgeschichtlich den ersten und wahrscheinlich wichtigsten Einfluß auf den späteren Umgang mit Drogen. Eltern und andere Erwachsene bilden einen wesentlichen Teil des Umfeldes, in dem sich Persönlichkeit und Verhaltensweisen von Kindern entfalten [75, 128].

Die Notwendigkeit einer frühzeitigen Prävention bestärkt die Rolle der Schule neben der Familie, da über sie fast alle Kinder und Jugendliche erreicht werden können und sie ist somit der Ort, an dem Drogenprävention und Gesundheitserziehung frühzeitig und langfristig durchgeführt werden können. Die am weitesten verbreitete Präventionsstrategie ist die Informationsvermittlung. Ihre Effektivität ist jedoch als gering zu bezeichnen [73]. Ebenso ineffektiv bzw. bereits sogar kontraproduktiv ist die Abschreckungsmethode, d.h. eine Pädagogik des erhobenen Zeigefingers [33]. Eine sehr gute Wirksamkeit läßt sich dagegen bei Programmen des Lebenskompetenztrainings bzw. der Vermittlung allgemeiner Bewältigungsfertigkeiten (Life skills) nachweisen. Hierbei werden Fertigkeiten wie Problemlöse- und Entscheidungsfertigkeiten trainiert, sowie kognitive Fähigkeiten, um negativen sozialen Einflüssen widerstehen zu können. Fertigkeiten zur Steigerung der Selbstkontrolle, Coping-Strategien zu Bewältigung von Stress und Angst; interpersonelle und Durchsetzungskompetenzen sind u.a. die wichtigsten Ansätze einer zeitgemäßen Suchtprävention und Gesundheitserziehung [12, 62, 63, 73, 79, 93].

Viele Untersuchungen weisen darauf hin, daß Drogenprävention sehr früh, d.h. im Alter von 5–7 Jahren zu beginnen hat [8, 12, 18, 69].

Für Jugendliche, die noch nie Drogen wie Tabak konsumiert haben, haben sich vorbeugende Maßnahmen als wesentlich wirkungsvoller erwiesen, als für solche, die bereits zu den Probierern oder gar regelmäßigen Konsumenten zählen.

Eine Sanktionierung der Raucher durch den Gesetzgeber, wie sie bereits in einigen Ländern existiert, kann sicherlich einen wichtigen Beitrag zur Verhütung von gesundheitlichen Schäden durch Tabakkonsum leisten. Sie wird jedoch kaum für sich alleine stehen können, sondern bedarf weiterer flankierender Präventionsmaßnahmen.

Hinsichtlich der Finanzierung von Präventionsmaßnahmen gibt die derzeitige Situation in den USA zumindest einen Denkansatz. So könnte die Beteiligung der Tabakindustrie mit 25% ihrer jährlichen Bruttoeinnahmen an den Kosten der Prävention und Kuration tabakbedingter Gesundheitsschäden ein wichtiger Ansatz sein.

ZUSAMMENFASSUNG

Nach der Bundeszentrale für gesundheitliche Aufklärung (1996) rauchen 37% der Männer und 22% der Frauen in den alten sowie 42% der Männer und 23% der Frauen in den neuen Bundesländern aktiv. Die meisten Raucher befinden sich in den Altersgruppen 20 bis 24 und 25 bis 29 Jahre, also in einem Altersbereich, in dem auch die meisten jungen Menschen Eltern werden. Die genaue Anzahl der passivrauchenden Kinder in Deutschland ist nicht bekannt. Wir wissen lediglich, auch aus deutschen Untersuchungen, daß 50 bis 70% der Männer und 60 bis 80% der Frauen regelmäßig einer ungewollten Tabakexposition ausgesetzt sind.

Weit mehr als 30 epidemiologische Studien sind bislang über die chronische Tabakrauchexposition der *nierauchenden* Erwachsenen, überwiegend Frauen, publiziert und in Metaanalysen ausgewertet worden. Hierbei ergaben sich relevante Zusammenhänge zwischen Passivrauchen und Atemwegserkrankungen im Kindes- und Erwachsenenalter, Zunahme der Asthmaexazerbationen und Mittelohrentzündungen im Kindesalter und Beeinträchtigung der Lungenfunktion in beiden Altersbereichen.

Das Risiko von Neugeborenen und Säuglingen, an einem plötzlichen Kindstod zu sterben, ließ sich statistisch signifikant mit dem Rauchen der Mütter während der Schwangerschaft in Relation setzen.

Die vorliegende Datenlage spricht auch für ein erhöhtes Risiko bezüglich Gefäßerkrankungen und Verschlimmerung der klinischen Symptomatik bei einer vorbestehenden koronaren und myokardialen Erkrankung bei Erwachsenen.

In manchen Studien und Metaanalysen wurde das Risiko durch ungewollte Tabakrauchexposition am Bronchialkarzinom zu sterben, für Nieraucher nur marginal erhöht gefunden. Die Mehrzahl der epidemiologischen Studien lassen jedoch keinen Zweifel an der epidemiologischen Bedeutung dieses Zusammenhanges. Die durch Becher und Wahrendorf publizierte Berechnung der Anzahl der jährlich in Deutschland auftretenden Bronchialkarzinomtodesfälle nichtrauchender Frauen und Männer wird mit 400 beziffert. Wieviele Nieraucher darunter sind, ist derzeit noch ungeklärt.

In Anbetracht des erhöhten Risikos infolge nicht gewollter Tabakrauchexposition zu erkranken bzw. infolge vorwiegend des aktiven Rauchens zu sterben besteht auch in Deutschland ein dringender Handlungsbedarf.

Neben Forderungen nach politischen Sanktionen im Rahmen des Nicht-raucherschutzes sind die sekundären und tertiären präventiven Maßnahmen gleichwertig. Vor allem sollte jedoch die Primärprävention des Rauchens politisch und seitens der Medien unterstützt und für ihre Durchführung regional und überregional die finanziellen Voraussetzungen geschaffen werden.

Literatur

1. Abrams DB, Orleans CT, Niaura RN, et al. (1993) Treatment issues in smoking cessation: a stepped care approach. Tobacco Control 2 (suppl):17–34
2. Adlkofer FX (1992) Lungenkrebs durch Passivrauchen am Arbeitsplatz – ein eher theoretisches Problem. Zbl Arbeitsmed 42:400–424
3. Agency for Health Care Policy and Research (1996) Smoking Cessation Clinical Practice Guideline. JAMA 275:1270–1280
4. Aronow WS (1978) Effect of passive smoking on angina pectoris. N Engl J Med 299:21–24
5. ATS–Statement (1984) Health effects of smoking on children. American Thoracic Society
6. Baker RR, Proctor CJ (1990) The origins and properties of environmental tobacco smoke. Environ Int 16:231–245
7. Bakoula ChG, Kafritsa YJ, Kavadias D et al. (1995) Objective passive–smoking indicators and respiratory morbidity in young children. Lancet 346:280–281
8. Bartsch N (1987) Suchtprävention in der Grundschule. In: Bartsch & Knigge–Illner (Hrsg) Sucht und Erziehung. Weinheim und Beltz Verlag, pp 165–183
9. Becher H, Wahrendorf J (1994) Passivrauchen und Lungenkrebsrisiko. Gegenwärtiger epidemiologischer Kenntnisstand und Abschätzung des Effektes in der Bundesrepublik Deutschland. Deutsches Ärzteblatt 48: A3352–3358
10. Binder RE, Mitchell CA, Hossein HR, et al. (1979) Importance of the indoor environment on air pollution exposure. Arch Environ Health 31:277
11. Bölcskei PL (1992) Praktische Erfahrungen und Studienergebnisse: Kombinierter Therapieansatz zur Raucherentwöhnung. In: Gesundheitsberatung zur Tabakentwöhnung (Hrsg) Wissenschaftlicher Aktionskreis Tabakentwöhnung (W.A.T) e.V. Gustav Fischer Verlag, Stuttgart, New York, pp 83–92
12. Bölcskei PL et al. (1997) Suchtprävention an Schulen – Besondere Aspekte des Nikotinabusus. Effekte nach einer vierjährigen Intervention durch das Suchtpräventions- und Gesundheitsförderungsprogramm Klasse 2000. Präv-Rehab 9(2):82–89
13. Borland R, Pierce JP, Burns DM, Gilpin E, Johnson M, Bal D (1992) Protection from environmental tobacco smoke in California, The case for a smoke-free workplace. JAMA 268:749–752
14. Breslow NF, Day NE (1980) Statistical Methods in Cancer Research. Volume 1 – The Analysis of Case-Control Studies, IARC Scientific Publications No. 32. International Agency für Research on Cancer. Lyon
15. Brownson RC, Alavanja MCR, Hock ET, Loy TS (1992). Passive smoking and lung cancer in nonsmoking women. Am J Public Health 82:1525–1530
16. Brunekreef B, Hoeck G, Groot G (1992) Pets, allergy and respiratory symptoms in children. Int J Epidemiol 21:338–342
17. Buchkremer G, Minneker E, Block M (1991) Smoking Cessation Treatment combining Transdermal Nicotine Substitution with Behavioral Therapy. Pharmacopsychiatry 24:96–102
18. Bühringer G, Künzel-Böhmer J (1991) Die Lübecker Resolutionen der europäischen Konferenz „Drogenprävention in Schulen" vor dem Hintergrund der Präventionsforschung. In: Der Bundesminister für Bildung und Wissenschaft (Hrsg) Suchtprävention in Schulen
19. Bundeszentrale für gesundheitliche Aufklärung (1994) Die Drogenaffinität Jugendlicher in der Bundesrepublik Deutschland, Wiederholungsbefragung 1993/94. Köln

20. Bundeszentrale für gesundheitliche Aufklärung (1996) Aktionsgrundlagen. Köln
21. Burrows B, Knudson RJ, Lebowitz MD (1977) The relationship of childhood respiratory illness to adult obstructive airway disease. Am Rev Respir Dis 115:751–760
22. Butler NR, Goldstein H (1973) Smoking in pregnancy and subsequent child development. BMJ 4:573
23. Butler TL (1988) The relationship of passive smoking to various health outcomes among Seventh Day Adventists in California (dissertation). University of California, Los Angeles (CA) 160:173
24. CDC (Centers for Disease Control) (1988) Discomfort from environmental tobacco smoke among employees at worksites with minimal smoking restrictions – United States. MMWR 41:351–354
25. Celermajer DA, Adams MR, Clarkson P, et al. (1996) Passive smoking and impaired endothelium-dependent arterial dilatation in healthy young adults. N Engl J Med 334:150–154
26. Cummings KM, Markelle SJ, Mahoney M, Bhargava AK, McElroy PD Marshall JR (1989) Measurement of lifetime exposure to passive smoke. Am J Epidemiol 130:122–132
27. Cummings KM, Markello SJ, Mahoney M, Bhargave AK, McElroy PD, Marshall JR (1990) Measurement of current exposure to environmental tobacco smoke. Arch Environ Health 45(2):74–79
28. Cummings KM, Zaki A, Markello S (1991) Variation in sensitivity to environmental tobacco smoke among adult non-smokers. Int J Epidemiol 20:121–125
29. Cummings SR, Rubin SM (1987) Counselling smokers to quit is worth an extra visit. Clinical Research 35:736
30. Cunningham J, Dockery DW, Speizer FE (1994) Maternal Smoking During Pregnancy As a Predictor of Lung Function in Children. Am J Epidemiol 139:1139–1152
31. Dales RE, Spitzer, WO, Hill, GB (1993) Adult respiratory diseases and environmental tobacco smoke. In:Prevention of Respiratory Diseases, ed Hirsch A, Goldberg M, Martin JP, Masse R, Lung Biology in Health and Disease Vol. 68. Marcel Dekker,New York, Basel, Hong Kong, p 417
32. DiClemente CC, Prochaska JO, Fairhurst SK, Velicer WF, Valesquez MM, Rossi JS (1991) The processes of smoking cessation: An analysis of precontemplation, contemplation, and preparation stages of change. J Consult Clin Psychol 59:295–304
33. Dlugosch G, Schmidt L (1990) Psychological aspects of health education. In: Hurrelmann K, Lösel F (eds) Health hazards in adolescence. De Gruyter, Berlin
34. Dold S et al. (1992) Auswirkungen des Passivrauchens auf den kindlichen Respirationstrakt. Monatsschr Kinderheilk 140:763–768
35. Doll R, Gray R, Peto R, et al. (1990) Tobacco–related diseases. J Smoking Related Dis 1:3–13
36. Doll R, Peto R (1978) Cigarette smoking and bronchial carcinoma:Dose and time relationships among regular smokers and lifelong non-smokers. J Epidemiol Community Health 32:303–313
37. Eisen EA, Wegman DH, Louis TA (1983) Effects of selection in a prospective study of forced expiratory volume in Vermont granite workers. Am Rev Respir Dis 128:587–591
38. Emmons KM, Thompson B, Feng Z, et al. (1995) Dietary intake and exposure to environmental tobacco smoke in a worksite population. Eur J Clin Nutr (zitiert nach 81)
39. Environmental Protection Agency (1989) Risk Assessment Guidance for Superfund Volume 1 Human Health Evaluation Manual (Part A). Interim Final. U.S. Environmental Protection Agency, Washington, DC
40. Environmental Protection Agency (1992) Respiratory Health Effects of Passive Smoking: Lung Cancer and Other Disorders, Washington, DC: Office of Air and Radiation and Office of Research and Development. U.S. EPA publication no 600/6–90/006 F
41. Etzel RA, Pattishall EN, Haley NJ (1992) Passive smoking and middle ear effusion among children in day care. Pediatrics 90:228–232
42. Euler GL, Abbey DE, Magie AR, Hodgkin JE (1987) Chronic obstructive pulmonary disease symptom effects of long-term cumulative exposure to ambient levels of total suspended particulates and sulphur dioxide in California Seventh-Day Adventist residents. Arch Environ Health 42:213–222

43. Evans D, Levison MJ, Feldman CH, Clark NM, Wasilewski Y, Levin B, Mollins RB (1987) The impact of passive smoking on emergency room visits of urban children with asthma. Am Rev Respir Dis 735:567–572

44. Fergusson DM, Horwood LJ, Shannon FT, Taylor B (1981) Parental smoking and lower respiratory illness in the first three years of life. J Epidemiol Community Health 35:180

45. Fiore MC, Smith SS, Jorenby DE, et al. (1994) The effectiveness of the nicotine patch for smoking cessation:a meta-analysis. JAMA 271:1940–1947

46. Fletcher CM, Peto R, Tinker C, Speizer FE (1976) The natural history of chronic bronchitis and emphysema. An eight-year study of early chronic obstructive lung disease in working men in London. Oxford University Press, Oxford, p 272

47. Fontham ETH, Correa P, Wu-Williams A, Reynolds P, Greenberg RS, Buffler PA, Chen VW, Boyd P, Alterman T, Austin DF, Liff J, Greenberg SD (1991) Lung cancer in nonsmoking women:a multicenter casecontrol study. Cancer Epidemiol Biomarkers Prev I:35–43

48. Freiman JA, Chalmers TC, Smith H, Kuebler R (1978) The importance of Beta, the Type II error and sample size in the design and interpretation of randomized control trial. N Engl J Med 299:690–694

49. Friedman GD, Petitti DB, Bawol RD (1983) Prevalence and correlates of passive smoking. Am J Public Health 73:401–405

50. Frischer T, Kühr J, Meinert R, Karmaus W, Barth R, Hermann-Kunz E, Urbanek R (1992) Maternal smoking in early childhood is a risk factor for bronchial responsiveness to exercise in primary school children. J Pediat 121:17–22

51. Frischer T, Studnicka M, Neumann M (1992) Childhood risk factors for development of COPD: Role of infection and passive smoking. Eur Resp Rev 9:154–158

52. Gail M (1975) Measuring the benefits of reduced exposure to environmental carcinogens. J Chronic Dis 28:135–147

53. Gohlke H, Gohlke-Bärwolf C, Peters K, Schmitt M, Katzenstein M, Gaida C, Schneider E, Roskamm H (1989) Prävention des Zigarettenrauchens in der Schule, Eine prospektive kontrollierte Studie. Dtsch Med Wochenschr 46:1780–1784

54. Götz M (1994) Welchen Einfluß hat das Passivrauchen auf die Lunge im Kindesalter? Krankenpflegejournal 32:122–126

55. Graham NMH (1990) The epidemiology of acute respiratory infections in children and adults:a global perspective. Epidemiol Rev 12:149–178

56. Gulya AJ (1994) Environmetal Tobacco Smoke and Otitis Media. Otolaryngol Head Neck Surg 111:6–8

57. Haddow JE et al. (1987) Cigarette consumption and serum cotinine in relation to birthweight. Br J Obstet Gynaec 94:678

58. Haley NJ, Colosimo SG, Acelrad CM, Harris R, Sepkovic DW (1989) Biochemical validation of self-reported exposure to environmental tobacco smoke. Environ Res 49:127–135

59. Hanrahan JP, Tager IB, Segal MR, Castile RG, Van Vunakis H, Weiss ST, Speizer FE (1992) The effect of maternal smoking during pregnancy on early infant lung function. Am Rev Respir Dis 145:1129–1135

60. Heatherton TF, Kozlowski LT, Frecker RC, Fagerström KO (1991) The Fagerström Test for Nicotine Dependence: A revision of the Fagerström Tolerance Questionnaire. Br J Addict 86:119–127

61. Hecht SS, Carmella SG, Murphy SE, Akerkar S, Brunnemann KD, Hoffmann D (1993) A tobacco-specific lung carcinogen in the urine of men exposed to cigarette smoke. N Engl J Med 329:1543–1546

62. Hesse S (1993) Suchtprävention in der Schule. Evaluation der Tabak- und Alkoholprävention. Schule und Gesellschaft Bd. 3, Leske & Budrich, Opladen

63. Hesse S (1995) Drogenkonsum als problematische Form der Lebensbewältigung im Jugendalter – Perspektiven für die Prävention. In:Arbeitskreis Prävention Mainz (Hrsg) Life Skill – was ist das?

64. Hirayama T (1990) Passive smoking. NZ Med J 103:54

65. Hoffmann D, Wynder EL (1994) Aktives und passives Rauchen. In: Marquard H, Wynder EL (Hrsg) Lehrbuch der Toxikologie, Wissenschafts-Verlag, Mannheim, Leipzig, Wien, Zürich, pp 589–605

66. Hoffmeister H, Stolzenberg H, Schön D, Thefeld W, Hoelz J, Schröder E (1988) Nationaler Untersuchungssurvey und regionale Untersuchungssurveys der Deutschen Herz-Kreislauf–Präventionsstudie. Band II: Ergebnisse einer Grundauswertung von Gesamtcholesterin, HDL-Cholesterin, Blutdruck, Rauchgewohnheiten, Thiocyanat. Berlin: DHP-Forum

67. Hole DJ, Gilis CR, Chopra C, et al. (1989) Passive smoking and cardiorespiratory health in a general population in the west of Scotland. BMJ 299:423–427

68. Hugod C (1991) Auch wenn es wissenschaftlich nicht zu beweisen ist, sollten wir Kinder vor Tabakrauch schützen. Öff. Gesundh.-Wes. 53:160–161 Sonderheft 2

69. Institut für Präventive Pneumologie am Klinikum der Stadt Nürnberg (1995) Klasse 2000 – Entstehung – Ziele – Entwicklung – Nutzen. Eigendruck

70. International Agency for Research on Cancer (1990) Cancer: Causes, occurence and control, IARC Scientific Publications, Lyon Vol. 100

71. Jöckel KH (1991) Passivrauchen – Bewertung der epidemiologischen Befunde. VDI Berichte 888:517–535

72. Jork K (1997) Raucherentwöhnung in der Allgemeinpraxis. In: Raucherberatung und Raucherentwöhnung – ein interaktives Computerprogramm (Hrsg) Bölcskei PL, Bayerische Landesärztekammer (in Vorbereitung)

73. Kolip P, Hurrelmann K, Schnabel PE (Hrsg) (1995) Jugend und Gesundheit – Interventionsfelder und Präventionsbereiche. Juventa Verlag, Weinheim

74. Kottke TE, Solberg LI (1995) Is it not time to make smoking a vital sign? Mayo Clin Proc 70:303–304

75. Kreppner K (1991) Sozialisation in der Familie. In: Hurrelmann (Hrsg) Neues Handbuch der Sozialisationsforschung. Beltz Verlag, Weinheim & Basel, pp 321–334

76. Kritz H, Schmid P, Sinzinger H (1995) Passive smoking and cardiovascular risk. Arch Intern Med 155:1942–1948

77. Kritz H, Sinzinger H (1996) Passive smoking, platelet function and atherosclerosis. Wien Klin Wschr 108:582–588

78. Kritz H, Sinzinger H (1996) Passivrauchen. Wien Klin Wschr 108:563–564

79. Künzel J (1995) Was ist Life-Skill – Ergebnisse der Expertisen zur Primärprävention des Substanzmißbrauchs. In: Arbeitskreis Prävention Mainz (Hrsg) Life Skill was ist das?

80. Kurz H, Fuischer T, Huber WD und Götz (1994) Gesundheitsschäden durch Passivrauchen bei Kindern. WMW 22/23:531–534

81. Law MR, Hackshaw AK (1996) Environmental tobacco smoke. Department of Environmental and Preventive Medicine, Wolfson Institute of Preventive Medicine, St Bartholomew's Hospital Medical College, London UK. Br Med Bull 52(No1): 22–34

82. Le Marchand L, Wilkens LR, Hankin JH, et al. (1991) Dietary patterns of female nonsmokers with and without exposure to environmental tobacco smoke. Cancer Causes Control 2:11–16

83. Lee PN (1987) Lung cancer and passive smoking: association of artefact due to misclassification of smoking habits. Toxicol Letters 35:157–162

84. LeVois ME, Layard MW (1995) Publication Bias in the Environmental Tobacco Smoke/ Coronary Heart Disease Epidemiological Literature. Regul Toxicol Pharmacol 21:181–188

85. Liu Q, Sasco AJ, Riboli E, Hu MX (1993) Indoor air pollution and lung cancer in Guangzhou, People's Republic of China. Am J Epidemiol 137:145–154

86. Luck B, Nau H (1984) Exposure of the fetus, neonate and nursed infant to nicotine and cotinine from maternal smoking. N Engl J Med 310:672–678

87. Magnussen H (1991) Weder bei Kindern noch bei Erwachsenen mit Asthma bronchiale beeinträchtigt Passivrauchen akut Lungenfunktion und bronchiale Empfindlichkeit. Öff. Gesundh-Wes Sonderheft 2 53:162–164

88. Masjedi M-R, Kazemi H, Johnson DC (1990) Effects of passive smoking on the pulmonary function of adults. Thorax 45:27–31

89. Mitchel EA (1993) Joint meeting EPRS and ERS Oslo January

90. Moore P (1997) Smoking in pregnancy linked with conduct disorder. Lancet 350:190

91. Morris PD (1995) Lifetime Excess Risk of Death from Lung Cancer for a U.S. Female Never-Smoker Exposed to Environmental Tobacco Smoke. Environ Res 68:3–9

92. National Research Council (NRC) (1986) Environmental tobacco smoke: Measuring exposures and assessing health effects. National Academy Press Washington, DC
93. Nordlohne E (1992) Die Kosten jugendlicher Problembewältigung – Alkohol-, Zigaretten- und Arzneimittelkonsum im Jugendalter. Juventa Verlag, Weinheim
94. O'Connor GT, Weiss ST, Tager IB, Speizer FE (1987) The effect of passive smoking on pulmonary function and nonspecific bronchial responsiveness in a population based sample of children and young adults. Am Rev Respir Dis 135:800–804
95. Ockene JK (1987) Smoking intervention: the expanding role of the physician. Am J Public Health 77:782–783
96. Oldigs M, Jörres R, Magnussen H (1991) Acute effect of passive smoking on lung function and airway responsiveness in asthmatic children. Pediatr Pulmonol 10:123–131
97. Orleans CT (1993) Treating nicotine dependence in medical settings: a stepped-care model. In: Orleans CT, Slade J (eds). Nicotine Addiction; Principles and Management. Oxford University Press, New York, pp 145–161
98. Pathak DR, Samet JM, Humble CG, Skipper BJ (1986) Determinates of lung cancer risk in cigarette smokers in New Mexiko. J Natl Cancer Inst 76:597–604
99. Peto R, Lopez AD, et al. (1994) Mortality from smoking in developed countries, 1950–2000: Indirect estimates from national vital statistics. Oxford University Press, Oxford
100. Polgar G, Weng TR (1979) The functional development of the respiratory system. Am Rev Respir Dis 120:625–695
101. Prochaska JO, Velicer WF, DiClemente CC, Fava JL (1988) Measuring the processes of change:Applications to the cessation of smoking. J Consult Clin Psychol 56:520–528
102. Repace JL, Lowrey AH (1990) Risk assessment methodologies for passive smoking-induced lung cancer. Risk Anal 10:27–37
103. Report of the Surgeon General (1979) Smoking and Health. DHEW-Publ.-Nr (PHS) 79:50066
104. Report of the Surgeon General (1986) The health consequences of involuntary smoking. U.S. Department of Health and Human Services, Public Health Service
105. Riboli E, Preston-Martin S, Saracci R, et al. (1990) Exposure of nonsmoking women to environmental tobacco smoke:a 10-country collaboration study. Cancer Causes Control 1:243–252
106. Sandler DP, Comstock GW, Helsing KJ, Shore DL (1989) Deaths from all causes in non-smokers who lived with smokers. Am J Public Health 79:163–167
107. Saracci R, Riboli E (1989) Passive smoking and lung cancer: current evidence and ongoing studies at the International Agency for Research on Cancer. Mutation Research 222:117–127
108. Schmidt F (1988) Gefahren durch das Rauchen. Onkologie 11:250–253
109. Schoendorf KC, Kiely JL (1992) Relationship of sudden infant death syndrome to maternal smoking during and after pregnancy. Pediatrics 90:905
110. Schwartz IL (1991) Methods for Smoking Cessation. Clin Chest Med 12(4):737–753
111. Schwarz B, Schmeiser-Rieder A (1996) Epidemiologie der Gesundheitsstörungen durch Passivrauchen. Wien Klin Wschr 108/18:565–569
112. Schwarzer R (1996) Psychologie des Gesundheitsverhaltens. Hogrefe-Verlag Göttingen, Bern, Toronto, Seattle
113. Senatskommission zur Prüfung gesundheitsschädlicher Arbeitsstoffe der Deutschen Forschungsgemeinschaft (1985) In: Henschler D (Hrsg) Passivrauchen am Arbeitsplatz. VCH Verlagsgesellschaft mbH, Weinheim
114. Sherman CB (1991) Health effects of cigarette smoking. Clin Chest Med. 12:643–658
115. Shopland DR, Pechacek TF, Cullen JW (1990) Toward a tobacco-free society. Semin Oncol 17:402–412
116. Sinzinger H, Kefalides A (1982) Passive smoking severely decreases platelet sensitivity to antiaggregatory prostaglandins. Lancet 2:392–393
117. Stankus RP, Menon PK, Rando RJ, Glindmeyer H, Salvaggio JE, Lehrer SB (1988) Cigarette smoke-sensitive asthma: Challenge studies. J Allergy Clin Immunol 82:331–338
118. Statistisches Bundesamt (1992) (Hrsg) Mikrozensus Mai 1992: Fragen zu den Rauchgewohnheiten. Verlag Metzler-Poeschel, Stuttgart

119. Statistisches Bundesamt. Wirtschaft und Statistik (1996) Fragen zur Gesundheit. Ergebnisse des Mikrozensus 1995. Verlag Metzler-Poeschel, Stuttgart

120. Stjernfeldt M, Berglund K, Lindsten J, Ludvigsson J (1986) Maternal smoking during pregnancy and risk of childhood cancer. Lancet 1:1350–1352

121. Stockwell HG, Goldman AL, Noss CI, Armstrong AW, Pinkham PA, Candelora EC, Brusa MR (1992) Environmental Tobacco Smoke and Lung Cancer Risk in Nonsmoking Women. J Natl Cancer Inst 84:1417–1422

122. Suzuki K et al. (1974) Placental transfer and distribution of nicotine in the pregnant rhesus monkey. J Obstet Gynaec 119:253

123. Tager IB, Hanrahan JP, Tosteson TD, et al. (1993) Lung function, pre- and postnatal smoke exposure, and wheezing in the first year of life. Am Rev Respir Dis 147:811–817

124. Tager IB, NGOL, Hanrahan JP (1995) Maternal Smoking during Pregnancy. Am J Resp Crit Care Med 152:977–983

125. Tarcher AB (1992) Principles and Practice of Environmental Medicine. Plenum Medical Book Company, New York, p 445

126. Travis CC, Richter SA, Crouch EAC, Klema ED (1987) Cancer risk management. A review of 132 federal regulatory decisions. Environ Sci Techno 21:415–420

127. Trichopoulos D, Kalandidi A, Sparros L, MacMahon B (1981) Lung cancer and passive smoking. Int J Cancer 27:1–4

128. Troschke v. J (1992) Sozialwissenschaftliche Grundlagen: Motive zum Rauchen und zum Ex-Rauchen. In: Gesundheitsberatung zur Tabakentwöhnung (Hrsg) Wissenschaftlicher Aktionskreis Tabakentwöhnung (W.A.T) e.V.

129. Wald NJ, Nanchahal K, Thompson SG, Cuckle HS (1986) Does breathing other people's tobacco smoke cause lung cancer? BMJ 293:1217–1222

130. Weber A (1991) Plädoyer für bessere Raumbelüftung. Öff Gesundh-Wes 53:157–159 Sonderheft

131. Weiss ST, Tager IB, Schenker M, Speizer FE (1983) The health effects of involuntary smoking. Am Rev Resp Dis 128:33

132. Weitzmann M, Gortmaker S, Klein Walker D, Sobol A (1990) Maternal smoking and childhood asthma. Pediatrics 85:505

133. Wells AJ (1988) Passive smoking and lung cancer: a publication bias? BMJ 296:1128

134. Wells AJ (1994) Passive smoking as a cause of heart disease. J Am Coll Cardiol 24:546–554

135. Whittemore A, Altshuler B (1976) Lung cancer incidence in cigarette smokers: Further analysis of Doll and Hill's data for British physicians. Biometrics 32:805–816

136. Wichmann HE, Jöckel KH, Molik B (1991) Luftverunreinigungen und Lungenkrebsrisiko. Ergebnisse einer Pilotstudie. Umweltbundesamt (Hrsg) UBA Bericht 7/91. Erich Schmidt Verlag, Berlin

137. Wiedemann HP, Mahler DA, Loke J, Virgulto JA, Snyder P, Matthay RA (1986) Acute effects of passive smoking on lung function and airway reacitvity in asthmatic subjects. Chest 89:180–188

138. Woodward A (1991) Is passive smoking in the workplace hazardous to health? Scand J Work Environ Health 17:293–301

139. World Health Organization (1992) Tobacco or health. In: Women and tobacco. World Health Organization, Geneve

140. Wynder EL, Graham EA (1950) Tobacco smoking as a possible etiologic factor in bronchogenic carcinoma. A study of six hundred and eighty-four proved cases. JAMA 143:329–334

141. Wynder EL, Hoffmann D (1967) Tobacco and tobacco smoke: Studies in experimental carcinogenesis. Academic Press, New York

6.4 Schulung

Neue Schulungsaufgaben in der Pneumologischen Umweltmedizin

K. Schultz

EINLEITUNG

Die folgenden Ausführungen beziehen sich ausschließlich auf die Schulung von *Patienten mit chronischen Erkrankungen der Atmungsorgane* bezüglich umweltmedizinischer Themen. Unabhängig davon ist die Unterrichtung der Allgemeinbevölkerung eine wichtige primärpräventive Aufgabe, jedoch nicht Gegenstand der folgenden Darstellung.

Begriffsbestimmung

Im Rahmen der Patientenschulung bei chronischen obstruktiven Atemwegserkrankungen unterscheidet man verschiedene Vermittlungsebenen. (s. folgende Übersicht).

Je nachdem, ob eine reine Informationsweitergabe, eine strukturierte systematische Wissensvermittlung oder aber eine „Wissens-Könnens-und Verhaltensmodifikation" durch integrierte Beeinflussung kognitiver, motorischer und emotionaler Strukturen angestrebt wird unterscheidet man Patienteninformation, Patientenschulung bzw. Patientenverhaltenstraining [1].

- **Information:** Wissensangebot z. B. mittels Broschüren, Video- oder PC-Programmen.
- **Schulung:** Systematische Wissensvermittlung nach einem festgelegten Kurrikulum.
- **Patientenverhaltenstraining:** Systematische Wissensvermittlung + motorisches Training (z. B. richtiger Gebrauch von Dosieraerosolen) + Versuch einer Verhaltensmodifikation durch Beeinflussung sozialer und emotionaler Strukturen (z. B. Lernen in der Gruppe mit Erleben ähnlicher Schicksale und Lösungsstrategien bei anderen).

Etablierte Patientenschulungsprogramme in der Pneumologie

Patientenschulung, insbesondere bei Asthmatikern [2, 3], aber auch bei anderen Patienten mit einer chronisch obstruktiven Atemwegserkrankung [4, 5], ist seit

Jahren ein etablierter und evaluierter Bestandteil der modernen pneumologischen Therapie.

Der derzeitige Stand der Evaluationsforschung zeigt, daß insbesondere beim
Asthma bronchiale [6–12], zahlreiche Verlaufsparameter der Erkrankung günstig zu beeinflussen sind. Zudem resultieren deutliche finanzielle Einsparun-
gen [13]. Daher ist Patientenschulung essentieller Bestandteil einer rationalen
Therapie chronisch obstruktiver Atemwegserkrankungen. Dies ist für das
Asthma bronchiale gesichert [14], für die chronisch obstruktive Bronchitis ist
dies als hochwahrscheinlich anzusehen [15].

Auftreten und Verlauf chronisch obstruktiver Atemwegserkrankungen hängen (u.a.) von zahlreichen exogenen Umweltfaktoren ab. Es lag daher nahe,
Themenbereiche aus der pneumologischen Umweltmedizin in das Schulungscurriculum aufzunehmen, wie dies beispielsweise in den gemeinsamen Asthma-
behandlungsempfehlungen des amerikanischen „National Heart, Lung, and
Blood Institute" (NHLBI) und der WHO empfohlen wird (Global Strategy For
Asthma Management and Prevention [16]).

Welche Themen sollten Bestandteil einer solchen Schulung sein?

(In Anlehnung an [16])

● Außenluftschadstoffe und Atemwegskrankheiten,
● Innenraumluftschadstoffe und Atemwegserkrankungen,
● Allergene, speziell Innenraumallergene,
● Private Luftschadstoffe (Hobbys/Rauchen u.a.),
● ausgewählte, allgemein relevante Expositionen und Gefahren am Arbeits-
  platz [17],
● Präventions- und Karenzmöglichkeiten
  – Was ist gesichert?
  – Welche praktischen Folgen ergeben sich für mich?
  – Vermeidung unbegründeter Ängste.
  – Bewirken begründeter Vorsichts- und Vorsorgemaßnahmen.

Wichtig erscheint bei diesen Schulungsinhalten, daß sie auf die persönlichen
Probleme der Patienten zugeschnitten sind. Ziel (im Rahmen der Patientenschulung) ist also nicht eine Diskussion über allgemeine Fragen der Umweltpolitik,
sondern das konkrete Eingehen auf die sich ergebenden Fragen, z.B. bei Patienten mit hyperreagiblem Bronchialsystem oder Asthma bronchiale. Dieser Ansatz
erweist sich in der täglichen Praxis als keineswegs einfach und beinhaltet durchaus sowohl rein fachliche als auch juristische Fallstricke.

Ein solches Projekt bedarf daher erheblicher Anstrengungen bei der Erarbei-
tung eines qualifizierten und verantwortungsbewußt erarbeiteten Curriculums,
andererseits muß aber auf die typischen Fragen und Sichtweisen der Patienten
konkret eingegangen werden.

Umweltmedizin für Patienten mit Erkrankungen der Atmungsorgane
Beispiel des Bad Reichenhaller Modelles der Patientenschulung

Ausgangssituation: Das seit 10 Jahren bestehende Modell einer strukturierten Schulung für Patienten mit Asthma, Bronchitis bzw. Emphysem wurde in den letzten Jahren konsequent modularisiert, d.h. es wurde eine breite Palette unterschiedlicher, in sich abgeschlossener Schulungsmodule entwickelt und evaluiert, die für jeden Patienten zu einem auf ihn maßgeschneidertes Schulungscurriculum kombinierbar sind. Basis ist jedoch in den meisten Fällen ein Grundlagenkurs („Asthma, Bronchitis, Emphysem"), der in 3 kognitiv unterschiedlichen Varianten angeboten wird. Neben verschiedenen „Intensivtrainingsmodulen" existieren darüber hinaus mehrere „Sonderschulungsprogramme", in denen spezielle Themen vermittelt und trainiert werden.

Umweltmedizinisch relevante Themen werden innerhalb dieser Schulungen auf 3 Ebenen angeboten [18]

1. Allgemein relevante Themen innerhalb der allgemeinen „Grundlagenschulung".
2. Spezielle praktische Trainingskurse für Allergiker (Karenz und Therapie).
3. Weitergehendes spezielles Informationsprogramm: „Umweltmedizin für Patienten mit chronischen Erkrankungen der Atmungsorgane".

Umweltmedizinisch relevante Themen innerhalb der allgemeinen Patientenschulung

Soweit dies für alle Patienten von praktischer Relevanz ist werden ausgewählte und relevante umweltmedizinische Themen, bereits als obligater Schulungsinhalt innerhalb der Grundlagenkurse angesprochen. Solche Themen sind: Wirkung von Atemwegsreizstoffen beim hyperreagiblen Bronchialsystem, Exposition gegen Innenraumschadstoffe bei Hobbys und im Haushalt, Rauchen und Passivrauchen, Innenraumklima u.a.

Umweltmedizinisch relevante Themen für spezielle Patientengruppen

Breiten Raum nehmen im Erfordernisfall (klinisch relevante Sensibilisierung) die Innenraumallergene ein, insbesondere die Hausstaubmilben sowie Tierhaare und Schimmelpilzsporen. Innenraumallergene gelten als wesentlicher Teilfaktor für die zunehmende Morbidität des Asthma bronchiale.

In einer prospektiven amerikanischen Studie [19] wurde die klinische Relevanz von Innenraumallergenen für eine akute Verschlechterung von Asthma bronchiale untersucht. Bei 114 notfallmäßig behandlungspflichtigen Asthmatikern (Krankenhausambulanz) wurde die Häufigkeit des gleichzeitigen Vorkommens sowohl der Sensibilisierung als auch einer relevanten Konzentrationen dieser Innenraumallergene in den Wohnungen der Patienten untersucht. In der Asthmatikergruppe fand sich in 57 % eine Sensibilisierung (RAST) gegen eines von 3 Innenraumallergenen (Milben, Katze bzw. Schaben). In einer Paar-Kontrollgruppe (114 Patienten mit gleicher Alters- und Geschlechtsverteilung derselben Notfallambulanzen, jedoch ohne Atemnot) war dies nur in 20 % der Fall.

In den Staubproben (jeweils 93 Wohnungen von Asthmatikern bzw. Kontrollgruppenpatienten) fand sich bei den Asthmatikern in 74 % eine relevante Konzentration von mindestens einem der 3 Innenraumallergene, innerhalb der Kontrollgruppe in 66 %. Dies spricht gegen die Annahme, daß Exposition alleine ein Hauptrisikofaktor für allergisches Asthma darstellt. Hingegen schien die aktuelle Exposition für eine Verschlechterung eines bestehenden allergischen Asthmas relevant, wenn man sich die Häufigkeit der Kombination sowohl der Exposition als auch der Sensibilisierung und Notwendigkeit einer Akutbehandlung anschaut. Denn bei knapp 40 % der Asthmatiker fand sich diese Kombination (Sensibilisierung plus tatsächlich in den Wohnungsstaubproben gemessene relevante Allergenkonzentrationen), hingegen nur bei 8 % der Kontrollgruppe. Anhand dieser Daten wurde hochgerechnet, daß in den USA ca. 200 000 notfallmäßige Krankenhauskontakte/Jahr mit Innenraumallergenen in Verbindung gebracht werden können.

Daher, so schlußfolgern die Autoren, sollte das Erkennen von Innenraumallergenen und eine Schulung in Methoden der Innenraumallergen-Reduktion Bestandteil des Asthma-Managements sein.

Obwohl in allen offiziellen Empfehlungen zur Therapie des allergischen Asthma bronchiale die Notwendigkeit einer Allergenkarenz an vorderster Stelle erwähnt wird, ist die internationale Literatur zu dem Thema Allergiker-Karenz-Schulung sehr spärlich. Selbstverständlich gibt es eine Fülle an Patientenberatungsliteratur, ein systematisches Einüben von Karenzmaßnahmen ist aber selten.

Über die Effektivität einer speziellen Patientenschulung bezüglich der erforderlichen Karenzmaßnahmen bei Hausstaubmilbenallergikern findet sich jedoch zumindest eine wichtige Arbeit einer amerikanischen Arbeitsgruppe [20], die prospektiv und randomisiert die Auswirkungen einer „Milbenkarenz-Schulung" auf den Krankheitsverlauf untersuchten: 52 erwachsene Hausstaubmilbenallergiker wurden entweder (n = 26) konventionell informiert (individuelle Beratung und Informationsbroschüren) bzw. (n = 26) zusätzlich einer interaktiven PC-Schulung zugeführt. Die Patienten führten täglich Symptomtagebücher, vor und nach der Schulung erfolgte eine Messung der Allergenkonzentration. Zusätzlich wurde die Compliance bzgl. der Karenzmaßnahme überprüft. Die Patienten wurden über 12 Wochen verfolgt.

Ergebnis: In der geschulten Gruppe waren mehr Karenzmaßnahmen durchgeführt worden als in der konventionell informierten Gruppe (p = 0,023). Bei beiden Gruppen konnte nach 12 Wochen (ohne signifikanten Unterschied) eine Reduktion des (Milben-)Allergengehaltes in den Staubproben der Betten dokumentiert werden, ein solcher Unterschied fand sich jedoch in den Proben von Boden-/Teppichstaub. Hier war die Milbenreduktion in der Studiengruppe signifikant besser als in der Kontrollgruppe. Auch die Symptomhäufigkeit war in der Studiengruppe signifikant niedriger als in der Kontrollgruppe, desgleichen der Bedarf an Beta-Mimetika.

Solche Schulungen erscheinen nicht ausschließlich für allergische Asthmatiker indiziert, weitere Zielgruppen können Patienten mit einer exogen allergischen Alveolitis (insbesondere Schimmelpilze) oder generell Atopiker (allergische Rhinokonjunktivitis, atopisches Ekzem) sein.

Das Allergikertrainingsprogramm der Fachklinik Bad Reichenhall [21]

Dieses spezielle Trainingsprogramm existiert seit Ende 1994. Neben dem in jedem Einzelfall individuell zusammengestellten allgemeinen Patientenschulungprogramm („Asthma-Bronchitis-Emphysem") durchlaufen alle Patienten mit einer klinisch relevanten Atemwegsallergie ein zusätzliches „Allergiker-Karenztrainingsprogramm", welches aus einem Grundlagenmodul und 3 optionalen Trainingsgruppen (Hausstaubmilben, Pollen, Tiere/Schimmelpilze) besteht.

Für jeden Patienten kann so ein individuelles Allergikertrainingsprogramm zusammengestellt werden, zudem ist es möglich, das allgemeine Schulungsprogramm von diesen Themen weitgehend zu entlasten.

Das „Allergikertraining" erfolgt in Kleingruppen und findet in einem zweiwöchentlichen Turnus (je eine Doppelstunde/Woche) statt. Die Patientenauswahl erfolgt durch die behandelnden Ärzte. Auswahlkriterien sind eine gesicherte und klinisch relevante Sensibilisierung gegen die genannten Allergene. Das Schulungsprogramm besteht aus einem vorwiegend theoretischen Grundlagen-Modul („Grundlagenwissen für Atemwegsallergiker"). Hier werden Fragen besprochen wie: „Was ist Allergie, wie entsteht sie, wie wird sie diagnostiziert?" Des weiteren werden die Grundprinzipien der Therapie behandelt. Breiten Raum nimmt der Themenkomplex „Vererbung – Vorbeugung – Haustiere – Berufswahl" ein. Dieses „Allergie-Grundlagenmodul" ist für alle Allergiker-Patienten identisch. „Allergenspezifisch" erfolgt anschließend in den drei speziellen „Aufbaumodulen" gezielt die weitere Kenntnisvermittlung. Hier wird besonderen Wert auf ein ganz praktisches Einüben der notwendigen Kenntnisse und Fertigkeiten, insbesondere von Karenzmaßnahmen, gelegt.

Ein entsprechendes durchstrukturiertes und standardisiertes Schulungsprogramm, zunächst für Hausstaubmilbenallergiker [22], dann aber schrittweise auch für die anderen Allergikergruppen, wurde entwickelt und wird seit Herbst 1994 regelmäßig durchgeführt (s. Abb. 1). Dieses besteht einerseits aus weitgehend ausformulierten Texten (Overhead-Folien, individuell zusammengestelltes Kursheft) und Dias/Videofilmen (multimedial), andererseits aus praktischen Übungen und Demonstrationen. Eine nochmalige „Wissensfestigung" erfolgt im „Abschlußquiz". Hierbei findet, in Form von kommentierten Antwortbögen, ein nochmaliges Lernen auf einem alternativen kognitiven Weg statt.

Erfahrungen und erste Evaluationsergebnisse.

Eine erste systematische Erfahrungsanalyse erfolgte für das Hausstaubmilbenallergikertraining. Diese Pilot-Evaluation bestand zum einen aus einer Patientenbefragung bei den ersten ein-

Titelseite des Allergikertrainingsprogramms der Fachklinik Bad Reichenhall: Übersicht über den Inhalt der 4 Patientenkurshefte für das Allergikertraining. Das Grundlagenmodul wird von allen (allergischen) Patienten absolviert, die weiteren Module „allergenspezifisch".

Übersicht

Das Patiententrainingsprogramm für Allergiker
der Fachklinik Bad Reichenhall

Fachklinik für Erkrankungen der Atmungsorgane und Allergien der LVA Niederbayern-Oberpfalz

I. Grundlagenwissen „Atemwegsallergie"

- Was ist Allergie? Wie entsteht eine Allergie?
- Verschiedene Formen von Allergien.
- Ist Allergie erblich?
- Verändern sich Allergien? Was bedeutet das für mich und meine Familie?
- Warum muß eine Allergie erkannt werden?
- Warum muß eine Allergie behandelt werden?
- Wann und wie lange muß eine Allergie behandelt werden?
- Behandlungsschritte
  - 1. Schritt: Allergenvermeidung,
  - 2. Schritt: Medikamentöse Therapie und/oder Hyposensibilisierung.
- Berufswahl.

II. Trainingsprogramm für Hausstaubmilbenallergiker

- Vorkommen und Lebensweise der Hausstaubmilben.
- Möglichkeit der Milbenvermeidung bzw. der Milbenverminderung.
- Was bewirkt Verminderung der Milbenzahl?
- Wie kann man die Milbenzahl messen?
- Acarex®-Test, praktische Übung.
- Vorstellung verschiedener milbenundurchlässiger Bezüge mit praktischen Übungen. Kosten?
- Allergiker-Bett, was ist das?
- Schlafzimmersanierung (praktische Übungen).
- Staubsauger, Gerätekunde, Filtertypen, praktische Übungen.
- Teppiche.
- Acarosan® und andere chemische Antimilbenmittel.

III. Trainingsprogramm für Pollenallergiker (Asthma und „Heuschnupfen")

- Was sind eigentlich Pollen?
- Sind alle Pollen gefährlich?
- Wann und wo fliegen welche Pollen?
- Polleninformationsdienst.
- Kann ich mich schützen? Wie?
- Allgemeinmaßnahmen.
- Hyposensibilisierung.
- Medikamentöse Therapie.
- Urlaubsplanung.
- Berufsplanung

IV. Ergänzende Hinweise zu anderen Atemwegsallergien (Tiere, Schimmelpilze)

- Tierallergien
- Pilzsporenallergien, andere Allergien
- Besprechung individueller Probleme

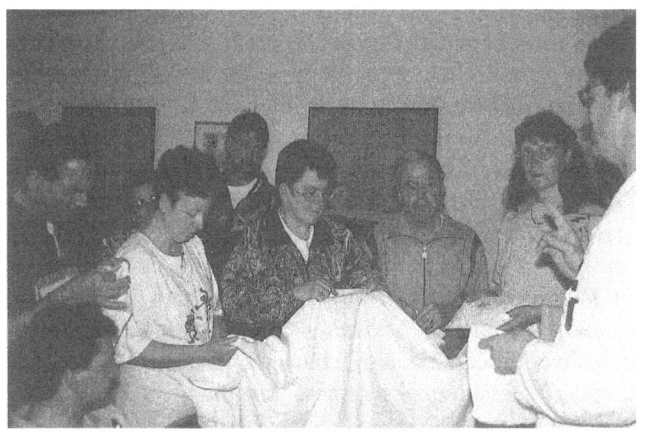

a

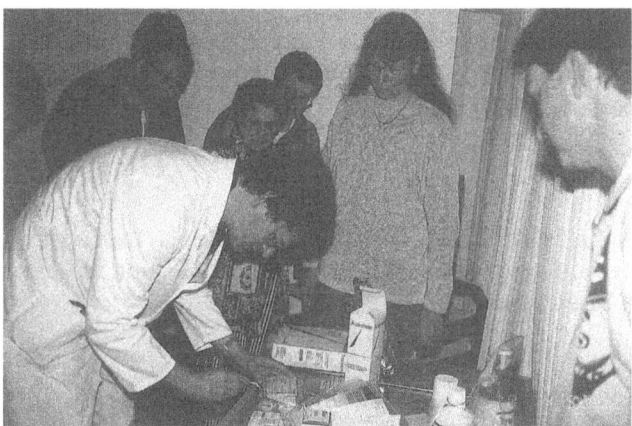

b

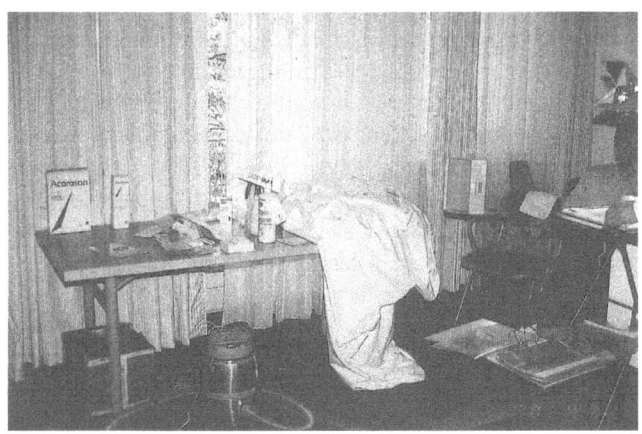

c

Abb. 1a–c. Praktische Übungen und Demonstrationen während des Hausstaubmilbenaller-giker-Trainings. **a** Encasing, **b** Acarex-Test, **c** Übungsutensilien

hundert Kursteilnehmern. Hierbei wurde seitens der Trainingsteilnehmer der persönliche Nutzen des Kurses beurteilt, ferner die praktische Durchführung. Zum anderen erfolgte eine *erste* Evaluation des kognitiven Benefits anhand der Auswertung von 16 Multiple Choice Fragen bestehend aus 4–7 unabhängigen Einzelfragen zu je einem Themenkomplex, so daß insgesamt 79 Wissens-Items abgefragt wurden. *Dokumentation des kognitiven Benefits:* Bei fast allen der 102 Patienten konnte anhand der Auswertung der MC-Fragen ein Wissenszuwachs aufgezeigt werden. Dieser war trendmäßig bei denjenigen mit den geringsten Vorkenntnissen am größten. Durchschnittlich stieg die Zahl der vollständig richtig beantworteten MC-Fragen von 6,4 auf 11,7 nach dem Kurs. In der Kontrollgruppe (allgemeine Schulung: Asthma, Bronchitis und Emphysem) blieb der Wissensstand unverändert. Ein ähnlicher (signifikanter) Wissenszuwachs konnte auch für das „Pollenallergikertraining" demonstriert werden.

Kursbewertung durch die Patienten

Je 97% der befragten Patienten beurteilten den Kurs als „sinnvoll" bzw. gaben an: „Der Kurs nutzt mir was". 99% meinten: „Neue Dinge erfahren" zu haben, 89% machte der Kurs Spaß. Fragen bezüglich der Kursdidaktik wurden zu über 90% mit „gerade richtig" beurteilt.

Langzeiteffekte

Entscheidend ist aber natürlich die Auswirkung eines solchen Trainingsprogrammes auf den Langzeit-Krankheitsverlauf. Eine solche Evaluation ist Gegenstand einer laufenden Dissertation.

Weitergehende spezielle Informationsprogramme für Patienten mit chronischen Atemwegserkrankungen

Die Notwendigkeit einer strukturierten umweltmedizinischen Information für Patienten mit chronischen Erkrankungen der Atmungsorgane wird auch in Deutschland zunehmend erkannt und hat sich in zahlreichen Informationsbroschüren und Patientenratgebern sowohl seitens der Selbsthilfeorganisationen als auch professioneller Institutionen niedergeschlagen. Insbesondere das Allergie-Dokumentations- und Informationszentrum (ADIZ) in Bad Lippspringe war national eine der ersten Institutionen, die im Erwachsenenbereich eine systematische Patientenschulung zu Fragen bzgl. Allergie und Umwelt anbot.

Beispiele umweltmedizinischer Informations- und Schulungsangebote für Patienten

- Über Internet bzw. Mail-Box – für Ärzte und Patienten auf verschiedenen Ebenen erreichbar – sind ADIZ (05252/99934) und UMINFO (0541/5848615). Beide beinhalten umfangreiche Informationen über allgemeine und viele spezielle Fragen der Umweltmedizin (vergl. 9.3).

- Das Patientenschulungsprogramm des Deutschen Berufsverbandes der Pneumologen enthält konkrete umweltmedizinische Schulungsinhalte, die erfolgreich in verschiedenen pneumologischen Fachpraxen eingesetzt werden.
- Patienteninformationen mit umweltmedizinischen Bezügen bietet auch die Deutsche Atemwegsliga.

Diese Entwicklung ist in den USA weiter vorangeschritten. Dort wird seitens der großen, pneumologischen Patienten- und Fachverbände umfangreiches, wissenschaftlich fundiertes und allgemein zugängliches Informationsmaterial zu umweltmedizinischen Fragen speziell für Patienten angeboten. Darüber hinaus gibt es kommerziell erhältliches Schulungsmaterial für Patientenschulungen in diesem Bereich.

Beispiele (mit direktem Zugriff von Deutschland)

- Internet-Seiten der ALA (American Lung Association) [http://www.thorac.org/]
- Internet-Seiten der American Academy of Allergy and Immunology (AAAI) [http://www.aaaai.org/patpub/resource/publicat/tips/index.html]
- Internetseiten der Asthma and Allergy Foundation of America [http://www.aafa.org]
- Internetseiten der amerikanische Umweltbehörde EPA [http:/www.epa.gov/epahome/citizen.html]
- Internetseiten der amerikanischen National Institutes of Health NIH [http://www.NIH.gov]

Seit Herbst 1995 wird an der Fachklinik Bad Reichenhall regelmäßig ein spezielles Informationsprogramm „Umweltmedizin für Patienten mit Erkrankungen der Atmungsorgane" durchgeführt. Die Erfahrungen der ersten 2 Jahre zeigen insbesondere das große Interesse der Patienten und die Akzeptanz. Schwerpunkte sind die Themen Außenluftschadstoffe (Sommersmog – Wintersmog – was ist für den Atemwegskranken relevant? – was bedeutet „Ozonalarm im Radio?") und Innenraumschadstoffe (Kochen und Heizen – Hobbys – Reinigungsmittel – Passivrauchen – Radon – Innenraummaterialien – Innenraumklima). Eingegangen wird auf Selbstkontrollmethoden (z. B. mittels Peak-Flow-Meter), sowie auf eventuell erforderliche Verhaltensmaßnahmen für Atemwegskranken bei Smogsituationen (z. B. Verbleiben in Innenräumen, Meiden stärkerer körperlicher Aktivitäten, Nasenatmung, ggf. Anpassung der Medikation). Neben der Darstellung von tatsächlich vorhandenen Risikokonstellationen, ist eine wesentliche Aufgabe dieses Informationsprogrammes, irrationale und unbegründete Ängste anzugehen.

Das Programm besteht aus standardisierten Unterrichtsmaterialien (Overhead-Folien), jeder Teilnehmer erhält ein inhaltsgleiches Patienten-Hand-out.

Jedem in der Patientenschulung Erfahrenen ist jedoch der Unterschied zwischen einer solchen Patientenbroschüre und der eigentlichen Gruppenschulung klar: Durch Diskussion und durch Erleben der gleichen Fragen und Ängste bei anderen Patienten mit ähnlichen Gesundheitsproblemen werden eben nicht ausschließlich kognitive Strukturen („Wissen") angesprochen, sondern es werden soziale und emotionale Persönlichkeitsbereiche mit einbezogen, die effektiver zu Verhaltensänderungen (z.B. tatsächliches Durchführen von Karenzmaßnahmen bei Allergikern) führen, als dies durch eine reine Information möglich wäre.

Seitens eines Teils der Patienten besteht ein erhebliches Interesse an diesen Fragestellungen, das jedoch nicht generell unterstellt werden darf. Daher erfolgt die Teilnahme an diesem Informationsmodul ausschließlich freiwillig während therapie- und schulungsfreier Wochenendzeiten.

Trotzdem nahmen ca. 10 % aller unserer LVA-Reha-Patienten an diesem Informationsmodul teil, obwohl sie anderentags bereits ein umfangreiches Schulungsprogramm zu absolvieren hatten. In einer anonymen Teilnehmerbefragung (n = 80) bejahten weit über 90 % die Relevanz umweltmedizinischer Themen für Patienten mit Krankheiten der Atmungsorgane sowie die Zweckmäßigkeit einer speziellen Schulung. 87 % gaben an „Neues gelernt" zu haben, 90 % gaben an, „persönlichen Nutzen" aus der Veranstaltung gezogen zu haben (10 %: „keine Anwort" oder „nein"). 18 % war der Schulungskurs zu wenig ausführlich, 8 % zu ausführlich und 68 % gaben an „genau richtig" (8 % keine Antwort).

Mit diesen ersten Ansätzen, Umweltmedizinische Inhalte systematisch in ein strukturiertes Patientenschulungsprogramm zu integrieren sind die möglichen Schulungsaufgaben im Rahmen der pneumologischen Umweltmedizin jedoch keinesfalls erledigt.

Last but not least, nochmals der Verweis auf die vordringlichste – aber zweifellos auch schwierigste – Aufgabe des Patientenverhaltenstrainings im Rahmen der pneumologischen Umweltmedizin, die Bekämpfung des inhalativen Zigarettenrauchen. Diesem wichtigen Thema wurde daher das vorausgegangene Kapitel (6.3) eingeräumt.

ZUSAMMENFASSUNG

Die Maßnahme Patientenschulung ist ein etablierter und evaluierter Bestandteil der Therapie chronisch obstruktiver Atemwegserkrankungen. Da diese Erkrankungen wesentlich von zahlreiche Umweltfaktoren determiniert sind, ist die Einbeziehung gesicherter Erkenntnisse der pneumologischen Umweltmedizin bezüglich Risikominimierung und Karenz in die Schulungsinhalte erforderlich. Wie dies geschehen kann wird in dem Beitrag exemplarisch dargestellt.

Literaturverzeichnis

1. Arbeitsgruppe Patientenschulung der Deutschen Gesellschaft für Pneumologie und Deutsche Atemwegsliga in der Deutschen Gesellschaft für Pneumologie (1995) (Federf.: Petro W, Wettengel R, Worth H) Empfehlungen zum strukturierten Patiententraining bei obstruktiven Atemwegserkrankungen. Med Klin 90:515–519
2. Sheffer AL (1992) International Consensus Report on diagnosis and management of asthma. Eur Respir J 5:601–641
3. Britisch Thoracic Society: Guidelines for management of asthma in adults. I – chronic persistent asthma. Brit Med J 301:651–653 (1990)
4. Hodgkin JE (1990) Pulmonary rehabilitation. Clin Chest Med 11:447–454
5. Ferguson GT, Cherniak RM (1993) Management of chronic obstructive pulmonary disease. New England Journal of Medicine 328:1017–1022
6. Lewis CE, Rachelefsky G, Lewis MA, de la Sota A, Kaplan M (1984) A randomized trial of asthma care training for kids. Pediatrics 74:478–486
7. Mühlhauser I et al. (1991) Evaluation of a structured treatment and teaching programme on asthma. J Intern Med 230:157–164
8. Clark NM, Feldman ChH, Evans D, Levison MJ, Wasilewski Y, Mellins RB (1986) The impact of health education on frequency and cost of health care use by low income children with asthma. J Allergy Clin Immunol 78:108–115
9. Fireman P, Friday GA, Gira C, Vierthaler WA, Michaels L (1981) Teaching self-management skills to asthmatic children and their parents in an ambulant care setting. Pedriatics 68:341–348
10. Mayo PH, Richmann J, Harris HW (1990) Result of a program to reduce admissions for adult asthma. Ann Intern Med 112:864–871
11. Wilson SR, Scamagas P, German DF, et al. (1993) A controlled trial of self-management education for adults with asthma. Am J Med 94:564–576
12. Ignacio-Garcia JM, Gonzales-Santos P (1995) Asthma self-management education program by home monitoring of peak expiratory flow. Am J Respir Crit Care Med 151:353–359
13. Trautner C, Richter B, Berger M (1993) Cost-effectiveness of a structured treatment and teaching programme on asthma. Eur Respir J 6:1485–1491
14. Devine EC (1996) Meta-Analysis of the Effects of Psychoeducational Care in Adults with Asthma. Research in Nursing & Health 19:367–376
15. Devine EC, Pearcy J (1996) Meta-analysis of the effects of psychoeducational care in adults with chronic obstructive pulmonary disease. Patient Education and Counseling 29:167–178
16. Scheffer AL et al. (1995) Global Strategy for Asthma Management and Prevention (NHLBI/WHO Workshop Report, National Heart, Lung and Blood Institute), NHLBI-Publication Number 95-3659
17. Chan-Yeung M (1995) (Chair) ACCP Consensus Statement: Assessment of Asthma in the Workplace. Chest 108:1084–1117
18. Schultz K, Stark HJ, Petro W (1996) Neue Schulungsaufgaben in der pneumologischen Rehabilitationsmedizin. Atmw-Lungenkrkh 22:S38–44
19. Gelber LE, Seltzer LH, Bouzoukis JK, Pollart SM, Chapman MD, Platts-Mills TAE (1993) Sensitization and exposure to indoor allergens as riskfactors for asthma among patients presenting to hospital. Am Rev Respir Dis Vol. 147, pp 573–578
20. Huss K, Squire EN jr, Carpenter GB, Smith LJ, Huss RW, Salata K, Salerno M, Agostinelli D, Hershey J (1992) Effective education of adults with asthma who were allergic to dust mites. J Allerg Clin Immun 89:836–843
21. Schultz K, Stark HJ, Petro W (1996) Das Bad Reichenhaller Modell des Allergikertrainings, Tagungsband des Rehabilitationswissenschaftlichen Kolloquiums des VDR
22. Schultz K, Stark HJ, Petro W (1996) Standardisiertes Trainingsprogramm für Hausstaubmilbenallergiker; Pneumologie (50) S158

6.5 Beruf und Berufsfindung

M. KORN

EINLEITUNG

Der Anteil von Allergikern an der Bevölkerung wird zwischen 15% und 20% angegeben [2, 9], der von Atopikern mit 15%–25% [1]. Nach Weber [14] sind Frauen stärker von Allergien betroffen als Männer, im Schulalter liegt nach Berlier et al. [2] für Asthma eine höhere Prävalenz bei Jungen als bei Mädchen vor. Die Zahlen berufsbedingter Haut- und obstruktiver Atemwegserkrankungen sind seit Jahren im Steigen begriffen. In Deutschland wurden 1996 von den gewerblichen Berufsgenossenschaften 1443 Fälle obstruktiver Atemwegserkrankungen als Berufskrankheit (BK) anerkannt, wobei 1108 durch allergisierende Substanzen (BK 4301) und 335 durch chemisch-irritativ oder toxisch wirkende Substanzen (BK 4302) verursacht wurden [7]. Die entsprechenden Zahlen des Jahres 1986 (696 Fälle gesamt, BK 4301: 619 Fälle und BK 4302: 77 Fälle) belegen eine beträchtliche Steigerung.

In Kenntnis dieser statistischen Daten wird deutlich, daß die Berufswahl für jeden jungen Menschen nicht nur ein bedeutender Schritt für seinen weiteren Lebensweg ist, sondern auch richtungsweisend sein kann hinsichtlich zukünftiger berufsbedingter gesundheitlicher Beeinträchtigungen. Ohne Zweifel ist für einen jugendlichen Asthmatiker die Entscheidung für einen Beruf mit der Gefahr inhalativer Aufnahme von allergisierenden, irritativen und/oder toxischen Stoffen für den Verlauf seines Atemwegsleidens von weitreichender Bedeutung.

Regelungen nach dem Jugendarbeitsschutzgesetz – JAarbSchG vom 12.04.1976

Das Jugendarbeitsschutzgesetz [8] soll Jugendliche insbesondere vor Überforderung und den Gefahren am Arbeitsplatz wirksam schützen. Dazu soll jeder Jugendliche vor Aufnahme einer Berufstätigkeit und ein Jahr nach Beginn der ersten Beschäftigung durch einen Arzt seiner Wahl untersucht werden. Nach § 37 JArbSchG haben sich die ärztlichen Untersuchungen auf den Gesundheits- und Entwicklungsstand und die körperliche Beschaffenheit, die Nachuntersuchungen außerdem auf die Auswirkungen der Beschäftigung auf Gesundheit und Entwicklung des Jugendlichen zu erstrecken. Der Arzt hat unter Berücksichti-

gung der Krankheitsvorgeschichte des Jugendlichen und aufgrund der Untersu-
chungsergebnisse zu beurteilen, ob die Gesundheit oder die Entwicklung des
Jugendlichen durch die Ausführung bestimmter Arbeiten gefährdet wird. Diese
Präventionsuntersuchungen können von jedem Arzt durchgeführt werden. In
aller Regel wird dazu der Hausarzt konsultiert, der den Jugendlichen mit seiner
Vorgeschichte kennt.

Beratungsziele aus präventivmedizinischer Sicht

In der bisherigen Untersuchungspraxis nach dem JArbSchG kommt es relativ
selten zur zusätzlichen Konsultation eines Facharztes bzw. in Folge der Ergebnisse der Untersuchungen zu Bedenken bezüglich des angestrebten Berufszieles.
Die Ursache hierfür ist zum einen darin zu sehen, daß der konsultierte Arzt dem
Jugendlichen eine konkrete Lehrstellenzusage nicht verbauen will oder zum
anderen in mangelnden Kenntnissen über die jeweiligen beruflichen Belastungen. Daraus ableitend sind beim durchführenden Arzt für die Beratung des
Jugendlichen Kenntnisse über die jeweiligen Arbeitsplätze und deren spezifische
Belastungen notwendig. Außerdem muß er sich in seiner Beratung auf dem
neuesten Stand der arbeitsmedizinischen Erkenntnis bewegen. Mithin sind
Kenntnisse über besondere Gefährdungen bei Vorliegen entsprechender Dispo-
sitionsfaktoren notwendig.

Risiko für obstruktive Atemwegserkrankungen

Als prädisponierender Faktor für obstruktive Atemwegserkrankungen gilt eine
atopische Diathese, insbesondere bei Vorliegen einer allergischen Rhinitis bzw.
eines allergischen Asthmas. Gutachter in Berufskrankheiten-Verfahren und
Gewerbeärzte berichten seit Jahren von einer Assoziation von Atopie und obstruktiver Atemwegserkrankung, ebenso Lungenfachärzte [11, 13]. Prospektive
Studien bei Berufsanfängern mit entsprechend eindeutigen Aussagen liegen
aber nicht vor.
   Zweifellos ist beim Vorliegen eines Asthma bronchiale und/oder einer bronchialen Hyperreagibilität beim Start in das Berufsleben von Berufen oder Tätigkeiten abzuraten, in welchen eine inhalative Belastung mit allergisierenden, irritativen und/oder toxischen Substanzen sowie Arbeiten in feuchtem, kaltem oder
staubigem Milieu regelmäßig vorkommen. Da Rauchen mindestens beim Kontakt
mit Platinsalzen einen gesicherten prädisponierenden Faktor für ein Berufsasthma darstellt [11], sollte in diesem Zusammenhang – gleichgültig welcher Beruf
ergriffen wird – auf die Notwendigkeit hingewiesen werden, *nicht* zu rauchen.
   Beim Vorliegen einer atopischen Diathese, insbesondere wenn über eine allergische Rhinitis bzw. allergisches Asthma in der früheren Anamnese berichtet
wird, gibt es sich verdichtende Hinweise, daß dies ein Risikofaktor für ein Berufsasthma durch hochmolekulare Allergene, nicht aber für ein Berufsasthma
durch niedermolekulare Allergene darstellt [11]. Daraus ableitend sollte man

Atopikern mit präexistentem Asthma oder bronchialer Hyperrreagibilität und/ oder saisonaler Rhinokonjunktivitis empfehlen, nicht in Berufen mit spezifischer inhalativer Belastung gegenüber hochmolekularen Allergenen tätig zu werden. Insbesondere dann nicht, wenn mit höheren spezifischen Belastungen wie z. B. bei bestimmten Tätigkeiten im Backgewerbe oder mit praktisch unvermeidlichem Kontakt wie beim Tierpfleger zu rechnen ist – auch wenn sich die Hinweise auf dosisabhängige Effekte für die Entwicklung einer Inhalationsallergie häufen [9].

Bei Berufen mit inhalativer Belastung gegenüber chemisch-irritativen und/ oder toxischen Substanzen gestaltet sich die Beratung schwieriger, da keine gesicherten Daten für eine Assoziation zwischen Atopie und obstruktiver Atemwegserkrankung vorliegen. Eine besondere Situation liegt im Frisörhandwerk vor, in dem mit zahlreichen Substanzen dieser Art umgegangen wird. Von einem solchen Beruf sollte aus hiesiger Sicht aufgrund gewerbeärztlicher Erfahrung abgeraten werden. Fallen gleichzeitig Arbeiten in feuchtem, kaltem und/oder staubigem Milieu regelmäßig an, so ist von einem derartigen Beruf ebenfalls abzuraten.

Risiko für eine Berufsdermatose

Atopiker mit schwerem atopischem Ekzem und/oder rezidivierendem kumulativem oder allergischem Handekzem ist von Berufen abzuraten, in welchen häufig Tätigkeiten in feuchtem Milieu und Schmutzarbeiten durchzuführen sind und/oder ein Hautkontakt mit den allergieauslösenden Substanzen nicht vermieden werden kann [6]. Als wichtige prognostische Faktoren erwiesen sich in einer Fall-Kontroll-Studie [5] Kriterien der atopischen Hautdiathese wie trockene Haut, Wolleunverträglichkeit, verstärktes Jucken beim Schwitzen und weißer Dermographismus. Rystedt [12] berichtete, daß ein Auftreten von Handekzemen vor dem 15. Lebensjahr, von persistierenden Ekzemen an anderen Körperstellen sowie eine trockene Haut mit erniedrigter Juckreizschwelle von wesentlicher Bedeutung für die Entstehung eines Handekzems sind. Aus einer derzeit noch laufenden Multicenterstudie [1] ist nach einer Zwischenauswertung abzulesen, daß bei Vorliegen einer höhergradigen atopischen Hautdiathese nach Diepgen et al. [4] früher und häufiger mit dem Auftreten von allergischen Kontaktekzemen zu rechnen ist, im Frisörhandwerk kommt es in der Regel schon binnen 6 Monaten zu häufigeren Hautproblemen.

Isolierte atopische Stigmata des Atemtraktes wie Rhinitis/Konjunktivitis oder ein Asthma bronchiale stellen keine Risikofaktoren für die Entstehung von berufsbedingten Handekzemen dar [1,4].

Somit sollten disponierte Jugendliche mit atopischer Hautdiathese bei der Wahl entsprechend belasteter Berufe auf das daraus erwachsende Risiko hingewiesen werden bzw. es sollte ihnen von dem jeweiligen Berufswunsch abgeraten werden. Ergreift der Jugendliche den Beruf trotzdem, so wäre auf die Notwendigkeit zur Durchführung eines konsequenten und geeigneten Hautschutzprogrammes hinzuweisen.

ZUSAMMENFASSUNG

Zur wirksamen Prävention berufsbedingter obstruktiver Atemwegserkrankungen und/oder Hauterkrankungen ist im Rahmen der Untersuchung nach
dem JArbSchG eine fundierte Beratung erforderlich, die die jeweilige spezifische inhalative und kutane Belastung der zukünftigen Tätigkeit berücksichtigt. Bei manifesten Erkrankungen des atopischen Formenkreises muß
die Beratung mit besonderer Sorgfalt ggf. mit Konsultation von Fachärzten
und/oder des Betriebsarztes des zukünftigen Arbeitgebers erfolgen.

Literatur

1. Bartsch R, Seidel A, Gebhardt M, Diepgen TL, Schiele R (1996) Der Einfluß einer atopischen Hautdiathese auf die Entwicklung von Hautproblemen bei Berufsanfängern in Haut-risikoberufen. Verhandl Dt Ges Arbeitsmed Umweltmed 36:209–212
2. Berlier M, Burel C, Lanteaume A, Vervloet D, Charpin D (1997) Sex difference in asthma prevalence. Allergy 52:871–872
3. Bundesverband der Betriebskrankenkassen (1997) Allergien – Ergebnisse einer Repräsen-tativ-Befragung im Auftrag des Bundesverband der Betriebskrankenkassen. Bonn
4. Diepgen TL, Fartasch M, Hornstein OP (1991) Kriterien zur Beurteilung der atopischen Hautdiathese. Dermatosen 39:79–83
5. Diepgen TL, Fartasch M (1993) General aspects of risk factors in hand eczema. In: Menné T, Maibach HI: Hand eczema. CRC Press, Boca Raton
6. Diepgen TL (1994) Epidemiologie des atopischen Ekzems. In: Fuchs E und Schulz K-H: Manuale allergologicum. Ergänzungslieferung 1994. Dustri Verlag, Deisenhofen
7. Hauptverband der gewerblichen Berufsgenossenschaften. Aktuelle Abfrage der neuesten Zahlen der BK-DOK
8. Jugendarbeitsschutzgesetz – JArbSchG vom 12.04.1976, zuletzt geändert durch Gesetz vom 31.05.1994. Bundesgesetzbl I, 1168–1190
9. Liebers V, van Kampen V, Baur X (1997) Dosiswirkungsbeziehungen bei arbeits- und umweltbedingten Atemwegsallergien. Arbeitsmed Sozialmed Umweltmed 32:212–218
10. Linha N (1995) Jugendliche Asthmatiker in der Berufwahlswahl. Eine empirische Unter-suchung von Jugendlichen der Hochgebirgsklinik Davos-Wolfgang. Diplomarbeit an der Wirtschafts- und sozialwissenschaftlichen Fakultät der Friedrich-Alexander-Universität Nürnberg
11. Merget R, Schultze-Werninghaus G (1996) Berufsasthma: Definition – Epidemiologie – ätiologische Substanzen – Prognose – Prävention – Diagnostik – gutachterliche Aspekte. Pneumologie 50:356–363
12. Rystedt I (1985) Hand eczema and long-term prognosis in atopic dermatitis (Thesis). Acta Derm Venereol 117:1–59
13. Venables KM (1994) Prevention of occupational asthma. Eur Respir J 7:768–778
14. Weber G (1985) Mehr Allergien! Mehr Allergene? Müssen wir damit leben? Dt Ärztebl 37:1505–1508

7 Therapie und Rehabilitation

7.1 Hyposensibilisierung bei Rhinitis und Asthma bronchiale

Geschichte, Indikationen, Durchführung, Langzeiterfolge, Zukunftsperspektiven

G. SCHULTZE-WERNINGHAUS

EINLEITUNG

Die Therapie des allergischen Asthma bronchiale beruht auf drei Prinzipien: Medikamentöse Therapie – Allergenkarenz – Spezifische Hyposensibilisierung. Die medikamentöse Therapie ist zwar in der Lage, Symptome nicht nur zu lindern, sondern auch, sie zu verhindern. Bei dem Absetzen der Therapie ist jedoch ein Rezidiv der Erkrankung unvermeidlich. Auch die Wirkung antientzündlicher Prophylaktika einschließlich Glukokortikosteroiden überdauert das Ende der Anwendung häufig nur um wenige Tage. Daher sind alle Maßnahmen von größtem Interesse, deren Wirkung als *kausal* angesehen werden kann. Der Idealfall, in dem eine vollständige Allergenkarenz erfolgen kann, ist nur selten gegeben, da zahlreiche Allergene ubiquitär vorkommen. Dies gilt nicht nur für Pollen, Pilzsporen und Hausstaubmilben, sondern auch für lokalisierbare Allergenquellen, wie die Katze, deren Allergene sich in Staubproben zahlreicher Haushalte finden. Die Minderung der Allergenempfindlichkeit ist daher ein unverändert aktuelles Ziel der Therapie. Trotz zahlreicher theoretischer und experimenteller Ansätze zu einer Unterdrückung der IgE-Antwort auf einen Allergenkontakt hat sich bisher nur die allergenspezifische Hyposensibilisierung, auch als *spezifische Immun(o)therapie (SIT)* bezeichnet, als immunmodulatorische Therapie bewährt – und dies seit nunmehr mehr als 80 Jahren (Noon 1911).

„Unter spezifischer De-(Hypo-)sensibilisierung verstehen wir ... alle Behandlungsverfahren, die durch Zuführung subklinischer Dosen des spezifisch auslösenden Antigens einen ... Zustand transitorischer oder dauernder Unter- oder Unempfindlichkeit herbeizuführen vermögen" (Gronemeyer 1967). Nach diesem, der Infektiologie entlehnten Konzept, erfolgte eine erste kontrollierte Untersuchung bei Patienten mit allergischen Erkrankungen der Atemwege im Jahre 1911 (Noon 1911). Bereits in dieser Untersuchung wurde anhand von Allergenprovokationsproben die nachlassende Empfindlichkeit bei erfolgreicher Behandlung nachgewiesen. Dennoch ist kein anderes schulmedizinisches Therapieverfahren bei allergischen Krankheiten gegenwärtig einer vergleichbaren Diskussion um Wirksamkeit, Nebenwirkungen, Kosten-Nutzen-Relation und die resultierende Indikation ausgesetzt.

Es wird in dieser Übersicht der Versuch unternommen, den aktuellen Stand der SIT wiederzugeben und daraus Empfehlungen zum Stellenwert dieser Therapie abzuleiten, mit dem Schwerpunkt auf der Behandlung des Asthma bronchiale.

Geschichte der Immuntherapie

Der Versuch einer Suppression soforttypallergischer Symptome beim Menschen durch „Impfung" ist so alt wie das Jahrhundert. In Tierversuchen hatte P. Ehrlich bereits 1881 eine Immunisierung gegen pflanzliche Substanzen (Rizin) erreicht. Erste Versuche einer „Immunisation" bei Pollenallergie wurden 1900 durch H. Holbrock Curtis mit subkutanen Injektionen gegen verschiedene Blüten- und Ragweedpollen und auch mit oraler Anwendung von Extrakten mit guten Effekten durchgeführt. In den USA wurden Erfolge auch von anderen Autoren, wie E. F. Ingals (Floyd 1902) gesehen. In Deutschland versuchte der – aus den USA stammende – Hamburger Hygieniker W. P. Dunbar unter der Vorstellung, die Pollenwirkung beruhe – analog zu der Infektion mit Bakterien – auf einer Toxinwirkung, mit einem aus Tierserum und Pollenextrakten bestehenden „Antitoxin", dem „Pollantin", durch Injektion oder lokal einwirkendes Schnupf- oder Streupulver eine Immunisierung zu erreichen (Dunbar 1909). Allerdings war die Wirkung nicht überzeugend. Als erste setzten L. Noon und J. Freeman – unter Bezugnahme auf die Dunbar'schen Versuche und ebenfalls noch unter der Vorstellung, eine aktive Immunisierung zu erreichen – reine Pollenextrakte zur subkutanen Immunisierung gegen eine Gräserpollenallergie unter – durch konjunktivale Provokationstests – kontrollierten Bedingungen ein (Noon 1911, Freeman 1911). Trotz ihrer irrigen Auffassungen über den Wirkungsmechanismus der Hyposensibilisierung gelten Noon und Freeman als Begründer der allergenspezifischen Hyposensibilisierung im heutigen Sinne. Allerdings verwandten sie Extrakte, die durch Extraktion mit destilliertem Wasser, mehrfaches Einfrieren und Kochen hergestellt, aus heutiger Sicht keinesfalls als optimal gelten können.

Wirkungsmechanismus

Die Unsicherheiten über den Stellenwert der SIT mögen dadurch mitbedingt sein, daß der Wirkungsmechanismus der Therapie nach wie vor nicht in vollem Umfang aufgeklärt ist. Die traditionelle Auffassung, daß die Wirkung in der Stimulation der Bildung „blockierender Antikörper" der Klasse IgG bestehe, die kompetitiv die Reaktion zwischen Allergen und IgE-Antikörpern hemmen, ist so sicherlich nicht zutreffend. Es läßt sich zwar die Synthese allergenspezifischer IgG-Antikörper (Subklassen IgG_1 und IgG_4) unter Therapie nachweisen; eine Korrelation zur klinischen Besserung besteht jedoch nicht (McHugh et al. 1990). Plausible Hypothesen sind z. B. eine selektive Stimulation von T-Zell-Subpopulationen ($T\gamma$), die zu einer Suppression der IgE-Antwort auf inhaliertes Allergen führen (Holt, McMenamin 1991) bzw. die Stimulation allergenspezifischer T-Suppressor-Lymphozyten (Rocklin et al. 1980). In den vergangenen Jahren haben sich die Befunde vermehrt, nach es infolge SIT zu einem „Switch" von der allergeninduzierten Stimulation der Th2-Helfer-Lymphozyten (mit nachfolgender lokaler IgE-Synthese und Aktivierung von Entzündungszellen, insbesondere Mastzellen und Eosinophilen) zu einer allergeninduzierten Stimulation der

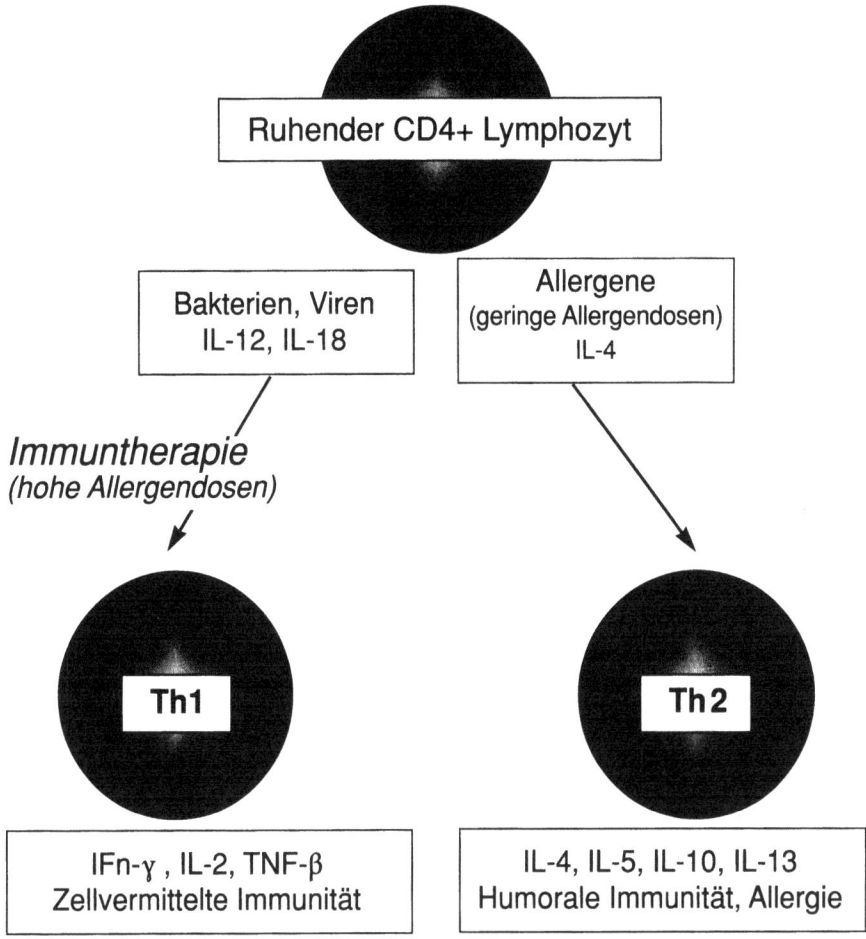

Abb. 1. Vereinfachte Darstellung des möglichen Wirkungsmechanismus der Spezifischen Immuntherapie. *IL* Interleukin, *TNF* Tumor Nekrose Faktor, *IFN* Interferon. Angegeben sind die natürlichen (Infektionen, Allergene) und die therapeutischen Steuerungsmöglichkeiten für ruhende CD4+ (Helfer-)Lymphozyten. (Nach Umetsu und DeKruyff 1997)

Th1-Helfer-Lymphozyten (mit nachfolgender Interferon-γ-Produktion und Suppression der IgE-Synthese) kommt (Durham et al. 1991, Ebner et al. 1997) (Abb. 1). Diese Hypothesen gehen davon aus, daß der lokalen Immunregulation im Gewebe eine entscheidende Bedeutung in der Ausprägung klinischer Symptome zukommt und sind damit nicht in Widerspruch zu der geringen bzw. variablen Reduktion des zirkulierenden spezifischen IgE (Ohman 1989). Ein wichtiger Faktor für die Wirkung der SIT scheint in der relativ hohen Allergendosis zu liegen, da Th1-Antworten nur bei hohen Dosen zu erwarten sind, während subklinische Allergendosen zu einer Th2-Zellstimulation führen (Gabrielsson et al. 1997)

Daß die Wirkung der SIT mit einer Reduktion der allergeninduzierten Entzündungsreaktion verbunden ist, wurde in mehrfacher Hinsicht belegt. So wurde von Rak et al. gezeigt, daß bei Patienten mit Birkenpollen-Rhinitis und -Asthma der saisonale Anstieg des kationischen Proteins aus eosinophilen Granulozyten im Serum (Rak et al. 1988) sowie die Zunahme der chemotaktischen Aktivität für eosinophile und neutrophile Granulozyten im Serum (Rak et al. 1990) signifikant durch SIT gehemmt wird, verbunden mit einer klinischen Besserung und einer Reduktion der unspezifischen Hyperreagibilität. Dieser Effekt wäre z. B. durch den o. g. „Switch" von Th1-Lymphozyten zu Th2-Lymphozyten zu erklären, da die Verringerung der IL-3 bzw. 5-Synthese (Th1-Effekt) zur einer geringeren Aktivierung von Mastzellen und insbesondere eosinophilen Granulozyten führen würde (Durham et al. 1991). Die Suppression der Eosinophilenfunktion könnte somit ein entscheidender Faktor für die klinische Besserung sein. Es lassen sich unter SIT eine Reihe von Belegen für die Verringerung der allergischen Entzündung nachweisen, wie eine verminderte Freisetzbarkeit von Mediatoren (Dokic et al. 1996) und die Hemmung des Einstroms von Entzündungszellen in die Schleimhaut (Hauser et al. 1995).

Zu dieser Vorstellung paßt die wiederholt beobachtete überzeugendste klinisch-experimentelle Wirkung der SIT, nämlich die Verringerung der allergeninduzierten, durch eine Eosinophilie gekennzeichneten asthmatischen Spätreaktion (Van Bever, Stevens 1990, Warner et al. 1978). Auch eine Dämpfung der unspezifischen bronchialen Hyperreagibilität wurde in einigen, jedoch nicht in allen Studien nachgewiesen (Bousquet et al. 1990, Hedlin et al. 1991, Lilja et al. 1989, Rak et al. 1988, Sundin et al. 1986, Pichler et al. 1997). Da die Spätreaktion mit dem Grad der Hyperreagibilität der Atemwege und der Eosinophilie, evtl. auch dem Langzeitverlauf, in enger Beziehung steht, ist auf diese Weise plausibel, daß die Verringerung der Entzündungsreaktion auch ohne verringerte IgE-Konzentration zu einer klinischen Besserung führen kann.

Asthma bronchiale – eine allergische Krankheit?

Die Indikationsstellung zur SIT bei Asthma setzt voraus, daß Allergene eine wesentliche ätiologische Bedeutung bei dieser Erkrankung besitzen. Dies wird auch von Spezialisten nicht immer einheitlich beurteilt. Es hat kaum je Zweifel an der kausalen Rolle allergischer Faktoren in der Pathogenese von Konjunktivitis und Rhinitis gegeben. IgE-vermittelte allergische Symptome, z. B. bei Pollenkontakt, sind bereits für den Laien eindeutig zu identifizieren.

Anders bei Asthma bronchiale: obwohl einige spezielle Asthmaformen unzweifelhaft durch Allergene verursacht werden, wie etwa das saisonale Pollenasthma oder das Bäckerasthma, hat es nie an – durchaus prominenten (Lichtenstein 1978) – Skeptikern gefehlt, die den Stellenwert allergischer Faktoren bei Asthma gering geschätzt haben. Ein Grund für diese Unsicherheiten ist die komplexe Pathogenese der asthmatischen Entzündungsreaktion, bei der zelluläre, humorale und nervöse Mechanismen eine bislang nur ansatzweise verstandene Rolle spielen.

Das klinische Bild des allergischen Asthma wird nicht selten vordergründig von nicht-allergischen Anfallsauslösemechanismen bestimmt. Dies beruht auf der Kausalkette Allergenkontakt – Entzündung der Atemwege – Hyperreagibilität der Atemwege – Atemwegsobstruktion. Auch wenn allergische Faktoren nachweisbar sind, können unspezifische Anfallsauslöser das Krankheitsgeschehen derart bestimmen, daß zumindest anamnestisch die primären allergischen Faktoren nicht mehr erkennbar sind. Noch problematischer für die Begriffsbestimmung ist die nicht seltene „Verselbständigung" der Erkrankung, d.h. der chronische Krankheitsverlauf, bei dem allergische Faktoren anscheinend nur noch eine untergeordnete Rolle spielen.

Dennoch mehren sich experimentelle und epidemiologische Befunde, die zeigen, daß positive Hauttests mit Aeroallergenen bzw. ein erhöhtes Serum-Immunglobulin E für einige der wichtigsten Merkmale der Erkrankung von größter Bedeutung sind:

1. für das Risiko, an Asthma zu erkranken (Burrows et al. 1989, Sporik et al. 1990),
2. für die unspezifische Hyperreagibilität der Atemwege (Übersicht: Cockcroft und Hargreave 1989),
3. für die Zunahme des Asthma bronchiale in einigen Populationen (Neuguinea: Dowse et al. 1985),
4. für den schweren Asthmaanfall (Pollart et al. 1989, Krüger et al. 1992).

Probleme der medikamentösen Therapie

Neben der Bedeutung der allergischen Pathogenese von Hyperreagibilität und Asthma sind auch Probleme der medikamentösen Therapie ein Stimulus für die Indikationsstellung zur SIT. Die Einführung hochdosierter inhalativer Glukokortikosteroide hat eine weitgehend nebenwirkungsfreie Asthmatherapie zahlreicher Fälle ermöglicht. Nicht immer ist jedoch eine ausschließliche inhalative Steroidtherapie ausreichend, so daß unter oraler Steroidtherapie Nebenwirkungen unvermeidlich in Kauf genommen werden müssen. Auch nimmt die Asthmaprävalenz weltweit zu. Daher sind alle Maßnahmen von Interesse, die 1. eine Verringerung der Steroidmedikation ermöglichen und 2. eine weitere Zunahme der Asthmaprävalenz verhindern können.

Wirksamkeit der SIT

Zahlreiche wissenschaftlich korrekt durchgeführte Studien haben die Wirksamkeit der SIT bei Asthma belegt (Bousquet et al., 1990; Mosbech und Weeke 1986; Ohman 1989). Die SIT, durchgeführt als subkutane Injektionstherapie, ist eine wirksame Maßnahme bei IgE-vermittelten allergischen Krankheiten der Atemwege durch Pollen [(nachgewiesen u.a. für Gräser- und Birkenpollen (Østerballe 1982, Rak et al. 1988)], Milben Dermatophagoides pteronyssinus und D. farinae (Bousquet et al. 1988, Wahn et al. 1988), Tierepithelien [Hund (Hedlin et al. 1991, Lilja et al. 1989, Sundin et al. 1986), Katze (Hedlin et al. 1991, Lilja et al. 1989,

Sundin et al. 1986, Van Metre et al. 1988)] und einige Pilzsporen [Cladosporium (Malling et al. 1986), Alternaria (Horst et al. 1990)], und – wie anzunehmen ist – bei weiteren, nicht eigens untersuchten Aeroallergenen, vorausgesetzt die Verwendung eines geeigneten, d.h. wirksamen Allergenextraktes. Ohman (1989) stellte die Ergebnisse von 28 kontrollierten Studien zur SIT bei Asthma aus den Jahren 1954–1988 zusammen, mit 732 behandelten Patienten und 504 Kontrollen, davon 13 Studien bei Erwachsenen, 8 bei Erwachsenen und Kindern und 7 bei Kindern, mit den Allergenen Pollen, Milben, Katze, Hund und Cladosporium. Eine klinische Besserung fand sich dabei in der Mehrzahl der Studien, ebenso eine Verringerung der bronchialen Allergenempfindlichkeit. Eine Zunahme des allergenspezifischen IgG war der herausragende Laborbefund, während das spezifische IgE nur in einer von 12 Untersuchungen abnahm.

Die Effektivität der Therapie wurde in neueren Studien nicht immer bestätigt, so bei Kindern mit einem breiten Sensibilisierungsspektrum, bei denen kein Effekt gesehen wurde (Creticos et al. 1996) bzw. bei Erwachsenen mit Ragweedpollen-Asthma, die nur gering von der SIT profitierten (Adkinson et al. 1997). Beide Studien sind von namhafter Seite aus methodischen Gründen kritisiert worden (Bousquet et al. 1997, Bonini 1997, Weiner et al. 1997, Platts-Mills 1997). In neueren Übersichten (Bonifazi, Bilò 1997) und insbesondere in einer Meta-Analyse (Abramson et al., 1995) wurde jedoch für die Mehrzahl der kontrollierten Studien die positive Einschätzung der Wirkungen auf die Asthmasymptomatik, die Medikation und die bronchiale Hyperreagibilität bestätigt. Einig sind sich alle Autoren darin, daß eine SIT nicht als Alternative zur Pharmakotherapie, sondern als Ergänzung zu betrachten ist.

Nicht nur klinische Symptome, sondern auch Haut- und Provokationstestreaktionen werden verringert. Insbesondere werden bronchiale Spätreaktionen nach inhalativer Allergenprovokation seltener und milder (Van Bever et al. 1988, Van Bever und Stevens 1990, Warner et al. 1978). Diese Befunde schließen Therapieversager auch bei korrekter Indikationsstellung nicht aus (ca. 20–30%). Zuverlässige prädiktive Faktoren für den Therapieerfolg im Einzelfall existieren nicht. Die Erfolge bei Asthma sind um so besser, je jünger der Patient und je milder die Erkrankung ist, wie durch Untersuchungen bei Patienten mit Milbenallergie bestätigt wurde (Bousquet et al. 1988).

Der Behandlungserfolg läßt sich im Einzelfall nicht anhand objektiver Kriterien, wie Hauttest oder RAST, bemessen, sondern nur an der Symptomatik bzw. dem Medikamentenverbrauch. Bei der Beurteilung des Erfolges ist die Exposition zu berücksichtigen (Schwankungen des Pollenfluges, Wohnungswechsel etc.). Der Placeboerfolg bei der SIT beträgt etwa 30% (Schultze-Werninghaus und Meier-Sydow 1980).

SIT: „Organwechsel" und Neusensibilisierungen

Eine SIT wäre als besonders bedeutsame Therapieform zu betrachten, wenn sie den „Organwechsel", d.h. die Entwicklung eines Asthma bronchiale bei vorbestehender Rhinitis verhindern könnte. Es gibt hierzu nur wenige Studien. Eine

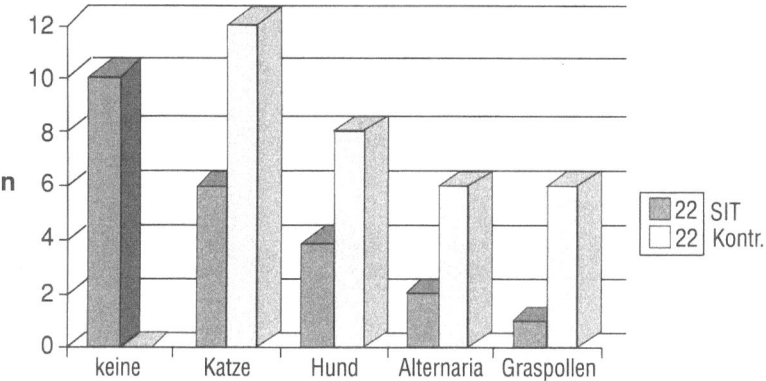

Abb. 2. Neusensibilisierungen bei 3jähriger Beobachtung von 22 Milbenallergen-hyposensibilisierten und 22 Placebo-behandelten Kindern. Neusensibilisierungen sind signifikant häufiger bei Placebobehandlung. (Des Roches et al. 1997)

Langzeitstudie bei Kindern (Johnstone und Dutton 1968) spricht für die protektive Wirkung einer SIT, da nach 14jähriger Behandlung die Häufigkeit der Patienten mit Asthma in der Behandlungsgruppe signifikant geringer war als in der Kontrollgruppe. Erste Ergebnisse einer derzeit laufenden multizentrischen Studie (PAT-Studie (Preventive Allergy Treatment), Jacobsen et al. 1996) zur Frage einer Verhinderung des Organwechsels haben diese älteren Daten bestätigt; nur in der Placebogruppe, nicht aber unter SIT traten Neuerkrankungen an Asthma bronchiale auf. In einer neueren Untersuchung fanden Des Roches et al. (1997) eine signifikant geringe Zahl von Neusensibilisierungen gegen Aeroallergenen (Katze, Hund, Alternaria, Graspollen) bei 44 Kindern unter SIT im Vergleich zu Placebokontrollen (Abb. 2). Neue IgE-Spezifitäten können unter SIT auftreten; für eine klinische Bedeutung gibt es keine Anhaltspunkte (van Ree et al. 1997).

Dauer des Behandlungserfolges

Es gibt nur wenige Daten zur Dauer des Behandlungserfolges. Aus einer dänischen Studie zur Wirkung eines Gräserpollenextraktes läßt sich folgern, daß die Wirkung einer dreijährigen Behandlung bei Pollinosis mindestens 5 Jahre lang anhält (Mosbech und Østerballe 1988). Ähnlich günstig sind auch Behandlungsergebnisse bei Pollenallergie anderer Studien. Weniger effektiv ist die Hyposensibilisierung gegen Milben, die nur 1–3 Jahre lang anhält (Tabelle 1).

Tabelle 1. Langzeiteffekte der Spezifischen Hyposensibilisierung

Allergen, Studie	Wirkdauer (J), Kriterium		Autor
Pollen			
Birkenpollenasthma	> 6	Interview	Wihl 1993
Pollenrhinitis	≈ 6	Interview	Mosbech, Østerballe 1988
Baumpollenasthma/-rhin.	> 6	Interview, Hauttest	Jacobsen et al. 1997
Hausstaubmilbe			
Asthma (Kinder)	≈ 1	Interview	Price et al. 1994
Asthma (Kinder)	≈ 1	Provokation/Spätreaktion	Van Bever, Stevens 1990
Asthma (Kdr, Erw.)	≈ 1-3	Klinik/Medikation	Des Roches et al. 1995
Katze, Hund			
Asthma	≈ 3	Provokation (Katze)	Hedlin et al. 1995
	0	Provokation (Hund)	Hedlin et al. 1995

Nebenwirkungen

Mögliche anaphylaktische Nebenwirkungen erfordern eine sorgfältige und nebenwirkungsorientierte Durchführung der Therapie unter Beachtung aller Kautelen. Nicht nach Therapieschema des Beipackzettels, sondern nach individueller Verträglichkeit zu behandeln, ist das wichtigste Prinzip. Dennoch haben sich seit Beginn der Therapie immer wieder auch Todesfälle ereignet (Boughton 1919, Dahl 1937). Die Mehrzahl der schweren Zwischenfälle ereignet sich bei Patienten mit Asthma bronchiale (Committee on the Safety of Medicine, 1986, Lockey et al. 1987, Rawlins et al. 1988). Derartige Probleme haben dazu geführt, daß in Großbritannien gegenwärtig die SIT in der Praxis nahezu völlig aufgegeben worden ist und nur noch in den klinischen Zentren erfolgt, infolge verschärfter Sicherheitsbestimmungen, insbesondere einer empfohlenen Wartezeit von 2 Stunden (Committee on the Safety of Medicine, 1986). Allerdings könnten neuere britische Studien dazu beitragen, daß in Zukunft die SIT auch in England wieder unter praxisgemäßeren Bedingungen erfolgen kann. In einer Untersuchung bei Pollenrhinitis konnten Varney et al. (1991) nachweisen, daß die Therapie mit einem modernen, biologisch standardisierten Extrakt nicht nur zu einer hochsignifikanten Besserung der Symptomatik führt, sondern daß systemische Reaktionen selten sind (2/523 Injektionen), innerhalb kurzer Zeit nach Injektion auftreten (10 Minuten) und mit Adrenalin rasch reversibel sind. Bei Hausstaubmilben-SIT wurden ähnliche Befunde erhoben; anaphylaktische Reaktionen traten innerhalb von 30 Minuten auf (Hejjaoui et al. 1990). Die Autoren dieser Studien sind daher der Auffassung, daß bei allergischer Rhinitis eine Wartezeit von 30 Minuten ausreichend sei, während bei Patienten mit erhöhtem Risiko (Asthma) die Wartezeit verlängert werden kann. Dies deckt sich weitgehend mit den Empfehlungen der WHO/IUIS (1989) bzw. der American Academy of Allergy and Immunology (1990). Für das Asthma bronchiale ist es wichtig, den Schweregrad bei der Indikationsstellung zu berücksichtigen: mit zunehmender Schwere der Erkrankung nimmt auch das Nebenwirkungsrisiko zu (Bousquet et al. 1989). Daher sollte eine SIT bei ausgeprägtem Asthma bronchiale nicht erfolgen.

In der Bundesrepublik Deutschland sind die bekannt gewordenen Todesfälle durch die zuständige Behörde, das Paul-Ehrlich-Institut, sorgfältig analysiert worden (Siefert 1990). In der Mehrzahl der Fälle war eine Nichtbeachtung wichtiger Richtlinien der Therapie, bezüglich der Dosierung, der Wartezeit und der verfügbaren interventionellen Maßnahmen nachzuweisen.

Nebenwirkungen lassen sich nicht mit Sicherheit ausschließen. Durch Beachtung der Therapierichtlinien ist jedoch eine wesentliche Reduzierung insbesondere schwerwiegender Nebenwirkungen erreichbar (Siefert 1990). Eine Beachtung der Behandlungsrichtlinien ist daher unbedingt erforderlich (Ärzteverband Deutscher Allergologen, 1990). Eine ausreichende allergologische Vorbildung ist eine der Voraussetzungen für eine korrekte Indikationsstellung und Durchführung dieser Therapie. Darüber hinaus muß sichergestellt sein, daß im Notfall die erforderlichen Maßnahmen gewährleistet sind und eine Schockapotheke verfügbar ist; vgl. entsprechende Empfehlungen (Ärzteverband Deutscher Allergologen, 1990).

Indikationstellung

Eine *absolute* Indikation zu dieser Therapie ist nur bei IgE-vermittelten Insektengiftallergien (Biene, Wespe) nach lebensbedrohlichen systemischen Reaktionen gegeben (Bousquet et al. 1987, Valentine et al. 1990).

Bei Asthma sind die Indikationen stets nur relativ. Voraussetzung für die korrekte Indikationsstellung ist der Nachweis einer IgE-vermittelten, bei multiplen Sensibilisierungen *dominierenden* Inhalationsallergie. Anamnese, Hauttest, evtl. RAST, und bei diagnostischen Unsicherheiten ein Provokationstest müssen die Bedeutung der allergischen Pathogenese sicherstellen. Der Anamnese kommt der wesentliche Stellenwert in der Einschätzung der Relevanz einer nachgewiesenen Sensibilisierung zu („Bestehen Beschwerden bei Exposition? Besteht Beschwerdefreiheit, bzw. -armut, bei Karenz?"). Bei chronischer Sinusitis, Aspirinintoleranz und perennialer Symptomatik sind die Erfolge gering (Bousquet et al. 1988), bei schwerem Asthma die Nebenwirkungsrisiken deutlich erhöht. In diesen Fällen ist für eine SIT keine Indikation gegeben.

Nach korrekter, mehrjähriger SIT ist das Erreichen eines der Ziele der Therapie, eine Verringerung des Medikationsbedarfs, zu erwarten. Insofern sind auch kurzfristige Kosten-/Nutzen-Vergleiche wenig sinnvoll; derartige Berechnungen können allenfalls langfristig erfolgen. Eine Pharmakotherapie mit Adrenergika, Prophylaktika und topischen Steroiden ist in der Lage, akute Symptome von Rhinitis und Asthma bronchiale zu unterdrücken, nicht aber die SIT. Eine SIT bei allergischer Rhinopathie ist jedoch in ihrer Wirksamkeit bereits im ersten Jahr der Therapie durchaus mit der Wirkung von Cromoglicinsäure vergleichbar (Andersen et al. 1987). Dennoch ist die SIT keine kurzfristige *Alternative* zu einer Pharmakotherapie, sondern eine *Ergänzung*. Nur die SIT ist in der Lage, den Sensibilisierungsgrad signifikant zu verringern.

Die Indikationsstellung zu einer SIT ist in folgenden Fällen gegeben:

1. Hausstaubmilbenallergie, sofern bei ganzjähriger Erkrankung als *führendes* Allergen nachgewiesen. Die Erfolge sind besonders gut bei Kindern und Jugendlichen und bei mildem Asthma (FEV$_1$ > 70–80% des Sollwertes) (Bousquet et al. 1988). Patienten mit erheblichem Asthma sollten nicht hyposensibilisiert werden, da das Risiko schwerer Zwischenfälle mit dem Krankheitsgrad zunimmt. Die „Hausstaub"-SIT ist obsolet.
2. Pollenallergie, vor allem bei Patienten mit ausgeprägter Rhinokonjunktivitis und/oder beginnenden oder leichten asthmatischen Beschwerden, so daß keine ausreichende Besserung mit nicht-sedierenden Antihistaminika und nicht-steroidalen Prophylaktika und gelegentlichen α- bzw. β_2-Sympathikomimetika erreichbar ist.
3. Auch bei Rhinitis und Asthma durch *saisonale* Schimmelpilzallergien (Cladosporium, Alternaria) ist eine erfolgreiche SIT möglich; allerdings stehen umfangreichere Studien noch aus. Zu fordern ist, daß Anamnese (Symptomatik: Juli/August), Hauttest und RAST in diesen Fällen übereinstimmend auf eine relevante Sensibilisierung hinweisen.
4. Bei Tierallergien gilt unverändert, daß eine Allergenkarenz angestrebt werden muß und eine SIT nur als Ausnahme erfolgen soll. Allerdings zeichnen sich hier durch eine Anzahl erfolgreicher Studien bei Katzenallergie neue Möglichkeiten ab (Hedlin et al. 1995). Es ist davon auszugehen, daß bei dem ubiquitären Vorkommen des Katzenallergens und der erfolgversprechenden SIT in Zukunft die Empfehlungen bezüglich der Indikationsstellung erweitert werden können.

Eine SIT sollte nur dann erfolgen, wenn eine Kooperationsbereitschaft gesichert erscheint und der Patient dieser Therapie aufgeschlossen gegenüber steht. Die Einhaltung regelmäßiger Injektionsintervalle und aller Kautelen muß gewährleistet sein.

Tabelle 2 faßt wichtige Leitsätze zur Indikationsstellung einer SIT bei Asthma zusammen.

Tabelle 2. Leitsätze zur Indikationsstellung einer SIT bei Asthma

1. Ist ein Sensibilisierungsnachweis (Hauttest, RAST) erfolgt?
2. Ist die Relevanz der Sensibilisierung für das Krankheitsbild eindeutig (Anamnese, evtl. Provokation)?
3. Ist der Schweregrad des Asthmas gering oder mäßiggradig?
4. Sind alle Karenzmöglichkeiten ausgeschöpft?
5. Ist der Patient kooperativ?

Reduktion von Nebenwirkungen

Wichtigstes Prinzip ist die Vermeidung eines starren Behandlungsschemas; stattdessen ist eine individuelle Dosierung nach Verträglichkeit zu fordern. Zusätzlich kann eine Prämedikation mit Antihistaminika und Steroiden die Nebenwirkungsrate senken (Jarisch et al. 1988, Hejjaoui et al. 1990, Nielsen et al. 1996).

Zur Vermeidung von Nebenwirkungen werden folgende Maßnahmen empfohlen (Malling 1991):

- Patientenaufklärung über Prinzip der Therapie, Kontraindikationen, mögliche Nebenwirkungen aller Art und Notwendigkeit zur Mitteilung von Nebenwirkungen der vorausgegangenen Injektion und von Krankheitsexazerbationen.
- Optimale medikamentöse Therapie der Atemwegserkrankung.
- Erwerb ausreichender allergologischer Kenntnisse und Erfahrungen mit der SIT seitens des behandelnden Arztes, einschließlich der Notfallmaßnahmen bei Zwischenfällen.
- Größtmögliche Sorgfalt bei der Injektion zur Vermeidung von Behandlungsfehlern (Verwechslung von Extrakten, falsche Dosierung, fehlerhafte Injektionstechnik).
- Sicherstellung einer Wartezeit von (mindestens) 30 Minuten unter Aufsicht.

Die subkutane SIT sollte nur durch den Arzt selbst vorgenommen werden. Voraussetzung für die Durchführung der SIT ist Erfahrung in der Behandlung des anaphylaktischen Schocks sowie eine entsprechende apparative Ausstattung.

Kontraindikationen

Als Kontraindikationen gelten (modifiziert nach European Academy of Allergology and Clinical Immunology 1988):

- Systemerkrankungen, Kollagenosen, Immundefekte, schwere bakterielle Infektionen (Bronchiektasenkrankheit, Tuberkulose, chronische Pyelonephritis etc.), Malignome.
- Mangelhafte Kooperation (Nichteinhaltung der Wartezeit und der Injektionsintervalle), mangelnde sprachliche Kommunikationsmöglichkeiten.
- Begleittherapie mit β-adrenergen Antagonisten (β-Blockern), cave bei Behandlung mit ACE-Hemmern (kontraindiziert bei Insektengiftallergie; Empfehlung: unter ACE-Hemmern auch keine SIT gegen Aeroallergene).
- Erkrankungen mit erhöhtem Nebenwirkungsrisiko von Behandlungsmaßnahmen bei anaphylaktischen Zwischenfällen (insbesondere kardiovaskuläre Erkrankungen).
- Bestehende oder geplante Schwangerschaft.

Therapieextrakte

Die Therapieerfolge hängen von der Qualität des verwendeten Extraktes ab. Nur charakterisierte und standardisierte Extrakte (Wahl 1988) sollten Verwendung finden. Es steht eine Anzahl von Allergenextrakten mit unterschiedlichen Eigenschaften für die SIT zur Verfügung. Dabei läßt sich feststellen, daß die Mehrzahl der heute verfügbaren Extrakte unter standardisierten Bedingungen hergestellt wird, die eine größtmögliche therapeutische Sicherheit und Wirksamkeit sicherstellen, den Arzt jedoch unverändert nicht von größtmöglicher Sorgfalt bei der Durchführung der Therapie entbinden.

Die *orale* SIT wird zur Zeit nicht empfohlen, da mit den in früheren Jahren verwendeten Extrakten keine überzeugenden klinischen Effekte, auch nicht bei Kindern, dokumentiert sind. Allerdings gibt es positive Studien aus neuerer Zeit, so daß diese Therapie mit neuen, besser standardisierten Extrakten in Zukunft evtl. wieder eine Rolle spielen könnte (Möller et al. 1986, Van Niekerk, De Wet 1987). Dies gilt gleichermaßen für die in den letzten Jahren in zahlreichen Studien geprüfte *sublinguale* SIT, deren Ergebnisse zwar uneinheitlich sind, die aber in einigen kontrollierten Untersuchungen gute Erfolge gezeigt hat.

Die *subkutane* Injektionstherapie ist das Verfahren der Wahl. Während bei Bienen- und Wespengiftallergien *wäßrige* Allergenextrakte angewendet werden, hat sich in der Therapie der Inhalationsallergien die Behandlung mit *Depotextrakten* weitgehend durchgesetzt, in denen Allergen oder Allergoid an Aluminiumhydroxid oder Tyrosin gebunden ist. Auf diese Weise werden Allergene aus dem subkutanen Depot verzögert freigesetzt, so daß Injektionen nur einmal pro Woche erfolgen müssen.

Zu unterscheiden sind *Allergen-* und *Allergoid-*Therapielösungen. Bei Allergenlösungen liegen die extrahierten Allergene in unveränderter Form vor; Allergoide entstehen durch Denaturierung des Allergens, z.B. mit Formaldehyd oder Glutaraldehyd. Dadurch werden die *allergenen* Eigenschaften reduziert, mit dem Ziel verringerter Nebenwirkungen, während die *immunogenen* Eigenschaften, d.h. der Therapieerfolg erhalten bleibt. Es ist wird angenommen, daß das Verfahren der Allergoid-Herstellung die B-Zell-Epitope denaturiert und damit die Aktivierung der IgE-Synthese bzw. die allergischen Symptome inhibiert, während die T-Zell-Epitope erhalten bleiben, welche für den Effekt auf die T-Helferzellen und damit für die erwünschten Änderungen im Immunsystem veranwortlich sind (Fiebig 1996a, b). Die Wirksamkeit der verfügbaren Allergoide und deren Nebenwirkungen sind unterschiedlich. So wurde in einer Studie bei Pollinosis gezeigt, daß ein Formaldehyd-Allergoid wirksamer war als ein Glutaraldehyd-Allergoid, ohne mit mehr Nebenwirkungen verbunden zu sein (Mühlethaler et al. 1990).

Durchführung der Therapie

Wichtigstes Prinzip der Behandlung ist die *nebenwirkungsorientierte Dosierung* des Therapieextraktes. Keinesfalls darf strikt nach dem Therapieschema des Beipackzettels vorgegangen werden. Sofern stärkere Lokalreaktionen oder aber Allgemeinreaktionen bzw. eine Verstärkung der Atemwegssymptome eintreten, darf die Dosis nicht weiter gesteigert oder sie muß sogar reduziert werden, bis eine bessere Verträglichkeit eintritt. Die Wirkung korreliert mit der Höhe der erreichten Enddosis.

Die SIT bei perennialen Allergien (Milbe) erfolgt ganzjährig; der Therapiebeginn kann jederzeit erfolgen, sofern keine gleichzeitigen saisonalen Allergien bestehen. Die Behandlung erfolgt zunächst in wöchentlichen Abständen, nach Erreichen der Höchstdosen in 4 wöchigen Intervallen für einen Zeitraum von mindestens 2–3 Jahren. Bei saisonalen Allergien (Pollen, Sporen) erfolgt der Therapiebeginn ca. drei bis vier Monate (Allergenextrakte) bzw. 6 bis 8 Wochen (Allergoidextrakte) vor der Saison. Die Behandlung kann nach Erreichen der Höchstdosis entweder perennial fortgesetzt oder aber zu Beginn der Beschwerdesaison unterbrochen werden. Die perenniale Fortsetzung erfolgt analog der Behandlung perennialer Allergien; eine Dosisreduktion während der Saison wird empfohlen. Bei Unterbrechung der Therapie ist eine erneute Aufsättigungsbehandlung in der kommenden Behandlungsperiode notwendig. Eine vergleichende Untersuchung bezüglich der Wirksamkeit der unterschiedlichen Behandlungsformen liegt nicht vor.

Auf die Empfehlungen zur SIT des Ärzteverbandes Deutscher Allergologen (1990) wird bezüglich weiterer Details der Durchführung der SIT ausdrücklich verwiesen.

Neuentwicklungen

Es gibt eine Fülle von Versuchen, die Wirksamkeit der Immuntherapie zu verbessern. Zum einen werden herkömmliche Extrakte in neuer Applikationsform (oral (Giovane et al. 1994, Litwin et al. 1977), sublingual (Casanovas et al. 1994, Quirino et al. 1996, Sabbah et al. 1996, Übersicht: Malling 1996), lokal nasal (Cirla et al. 1996, Passalacqua et al. 1995, 1997, Andri et al. 1996)) oder aber in verbesserter Standardisierung (Alvarez-Cuesta et al. 1994, Zenner et al. 1997) in Studien geprüft, zum anderen werden andere Wege der Beeinflussung des Immunmechanismus allergischer Reaktionen beschritten. Hier sind erste tierexperimentelle und klinische Daten über die Anwendung von anti-IL-5 (Okudaira et al., 1996, Hamelman et al. 1997), IFN-γ (Lack und Gelfand 1996) und anti-IgE-Antikörpern (Casale et al. 1997) publiziert worden. Erfolgreich eingesetzt wurden T-Zell-reaktive Peptide bei Katzenallergie (Norman et al. 1996). Es bleibt abzuwarten, welche der derzeitigen Entwicklungen sich klinisch bewähren wird.

ZUSAMMENFASSUNG

Die SIT ist „keine Therapie zwischen Tür und Angel" (Brede et al. 1977). Die SIT ist jedoch bei richtiger Indikationsstellung und korrekter Durchführung eine wirksame Maßnahme in der Mehrzahl der Fälle eines allergischen Asthma. Im Gegensatz zur Pharmakotherapie führt die SIT zu einer Dämpfung der IgE-vermittelten allergischen Reaktionsbereitschaft. Dadurch ist eine Verringerung von Symptomen und Medikamentenbedarf erreichbar. Diese Therapieform stellt für den erfahrenen Arzt unverändert eine Ergänzung seines therapeutischen Arsenals bei allergischen Atemwegskrankheiten dar (Schultze-Werninghaus 1991).

Die allergenspezifische Hyposensibilisierung (spezifische Immuntherapie; SIT) wird bei Asthma bronchiale und Rhinitis mit unterschiedlichen Verfahren durchgeführt (subkutan, sublingual, oral, u.a.). Studien zur Frage der Langzeiterfolge sind jedoch nur spärlich. Diese sind unter zwei Gesichtspunkten erfolgt: a) Nachbeobachtungen nach mehrjähriger Therapie zur Frage der Dauer des Behandlungserfolges, und b) prospektive Studien zur Frage der prophylaktischen Wirkung gegen den „Etagenwechsel". Daten existieren vor allem über Behandlungen bei Pollen- und Milbenallergie.

Die subkutane SIT führt zu einer Besserung der Symptomatik und der unspezifischen Hyperreagibilität sowie zur Verringerung der notwendigen Medikation. Dies wurde jüngst in einer Metaanalyse von 20 Doppelblindstudien zwischen 1960 und 1990 bestätigt. Die Dauer der Behandlungserfolge beträgt bei Pollenallergien im Mittel mindestens 5 Jahre, bei Asthma bronchiale durch Milbenallergien läßt der Erfolg nach drei Jahren deutlich nach; die Erfolge sind unter anderem von der Dauer der SIT abhängig.

Von entscheidender Bedeutung für die Erfolge der SIT ist die Patientenauswahl. Eine SIT kann nur dann erfolgreich sein, wenn die allergische Pathogenese das Krankheitsbild dominiert. Dies gilt sowohl für die Rhinitis als auch für das Asthma: bei ganzjährigen Krankheitssymptomen ist die Definition einer „allergischen "Pathogenese zweifelhaft, da unspezifische bzw. chronisch entzündliche Prozesse aufgrund von Anamnese und Befunden nur schwer von perennialen allergischen Symptomen abgegrenzt werden können. Hingegen ist bei saisonaler allergischer Erkrankung infolge eindeutiger Anamnese die Indikationsstellung weniger problematisch. Daher ist auch die Indikation zur SIT vorzugsweise bei saisonaler Symptomatik gegeben.

Die Verhinderung eines „Etagenwechsels" der Erkrankung, d.h. der Entwicklung eines Asthma bronchiale aus einer Rhinopathie, ist eine der wichtigsten Indikationen für die SIT. Allerdings existieren bislang nur wenige Studien, die belegen, daß dieses Ziel auch erreicht werden kann. Neben einer älteren Untersuchung von Johnstone und Dutton (1968) ist vor allem die laufende PAT-Studie (Preventive Allergy Treatment) von Interesse. Die ersten Ergebnisse bestätigen die Annahme, daß die SIT in der Lage ist, die Asthmaentstehung zu verhindern.

Die SIT ist somit nicht nur als traditionelle Therapie aufzufassen, sondern als eine der unverändert wichtigsten Säulen der Therapie allergischer Atemwegserkrankungen. Die SIT verhindert bei rechtzeitiger Anwendung die Asthmaentstehung und sie führt – auch bei bereits bestehendem Asthma – bei allergischen Atemwegserkrankungen zu einer

- Reduktion der Krankenhauseinweisungen und der Notfallmaßnahmen,
- Reduktion der Begleitmedikation,
- Reduktion der unspezifischen bronchialen Hyperreagibilität,
- Reduktion der Kosten des Gesundheitssystems (USA 1997: geschätzte Einsparung 1,3 Milliarden US $).

Voraussetzung für eine SIT ist eine korrekte Allergiediagnostik und vor allem die richtige Bewertung des Stellenwertes der Allergie für das Krankheitsbild. Nur bei dominierender Bedeutung allergischer Faktoren für die Erkrankung kann eine überzeugende Wirkung erwartet werden. Unter anderem aus diesem Grund, aber auch wegen eines erhöhten Nebenwirkungsrisikos, ist von einer SIT bei chronischem, schwerem Krankheitsverlauf abzusehen, ebenso bei komplizierenden Begleiterkrankungen, wie der chronischen Sinusitis. Bei Berücksichtigung dieser Aspekte ist auch in Zukunft der SIT eine wichtige ergänzende Rolle in der Therapie allergischer Atemwegserkrankungen vorauszusagen.

Literatur

1. Abramson MJ, Puy RM, Weiner JM (1995) Is allergen immunotherapy effective in asthma? A meta-analysis of randomized controlled trials. Am J Respir Crit Care Med 151:969–974
2. Adkinson NF Jr, Eggleston PA, Eney D, Goldstein EO, Schuberth KC, Bacon JR, Hamilton RG, Weiss ME, Arshad H, Meinert CL, Tonascia J, Wheeler B (1997) A controlled trial of immunotherapy for asthma in allergic children. N Engl J Med 336:324–331
3. American Academy of Allergy and Clinical Immunology; Executive Committee: Position paper: The waiting period after allergen skin testing and immunotherapy (1990) J Allergy Clin Immunol 85:526–527
4. Andersen NH, Jeppesen F, Schiøler T, Østerballe O (1987) Treatment of hay fever with sodium cromoglycate, hyposensitization or a combination. Allergy 42:343–351
5. Andri L, Senna G, Betteli C, Givanni S, Andri G, Dimitri G, Falagiani P, Mezzelani P (1996) Local nasal immunotherapy with extract in powder form is effective and safe in grass pollen rhinitis: A double-blind study. J Allergy Clin Immunol 97:34–41
6. Ärzteverband Deutscher Allergologen: Empfehlungen zur Hyposensibilisierung mit Allergenextrakten. Allergologie 13(1990) 185–188
7. Bonifazi F, Bilò MB (1997) Efficacy of specific immunotherapy in allergic asthma: myth or reality? Allergy 52:698–710
8. Bonini S (1997) Who benefits from immunotherapy? Editiorial. Allergy 52:693–694
9. Boughton TH (1937) J Amer Med Assoc 1919; 73:1912, zit nach Dahl B: Ein Todesfall nach Gebrauch von Helisen (Pollenmischextrakt) bei Behandlung von Heuasthma. Klin Wschr 16:491–494
10. Bousquet J, Hejjaoui A, Clauzel A-M, Guérin B, Dhivert H, Skassa-Brociek W, Michel F-B (1988) Specific immunotherapiy with a standardized Dermatophagoides pteronyssinus extract. II. Prediction of efficacy of immunotherapy. J Allergy Clin Immunol 82:971–977
11. Bousquet J, Hejjaoui A, Dhivert H, Clauzel AM, Michel FB (1989) Immunotherapy with a standardized Dermatophagoides pteronyssinus extract. III. Systemic reactions during the rush protocol in patients suffering from asthma. J Allergy Clin Immunol 83:797–802

12. Bousquet J, Hejjaoui A, Michel F-B (1990) Specific immunotherapy in asthma. J Allergy Clin Immunol 86:292–305
13. Bousquet J, Müller UR, Dreborg S, Jarisch R, Malling H-J, Mosbech H, Urbanek R, Youlten L (1987) Immunotherapy with Hypenoptera venoms. Position paper of the Working Group on Immunotherapy of the European Academy of Allergy and Clinical Immunology 42:401–413
14. Brede HD, Göing H, Fuchs E, Gronemeyer W (1977) Allergietherapie – keine Therapie zwischen Tür und Angel. Dtsch Ärzteblatt 74:1985–1988
15. Burrows B, Martinez FD, Halonen M, Barbee RA, Cline MG (1989) Association of asthma with serum IgE levels and skin-test reactivity to allergens. N Engl J Med 320:271–277
16. Casale ThB, Bernstein IL, Busse WW, LaForce CF, Tinkelman DG, Stoltz RR, Dockhorn RJ, Reimann J, Su JQ, Fick RB, Adelman DC (1997) Use of an anti-IgE humanized monoclonal antibody in ragweed-induced allergic rhinitis. J Allergy Clin Immunol 100:110–122
17. Cirla AM, Sforza N, Roffi GP, Allessandrini A, Stanizzi R, Dorigo N, Sala E, Della Torre F (1996) Preseasonal intranasal immunotherapy in birch-alder allergic rhinitis. Allergy 51:299–305
18. Cockcroft DW, Hargreave FE (1989) Relationship between atopy and airway hyperresponsiveness. In: Sluiter HJ, van der Lende R, Gerritsen J, Postma DS (Hrsg) Bronchitis IV. Van Gorcum, Assen/Maastricht, pp 23–34
19. Committee on the Safety of Medicines: CSM Update: Desensitising Vaccines (1986) Br Med J 293:948
20. Creticos PS, Reed CE, Norman PS, Khoury J, Adkinson NF, Buncher CR, Busse WW, Bush RK, Gadde J, Li JT, Richerson HB, Rosenthal RR, Solomon WR, Steinberg P, Yunginger JW (1996) Ragweed immunotherapy in adult asthma. N Engl J Med 334:501–506
21. Dahl B (1937) Ein Todesfall nach Gebrauch von Helisen (Pollenmischextrakt) bei Behandlung von Heuasthma. Klin Wschr 16:491–494
22. Des Roches A, Paradis L, Knani J, Hejjajoui A, Dhivert H, Chanez P, Bousquet J (1996) Immunotherapy with a standardized Dermatophagoides pteronssyinus extract. V. Duration of the efficacy of immunotherapy after its cessation. Allergy 51:530–433
23. Des Roches A, Paradis L, Menardo J-L, Bouges S, Daurés J-P, Bousquet J (1997) Immunotherapy with a standardized Dermatophagoides pteronyssinus extract. VI. Specific immunotherapy prevents the onset of new sensitizations in children. J Allergy Clin Immunol 99:450–453
24. Dokic DD, Kleine-Tebbe J, Kunkel G, Baumgarten CR (1996) Mediator release is altered in immunotherapy-treated patients: a 4-year study. Allergy 51:796–803
25. Dowse GK, Turner KJ, Stewart GA, Alpers MP, Woolcock AJ (1985) The association between Dermatophagoides mites and the increasing prevalence of asthma in village communities within the Papua New Guinea highlands. Clin Allergy 15:75–83
26. Dunbar WP (1903) Zur Frage betreffend die Ätiologie und specifische Therapie des Heufiebers. Berl klin Wschr 40:537, 569, 596 (zit. n. Schadewaldt H: Geschichte der Allergie, 4 Bände, Dustri, Deisenhofen, 1979–1983)
27. Dunbar WP (1903) Ätiologie und specifische Therapie des Heufiebers. Dtsch Med Wschr 50:924–927
28. Durham SR, Varney V, Gaga M, Frew AJ, Jacobson M, Kay AB (1991) Immunotherapy and allergic inflammation. Clin Expt Allergy 21 (Suppl 1):206–210
29. Ebner C, Siemann U, Bohle B, Willheim M, Wiedermann U, Schenk S, Klotz F, Ebner H, Kraft D, Scheiner O (1997) Immunological changes during specific immunotherapy of grass pollen allergy: reduced lymphoproliferative responses to allergen and shift from Th2 to Th1 in T-cell clones specific for Ph1 p 1, a major grass pollen allergen. Clin Exper Allergy 27:1007–1015
30. Ehrlich P (1891) Experimentelle Studien über Immunität. I. Über Ricin Dtsch med Wschr 17:976 (zit. n. Schadewaldt H: Geschichte der Allergie, 4 Bände, Dustri, Deisenhofen, 1979–1983)
31. European Academy of Allergology and Clinical Immunology, Immunotherapy Subcommittee (Hrsg: Malling H-J): Immunotherapy. Position Paper. Allergy 43 (Suppl 6) (1988) 1–33

32. Fiebig H (1995) Immunologische Aspekte der spezifischen Immuntherapie (Hyposensibilisierung). Teil I: Die Steuerung der IgE-Synthese. Allergo J 4:336–339
33. Fiebig H (1995) Immunologische Aspekte der spezifischen Immuntherapie (Hyposensibilisierung). Teil II: Die Umorientierung der T-Helferzellreaktion. Allergo J 4:377–382
34. Floyd BLWS (1902) Hay fever: Its etiology and treatment. Amer Practit News 34:426 (zit. n. Schadewaldt H: Geschichte der Allergie, 4 Bände, Dustri, Deisenhofen, 1979–1983)
35. Freeman J (1911) Further observations on the treatment of hay-fever by hypodermic inoculations of pollen vaccine. Lancet ii:814 (zit. n. Schadewaldt H: Geschichte der Allergie, 4 Bände, Dustri, Deisenhofen, 1979–1983)
36. Gabrielsson S, Paulie S, Roquet A, Ihre E, Lagging E, van Hage-Hamsten M, Härfast B, Troye-Blomberg M (1997) Increased allergen-specific Th2 responses in vitro in atopic subjects receiving subclinical allergen challenge. Allergy 52:860–865
37. Giovane AL, Bardare M, Passalacqua G, Ruffoni S, Scordamaglia A, Ghezzi E, Canonica GW (1994) A three-year double-blind placebo-controlled study with specific oral immunotherapy to Dermatophagoides: evidence of safety and efficacy in paediatric patients. Clin Exp Allergy 24:53–59
38. Gronemeyer W (1967) Therapie allergischer Krankheiten. In: Hansen K, Werner M (Hrsg): Lehrbuch der klinischen Allergie. Thieme, Stuttgart, pp 514
39. Hamelmann E, Oshiba A, Loader J, Larsen GL, Gleich G, Lee J, Gelfand EW (1997) Anti-interleukin-5 antibody prevents airway hyperresponsiveness in a murine model of airway sensitization. Am J Respir Crit Care Med 155:819–825
40. Hauser U, Bachert C, Frank E (1995) Hemmung des Einstroms von Entzündungszellen in die Nasenschleimhaut durch die allergenspezifische Immuntherapie. Allergo J 4: 164–171
41. Hedlin G, Graff-Lonnevig V, Heilborn H, Lilja G, Norrlind K, Pegelow K, Sundin B, Løwenstein H (1991) Immunotherapy with cat- and dog-dander extracts. J Allergy Clin Immunol 87:955–964
42. Hedlin G, Heilborn H, Lilja G, Norrlind K, Pegelow K-O, Schou C, Løwenstein H (1995) Longterm follow-up of patients treated with a three-year coruse of cat or dog immunotherapy. J Allergy Clin Immunol 96:879–885
43. Hejjaoui A, Dhivert H, Michel FB, Bousquet J (1990) Immunotherapy with a standardized Dermatophagoides pteronyssinus extract. J Allergy Clin Immunol 85:473–479
44. Holbrock Curtis H (1900) The immunizing cure of hay-fever. Med News NY 77:16 (zit. n. Schadewaldt H: Geschichte der Allergie, 4 Bände, Dustri, Deisenhofen, 1979–1983)
45. Holt PG, McMenamin (1991) IgE and mucosal immunity: Studies on the role of intra-epithelial Ia+ dendritic cells and t/d T-lymphocytes in regulation of T-cell activation in the lung. Clin Expt Allergy 21 (Suppl 1):148–152
46. Horst M, Hejjaoui A, Horst V, Michel F-B, Bousquet J (1990) Double-blind, placebo-controlled rush immunotherapy with a standardized Alternaria extract. J Allergy Clin Immunol 85:460–472
47. Jacobsen L, Dreborg S, Möller C, Valovirta E, Wahn U, Niggemann B, Koller D, Urbanek R, Halken S, Höst A, Löwenstein H (1996) Immunotherapy as preventive allergy treatment (PAT). J Allergy Clin Immunol 97:232, A198
48. Jacobsen L, Nüchel Petersen B, Wihl JÅ, Løwenstein H, Ipsen H (1997) Immunotherapy with partially purified and standardized tree pollen extracts. IV. Results from long-term (6-year) follow-up. Allergy 52:914–920
49. Jarisch R, Götz M, Sidl R et al. (1988) Reduction of side effects of specific immunotherapy by premedication with antihistamines and reduction of maximal dosage to 50000 SQ-U/ml. In: Kurth R, Kruun A (Hrsg) Arbeiten aus dem Paul-Ehrlich-Institut für Sera und Impfstoffe. Bd 82, 163–175, Fischer, Stuttgart
50. Johnstone DE, Dutton A (1968) The value of hyposensitization therapy for bronchial asthma in children – a 14-year study. Pediatrics 42:793–802
51. Krüger I, Margraf A, Schultze-Werninghaus G (1992) Bedeutung allergischer Faktoren bei Patienten mit Exazerbationen eines Asthma bronchiale. Allergo J 1:11–18
52. Lack G, Gelfand EW (1996) Modulation of bronchial hyperreactivity by local administration of interferon-g. ACI International 8:30–33

53. Lichtenstein LM (1978) An evaluation of the role of immunotherapy in asthma. Editorial. Am Rev Respir Dis 117:191–197
54. Lilja G, Sundin B, Graff-Lonnevig V, Hedlin G, Heilbron H, Norrlind K, Pegelow K-O, Løwenstein H (1989) Immunotherapy with cat- and dog-dander extracts. IV. Effects of 2 years of treatment. J Allergy Clin Immunol 83:37–44
55. Malling J-J, Dreborg S, Weeke B (1986) Diagnosis and immunotherapy of mould allergy. V. Clinical efficacy and side effects of immunotherapy with cladosporium herbarum. Allergy 41:507–519
56. Malling H-J (1991) Principles of successful immunotherapy. Clin Exptl Allergy 21 (Suppl 1): 216–220
57. McHugh SM, Lavelle B, Kemeny DM, Patel S, Ewan PW (1990) A placebo-controlled trial of immunotherapy with two extracts of Dermatophagoides pteronyssinus in allergic rhinitis, comparing clinical outcome with changes in antigen-specific IgE, IgG, and IgG subclasses. J Allergy Clin Immunol 86:521–532
58. Möller C, Dreborg S, Lanner Å, Björkstén (1986) Oral immunotherapy of children with rhinoconjunctivitis due to birch pollen allergy. Allergy 41:271–279
59. Mosbech H, Osterballe O (1988) Does the effect of immunotherapy last after termination of treatment? Follow-up study in patients with grass pollen rhinitis. Allergy 43:523–529
60. Mosbech H, Weeke B (1986) Does immunotherapy have a role in the treatment of bronchial asthma? Clin Allergy 16:10–16
61. Mosbech H, Østerballe O (1988) Does the effect of immunotherapy last after termination of treatment? Allergy 43:523–529
62. Mühlethaler K, Wüthrich B, Peeters AG, Terki N, Girard J-P, Frank E (1990) Zur Hyposensibilisierung der Pollinose. Ergebnisse einer kontrollierten Studie über drei Jahre mit zwei Depotalleroid-Graspollenextrakten: Aluminiumhydroxid-adsorbiertes Allergoid and Tyrosin-absorbiertes Allergoid. Schweiz Rundschau Med (Praxis) 79:430–436
63. Nielsen L, Johnsen CR, Mosbech H, Poulsen LK, Malling H-J (1996) Antihistamine premedication in specific cluster immunotherapy: A double-blind, placebo-controlled study. J Allergy Clin Immunol 97:1207–1213
64. Noon L (1953) Prophylactic inoculation against hay fever. Lancet 1911; i:1572–1573 (Reprint: Int Arch Allergy 4:285–288
65. Norman PS, Barnes P (1996) Is there a role for immunotherapy in the treatment of asthma? Editorial. Am J Respir Crit Care Med 154:1225–1228
66. Norman PS, Ohman JL Jr, Long AA, Creticos PS, Gefter MA, Shaked Z, Wood RA, Eggleston PA, Hafner KB, Rao P, Lichtenstein LM, Jones NH, Nicodemus CF (1996) Treatment of cat allergy with T-cell reactive peptides. Am J Respir Crit Care Med 154:1623–1628
67. Ohman JL (1989) Allergen immunotherapy in asthma: Evidence for efficacy. J Allergy Clin Immunol 84:133–140
68. Okudaira H, Mori A, Kaminuma P, Suko M (1996) IL-5 regulation – A new approach to allergy therapy. ACI International 8:172–179
69. Østerballe O (1982) Immunotherapy with grass pollen major allergens. Allergy 37:379–388
70. Passalacqua G, Albano M, Pronzato C, Riccio AM, Scordamaglia A, Falagiani P, Canonica GW (1997) Long-term follow-up of nasal immunotherapy to Parietaria: clinical and local immunological effects. Clin Exp Allergy 27:904–908
71. Passalacqua G, Albano M, Ruffoni S, Pronzato C, Riccio AM, di Berardino L, Scordamaglia A, Canonica GW (1995) Nasal immunotherapy to Parietaria: Evidence of reduction of local allergic inflammation. Am J Respir Crit Care Med 152:461–466
72. Pichler CE, Marquardsen A, Sparholt S. Løwenstein H, Bircher A, Bischof M, Pichler WJ (1997) Specific immunotherapy with Dermatophagoides pteronyssinus and D. farinae results in decreased bronchial hyperreactivity. Allergy 52:274–283
73. Pollart SM, Chapman MD, Fiocco GP, Rose G, Platts-Mills TAE (1989) Epidemiology of acute asthma: IgE antibodies to common inhalant allergens as a risk factor for emergency room visits. J Allergy Clin Immunol 83:875–882
74. Price JF, Warner JO, Hey EN, Turner MW, Soothill JF (1984) A controlled trial of hyposensitization with adsorbed tyrosine Dermatophagoides pteronyssinus antigen in childhood asthma: in vivo aspects. Clin Allergy 14:209–219

75. Quirino T, Iemoli E, Siciliani E, Parmiani S, Milazzo F (1997) Sublingual versus injective immunotherapy in grass pollen allergic patients: a double blind (double dummy) study. Clin Exp Allergy 26:1253–1261
76. Rak S, Håkanson L, Venge P (1990) Immunotherapy abrogates the generation of eosinophil and neutrophil chemotactic activity during pollen season. J Allergy Clin Immunol 86: 706–713
77. Rak S, Löwhagen O, Venge P (1988) The effect of immunotherapy on bronchial hyper-responsiveness and eosinophil cationic protein in pollen-allergic patients. J Allergy Clin Immunol 82:470–480
78. Rak S, Löwhagen O, Venge P (1988) The effect of immunotherapy on bronchial hyper-responsiveness and eosinophil cationic protein in pollen-allergic patients. J Allergy Clin Immunol 82:470–80
79. Rocklin RE, Sheffer AL, Greineder DK, Melmon KL (1980) Generation of antigen-specific suppressor cells during allergy desensitization. N Engl J Med 302:1213–1217
80. Sabbah A, Hassoun S, Le Sellin J, André C, Sicard H (1994) A double-blind, placebo-controlled trial by the sublingual route of immunotherapy with a standardized grass pollen extract. Allergy 49:309–313
81. Schultze-Werninghaus G, Meyer-Sydow J (1980) Kausale Therapie des Asthma bronchiale. Therapiewoche 30:6678–6690
82. Schultze-Werninghaus G (1991) 80 Jahre spezifische Hyposensibilisierung bei Atemwegserkrankungen – ist diese Therapie noch zeitgemäß? Pneumologie 45:627–632
83. Siefert G (1989) Die Risiken der Hyposensibilisierungs-Therapie. Dt Ärztebl 86:B-133–134
84. Siefert G (1990) Nebenwirkungen der Hyposensibilisierung. Ursachenanalyse – Zukunftsperspektiven. Allergologie 13 (1990) 150–155
85. Sporik R, Holgate ST, Platts-Mills RAE, Cogswell JJ (1990) Exposure to house-dust mite allergen (Der pI) and the development of asthma in childhood – a prospective study. N Engl J Med 323:502–507
86. Sundin B, Lilja G, Graff-Lonnevig V, Hedlin G, Heilborn H, Norrlind K, Pegelow KO, Löwenstein H (1986) Immunotherapy with partially purified and standardized animal dander extracts: I. Clinical results from a double-blind study on patients with animal dander asthma. J Allergy Clin Immunol 77:478–487
87. Umetsu DT, DeKruyff RH (1997) Th1 and Th2 CD4+ cells in human allergic disease. J Allergy Clin Immunol 100:1–6
88. Valentine MD, Schuberth KC, Kagey-Sobotka A, Graft DF, Kwiterovich KA, Szklo M, Lichtenstein LM (1990) The value of immunotherapy with venom in children with allergy to insect stings. N Engl J Med 323:1601–1603
89. Van Bever HP, Bosmans J, de Clerck LS, Stevens WJ (1988) Modification of the late asthmatic reaction by hyposensitization in asthmatic children, allergic to house dust mite (Dermatophagoides pteronyssinus) or grass pollen. Allergy 43:378–385
90. Van Bever HP, Stevens WJ (1990) Evolution of the late asthmatic reaction during immunotherapy and after stopping immunotherapy. J Allergy Clin Immunol 86:141–146
91. Van Metre TE jr, Marsh DG, Adkinson NF, Kagey-Sobotka A, Khattignavong A, Norman PhS jr, Rosenberg GL (1988) Immunotherapy for cat asthma. J Allergy Clin Immunol 82:1055–1068
92. Van Niekerk CH, De Wet JI (1987) Efficacy of grass-maize Pollen oral immunotherapy in patients with seasonal hay fever: a double-blind study. Clin Allergy 17:507–513
93. Van Ree R, Van Leeuwen, WA, Dieges PH, Gerth van Wijk R, De Jong N, Brewczynski PZ, Kroon AM, Schilte PPM, Tan KY, Simon-Licht IF (1997) Measurement of IgE antibodies against purified grass pollen allergens (Lol p 1, 2, 3 and 5) during immunotherapy. Clin Exp Allergy 27:68–74
94. Varney VA, Gaga M, Frew AJ, Aber VR, Kay AB, Durham SR (1991) Usefulness of immunotherapy in patients with severe summer hay fever uncontrolled by antiallergic drugs. Br Med J 302:265–269
95. Wahl R (1988) Allergenextrakte unter der Lupe. Der Informierte Arzt – Gazette Medicale (Schweiz) 3:15–23

96. Wahn U, Schweter C, Lind P, Løwenstein H (1988) Prospective study on immunologic changes induced by two different Dermatophagoides pteronyssinus extracts prepared from whole mite cultures and mite bodies. J Allergy Clin Immunol 82:360–370
97. Warner JO, Price JF, Soothill JF, Hey EN (1978) Controlled trial of hyposensitization to Dermatophagoides pteronyssinus in children with asthma. Lancet 2:912–915
98. Wihl JA, Nüchel Petersen B, Munch EP, Ipsen H, Jacobsen L (1993) Long term effect of specific immunotherapy in tree pollen allergy. Allergy 48:99
99. World Health Organisation/International Union of Immunological Societies: Current status of allergen immunotherapy. Lancet 1:259–261
100. Zenner HP, Baumgarten C, Rasp G, Fuchs Th, Kunkel G, Hauswald B, Ring J, Effendy I, Behrendt W, Frosch PJ et al. (1997) Short-term immunotherapy: A prospective, randomized, double-blind, placebo-controlled multicenter study of molecular standardized grass and rye allergens in patients with grass pollen-induced allergic rhinitis. J Allergy Clin Immunol 100:23–29

7.2 Antioxidative Therapie

H. Nohl und K. Staniek

EINLEITUNG

Über 90% des gesamten aufgenommenen Sauerstoffs wird für die Gewinnung von Energie bei der Zellatmung in den Mitochondrien benötigt. Sauerstoff dient hierbei als terminaler Elektronenakzeptor, auf den Reduktionsäquivalente von den Metaboliten der aufgenommenen Nahrungsstoffe übertragen werden. Aus physikalischen Gründen ist auf Sauerstoff nur die schrittweise Übertragung von jeweils einem Elektron möglich. Hierdurch entstehen bis zur Wasserbildung, dem Endprodukt der Atmung, zum Teil hochreaktive Sauerstoffmetabolite.

Normalerweise wird bei der Wasserbildung aber der Sauerstoff während der einzelnen Reduktionsschritte fest an das Atmungsenzym gebunden, so daß es zu keiner Freisetzung der hochreaktiven radikalischen Intermediate kommt. Die Ausrüstung aller aeroben Systeme mit biologischen Antioxidantien wie Superoxiddismutase SOD (Reaktion 1), Katalase (Reaktion 2) oder Glutathionperoxidase (Reaktion 3) welche die durch reaktiven Sauerstoff ausgelösten peroxidativen Zerstörungen von biologischen Membranen verhindern, sind ein Hinweis darauf, daß es bei der Sauerstoffverwertung in der Zelle dennoch zur Bildung reaktiver Sauerstoffmetabolite kommen muß. Neben der Zellatmung gibt es

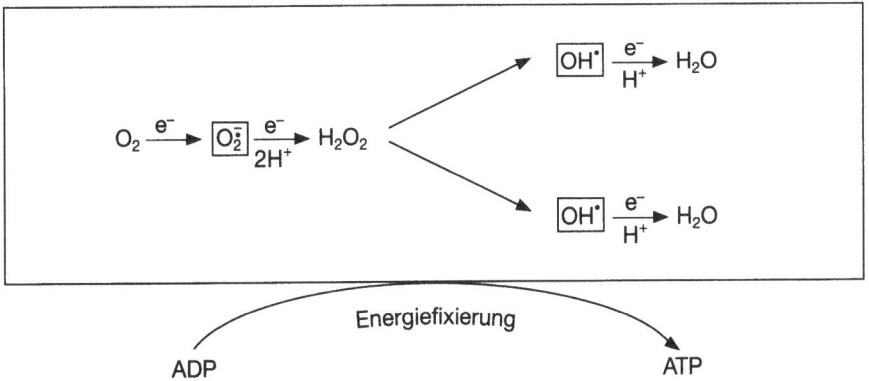

Abb. 1. Zellatmung produziert Sauerstoffradikale

andere potentielle Radikalbildner im Organismus. Diese werden bei verschiedenen Ereignissen aktiviert. So kann als Folge der O_2-Mangelversorgung aus der Xanthindehydrogenase die O_2^--Radikal-bildende Xanthinoxidase entstehen, Neutrophile und Makrophagen bilden O_2^- Radikale, wenn sie zur Phagozytose stimuliert werden.

1) $2O_2^- + 2H^+ \xrightarrow{\text{SOD}} H_2O_2 + O_2$

2) $2H_2O_2 \xrightarrow{\text{Katalase}} 2H_2O + O_2$

3) $LOOH \xrightarrow[\substack{2GSH \quad GSSG}]{\text{GSH-POD}} LOH + H_2O$

Unter homeostatischen Bedingungen ist die O_2-Radikalbildung durch die antioxidative Kapazität gut ausbalanciert, so daß es zu keinem Schaden kommt. Eine Störung dieses Gleichgewichts wird meist durch eine pathologisch oder toxikologisch ausgelöste Stimulierung der Sauerstoffradikalbildung in Gang gesetzt (oxidativer Streß). Dies führt zunächst durch eine übermäßige Beanspruchung der natürlichen Antioxidantien zu einer Verminderung des antioxidativen Schutzes, so daß eine Supplementierung als Therapie oder Schadensprophylaxe sinnvoll erscheint.

Entscheidend für den therapeutischen Erfolg ist die Analyse des pathogenetischen Stellenwertes der gebildeten O_2-Radikale, die Kenntnis des Auslösemechanismus und wenn möglich die gleichzeitige Ausschaltung des Radikalbildners (Hemmung der Xanthinoxidase mit Allopurinol, Hemmung phagozytierender Entzündungszellen etc.) und die Erhöhung des antioxidativen Schutzes.

Sauerstoffradikalbildung im Zusammenhang mit Lungenerkrankungen

Die epitheliale Grenzfläche der Alveolarmembran ist einem besonders hohen Oxidationsrisiko ausgesetzt, da sie permanent Atemgasen und verschiedenen umweltbelastenden Staub- und Schwebestoffen exponiert ist. Der sie benetzende Flüssigkeitsfilm ist besonders reich an nichtenzymatischen Antioxidantien (Vitamin C, α-Tocopherol), was das Risiko und die Empfindlichkeit gegenüber der potentiellen oxidativen Schädigung unterstreicht.

Exogene Faktoren, die radikalinduzierte Lungenschädigungen auslösen können, sind:

- Hyperbare Sauerstoffexposition,
- Sauerstoffmangelversorgung mit anschließender Normoxie,
- Ozonexposition, NO_x,
- Pneumokoniosen (Staublunge),

- Asbestose,
- Paraquat-Intoxikation, Bleomycin-Toxizität, Nitrofurantoin-Toxizität,
- Rauchen,
- Dieselpartikel.

Endogene Faktoren, welche oxidativen Streß in der Lunge auslösen können, sind:

- ARDS,
- Zystische Fibrose,
- Asthma bronchiale,
- Ischämie/Reperfusion,
- Pneumonien (viral, bakteriell, Aspergillus).

Wähend oxidativer Streß endogener Ursache (mit Ausnahme der Ischämie/Reperfusion) meist auf die initiale (ARDS) oder sekundäre Ansammlung von polymorphkernigen Neutrophilen zurückzuführen ist, welche über immunogene Mechanismen oder direkt durch den Erreger zur O_2^--Bildung stimuliert werden, ist der Auslöser des oxidativen Stresses durch exogene Faktoren nicht einheitlich.

Die Beteiligung von Entzündungszellen (Makrophagen, polymorphkernige Neutrophile) ist u. a. bei Asthma bronchiale, Pneumokoniose, Asbestose, Dieselexposition oder Pilzbefall (Aspergillus) Ursache der Sauerstoffradikalbildung.

Bei der zystischen Fibrose werden als Auslöser für eine überschießende O_2-Radikalbildung verschiedene Mechanismen vermutet: Stoffwechselstörungen, die zu einer Steigerung der metabolischen Raten führen; eine auch hieraus resultierende Aktivierung Cyt. P_{450}-abhängiger oxidativer Funktionen; chronische Infektionen der Lunge, die eine Leukozyten-vermittelte O_2-Aktivierung durch Cytokine (TNF_α; Il-1) bedingen, Eisenstoffwechselstörungen sowie gelegentliche Pyocyanin-Freisetzung bei Pseudomonas aeruginosa-Befall.

Bei der hyperbaren Sauerstoffbeatmung kommt es durch Stimulierung der mitochondrialen Sauerstoffradikalbildung zum oxidativen Streß. Hypoxie, besonders infolge von Ischämie mit nachfolgender Normoxie bringt die Balance zwischen Sauerstoffradikalbildung und antioxidativer Kontrolle über vermehrte Sauerstoffradikalbildung (durch Mitochondrien, Xanthinoxidase) aus dem Gleichgewicht.

Die NADPH-abhängige Aktivierung des Paraquats führt zur Bildung eines Kationradikals, das Sauerstoff oder Wasserstoffperoxyd zu den jeweiligen Radikalen (O_2^-- oder OH-Radikal) transformiert.

Zigarettenrauch bedingt eine Balancestörung zwischen Pro- und Antioxidantien nicht nur direkt durch bereits im Rauch gebildete Quinonradikale, sondern auch indirekt durch Inhalation und Metabolisierung zyklischer Kohlenwasserstoffe zu elektrophilen Intermediaten.

Die Folgen des oxidativen Stresses in der Lunge

Die Emphysemlunge des Rauchers ist u.a. auch auf die Oxidation des α_1-Antitrypsins zurückzuführen, wodurch die Hemmung der Elastase aufgehoben wird. Dieses Hemmprotein ist besonders empfindlich gegen oxidativen Streß. Die nicht mehr in ihrer Aktivität gehemmte Elastase baut enzymatisch die elastischen Fasern der Alveolarstrukturen ab, weswegen diese konfluieren und die Gasaustauschoberfläche verkleinern. Hinzu kommt die oxidative Zerstörung des alveolaren Surfactant-Faktors, was die Expansionsfähigkeit der Lunge einschränkt. α_1-Antitrypsinmangel ist generell ein Indikator des oxidativen Stresses verschiedener Genese und spielt auch bei der zystischen Fibrose eine wichtige pathogenetische Rolle.

Oxidativer Streß führt neben der oxidativen Zerstörung des Surfactant-Faktors auch zum oxidativen Abbau der Membranlipide, und bei chronischer Exposition kann es zu DNA-Schäden mit nachfolgender Mutagenese und Carcinogenese kommen (Aspergillus, Asbestose, Pneumokoniosen etc.).

Allgemeine Prinzipien der antioxidativen Therapie

Die zunächst logisch erscheinende Schlußfolgerung, Prophylaxe und Therapie einer mit oxidativem Streß in Zusammenhang stehenden Erkrankung durch Gabe von Antioxidantien positiv beeinflussen zu können, ist unter Umständen erfolglos, wenn bestimmte Grundprinzipien außer acht gelassen wurden. Ein Molekül, das in einem definierten *In-vitro*-Experiment Sauerstoffradikale wegfängt, pflegen wir im allgemeinen in die Gruppe der Antioxidantien einzureihen. Fehlt diese Radikalfängerwirkung, dann wird es als Antioxidans ausgeschlossen. Die Übertragung dieser Erkenntnisse auf die biologische *In-situ*-Situation kann sowohl bei positiven wie bei negativen *In-vivo*-Befunden zu falschen Schlüssen führen. Dies wird klar, wenn man bedenkt, daß eine antioxidative *In-situ*-Wirkung auf verschiedene Art und Weise zustandekommen kann:

- Das Antioxidans selbst wirkt auch *in situ* als Radikalfänger.
- Nicht das Antioxidans wirkt als Radikalfänger sondern ein endogen gebildeter Metabolit.
- Das Antioxidans selbst wirkt nicht als Radikalfänger, sondern indirekt durch Reaktivierung endogen inaktivierter Antioxidantien.
- Das Antioxidans induziert durch „up regulation" die Bildung endogener Antioxidantien ohne selbst direkt mit dem Radikal zu reagieren.

Während man davon ausgehen kann, daß bei der „up regulation" natürlicher Antioxidantien der antioxidative Schutz im Exprimierungsraum wirkungsvoll erhöht wird, ist dies bei der direkten Radikalfängerwirkung oder über den Rezyklierungsmechanismus oxidierter endogener Antioxidantien nicht unbedingt zu erwarten. Dafür gibt es folgende Gründe:

Die antioxidative Wirkung *in situ* ist nur dann möglich, wenn die Verteilung der Antioxidantien zu einer ausreichenden Anreicherung in den biologischen Kompartimenten führt, in welchen die Radikalbildung abläuft. Ausreichend heißt, daß die sich einstellende Konzentration genügt, um als bevorzugter Reaktionspartner für die gebildeten Radikale zur Verfügung zu stehen. Da die biologisch auftretenden Radikale wegen ihrer Instabilität unselektiv mit biologischen Molekülen in nächster Umgebung reagieren, muß das Antioxidans hohe Reaktionskonstanten für die Reaktion mit den zu eliminierenden Radikalen aufweisen, so daß diese biologische Bausteine „verschonen".

Die antioxidative Wirkung kann *in situ* unter Umständen ins Gegenteil umschlagen; beispielsweise werden Catecholamine oder Ascorbinsäure in Anwesenheit von Übergangsmetallen selbst zu Radikalbildnern, während sie in Abwesenheit der Übergangsmetalle Radikale eliminieren.

Dies kann auch für rezyklierende Antioxidantien wie Coenzym Q, bestimmte Flavonoide oder, wie kürzlich gezeigt, auch für Vitamin E zutreffen. Da die intermediär gebildeten Reaktionsprodukte dieser Antioxidantien, die aus einer Radikalreaktion hervorgehen, ebenfalls Radikale sind, können diese unter bestimmten Bedingungen selber zur Stimulierung der Radikalbildung beitragen.

Die Anwendbarkeit eines Antioxidans wird zudem von seiner pharmakologischen und toxikologischen Wirkung mitbestimmt.

Besonderheiten der antioxidativen Therapie bei Lungenerkrankungen

Bei der antioxidativen Therapie von Lungenerkrankungen ergibt sich die Möglichkeit der lokalen Applikation über den Respirationstrakt. Diese Form der Therapie ist dann sinnvoll, wenn sich das oxidative Streßgeschehen an bzw. in der Phasengrenze zwischen Alveolarraum und Lungengewebe abspielt. Dies betrifft den „Surfactant-Faktor" ebenso wie alveolare Pneumozyten (Typ I) sowie u. U. auch granulare Pneumozyten.

Wenn Sauerstoffradikalbildung homogen wie bei ARDS, bei Pneumonien oder fokal, wie bei Pneumokoniosen, Asbestose, Abszessen sowie Karzinomen auftritt, oder wenn sie wie bei Zigarettenrauchern zum Abfall der Plasmaspiegel der Antioxidantien führt, dann muß die antioxidative Therapie systemisch durchgeführt werden.

Beim Asthma bronchiale sowie den verschiedenen Formen der obstruktiven Bronchitis treten O_2-Radikale nicht primär als auslösende Mediatoren auf, sie verschlechtern aber in der Folge das Krankheitsbild. Verhinderung der Entzündungszellenaktivierung durch Immunkomplexe (Asthma bronchiale) oder bakterielle Proteine, was zur Bildung von Radikalen Anlaß gibt, muß daher das erste Behandlungsziel sein. Die Gabe wasser- und lipidlöslicher Antioxidantien wie Ascorbinsäure, β-Carotin und α-Tocopherol sind als ergänzende Therapie sinnvoll.

Die therapeutische Strategie des ARD-Syndroms besteht neben der Behandlung mit Antiphlogistika sowie der Gabe von Antikörpern zunehmend auch in der Anwendung von Antioxidantien. Die zur Diskussion stehenden Antioxidantien sind: neben den antioxidativen Enzymen SOD und Katalase (in Liposomen-Kapseln) N-Acetylcystein (NAC) – zur Restitution oxidierter SH-Gruppen; Allopurinol – zur Hemmung der Suproxidradikalbildung durch das Enzym Xanthinoxidase; Eisenchelatoren – zur Blockade der OH-Radikalbildung durch die sogenannte Fenton-Reaktion ($Fe^{2+} + H_2O_2 \rightarrow Fe^{3+} + OH^- + {}^{\cdot}OH$) sowie Ascorbinsäure und α-Tocopherol – als cytosolisch- bzw. Membran-assoziierte Radikalfänger. Sinnvoll scheint auch eine Erniedrigung des Sauerstoffpartialdruckes über das Beatmungsgerät, da hierdurch generell die O_2-Radikalbildungsraten erniedrigt werden. Während die systemische Applikation von α-Tocopherol zu einer Erhöhung der Überlebensrate von ARDS-Patienten führen soll, kann die Anwendung von Ascorbinsäure trotz erniedrigter Werte im Plasma von ARDS-Patienten unter Umständen den oxidativen Streß stimulieren statt ihn zu hemmen. Ursache hierfür ist die Bereitstellung von Reduktionsäquivalenten für das beim ARD-Syndrom vermehrt auftretende freie Eisen, wodurch die OH-Radikalbildung stimuliert wird. Es ist daher sinnvoll, wenn der Plasma-Ascorbinsäurespiegel normalisiert werden soll, dies in Kombination mit Eisenchelatoren wie Desferrioxamin zu tun.

Weitaus größere Probleme ergeben sich bei der antioxidativen Therapie der zystischen Fibrose (CF). Sinnvoll erscheint die Supplementierung mit β-Carotin, das bei diesen Patienten neben anderen nicht-enzymatischen lipophilen Antioxidantien (Lycopene, Retinol, Lutein und α-Tocopherol) stark vermindert ist. Eine Ursache für die allgemein niedrigen Spiegel dieser lipophilen Antioxidantien könnten Resorptionsstörungen aus dem Darm als Folge einer exokrinen Pankreasinsuffizienz bei CF-Patienen sein. Abgesehen davon, daß es bisher keine zuverlässigen Daten über den Erfolg der β-Carotin-Supplementierung gibt, muß auch bei exogener Applikation bedacht werden, daß die enterale Resorption erschwert ist.

Neben β-Carotin ist auch der α-Tocopherol- und Vitamin-C-Spiegel erniedrigt, so daß es sinnvoll erscheint, diese Antioxidantien zu supplementieren mit dem Ziel, physiologische Spiegel zu erreichen. Eine Besserung des Krankheitsbildes mit Abschwächung des oxidativen Stresses wurde nach täglicher oraler Aufnahme von 400 IU α-Tocopherol sowie 0,5 mg/kg β-Carotin beschrieben. Für den Erfolg ist auch eine Kompensation bei Pankreasinsuffizienz durch gleichzeitige Gabe von Pankreasenzymen erforderlich.

Obwohl durch die Gabe von Antioxidantien die zystische Fibrose nicht geheilt werden kann, scheint eine Besserung dennoch möglich. Zur Zeit gibt es Überlegungen, Antioxidantien über Aerosole zuzuführen (z.B. NAC, Ambroxol). Sinnvoll wäre etwa die Kombination von Gen-stimulierenden Faktoren zur Exprimierung endogener Antioxidantien zusammen mit Bronchodilatoren, DNA-ase und antiinflammatorischen sowie antimikrobiellen Verbindungen. Letzteres kann als Basistherapie angesehen werden, da hierdurch die pathogenetische Komponente des oxidativen Stresses abgeschwächt wird.

Die Antioxidantientherapie der zystischen Fibrose muß Besonderheiten berücksichtigen, welche die eigentlich sinnvolle therapeutische Intervention in Frage stellen kann. So ist es denkbar, daß Antioxidantien, die über den Respirationstrakt zugeführt wurden, Bakterien wie etwa Pseudomonas gegenüber Sauerstoffradikalen schützen. Reduzierende Antioxidantien wie aerosilierte Thiole (NAC) und Ascorbinsäure könnten die Toxizität durch Stimulierung der Fenton-Reaktion (Bildung von $\cdot OH$ aus H_2O_2 und reduziertem Eisen II) zusätzlich potenzieren. Thiole bilden, wenn sie mit Radikalen reagieren, Thiolradikale, die fast ebenso toxisch sind wie Sauerstoffradikale selbst. Außerdem ist zu bedenken, daß eine durch NAC zu erwartende Reduktion von Disulfidbindungen die Konformation, Stabilität und Funktion von Rezeptoren und Plasmamembranen pathophysiologisch vermindert.

Die Erkenntnis über den pathogenetischen Zusammenhang zwischen alveolarem oxidativem Streß beim Raucher und der Entwicklung des Lungenemphysems eröffnet die Möglichkeit der antioxidativen Intervention. Die beim Raucher verminderten Plasmawerte bestimmter Antioxidantien wie Ascorbinsäure und β-Carotin lassen es sinnvoll erscheinen, diese Antioxidantien zu supplementieren. Eine vor wenigen Jahren in Finnland durchgeführte Studie, in der eine β-Carotin-supplementierte Gruppe von Rauchern eine geringgradig höhere Tumorinzidenz aufwies als die unbehandelte Gruppe, läßt nicht den Schluß zu, daß niedrigere β-Carotin-Spiegel bei Rauchern protektiv sind. Die Studie hatte nicht berücksichtigt, daß die therapierte Gruppe gewohnheitsmäßige Raucher waren, wodurch bereits zelluläre Defekte manifest gewesen sein dürften, als die Supplementierung mit β-Carotin begann. Derzeit fehlen zuverlässige Erfahrungswerte über eine günstige Beeinflussung der Emphysemlunge bzw. deren Entwicklung durch Antioxidantien. Hingegen scheint die Inzidenz der Entstehung charakteristischer Raucher-Karzinome durch Vitamin E und Vitamin C sowie das Auftreten von Herz-Kreislauferkrankungen bei Anwendung dieser Antioxidantien signifikant vermindert zu sein.

β-Carotin nimmt eine besondere Stellung unter den Antioxidantien ein. Auf Grund seiner besonderen chemischen Struktur kann es die Energie des Singulet-Sauerstoffs übernehmen, wodurch diese reaktive nicht radikalische Form des Sauerstoffs in seinen ungefährlichen Grundzustand zurückgeführt wird. Hierdurch übt β-Carotin einen protektiven Effekt bei der Entstehung von Zelldysdifferenzierungen der UV- exponierten Haut aus. β-Carotin kann aber auch Radikale abfangen, wobei jedoch das von den Radikalen stammende einsame Elektron auf Sauerstoff weitergegeben werden kann, so daß es nicht zu der erwünschten Termination der Kettenreaktion kommt. Diese β-Carotin-vermittelte Propagation des oxidaven Stresses ist besonders in Organen mit hohem Sauerstoffpartialdruck wie der Lunge zu erwarten. Vitamin E kann diese potentielle prooxidative Wirkung des β-Carotins vermindern, so daß die kombinierte Applikation β-Carotin plus Vitamin E aus der heutigen Sicht unseres Kenntnisstandes sinnvoll ist, wenn β-Carotin bei Lungenerkrankungen supplementiert werden muß.

ZUSAMMENFASSUNG

O_2-Radikale treten bei den verschiedensten Erkrankungsformen im Verlauf der Pathogenese auf. Dies trifft auch auf die meisten Formen der Lungenerkrankungen zu. Solange O_2-Radikale durch die in allen Geweben aktiven Antioxidantien unter Kontrolle gehalten werden, richten sie keinen Schaden an. Die häufigste Ursache der pathogenetisch bedeutsamen Balancestörung (= Oxidativer Streß) ist die Stimulierung der Radikalbildung. Sie ist stets dort zu erwarten, wo phagozytierende Entzündungszellen sowie Makrophagen auftreten (Infektion, Partikelablagerungen) sowie bei unphysiologischer Änderung der O_2-Partialdrucke, Exposition gegenüber Zigarettenrauch, Ozon, Paraquat oder Bleomycin. Die Folgen sind je nach Lokalisation und Auslöser vielfältig, bewirken aber stets einen erhöhten Verbrauch von Antioxidantien, so daß die entsprechende Supplementierung als therapeutische Maßnahme sinnvoll erscheint. Hierbei sind jedoch eine Reihe von Prinzipien zu beachten. Neben dem Ausschalten der Radikalbildungsmechanismen kann eine Antioxidantientherapie von Nutzen sein, wenn sichergestellt ist, daß sie in das pathogenetische Geschehen hemmend eingreifen ohne Nebenwirkungen auszulösen. Unter Berücksichtigung dieser Kriterien wird die Anwendung geeigneter Antioxidantien bei verschiedenen aktuellen Erkrankungsformen der Lunge kritisch diskutiert.

Weiterführende Literatur

Aruoma OI, Halliwell B, Hoey BM, Butler J (1989) The antioxidant action of N-acetylcysteine: Its reaction with hydrogen peroxide, hydroxyl radicals, superoxide, and hypochlorous acid. Free Rad Biol Med 6:593–597

Bolkenuius FN (1991) Leukozyte-mediated inactivation of α_1-proteinase inhibitor is inhibited by amino analogues of α-tocopherol. Biochim Biophys Acta 1095:23–29

Chow CK (1991) Vitamin E and oxidative stress. Free Rad Biol Med 11:215–232

Doelman CJA, Bast A (1990) Oxygen radicals in lung pathology. Free Rad Biol Med 9:381–400

Doelman CJA, Bast A (1990) Pro- and antioxidant factors in rat lung cytosol. Adv Exp Med Biol 264:455–461

Halliwell B (1996) Vitamin C: Antioxidant or pro-oxidant in vivo? Free Rad Res 25:439–454

Hippeli S, Elstner EF (1991) Oxygen radicals and air pollution. In: Sies H (ed.) Oxidative stress: Oxidants and antioxidants. Academic Press, London San Diego New York Boston Sydney Tokyo Toronto, pp 3–55

Nowak D, Antczak A, Krol M, Bialasiewicz P, Pietras T (1994) Antioxidant properties of Ambroxol. Free Rad Biol Med 16:517–522

Poli G, Parola M (1997) Oxidative damage and fibrogenesis. Free Rad Biol Med 22:287–305

Winklhofer-Roob BM (1994) Oxygen free radicals and antioxidants in cystic fibrosis: the concept of an oxidant-antioxidant imbalance. Acta Paediatr Suppl 83:49–57

Winklhofer-Roob BM, Van't Hof MA, Shmerling DH (1996) Long-term oral vitamin E supplementation in cystic fibrosis patients: RRR-α-tocopherol compared with all-rac-α-tocopheryl acetate preparations. Am J Clin Nutr 63:722–728

Winklhofer-Roob BM, Schlegel-Haueter SE, Khoschsorur G, Van't Hof MA, Suter S, Shmerling DH (1996) Neutrophil elastase/α_1-proteinase inhibitor complex levels decrease in plasma of cystic fibrosis patients during long-term oral β-carotene supplementation. Pediatr Res 40:130–134

7.3 Alternative Heilmethoden in Umweltmedizin, Allergologie und Pneumologie

W. Dorsch

EINLEITUNG

Im Jahre 1897 hat Pablo Picasso sein berühmtes Werk „Ciencia y Caridad" vollendet, das heute im Picassomuseum in Barcelona besichtigt werden kann. Das Gemälde zeigt eine schwer kranke, vielleicht sterbende alte Dame. Sie ist von zwei Personen umgeben: Der Arzt, der zu ihrer Rechten sitzt, hat keinen Kontakt zu ihr; er sieht lediglich auf seine Uhr und zählt die Pulsfrequenz der Patientin. Die Krankenschwester auf der anderen Seite, bietet ihr ein Getränk an, lächelt sie an und zeigt ihr ein kleines Kind, vielleicht ihre Enkelin. Sie hat einen sehr nahen Kontakt zu der Patientin! Der Titel dieses Gemäldes benennt die zwei Säulen ärztlicher Kunst: „Ciencia y Caridad".

Das Vernachlässigen der „Caridad" hat viele Menschen von der klassischen Medizin enttäuscht. Sie suchen nach einer besseren Medizin und setzen ihre Hoffnung auf Ärzte oder Heilpraktiker, die „unkonventionelle medizinische Methoden" anbieten. Ihre Hoffnung wird oft enttäuscht.

Eine Vielzahl unkonventioneller medizinischer Methoden (s. nachfolgende Übersicht), [14, 15, 17, 28, 39, 53, 62, 65 u.v.a.], wird Ärzten und Patienten angeboten. Oft ohne zuverlässige Informationen, wissen sie nicht, wie man seriöse konventionelle von unseriösen konventionellen Methoden unterscheidet (ein normales Antihistaminikum als potentes Antiasthmatikum zu verkaufen, ist unseriös) und seriöse unkonventionelle Methoden (z. B. Balneotherapie, Klimatherapie, Physiotherapie, Phytotherapie und Psychotherapie) von unseriösen (z. B. Geistheilung, Irisdiagnostik, Pendeln, Bioresonanz oder Salben aus dem Jenseits). Die Grenze zwischen konventionellen und unkonventionellen Methoden ist manchmal nicht scharf zu ziehen; unkonventionelle Methoden können zu konventionellen werden und umgekehrt.

In dem vorgelegten kurzen Überblick können nur wenige unkonventionelle Methoden kurz besprochen werden.

Liste von in Deutschland angewendeten unkonventionellen medizinischen Techniken

Therapeutische Systeme

Alexander Technik
Aromatherapie
Astromedizin
Atemtherapie
Ausleitende Verfahren, Lymphdrainage
Autosuggestion
Bachblütentherapie
Bioresonanz-, Moratherapie
Chelat-Therapie
Chirophonetik/Chirotherapie
Diätetische Verfahren
Edelsteintherapie
Eigenblut- und Eigenurin-Therapie
Elektroakupunktur
Elminationsverfahren für Umweltgifte
Enzymtherapie
Farbtherapie
Feldenkraismethode
Fokussuche und Herdsanierung
Geistheiler
Halotherapie
Handaufleger
Haptonomie und Tonusregulation
Mangetfeldtherapie
Neuraltherapie
Organotherapie
Orgontherapie nach Reich
Peptidtherapie
Perkutane Regulationstherapie (Ionensalbe)
Physikalische Medizin/Balneologie/Klimatologie
RNS-Therapie
Sauerstoff- und Ozontherapie
Spagyrik
Zelltherapie
Zytoplasmatische Therapie
Spezielle psychotherapeutische Verfahren

Diagnostische Methoden

Anthroskopie
Auraskopie/Aurastest
Bioelektrische Funktionsdiagnostik
Decodertest Elektroneuraltest
Energetische Photographie und Diagnostik (Kirlian lines)
Energetische Terminalpunkt Diagnostik
F. X. Mayr Diagnostik
Haaranalyse
Instant Calligaris Diagnostik (Phronimologie)
Irisdiagnostik
Kinesiologie
Kristallisationstest
Mental Diagnostik
Radiästhesie (Pendeln, Wünschelruten, Magnetopathie, Geopathie)
Thermographie

Seriöse ergänzende Methoden in der Allergologie und Pneumologie

- Atemtherapie
- Akupunktur
- Autogenes Training
- Balneologie
- Funktionelle Entspannung
- Klimatologie
- Seriöse Diäten
- Phytotherapie
- Physiotherapie
- Psychotherapie

Diagnostische Prozeduren

Bioresonanz-Diagnostik und Therapie

Leben ist Elektrizität. Jede Aktivität lebender Organismen und lebender Zellen ist verbunden mit elektrischen Begleitphänomenen. Eine Änderung der Bioresonanz [12] jedoch beim bloßen Kontakt mit einem Allergen in Glasampullen wurde nie von unabhängigen Forschern bestätigt und bleibt mysteriös. Allergie-Diagnostik mittels Bioresonanz besitzt eine Reproduzierbarkeit von weniger als 30 % bzw. eine Fehlerquote von mehr als 60 % (!) und ist nicht vergleichbar mit klassischen allergologischen Methoden. Mit anderen Worten: Allergie-Diagnostik, mittels Bioresonanz entspricht einer Allergiediagnostik mit Würfeln [17, 23, 44, 60, 65].

Auf der Bioresonanzdiagnostik basiert die Bioresonanztherapie: Dem Anwender wird suggeriert, er könne mit einer speziellen Technik negative elektrische Impulse, welche durch Allergien oder andere Krankheiten verursacht werden, durch positive neutralisieren, Allergien würden „gelöscht". Diese Behauptung ist durch nichts bewiesen und muß wohl als Betrug angesehen werden [17, 44, 65]

Kein Arzt, der im treuen Glauben an die Mitteilungen der Herstellerfirma die Bioresonanz anwendet, soll hier als Betrüger diffamiert werden. Aber die Allmachtsphantasie, die solchen und ähnlichen Behandlungsmethoden zugrunde liegt, muß nach Bleuler [9] sicher als "autistisch und undiszipliniert" bezeichnet werden.

Elektroakupunktur nach Dr. Voll

Als diagnostische Prozedur hat die Elektroakupunktur nach Dr. Voll [EAV, 43, 59] keinen wissenschaftliche Wert [8, 11]. Bereits im Jahre 1976 wurde die Methode unter dem Beisein von Dr. Voll und anderen führenden Vertretern dieser Methode untersucht. Das Ergebnis war enttäuschend: Alle beobachteten elektrischen Veränderungen waren Artefakte ([8], Originaltext: „Die Apparatur mißt zwar präzise das Potential am jeweiligen Akupunkturpunkt, eine in den Meßkreislauf eingeführte Substanz, sei es ein Medikament, sei es ein sonstiger physiologisch wirksamer Stoff, gleichgültig ob in einer Ampullle eingeschmolzen oder direkt auf den zwischengeschalteten Metallblock oder auf eine Metallschale gelegt, verändert den Potentialmeßwert jedoch in keiner Weise, ohne Rücksicht darauf, ob das Potential erst ohne Substanz und dann mit ihr oder zuerst mit Substanz und dann ohne sie gemessen wird. Nach diesen Ergebnissen muß der Medikamententest der Elektroakupunktur als Artefakt bezeichnet werden."

Klinger [41] hat angeblich im Jahre 1987 in einer offenen Studie mittels der EAV 96% (!) der Patienten mit Bronchialkarzinom oder Lungentuberkulose und 92% normaler Kontrollpersonen identifiziert. Seriöse, z.B. doppelblind kontrollierte Studien – fehlen.

Die negative Einschätzung der Elektroakupunktur als diagnostisches Verfahren bedeutet nicht, daß die Akupunktur (s. unten) oder die Neuraltherapie [24, 35] als therapeutische Verfahren abzulehnen wären. Allerdings birgt letztere erhebliche Risiken; verlässliche Daten (d.h. Untersuchungsergebnisse, die über Einzelfallberichte hinausgehen) zur Brauchbarkeit bei pneumologischen und/oder allergologischen Erkrankungen fehlen.

Energetische Photographie und Diagnostik (Kirlian lines)

In der Umgebung lebender Organismen, seien es Pflanzen, Menschen oder Tiere, treten elektrische Felder auf, die auch mittels fotografischer Platten sichtbar gemacht werden können. Eine sinnvolle allergologische Diagnostik stellt dieses Verfahren nicht dar.

Kinesiologie

Die Kinesiologie beansprucht, Allergien und Unverträglichkeiten dadurch zu erkennen, daß die Berührung eines Allergens, auch wenn es in einer Phiole eingeschmolzen ist, zu Verkrampfungen führt, die ein erfahrener Kinesiologe erfassen kann.

Eine Doppelblindstudie, an der auch erfahrene Kinesiologen mitbeteiligt waren, hat diesen Anspruch eindeutig widerlegt. Allergologische Diagnosen wurden nach dem Zufallsprinzip verteilt; Würfeln würde zu dem gleichen Ergebnis führen [46].

Therapeutische Techniken

Akupunktur

Viele kontrollierte Studien belegen die Effektivität der Akupunktur in der Behandlung asthmakranker Patienten. Die meisten Autoren beobachteten leichte bronchodilatatorische Effekte bei leichtem Asthma und eine positive Veränderung von subjektiven Parametern [1, 7, 26, 31, 38, 47, 55, 66]. Kürzlich wurde über die Veränderung immunologischer In-vitro-Parameter durch Akupunktur berichtet [38].

Autogenes Training

Als Entspannungstechnik besitzt das Autogene Training einen hohen Stellenwert auch in der Asthmatherapie und in der Behandlung von ekzemkranken Patienten. Stellvertretend sei die Progressive Muskelentspannung nach Jacobson erwähnt (s. unter E [17]).

Autohomologe Immuntherapie

Patientenblut und Patientenurin beinhalten vielerlei unterschiedliche Dinge: Zellen, Mediatoren, Prostaglandine, Zytokine etc. In einer speziellen, aber geheimen Technik, wird das Patientenblut, bzw. der Patientenurin biochemisch verändert und dem Patienten auf oralem, nasalem, inhalativem und/oder parenteralem Wege verabreicht. Mehr als 6000 Patienten (Allergiepatienten, HIV-Patienten, Tumorpatienten etc.) wurden mit der Autohomologen Immuntherapie behandelt, obwohl der im folgenden zitierte Originaltext selbstentlarvend ist [2].

Art der Veränderung des Patientenserums bzw. Urins: „Die Verarbeitungsprozesse der AHIT sind der Natur bzw. den körpereigenen Prozessen abgelauscht."
Efizienz der Behandlung: „... der Zeitraum von Beginn der Therapie bis zur ersten Besserung ist sehr unterschiedlich. Er reicht von wenigen Tagen bis zu

mehreren Monaten und ist abhängig von der Reaktion des Organismus bzw. der richtigen Dosierung der Homolysate."

Wirkweise: „Den Erreger der „Neurodermitis" kennt man zwar nicht, aber die Bindung krankmachender Überträgerstoffe mit „Antigencharakter" (durch die AHIT) ist durchaus denkbar, ja ... wahrscheinlich."

Bezahlung: „Für die AHIT liegt noch keine kontrollierte Studie vor, so daß die Kassen nicht gezwungen sind, dem Patienten diese Therapie zu bezahlen."

Die Autohomologe Immuntherapie ist unseriös [2, 14, 17, 28].

Aromatherapie

Aromatherapie ist eine schöne Art der Autosuggestion: Wenn man an einer Rose riecht, fühlt man sich besser (falls man nicht allergisch darauf reagiert). Jede Pflanze, jede Blume, jeder Geruch wird unser Befinden in einer bestimmten Art und Weise beeinflussen [16].

Bach´s Blütentherapie

Frische Blüten ausgewählter Pflanzen werden über Nacht in frisches Quellwasser gelegt; das Wasser am nächsten Morgen getrunken oder weiterverarbeitet. Es ist schwer vorstellbar, daß das tropfenweise Trinken von Blumenwasser überhaupt Wirkungen zeigen soll. Allerdings schildern manche Anhänger der Blüten-therapie nach Dr. Bach (1886–1936) eine fast unglaubliche Beeinflussung ihres subjektiven Befindens (Autosuggestion? Fremdsuggestion?). Studien zur Wirk-samkeit in der Allergologie und/oder Pneumologie fehlen.

Balneologie, Balneotherapie, Kneipptherapie, Physiotherapie

Balneologie, Balneotherapie, Kneipptherapie und Physiotherapie sind als zu-sätzliche Methoden mit erprobter Effektivität bekannt. Sauna, Wechselduschen, und andere Kneipp'sche Verfahren können – wie verschiedene Studien gezeigt haben – Rezidive von Infektionen der oberen Luftwege vermindern [5, 13, 27, 32, 33, 42, 45, 50, 54].

Diäten

Sinn und Unsinn der diätetischen Maßnahme liegen nahe beieinander: Grundsätzlich ist eine adäquate Ernährung sehr wichtig [18, 19, 64]: Falsche Ernährung in den Industrienationen verursacht eine große Anzahl an weit ver-breiteten Krankheiten wie Adipositas, Arteriosklerose, Diabetes, Divertikulose, Bluthochdruck, Hyperlipidämie, Karies und Obstipation.

Die Substitution von mehrfach ungesättigten Fettsäuren (z.B. γ-Linolen-säure) kann in der Behandlung des atopischen Ekzems von großem Nutzen sein.

Allergenvermeidung ist für Allergiepatienten essentiell, dies gilt natürlich auch für Nahrungsmittelallergiker. Stemmanns Diät [56], von der manche glauben, sie könnte alle Formen des atopischen Ekzems heilen, oder Juchheims Diät [37], welche nur auf den Nachweis spezifischer IgE und IgG Antikörper beruht, schießen weit über das Ziel hinaus.

Die komplizierten und umständlichen Diätanleitungen welche Kindern von unseriösen Allergologen gegeben werden, schaden oft mehr als daß sie heilen. Viele Diäten sind kaum einzuhalten, dementsprechend massiv sind die Drohungen [37].

„Als Konsequenz von Diätfehlern können folgende Symptome auftreten: Hautkrankheiten, Bauchschmerzen (!), Diarrhoe, Obstipation, Gewichtszunahme, Kopfschmerzen, Juckreiz, Schlaflosigkeit, Hyperaktivität, Empfindlichkeit, Depression, Orientierungslosigkeit, Symptome von Infekten und Symptome von gewöhnlichen Erkältungen. Aber es gibt außerdem einige Umweltfaktoren, welche die selben Symptome verursachen können wie beispielsweise Formaldehyd, Hausstaub und Pollen."

Einige Methoden sind weder konventionell noch unkonventionell, sondern schlicht indiskutabel.

Eigenblutbehandlung

Vollblut wird venös entnommen und intramuskulär injiziert. Diese unspezifische Reiztherapie (sie ist durchaus schmerzhaft) soll bei verschiedensten Erkrankungen günstige Wirkung zeigen.

Verläßliche Belege in der Allergologie und Pneumologie fehlen.

Focussuche

Focus-Diagnostik und Focussuche wird heute eher als unkonventionelle Methode betrachtet („Focus-Pocus"). Vor 20 Jahren war es eine klassische konventionelle Methode, zumindest in einigen Allergiekliniken. Die Zeiten haben sich geändert.

Funktionelle Entspannung

Funktionelle Entspannungsmethoden (z.B. nach Jacobsen) sowie autogenes Training haben ihren Stellenwert in der Behandlung des atopischen Ekzems und des Asthma bronchiale. Eine kürzlich publizierte prospektiv angelegte, randomisiert durchgeführte und placebokontrollierte Studie [38] zeigt in der Behandlung asthmakranker Kinder eine deutliche Wirkung, die allerdings schwächer ist als die Inhalation von Salbutamol.

Homöopathie

Im Jahre 1991 wurde eine Metaanalyse von 107 Studien über homöopathische Behandlungsmethoden publiziert. Der Bewertung der Studien lagen folgende Kriterien zugrunde: Beschreibung von Patienten und ihren Symptomen, Anzahl der Patienten, Beschreibung der Behandlung, Auswahl von Patienten, Doppel-Blind-Studien-Design, Relevanz von Parametern, Präsentation von Ergebnissen [40]. Unter den 12 relativ besten Studien betrafen 2 randomisierte Doppel-Blind-Studien die Allergologie [63]: Galphimia glauca in der „Potenz" D4/D6 scheint positive Effekte bei Pollinosis zu besitzen. Von besonderer Bedeutung ist, daß die Pflanze Galphimia glauca in der traditionellen Medizin einiger Stämme im Regenwald von Brasilien gegen Allergien verwendet wurde. Eigene pharmakologische Untersuchungen [22] von Galphimiaextrakten zeigten eine deutliche asthmaprotektive Wirksamkeit, allerdings in klassischer pharmakologischer bzw. phytotherapeutischer Anwendung. Wir konnten auch die pharmakologischen Wirkstoffe identifizieren.

Man muß verschiedene Arten von Homöopathie unterscheiden: Hochpotenz- und Niederpotenz-, organotrope und personotrope Homöopathie sind zu unterscheiden. Mischungen von „niedriger Potenz" (bis zu D2/D4) sind oft Pflanzenextrakte mit definierten pharmakologischen Eigenschaften.

Das letzte Wort über die Homöopathie ist sicher noch nicht gesprochen.

Klimatologie

Die positiven Effekte der Klimatherapie sind hinreichend belegt. Leider sind nur wenige Studien über Langzeiteffekte durchgeführt worden.

Phytotherapie

Phytotherapie ist ein integrierter Teil der klassischen Pharmakotherapie. Pharmazeutische Produkte auf pflanzlicher Basis müssen auf die selbe Art und Weise untersucht, kontrolliert und verwendet werden wie synthetische Verbindungen. Unsere pharmakologischen Modelle jedoch sind manchmal nicht sensibel genug, um Kurz- und Langzeiteffekte der Phytomedizin zu erfassen. Man muß sich vor Augen halten, daß alle Antiasthmatika, welche heute verwendet werden, zuerst von sorgfältigen klinischen Beobachtungen der traditionellen Medizin entdeckt wurden und nicht in pharmazeutischen Labors entwickelt wurden [6, 21, 34, 52, 53].

Eine klare Trennlinie zwischen Phytotherapie und klassischer Dermatologie in der Behandlungsmethode des atopischen Ekzems zu ziehen ist unmöglich (s. Übersicht S. 519). Auch in der Behandlung bronchopulmonaler Erkrankungen besitzen Phytotherapeutika einen hohen Stellenwert (s. Übersicht S. 520), in der Behandlung des Asthma bronchiale sind sie aber nur als adjuvante Therapeutika anzusehen.

Natürliche und synthetische Produkte, die in der Behandlung des atopischen Ekzems verwendet werden

Antibiotika
Antihistaminika
Borretschsamen
Calendula officinalis
Chinesische Kräutersammlung
Corticosteroide
Cyclosporine A
Dinatrium Cromoglycicum
Erdnußöl
γ-Interferon
γ-Linolensäure
Hamamelidiscortex et folia
Harnstoff
Ichtyol
Johanniskraut
Kamille
Leinöl
Mandelöl
Meersalz
Nachtkerzenöl – Oenothera biennis
Paraffin
Parfenac
Sojaöl
Solanum dulcamarae
Sonnenblumenöl
Tannins
Teer
Ungesättigte Fettsäuren
Virustatika
Wollwachsalkohole

Die moderne Phytotherapie ist nicht mystisch. („Die Salbe aus dem Jenseits" [3] ist ein absurdes Gegenbeispiel, das nichts mit seriöser Phytotherapie zu tun hat).

Die Salbe aus dem Jenseits (Originaltext)

„60 bis 70 Prozent der behandelten 250 Neurodermitiker bescheinigen, daß sich ihre Haut wieder normalisiert hatte. Eine neue Pflegecreme aus 28 Heilkräutern und ätherischen Ölen ohne Cortisonzusatz macht das möglich. Außergewöhnlich daran ist: Das Rezept stammt von einem gelernten Koch, dem 50jährigen NN aus Münster. In Trance war es ihm nach und nach aus dem Jenseits über-

Phytotherapeutika bei Bronchialerkrankungen, die Verwendung ätherischer Öle verbieter sich bei einer Hyperreagibilität des Bronchialsystems

Schleimlösende Phytopharmaka:
Anis – Fenchel – Primelwurzel – Schlüsselblumenblüten – Senegawurzel ätherische Öle (Kiefernsprossen, Minzöl, Lärchenterpentin) sollten Asthmakranken nicht zur Inhalation verabreicht werden!

Hustenreiz lindernde Phytopharmaka:
Eibischwurzel, Malvenblüten und -blätter, Süßholzwurzel, Wollblumen, isländisches Moos, Spitzwegerichkraut

Hustenreiz dämpfende Phytopharmaka:
Efeublätter, Lindenblüten, Sonnentaukraut

mittelt worden, und zwar angeblich von „Dr. Gustav Nußbaum". Spätere Nachforschungen ergaben, daß ein jüdischer Arzt dieses Namens in den zwanziger und dreißiger Jahren in München praktiziert hat und 1944 im KZ Auschwitz gestorben war.

Psychotherapie

Psychotherapie – sofern indiziert – ist effektiv und vermindert die Kosten des öffentlichen Gesundheitswesens [4, 28, 51, 58, 61]. Die Familiendynamik während der Behandlung von Kindern, die an Bronchialasthma oder atopischen Ekzem leiden, zu vernachlässigen, ist gefährlich.

ZUSAMMENFASSUNG

Viele unkonventionelle Heilmethoden werden Patienten und Ärzten als Alternativmethoden in der Allergologie und Pneumonologie dargeboten, wie z. B. Bioresonanz-Diagnostik und Therapie, Elektroakupunktur nach Dr. Voll, Autohomologe Immuntherapie, Aromatherapie, diverse Diäten etc. Nur wenige Methoden sind als Zusatzmethoden anerkannt, wie beispielsweise Akupunktur, Balneologie, Klimatologie, seriöse Diäten, Phytotherapie, Physiotherapie und Psychotherapie.

Diese Liste von Zusatzmethoden muß durch seriöse Studien vervollständigt werden.

Literatur

1. Aldridge D, Pietroni PC (1987) Clinical assessment of acupuncture in asthma therapy: discussion paper. J Roy Soc Med 80:222–224
2. Anonymous: Information über die Autohomologe Immuntherapie; distributed by: Arbeitskreis für immunbiologische Forschung und Therapie e.V. Londoner Ring 105, Ludwigshafen
3. Anonym: Alphaderm („Creme aus dem Jenseits"), erhältlich bei: Commings, Schloß Holte-Stukenbrok, POB 1143
4. Bachrach HM, Galatzer-Levy, Skolnikoff A, Sherwood W (1991) On the efficacy of psychoanalysis. J Am Psychoanal Assn 39:871–916
5. Bachofen H, Gerber NJ (1991) Respiratory physical therapy. In: Schlapbach P, Gerber NJ (Eds): Physiotherapy: controlled trials and facts. Rheumatology. The interdisciplinary concept. Vol. 14. Karger, Basel München Paris London, pp 130–140
6. Bauer R, Wagner H (1990) Echinacea. Handbuch für Ärzte, Apotheker und andere Naturwissenschaftler, Wissenschaftliche Verlagsgesellschaft Stuttgart
7. Berger D, Nolte D (1977) Acupuncture in bronchial asthma: body plethysmographic measurements of acute bronchospasmolytic effects. Comparative Medicine East and West 5:265–269
8. Bergold D (1976) Elektroakupunktur Dr. Voll. Z f Allgemeinmedizin 6:312–322
9. Bleuler E (1995) Das autistisch undisziplinierte Denken in der Medizin und seine Überwindung. Springer Verlag, Berlin Heidelberg New York, 5. Aufl.
10. Boiron J, Belon P (1990) Contributions of fundamental research in Homeopathy. The Berlin Journal of Research in Homeopathy 1(1):34–45
11. Bresser H (1992) Allergietestung mit der Elektro-Akupunktur nach Voll. Allergologie 14: 364
12. Brügemann H (1992) Bioresonanz und Multiresonanztherapie. Bd. 1, Karl F Haug Verlag, Heidelberg, 2. Aufl.
13. Bühring M, Saller R (Hrsg) (1986) Wirkprinzipien in der physikalischen Therapie. Verlag für Medizin, Heidelberg
14. Bundesärztekammer Memorandum: Arzneibehandlung im Rahmen besonderer Therapierichtlinien, 2. Auflage, Deutscher Ärzteverlag, Köln 1993
15. Bundesministerium für Forschung und Technologie: Materialien zur Gesundheitsforschung: Unkonventionelle Medizinische Richtungen, Band 21, ed. Sapper H, Verf. Matthiesen PF, Roßlenbroich B, Schmidt S, Wirtschaftsverlag NW, Bremerhaven 1995
16. Deininger R (1993) Duft und Psyche. Z Phytotherapie 14:193–205
17. Deutsche Atemwegsliga. Alternative Methoden: Naturheilverfahren – Schulmedizin. Behandlungsmöglichkeiten von Asthma. Patientenbroschüre 1997
18. Deutsche Gesellschaft für Ernährung (Hrsg) Ernährungsbericht 1984. Frankfurt am Main
19. Deutsche Gesellschaft für Ernährung (Hrsg) „Vollwert-Ernährung" – Eine Stellungnahme der Deutschen Gesellschaft für Ernährung. Ernährungsumschau 1987; 34(9):308–310
20. Dorsch W (1993) Forschung in der Naturheilkunde; Forderungen und praktikable Vorschläge. Z Phytotherapie 14, 181–184, Abdruck u.a. in: Bachmann R (Hrsg): Naturheilverfahren in der Praxi; Perimed Spitta Verlag, Balingen
21. Dorsch W, Wagner H (1991) New antiasthmatic drugs from traditional medicine? Int Archs Allergy appl Immunol 94:262–365
22. Dorsch W, Bittinger M, Kaas A, Müller A, Kreher B, Wagner H (1992) Antiasthmatic effects of galphimia glauca: Gallic acid and related compounds prevent allergen- and platelet activating factor induced bronchial obstruction as well as bronchial hyperreactivity in guinea pigs. Int Archs Allergy appl Immunol 97:1–7
23. Dorsch W Zufallsgesteuerte Allergie-Diagnostik und Therapie (eine Glosse) Allergologie, im Druck
24. Dosch P (1998) Lehrbuch der Neuraltherapie nach Huneke. Haug, Heidelberg
25. Duke JA (1986) CRC Handbook of Medicinal Herbs. CRC Press, Boca Raton
26. Editorial (1986) Acupuncture, Asthma and Breathlessness. Lancet 20/27:1427–1428

27. Ernst E, Wirz P, Pecho L (1990) Wechselduschen und Sauna schützen vor Erkältung. Z Allg Med 66:56-60
28. Federspiel K, Herbst V (1991) Die andere Medizin, Nutzen und Risiken sanfter Heilmethoden. Stiftung Warentest, Stuttgart
29. Fenichel O (1930) Statistischer Bericht über die therapeutische Tätigkeit 1920-1930; in: Rado S, Fenichel O, Müller Braunschweig N (eds.): Zehn Jahre Psychoanalytisches Institut, Poliklinik und Lehranstalt; Int Psychoanalytischer Verlag. Wien
30. Fintelmann V, Menßen HG, Siegers CP (1989) Phytotherapie Manual: Pharmazeutischer, pharmakologischer und therapeutischer Standard, Hippokrates-Verlag Stuttgart
31. Fung KP (1989) Akupunktur and Asthma. The Lancet 857
32. Grober J, Stieve FE (Hrsg) (1971) Handbuch der Physikalischen Therapie. G Fischer, Stuttgart I-IV
33. Haggenmüller F (1993) 100 Jahre Kneipp-Therapie bei Kindern. therapeutikon 7:138-144
34. Hansen BM (1988) Allergiepflanzen - Pflanzenallergene, ecomed Landsberg, München
35. Huneke H (1979) Neuraltherapie nach Huneke - bisher gesicherte Grundlagen. Physikalische Therapie und Rehabilitation 20
36. Hurst DS (1990) Allergy management of refractory serous otitis media. Otolaryngol Head Neck Surg 102:664-669
37. Juchheim J: Immun-Therapie-Ernährungsplan für Herrn Christoph J (a 10 years old boy suffering from cows milk allergy)
38. Joos S, Schott C, Zou H, Daniel, Martin E (1997) Akupunktur - immunologischer Effekt bei Behandlung des Asthma bronchiale. Allergologie 20:63-68
39. Kay AB, Lessof MH (1992) Allergy: Conventional and alternative concepts. Clin Exp Allergy 22, Suppl 3:1-44
40. Kleijnen J, Kniepschild P, ter Riet (1991) Clinical trials of homoeopathy. Br Med J 302:316-323
41. Klinger L (1987) Meridianpunkt-Messungen bei Lungenkarzinom und Lungentuberkulose. Z Allg Med 63:563-567
42. Kneipp S (1984) Meine Wasser-Kur. 50. Aufl. Verlag der Jos. Kösel'schen Buchhandlung, Kempten
43. Koenig L, Kullmer RM (1988) Die Entstehung von Krankheit aus der Sicht der Elektroakupunktur nach Voll. Ärztezeitschrift für Naturheilverfahren 5:363-370
44. Kopfler H (1996) Bioresonanz bei Pollinose - eine vergleichende Untersuchung zur diagnostischen und therapeutischen Wertigkeit. Allergologie 19:114-122
45. Krauß H (1986) Die Sauna. In: Schimmel K Ch (Hrsg): Lehrbuch der Naturheilverfahren I. Hippokrates, Stuttgart
46. Kunz B Kinesiologie
47. Lehmann V (1989) Wirksamkeit der Akupunktur und Elektroakupunktur bei Rhinopathia allergica - eine prospektive, randomisierte Vergleichsstudie. Akupunktur - Theorie und Praxis 98-109
48. Loew TH, Martus P, Rosner F, Zimmermann T (1996) Wirkung von funktioneller Entspannung im Vergleich zu Salbutamol und einem Placebo-Entspannungsverfahren bei akutem Asthma bronchiale. Prospektive randomisierte Studie mit Kindern und Jugendlichen. Mschr Kinderheilkunde 144:1357-1363
49. Reilly DT, Taylor MA, McSharry C, Aitchison T (1986) Is Homeopathie a Placebo Response? Controlled trial of homeopathic potency, with pollen in hayfever as model. The Lancet 19:881-886
50. Ring J, Teichmann W (1975) Immunologische Veränderungen unter hydrotherapeutischer Kurbehandlung. Seb. Kneipp Institut, Bad Wörishofer Forschungsanstalt e.V. Sonderheft 3, 75-79
51. Rudolf G, Manz R, Ori C (1994) Ergebnisse psychoanalytischer Therapie. Z Psychosom Med Psychoanal 40:25-40
52. Schilcher H (1991) Phytotherapie in der Kinderheilkunde. Wiss Verlagsgesellschaft Stuttgart
53. Schimmel KC (Hrsg) (1990) Lehrbuch der Naturheilkunde. 2. Auflage. Hippokrates-Verlag, Stuttgart

54. Senn E (1981) Die Ideen von Kneipp. Veraltet oder aktuell? Swiss Med 3:35–46
55. Skrabanek P (1987) Acupunture and Asthma. The Lancet 1082–1083
56. Stemmann EA (1995) Neurodermitis, Das Gelsenkirchener Behandlungsverfahren; verteilt durch: Allergie- und umweltkrankes Kind e.V., Bundesverband, Gelsenkirchen
57. Tashkin DP, Kroenig RJ, Bresler DE, Simmons M, Coulson AH, Kerschnar H (1985) A controlled trial of real and simulated acupuncture in the managment of chronic asthma. J Allergy Clin Immunol 76:855–864
58. Tschuschke V, Kächele H, Hölzer M (1994) Unterschiedlich effektive Formen von Psychotherapie. Psychotherapeut 39:281–297
59. Voll R (1983) EAV – Electro-Acupuncture according to Voll. Bioenergetic diagnostics and therapy on the basis of acupuncture. In: Jayasuriya A (ed) Medicina Alternativa, Institute of Acupuncture. Colombo, Sri Lanka 1–36
60. Wantke F, Stanek KW, Götz M, Jarisch R (1993) Bioresonanz-Allergietest versus Pricktest and RAST. Allergologie 16:144–145
61. Weber J et al. (1985) Factors associated with the outcome of psychoanalysis: Report on the Columbia Psychoanalytic Center Research Project II. Int Rev Psychoanalysis 12:127–141 dito: III (1985) Int Rev Psychoanalysis 12:251–262
62. Wiesenauer M, Noll J, Häussler S (1989) Verbreitung und Anwendungshäufigkeit von Naturheilverfahren. therapeutikon 2:93–97
63. Wiesenauer M, Gaus W (1985) Double blind trial comparing the effectiveness of the homeopathic preparation Galphimia potentisation D6, Galphimia dilution 10^{-6} and placebo in pollinosis. Arzneimittelforschung 35:1745–1747
64. Wolfram G (1988) Vollwert-Ernährung, vollwertige Ernährung. Aktuelle Ernährungs-Med 13(2):43–46
65. Wüthrich B (1992) Für die Spezialistenkommission der Schweizerischen Gesellschaft für Allergologie und Immunologie. Bienen und Wespengiftallergie. Schweizerische Ärztezeitung Zeitung 73:1218–1221
66. Zang J (1990) Immediate antiasthmatic effect of acupuncture in 192 cases of bronchial astham. J Tradit Chin Med 10:89–93

7.4 Gesicherte medikamentöse und nicht-medikamentöse Behandlungsprinzipien bei chronischen Atemwegserkrankungen

W. Petro

A. Antiobstruktive und antiinflammatorische Therapie bei chronischen Atemwegserkrankungen

EINLEITUNG

Die antiobstruktive und antiinflammatorische Therapie bedient sich bewährter pharmakologischer Substanzen, die eine Atemwegsobstruktion und Inflammation der Atemwegsschleimhaut mildern oder beseitigen. Sie verfolgt dabei das Ziel einer anhaltenden und effektiven Wirkung möglichst ohne Inkaufnahme hoher Nebenwirkungen.

Unter dem Aspekt der umweltverursachten Erkrankungen bezieht sich diese Therapie auf durch inhalative Noxen und Allergene verursachte Obstruktionen. Inhalative Noxen, die zu einer passageren oder anhaltenden Atemwegsobstruktion führen können, sind in den Kapiteln 5.1–5.3 aufgeführt, Allergene, die über eine IgE-vermittelte Typ-I-Reaktion zu einer Obstruktion führen sind in Kapitel 5.4 abgehandelt.

Vorrangiges Behandlungsziel ist die Minderung eines erhöhten Atemwegswiderstandes mit Verbesserung der Lungenfunktion, bzw. Erreichen einer normalen Lungenfunktion, das Verhindern oder Mildern von anfallsweisen Obstruktionen (Asthma bronchiale), die Verbesserung der Belastbarkeit durch Verbesserung der Atemmechanik, die Verminderung der spezifischen und unspezifischen bronchialen und nasalen Hyperreaktivität bei geringen Nebenwirkungen. Generelles Ziel ist die Verbesserung des Langzeitverlaufes und damit der Prognose durch verminderte Anzahl von Krankenhausaufenthalten, Erreichen des normalen Renten- und Lebensalters, sowie eine hohe Lebensqualität (Wettengel et al. 1994).

Bronchospasmolytika

Beta-2-Adrenergika

Betaadrenergika gehören zu den effektivsten, gleichzeitig aber auch zu den verbreitetsten und ältesten Bronchospasmolytika. Sie leiten sich vom Adrenalin ab und werden daher in der Patientensprache auch als „Atemwegserweiterer vom Adrenalintyp" bezeichnet. Die heutigen Beta-2-Adrenergika sind hoch selektiv, sie haben mit den wenig selektiveren Betaadrenergika Isoprenalin und Orciprenalin wenig gemeinsam.

Die Wirkung besteht in der Bronchospasmolyse im Bereich der Bronchien und Bronchiolen. Der Wirkmechanismus beruht auf einem Kalziumeinstrom in den Extrazellularraum, bzw. in die Mikrosomen des sarkoplasmatischen Retikulums. Dieser Vorgang beginnt in den sogenannten Beta-2-Rezeptoren, die sich in der Bronchialschleimhaut befinden. Beta-2-Adrenergika reduzieren innerhalb weniger Minuten den Atemwegswiderstand, teilweise im Sinne einer völligen Reversibilität oder einer Teilreversibilität.

Die Applikation erfolgt bevorzugt inhalativ. Hier ist der Wirkeintritt in wenigen Minuten (in der Regel nach 10 Minuten) erreicht. Er hält bei einer üblichen Dosierung von 2 Hüben für 4 bis 6 Stunden an. Langwirksame inhalative Beta-2-Adrenergika wie Salmeterol und Formeterol wirken bis zu 12 Stunden, wobei Letzteres sich darüberhinaus durch einen frühzeitigen Wirkeintritt auszeichnet (Tandon et al. 1991, Douglas et al. 1991).

Neben der topischen, d.h. inhalativen Applikation sind Beta-2-Adrenergika auch als orale, retardierte Präparate verfügbar. Hohe Verbreitung haben hier Präparate wie Salbutamol, Terbutalin und Bambuterol.

Beta-2-Adrenergika haben neben ihrer direkten bronchospasmolytischen Wirkung auch eine protektive Wirkung durch Minderung der Hyperreaktivität und Blockade der Mediatorenfreisetzung. Dieser Effekt beruht auf einer positiven Beeinflussung der allergischen Sofortreaktion. Die Spätreaktion als Ausdruck inflammatorischer Vorgänge wird durch Beta-2-Adrenergika nicht beeinflußt. Auf dem Hintergrund dieses Wirkspektrums können Beta-2-Adrenergika auch die unspezifische, durch Noxen ausgelöste Hyperreaktivität und die dadurch verursachte Bronchokonstriktion und die durch Belastung induzierte Bronchokontriktion mildern oder verhindern.

Beta-2-Adrenergika sind sehr stark zilienmotorisch wirksam. Sie stimulieren die Ziliarfrequenz und erhöhen damit die mukoziliäre Clearance. Beta-2-Adrenergika gehören damit zu den indirekten Sekretomotorika (Georgi 1966, Giordano et al. 1987, Köhler et al. 1991, Konietzko et al. 1975, 1983, Santa Cruz et al. 1974).

Wesentliche Nebeneffekte bestehen im Tremor, insbesondere Fingertremor, Zunahme der Herzfrequenz und möglicher Verschlechterung bestehender kardialer Arrhythmien.

Die häufigste Applikation von Beta-2-Adrenergika geschieht in Form der Dosieraerosole. Hier unterscheidet man Druck-Dosieraerosole mit einer Suspension des Wirkstoffes, angetrieben durch FCKW-haltige Treibgase. Neuere Entwicklungen stellen die Vorteile einer medikamentösen Lösung in Kombination mit einem FCKW-freien Treibmittel (HFA-134a) heraus. Diese FCKW-freien Treibgase in den Dosieraerosolen werden in Zukunft eine erhebliche Verbreitung erfahren. Dies beruht auf der hier nicht vorhandenen Schädigung der Ozonschicht einerseits, andererseits aber auch auf einer deutlich verbesserten Applikation, Sedimentation und damit Wirkung im Bronchialsystem. Während die klassischen FCKW-getriebenen Dosieraerosole 15 bis 20 % der vernebelten

Menge in die Atemwege gelangen lassen ist dies bei FCKW-freiem Treibgas deutlich höher, nämlich ca. 50 %.

Die Applikation der klassischen Druck-Dosieraerosole kann durch Expander verbessert werden. Sie vermindern die Ausstoßgeschwindigkeit der Gaswolke aus dem Druck-Dosieraerosol, verhindern somit Reizungen der Rachenhinterwand und geben vornehmlich die Aerosolteilchen frei, die vom Größenspektrum am ehesten lungengängig sind. Sie führen damit noch einmal zu einer verbesserten Applikation. Ihre Nachteile sind jedoch eindeutig die Unhandlichkeit und die zusätzlichen Kosten.

Pulverinhalatoren wird damit die Zukunft gehören. Sie vereinen gleichermaßen Freiheit von ozonschichtschädigenden Treibgasen, einfache Applikation und gute Deposition. Die Deposition der Pulverinahaltoren ist in der Regel höher als die der druckgetriebenen Dosieraerosole mit FCKW-Treibgas, jedoch geringer im Vergleich zu druckgetriebenen Dosieraerosolen mit HFA 134 a.

Beta-2-Adrenergika können darüber hinaus über Düsenvernebler oder Ultraschallvernebler, bzw. im Sinne der intermittierenden Überdruckinhalation appliziert werden. Zu beachten ist jedoch, daß hierbei die applizierte Menge ungleich größer ist als beim Gebrauch des Druck-Dosieraerosols. Ist dieser Effekt erwünscht und besteht eine erhebliche Störung der Atemmechanik des zu behandelnden Patienten, sind diese Düsenvernebler jedoch von außerordentlichem Nutzen.

Orale retardierte Beta-2-Adrenergika haben den Vorteil, daß sie eine Wirkdauer von 12 bis 24 Stunden besitzen. Dies führt zu einer Symptomverbesserung, insbesondere nachts, da – sofern diese Präparate vor dem Schlafengehen eingenommen werden – die nächtliche Reaktivitätszunahme und nachfolgende Obstruktion günstig beeinflußt werden kann.

Ist die Obstruktion von einem Ausmaß und einem Schweregrad, der durch die genannten Applikationsformen nicht beeinflußt werden kann, können Beta-2-Adrenergika auch parenteral, d. h. subkutan oder intravenös verabreicht werden. Dies sollte jedoch unter einem Monitoring erfolgen, da die Gefahr von Nebenwirkungen hier sehr groß ist.

Die therapeutische Bedeutung der Beta-2-Adrenergika ist immens. Gelingt es nicht den Patienten kontrolliert zur optimalen Anwendung zu bringen, wird eine wesentliche therapeutische Stoßrichtung unausgenutzt bleiben (Spector et al. 1986). Die Fehlerquellen bei inhalativer Applikation sind sehr hoch. Im Mittel werden nur ca. 30 % der Patienten ein Dosieraerosol optimal anwenden. Mit Hilfe von strukturierter, pädagogisch ausgefeilter Patientenschulung kann man die Fehlerquote auf weniger als 10 % senken. Applikationsschulung ist daher die wesentlichste Säule von Patientenverhaltenstraining, insbesondere beim Asthma bronchiale (Mühlhauser et al. 1991, Neri et al. 1993, Parker et al. 1983, Petro et al. 1995).

Gelingt es nicht den Gebrauch des Dosieraerosols durch den Patienten fehlerfrei zu gestalten, wird die Therapie ineffektiv bleiben und die Prognose einer obstruktiven Atemwegserkrankung negativ beeinflußt.

Theophyllin

Theophyllin ist chemisch direkt verwandt mit Coffein und Thein, wobei es für die praktische Anwendung sinnvoll erscheint, zur Kenntnis zu nehmen, daß 300 mg Theophyllin etwa 6 Tassen Kaffee entsprechen.

Die Wirkung der Theophylline ist seit Jahrzehnten bekannt und aus dem Konzept der antiobstruktiven Therapie nicht wegzudenken.

Dennoch ist der Wirkmechanismus noch immer unklar. Hemmung der Phosphordiesterase, Antagonismus am Adenosinrezeptor, Verminderung des Kalziums an den intrazellulären Myofibrillen werden diskutiert. Neue Untersuchungen belegen neben der bronchospasmolytischen auch eine entzündungshemmende Wirkung durch möglicherweise Hemmung der Aktivierung von Entzündungszellen und des plättchenaktivierenden Faktors.

Neben der bronchospasmolytischen Wirkung zeigt sich auch eine Verminderung der Hyperreaktivität, eine Protektion der belastungsinduzierten, wie auch der umweltnoxenbedingten Bronchokonstriktion. Daneben sind weitere Wirkungen bekannt, die in das Gesamtkonzept der atemwegswirksamen Therapie passen, wie Steigerung der Ziliarfrequenz und damit der mukoziliären Clearance (Matthys et al. 1984, Melville et al. 1980, Pollock et al. 1977, Rühle et al. 1990, Vilsvik et al. 1990), Steigerung der Zwerchfellmuskelkraft, Senkung des Widerstandes im kleinen Kreislauf und verbesserte renale Flüssigkeitsausscheidung.

Der klinische Vorteil der Theophylline liegt in der Möglichkeit der Retardierung. Dies hat sehr früh zur Entwicklung von 12, bzw. 24 h wirksamen Theophyllinpräparaten geführt. Ihr bevorzugter Einsatz ist daher die zirkadiane Therapie. Diese basiert auf der Erkenntnis, daß asthmatische Beschwerden vorwiegend nachts und in den frühen Morgenstunden auftreten und einhergehen mit einem verminderten Cortisol-, sowie Adrenalinspiegel bei gleichzeitig erhöhtem Histaminspiegel. Theophyllinpräparate, kurz vor dem Einschlafen genommen, können somit die nächtliche Obstruktion verhindern und damit die Lebensqualität des Anwenders steigern. Die späte Einnahme vor dem Schlafengehen und die möglichst frühe Einnahme am nächsten Morgen sichern gute Wirkung bei geringer Nebenwirkung und insbesondere geringe Beeinflussung des Einschlafens.

Wirksame Serumkonzentration werden zwischen 8 und 20 mg/l angenommen. Es ist jedoch dringend darauf hinzuweisen, daß höhere Spiegel auch ohne Nebenwirkung einhergehen können und insbesondere niedrigere Spiegel sehr wohl eine Wirkung, insbesondere eine antientzündliche Wirkung ergeben können. Es geht nicht um die Therapie des Serumspiegels, sondern um die Therapie der Symptomatik. Diese ist jedoch mittels Peak-flow-Meter hervorragend zu objektivieren. Theophyllinspiegel-Bestimmungen werden daher nur benötigt, um die Compliance des Patienten zu objektivieren und erhöhte Spiegel bei verminderter Metabolisierung und niedrige Spiegel bei erhöhter Metabolisierung zu vermeiden. Wichtig erscheint der Hinweis auf eine standardisierte Serumabnahme zur Theophyllinspiegelbestimmung und diese sollte grundsätzlich am Morgen nach abendlicher letzter Einnahme der therapeutisch angewandten Theophyllinmenge erfolgen.

Ein Sonderfeld des Einsatzes ist die Beeinflussung der Schlafarchitektur beim obstruktiven Schlaf-Apnoe-Syndrom, die Responderrate beträgt hier jedoch nur etwa 30%.

Nebenwirkungen sind zu beachten, diese bestehen vorwiegend in Tachykardien und Arrhythmien, auch Verstärkung von vorhandenen Arrhythmien, sowie gastrointestinalen Symptomen.

Anticholinergika

Anticholinergika sind Abkömmlinge des Atropins. Seit Jahrzehnten stehen die Präparate Ipratropiumbromid und Oxytropiumbromid für die klinische Anwendung als Druck-Dosieraerosole und als Pulver zur Verfügung.

Anticholinergika blockieren die cholinergen Rezeptoren der glatten Bronchialmuskeln. Möglicherweise besteht auch eine Verminderung der durch Acetylcholin verursachten Mediatorenfreisetzung.

Die Bronchospasmolyse nach inhalativer Anwendung ist effektiv, wenn auch in der Regel geringer als bei Beta-2-Adrenergika und grundsätzlich später, d.h. nach 20 bis 30 min einsetzend. Dies führt bei Patienten häufig zu einem Mißverständnis. Es wird dann behauptet, daß diese Präparate nicht so wirksam seien.

Die Indikation zur Anwendung der Anticholinergika besteht insbesondere bei Patienten mit chronisch obstruktiver Bronchitis, bzw. beim älteren Asthmatiker, der häufig durch eine bronchitische Komponente charakterisiert ist (COPD). Anticholinergika haben darüberhinaus eine über 6 Stunden hinausgehend anhaltende Wirkung, wobei das Oxytropiumbromid dem Ipratropiumbromid geringfügig überlegen scheint. Dies prädestiniert das Präparat zur Beeinflussung der nächtlichen Obstruktion.

Die altbewährte Kombination von Beta-2-Adrenergika und Anticholinergika erfüllt ihren Sinn insbesondere beim älteren Asthmatiker. Synergistische Effekte der Präparatekombination sind belegt. Die Nebenwirkungen sind gering, über Mundtrockenheit und bitteren Geschmack wird berichtet.

Antiinflammatorische Substanzen

Die Inflammation der Bronchialschleimhaut ist in der pathophysiologischen Ablaufkette des Asthma bronchiale der Kernvorgang. Wird diese nicht ausreichend behandelt, ist das Asthma zwar zeitweise durch Bronchospasmolytika beeinflußbar, von der Ursache her jedoch nicht ausreichend therapiert.

Inflammation spielt sich in der Ebene der Mediatoren, aber auch in der Ebene der Entzündungszellen ab. Da antiinflammatorische Therapie über die Entzündungshemmung zur Protektion der Obstruktion führt sei dieses therapeutische Prinzip hier kurz angesprochen. Die Wirkprinzipien der Corticosteroide sind in der folgenden Übersicht zusammengefaßt.

Wichtigste Entzündungshemmer sind die Glucocorticosteroide, wobei die Applikationsform, d.h. systemisch oder topisch inhalativ, zunächst nicht zur Diskussion steht.

Wirkprinzipien systemischer und inhalativer Corticosteroide

- *Antientzündlich*
  Stabilisierung lysosomaler Membranen
  Veränderung der Leukozyten (Verteilung und Adhärenz)
- *Antiallergisch*
  Hemmung der Histaminfreisetzung
  Hemmung der IgE-Bildung
  Hemmung der Monokin-/Lymphokin-Synthese
- *Verringerung der Exsudation*
  Tonisierung der Blutgefäße
  Herstellung der Gewebsbarriere
  Schleimhautabschwellung
- *Permissiver Effekt*
  Vermehrung der β-2-Rezeptoren

Sie besitzen eine antientzündliche und immunsuppressive Wirkung und führen somit zur Stabilisierung der Gefäßmembran, zur Verringerung der Leukozytenaktivität, sowie verminderter Lymphozyten- und Monozytenfunktion (Cegla 1994).

Die Wirksamkeit *systemischer Steroide* ist unter Berücksichtigung der Prednisolonäquivalenz vergleichbar. Wichtig erscheint die Unterscheidung nach der Halbwertzeit. Hinsichtlich der Nebenwirkungen sind die Unterschiede ebenfalls eher gering. Prednisolon besitzt die höchste minerale Corticoidwirkung. Diese findet sich z. B. beim Triamcinolon weniger.

Inhalative Steroide wirken in gleicher Weise, allerdings bleibt ihre Wirkung durch topische Applikation auf der Bronchialschleimhaut in der Regel auf diese beschränkt. Dennoch werden in Abhängigkeit von der Applikationsform 50 bis 80 % der inhalativ applizierten Menge systemisch aufgenommen. Hier erfolgt jedoch eine Metabolisierung im first-pass-Effekt, so daß die systemische Nebenwirkung sehr gering ist.

Die verfügbaren Präparate Beclometason, Budesonid, Flunisolid, Fluticason sind in ihrem Wirksamkeits-/Nebenwirkungsverhältnis im wesentlichen vergleichbar, obwohl die Rezeptorbindungsaffinität deutlich unterschiedlich ist (Abb. 1).

In der klinischen Anwendung werden systemische Steroide immer wieder zur Notfalltherapie eingesetzt. Dosen von 50 bis 250 mg erscheinen vollständig ausreichend. Obwohl eine theoretische Wirksamkeit erst nach Stunden eintreten kann, ist der Effekt bereits nach Minuten ablesbar, möglicherweise verursacht durch den gefäßmembranstabilisierenden Effekt.

Topische Steroide - Rezeptoraffinität

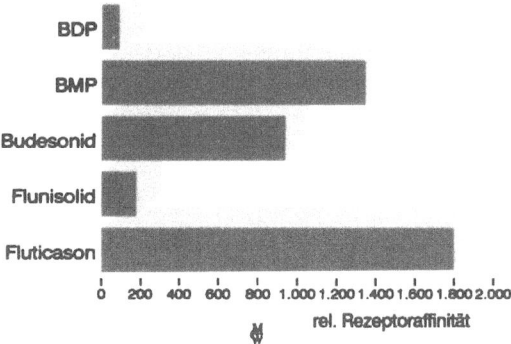

Abb. 1. Rezeptorbindungsaffinität der wichtigsten inhalativen Steroide

Bei der Dauergabe von systemischen Steroiden zur antiinflammatorischen Basistherapie sind grundsätzlich inhalative Steroide zusätzlich einzusetzen, um systemische Steroide zu sparen.

Die Anwendung inhalativer Steroide führt zu einer Einsparung von ca. 10 mg Prednisolonäquivalent.

Neben der Anwendung bei obstruktiven Atemwegserkrankungen ist die Wirksamkeit systemischer Steroide auch bei interstitiellen Lungenerkrankungen, bzw. bei Systemerkrankungen mit Beteiligung der Lunge belegt. Hierzu zählen z. B. die diversen Formen der fibrosierenden Lungenerkrankungen.

Besonders wichtig ist der Einsatz von systemischen und inhalativen Steroiden bei toxischen Lungenschäden. Insbesondere bei der berufsverursachten Exposition gegenüber Reizgasen in toxischen Dosen hat sich die sofortige Anwendung von sowohl systemischen, wie auch inhalativen Steroiden bewährt.

Mögliche Nebenwirkungen sind in der folgenden Übersicht dargestellt. Wichtig erscheint noch einmal der Hinweis, daß die inhalative Anwendung bis auf in ca. 10% vorkommender Candidiasis der Mundhöhle und in etwa gleich häufig auftretende Dysphonien keine nennenswerten Nebenwirkungen verursacht. Dies ist insbesondere bei der Argumentation gegenüber den Patienten von herausragender Bedeutung.

Mögliche Nebenwirkungen systemischer Steroide

- Ödeme
- Gewichtszunahme
- Mondgesicht
- Akne, Striae
- Hirsutismus
- Muskelatrophie
- Stimmungslabilität
- Zyklusstörungen
- Osteoporose
- Infektanfälligkeit (cave Tbc)
- Wachstumsstörungen bei Kindern
- Steroiddiabetes
- Glaukom, Katarakt
- Magen-/Darmgeschwüre
- u. v. a.

Mögliche Nebenwirkungen inhalativer Steroide

- NNR-Suppression bei Dosen > 1–1,5 mg/die
- Oropharyngeale Candidiasis (bis 15 %)
- Dysphonie (bis 50 %)
- Hautatrophie
- Petechien
- Osteoporose (?)
- Wachstumshemmung (?)

Ca. $^1/_3$ aller Patienten besitzen eine mehr oder weniger ausgeprägte Kortisonangst, die die therapeutische Compliance drastisch vermindert. Weiterbildung für die behandelnden Hausärzte, Aufklärung der Patienten und insbesondere Patientenschulung sind wirksame Schritte, um die Kortisonangst abzubauen.

In den letzten Jahren ist die Forschung hinsichtlich des Einsatzes von Leukotrienantagonisten bemerkenswert vorangeschritten. Die Wirksamkeit von Leukotrienantagonisten ist mittlerweile hervorragend belegt. Sie zeigt sich in einer effektiven Entzündungshemmung und Protektion der Obstruktion, die je nach Untersucher zwischen 40–80 % der vergleichbarer Steroide liegen.

Weitere entzündungshemmende Substanzen wie Cyclophosphamid, Azathioprin und Cyclosporin, sowie Methotrexat und Gold haben ihre Bedeutung in fatalen Verläufen von Systemerkrankungen mit pulmonaler Beteiligung, zählen jedoch nicht zum alltäglichen Einsatz zur Therapie umweltverursachter Erkrankungen.

Über entzündungshemmende Wirkung der Antioxydantien wird an anderer Stelle berichtet (s. Kap. 7.2).

Eine besondere Gruppe von schwächer wirkenden Entzündungshemmern werden auch unter der Rubrik der *Anfallsprophylaktika* subsummiert. Sie besitzen eine fast ausschließlich prophylaktische Wirkung gegenüber spezifisch allergischen und unspezifischen, d.h. physikalischen oder chemisch-irritativ wirkenden Stimuli (Bergmann 1994, Bergmann et al. 1990). Sie wirken ebenfalls nicht direkt bronchospasmolytisch, so daß sie als Notfalltherapeutika nicht geeignet sind.

Allerdings führt ihre Anwendung zu einer Verminderung der bronchialen (und nasalen) Hyperreaktivität, wobei Nebenwirkungen praktisch nicht auftreten.

Sie werden daher angewendet beim Anstrengungsasthma, beim allergischen Asthma, beim gemischtförmigen Asthma und bei einer klinisch relevanten bronchialen Hyperreaktivität.

Zu diesen Anfallsprophylaktika zählt das Ketotifen, ein Antihistaminikum, das durch Blockierung von H1-Rezeptoren wirkt. Des weiteren wird das Dinatriumchromoglycikum (DNCG) und die fortentwickelte Substanz, das Nedocromil-Natrium zu den Anfallsprophylaktika gezählt. Herausragender Wirkmechanismus ist die Hemmung der Mediatorenfreisetzung aus Mastzellen, also die mastzellstabilisierende Wirkung. Während die Anwendung von Ketotifen systemisch erfolgt, ist sie für DNCG und Nedocromil-Natrium vorrangig topisch, d.h. als Inhalat für Bronchial- oder Nasenschleimhaut zu verwenden.

Sekretomotorika

Mukostase ist häufiges und wesentliches pathophysiologisches Geschehen mit multifaktorieller Ursache. Meistens steht eine Störung des Ziliarapparates mit Verminderung der ziliaren Schlagfrequenz, ziliare Dyskinesie, Hyperkrinie, Dyskrinie, Schleimhautödem, Bronchospasmus, bakterielle Superinfektion, sowie mangelnde Hustenfunktion am Anfang eines fatalen Kreislaufes, der im Laufe von Jahrzehnten zur respiratorischen Insuffizienz führen kann. Mukostase findet sich häufig bei allen Formen der Bronchitis, des Asthma bronchiale und des Lungenemphysems, aber auch in angeborener Form bei der zystischen Fibrose und dem Kartagener-Syndrom (Petro 1986, 1994).

Das therapeutische Ziel ist das Vermeiden oder Beseitigen der Mukostase und im Idealfall eine Verminderung der Rezidivrate von Infekten.

Der klinische Einsatz von Expektorantien ist immens. Sekretomotorika werden häufiger auch unter dem Sammelbegriff der Expektorantien subsummiert. Diese bilden den Oberbegriff für Sekretolytika, Mukolytika und Sekretomotorika.

Eine effektive Mukosekretolyse wirkt physikalisch widerstandssenkend, bzw. leitfähigkeitssteigernd. Aus diesem Grunde besteht die Berechtigung sie unter dem Kapitel der Bronchospasmolytika kurz anzusprechen.

Sekretolytika haben das Ziel, den Wassergehalt des Sekretes zu erhöhen. Hier wirken ätherische Öle wie Pinene, Terpene und Cineole, die so eine Adhäsivitätssenkung bewirken. Sekretolytisch wirksam ist auch die Inhalation hyperosmolarer Salzlösung (Bad Reichenhaller Sole) von 1 bis 2 % (Jackowski et al. 1992, Kaspar et al. 1989, Pavia et al. 1978). Die einfachste Form der Sekretolyseverbesserung ist immer noch die Zufuhr von reichlich Flüssigkeit, die in Einzelfällen auch bilanziert erfolgen muß.

Wichtige Vertreter der Sekretolytika sind Bromhexin und Ambroxol, die die mukoziliäre Clearance steigern (Cummingham et al. 1983, Dorow et al. 1983), letzteres wirkt darüber hinaus effektiv antioxydativ.

N-Acetylcystein zählt zu den Mukolytika, weil es die Disulfitbrücken spaltet. Auch dieses Präparat hat eine objektiv nachgewiesene antioxydative Wirkung (Bertoli et al. 1983).

ZUSAMMENFASSUNG

Die antiobstruktive und antiinflammatorische Behandlung von umweltverursachten Erkrankungen des oberen und unteren Atemtraktes gehört zu den basalen therapeutischen Prinzipien. Sie stellen zwar eine vorrangig symptomatische Therapie dar, mit der Anwendung von inhalativen Steroiden jedoch wird in der Kausalkette der Ätiopathogenese der chronischen Inflammation ein vorderes Glied beeinflußt.

Sowohl antiobstruktive wie auch antiinflammatorische Therapie ist bei Hyperreaktivität und Bronchokonstruktion in der Regel eine lebenslange Therapie. Nach Absetzen der Behandlung sind sowohl Hyperreaktivität wie auch Obstruktion erneut nachzuweisen.

Herausragende antiobstruktive Substanzen sind moderne kurz- und langwirksame β-2-Adrenergika. Diese stehen in unterschiedlichen Applikationsformen sowohl als DA wie auch als retardierte orale Präparate zur Verfügung.

Wichtigste Vertreter der antiinflammatorischen Behandlung sind die inhalativen Steroide. Unabhängig von der Grundsubstanz haben sie eine hervorragende Wirkung in der Produktion und Unterdrückung der entzündlichen Spätreaktion. Sie sind damit für die Prognose chronisch inflammatorischer Atemwegserkrankungen die entscheidenen Therapeutika.

B. Physikalische Therapie bei chronischen Atemwegserkrankungen

EINLEITUNG

Unter physikalischer Therapie versteht man die Gesamtheit wissenschaftlich begründeter therapeutischer Maßnahmen unter gezielter Ausnutzung physikalischer Besonderheiten (Wärme, Kälte), spezielle therapeutische Verfahren zur Verbesserung der Atemmechanik, gezielte Maßnahmen zur Trainingstherapie bestimmter Muskelgruppen und des kardiopulmonalen Systems, sowie edukatorische und verhaltenstherapeutische Bemühungen, die dazu dienen, eine Eigenanwendung durch den Patienten zu erreichen (Nolte 1994, Böhning 1995).

Die physikalische Therapie verfolgt dabei das Ziel die medikamentöse Therapie zu unterstützen und nebenwirkungsarm Morbidität und Mortalität zu senken und die Lebensqualität zu erhöhen.

Die physikalische Therapie ist eine herausragende Domäne der Rehabilitation. Hier sind die personellen und apparativen Voraussetzungen zum Erlernen und Durchführen dieser speziellen Therapieformen optimal (Petro 1988, 1994, 1995).

Daß physikalische Behandlungsmethoden nicht breitenwirksam eingesetzt werden, hat mannigfache Gründe: Mangelndes Personal mit spezieller Ausbildung, geringe Profilierungschancen für eine gewinnorientierte pharmazeutische Industrie und multifaktoriell wirkende Wirkprinzipien, die eine Evaluation des Effektes erschweren.

Dennoch gibt es eine Vielzahl von profunden Untersuchungen, die sowohl den Effekt von Einzelmaßnahmen physikalischer Therapie belegen, wie auch die gesamthafte Wirkung im Sinne eines verbesserten Gasaustausches, verbesserter Atemmechanik und erhöhter Leistungsfähigkeit durch verbesserten Trainingszustand (Petro et al. 1992).

Krankengymnastische Atemtherapie

Die krankengymnastische Atemtherapie ist ein Sammelbegriff unterschiedlicher Therapieformen, die als Gruppentherapie, Einzeltherapie und im Rahmen von Selbsthilfetechniken zur Wirkung kommen. Die Varianten der krankengymnastischen Atemtherapie sind in Tabelle 1 zusammengefaßt (Petro et al. 1992).

Tabelle 1. Varianten der krankengymnastischen Atemtherapie

Gruppentherapie	Einzeltherapie	Selbsthilfetechniken
Atemgymnastik	Lagerungsdrainage	Atemtechniken
Autogenes Training	Vibrationsmassage	Hustentechniken
Muskuläres Tiefentraining	Autogene Drainage	Körperhaltungen
Inspirationsmuskeltraining	Bindegewebsmassage	PEP
	Strukturierte Patientenschulung und Information	

Tabelle 2. Ziele krankengymnastischer Atemtherapie für Asthma bronchiale, chronisch obstruktive Bronchitis und Lungenemphysem. (Mod. nach Siemon et al. 1985)

Asthma bronchiale	Chronisch obstruktive Bronchitis	Emphysem
Angstminderung und Entspannung	Exspirationshilfe bei körperlicher Belastung	erhalten
Verbessern der Exspiration	Thoraxbeweglichkeit steigern	erhalten
Vermeiden unproduktiven Hustens	Zwerchfellkraft steigern, Ausdauerleistung steigern	
Meiden der forcierten Exspiration	Steigern der Clearance	Vermeiden der Preßatmung

In Abhängigkeit von der Erkrankung werden verschiedene Formen, wie sie in der Tabelle 2 aufgezeigt sind, zur Anwendung gebracht. Wichtig ist es, daß vor ihrem Einsatz eine wissenschaftlich begründete Diagnose erstellt wird.

Erst mit dieser Basis ist krankengymnastische Atemtherapie effektiv einsetzbar (Cegla 1985, Feldner 1986, Hodgkin 1986, Siemon 1980, Siemon 1987, Siemon et al. 1985, Sutton et al. 1982, Weg 1985).

Beim Asthma bronchiale steht der Abbau der Angst im Vordergrund, um die erhöhte Atemarbeit während eines Anfalles zu vermindern. Zwei mechanische Wirkprinzipien werden praktisch umgesetzt:

Entlastende Körperstellungen mit angehobener Atemmittellage und damit verstärkter Inspirationsstellung des Thorax zum Offenhalten der Atemwege und extrathorakale exspiratorische Stenose (Lippenbremse) zur Erhöhung des intrabronchialen Druckes bei Exspiration, um die Atemwege in der Atemphase offenzuhalten (Abb. 2).

Hustentechniken subsummieren diese physikalischen Prinzipien: Vermeiden von tiefem Aushusten, kurzes Anhusten gegen die geschürzten Lippen und sofortige Einatmung halten die Atemwege weit und verhindern eine hustenausgelöste Reflexbronchokonstriktion (Egli 1983, Siemon 1987, Tiep et al. 1986, Siemon 1994).

Die Atemtherapie bei chronisch obstruktiver Bronchitis und Lungenemphysem zeigt Gemeinsamkeiten. Während das Hauptziel der physikalischen

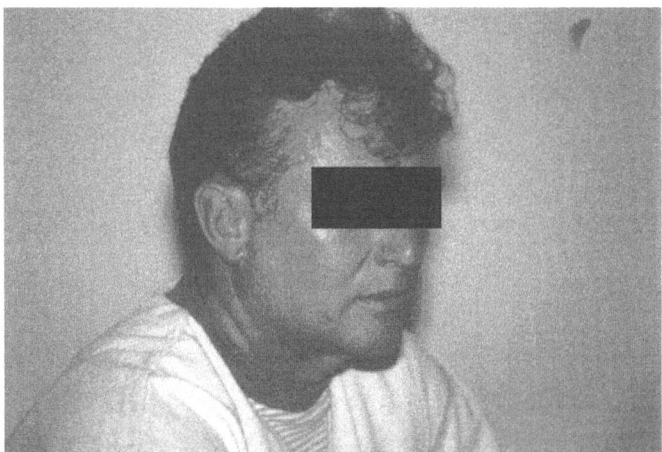

Abb. 2. Patient mit Ausatmung gegen leicht geschürzte Lippe (Lippenbremse) zur Erhöhung des intrabronchialen Druckes bei Exspiration

Therapie bei der chronisch obstruktiven Bronchitis die Unterstützung oder Förderung der Bronchialreinigung und der Expektoration ist, geht es beim Lungenemphysem um das Offenhalten der instabilen Atemwege während der Exspiration.

Eine Erhöhung der bronchialen Reinigung wird erreicht durch tiefe Atemzüge, Drainagelagen und Lagewechsel, manuelle Thoraxerschütterungen, äußere Wärme im Thoraxbereich kombiniert mit warmen Getränken. Die Lippenbremse verhindert eine exobronchiale Obstruktion während der Ausatemphase. Eine mechanische Unterstützung der Thoraxperkussionen ist durch entsprechende Klopfgeräte möglich, einfacher jedoch sind Anwendungen, die zu einer intrabronchialen Luftsäulenoszillation führen und damit die Schleimlösung durch Adhäsivitätssenkung fördern (Abb. 3). Beispielhaft sei hier genannt der Flutter VRP_1 und ein nach dem ähnlichen Prinzip wirkendes Gerät, das Cornet (Rossman et al. 1982, Wong et al. 1977, Holody et al. 1982; Cochrane et al. 1977, Feldman et al. 1979).

Spezielle Körperhaltungen, so z.B. das „Ablegen" des Schultergürtels durch Aufstützen der Hände oder Unterarme verbessern die Exspiration (Abb. 4). Packegriff und Kutschersitz zeigen einen gleichartigen Effekt, auch sie verbessern die Expektoration. Dehnungslagen vermindern den Atemwegswiderstand, und verbessern die Thoraxbeweglichkeit.

Die Bindegewebsmassage führt zu einem verstärkten Atemreiz. Gezielte Atemgymnastik mit gähnender Inspiration stellt die Atemwege weit, so daß der Atemwegswiderstand fällt (Ehrenberg 1984, Siemon 1980, Witt et al. 1986, Siemon 1985).

Die Lippenbremse vermindert den Effekt des Elastizitätsverlustes der Lunge beim Lungenemphysem und verhindert einen frühexspiratorischen Atemwegskollaps. Sie führt nachweislich zu einer Verbesserung des Gaswechsels.

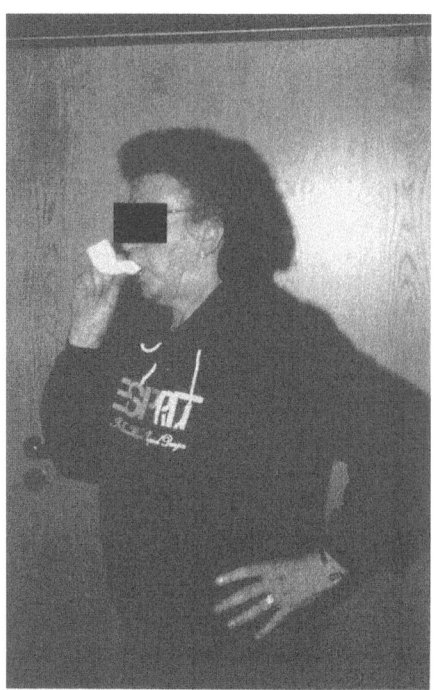

Abb. 3. Erzeugen einer oszillierenden Luftsäule intrabronchial durch Ausatmung mittels Flutter

Abb. 4. „Ablegen" des Schultergürtels durch Aufstützen der Arme

Das gleiche mechanische Prinzip wird mit der PEP-Atmung erreicht. Auch hier handelt es sich um einen artifiziellen extrathorakalen Widerstand in Form einer Maske oder eines Mundstückes mit verstellbarem exspiratorischen Widerstand (Falk et al. 1985).

Lagerungsdrainage und Vibrationsmassage sind effektive Varianten zur Verbesserung der bronchialen Reinigung und führen ebenfalls nachweislich zu einer Verbesserung des Gaswechsels.

Inhalationstherapie

Die Inhalationstherapie spielt bei umweltverursachten Atemwegserkrankungen insofern eine hervorragende Rolle, als damit eine systemische Therapie vermieden oder vermindert werden kann und der Versuch unternommen wird, die therapeutisch eingesetzten Präparate an den Ort der Erkrankung, die Bronchialschleimhaut zu transportieren. Damit ist ein rascher Wirkeintritt bei niedriger Dosierung und geringen Nebenwirkungen gesichert. Der Patient kann eine Selbstbehandlung vornehmen. Die Inhalationstherapie definiert die Generierung, Applikation und Deposition von feinen Wirkstoffteilchen, die aktiv oder passiv in den Bronchialbaum gelangen.

Weitest verbreitete Möglichkeit der Inhalationstherapie ist die Anwendung von Dosieraerosolen. Hierbei unterscheidet man Treibgas-Dosier-Aerosole mit FCKW, bzw. mit Ersatzstoffen (HFA 134a, FCKW-frei), sowie die Pulverinhalatoren.

Vorteile dieser Geräte sind ihre hohe Preiswürdigkeit, geringe Größe und damit leichte Transportierbarkeit, die Möglichkeit die Therapie zu jeder Zeit an jedem Ort durch den Patienten selbst leicht vornehmen zu lassen. Nachteile bestehen darin, daß der Depositionsanteil in den Bronchien zwischen 15 und 50 % schwankt, also relativ niedrig ist.

Pulverinhalatoren haben den Vorteil, daß sie grundsätzlich treibgasfrei sind und daß eine Synchronisation zwischen Aerosol-Ausstoß und Inspiration nicht notwendig ist. Sie sind also den klassischen Druck-Dosier-Aeorosolen überlegen. Diese Überlegenheit bezieht sich auch auf eine in der Regel bessere Deposition.

Eine besondere Form der Inhalationstherapie stellt die Anwendung von ortsgebundener Soleinhalation dar (z. B. Bad Reichenhaller Sole, Bad Emser Sole). Untersuchungen der Ziliarfrequenz haben gezeigt, daß die Inhalation hyperosmolarer Solelösungen (1 bis 2 %) zu einer Steigerung führen und damit zu einem verbesserten Sekrettransport. Vom Patienten wird dies stets dadurch berichtet, daß er von leichterem Abhusten und verbesserter Belastbarkeit spricht (Petro 1994, Kaspar et al. 1989).

Wichtig ist der Hinweis, daß eine Verdünnung der Natursole, die z. B. bei der Bad Reichenhaller Sole 26 % beträgt, mittels sterilisiertem Wasser vorzunehmen ist. Verunreinigungen des Inhalats sind so auszuschließen.

In Einzelfällen kann eine Inhalationstherapie mit Solelösung die Reaktivität erhöhen. Dies gilt insbesondere für Patienten mit Schleimhautinflammation, wie beim Asthma bronchiale. In diesen Fällen ist vor der Sole-Inhalation die Inhalation eines β-2-Adrenergikums oder die Kombination von Sole mit β-2-Adrenergika empfehlenswert. Die Sole kann darüber hinaus als Trägersubstanz für Anticholinergika und Expektorantien verwendet werden.

Ist die Anwendung von Dosier-Aerosolen nicht indiziert, wie z.B. bei mangelnder Mitarbeit oder bei hohem Ausmaß der Obstruktion, können Düsenvernebler, durch Preßluft oder Preßsauerstoff angetrieben, verwendet werden. Düsenvernebler haben den Vorteil einer raschen Medikamentengenerierung und einer hohen Deposition. Sie können damit im Akutfall nützlich sein. Nachteil dieser Apparaturen jedoch ist die Notwendigkeit einer peniblen Reinigung nach jedem Gebrauch mit Abtrocknen der Einzelteile, damit Bakterienwachstum verhindert werden kann. Bei entsprechender Patienteneinweisung sind jedoch Probleme nicht zu erwarten. Düsenvernebler arbeiten nach dem Prinzip der Wasserstrahlpumpe und sind so gebaut, daß das Teilchenspektrum mit ca. 4 Mikrometer ein Optimum erreicht, was eine optimale Deposition sichert. Der Einsatz von Ultraschallverneblern ist ebenso möglich. Ihr Vorteil besteht in einer größeren Teilchendichte, jedoch auch in einer größeren Spreitung der Teilchengröße. Ultraschallvernebler können dadurch auch optimal bei Erkrankung oberer und unterer Atemwege eingesetzt werden. Zu beachten ist, daß nicht alle Medikamente durch Ultraschallvernebler vernebelbar sind, weil teilweise die Molekülstruktur zerstört werden kann. Wichtig erscheint der Hinweis, daß niemals destilliertes Wasser inhaliert werden darf, da dies zu einer erheblichen Steigerung der Reaktivität führen und sogar einen Bronchospasmus auslösen kann.

Die besondere Form der Inhalationstherapie, die intermittierende Überdruckinhalation (IPPB) zeigt die höchste Sedimentation. Dies wird begründet durch das physikalische Prinzip:

Inspirationsgetriggert wird das Medikament während der Inspirationsphase vernebelt und mittels positivem Druck in die Bronchien hineingedrückt. Die Ausatmung erfolgt gegen einen verstellbaren exspiratorischen Widerstand. Neben der guten Deposition sind diese Geräte, sofern bei respiratorischer Insuffizienz eingesetzt, in der Lage, den Gaswechsel zu verbessern.

Klimatherapie

Unter Klimatherapie wird der wissenschaftlich belegte therapeutische Effekt durch Klimaeinwirkungen (Temperatur, Luftfeuchte, Aerosolgehalt, Allergenfreiheit, Noxenfreiheit) verstanden (Fischer 1984).

So ist das Seeklima charakterisiert durch eine geringere Partikelanzahl bei hoher Luftfeuchtigkeit, wobei in der Brandungszone der Kochsalzgehalt ein Maß erreicht, das zu einem verstärkten mukoziliären Transport führt (Pavia et al. 1978). Verbesserungen des FEV_1 wurden objektiviert (Fischer 1994). Neben diesen Wirkungen auf die Atemmechanik bestehen aber auch Wirkungen im zellulären Immunstatus. So konnte gefunden werden, daß bei Patienten mit Asthma bronchiale eine Verminderung des Helfers/Suppressor-Zellquotienten eintrat, vorwiegend durch Zunahme der Suppressorzellen im peripheren Blut (Schmidt-Wolf et al. 1988). Ebenso konnte eine vermehrte Nebennierenrindenaktivität nachgewiesen werden (Menger et al. 1968). Gesamthaft belegen die Ergebnisse die günstigen Umgebungsbedingungen des Seeklimas mit schadstoffarmer, allergenarmer und solehaltiger Luft, die eine Verminderung der spezifischen und unspezifischen Reizbelastung des Respirationstraktes ergeben (Fischer 1990, Jackowski et al. 1992).

Die Charakteristika des Hochgebirges zeigen sich in vermehrter direkt und ultravioletter Strahlung bei verminderter Himmelstrahlung, verstärkter Windgeschwindigkeit, niedrigerer Lufttemperatur und Luftdruck mit vermindertem O_2-Partialdruck (Lecheler 1994). Der Wasserdampf-Partialdruck ist generell geringer, somit also auch die spezifische Feuchte der Luft. Die anthropogenen Luftverunreinigungen sind geringer (Georgi 1966, Schuh 1987).

Die Ozonkonzentration ist jedoch im Hochgebirge unter Hinzuziehung von Durchschnittswerten höher (Hellmann 1989).

Wichtiger als die verschiedenen Formen der Schadstoffbelastung jedoch ist die Hausstaubmilbenfreiheit bei Höhen > 1500 m. Hierfür sind die Umgebungstemperaturen und die geringe absolute Luftfeuchtigkeit und verstärkte UV-Strahlung verantwortlich. Dies führt nachweislich zu einer Verminderung der bronchialen Hyperreaktivität (Razzouk 1987).

Höhenklima zeichnet sich darüberhinaus durch eine verminderte Pollenzahl aus (Leuschner et al. 1988). Untersuchungen zeigten, daß pollensensibilisierte Kinder einen deutlich verbesserten Beschwerdescore zeigten (Lecheler et al. 1987), sinngemäß das Gleiche gilt für die Schimmelpilzbelastung (Polleninformation Bencard 1985).

Balneotherapie

Im Rahmen der Balneotherapie werden wiederum physikalische Gesetzmäßigkeiten (Druck, Temperatur) therapeutisch ausgenutzt. Wesentliche physikalische Faktoren sind der Auftrieb (vereinfachte und leichter zu tolerierende Bewegungstherapie), der hydrostatische Druck (Verminderung des exspiratorischen Reservevolumens und Verbesserung der Zwerchfellmechanik), sowie thermische und chemische Wirkungen.

So zeigen kalte Bäder oder kalte Güsse eine Zunahme des Atemminutenvolumens, warme Bäder eher eine sekretionssteigernde und bronchospasmolytische Wirkung. Den Bädern zugegebene Zusätze können per Penetration durch die Haut wandern oder per Deposition auf der Haut abgelagert werden. Darüber hinaus kann es zur Elution, der Auswaschung körpereigener Substanzen kommen. Allerdings sind diese Effekte sehr gering und nur steigerbar durch erhebliche Konzentrationssteigerungen von Substanzen im den Körper umgebenden Wasser. Lokale thermische Anwendungen beziehen sich einmal auf Körperregionen oder auf bestimmte Flächen. In der Wirksamkeit kommt als entscheidende Komponente die Applikationsdauer hinzu. Die Wirkungsweise beruht auf Veränderung der Durchblutung und Erzeugen von reflektorischen Veränderungen der Perfussion und Ventilation. Sole-Bewegungsbäder sind eine ideale Kombination von Balneo- und Bewegungstherapie (Kroemer 1994).

Gleichermaßen werden mechanische, thermische und chemische Effekte erzeugt, die neben der topischen Wirkung auf die Haut eine kreislaufanregende exspektorationsfördernde und bronchospasmolytische Wirkung zeigen.

Sonderformen der balneologisch- und hydrotherapeutischen Anwendungen beziehen sich auf Wickel, kalte oder warme Güsse, Blitzgüsse, an- und absteigende Duschen, sowie an- und absteigende Arm- und Beinbäder.

Trainingstherapie

Ein allgemeines Bewegungstraining hat bei obstruktiven Atemwegserkrankungen mehrfach positive Wirkung.

Erhöhte Belastungstoleranz, Steigerung der maximalen Leistungsfähigkeit, der Ausdauerleistungsfähigkeit und Verbesserung des Wohlbefindens.

Damit Bewegungstraining wirksam ist, muß es häufiger als 2× wöchentlich und dabei länger als 5 Minuten andauern. Gezielte Untersuchungen ergaben eine Verbesserung des FEV_1, des PO_2 und einen Abfall des Atemwegswiderstandes.

Besteht eine arterielle Hypoxämie, ist ein Training unter Sauerstoff effektiver als ohne Sauerstoff (Bundgaard et al. 1994, Carter et al. 1988, Pineda et al. 1986, Zack et al. 1985, Haber 1985, Haber et al. 1982, Moser et al. 1980).

Als hervorragendes Maß der Effektivität hat sich der sogenannte „6-Minuten-Gehtest" erwiesen. Hierbei wird die Strecke gemessen, die innerhalb von 6 Minuten zurückgelegt werden kann. Bewegungstraining unterschiedlichen Ausmaßes und unterschiedlicher Intensität zeigte eine Verbesserung des 6-Minuten-Gehtestes.

Besondere Trainings-Therapieformen beziehen sich auf die Verbesserung der Atemmechanik. Untersuchungen, die vorwiegend im anglo-amerikanischen Sprachraum zu finden sind, zeigen, daß Inspirationsmuskeltraining keine Verbesserung der Lungenfunktion bringt, jedoch eine gesteigerte Ausdauerleistung und Belastungstoleranz der Atemmuskulatur, teilweise auch einen geringeren Dyspnoegrad bei gleicher Belastung (Larson et al. 1988, Levine et al. 1986, Ambrosino et al. 1984; Andersen et al. 1984, Chen et al. 1985, Flenly 1985, Grassino 1984).

ZUSAMMENFASSUNG

Die physikalische Therapie ist eine wesentliche nichtmedikamentöse Behandlungsform, die diese im Effekt unterstützt. Es handelt sich um die Anwendung physikalischer und chemischer Therapieprinzipien, die im Rahmen von Gruppentherapie, Einzeltherapie und durch vom Patienten zu erlernende Selbsthilfetechniken eine Verbesserung der Lebensqualität und der Prognose umweltverursachter Atemwegserkrankungen erbringen. Die krankengymnastische Atemtherapie verbessert unter Ausnutzung physikalischer Gesetzmäßigkeiten die Atemmechanik und Ventilation, mindert die Obstruktion und führt zu einem verbesserten Gaswechsel. Spezielle Techniken fördern die mukoziliäre Clearance und wirken über diesen Weg gaswechselverbessernd. Hustentechniken führen zur Vermeidung unproduktiven Hustens und zu einer verbesserten Hustenmechanik. Unterstützt wird die krankengymnastische Atemtherapie durch Methoden der Inhalationstherapie.

Klassische Dosier-Aerosole, sowohl druckgetrieben als auch Pulverinhalatoren sind Basis der modernen Therapie und aus dem Selbstmanagement von umweltverursachten Atemwegserkrankungen nicht wegzudenken. Druck-Dosier-Aerosole haben zwar einen nach wie vor hohen Verbreitungsgrad, werden aber aus Gründen des Umweltschutzes (FCKW!) durch FCKW-freie und Pulverinhalatoren abgelöst. Letztere haben durch eine vereinfachte Handhabung nennenswerte Vorteile in der Deposition in den Atemwegen.

Die Klimatherapie nutzt die bessere Luftqualität sowohl von Hochgebirgs- als auch von Seeklima.

Dies ist charakterisiert durch Partikelarmut, Allergenarmut, geringere Viskosität und erhöhten Salzgehalt (Meer) und verminderte Feuchte (Gebirge). Nachweislich führt die Klimatherapie bei umweltverursachten Atemwegserkrankungen zu einer Besserung der Hyperreaktivität und Obstruktion.

Die Varianten der Balneotherapie nutzen ebenfalls physikalische Gesetzmäßigkeiten wie hydrostatischer Druck, Temperatur, Resorption und Dilution aus.

Die Trainingstherapie gehört heute zu den wesentlichsten Bestandteilen einer relevanten Therapie chronisch obstruktiver Atemwegserkrankungen, insbesondere im Rahmen der Rehabilitation. Trainingstherapeutische Maßnahmen sollten wenigstens 2× wöchentlich über mindestens 20 Minuten zu einer Verbesserung des 6-Minuten-Gehstreckentests führen. Belege, daß Trainingstherapie die Lebensqualität steigert, sind in der Literatur vorhanden. Spezielle Formen der Trainingstherapie beziehen sich auf das Training der Thoraxmuskeln. Dieses bewirkt eine Verbesserung der Atemmechanik und über diesen Weg ebenfalls eine Verbesserung der Atemleistung.

Literatur

1. Ambrosino N, Paggiaro PL, Roselli MG, Contini V (1984) Failure of resistive breathing training to improve pulmonary function tests in patients with chronic obstructive pulmonary disease. Respiration 45:455
2. Andersen JB, Falk P (1984) Clinical experience with inspiratory resistive breathing training. Int Rehabil Med 6:183
3. Bergmann K-Ch (1994) Anfallsprophylaktika. In: Petro W (Hrsg), Pneumolog. Prävention und Rehabilitation. Springer, Berlin, 329–332
4. Bergmann K-Ch, Bauer CP, Overlack A (1990) A placebo-controlled, blindet comparison of nedocromil sodium and beclomethsone dipropionate in bronchial asthma. Lung 168 (Suppl) 230–239
5. Bertoli L et al. (1983) Action of ambroxol in mucociliary clearance. In: Pulmonary surfactant system. Elsevier, Amsterdam, pp 349–360
6. Bundgaard A, Ingemann-Hansen T, Halkjaer-Kristensen J (1984) Physical training in bronchial asthma. Int Rehabil Med 6:179
7. Böhning W (1995) Physikalische Therapie und Sauerstoff-Langzeittherapie. In: Fabel H (Hrsg) Pneumologie 198–209
8. Carter R, Nicotra B, Clark L, Zinkgraf S, Williams J, Peavler M, Fields S, Berry J (1988) Exercise conditioning in the rehabilitation of patients with chronic obstructive pulmonary disease. Arch Phys Med Rehabil 69:118
9. Cegla UH (1994) Entzündungshemmer. In: Petro W (Hrsg), Pneumolog. Prävention und Rehabilitation. Springer, Berlin, 321–329
10. Cegla UH (1985) Physikalische Therapie bei Atemwegserkrankungen. Fortschr Med 103:619
11. Chen H, Dukes R, Martin BJ (1985) Inspiratory muscle training in patients with chronic obstructive pulmonary disease. Am Rev Respir Dis 131:251
12. Cochrane GM, Webber BA, Clarke SW (1977) Effect of sputum on pulmonary function. Br Med J 2:1184
13. Cummingham FM, Morley J, Sanjar S (1983) Effect of Ambroxol on mucociliary transport in guienea pig. Br J Pharmacol 80 (Suppl):639
14. Dorow P, Weis Th, Felix R (1983) Effects of secretolytic agent (Ambroxol) on regional mucociliary clearance in patients with chronic obstructive lung disease. In: Pulmonary surfactant system, Elsevier, Amsterdam, pp 371–374
15. Douglas NJ, Fitzpatrick MF (1991) Effect of Salmeterol on nocturnal asthma. Eur Respir Rev 1(4):293–296
16. Egli HJ (1983) the pursed lip technique in abdominal breathing exercises for pulmonary emphysema. Physical Ther Rev 40:368
17. Ehrenberg H (1984) Krankengymnastische Behandlung bei Hyperreagibilität der Bronchien. Krankengymnastik 36:223
18. Falk M, Kelstrup M, Andersen JB, Kinoshita T, Falk P, Stooring S, Gothgen J (1985) Improving the Ketchup bottle method with positive exspiratory pressure, PEP. A controlled study in patients with cystic fibrosis. Eur J Resp Dis 66:58
19. Feldman J, Traver GA, Taussig IM (1979) Maximal exspiratory flows after postoural drainage. Am Rev Respir Dis 119:239
20. Feldner H (1986) Heilverfahren – Physikotherapie bei chronisch unspezifischen Atemwegserkrankungen. Wien Med Wochenschr 136:630
21. Fischer J (1994) Seeklima. In: Petro W (Hrsg), Pneumol. Prävention und Rehabilitation. Springer, Berlin, 396–412
22. Fischer J, Schmidt-Wolf I, Raschke F (1990) Einfluß eines mehrwöchigen Aufenthalts im Nordseeklima auf die Lymphozytensubpopulationen bei Patienten mit Neurodermitis und Atemwegserkrankungen. Z Phys Med Baln Med Klim 19:320–324
23. Flenly DC (1985) Inspiratory muscle training. Eur J Respir Dis 67:153
24. Georgi H (1966) Die Verteilung von Spurengasen in reiner Luft. In: Exp (Suppl) 13. Birkhäuser, Basel
25. Giordano A, Holsclaw D, Litt M (1987) Effects of various drugs on canine tracheal mucociliary transport. Ann Otol Rinol Laryngol 87:484–490

26. Grassino A (1984) A rationale for training respiratory muscles. Int Rehabil Med 6:175
27. Haber P (1985) Bewegungstraining bei chronisch obstruktiven Lungenerkrankungen. Systematisches aerobisches Training verbessert Ausdauerleistungsfähigkeit. Fortschr Med 103:373
28. Haber P, Burghuber O, Kummer F (1982) Körperliches Training bei obstruktiven Atemwegserkrankungen. In: Pneumologische Therapie. Reichenhaller Kolloquien Bd. 14, Dustri, München-Deisenhofen, 158
29. Hellmann A (1989) Ozon: Wirkung auf den Menschen. Bundesverband der Pneumologen, Verbandspolit Mitt 10:574–578
30. Hodgkin JE (1986) Organization of a pulmonary rehabilitation program. Clin Chest Med 7:541
31. Hology B, Goldberg HS (1981) The effect of mechanical vibration physiotherapy on arterial oxygenation in acutely ill patients with atelectasis or pneumonia. Amer Rev Respir Dis 124:372
32. Jackowski M, Fischer J (1992) Auswirkungen der Inhalation einer hyperosmolaren Lösung (Meerwasser) auf die Lungenfunktion bei Patienten mit hyperreagiblem Bronchialsystem XX. Internationaler Kongreß für Thalassotherapie. In: Petro W (Hrsg), Pneumolog. Prävention und Rehabilitation. Springer, Berlin (1994)
33. Kaspar P, Petro W (1989) Wirkung von Bad Reichenhaller Sole auf die Schlagfrequenz menschlicher nasaler Zilien. Z Phys Med Baln Med Klim 18:287. In: Petro W (Hrsg), Pneumolog. Prävention und Rehabilitation. Springer, Berlin (1994)
34. Köhler D, Vastag E (1991) Bronchiale Clearance. Pneumologie 45:314
35. Konietzko N, Klopfer M, Adam WE, Matthys H (1975) Die mukoziliäre Klärfunktion der Lunge unter β-adrenerger Stimulation. Pneumologie 152:203–208
36. Konietzko N, Kasparek R, Kellner U, Petro J (1983) Die Wirkung von Bronchospasmolytika auf die Ziliarfrequenz in vitro. Prax Klin Pneumol 37 (Suppl 1):904–906
37. Kroemer B (1994) Balneotherapie/Hydrotherapie. In: Petro W (Hrsg), Pneumolog. Prävention und Rehabilitation Springer, Berlin, 413–423
38. Larson JL, Kim MJ, Sharp JT, Larson DA (1988) Inspiratory muscle training with a pressure threshold breathing device in patients with chronic obstructive pulmonary disease. Am Rev Respir Dis 138: 689. In: Pneumolog. Therapie, Krieger et al., Dustri, München-Deisenhofen (1992)
39. Lecheler J (1994) Hochgebirgsklima. In: Petro W (Hrsg), Pneumolog. Prävention und Rehabilitation. Springer, Berlin
40. Lecheler J, Ehmer-Künkele U, Schantl H (1987) Höhenabhängige Reduzierung des Pollenfluges und die Auswirkungen auf Kinder und Jugendliche mit Asthma bronchiale. Atemw-Lungenkrkh 13:6–7
41. Leuschner R, Böhm G (Hrsg) (1988) Advances in aerobiology. Birkhäuser, Basel
42. Levine S, Weiser P, Gillen J (1986) Evaluation of a ventilatory muscle endurance training program in the rehabilitation of patients with chronic obstructive pulmonary disease. Am Rev Respir Dis 133:400
43. Matthys H, Vestage E, Daikeler G, Köhler D (1984) Die mukoziliäre Clearance des Bronchialbaums unter Methylxanthinen, Beta-Mimetika und Sekretolytika. In: Methylxanthine bei obstruktiven Atemwegserkrankungen, Dustri, München-Deisenhofen
44. Melville GN, Ismail S, Sealy C (1980) Tracheobronchial function in health and disease. Respiration 40:329–336
45. Menger W, Dölp R (1968) Der Einfluß von Gebirge und See auf die 17-Ketosteroidausscheidung im Harn. Int J Biometerol 12:277–282
46. Moser KM, Bokinsky GC, Savage RT (1980) Results of a comprehensive rehabilitation program. Arch Intern Med 140:1596
47. Mühlhauser J, Richter B, Kraut D, Weske G, Worth H, Berger M (1991) Evaluation of a structured treatment and teaching programme on asthma. J intern Med 230:157–164
48. Neri M, Spanevello A (1993) Review of self-management in asthmatics. Europ Resp Rev 3: 408–409
49. Nolte D (1994) Physikalische Therapie, Pathophysiologische Grundlagen. In: Petro W (Hrsg), Pneumol. Prävention und Rehabilitation. Springer, Berlin, 379–387

50. Parker, Syndney R, Mellins RB, Sogn DD (1989) Asthma education: A National Strategy. NHLBI Workshop. Amer Rev Resp Dis 140:848–853

51. Pavia D, Thomspon ML, Clarke StW (1978) Enhanced clearance of secretions from the human lung after the administration of hypertonic saline aerosol. Am Rev Respir Dis 117:1990–1203

52. Petro W (1995) Langzeitbetreuung und Rehabilitation. In: Fabel H (Hrsg), Pneumologie 249–259

53. Petro W, Kaspar P (1992) Physikalische Therapie. Pneumolog. Therapie, Krieger et al., Dustri, München-Deisenhofen, 295–310

54. Petro W (1994) Expektoranzien. In: Petro W (Hrsg), Pneumolog. Prävention und Rehabilitation. Springer, Berlin, 333–338

55. Petro W (1986) Klinischer Einsatz von Expektorantien. In: Geilser L (Hrsg) Rauchen und Atemwege. Verlag für angewandte Wissenschaften, München, S 119–137

56. Petro W (1988) Patientenschulung bei chronisch obstruktiven Atemwegserkrankungen – die gegenwärtige Situation. Prax Klin Pneumol 42:859

57. Petro W (1988) Patientenschulung: Ein Bestandteil fortschrittlicher Atemwegstherapie. Fortschr Med 106:503

58. Pineda H, Haas F, Axen K (1986) Treadmill exercise training in chronic obstructive pulmonary disease. Arch Phys Med Rehabil 67:155

59. Polleninformation Bencard (1985) Cladospprium-Sporen in der Luft: Vergleich Oberjoch/-Delmenhorst

60. Pollock J, Kiechel F, Cooper D, Weinberger M (1977) Relationship of serum theophylline concentration to inhibation of exercise-induced bronchospasm and comparison with cromolyn. Pediatr 60:840–844

61. Razzouk H (1987) Allergisches Asthma im Hochgebirgsklima: Atemw-Lungenkrkh 13:8–12

62. Rossman CM, Waldes R, Sampson D, Newhouse MT (1982) Effects of chest physiotherapy in the removal of mucus in patients with cystic fibrosis. Am Rev Respir Dis 126:131

63. Santa Cruz R, Landa J, Hirsch J, Sackner MA (1974) Tracheal mucus velocity in normal man and patients with obstructive lung disease, effect of Terbutaline. Am Rev Respir Dis 109:458–463

64. Siemon G (1994) Physikalische Therapie – Inhalte und Erfolge. In: Petro W (Hrsg), Pneumolog. Prävention und Rehabilitation. Springer, Berlin, 387–395

65. Siemon G (1980) Objektivierung der Wirksamkeit krankengymnastischer Atemtherapie auf die gestörte Atmung der Erwachsenen. In: Krankengymnastik aktuell, Pflaum, München

66. Siemon G, Ehrenberg (1985) Arzt und Krankengymnast in der Behandlung chronisch obstruktiver Lungenkrankheiten. Z Krankengymnastik 37:751

67. Siemon G (1987) Objektive Erfolge im Rahmen der krankengymnastischen Atemtherapie. In: Petro W: Pneumologie in der Rehabilitation, Dustri, München-Deisenhofen

68. Siemon G (1985) Physikalische Atemtherapie bei obstruktiven Atemwegserkrankungen. In: Ferlin RA, Lichterfeld H, Steppling: Stufentherapie der Atemwegsobstruktion. Thieme, Stuttgart

69. Spector SL, Kinsman R, Mawhinney H, Siegel SC, Rachelewsky GS, Katz RM, Rohr AS (1986) Compliance of patients with asthma with an experimental aerosolized medication: implications for controlled clinical trials. J Allergy clin Immunol 77:65–70

70. Sutton P, Pavia D, Bateman JRM, Clarke SW (1982) Chest physiotherapy: a review. Eur J Respir Dis 63:188

71. Schmidt-Wolf I, Fischer J (1988) Lymphocyte subsets in peripheral blood in patients with bronchial asthma and atopic dermatitis. 2. International Meeting on Respiratory Allergy, Sorrento, Italy

72. Schuh A (1987) Schadstoffbelastung der Luft im Hochgebirge. Atemw-Lungenkrkh 13: 1–5

73. Tandon MK, Kailis SG (1991) Bronchodilatator treatment for partially reversible chronic obstructive airways disease. Thorax 46:248–251

74. Tiep B, Burns M, Kao D, Madison R, Herrera J (1986) Pursed lips breathing training using ear oximetry. Chest 90:218

75. Vilsvik JS, Persson CG, Amundsen T, Brenna E, Naustdal T, Syvertesen U, Storstein L, Kallen AG, Eriksson G, Holte S (1990) Comparison between theophylline and an adenosine non-blocking xynthine in acute asthma. Eur Respir J 3:27–32
76. Weg JG (1985) Therapeutic exercise in patients with chronic obstructive pulmonary disease. Cardiovasc Clin 15:261
77. Wettengel R, Berdel D, Cegla U, Fabel H, Geisler L, Hofmann D, Krause J, Kroidl RF, Lanser K, Leupold W, Lindemann H, Matthys H, Meister R, Morr H, Nolte D, Schultze-Werninghaus G, Sill V, Sybrecht GW, Thal W, Worth H (1994) Empfehlungen der Deutschen Atemwegsliga zum Asthmamanagement bei Erwachsenen und Kindern. Med Klin 89:57–67
78. Witt PL, MacKinnon J (1986) Trager psychophysical integration. A method to improve chest mobility of patients with chronic lung disease. Phys Ther 66:214
79. Wong JW, Keens TG, Wannamaker EM, Crozier DN, Levison H, Apsin N (1977) Effects of gravity on tracheal mucus transport rates in normal subjects and in patients with cystic fibrosis. Pediatrics 60:146
80. Zack MB, Palange AV (1985) Oxygen supplemented exercise of ventilatory and nonventilatory muscles in pulmonary rehabilitation. Chest 88:66

8 Entwicklung alternativer FCKW-freier Dosieraerosole

8.1 Stand der Entwicklung

D. KÖHLER

EINLEITUNG

Bedingt durch den Druck des Montrealer Abkommens, der den kompletten Ersatz der Fluorchlorkohlenwasserstoffe (FCKW) aufgrund ihrer ozonschädigenden Wirkung in Stufen vorsieht, ist eine rasante neue technische Entwicklung angestoßen worden (scientific assessment of ozon depletion).

Der Hauptverbrauch an FCKW war neben dem Einsatz in Feuerlöschern und Sprühdosen in Kühlsystemen sowie in der Reinigung. Einer der größten FCKW-Verbraucher war bisher das amerikanische Militär, das mit FCKW den Sand aus dem Fahrsystem der Panzer entfernt hat (die russische Armee benutzte hier aufgrund des teureren FCKWs Heizöl, was naturgemäß anschließend den Boden verseuchte). Für diese Großverbraucher war es technisch relativ einfach, entsprechenden Ersatz zu besorgen. Auch für die Sprühdosen war es rasch möglich, alternative nicht ozonschädigende Gase (z.B. Butan) einzusetzen. Häufig konnte durch handbetriebene Einstoffdüsensysteme in Spraydosen sogar ganz auf Treibmittel verzichtet werden (z.B. Parfümzerstäuber).

Obwohl die medizinischen Dosieraerosole nur etwa 0,5% des Gesamt-FCKW-Verbrauchs ausgemacht haben, müssen auch hier die FCKWs durch Alternativen ersetzt werden, da die völlige Einstellung der FCKW-Produktion bis Ende 1995 beschlossen wurde. Aufgrund unerwarteter Schwierigkeiten auf dem Weg dorthin, gibt es hier jährlich zu genehmigende Ausnahmebestimmungen für bestimmte Medikamente (z.B. β_2-Mimetika, Anticholinergika, Steroide). Diese auch als „essential use" bezeichnete Medikamentgruppe sollte möglichst schnell durch Alternativen ersetzt werden. Die gesetzlichen Bestimmungen in Deutschland werden hier der technischen Entwicklung jährlich angepaßt. Es gibt darum eine detaillierte Kontingentierung von FCKW.

Die gesetzlichen Vorgaben zum Ersatz des FCKW in medizinischen Dosieraerosolen hat zu einer Flut von Neuentwicklungen geführt. So gibt es mehrere hundert Patente zur Erzeugung und Applikation von Aerosolen. Relativ wenige haben sich hier auf dem Markt durchgesetzt. Trotzdem ist die Vielfalt noch erheblich. Diese behindert die Aerosoltherapie eher, denn die unterschiedlichen Ausführungsformen werden nicht gleichartig bedient, so daß jeweils eine Neueinweisung für Arzt und Patient erforderlich ist.

FCKW-haltige Dosieraerosole

Eine Hauptentwicklung geht derzeit in die Benutzung chlorfreier Fluorkohlen-wasserstoffe. Da nur das Chloratom Ozon schädlich ist, war es naheliegend, hier zahlreich vorhandene andere Treibgase auszuprobieren. Es gibt jedoch ein grundsätzliches Problem mit den chlorfreien halogenierten Wasserstoffen (in der Regel Fluorkohlenwasserstoff, HFKW). Im Gegensatz zu den chlorhaltigen haben sie einen deutlich niedrigeren Siedepunkt. Dies hat zur Folge, daß der Druck im Behältnis sehr viel höher wird, um das Treibgas in flüssiger Form vor-zuhalten. Tabelle 1 zeigt die Unterschiede deutlich (Montfort). Bisher wurden in der Regel drei verschiedene FCKW (Nr. 11, 12 und 114) in Mischungen eingesetzt. Damit war es möglich, die Treibgase etwa bei Raumtemperatur ohne größeren Druck im Behältnis aufzubewahren. In diesem flüssigen Treibgas schweben die mikronisierten Medikamentenpartikel. Die Medikamente werden in der Regel durch luftgetriebene Mühlen (Jetmills) mikronisiert. Mit diesem Verfahren erreicht man etwa eine Korngröße bis 3 μm. Das Maximum der Partikel liegt im Bereich von 4–5 μm. Diese mikronisierten Medikamentenpartikel müssen nun im Treibgas in der Schwebe gehalten werden, was abhängig von der Dichte des Treibgases und des Medikamentes ist. Um das zu erleichtern, werden ober-flächenaktive Substanzen (Surfactant) zugesetzt, die mit dem hydrophilen Ende in der Substanz und mit dem hydrophoben Ende im Treibgas angeordnet sind. Durch die entsprechende Auswahl oberflächenaktiver Substanzen (meist Sorbit-antrioleat, Lecithin) und der FCKW war es möglich, eine Suspension über viele Stunden aufrecht zu erhalten. Trotzdem muß der Kanister gelegentlich geschüt-telt werden, damit die abgegebene Medikamentenmenge in etwa konstant ist.

Die bisherigen FCKW-haltigen Dosieraerosole haben eine außerordentlich hohe Qualität erreicht. Die Genauigkeit der abgegebenen Substanz liegt mit dem Variationskoeffizient etwa im Bereich von 5%. Das freigesetzte mikronisierte Medikament steht sofort in lungengängiger Korngröße zur Verfügung. Anfangs sind allerdings die mikronisierten Partikel noch in den großen Treibgaströpf-chen enthalten, weswegen beim Sprühen in den Mund eine relativ oropharyn-geale Deposition entsteht. Dies kann durch Vorschalten eines Hohlraumsystems (Spacer) vermieden werden. Darin haben die Treibgase Zeit zum Verdampfen, so daß nur die mikronisierten Partikel übrig bleiben. Hinzu kommt, daß aufgrund der hohen Austrittsgeschwindigkeit (je nach Zusammensetzung des Treibgases zwischen 50 und 150 m/s) die mikronisierten Partikel besser abgebremst werden können. Bei guter Kooperation werden etwa 20–30% der freigegebenen Dosis im Bronchialbaum deponiert (Köhler et al. 1988). Durch Anwendung eines Spacers sinkt die oropharyngeale Deposition auf Werte von unter 10%. Die intrabronchiale Dosis steigt -in Abhängigkeit von der Größe des Spacers und des Dosieraerosols- etwa um 50–100% an (Newhouse 1993).

Die seit den 60er Jahren eingeführten Dosieraerosole haben außerdem den großen Vorteil, daß sie über viele Jahre ihre Aktivität nicht verlieren und völlig unempfindlich gegen Feuchtigkeit sind. Außerdem ist die inhalierte Medikamen-tendosis weitestgehend unabhängig vom Inspirationsfluß, d.h. daß auch bei Kin-dern bzw. im schweren Asthmaanfall genügend Medikament im Bronchialbaum ankommt.

Tabelle 1. Eigenschaften von Dosieraerosolen

Chemische Bezeichnung	Formel	Typ (deutsch)	Typ (englisch)	Code	Siedepkt. [°C]	Druck* [bar]	Dichte* [g/ml]	ODP	GWP	Lebensdauer Atmosphäre [J]	Produktion in 2000 [Mio to]#
Trichlorfluormethan	$C-Cl_3-F$	FCKW	CFC	11	23,7	0,9	1,49	1	1	42	0
Dichlordifluormethan	$C-Cl_2-F_2$	FCKW	CFC	12	−29,8	5,7	1,39	0,95	3,1	102	0
Dichlorterafluorethan	$C_2-Cl_2-F_4$	FCKW	CFC	114	3,6	1,8	1,47	0,7	4	300	0
Tetrafluorethan	CF_3-CH_2-F	HFKW	HFA	134a	−26,5	5,7	1,23	0	0,25	14	0,018
Heptafluorethan	$CF_3-CH-F-CF_3$	HFKW	HFA	227	−17,4	4,0	1,41	0	0,7	41	?
Kohlendioxid	CO_2				−78,5	10	0,77	0	0,00015	?	22000

* bezogen auf 20 °C im geschlossenen Behälter.
# Weltproduktionsschätzung nach UNEP; für HFA 134a nur Menge in MDI, für Entwicklungsländer Ausnahmegenehmigung bis 2010.
FCKW: Fluorchlorkohlenwasserstoff.
HFKW: Fluorkohlenwasserstoff.
CFC: Chlorflurocarbon.
HFA: Hydrofluoroalkane.
ODP: Ozon depletion Potential.
GWP: Global warming Potential.
UNEP: United Nations Environmental Programme.

HFKW-Dosieraerosole

Wie erwähnt sind die FCKW nicht unmittelbar gegen die chlorfreien Fluor-kohlenwasserstoffe (HFKW)-Dosieraerosole auszutauschen, da sie andere physikalische Eigenschaften, vorwiegend einen niedrigeren Siedepunkt haben. Dies führt zu wesentlich höheren Drucken im Dosieraerosol. Abgesehen von der mechanischen Belastung der Dose und insbesondere des Ventilsystems kommt es durch die hohen Drucke zu einem völlig geänderten Löslichkeitsverhalten. Die bisher eingesetzten oberflächenaktiven Substanzen wie die Dichtmaterialien am Ventil sind bezogen auf das Treibgas nicht mehr inert, d.h. Bestandteile der Kunststoffe werden im Treibgas gelöst (Tansey). Ähnliches gilt für die Medikamente. Insbesondere lipidlösliche Substanzen wie Steroide werden teilweise (z.B. Budenosid) oder komplett (Beclomethasone) im Treibgas gelöst. Dies führt zu veränderten Aerosolspektren. Erfreulicherweise ist es in den letzten Jahren gelungen, durch relativ großen technischen Aufwand funktionierende Dosieraerosole zu entwickeln, die in etwa die Qualität der vorhergehenden erreichen bzw. teilweise noch übertreffen (June).

Ein neuer Zusatzstoff bei manchen HFKW-Dosieraerosolen ist Ethylalkohol. Er dient zur Druckreduktion und beeinflußt das Löslichkeitsverhalten einiger Medikamente. Außerdem hat er etwas Schmierstoffeigenschaft, da die Alkoholmoleküle schwache Kettenbildungen zeigen. Die freigesetzte Dosis ist jedoch zu gering, um bronchiale Irritationen auszulösen.

Hinzu kommt, daß die Fluorkohlenwasserstoffe bezüglich der Toxizität geprüft werden mußten. Da solche Untersuchungen sehr aufwendig sind, haben sich hier Firmenkonsortien gebildet (IPACT = International Pharmaceutical Aerosol Consortium for Toxicology Testing, das im IPACT I das Treibgas HFKW-134a und in IPACT II das Treibgas HFKW-227 untersucht hat). Nach den vorliegenden Ergebnissen hat sich weder bei der kinetischen noch bei der chronischen Inhalation ein relevantes toxisches Bild ergeben. Das Treibgas wird praktisch unverändert wieder ausgeschieden; unter 1% werden verstoffwechselt. Die biologische Halbwertzeit für HFKW-134a liegt etwa im Bereich von 10 min (Donell et al.).

Von den HFKW ist die Entwicklung bisher am meisten für das 134a fortgeschritten. Inzwischen ist im Ausland und auch in Deutschland ein Salbutamol-Dosieraerosol, getrieben mit HFKW-134a auf dem Markt. Nach den vorliegenden klinischen Studien ist es klinisch äquivalent zum FCKW-haltigen Dosieraerosol (Dockhorn et al., Thomson).

Verschiedentlich wurden in der politischen Diskussion auch die FKW angegriffen, da sie ähnlich den chlorhaltigen, auch einen Treibhauseffekt (GWP) haben (Tabelle 1). Wenn dieser auch nur etwa ein Viertel so groß ist wie bei den chlorhaltigen Kohlenwasserstoffen, so ist er zwar z.B. für HFKW-134a etwa 1500mal größer als für CO_2, wobei jedoch berücksichtigt werden muß, daß die eingesetzte Menge außerordentlich gering ist im Vergleich zu den anderen treibhauserzeugenden Gasen. Wenn man das Haupttreibhausgas CO_2 zum HFKW-134a bezüglich des Treibhauseffektes unter Berücksichtigung der produzierten

Menge gegenübersetzt, so ergibt sich etwa ein Anteil des FKW-134a aus medizinischen Dosieraerosolen von 1‰ am Gesamttreibhauseffekt. Diese Menge ist sicher vernachlässigbar. Allerdings wird die Diskussion über die Treibhausschädlichkeit vermutlich wieder neu angefacht werden, wenn wirkungsgleiche Alternativen zum treibgasgetriebenen Dosieraerosol auf den Markt kommen. Für diese Alternativen sollte dann aber in gleicher Weise eine Ökobilanz eingefordert werden. Die bisher auf dem Markt verfügbaren Dosieraerosole mit HFKW-134a sind bezüglich der β_2-Mimetika in etwa wirkungsgleich zu den vorhandenen FCKW-haltigen (Thomson). Untersuchungen zur Partikelgröße haben identische Werte ergeben, was naheliegend ist, denn die Partikelgröße wird durch die Mikronisierung bestimmt (Tansey). Etwas geringer als bei den FCKW-haltigen Dosieraerosolen ist die Ausbringgeschwindigkeit, da das HFKW-134a einen höheren Dampfdruck hat und deswegen schneller verdampft. Das reduziert die oropharyngeale Deposition. Außerdem entfällt beim HFKW-134a der „cold-freon-effect", der eine Abkühlung der FCKW bei der Freisetzung auf ca. −25−30 °C (gemessen 17 cm vom Mundstück) verursacht. Die adiabatische Expansion des HFKW-134a bei der Freisetzung reduziert die Temperatur nur auf ca. 7−8 °C (gemessen 7 cm vom Mundstück).

Eine Besonderheit der HFKW ist das geänderte Freisetzungsverhalten bei lipidlöslicheren Substanzen wie insbesondere Steroiden. Beclomethason löst sich quasi komplett in dem Treibgas. Es handelt sich damit nicht mehr um ein Suspensions- sondern um ein Lösungs- oder Solutionsaerosol. Das Aerosol wird also erst beim Verdampfen des Treibgases nach der Freisetzung gebildet. Die dadurch entstehenden Partikel sind deutlich kleiner als die mikronisierten. Das Maximum liegt etwa bei 1,5 µm (June). Infolge der geringeren Partikelgröße werden die Aerosole in der Luft schneller abgebremst (stop distance), was die oropharyngeale Deposition reduziert (nach dem Stokes'schen Gesetz infolge der Luftreibung reduziert sich die stop distance mit dem Quadrat des Partikeldurchmessers). Die geringeren Steroidpartikel deponieren naturgemäß peripherer in der Lunge. Welche klinischen Auswirkungen diese periphere Deposition hat, wird man im Verlauf sehen, da noch keine ausreichende Datenlage existiert. Allerdings kann man jetzt schon sagen, daß die intrabronchial deponierte Menge deutlich höher ist als bei den bisherigen FCKW-haltigen Steroiden. Sie dürfte mehr als doppelt so hoch liegen als die der bisherigen Steroide (Tansey). Erste klinische Studien zeigen eine Wirkungsäquivalenz von Beclomethason aus einem FCKW-haltigen Dosieraerosol mit der halben freigesetzten Dosis aus einem HFKW-134a Dosieraerosol.

Pulverinhalatoren

Seit vielen Jahren gibt es bereits Pulverinhalationssysteme auf dem Markt. Diese wurden anfangs deswegen entwickelt, weil die verwendete Substanz (Dinatriumcromoglycicum) nicht in ausreichender Menge via Dosieraerosol in der Lunge deponiert werden konnte. Später sind dann aber weitere Pulversysteme entwickelt worden, die nahezu alle Substanzen enthielten, die auch im Dosieraerosol verfügbar waren (Cromton). Grund war meist die Irritation durch den Kältereiz des Treibgases bei der Inhalation, der manche Patienten gestört hat (Engel). Aufgrund des FCKW-Banns ist natürlich die Pulverinhalationsentwicklung deutlich vorangetrieben worden. Grundsätzlich bestehen aber physikalische Probleme, die nach wie vor nicht gelöst sind. Bei den Pulverinhalationssystemen liegt in der Regel die gleiche gemahlene Medikamentensubstanz vor wie in den FCKW-haltigen Dosieraerosolen. Allerdings muß im Gegensatz dazu das Aerosol erst durch eine äußere Kraft erzeugt werden. Diese äußere Kraft ist bei den derzeit auf dem Markt verfügbaren Systemen immer der Inspirationsfluß des Patienten. Deswegen hängt die entstehende Korngröße auch sehr stark vom Inspirationsfluß ab (Pedersen). Nach dem Energiesatz ist die maximale Geschwindigkeit der Luft zur Erzeugung des Aerosols durch die Wurzel aus der Druckdifferenz bestimmt. Bei einem Inspirationsdruck von 30 cm H_2O (typischer Wert bei ausgeprägter Obstruktion) errechnet sich daraus eine maximal erreichbare Geschwindigkeit von etwa 75 m/s. Zur völligen Desagglomeration von Pulverpartikeln sind jedoch mehr als 150 m/s erforderlich (Köhler 1995). Deswegen bleiben immer gröbere Partikel übrig, die sich bevorzugt in den extrathorakalen Atemwegen niederschlagen. Die hohe Energie zur Desagglomeration der Partikel ist erforderlich, da sie durch elektrostatische Kräfte, van-der-Walsche Kräfte und durch Sinterung an den Berührungsstellen aneinandergekoppelt sind. Unter Einfluß von Feuchtigkeit werden diese Kristallisationsbrücken verstärkt.

Trotzdem kann man davon ausgehen, daß in über 90% der Fälle die Inspirationsflüsse so hoch sind, daß eine ausreichende Medikamentenmenge – etwa vergleichbar mit den FCKW-haltigen Dosieraerosolen – im Bronchialbaum deponiert wird. Die klinischen Studien zeigen hier in der Regel Wirkungsgleichheit (Jackson et al.). Allerdings fehlen bisher Studien der antiobstruktiven Wirkung von β_2-Mimetika im schweren Asthmaanfall. Das hängt sicher damit zusammen, daß diese Patienten aufgrund der Schwere des Krankheitsbildes aus Praktikabilitätsgründen nur sehr schwierig untersucht werden können. Bei den bisher vorhandenen Studien zum schweren Asthmaanfall und Pulverinhalationssystemen lagen immer noch aufwendige Lungenfunktionsmessungen vor, so daß man davon ausgehen muß, daß die Patienten nicht im lebensbedrohlichen Anfall waren. Leider gibt es keine Statistik, die das Nichtwirken von Medikamenten im Notfall erfaßt (lack of medication). Hier ist sicher noch ein Nachholbedarf, der z.B. durch präzise Einzelfalluntersuchungen gedeckt werden kann.

Die derzeit auf dem Markt verfügbaren Pulverinhalationssysteme sind in ihrer Anzahl und Ausprägungsform schon beträchtlich. In der Zukunft stehen noch zahlreiche zusätzliche an. Tabelle 2 zeigt eine Auswahl, die immer noch nicht vollständig ist. Danach kann man zwei prinzipielle Systeme unterscheiden: Die Mehrdosisinhalationssysteme und die Einzelpacksysteme. Bei den Mehrdosisinhalationssystemen (Turbohaler und Easyhaler) wird aus einem Medikamentenreservoir jeweils eine Portion zur Inhalation herausgenommen. Diese sind durch eine gewisse Schutzlosigkeit des Reservoirs naturgemäß feuchtempfindlich (Meakin et al.). Die Einzelpacksysteme mit Kapseln und Blistern haben keine Feuchtabhängigkeit mehr. Die Dosiergenauigkeit ist ebenfalls höher. Sie

Tabelle 2. Auf dem Markt verfügbare Pulverinhalationssysteme

Name	Hersteller	Verfügbarkeit im Handel	Dosis	Pharmaka	Hilfsstoff	Feuchteempfindlichkeit	Atemflußabhängigkeit	Inspirationswiderstand $\sqrt{kPa}/l/s$	Lageunabhängige Inhalation	Wiederverwendbarkeit
Turbohaler	Astra	ja	ca. 200	Terbutalin Budesonid	nein	ja	ja	5,5	nein	nein
Inhalator Ingelheim	Boehringer Ingelheim	ja	1 Kapsel	Fenoterol Iprotropiumbromid	Glucose (5 mg)	ja (nach Öffnen der Verpackung)	ja	9,4	ja	ja
Inhalator M	Boehringer Ingelheim	ja	6 Kapsel	Fenoterol Ipratropiumbromid	Glucose (5 mg)	ja (nach Öffnen der Verpackung)	ja	9,4	ja	ja
Hadihaler	Boehringer Ingelheim	nein	1 + 8 Kapsel	Fenoterol Ipratropiumbromid Flunisolid	Lactose (5 mg)	ja (nach Öffnen der Verpackung)	ja	9,4	ja	ja
Pulvinol	Chiesi	nein	ca. 200	β_2-mimetika Steroide	Lactose (ca. 25 mg)	ja	ja	28	nein	nein
Spinhaler	Fissons	ja	1 Kapsel	Chromoglycinsäure	Lactose (20 mg)	ja	ja	0,9	ja	ja
Ultrahaler	Fissons	nein	112	Chromoglycinsäure Nedocromil	Lactose (20 mg)	ja	ja	0,9 (?)	ja	nein

Tabelle 2 (Fortsetzung)

Name	Hersteller	Verfügbarkeit im Handel	Dosis	Pharmaka	Hilfsstoff	Feuchteempfindlichkeit	Atemflußabhängigkeit	Inspirationswiderstand √kPa/l/s	Lageunabhängige Inhalation	Wiederverwendbarkeit
MAG-Haler	GGU	nein	ca. 200	β_2-mimetika Steroide	1,5 mg	nein	nein	?	ja	ja
Foradil P	Geigy	ja	1 Kapsel	Formoterol	Lactose (25 mg)	ja (nach Öffnen der Verpackung)	ja	?	ja	nein
Diskhaler	Glaxo	ja	4/8 Blister	Sultanol Beclomethasone	Lactose (25 mg)	nein	ja	1,2	ja	ja
Rotahaler	Glaxo	ja	1 Kapsel	Sultanol Beclomethasone	Lactose (25 mg)	ja	ja	0,7	ja	ja
Diskus	Glaxo	ja	60 Blister	Sultanol Fluticasone	Lactose (15 mg)	nein	ja	1,2	ja	nein
Easyhaler	Orion	ja	ca. 200	Sultanol Beclamethasone	Lactose (5–8 mg)	ja	ja	?	nein	nein
Dryhaler	Roche	nein	28 Blister	?	Lactose (5 mg)	nein	ja	?	ja	ja

haben aber den Nachteil, daß sie deutlich aufwendiger in der Herstellung sind. Bis auf den Turbohaler sind alle Systeme mit einem Hilfsstoffpulver versehen. Dieses ist manchmal ähnlich mikronisiert wie das Medikament. Manchmal sind die Partikel gröber im Bereich von 20 µm. Es gibt auch Mischungen aus beiden. Diese Hilfsstoffe (in der Regel Lactose) verhindern das Anheften des Medikamentes im Behältnis, da dieses meist nur in sehr geringer Menge vorhanden ist. Die zusätzliche Inhalation des Hilfsstoffes hat außerdem den Vorteil, daß der Patient eine Rückmeldung über die freigesetzte Dosis bekommt („Staubeffekt"). Systeme ohne Hilfsstoffe geben so wenig Substanz ab, daß der Patient das Pulver nicht spürt.

ZUSAMMENFASSUNG

Aufgrund politischer Vorgaben ist ein kompletter Ersatz der FCKW geplant, da der Chloranteil für die Zerstörung der Ozonschicht in der Stratosphäre verantwortlich ist. Mit großem technischen Aufwand ist es gelungen, chlorfreie Treibgase (insbesondere HFKW-134a) in den medizinischen Dosieraerosolen so zu ersetzen, daß etwa pharmazeutische Äquivalenz besteht. Allerdings gibt es bei manchen Steroiden Unterschiede, da die erreichten Partikelgrößen kleiner sind. Weitere Alternativen zu den FCKW-haltigen Dosieraerosolen sind Pulverinhalatoren, die für die meisten Patienten eine ausreichende Aerosoldeposition im Bronchialbaum ermöglichen. Da die Energie für die Partikelerzeugung durch den Inspirationsfluß des Patienten aufgebracht werden muß, gibt es noch Probleme bei Kindern und Patienten mit schwerer Obstruktion, chronisch oder im akuten Anfall.

Literatur

1. Cromton GK (1991) Dry powder inhalers. Advantages and limitations. J Aerosol Med 3:151–156
2. Dockhorn R, Burgt JAV, Ekholm BP, Donenell D, Cullen MT (1995) Clinical equivalence of a non-chlorofluorocarbon-containing salbutamol sulfate metered-dose inhaler and a conventional chlorofluorocarbon inhaler in patients with asthma. J Allergy Clin Immunol 36:50–56
3. Donnell D, Harrison LI, Ward S, Klinger NM, Ekholm BP, Cooper KM, Porietis L, McEwen J (1995) Acute safety of the CFC-free propellant HFA-134a from a pressurized meterd dose inhaler. Eur J Clin Pharmacol 48:473–477
4. Engel T (1991) Patient- related side- effects of CFC-propellants. J Aerosol Med 3:163–167
5. Jackson L, Ståhl L, Holgate ST (1994) Terbutaline via pressurized metered dose inhaled (P-MDI) and Turbohaler™ in highly reactive asthmatic patients. Eur Resp J 7:598–1601
6. June D (1995) A new generation of inhaler technology. Brit J Clin Pract 79S:18–21
7. Köhler D, Fleischer W (1988) Was ist gesichert in der Inhalationstherapie. Arcis, München
8. Köhler D (1995) Wirksamkeit und Akzeptanz von Pulverinhalatoren. Dtsch med Wschr 120:1401–1404
9. Meakin BJ, Cainey J, Woodcock PM (1993) Effect of exposure to humidity on terbutaline delivery from Turbohaler™ dry powder inhalation devices. Eur Resp J 6:760–763
10. Montfort AJ (1997) The greenhouse effect. Spray Technology & Marketing, Feb: 40–55

11. Newhouse M (1993) Advantages of pressurized canister metered dose inhalers. J Aerosol
    Med 4:139–150
12. Pedersen S (1994) Inspiratory capacity through the turbohaler in various patient groups. J
    Aerosol Med 7:55–58
13. Scientific assesment of ozone depletion 1991. World Meteorological Organisation Globale
    Ozone Project: Report no 25 (1992) Geneva Switzerland: WMO
14. Tansey IP (1994) The challenges in the development of metered dose inhalation aerosols
    using ozone friendly propellants. Spray Technology & Marketing July : 26–29
15. Thompson P (1995) Cumulative dose-response study of Airomir™ (salbutamol sulphate in
    CFC-free system) versus placebo CFC salbutamol sulphate and HFA-134a placebo in
    patients with asthma. Brit J Clin Pract 75S:31–32

8.2 Entwicklung alternativer FCKW-freier Dosieraerosole – Perspektiven

U. H. Cegla

EINLEITUNG

Weltweit gibt es etwa 60 Millionen Asthmakranke, davon leben allein in Deutschland etwa 3–4 Millionen, die auf eine Aerosoltherapie mit Medikamenten angewiesen sind. Nimmt man die chronisch obstruktive Bronchitis und das Lungenemphysem mit hinzu, so erhöht sich die Zahl dieser Kranken auf etwa 400 Millionen.

Noch vor etwa 40 Jahren lag die Lebenserwartung von Asthmapatienten bei 30–35 Jahren, seitdem hat sich die Lebensqualität und die Lebensdauer durch die Weiterentwicklung von Asthmapräparaten ständig verbessert.

Anders als bei Tabletten wird bei einer inhalativen Darreichungsform der Wirkstoff direkt zum Zielort Bronchien befördert, dies führt zu einer raschen Wirkung und zu einer niedrigen Körperbelastung durch das Medikament.

Zur Problematik

Die Dosieraerosole sind die bedeutendsten Inhalationssysteme. Treibgase sorgen dafür, daß das Medikament unter gleichbleibendem Druck und unabhängig von der jeweiligen Raumtemperatur in stets gleicher Dosierung pro Sprühstoß freigesetzt wird.

In der Vergangenheit haben sich hierfür FCKW-haltige Treibgase als optimal erwiesen.

Auch wenn nur 0,5–1 % der insgesamt eingesetzten FCKW auf medizinische Aerosole entfallen, ist der FCKW-Ausstieg aus Gründen des Umweltschutzes unerläßlich.

Aus diesem Grunde forschen seit Mitte der 80er Jahre die großen Pharmafirmen in verschiedenen Zusammenschlüssen (IPAC – International Pharmaceutical Aerosol Consortium) bzw. in Untergruppierungen (AIDA) an Alternativen zu FCKW in Dosieraerosolen.

Um alternative Treibgase in die Medizin einführen zu können, müssen diese den Anforderungen im Hinblick auf die Umweltbedingungen (ozonfreundlich) standhalten, sie müssen aber auch bezüglich des möglichen Treibhauseffektes weitgehend inert sein.

Die chlorfreien Hydrofluoroalkane (HFA) schädigen zwar nicht die Ozon-schicht, tragen aber in geringem Maße zum Treibhauseffekt bei, wie man mitt-lerweile weiß.

Das sogenannte GWP (Global Warming Potential) ist Maßstab für die tempe-raturerhöhende Wirkung pro Masseneinheit des betreffenden Gases. Für HFA-134a (Tetrafluoroethan) beträgt dieser Wert 0,25 und für HFA-227 (Heptaflu-oropropan) 0,7. Bei den herkömmlichen FCKW, den Dichlortetrafluoroethanen betrug dieser Wert 4,0 [4].

Aus diesen Werten geht hervor, daß die HFA eine erhebliche Bereicherung und Verbesserung der Palette der Dosieraerosole sind, aber bezüglich des GWP sind eventuell auch hier weitere Verbesserungen möglich, aus diesem Grunde sollen hier einige Perspektiven aufgezeigt werden.

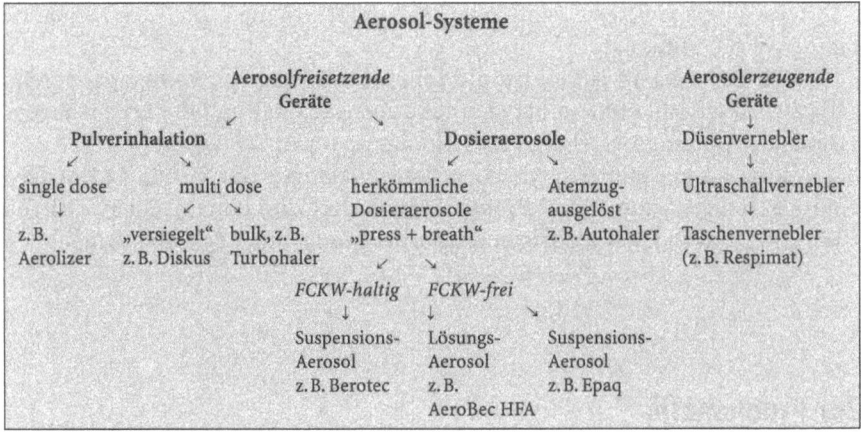

Definition des Aerosols

Aerosole sind in Gasen (Luft) schwebende Partikel mit einem Durchmesser von 0,001 bis 100 µm von fester, flüssiger oder gemischter Zusammensetzung [1, 6].

Als therapeutisch nutzbares Teilchenspektrum wird in der Regel ein Partikel-durchmesser zwischen 0,5 und 10 µm angesehen. Die Grenzen ergeben sich ein-mal dadurch, daß zu kleine Teilchen (< 0,5 µm) in der Lunge keine Deposition finden und Partikel > 10 µm nicht lungengängig sind.

Desweiteren sei daran erinnert, daß die Masse eines Partikels von 0,5 µm Durchmesser im Vergleich zu der von einem Partikel mit 10 µm Durchmesser sich wie 1 : 8000 verhält, das heißt, daß die größeren Partikel die wesentliche Sub-stanzmenge des Medikamentes tragen [5].

Dosieraerosole

Die Einführung des ersten HFA-getriebenen Dosieraerosols (EPAQ) mit dem Inhaltsstoff Salbutamol hat gezeigt, daß durch Veränderung des Aktuators und der Dosierungseinrichtungen eine Partikelgröße erzeugt werden kann, die der eines FCKW-haltigen Dosieraerosols entspricht, verständlicherweise ist so auch die klinische Wirksamkeit identisch [3].

Der Versuch, ein Beclometason-haltiges Dosieraerosol mit dem Treibgas HFA-134a herzustellen, hat zu einer höchst interessanten Feststellung geführt, die weitere Perspektiven ermöglicht. Es fand sich, daß Beclometasondipropionat in HFA-134a löslich ist; so bildet sich aus einem Suspensionsaerosol mit Treibgas und mikronisierter Wirksubstanz ein Lösungsaerosol. Dieses Lösungsaerosol ermöglicht die Ausbringung kleinerer Partikel in sehr viel höheren Konzentrationen als es für ein FCKW-haltiges Dosieraerosol typisch ist. Der hohe Anteil kleiner Partikel ergibt eine bessere Lungengängigkeit und eine verminderte Deposition im Pharynxbereich (s. Abb. 1) [2].

In klinischen Studien konnte belegt werden, daß durch den hohen Anteil der kleinen Partikel und die damit verbundene bessere Deposition im Bronchialbaum die halbe Dosis Beclometason-dipropionat den gleichen klinischen Effekt erzielt wie die doppelte Dosis eines FCKW-haltigen Dosieraerosols.

Das Lösungsaerosol hat somit auf der einen Seite klinische Vorteile wie geringere Ganzkörperbelastung durch Beclometasondipropionat, auf der anderen Seite aber umweltschützende Wirkung, denn nur die Hälfte des HFA ist erforderlich, um die klinisch notwendige Dosis auszubringen, so daß sich auch der an sich schon geringere Anteil am GWP weiter verringert.

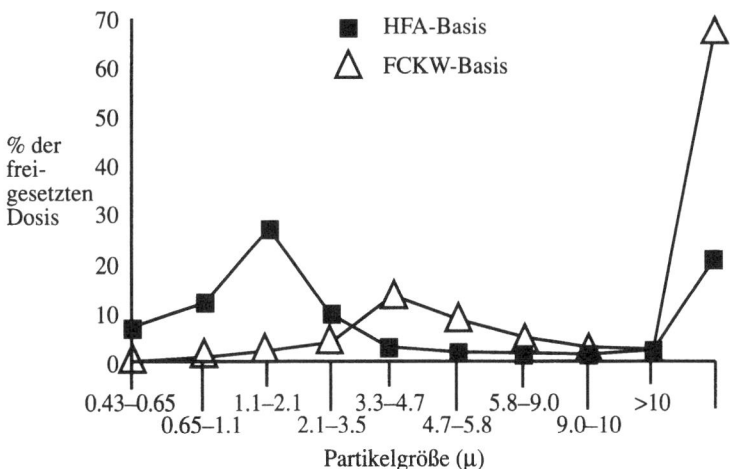

Abb. 1. Verteilung der Partikelgrößen von Beclometason-dipropionat in FCKW und HFA. (Nach June, 1995)

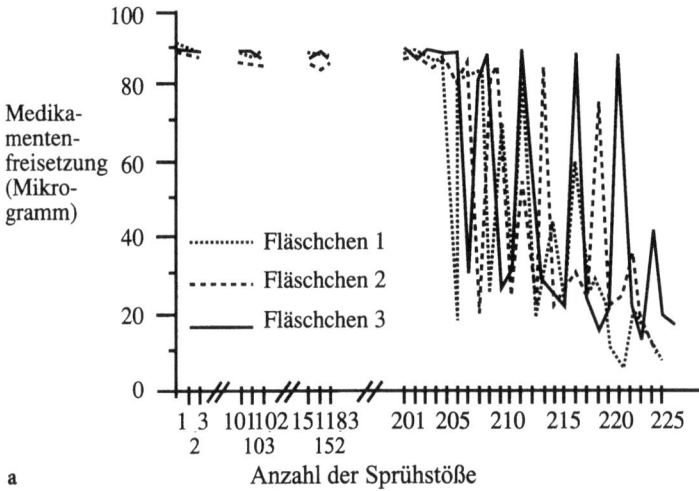

a   Anzahl der Sprühstöße

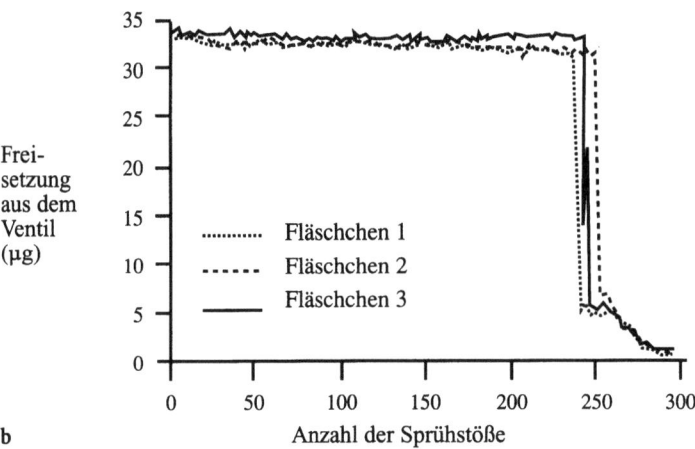

b   Anzahl der Sprühstöße

Abb. 2 a, b. Nachlassende Dosierleistung von **a** FCKW-haltigen Salbutamol-Dosieraerosolen; **b** von EPAQ-Dosieraerosol

Das Flüssigkeitsaerosol, das in nächster Zeit wahrscheinlich unter dem Namen „AeroBec HFA" an den Markt kommen wird, hat weitere Vorteile: Dadurch daß nur ein Treibgas enthalten ist, entfällt der sog. Tail-off-Effekt (siehe Abb. 2).

Hierunter versteht man, daß bei fast entleertem Dosieraerosol Ungenauigkeiten der Dosierung aufkommen. Wie aus der Abbildung ersichtlich, hört ein solches Dosieraerosol schlagartig mit der Freisetzung des Medikamentes nach etwa 24o–25o Hüben auf, das bedeutet, daß bei vorgegebenen 2oo Hub aus einem Dosieraerosol etwa 2o–25% mehr „herauszuholen" ist [8].

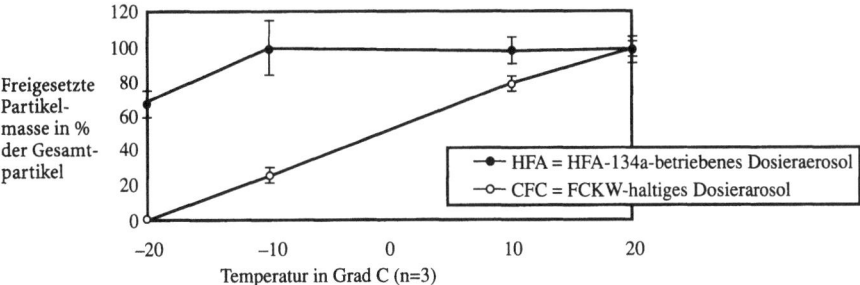

Abb. 3. Salbutamol-Masse der lungengängigen Partikel. Das FCKW-getriebene Dosieraerosol zeigt eine signifikante Abnahme der feinen Partikelmasse bei 10 °C und liefert bei – 20 °C keine Partikel mehr. Das HFA-getriebene Dosieraerosol zeigt erst bei tiefsten Temperaturen (– 20 °C) eine signifikante Abnahme der Partikelmasse

Auch der übliche „Priming-Effekt", das heißt, daß die eigentlich vorgeschriebene Menge erst beim zweiten Auslösen des Dosieraerosols voll erreicht ist, entfällt bei dem Flüssigkeits-Aerosol. Darüberhinaus ist die Temperaturanfälligkeit, insbesondere bei kalten Außentemperaturen sehr viel geringer, als bei den hekömmlichen FCKW-haltigen Geräten [4].

Verständlicherweise wird derzeit versucht, auch andere Substanzgruppen zum Teil durch Lösungsvermittler in ein Lösungsaerosol zu überführen, um bessere Depositionen zu erreichen. Handfeste Ergebnisse sind aber derzeit noch nicht erzielt.

Weitere Aerosolsysteme

Abgesehen von der Erzeugung eines Dosieraerosols durch Treibgas, besteht die Möglichkeit, auf mechanischem Wege ein Dosieraerosol zu erzeugen, wie wir es seit Jahrzehnten mit Düsenverneblern tun. Solche Düsenvernebler und auch Ultraschallvernebler sind in der Regel wegen ihrer Größe und des Strombedarfes stationär. Hier ist in der Vergangenheit versucht worden, neue Wege zu gehen: Es wurde versucht, ein Taschenultraschall-Inhalationsgerät, das batteriegetrieben ist, herzustellen. Erste Prototypen wurden schon vor 10 Jahren auf den Markt gebracht, die gesamte Technologie hat sich bisher nicht durchsetzen können, da auf der einen Seite der Stromverbrauch der Schwinger sehr groß und auf der anderen Seite das Gerät sehr störanfällig ist.

Eine Weiterentwicklung auf dem Gebiet der aerosolerzeugenden Geräte wird in Kürze auf den Markt kommen, der sogenannte „Respimat" (aus Versuchsaufbauten auch als BINEP bekannt). Dieses Gerät stellt ein neuartiges, umweltfreundliches und besonders effizient dosierendes Aerosolsystem dar. Es ist nur wenig größer als herkömmliche treibgashaltige Dosieraerosole und besteht aus einem wiederverwendbaren Geräteteil sowie aus austauschbaren Arzneimittelkartuschen. Allein durch manuelle Betätigung ohne Verwendung von Treibgasen oder die Notwendigkeit von Batterien werden die Arzneimittel-Lösungen über den Respimat optimal vernebelt; das entstehende Aerosol wird langsam aus dem Respimat freigegeben im Gegensatz zu einem herkömmlichen Dosieraerosol; es kann somit optimal die „90 °C-Kurve" vom Mund in die Trachea finden. Das Größenpartikelspektrum entspricht etwa dem eines herkömmlichen Dosieraerosols.

Da die Erzeugung des Aerosols rein mechanisch erfolgt, kommt es zu keinen Umweltbelastungen.

Wie erste klinische Prüfungen ergeben haben, werden hohe inhalierbare Anteile des Aerosolnebels erreicht, hieraus ergeben sich Chancen für eine Dosisreduktion und Minimierung der Nebenwirkungen.

Da sowohl das Flüssigkeitsaerosol als auch der Respimat ohne Holding chamber auskommt, dürften diese Geräte, was die Patientencompliance angeht, auch herkömmlichen Dosieraerosolen, bei denen zumindestens bei der Verwendung von inhalativen Glucocorticosteroiden Holding chamber erforderlich sind, überlegen sein.

Pulveraerosole

Ein weiteres, umweltfreundliches System sind Pulverinhalatoren, die Übersicht (s. oben) zeigt die verschiedenen, am Markt befindlichen Systeme. Bei der Therapie mit Pulvern ergeben sich folgende Probleme:

1. Das Pulver muß durch den Einatemfluß desaggregiert werden.
2. Pulver sind hygroskopisch und wachsen beim Eintritt in die „Waschküche" Mund.
3. Die Inhalationstechnik bei Pulvern ist schwieriger als beim Dosieraerosol:
   – Es muß schnell eingeatmet werden, damit das Pulver desaggregiert und im Mund nicht zu feucht wird; ein schnelles Einatmen, sogenanntes „Reißen" führt aber zu einer erheblichen Deposition der Pulver im Rachenbereich, da die 90 °C-Kurve Mund-Trachea nicht genommen werden kann. Wird ein Pulver langsam inhaliert, kann es nicht richtig desaggregieren und infolge der Hygroskopie wächst es im Mund und depositioniert so am Rachen. Insbesondere ältere und schwerkranke Patienten, die nicht genügend Fluß aufbringen sowie Säuglinge und Kleinkinder sind für die Therapie mit Pulvern nicht geeignet.

Größere Untersuchungen haben gezeigt, daß die Compliance bei Pulvern nicht besser ist als bei Dosieraerosolen. Nur etwa 15 % der Patienten benutzen Pulver für die Asthma-Therapie.

Auch auf dem Pulvermarkt, der von allen pharmazeutischen Unternehmen beschritten wird, gibt es eine Reihe von Entwicklungen, die die Freisetzungsmechanismen betreffen: z. B. den Ultrahaler von RPR-Fisons, der zum ersten Mal den amerikanischen Normen entspricht, die vorschreiben, daß die ausgebrachte Medikamentenmenge nicht mehr als 20 % unter der deklarierten Medikamentenmenge liegen darf; bei herkömmlichen Pulvern gilt die europäische Richtlinie, die Abweichungen bis zu 40 % erlaubt.

Weitere Entwicklungen betreffen die „Herstellung" des Pulvers. Hier werden auf der einen Seite Schaber und Schneidwerke entwickelt, die die jeweilige Dosis von einem gepreßten Pulverblock ablösen, auf der anderen Seite gibt es einige Entwicklungen, bei denen feinmikronisiertes Pulver durch Trägersubstanzen in verschiedenen geometrischen Anordnungen gehalten werden; diese Trägersubstanzen werden durch einen chemischen Prozeß bei der Inhalation sofort zerstört, so daß das Pulver frei inhaliert werden kann.

Auch Systeme, die das Pulver ähnlich wie bei einem Dosieraerosol aktiv beschleunigen, sind versuchsweise entwickelt, wegen der Problematik der Koordination zwischen Auslösung und Inhalation dann aber wieder verlassen worden. All diesen, noch so ausgefallenen, zum Teil in ersten Versuchsformen oder vorpatentierten Pulverfreisetzungsmechanismen haftet die Problematik aller Pulver, wie sie oben aufgeführt ist, an.

ZUSAMMENFASSUNG

Nach meiner Ansicht liegt die Zukunft der Aerosoltherapie auf der einen Seite in alternativen Treibgasen und auf der anderen Seite in kleinen, handlich mechanischen, aerosolerzeugenden Geräten.

Literatur

1. Brain JD, Valberg PA (1979) Deposition of aerosol in the respiratory tract. Am Rev Respir Dis 120:1325–1373
2. June D (1995) Eine technisch neue Generation von Dosieraerosolen. Br J of Clin Pract, Suppl 79:S18–21
3. June DS, Ross D (1995) Improvement in dosing characteristics achieved with a new HFA salbutamol metered dose inhaler (MDI) as compared to a marketed CFC salbutamol MDI. European Respiratory Journal 8(19):1235
4. June DS, Ruble S, Ross R (1996) Reduced effect of temperature on drug delivery characteristics of CFC-free metered dose inhalers (MDIs) compared to current CFC metered dose inhalers. ERS Abstract
5. Köhler D, Fleischer W, Matthys H (1986) Inhalationstherapie, Verlag Gedon & Reuss, München
6. Mercer TT (1975) The deposition model of the task group on lung dynamics: A comparison with recent experimental data. Health physics 29:673–680
7. Schultz D, Ruble S, Ross D (1996) In vitro performance characteristics of two CFC-free metered dose inhalers (MDIs) with large and small volume spacers. ERS Abstract
8. Tansey I (1995) Die technologische Entwicklung des EPAQ®-Dosieraerosols (Salbutamolsulfat im FCKW-freien System). Br J of Clin Pract, Supp 79, S13–17

8.3 Ozonschichtabbau und Klimaänderungen

R. ZELLNER

EINLEITUNG

Die heutige *Zusammensetzung unserer Erdatmosphäre* ist das Ergebnis einer über Milliarden von Jahren andauernden Wechselwirkung einer Uratmosphäre mit Lithosphäre, Hydrosphäre und Biosphäre. Noch heute ist die Mehrzahl ihrer Komponenten an Kreisläufen mit diesen Reservoiren beteiligt und ihre relative Häufigkeit ist das Ergebnis der Aktivität von Quellen und Senken. So zeigt z. B. die CO_2-Konzentration in der Nordhemisphäre eine typische jährliche Variabilität mit Minima im Sommer und Maxima im Winter als Ergebnis der jährlichen Variation der photosynthetischen Aktivität der Biosphäre. Ob die heutige Zusammensetzung der Atmosphäre mit 20,9 % Sauerstoff und 0,035 % CO_2 für das Leben optimiert ist, vermag niemand zu beantworten. Aber wir wissen, daß bereits geringfügige Veränderungen bei einigen Spurengasen zu signifikanten Veränderungen der Lebensbedingungen führen. Hierzu gehören auch die *anthropogenen Emissionen*. Diese haben seit Beginn dieses Jahrhunderts ständig und praktisch proportional zur Industrialisierung zugenommen und dabei ein Ausmaß erreicht, das über lokale und regionale Aspekte hinaus zu einem globalen Problem angewachsen ist. Dabei zeichnen sich insbesondere zwei Aspekte ab, von denen eine Gefährdung für die Lebensbedingungen auf der Erde ausgeht:

- der *Abbau der stratosphärischen Ozonschicht* und damit die potentielle Zunahme der bodennahen UV-B-Intensität;
- Die *Zunahme der klimawirksamen Spurengase* und damit die potentielle Änderung des globalen Klimas.

Abbau der stratosphärischen Ozonschicht

Ozon ist das wichtigste Spurengas der *Stratosphäre*. Obwohl es in allen Höhen, vom Boden bis in mindestens 100 km Höhe, vorkommt, befindet sich sein Hauptanteil (ca. 90 %) in der unteren Stratosphäre zwischen 15 und 30 km Höhe. Die maximale Konzentration mit etwa 5×10^{12} Teilchen/cm^3 (= 6 ppm) liegt bei etwa 25 km. Über seine Eigenschaft als „Wärmelieferant" der Stratosphäre hinaus, hat das Ozon zwei wichtige Funktionen:

1. Als Folge seiner starken UV-Absorption im Bereich der Hartley-Bande (200 - 300 nm) wird die *kurzwellige Solarstrahlung* in der Stratosphäre absorbiert und damit das Leben auf der Erde vor energiereicher Strahlung geschützt.
2. Ozon ist infrarot-aktiv und an der Strahlungsenergieübertragung im Bereich der terrestrischen Wärmestrahlung beteiligt. Sein Beitrag zum anthropogenen Treibhauseffekt wird derzeit auf etwa 8 % geschätzt. Diese Wirkung wird aber im wesentlichen durch das Ozon in den unteren Luftschichten (bis etwa 10 km Höhe) erzeugt. Das Ozon in der Stratosphäre ist praktisch nicht klimawirksam.

Ozon in der Stratosphäre ist ein Produkt der Sauerstoff-Photolyse, gefolgt von der Rekombination der entstehenden O-Atome mit molekularem Sauerstoff:

$$O_2 + h\nu\,(\lambda = 190 - 250\ mm) \rightarrow 2\,O$$

$$O + O_2 \qquad\qquad\qquad \rightarrow O_3$$

Die sich einstellende Ozonkonzentration wird darüber hinaus aber auch durch Abbauprozesse wie die Ozon-Photolyse

$$O_3 + h\nu\,(\lambda = 200 - 800\ mm) \rightarrow O + O_2$$

sowie durch katalytische Zyklen der Form

$$X + O_3 \rightarrow XO + O_2$$

$$O + XO \rightarrow X + O_2$$

netto: $O + O_3 \rightarrow 2\,O_2$

bestimmt. Die heute bekannten Katalysatoren sind X = OH [1], NO [2], Cl [3] und Br [4], die den *Spurengasen* H_2O, N_2O, FCKW und Halonen bzw. CH_3Br entstammen. Eine Zunahme der entsprechenden Spurengase führt deshalb zu einer Absenkung der Ozonkonzentration.

Die Gesamtmenge des Ozons in der Atmosphäre ist auch vom Boden aus durch spektrometrische Beobachtungen relativ einfach meßbar. Heute besteht ein gut koordiniertes, weltweites Meßnetz, das seit 1978 auch durch Satellitenbeobachtungen ergänzt wird. Das Ozon gehört daher zu den am besten bekannten atmosphärischen Spurengasen, dessen globale Verteilung sowie seine natürlichen und anthropogenen Veränderungen gut dokumentiert sind. Der *Trend der Ozongesamtmenge* im globalen Mittel, d. h. im Breitenband 60°S bis 60°N ist in Abb. 1 gezeigt [5]. Die lineare Regression der gezeigten Daten führt auf eine Ozonabbaurate von −3 %/Dekade. Dieser sog. globale Mittelwert des Trends wird aber zu höheren Breiten und zu bestimmten Jahreszeiten deutlich größer. Allein für die Lage der Bundesrepublik (45°−55°N) beträgt der Trend in den Winter- und Frühjahrsmonaten bereits −6 %/Dekade.

Das auffälligste Phänomen des stratosphärischen Ozonverlusts ist aber das *Ozonloch über der Antarktis*, das erstmals 1985 entdeckt wurde [6]. Während einer Ozonloch-Episode, die sich nunmehr regelmäßig in jedem Jahr im Zeitraum August – November über dem Südpol einstellt, gehen mehr als 50 % des gesamten Ozons verloren. Ähnlich starke Verluste werden im Zeitraum Januar –

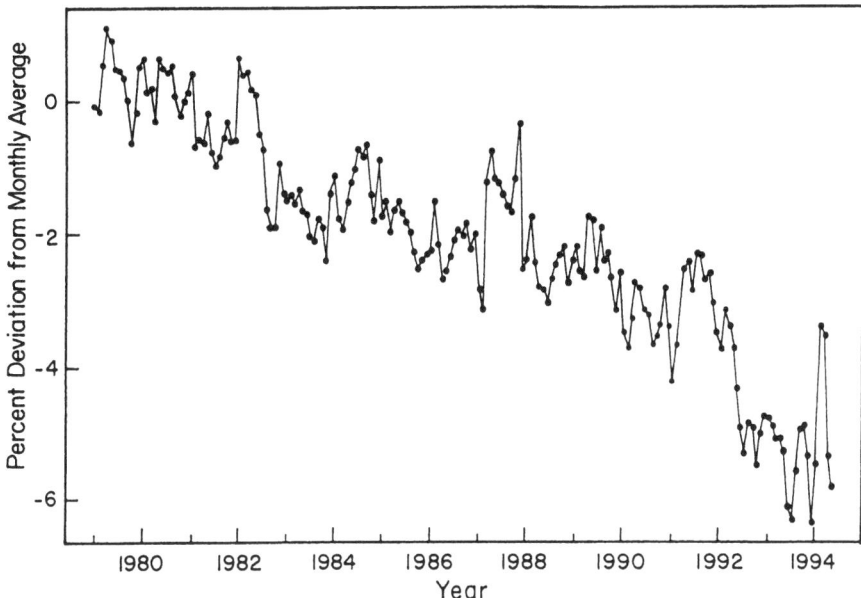

Abb. 1. Gemittelter Trend der stratosphärischen Ozongesamtmenge im Breitenbereich 60°S bis 60°N. WMO (1995) [5]

April über dem Nordpol (noch) nicht beobachtet, aber die Entwicklung der letzten Jahre deutet darauf hin, daß eine ähnliche Entwicklung wie im Süden nicht mehr ausgeschlossen werden kann [7].

Klimaänderung

Spurengase wie *H_2O-Dampf, CO_2, CH_4, N_2O, FCKW* und andere lassen die kurz-wellige solare Strahlung passieren, absorbieren und reflektieren aber gleich-zeitig die langwellige *Wärmestrahlung der Erdoberfläche*. Die Ursache dieser Wechselwirkung mit der Wärmestrahlung ist die Fähigkeit einiger Spurengase zur Lichtabsorption im infraroten Spektralbereich, gemeinsam mit der spektra-len Lage der Absorptionsbanden.

Die bodennahe Temperatur der Erde wird grundsätzlich durch das Strah-lungsgleichgewicht zwischen Sonne und Erde bestimmt, aber durch die *IR-Aktivität der Spurengase* deutlich erhöht. Die Energiedichte der Solarstrahlung außerhalb der Erdatmosphäre beträgt 1,27 kW/m^2 (*Solarkonstante, S_K*). Sie wird durch Rückstreuung aus der Atmosphäre und am Boden (Albedo, A) sowie durch einen Geometriefaktor ($^1/_4$) auf den Wert von 236 W/m^2 im globalen Mittel am Boden reduziert. Entsprechend dem *Stefan-Boltzmann-Gesetz* $(1-A)S_K/4 = \sigma \cdot T_e^4$ entspricht dieses einer Temperatur von $T_e = 254$ K $= -19$°C. Die Differenz von 34°C zur tatsächlichen mittleren Oberflächentemperatur der Erde von $T_s = +15$°C wird durch die Klimawirksamkeit der Spurengase der Erdatmosphäre

Tabelle 1. Charakteristika der wichtigsten *Treibhausgase* und relative Anteile zum anthropogenen Treibhauseffekt

Spurengas	Konzentration (1995)	Trend[a]/%/Jahr	%-Anteil
CO_2	357 ppm	0.5[b]	60
CH_4	1,72 ppm	0.8[b]	18
N_2O	311 ppb	0.25[b]	7
FCKW-11	272 ppt	3.9[c]	5
FCKW-12	532 ppt	3.2[c]	10

[a] Trends in den späten 80iger Jahren,
[b] IPCC [8],
[c] Montzka et al. [9].

erzeugt und als – „*natürlicher Treibhauseffekt*" bezeichnet. Etwa 50 % dieses Effektes werden allein durch den H_2O-Dampf erzeugt; weitere 20 % entfallen auf CO_2, der Rest auf die anderen natürlichen Spurengase O_3, N_2O und CH_4.

Unter „*anthropogenem Treibhauseffekt*" verstehen wir den zusätzlichen Beitrag zum Treibhauseffekt, der durch den Anstieg der Spurengaskonzentrationen im Laufe dieses Jahrhunderts erzeugt wurde. Wie sich dieser Effekt auf die einzelnen Spurengase verteilt, ist in Tabelle 1 gezeigt. In summa entspricht dieser Zuwachs der Treibhausgase einem Zuwachs in der Strahlungsenergiedichte um 2,5 W/m^2, entsprechend einer Temperaturzunahme von $1 \pm 0,5\,°C$.

Die tatsächliche Entwicklung der bodennahen Temperatur im globalen Mittel ist in Abb. 2a gezeigt. Diese Entwicklung ist nicht streng linear; sie war am stärksten im Zeitraum 1910–1935 und seit 1975. Der gesamte Anstieg seit 1900 beträgt ca. 0.6°, in etwa konsistent mit der berechneten Temperaturzunahme aufgrund der Zunahme der Strahlungsenergiedichte durch den Anstieg der klimawirksamen Spurengase.

Eine der wichtigsten Fragen, die die Klimamodellierung zu beantworten hat, ist die weitere zukünftige Entwicklung. Dazu sind Szenarien notwendig, die das Bevölkerungswachstum, das ökonomische Wachstum, die Form der Energiebereitstellung und die damit verbundenen Emissionen von CO_2, CH_4, N_2O und FCKW berücksichtigen. Die für das Szenario IS92a des IPCC [10], das heute als eines der realistischsten Szenarien gilt, vorausgesagte Temperaturentwicklung ist in Abb. 2b gezeigt. Danach ist bis zum Jahr 2100 mit einem weiteren Anstieg der bodennahen Temperatur von 2,5 (+1,5/–1,0)°C zu rechnen.

FCKW und FCKW-Ersatzstoffe

Fluorchlorkohlenwasserstoffe (FCKW) wurden bereits 1931 erstmals synthetisiert, zunächst um die damals in Kühlkreisläufen verwendeten Kältemittel Schwefeldioxid und Ammoniak abzulösen. Ihr „Siegeszug" begann aber erst in den 60er Jahren, als sie Einzug in die Verschäumung von Polymeren (Polyurethan, Polystyrol, etc.) sowie als Lösemittel und Treibgase für Aerosole fanden. Die gesamte bis heute global produzierte und emittierte FCKW-Menge beträgt ca. 20 Mio t.

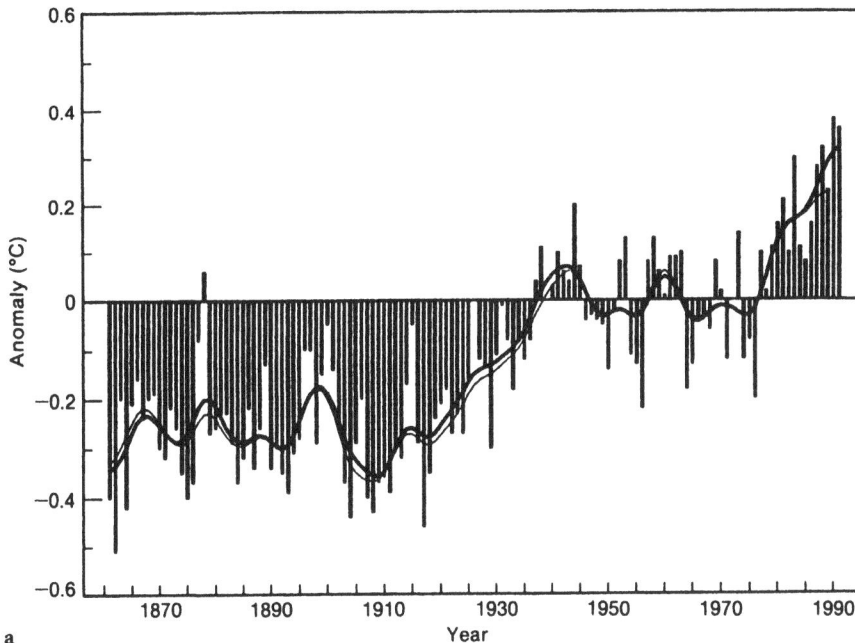

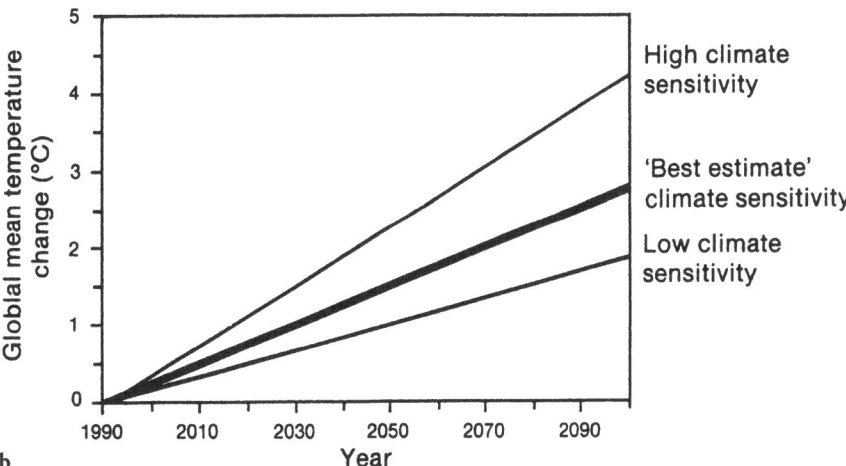

Abb. 2 a, b. a Entwicklung der globalen Mitteltemperatur seit 1860. **b** Vorausgesagte Temperaturänderung für das Szenario IS92a des IPCC für verschiedene Annahmen der „Klimaempfindlichkeit". IPCC (1993) [10]

Als Reaktion auf die Ozonveränderungen hat sich die internationale Staaten-
gemeinschaft im *Montrealer Protokoll (1987)* auf ein Ausstiegsszenario verstän-
digt, das 1989 erstmals in Kraft trat und 1990 und 1992 weiter verschärft wurde.
Der endgültige Ausstieg der Vertragspartnerstaaten aus der FCKW-Produktion
erfolgte zum 01.01.1996. Allerdings gelten für Dritt- und Schwellenländer
gesonderte Regelungen.

Der Verbrauch von FCKW in der Bundesrepublik betrug noch Ende der
80er Jahre ca. 80 000 t (alte Bundesländer). Davon entfielen 35 000 t auf *Aerosol-
treibmittel*, 25 000 t auf *Lösemittel*, 8500 t auf die Schäume, 6500 t auf *Kältemittel*
und 5000 t auf sonstige Anwendungen. Aufgrund freiwilliger Verzichtserklä-
rungen der Aerosolindustrie und der nachfolgenden *FCKW/Halon-Verbotsver-
ordnung* wurden diese Mengen drastisch reduziert. Der heutige Bedarf in der
Bundesrepublik liegt bei wenigen tausend Tonnen pro Jahr, von denen ca. 1000 t
auf die medizinischen Dosieraerosole entfallen.

Der Ausstieg aus der FCKW-Technologie in den einzelnen Anwendungsbereichen ist unterschiedlich schnell und mit unterschiedlichem Erfolg vollzogen
worden. Am einfachsten war die Substitution im Aerosoltreibmittelbereich (mit
Ausnahme der Medizinalsprays), in dem heute – wie früher bereits – einfache
Kohlenwasserstoffe wie Propan und Butan verwendet werden. Die FCKW-
Blähmittel für Polymerschäume sind weitestgehend durch CO_2, CH_2Cl_2 und Pentan ersetzt. Im Lösemittelbereich haben sich CKWs wie Trichlorethen und Per-
chlorethen wieder etabliert. Besonders schwierig zu substituieren war der
Kältemittelbereich. Eine intensive und international angelegte Ersatzstoffsuche
hat dort zunächst über die *H-FCKW* (z.B. $CHClF_2$ (H-FCKW 22) auf die *H-FKW*
(z.B. CF_3CH_2F (134a)) und CF_3CHFCF_3 (227)) geführt. Da sie kein Chlor enthalten, tragen H-FKWs nicht zum Abbau des Ozons in der Stratosphäre bei
(*ODP-Wert* = 0). Aufgrund ihrer kürzeren Lebensdauern ist darüber hinaus ihr
Beitrag zum anthropogenen Treibhauseffekt geringer. Tabelle 2 zeigt eine
Zusammenstellung der für die Ozon- und Klimawirksamkeit von FCKW und
einiger ihrer Ersatzstoffe wichtige Charakteristika.

Tabelle 2. Relative Ozonwirksamkeit (ODP-Werte) und relative Klimawirksamkeit (GWP-Werte)
von FCKW und einiger FCKW-Ersatzstoffe

Spurengas	Formel	Lebensdauer (Jahre)	ODP-Wert[a]	GWP-Wert[b] [10]	
				20 Jahre	100 Jahre
FCKW-11	$CFCl_3$	50 ± 5	1.0	5×10^3	4×10^3
FCKW-12	CF_2Cl_2	102	0.9	7.9×10^3	8.5×10^3
H-FCKW-22	CF_2HCl	13,3	0.04	4.3×10^3	1.7×10^3
H-FCKW-134a	CF_3CH_2F	14	0	3.3×10^3	1.3×10^3
H-FKW 227	CF_3CHFCF_3	41	0	4.5×10^3	3.3×10^3

[a] bezogen auf FCKW-11.
[b] bezogen auf CO_2.

Die dabei angegebene Klimawirksamkeit (*GWP-Werte*) ist bezogen auf CO_2 und auf Massenbasis. Solche GWP-Werte sind vom Zeithorizont abhängig, wobei die kürzerlebigen Gase mit zunehmendem Zeithorizont weniger wirksam werden.

Bei einem Vergleich der zukünftigen Klimawirkung von FCKW-Ersatzstoffen relativ zu den FCKW muß natürlich die künftige Emission mitberücksichtigt werden. Der geschätzte globale Bedarf von HFCKW 134a bei voller Substitution der FCKW in allen möglichen Anwendungsbereichen betrug im Jahre 1995 ca. 150 kt/a; für das Jahr 2000 wird ein weiterer Anstieg auf ca. 300 kt/a prognostiziert. Der weitaus größte Anteil davon wird in der Kälte- und Klimatechnik verwendet; der Bedarf in Medizinalsprays dürfte die 10 kt/a-Marge kaum überschreiten. Die Emissionsrate von H-FCKW 134a in der ersten Dekade des nächsten Jahrhunderts wird auf ca. 100 kt/a abgeschätzt. Damit beträgt der Beitrag von H-FCKW 134a zum anthropogenen Treibhauseffekt in diesem Zeitraum ca. 1–2% [11].

ZUSAMMENFASSUNG

Anthropogene Emissionen haben die Erdatmosphäre verändert. Die auffälligsten Veränderungen finden derzeit in der Stratosphäre statt, in der die Ozonschicht mit einer Rate von 3%/Dekade im globalen Mittel abgebaut wird und über der Antarktis jährlich wiederkehrend Änderungen von mehr als 50% auftreten. Die Verursacher dieser Veränderungen sind die Fluorchlorkohlenwasserstoffe (FCKW) und die Halone, deren Emissionen durch das Montrealer Protokoll zwar zum größten Teil eingegrenzt sind, deren Wirkung in der Atmosphäre aber noch Jahrzehnte anhalten wird. Zur Zeit weniger auffällig, aber doch nachweisbar, ist die Veränderung des Strahlungshaushalts der Erdatmosphäre aufgrund der Emissionen von klimawirksamen Spurengasen wie CO_2, CH_4, N_2O und FCKW. Die globale Durchschnittstemperatur der Erdatmosphäre seit 1860 hat sich um ca. 0,6 °C erhöht. Bei realistischer Fortsetzung der Emissionen, d. h. ohne drastische Maßnahmen beim CO_2, wird die Temperatur bis zum Jahre 2100 vermutlich um weitere 2,5 °C ansteigen. Während bei den FCKW Ersatzstoffe wie die HFKW eingeführt wurden, die die Ozonschicht nicht schädigen und weniger klimawirksam sind und damit die entsprechenden Technologien (Kühlung, Verschäumung, Entfettung u. a.) beibehalten werden konnten, ist eine CO_2-Substitution nicht möglich. Hier kann nur auf Einsparung im Energieverbrauch oder alternative Energiequellen gesetzt werden.

Literatur

1. Bates DR, Nicolet M (1950) J Geophys Res 55:301
2. Crutzen PJ (1971) J Geophys Res 76:7311
3. Rowland FS, Molina MJ (1974) Rev Geophys Space Phys 13:1
4. Wofsy SC, McElroy MB, Tung YC (1975) Geophys Res Lett 2:215
5. Scientific Assessment of Ozone Depletion 1994 (1995) World Meteorological Organization, Report No. 37
6. Farman JC, Gardiner BJ, Shanklin DD (1985) Nature 315:207
7. Zellner R (1993) Chemie in unserer Zeit 27:230
8. Climate Change 1994 (1995) Intergovernmental Panel on Climate Change (IPCC), Cambridge University Press
9. Montzka SA, Butler JA, Myers RC, Thompson TM, Swanson TH, Clarke AD, Lock LT, Elkins JW (1996) Science 272:1318
10. Climate Change 1992 (1993) Intergovernmental Panel on Climate Change (IPCC), Cambridge University Press
11. Enquête-Kommission des Dt. Bundestages: Schutz des Menschen und der Umwelt (1994)

9 Rechtliche Aspekte, Begutachtung, Informationsquellen, Umweltpolitische Zielgrößen

9.1 Rechtliche Aspekte – Haftung bei Umweltschäden

T.M. Hellmann

EINLEITUNG

Für die Betrachtung aus Sicht des Mediziners geht es in erster Linie um Schadenersatz für Körperschäden im weitesten Sinne, also die unmittelbaren Krankheitsfolgen einer Belastung mit schädigenden Emissionen (Ansprüche auf Schmerzensgeld) sowie deren mittelbare Folgen (Kosten der Heilbehandlung, Rehabililtation, Heil- und Hilfsmittel) bis hin zu den finanziellen Folgen einer Beeinträchtigung der Erwerbsfähigkeit (§§ 842, 843 BGB) und den Auswirkungen auf den Unterhalt von Angehörigen des Geschädigten im Falle des Todes des Betroffenen (§ 844, Abs. 2 BGB).

Gesetzliche Grundlagen

Schadenersatzansprüche bei umweltbedingter Schädigung lassen sich stützen auf

- Die allgemeine deliktsrechtliche Haftung nach dem BGB (§§ 823 ff. BGB), insbesondere bei Verletzung der Verkehrssicherungspflicht.
- §§ 906, II/2 BGB iVm § 14 Bundes-Immissionsschutzgesetz.
- Produkthaftungsgesetz vom 15.12.1989,
  Nach § 1 Produkthaftungsgesetz hat der Hersteller Ersatz für die Schäden zu leisten, die aufgrund eines *Fehlers* des Produktes entstehen (§ 1, I ProdHG).
- Nach dem Umwelthaftungsgesetz vom 10.12.1990 .
  Nach § 1 Umwelthaftungsgesetz haftet der *Betreiber* einer im Anhang zu § 1 des Gesetzes aufgeführten *Anlage* (sog. „Kataloganlage"), wenn durch eine davon ausgehende „Umwelteinwirkung" jemand getötet, sein Körper oder seine Gesundheit verletzt oder eine Sache beschädigt wird.

Die Stellung des Arztes

Der behandelnde Arzt muß in erster Linie

- Hinweisen auf umweltbedingte Fremdursachen für bestimmte Erkrankungen nachgehen, soweit sich diese aus dem Krankheitsbild ergeben,

- den Zusammenhang zwischen bestimmten Krankheitssymptomen und dafür in Frage kommenden schädlichen Umwelteinflüssen erkennen,
- den Patienten hierüber informieren und
- diese Zusammenhänge soweit möglich verifizieren und dokumentieren.

Dagegen ist es nicht die Aufgabe des behandelnden Arztes, den Patienten über die *rechtlichen* Möglichkeiten der Umwelthaftung aufzuklären.

Die Beweislast im Haftungsprozeß wegen Umweltschäden

Grundsätzlich hat der Geschädigte sämtliche Anspruchsvoraussetzungen zu beweisen (Vollbeweis). Der Kläger muß im Prozeß also unter Beweis stellen:

- eine Verletzungshandlung,
- die Verursachung durch den Beklagten (Kausalität) und
- das Verschulden des Beklagten.

Der Begriff des „Beweises" im prozessualen Sinne

Der Unterschied zwischen den naturwissenschaftlichen und den juristisch-prozessualen Beweisanforderungen war bereits im „Contergan"-Prozeß (LG Aachen 18.12.1970 = JZ 1971, 507) die Schlüsselfrage. Die Abgrenzung des LG Aachen lautet:

„Unter dem Nachweis im Rechtssinne ist keineswegs der sogenannte naturwissenschaftliche Nachweis zu verstehen … Dementsprechend beruht der strafrechtliche Beweis, der Eigenart geisteswissenschaftlichen Erkennens gemäß, nicht auf einem unmittelbaren einsichtigen Denken, sondern auf dem Gewicht eines die Gründe abwägenden Urteils über den Gesamtzusammenhang des Geschehens."

Es genügt also der *Indizien*- oder *Anscheinsbeweis* (auch „prima-facie-Beweis"), z. B. das Fehlen jeglicher sonstiger Erklärbarkeit der Verursachung von Schäden dieser Art unter derartigen Gegebenheiten. Im Vergleich zum naturwissenschaftlichen Kausalitätsnachweis sind für die Zwecke des Haftungsrechts deutlich niedrigere Nachweisanforderungen zu stellen (Schmidt-Salzer, a.a.O. Rdn. 73). Im Ergebnis bedeutet dies, daß bei konkreten Hinweisen auf eine bestimmte Schadensursache und fehlenden Hinweisen auf ebenfalls in Betracht kommende andere Ursachen *die nur denkbare Alternativursache außer Betracht zu lassen ist* (BGH BB 1978, 1233 – Bremsen; BGHZ 114, 284 – Blutkonserve).

Es ist also nicht erforderlich, daß bei Umweltschäden unter Ausschluß jeglichen Zweifels unter optimalen Analyse- und Kontrollbedingungen positiv belegt wird, unter welchen Voraussetzungen welcher Stoff welche Schadensfolgen verursacht hat.

Beweiserleichertungen nach dem UmweltHG

Geeignetheit der Anlage zur Schadensverursachung (Ursachenvermutung)

Zusätzlich hat der Gesetzgeber im UmweltHG eine *gesetzliche Ursachenvermutung* (§ 6 und 7 UmweltHG) postuliert. Danach *wird vermutet,* daß ein konkreter Schaden durch eine emittierende Anlage verursacht worden ist, wenn diese Anlage nach den Gegebenheiten des Einzelfalls hierzu *geeignet* ist. Der Geschädigte muß also darlegen, daß

- der Beklagte eine der in der Anlage zu § 1 UmweltHG aufgeführten *Anlagen betreibt* und diese Anlage,
- *geeignet ist,* den Schaden zu verursachen.

Gegenbeweis durch den Betreiber

Daß die Anlage tatsächlich den Schaden verursacht hat und daß den Betreiber hieran ein Verschulden trifft, braucht der Geschädigte nicht zu beweisen, vielmehr ist es Sache des Betreibers der Anlage, den Gegenbeweis durch den Nachweis zu erbringen, daß die besonderen Betriebspflichten eingehalten sind und keine Störung des Betriebs vorgelegen hat (§ 6, II UmweltHG) bzw., daß neben der betreffenden Anlage auch ein anderer Umstand nach den Gegebenheiten des Einzelfalls geeignet ist, den Schaden zu verursachen (§ 7, II UmweltHG).

Auskunftsansprüche des Geschädigten

Zur Feststellung, ob eine bestimmte Anlage *geeignet* ist, ein festgestelltes Krankheitsbild zu verursachen, kann der Betroffene vom Betreiber der verdächtigten Anlage (§ 8 UmweltHG) bzw. von den mit der Genehmigung und Überwachung der Anlage betrauten Behörden (§ 9 UmweltHG) Auskünfte verlangen (§ 8 UmweltHG), so z.B. über die verwendeten Einrichtungen, die Art und Konzentration der eingesetzten oder freigesetzten Stoffe und die sonst von der Anlage ausgehenden Wirkungen sowie die besonderen Betriebspflichten nach § 6 Abs. 3 UmweltHG.

Voraussetzung hierfür ist, daß in gewissem Umfang ein „Immissionsgeschehen" belegt werden kann, das ernsthaft die Möglichkeit des späteren Entstehens oder Sichtbarwerdens eines Schadens begründet (Schmidt-Salzer, § 8 Rdn. 10 und Rdn. 24). Ausreichend für die Begründung eines Auskunftsanspruches ist demnach, daß

- entweder eine Gesundheitsstörung konkret vorliegt oder einzutreten droht (Bsp.: PER-Einlagerungen bei Nachbarn eines Reinigungsbetriebes im Haupthaar, in Leber und Nieren, ohne daß bereits dadurch bedingte Funktionsstörungen nachweisbar wären, so im Fall des Kammergerichts Berlin vom 17.11.89, VersR 91, 826), oder
- ernsthaft die Möglichkeit des späteren Entstehens eines Schadens begründet ist.

Folgen für den behandelnden Arzt

Für den behandelnden Arzt bedeutet dies, daß bei der Beurteilung lediglich danach zu fragen ist, ob Emissionen gleich welcher Art *als Krankheitsursache in Frage kommen („geeignet" sind)*.

Ein Nachweis in dem Sinne, daß die Ursächlichkeit unter Ausschluß jeglicher Alternativmöglichkeit *bewiesen* sei, ist nicht erforderlich.

Auf die Frage, ob Emissionen *bestimmten Anlagen zuzuordnen* sind, braucht der Arzt ebenfalls nicht einzugehen. Die Eignung einer bestimmten Anlage als mögliche Ursache beurteilt sich nämlich gemäß § 6, Abs. 1 Satz 2 UmweltHG nach verschiedensten Faktoren, dem Betriebsablauf, den verwendeten Einrichtungen, der Art und Konzentration der eingesetzten und freigesetzten Stoffe, den meteorologischen Gegebenheiten, nach Zeit und Ort des Schadenseintritts und nach dem Schadensbild sowie allen sonstigen Gegebenheiten, die im Einzelfall für oder gegen die Schadensverursachung sprechen. Ein abschließendes Bild über derartig komplexe Zusammenhänge läßt sich nicht allein auf der Grundlage einer noch so sorgfältigen ärztlichen Anamnese gewinnen. Der Arzt sollte sich daher davor hüten, eigene Schlußfolgerungen zu ziehen oder gar – was in der forensischen Praxis leider immer wieder vorkommt – Angaben des Patienten ungeprüft zu übernehmen, zumindest nicht, ohne dies als Meinungsäußerung des Patienten deutlich kenntlich zu machen.

Ebensowenig hat sich der Arzt mit der Frage zu befassen, ob die Geeignetheit und/oder die Ursachenvermutung vom Betreiber widerlegt werden kann. Es ist nicht Aufgabe des Arztes, nach möglichen Alternativursachen zu forschen oder solche theoretisch in Erwägung zu ziehen. Wie dargelegt, hat die rein abstrakt-theoretische Alternativursache außer Betracht zu bleiben. Auch eine konkrete Möglichkeit, daß eine Gesundheitsbeeinträchtigung andere Ursachen außer Emissionen aus einer „Kataloganlage" haben könnte, braucht der Arzt von sich aus ohne gesonderten Gutachtensauftrag nicht zu verfolgen, denn der Einwand der Mitverursachung durch andere mögliche Schadensquellen obliegt dem Betreiber. Die Frage, ob dieser Entlastungsnachweis gelingt, betrifft prozessuale Risiken, deren Abwägung ausschließlich Sache des Geschädigten bzw. des von ihm zu beauftragenden Anwalts ist.

Fehleinschätzungen des Patienten

Abzugrenzen sind derartige Fälle von dem Bereich neurotischer Fehlverarbeitungen allgemeiner Ängste vor Umweltvergiftung (sog. Seveso-Syndrom). Trotzdem ist im Zweifel von einer Ursächlichkeit einer möglichen Emission einer dafür in Frage kommenden Anlage für konkret festgestellte körperliche Beschwerden auszugehen, sofern eine derartige Verursachung überhaupt nur in Betracht kommt.

Die Haftung nach dem Produkthaftungsgesetz

„Fehler" als Anknüpfungspunkt für die Haftung

Gemäß § 1 ProdHG ist der Hersteller haftbar, wenn durch den *Fehler* eines Produkts jemand getötet oder sein Körper oder seine Gesundheit verletzt wird. Ein *Verschulden* muß der Geschädigte *nicht beweisen*, es ist Sache des Herstellers, die Voraussetzungen für das Vorliegen eines gesetzlichen Ausnahmetatbestandes zu beweisen (§ 1, IV ProdHG), z. B. durch den Nachweis, daß ein Fehler bei Inverkehrbringen des Produktes nach dem Stand der Wissenschaft und Technik nicht erkannt werden konnte (§ 1, II Nr. 5 ProdHG). Der Geschädigte muß also darlegen, daß

- ein *Fehler* des Produktes vorgelegen hat,
- ein *Schaden* entstanden ist,
- daß ein ursächlicher Zusammenhangs (*Kausalität*) zwischen Fehler und Schaden besteht (§ 1, IV ProdHG).

Kausalitätsbeweis

Im Gegensatz zum UmweltHG reicht hier der Nachweis der *Geeignetheit* eines fehlerhaften Produktes als Ursache für einen konkret festgestellten Schaden nicht aus. Es kommen jedoch die seit langem gebräuchlichen allgemeinen Beweiserleichterungen bei der Umwelthaftung zum Tragen, insbesondere der sog. „Indizien-, Anscheins- oder prima-facie-Beweis".

Anscheinsbeweis

Dieser ist schon dann geführt, wenn bei mehreren Personen zeitlich zusammenfallend gleichartige Schäden auftreten, für die jeweils dieselben Ursachen in Frage kommen (sog. *„auffälliges Zusammentreffen"*). Diese Indizienkette hat speziell bei den spektakulären Entscheidungen im Contergan- und im Lederspray-Fall (BGHSt. 37, 106 = BB 1990, 1856) eine Rolle gespielt.

Der Anscheinsbeweis ist auch erbracht, wenn die Schadensursache durch den Ausschluß theoretisch denkbarer Alternativursachen so eingekreist ist, daß nur noch eine bestimmte Schadensursache als wahrscheinliche Ursache übrigbleibt (BGH VersR 1981, 1181 – Klimagerät). Auch hier kann sich der Beklagte in der Regel nur entlasten, indem er den Nachweis eines konkreten andersartigen Schadenssachverhaltes erbringt.

Nach den Grundsätzen der *„Beweislastverteilung nach Gefahrenbereichen"* genügt es, daß ein haftungsbegründendes Geschehen innerhalb des Verantwortungsbereichs des Beklagten liegt. Der Kläger muß nur darlegen, daß im Herrschaftsbereich des Beklagten *irgendein* ursächlicher rechtswidriger Zustand vorgelegen hat (*Fehler-Bereichs-Nachweis*), nicht hingegen die konkreten internen Vorgänge, die zum Fehler geführt haben und wie dies erfolgt ist. Der Beklagte hat dann den Entlastungsbeweis zu führen (Grundlegend hierzu die sog. Hühnerpestentscheidung des BGH vom 26.11.68, BGHZ 51, 91 = NJW 69, 269). Voraussetzung für diese Beweislastumkehr ist also, daß die Schadensursache auf den Verantwortungsbereich des Anspruchsgegners eingegrenzt ist.

Der Fehlerbegriff des ProdHG

Der Maßstab der Produktsicherheit

Der Fehlerbegriff ist das zentrale Problem des Produkthaftungsrechts. Danach ist ein Produkt fehlerhaft, „wenn es nicht die Sicherheit bietet, die unter Berücksichtigung aller Umstände, insbesondere seiner Darbietung, des Gebrauchs, mit dem billigerweise gerechnet werden kann und des Zeitpunktes, in dem es in Verkehr gebracht wurde, berechtigterweise erwartet werden kann" (§ 3 ProdHaftG).

Entscheidend ist also nicht die mangelnde Gebrauchsfähigkeit, sondern die mangelnde Sicherheit des Produktes.

In der Regel muß das Produkt die nach dem Stand von Wissenschaft und Technik unter Berücksichtigung der berechtigten Verkehrserwartungen erforderliche Sicherheit bieten, also mindestens den gesetzlichen oder technischen Vorschriften (DIN-Normen, VDE-Richtlinie etc.) entsprechen. Entscheidend ist, daß durch seine Benutzung die körperliche Unversehrtheit des Benutzers oder eines Dritten nicht beeinträchtigt wird (Palandt-Thomas BGB, 52. Aufl. ProdHG § 3/7). Maßstab sind die objektiven Sicherheitserwartungen derer, die mit dem Produkt in Kontakt kommen.

Damit kann bei einer Schädigung, die bei *bestimmungsgemäßem oder nicht ganz fernliegendem Fehlgebrauch* eines Produktes auftritt, auf einen Produktfehler zurückgeschlossen werden. Die berechtigten objektiven Sicherheitserwartungen des Verkehrs verlangen, daß niemand bei bestimmungsgemäßem Gebrauch eines Produktes zu Schaden kommt.

Nebenwirkungen

Für die Medizin sind *Nebenwirkungen* eines Produktes (speziell eines Arzneimittels) von besonderer Bedeutung. Unter Nebenwirkungen sind produktimmanente Fehler zu verstehen, die als *notwendige Begleiterscheinung* hinzunehmen sind, weil das Produkt auf andere Weise nicht herzustellen ist. Hierzu gehören auch die notwendigerweise mit dem Genuß von Alkohol oder Tabak verbundenen Gesundheitsgefahren. Um diese nicht als Produktfehler im Sinne des ProdHG bewerten zu müssen, behilft sich die Praxis, indem sie derartige „immanente Nebenwirkungen" als allgemein bekannt unterstellt.

Höchst interessant ist die Frage, ob ein Produkthersteller sich mit dem Argument entlasten kann, die Wirkungsweise seines Produktes hänge von der Verwendung eines notwendigerweise umweltschädigenden Stoffes ab. Derartige

Überlegungen dürften in der Regel für sämtliche chemisch-toxischen Schädlingsbekämpfungsmittel (Insektizide, Holzschutzmittel) gelten. Eine konsequente Anwendung der Überlegungen, die dem Fehlerbegriff des ProdHG zugrundeliegen, würde dazu zwingen, bestimmte Produkte *überhaupt nicht mehr* verwenden zu dürfen, auch unter Inkaufnahme der Tatsache, dann auch auf deren Wirkungen verzichten zu müssen.

Haftungsproblem für den Arzt: Verjährung

Für Ansprüche nach dem UmweltHG gilt die Verjährungsregelung des Deliktsrechts des BGB (§§ 17 UWG, 852 BGB), für Ansprüche nach dem ProdHG gilt die Sondervorschrift § 12 ProdHG. Nach allen Vorschriften beträgt die regelmäßige Verjährfrist drei Jahre ab Kenntnis des Verletzten, 30 Jahre ab Begehung der Handlung. Zusätzlich gilt nach § 13 ProdHG, daß der Anspruch zehn Jahre nach Inverkehrbringen des Produkts *erlischt*.

Kenntnis des Geschädigten als Beginn der Verjährfrist

Nach §§ 17 UmweltHG, 852 BGB beginnt die Verjährung in dem Zeitpunkt, in dem der Verletzte *von dem Schaden* und der *Person des Ersatzpflichtigen* Kenntnis erlangt. Beides kann in der Praxis zu Schwierigkeiten führen.

Schadenseintritt

Bei schädlichen Umwelteinwirkungen wird eine meßbare Wirkung oft erst infolge einer Langzeitexposition eintreten. Liegt ein Schaden also schon vor, wenn eine schädliche Umwelteinwirkung feststeht, ohne daß bereits meßbare Auswirkungen (z. B. Anreicherungen im Blut der Patienten) vorliegen, müssen meßbare Intoxikationen nachweisbar sein oder muß eine Krankheit bereits ausgebrochen sein (Beispiel: Aidsinfektion infolge verseuchter Blutkonserven: Liegt der Schaden schon vor bei Verabreichung der Bluttransfusion, bei Nachweis von Antikörpern oder erst bei Ausbruch z. B. eines Sarkoms?). Die Praxis grenzt die Frage danach ab, ob dem Geschädigten eine Klage auf Ersatz des Schadens oder zumindest auf *Feststellung* der Ersatzpflicht zuzumuten ist.

Fahrlässige Unkenntnis

Für die Haftung nach dem ProdHG gilt eine Verschärfung gegenüber anderen Haftungsnormen, weil die Verjährung bereits dann zu laufen beginnt, wenn der Ersatzberechtigte von Schaden, Fehler und Schädiger Kenntnis erlangt oder *hätte erlangen müssen* (§ 12, I ProdHG). Anders als im sonstigen Deliktsrecht gilt hier bereits *vorwerfbare, zumindest fahrlässige Unkenntnis* als auslösender Faktor für den Beginn der Verjährfrist.

Die Verantwortlichkeit des Arztes

An dieser Stelle setzt nun die besondere Verantwortlichkeit des behandelnden Arztes ein: Wenn nämlich bereits fahrlässige Unkenntnis von den maßgeblichen Ereignisfaktoren die Verjährfrist in Gang setzen kann, stellt sich natürlich sofort die Frage, inwieweit sich der Verletzte eine Kenntnis oder – viel schwerwiegender – fahrlässige Unkenntnis seines Arztes zurechnen lassen muß. Mit anderen Worten: Muß sich der Verletzte vorhalten lassen, er selbst habe möglicherweise selbst die Zusammenhänge, die auf eine Schädigung durch Umweltgifte hindeuten, nicht erkannt, aber sein Arzt hätte diese Zusammenhänge erkennen können und müssen und diese Kenntnis oder fahrlässige Unkenntnis müsse sich der Verletzte zurechnen lassen?

Diese Frage ist – soweit ersichtlich – bisher noch nicht höchstrichterlich entschieden worden, vermutlich hat sie sich wegen des relativ „jungen" ProdHG noch nicht gestellt. Daß sie zu irgendeinem Zeitpunkt einmal aufgeworfen wird, dürfte allerdings ziemlich sicher sein.

Arzt als Erfüllungsgehilfe im Sinne des §278 BGB?

Wendet man die einschlägigen Grundsätze der Anwaltshaftung entsprechenden an, ergibt sich ein relativ strenger Haftungsmaßstab: Bei der Anwaltshaftung gilt nach gefestigter höchstrichterlicher Rechtsprechung, daß sich der Mandant das Verschulden seines Anwalts zurechnen lassen muß. Würde z. B. ein Anwalt mit der Durchsetzung von Ansprüchen nach dem ProdHG beauftragt, so muß sich der Mandant auch Kenntnis oder fahrlässige Unkenntnis *seines Anwalts* entgegenhalten lassen, auch wenn dieser seinen Mandanten gar nicht informiert hat.

Ob dies auch im Verhältnis Arzt/Patient zu gelten hat, ist noch offen. Nach dem Grundsatz der größtmöglichen Schiefgängigkeit (worst-case-Prinzip) ist aber jeder Arzt gut beraten, wenn er sein Verhalten auf die denkbar ungünstigste Alternative abstellt. Zumindest dann, wenn ein Patient den Arzt aufsucht, um sich wegen beabsichtigter Schritte gegen einen Produkthersteller medizinischen Rat zu holen, untersuchen zu lassen oder nur ein Attest verlangt, muß der Arzt damit rechnen, rechtlich als „Erfüllungsgehilfe" des Patienten (§278 BGB) behandelt zu werden, denn er wird ja vom Patienten eingeschaltet mit der *Zielrichtung*, gegen einen bestimmten Schädiger vorzugehen. Der Arzt, der hiermit beauftragt wird, ist damit „im Pflichtenkreis des Anspruchstellers" tätig. Dies kann zur Folge haben, daß eine Kenntnis oder auch nur fahrlässige Unkenntnis von bestimmten haftungsauslösenden Faktoren, die *nur* der Arzt gewinnt oder *hätte gewinnen müssen*, dem Patienten auch dann zugerechnet werden kann, wenn sie der Arzt entweder nicht erkannt oder auch nur an den Patienten nicht weitergegeben hat.

Führt diese Zurechnung fahrlässiger Unkenntnis des hinzugezogenen Arztes dann infolge Verjährung (§12 ProdHG) zu einem Anspruchsverlust beim Patienten, ist dem Arzt die Regreßhaftung sicher.

Beratungsfehler

Dies gilt – wie ausgeführt – mit Sicherheit in den Fällen, in denen der Patient bereits konkrete Verdachtsmomente für eine Schädigung durch Umweltgifte äußert oder gar den Arzt gerade *deswegen* aufsucht.

Am Ergebnis dürfte sich aber wohl nichts ändern, wenn der Patient gegenüber dem Arzt nur allgemeine Beschwerden äußert und sich erst anläßlich der Untersuchung Verdachtsmomente für eine Schädigung durch Umweltgifte ergeben, die der Arzt entweder nicht erkennt oder nicht weitergibt. Dann folgt eine mögliche Regreßhaftung des Arztes bei Anspruchsverlust infolge Fristablaufes zwar nicht aus dessen Stellung als Erfüllungsgehilfe bei der Anspruchsdurchsetzung (§ 278 BGB), wohl aber aus fehlerhafter bzw. unzureichender *Beratung* des Patienten im Rahmen des allgemeinen Arzt-Patient-Verhältnisses (sog. „positive Vertragsverletzung" des Arztvertrages).

Auch wenn dem Patienten hierbei möglicherweise eine fahrlässige Unkenntnis seines Arztes nicht zugerechnet wird, ist immer noch mit einem Erlöschen des Anspruchs infolge Ablaufes der Ausschlußfrist des § 13 ProdHG (zehn Jahre nach Inverkehrbringen des Produkts) zu rechnen. Auch eine solche auf den ersten Blick relativ lang bemessene Frist ist oft schneller abgelaufen, als man denkt, und Fälle, in denen Patienten über Jahre hinweg wegen einer bestimmten Symptomatik behandelt werden, die sich erst ganz spät als umweltbedingte Schädigung erweist, sind bekanntlich nicht selten. Der vorsichtige Arzt sollte auch immer bedenken, daß er es bei behaupteten Umweltschäden auch mit querulatorischen Patienten oder gar Rentenneurotikern zu tun haben kann, die auf einen möglichen Regreß gegen den eigenen Arzt sicherlich nicht verzichten werden und zudem auch eine Anspruchsstellung durch die Erben im Rahmen des § 7 ProdHG möglich ist. Stellt sich gar anläßlich einer Obduktion heraus, daß ein Patient – infolge Einwirkung von Umweltgiften verstorben – von seinem Hausarzt auf die mögliche Fremdursache nie aufmerksam gemacht worden ist und sind die Erben noch dazu rechtsschutzversichert, braucht man die Konsequenzen wohl nicht mehr im einzelnen zu schildern.

ZUSAMMENFASSUNG

Die Antwort auf die Frage, wie sich der Arzt zu verhalten hat, der anläßlich einer Untersuchung auf Symptome oder gar nur auf Laborwerte stößt, die möglicherweise auf eine Schädigung durch Umweltgifte hindeuten, kann daher nur lauten, daß der Arzt gehalten ist, sofort und vor allem *nachweisbar dokumentiert* den Patienten hierüber aufzuklären. Im übrigen sollte sich der Arzt darauf beschränken, dem Patienten den Gang zum Anwalt nahezulegen – schon aus Gründen der eigenen Absicherung. Gut gemeinte Ratschläge wie „da kann man sowieso nichts machen" oder „beweisen läßt sich nichts" können – wie dargelegt – zum Bumerang werden.

Weiterführende Literatur

BB, Der Betriebsberater (Jahrgang und Seite)
BGHSt, Entscheidungen des Bundesgerichtshofes in Strafsachen (Band und Seite)
BGHZ, Entscheidungen des Bundesgerichtshofes in Zivilsachen (Band und Seite)
JZ, Juristen-Zeitung (Jahrgang und Seite)
Palandt-(Bearb.) (1997) Bürgerliches Gesetzbuch, Kommentar, 56. Auflage, München
Schmidt-Salzer (1992) Kommentar zum Umwelthaftungsrecht, Heidelberg
Taschner/Frietsch (1990) Produkthaftungsgesetz und EG-Produkthaftungsrichtlinie, Kommentar, 2. Auflage, München
VersR, Versicherungsrecht (Jahr und Seite)

9.2 Umweltmedizinische Begutachtung

J. Schneider und H.-J. Woitowitz

EINLEITUNG

In den letzten Jahren hat sich das Umweltbewußtsein der Bevölkerung deutlich intensiviert und in der Öffentlichkeit zunehmende Bedeutung erlangt. Unter den vielfältigen Gefährdungen und Schädigungsmöglichkeiten durch exogene Umweltnoxen interessieren besonders auch die Erkrankungsrisiken am Arbeitsplatz (Valentin 1994). So stellen Berufskrankheiten die zur Zeit am besten erforschten „Umweltkrankheiten" dar (Woitowitz 1986). Gemeinsames Kennzeichen von Berufskrankheiten und Umweltkrankheiten stellt das Kausalitätsprinzip als eine Form des Verursacherprinzips dar. Die kausale Betrachtungsweise von Ursache-Wirkungs- oder sogar Dosis-Wirkungskategorien ermöglicht es, Beziehungsketten zwischen Krankheitsdiagnosen (Wirkungen) und äußeren Ursachen aufzuzeigen und Risiken präventiv gezielt zu vermindern.

Kausalität-Finalitäts-Konflikt

Fragen von Patient und Arzt nach den Entstehungsursachen (der Kausalität) einer Krankheit sind so alt wie die Medizin selbst. Erst die Sozialgesetzgebung der Bismarck-Zeit hat für die Ärzteschaft einen tiefgreifenden Kausalitäts-Finalitäts-Konflikt mit sich gebracht (Watermann 1968). Finale oder kausale sozialjuristische Denkansätze liegen den Schutzmaßnahmen unseres Systems der sozialen Sicherung zugrunde. Diese Regelungen gelten bei gesundheitsrelevanten Schicksalsschlägen. Aber auch handlungsorientierte Aufgabenschwerpunkte resultieren für die Ärzteschaft. Sie lassen sich mit den Begriffen Vorbeugen (Prävention), Heilen (Kuration) bzw. Rehabilitation (Wiederherstellen einschließlich Kompensation) umreißen. Die wichtigsten Aufgaben kurativ tätiger Ärzte in Praxis und Klinik dienen der Erfüllung der Ziele der gesetzlichen Krankenversicherung. Hier gilt das sog. Finalitätsprinzip: Es kommt wesentlich auf die Feststellung (Diagnose) des Krankheitszustandes, d.h. das Vorliegen einer Krankheit an, welche es zu heilen gilt. Eine Kausalanalyse, d.h. Analyse der zugrundeliegenden Krankheitsursachen, ist dabei rechtsverbindlich nicht gefordert. Dieser finale Denkansatz hat die kurative Medizin in den letzten hundert Jahren entscheidend geprägt. Eine Kausalanalyse wird allerdings von der eingetretenen Wirkung (Krankheit) rückblickend vorgenommen. Eine Sonderstellung besitzen bestimmte Krankheitsgruppen, verursacht etwa durch Allergene, Infektionserreger oder auch anorganische Stäube. Bei ihnen kann die Kausalanalyse, d.h. die Aufdeckung der Krankheitsursache, einer zielgerichteten Therapie sowie der primären Prävention dienen.

Praktisch soll beim Nachweis einer oder mehrerer Ursachen – möglichst anhand von Dosis-Wirkungsbeziehungen – vorausblickend auf die potentiell eintretende Wirkung geschlossen werden. Dem gleichen Gedankengang von Ursache → Einwirkung → Wirkung folgt das Konzept der Kausalanalyse in der Berufskrankheiten- und auch der umweltmedizinischen Begutachtung.

Umweltgesetzgebung

Das Umweltrecht dient dem Schutz von Leben und Gesundheit des Menschen und dem Schutz der Umwelt. Rechtsvorschriften, die dem Schutz, der Pflege, der Entwicklung und der Wiederherstellung der natürlichen Umwelt dienen, finden sich insbesondere in den folgenden Gesetzen und Verordnungen:

- Chemikaliengesetz,
- Produkt-Haftungsgesetz,
- Bundes-Immissionsschutzgesetz,
- Umwelthaftungsgesetz,
- Strahlenschutzvorsorge-Gesetz,
- Wasserhaushaltsgesetz,
- Rückstands-Höchstmengenverordnung,
- Milchverordnung,
- Pflanzenschutz-Anwendungsverordnung und
- Schadstoff-Höchstmengenverordnung.

Neben der Bundesgesetzgebung sind auf Länderebene weitere Rechtsnormen (z.B. Smog-Regelungen) zu berücksichtigen. Außerdem gibt es zahlreiche Rechtsvorschriften in traditionellen Gesetzen, z.B. BGB und StGB. Sie haben nicht den Umweltschutz zum eigentlichen Ziel, sind aber so ausgelegt, daß sie auch dem Umweltschutz dienen. Eine Verankerung und Zusammenführung in einem umweltrechtlichen Kodex, wie es analog für den sozialrechtlichen Bereich früher die Reichsversicherungsordnung und jetzt das Sozialgesetzbuch darstellt, ist hingegen derzeit nicht gegeben.

Trotz der Zersplitterung des Umweltrechtes lassen sich die beiden zentralen Grundgedanken festhalten, nämlich das Verursacher- und das Vorsorgeprinzip (Rehbinder 1994). Das Vorsorgeprinzip als Zweck des Umweltrechtes besteht nicht nur in der Beseitigung eingetretener Schäden und der Abwehr drohender Gefahren. Es soll bereits das Entstehen von Umweltbelastungen unterhalb der Gefahrenschwelle verhindern. Nach dem Verursacherprinzip trägt der Verursacher einer Umweltbelastung, die zur Verminderung, Beseitigung oder zum Ausgleich dieser Belastung erforderlichen Kosten. Hier unterscheidet sich die Gesetzgebung grundlegend von der Gesetzlichen Unfallversicherung, bei der für

Berufskrankheiten kein Schadensersatz, sondern ein sozialer Ausgleich statt-findet.

Im Rahmen von umweltmedizinischen Kausalitäts-Betrachtungen (Kausal-analysen) haben das Chemikaliengesetz, das Gesetz über die Umwelthaftung (Umwelthaftungsgesetz) vom 10.12.1990 und das Produkthaftungsgesetz her-ausragende Bedeutung.

So sieht das Chemikaliengesetz nach §16e eine Meldepflicht für alle stoffbe-zogenen Erkrankungen bzw. Verdachtsfälle vor. Im Umwelthaftungsgesetz wird die Ersatzpflicht bei Körperverletzungen geregelt, wenn nach den Gegebenhei-ten des Einzelfalles der entstandene Schaden durch die betriebene Anlage *ver-ursacht* wurde (§6). Hier zeigen sich Parallelen zum Berufskrankheitenrecht. Das Umwelthaftungsgesetz schließt jedoch Latenzschäden weitgehend aus. So werden in §6 Abs. 4 Satz 2 Haftungen ausgeschlossen, wenn die Schädigun-gen auf Umwelteinwirkungen zurückgeführt werden, die länger als 10 Jahre zurückliegen. Da die Latenzzeiten bei umweltbedingten Tumoren, z.B. Pleura-mesotheliom-Todesfällen, stets jenseits der Zehnjahresgrenze liegen, sind damit de jure derartige Latenzschäden aus dem Geltungsbereich nahezu ausge-schlossen.

Gemäß §1 Podukthaftungsgesetz ist der Hersteller haftbar, wenn durch den Fehler eines Produktes jemand getötet oder sein Körper oder seine Gesundheit verletzt wird.

In der ärztlichen Begutachtung umweltbedingter Erkrankungen besitzt somit die Kausalanalyse – ebenso wie bei arbeitsbedingten Gesundheitsschäden – einen zentralen Stellenwert (Mummenhoff 1997).

Die Begutachtung umweltbedingter Erkrankungen

Die umweltmedizinische Begutachtung macht einzelfallbezogene diagnostische Strategien und Risikoabschätzungen notwendig (Weber und Kraus 1995). Er-fahrungsgemäß bietet sich folgendes Mehrstufenkonzept an. Es hat in ähnlicher Form langjährig im Berufskrankheiten-Feststellungsverfahren seine Bewäh-rungsprobe bestanden (Woitowitz 1989).

Umweltmedizinische Anamneseerhebung

Zunächst ist es erforderlich, sowohl die Krankheitsanamnese als auch die Arbeitsvorgeschichte zu erheben und insbesondere die Fragen im Hinblick auf erkennbare Umweltbelastungen professionell und umfassend zu erörtern. Hierzu gehören speziell die Risiko- und Einflußfaktoren aus dem Wohnumfeld, der Ernährung, des Lebensstils (Rauchverhalten, Alkohol-, Drogenkonsum, Medikamenteneinnahmen) und des Freizeitverhaltens.

Schädigende Umwelteinflüsse können chemischer, physikalischer (z.B. Strah-lung, Lärmbelastung, Druck, Temperaturen, Vibrationen) und biologischer Natur (z.B. Bakterien, Viren, Pilze, Parasiten, Insekten, Allergene) sein. Die

Ermittlung der chemischen Gefahrstoffe ist von eminenter Bedeutung. Inhaber einer gefährlichen Anlage sind nach § 10 Umwelthaftungsgesetz unter bestimmten Bedingungen zur Auskunft verpflichtet. Auch der Weg der Gefahrstoff-Inkorporation (inhalativ, perkutan, peroral) sowie die Dauer und Häufigkeit der Gefahrstoff-Einwirkungen sind zu erfragen.

Objektivierung und Quantifizierung der Risikofaktoren

Die als Gesundheits-Risiko angesehenen Einwirkungen – insbesondere diejenigen durch Gefahrstoffe – sollten nach Möglichkeit objektiviert und quantifiziert werden. In bestimmten Fällen kann eine Gefahrstoffanalyse über das Ambientmonitoring oder durch Materialuntersuchungen erfolgen. Zur Erfassung biologischer Beanspruchungsreaktionen steht teilweise das Biomonitoring zur Verfügung. Hierbei werden Konzentrationen von Gefahrstoffen oder deren Metaboliten in biologischen Materialien (Blut, Serum, Harn, Muttermilch, Haaren) bestimmt (Letzel et al. 1994). Individuelle Unterschiede in der Aufnahme (Resorption), der Verteilung im Metabolismus und der Exkretion werden dabei mit erfaßt. Der Nachweis einer Substanz – insbesondere in Mikro- und Nanogramm-Bereichen – ist jedoch keineswegs gleichbedeutend mit einer Erkrankung.

Diagnosestellung

Die weitere Diagnostik dient der Identifikation noxenspezifischer gesundheitsrelevanter Reaktionen sowie der Früherkennung funktioneller Störungen in den entsprechenden Zielorganen. Funktionsstörungen, Krankheiten oder Leiden sind mit den zur Verfügung stehenden diagnostischen Methoden und Verfahren unter Berücksichtigung der persönlichen Integrität und der psychosomatischen Konstellation des Patienten abzuklären (Valentin 1982). Zweck ist die Aufdeckung von Schädigungen in den noxenspezifischen Zielorganen und ggf. resultierender psychosomatischer Reaktionen. Erwähnenswert ist, daß das BSG offenbar den vom Reichsversicherungsamt geprägten Krankheitsbegriff in der gesetzlichen Krankenversicherung (GKV) auch für umweltbedingte Erkrankungen übernommen hat, der von der WHO-Definition im Hinblick auf das vollkommene physische und psychische Wohlbefinden abweicht (Watermann 1991). In der GKV versteht man unter Krankheit bekanntlich einen regelwidrigen Körper- oder Geisteszustand, welcher eine Heilbehandlung erfordert oder Arbeitsunfähigkeit zur Folge hat.

Nachgewiesene manifeste Gesundheitsstörungen erfordern nicht zuletzt die oftmals schwierige differentialätiologische Abgrenzung konkurrierender Einflüsse.

Zusammenhangsbeurteilung

Die Beurteilung des Kausalzusammenhanges von Ursache und Wirkung hat auf dem Boden gesicherter wissenschaftlicher Erkenntnisse zu erfolgen (Triebig 1996). Die pathogenetisch orientierte Grundlagenforschung (z.B. durch die Pathologie, Biochemie, Toxikologie und Epidemiologie) bietet Fakten über Wirkungsmechanismen und z.T. über Dosis-Wirkungs-Beziehungen an. Sie trägt dadurch zur Aufklärung des Ursachenzusammenhanges wesentlich bei. Tierexperimente weisen auf das toxikologische Potential von Gefahrstoffen und insbesondere von Kanzerogenen hin. Sie gestatten z.T. Aussagen zu Dosis-Häufigkeitsbeziehungen. Methoden der analytischen Epidemiologie in Form von Fall-Kontrollstudien oder Kohortenstudien haben – über die Kasuistik hinaus – einen festen Platz bei der Erforschung der Ätiologie und der Häufigkeit, insbesondere von Krebskrankheiten. Markante Beispiele hierfür sind die Häufigkeit von Lungenkrebs infolge Radon in Innenräumen oder durch Passivrauchen (environmental tobacco smoke, ETS).

Rezidivierende Krankheitssymptome, die in engem zeitlichen und räumlichen Bezug zu einer Einwirkung stehen und eine Besserung nach Expositionsbeendigung (Karenzprobe) zeigen, sprechen für einen ursächlichen Zusammenhang.

Kausalitätsbeurteilung in verschiedenen Rechtsgebieten

Die *Kausalbeziehungen* zwischen der schadensauslösenden Ursache und dem Eintritt eines Schadens können im medizinisch-naturwissenschaftlichen Sinne vielgestaltig strukturiert sein (Watermann, 1991):

- Sie können sich als individualisierbare *monokausale* Struktur erweisen.
- Sie können individualisierbar *multifaktorieller* Art sein.
- Sie können auf einem *Kumulationseffekt* nicht weiter individualisierbarer Einzelfaktoren beruhen.
- Für den Menschen ist stets zu berücksichtigen, daß *Umwelteinflüsse* in *Konkurrenz* stehen können mit Einflüssen aus dem *Arbeitsleben,* mit der *individuellen Lebensführung* sowie mit der *genetischen Disposition* des Betroffenen.

Bei der Kausalitätsprüfung und den damit verbundenen Beweisanforderungen ist zunächst festzustellen, in welchem Rechtsgebiet der ärztliche Sachverständige gutachtlich tätig werden soll, d.h. ob dieser im Rahmen des Straf- oder Zivilrechtes beauftragt wurde. Im *Strafrecht* gilt die sog. Äquivalenztheorie. Hiernach wird eine Mitursache als „conditio sine qua non" ohne Einschränkungen angesehen, d.h. alle Bedingungen, die den Schaden in einer Kausalkette mitverursacht haben, sind zunächst gleichwertig. Der Sinn dieser Regelung läßt sich verstehen, wenn man bedenkt, daß der zu weite Kausalitätsbegriff durch das „Korrektiv der Schuld" begrenzt wird. Die Rechtsfolgen bestehen in der Strafe.

Die Beweisanforderungen verlangen es, die Beweise *mit an Sicherheit grenzender Wahrscheinlichkeit* zu erbringen. Die prozessuale Situation erfordert den gerichtlichen Nachweis einer „Tat" *und* der Schuld. Andernfalls ergeht ein Freispruch (in dubio pro reo). Anders ausgedrückt kommt es zur Strafe nur bei sicher bewiesener Tat und Schuld.

Im *Zivilrecht* findet die Adäquanztheorie Anwendung. Bei der Kausalität im Rechtssinn gilt eine Mitursache als „conditio sine qua non" nur, soweit eine adäquate Verursachung, d.h. eine erfahrungsgemäß geeignete Kausalität bestand. Der Schädiger trägt das Risiko auch für unverschuldete Folgen rechtswidrigschuldhafter Eingriffe, soweit die Folgen „adäquat" sind. Die Rechtsfolgen bestehen in einem Schadensersatz. Die Beweisanforderungen verlangen es, die Beweise mit so hoher Wahrscheinlichkeit zu erbringen, daß *kein vernünftiger Zweifel an der Verursachung* besteht. Der Kläger muß die Anspruchsvoraussetzungen beweisen, er trägt die „Beweislast". Im Fall der Unaufklärbarkeit erfolgt Klageabweisung. Die gegenüber dem Strafrecht erleichterte Beweisanforderung berücksichtigt die Tatsache, daß der Kläger begrenztere Mittel in der Beweisführung besitzt als der Staat (Staatsanwalt).

Weitere, gravierende Unterschiede sind ärztlicherseits in dem dritten großen Rechtsgebiet, dem *Sozialrecht*, und hier speziell in der gesetzlichen Unfallversicherung, zu beachten. Hier gilt die „Rechtstheorie der wesentlichen Bedingung". Danach ist in einer Kausalkette nur diejenige Mitursache eine „conditio sine qua non", soweit sie eine wesentlich mitwirkende Teilursache darstellt. Hiermit soll das arbeitsumwelt-bedingte Risiko des Menschen – „so wie er ist", d.h. mit allen seinen Prädispositionen, Vorschäden etc., – und wie er an seinem Arbeitsplatz gefährdet ist, abgefangen werden. Die Gesamtheit der arbeitsbedingten Erkrankungen findet jedoch eine deutliche Einschränkung durch die von der Bundesregierung festgelegte Liste der „Berufskrankheiten" in der jeweils neuesten Fassung. Die Rechtsfolgen bestehen hier nicht in einem Schadensersatz, sondern in einem sozialen Ausgleich. Die Beweisanforderungen verlangen es, einen *Wahrscheinlichkeitsbeweis* zu erbringen. Für den ursächlichen Zusammenhang als Voraussetzung der Entschädigungspflicht muß „hinreichende Wahrscheinlichkeit" bestehen (Watermann 1991, Mummenhoff 1997). Die Wahrscheinlichkeit des Ursachenzusammenhanges liegt vor, wenn nach Feststellung, Prüfung und Abwägung aller bedeutsamer Umstände des Einzelfalles insgesamt mehr für als gegen das Bestehen des Ursachenzusammenhanges spricht. Es genügt ein deutliches Überwiegen der für den Ursachenzusammenhang sprechenden Möglichkeiten.

Zu den Beweisanforderungen im Umweltrecht und hier insbesondere zum Umwelthaftungsrecht und dem Produkthaftungsgesetz sei auf das vorausgehende Kapitel 9.1. verwiesen. Im Umwelthaftungsgesetz ist die „Geeignetheit" einer Gesundheitsbeeinträchtigung festzustellen. Bei der insgesamt noch recht neuen Gesetzgebung läßt sich derzeit eine hochdifferenzierte Begutachtungspraxis noch nicht systematisieren.

Besonderheiten der umweltmedizinischen Zusammenhangsbeurteilung

Das Umweltrecht enthält aufgrund der oftmals vielfältigen, unbekannten, verdeckten und schwer erfaßbaren Gefahrenquellen das Kardinalproblem des Nachweises der haftungsbegründenden Kausalität. Im Gegensatz etwa zur arbeitsmedizinischen Beurteilung im Berufskrankheiten-Feststellungsverfahren, sind einige qualitative und quantitative Besonderheiten bezüglich der Inkorporation (Einwirkung) von Gefahrstoffen zu berücksichtigen. So beträgt im Umweltbereich die tägliche Expositionsdauer bis zu 24 Stunden. Neben inhalativer und perkutaner Aufnahme kann auch die Ingestion Bedeutung gewinnen. Weiterhin sind ggf. methodische Probleme bei der Probennahme und Analytik, sowohl im Bereich des Ambient- als auch Biomonitorings, zu berücksichtigen. Darüber hinaus existieren im Umweltbereich nur in begrenzterem Maße Referenz-, Richt- und Grenzwerte.

Auch die Differentialdiagnose und Kausalanalyse häufiger unspezifischer und somit polyätiologischer Symptome – wie etwa die unspezifische bronchiale Hyperreagibilität (UBH) – fordert solides medizinisches Fachwissen und interdisziplinäre Zusammenarbeit. Ebenso sind z.B. bei vielen Malignomen im Atemtrakt die Teilursachen bisher häufig nicht überschaubar. Unzureichende humantoxikologische, epidemiologische und kasuistische Erkenntnisse erklären z.T. kontroverse Auffassungen bei der gutachterlichen Zusammenhangsbeurteilung. Unabhängig von den Schwierigkeiten der Beurteilung des Kausalzusammenhanges ist die Tatsache eines von der Gesetzgebung bestimmten, weitgehenden Ausschlusses von Latenzschäden (§6 Umwelthaftungsgesetz) zu konstatieren, wie sie typischerweise Tumorerkrankungen des Respirationstraktes darstellen. Abgrenzungsschwierigkeiten können sich auch gegenüber der gesetzlichen Unfallversicherung ergeben. Gemeinsame multifaktorielle Schädigungsmöglichkeiten, sowohl aus der allgemeinen Umwelt als auch aus der Arbeitsumwelt, können Anlaß zu Auseinandersetzungen hinsichtlich der Leistungspflicht zwischen Kostenträgern in unserem gegliederten System der sozialen Sicherung bieten.

Die nachfolgende Kasuistik mag als Beispiel einer durch Asbestfaserstaub gesicherten ätiopathogenetischen Tumorerkrankung dienen, die umweltmedizinische, aber insbesondere auch negative berufskrankheitenrechtliche Relevanz besitzt.

Kasuistik

Eine in der Zwischenzeit gewonnene bedeutsame Erkenntnis liegt in der Tatsache, daß Haushaltskontakte in Familien von Asbestarbeitern, welche ihre Arbeitskleidung seinerzeit selbst zu reinigen hatten, hinsichtlich der inhalativ einwirkenden kumulativen Asbestfaserstaub-Dosis ausreichen, um bei Familienangehörigen ein diffuses malignes Pleuramesotheliom mit Todesfolge zu verursachen.

Eine Ehefrau reinigte in den fünfziger Jahren täglich die Arbeitskleidung ihres Ehemannes, der in einem Isolierbetrieb einer hohen Asbestfaserstaub-Einwirkung, insbesondere durch Blauasbest (Krokydolith), am Arbeitsplatz ausgesetzt war. Ende der achtziger Jahre verstarb die Ehefrau an einem asbestverursachten Pleuramesotheliom. Nach höchstrichterlichem Urteil kann die Mesotheliomerkrankung nicht als Berufskrankheit anerkannt werden, da diese Tätigkeit der Ehefrau nicht unter dem Schutz der gesetzlichen Unfallversicherung gestanden hat. Eine unfallversicherungsrechtlich geschützte Tätigkeit müsse in einem inneren Zusammenhang mit dem unterstützten Unternehmen stehen und somit die Handlungstendenz wesentlich auf die Belange des als unterstützt geltenden Unternehmens gerichtet sein, damit die Handlung als arbeitnehmerähnliche Tätigkeit gewertet werden könne. Da die Ehefrau stattdessen wesentlich allein ihre Angelegenheiten, nämlich die Interessen des eigenen Haushalts der Eheleute verfolgte, sei sie nicht mit fremdwirtschaftlicher Zweckbestimmung, sondern eigenwirtschaftlich, und somit nicht im Rahmen eines Beschäftigungsverhältnisses, tätig gewesen (BSG 2 RU 53/92). Auch nach dem Umwelthaftungsgesetz wäre eine Entschädigung bei einer mehr als 30-jährigen Latenzzeit zur gesundheitsgefährdenden häuslichen Einwirkung durch Asbestfaserstäube vermutlich ausgeschlossen §6 Abs. 4 (2).

Während in diesem Fallbeispiel der Kausalzusammenhang einer Asbestfaserstaub-Einwirkung mit dem Auftreten der Tumorerkrankung medizinisch festgestellt werden kann, läßt die Umweltgesetzgebung eine geeignete Lösungsmöglichkeit bisher nicht erkennen.

Die Begutachtung der „Geeignetheit einer Gesundheitsbeeinträchtigung" oder einer „konkret drohenden Gefahr"

Schwieriger gestaltet sich die umweltmedizinische Zusammenhangsbeurteilung, wenn noch keine manifeste Gesundheitsstörung vorliegt, aber die Möglichkeit droht, daß später ein Schaden entsteht. Hierbei geht die Handlung dem Erfolg zeitlich z. T. um Jahrzehnte voraus, wobei beide ursächlich miteinander verbunden sind. Der Eintritt eines Schadens muß wahrscheinlicher sein, als dessen Ausbleiben. Während für bestimmte Gefahrstoffe diagnostizierbare Intoxikationserscheinungen als Brückensymptome herangezogen werden können, stellen im Fall von kanzerogenen Gefahrstoffen epidemiologische Erkenntnisse die wesentliche Vorraussetzung zur Kausalanalyse und Risikoabschätzung dar. Zur Veranschaulichung sei ein weiteres Beispiel, diesmal aus dem Strafrecht, (vgl. Kuchenbauer 1997) aufgeführt:

Kasuistik

In einem Schulzentrum war die Turnhalle in Stahlskelettbauweise erstellt, deren Träger und Stahlstützen aus Feuerschutzgründen durch Spritzasbest gesichert waren. In der Innenraumluft wurden Kontaminationen durch Asbestfaserstaub festgestellt und Asbestfaserkonzentrationen kritischer Abmessungen (Länge L > 5 µm, Durchmesser D < 3 µm und L : D > 3 : 1) von ca. 1000 Fasern pro m³ (im Median) gemessen. Im Rahmen von § 324 StGB war die Frage einer „konkret drohenden Gefahr" durch den spröde werdenden Spritzasbest, für die Gebäudenutzer zu beantworten. Hieraus sollte dann ggf. die Notwendigkeit einer Sanierung bis hin zur Schließung des Schulgeländes abgeleitet werden.

Die Wahrscheinlichkeit für das Auftreten einer tödlichen Tumorerkrankung durch Asbest kann hier nur unter Zugrundelegung epidemiologischer Daten abgeschätzt werden. Bei einer lebenslangen Asbestfaserstaub-Gefährdung durch eine Konzentration von 1000 Asbestfasern pro m³ ergibt sich ein lebenslanges Mesotheliomrisiko von 1 : 10 000. Das zusätzliche asbestverursachte Lungenkrebsrisiko wird in der gleichen Größenordnung angesehen. Bei einer angenommenen Aufenthaltsdauer in der Schule von ca. 20 Std./Woche und einer Gefährdungsdauer bis zur Gebäudesanierung von ca. 6 Jahren läßt sich für diese Faserkonzentration (Alters-, Geschlechts- und Raucher-adjustiert) ein Gesamttumorrisiko durch Erkrankungen an Mesotheliom und Lungenkrebs für einen Schüler von 1 : 160 000 errechnen. Eine konkrete drohende Gefahr nach der Maßgabe, daß der Eintritt des Schadens letztlich wahrscheinlicher sei als dessen Ausbleiben, ließ sich hiernach nicht zwanglos herleiten.

ZUSAMMENFASSUNG

Das Umweltrecht, insbesondere das Umwelthaftungsgesetz von 1990, stellt eine moderne Gesetzgebung dar, bei der Erfahrungen mit einer hochdifferenzierten Begutachtungspraxis erst allmählich akkumuliert werden. Bei der individualmedizinischen Kausalitätsbeurteilung von Krankheitserscheinungen bietet sich umweltmedizinisch am ehesten ein analoges Vorgehen entsprechend der Modalitäten im Berufskrankheitenverfahren an. Die prognostizierende Begutachtung zukünftiger Krankheitsereignisse erfordert gerade bei kanzerogenen Gefahrstoffen darüber hinaus vertiefte epidemiologische Kenntnisse, um zu rechtlich verwertbaren Risikoabschätzungen zu gelangen.

Literatur

1. Kuchenbauer K (1997) Asbest und Strafrecht. Neue Juristische Wochenschrift 31:2009–2014
2. Letzel S, Weber A, Drexler H, Kraus T, Wribitzky R (1994) Rationelle Diagnostik in der klinischen Umweltmedizin. Arbeitsmed Sozialmed Umweltmed 29:523–525
3. Mummenhoff W (1997) Erfahrungssätze im Beweis der Kausalität. Carl Heymanns, Köln
4. Rehbinder E (1994) Allgemeine Aspekte des Umweltrechtes. In: Wichmann, Schlipköter, Füllgraf (Hrsg) Handbuch der Umweltmedizin, Ecomed, Landsberg 3. Erg. Lfg. 1/94 X 1–10
5. Schimmelpfennig W (1994) Begutachtung umweltbedingter toxischer Gesundheitsschäden. Bundesgesundheitsblatt 37:377–385

6. Triebig G (1996) Voraussetzungen für die Entschädigung von Krankheiten „als" oder „wie" eine Berufskrankheit – Aspekte aus arbeitsmedizinischer Sicht. Med Sach 92:97–100

7. Valentin H (1982) Vorschlag zur Erfassung von Gesundheitsschäden durch die Umwelt. Arbeitsmed Sozialmed Präventivmed 17:133–135

8. Valentin H (1994) Umwelt und Gesundheit. Arbeitsmed Sozialmed Umweltmed 29:153–155

9. Watermann F (1968) Die Ordnungsfunktion von Kausalität und Finalität im Recht. E. Schmidt, Berlin

10. Watermann F (1991) Sozialversicherungsrecht und Umweltrecht. Parallelen und Divergenzen in ihrer sachlichen Problematik und deren Bewältigung. Sozialer Fortschritt 40:31–39

11. Weber A, Kraus T (1995) Individualmedizinische Diagnostik in der klinischen Umweltmedizin – Hinweise für eine einzelfallbezogene Risikoanalyse. Gesundh Wes 57:355–361

12. Woitowitz H-J (1986) Berufskrankheitenproblematik aus ärztlicher Sicht. Med Sach 82:142–146

13. Woitowitz H-J (1989) Anforderungen an die arbeitsmedizinische Begutachtung von Berufskrankheiten. Med Sach 85:197–206

9.3 Informationsstrategien und Datenzugriff*

M. OTTO

EINLEITUNG

Der umweltmedizinisch tätige Arzt muß sich mit den unterschiedlichsten Fragestellungen auseinandersetzen, die häufig über medizinische Aspekte hinaus in naturwissenschaftliche, technische und ökologische Fachgebiete hineinreichen.

Der umweltmedizinische Alltag zeigt, daß der Arzt in den meisten Fällen mit „Standardproblemen" konfrontiert wird. Dazu gehören beispielsweise zahnärztliche Materialien, Holzschutzmittel, Insektizidanwendung im häuslichen Bereich, Schadstoffe in Wasser, Boden und Luft (insbesondere Innenraumluft), Schimmelpilze und Elektrosmog. Manchmal muten die Fragestellungen allerdings recht „exotisch" an:

- mit Arsenverbindungen gebeizte, ausgestopfte Tiere,
- zerbrochene Galilei'scheThermometer,
- Zusammensetzung des Disconebels,
- Lösemittelgeruch neuer Schulbücher,
- Räucherstäbchen.

In solchen Fällen wird ein Umweltmediziner den Kontakt zu einer Giftberatungsstelle (Adressen s. aktuelle Rote Liste), zu einer umweltmedizinischen Ambulanz [1] oder zu einem versierten Kollegen suchen. Wahrscheinlich wird aber das Ergebnis von Zufälligkeiten geprägt sein.

Im folgenden werden die Möglichkeiten der Informationsbeschaffung systematisch besprochen und es werden Mittel skizziert, mit deren Hilfe man zu einer ersten Wertung der gewonnenen Informationen gelangen kann.

In vielen Fällen muß geklärt werden, um welche Noxe(n) es sich handelt. Wenn keine Vorabinformationen vorliegen, kann der (nicht ganz billige) Weg einer umweltanalytischen Untersuchung beschritten werden. Wenn dagegen die Verwendung von bestimmten Produkten bekannt ist, ist es möglich, durch Sicherheitsdatenblätter Näheres über die Produktzusammensetzung

---

* Der vorstehende Artikel ist in wesentlichen Teilen zuvor publiziert worden (Umweltmed. Forsch Praxis (1996) 1:28–34 und 2:102–105). Der Nachdruck erfolgt mit freundlicher Genehmigung des ecomed-Verlages.

zu erfahren. Diese Sicherheitsdatenblätter können vom Hersteller angefordert werden; eine zentrale Sammelstelle befindet sich im Aufbau. Die Aussagekraft von Sicherheitsdatenblättern sollte richtig eingeschätzt werden:
einerseits kann es sein, daß bestimmte, umweltmedizinisch relevante Stoffe
gar nicht oder nur unter Oberbegriffen aufgeführt sind, zum anderen zeigt
die Erfahrung, daß akute Beschwerden u. U. nicht durch den Wirkstoff, sondern durch Lösemittelanteile und Hilfsstoffe verursacht wurden.

Bücher

Tabelle 1 gibt eine Übersicht über toxikologisch und stofflich orientierte Buchpublikationen.

Wie sieht es mit der Buchliteratur zu chronischen Belastungen im Niedrigdo-
sisbereich aus, die oft genug von Substanzgemischen statt von einzelnen Stoffen
ausgehen? Diese im engeren Sinne umweltmedizinische, eher situationsorien-
tierte Literatur wurde in einem früheren Beitrag [2] bereits ausführlich besprochen und soll daher hier nur kurz zusammengefaßt werden.

Für den Umweltmediziner konzipiert ist das „Handbuch der Umweltmedizin"
[3]. Die Ergänzungen zu weiteren wichtigen Stoffgruppen sind sehr vollständig
und aktuell. Hier findet man zumeist komplette Auskünfte, wenn man bei der
Suche von definierten Substanzen oder Stoffklassen ausgeht. Auch diagnostische, umweltanalytische und umweltrechtliche Fragen werden hier übersichtlich
abgehandelt. Dieses Werk gehört als Standard in jede umweltmedizinische
Bibliothek.

Ein weiteres Loseblattwerk stammt von M. Daunderer. Das „Handbuch der
Umweltgifte" [4] enthält eine erstaunliche Fülle von Informationen, und man
wird bei vielen Fragen fündig. Es krankt an der Unübersichtlichkeit der Gliederung. Man findet sich schwer zurecht. Manche Kapitel sind zerstreut und/oder
wiederholen sich. Ein zweiter Schwachpunkt ist die – in unseren Augen –
gedanklich unzureichende Gewichtung der Bedeutung der verschiedenen Umweltschadstoffe. Auf die medizinisch nicht begründbare Bewertung der Amal-
gam-Problematik von Daunderer sei hier exemplarisch hingewiesen.

Von der Dokumentations- und Informationsstelle für Umweltfragen der
Akademie für Kinderheilkunde und Jugendmedizin e.V. (DISU) wird seit 1992
die Reihe „Kinderarzt und Umwelt" herausgegeben, in der bisher drei Bände
(1991/92, 1993/94, 1995/96) erschienen sind [5]. Diese Reihe dient vielen Kin-
derärzten als schnelle Orientierungshilfe, erlaubt in manchen Punkten auch das
Nachlesen in die Tiefe, hat aber keine enzyklopädische Breite.

Ähnlich strukturiert ist die Ökopädiatrische Schriftenreihe „Kind und Umwelt" [6, 7], von der bisher zwei Bände erschienen sind. Sie enthalten Informationen zu einzelnen Schadstoffen, zu komplexen Belastungssituationen und
Forderungen für umweltpolitische Maßnahmen.

Gleichfalls sehr lesenswert ist die Schriftenreihe „Ökopädiatrie", in der über die
Frankenberger Ökopädiatrie-Tagungen berichtet wird. Die bisher erschienenen

Tabelle 1. Toxikologisch und stofforientierte Buchpublikationen (Auswahl)

Titel	Autor	Verlag	Sprache	Ersch.-Jahr
MAK- u. BAT-Werte-Liste	Dt. Forschungs-gemeinschaft	VCH	dt.	1997
Environmental Health Criteria	WHO	WHO Genf	engl.	fortl.
BUA Stoffberichte	GDCh/BUA	VCH	dt.	fortl.
Toxikologie	Wirth, Gloxhuber	G. Thieme	dt.	1994
Akute Vergiftungen	Ludewig/Lohs	G. Fischer	dt.	1991
Klinik und Therapie der Vergiftungen	Moeschlin	G. Thieme	dt.	1986
Sax' Dangerous Properties of Industrial Materials	Lewis	van Nostrand & Reinhold	engl.	1992
Lehrbuch der Toxikologie	Marquardt, Schäfer	Wissen-schaftsverlag	dt.	1994
Vergiftungen im Kindesalter	von Mühlendahl, Oberdisse, Bunjes, Ritter	Enke Verlag	dt.	1995
Toxikologie der Haushaltsprodukte	Velvart	H. Huber	dt.	1993

Bände befassen sich mit dem Trinkwasser [8], mit der Innenraumluft [9], mit elektromagnetischen Feldern [10], mit der Kindernahrung [11] und mit der Bioklimatologie [12].

Schließlich muß die „Praktische Umweltmedizin" von A. Beyer und D. Eis [13] besprochen werden. Im Vorwort wird das Ziel abgesteckt: die Umweltmedizin in ihrer angewandten, auf praktische Belange und individualmedizinisch zentrierten Form darzustellen, um einen im beruflichen Alltag brauchbaren Leitfaden an die Hand zu geben, der eine schnelle Orientierung gestattet. Die stoffbezogenen Kapitel sind kurz und übersichtlich. Zusammenfassungen von Orientierungs- und Richtwerten ergänzen diesen Teil. Für die Praxis wichtig sind vor allem andere Kapitel. Es werden umweltmedizinische Aspekte nach Fachgebieten geordnet besprochen (Embryonaltoxikologie, Ophthalmologie, Pneumologie, Pädiatrie usw.). Diagnostik, Prophylaxe, Therapie und Beratung werden dargestellt. Überraschend anschaulich und lehrreich, dabei spannend zu lesen, ist die Sammlung von ausgewählten Kasuistiken. Schließlich ist auch ein Forum zum aktuellen Erfahrungsaustausch für niedergelassene Kollegen mit umweltmedizinischer Tätigkeit eingerichtet. Für die Umweltmediziner ist hier ein Standardwerk für praktisch-klinische Belange aufgelegt worden.

Von den in den letzten Jahren erschienenen umweltmedizinischen Büchern sei hier auch „Umweltmedizin" von H. Seidel erwähnt [14]. Das Buch ist nach dem Curriculum Umweltmedizin der Bundesärztekammer aufgebaut und ist als kursbegleitendes Nachschlagewerk zu empfehlen.

Zeitschriften

Die „Zeitschriftenlandschaft" ist ausgesprochen „bunt". Die Nennung einzelner Titel und eine ausführliche Kommentierung würden den Umfang dieses Beitrages sprengen. Im Abschnitt „Informationsbewertung" wird darauf aber noch einmal näher eingegangen.

An dieser Stelle seien Literaturverzeichnisse genannt, anhand derer sich der Umweltmediziner auf dem laufenden halten kann.

Das wohl bekannteste Verzeichnis dieser Art ist „Current Contents". Dieses vom „Institute of Scientific Information" (ISI) in Philadelphia wöchentlich herausgegebene Verzeichnis umfaßt die jeweils aktuellen Inhaltsverzeichnisse der Zeitschriften eines Wissensgebietes und erscheint in einer gedruckten und in einer Diskettenversion.

In Deutschland stellen die vom Landesinstitut für den Öffentlichen Gesundheitsdienst (LÖGD, vormals IDIS) in Bielefeld herausgegebenen SOMED-Referatezeitschriften und -Standardprofile eine preiswerte Möglichkeit dar, sich in bezug auf Zeitschriften und die sog. „graue Literatur" auf dem laufenden zu halten. Die Referatezeitschrift „Umweltmedizin" enthält neben der aktuellen Literaturauswahl thematische Schwerpunkte, z. B. zu Allergien und Umweltschadstoffen, zur Umweltepidemiologie, zur Umweltverträglichkeitsprüfung usw. Die Standardprofile der Serie Umweltmedizin betreffen die Themen Verkehr, Atemwegserkrankungen, Radioaktivität sowie Umwelthygiene und Gesundheit.

Praxisnahe Informationen zu umweltmedizinischen Fragestellungen enthält der vom Institut für Wasser-, Boden- und Lufthygiene des ehem. BGA (jetzt UBA) herausgegebene „Umweltmedizinische Informationsdienst" (UMID), von dem ein Sammelband erschienen ist [15]. Ähnlich konzipiert ist UMED Info des LGA Baden-Württemberg.

An dieser Stelle sei kurz erwähnt, daß manche Wissenschaftsverlage einen über Datennetze abrufbaren „Preview Service" ihrer Fachzeitschriften anbieten. Einen immer breiteren Raum nimmt das „Electronic Publishing" ein, das auch von führenden medizinischen Fachzeitschriften praktiziert wird.

Datenbanken

Je nach Informationsinhalt unterscheidet man zwischen Bild- und Textdatenbanken; letztere werden nach der Art der vorgehaltenen Textinformationen unterteilt in bibliographische, Fakten- und Volltextdatenbanken. Wenngleich sich die CD-ROM als preisgünstiges Speichermedium anbietet, liegen doch einige wichtige Datenbanken auf Diskette vor. Hier seien das Noxen-Informa-

tions-System (NIS) des LÖGD und die Datenbank CHEMIS der Abteilung Chemi-
kalienbewertung des ehem. BGA genannt. In beiden Fällen handelt es sich um
Faktendatenbanken mit Informationen zu über 500 (NIS) bzw. 8000 (CHEMIS)
Einzelstoffen. Zur Zeit haben allerdings nur Nutzer aus dem Öffentlichen
Gesundheitsdienst zu beiden Datenbanken Zugang, jedoch zeichnet sich eine
Zugangsmöglichkeit zum NIS für Ärzte mit der Zusatzbezeichnung „Umwelt-
medizin" ab.

Kommerzielle bzw. gegen Schutzgebühr erhältliche Datenbanken privater
Anbieter sind z.B. die „EXPERTEN-DATEI UMWELT" (DM 99,00) und die
„ÖKOBASE" (DM 30,00). Letztere enthält eine umfangreiche Adressdatei, Um-
weltwissen und Umweltideen, eine Übersicht über gesetzliche Regelungen im
Umwelt- und Naturschutz, einen Behördenführer und vieles mehr.

Datenbanken auf CD-ROM erfreuen sich im Zuge steigender Verfügbarkeit
von CD-ROM-Laufwerken einer zunehmenden Beliebtheit [16]. Dieser Trend
scheint angesichts der erzielbaren Informationsdichte und der durch hohe
Stückzahlen ermöglichten kostengünstigen Aktualisierungsfrequenz ungebro-
chen. Für den gelegentlichen Anwender ist der Preis der meisten Datenbanken
auf CD-ROM dennoch relativ hoch, während sich für häufige Nutzer bald eine
Kostenersparnis gegenüber den „online" angebotenen Datenbanken bemerkbar
macht. Von den weltweit über 6000 angebotenen Datenbanken sind nur ca.
10–20% für den Bereich „Medizin und Umwelt" relevant. Zwischen verschiedenen Datenbanken kommt es häufig zu inhaltlichen Überschneidungen, da sie
thematisch eng umgrenzte Ausschnitte aus einer breiter angelegten Datenbank
darstellen oder aus demselben Pool von Primärdaten unter Zuhilfenahme unterschiedlicher Selektionskriterien entstanden sind. Im folgenden sollen die für
die praktische Umweltmedizin wichtigsten Datenbanken auf CD-ROM kurz
besprochen werden. Für fast alle gilt, daß sie die sichere Beherrschung der englischen Fachtermini voraussetzen.

Die wohl bekannteste Literaturdatenbank ist MEDLINE. Sie wird von der
National Library of Medicine der USA herausgegeben. Eine MEDLINE-Recher-
che ist über zwei verschiedene Abfragesysteme möglich. Das ursprünglich auf
einer „Booleschen" Logik beruhende System SILVERPLATTER liefert das
Rechercheergebnis in ungewichteter Form, das vom Nutzer in zeitaufwendiger
Kleinarbeit durchgegangen werden muß, um relevante Zitate zu identifizieren.
Das auf „unscharfer" Logik (fuzzy logic) basierende System KNOWLEDGE-
FINDER arbeitet deutlich effizienter, da die gefundenen Zitate in der Reihenfolge ihrer möglichen Bedeutung für die gegebene Fragestellung dargeboten
werden. Die Übernahme relevanter Zitate in eine nutzereigene Datenbank ist
häufig direkt oder über Konversionsprogramme (z.B. MERIS) möglich.

Eine sinnvolle MEDLINE-Ergänzung stellt die neuerdings auf CD-ROM
erhältliche Datenbank SOMED dar.

Bekannte stofforientierte Faktendatenbanken auf CD-ROM

- CCRIS (Chemical Carcinogenesis Research Information System). Enthält kritisch bewertete Ergebnisse zur karzinogenen, cokarzinogenen, tumorhemmenden und mutagenen Wirkung von ca. 5000 Substanzen.
- ECDIN (Environmental Chemicals Data and Information Network). Faktendatenbank über potentiell für die Umwelt gefährliche Substanzen.
- HSDB (Hazardous Substances Data Bank). Enthält u.a. toxikologische und ökologische Daten zu ca. 4400 Substanzen.
- IARCancerDisc. Datenbank der International Agency for Research on Cancer, zum karzinogenen Potential von ca. 700 Einzelstoffen, Substanzmischungen und Lebensstilfaktoren.
- RTECS (Registry of Toxic Effects of Chemical Substances). Enthält toxikologische Daten zu ca. 120000 Substanzen. Der Ersteller ist NIOSH (National Institute for Occupational Safety and Health).

Online-Dienste

Zunehmend wird die Datenfernübertragung (DFÜ) für die Informationsbeschaffung genutzt. Hierfür ist ein Modem erforderlich, das über das öffentliche Telefonnetz die Verbindung zwischen dem eigenen PC und dem „Zentralrechner" (Host) des Informationsanbieters herstellt. Da Modems auch für die Faxübermittlung, die Übertragung von Labordaten und die elektronische Kontoführung genutzt werden können, liegt auch dieser Weg der Informationsbeschaffung im Aufwärtstrend.

Der zum Bundesministerium für Gesundheit gehörende deutsche Informationsanbieter DIMDI (Deutsches Institut für Medizinische Dokumentation und Information, Köln) hält über 80 Datenbanken vor, die über T-online (früher DATEX J bzw. Btx), DATEX P, Wissenschaftsnetze und über das Internet abgefragt werden können. Mit dem Abschluß eines Nutzungsvertrages erhält der Nutzer eine Teilnehmerkennung, die ihm – ggfs. mit Password-Schutz – den Zugriff auf DIMDI-Datenbanken ermöglicht.

An privaten Anbietern sind STN International (Scientific Technical Network) als Zusammenschluß des Fachinformationszentrums Karlsruhe, mit Chemical Abstracts Service (CAS) und dem Japan Information Center of Science and Technology (JICST) sowie DATA STAR-DIALOG EUROPE zu nennen. Alle drei Anbieter haben jeweils eine eigene Abfragesprache (z.B. GRIPS bei DIMDI). Eine effektive Nutzung dieser Systeme erfordert deren detaillierte Kenntnis. Die angebotene Alternative, eine menügesteuerte Abfrage, ist zeit- und kostenintensiv. Die Kosten umfassen die Verbindungsgebühren sowie Entgelte für den Datenbankersteller und den Host. Dazu kommen Kosten für die Zusendung des Rechercheergebnisses in gedruckter Form. In vielen Fällen ist darüber hinaus die Beschaffung des Originalartikels in einer nahegelegenen Bibliothek oder bei der Zentralbibliothek für Medizin in Köln (Kosten ca. DM 10 pro Artikel) sinnvoll oder gar unumgänglich.

Am Rande sei angemerkt, daß über ein Modem auch aktuelle Umweltinformationen abgerufen werden können. Beispielsweise halten die Umweltministerien einiger Bundesländer akutelle Daten zur Ozon-, SO_2-, Staub- und NO_x-Belastung in Städten vor, die über einen T-online-Zugang (früher Btx) tagesaktuell abgefragt werden können.

Internet

Gegenüber den Printmedien haben elektronische Medien zweifellos den Vorteil einer höheren Aktualität (damit ist eine gewisse Schnellebigkeit verbunden), einer leichten Editierbarkeit und einer großen Verbreitung. Des öfteren wird auch der Vorteil einer besseren Umweltverträglichkeit ins Feld geführt. In besonderem Maß gilt dies für das INTERNET, ein globales Netzwerk von Computern, das geschätzte 40 Mill. Teilnehmer weltweit verbindet. Um an der Informationsflut des INTERNET teilhaben zu können, wird außer den im vorigen Abschnitt genannten Hardware-Voraussetzungen eine Zugangsmöglichkeit benötigt. Diese wird in Deutschland z. B. von der deutschen Telekom über ihren T-online-Dienst, aber auch von den anderen großen Online-Diensten (z. B. Compuserve, America Online) sowie von lokalen sog. INTERNET-Providern zu unterschiedlichen Konditionen angeboten. Die Gebühren hierfür setzen sich aus einem Grundbetrag für den jeweiligen Online-Dienst (zwischen 8 und ca. 35 DM pro Monat) und nutzungsabhängigen Kosten zusammen, wobei in manchen Fällen eine bestimmte Nutzungsdauer in dieser Gebühr bereits enthalten ist. Die Nutzungsmöglichkeiten des INTERNET sind vielfältig: sie reichen von Versand und Empfang von elektronischer Post („e-mail") über das Herauf- und Herunterladen von Programmen und Dateien mittels FTP (File-Transfer-Protocol) und effiziente Recherche- und Suchsysteme (Gopher) bis hin zu anspruchsvollen, Hypertext-basierten und grafisch zu bedienenden Seiten des WWW (World Wide Web). Um letztere betrachten zu können, ist ein WWW-Browser (z. B. Netscape oder Internet-Explorer) erforderlich. Dafür bietet das World Wide Web eine einheitliche, benutzerfreundliche Oberfläche. Die Web-Seiten enthalten Texte und Abbildungen und sind durch sog. „Hypertext-Links" miteinander verbunden. Diese „Links" stellen Querverweise zu einem gegebenen Stichwort her (vom Prinzip her sind sie den Onlinehilfen der neueren PC-Betriebssysteme vergleichbar). Eine gute Einführung in das INTERNET bieten die im British Medical Journal (BMJ) erschienenen Artikel zu diesem Thema [17–21]. Führende medizinische Fachzeitschriften, z. B. das BMJ und das JAMA haben sich auf den Trend steigender Nutzung elektronischer Medien eingestellt und publizieren Artikel sowohl in gedruckter Form als auch unter dem WWW-Standard.

Mit seinen zahlreichen Möglichkeiten der Kommunikation, multimedialer Wissensdarstellung und weltweiter Verknüpfung unter einer einheitlichen grafischen Oberfläche ist das Internet eine Versuchung, der ein Informationssuchender kaum widerstehen kann. Nach ausgiebigem „Surfen" im „Netz der Netze" kann es aber durchaus passieren, daß man zwar viel Wissenswertes erfahren, jedoch für die ursprüngliche Fragestellung nur wenig Verwertbares gefunden hat. Häufig genug wird man mit dem Problem der Informationsbewertung konfrontiert, nämlich immer dann, wenn widersprüchliche oder gegenteilige Informationen von verschiedenen INTERNETadressen gesammelt werden. Andererseits erschließt das INTERNET natürlich auch neue Möglichkeiten, z. B. bei der Diskussion seltener Krankheitsbilder.

Fazit: Das INTERNET ist Chance und Gefahr zugleich. Der Chance eines unbegrenzten Zuganges zu Informationen und zur „World Scientific Community", der Herausbildung eines „Marktplatzes wissenschaftlicher Meinungen, Hypothesen und Ideen" steht die Gefahr des Ertrinkens in einer Flut unüberschaubarer und ungewichteter Daten und Hypothesen entgegen. Der technische Ausbau des INTERNET sollte daher von einem Ausbau neuer „peer"-basierter, scientiometrischer und ethischer Konzepte begleitet werden.

Intranets

Auf der MEDICA 1996 wurden ärztliche Kommunikationssysteme auf INTER-NET-bzw. Private Network-Basis vorgestellt, die allerdings umweltmedizinische Themen nur am Rande behandeln (Deutsches Gesundheitsnetz, bsmedic, Health online).

Mailboxen

Diese gehören streng genommen auch zu den Online-Diensten, ihr Stellenwert in der Informationsbeschaffung rechtfertigt aber eine gesonderte Darstellung.

Die professionellen Online-Dienste (z. B. Compuserve, America Online, Microsoft Network), aber auch private und nicht kommerzielle Mailboxen und Mailbox-Netze (z. B. FidoNet) stellen neben der Möglichkeit zur privaten Kommunikation via e-mail auch sog. „usenet-usegroups" („Bretter" oder „Foren") mit umweltmedizinischer und ökologischer Thematik zur Verfügung.

Für bestimmte medizinische Fachgebiete existieren spezialisierte Mailboxen. Seit September 1993 betreibt das Allergie-Dokumentations- und Informationszentrum (ADIZ) in Bad Lippspringe die ADIZ-Mailbox (Rufnummer: 05252/99934). Die ADIZ-Mailbox enthält für Ärzte und interessierte Laien Informationen zur Auslösung, Diagnostik, Prävention und Therapie von Allergien sowie Informationen zu Heil- und Hilfsmitteln, Schulungen u. v. m. Seit März 1996 ist sie mit dem UMINFO (s. unten) vernetzt.

Für pulmonologisch tätige Ärzte unterhält die Firma Fisons die PNEUMO-Mailbox (Rufnummer 0221/5092341), an die neuerdings ein Literaturservice angeschlossen ist.

Umweltmedizinisches Informationsforum (UMINFO)

Die Interdisziplinarität vieler umweltmedizinischer Fragen, die von elektronischen und Print-Medien ausgehende Informationsflut und letztendlich auch der Kostenfaktor bei der Informationsbeschaffung stellen ernstzunehmende Probleme einer umweltmedizinischen Recherche dar. Dazu gesellt sich das Problem der Informationsbewertung.

Aus diesem Grunde hat die DISU im Februar 1994 in enger Zusammenarbeit mit dem RKI das Umweltmedizinische Informationsforum (UMINFO) für den Kreis der umweltmedizinischen Ambulanzen und – Beratungsstellen konzipiert und realisiert [22 – 24]. Mit Hilfe des UMINFO wird das vielerorts vorhandene „kollektive" Wissen zusammengeführt und einem breiten Nutzerkreis verfügbar gemacht. Innerhalb kurzer Zeit ist es über den ursprünglich geplanten inhaltlich und technischen Umfang hinausgewachsen. Der inzwischen vierstellig gewordene Teilnehmerkreis setzt sich u. a. aus umweltmedizinischen Beratungsstellen, Nachfolgeinstituten des BGA (BgVV, RKI, WaBoLu), UBA, zahlreichen Gesundheitsämtern, ärztlichen Standesvertretungen, Kliniken, Forschungseinrichtungen und einer großen Anzahl von niedergelassenen Ärzten zusammen.

Inhaltlich stehen folgende Punkte im Vordergrund:

- die Bereitstellung sachlicher und gewichteter Informationen zu aktuellen umweltmedizinischen Themen durch den dem UMINFO angeschlossenen Teilnehmerkreis und die DISU,
- Hilfestellung bei umweltmedizinischen Vorgehensweisen (Anamnese, Umweltanalytik, Diagnostik, Therapie, Expositionsprophylaxe),
- Bereitstellung von Datenblättern und aktueller Literatur zu ausgewählten Umweltschadstoffen und Noxen,
- Diskussionsforen zu kontroversen Themen,
- Förderung der Weiterbildung (Aufbereitung von interessanten Kasuistiken, Kommentierung aktueller umweltmedizinischer Themen usw.)

Bereits jetzt trägt das UMINFO deutlich zur Qualitätssicherung umweltmedizinischer Leistungen bei. Die Evaluation des umweltmedizinischen Informationsangebotes im UMINFO wurde zunächst einer Arbeitsgruppe des Kreises der Umweltmedizinischen Beratungsstellen übertragen, ist aber gegenwärtig im Hinblick auf die qualitative und quantitative Ausweitung des UMINFO Gegenstand erneuter Überlegungen.

Das „Umweltmedizinische Informationsforum" (UMINFO) ist eine grafisch gesteuerte Mailbox. Sie ist daher leicht und intuitiv zu bedienen. Unter der grafischen Oberfläche sind die Übertragung von Text-, Bild- und Tondateien, eine Datenbankabfrage sowie eine Konferenzschaltung problemlos möglich.

Der hohe Bedienungskomfort wird durch die Software FIRSTCLASS erreicht, die für die Betriebssysteme WINDOWS und APPLE MACINTOSH verfügbar ist. Die Software kann von den Autoren gegen Erstattung der Selbstkosten bezogen werden. Die seit Sommer 1997 verfügbare FIRSTCLASS-Version 3.5 enthält eine sogenannte „offline Reader"-Funktion und trägt damit zu einer Senkung der

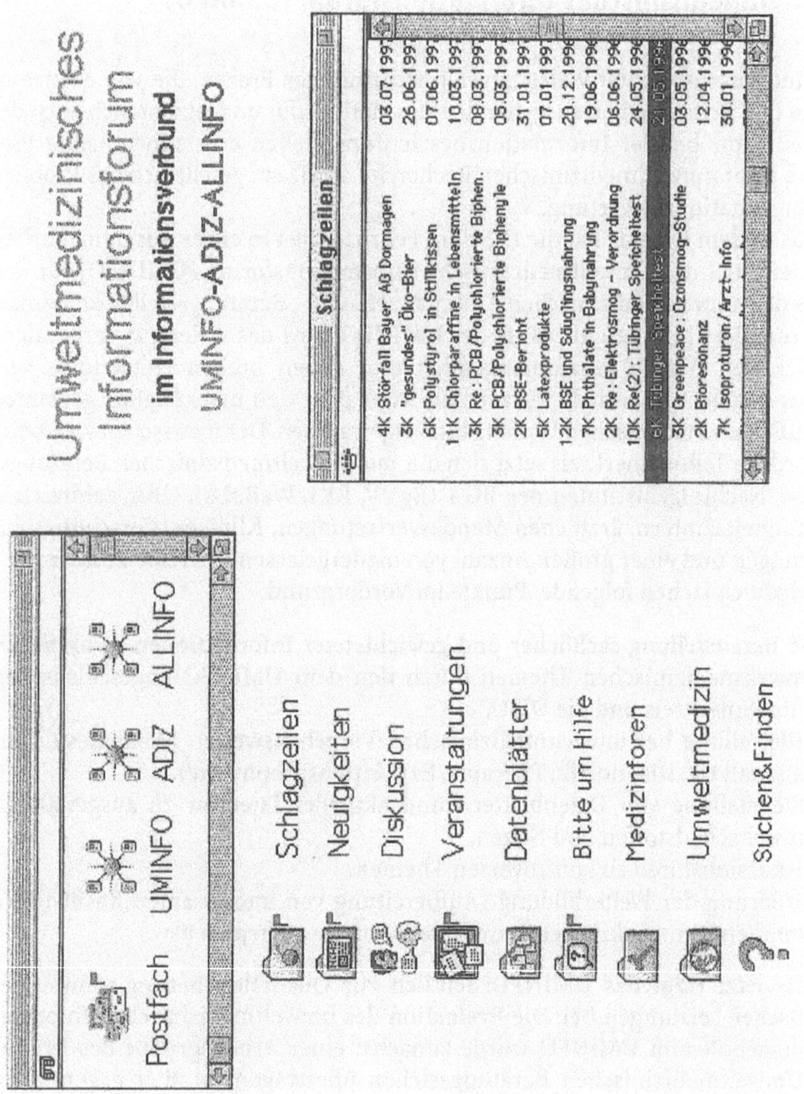

Abb. 1. Eingangsbild und ausgewählte Foren des Umweltmedizinischen Informationsforums UMINFO

Telefonkosten bei. Für den Zugang unter dem Betriebssystem DOS genügt ein einfaches Terminalprogramm. Allerdings werden hier die Daten lediglich textorientiert dargeboten.

Für den Zugang ist ein Modem erforderlich, das über das öffentliche Telefonnetz die Verbindung zwischen dem UMINFO-Rechner („Server") und dem eigenen PC herstellt. Für aktive Nutzer fallen lediglich Telefonkosten an.

Das UMINFO-Mutterstation in Osnabrück ist unter (0541) 5848615 (Mehrfachzugang mit 28800 bps) erreichbar. Unter (0541) 5848617 ist eine ISDN-Verbindung möglich. Regionalknoten befinden sich z.Zt. in Berlin, Hamburg, Hannover, Göttingen, Köln, Aachen, Frankfurt, München, Wien und im Informationsverbund mit dem ADIZ in Bad Reichenhall und in Bad Lippspringe. Weitere Regionalknoten des UMINFO befinden sich in Vorbereitung. Seit kurzem ist das UMINFO auch über das INTERNET erreichbar und den UMINFO-Teilnehmern kann eine internetfähige e-mail-Adresse zugeteilt werden.

Die dem UMINFO zugrundeliegende Software FIRSTCLASS ermöglicht dem Teilnehmer durch die grafische Benutzeroberfläche eine intuitive Bedienung, die ihm von seinem WINDOWS- bzw. MACINTOSH-Betriebssystem her vertraut ist. Nach erfolgreichem Verbindungsaufbau ist eine Reihe von Symbolen (Icons) sichtbar (Abb. 1), die im folgenden auch „Foren" oder „Konferenzen" genannt werden. In der linken oberen Ecke befindet sich das persönliche Postfach (MAILBOX) jedes UMINFO-Teilnehmers. Eine rote Flagge am Postfach oder an einem Forum signalisiert, daß seit dem letzten „Besuch" im UMINFO hier neue Informationen/Nachrichten eingetroffen sind.

Die hierarchische Struktur des UMINFO wurde so konzipiert, daß auch der ungeübte Nutzer leicht und schnell zur gewünschten Information findet. Die Beiträge sind sogenannten Foren zugeordnet. Ein Forum faßt Beiträge ähnlichen Inhalts zusammen; Beispiele hierfür sind: *Neuigkeiten, Veranstaltungen, Schlagzeilen* oder *Literatur*. Im *Index* finden sich Informationen über alle verfügbaren öffentlichen Foren und deren Plazierung im UMINFO. Einige Foren, z. B. UMWELTMEDIZIN, sind strukturiert; nach ihrem Öffnen werden untergeordnete Foren sichtbar. Manche dieser Foren sind „read only", andere wiederum dienen zum regen Meinungsaustausch und sind zur fachöffentlichen Diskussion bestimmt.

Eine Suchfunktion erleichert das Auffinden relevanter Beiträge.

Eine wichtige Aufgabe des UMINFO besteht darin, das „kollektive" Wissen auf umweltmedizinischem Gebiet zusammenzuführen und Ratsuchenden zur Verfügung zu stellen. Folgerichtig gehört das Forum *Bitte um Hilfe* zu den meistgenutzten Möglichkeiten, die das UMINFO bietet. Je nach der konkreten Fragestellung eines „Hilferufs" treffen erfahrungsgemäß innerhalb weniger Tage durchschnittlich zwei bis vier Antworten, Tips und Hinweise ein.

Für bestimmte Benutzergruppen bestehen sog. „geschlossene" Foren. Diese sind nur für den jeweiligen Teilnehmerkreis einsehbar, der auch für ihre Verwaltung zuständig ist. Für die Gesundheitsämter existiert z. B. ein solches Forum, das speziell auf die umweltmedizinischen Belange des öffentlichen Gesundheitsdienstes eingeht. Auch die umweltmedizinischen Beratungsstellen verfügen über ein geschlossenes Forum zur internen Diskussion.

Für die Berufsverbände mancher Fachrichtungen, z. B. der Dermatologen, Pädiater und Internisten, wurde die Möglichkeit geschaffen, über ein geschlossenes Forum Informationen zu verbandsspezifischen Veranstaltungen, zu Abrechnungsfragen und -tips, zum aktuellen Mitgliederverzeichnis und zu berufspolitischen Themen usw. auszutauschen.

Ausbau des UMINFO

Seit September 1993 stellt das Allergie- Dokumentations- und Informationszentrum (ADIZ) in Bad Lippspringe über eine Mailbox Informationen zu Allergien und Atemwegserkrankungen einem breiten ärztlichen und privaten Interessenkreis bereit. Diese Mailbox wird gemeinsam mit der Deutschen Atemwegsliga e.V. und der Stiftung Deutscher Polleninformationsdienst (PID) betrieben. Seit dem 01.03.1996 sind das UMINFO und die ADIZ-Mailbox vernetzt, dabei werden Aushänge und die Teilnehmerpost regelmäßig ausgetauscht. Mit dem Informationsverbund UMINFO – ADIZ wird eine wesentliche Förderung der Kommunikation und der Verbreitung gesicherter Informationen auf dem Gebiet der Allergien, der Atemwegserkrankungen und der Umweltmedizin angestrebt.

Im Mai 1996 wurde durch das Bundesministerium für Gesundheit die Akademie für Kinderheilkunde und Jugendmedizin e.V. mit dem Aufbau einer Dokumentations- und Informationsstelle für Allergiefragen im Kindes- und Jugendalter (DISA) beauftragt.

Analog zur DISU soll die DISA insbesondere auf dem Gebiet der pädiatrischen Allergologie bewertete Informationen bereitstellen. Ziel ist es, als Schaltstelle zwischen wissenschaftlichen Experten und den „Verbrauchern" von Informationen (Behörden, Ärzten, Selbsthilfegruppen, Medien, Patienten) zu fungieren.

Unter dem Namen ALLINFO (Allergieinformationssystem) ist im Informationsverbund ein Zugang zu den Informationen der DISA geschaffen worden.

Die stetig steigende Nutzung des UMINFO als Plattform für den Informationsaustausch zwischen Medizinern, Naturwissenschaftlern und Technikern, politischen Entscheidungsträgern und Verwaltungsfachleuten dokumentiert das Bedürfnis und die Notwendigkeit der Bereitstellung aktueller und sachlicher Informationen in der Umweltmedizin. Der im UMINFO stattfindende lebhafte Wissensaustausch trägt zu einer Etablierung der Umweltmedizin als interdisziplinärem Wissenschaftszweig bei.

Informationsbewertung

Unter Informationsbewertung wird hier die Frage nach der wissenschaftlichen Relevanz der erzielten Ergebnisse und des damit verbundenen Erkenntniszuwachses sowie seiner Auswirkungen auf künftiges Handeln in Wissenschaft und Gesellschaft verstanden. Dieses äußerst komplexe Problem kann hier nur kurz behandelt werden. Vor allem sollen dem Leser praktische Empfehlungen zu einer eigenen Literaturbewertung an die Hand gegeben werden.

Zunächst empfiehlt sich eine gründliche Lektüre des betreffenden Artikels. Je nachdem, ob es sich um naturwissenschaftliche, medizinische oder statistische Forschungsergebnisse, um Fallberichte oder Übersichtsartikel handelt, sind allgemeingültige Gesichtspunkte (logischer Aufbau, Verhältnis von Methodik und wissenschaftlichem Ziel, Umgang mit der Statistik usw.) anwendbar. Auch bibliographische Kriterien („peer review"-System, Impact Factor und Indexierung der publizierenden Zeitschrift, Zitationsanalyse des betreffenden Artikels und weiterer Publikationen der jeweiligen Autoren usw.) können bei der Identifizierung relevanter Artikel weiterhelfen [25, 26].

Sinngemäß gilt das oben Gesagte auch für Artikel in Buchpublikationen, obgleich die Anwendung der vorgenannten Gesichtspunkte schwieriger ist. Sicher ist aber der Unterschied zwischen einem selbst verlegten Buch und einem in einem renommierten Verlag erschienenen Buch unmittelbar einleuchtend.

Interessante Ansätze zur Informationsbewertung werden in den elektronischen Medien sichtbar. Hier könnten die Abrufhäufigkeit eines Aushangs, Zahl und Inhalt der eingegangenen Kommentare („Replies" oder „comment cards") herangezogen werden. Auf diese Weise wird der elektronisch vernetzte Teilnehmerkreis zum Gutachter eines Beitrages.

Vor einer eilfertigen und schematischen Anwendung der o.g. Kriterien sei jedoch gewarnt [25, 26]. Gelegentlich mußten unter dem Druck des „publish or perish" entstandene und in angesehenen Zeitschriften publizierte Artikel zurückgezogen werden. Der heuristische Wert mancher Forschungsansätze wird heute neu überdacht (vgl. dazu z.B. [27]). In vielen Wissenschaftsgebieten, darunter auch in der Arbeits- und Umweltmedizin, sind Beispiele für eine bewußte Fälschung von Untersuchungsergebnissen mit anschließender Publikation in hochkarätigen Fachzeitschriften bekannt geworden (s. z.B. [5]). Insgesamt darf dies jedoch nicht darüber hinwegtäuschen, daß in den Naturwissenschaften etablierte Prinzipien der „Selbstreinigung der Wissenschaft" auch in der Umweltmedizin wirken (sollten), obgleich dies zur Zeit aufgrund eines bisher fehlenden konsolidierten gedanklichen Gebäudes schwierig ist.

Bei der Wertung dürfen schließlich auch gut bekannte psychologische Momente der Informationswahrnehmung nicht vergessen werden. Leicht werden dem „Umweltwarner" größere Aufmerksamkeit und Glaubwürdigkeit geschenkt als dem „Entwarner". Die Darstellung umweltmedizinischer und ökologischer Probleme in den Medien lebt von dieser Diskrepanz. Es ist sicher kein Zufall, daß die Mehrzahl der Medien bei der Wertung dieser Fragen lieber auf warnende, aber u.U. wenig zitierte Autoren zurückgreift als auf international anerkannte Autoren viel beachteter Artikel.

Es besteht hier die Gefahr, daß Prioritäten verkannt oder falsch gesetzt werden. In der heutigen Gesellschaft ist die Wertung potentieller umweltmedizinischer und ökologischer Risiken fast immer mit weitreichenden ökonomischen Konsequenzen verbunden (beispielhaft sei hier die Verlegung von Hochspannungsleitungen unter die Erde genannt). Nicht zuletzt aus diesem Grund kommen der Kommunikation, der Informationsvalidisierung, -verdichtung und der -wertung eine immer größer werdende Bedeutung zu.

ZUSAMMENFASSUNG

Es wird eine wertende Übersicht über die toxikologische und umweltmedizinisch orientierte Buch-, Zeitschriften- und die sog. „graue" Literatur sowie über Datenbanken, Online-Dienste, Mailboxen und das INTERNET gegeben. Die Nutzung moderner Informationssysteme führt leicht zu einer Datenflut, deren Bewältigung angesichts des interdisziplinären Charakters der Umweltmedizin oft zeit- und kostenintensiv ist. Daher kommt der Informationsverdichtung, -validisierung und -bewertung eine große Bedeutung zu. Das Umweltmedizinische Informationsforum (UMINFO) bietet hierfür gute Ansätze.

Literatur

1. Beyer A, Eis D (1994) Umweltmedizinische Ambulanzen und Beratungsstellen in Deutschland – konzeptionelle Ansätze, Organisationsstrukturen, Ausstattung und Arbeitsschwerpunkte. In: Gesundheitswesen 56:143–151
2. von Mühlendahl KE, Otto M (1994) Bücher für die praktische Umweltmedizin. Der Kinderarzt 25:1398–1400
3. Wichmann H-E, Schlipköter H-W, Fülgraff G (1992) Handbuch der Umweltmedizin, ecomed Verlag
4. Daunderer M (1990) Handbuch der Umweltgifte, ecomed Verlag
5. Kinderarzt und Umwelt. Jahrbücher 1991/92, 1993/94, 1995/96. Alete Wissenschaftlicher Dienst, München
6. Böse S, Krüger E-H (1992) (Hrsg) Kind und Umwelt Bd. I, Mabuse-Verlag, Frankfurt/M
7. Böse S, Krüger E-H (1993) (Hrsg) Kind und Umwelt Bd. II, Mabuse-Verlag, Frankfurt/M
8. Enders E, Stahl G (1992) (Hrsg) Neue Krankheiten durch Trinkwasser? ecomed Verlag
9. Enders E, Stahl G (1993) (Hrsg) Innenraumluft – Gesundheitsrisiko für Kinder? ecomed Verlag
10. Enders E, Stahl G (1994) (Hrsg) Elektrosmog und Erdstrahlen – was wissen wir wirklich? ecomed Verlag
11. Enders E, Stahl G (1995) (Hrsg) „Chemie" in der Kindernahrung? ecomed Verlag
12. Enders E, Stahl G (1996) (Hrsg) Kinder zwischen Wetterfühligkeit und Klimakatastrophe, ecomed Verlag
13. Beyer A, Eis D (1994) (Hrsg) Praktische Umweltmedizin. Loseblatt Ausg. Springer Verlag
14. Seidel HJ (1996) Umweltmedizin. Georg Thieme Verlag
15. Kaiser U (1993) (Hrsg) Umweltmedizinischer Informationsdienst UMID, Sammelband 1992/93. Eigenverlag Bundesgesundheitsamt
16. Rother Th, Gugel G (1995) Datenbankführer Frieden – Umwelt – Entwicklung. Verein für Friedenspädagogik Tübingen e.V.
17. Lee N, Millman A (1995) Linking your computer to the outside world. BMJ 311:381–384
18. Millman A, Lee N, Kealy K (1995) The Internet. BMJ 311:440–443
19. Pallen M (1995) Introducing the Internet. BMJ 311:1422–1424
20. Pallen M (1995) Electronic mail. BMJ 311:1487–1490
21. Pallen M (1995) The World Wide Web. BMJ 311:1552–1556
22. Otto M, Kaiser U (1995) Mailbox als Kommunikationsplattform. Deutsches Ärzteblatt 92:A-1152–1153
23. Kaiser U, Otto M (1995) Das Umweltmedizinische Informationsforum. Bundesgesundhbl. 38:441–443
24. Otto M, Kaiser U (1996) Mailbox UmInFo – Stand und Perspektiven. Umweltmed. Forsch Praxis 2:102–105
25. Garfield E (1994) The impact factor. Current Contents 25:3–7
26. Garfield E (1994) Using the impact factor. Current Contents 29:3–5
27. Taubes G (1995) Epidemiology faces its limits. Science 269:164–169

9.4 Berufspolitische Zielgrößen

A. Hellmann

EINLEITUNG

Pneumologie ist Umweltmedizin! Um diesen Anspruch mit Leben zu erfüllen ist neben Forschungsanstrengungen auch berufspolitische Aktivität vonnöten, damit pneumologische Umweltmedizin ihren Platz neben der Allergologie als komplementäres Gebiet der Lungenheilkunde erwirbt. Die Pneumologie ist durch ihren traditionell großen Anteil umweltmedizinischer Bezüge dafür besonders geeignet. Der Berufsverband der Pneumologen versucht maßgeblich in allen Gremien der Standespolitik Umweltmedizin und Pneumologie zu vertreten.

Umwelt als gesundheitliches Problem dürfte so alt wie die Menschheit sein. Schon im alten Rom konnte man angeblich den Bewohner der Hauptstadt an seinem blassen Teint erkennen, da die Sonnenstrahlen es nicht schafften, die dichten Rauchschwaden der Garküchen und Feuerstellen zu durchdringen.

Auch der infernalische Lärm, der insbesondere durch die ratternden Karren auf dem Steinpflaster die Römer belästigte, schien bereits ein großes Problem darzustellen. Julius Cäsar verfügte als Abhilfe ein Einfahrverbot während des Tages; nur die rituellen Wagen der Priester, die Müllabfuhr und die Ärzte durften weiterfahren. Die hilflosen Lösungsversuche erinnern an heutige Verkehrspolitik, denn Folge war, daß die Reisewagen und Versorgungsfahrzeuge zwischen Sonnenuntergang und Sonnenaufgang in die Stadt einfuhren, und so auch die Nacht mit Krach erfüllten [1].

Aber auch in Germanien gab es Umweltschutzinitiativen bereits in der Frühzeit. Die Normannen schafften bereits ihren Müll außerhalb ihrer Ortschaften und praktizierten eine noch heute gebräuchliche und umstrittene Entsorgung: wenn ihnen der Dreck zu sehr stank, zündeten sie ihn an.

Die erste dokumentierte Müllabfuhr gab es in Ypern bereits im 12. Jahrhundert, in Stade nicht viel später die erste Lärmschutzverordnung [2]. Trotzdem war Umwelt kein Thema der Medizin in den folgenden Jahrhunderten, erst die gesundheitlichen Probleme, die mit der zunehmenden Industrialisierung entstanden, ließen eine Art „Umweltmedizin" entstehen.

Die Methoden und Bewertungen waren aber von großzügiger Ungenauigkeit. So behauptete ein Bericht von 1876, daß Arbeiter bis zu 3 Volumenprozent SO_2/m^3 Atemluft (ohne Schaden an ihrer Gesundheit zu nehmen) über längere

Zeit aushalten könnten. Wenn man bedenkt, daß das etwa 75000 µg/m³ entspricht, so muß man bei einem Grenzwert von 200 µg/m³ heute doch von einem umweltmedizinischen Fortschritt sprechen [3].

Trotzdem blieb die offizielle Medizin ziemlich unbeteiligt bei den nach dem zweiten Weltkrieg aus der Betroffenheit über die großen Smogkatastrophen in London entstandenen administrativen Aktivitäten zur Luftreinhaltung. In der VDI Kommission, die die Grenzwerte der Luftbelastung in den siebziger Jahren festsetzte, befand sich kein Arzt. Noch heute wird ärztlicher Sachverstand in der Umweltgesetzgebung nicht berücksichtigt, gerade in Beratungsgremien darf die Ärzteschaft vertreten sein, die aber oft mehr den Charakter von Alibiveranstaltungen haben, als tatsächlichen Einfluß auf umweltpolitisch relevante Entscheidungen zu haben.

Die Ärzteschaft selbst ist daran aber sicher nicht ganz unschuldig. Der Einsatz für bessere gesundheitliche Lebensbedingungen wurde und wird noch immer häufig als unärztlich betrachtet, obwohl die Ärzteschaft in der Tradition Virchows und Robert Kochs steht. Das ist z. T. verständlich, denn ärztliche Aussagen zu umweltpolitischen Streitfragen kollidieren mit anderen gesellschaftlichen Interessen, wie Arbeitsplätzen, Renditen und liebgewonnenen Gewohnheiten. Noch dazu ist die Diskussion auch in der Ärzteschaft über die Bedeutung von Umwelt als Krankheitsrisiko noch keineswegs abgeschlossen. Aber nicht nur die Unwilligkeit der Exekutive noch einen neuen Lobbyisten berücksichtigen zu müssen erklärt allein die gesellschaftpolitische Bedeutungslosigkeit der Ärzte, sondern auch die Tatsache, daß unser umweltmedizinisches Wissen in umgekehrtem Verhältnis zu den gesundheitlichen Bedrohungen steht, die durch die Schlagworte „Ozonloch" und „Treibhauseffekt" charakterisiert sind.

Trotzdem haben die apokalyptischen Schlaglichter „Tschernobyl" oder „Bhopal", und auch die offensichtlichen umweltmedizinischen Probleme, die aus dem Zerfall des Ostblocks entstanden sind, auch die Ärzteschaft bewegt. Und vielleicht ist es ganz klug, daß der deutsche Ärztetag 1992 bei der Einführung der Zusatzbezeichnung „Umweltmedizin" den individualmedizinischen Aspekt der Umweltmedizin ganz in den Vordergrund gerückt hat.

Einen globalen umweltpolitischen Anspruch hat die gesamte Ärzteschaft ohne Zweifel, deshalb wurde auch in den § 1 der Berufsordnung für Ärzte das Memento eingefügt, daß sich der Arzt um den Erhalt der natürlichen Lebensgrundlagen, soweit gesundheitliche Probleme berührt werden, zu bemühen habe. Hier handelt es sich aber um eine Aufforderung an alle Ärzte und nicht um eine exklusive Forderung an die Umweltmedizin.

Gleichwohl kann die Umweltmedizin dazu beitragen, daß Gedanken einer tertiären Prävention durch Umweltschutz auch als individualmedizinische Aufgabe mehr Verbreitung in der Ärzteschaft finden.

Obwohl Umweltmedizin als Querschnittsfach erhebliche Abgrenzungsprobleme hat, haben doch bis 1997, nach Umsetzung der Weiterbildungsordnung in Länderrecht, mehr als 1000 Ärzte und Ärztinnen die Zusatzbezeichnung im Rahmen der Übergangsbestimmungen erworben. Das Verhältnis zwischen niedergelassenen und angestellten Ärzten ist ungefähr 1:1, wobei hier starke Schwankungen zwischen den einzelnen Bundesländern bestehen.

Bayern hat als erstes Bundesland bereits zum 1.10.1993 die neue Weiter-
bildungsordnung eingeführt. Deshalb wurden durch die LÄK Bayern auch der
Großteil der Anerkennungen, nämlich über 500, ausgesprochen. Diese Entwick-
lung zeigte aber auch sehr deutlich auf, daß bei konsequenter Anwendung der
Weiterbildungsordnung nach Auslaufen der Übergangsbestimmungen kein
Nachwuchs im regulären Weiterbildungsweg nachfolgen würde. Dafür ist der
Weiterbildungsaufwand mit 18 Monaten und insbesondere der Mangel an
Weiterbildungsstellen verantwortlich.

Deshalb hat der bayerische Ärztetag 1996 beschlossen, daß die Weiterbildung
auch berufsbegleitend absolviert werden kann, dann aber eine Prüfung zu
absolvieren ist. Die Prüfungsfragen sollen sich an den Katalog Umweltmedizin
der Bundesärztekammer anlehnen, die einzelnen Gebiete sind gehalten entsprechende Prüfungsfragen und Prüfungsinhalte zu entwickeln. Das vorliegende Buch ist hierzu eine wertvolle Hilfe. Die Bundesärztekammer beabsichtigt
diese Regelung auch in die Novellierung der Weiterbildungsordnung 1998 ein-
zubringen.

Berufspolitisches Ziel des Bundesverbandes der Pneumologen ist es, die
Zusatzbezeichnung Umweltmedizin als integralen Bestandteil der Pneumologie,
ähnlich der Allergologie zu verankern, was in diesem Fach wegen der relativ
guten Abgrenzbarkeit innerhalb der Pneumologie und der umfänglichen For-
schungsleistungen auf dem Gebiet der pneumologischen Umweltmedizin ein
leichtes sein sollte.

Wahrscheinlich wird umweltmedizinische Beratung in Zukunft vermehrt
nachgefragt werden und einen immer größeren Anteil unserer Beratungsarbeit
ausmachen. Deshalb bemüht sich der Berufsverband im Rahmen seiner Öffent-
lichkeitsarbeit und mittels seines „Charme" – Projekts (chronische Atemwegserkrankungen rehabilitieren, minimieren, eliminieren) Schulungsinhalte zu
definieren und auch ärztliche Mitarbeiter/innen für Schulungsaufgaben aus-
zubilden.

Schwierigkeiten bestehen im Moment bei der Finanzierung zusätzlicher
umweltmedizinischer Leistungen in der Vertragsarztpraxis. Das Diktat der Bei-
tragssatzstabilität läßt keine Neueinführung von Leistungspositionen, auch
nicht im Lichte eines 2. NOG zu. Politisches Ziel des Bundesverbandes der Pneumologen ist die Etablierung eines indikationsgestützten, qualitätsgesicherten
Vergütungssystems (sog. IQ-System). Nur durch transparente Darstellung
unserer Leistungen und Begründung dieser Leistungen durch das Patienten-
problem (der Diagnose), kann es gelingen, eine leistungsgerechte Vergütung zu
erwirken. Die klare Definition pneumologischer Umweltmedizin und daraus zu
entwickelnde Handlungsabläufe sind hierfür unabdingbar.

ZUSAMMENFASSUNG

Pneumologie ist Umweltmedizin. Es liegt jetzt an allen Interessierten und Beteiligten, dieses Faches, diesen Anspruch mit Leben zu erfüllen.

Literatur

1. Nach einem Artikel von Karl Wilhelm Weeber, Damals 4/93
2. Michael Miersch, DIE ZEIT; 35, 26.8.94, 28
3. Gerd Spelsberg (1988) Rauchplage, Zur Geschichte der Luftverschmutzung, ISBN-3-923243-37-5

9.5 Grenz-, Leit- und Richtwerte für den präventiven Gesundheitsschutz

A. D. KAPPOS

EINLEITUNG

Grenzwerte sind Zahlenwerte für die zulässige Belastung mit einzelnen Umweltnoxen. Sie können festgelegt werden als:

- *Immissionsgrenzwerte* z. B. als Konzentrationen einzelner chemischer Schadstoffe in Umweltmedien (z. B. in der Außenluft oder Innenraumluft),
- *Emissionsgrenzwerte*, als zulässige Abgabemenge an die Umwelt (z. B. als Konzentration von Schadstoffen im Abgas von Feuerungsanlagen).

Wird im folgenden auf Grenzwerte Bezug genommen, so sind Immissionsgrenzwerte für anthropogene Schadstoffe in der Luft gemeint.

Definitionen, Stellenwert von Grenzwerten

Rechtlich dienen Grenzwerte der Gefahrenabwehr. Ihre Überschreitung löst zwingend behördliches Handeln aus. Grenzwerte sollen die Wahrscheinlichkeit für einen Gesundheitsschaden gering halten und mit der herrschenden Rechtsnorm in Einklang stehen. Grenzwerte für Konzentrationen von Schadstoffen in Umweltmedien müssen unterhalb eines Wertes festgesetzt werden, bei dem intolerable Schäden oder anderweitige unerwünschte oder nachteilige Wirkungen auftreten. Sie sind aber gleichzeitig auch so zu definieren, daß die Grenzen des gesellschaftlich und ökonomisch Vertretbaren und Akzeptierten nicht überschritten werden. Eine genaue Grenzziehung ist wissenschaftlich in der Regel nicht begründbar.

Grenzwerte sind somit keine rein wissenschaftlich abgeleiteten Werte, die jedes Risiko ausschließen, sondern sie haben den Charakter von Konventionen auf der Basis wissenschaftlicher Nutzen-Risiko-Abschätzung und gesellschaftlicher Kompromisse über die Vertretbarkeit von Risiken, sowie über die Verhältnismäßigkeit des Aufwandes für ihre Vermeidung. Wegen der Schwierigkeit bei der Schadensdefinition und wegen der mit ihrer Festlegung verbundenen komplexen Güterabwägung und dabei einfließender wirtschaftlicher Interessen sind Grenzwerte stets umstritten. Sie sind in der Öffentlichkeit mit Mißtrauen belastet, obwohl sie doch ein Bewußtsein des Schutzes bzw. der Vorsorge vor Umweltgefährdung vermitteln sollten.

Im Verständnis der Öffentlichkeit trennen Grenzwerte entgegen ihrer wissen-schaftlichen und rechtlichen Definition einen Bereich der Gefährdung, der jen-seits der Grenzwerte liegt, von einem diesseits gelegenen Bereich der Sicherheit. Einerseits soll bei Überschreitung wegen des weiten Abstandes zur Schadens-schwelle keine unmittelbare Gefahr drohen, andererseits wird eine Unter-schreitung gewünscht und aus Vorsorgegründen empfohlen. Immer wieder äußern Experten, daß die Einhaltung eines Grenzwertes jede Gefahr aus-schließe, aber die Unterschreitung um die Hälfte sei noch günstiger. Solche Äußerungen lassen Grenzwerte fragwürdig erscheinen, belegen aber ihren poli-tischen Charakter.

Grenzwerte machen unbestimmte Rechtsbegriffe erst juristisch anwendbar. So bestimmt z.B. §5 des Bundesimmissionsschutzgesetzes (BImschG) abstrakt, daß ... genehmigungsbedürftige Anlagen so zu errichten und zu betreiben sind, daß 1. schädliche Umwelteinwirkungen und sonstige Gefahren ... nicht hervor-gerufen werden können ... Die Grenzwerte des §2.5.2 der Technischen Anlei-tung Luft (TA-Luft) konkretisieren diese Vorschrift des Gesetzes. Rechtlich wird postuliert, daß bei Einhaltung der Grenzwerte von der betreffenden Anlage keine schädliche Umwelteinwirkung für die menschliche Gesundheit ausgehen.

Damit Grenzwerte ihre Aufgabe erfüllen können, muß ihre Einhaltung kon-trollierbar sein, d.h. die Schadstoffe müssen in den festgelegten Konzentrationen mit vertretbarem Aufwand routinemäßig meßbar sein. Es können aber auch nur solche Grenzwerte festgesetzt werden, die mit einem technischen Aufwand ein-haltbar sind, der dem Verfassungsgrundsatz der Verhältnismäßigkeit der Mittel entspricht. Grenzwerte haben deshalb in der Regel nur zusammen mit einer Meßvorschrift und im gesetzlichen Kontext ihrer Festlegung einen Sinn.

Neben Grenzwerten existieren weitere Werte. *Richtwerte* sollen ähnlich wie Grenzwerte, den Bereich der gesundheitlichen Unbedenklichkeit anzeigen. Sie sind in der Regel auf der Basis einer toxikologischen Bewertung abgeleitet, haben aber lediglich Empfehlungscharakter und begründen keine Rechtsan-sprüche (z.B. für behördliches Einschreiten) bei ihrer Überschreitung. Richt-werte bilden häufig die Grundlage für die normative Grenzwertfestlegung. Sie können im Hinblick auf erforderliche Maßnahmen bei Gesundheitsgefahr oder unter Vorsorgegesichtspunkten abgeleitet werden. *Referenzwerte* (oder *Orien-tierungswerte*) haben dagegen keine gesundheitliche Bedeutung. Sie beschrei-ben lediglich die aktuelle Situation der Umweltbelastung auf der Grundlage von Häufigkeitsverteilungen von Meßwerten der Schadstoffkonzentration in Um-weltmedien.

Wer legt Grenz- und Richtwerte fest?

Bei Grenzwerten entscheidet im Grundsatz der Gesetzgeber über die Höhe der Werte. Er macht von diesem Recht im allgemeinen nur dann direkt in Form von Gesetzen Gebrauch, wenn es um Entscheidungen von erheblicher Bedeutung geht. In bezug auf Schadstoffe in der Luft sind lediglich Grenzwerte für Ozon direkt in §40a des BImschG festgelegt. Nach diesem erst 1996 aus aktuellem

Anlaß in das Gesetz eingefügten Paragraphen müssen bei Überschreitung einer Ozonkonzentration von 240 µg/m^3 und unter bestimmten Zusatzbedingungen Verkehrsverbote ausgesprochen werden.

In der Regel werden aus Praktikabilitätsgründen in einem Gesetz Ermächtigungen für die Bundesregierung meist unter Mitwirkung des Bundesrates vorgesehen, Grenzwerte zu erlassen. Dieses Verfahren hat den Vorteil, daß dem Wandel der wissenschaftlichen Erkenntnis schneller und weniger formalisiert entsprochen werden kann.

Bei der Grenzwertsetzung spielen in Deutschland sogenannte Bund-Länder-Arbeitsgemeinschaften eine wesentliche Rolle, die im Grundgesetz nicht formal verankert sind. Sie setzen sich aus Fachbeamten der 16 Bundesländer und der Bundesministerien zusammen und arbeiten im Auftrag der Umweltministerkonferenz. Ihre Aufgabe ist es, Sorge für eine Vereinheitlichung des Gesetzesvollzugs zu tragen, der verfassungsmäßig in die Zuständigkeit der einzelnen Bundesländer fällt. Grenzwerte für die Außenluft werden so z. B. im Länderausschuß für Immissionsschutz (LAI) vorbereitet. Er bedient sich hierzu wissenschaftlichen Sachverstandes durch Vergabe entsprechender Gutachten. Die vom LAI ermittelten Grenzwerte werden über die Umweltministerkonferenz der Bundesregierung zur Aufnahme in die verschiedenen Regelwerke zugeleitet.

In den letzten Jahren schaltet sich in zunehmendem Maße die Europäische Union in die Grenzwertsetzung ein. Mit der kürzlich verabschiedeten Richtlinie 96/62/EG des Rates über die Beurteilung und Kontrolle der Luftqualität [7] wird die Möglichkeit vorgesehen, Grenzwerte für eine Reihe von Schadstoffen in der Luft zu erlassen, die auf dem Gebiet der gesamten EU nicht überschritten werden dürfen. Zur Zeit (1997) erarbeiten wissenschaftliche Arbeitsgruppen im Auftrag der EU Grenzwerte für Schwefeldioxid, Stickstoffdioxid, Feinpartikel wie Ruß, Schwebstaub und Blei. In einer zweiten Phase sollen entsprechende Werte für Benzol, Kohlenmonoxid, polyzyklische aromatische Kohlenwasserstoffe, Cadmium, Arsen, Nickel und Quecksilber festgelegt werden. Verfahren der Setzung von hoheitlichen Standards in der EU sind gekennzeichnet durch fehlende Transparenz, fehlende Trennung von wissenschaftlicher Erkenntnis und politischer Entscheidung sowie durch eine Asymmetrie in der Vertretung der Interessen der Betroffenen [11].

Nicht rechtlich bindende Richtwerte werden von verschiedenen privaten oder öffentlich-rechtlich organisierten Gremien erstellt. Wegen ihres besonderen Einflusses auf die rechtliche Grenzwertsetzung und den Vollzug der verschiedenen Umweltgesetze sind hier die Kommission Reinhaltung der Luft des Vereins Deutscher Ingenieure (VDI), die MAK-Werte-Kommission der Deutschen Forschungsgemeinschaft, die Innenraumkommission des Umweltbundesamtes und das Europäische Regionalbüro der Weltgesundheitsorganisation (WHO) zu nennen.

Wie werden Grenz- bzw. Richtwerte festgelegt?

Die toxikologische Bewertung des Schadstoffes

Der erste Schritt bei der toxikologisch begründeten Festsetzung eines Grenz-
oder Richtwertes für einen bestimmten Schadstoff ist die Sichtung und Evaluation aller über diesen Stoff vorliegenden Erkenntnisse. Es interessiert dabei insbesondere seine Wirkung auf die unterschiedlichsten biologischen Systeme und
die dabei zugrunde liegenden Wirkungsmechanismen. Moderne elektronische
Datenbanksysteme (DIMDI, TOXLINE) erleichtern heute den Zugang zur internationalen Literatur. Spezielle Datenbanken (z.B. die „Hazardous Substances
Data Base" oder das „Registry of Toxic Effects of Chemical Substances") be-
reiten toxikologische Daten stoffspezifisch auf. Eine Reihe von nationalen und
internationalen Institutionen lassen zudem von Expertengremien toxikologische Einzelstoffberichte zusammenstellen, die öffentlich zugänglich sind und
regelmäßig überarbeitet werden. Hierzu gehören z.B. die WHO mit ihrem International Programme on Chemical Safety, IPCS, von dem sogenannte Environmental Health Criteria-Dokumente erstellt werden.

Bestimmung der adversen Wirkung

Als nächster Schritt muß eine Entscheidung darüber gefällt werden, welche Wirkung eines Schadstoffes für die menschliche Gesundheit als relevant angesehen
werden soll. Unter *Wirkung* sei dabei die Antwort eines biologischen Systems
auf einen Reiz (z.B. bei Exposition gegenüber einem Schadstoff) mit einer vorübergehenden oder dauerhaften Änderung von normalen physiologischen Prozessen verstanden.

Die Wirkungen eines Stoffes lassen sich bezüglich der gesundheitlichen Relevanz hierarchisch anordnen. „Milden" Wirkungen kann ein Organismus durch
Aktivierung von Kompensations- oder Schutzmechanismen begegnen. Ist z.B.
eine 5% reversible Abnahme der Vitalkapazität unter Einfluß von Ozon als
„schädliche" Wirkung zu betrachten, obwohl in der Regel daraus kein bleiben-
der „Schaden" entsteht und diese Lungenfunktionseinbuße von den Betroffenen
kaum wahrgenommen wird? Ab wann, welchem Ausmaß, sind solche Veränderungen als pathologisch zu betrachten? Gelegentlich ist es möglich, durch sehr
empfindliche Tests (z.B. Bestimmung des closing volume, vgl. 4.2) bei Schadstoffexposition auftretende, geringgradige Veränderungen nachzuweisen. Auch
lassen sich in der epidemiologischen Untersuchung eines exponierten Kollektivs
u. U. statistisch signifikante Mittelwertabweichungen der Lungenfunktion zeigen,
wobei aber die gemessenen Werte noch im Referenzbereich einer nicht exponierten Population liegen. Ist dies bereits eine „schädliche" Wirkung? Solche
Fragen sind nicht allein nach wissenschaftlichen Kriterien zu entscheiden. Die
Grenzziehung zwischen relevanter „schädlicher" und irrelevanter „unschäd-
licher" Wirkung ist in gewisser Weise willkürlich und unterliegt gesellschaftlich
determinierten Entscheidungsprozessen. Im Hinblick auf die Wirkung von Schadstoffen auf die Atemwege und die Lunge hat sich bereits Anfang der 80er Jahre

die American Thoracic Society (ATS) mit der Frage beschäftigt, was als adverse Wirkung zu betrachten ist und entsprechende Leitlinien veröffentlicht [1].

Die adverse Wirkung, die bei der niedrigsten Schadstoffdosis noch beobachtet werden kann, wird als die für den Schadstoff *kritische Wirkung* bezeichnet. Sie ist Ausgangspunkt für die folgenden Betrachtungen.

Quantifizierung der Toxizität eines Schadstoffes

Nach einer alten, auf Paracelsus zurückgeführten, Erkenntnis hängt die Giftigkeit eines Stoffes von der angewandten Dosis ab. Im zweiten Schritt der Grenzwertableitung wird deshalb versucht, aus den toxikologischen Daten quantitative Beziehungen zwischen der Menge des aufgenommenen Schadstoffes (*Dosis*)[1] bzw. bei Luftschadstoffen zwischen der Konzentration des Schadstoffes in der Atemluft (*Exposition*) und der Intensität der dabei beobachteten Schadstoffwirkung, sogenannte *Dosis (Expositions)-Wirkungsbeziehungen* aufzustellen.

Von entscheidender Bedeutung für die nachfolgenden Überlegungen ist, ob die Dosis/Wirkungsbeziehungen eine minimale Dosis aufweist, unterhalb derer keine schädliche Wirkung mehr zu erwarten ist (*Schwellendosis*) oder nicht. Wenn eine Wirkungsschwelle besteht, kann der Grenzwert knapp unterhalb der Schwellenkonzentration festgelegt werden. Eine Schadstoffexposition ist dann gesundheitlich völlig unbedenklich, solange ein solcher Grenzwert eingehalten wird. Bei Stoffen ohne Wirkungsschwelle ist dies dagegen grundsätzlich nicht möglich. So niedrig man bei solchen Stoffen auch den Grenzwert ansetzen würde, eine schädliche Wirkung ließe sich nicht mit Sicherheit ausschließen. Oberhalb der Nullkonzentration festgelegte Grenzwerte führen bei Stoffen ohne Wirkungsschwelle immer zu einer schädlichen Wirkung. Diese mag dabei möglicherweise gering und gesellschaftlich akzeptabel sein.

Der Nachweis, daß ein Agens unterhalb einer bestimmten Dosis keine Wirkung hat, ist erkenntnistheoretisch nicht zu führen. Das Vorliegen von Wirkungsschwellen kann aber bei Kenntnis der Wirkmechanismen einer Substanz für diese plausibel gemacht werden. Theoretisch können Wirkungsschwellen ihre Ursache haben in der *Toxikokinetik*, d. h. der Schadstoff kommt nicht in ausreichender Konzentration an den Wirkort, oder in der *Toxikodynamik*, d. h. bei geringen Schadstoffdosen wird die Wirkung durch Neutralisations- oder Regenerationsmechanismen kompensiert. Bei Überschreitung einer bestimmten Schwelle wird die Kapazität dieser Mechanismen überfordert und die Wirkung tritt ein.

---

[1] Bei vielen toxischen Wirkungen spielt nicht nur die gesamte aufgenommene Schadstoffmenge (Dosis) ein Rolle, sondern auch die Art und Weise wie diese, über die Zeit betrachtet, aufgenommen wird, z. B. als einmalige große Menge, in niedrigen Konzentrationen kontinuierlich über einen langen Zeitraum, oder mehrmalig in Intervallen. Diese Unterschiede müssen bei der toxikologischen Bewertung zur Grenzwertsetzung angemessen berücksichtigt werden, sollen aber hier vernachlässigt werden.

Grenzwertsetzung bei Schadstoffen mit Wirkungsschwelle

Ausgangspunkt ist die höchste experimentell bestimmte Exposition eines Stoffes, bei der gerade noch keine schädliche Wirkung beobachtet werden konnte. Man bezeichnet diese Expositionskonzentration als *no observed adverse effect level* NOAEL. Ersatzweise findet auch der *LOAEL* (*lowest observed adverse effect level* = niedrigste Dosis, bei der gerade noch die kritische Wirkung nachgewiesen wurde) Anwendung. In der Regel werden NOAEL bzw. LOAEL-Werte im Tierversuch oder Kammerexperiment an relativ kleinen Kollektiven und mit großen Dosisintervallen bestimmt. Die grundsätzlich beobachtbaren Wirkungen sind durch den Versuchsaufbau und die Vorstellungen über den Wirkungsmechanismus vorgegeben Es ist deshalb immer zu hinterfragen, ob ein so bestimmter NOAEL bzw. LOAEL in der Tat die Exposition ist, bei der für alle exponierten Personen (auch für besonders empfindliche) keine Gefahr einer nachteiligen Wirkung besteht. Wegen der problematischen Übertragung von Ergebnissen aus Tierversuchen auf den Menschen und wegen der anzunehmenden erhöhten Sensibilität von Risikogruppen (Kinder, Alte, Asthmatiker, chronische Bronchitiker u.a.), an denen in der Regel aus ethischen Gründen keine Experimente durchgeführt werden können, dürfte das kaum der Fall sein. Um auf der sicheren Seite zu sein, wird der NOAEL bzw. LOAEL mit einem *Unsicherheitsfaktor* (UF) zwischen 0,0001 und 1 multipliziert je nach dem, wie das grenzwertsetzende Gremium die "Güte" der experimentellen Datenlage einschätzt. Für Schadstoffe mit einer Wirkungsschwelle wird der Grenzwert somit festgelegt durch:

$$GW = NOAEL \cdot UF$$

Beispiel: Inhalationsversuche mit Toluol an Ratten bei einer kontinuierlichen Exposition gegenüber 1130 mg/m^3 über 2 Jahre ergaben keine histopathologischen oder hämatologischen Veränderungen an den Versuchstieren. Lediglich bei weiblichen Tieren zeigte sich bei 377 mg Toluol/m^3 Atemluft eine Abnahme des Hämatokrits. Bei Wichtung der beiden Befunde und Berücksichtigung von Erkenntnissen aus der Arbeitsmedizin erscheint die Anwendung eines Unsicherheitsfaktors von 500 (Langzeittierversuch und Erkenntnisse am Menschen = 100, empfindliche Risikogruppen = 5) gerechtfertigt. Es ergibt sich so ein Richtwert-Wert für inhalative Exposition mit Toluol von 0,75 mg/m^3.

Das „unit risk" Modell zur Grenzwertsetzung und Risikobewertung bei Stoffen ohne Wirkungsschwelle

Dieses Modell kommt besonders bei tumorinitiierenden kanzerogenen Schadstoffen zur Anwendung. Bei diesen Substanzen geht man davon aus, daß bereits ein einziges Schadstoffmolekül mit der DNS einer somatischen Zelle des Organismus reagieren kann. Als Folge der Veränderung der DNS der Zelle kann, muß aber nicht zwingend, beim exponierten Organismus ein bösartiger Tumor entstehen. Die Entstehung eines Tumors durch Schadstoffexposition, *chemische Kanzerogenese*, ist also ein zufallsbedingter sog. *stochastischer Prozeß*. Je mehr somatische Zellen durch den Schadstoff genetisch verändert werden um so größer ist die Wahrscheinlichkeit, daß sich aus einer Zelle ein Tumor entwickelt. Die Häufigkeit, mit der bei einem exponierten Kollektiv Malignome auftreten, ist somit eine Funktion der insgesamt applizierten Schadstoffdosis.

An Stelle der kausal determinierten Schadstoffwirkung tritt ein stochastischer Risikobegriff. Unter *Risiko* wird hier die Wahrscheinlichkeit verstanden, mit der in einer Population eine bestimmte Schädigung bzw. Erkrankung auftritt. Da Tumore beim Menschen auch aus anderen Gründen oder spontan, also unabhängig von einer spezifischen Schadstoffexposition, auftreten können, interessiert besonders das *Zusatzrisiko* in einer schadstoffexponierten Population. Meist ist es allerdings leichter, das *relative Risiko*, d.h. das Verhältnis der Erkrankungswahrscheinlichkeit in einer exponierten zu der einer nichtexponierten Population zu bestimmen (Nähere Einzelheiten s. [14]).

Als Maßzahl zur Beurteilung des Risikos bei einer bestimmten Schadstoffexposition hat sich der Begriff des *Einheitsrisikos* (*unit risk*, UR) [15] eingebürgert. Darunter versteht man das zusätzliche oder relative Risiko bei einer hypothetisch lebenslangen konstanten Exposition (z.B. mit 1 µg des Schadstoffes pro m³ Atemluft) an einem Tumor zu erkranken. Eine Abschätzung des individuellen Risikos bei lebenslanger Exposition, E, gegenüber einem Schadstoff ergibt sich durch einfache Multiplikation von E mit UR.

Empirische Daten zur quantitativen Beziehung zwischen dem relativen Risiko und der Expositionsdosis stammen aus Tierversuchen und aus arbeitsmedizinischen Studien. Die dabei betrachteten Dosen sind um Größenordnungen höher als die bei Umweltbelastungen zu erwartenden. Die Schwierigkeit bei der Bestimmung des unit risk besteht darin, die empirischen Dosis-Risiko-Beziehungen sinnvoll über mehrere Dosisgrößenordnungen hinweg in den umweltrelevanten Expositionsbereich zu extrapolieren. Die Schätzung des unit risk ist deshalb mit großer Unsicherheit behaftet, die mehrere Größenordnungen betragen kann [14]. Aus Gründen der gesundheitlichen Vorsorge bedient man sich bei der Extrapolation möglichst „konservativer", meist linearer, Extrapolationsmodelle, die die Toxizität eines Schadstoffes eher über- als unterschätzen.

Ist die Entscheidung über das geeignete unit risk vollzogen, muß für die Grenzwertsetzung noch über das der Bevölkerung *zumutbare* Risiko, ZR, befunden werden. Unter ganz unterschiedlichen Gesichtspunkten werden zumutbare zusätzliche Krebsrisiken durch Umweltschadstoffe zwischen 1:1000 und 1:1000000 diskutiert. Bei der Diskussion über zumutbare Risiken muß berücksichtigt werden, daß die Inkaufnahme von Risiken nur dadurch gerechtfertigt ist, daß ihnen ein Nutzen gegenübersteht[2].

Der Richtwert für eine der Bevölkerung zumutbaren Exposition (bei hypothetisch lebenslanger konstanter Exposition) ergibt sich dann aus:

$$RW = ZR/UR$$

Richtwerte nach dem Unit-risk-Modell sind in Deutschland bisher nur für einige kanzerogene Luftschadstoffe durch den Länderausschuß für Immissionsschutz (s.u.) eingeführt worden.

---

[2] An dieser Stelle sei daraufhingewiesen, daß das Risiko, überhaupt an einem malignen Tumor zu sterben, derzeit in Deutschland ca. 1:4–1:5 ist. Zum epidemiologischen Nachweis eines zusätzlichen Risikos von 1:1000 wäre eine Studie an jeweils 1000000 belasteten und unbelasteten Probanten erforderlich [8].

Berücksichtigung unterschiedlicher Expositionspfade

Um Grenz- oder Richtwerte für die Konzentration eines Schadstoffes in einem Umweltmedium z.B. der Luft festlegen zu können, muß berücksichtigt werden, daß der Schadstoff möglicherweise auch über andere Aufnahmepfade außer inhalativ, möglicherweise oral über die Nahrung, in den Körper gelangen kann. Diesem Sachverhalt wird durch sogenannte *Expositionszenarien* [2] Rechnung getragen. Sie erfordern unter anderem Kenntnisse über die lokal unterschiedlichen Muster der Verteilung des Schadstoffes auf die verschiedenen Umweltmedien und über durchschnittliche Aufnahmemengen. Bedauerlicherweise sind solche globale Betrachtungen allerdings bisher eher die Ausnahme.

Beispiel: Als tägliche Aufnahmemenge wird für Dioxin 1 pg ITEq/d/kg Körpergewicht akzeptiert. 98 % werden über die Nahrung oral aufgenommen, nur 2 % dagegen inhalativ über die Luft. Bei einem durchschnittlichen Atemvolumen von 20 m³ Luft pro Tag und einem Körpergewicht von 70 kg ergibt sich ein Richtwert für Dioxin in der Luft von: $(0,02 \times 1 \times 70):20 = 0,07$ pg ITE/m³.

In Deutschland gebräuchliche Grenz- und Richtwertsysteme

Rechtlich in Deutschland verbindliche Grenzwerte für die Konzentration von Schadstoffen in der Außenluft

Nur für wenige Stoffe existieren in Deutschland rechtlich verbindliche Grenzwerte. Sie sind im wesentlichen im Bundesimmissionschutzgesetz (BImschG) [3], in der auf diesem gründenden 22. und 23. Verordnung zur Durchführung des BImschG (22. bzw. 23. BImschV [5, 17]) und in der „Technische Anleitung zur Reinhaltung der Luft" (TA-Luft) [6] aufgeführt. Die *TA-Luft* ist eine Verwaltungsvorschrift auf der Grundlage § 48 des BImschG. Dieses ermächtigt die Bundesregierung nach Anhörung der beteiligten Kreise und mit Zustimmung des Bundesrates, u. a. Immissionswerte zum Schutze des Menschen vor schädlichen Umwelteinwirkungen zu erlassen, die nicht überschritten werden dürfen.

In Zif. 2.5.1. der TA-Luft sind Immissionswerte zum Schutz vor Gesundheitsgefahren festgelegt. Sie haben eine besondere Bedeutung bei der Genehmigung von sogenannten genehmigungspflichtigen Anlagen. Zur Bestimmung der Schadstoffkonzentrationen in der Außenluft, die mit diesen Grenzwerten beurteilt werden sollen, ist ein definiertes Verfahren festgelegt (Zif. 2.6. TA-Luft). Darauf soll hier nicht näher eingegangen werden. Wichtig ist lediglich, daß es sich bei den Konzentrationswerten um Mittelwerte für eine quadratische Fläche von ein Kilometer Seitenlänge handelt. Der *IW1-Wert* stellt den Mittelwert der Schadstoffkonzentration auf einer solchen Fläche über den Zeitraum eines Jahres, der *IW2-Wert* das 98. Perzentil dar. Bisher liegen nur für Schwebstaub, Blei, Cadmium, Chlor, Chlorwasserstoff, Kohlenmonoxid, Schwefeldioxid und Stickstoffdioxid Immissionsgrenzwerte vor. Vorschläge für eine Anzahl weiterer Schadstoffe werden z. Z. im Länderausschuß für Immissionsschutz (LAI) erarbeitet.

In der 22. BImschV [17] werden für Schwefeldioxid, Schwebstaub, Blei und Stickstoffdioxid Grenzwerte festgelegt, die zahlenmäßig von den Werten der TA-Luft abweichen. Bei dieser Verordnung handelt es sich um die Umsetzung von älteren Vorschriften der Europäischen Union in deutsches Recht. Nach Umsetzung der neuen Luftqualitätsrichtlinie [7] der EU werden auch die in dieser bzw. ihren Tochterrichtlinien enthaltenen Grenzwerte in Deutschland verbindlich sein. Die Grenzwerte der EU basieren auf einer anderen Meßstrategie und sie haben eine abweichende rechtliche Bedeutung. Die EU-Richtline fordert u. a. eine Aufstellung von Sanierungsplänen in Gebieten mit Grenzwertüberschreitungen innerhalb gewisser relativ weit gesteckter Fristen. Zur Zeit besteht im Planungsrecht aber noch ein unaufgelöster Dualismus zwischen den „deutschen" und den „europäischen" Grenzwerten, die beide formal in der Bundesrepublik gelten.

Die 23. BImschV [5] enthält Grenzwerte für Stickstoffdioxid, Ruß und Benzol. Es handelt sich dabei um Stoffe, die in besonderem Maße vom Kraftfahrzeugverkehr emittiert werden. Die Behörden können bei Überschreitung dieser Werte in der Nähe von Straßen Verkehrsbeschränkungen anordnen. Analog bestehen auf der Ebene der einzelnen Bundesländer sog. Smog-Alarmwerte, die bestimmte immissionsmindernde Maßnahmen bei Inversionswetterlagen auslösen. Da es im Februar 1987 zum letzten Mal auf dem Gebiet der Bundesrepublik Anlaß zu Smogalarm gab, haben die meisten Länder zwischenzeitlich ihre Smog-Verordnungen außer Kraft gesetzt.

In Tabelle 1 sind die rechtlich verbindlichen Grenzwerte aus den verschiedenen Regelwerken zusammengefaßt. Außerdem sind die derzeit noch in der Diskussion befindlichen neuen EU-Werte aufgeführt. Bei Vergleich der verschiedenen Werte ist ihr unterschiedlicher Stellenwert zu berücksichtigen, bei den „neuen" EU-Werten außerdem, daß sie noch mit wesentlichen Überschreitungsmargen und Fristen bis zu ihrer Gültigkeit versehen sind.

Richtwerte für Schadstoffe in der Außenluft

Für eine Reihe von Luftschadstoffen, die im Zusammenhang mit industriellen Emissionen eine Rolle spielen, hat die „Kommission zur Reinhaltung der Luft" des Vereins Deutscher Ingenieure (VDI) sogenannte *Maximale Immissionskonzentrationen (MIK-Werte)* festgelegt. In dieser Kommission erarbeiten „Fachleute aus Wissenschaft, Industrie und Verwaltung selbstverantwortlich Richtlinien, die im Vorfeld der Gesetzgebung und als Grundlage für Gesetze, Verordnungen und Verwaltungsvorschriften auf dem Gebiet der Luftreinhaltung Anwendung finden" [13]. MIK-Werte sind toxikologisch abgeleitete aber weitgehend unverbindliche Richtwerte. Sie sind in der DIN 2310 mit einer ausführlichen Begründung dokumentiert [13]. In Tabelle 1 sind die bisher veröffentlichten MIK-Werte aufgeführt.

Das europäische Regionalbüro der Weltgesundheitsorganisation (WHO-Europe) hat 1987 Luftqualitätsrichtlinien für Europa veröffentlicht [15], die 1995/96 einer gründlichen Revision unterzogen wurden. Sie orientieren sich an

Tabelle 1. In Deutschland gebräuchliche Grenz- und Richtwerte einiger Schadstoffe mit besonderer gesundheitlicher Bedeutung für die Atemwege und die Lunge

Schadstoff	Gesetzliche Grundlage	Grenzwert µg/m³	Mittelungs-zeitraum	Kontext
Schwefeldioxid	TA-Luft	140	Jahr	IW1 (s. Text), flächenbezogene Messung
		400	1/2 h	IW2 98% der Messungen während eines Jahres müssen unterhalb des Grenzwertes liegen
	22.BImSchV	80	Tag	Median aller Werte eines Jahres muß unterhalb des Grenzwertes liegen (wenn entsprechender Wert für Schwebstaub > 150 µg/m³)
		120	Tag	Median aller Werte eines Jahres muß unterhalb des Grenzwertes liegen (wenn entsprechender Wert für Schwebstaub < 150 µg/m³)
		130	Tag	Median aller Werte eines Winterhalbjahres muß unterhalb des Grenzwertes liegen (wenn entsprechender Wert für Schwebstaub > 150 µg/m³)
		180	Tag	Median aller Werte eines Winterhalbjahres muß unterhalb des Grenzwertes liegen (wenn entsprechender Wert für Schwebstaub < 150 µg/m³)
		250	Tag	Median aller Werte eines Jahres muß unterhalb des Grenzwertes liegen (wenn das 98. Perzentil der Tagesmittelwerte eines Jahres für Schwebstaub > 350 µg/m³)
		350	Tag	Median aller Werte eines Jahres muß unterhalb des Grenzwertes liegen (wenn das 98. Perzentil der Tagesmittelwerte eines Jahres für Schwebstaub < 350 µg/m³)
	EU-Neu[a]	20	Jahr	Soll außerhalb besiedelter Gebiete nicht überschritten werden (Erhaltung von Reinluftgebieten)
		350	1 h	Soll In 99,7% der Zeit eines Jahres unterschritten werden bis 1.1.2005 werden noch Werte bis 500 µg/m³ in den Mitgliedsstaaten toleriert Darf ab 1.1.2005 pro Jahr nur an weniger als 3 Tagen überschritten werden
	MIK	125	24 h	Unverbindlicher Richtwert
		100	Jahr	Unverbindlicher Richtwert
		300	24 h	Unverbindlicher Richtwert
		1000	1/2 h	Unverbindlicher Richtwert
	WHO-87	500	10 min	Unverbindlicher Richtwert
		350	1 h	Unverbindlicher Richtwert
	WHO-96	500	10 min	Unverbindlicher Richtwert
		125	24 h	Unverbindlicher Richtwert
		50	Jahr	Unverbindlicher Richtwert
	MAK	5000	8 h	Grenzwert für die Luft am Arbeitsplatz

Schwebstaub	TA-Luft	150	Jahr	IW1 w.o. Messung als Gesamtstaub
		300	1/2 h	IW2 w.o. Messung als Gesamtstaub
	22.BImSchV	150	Tag	Gesamtstaub, arithmetisches Mittel aller Werte eines Jahres muß unter dem Grenzwert liegen
	23.BImSchV	300	Tag	Gesamtstaub, 95% aller Werte eines Jahres müssen unter dem Grenzwert liegen
		14	Jahr	Messung als „Diesel"-ruß bei Überschreitung ist der Einsatz verkehrsbeschränkender Maßnahmen zu prüfen, gilt bis 30.6.98
	EU-neu[a]	8	Jahr	W.o. gilt ab 1.7.98
		50	24 h	Messung als Feinstaub (PM$_{10}$, aerodynamischer Durchmesser < 10 µm), Überschreitungen an bis zu 14 Tagen pro Jahr erlaubt, bis 1.1.2005 werden Werte bis 75 µg/m^3 in den Mitgliedsstatten toleriert
	MIK	30	Jahr	Mittelwert, Messung als Feinstaub, bis 1.1. 2005 Toleranzmarge 50%
		500	1 h	Gesamtstaub-Richtwert bis zu drei aufeinanderfolgenden Stunden tolerabel
		250	24 h	Gesamtstaub-Richtwert einmalige Exposition
		150	24 h	Gesamtstaub-Richtwert an aufeinanderfolgenden Tagen
		75	Jahr	Gesamtstaub-Richtwert als Jahresmittelwert
	WHO-87	120	24 h	Unverbindlicher Richtwert für Gesamtstaub
	WHO-96	keine Angabe		WHO betrachtet neuerdings Feinstaub als Schadstoff ohne Wirkungsschwelle
Stickstoffdioxid	TA-Luft	80	Jahr	IW1 w.o.
		200	1/2 h	IW2 w.o.
	22.BImSchV	200	1 h	98% aller Jahreswerte müssen unter dem Grenzwert liegen
	23.BImschV	160	1/2 h	Definiert als 98. Perzentil der Jahresmeßwerte, bei Überschreitung Verkehrsbeschränkungen w.o.
	EU-neu[a]	200	1 h	Darf nur 8mal pro Jahr überschritten werden, gilt erst ab 1.1.2010, bis dahin Toleranzmarge von 50%
	MIK	40	Jahr	Jahresmittelwert, gilt erst ab 1.1.2010, bis dahin Toleranzmarge von 50%
		30	Jahr	Stickstoffdioxid und -monoxid sollen diesen Wert in dicht besiedelten Gebieten nicht überschreiten
		100	24 h	Unverbindlicher Richtwert
		200	1/2 h	Unverbindlicher Richtwert
	WHO-87	400	1 h	Unverbindlicher Richtwert
		150	24 h	Unverbindlicher Richtwert

Tabelle 1 (Fortsetzung)

Schadstoff	Gesetzliche Grundlage	Grenzwert µg/m³	Mittelungs- zeitraum	Kontext
Stickstoffdioxid	WHO-96	125	24 h	Unverbindlicher Richtwert
		50	Jahr	Unverbindlicher Richtwert
	MAK	9000	8 h	Grenzwert am Arbeitsplatz
Ozon	BImschG	240	1 h	Verkehrsbeschränkende Maßnahmen, bei Überschreitung an mindestens 3 zwischen 50 und 250 km, von einander entfernten Meßstellen
	22. BImSchV	110	8 h	Zielwert für die Luftreinhaltung, soll „langfristig" nicht überschritten werden
		180	1 h	Unterrichtung der Bevölkerung
		360	1 h	Auslösung des Warnsystems
	MIK	120	1/2 h	Unverbindlicher Richtwert
	WHO-87 und 96	120	8 h	Unverbindlicher Richtwert

[a] Vorschlag für Tochterrichtlinie zu EU 96/62/EG [7] z. z. in der Abstimmung.

dem WHO-Konzept des Gesundheitsschutzes und sollen den Regierungen der Region toxikologische Hintergrundinformationen als Basis für gesetzliche Regelungen zur Verfügung stellen. Nach Auffassung der WHO repräsentieren diese Richtlinien zum Zeitpunkt ihrer Veröffentlichung den Stand der wissenschaftlichen Erkenntnis. Sie ist der Überzeugung, daß bei Unterschreitung der angegebenen Schadstoffkonzentration in der Atemluft und der vorgesehenen Expositionszeiten keine gesundheitlich schädlichen Wirkungen bei der Bevölkerung auftreten. Allerdings sind Risikogruppen durch die Richtwerte nicht unbedingt geschützt, Kombinationseffekte mehrerer Schadstoffe und verschiedener Aufnahmepfade für den selben Schadstoff sind bei der Ableitung nicht berücksichtigt. Für kanzerogene Luftschadstoffe wird statt eines Richtwertes das unit risk angegeben (s.o.), da die WHO sich nicht auf die Höhe eines zumutbaren Risikos festlegen will. Die Festsetzung eines akzeptablen Risikos ist den nationalen Regierungen überlassen. Die WHO-Richtwerte von 1987 und die revidierten Werte von 1996, wie sie einer Vorveröffentlichung entnommen werden konnten, sind in Tabelle 1 aufgeführt. Bei einem Teil der Schadstoffe mußte auf der Grundlage neuerer Erkenntnisse der Richtwert deutlich gesenkt werden.

Beurteilungsmaßstäbe für kanzerogene Luftschadstoffe

Eine Arbeitsgruppe des Länderausschusses für Immissionschutz (LAI) hat bei der Richtwertsetzung einen für die deutsche Verwaltungspraxis im Immissionsschutz völlig neuen Weg beschritten [10]. Die vom LAI abgeleiteten Richtwerte limitieren das Gesamtrisiko durch kanzerogene Schadstoffe in der Luft. Dem Einzelstoff wurde dabei ein Risikoanteil zugebilligt, der proportional zu seinem derzeitigen Anteil am Gesamtrisiko durch Luftschadstoffe in Ballungsgebieten ist. Zum Zeitpunkt der Festlegung wurde das Gesamtrisiko durch kanzerogene Luftschadstoffe in Ballungsgebieten auf 1:1000 und in Reinluftgebieten auf 1:5000 geschätzt. Mit Blick auf eine Verbesserung der Immissionssituation wurde das zumutbare Gesamtkrebsrisiko durch Luftschadstoffe auf einen mittleren Wert (1:2500) festgelegt. Unter Zugrundelegung dieses zumutbaren Risikos und des oben erwähnten unit risk-Konzepts lassen sich dann Richtwerte für die Konzentration von kanzerogenen Schadstoffen in der Luft errechnen. Die auf diese Weise ermittelten Werte sind in Tabelle 2 aufgeführt. Sie sind nicht als Grenzwerte sondern als „Beurteilungsmaßstäbe" für Genehmigungsverfahren und als Zielwerte für die Luftreinhalteplanung zu verstehen.

Richtwerte für Innenräume

Innenräume werden, abgesehen von öffentlichen Gebäuden, wie Schulen und Kindergärten, als zur Privatsphäre gehörig angesehen. Für Innenräume existieren mit einer Ausnahme deshalb auch keine Grenzwerte. Außer dem allgemeinen Polizeirecht, das zu behördlichem Eingreifen bei Gefahr für Leib und Leben verpflichtet, gibt es keine gesetzliche Grundlage für Grenzwerte. Die Ausnahme

Tabelle 2. Beurteilungsmaßstäbe für kanzerogene Schadstoffe in der Außenluft (LAI-1992)

Stoff	Konzentration	Dimension
Arsen und seine organischen Verbindungen	5	ng/m^3
Asbestfasern	88	Fasern/m^3
Benzol	2,5[a]	µg/m^3
Cadmium und seine Verbindungen	1,7	ng/m^3
Dieselrußpartikel	1,5	µg/m^3
Polyzyklische aromatische Kohlenwasserstoffe – Leitsubstanz Benzo-a-pyren	1,3	ng/m^3
2,3,7,8-Tetrachlordibenzo-p-dioxin	16	fg/m^3

[a] Benzolgrenzwert nach der 23. BImSchV beträgt 15 µg/m^3, ab 1.7.98 10 µg/m^3.

betrifft Tetrachlorethen (Per), das in chemischen Reinigungsanlagen verwandt wird. Die Betreiber solcher meist in Wohngebieten eingerichteter und nicht genehmigungspflichtiger Anlagen sind verpflichtet geeignete Abhilfemaßnahmen zu ergreifen, wenn in benachbarten Wohnräumen Per-Konzentrationen über 0,1 mg/m^3 gemessen wurden [16].

Emissionen von gesundheitlich bedenklichen Stoffen aus Baumaterialien, Holzschutzmitteln, Anstrichen oder Gebrauchsgegenständen in Innenräumen und der Nachweis teilweise erheblicher Konzentrationen in der Innenraumluft erfordern toxikologisch begründete Richtwerte für die Beurteilung der Notwendigkeit von Sanierungsmaßnahmen. Die Innenraumkommission des Umweltbundesamtes (früher Bundesgesundheitsamt) hat ein standardisiertes Verfahren erarbeitet, um solche Richtwerte festzulegen [9]. Sie definiert dabei einen *Richtwert II* (Interventionswert), bei dessen Überschreitung unverzüglich Handlungsbedarf besteht, und einen *Richtwert I* (Sanierungszielwert), bei dem nach gegenwärtigem Kenntnisstand gewährleistet ist, daß unterhalb dieses Wertes keine gesundheitliche Beeinträchtigung zu erwarten ist. Die bisher von der Kommission nach diesem Schema abgeleiteten Werte sind in Tabelle 3 aufgeführt. Es handelt sich zum größten Teil um Stoffe, die bei inhalativer Aufnahme nicht direkt auf die Atemwege und die Lunge, sondern systemisch (meist neurotoxisch) wirken.

Grenzwerte am Arbeitsplatz

Der Arbeitsplatz ist ein wichtiger Teil der Umwelt und oft sind dort die Schadstoffbelastungen am höchsten. Als Grenzwerte für den Arbeitsplatz gelten sogenannte Maximale Arbeitsplatz-Konzentrationen (MAK-Werte). Der *MAK-Wert* ist die höchstzulässige Konzentration eines Arbeitsstoffes als Gas, Dampf oder Schwebstoff in der Luft am Arbeitsplatz. Er wird so festgesetzt, „daß nach dem gegenwärtigen Stand der Kenntnis auch bei wiederholter und langfristiger, in der Regel täglich achtstündiger Exposition, aber bei gleichzeitiger Einhaltung einer durchschnittlichen Wochenarbeit von 40 Stunden, im allgemeinen die Gesundheit der Beschäftigten nicht beeinträchtigt und diese nicht unangemessen belästigt werden". Festgesetzt werden die MAK-Werte von einer speziell ein-

Tabelle 3. Richtwerte für Schadstoffe in der Luft von Innenräumen

Stoff	Richtwert II[a] mg/m³	Richtwert I[b] mg/m³
Toluol[c]	3	0,3
Xylole[c]	4	0,4
Dichlormethan[c]	2	0,2
Styrol[d]	0,2	0,02
Trichlorethen[c]	1	0,1
Tetrachlorethen (Per)[e]		0,1
Formaldehyd[f]	0,125 (1 ppm)	
PCB[c]	0,003	0,0003
PCP[c]	0,001	0,0001
Stickstoffdioxid[d]	0,060 (kurzzeitig 0,350)	
Kohlenmonoxid[d]	15 (8 h) 60 (1/2) h)	1,5 bzw. 6

[a] Empfehlung zu unverzüglichem Handeln.
[b] Bei Unterschreitung keine gesundheitliche Beeinträchtigung.
[c] Bewertet von der Innenraumkommission des Umweltbundesamtes nach Ableitungsschema (s. Text [9]).
[d] Noch nicht abschließend bewertet, Diskussionsvorschlag.
[e] Grenzwert nach 2. BImSchV.
[f] Empfehlung des ehemaligen Bundesgesundheitsamtes von 1977.

gerichteten „Senatskommission zur Prüfung gesundheitsschädlicher Arbeitsstoffe" der Deutschen Forschungsgemeinschaft.

Nach dem Selbstverständnis der MAK-Kommission sind bei der Grenzwertsetzung wissenschaftlich fundierte Kriterien des Gesundheitsschutzes maßgebend, und nicht die technischen oder wirtschaftlichen Möglichkeiten der Realisation in der Praxis. MAK-Werte werden nur für Stoffe festgelegt, für die ausreichende toxikologische und/oder arbeitsmedizinische Kenntnisse vorliegen. Die Kommission legt die Gründe für den Ansatz der MAK-Werte in einer Sammlung „Toxikologisch-arbeitsmedizinische Begründung von MAK-Werten" dar. Bei der Ableitung der MAK-Werte wird die Auswirkung auf einen gesunden Arbeitnehmer zugrundegelegt, der einer regelmäßigen ärztlichen Vorsorgeuntersuchung unterliegt, und der im Fall einer Berufserkrankung durch die spezielle Unfallversicherung der Berufsgenossenschaften finanziell abgedeckt ist. Die MAK-Werte sind deshalb nicht geeignet, eine mögliche Gesundheitsgefährdung der Allgemeinbevölkerung durch langdauernde Einwirkung von Verunreinigungen der freien Atmosphäre, z. B. in der Nachbarschaft von Industrieunternehmen, auszuschließen, auch nicht wenn anhand konstanter Umrechnungsfaktoren die unterschiedlichen Expositionszeiten berücksichtigt wurden.

Für eindeutig erwiesene oder begründet verdächtigte krebserzeugende Arbeitsstoffe werden keine MAK-Werte festgelegt. Sie werden von der Kommission in speziellen Listen geführt, die ständig nach dem Stand der Kenntnis ergänzt werden. Für krebserzeugende Arbeitsstoffe legt der Ausschuß für Gefahrstoffe beim Bundesminister für Arbeit und Sozialordnung sogenannte *Technische Richtkonzentrationen (TRK-Werte)* fest, die sich an den technischen Gegebenheiten und den Möglichkeiten der technischen Prophylaxe orientieren. Sie schließen das Risiko einer Beeinträchtigung der Gesundheit nicht aus, sondern mindern es lediglich. Die Einhaltung der MAK-Werte erfordert eine kontinuierliche Überwachung der Luft am Arbeitsplatz. Der Acht-Stunden-Mittelwert ist dabei anhand der Konzentrationswerte der MAK-Liste zu beurteilen. Expositionsspitzen werden darüber hinaus durch stoffwirkungsartspezifische Spitzenbegrenzungsvorschriften reguliert. Einzelne MAK-Werte sollen hier nicht aufgeführt werden. Es wird auf die entsprechenden publizierten Listen der MAK-Kommission verwiesen [4].

ZUSAMMENFASSUNG

Grenz- und Richtwerte haben ihre Bedeutung nur im Kontext der bei ihrer Ableitung implizit oder explizit eingegangenen Konventionen. Für den im allgemeinen nicht juristisch vorgebildeten Arzt ist der Umgang mit Grenzwerten und die Beurteilung ihrer Relevanz für seine ärztliche Tätigkeit schwierig. Ursache hierfür ist:

- die große Zahl unterschiedlicher Regelungen,
- die unterschiedlichen Bezeichnungen (Grenzwerte, Richtwerte, Referenzwerte),
- die unterschiedliche gesundheitliche Bedeutung der einzelnen Regelungen,
- der unterschiedliche juristische Stellenwert der verschiedenen Grenzwerte,
- die allgemein übliche Überschätzung ihres wissenschaftlichen Charakters,
- die ihnen zugrundeliegende unterschiedliche Interpretation der Zuverlässigkeit der toxikologischen Datenlage,
- die fehlende Transparenz der teilweise politisch bestimmten Konventionen bei ihrer Festsetzung,
- die unzureichende Berücksichtigung der Aufnahme des selben Stoffes über unterschiedliche Aufnahmepfade (z.B. Luft und Nahrungsmittel) und
- die Nichtberücksichtigung des gleichzeitigen Auftretens mehrerer Umweltnoxen und der dabei anzunehmenden Kombinationseffekte.

Auch unter umweltpolitischem Aspekt haben Grenzwerte einen ambivalenten Charakter. Einerseits fördern sie die Rechtssicherheit. Überschreitungen können geahndet werden. Andererseits enthalten Grenzwerte nicht nur das Verbot der Überschreitung, sondern erlauben auch die jeweiligen Medien bis zu diesem Wert zu belasten. Sie bieten somit keine Anreize zur Minderung der Belastung. Durch eine Grenzwertsetzung wird somit der status quo erhalten. Die meisten Grenzwertsysteme enthalten deshalb zusätzlich ein Gebot zur Minimierung der Schadstoffe in der Umwelt.

Grenzwerte verschiedener Systeme sind nur bedingt vergleichbar. Auf der Basis der selben toxikologischen Daten ist es durchaus möglich, im Rahmen unterschiedlicher, aber in sich konsistenter Ableitungsmodelle zu ganz unterschiedlichen Grenz- oder Richtwerten zu kommen. Bei der Anwendung von Grenzwerten zur umweltmedizinischen Bewertung im Einzelfall ist deshalb größte Vorsicht angeraten.

Literatur

1. American Thoracic Society (1985) Guidelines as to what constitutes an adverse respiratory health effect, with special reference to epidemiologic studies of air pollution. Am Rev Respir Dis 131:666–668
2. Ausschuß für Umwelthygiene der Arbeitsgemeinschaft der Leitenden Medizinalbeamten der Länder (AGLMB) (1995) Standards zur Expositionsabschätzung Hrg. Behörde für Arbeit, Gesundheit und Soziales, D-20148 Hamburg, Tesdorpfstr. 8
3. Bundesimmissionsschutzgesetz (BImSchG) Gesetz zum Schutz vor schädlichen Umwelteinwirkungen durch Luftverunreinigungen, Erschütterungen und ähnliche Vorgänge vom 15. März 1974. BGBl I, S721/1193 zuletzt geändert durch Gesetz vom 9. Okt. 1996, BGBl I, S1498
4. Deutsche Forschungsgemeinschaft (1995) Maximale Arbeitsplatzkonzentrationen und Biologische Arbeitsstofftoleranzwerte 1995. Verlag Chemie, Weinheim
5. Dreiundzwanzigste Verordnung zum Bundes-Immissionsschutzgesetz (23.BImSchV) Verordnung über die Festlegung von Konzentrationswerten vom 16.12.1996. BGBl. I, S1962
6. Erste Verwaltungsvorschrift zum Bundes-Immissionsschutzgesetz (Technische Anleitung zur Reinhaltung der Luft, TA-Luft) vom 27. Feb. 1986 GMBL, S95
7. Europäische Union Richtlinie 96/62/EG des Rates vom 27. September 1996 über die Beurteilung und die Kontrolle der Luftqualität, Amtsblatt der Europäischen Gemeinschaften DE Nr. L 296/55-63
8. Flesch-Janys D, Neus H, Schümann M (1988) Umweltepidemiologie im Spannungsfeld von Politik und Wissenschaft. Zur Rolle der Umweltepidemiologie heute. 24. Jahrestagung der Deutschen Ges. Sozialmed. Prävention, Hannover, 15./19.9.1988
9. Innenraumlufthygiene-Kommission des Umweltbundesamtes (1996) Richtwerte für Innenraumluft: Basisschema. Bundesgesundhbl. 11:422–426
10. Länderausschuß für Immissionsschutz (LAI) (1992) Krebsrisiko durch Luftverunreinigungen, Hrgb. Ministerium für Umwelt, Raumordnung und Landwirtschaft des Landes Nordrhein-Westfalen, Schwannstr. 3, 4000 Düsseldorf 30
11. Rat von Sachverständigen für Umweltfragen (1997) Umweltgutachten 1996: Zur Umsetzung einer dauerhaft-umweltgerechten Entwicklung. Bundestagsdrucksache 13/4108 v. 14.3.96, Metzler-Poeschel, Stuttgart
12. Rat von Sachverständigen für Umweltfragen (1988) Umweltgutachten 1987 Bundestagsdrucksache 11/1568, Kohlhammer, Stuttgart, 1988
13. Verein Deutscher Ingenieure (1992) VDI-Handbuch Reinhaltung der Luft, Band 1 VDI-Richtlinie 2310, Beuth Verlag Berlin, 1992
14. Wahrendorf J, Becher H (1990) Quantitative Risikoabschätzung für ausgewählte Umweltkanzerogene. E. Schmidt-Verlag, Berlin
15. World Health Organisation (1987) Air quality guidelines for Europe, WHO Regional Publications, European Series No. 23, Copenhagen
16. Zweite Verordnung zum Bundes-Immissionsschutzgesetz (2.BImSchV) Verordnung zur Emissionsbegrenzung von leichtflüchtigen Halogenkohlenwasserstoffen vom 10.12.90. BGBl. I, S 2694 novelliert 5.6.91 BGBl. I, S 1218
17. Zweiundzwanzigste Verordnung zum Bundes-Immissionsschutzgesetz (22.BImSchV) Verordnung über Immissionswerte vom 26.2.93 BGBl. I, S 1819, novelliert 27.8.94 BGBl. I, S 1995

Sachverzeichnis

MIX
Papier aus verantwortungsvollen Quellen
Paper from responsible sources
FSC® C105338

If you have any concerns about our products,
you can contact us on
ProductSafety@springernature.com

In case Publisher is established outside the EU,
the EU authorized representative is:
**Springer Nature Customer Service Center GmbH
Europaplatz 3, 69115 Heidelberg, Germany**

Printed by Libri Plureos GmbH
in Hamburg, Germany